运城市山洪灾害评价与防控研究

（上册）

宋晋华　孙西欢　主编

黄河水利出版社

·郑州·

内 容 提 要

本书介绍了运城市山洪灾害的现状和防治的目的与意义，对运城市各县（市、区）山洪灾害进行了分析评价，从非工程措施的监测站点布设、预报预警、群测群防等方面介绍了非工程措施的基本内容、采取非工程措施进行山洪灾害防治的基本方法。本书的研究成果对运城市山洪灾害防控具有重要参考价值。

本书融科学性、知识性和实用性于一体，适合运城市各县（市、区）、乡（镇）、村基层山洪防治技术人员、管理人员阅读参考，也可以作为山洪防治宣传教育资料。

图书在版编目（CIP）数据

运城市山洪灾害评价与防控研究：全2册/宋晋华，孙西欢主编. —郑州：黄河水利出版社，2018.4

ISBN 978-7-5509-1871-9

Ⅰ.①运… Ⅱ.①宋…②孙… Ⅲ.①山洪-山地灾害-评价-运城②山洪-灾害防治-研究-运城 Ⅳ.①TV122②P426.616

中国版本图书馆CIP数据核字（2017）第258957号

组稿编辑：王路平 电话：0371-66022212 E-mail：hhslwlp@163.com

田丽萍 66025553 912810592@qq.com

出 版 社：黄河水利出版社 网址：www.yrcp.com

地址：河南省郑州市顺河路黄委会综合楼14层 邮政编码：450003

发行单位：黄河水利出版社

发行部电话：0371-66026940、66020550、66028024、66022620（传真）

E-mail：hhslcbs@126.com

承印单位：虎彩印艺股份有限公司

开本：787 mm×1 092 mm 1/16

印张：88

字数：2000千字

版次：2018年4月第1版 印次：2018年4月第1次印刷

定价：600.00元（上、下册）

《运城市山洪灾害评价与防控研究》
编辑委员会

《运城市山洪灾害评价与防控研究》
编撰人员

主　编：宋晋华　孙西欢

副主编：曹小虎　白继中

主要参加人员（按姓氏笔画）：

王　钰　卢莉莉　刘泽云　孙风朝　许　昆
杜玉柱　杜亚平　李红军　杨　勇　杨　烨
杨运革　何　坤　张　杰　张沛雷　张革丽
张展鸿　张琦武　武建虎　赵德杰　崔军明
穆仲平

参 加 人 员（按姓氏笔画）：

弓　敏　王　辉　王　瑾　王江浩　王璇洁
王燕妮　车娅丽　毛松林　毛松琴　文　杰
文　彦　史东凯　仝松涛　刘　勇　祁　江
祁慧芳　孙　军　苏　毅　李　燕　李雪转
杨文学　杨海珍　肖纳新　何新珠　张海刚
张密玲　岳延兵　周　进　赵　俭　赵丽蓉
赵婉璐　姚　亮　姚进福　郭　成　崔　茜

前 言

山洪灾害是山丘区因降水引起的一种灾害形式,受气候、地理环境、降雨和人类活动等多种复杂因素的影响。运城市属暖温带大陆性季风气候,降水时空分布不均,全年70%以上的降水集中在汛期,且山地多于台地,尤其是垣曲、绛县、平陆山区小气候的特点十分明显,每到汛期,局部暴雨频繁,且来势猛、强度大、历时短,加之沿山坡地势陡峭,雨水汇流快,多产生地面径流,形成较大的洪量,极易发生山洪灾害。山洪灾害对人民的生命财产安全构成了巨大威胁,严重影响着社会、经济发展及全面建设小康社会的进程。

2002 年 9 月 4 日温家宝总理在湖南省副省长庞道沐呈报的《山洪灾害防治成为防汛抗灾的突出问题——湖南近年防治山洪灾害的实践与思考》一文上作出重要批示:山洪灾害频发,造成损失巨大,已成为防灾减灾工作中的一个突出问题。必须把防治山洪灾害摆在重要位置,认真总结经验教训,研究山洪发生的特点和规律,采取综合防治对策,最大限度地减少灾害损失。

根据我国山洪灾害现状及国务院常务会议精神,2013 年水利部、财政部联合印发了《全国山洪灾害防治项目实施方案(2013—2015 年)》,2013 年 9 月全国启动了新一轮山洪灾害防治项目建设,山西省在 2015 年底完成全省 114 个有山洪灾害防治任务的县(市、区)山洪灾害调查评价工作。

运城市对全市 13 个山洪灾害防治县、8 033 个村庄开展了山洪灾害调查工作,评价了防治区 636 个重点沿河村落的防洪现状。当前,山洪灾害调查评价工作已经积累了丰富的资料,取得了一些阶段性成果。但是针对某一特定地区,依然缺乏有关山洪灾害评价的系统性资料与成果。本次编著不仅将各县(市、区)防治区系统成果汇编,使得运城市山洪灾害评价成果更容易得到普及,提高人们的防洪意识,且为进一步的山洪灾害防治工作开展奠定了坚实的资料与理论基础。

本书由宋晋华高级工程师、孙西欢教授担任主编,负责总体设计和审稿;由曹小虎、白继中担任副主编,负责章节编写和修改统筹工作。参加前期资料收集与整理工作的有杨运革、杨烨、崔军明、杜亚平、张沛雷、何坤、王钰等;参加暴雨洪水、临界指标等数据计算和章节编写工作的有武建虎、张展鸿、孙风朝、刘泽云、张杰、杨勇、赵德杰等;参加图表绘制整理等工作的有杜玉柱、穆仲平、张琦武、崔茜、赵丽蓉等。本书在编写过程中得到了运城市水文水资源勘测分局的大力支持和无私帮助,在此谨表示真诚的感谢!

因编写人员水平所限,书中疏漏之处在所难免,敬请专家、读者批评指正。

编 者

2018 年 1 月

目 录

前 言

(上 册)

第1篇 运城市山洪灾害评价

第1章 运城市基本情况 ……………………………………… (3)
第2章 运城市暴雨洪水特征研究 ……………………………… (43)
第3章 运城市山洪灾害防治概况 ……………………………… (51)
第4章 运城市山洪灾害分析评价基础工作 ………………………… (57)
第5章 运城市设计暴雨分析 …………………………………… (60)
第6章 运城市设计洪水分析 …………………………………… (69)
第7章 运城市山洪灾害评价分析 ……………………………… (81)
第8章 运城市山洪灾害预警指标 ……………………………… (87)

第2篇 运城市山洪灾害防控研究

第1章 山洪灾害防治现状 ……………………………………… (95)
第2章 监测预警系统建设 ……………………………………… (98)
第3章 群测群防的组织体系建设 ……………………………… (127)
第4章 山洪灾害应急 ………………………………………… (131)
第5章 运城市防洪能力区划研究 ……………………………… (149)

第3篇 典型县(闻喜县)山洪灾害评价与防控研究

第1章 闻喜县基本情况 ……………………………………… (153)
第2章 分析评价基础工作 …………………………………… (161)
第3章 设计暴雨计算 ………………………………………… (172)
第4章 设计洪水分析 ………………………………………… (221)
第5章 防洪现状评价 ………………………………………… (279)
第6章 预警指标分析 ………………………………………… (316)
第7章 危险区图绘制 ………………………………………… (340)
第8章 山洪灾害非工程措施防御预案 …………………………… (341)

第4篇 各县(市、区)山洪灾害评价与防控研究

第1章 盐湖区 ……………………………………………………………… (353)
第2章 永济市 ……………………………………………………………… (430)
第3章 河津市 ……………………………………………………………… (550)
第4章 绛 县 ……………………………………………………………… (612)

(下 册)

第5章 夏 县 ……………………………………………………………… (673)
第6章 新绛县 ……………………………………………………………… (816)
第7章 稷山县 ……………………………………………………………… (896)
第8章 芮城县 ……………………………………………………………… (999)
第9章 临猗县 ……………………………………………………………… (1070)
第10章 万荣县 …………………………………………………………… (1129)
第11章 垣曲县 …………………………………………………………… (1156)
第12章 平陆县 …………………………………………………………… (1232)

参考文献 …………………………………………………………………… (1393)

第1篇

运城市山洪灾害评价

第1章　运城市基本情况

1.1　自然地理

运城市位于山西省西南部，地处黄河北干流中游以东，华北平原的丘陵区，黄土高原东沿第一台阶。北起吕梁山南麓与临汾接壤，东界中条山与晋城毗邻，西、南隔黄河分别与陕西、河南相望。地理坐标为东经 110°15′～112°04′，北纬 34°35′～35°49′，运城市行政位置图见图 1-1-1。

图 1-1-1　运城市行政位置图

运城,古称河东,河东大地外滨澎湃的黄河,内有绵延的中条山,被誉为“表里山河”。辖区境域轮廓呈不规则三角形,东西最长约 211 km,南北最宽约 127 km。总面积 14 233 km^2,占山西省总面积的 9%,其中平原区面积 8 621 km^2(含 100 km^2盐池面积),占总面积的 60.6%;山丘区面积 5 204 km^2,占总面积的 36.6%;滩地、水面面积 408 km^2,占总面积的 2.8%。同邻省的渭南市和三门峡市一起构成黄河中游“金三角”。现辖 1 区 2 市 10 县,即盐湖区、永济市、河津市、绛县、夏县、新绛县、稷山县、芮城县、临猗县、万荣县、闻喜县、垣曲县、平陆县。运城市西北低凹,东南略高,中间平坦,形成东南—西北倾斜地势。运城市现有乡镇建制 133 个(含街道办事处)、3 338 个行政村,常住人口 527.53 万人。

运城历史悠久,为中华民族发祥地之一,具有光荣的革命传统,经济以农业为主,境内涑水横贯,川岭相间。全境三山一水六分田,适林牧、宜粮棉,农工并举,五业俱兴,是山西省重要的粮棉基地,晋西南文化经济中心。距省府太原 400 km。运城因盐而设城,芒硝、硫化碱产量较高。目前全市已有化工、冶金、机械、电力、建材、食品、纺织等企业。运城历来为商贩集散地,交通运输十分便利。随着社会的发展和人民生活水平的提高,运城市的文化、教育、卫生事业也得到了相应的发展。

运城市辖区内南同蒲铁路纵贯南北,北接太原,西南方向与陇海铁路大动脉连接;侯西铁路横亘东西,是晋煤外运的大通道;南同蒲铁路侯马至东镇段完成复线建设;大西客专(太原南至西安北段)于2014 年7 月1 日正式通车运营;运城北站为山西省境内的3 个一级站点之一,建筑面积 7 999 m^2,设有车库,满足作为始发站的条件,位于运城市陶上村。

运城关公机场飞行区等级指标为 4D 级,跑道长 3 000 m,宽 60 m,有 10 个标准停机位,6 个廊桥,航站楼面积 2 万 m^2 左右。2013 年,关公机场完成运输起降 12 069 架次,旅客吞吐量 101 万人次,货邮吞吐量 2 811 t。至 2014 年,关公机场位列国内民用机场第 59 名,已开通运城至北京、上海、合肥、广州、深圳、南京、成都、杭州、乌鲁木齐、沈阳、昆明、三亚、武汉、海口、郑州、太原、福州、贵阳、厦门、长沙、大同、重庆、哈尔滨等 23 条航线,通航城市达到 23 个。

1.2 水文气象

运城地区处于北温带大陆性气候南缘,属大陆温带季风气候。气候干燥,四季分明,冬季寒冷,夏季炎热,光照充足,偏热多风。年平均气温 13.6 ℃,最暖年达 14.4 ℃(1977 年、1978 年)。每年有近 300 d 日平均气温在 0 ℃以上,时间从 2 月上旬末至 12 月上旬中,其间有效积温达 5 093 ℃。最热月(7 月)平均气温 27.2 ℃,平均最高气温 32.6 ℃。最冷月(1 月)平均气温 -2 ℃,平均最低气温 -7.3 ℃,平均年较差 29.2 ℃。极端最高气温 42.7 ℃(1966 年 6 月 21 日),极端最低气温 -18.9 ℃(1971 年 1 月 23 日)。无霜期 207 d 左右。

根据《运城市第二次水资源调查评价报告》,年平均降水量 572.5 mm,年际变化大,最大年降水量 945.8 mm,最小年降水量 305 mm,汛期(6~9 月)降水量约占全年降水量的 64%,一日最大降水量 149.1 mm。最大连续降水日数为 15 d。多年平均水面蒸发量为 1 148 mm，年平均湿度 62%。风向以东南为主，多集中在 3～4 月，年平均风速 2.7 m/s。

年日照总时数 2 271 h。1979 年最多，达 2 512 h。1964 年最少，为 1 871 h。最大年较差 741 h。一年中光照时间夏季长，冬季短。6 月光照时数最长达 241 h，2 月最短，只有 152 h。

1.3 河流水系

1.3.1 汾河水系

汾河河源海拔 2 244 m，流向自北向南，纵贯大半个山西，汇聚源自吕梁、太行两大山区的支流，穿越太原、临汾两大盆地，至运城市新绛县境急转西行，于禹门口下游万荣县荣河镇庙前村附近汇入黄河，河口高程 347 m，河道总高差 1 308 m，平均纵坡 1.12‰，干流直线长度 412.7 km，河道弯曲系数 1.68。汾河按自然纵坡可分为四段：河源至兰村段及灵石至洪洞赵城河段，河水穿行于山峡之间，纵坡较大，为 2.5‰～4.4‰；兰村以下至介休义棠及赵城以下至河口两段，流经太原、临汾盆地，纵坡平缓，为 0.3‰～0.5‰。

汾河流域地处山西省的中部和西南部，位于东经 110°30′～113°32′，北纬 35°20′～39°00′，东西宽 188 km，南北长 412.5 km，呈带状分布，面积 39 721 km^2，占全省国土面积的 25.3%，汾河流域包括全省 6 个地市的 44 个市（县、区）。

1.3.1.1 **续鲁峪**

续鲁峪发源于晋城市沁水县的杨岔岭，从翼城县西闫乡进入绛县境内，入境后流经续鲁峪、安峪、大交 3 个乡镇 11 个行政村，至浍南大交村汇入浍河。河道总长 38.5 km，在绛县境内全长 29.5 km，流域面积 337.19 km^2，在绛县境内 282.86 km^2。上游平均纵坡 25.7‰，出峪后纵坡为 9‰左右，糙率 0.033。河道流经地区以土石山区为主，河床相对稳定。

1.3.1.2 **黑河**

黑河又称么里河，为浍河支流。源头有两条主要支流。一条发源于么里镇垣址坪村石窑一带的么里峪，另一条发源于绛县卫庄镇东桑村的里册峪，两条河在安峪镇董封村汇流后进入黑河主河道。流经么里、卫庄、安峪、南樊等乡镇，北柳、东赵等 16 个行政村，至曲沃县下裴庄汇入浍河。

黑河总长 65.6 km，在绛县境内全长 55.5 km，流域面积 383.54 km^2，在绛县境内 344.24 km^2，峪内纵坡在 25‰～35‰之间，峪外为 10‰左右，糙率为 0.033。河流属季节性河流，汛期易暴发洪水，由于流经土石山区，河床相对稳定。

流域地处中条山东段中低山区，河谷发育呈 V 字形，汛期大量泥石随水而下，在山前形成开阔的洪积扇地形，地下水较为丰富。

流域属温带大陆气候，多年平均降水量为 723 mm，汛期占全年降水量的 60% 左右。年平均蒸发量为 1 860 mm，年均气温 11.5 ℃，无霜期为 207 d。

河道年径流平水年约为 2 270 万 m^3，干旱年约为 1 430 万 m^3，主要来自汛期洪水。现状清水流量0.2 m^3/s。平均输沙量为867 t/km^3,年输沙量为11.9 万 m^3。由于水库的调节作用发挥,近年来没有发生过洪涝灾害,水质也基本没有受到污染。

1.3.1.3 三泉河

三泉河又名天河,为汾河的一级支流,发源于新绛县泽掌村西北1.25 km处的黑虎泉。经古堆村与鼓水泉相汇,至桥东村汇入汾河,位于北纬35°37′,东经111°13′。

河道总长17.35 km,河谷北高南低,平均宽度260 m,最宽处550 m,平均沟深22.2 m。海拔410.8~461.7 m,流域面积160.58 km^2,纵坡4‰,糙率0.025,河床比较稳定。

1.3.1.4 三交河

三交河是汾河的一级支流,发源于闻喜县稷王山,流经管村乡武城村东流入汾河,是稷山县与闻喜县的分界河。干流总长25 km,其中山区长10 km,平原区长15 km。流域面积133.11 km^2。纵坡29‰,糙率0.035。河床多为泥沙,稳定性较差。

流域地形由山区和平原两部分组成,山区基岩裸露,植被较差,平原区为发育的黄土冲沟,纵横交错,支离破碎,流域平均宽度2.96 km。

1.3.1.5 马壁峪

马壁峪为汾河的一级支流。发源于临汾市乡宁县和乐村,流经稷山县西社、城关两镇,于下廉村东汇入汾河。

干流总长75 km,其中在稷山境内45 km。流域总面积315.06 km^2,稷山境内为70.06 km^2,乡宁境内为245 km^2,纵坡32‰,糙率0.028。河流基本顺直,河床多为砂砾石,稳定性较好。河流属季节性河流。

流域地形主要由两部分组成,峪口以上为石山区,峪口以下为山前洪积扇群,流域弯曲系数1.13,平均宽度6.63 km。

1.3.1.6 黄华峪

黄华峪位于稷山县城西北15 km处的路村乡王家窑村,为汾河的一级支流。发源于临汾地区乡宁芦上村,主流自北向南流经下迪村东汇入汾河。干流总长96 km,在稷山境内41 km,其中山区段长28 km,平原区段长13 km。流域总面积232.43 km^2,纵坡27‰,糙率0.03。河床多为砂砾石,稳定性较好。

河流属季节性河流,主要作用为排洪和灌溉。

流域峪口以上为石山区,基岩裸露,悬崖峭壁。峪口以下为山前洪积扇群,大小沟壑纵横分布,流域平均宽度5.02 km。

1.3.1.7 瓜峪河

瓜峪河为汾河的一级支流。发源于吕梁山脉南端,临汾市乡宁县尉庄乡西圪垛村。自东北向西南流经西交口乡,在北午芹村流入运城市河津市境内,于北里沟直入汾河。

主流全长59 km,在河津境内41 km。流域总面积304.3 km^2。流域平均宽度4.3 km,峪口以上纵坡为17‰,以下纵坡为8‰,糙率0.04左右。

1.3.2 黄河龙门—沁河段

黄河龙门—沁河区间分为龙门—潼关、潼关—三门峡、三门峡—沁河共三个水资源分区,其中龙门—潼关分区汇入黄河的支流大部分属于汾河、涑水河水系,属于其他入黄支流的流域面积为 767 km^2;潼关—三门峡分区流域面积为 1 834 km^2;三门峡—沁河分区流域面积为 3 397 km^2。各分区中有众多直接入黄支流,最大的河流是亳清河,流域面积为 1 185 km^2;流域面积在 100 ~ 500 km^{2}之间的一级支流有 9 条,分别是遮马峪河、葡萄涧、洪阳河、八政河、曹家川河、泗交河、五福涧河、板涧河、西阳河。

1.3.2.1　遮马峪河

遮马峪河是黄河一级支流,发源于乡宁县西坡镇的寺塔村,从赵家圪垛村与发源于乡宁县西坡镇胡坪村的青石峪河汇合进入河津市,流经樊村镇的西硙口、刘家院、固镇、杜家沟,从清涧镇清涧湾汇入黄河。流域面积为 200.53 km^2。主流全长 48 km,峪口以上纵坡为 18‰,以下纵坡为 8‰,糙率 0.04。

1.3.2.2　葡萄涧

葡萄涧为黄河一级支流,地处芮城县中部,发源于椒沟村,北靠中条山,南临黄河,上游为大王镇和学张乡,由北而南流经阳仕、韩张、郑沟、关家磨、李家湾村,至北礼教村南注入黄河,全长 17.5 km。流域面积 104.07 km^2,河道纵坡 47.1‰。

流域东西长 23.7 km,南北宽 16 km。北部为中条山土石山区,勺山为最高点,海拔 1 993.8 m,地面坡度一般在 25°以上;中部为黄土丘陵沟壑区,地面坡度 5° ~ 20°;南部为阶地垣面,地面坡度 5°左右。

1.3.2.3　洪阳河

洪阳河为黄河一级支流,位于平陆县西部,上游主要有东西两条支流,均发源于中条山南麓。东支流为苏家沟河,发源于常乐镇后苏家沟村北石槽沟,长约 17.7 km;西支流为坑沟河,发源于洪池乡磷肥矿,长约 16.8 km。两条支流在洪池乡南侯村东汇集,在常乐镇洪阳村注入黄河。

河道全长 26.5 km,河宽最大 79 m,最小仅 2.8 m,流域面积 114 km^2,平均纵坡 2.3‰。河道两岸为土砂质,河床由砂砾和卵石组成,糙率为 0.03,河床比较稳定。

1.3.2.4　八政河

八政河为黄河一级支流,位于平陆县东 2 km 处,主要由下牛沟、古城河、王沟三条支流组成。下牛沟位于流域西部,发源于中条山南麓的部官乡柏树岭,河长 14.5 km;古城河位于流域中部,发源于张店镇马沟村,河长 15.6 km;王沟位于流域东部,发源于南村乡窑巴山南,河长 17.2 km。三条支流分别在城关镇南凹村和八政村汇合后,由北向南,在城关镇北岭村南注入黄河。

主河道全长 26 km,最宽处 142 m,最窄处 3.7 m,流域面积 173 km^2,纵坡 3.1%,河床由砂砾和卵石组成,糙率为 0.030 ~ 0.034。河段多呈 S 形,河床比较稳定。下游河段污染严重。

1.3.2.5　曹家川河

曹家川河又名太宽河,为黄河一级支流,发源于夏县泗交镇野庙滩,源头有太宽河、峪口河两条主要支流。在平陆县峪口村南汇合后,流经曹川镇下涧、曹家河至下坪乡南沟村注入黄河。

主河道总长 42.64 km,其中在平陆县境内长 30 km。河宽最大断面 87 m,最小断面 2.6 m,流域面积为 147.26 km^2,其中在平陆县境内为 82.19 km^2。河道南高北低,纵坡在

2‰~11‰之间,最高点海拔1 520 m,糙率0.022左右。沟深水低,河床比较稳定。

1.3.2.6　**泗交河**

泗交河为黄河一级支流,发源于夏县东部中条山区,由王家河、南河、法河、寨里河四条主要支流汇集至泗交镇,故名泗交河。由西北向东南,流经泗交、下塘回、麻岔等村至郭家河乡镇杆岭附近流入黄河。

主河道全长75 km,流域面积381.93 km^2,河床平均纵坡为20.5‰,糙率0.033。两岸山石为云母石英岩和大理岩,河床以漂卵石为主,坡陡沟短,稳定性较好。出山口为喇叭型洪积扇,地下水丰富,水质良好。

1.3.2.7　**五福涧河**

五福涧河为黄河一级支流,发源于夏县曹家庄乡东西交口一带,位于东经111°26′~111°40′,北纬34°58′~35°10′,由西北向东南流经曹家庄、温峪、架桑进入垣曲县境内,再流经毛家湾、解峪、在安窝乡汇入黄河。

河流全长63 km,流域面积190.2 km^2,平均纵坡19.1‰,糙率0.37。河谷发育呈V字形,发源地高程为1 203 m,入黄口高程为200 m左右,两岸山坡为灌木和杂草,覆盖较好,河床比较稳定。

1.3.2.8　**板涧河**

板涧河为黄河一级支流,位于垣曲县西部,发源于闻喜县石门乡上阴里,入垣曲后流经朱家庄、毛家湾,在解峪汇入黄河。河流全长69 km,流域面积348.51 km^2,其中垣曲县境内228 km^2,纵坡18‰,糙率0.400。河谷呈U字形,河床相对稳定。

1.3.2.9　**亳清河**

亳清河为黄河一级支流,位于垣曲县中西部,发源于闻喜县石门乡刘村,流经马家窑、刘庄冶、黑峪、新城、皋落、长直、王茅、古城等乡村汇入黄河。河流全长56 km,流域面积1 185 km^2,河床平均纵坡11‰,糙率0.035。汇入亳清河的大小支流共有9条,分别是白涧河、五龙沟河、清水河、原峪河、杜村河、白水河、杨家河、口头河、沇西河。

杜村河是亳清河的一级支流,发源于绛县陆家坪,流经垣曲县涧溪、杜村、永兴、王茅等乡村,从王茅汇入亳清河。主流长20 km,流域面积为124.65 km^2。纵坡为15‰,糙率0.04。

上游以土石山为主,植被覆盖较好;中下游以黄土丘陵为主,河床属多年侵蚀卵石层,河道呈U字形,摆幅很小;下游两岸沟壑植被较差。

沇西河为亳清河的一级支流,位于垣曲县中东部,发源于翼城县大河乡的毋鸡沟,入垣曲县望仙经同善、谭家至古城汇入亳清河。河流全长68 km,流域面积569.9 km^2,垣曲境内流长44 km,流域面积376.15 km^2,河床比降为1.33%,糙率为0.04。河谷支沟比较发育,呈树枝状展布,属于稳定性河流。主要支流有刘家河、降道沟、得家河、车箭河、滋峪河和白家河6条。

1.3.2.10　**西阳河**

西阳河为黄河一级支流,位于垣曲县东部,发源于沁水县下川境内,流经历山、英言、蒲掌、窑头马湾注入黄河。河流全长53 km,流域面积343.28 km^2,其中在垣曲境内流长46 km,境内流域面积232.98 km^2,河床比降2.5%,糙率为0.04。河谷呈树枝状展布,属于稳定性河床。

1.3.3　涑水河综述

涑水河流域位于山西省南部的运城市境内，地理位置为东经110°17′～111°43′，北纬34°44′～35°32′。北部及西部是从弧峰山与稷王山向南及向西延伸的峨嵋岭，东部及南部环绕着中条山。流域范围包括闻喜县、夏县、盐湖区、临猗县、永济市的绝大部分和绛县、万荣县的一部分。

涑水河干流总长196.6 km，纵坡1/400，糙率0.033。根据河道特性可分为四个河段：吕庄水库以上河段长54 km，河型为V字形，纵坡1/70；吕庄水库至上马水库段长41 km，为复式断面，复槽最宽处达1 600 m，主槽10～20 m，纵坡1/700；上马水库至伍姓湖段长64 km，为人工开挖，窄深式，纵坡为1/850；伍姓湖至入黄口段长37 km，纵坡为1/4 000，河床比较稳定。

主要支流有冷口峪、沙渠河、青龙河、姚暹渠、湾湾河等。

1.3.3.1　沙渠河

沙渠河为涑水河支流，位于闻喜县东南部，发源于中条山最高峰唐王山，故又名唐王河，流经大峪、酒务头、柏范底、董村、河底等15个村庄，至吕庄水库进入涑水河。

河流全长33.5 km，流域面积262.78 km^2，河床比降1.3‰，侵蚀模数为8 120.5 t/(km^2·a)，糙率0.018。

后宫河为沙渠河的一级支流，位于闻喜县城东，发源于白石乡峡村东，流经小庄、三河口、刘家庄、下院、柏底等村，至河底流入沙渠河。

河流全长25 km，流域面积139.4 km^2，河床比降1.22‰，糙率0.018。

1.3.3.2　姚暹渠

姚暹渠为涑水河支流，是历史上为保护盐池、运盐及灌溉而修筑的一条人工河道，由隋代都水监姚暹主持修建，故名。姚暹渠流域位于山西省南部运城盆地，地理位置为东经110°17′～111°43′，北纬34°33′～35°34′。起点在运城市夏县的王峪口，沿中条山前沿向东，经张郭店至五里桥北折，过裴介向西南，穿过苦池水库，经安邑、运城，在永济市境内注入伍姓湖与涑水河汇合，全长86 km。流域面积2 126.98 km^2。渠底宽4～6 m，深2.5～3.5 m，左堤顶宽6～8 m，右堤顶宽3～4 m。平均纵坡1/770，糙率0.022，上陡下缓，上宽下窄，大部分是地上悬河，最大高出地面25 m，河床基本稳定。河道主要功能有：将王峪口、寺沟、亢沟等7条沟道洪水导入苦池水库，宣泄苦池水库洪水，阻挡渠北滩面洪水进入盐池。

1.3.3.3　青龙河

青龙河又名铁河，是姚暹渠的一级支流。位于闻喜县城东南，发源于中条山麓的裴社十八坪村江野峪沟，流经寺家庄、宋家庄、王赴等村进入夏县，再经上董、禹王、师冯等村入苦池水库。

河流全长54.5 km，流域面积444.57 km^2。河床比降3.6‰，侵蚀模数为810 t/(km^2·a)，糙率0.03。

青龙河河床曲折，引洪不畅，淤积严重，河床高出地面3～5 m，河床不稳定，历史上多次决口。

1.3.3.4 湾湾河

湾湾河为姚暹渠的一级支流。发源于永济市清华乡陶家窑峪,流经清化、董村、虞乡三个乡镇,在虞乡镇西阳朝村北流入排洪总干渠,到孙常村北与姚暹渠汇合于涑水河。全长18 km,流域面积101.39 km^2,纵坡0.1%。糙率在0.025~0.04之间。

河道于清光绪二十二年(公元1896年)由人工开挖,为解除雨季洪水冲淹沿途村庄,保护群众生命财产安全,发挥了重要的作用。为提高泄洪能力,民国八年(公元1919年),虞乡县组织民众对湾湾河再次进行开挖,河道泄洪能力由原来的1 m^3/s提高到2 m^3/s。

1.4 水文地质

1.4.1 地下水的赋存条件与分布规律

根据区内地下水的赋存条件且结合其具体情况,区内地下水基本类型可划分为:①松散岩类孔隙水;②碎屑岩类裂隙孔隙水;③碳酸盐岩类裂隙溶洞水;④基岩裂隙水。同时,考虑其水力特征不尽相同,从不同地下水类型内又可划分以下若干亚类:

(1)松散岩类孔隙水:潜水;浅层承压水;潜水-承压水;承压水;黄土状土孔隙裂隙水。

(2)碎屑岩类裂隙孔隙水:碎屑岩裂隙孔隙层间水;碎屑岩裂隙层间水。

(3)碳酸盐岩类裂隙溶洞水:碳酸盐岩裂隙溶洞水;碎屑岩夹碳酸盐岩裂隙溶洞水。

(4)基岩裂隙水:构造裂隙水;风化带网状裂隙水;安山岩孔洞裂隙水。

1.4.1.1 松散岩类孔隙水

松散岩类孔隙水分布在汾浍谷地、峨嵋台地、涑水盆地、黄河谷地及垣曲山间盆地等自然单元。汾浍谷地第四系厚度>500 m地形以河谷低阶地(一、二级阶地)和高阶地(三级阶地)为主,吕梁山前洪积扇次之,因水力特征不同可分为潜水、浅层承压水及承压水;峨嵋台地第四系在北东部一般厚度为250~280 m,南西部>350 m,地形属于黄土台塬和黄土丘陵,主要为承压水,因其处于汾河、涑水河之间,属河间地块;涑水盆地第四系厚度由百米至五六百米,地形以冲(湖)积平原为主,山前洪积扇、黄土地长梁次之,因水力性质不同,可分为潜水、浅层承压水,承压水;黄河谷地第四系厚度>300 m,地形主要为黄土台塬-丘陵,黄河台阶地、高阶地次之,以承压水为主,潜水次之;垣曲山间盆地第四系一般厚度不大,最厚者≤130 m,地形为黄土台塬、丘陵,及亳清河、沇西河低阶地,主要为孔隙潜水、承压水,其次是黄土状土孔隙裂隙水。

1. 潜水含水层

主要分布在汾河、黄河低阶地及沙渠河冲积扇范围。汾河沿岸含水层主要为全新统砂、砂砾石层,上更新统马兰组次之;沙渠河冲积扇范围,含水层为全新统细砂、亚砂土层;西部黄河东岸、南部黄河北岸含水层为全新统、上更新统马兰组中粗砂含砾层,浍河以南大交、仑丰及郇王等含水层主要为上更新统马兰组卵砾石、砂砾石层,全新统次之;垣曲亳清河、沇西河一带含水层主要为全新统砾卵石层。含水层断面多呈透镜状,纵向上变化较小。

2. 浅层承压含水层

分布在汾北高阶地和涑水(河谷)平原。汾水高阶地含水量为丁村组中细砂、粉细砂含砾层,含水层单一,呈层状,薄而稳定;涑水(河谷)平原含水量为丁村组砂砾、砂砾石层,横断面多呈透镜状。纵向上变化较小。

3. 潜水-承压含水层

主要分布在吕梁山和中条山北侧山前洪积扇地带。含水层主要为下三门组砂砾石、卵砾石层,丁村组次之,在中条山北侧东源头,洗马、土乐等一带含水层主要为丁村组亚砂土、粉砂层。含水层向洪积扇前缘方向厚度逐渐变薄、层次逐渐变多,并逐渐由潜水过渡到承压水。

4. 承压含水层

广泛分布在汾浍谷地、峨嵋台地、涑水盆地、黄河谷地及垣曲山间盆地等地带。根据地质时代不同,在垂向上自下而上依次为离石黄土上部承压水、离石黄土下部承压水及三门组承压水。

1)离石黄土上部承压水

主要沿涑水河分布,上游和中游主要分布在涑水河谷平原及黄土地形的前缘局部地带或冲沟内,经鸣条岗王范庄,由涑水平原入黄河。含水层在纵向上比较稳定,自下而上粒度逐渐变细,一般在涑水河谷,以砂砾石、砂卵石为主,在涑水平原以砂为主,含砾石。含水层横向上呈透镜状,向两侧逐渐变薄。

2)离石黄土下部承压水

分布在南部黄河北岸的黄土台塬、垣曲山间盆地高阶地、涑水盆地的黄土长梁等地带。沉积物的来源主要与洪积作用有关,含水层为砂卵石、砂砾石层。在黄河谷地,由近山向古洪积扇前缘,含水层逐渐变薄、变细及分叉。从工农业供水角度讲,在黄土长梁范围内,该承压含水层的厚度较薄,只能与三门组承压含水层同时开采方能使用。

3)三门组承压水

分布极为广泛,谷地、盆地及峨嵋岭等普遍可见。汾河谷地三门组承压含水层分布比较广泛和稳定,沿汾河一带为中细砂含砾层,汾河北侧为细、粉砂层,汾河南侧为中细砂、砂砾石、粉细砂层。由于北面吕梁山的影响,含水层的厚度自上而下由薄变厚。峨嵋岭三门组承压含水层分布亦比较广泛和稳定,分为两段:北东段三门组承压含水层向北东倾斜,其厚度亦向北东逐渐加大;南西段三门组承压含水层向南面倾斜,厚度变化较小。而峨嵋岭北东段南侧的黄土丘陵地段三门组承压含水层受古地形、沟谷控制,其展布方向为北西-南东向,横断面呈透镜状。涑水盆地三门组承压含水层广泛分布,含水层主要为细、粉砂层,砂砾石层次之,含水层一般是上游薄而窄,下游厚而宽,并且稳定。黄河谷地三门组承压含水层分布比较广泛,含水层为粉细砂、中细砂层及中粗砂含砾层,但其厚度不如其他区。

5. 黄土状土孔隙裂隙水

分布在黄土地形及坡洪积裙一带,含水层为离石黄土下部的零星钙层结构层和含裂隙的古土壤层。有时表现为上层滞水。

1.4.1.2 碎屑岩类裂隙孔隙水

碎屑岩裂隙孔隙层间水分布在垣曲山间盆地及平陆西部,含水层为下第三系砾岩、砂岩,上第三系砾岩或砾石层。胶结或半胶结,含水介质为裂隙、孔隙。

碎屑岩裂隙层间水主要分布在中条山等山岳地带,含水层为上元古界、古生界、中生界砂层。在单面山地形范围,多为承压水;在桌状山、阶梯状地形范围,侵蚀面之上,地下水在层间多不饱和而为潜水,如下坪铝土矿区 2903 孔砂岩埋深 125.6 ~ 135.6 m,地下水面埋深 129.6 m;2800 孔砂岩埋深 77.9 ~ 108.6 m,地下水面埋深 84.3 m。

1.4.1.3 碳酸盐岩类裂隙溶洞水

1. 碳酸盐岩裂隙溶洞水

1)裸露型

分布在中条山、吕梁山、稷王山、紫金山等地,含水层主要为寒武奥陶系灰岩、中条群大理岩,洛峪口灰岩次之,寒武奥陶系灰岩裂隙溶洞普遍发育,对地下水聚集、储存有利。中条群店头亚群大理岩地表常见岩溶现象,断层裂隙发育,富水结构主要与祁吕贺山字形构造有关,如篦子沟矿 660 主平洞、胡家峪南和沟矿 640 中段坑下自流钻孔所见。中条群马村亚群大理岩裂隙溶洞不发育,洛峪口灰岩地表裂隙及岩溶较发育,向地下逐渐减弱,可视为隔水层。

2)覆盖型

分布在九泉山、下白土(黄土丘陵)等地段,含水层为寒武系灰岩,裂隙溶洞较发育。九泉山一带为承压水,从展布情况分析,其形成与祁吕贺系构造凸起有关,原可能和塔儿山相接,后为新华夏系断开,古堆泉为其泄水点。下白土一带地下水面在灰岩内埋藏较深,为潜水,如:537 孔灰岩埋深 95.3 ~255.7 m,地下水面埋深 201.8 m;539 孔灰岩埋深 77.7 ~215.3 m,地下水面埋深 140.7 m;540 孔灰岩埋深 76.6 ~292.8 m,地下水面埋深 170.7 m。

2. 碎屑岩夹碳酸盐岩裂隙溶洞层间水

分布在中条山、吕梁山等地,含水层为石炭系上统太原组砂层、灰岩,寒武系下统灰岩、砂层、砂砾岩,含裂隙或裂隙溶洞水。其中,寒武系下统由于纬向断裂构造带的阻水作用,高处地下水面浅,相对低处地下水面反而深,不仅具承压性质,而且地下水呈阶梯状出现。

1.4.1.4 基岩裂隙水

1. 构造裂隙水

分布在中条山、吕梁山等范围。含水层为太古界、下元古界变质岩,节理裂隙、风化裂隙、构造裂隙较发育,一般具潜水性质,局部有层状水或脉状水,该层状水或脉状水主要沿断层破碎带裂隙、接触带及层间破碎带裂隙出现。

2. 风化带网状裂隙水

分布在中条山局部地段及孤山等地。含水层主要为不同时期的岩浆岩,节理裂隙、风化裂隙比较发育,具潜水性质。

3. 安山岩孔洞裂隙水

主要分布在中条山。含水层为上元古界中－基性火山岩，风化裂隙、节理裂隙及孔洞发育，为潜水。

1.4.2 不同地下水类型的富水性与特征

为了统一标准，水位降深多选用10 m左右的井孔，降深过大或过小的井孔则大都舍去，以5 m降深涌水量为准。井孔直径一律以10 in口径进行换算。换算公式如下

$$Q = Q' \frac{\frac{r}{r'} + 1}{2} \tag{1-1-1}$$

式中 Q——被换算口径的涌水量；

Q'——原口径的涌水量；

r——被换算口径之半径；

r'——原口径之半径。

平原区松散岩的分级，以水量区间表示，富水程度分三等五级，以当地主要采水段的单井抽水试验资料为依据进行划分：

水量极丰富：涌水量 >5 000 m^3/d；

水量丰富：涌水量 1 000 ~ 5 000 m^3/d；

水量中等：涌水量 100 ~ 1 000 m^3/d；

水量贫乏：涌水量 10 ~ 100 m^3/d；

水量极贫乏：涌水量 <10 m^3/d。

山区成岩、半成岩的分级，按水量区间，将富水程度分为三等三级，以矿区抽水试验资料为主，并参考泉水大小进行划分：

水量丰富：涌水量 1 000 ~ 5 000 m^3/d；

水量中等：涌水量 100 ~ 1 000 m^3/d；

水量丰富：涌水量 <100 m^3/d。

1.4.2.1 松散岩类孔隙水

1. 潜水含水层

1）水量丰富的（1 000 ~ 5 000 m^3/d）

浍河以南大交、仓丰及郇王等低阶地范围，含水层主要为上更新统马兰组卵砾石、砂砾石层，全新统次之，其厚度在 10 ~ 20 m 之间，其中受么里峪影响的董村、范壁及大交和受续鲁峪影响的北晋峪、永乐及大交一带，含水层比较厚。地下水位埋深 5 ~ 25 m，含水层埋深 5 ~ 32 m，含水介质透水性强；矿化度 <0.3 g/L，水质类型多为重碳酸钙型水。

2）水量中等的（100 ~ 1 000 m^3/d）

河津、稷山及新绛等汾河两岸低阶地范围，含水层主要为全新统砂、砂砾石层，上更新统马兰组次之，其厚度在 10 ~ 20 m 之间，地下水位埋深 2 ~ 10 m；含水层埋深 5 ~ 30 m，含水介质透水性中等；矿化度和水质类型变化较大，自新绛向河津矿化度依次为 2.0、1.3、1.8、0.5 g/L，水质类型依次为重碳酸硫酸钠镁型水、重碳酸硫酸镁型水、重碳酸钠镁（或

钙)型水。西部黄河东岸的庙前、南赵、尊村、崔家庄及夏阳,南部黄河北岸的风陵渡、北节义、郑家村、太安村、洪阳村、张峪及茅津一带低阶地范围,含水层为全新统、上更新统马兰组中粗砂含砾层,其厚度在5~10 m之间,地下水位埋深15~35 m;含水层埋深15~45 m,含水介质透水性中等;一般矿化度<1.0 g/L,水质类型为重碳酸钠镁型水,唯在风陵渡至北义节之间,矿化度为2~5 g/L,水质类型为氯化钠镁型水。后宫、河底等沙渠河冲积扇范围,含水层主要为全新统细砂、亚砂土层,其厚度变化较大,在8~15 m之间,地下水位埋深1.5~3.5 m;含水层埋深1.5~20 m,含水介质透水性中等,矿化度<1 g/L,水质类型为重碳酸钠型水。垣曲亳清河的刘张、皋落、王茅、古城以及沇西河的南打坂、磨头等低阶地范围,含水层主要为全新统砾卵石层,其厚度在5~15 m之间,地下水位埋深0.5~2.5 m;含水层埋深0.5~20 m,含水介质透水性中等;矿化度一般<0.5 g/L,水质类型为重碳酸钙型水、重碳酸钙镁型水。

2. 浅层承压含水层

1) 水量中等的(100~1 000 m^3/d)

汾河北侧新绛县、稷山县东部高阶地范围,含水层为丁村组中细砂层,其厚度3~4 m,变化不大,地下水位埋深10~30 m;含水层埋深30~40 m,含水介质透水性中等;一般矿化度0.5~1.0 g/L,水质类型为重碳酸钙镁型水、重碳酸钠镁钙型水。九原山及其以南地带,因受古堆热泉等影响,矿化度1~3 g/L,水质类型为重碳酸硫酸钠镁型水。寨里、水头、闻喜、东镇、横水、礼元等涑水河谷平原范围,含水层为丁村组中砂、中细砂、砂砾石层,其厚度变化较大,在4~15 m之间,地下水位埋深5~20 m;含水层埋深15~25 m,含水介质透水性中等;矿化度<1 g/L,水质类型为重碳酸钠水。广泛分布的涑水平原范围,含水层为丁村组中细砂层,其厚度变化较大,为0~20 m,地下水位埋深1~20 m;含水层埋深15~50 m,含水介质透水性中等;矿化度一般为1~3 g/L或3~10 g/L,水质类型主要为重碳酸硫酸钠型水、硫酸氯化钠镁型水。

2) 水量贫乏的(10~100 m^3/d)

汾河北侧河津市、稷山县西部高阶地范围,含水层为丁村组中细砂、粉细砂含砾层,其厚度变化不大,地下水位埋深20~25 m;含水层埋深25~35 m,含水介质透水性弱;矿化度为0.5 g/L左右,水质类型多为重碳酸钠镁型水。

3. 潜水-承压含水层

富水程度皆为水量中等(100~1 000 m^3/d),因地段不同岩层透水性不均一,富水性稍有差别:

吕梁山的青石峪、黄花峪山前洪积扇范围,含水层主要为三门组砂砾石、卵砾石层,丁村组次之,其厚度变化在20~50 m之间,地下水位埋深25~85 m;含水层埋深40~120 m,含水介质透水性中强,矿化度一般为0.5 g/L左右,水质类型为重碳酸钙镁型水。中条山北侧的韩阳、任阳和赵村等洪积扇范围,含水层为三门组砂砾石、砂卵石层,其厚度变化较大,在60~139 m之间,地下水位埋深在25~35 m;含水层埋深25~185 m,含水介质透水性中强;矿化度<1 g/L,水质类型为重碳酸钙型水、重碳酸钙镁型水。

吕梁山前张吴、北董等洪积扇范围,含水层主要为下三门组砂砾石、砂卵石层,丁村组次之,其厚度变化较大,为25~35 m,地下水位埋深30~85 m;含水层埋深40~120 m,含水介质透水性中弱；矿化度0.5 g/L左右，水质类型为重碳酸钙镁型水。中条山北侧洪积扇范围，李店、西坦朝和坡里含水层为三门组砂、砂砾石、砾卵石层，其厚度变化较大，在13～35 m之间，地下水位埋深1.5～25 m，含水层埋深为15～175 m；解州、西姚及东郭含水层为丁村组、全新统砂砾石、粉砂石、粉砂、亚砂土层，埋深为2～45 m，含水介质透水性中等；矿化度<1 g/L，水质类型为重碳酸钙镁型水。

4. 承压含水层

1）离石黄土上部承压水

A. 水量丰富的（1 000～5 000 m^3/d）

仪门、闻喜与白家涧、申家坡等涑水河谷平原范围，含水层为中粗砂、砂砾石及砂卵石层，其厚度为30～35 m，地下水位埋深为5～35 m；含水层埋深50～90 m，含水介质透水性强；矿化度<1 g/L，水质类型为重碳酸钠型水。

B. 水量中等的（100～1 000 m^3/d）

上郭、张村、郭家庄、姚村、裴村、爱里等涑水河平原范围，含水层为中细砂、砂砾石层，其厚度8～20 m，地下水位埋深为6.5 m；含水层埋深50～90 m，含水介质透水性中等；矿化度<1 g/L，水质类型为重碳酸钠型水。

2）离石黄土下部承压水

富水程度属水量中等（100～1 000 m^3/d）。南部黄河北岸黄土台塬的埋藏型洪积扇地带，含水层为砂卵石、砂砾石层，其厚度20～50 m，地下水位埋深30～80 m；含水层埋深60～120 m，含水介质透水性中等；矿化度<1 g/L，水质类型主要为重碳酸钠镁型水，次为重碳酸钙镁型或重碳酸钙型水。垣曲东峰山、上王等高阶地范围，含水层为砂卵石、砂砾石层，厚40 m左右，地下水位埋深15～20 m；含水层埋深在35～135 m之间，含水介质透水性中等，矿化度一般<0.5 g/L，水质类型为重碳酸钙型水。

3）三门组承压水

A. 汾浍谷地

a. 水量极丰富的（>5 000 m^3/d）

大交、仑丰及郇王等浍河低阶地范围，含水层为卵砾石、砂砾石层，其厚度25～35 m，地下水位埋深6～60 m；含水层埋深6～150 m，含水介质透水性极强；矿化度0.3～0.8 g/L，水质类型主要为重碳酸钙镁型水和重碳酸钙钠型水。

b. 水量丰富的（1 000～5 000 m^3/d）

河津市以西神前、仑头、连泊等黄河、汾河低阶地范围，含水层为砂、砂砾石、砂卵石层，其厚度为40～75 m，地下水位埋深2～3 m；含水层埋深75～180 m，含水介质透水性强；矿化度0.3～0.6 g/L，水质类型为重碳酸钠镁型水。

c. 水量中等的（100～1 000 m^3/d）

河津、稷山、新绛等县境汾河低阶地范围，含水层为中细砂含砾层，其厚度中、上游为40 m，埋深75～150 m；下游为40～70 m，埋深25～140 m。地下水位埋深为5 m，含水介质透水性中强，矿化度0.5 g/L，水质类型为重碳酸钠镁型水。汾河南侧的小停、翟店、清河、阳王及万安一带高阶地范围，含水层为中细砂、砂砾石层。其厚度东部为30 m左右，地下水位埋深60～90 m，含水层埋深为80～170 m；西部含水层厚度60 m左右，地下水埋深40~110 m,含水层埋深100~160 m,含水介质透水性中等,矿化度<1 g/L,水质类型为重碳酸钠镁型水、重碳酸硫酸钠镁型水。

南凡、北董浍河高阶地范围,含水层为砂砾石层,其厚度45 m左右,地下水位埋深20 m左右;含水层埋深55~130 m,含水介质透水性中弱;矿化度<1 g/L,水质类型为重碳酸钙镁型水。

B. 峨嵋台地—紫金山以南

a. 水量中等的(100~1 000 m^3/d)

通化、光华、荣河、孙吉、角杯、王显、北景等黄土台塬范围,含水层为中细砂层,其厚度40~90 m,地下水位埋深50~235 m;含水层埋深60~270 m,含水介质透水性中强;矿化度<1 g/L,水质类型为重碳酸钠型水。太贾、城关、南张、王亚、埝底等黄土台塬范围,含水层为细粉砂层,其厚度25~40 m,地下水位埋深115~210 m;含水层埋深105~245 m,含水介质透水性中等;矿化度<1 g/L,水质类型为重碳酸钠镁型水。下岭后、新义张、三交及干庆等黄土丘陵范围,含水层为细砂、细中砂层,厚度15~30 m,地下水位埋深20~85 m;含水层埋深50~145 m,含水介质透水性中弱;矿化度<1 g/L,水质类型为重碳酸钠镁型水、重碳酸钠型水。闻喜北垣的畖底、薛店及孤山周围的南里、古城及袁家庄等黄土台塬范围,含水层为粉细砂,厚度12~50 m,地下水位埋深70~180 m;含水层埋深145~235 m,含水介质透水性中弱;矿化度<1 g/L,水质类型为重碳酸钠镁型水。

紫金山以南的卫庄、绛县、南永靖等黄土台塬范围,含水层为砂砾石、粉砂层,厚度8~30 m,地下水位埋深20~85 m;含水层埋深50~130 m,含水介质透水性中等;矿化度0.3~0.6 g/L,水质类型为重碳酸钙镁型水、重碳酸钠镁型水。

b. 水量贫乏的(10~100 m^3/d)

堆后、三路里、上王等黄土丘陵及坡洪积裙一带,含水层为中砂、细粉砂层,厚度8~18 m,地下水位埋深54~75 m;含水层埋深58~145 m,含水介质透水性弱;矿化度<1 g/L,水质类型为重碳酸钠型水。

孤山周围的古城以南,含水层为粉细砂,厚度17 m,地下水位埋深83 m;含水层埋深115~230 m,含水介质透水性弱;矿化度<1 g/L,水质类型为重碳酸钠镁型水。

紫金山以南的郝庄、东吴等黄土台塬范围,含水层为砂砾石、粉砂(多土)层,厚度8~15 m,地下水位埋深20~100 m;含水层埋深75~130 m,含水介质透水性弱;矿化度<1 g/L,水质类型为重碳酸钙镁型水、重碳酸钠镁型水。

C. 涑水盆地

涑水河谷地段,由于三门组之上有水量比较丰富的离石黄土上部承压水,涑水平原、黄土长梁范围,含水层富水程度为水量中等(100~1 000 m^3/d)。

夏县、羊驮寺、三楼寺、永济、开张及临猗等涑水平原范围,含水层为砂含砂石层,厚度为50~140 m,地下水位埋深45 m,含水层埋深一般70~290 m;东三里一带含水层埋深为35~170 m,含水介质透水性中强,矿化度一般<1 g/L,水质类型为重碳酸钠(或钠镁)型水、重碳酸硫酸钠(或钠镁)型水。

于乡、车盘、运城、安邑、楞佬、张营及临晋等涑水平原范围,含水层为细粉砂层。于乡—安邑段含水层厚度90 m左右,埋深为60~140 m;在楞佬—临晋段,含水层厚度190

m,埋深 35 ~ 300 m,地下水位埋深 0.5 ~ 65 m。含水介质透水性中等,矿化度 <1 g/L,水质类型为重碳酸钠镁型水。

D. 黄河谷地

a. 水量丰富的(1 000 ~ 5 000 m^3/d)

南部黄河北岸的部分高阶地范围,含水层为中粗砂含砾、细砂层,厚度 20 ~ 80 m,地下水位埋深 14 ~ 62 m;含水层埋深 60 ~ 170 m,含水介质透水性较强;矿化度 <1 g/L,水质类型为重碳酸钠镁(或钠)型水。

b. 水量中等的(100 ~ 1 000 m^3/d)

西部黄河东岸、南部黄河北岸的低阶地范围,含水层为细砂、中细砂层,厚度 15 ~ 31 m,地下水位埋深 10 ~ 56 m;含水层埋深 40 ~ 130 m,含水介质透水性中等;矿化度 <1 g/L,水质类型为重碳酸钠镁型水。

中窑、古仁、芮城、东芦、陌南、洪池、常乐及南留史等南部黄河北岸黄土台塬范围,含水层为粉细砂层(其上部分有匼河组砂砾石、砂层),厚度 25 ~ 35 m,地下水位埋深 30 ~ 80 m,含水层埋深 75 ~ 225 m,含水介质透水性中弱;矿化度 <1 g/L,水质类型为重碳酸钙镁(或钠镁、钠钙)型水。

5. 黄土状土孔隙裂隙水

1) 水量贫乏的(10 ~ 100 m^3/d)

垣曲山间盆地,含水层为透镜状卵砾石层(其厚度 1 ~ 2 m)以及离石黄土下部的零星钙质结核、古土壤层中的裂隙,地下水埋深因地而异,差别很大;含水介质透水性弱,矿化度 0.4 g/L 左右,水质类型为重碳酸钙型水。

2) 水量极贫乏的(<10 m^3/d)

中条山两侧、峨嵋岭、紫金山南侧及吕梁山,含水层为离石黄土下部的零星钙质结核、古土壤层中的裂隙,地下水埋深因地而异,局部为上层滞水;含水介质透水性极弱,矿化度 0.4 g/L 左右,水质类型为重碳酸钙型水。

1.4.2.2　碎屑岩类裂隙孔隙水

1. 碎屑岩裂隙孔隙层间水

富水程度为水量贫乏(0 ~ 100 m^3/d)。垣曲山间盆地的王茅、古城、英言、谭家及平陆西部一带,含水层主要为下第三系垣曲组下段底部砾岩和中上部间砾岩,中段薄层状、透镜状层间砾岩、砂岩,上段层间砾岩;上第三系上新统下部砾岩或砾石层次之。胶结或半胶结,有裂隙,含水介质透水性极弱,泉水流量一般为 0.28 ~ 0.83 L/s,矿化度 0.3 g/L,水质类型主要为重碳酸钙型水。

2. 碎屑岩裂隙层间水

富水程度为水量贫乏(0 ~ 100 m^3/d)。中条山、吕梁山、稷王山及紫金山等山岳地带,含水层为汝阳群石英岩,石炭系本溪组石英砂岩,二叠系山西组石英砂岩、长石石英砂岩,下石盒子组、上石盒子组长石石英砂岩,石千峰组含砾粗砂岩、中粗砾砂岩夹砂砾岩、中粗石英砂岩,三叠系长石石英砂岩,含裂隙水,含水介质透水性弱,泉水流量一般为 0.56 ~ 1.11 L/s,矿化度 0.2 ~ 0.4 g/L,水质类型主要为重碳酸钙型水。

1.4.2.3 碳酸盐岩类裂隙溶洞水

1.碳酸盐岩裂隙溶洞水

1)水量丰富的(1 000 ~5 000 m^3/d)

中条山、吕梁山等地,含水层主要为奥陶系中统灰岩,局部为寒武系灰岩,裂隙溶洞普遍发育。据垣曲钻孔资料揭露,在 50 ~51 m 深,尚可见较大的溶洞,含水介质透水性强,单井涌水量 2 962.8 m^3/d,该层出大泉,有关特征分述如下:

(1)沸泉:位于紫金山以东的沸泉村 250 m 处,地形为一呈 NE65°方向的黄土冲沟。其西侧为紫金山,东侧为黄土丘陵,为构造上升泉,出露海拔标高 575 m,泉水流量 520 L/s,水量比较稳定,水温年变化为 15 ~19.5 ℃,矿化度 0.265 g/L,水质类型为重碳酸钙镁型水。紫金山自北向南为太谷界杂岩,汝阳群石英砂岩、寒武系砂页岩及灰岩,分水岭及南坡主要为中寒武统灰岩,其面积大约有 10 km^2。泉水即出露在该倾伏背斜的南翼的端部,自沟西的中寒武统和松散堆积层溢出。从其附近露头观测有 NEE - SWW、NE - SW 向两组断层,地下水流向与该背斜的倾伏方向一致,因此山上裸露的基岩在接受大气降水的补给之后,无疑是沸泉的来源。但从其分布范围有限来看,紫金山可能接受的大气降水补给量比沸泉的流量小得多,所以推断松散岩类的孔隙水与其直接沟通,或通过断层与其贯通,从而补给碳酸盐岩裂隙溶洞水。

(2)五龙泉:位于垣曲县长直公社西郊斜村南 750 m 处,地形为亳清河西岸阶地与河漫滩交接地段。泉水自奥陶系灰岩溢出,溢出带长达 100 m,为侵蚀下降泉,可见 15 个泉眼,出露海拔标高 420 m。泉水流量 370 L/s,水量比较稳定,水温 15 ℃左右,矿化度 0.3 g/L,水质类型为重碳酸钙镁型水。该地段地层自北向南为西阳河群安山岩、汝阳群石英砂岩、寒武系砂页岩及灰岩、奥陶系灰岩、石炭二叠系砂页岩及薄层灰岩,以及燕山期火成岩等,构造上为一单斜构造,岩层倾向南东,与河流流向基本一致,有较大的补给面积。泉眼附近的中奥陶系灰岩,地表裂隙溶洞非常发育,直径 0.5 m 左右,溶洞分布密集,处处可见。据 1551 孔、1552 孔揭示,在 150 m 深度内,地下溶洞也比较发育。值得提及的是,1451 孔在孔深 50 ~51 m 处见一直径 2 m 的大溶洞。因此,该灰岩对地下水的补给、储存均非常有利。泉眼的下游,有不透水燕山期火成岩阻挡,使中奥陶统灰岩裂隙溶洞水无法继续以地下径流的方式正常运动,而在地形有利的地段溢出地表。

(3)古堆泉:位于新绛县古堆村北西方向 448.4 m 处,地形为汾河三级阶地上的黄土鼓丘(约 20 km^2)。泉水在其西侧低处,泉眼有几十个,其中以龙王泉、莲花泉、琵琶泉、清泉、怪泉、一条腿泉水量较大,溢出带长达 150 m 左右,为构造上升泉,出露海拔标高 448.4 m。泉水流量据 1974 年观测资料为 1 150 L/s,1990 年观测资料为 520 L/s,2000 年以后受第四系成井大量开采地下水影响,泉水基本干枯。水温 23.5 ℃,矿化度 0.83 g/L,水质类型为重碳酸硫酸钙钠型水,并有 CO_2气体逸出。泉眼附近为寒武系奥陶系灰岩,裂隙发育。据钻孔揭示,在黄土鼓丘范围,松散岩类覆盖厚度为 20 ~50 m,其岩性为亚黏土夹砾石,而在黄土鼓丘西侧约 1 km 的北董,松散岩类覆盖厚度达 120 m 以上,再远者松散岩类覆盖厚度更大,地下所见主要为上寒武统竹叶状灰岩及白云质灰岩。垂直节理和溶洞亦比较发育,在 135 m 深度以内发育三层溶洞,第一层为 35 ~50 m,第二层为 70 ~100 m,第三层为 130 ~135 m。泉水流量大,水量稳定,是当地所出露的基岩(包括黄土鼓丘下的基岩)直接承受大气降水补给所不能达到的。其水质类型为硫酸、重碳酸盐水,表明该泉水是经过了比较长的路程。同时,从该泉水温达 23.5 ℃,比其附近地下水温高约 10 ℃,尚有 CO_2气体逸出,泉水又具有承压现象等来看,其补给源距离较远。

2)水量中等的(100 ~ 1 000 m^3/d)

中条山、吕梁山、稷王山、紫金山等地含水层为寒武系中统徐庄组灰岩、鲕状灰岩,张夏组灰岩、鲕状灰岩、白云岩,寒武系上统白云岩夹竹叶状灰岩,奥陶系下统灰岩、白云质灰岩、燧石白云岩、白云岩。裂隙溶洞较发育。据 537 孔资料,在 230 m 左右尚可见过直径为 0.1 m 的溶洞;1257 孔在 265 m 左右、275.75 ~ 299.13 m 等处,节理发育,岩石破碎,含水介质透水性中等。537 孔单井涌水量为 228 m^3/d,1257 孔单井涌水量为 384 m^3/d,矿化度小于 0.5 g/L,水质类型为重碳酸钠镁型水。

中条山中段,含水层为下元古界中条群店头亚群大理岩。地表常见岩溶现象,溶洞大者直径在 0.1 ~ 2 m 之间,断层裂隙发育。据篦子沟矿主平洞资料,由于断层影响,有两个大的裂隙带,其厚度分别为 190 m 和 250 m,总流量达 2 016 ~ 8 352 m^3/d;胡家峪南和沟矿区中段坑下钻孔,因和尚沟断层影响,自流水流量达 864 m^3/d。顺层理的裂隙层亦可常见,例如胡家峪至东峪沟一带,上部岩石完整,单井涌水量为 18 ~ 348 m^3/d。其中余元下组大理岩泉水出露较多,泉水流量以 1 < L/s 的为主,1 ~ 5 L/s 次之,5 ~ 10 L/s 或 > 10 L/s 少见;余家山大理岩泉水出露少而大,一般流量为 10 ~ 30 L/s,个别流量达 50 L/s,矿化度 0.2 g/L 左右,水质类型为重碳酸钙镁型水。

3)水量贫乏的(0 ~ 100 m^3/d)

中条山的西南段及中段,含水层为洛峪群洛峪口组白云岩、硅质灰岩及中条群马村亚群大理岩,地表裂隙及岩溶比较发育,泉水流量一般为 0.1 ~ 1.83 L/s,水峪磷矿区附近,大者可达 8 L/s,含水介质透水性极弱。下部裂隙岩溶均不发育,据钻孔抽水试验资料,单井涌水量在 0.043 ~ 0.96 m^3/d,矿化度 0.2 g/L 左右,水质类型为重碳酸钙镁型水。

2. 碎屑岩夹碳酸盐岩裂隙溶洞层间水

1)水量中等的(100 ~ 1 000 m^3/d)

中条山、吕梁山等地,含水层为石炭系上统太原组石英砂岩、灰岩,其中灰岩有 1 ~ 2 层,其下的一层灰层比较稳定,含裂隙,裂隙溶洞水,含水介质透水性中等,泉水流量一般为 0.06 ~ 0.08 L/s。区内对其做的工作不多。

2)水量贫乏的(0 ~ 100 m^3/d)

中条山、吕梁山等地,含水层为寒武系下统灰岩、砂岩、砂砾岩,裂隙不发育,有微岩溶现象。含水介质透水性弱,单井涌水量一般 0.43 ~ 43 m^3/d,个别大者为 139 m^3/d,泉水流量 0.06 ~ 0.13 L/s,一般矿化度 0.2 g/L 左右,水质类型为重碳酸钙镁型水。唯水峪磷矿区 5711 孔矿化度达 1.66 g/L,水质类型为硫酸钙型水,此现象出现在山区地下水剧烈交替范围是罕见的,主要与地层夹多层石膏有关。

1.4.2.4 基岩裂隙水

1. 构造裂隙水

富水程度为水量贫乏(0 ~ 100 m^3/d)。中条山、吕梁山、稷王山等范围,含水层为太古界杂岩、下元岩界绛县群、中条群片岩、石英岩等。裂隙发育不均,一般为节理裂隙、风化裂隙,具潜水性质,含水介质透水性极弱,单井涌水量 1.6 ~2.3 m^3/d。其内有构造裂隙层状水或脉状水,主要与断裂构造,其次与火成岩接触裂隙有关。裂隙带间贯通性差,在地形有利的情况下钻孔遇此带后发生自流现象,含水介质透水性中弱,单井涌水量大者达 160 m^3/d,泉水流量一般都小于 1 L/s,少数为 3 ~4 L/s,矿化度为 0.2 g/L,水质类型为重碳酸钙镁型水。

2. 风化带网状裂隙水

富水程度为水量贫乏(0 ~100 m^3/d)。中条山及孤山等局部地段,含水层主要为阜平期混合花岗岩,吕梁期花岗岩、角闪岩及燕山期花岗闪长岩、闪长斑岩。风化裂隙比较发育,较为明显的深度为 20 ~30 m,最大可达 100 m,含水介质透水性极弱,泉水流量一般为 0.03 ~0.4 L/s,大者 1.52 L/s,矿化度 0.3 g/L 左右,水质类型主要为重碳酸钙型水。

3. 安山岩孔洞裂隙水

富水程度为水量贫乏(0 ~100 m^3/d)。以中条山北东部为主,含水层为西阳河群安山岩,风化裂隙、节理裂隙及孔洞发育,渗透性极弱,泉水流量一般为 0.3 ~0.5 L/s,大者为 6.6 L/s,矿化度为 0.3 g/L,水质类型主要为重碳酸钙型水。

1.4.3 地下水的补给、径流与排泄条件

区内的吕梁山、峨嵋岭—紫金山、中条山等,分别将汾浍谷地、涑水盆地及黄河谷地分隔开来,使其构成几个独立的水文地质单元。因各自的自然条件、人为影响不全一样,从而地下水的发生和发展变化过程也不尽相同。

从整体看,区内地下水分水岭与山区(包括峨嵋岭)地形相吻合。值得提及的是,在峨嵋岭—紫金山一线,涑水盆地北东端部的闻喜礼元、绛县北峪两“风口”分别存有地下水分水岭,使其相连并构成完整区域分水岭。

地下水运动总的特点是:盆地、谷地四周向中心运动,上游向下游运动,深层向浅层运动。由于人为开采影响,亦有浅层向深层运动的情况。

1.4.3.1 涑水盆地

四周山区(主要是中条山)在直接接受大气降水补给之后,基岩裂隙水呈放射状水层,局部的碳酸盐裂隙溶洞水呈层间水层向盆地运动,其中一部分地下水行程较短,以泉水的形式排泄于沟谷并汇集成河,而后排向涑水平原。

盆地范围广泛分布的松散岩类孔隙水,盆地平原(包括黄土长梁、山前洪积扇)面积为 2 987.7 km^2,约占整个汇水面积的 75%,因此大气降水渗水的垂向补给是主要的。再者,中条山汇入涑水盆地的面积为 972.44 km^2,约占整个汇水面积的 25%,从而侧向补给占有比较重要的位置。其中绛县、闻喜、夏县相对沟深谷宽,汇水面积较大,补给条件较好;运城,永济沟浅谷宽,汇水面积相对较小,补给条件较差。其次,目前引黄灌溉用水量不大,因此其入渗补给是有限的。同时,从开采意义考虑,地下水天然资源用于灌溉的回渗是不能忽视的。

盆地潜水由四周向盐池、硝池呈汇聚状形式运动,并形成地表水体,而后依靠蒸发排泄。涑水河谷平原及涑水平原因大量开发影响,造成了潜水或浅层承压水越流补给中层或深层承压水。

盆地承压水在自然条件下,原来总的运动方向是由北东向南西流,但因长期大量开采影响,已改变成为主要是向永济至安邑一线区域下降漏斗中心汇集,而以开采方式排泄。其径流条件一般是山前比盆地中心好,上游比下游好。山前洪积扇地带含水介质虽然透水性中等,但水力坡度比较大,北东段0.014,中段0.005 7～0.011,南西段0.012 5,径流条件较好;盆地中心的涑水河谷平原含水介质透水性较强,但水力坡度不大,一般为0.002 6～0.003 6,径流条件尚好;涑水平原含水介质透水性中等,水力坡度一般亦小,其径流条件稍次。

1.4.3.2　汾河谷地

北部的吕梁山在接受大气降水补给之后,基岩裂隙水呈放射性状水层,碳酸盐岩裂隙溶洞水呈层间水层,由北向南运动。一部分地下水行程较短,以泉的形式排泄并汇入谷地。

上游的松散岩类孔隙层间水,以地下径流形式流经谷地运城市段。

南部峨嵋岭在接受大气降水补给之后,松散岩类孔隙层间水,在闻喜北垣,地下水位比谷地高达100 m以上,向谷地运动、汇集。

谷地广泛分布的松散岩类孔隙水,谷地平原(包括阶地、洪积扇)面积1 512.52 km^2,约占整个面积的65%,所以区内以大气降水入渗的垂向补给为主。再者,吕梁山汇入谷地面积约800 km^2,占整个面积的35%,其侧向补给占有比较重要的位置,马壁峪、黄华峪沟深谷宽,汇水面积较大,补给条件尚好。其次,引汾灌溉用水量当前尚少,其入渗补给有限,而峨嵋岭的侧向补给,主要限于闻喜县北垣的较小范围。最后,开采地下水天然资源用于灌溉的回渗补给。

全新统含水介质透水性中等,水力坡度上游0.001 8,中下游0.002 9,径流条件尚好;上更新统丁村组含水介质透水性中等,水力坡度一般为0.01～0.013,径流条件较好;下更新统三门组含水介质透水性中等,下游比上游强,水力坡度一般为0.003～0.004,透流条件尚好;汾北西北部高阶地范围,丁村组比三门组水位高,前者越流补给后者。

1.4.3.3　黄河谷地

分布于平陆、芮城一带,中条山接受大气降水之后,碎屑岩裂隙水、碳酸盐岩裂隙溶洞水,呈层间水层由北向南运动,一部分地下水行程较短,以泉水形式排泄并汇入谷地。

谷地的松散岩类孔隙水,在直接接受大气降水入渗的垂向补给之后,在黄土台塬范围自北向南流,河流阶地范围从西往东流,承压水层总的趋势是自西向东呈喇叭形向下游运动,部分地下水于黄土冲沟或黄土台塬前缘,以泉的形式排泄并汇入黄河。

谷底平原(黄土台塬、阶地)面积1 693.8 km^2,约占整个面积的90%,大气降水入渗的垂向补给是其主要的来源。中条山汇入谷地面积190 km^2,约占整个面积的10%,沟浅谷窄,侧向补给条件较差。

黄土台塬范围,含水介质透水性中等,水力坡度为0.026,径流条件尚好。黄河阶地范围,含水介质透水性中等到强,水力坡度0.002 5,径流条件较好。

1.4.4　地下水的化学特征

水质类型的划分,以六个主要离子项目(HCO_3^-、SO_4^{2-}、Cl^-、Ca^{2+}、Mg^{2+}、Na^+或

$Na^+ + K^+$)为依据,凡含量超过毫克当量25%的离子,作为分类考虑之列。矿化度分级按以下标准划分:

(1)淡水:矿化度<1 g/L;

(2)微咸水:矿化度1~3 g/L;

(3)半咸水:矿化度3~10 g/L;

(4)咸水:矿化度>10 g/L。

据上述原则,区内地下水的化学成分,绝大多数比较单一,水质类型为重碳酸盐型,矿化度<0.5 g/L。盆地、谷地内潜水水化学的水平分带,在涑水盆地比较明显,而汾河谷地、黄河谷地仅阳离子的变化有所显示;承压水层水化学成分仅涑水盆地的运城、栲栳垂直分带比较明显。值得提及的是,芮城县水峪磷矿区650孔寒武系辛集组泥灰岩(夹薄层石膏)内,水质类型为硫酸钙型,矿化度达1.7 g/L,为寻找盐类矿产提供了线索。

1.4.4.1 涑水盆地

盆地潜水的水化学水平分带明显,若把其水化学类型与地下水运动联系,并以主要阴离子划分的水质类型来看,其分布是地下水流向和距离的函数,即:

补给区→排泄区

重碳酸盐→重碳酸盐+硫酸盐→重碳酸盐+硫酸盐+氯化物→硫酸盐+氯化物→氯化物

淡水带→微咸水带→半咸水带

根据潜水阴离子和阳离子成分,水质类型自盆地边缘向中心的变化规律是:重碳酸钙镁型水→重碳酸钠(镁)型水→重碳酸硫酸钠(镁)型水→重碳酸硫酸氯化钠型水→硫酸氯化钠(镁)型水→氯化钠型水。其矿化度亦发生相应变化,由<1 g/L→1~3 g/L→3~10 g/L。上述不同水质类型的潜水,以低矿化度的重碳酸盐型分布最广,重碳酸盐硫酸盐或硫酸盐氯化物微咸水或半咸水次之,氯化物型微咸水很弱。

盆地承压水层水质类型在盆地边缘或其中上游均为低矿化的重碳酸盐型水,在运城一带大约以百米深度为界。受地层本身含盐量较高影响,水质是上咸下淡,并自大约百米深度开始,由上往下水质逐渐变差,水化学垂直分带明显。例如:

(盐湖区冲击平原钻孔资料)

含水层深埋51~57 m,水质类型为氯化物硫酸盐型半咸水;

含水层深埋144~163 m,水质类型为重碳酸盐硫酸盐型淡水;

含水层深埋180~210 m,水质类型为重碳酸盐硫酸盐型淡水;

含水层深埋243~321 m,水质类型为硫酸盐重碳酸盐型淡水;

含水层深埋363~402 m,水质类型为硫酸盐型半咸水;

含水层深埋473~630 m,水质极差,水质类型为氯化物型盐水。

以上表明,运城一带承压水层除百米以上承压水因受其地层本身含盐量较高影响而例外,自百米向下三个垂直水动力带是存在的:

(1)上部交替带:100~300 m,其特征是循环较快,岩石和沉积物的淋滤型好,为溶解固体量很少的重碳酸盐型水。

(2)过渡带:300~400 m,水运动较慢,溶解的固体较多,主要阴离子与硫酸盐有关。

(3)深部“滞水”带:在400 m以下,属高矿化的氯化物型水。

同时,在栲栳塬一带,承压水的垂直分带亦较明显,在200 m范围内,大约以百米深度为界,上部是比较剧烈交替带,下部为缓慢交替带,水质是上淡下咸。

1.4.4.2　汾河谷地

谷地潜水水化学成分比较单一,根据主要阴离子划分的水质类型来看,一般皆为重碳酸盐水,若结合主要阳离子成分考虑,则由两侧向其中心变化规律是:重盐酸钙型水→重碳酸钙镁型水→重碳酸钠镁型或重碳酸钠型水,唯新绛附近因人为(色染厂等)污染影响,水质类型为硫酸盐氯化物型水。矿化度<1 g/L,局部为1~3 g/L。同时热水对其水质类型的变化起着一定的作用,稷山县七级—新绛县北池一带,潜水水质类型为重碳酸盐型水;新绛县泽掌一带,因古滩热水泉的影响,水质类型自泉眼向其下游依次为:重碳酸盐硫酸盐型水或重碳酸盐硫酸盐氯化物型水→硫酸盐型水→重碳酸盐型水。很明显,后者使其行程继续加大后,有上游重碳酸盐型水加入的结果。

谷地承压水层水质类型以阴离子成分划分,绝大部分为重碳酸盐型水,结合阴离子考虑则分为重碳酸钙镁型水、重碳酸钠镁型水、重碳酸钠型水;矿化度<1 g/L。个别地点为硫酸重碳酸钠镁(钙)型水,矿化度0.9~1.2 g/L;河津城关东窑头为硫酸氯化钠型水,矿化度1.8 g/L,分析其原因可能是局部污染或者潜水带与承压水封闭不良所造成。但是在稷山县三交—新绛县董村一带地下热水分布区,水质类型分别为氯化钠型水、硫酸氯化钠型水,矿化度为1.6 g/L或1.7 g/L。

1.4.4.3　黄河谷地

谷地潜水水化学类型比较单一,水质类型以阴离子成分划分为重碳酸型水;结合阴离子考虑,自中条山向南依次为重碳酸钙型水→重碳酸钙镁型水→重碳酸钠镁型水→重碳酸钠型水,黄河阶地为重碳酸钙镁型水。矿化度在黄土堆积地形范围<1 g/L,黄河阶地地区为1~3 g/L。

谷地承压水层以阴离子成分划分,水质类型为重碳酸盐型水;根据阴离子和阳离子成分划分,分别为重碳酸钙镁型水或重碳酸钠钙型水或重碳酸钠镁型水、重碳酸钠型水,矿化度<1 g/L。

1.5　土壤植被特性

运城城区有山地、平原、岗岭及阶地,地形复杂,土质各异。据1982年土壤普查,可分为4个土类、10个亚类、22个土属、82个土种。其中褐土1 242 664.1亩(1亩=1/15 hm^2,全书同),占14.5%;草甸土408 352.2亩,占24.5%;沼泽土1 428.8亩,占0.44%;盐土8 548.8亩,占0.5%。

1.5.1　褐土

1.5.1.1　山地褐土

主要分布在稷王山及中条山的浅山区,海拔在550~1 000 m。

(1)石灰岩质山地褐土:分布在三路里镇柏王山、李家山和席张乡邵家窑、五龙峪岱家窑一带,面积 48 222 亩。这种土壤发育在石灰岩风化物上,一般厚 16 ~ 17 cm。

(2)黄土质山地褐土:主要分布在中条山与稷王山的山顶或缓坡地带,发育在第四纪风积黄土母质上,土层较厚,厚者可达 2 ~ 3 m,有机质含量为 1.5% ~ 22%,面积 9 546.8 亩。

1.5.1.2 碳酸盐褐土性土

主要分布于丘陵边坡及山前洪积扇上,在第四纪黄土或黄土状母质上发育而成,土层较厚。

(1)粗骨性碳酸盐褐土性土:分布于洪积扇裙中上部,即中条山脚一带,面积75 703.4 亩。

(2)洪淤碳酸盐褐土性土:发育在洪积扇中下部及黄土质山地褐土底部的洪积沉积物上,主要分布于席张、东郭、五龙峪、常平、西姚一带,面积 48 152 亩。表层厚度一般为 20 ~ 27 km,土壤养分较川地为多,一般有机质含量在 0.9% ~ 1.5%,高者可达 1.94%。速效养分含量氮为 66 mg/L、磷为 8.3 mg/L、钾为 201 mg/L,适于甘薯、花生生长。

(3)黄土质碳酸盐褐土性土:在黄土母质上发育而成,主要分布于台垣斜坡与鸣条岗边缘。包括泓芝驿、上郭、三路里、上王、陶村等乡镇的北部及冯村、王范庄的南部,面积为 211 876.8 亩。土壤颜色多为浅棕褐色,耕层一般 16 ~ 29 cm,质地适中,养分较低,通透性能好,保水保肥差。35 cm 以内有机质含量 0.76%,全氮 0.093%、全磷 0.051%、速效氮 51 mg/L、速效磷 6.7 mg/L、速效钾 151 mg/L。

(4)沟淤碳酸盐褐土性土:分布于鸭河、垣峪等沟地的底部,面积不大,有 1 918.9 亩。土壤颜色多为浅棕褐色,耕层 20 ~ 24 cm。养分含量较高,有机质含量在 0.72% ~ 0.95%,全氮为 0.066%,速效钾为 121 mg/L。

(5)底盐质碳酸盐褐土性土:分布于盐湖北岸的垄岗地带,以四十里岗、七里岗为主,面积为 5 548.4 亩。土壤下部为浅灰白色粒状石膏晶体,俗称"盐砂土",遇湿收缩下沉,逢干膨胀上升。乔家庄、杜家坡、张家坡一带岗岭,有机质含量在 0.5% ~ 0.8%,农作物遇旱易衰。沙窝、雷家坡、下堡头的岗上,土体干燥、养分贫瘠,有机质含量在 0.55% ~ 0.75%,对农业生产发展十分不利。十里铺、李店、槐树凹、庙村的平缓地带,黄土覆盖较厚,盐沙埋藏较深,土壤结构较好,保水保肥性强,有机质含量在 0.75% ~ 1.1%,适于农业生产。

1.5.1.3 黄垆土

广泛分布于平川二级阶地及垣地上,在黄土及黄土状母质上发育而成。

(1)垣地黄垆土:分布于上郭、路家庄、苏村、墩张、王范庄、杜东庄等地的垣面上,面积为 104 158.2 亩,表层厚度在 24 ~ 30 cm,质地中壤,多呈浅棕褐色,肥力较差,有机质含量偏低,速效氮一般在 3 ~ 66 mg/L,速效磷为 2 ~ 13 mg/L,速效钾为 120 ~ 180 mg/L。

(2)黄垆土:分布于二级阶地的平川地带,在黄土状母质上发育而成。面积367 163.3 亩,土层深厚,土质中偏上,耕作性好,通透性较佳,保水保肥较强,土壤中含速效钾较为丰富,一般在150 ~ 200 mg/L。有机质及速效磷含量偏低,一般速效磷为 2 ~ 7 mg/L。

(3)黏黄垆土:在二级阶地低凹地段,主要分布于赎马、大张以南及东畔、北畔以西一带,面积为 13 324.4 亩。土壤紧实,通透性不良,宜耕期短,难抓全苗,但养分较高,有机质含量在0.9%～1.34%，全氮0.064%～0.08%。土壤增温慢，素有“凉性土”之称，养分分解慢，有“发老不发小”之说，宜种小麦。

(4)淤黄垆土：发育在丘陵坡前较平缓地带的冲积淤积物上。包括泓芝驿、东张岳至累德及陶村镇的五曹一带，面积18 912.3亩。土壤养分较高，有机质含量0.85%～1.2%，全氮0.065%～0.1%，是由坡地表土冲刷淤积而成。

1.5.1.4　草甸褐土

多集中于二级阶地的过渡地带和其低凹地。零星分布于金井、原王庄和三家庄一带，面积57 175.1亩。表土层为黄褐色，厚度30 cm左右，耕后土壤疏松，肥力较高，适于农作物生长，为一年两熟、两年三熟区。

1.5.2　草甸土

草甸土分布于涑水河河谷平原及山前凹地。

1.5.2.1　浅色草甸土

分布于扇前凹地与一级阶地的平缓地带，包括解州、郊斜北部、汤里滩、长乐滩等。面积48 475.3亩。

(1)砂壤质潮土：在解州、郊斜北部，系山洪携带，质地较粗，通透性好，适耕期长，有机质含量0.75%～1.3%，全氮0.06%～0.14%，速效氮50～70 mg/L，速效磷11～13 mg/L。

(2)壤质潮土：分布于河渠两岸低凹冲积平原上，面积不大，包括车盘北、高玉村北、郑费村南、金井侯村北。土质适中，耕性及保水保肥均好。含速效氮40 mg/L，钾180 mg/L，磷3～9 mg/L。

(3)黏质潮土：分布在长乐、汤里滩，质地黏，土壤紧实，通透性差，易板结。有机质含量一般0.8%～1.27%，全氮0.06%～0.09%。

1.5.2.2　褐化浅色草甸土

分布于冲积平原地势较高的部位。

(1)褐潮土：分布于涑水河、姚暹渠及山前平原的略高部位，面积278 925.6亩，土壤质地较轻，结构良好，养分含量较高，有机质含量0.9%～1.5%，全氮0.05%～0.11%，是运城市农作物高产地区之一。

(2)风化垆土：分布于涑水河两岸和姚暹渠北侧，是在河流冲积沉积母质上发育而成的土壤，面积为85 717.1亩，耕作历史悠久，有机质含量在0.8%～1.65%，耕作厚度为28～33 cm碳酸钙含量5%～17%，是市内高产、稳产的粮棉基地。

1.5.2.3　盐化浅色草甸土

主要分布于一级阶地低平地带及凹地边缘的长乐滩、北门滩、北贾滩、西王滩等地。需排碱改土，方宜耕种。

1.5.3　盐土

盐土面积8 548.8亩，多见于凹地及盐池边沿。一般排水不畅，水位较浅。土层含盐量高，不适合农作物生长。

1.5.4 沼泽土

沼泽土分布于盐湖边缘的低凹地鸭子池、北门滩一带,有 7 428.8 亩。地表积水,生长有水草及芦苇、盐蒿等。

运城盆地在历史上属于开发较早的区域之一,境内除山坡、滩地之外,全被开垦种植。自民国以来,树木砍伐殆尽,但尚有苍柏古槐,植被遭严重的破坏。中华人民共和国成立后植树造林,树木成荫,灌木杂草丛生,南北两山已发展成为较好的天然牧场。纵观全局,西边好于东边,南山好于北山。山区二等草坡 154 177.7 亩,三等草坡 208 354.9 亩。城区共有林地 81 011.5 亩,疏林地 935.3 亩,灌木林 100 006.6 亩,未成林造地 9 989.7 亩,合计林地面积 191 943.1 亩。林地与草地覆盖率为 22%。植物种类繁多,其中有松、柏、楸桐、榆、杨、柳、槐、苦楝等乔木,枣、桃、杏、葡萄等经济树,生地、枸杞、柴胡等药材。

1.6 地形地貌特征

运城市内地形比较复杂,有山地、黄土台地、断陷盆地(谷地)及山间盆地等各种地形。山地面积约为 4 410 km^2,占全区面积的 32%;黄土台地约为 3 930 km^2,占全区面积的 27%;断陷盆地面积约为 5 670 km^2,占全区面积的 39%;山间盆地面积约为 320 km^2,占全区面积的 2%。山势水系大体展布方向主要为 NE - SW 向,NEE - SWW 向次之,地形的相对高度差比较显著,最高的舜王坪主峰海拔 2 321.8 m,最低的黄河谷地垣曲段海拔 260 m,南为中条山及黄河谷地,峨嵋台地位于中间,将汾河谷地、涑水盆地分隔开来。总观全貌,区内自北向南有吕梁山系、汾河谷地、峨嵋台地、运城(涑水)盆地、中条山系、黄河谷地及垣曲山间盆地等自然单元。

1.6.1 吕梁山系

吕梁山地区位于稷山、河津、新绛 3 县汾河的北部,东起襄汾、乡宁、新绛 3 县交界处的华灵庙,西至河津黄河东岸的龙门山。东西绵延 50 多 km,南北宽 7 ~ 10 km,海拔 1 500 m 左右。核部由太古界、上元古界的变质岩系和寒武、奥陶系的灰岩组成,两翼为石炭、二叠系的砂页岩夹煤层,上部覆盖有新生界第四系疏松岩层及黄土。这一构造在河津市的下化、新绛县的西北部表现最为明显,河津的老窑头煤矿、杜家沟煤矿就属石炭、二叠系的煤层。

该区受地质构造和岩石性质的影响,北部陡峭,南坡和缓,山地分隔比较破碎,宽展河谷常常深入山地,形成重要的交通要道。

吕梁山的主要山峰有姑射山、马头山、圣王山、黄颊山、马鞍山、龙门山等。圣王山坐落于稷山县北,山上有五峰,峰间形成三峪,即黄华峪、晋家峪、马匹峪。三峪里均建有水库,对控制水土流失、拦蓄洪水起着重要的作用。马鞍山由灰岩和页岩组成,在其裂缝处形成泉水。著名的名神峪,清泉滚滚,是河津市人畜用水的重要源泉。龙门山位于河津市的禹门附近,悬崖峭壁,地势险要。

吕梁山南部的最高峰庄头山,位于稷山县北部的晋家峪和马匹峪之间,海拔 1 715 m。

吕梁山有许多著名的峡谷,这些峡谷、孔道是运城市通往临汾地区的重要交通要道,而禹门口、西硙口、清水庄等隘口,又紧扼这些通道的咽喉,具有重要的战略意义。

1.6.2 汾河谷地

汾河谷位于吕梁山和峨嵋岭之间。汾河两侧多为新生界第四系的堆积物,在构造上属于临汾盆地的一部分,该区包括新绛、稷山、河津大部分,面积约1 600 km^2,占运城市总面积的11.4%。海拔400~600 m,地势东高西低。汾河由东向西贯穿市境,在万荣庙前注入黄河。由于汾河的侵蚀、堆积作用,在河床两侧形成多级阶梯,阶梯上有明显的冲沟发育。沿吕梁山的山前断裂带,岩溶泉水出露,多为活动性断裂构造,造成这一地区的地震活动频繁。汾河河谷地势平坦,气候温和,土壤肥沃,水源丰富,开发历史悠久,农业发达,是运城市重要的粮、棉、蔬菜基地之一。

1.6.3 峨嵋台地

峨嵋台地又名峨嵋岭黄土丘陵。位于运城市中部,汾河谷地和运城盆地之间。台地上除孤山和稷王山两个孤立山体外,整个地貌为中更新统离石黄土所覆盖,属黄土高原的一部分。从构造上看,属汾渭地势中的隆起部分,本身属纬向构造带,是在燕山活动和喜马拉雅运动的基础上,中更新世地壳重新抬升隆起形成的。从整体上看,台地地势东高西低,由东向西倾斜。

峨嵋台地包括万荣全部,临猗、运城北部,闻喜、绛县西部,面积2 800 km^2,约占运城市总面积的20%。海拔500~700 m。台地上,除孤山、稷王山有岩石裸露外,其余皆由新生界第四系细砂、红土和黄土组成,尤其是黄土堆积相当深厚。由于黄土土质疏松,垂直节理发育,在暴雨冲刷侵蚀下,台地周围形成许多大小沟谷,对农业生产和交通运输带来一定的影响。

台地西部,除个别地区外,地面基本平坦,侵蚀微弱,黄土堆积较厚,形成黄土塬,后经流水切割、侵蚀,地面逐渐破碎,在一些地区形成黄土残塬。台地东部,地形起伏,形成黄土丘陵或石丘陵。在冲刷侵蚀强烈的地区,形成黄土梁或黄土峁等地形。

峨嵋岭的主要山峰是孤山和稷王山。孤山,又名孤峰山,地层由花岗岩和花岗闪长石组成,位于万荣城南10 km处,方圆18 km。主峰发云寺,海拔1 410.8 m,是峨嵋岭的最高点。山顶呈浑圆形,南坡陡峭,岩石裸露,北坡和缓,多为黄土所覆盖。稷王山位于峨嵋岭东部,坐落在稷山、闻喜、盐湖区、万荣4县(市、区)的交界处。东西长约40余km,南北宽20余km,海拔1 279.2 m。山地基底由古老的片岩、片麻岩组成,其上覆盖有寒武、奥陶系的灰岩。稷王山地形起伏,坡度和缓,四周山脚有许多冲沟,纵横交错,车辆行驶极为不便。

1.6.4 运城盆地

运城盆地位于运城市中南部及中条山前断陷带,北起紫金山、峨嵋岭,南抵中条山北麓,西南隔黄河与陕西省相望。因涑水河贯穿其境,故又称涑水盆地。该盆地包括临猗南部,永济北部,盐湖区大部,夏县、闻喜各一部。东西长120 km,南部宽30余km,面积

3 600 km^2,占运城市总面积的26%左右。海拔350~500 m,是全省地势最低的盆地,运城盐池最低处仅318 m。盆地地势东北高而西南低,由东北向西南倾斜。

运城盆地是一个强烈的沉降盆地,从构造上看,属于渭河断陷沉降盆地的一部分,是中更新世时构造运动形成的。地表全为新生界的地层覆盖,除沿中条山麓有粗粒物质组成的洪积扇外,大部分为淤泥质湖相沉积。根据钻孔和物探资料,这里第四系层厚400~870 m,新生界总厚度大于4 000 m,不整合于寒武、奥陶系之上。

在盆地东北部,鸣条岗从闻喜香山庄起,顺涑水河蜿蜒延伸到夏县西部和盐湖区北部,海拔约600 m,呈浑圆形。在盆地南部,地势比较低洼,雨水宣泄不畅,形成许多湖泊。除盐池外,尚有汤里滩、鸭子池、硝池滩和伍姓湖等。后来由于气候干旱和水源不足,湖面日趋萎缩,地下水位明显下降。如伍姓湖、硝池滩面积也不断缩小。

运城盆地地势低平,土壤肥沃,热量充足,无霜期长。这里春秋战国以前,农业就相当发达,是中华民族文化的摇篮。现在运城盆地的农业,在全省仍然遥遥领先,是重要的小麦、棉花产区。

1.6.5 中条山系

中条山位于运城市最南部,因西连华山,东接太行,且狭而长,故名中条。中条山是运城地区的主要山脉。东起沁水县下川乡,西至芮城风陵渡,山体东宽西窄,呈东北—西南走向。东西长约200多km,南北宽40~70 km,最窄处20 km左右。海拔多在1 000 m以上。中条山雏形是在吕梁运动时形成的。燕山运动时,大规模的褶皱、断裂和岩浆活动,使其进一步隆起;喜马拉雅运动使山地周围断裂沉降,主体继续上升,形成现代的地貌格局。以后的地壳运动,主要表现为明显的阶段性,形成山地的多级夷平面和河谷的多级阶地。中条山的构造基底为太古界和元古界的古老变质岩系,其上覆盖有寒武、奥陶系的灰岩和白云岩等。山地东南边缘为石炭、二叠系地层,在平陆、垣曲一带有下第三系巨厚的内陆湖相沉积,最大厚度可达2 100 m,岩相主要为砂砾岩、夹砂质泥岩、泥岩、泥灰岩和石膏等。

在中条山南麓的平陆、芮城一带,在内陆湖相堆积之上,有第四纪深厚的黄土堆积,自下而上分别为下更新统的午城黄土、中更新统的离石黄土和上更新统的马兰黄土。黄土地貌发育相当完好,塬、梁、峁各种黄土地形俱全,地表支离破碎,“平陆不平沟三千”就是这种地形的具体写照。

中条山的主要山峰宝玉山、雪花山、五老峰位于永济、芮城交界处,锥子山在平陆东北,鲁山在夏县东南,唐王山在闻喜县东,尖山在闻喜、夏县、垣曲3县交界处,歪头山、麻姑山、锯齿山、皇姑山、舜王坪、历山在垣曲境内,坡头山在绛县东北。上述山峰以雪花山、五老峰、锥子山、唐王山、舜王坪、历山最为著名。

雪花山位于永济孙常乡以南8 km处,海拔1 993.8 m,由花岗岩组成。五老峰位于永济虞乡以南8 km处,海拔1 809.3 m,由震旦系的古老岩系构成。两峰相距6 km,山势巍峨挺拔,峰峦叠嶂,北坡和缓,南坡陡峭。山上道路稀少,攀登十分困难,属运城市名山。

唐王山位于闻喜县东石门乡10 km处,海拔1 572 m,由太古界岩系组成。山坡东北陡,西南缓。山上灌木丛生,泉水较多。

锥子山位于平陆县三门乡东北 3 km 处，海拔 1 487.7 m。山顶呈锥子形，故名锥子山。地层基底是古生界二叠系砂页岩夹煤层，其上为第三系岩层，山上森林茂密。

舜王坪位于垣曲、绛县、沁水 3 县(市)交界处，属中条山东端。海拔 2 321.8 m，是中条山支脉历山的主峰。地层由震旦系岩层组成，并有大量花岗岩侵入体。山地顶部平坦，四周悬崖峭壁，面积约 2 km^2。相传舜王曾躬耕于山巅，故称舜王坪。舜王坪南侧有皇姑幔，传为舜妻女英、娥皇梳妆处。皇姑幔上古树参天，藤萝盘错，珍禽异草遍布其间。历山长约 30 km，宽 5 km，海拔较高。峰峦挺拔，道路崎岖。这里保存有我国暖温带原始森林，是山西省重点自然保护区之一

1.7　社会经济概况

1.7.1　经济与人口

运城市 2016 年生产总值 1 222.3 亿元，按可比价格计算，比上年增长 4.0%。其中：第一产业增加值 201.6 亿元，增长 0.6%；第二产业增加值 443.8 亿元，增长 2.5%；第三产业增加值 576.9 亿元，增长 6.4%。第三产业中，交通运输、仓储和邮政业 96.1 亿元，增长 9.3%；批发和零售业 98.3 亿元，增长 1.1%；金融业 72.5 亿元，增长 7.2%；房地产业 46.1 亿元，增长 12.6%。第一、第二和第三产业增加值占运城市生产总值的比重分别为 16.5%、36.3% 和 47.2%，与上年同期相比，第一产业上升 0.1 个百分点，第二产业下降 1.2 个百分点，第三产业上升 1.1 个百分点。

人均地区生产总值 23 106 元，比上年增长 3.4%，按 2016 年平均汇率计算为 3 479 美元。2012 ~ 2016 年地区生产总值及其增长速度见图 1-1-2。

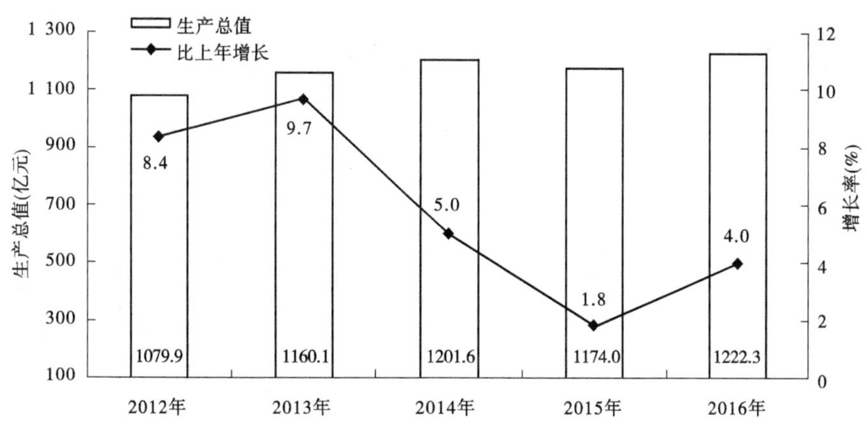

图 1-1-2　2012 ~ 2016 年地区生产总值及其增长速度

人口：据 2016 年人口抽样调查，年末运城市常住人口为 530.52 万人(见表 1-1-1)，比上年末增加 3.0 万人。男女性别比为 104.36(女性为 100)。全年出生人口 5.95 万人，出生率为 11.24‰；死亡人口 2.96 万人，死亡率为 5.59‰；自然增长率为 5.65‰。常住人口城镇化率达到 47.65%，比上年提高 1.53 个百分点。

表 1-1-1　2016 年年末人口数及其构成

指标	年末数(万人)	比重(%)
全市常住人口	530.52	100.00
其中:男性	270.92	51.07
女性	259.60	48.93
其中:城镇	252.78	47.65
乡村	277.74	52.35

就业:运城市 2016 年城镇新增就业人员 50 400 人,转移农村劳动力 65 723 人,城镇下岗失业人员再就业 13 418 人,就业困难人员实现就业 3 893 人。年末城镇登记失业率 2.84%。

价格:2016 年全年居民消费价格比上年上涨 1.3%。其中,食品烟酒价格上涨 2.4%,非食品烟酒价格上涨 0.8%。商品零售价格比上年上涨 0.7%。工业生产者出厂价格下降 2.2%,其中,生产资料价格下降 2.5%,生活资料价格上涨 0.1%。工业生产者购进价格下降 4.4%。2012 ~ 2016 年主要价格指数见表 1-1-2。

表 1-1-2　2012 ~ 2016 年主要价格指数　(上年 = 100%)

价格种类	2012 年	2013 年	2014 年	2015 年	2016 年
居民消费价格	102.5	102.7	102.0	100.8	101.3
工业生产者出厂价格	91.2	94.0	93.6	90.6	97.8
工业生产者购进价格	97.0	95.3	96.5	93.8	95.6

财政:运城市 2016 年财政总收入完成 106.1 亿元,增长 0.6%。一般公共预算收入完成 59.1 亿元,增长 5.0%,见图 1-1-3。其中,税收收入完成 39 亿元,增长 2.4%;非税收入完成 20.1 亿元,增长 10.5%。全年一般公共预算支出 287.8 亿元,增长 3.9%。

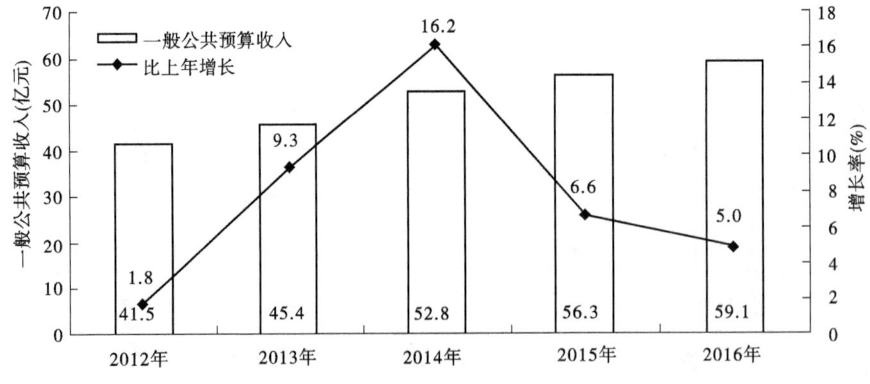

图 1-1-3　2012 ~ 2016 年一般公共预算收入及其增长速度

1.7.2　农业

农业产值:初步测算,2016 年运城市农林牧渔业总产值完成 409.0 亿元,按可比价格计算,同比增长 0.4%。农林牧渔业增加值完成 215.6 亿元,增长 0.7%。其中,农业 167.2 亿元,增长 0.5%;林业 2.5 亿元,增长 9.2%;牧业 30.1 亿元,增长 0.1%;渔业 1.2 亿元,增长 9.4%;农林牧渔服务业 14.6 亿元,增长 2.3%。

农作物种植面积:2016 年全年农作物种植面积 72.23 万 hm^2,比上年下降 2.6%。粮食种植面积 62.21 万 hm^2,下降 3.2%。其中,夏粮 31.26 万 hm^2,下降 4.6%;秋粮 30.95 万 hm^2,下降 1.7%(玉米 27.97 万 hm^2,下降 2.3%)。棉花种植面积 0.66 万 hm^2,下降 34.1%;油料种植面积 1.19 万 hm^2,增长 29.9%;蔬菜种植面积 5.45 万 hm^2,增长 0.6%;果园面积 17.06 万 hm^2,下降 0.5%,其中,苹果园面积 8.75 万 hm^2,下降 2.1%。

农产品产量:2016 年全年粮食总产量 321.5 万 t,比上年增加 0.2 万 t,增长 0.1%,见表 1-1-3。其中,夏粮 154.1 万 t,减产 3 万 t,下降 2.1%;秋粮 167.4 万 t,增产 4 万 t,增长 2.1%。

表 1-1-3　2016 年主要农产品产量及其增长速度

产品名称	计量单位	产量	比上年增长(%)
粮食	万 t	321.5	0.1
其中:夏粮	万 t	154.1	-2.1
秋粮	万 t	167.4	2.1
玉米	万 t	158.6	1.8
棉花	t	9 997.4	-26.3
油料	t	26 137.9	33.0
蔬菜	万 t	257.9	-1.9
水果	万 t	580.4	-0.8
其中:园林水果	万 t	560.2	-0.5
苹果	万 t	290.4	-2.2

畜禽及水产品产量:2016 年全年肉类总产量 17.7 万 t,增长 3.5%。其中,猪肉产量 12.0 万 t,增长 3.8%;牛肉产量 0.33 万 t,增长 12.1%;羊肉产量 1.0 万 t,增长 14.2%;禽肉产量 4.2 万 t,下降 0.6%。禽蛋产量 26.4 万 t,增长 3.4%;奶类产量 5.0 万 t,下降 1.6%。水产品产量 2.5 万 t,增长 0.9%。

林业生产:运城市当年造林面积 13 126 hm^2。其中,荒山荒地造林面积 4 854 hm^2。2016 年年末全市拥有森林面积 44.7 万 hm^2,森林覆盖率 28.8%。

农业机械:2016 年年末运城市农业机械总动力 398.5 万 kW,比上年下降 44.76%。机械耕地面积 49.7 万 hm^2,机械播种面积 52.5 万 hm^2,机械收获面积 52.3 万 hm^2。全年农机化经营总收入 12.82 亿元,同比下降 9.39%。

1.7.3 工业和建筑业

1.7.3.1 工业

2016 年全年全部工业增加值 352.7 亿元,比上年增长 2.3%。规模以上工业增加值 226.3 亿元,增长 2.3%,见图 1-1-4。全年规模以上工业产品销售率为 97.9%,同比上升 1.3 个百分点。

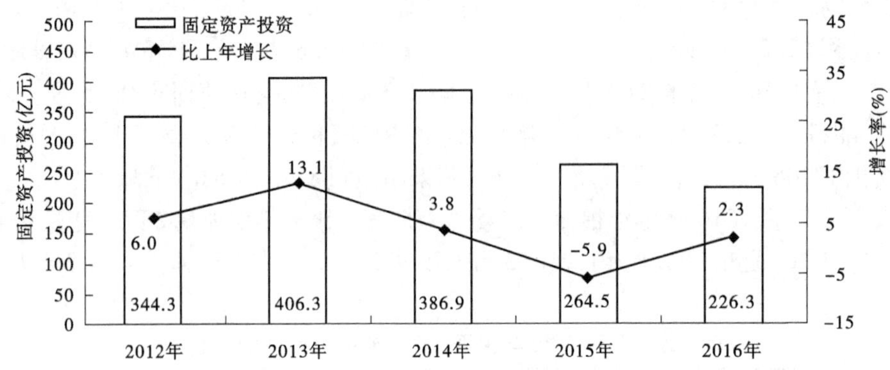

图 1-1-4 2012~2016 年规模以上工业增加值及其增长速度

在规模以上工业中,分经济类型看,国有企业增加值 1.3 亿元,下降 8.5%;集体企业 0.3 亿元,下降 36.2%;股份制企业 209.2 亿元,增长 0.9%;外商及港澳台商投资企业 5.2 亿元,下降 13.9%;其他企业 10.3 亿元,增长 74.6%。分企业规模看,大型企业增加值 99.5 亿元,同比下降 4.5%;中型企业 61.9 亿元,增长 3.7%;小型企业 62.4 亿元,增长 13.2%;微型企业 2.5 亿元,下降 8.4%。

运城市规模以上工业中,五大支柱行业增加值 103.0 亿元,比上年下降 5.1%。其中,黑色金属冶炼和压延加工业下降 5.7%,有色金属冶炼和压延加工业增长 0.2%,炼焦业下降 17.1%,化学原料和化学制品制造业下降 1.3%,电力、热力生产和供应业下降 9.5%。新型替代行业增加值 107.5 亿元,增长 2.1%,其中,汽车制造业增长 62%,非金属矿物制品业增长 11.6%,酒饮料精制茶制造业增长 6.9%,纺织业增长 7.5%,纺织服装、服饰业增长 2.2%,木材加工业增长 10.9%,医药制造业下降 9.4%,农副食品加工业下降 0.7%。

2016 年规模以上工业主要产品产量及其增长速度见表 1-1-4。

表 1-1-4 2016 年规模以上工业主要产品产量及其增长速度

产品名称	计量单位	产量	比上年增长(%)
生铁	万 t	517.4	22.9
粗钢	万 t	500.0	19.3
钢材	万 t	608.2	13.4
铁合金	万 t	84.7	-14.2

续表 1-1-4

产品名称	计量单位	产量	比上年增长(%)
精炼铜(电解铜)	万 t	12.7	10.0
氧化铝	万 t	261.4	-13.0
原铝(电解铝)	万 t	63.2	9.5
金属镁	万 t	10.2	-29.6
铝材	万 t	47.2	5.5
焦煤	万 t	880.4	-6.2
精甲醇	万 t	19.4	2.6
合成氨	万 t	101.5	50.6
化肥(折纯)	万 t	70.3	42.0
合成洗涤剂	万 t	7.0	-11.2
水泥	万 t	484.3	51.7
发电量	亿 kWh	158.8	-14.5
原煤	万 t	380.2	-9.9
电动机	万 kW	822.5	-9.6
纱	万 t	4.2	-6.7
布	万 m	2 543.0	-15.8
改装汽车	辆	24 110.0	60.4

运城市 2016 年规模以上工业主营业务收入 1 259.8 亿元,比上年下降 2.3%;实现利税 69.7 亿元,增长 54.3%;实现利润 36.9 亿元,增长 130.5%。其中,黑色金属冶炼和压延加工业实现利润 5.0 亿元,增长 27.4%;有色金属冶炼和压延加工业 4.5 亿元,增长 179.2%;石油加工炼焦业 2.7 亿元,增长 155.3%;汽车制造业 8.0 亿元,增长 674.4%;农副食品加工业 4.3 亿元,下降 11.3%。全年规模以上工业企业每百元主营业务收入中的成本为 88.37 元,比上年下降 1.51 元。年末规模以上工业企业资产负债率为 68.8%,比上年末下降 8.7 个百分点。

1.7.3.2　建筑业

运城市 2016 年建筑业实现增加值 93.6 亿元,比上年增长 1.1%。具有资质等级的总承包和专业承包建筑企业上缴税金 4.5 亿元,增长 17.1%;实现利润 2.7 亿元,下降 20.8%。

1.7.4 固定资产投资

运城市2016年固定资产投资1 483.8亿元,比上年增长8.2%,见图1-1-5。其中,项目投资1 367.4亿,同比增长9.7%。在固定资产投资中,第一产业投资245.3亿元,比上年增长31.3%;第二产业606.0亿元,增长1.8%;第三产业632.5亿元,增长7.5%。在固定资产投资中,国有投资完成245.5亿元,同比增长22.7%;非国有投资完成1 238.3亿元,同比增长5.8%,其中,民间投资1 187.8亿元,增长3.4%。民生领域、环境保护等短板领域投资快速增长。2012～2016年国有、非国有投资占固定资产比重见图1-1-6。2016年分行业固定资产投资及其增长速度见表1-1-5。

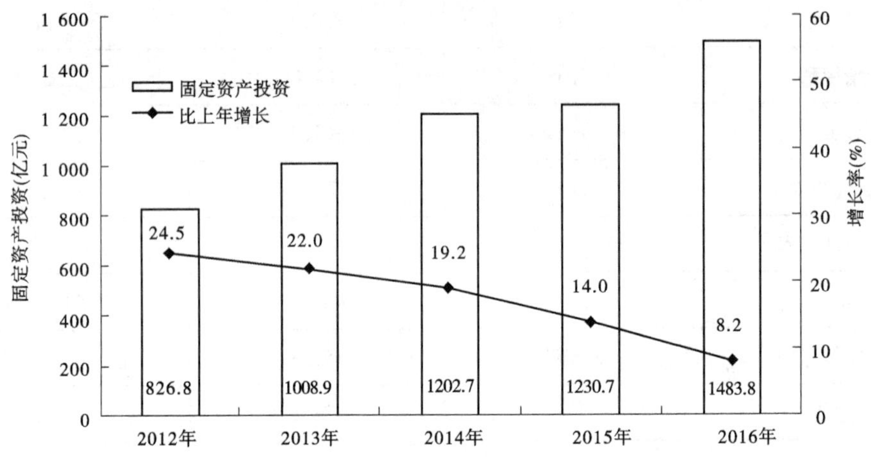

图1-1-5 2012～2016年固定资产投资及其增长速度

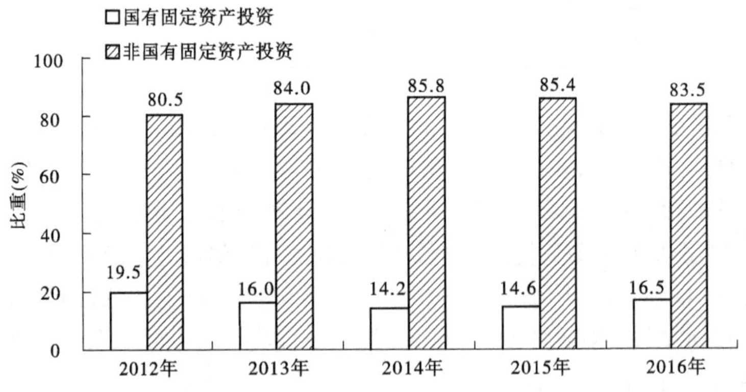

图1-1-6 2012～2016年国有、非国有投资占固定资产投资比重

表 1-1-5　2016 年分行业固定资产投资及其增长速度

行业	投资额(万元)	比上年增长(%)
农、林、牧、渔(不含服务业)	2 452 613	31.3
采矿业(不含开采辅助活动)	302 539	-26.1
制造业	4 755 736	0
电力、热力、燃气及水生产和供应业	997 672	27.7
建筑业	3 680	-54.0
农林牧渔服务业	237 226	226.5
批发和零售业	486 737	53.1
交通运输、仓储和邮政业	984 083	1.3
住宿和餐饮	55 015	-31.1
信息传输、软件和信息技术服务业	107 254	-37.8
金融业	21 057	-10.8
房地产业	1 703 793	-30.6
租赁和商务服务业	175 230	1 108.5
科学研究和技术服务业	90 509	-21.4
水利、环境和公共设施管理业	1 628 993	54.7
居民服务、修理和其他服务业	28 227	28.7
教育	342 956	137.0
卫生和社会工作	247 971	27.1
文化、体育和娱乐业	179 882	-10.8
公共管理、社会保障和社会组织	30 039	29.3

运城市 2016 年房地产开发投资 116.3 亿元,比上年下降 5.9%,见表 1-1-6。其中,住宅投资 88.5 亿元,下降 5.2%;商业营业用房投资 20.5 亿元,增长 16.0%。年末商品房待售面积 231.6 万 m^2,比上年末减少 192.9 万 m^2。年末商品住宅待售面积 162.7 万 m^2,比上年末减少 131.2 万 m^2。

表 1-1-6　2016 年房地产开发和销售情况

指标	单位	绝对数	比上年增长(%)
投资完成额	万元	1 163 114.0	-5.9
其中:住宅	万元	884 876.0	-5.2
商品房施工面积	万 m^2	1 677.7	-7.5
其中:住宅	万 m^2	1 272.0	-8.4
商品房新开工面积	万 m^2	233.9	-49.9
其中:住宅	万 m^2	165.6	-54.2
房屋竣工面积	万 m^2	303.0	-12.2
其中:住宅	万 m^2	235.7	-9.6
商品房销售面积	万 m^2	275.8	44.1
其中:住宅	万 m^2	254.0	44

1.7.5 国内贸易

运城市2016年社会消费品零售总额704.7亿元,比上年增长6.6%,见图1-1-7。按规模统计,限额以上消费品零售额304.2亿元,下降1.5%;限额以下消费品零售额400.5亿元,增长13.7%。按经营统计,城镇消费品零售额551.0亿元,增长5.8%;乡村消费品零售额153.7亿元,增长9.6%。按行业统计,商品批发业153.1亿元,增长7.2%;商品零售业466.7亿元,增长5.4%;住宿餐饮业84.9亿元,增长13.0%。

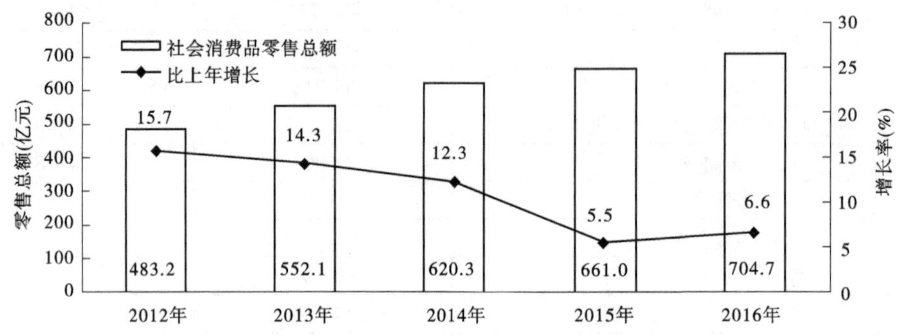

图1-1-7 2012~2016年社会消费品零售总额及其增长速度

在限额以上企业商品零售额中,粮油、食品类零售额比上年增长16.9%,烟酒类下降3.3%,服装、鞋帽、针纺织品类增长0.5%,化妆品类增长1.8%,金银珠宝类增长4.9%,日用品类增长4.8%,家用电器和音像器材类下降14.5%,中西药品类增长8.9%,家具类下降2.0%,建筑及装潢材料类下降2.3%,石油及制品类下降15.2%,汽车类增长4.0%。

1.7.6 对外经济

进出口贸易:运城市2016年货物进出口总额800 873万元,比上年增长9.2%(以美元计价为121 304万美元,增长2.5%,见图1-1-8、表1-1-7)。其中,进口586 412万元,增长11.0%(以美元计价为88 785万美元,增长4.1%);出口214 461万元,增长4.6%(以美元计价为32 519万美元,下降1.7%)。

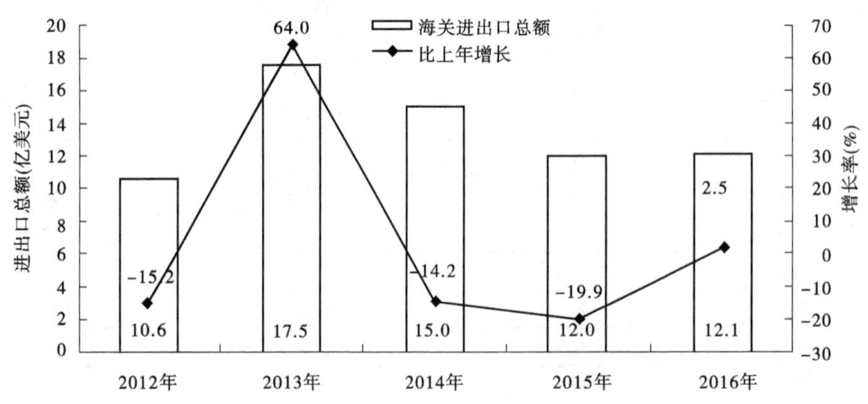

图1-1-8 2012~2016年货物进出口总额及其增长速度

表1-1-7　2016年货物进出口总额及其增长速度

指标	绝对数(万美元)	比上年增长(%)
货物进出口总额	121 304	2.5
货物出口额	32 519	-1.7
其中:一般贸易	32 071	-2.0
加工贸易	445	23.3
其中:机电产品	7 337	-27.1
高新技术产品	89	12.3
其中:国有企业	2 286	12.6
外商投资企业	2 687	-16.2
民营企业	27 547	-1.1
货物进口额	88 785	4.1
其中:一般贸易	88 466	6.6
加工贸易	155	38.2
其中:机电产品	3 507	-26.7
高新技术产品	645	-65.9
其中:国有企业	48 227	400.9
外商投资企业	13	-100.0
民营企业	40 496	16.5

2016年全年进口铜矿砂29.2亿元,增长7.4%;进口锰矿砂7.7亿元,增长14.6%;进口铬矿砂6.1亿元,下降5.6%;进口大豆11.8亿元,增长70.4%。全年出口机电产品4.8亿元,下降22.6%;出口纺织物5.8亿元,增长15.1%;出口镁及其制品3.1亿元,增长0.8%;出口农产品1.3亿元,增长9.8%。

从进出口商品地区看,在拉丁美洲实现进出口总额30.1亿元,增长31.0%;北美洲14.2亿元,增长172.2%;亚洲13.7亿元,下降29.4%;非洲12.0亿元,下降4.9%;欧洲6.1亿元,下降23.2%;大洋洲4.0亿元,下降22.6%。

利用外资:运城市2016年合同利用外资总额2 904万美元,实际利用外资2 229万美元。当年新设立外商直接投资企业1家。

1.7.7　交通、邮电和旅游

交通运输:2016年年末运城市公路通车里程16 085 km,其中,国道1 074 km,省道865 km,县道2 620 km,乡村道及专用道11 526 km;高速公路598 km。全市公路密度113.4 km/100 km^2。公路客运量2 921万人,比上年下降21.7%;公路货运量13 432万t,比上年增长16.0%。公路旅客运输周转量14.5亿人·km,比上年下降18.3%;公路货物运输周转量326.1亿t·km,比上年增长6.0%。

截至2016年年末运城机场共开通了运城至北京、上海、广州、深圳、成都、天津、昆明、长沙、海口、乌鲁木齐、杭州、南京、厦门、三亚、哈尔滨等23条航线。全年旅客运输量84.32万人,同比增长3.5%;货运量3 200 t,增长31.3%;飞机起降总架次21 390架次,增长69.7%;有航线架次为7 930架次,下降0.4%。

2016年年末运城市民用车辆拥有量97.9万辆,比上年末下降0.1%。民用汽车保有量达到66.0万辆(包括三轮汽车和低速货车0.4万辆),比上年末增长15.9%。其中,私人汽车59.4万辆,增长17.3%。本年新注册汽车10.4万辆,比上年增长22.8%。年末轿车保有量41万辆,比上年增长17.9%,其中私人轿车39.4万辆,增长19.0%。年末摩托车保有量17.6万辆,比上年末下降35.3%。年末拖拉机保有量12.2万辆,比上年末增长0.7%。

邮电:运城市2016年邮电业务总量87.6亿元,比上年增长66.6%。其中,邮政业务总量6.4亿元,增长41.3%;电信业务总量81.2亿元,增长69.0%。邮政业全年完成邮政函件业务128.1万件,包裹业务8.8万件,快递业务1 653.9万件。年末固定及移动电话用户总数达到497.6万户,比上年末增加8.7万户。其中,固定电话38.5万户,移动电话459.1万户。在移动电话用户中,3G用户39.7万户,4G用户271.7万户,见图1-1-9。电话普及率达到94.1部/百人。其中,固定电话和移动电话普及率分别达到7.3部/百人和86.8部/百人。运城市宽带接入用户达到101万户,增长18.0%。

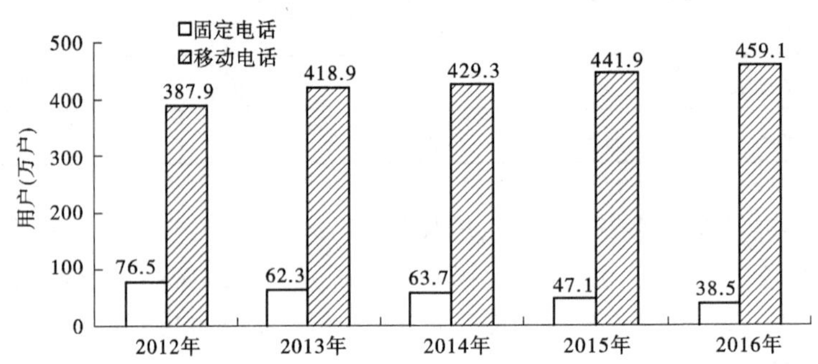

图1-1-9　2012~2016年年末电话用户数

旅游:2016年全年接待国内游客5 321.6万人次,增长31.9%。接待入境游客31 832人次,增长5.3%。其中,外国人8 704人次,增长5.0%;香港同胞8 302人次,增长4.6%;澳门同胞5 508人次,增长4.2%;台湾同胞9 318人次,增长4.5%。全年旅游总收入434.4亿元,增长32.9%。其中,国内旅游收入433.8亿元,增长32.9%;旅游外汇收入914.1万美元,增长7.0%。

1.7.8　金融、证券和保险

金融:2016年年末全部金融机构本外币各项存款余额1 887.8亿元,比年初增长9.7%,其中人民币各项存款余额1 882.5亿元,比年初增长9.6%,见表1-1-8。全部金融机构本外币各项贷款余额1 013.0亿元,比年初增长5.3%,其中人民币各项贷款余额

1 009.3亿元,比年初增长5.8%。

2016年年末农村金融机构(农村信用社、农商银行、村镇银行)人民币贷款余额418.1亿元,比年初增长2.2%。

表1-1-8　2016年年末金融机构本外币存贷款余额及其增长速度

指标	年末余额(万元)	比年初增长(%)	人民币年末余额(万元)	比年初增长(%)
各项存款余额	18 878 308	9.7	18 824 694	9.6
境内存款	18 877 274	9.7	18 823 700	9.6
住户存款	13 938 691	11.0	13 898 756	10.9
非金融企业存款	2 321 732	5.7	2 308 112	5.7
广义政府存款	2 475 210	1.6	2 475 210	1.6
非银行业金融机构存款	141 642	680.7	141 622	692
境外存款	1 034	-0.4	994	-0.6
各项贷款余额	10 130 473	5.3	10 092 880	5.8
境内贷款	10 130 447	5.3	10 092 854	5.8
住户贷款	3 521 704	4.9	3 521 625	4.9
非金融企业及机关团体贷款	6 608 744	5.4	6 571 230	6.2
境外贷款	26	167.2	26	167.2

证券:2016年运城市证券市场各类证券成交额961.2亿元,比上年下降42.1%。其中股票成交额919.3亿元,基金成交额41.2亿元,债券成交额0.7亿元。年末投资者资金账户开户总数18.7万户。

保险:2016年年末运城市共有保险公司41家,全年保费收入77.9亿元,比上年增长14.9%。其中,财产险保费收入19.2亿元,增长15.7%;人身险保费收入8.7亿元,增长36.5%;寿险保费收入50.0亿元,增长11.6%。全年支付各类赔款及给付24.4亿元,增长15.9%。

1.7.9　人民生活和社会保障

人民生活:2016年运城市居民人均可支配收入16 001元,同比增长7.2%。居民人均消费支出9 143元,同比增长6.1%。按常住地分,城镇居民人均可支配收入25 636元,增长6.6%(见图1-1-10),人均消费支出11 405元,增长1.6%;农村居民人均可支配收入9 365元,增长7.4%(见图1-1-11),人均消费支出7 513元,增长9.9%。城镇占调查总户数20%的低收入家庭人均可支配收入8 085元,增长7.2%;农村占调查总户数20%的低收入家庭人均可支配收入2 688元,增长9.5%。

社会保障:2016年年末运城市参加城乡居民社会养老保险281.8万人。城镇职工参加基本养老保险55.1万人,参加城镇基本医疗保险88.4万人,参加失业保险33.9万人,

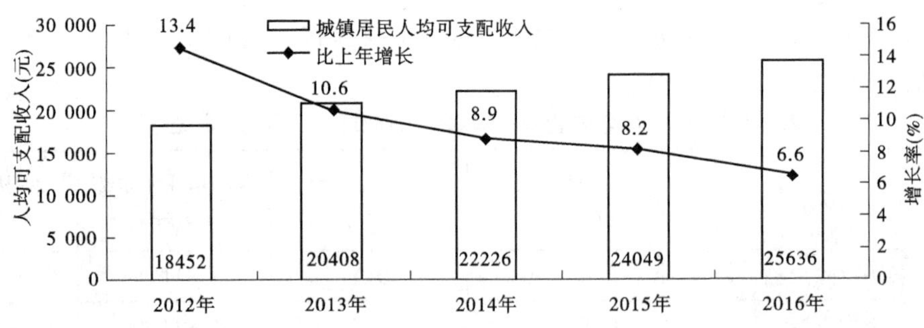

注:由于统计方法变化,2013 年、2014 年基数有所调整

图 1-1-10　2012 ~ 2016 年城镇居民人均可支配收入及其增长速度

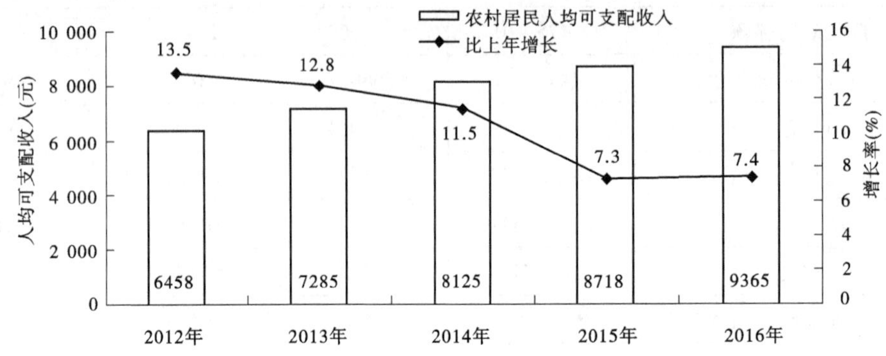

注:由于统计方法变化,指标名称从 2013 年开始,

由农村居民人均纯收入变为农村居民人均可支配收入,2013 年基数有所调整。

图 1-1-11　2012 ~ 2016 年农村居民人均可支配收入及其增长速度

参加工伤保险 66.9 万人,参加生育保险 40.4 万人。

1.7.10　教育、科学技术和文化

教育:2016 年运城市普通高等院校招生 17 796 人,在校生 55 222 人,毕业生 14 338 人。各类中等职业学校招生 16 136 人,在校生 44 249 人,毕业生 11 994 人。普通高中招生 35 356 人,在校生 109 361 人,毕业生 45 820 人。初中招生 53 179 人,在校生 153 532 人,毕业生 58 618 人。普通小学招生 51 414 人,在校生 286 986 人,毕业生 52 341 人。特殊教育招生 130 人,在校生 1 060 人,毕业生 69 人。在园幼儿数 170 368 人。

科学技术:2016 年运城市受理专利申请 1 716 件,比上年增长 37.2%。其中,受理发明专利申请 491 件,比上年增长 31.6%。运城市授予专利权 952 件,减少 5.6%。其中,授予发明专利权 186 件。全年有 25 个项目列入国家、省各类科技计划,获得项目研究资金 1 146 万元。

2016 年年末运城市共有产品质量监督检验机构 3 个,省授权行业建立的检验所(站)1 个。全年共监督抽查了 380 家企业 9 类、21 种、300 批次的产品和商品。完成强制检定计量器具 30 182 台件。

运城市有国家基本气象观测站 3 个,国家一般气象观测站 10 个。气象咨询服务 12 121电话线路 120 路。运城市气象系统开展人工影响天气业务单位 13 个,防雹、增雨受益覆盖面积 1.0 万 km^2,增雨量 3 亿 m^3。运城市有卫星云图接收站 1 个。全年平均气温 14.4 ℃,年平均总降水量 504.8 mm,平均总日照时数 2 057.6 h。

运城市有专业综合地震台(站)5 个,市级地震台网中心 1 个,数字测震台网 1 个,数字测震子台 4 个,县级地震监测台(站)12 个。全年小震活动 352 次,其中 3 级以上地震 8 次。全年 M3.0 ~ M3.9 级地震 5 次,全年 M4.0 ~ M4.9 级地震 3 次,最大震级 M4.4 级。

文化:2016 年年末运城市共有艺术表演团体 17 个,群众艺术馆 1 个,文化馆 14 个。公共图书馆 13 个,馆藏图书 142.3 万册。博物馆 23 个,档案馆 14 个。市级以上重点文物保护单位 203 处,其中国家级 90 处,省级 79 处,市级 34 处。拥有广播电视台 13 座,有线电视用户 56.8 万户。广播人口覆盖率 99.5%,电视人口覆盖率 99.5%。

体育:2016 年运城市运动员在省级重大比赛项目中获得金牌 34 枚、银牌 30 枚、铜牌 41 枚。全年销售中国体育彩票 28 000 万元,比上年增长 10.0%。

1.7.11　卫生和社会服务

卫生:2016 年年末运城市共有医疗卫生机构 5 305 个。其中医院 263 个,卫生院 183 个,社区卫生服务中心(站)95 个,诊所(卫生所、医务室)1 174 个,村卫生室 3 518 个,疾病预防控制中心 14 个,卫生监督所(中心)14 个。卫生技术人员 27 406 人,其中执业医师和执业助理医师 10 937 人,注册护士 10 522 人。医疗卫生机构床位 29 002 张,其中医院 20 444 张,卫生院 7 130 张。

社会服务:2016 年年末运城市共有各类提供住宿的社会服务机构 102 个,床位 6 749 张。其中,老年人与残疾人服务机构 88 个,床位 6 352 张。年末共有社区服务中心 118 个,社区服务站 137 个。年末共有 4.2 万人纳入城市居民最低生活保障,发放城市低保资金及临时补助 21 664 万元。12.2 万人纳入农村居民最低生活保障,发放农村低保资金及临时补助 37 929 万元。1.3 万人纳入农村五保供养。全年销售社会福利彩票 4.3 亿元,接收社会捐赠 50 万元。

1.7.12　资源、环境和安全生产

资源:2016 年年末运城市耕地保有量 547 867 hm^2。全年国有建设用地供应总量 909.4 hm^2。其中,工矿仓储用地 123.4 hm^2,房地产用地 165.8 hm^2,商业服务用地 69.8 hm^2,基础设施等其他用地 550.3 hm^2。

2016 年运城市平均水资源量 133 362 万 m^3,全年总用水量 165 731 万 m^3,同比增长 2.3%,其中,生活用水 15 725 万 m^3,工业用水 12 550 万 m^3,农业用水 136 522 万 m^3。

运城市拥有省级自然保护区 1 个,自然保护区面积达到 86 862 hm^2。

环境:黄河、汾河流域运城段共监测 11 个断面。其中,达到Ⅲ类以上水质标准的断面 4 个,达到Ⅴ类水质标准的断面 2 个,超过Ⅴ类水质标准的断面 5 个。

2016 年全年中心城市空气质量二级以上(含二级)天数为 252 d。

2016 年年末中心城市公园面积达到 613.3 hm^2。绿地面积达到 2 092.2 hm^2,同比增

长21.1%。中心城市建成区绿化覆盖率达到36.7%。

2016年全年中心城市污水处理率达到91%,城市生活垃圾无害化处理率达到100%,集中供热普及率达到90%,城市燃气普及率达99%。

能耗:初步核算,2016年运城市规模以上工业能源消费1 539.45万t标准煤,比上年下降0.59%。原煤消费增长0.4%,洗精煤消费下降8.2%,焦炭消费增长21.7%,电力消费增长1.3%。2016年运城市万元地区生产总值能耗下降3.22%,规模以上工业增加值能耗下降2.91%。

2016年运城市全年全社会用电总量268.2亿kWh。其中,第一产业用电15.3亿kWh,占全部用电量的5.7%;第二产业用电210.5亿kWh,占全部用电量的78.5%,其中,工业用电207.8亿kWh;第三产业用电15.3亿kWh时,占全部用电量的5.7%;城乡居民用电27.1亿kWh,占全部用电量的10.1%。

安全生产:2016年运城市安全生产事故死亡54人,同比下降39.3%。其中,生产运营性道路交通事故造成37人死亡,563人受伤,直接经济损失165.43万元。煤矿、危险化学品、道路交通、消防等行业未发生一次死亡10人以上的事故。全年未发生较大及以上食品安全事故。

第2章　运城市暴雨洪水特征研究

2.1　历史暴雨洪水灾害

暴雨是运城市夏季常见的一种灾害性天气现象，也是最为严重的自然灾害之一。特别是一些强度高、总量多的特大暴雨，它能造成山洪暴发、土壤流失，甚至水库垮坝、河堤决口、农田淹没、交通中断，引起山体滑坡、地层沉陷、泥石流等一系列次生灾害，给国民经济建设及人民生命财产造成重大损失。暴雨是洪水的重要来源，暴雨的时间和空间分布对洪水的形成过程有着直接的影响，洪水的形成过程还受到水文下垫面及流域特征（如流域形状、河网发育程度，流域内土壤、岩性、地质构造、地形、植被条件、湖泊等）等因素的制约。此外，人工水库、河坝等水利工程对洪水的形成与发展也有一定的影响，因而造成暴雨洪水研究的复杂性。

暴雨洪水在没有对人类形成威胁时，仅仅是一种水文气象现象，而当涉及人类活动时，即演变成了一种自然灾害。需要强调指出的是，随着建设事业的发展，人们的社会经济活动日趋活跃，这不仅会影响到洪水的形成，而且会影响到洪水的排泄。如运城市"673"国防棉库将龙头沟圈在库区内，围墙下仅留一个小洞排泄，结果，1982年8月9日该沟发生洪水，洪峰流量仅仅175 m^3/s，但因河道淤塞，水路不畅，因而滞洪成灾，几千包原棉经洪水浸泡变质造成损失，5名工人在洪水中死亡。此类人为造成洪水灾害的事例相当普遍。就洪水灾害来说，可谓大部分洪水灾害中都有人为加剧的因素。

运城市常见的暴雨有锋面雨、地形雨、对流雨等，台风雨偶尔也有出现，这几种暴雨的量级大小及其时空分布主要取决于水汽来源、水汽含量、辐合上升运动等水汽动力条件，而地理位置、地形条件是影响水汽动力条件的重要因素。森林植被对暴雨转化为洪水的影响也是非常显著的，在暴雨降落到地面的过程中，最初是植物截留。植物截留是指雨水在吸着力、承托力和水分重力及表面张力等作用下储存于植物枝叶表面的现象。降雨初期，雨滴降落在植物枝叶上被枝叶表面所截留，降雨过程中，截留不断增加，直至满足最大截留量（又称截留容量）。植物枝叶截留的水滴，当其重量超过表面张力时，便落至地面。截留过程延续整个降雨过程。积蓄在枝叶上的水分不断地被新的雨水滴所更替，截留水量最终消耗于蒸散发。此外，在林地的地表层和根系土壤之中，土壤蓄水能力和持水量也成倍加大，因此森林植被条件好的地带，洪水发生的频次和洪峰流量将大为降低。

根据《山西省暴雨洪水规律研究》中山西省洪水分区原则，将山西省分为6个分区，运城市大部分属于Ⅵ区。

Ⅵ区:晋南沿黄支流区。该区位于山西南部,包括黄河龙门以下山西省的大小各支流。该区为山西省降水最充沛的地区之一。区内有涑水河、沁河、丹河等主要河流,山西省内流域面积分别为5 566 km^2、8 000 km^2 和3 000 km^2。涑水河流域丘陵盆地比重较大,除边山地区易发生洪灾外,多数地区以涝渍灾害为主。涑水盆地是山西省主要粮棉基地,且有运城、永济等工业区,洪、涝、碱的防治均具有重要地位。潼关至沁河支流区间位于中条山南侧,地形陡峭,暴雨频繁,常发生山洪,并且位于垣曲县境内的亳清河流域一带,是一暴雨中心活动区,但该区间属山区,不宜导致重大洪灾。以下为有记载的部分暴雨洪水灾害。

2.1.1 1958年7月中旬涑水河流域暴雨洪水灾害

1958年7月14~19日,黄河中游以河南省渑池县任村为中心,出现了一次历时5 d的特大暴雨,任村24 h降雨量650 mm。由于水汽来源于太平洋的暖湿气流,因此雨带的走向也是从东南向西北方向推移,影响到山西省南部运城地区中条山区。中条山南麓迎风面的垣曲站(县城)16日一天降雨量达366.5 mm,是这次暴雨在山西境内的最高纪录。17日02:00~08:00,6 h降雨量达245.5 mm,垣曲站各个时段最大降雨量如表1-2-1所示。本次降雨区域跨越中条山脉,到涑水河流域,笼罩范围较大。降雨过程为:7月15日涑水河全流域开始降雨,上游绛县一带雨量已达暴雨标准,16~17日降雨强度增大,全流域发展到大雨,部分地区达暴雨和大暴雨,18日降雨减小,19日基本雨停。涑水河流域的雨量分布,呈现出从上游向下游递减的形势。15~19日5 d内,吕庄水文站以上平均降雨218 mm,其中较大的暴雨有绛县横岭关332.9 mm(最大24 h雨量262.0 mm)、东观底166.4 mm、牛庄154.4 mm、吕庄161.2 mm;姚暹渠上游(夏县以上)平均降雨量167 mm、下游平川地区雨量一般为100 mm左右。

表1-2-1 1958年7月14~19日垣曲站各时段最大降雨量

时段	6 h	12 h	24 h	过程总降雨量
	17日2:00~8:00	16日20:00~17日8:00	16日8:00~17日8:00	14日8:00~19日8:00
最降雨量(mm)	245.5	349.0	366.5	499.6

本次洪水峰高量大,致使涑水河和姚暹渠洪水漫溢,特别是姚暹渠洪峰流量超过安全泄量的4倍,致使下游多处决口,洪水泛滥,冲农田、淹村庄、灌盐池,损失很大,是中华人民共和国成立后涑水河流域,也是运城地区最大的一次水灾。

这次水灾从绛县的横水镇,经东镇、闻喜、安邑、临猗直到解虞侯村、东张耿,约纵向100 km的区域内,洪水涛涛,汪洋一片。绛县西下吕、田家堡等12个村被淹,涑水河北岸横水镇至安邑半坡,水深1~2 m,南岸在安邑、冯村一带洪水出槽,冯村、北相镇一线水深约2 m,12个村进水。水头火车站一带浸没在洪水中,南同蒲铁路中断停车。闻喜县杨家园水库和20个小型水库及塘坝被冲垮,城关部分地段进水。姚暹渠上游夏县境内河道决口15处,太平街、中留、下留等村水深近1 m,青龙河洪水淹进中尉、大台、小台、禹王、侯村、李庄等村,水深近1.3 m。运城苦池调洪水库来水量达500万 m^3,超出百年一遇最大调洪库容(407万 m^3)近百万立方米,因而冲决堤埝100 m,有200多个流量直泄汤里里滩,造成连锁反应。黑龙埝决口6处,泄入小鸭子池,又破东禁墙(盐池的最后一道防线)后,进入盐池,同时威胁运城,在解虞境内河堤溃决13处,西王、侯村、东张耿、曾家营一带水深达2 m,北门滩和硝池滩积水盈溢,威胁盐池和南同蒲铁路。

本次暴雨使绛县、闻喜、夏县、安邑、解虞、临猗、永济等7个县的104个乡1 272个村计1.08万户受灾,其中117个村洪水进村,死亡75人,伤101人,牲畜伤亡157头,死猪羊0.26万只,倒塌房(窑)4.02万间,冲走粮食208万kg。闻喜杨家园、夏县水头、安邑冯村、北相、解虞张耿、临猗陈家庄、楚侯、赵家卓等12个村被淹,房屋损坏60%~70%。涑水河、姚暹渠河渠决口62处,淹棉田37.3万亩,冲毁农田12.6万亩,渠道、桥梁、堤防、水库、池塘、水井等水利设施毁坏7 500多处,盐池大宗损失芒硝22万担,盐6.6万担,盐池和运城工商业损失合计有2 000万元左右。这次水灾全部损失(不计入农业减产损失)总价值为7 000万元。

2.1.2　1971年6月28日夏县暴雨洪水灾害

1971年6月28日,运城地区发生较大暴雨,主要雨区分布在夏县、绛县、河津3个县。暴雨中心在夏县大庙,最大降雨发生在28日13:40~14:45,历时1.1 h,降雨量为112 mm,本次暴雨笼罩面积约70余 km^2,是一场历时短、强度大、范围小的暴雨。夏县、绛县、河津3个县的边山河沟,涑水河支流及姚暹渠等38条山洪沟支渠,洪水猛涨,多数河沟洪峰重现期约为20年一遇,洪峰流量在100 m^3/s 以上的有13条河沟,暴雨中心区的河流洪水重现期相当于50年一遇。

这次暴雨洪水造成以上3个县部分地区严重的洪灾。据3个县不完全统计,死亡13人,死伤大牲畜522头,倒塌房屋1 225间,受灾农田近13万亩,冲毁粮食111万kg,河津、绛县冲毁水利工程设施540处。

2.1.3　1971年8月20日闻喜翁村暴雨洪水灾害

1971年8月20日山西省南部稷山县稷王山北麓发生了罕见的特大暴雨,雨区范围较大,包括闻喜、稷山、河津、万荣、新绛、夏县等6个县的大部分地区。降雨量在100~200 mm之间,以闻喜县的丈八、翁村、石佛沟及坡底村一带雨量较大,暴雨中心在闻喜翁村,8月20日20:00至21日14:00,18 h降雨量为268 mm。本次降雨量200 mm以上的面积为92.5 km^2,100 mm以上的有1 550 km^2,50 mm以上的约3 410 km^2。关村沟、石佛沟出现特大洪水,冲垮三交水库,冲淹农田3 154亩,冲毁房屋94间,倒塌窑洞20孔,死亡12人,冲毁人畜饮水工程9处。

2.1.4　1977年7月29日闻喜暴雨洪水灾害

1977年7月29日山西省南部闻喜县的沟东和稷山县的长岭出现特大暴雨,其强度分别达到2.8 h降雨量464 mm和2.5 h降雨量402 mm。其天气形势是:7月29日700 hPa。高度场从俄罗斯中亚细亚到蒙古一带为一低压区,乌兰巴托东部有一低压槽。太平洋副热带高压停留在日本海上空,副热带高压势力偏北。从地面图上看到:二连浩特有发展较强的气旋,冷锋位于二连浩特,经延安到陕南一线,气旋内及冷锋后有一片雨区。从东海到山东半岛盛行一致的东南风,风速较大,有利于将海上大量暖湿水汽输送到华北地区。在高空低压槽和地面冷锋的影响下,处在四周环山、温高灼热的运城盆地(涑水河流域),在凹型的地形条件下,暖湿气流对流强烈,产生了沟东、长岭这次局地性、高强度、短历时的特大暴雨。

据文献记载,1977 年 7 月 29 日傍晚,夏县上空有一块温度高、水汽充沛的暖湿气团移入闻喜,即刻闷热潮湿,闻喜县的陈家庄、沟西发现蛇出洞,牛大叫。气团向西北方向移动时受稷王山脉阻挡,堆积增厚,处在强烈的热力对流中,高空无风,气团不能扩散,水汽凝结后,刹时大雨倾盆。本次暴雨有两个中心:一个在闻喜县晋庄水库上游柏林公社(乡)沟东村,中心点雨量为 464 mm,降雨历时 2.8 h,据次暴雨等值线图量算,400 mm 以上的面积为 5 km^2,300 mm 以上的为 10.6 km^2,200 mm 以上的为 34.8 km^2。另一个暴雨中心在相邻的稷山县修善公社(乡)长岭村,中心点雨量为 402 mm,历时 1.5 h,暴雨笼罩在坡地水库流域内,400 mm 以上的面积为 2.6 km^2,300 mm 以上的为 12.6 km^2,200 mm 以上的为 25.3 km^2。100 mm 暴雨等值线包围了上述两个暴雨中心,包围面积约 334.8 km^2。

在这次特大暴雨袭击下,稷王山北侧汾河流域的坡底沟、石佛沟和泊沟洪水暴发,洪峰流量分别为221 m^3/s、161 m^3/s、42 m^3/s,其他一些小支沟也发生了洪水,使稷山、万荣、新绛 3 县的部分社(乡)队(村)遭受洪灾,淹没梯田 3.36 万亩;稷王山的东侧峨嵋岭一带九条大沟,洪水迅猛集中倾泻,冲垮闻喜县的坑东、上丁、晋庄、坡地 4 座小型水库。处在暴雨中心的沟东村下游的晋庄水库,垮坝后洪峰流量 1 820 m^3/s,洪水总量 339 万 m^3,水头高达 6 m,晋庄水库下游洪灾损失惨重。这次暴雨洪水中闻喜县的郭庄、柏林、下丁、七里坡、阳隅等 5 个公社(乡)56 个大队(村)受灾,冲毁淹没农田 5.2 万亩,死亡 30 人,伤 425 人,死亡牲畜 52 头,猪羊 830 只,倒塌房屋 3 580 间,窑洞 1 120 孔,冲走粮食 75 万 kg,3 000 受灾户中有 1 700 户损失惨重,466 户 2 107 人无家可归。冲坏高灌站 18 处,深井 18 眼,水井 179 眼,输电、通信电杆 1 500 根,拖拉机、柴油机等农机器具 3 000 台,财产损失总价值 1 000 万元。此外,吕庄水库的北渠被冲毁 5 km,冲断太(原)风(陵渡)公路多处和 4 座桥梁,南同蒲铁路 4 km 被淹,300 多 m 铁轨悬空脱基,造成停车 42 h。灾情最严重的是郭庄大队(村),水深 1.5 ~3 m,309 户 1 495 人中就有 230 户 1 180 人受灾,死亡 21 人,重伤 37 人,倒塌房屋 1 100 间,冲走小麦 20 万 kg。

这次暴雨洪水中,夏县遭受损失也很大,涑水河洪峰流量 388 m^3/s,洪水溢出河槽,淹进水头镇,水深 1.3 m,49 个企事业单位被淹倒塌房屋 1 800 间,受伤 100 余人,损失商品和财产百万元。全县共有 10 个公社(乡)80 个大队(村)4.15 万亩农田受灾。

2.1.5 1982 年 8 月 2 日山西南部大暴雨洪水灾害

垣曲县:全县降雨 345 ~440 mm,8 月 2 日暴雨强度最大,日雨量达 207 mm。洪水冲毁河坝 36 km,土地 2.86 万亩,死亡 14 人,塌房 3 678 间,9 400 人无家可归,冲坏机电灌站 64 处,人畜吃水工程 61 处,县造纸厂、窑头煤矿、陶瓷厂等 10 个企业停产,全县公路干线全部中断，冲毁桥涵 40 处，共计损失 1 500 万元。

涑水河流域：降雨在 150 mm 以上，南同蒲铁路永济段路基局部被冲垮，8 月 1 日停车 9.4 h；运城盐化局 8 月 2 日全局停产，原盐、芒硝等损失 10 万多元，直接损失 155 万元；运城城区 1/3 面积被洪水浸淹，地区物资局等百余个单位被淹，居民有 1 500 户进水，其中 500 户被迫迁移，地区五交化仓库价值 1 500 万元的物资被淹浸。运城地区直接经济损失达 5 322 万元。

2.1.6　1985 年 7 月 23 日运城三路里暴雨洪水灾害

1985 年 7 月 23 日晚运城三路里降雨 146 mm，暴雨中心在柏王山，日雨量为 274 mm，集水面积仅 4.2 km^2 的李家沟洪峰流量 20.4 m^3/s，三路里村水深 1.5 m，受灾 385 户，其中重在 186 户，倒塌房屋 534 间，窑洞 285 孔，死牲畜 5 头，损失粮食 22 万 kg、衣被 1.05 万件，冲坏通信电杆 25 根、煤炭 470 t，冲毁农田 3 500 亩，深井 3 眼，造成经济损失 171 万元。

2.1.7　1985 年 7 月平陆中部暴雨洪水灾害

1985 年 7 月 28 日晚 10:29，平陆县中部的部官、城关、南村、杜马、张村、张店、晴岚等 7 个乡镇降短历时暴雨，1 h 降雨 105 mm，部官乡降雨 150 mm。暴雨造成的灾害十分严重：696 户窑院进水，最深积水达 7 m，569 间（孔）房（窑）毁于一旦，淹没粮食 28 万 kg、生活用具 3.7 万件，116 户无家可归。

此外，相邻的芮城县学张乡韩张村灾情也很严重，2 h 降雨 131 mm，全村 254 户 1 080 人遭灾，72 户 427 人遭受重灾，无家可归的有 36 户 153 人，死亡 1 人，倒塌房屋 74 间、窑洞 112 孔，冲毁农田 100 亩，冲毁扒井、蓄水池等 13 处，树木 3.5 万株。

2.2　暴雨分布特征

从 1961～2016 年全市年平均降水量统计结果看，运城市降水量随时间的变化不明显。全市多年来平均降水量均值为 527 mm，其中，20 世纪 60 年代年平均降水量为 548 mm，70 年代为 544 mm，80 年代为 565 mm，90 年代为 496 mm，21 世纪以来平均降水量为 571.9 mm。

图 1-2-1 给出了运城市 1961～2014 年月平均降水量，可以看出运城市降水量主要集中汛期，在 7 月、8 月、9 月，月平均降水量都超过了 80 mm，其中 7 月最高，达到 106 mm，在 1 月、2 月、3 月、12 月，月平均降水量相对较小，只有不到 20 mm。

暴雨统计标准：凡日雨量大于 50 mm，作为一次暴雨；一场暴雨连续 2 d 或 2 d 以上，其中每天降雨量超过 50 mm 者，则按两次或两次以上分别统计；而一场连续暴雨（跨日）大于或等于 50 mm，但日雨量不足 50 mm 者不作统计。

据有关统计资料显示，日雨量大于 200 mm 的特大暴雨共计 6 次（见表 1-2-2），从表中分析，运城市特大暴雨具有以下特点：

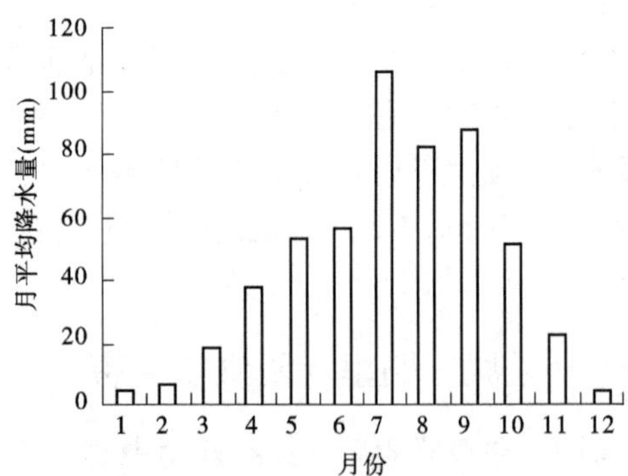

图 1-2-1　运城市月平均降水量

表 1-2-2　各地特大暴雨情况表

暴雨中心地点		日期	降雨量(mm)	影响系统		备注
县名	村名			700 hPa	地面	
垣曲	华锋	1958 年 7 月 16 日	366.5	竖切变	高压后部	24 h
绛县	横岭关	1958 年 7 月 17 日	238.2	竖切变	台风北侧	24 h
夏县	如意	1969 年 8 月 21 日	350 ~ 400*	西风槽	冷锋	约 3 h
闻喜	翁村	1971 年 8 月 20 日	268	横切变	高压底部	约 18 h
闻喜	长岭、沟东	1977 年 7 月 29 日	402*,464*	西风槽	冷锋	2.5 h,2.8 h
夏县	野猪岭	1979 年 7 月 29 日	201.2	竖切变	冷锋	24 h

注:降雨量栏内带 * 字者为调查值。

(1)特大暴雨集中发生在中条山北侧涑水河流域上游,该区域为运城市降水量较充沛地区,因此暴雨洪水较为频繁。涑水河流域丘陵盆地比重较大,除边山地区易发生洪灾外,多数地区以涝渍灾害为主。

(2)历时短、高强度的局部地形特大暴雨,容易发生在山势陡峭,河谷下切较深的峡谷、山溪之间。这些地区受地形条件影响,有利于形成气流辐合上升强对流运动而产生特大暴雨。例如 1977 年 7 月 29 日闻喜沟东 2.8 h 降雨 464 mm、长岭 2.5 h 降雨 402 mm。

2.3　洪水分布特征

运城市洪水多由暴雨形成,它与暴雨在季节分配和地区分布上具有相对应的变化规律。由于市内河流多属山溪性河流,所以河流洪水多有来势迅猛、暴涨暴落、历时较短、峰型尖瘦等特点。对于大河流的干流河道,其洪水特性则与山溪性小河流显著不同,由于洪水组成复杂,河道调蓄作用增大,所以一般情况下洪水过程比较平缓,洪水历时相对较长,洪峰滞时也较长,洪水过程线显得缓而肥胖。

洪水的发生具有周期性和随机性两重性。运城市属大陆温带季风气候,年内季风环流交替明显，降水的季节性变化很大，全年降水量大部分集中在汛期（6～9月），汛期暴雨及其洪水的时程变化主要受副热带高压位置的控制，并且年年如此，从这个角度讲洪水的发生时间具有周期性。但是每年汛期长短不一，汛期到来的迟早不一，各年汛期洪水的大小不一，汛期内究竟什么时间发生大洪水是很难预见的。所以，洪水发生时间又具有随机性，而随机性服从统计规律，我们可以用统计的方法来认识洪水的季节性变化规律。

由于运城市资料限制，主要根据《山西省历史洪水调查成果》以及《山西省暴雨洪水规律研究》记载，以及结合当地居民口述的历史洪水情形估算其洪峰流量，对运城市洪水和洪水分布规律有一些粗浅认识。表1-2-3给出了部分洪水记载。

表1-2-3　历史洪水记载

河名	地点	时间（年-月）	地理位置		流量（m^3/s）
			东经	北纬	
晋庄沟	闻喜县郭家庄镇金庄村	1977-08	111°07′	35°18′	410
沙沟	闻喜县郭家庄镇堆后村	1977	111°05′	35°18′	295
水磨沟	夏县瑶峰镇陈村	1971-07	111°15′	35°10′	206
红沙河	夏县瑶峰镇北山底村	1971-07	111°15′	35°07′	139
赤峪河	夏县瑶峰镇赤峪村	1971-07	111°13′	35°06′	89
姚暹渠	夏县庙前镇王裕口村	1971-07	111°10′	35°03′	185
太宽河	平陆县曹川镇下涧村	2008-07	111°28′	34°55′	181
塞里河	夏县泗交镇泗交村	2008-07	111°24′	35°05′	234
泗交河	夏县祁家河乡麻岔村	2008-07	111°33′	34°59′	980
马村河	夏县祁家河王家村	2008-07	111°33′	35°03′	271
清水河	夏县曹家庄乡曹家庄村	2008-07	111°30′	35°08′	190
清水河	夏县曹家庄乡温峪村	2008-07	111°32′	35°07′	686
板涧河	闻喜县石门乡石门村	2008-07	111°32′	35°15′	73
板涧河	垣曲县毛家湾镇清泉村	2008-07	111°37′	35°10′	631

（1）洪水发生的时间及类型：运城市洪水多发生在7、8月份，特别是7月下旬至8月上旬之间更易发生。此间洪水多由暴雨形成，往往在中小流域出现较大的洪峰。

（2）洪水的分布范围及地区组成：在运城市，尚无发现笼罩全省范围的历史大洪水，即使相邻两个或几个水系同时发生大洪水的情况也较为少见。

（3）洪水的两级分布特性：在运城市各大洪水中，一些中小流域往往可以产生接近甚至超过其所属大流域的最大洪峰流量。根本原因主要是暴雨分布。由于暴雨往往分布在大河流上游的某一区域（若干大小支流上），所以相应地在这些暴雨区的大小支流上就容易形成大的洪水，而下游的大河干流上则由于上游洪水沿程而下，河槽不断调蓄，洪峰不断削减。

(4)特大洪水的地区分布特性:运城市洪水具有一定的地区分布规律,主要集中在涑水河水系一带以及垣曲县一带。

2.4 小流域洪水过程特征

洪水灾害不仅与洪峰有关,而且与洪水过程关系甚为密切。当河道发生洪水时,将洪水流量过程绘于图纸上,如果洪水过程图形呈现为尖瘦型,则两岸受淹时间短,灾情程度就轻,否则灾情程度就重。洪水过程是一个复杂的随机过程,它不仅有胖瘦之分,而且有单峰与复峰之分,复峰过程又有双峰和多峰的不同情况,在一次多峰洪水过程中,最大洪峰(称为主峰)出现的先后不同,形成过程特征大致要用洪峰(包括峰型)、洪量和洪水总历时来描述。

运城市地形具有山地加盆地的特点,山地河流集水面积多在5 000 km^2以下,即多属中小河流。中小河流的防洪重点主要是中小型水库及沿河重要城镇(包括工矿企业),中小河流成灾洪水多由小范围、高强度、短历时暴雨形成。运城市小流域洪水过程有如下特征:

(1)洪水总历时短。

洪水总历时的长短主要受暴雨历时的控制,运城市暴雨历时绝大部分在24 h以内,这就决定了运城市绝大部分洪水的总历时不可能太长。洪水总历时还与流域调蓄能力大小有关,流域调蓄能力越强,洪水总历时就越长。流域面积是反映流域调蓄能力的一个重要指标,从运城市历史洪水看,总历时长的洪水一般出现在集水面积比较大的站,总历时短的洪水一般出现在集水面积比较小的站。

(2)以单峰过程为主,洪水上涨历时短。

运城市历史洪水主要以单峰型洪水为主,洪水的峰型是暴雨时程分配雨型的反映,而暴雨时程分配雨型又是暴雨天气系统的影响结果。影响运城市暴雨的天气系统以中小尺度和局地雷暴雨为主,这种背景下的暴雨具有历时短、强度大的特点,这就决定了运城市大部分暴雨和洪水发生过程为简单的单峰过程。

运城市中小流域洪水过程的另一特点是上涨历时短,来势迅猛,流域面积越小这一特点越突出。影响洪水上涨历时的因素也很复杂,首先是与暴雨雨型、强度、历时、雨区分布范围大小及其位置、暴雨中心移动方向和路径等因素有关。其次是与流域形状、坡度、河网密度、植被等因素有关。因此,即使是一个水文站,各场洪水的上涨历时及其占洪水总历时的比例也是不同的;同一场暴雨,不同站的洪水上涨历时及其占洪水总历时的比例也不同。总体上讲,对于运城市中小流域大洪水,大部分上涨历时短,来势迅猛,这也给运城市防洪测报工作增加了难度,提出了较高的要求。

(3)峰高量小。

从运城市历史洪水看,其重现期一般在30 a以下,但是由于多数洪水历时较短,使得各次洪水总量并不大。虽然峰高量大的洪水在运城市发生概率小,但是这种洪水一旦发生,其破坏性很大,因此也需提高警惕,避免给当地或下游地区造成人民生命和财产的惨重损失。

第3章　运城市山洪灾害防治概况

3.1　非工程措施

3.1.1　非工程措施的建设原则

(1)坚持科学发展观,体现以人为本原则。

非工程防治措施在规划和建设中,必须以科学发展观为指导,坚持以人为本理念,切实保障人民群众生命财产安全,最大限度地减轻和降低沿山一带广大人民群众因山洪灾害而造成的人身伤亡和财产损失。

(2)坚持防治结合,以防为主原则。

要牢固树立安全第一、常备不懈、以防为主的思想理念,始终坚持防、抢、救相结合的"三字防治"方针。在着力强化暴雨灾害监测预警预报在避险中作用的同时,还要着力强化综合气象观测系统的非工程措施建设。

(3)坚持统筹兼顾,突出重点原则。

统筹综合系统建设,突出加强防洪减灾最重要、最薄弱环节的暴雨灾害监测网建设和制约观测系统稳定、可靠运行的保障系统建设。做到既要统筹兼顾,又要突出重点,绝不能发生和出现顾此失彼现象。

(4)坚持资源整合,加强衔接协调原则。

非工程防治措施建设要因地制宜,合理科学,具有较强的实用性和可操作性。充分考虑区域经济社会发展水平,合理确定综合系统建设规模和标准,加强各规划间的衔接和协调作用,避免重复建设现象。

(5)坚持强化管理,注重效率原则。

要认真落实行政首长负责制、分级管理责任制、分部门责任制、技术人员责任制和岗位责任制,加强指导和监督。严格项目审批和建设管理,确保建设质量,加强运行维护管理,充分发挥水利工程的社会效益和经济效益。

3.1.2　防治措施

(1)突出"以人为本,生命至上"的理念,切实增强山洪灾害非工程措施建设的责任感和使命感。

山洪预警责任重,群测群防靠群众。在国家决定实施山洪灾害非工程措施项目建设后,运城市认识到这是党中央“以人为本”执政理念的具体体现,是做好防汛减灾工作的一次重大的历史性机遇,抓好山洪灾害非工程措施项目建设既是本职工作,也是一项重要的政治任务。基于这一认识,在具体工作中一是带着感情抓项目,即带着对党、对国家的感恩之情,带着对人民群众高度负责之情,抓好项目建设。二是脚踏实地干项目。运城市把山洪灾害非工程措施项目建设作为市、县水利部门和防办的“一把手”工程,主要领导挂帅,市、县防办主任具体抓。三是高标准,严要求,坚决按照国家、省防办下发的文件要求,一丝不苟抓落实,精益求精提标准,通过实实在在的努力,确保项目顺利推进。

(2)突出“落实责任、跟踪督察”,抓住关键环节,推进工程项目建设。

针对山洪灾害非工程措施项目建设涉及专业多、范围广、技术含量高、时间要求紧的特殊情况,运城市按照省防办要求,采取集中力量、重点突破的办法,着力抓好四个方面:一是认真细致抓普查。科学普查是搞好山洪灾害防御工作的前提。普查中,运城市各县(市)水利部门动员了本系统2/3的技术力量,配备专车、分组包片、逐村逐户登记造册。二是落实责任抓机制。建立县、乡、村、组、户5级山洪灾害防御责任体系。完善县级干部包乡镇、乡镇干部分片包村、村干部包组、组长包户、党员干部责任到人的防御山洪灾害工作机制,明确了各级干部的职责。同时在所有受山洪灾害威胁的村庄都选拔配备了雨水情监测员、报警员。三是积极配合抓协调。首先是协调中标企业和项目单位进行合同谈判,及早签订合同。其次是协调县水利局,抓紧组建专门机构,落实专门人员。再次是协调水文、气象部门和专家组成员,帮助指导危险区划定和预警指标的确定。通过强有力的协调工作,为项目顺利实施创造了条件。四是强化督察抓进度。运城市专门成立了山洪灾害非工程措施建设项目督察组,由1名副主任负责此项工作。针对项目实施进度,抓住设备进场、安装调试、预案编制、宣传演练等关键节点,深入一线督察。

(3)突出“普及实用、全民参与”原则,使山洪灾害防御知识家喻户晓。

为使山洪灾害防御宣传深入人心,运城市一是利用新闻媒体,着力营造舆论氛围。2012年汛期,在运城电视台连续2个月滚动播放了山洪灾害宣传标语,在《黄河晨报》《河东三农报》开辟宣传专栏,宣传山洪灾害防御常识。同时,各县市都在本县市电视台播放了山洪灾害防御知识宣传专题片和宣传标语。二是采取集中培训与广泛宣传相结合,增强宣传针对性。为扩大山洪灾害防御知识宣传面,强化宣传效果,运城市针对不同人群采取了不同形式的宣传,对乡村干部和村级监测预警人员,采取专业辅导、专家授课,要求掌握山洪防御基本常识,熟悉应急响应程序、仪器操作维修等。对山洪威胁区群众,采取大喇叭宣讲,发放宣传单、明白卡等形式广泛宣传,要求熟悉山洪防御基本常识和撤避路线等。为搞好宣传培训活动,统一编制了培训教材,专门购置了投影仪,组织专人根据工程进度在山洪灾害危险区逐乡镇开展集中培训活动。

(4)突出“制度化、信息化”管理机制,切实保障山洪灾害非工程措施项目长久发挥效益。

建是基础,用是目的。为确保山洪灾害监测预警系统和防汛会商系统能够长久发挥作用,运城市在充分调研的基础上,制定了《山洪灾害项目管理办法》《农村预警设备管理办法》《县级防汛会商系统管理规范》《农村简易雨量站、水位站运行管理制度》等规章制度,使山洪灾害监测预警设备和宣传设施的利用和保护都有章可循。同时将山洪灾害项目信息化建设作为主要内容,增设发射台站,消除山区信号盲点,所有监测人员、预警人员、预警喇叭统一号段,统一降低通信传输费用,有力促进了运城市山洪灾害群测群防体系建设。

3.1.3　各县(市)非工程措施建设概况

各县(市)在地方水利局建立山洪灾害监测预警平台,省、市、县(市)、镇(街道办事处)、村等方面的山洪灾害防治相关信息全部汇集于此平台,市水利局防汛部门根据山洪灾害信息和预测情况,及时发布预警信息。同时县(市)、镇(街道办事处)、村、组建立群测群防的组织体系,开展预测、预警工作。水雨情监测系统主要包括水雨情监测站网布设、信息采集、信息传输、通信组网等。村、组预警的监测设施以简易监测站为主,县(市)、镇(街道办事处)级以自动监测站为主,采用自动和人工的方式,把监测信息汇集于山洪灾害监测预警平台。预警系统由基于平台的自动预警系统和基于简易监测站的群测群防预警系统组成。

自动预警系统的核心是山洪灾害监测预警平台,主要由预警母系统、预警子系统组成,以获取实时水雨情信息,及时制作、发布山洪灾害预警。群测群防的组织体系主要包括建立县(市)、镇(街道办事处、企业)、村、组、户五级山洪灾害防御责任制体系,明确县(市)、镇(街道办事处、企业)、村、组、户防御山洪灾害的组织机构、人员设置、具体职责等。通过建立群测群防责任制组织体系,保障县(市)、镇(街道办事处)、村、组防灾信息上传下达畅通,监测、预警、避灾措施以及预案的宣传、演练落实。

山洪灾害防治县级非工程措施项目(2010~2012年)实施以来,监测预警能力大幅提升,建立各项防汛工作责任制,开展防汛检查、山洪灾害防御、通信联络、物资供应保障、防汛机动抢险队伍建设、山洪灾害宣传、洪涝灾情统计等项工作取得了一定成绩、积累了一定经验(运城市非工程措施主要建设成果见第2篇第1章)。

通过这些站点的布设,构成各县山洪灾害监测预警体系站网,建成由县级预警平台、乡镇级预警设备(信息平台和无线报警发送站)、预警点组成的从预警平台到重点防治区域的报警体系。项目实施以来,各县监测预警能力大幅提升,建立了各项防汛工作责任制,开展防汛检查、山洪灾害防御、通信联络、物资供应保障、防汛机动抢险队伍建设、山洪灾害宣传、洪涝灾情统计等项工作取得了一定成绩、积累了一定经验。运城市非工程措施主要建设概况如下(以稷山县为例):

目前,稷山县山洪灾害防治非工程措施已建成自动雨量站5处、自动水位站7处、简易雨量站117处、简易水位站4处和无线预警广播站117处。通过这些站点的布设,构成稷山县山洪灾害监测预警体系站网;建成由1个县级预警平台、8个乡镇级预警设备(信息平台和无线报警发送站)、82个预警点组成的从预警平台到重点防治区域的报警体系。

3.2　工程措施

20世纪中叶,FAO(联合国粮食与农业组织)开始在全球范围内组织山洪灾害治理经验交流和技术共享交流会,目的是促进各国在山洪等自然灾害治理上的互相交流和学习,共享各国发展成熟和行之有效的治理措施。该会议对山洪灾害治理措施的推广和相关理论研究进展的相互交流起到了相当重要的作用。美国也是一个国土面积大国,几乎2/3的国土面积受到山洪灾害的影响,其对山洪灾害的认识起步较早,随着后来的不断发展,也取得了一系列成果。由最初的单纯靠修建一些工程措施逐渐发展为工程措施、生物措施、雨水情监测系统、基层监测预警平台、预警系统以及群测群防组织体系相结合的防治体系,这些技术的成熟发展为美国甚至全球山洪灾害的防御和治理打下了坚实的基础,同时也指明了方向。

中华人民共和国成立以来,对水的控制和利用的研究一直是国家建设的重点方面,随着国际交流的进一步提升和我国众多学者的不断努力,我国在山洪灾害的治理和研究方面取得了不断的进步和长足的发展,特别是改革开放以来我国加强对水资源的高效利用的背景下,滑坡、泥石流等自然灾害的防治措施已取得巨大成果,但是由于各种因素的制约,我国山洪灾害的治理工作仍然任重道远。

诸多事实证明,只有工程措施和非工程措施相结合,才是当前治理山洪灾害的最佳手段。目前,我国山洪灾害治理工程措施主要有防洪治理工程、河道整治工程、水土保持工程及生物工程。运城市工程措施概况如下(以新绛县为例):

新绛县境内主要水利工程有:中小型水库5座,堤防工程2处,均位于汾河流域,具体情况见表1-3-1、1-3-2。

表1-3-1　新绛县水库工程调查表

序号	水库名称	所在河流	主要挡水建筑物类型	主坝坝高(m)	主坝坝长(m)	最大泄洪流量(m^3/s)	设计洪水位(m)	总库容(万m^3)	水面面积(km^2)
1	三泉水库	汾河	挡水坝	15	320	500.4	448.5	697	1.12
2	水西水库	汾河	挡水坝	12.65	123	166.8	425.52	134	0.22
3	蔡村水库	汾河	挡水坝	7.3	120	50	477.3	45	0
4	桥西水库	汾河	挡水坝	8	153	20	418.2	45	0
5	红叶泉水库	汾河	挡水坝	18	155	340.6	445.14	99	0

表1-3-2　新绛县堤防工程调查表

序号	堤防名称	所在河流	堤防长度(m)
1	新绛汾河堤防开发区狄庄段到万安镇赵村段	汾河	17 555.00
2	新绛汾河堤防龙兴镇南梁段到古交镇周流段	汾河	492 220.00

此外,通过水土保持工程对境内沟、坡地进行了有效整治,新建骨干坝、淤地坝来调节山洪、泥石流的发生。根据调查成果,境内塘(堰)坝有20处,路涵11处,桥梁9处,具体情况见表1-3-3、表1-3-4、表1-3-5。

表 1-3-3　新绛县塘(堰)坝工程调查表

序号	塘(堰)坝名称	所在行政区名称	总库容(m^3)	坝高(m)	坝长(m)	挡水主坝类型
1	泽掌镇乔沟头村蓄水池	新绛县	300	4	0	碾压混凝土坝
2	北张镇北燕村土坝	新绛县	1 300	2	180	碾压混凝土坝
3	北张镇北张村土坝	新绛县	1 300	3	204	碾压混凝土坝
4	北张镇西庄村土坝	新绛县	1 000	1.5	154	碾压混凝土坝
5	北张镇北杜坞村土坝	新绛县	1 000	1.5	100	碾压混凝土坝
6	开发区狄庄村土坝	新绛县	65 000	6	300	碾压混凝土坝
7	开发区狄庄村土坝	新绛县	15 000	3	100	碾压混凝土坝
8	万安镇万安村土坝	新绛县	2 100	3.5	120	碾压混凝土坝
9	万安镇杜庄村土坝	新绛县	1 600	2.9	120	碾压混凝土坝
10	万安镇柏壁村土坝	新绛县	1 400	3	105	碾压混凝土坝
11	万安镇马庄村土坝	新绛县	1 300	2.5	110	碾压混凝土坝
12	阳王镇南头村土坝	新绛县	400	5	220	碾压混凝土坝
13	阳王镇苏阳村土坝	新绛县	6 000	4	300	碾压混凝土坝
14	阳王镇辛安村土坝	新绛县	10 000	5	320	碾压混凝土坝
15	阳王镇北侯村土坝	新绛县	4 500	4	200	碾压混凝土坝
16	阳王镇闫壁村土坝	新绛县	6 000	2	80	碾压混凝土坝
17	阳王镇北池村土坝	新绛县	5 000	4	200	碾压混凝土坝
18	阳王镇南池村土坝	新绛县	4 200	3	160	碾压混凝土坝
19	阳王镇刘裕村土坝	新绛县	30 000	6	450	碾压混凝土坝
20	龙兴镇冰凌沟塘坝	新绛县	800	8	230	浆砌石坝

表 1-3-4　新绛县路涵工程调查表

序号	涵洞名称	所在行政区名称	涵洞高(m)	涵洞长(m)	涵洞宽(m)	涵洞类型
1	三泉镇水西村涵洞	水西村	2	5	3	箱涵
2	三泉镇席村涵洞	席村	2	5	3	箱涵
3	泽掌镇泽掌村涵洞	泽掌村	3	10	2.5	箱涵
4	泽掌镇乔沟头村涵洞 01	乔沟头村	3	25	2	箱涵
5	泽掌镇乔沟头村涵洞 02	乔沟头村	2.5	40	2.5	箱涵
6	泽掌镇吴岭庄涵洞	吴岭庄	2	40	1.5	箱涵
7	龙兴镇桥东村涵洞	桥东村	2	13	3	箱涵
8	泉掌镇光马村涵洞	光马村	4	10	8	箱涵
9	阳王镇禅曲村涵洞 01	禅曲村	0.5	50	0.4	圆管涵
10	阳王镇禅曲村涵洞 02	禅曲村	0.8	60	0.5	盖板涵
11	阳王镇南池村涵洞	南池村	1	25	1	圆管涵

表 1-3-5　新绛县桥梁工程调查表

序号	桥梁名称	所在行政区名称	桥长(m)	桥宽(m)	桥高(m)	桥梁类型
1	古交镇下船庄村	下船庄村	480	6	8	梁桥
2	开发区西曲村浍河小桥	西曲村	30	5	10	梁桥
3	开发区西曲村浍河口桥	西曲村	50	6	15	梁桥
4	三泉镇三泉村福惠桥	三泉村	25	3	2	梁桥
5	横桥乡孙家院村	孙家院村	40	4	2	梁桥
6	横桥乡西柳泉村	西柳泉村	30	8	6	梁桥
7	横桥乡南马村	南马村	50	7	4	梁桥
8	北张镇西南董村过水桥梁 01	西南董村	6	5	2.5	梁桥
9	北张镇西南董村过水桥梁 02	西南董村	5	5	2.5	梁桥

第4章　运城市山洪灾害分析评价基础工作

4.1　评价对象名录确定

根据运城市对各县（市）山洪灾害内外业调查成果确定各县（市）防治区个数（见表1-4-1）。针对运城市实际情况，主要对河道洪水影响和坡面水流影响的沿河村落进行分析评价，不包括滑坡、泥石流以及干流对支流产生明显顶托等情形。综合考虑村落防洪减灾和地区发展的需要，将重点防治区的村落全部确定为评价对象。

表1-4-1　各县市防治区统计

名称	个数		
	一般防治区	重点防治区	非防治区
盐湖区	33	46	324
永济市	50	65	271
河津市	29	34	175
绛县	18	33	522
夏县	59	79	566
新绛县	30	44	159
稷山县	43	56	207
芮城县	21	37	792
临猗县	26	35	606
万荣县	63	13	307
闻喜县	44	57	533
垣曲县	33	49	671
平陆县	71	88	940

4.2 小流域地形测绘

4.2.1 小流域划分

运城市本次工作底图用的是全国山洪灾害项目组提供的成果。结合重点防治区分布和分析评价需要,并依据运城市1∶5万地形图与第一次水利普查中河湖普查成果,对水利部统一下发的小流域计算单元进行了调整。对小流域的边界、河源与河口位置进行了核对。

为满足评价对象重点防治区洪水分析计算需要,根据重点防治区所在位置,按照《小流域划分及编码规范》(SL 653—2013),对小流域进行了合并,并形成与村落相对应的计算小流域,对邻近重点防治区间无较大支流汇入、洪水组成基本一致的计算小流域合并处理,以下游重点防治区的计算小流域为计算依据。对部分需细分小流域的重点防治区,其流域边界在1∶5万地形图上确定。

4.2.2 流域特征值的确定

4.2.2.1 量算小流域面积、主沟道长度

根据中央统一下发的工作底图和小流域属性成果,结合实地查勘,量算小流域的面积、主沟道长度。

4.2.2.2 产、汇流地类核对

确定辖区的植被和土壤的空间分布情况,并在《山西省水文计算手册》水文下垫面产流地类图和汇流地类图上进行修正,核算流域产、汇流地类面积。

4.2.2.3 比降的确定

(1)如果重点防治区河道上下游有历史洪痕的沿程分布资料,采用洪痕水面线比降作为水位流量转换中的比降。

(2)如果有近年来洪水发生的洪水水面线,采用该水面线比降作为水位流量转换中的比降。

(3)如果有中小洪水发生时的实测水面线,采用该水面线比降作为水位流量转换中的比降。

(4)如果没有水面线信息,可采用河床比降作为水位流量转换中的比降。

为了分析评价成果尽可能合理,《山洪灾害分析评价技术要求》中明确规定,以上4种确定比降方法中,资料条件允许时,应优先采用第1种方法,然后为第2、3种方法,第4种方法为无资料时采用,并应当通过试算和合理性分析后最后确定。

4.2.2.4 糙率的确定

(1)如果有实测水文资料,应采用该资料进行推算,确定水位流量转换中的糙率。

(2)如果无实测水文资料,根据《山西省水文计算手册》附录Ⅱ调查洪水用表(包括天然河道糙率表和人工渠道糙率表),结合重点防治区所在河流的沟道形态、床面粗糙情况、植被生长状况、弯曲程度以及人工建筑物等因素确定水位流量转换中的糙率。

4.3　重点防治区控制断面及居民户高程测量

河道断面测量包括河道的纵横断面数据。基础断面数据由山西省工程测绘院提供。本次工作河道断面测量数据采用方法是:重点防治区横断面数据由于省工程测绘院数据精度不足,在其数据基础上能够满足水面线推求的条件下适当删减断面数量,由专业测量队进行实地补测,形成河道横断面测量成果。对纵断面数据采用省工程测绘院数据,对部分异常点进行核对。

重点防治区的居民户位置和高程数据由山西省工程测绘院提供,由于省工程测绘院所采用的影像较早,部分新建居民点未加入,本次对成灾点附近的居民点由测量队进行了校核,发现问题及时修正。

第5章 运城市设计暴雨分析

5.1 设计点暴雨

设计点暴雨的“点”包含两层含义,一是暴雨统计计算选用的雨量站点,二是指根据计算设计洪水的需要,从流域内选出的具有确定地理位置、依靠暴雨参数等值线图用间接方法计算设计暴雨的地点,二者合称“定点”。选用定点的个数,根据流域面积大小参考表1-5-1确定。

表1-5-1 定点个数选用表

流域面积(km^2)	<100	100~300	300~500	500~1 000
点数	1~2	2~3	3~4	4~5

计算设计点暴雨的方法有直接法和间接法。

5.1.1 直接法

采用直接法推求设计暴雨时,单站不同历时暴雨的统计参数均值、C_v、C_s/C_v(暴雨C_s/C_v值统一采用3.5),宜采用计算机约束准则适线与专家经验相结合的综合适线方法初定;再利用设计暴雨公式参数约束5种历时频率曲线之间的间距,使之相互间隔合理,不产生相交。

单站某一种历时暴雨统计参数的计算在于寻求“理论”频率曲线与经验频率点据的最佳拟合,经验频率用期望公式计算。特大值经验频率的确定是决定频率曲线上部走向的关键,对单站适线成果会产生较大的影响,因此要充分利用一切可以利用的信息对特大值的重现期进行考证。

单站多种历时暴雨的适线,重点在于协调各频率曲线之间的合理距离;使不同历时的同一统计参数服从“参数—历时”关系的一般规律(见图1-5-1),即均值随着历时延长而递增,在双对数坐标系中表现为微微上凸、连续、单增的光滑曲线,少数为单调下降曲线;变差系数C_v随历时变化的规律多数表现为左偏铃形连续光滑曲线,极大值多出现在60 min或6 h处。

5.1.2 间接法

间接法推求设计暴雨,首先确定“定点”及设计暴雨历时,然后在《山西省水文计算手

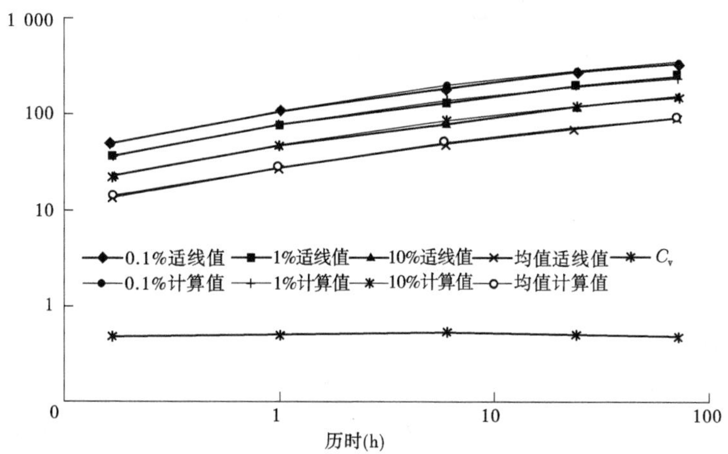

图 1-5-1　设计暴雨查图结果合理性检查及综合分析

册》中的暴雨参数等值线图中查读各县（市）“定点”的各种历时暴雨均值 $\overline{H}$ 、变差系数 C_v。查图时应该注意以下事项：

（1）当“定点”位于等值线图的低值区（－）或高值区（＋）时，插值应该小于或大于邻近的等值线值，但不得超过一个级差；当“定点”位于马鞍区（无“＋”、“－”号标示）时，插值一般应取四条等值线的平均值。

（2）等值线图上标有单站参数值，可作为查图内插时的参考。

为规避查图误差向设计洪水传递，需对查图结果进行合理性检查及综合分析。方法是：首先，在双对数坐标系中绘制不同历时均值 $\overline{H}$ 、C_v 的历时曲线，检查其是否满足“参数—历时”一般规律，如不满足应对查图结果进行调整；然后，根据调整后的参数，用式（1-5-1）计算各历时的设计暴雨 H_p，并在双对数坐标系中绘制 H_p 的历时曲线，该曲线亦为微微上凸、连续、单增光滑曲线。

用经过合理性检查、调整后的参数值，计算各种历时设计点暴雨。

$$H_p = K_p\overline{H} \tag{1-5-1}$$

式中，模比系数 K_p 由《山西水文计算手册》的附表查用。

（3）设计点暴雨计算

$$H_{p,A}^{o}(t_b) = \sum_{i=1}^{n}(c_i H_{p,i}(t_b)) \tag{1-5-2}$$

式中　c_i ——每个定点（雨量站）各自控制部分的面积占流域面积 A 的权重；

$H_{p,i}(t_b)$ ——每个定点各标准历时 t_b 的设计雨量，mm；

$H_{p,A}^{o}(t_b)$ ——同频率、等历时各定点设计雨量在流域面积 A 上的平均值，而非通常意义上流域重（形）心处一个点的设计点雨量。

流域地势平坦，所选定点均匀分布时，设计点雨量的流域平均值可以用算术平均法计算；否则，改用泰森多边形法计算。

例如：运城市永济市于乡镇庞家营村的小流域面积为 39.41 km^2（陶家窑沟道）。该流域面积小于 100 km^2，所以庞家营村选取本村作为定点。运城市夏县泗交镇任家窑村的小流域面积为175.90 km^2(属于泗交河流域),根据算数平均法确定了两个定点,其中定点1(泗交镇李峪)面积是79.93 km^2,定点2(泗交镇彭家湾)面积是95.97 km^2。运城市夏县祁家河乡上坪村奇峰面积225.75 km^2(属于泗交河流域),根据泰森多边形法确定了三个定点,其中定点1(泗交镇西沟村)面积是72.92 km^2,定点2(泗交镇彭家湾)面积是71.92 km^2,定点3(泗交镇芦家沟村)面积是80.91 km^2。

5.2 设计面暴雨

计算设计面雨量的方法分为直接计算法和间接计算法两种。当流域内站网比较密,有长期雨量记录的站点较多时,可根据工程所在地点以上流域的年最大面雨量系列直接计算各种历时的设计面雨量。当设计流域不具备统计最大面雨量系列的站网条件时,应采用间接计算法。

间接计算法是采用"定点"设计雨量配以暴雨"定点—定面"关系计算设计面雨量的方法,即

$$H_{p,A}(t_b) = \eta_p(A,t_b) \times H_{p,A}^o(t_b) \tag{1-5-3}$$

式中 $H_{p,A}(t_b)$——标准历时为 t_b、设计标准为 p、流域面积为 A 的设计面雨量,mm;

$H_{p,A}^o(t_b)$——设计点雨量的流域平均值,mm;

$\eta_p(A,t_b)$——设计暴雨点-面折减系数,按式(1-5-4)计算。

$$\eta_p(A,t_b) = \frac{1}{1 + CA^N} \tag{1-5-4}$$

式中 A——流域面积, km^2;

C、N——经验参数。

根据《山西省水文计算手册》水文分区图显示,运城市处于中区和东区,故 C、N 数值从表1-5-2中直接查用或内插求得。

求得设计面雨量 $H_{p,A}(t_b)$ 后,首先绘制雨深-历时曲线,应满足"参数-历时"一般规律;然后求解暴雨参数 λ,其值应满足 $0 \leqslant \lambda < 0.12$。否则,应对各定点雨量均值 $\overline{H}$ 或变差系数 C_v 的查图值进行微调,使之合理,该值即为设计面雨量初值。根据该初值求出暴雨公式的参数 S_p、λ 和 n_s,不同历时面雨量即可由下式(1-5-5)或式(1-5-6)与式(1-5-7)求出。

5.3 设计暴雨的历时-雨深关系

设计暴雨的历时-雨深关系,又称设计暴雨公式。《山西省水文计算手册》采用三参数幂函数型对数非线性暴雨公式:

$$H_p(t) = \begin{cases} S_p \cdot t \cdot e^{\frac{n_s}{\lambda}(1-t^{\lambda})}, \lambda \neq 0 \\ S_p \cdot t^{1-n_s}, \quad \lambda = 0 \end{cases} \tag{1-5-5}$$

表 1-5-2 定点定面关系参数查用表

分区	历时	参数	频率(%)												
			均值	0.01	0.1	0.2	0.33	0.5	1	2	3.3	5	10	20	25
中区+东区	10 min	*C*	0.044 1	0.052 4	0.052 0	0.051 4	0.051 5	0.050 7	0.050 2	0.049 5	0.049 2	0.048 1	0.046 9	0.045 0	0.044 4
		N	0.422 7	0.410 5	0.410 2	0.411 4	0.410 2	0.412 0	0.412 4	0.413 5	0.413 7	0.415 5	0.417 3	0.420 4	0.421 3
	60 min	*C*	0.045 6	0.051 2	0.050 6	0.050 4	0.050 4	0.049 9	0.049 5	0.049 0	0.048 7	0.048 2	0.047 3	0.046 1	0.045 7
		N	0.365 2	0.373 9	0.372 3	0.371 8	0.370 9	0.371 0	0.370 5	0.370 1	0.369 3	0.368 6	0.367 5	0.366 2	0.365 6
	6 h	*C*	0.015 6	0.025 4	0.024 2	0.023 7	0.023 7	0.023 0	0.022 3	0.021 3	0.020 9	0.020 1	0.018 7	0.016 8	0.016 1
		N	0.439 8	0.418 8	0.420 1	0.420 6	0.420 6	0.421 6	0.422 8	0.425 7	0.425 1	0.426 9	0.430 3	0.435 5	0.438 1
	24 h	*C*	0.011 6	0.015 1	0.013 7	0.013 5	0.013 5	0.013 3	0.013 2	0.012 7	0.012 8	0.012 6	0.012 2	0.011 7	0.011 5
		N	0.370 4	0.446 0	0.448 5	0.445 0	0.445 0	0.439 6	0.434 5	0.433 4	0.424 3	0.417 8	0.406 2	0.389 4	0.381 9
	3 d	*C*	0.004 7	0.008 8	0.007 7	0.007 5	0.007 5	0.007 3	0.007 0	0.006 6	0.006 6	0.006 3	0.005 8	0.005 2	0.004 9
		N	0.447 2	0.486 2	0.493 4	0.491 2	0.491 2	0.487 7	0.484 5	0.487 3	0.477 9	0.474 1	0.467 2	0.457 1	0.453 3

也可进一步变形为

$$H_p(t) = \begin{cases} S_p \cdot t^{1-n}, \lambda \neq 0 \\ S_p \cdot t^{1-n_s}, \lambda = 0 \end{cases} \quad (0 \leqslant \lambda < 0.12) \tag{1-5-6}$$

$$n = n_s \frac{t^{\lambda} - 1}{\lambda \ln t} \tag{1-5-7}$$

式中 n、n_s——双对数坐标系中设计暴雨历时－雨强关系曲线的坡度及 $t = 1$ h 时的斜率;

S_p——设计雨力,即 1 h 设计雨量,mm/h;

t——暴雨历时,h;

λ——经验参数,当 $\lambda = 0$ 时,式(1-5-6)退化为对数线性暴雨公式。

暴雨公式的三个参数 S_p、n_s、λ 需要根据同频率各标准历时设计雨量 $H_p(t)$,以残差相对值平方和最小为目标求解,其中 S_p 的查图误差控制在 ±5%以内,$0 \leqslant \lambda < 0.12$。当 λ 不被满足时,适当调整查图的均值和 C_v,至 λ 满足约束为止。

求得设计暴雨公式参数后,不同历时设计雨量即可由式(1-5-5)或式(1-5-6)与式(1-5-7)计算求得。

5.4 设计暴雨的时程分配——设计时雨型

点雨量时雨型分为日雨型和逐时雨型。根据主雨日所处降雨过程的前、中、后位置,全省分为 4 个雨型区:北区、西区、中区和东区,运城市属于中区和东区。日雨型和时雨型"模板"见表 1-5-3、表 1-5-4。

表列雨型为 $\Delta t = 1$ h 时的基础雨型,当工程控制流域面积较小、汇流时间不足 1 h 时,可将基础雨型细化为 $\Delta t = \frac{1}{2}h$ 或 $\Delta t = \frac{1}{4}h$ 的派生雨型。派生雨型的构造方法是:把基础雨型中的每个序位 j 离散为 j_1、j_2 两个二级序位或 j_1、j_2、j_3、j_4 四个二级序位。对于 $j = 1$ 的主峰时段,前者的峰值应安排在基础雨型靠近第二序位的一边;后者的峰值应安排在靠近基础雨型第二序位的 j_2 或 j_3 位置。其他时段的二级序位按雨量大小由大到小进行安排,如图 1-5-2 所示。

计算主雨日的设计时雨型,应采用暴雨公式计算的时段雨量序位法,亦可采用百分比法;非主雨日的设计时雨型,宜采用百分比法。

5.4.1 时段雨量序位法

利用暴雨公式(1-5-8)计算时段雨量

$$\Delta H_{p,j} = H_p(t_j) - H_p(t_{j-1}) \quad (j = 1,2,\cdots;,\quad t_0 = 0) \tag{1-5-8}$$

式中 j——表 1-5-3、表 1-5-4 中主雨日时段雨量排位序号,即时段雨量 $\Delta H_{p,i}$ 摆放的序位。

逐时段依次用式(1-5-8)计算出时段雨量,并按序位号依次摆放在相应位置,即得逐时雨型。

表 1-5-3　中区设计雨型查用表

第一日																								
$(H_{3d}-H_{24h})$%	56																							
时程(时)	0~1	1~2	2~3	3~4	4~5	5~6	6~7	7~8	8~9	9~10	10~11	11~12	12~13	13~14	14~15	15~16	16~17	17~18	18~19	19~20	20~21	21~22	22~23	23~24
时程分配 B_j(%)	1	1	1	1	3	1	1	1	2	1	1	3	4	2	2	3	6	7	13	17	8	6	7	8
主雨日																								
时程(时)	0~1	1~2	2~3	3~4	4~5	5~6	6~7	7~8	8~9	9~10	10~11	11~12	12~13	13~14	14~15	15~16	16~17	17~18	18~19	19~20	20~21	21~22	22~23	23~24
ΔH 占 S_p(%)												100												
ΔH 占$(H_{6h}-S_p)$(%)										13	24		30	19	14									
ΔH 占$(H_{24h}-H_{6h})$(%)	2	3	3	4	6	7	8	9	10							10	8	7	5	4	4	4	4	2
排位序号	(24)	(21)	(22)	(18)	(14)	(13)	(10)	(9)	(7)	(6)	(3)	(1)	(2)	(4)	(5)	(8)	(11)	(12)	(15)	(16)	(19)	(17)	(20)	(23)
第三日																								
$(H_{3d}-H_{24h})$(%)	44																							
时程(时)	0~1	1~2	2~3	3~4	4~5	5~6	6~7	7~8	8~9	9~10	10~11	11~12	12~13	13~14	14~15	15~16	16~17	17~18	18~19	19~20	20~21	21~22	22~23	23~24
时程分配 B_j(%)	12	10	11	17	11	7	5	6	3	2	2	2	1	1	2	1	1	1	1	1	1	1	1	

表 1-5-4　东区设计雨型查用表

第一日																								
$(H_{3d}-H_{24h})$%	36																							
时程(时)	0~1	1~2	2~3	3~4	4~5	5~6	6~7	7~8	8~9	9~10	10~11	11~12	12~13	13~14	14~15	15~16	16~17	17~18	18~19	19~20	20~21	21~22	22~23	23~24
时程分配 B_j(%)	2	3	3	4	2	2	1		1		1	2	2	3	2	2	8	24	10	7	6	3	5	7
主雨日																								
时程(时)	0~1	1~2	2~3	3~4	4~5	5~6	6~7	7~8	8~9	9~10	10~11	11~12	12~13	13~14	14~15	15~16	16~17	17~18	18~19	19~20	20~21	21~22	22~23	23~24
ΔH 占 S_p(%)													100											
ΔH 占$(H_{6h}-S_p)$(%)												26		24	22	15	13							
ΔH 占$(H_{24h}-H_{6h})$(%)	3	3	3	5	5	6	5	6	7	11	11							7	5	7	7	4	3	2
排位序号	(20)	(22)	(23)	(18)	(17)	(13)	(15)	(14)	(9)	(8)	(7)	(2)	(1)	(3)	(4)	(5)	(6)	(10)	(16)	(12)	(11)	(19)	(21)	(24)
第三日																								
$(H_{3d}-H_{24h})$(%)	64																							
时程(时)	0~1	1~2	2~3	3~4	4~5	5~6	6~7	7~8	8~9	9~10	10~11	11~12	12~13	13~14	14~15	15~16	16~17	17~18	18~19	19~20	20~21	21~22	22~23	23~24
时程分配 B_j(%)	5	3	3	3	4	5	4	6	9	18	12	7	3	4	3	3	1	3	2	1				1

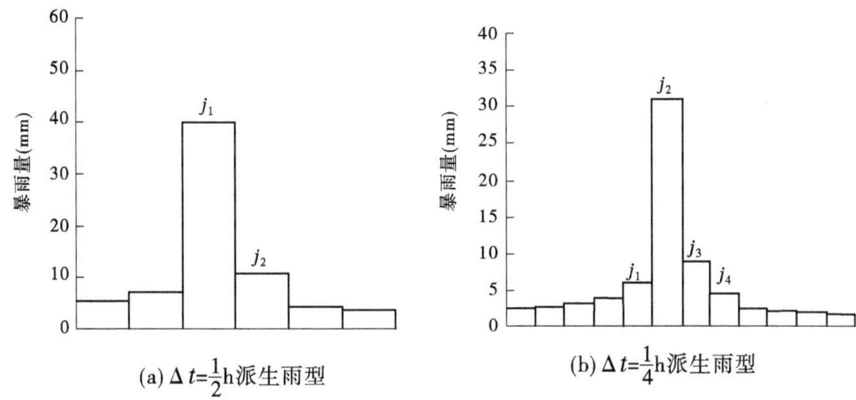

图 1-5-2　派生雨型示意图

5.4.2　百分比法

(1)利用设计暴雨公式及其参数计算不同标准历时的设计暴雨量 $H_{p,1\mathrm{h}}$(即雨力 S_p)、$H_{p,6\mathrm{h}}$、$H_{p,24\mathrm{h}}$。

(2)把最大 1 h 雨量 $H_{p,1\mathrm{h}}$ 放在主峰(即 1 号)位置。

(3)主峰前后两侧 6 h 以内的时段雨量 ΔH_j,按设计雨型表(见表 1-5-3、表 1-5-4)中查得的百分数 B_j(%)用式(1-5-9)分配

$$\Delta H_j = (H_{p,6\mathrm{h}} - H_{p,1\mathrm{h}}) \times B_j/100 \quad (j = 2,3,4,5,6) \tag{1-5-9}$$

(4)主雨日内其他时段的雨量按式(1-5-10)分配

$$\Delta H_j = (H_{p,24\mathrm{h}} - H_{p,6\mathrm{h}}) \times B_j/100 \quad (j = 7,8,\cdots,23,24) \tag{1-5-10}$$

非主雨日的日雨量按式(1-5-11)分配:

$$H_{p,i} = (H_{p,3\mathrm{d}} - H_{p,24\mathrm{h}}) \times B_i/100 \tag{1-5-11}$$

式中　$H_{p,i}$——非主雨日设计日雨量,mm;

B_i——非主雨日的日雨量占非主雨日雨量之和的百分比。

非主雨日的时段雨量按式(1-5-12)分配:

$$\Delta H_{i,j} = H_{p,i} \times B_j/100 \quad (i = 1,2;\ \ j = 1,2,\cdots,23,24) \tag{1-5-12}$$

式中　B_j——非主雨日的时段雨量占非主雨日雨量的百分比。

5.5　主雨历时与主雨雨量

运城市形成洪水的暴雨,一般集中分布在主雨峰及其两侧,而不是暴雨全过程。强度比较小的那些时段的降水,对洪水的形成或制约作用不大。从“造洪”角度来说,可以只考虑制造洪水的主要时段降水,即“造洪雨”或主雨,其历时 t_z 称为主雨历时。

对于实测暴雨而言,可以根据它的面雨量时程分配按此标准统计计算主雨历时和主雨雨量;设计条件下应该借助暴雨公式求解主雨历时 t_z:

$$S_p \frac{1 - n_s t_z^{\lambda}}{t_z^n} = 2.5, n = n_s \frac{t_z^{\lambda} - 1}{\lambda \ln t_z} \quad (1\text{-}5\text{-}13)$$

式中　符号意义同前。

求解主雨历时 t_z 可以采用数值解法,也可以采用图解法。

图解法计算步骤是:令

$$f(t) = \frac{1 - n_s t^{\lambda}}{t^n} S_p \quad (1\text{-}5\text{-}14)$$

在普通坐标系中绘制 $f(t) \sim t$ 曲线,然后在纵坐标上截取 $f(t) = 2.5$ 得点 A,过 A 点作水平线,交 $f(t) \sim t$ 曲线于 P 点,P 点的横坐标即为主雨历时 t_z,如图 1-5-3 所示。

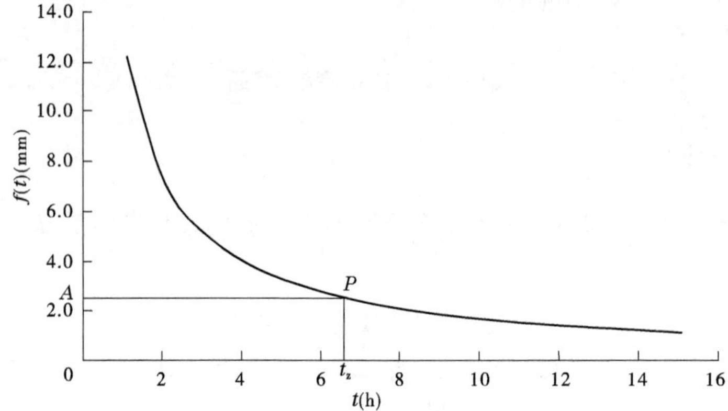

图 1-5-3　主雨历时图解法示意图

用式(1-5-15)计算主雨雨量 $H_p(t_z)$:

$$H_p(t_z) = S_p t_z^{1-n}, n = n_s \frac{t_z^{\lambda} - 1}{\lambda \ln t_z} \quad (1\text{-}5\text{-}15)$$

非主雨日的主雨历时及主雨雨量按雨强大于 2.5 mm/h 的标准统计计算。

第6章 运城市设计洪水分析

6.1 设计洪水计算方法概述

推求设计洪水的方法很多，结合运城市产、汇流特点，暴雨洪水资料条件，人类活动状况及实践经验，参考《山西省水文计算手册》，计算运城市设计洪水的方法主要有根据流量资料计算设计洪水、根据设计暴雨计算设计洪水和水文比拟法推求设计洪水三种方法。

根据涉水工程的规模、重要性、流域资料条件等，应选用不同的方法。

(1)涉水工程地址或上下游邻近地点具有30年以上实测或插补外延的流量资料，应采用频率分析方法计算工程地址处的设计洪水；或先采用频率分析方法计算工程地址上下游邻近地点的设计洪水，然后采用水文比拟等方法改正到工程所在地，作为涉水工程的设计洪水。

(2)涉水工程所在地区具有30年以上实测或插补外延的暴雨资料，并有暴雨洪水对应关系时，宜采用频率分析方法计算设计暴雨，再推算设计洪水。

(3)对于众多既没有实测流量资料，又缺乏暴雨记录的涉水工程，根据《山西省水文计算手册》所附暴雨统计参数等值线图，首先计算设计暴雨，再用一种或多种方法推算设计洪水。对于只需要设计洪峰流量的一般工程，可采用推理公式法或地区经验公式法；对需要设计洪水流量过程线的工程，宜采用综合瞬时单位线法，也可采用推理公式法。

(4)涉水工程所在流域内暴雨和洪水资料均短缺时，亦可利用邻近地区实测或调查洪水和暴雨资料，先计算出参证流域的设计洪水，经过地区综合分析，采用水文比拟法计算流域设计洪水。

(5)如果涉水工程控制流域内已建有蓄水工程或在建、拟建蓄水工程时，其设计洪水由区间设计洪水与上游蓄水工程下泄洪水经河道流量演算后，叠加而成。

(6)如果涉水工程所在流域内存在设计标准较低的蓄水工程，应该考虑遭遇稀遇暴雨袭击时可能产生的溃坝洪水对本工程安全的影响。宜将垮坝流量演算到坝址与区间洪水叠加，评估其对工程安全是否构成威胁。

采用上述途径计算设计洪水时，应充分重视、运用调查洪水资料。设计洪水标准较低的工程，宜对历史上或近期发生的重现期接近于设计标准的暴雨洪水进行调查，直接采用调查洪水或进行适当的调整，作为本工程的设计洪水。

关于设计洪水分析，《山洪灾害分析评价技术要求》有以下几项假设和规定：

(1)在设计洪水分析中，假定暴雨与洪水同频率，因此设计洪水频率为5年一遇、10

年一遇、20 年一遇、50 年一遇和 100 年一遇 5 种,不考虑可能最大洪水(PMF)计算。

(2)应基于设计暴雨成果,以重点防治区附近的河道控制断面为计算断面,进行各种频率设计洪水的计算和分析。

(3)洪水分析中,应得到选定频率洪水的洪峰、洪量、洪水历时等洪水要素信息。

(4)根据控制断面水位流量关系,将洪峰流量转化为相应水位。

(5)根据《山洪灾害分析评价技术要求》规定,洪水频率与暴雨频率对应,为 1%、2%、5%、10%、20% 共 5 种,对应的重现期为 100 年一遇、50 年一遇、20 年一遇、10 年一遇、5 年一遇。

6.2 基础资料准备工作

6.2.1 基础资料的搜集、整理、复核、分析

基础资料是设计洪水分析计算的基础,应当根据流域自然地理特性、水工程特点及设计洪水计算方法,广泛搜集整理以下资料:

(1)流域自然地理特征及与流域产流、汇流有关的河道特征等资料,如流域及工程地理位置、地质、地形、地貌、植被、流域面积、河长、河流纵比降等。

运城市产流地类有变质岩森林山地、变质岩灌丛山地、变质岩土石山区、灰岩灌丛山地、耕种平地、黄土丘陵阶地、灰岩森林山地、黄土丘陵沟壑、砂页岩森林山地、砂页岩灌丛山地。

运城市汇流地类有森林山地、灌丛山地、黄土丘陵、草坡山地。

(2)分析计算设计洪水需要直接引用的水文气象资料,如暴雨、洪水(包括调查历史洪水)等。

(3)以往规划设计报告及产流、汇流分析成果等资料。

(4)流域内水利与水土保持发展情况,已建、在建和拟建的小型水库、引水工程等对调洪有影响的资料。

计算设计洪水所依据的暴雨、洪水资料,一般为不同历史时期所积累,其精度各异,系列长短不一,难免因个别年份缺测导致系列不连续。因此,对有关资料进行合理性检查、插补和延长是非常必要的。特别是应重点检查和复核测验精度较差的大暴雨、洪水资料及明显受人类活动影响时期的资料。

调查历史洪水由于年代较远,有的因自然条件的变化和人类活动的影响,可能使河道发生了很大的改变,调查时所看到的河段现状、实测的断面、河床质的组成情况等都只反映调查时的状况,与洪水发生时的情况可能有较大的差别,因而应进行合理性检查,以提高调查洪水的精度。

6.2.2 流域特征参数的确定

本书研究运用 Arcgis 软件在 1∶50 000 地形图上量算以下流域特征参数:

(1)流域面积 A (km^2)——计算断面以上的流域面积。

(2)河长 L (km)——由计算断面至流域最远分水岭、沿主河道量算的距离。

(3)流域平均宽度 B (km)——由式(1-6-1)计算。

$$B = \frac{A}{L} \tag{1-6-1}$$

(4)河流纵比降 J (m/km)——用式(1-6-2)计算。

$$J = \frac{(Z_0 + Z_1)L_1 + (Z_1 + Z_2)L_2 + \cdots + (Z_{n-1} + Z_n)L_n - 2Z_0L}{L^2} \tag{1-6-2}$$

式中 L——自流域出口断面起沿主河道至分水岭的最长距离,包括主河道以上沟形不明显部分坡面流程的长度,当河道上有瀑布、跌坎、陡坡时,应当把突然变动比降段两端的特征点,都作为计算加权平均比降时的分段点,以使计算的比降反映沿程实际的水力条件,km;

Z_0 、Z_1 、…、Z_n ——自流域出口断面起沿流程比降突变特征点的地面高程,m;

L_1 、L_2 、…、L_n ——两个特征点之间的距离,km。

上述符号意义如图 1-6-1 所示。

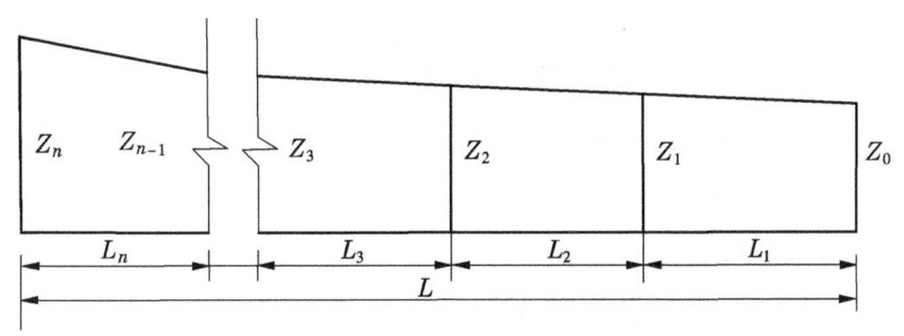

图 1-6-1 河流纵比降计算示意图

6.3 由流量资料推求设计洪水

6.3.1 选样

在本次运城市山洪灾害评价研究中,部分地区有长系列实测流量资料,采用流量资料推求设计洪水,洪峰流量采用年最大值法选样,洪量采用固定时段独立选取年最大值。时段的选定应根据洪水变化过程、水库调洪能力和调洪方式以及下游河段有无防洪、错峰要求等确定。当有连续多峰洪水、下游有防洪要求、防洪库容较大时,设计时段可以长些,反之则短些。一般选用 12 h、24 h、3 d(或 72 h)等。

运城市绛县大交镇续鲁峪流域设有一处雨量站,有历年大交镇大交村和浍南村两村的实测流量资料,采用流量资料推求其洪水、洪峰流量及成灾水位。

6.3.2 经验频率

将经过一致性修正后的洪峰流量系列和时段洪量系列分别按大小顺序重新排位。在 n 项连序洪水系列中,按大小顺序排位的第 m 项洪水的经验频率采用数学期望公式计算:

$$P_m = \frac{m}{n+1} \quad (m = 1,2,\cdots,n) \tag{1-6-3}$$

式中 n——洪水序列项数；

m——洪水连序系列中的序位；

P_m——第 m 项洪水的经验频率。

如果在调查考证期 N 年中有特大洪水 a 个，其中 l 个发生在 n 年内，不连序洪水系列中，洪水的经验频率采用下列数学期望公式计算：

(1) a 个特大洪水的经验频率为

$$P_M = \frac{M}{N+1} \quad (M = 1,2,\cdots,a) \tag{1-6-4}$$

式中 N——历史洪水调查考证期；

M——特大洪水序位；

P_M——第 M 项特大洪水的经验频率；

a——特大洪水个数。

(2) $n-l$ 个连序洪水的经验频率为

$$P_m = \frac{a}{N+1} + \left(1 - \frac{a}{N+1}\right)\frac{m-l}{n-l+1} \quad (m = l+1, l+2,\cdots,n) \tag{1-6-5}$$

式中 l——从 n 项连序系列中抽出的特大洪水个数。

当调查历史洪水个数较多，且量级与实测洪水相互重叠时，特大洪水个数 a 可以根据较大洪水在调查历史时期内的前后期分布状况，寻找一个能够表明在调查期 $N-n$ 内使 $l/n \approx (a-l)/(N-n)$ 关系得到满足的流量 Q_c，在调查考证期 N 内大于等于 Q_c 的洪水个数即为 a。

当调查历史洪水个数较少时，不便于采用上述方法确定 a 值，可以根据模比系数 K（特大洪峰流量与均值之比）大小确定，一般认为模比系数 $K \geqslant 4$ 的调查历史洪水个数即为 a。

6.3.3 统计参数的估计与优化

洪峰流量、时段洪量的均值、变差系数和偏态系数四个统计参数的估计与优化，以皮尔逊Ⅲ型曲线作为概率分布模型。操作步骤如下。

6.3.3.1 用矩法初步估算统计参数

1. 连序系列

$$\overline{X} = \frac{1}{n}\sum_{i=1}^{n} X_i \tag{1-6-6}$$

$$S = \sqrt{\frac{1}{n-1}\sum_{i=1}^{n}(X_i - \overline{X})^2} \tag{1-6-7}$$

$$C_v = S/\overline{X} \tag{1-6-8}$$

$$C_s = \frac{n}{(n-1)(n-2)} \frac{\sum_{i=1}^{n}(X_i - \overline{X})^3}{S^3} \tag{1-6-9}$$

式中　$\overline{X}$——系列均值；

S——系列均方差；

C_{v}——变差系数；

C_{s}——偏态系数；

X_i——系列变量（$i=1,2\cdots,n$）；

n——系列项数。

2. 不连序系列

$$\overline{X} = \frac{1}{N}\left(\sum_{j=1}^{a} X_j + \frac{N-a}{n-l}\sum_{i=l+1}^{n} X_i\right) \tag{1-6-10}$$

$$C_{\mathrm{v}} = \frac{1}{\overline{X}}\sqrt{\frac{1}{N-1}\left[\sum_{j=1}^{a}(X_j-\overline{X})^2 + \frac{N-a}{n-l}\sum_{i=l+1}^{n}(X_i-\overline{X})^2\right]} \tag{1-6-11}$$

$$C_{\mathrm{s}} = \frac{N}{(N-1)(N-2)}\frac{\sum_{j=1}^{a}(X_j-\overline{X})^3 + \frac{N-a}{n-l}\sum_{i=l+1}^{n}(X_i-\overline{X})^3}{\overline{X}^3 C_{\mathrm{v}}^3} \tag{1-6-12}$$

式中　X_j——特大洪水变量；

X_i——实测洪水变量；

N——历史洪水调查考证期；

a——特大洪水个数；

l——从 n 项连序系列中抽出的特大洪水个数。

6.3.3.2　用经验适线法优化参数

首先计算一致性处理后的洪水系列（包括洪峰流量，各时段洪量）的经验频率；然后令 $C_{\mathrm{s}}=nC_{\mathrm{v}}$，用式（1-6-13）计算不同频率的洪峰流量 X_p 和时段洪量 X_p，并将它们与经验频率绘制在同一张概率格纸上，凭借技术人员的实际工作经验，通过不断调整参数，选定一条与经验点据拟合良好的频率曲线，其参数值即优化后的参数值。

6.3.3.3　经验适线注意事项

（1）尽可能照顾经验频率点群的趋势，使频率曲线通过点群的中心；当频率曲线与经验频率点群配合欠佳时，可适当多考虑上部和中部点据。

（2）应分析经验频率点据的精度（包括它们的纵、横坐标可能存在的误差），使频率曲线尽量多地接近或通过比较可靠的经验频率点据。

（3）历史洪水，特别是为首的几个特大历史洪水，一般精度较差，适线时应充分结合技术人员的实际工作经验，不宜机械地通过这些点据，而使频率曲线脱离经验频率点群；但也不能为照顾点群趋势使曲线离开特大值太远，应充分考虑特大历史洪水的可能误差范围，以便调整频率曲线。

6.3.4　设计洪水值的计算

通过经验适线得到频率曲线参数之后，由式（1-6-13）计算设计洪水值。

$$X_p = K_p\overline{X}, K_p = 1 + \Phi_p C_{\mathrm{v}} \tag{1-6-13}$$

式中　Φ_p——皮尔逊Ⅲ型曲线中心标准化分布的离均系数，与 C_{s} 有关，由《山西省水文

计算手册》附表Ⅰ-1查用;

K_p——频率为p时的模比系数,根据C_s/C_v的比值由附表Ⅰ-2查用。

6.4 由暴雨资料推求设计洪水

根据设计暴雨计算设计洪水包括流域水文模型法、推理公式法和地区经验公式法三种方法。

6.4.1 流域产流计算

流域产流计算包括设计洪水净雨深和净雨过程计算两部分。前者采用双曲正切模型计算,后者按主雨日、非主雨日分别采用变损失率推理扣损法和定损失率推理扣损法计算。

设计净雨深计算采用双曲正切模型。

6.4.1.1 双曲正切模型的结构

$$R_p = H_{p,A}(t_z) - F_A(t_z) \cdot \mathrm{th}\left[\frac{H_{p,A}(t_z)}{F_A(t_z)}\right] \tag{1-6-14}$$

或

$$R_p = \varphi \cdot H_{p,A}(t_z), \varphi = 1 - \frac{1}{x}\mathrm{th}x, x = H_{p,A}(t_z)/F_A(t_z) \tag{1-6-15}$$

式中 th——双曲正切运算符;

x——供水度;

t_z——设计暴雨的主雨历时,h;

$H_{p,A}(t_z)$——设计暴雨的主雨面雨量,mm,计算方法见第5章;

φ——洪水径流系数;

R_p——设计洪水净雨深,mm;

$F_A(t_z)$——主雨历时内的流域可能损失,mm,角标A表示流域平均值(下同)。

流域可能损失用式(1-6-16)计算。

$$F_A(t_z) = S_{r,A}(1 - B_{0,p})t_z^{0.5} + 2K_{s,A}t_z \tag{1-6-16}$$

式中 $S_{r,A}$——流域包气带充分风干时的吸收率,反映流域的综合吸水能力,$mm/h^{1/2}$;

$K_{s,A}$——流域包气带饱和时的导水率,mm/h;

$B_{0,p}$——设计频率的流域前期土湿标志(流域持水度),由表1-6-1直接查用或内插求得,当频率小于0.33%时,$B_{0,p}$取0.63,当频率大于10%时,$B_{0,p}$取0.50。

表1-6-1 设计洪水流域前期持水度$B_{0,p}$查用表

频率(%)	0.33	1	2	5	10
$B_{0,p}$	0.63	0.61	0.58	0.54	0.50

多种产流地类组成的复合地类流域,吸收率和导水率分别根据各种地类的面积权重按式(1-6-17)及式(1-6-18)加权计算。

$$S_{r,A} = \sum c_i S_{r,i} \quad (i = 1,2,\cdots) \tag{1-6-17}$$

$$K_{s,A} = \sum c_i K_{s,i} \quad (i = 1,2,\cdots) \tag{1-6-18}$$

式中 $S_{r,i}$ ——单地类包气带充分风干时的吸收率，mm/h$^{1/2}$；

$K_{s,i}$ ——单地类包气带饱和时的导水率，mm/h，从表1-6-2中查用；

c_i ——某种地类面积占流域面积的权重。

表1-6-2 山西省单地类风干流域吸收率 S_r 及饱和流域导水率 K_s 查用表

地类	S_r			K_s		
	最大值	最小值	一般值	最大值	最小值	一般值
灰岩森林山地	43.0	28.0	35.5	4.10	2.60	3.35
灰岩灌丛山地	35.0	26.0	30.5	3.50	2.30	2.90
耕种平地	27.0	27.0	27.0	1.90	1.90	1.90
灰岩土石山区	25.0	23.0	24.0	1.80	1.60	1.70
砂页岩森林山地	23.0	23.0	23.0	1.50	1.50	1.50
变质岩森林山地	22.0	22.0	22.0	1.45	1.45	1.45
黄土丘陵阶地	21.0	21.0	21.0	1.40	1.40	1.40
黄土丘陵沟壑区	20.0	20.0	20.0	1.30	1.30	1.30
砂页岩土石山区	19.0	19.0	19.0	1.25	1.25	1.25
砂页岩灌丛山地	18.0	18.0	18.0	1.20	1.20	1.20
变质岩土石山区	17.0	17.0	17.0	1.15	1.15	1.15
变质岩灌丛山地	16.0	16.0	16.0	1.10	1.10	1.10

6.4.1.2 使用双曲正切模型计算设计净雨深的工作步骤

(1)计算流域设计暴雨的有关要素，包括各历时设计点暴雨、面暴雨的时深关系时雨型、主雨历时、主雨雨量等。

(2)通过野外查勘调查，参考产流下垫面分区图，绘制流域下垫面产流地类分区图，量算各种地类面积权重。

(3)根据流域下垫面的不同地类，从表1-6-2中合理选用相应的单地类吸收率 S_r 及导水率 K_s，然后分别用式(1-6-17)和式(1-6-18)计算流域的吸收率 $S_{r,A}$ 和导水率 $K_{s,A}$。

(4)从表1-6-1查出相应频率的流域持水度 $B_{0,p}$，连同 $S_{r,A}$、$K_{s,A}$ 和 t_z 代入式(1-6-16)，计算流域可能损失 $F_A(t_z)$。

(5)根据设计主雨日面雨量 $H_{p,A}(t_z)$ 及流域可能损失 $F_A(t_z)$，用式(1-6-14)或式(1-6-15)计算设计洪水净雨深 R_p。

(6)非主雨日设计净雨深的计算方法与上述主雨日净雨深计算方法基本相同，所不同的是 $B_{0,p}$ 的定量。当主雨日居中时，第一日的 $B_{0,p}$ 取表列值的40%，第三日的 $B_{0,p}$ 取0.90~1.0；当主雨日居后时，第一日的 $B_{0,p}$ 取表列值的40%，第二日的 $B_{0,p}$ 取表列值的

60%。

6.4.1.3 使用双曲正切模型需要注意的事项

模型模拟的效果,除模型与实体结构的接近程度有关外,合理定量三个参数值至关重要,应该缜密考虑,切不可简单从事。

(1)正确划分地类是决定参数 S_r 及 K_s 的关键环节。划分地类应该采取实地查勘与查图相结合、以查勘为主的原则。《山西省水文计算手册》所附下垫面分区图不能取代野外调查。事实上,下垫面的空间变异并不像下垫面分区图所标示的那样界限分明,分区内的下垫面属性也不一定绝对单一,成图时进行的合并与综合,掩盖了小流域内部下垫面的分异特征。所以,下垫面分区图的实用性会随着流域面积的减小而弱化,野外工作不可或缺。

(2)在盆地,地下水位埋深对吸收率影响较大,但缺乏这方面的观测资料,无法做系统分析,表列值仅适用于地下水位埋深比较大的区域,地下水位埋深较小时,应适当减小吸收率的取值。

(3)对于广阔低缓山坡,且覆盖有薄层黄土或黄土斑状分布、基岩零散出露的土石山区,应该设法确定(包括估计)出黄土、基岩露头各自占流域面积的权重,将其分解为单地类,然后比照复合地类处理,以避免机械采用80%作为划分石质山地与土石山区指标产生的参数值突变现象。

(4)对于12种地类未能涵盖的下垫面类型,例如,采矿区和城市化地区,由于现实水文站网中没有这些地区的观测资料,不能具体分析它们的吸收率和导水率,只能以12种地类中的某种地类参数为参考,综合考虑这些区域的产流特性,确定吸收率和导水率。煤矿开采区主要分布在砂页岩灌丛山地,采矿放顶增加了包气带的导水性。所以,建议在表列砂页岩灌丛山地参数的基础上,按采矿面积大小、巷道深浅,适当加大导水率。城市化地区由于不透水面积加大,吸水率和导水率都会降低,建议降低使用表列变质岩灌丛山地参数值。

(5)灰岩地类应根据流域漏水情况合理选用参数,强漏水区选用参数上限或中上值,中等漏水区选用一般值,弱漏水区选用下限或中下值。

(6)设计频率的流域前期土湿标志 $B_{0,p}$ 的变化,对设计净雨深会产生一定影响,表列值未考虑土湿沿纬度及高程的变异。实际应用时可以在不超过表列值±5%的范围内调整,高中山地和半湿润地区可适当提高,半干旱地区可适当降低。

6.4.2 净雨过程计算

净雨过程计算分为主雨日与非主雨日净雨过程计算。

6.4.2.1 主雨日净雨过程计算

(1)用数值法或图解法从式(1-6-19)中求解产流历时 t_c。

$$R_p = \begin{cases} n_s S_{p,A} t^{1+\lambda-n}, \lambda \neq 0 \\ n_s S_{p,A} t^{1-n_s}, \lambda = 0 \end{cases}, n = n_s \frac{t^{\lambda} - 1}{\lambda \ln t} \tag{1-6-19}$$

式中 R_p——用双曲正切模型计算的场次洪水设计净雨深,mm;

其他符号意义同前。

用图解法求解产流历时的步骤是:令

$$f(t)=\begin{cases}n_sS_{p,A}t^{1+\lambda-n},\lambda\neq0\\n_sS_{p,A}t^{1-n_s},\lambda=0\end{cases},n=n_s\frac{t^{\lambda}-1}{\lambda\ln t}\tag{1-6-20}$$

在普通坐标系中绘制 $f(t)\sim t$ 关系曲线,在 $f(t)$ 轴上截取 $OR=R_p$ 做水平线,与 $f(t)\sim t$ 曲线交点的横坐标即为产流历时 t_c。

(2)计算损失率

$$\mu=(1-n_st_c^{\lambda})S_{p,A}\cdot t_c^{-n},n=n_s\frac{t_c^{\lambda}-1}{\lambda\ln t_c}\tag{1-6-21}$$

(3)计算时段净雨

$$\Delta h_{p,j}=h_p(t_{j-1}+\Delta t)-h_pt_{j-1}\tag{1-6-22}$$

$$h_p(t)=H_{p,A}(t)-\mu t,t\leqslant t_c\tag{1-6-23}$$

式中 Δh_p ——设计时段净雨深, mm;

Δt ——计算时段,h;

j ——时雨型“模板”中的序位编号;

t_{j-1} —— j 时段的开始时刻;

其他符号意义同前。

(4)把计算出的时段净雨深按序位编号安排在设计时雨型“模板”中相应序位位置,即得主雨日的净雨过程。

6.4.2.2 非主雨日净雨过程计算

非主雨日的净雨过程,由于雨型不符合暴雨公式所描述的历时规律,不能采用主雨日净雨过程的计算方法,只能根据已知的非主雨日设计时雨型和净雨深采用“平割法”推求,即从设计时雨型柱状图中画一条水平线“平割”柱状图,上下移动,使平割出的时段净雨之和等于该日总净雨深,这时的时段净雨即为非主雨日净雨过程。

若汇流历时 τ 小于 1 h,且只需要设计洪峰流量时,暴雨及产流计算,分别以 $t=10$、20、…、60 min(仍以小时为单位)及 $H_{\frac{1}{6}}$、$H_{\frac{1}{3}}$、…、H_1 分别代入式(1-6-23)、式(1-6-22),计算小于 1 h 的各种历时的产流深。

6.4.3 流域汇流计算

流域降水所产生的净雨在重力与地表阻力综合作用下沿坡面及河网向流域出口断面汇集的过程称为流域汇流。流域汇流计算任务是根据设计暴雨计算出的净雨过程,用某种演算方法或模型,将其转换成流域出口断面的设计洪水过程线。

6.4.3.1 纳什瞬时单位线

纳什瞬时单位线将流域汇流过程假设为 n 个等效线性水库串联体对水流的调蓄过程。把瞬时作用于流域上的单位净雨水体在流域出口断面形成的时间概率密度分布曲线称为瞬时汇流曲线,量纲为 1/[T]。把单位净雨乘以瞬时汇流曲线称为瞬时单位线。

瞬时汇流曲线的数学表达式为

$$u_n(0,t)=\frac{1}{k\Gamma(n)}\left(\frac{t}{k}\right)^{n-1}e^{-\frac{t}{k}}\tag{1-6-24}$$

式中 n ——线性水库个数;

k ——一个线性水库的调蓄参数,h;

t ——时间,h;

$\Gamma(n)$ ——伽马函数。

单位强度净雨过程在流域出口断面形成的水体时间概率分布函数称为 $S_n(t)$ 曲线,它是瞬时汇流曲线对时间的积分,无量纲。数学表达式为

$$S_n(t) = \int_0^t u_n(0,t)\mathrm{d}t = \Gamma(n,\ m),\ m = t/k \tag{1-6-25}$$

式中 $\Gamma(n,\ m)$ ——n 阶不完全伽马函数。

时段单位净雨在流域出口断面形成的概率密度曲线称为时段汇流曲线,数学表达式为

$$u_n(\Delta t,t) = \begin{cases} S_n(t),0 \leqslant t \leqslant \Delta t \\ S_n(t) - S_n(t-\Delta t),t > \Delta t \end{cases} \tag{1-6-26}$$

流域出口断面的洪水过程根据时段净雨序列与时段汇流曲线用卷积公式计算。

$$Q(i\Delta t) = \sum_{j=1}^{M} u_n[\Delta t,(i+1-j)\Delta t]\frac{\Delta h_j}{3.6\Delta t}A,0 \leqslant i+1-j \leqslant M,j = 1,2,\cdots,M \tag{1-6-27}$$

式中 Δt ——计算时段,h;

Δh ——时段净雨深,mm;

A ——流域面积,km^2;

3.6——单位换算系数;

M ——净雨时段数。

6.4.3.2 **参数计算**

瞬时单位线有两个参数,一个是线性水库个数 n ,另一个是线性水库的调蓄参数 k 。二者的乘积 $m_1(=nk)$ 称为瞬时汇流曲线的滞时。它的物理意义是瞬时汇流曲线形心的时间坐标,即一阶原点矩,也是单位时段净雨的重心到时段汇流曲线形心的时距。因此,瞬时单位线的两个参数置换成 n 和 m_1 ,而 k 由 $k = m_1/n$ 计算。

参数 n 采用式(1-6-28)和式(1-6-29)计算

$$n = C_{1,A}\ (A/J)^{\beta_1} \tag{1-6-28}$$

$$C_{1,A} = \sum a_i C_{1,i},i = 1,2\cdots \tag{1-6-29}$$

式中 A ——流域面积, km^2;

J ——河流纵比降(‰);

$C_{1,A}$ ——复合地类汇流参数;

$C_{1,i}$ ——单地类汇流参数;

β_1 ——经验性指数;

a_i ——某种地类的面积权重,以小数计。

m_1 采用下列经验公式计算

$$m_1 = m_{\tau,1}\ (\bar{i}_\tau)^{-\beta_2} \tag{1-6-30}$$

$$m_{\tau,1} = C_{2,A}\,(L/J^{\frac{1}{3}})^{\alpha} \tag{1-6-31}$$

$$C_{2,A} = \sum a_i \cdot C_{2,i}, i = 1,2,\cdots \tag{1-6-32}$$

$$\overline{i_\tau} = \frac{Q_p}{0.278A} \tag{1-6-33}$$

式中 $\overline{i_\tau}$——τ 历时平均净雨强度，mm/h；

τ——汇流历时，h；

$m_{\tau,1}$——$\overline{i_\tau}$ =1 mm/h 时瞬时单位线的滞时，h；

Q_p——设计洪峰流量，m^3/s；

L——河长，km；

$C_{2,A}$——复合地类汇流参数；

$C_{2,i}$——单地类汇流参数；

α、β_2——经验性指数。

单地类汇流参数 C_1、C_2 和经验性指数 α、β_1、β_2 从表1-6-3中查用。

表1-6-3 综合瞬时单位线参数查用表

汇流地类	C_1	β_1	β_2	C_2 一般值	C_2 范围	α
森林山地	1.357	0.047	0.190	2.757	2.050～2.950	0.397
灌丛山地	1.257			1.530	1.200～1.770	
草坡山地	1.046			0.717	0.710～0.950	
黄土丘陵	1.000			0.620	0.580～0.700	

6.4.3.3 使用综合瞬时单位线的步骤

(1)在划分下垫面地类的基础上,按植被与地貌的组合情况绘制汇流地类分区图,并量算出各种汇流地类面积占流域面积的权重 a_i。在进行野外查勘时,除了注意面上的植被分布状况,还应该观察河道的清洁程度及河床质组成、两岸形势等,以便合理选用参数 C_2。

(2)用式(1-6-28)计算参数 n;用式(1-6-31)计算 $m_{\tau,1}$。

(3)用交点法求解 τ 历时平均净雨强度 $\overline{i_\tau}$。步骤是:假设一组 $\overline{i_\tau}$,可由式(1-6-33)求得一组 Q_p;再由式(1-6-30)求得一组 m_1;由 $k = m_1/n$ 可得一组 k;由式(1-6-25)计算或查《山西省水文计算手册》附表Ⅰ-3得一组 $S_n(t)$ 曲线;由式(1-6-26)得一组时段汇流曲线 $u_n(\Delta t,t)$;由式(1-6-27)得一组洪峰流量 Q'_p。在普通坐标系中绘制 $Q_p \sim \overline{i_\tau}$ 曲线与 $Q'_p \sim \overline{i_\tau}$ 曲线,两条曲线交点的横坐标即为 τ 历时平均雨强 $\overline{i_\tau}$。

(4)用求解出的 τ 历时平均雨强 $\overline{i_\tau}$,由式(1-6-30)计算 m_1;由 $k = m_1/n$ 计算 k;由式(1-6-25)计算 $S_n(t)$ 曲线;由式(1-6-26)推算时段汇流曲线 $u_n(\Delta t,t)$;由式(1-6-27)推算设计洪水过程线。

对于非主雨日,可根据其净雨过程利用主雨日的时段汇流曲线 $u_n(\Delta t,t)$,由式(1-6-27)推算设计洪水过程线。

6.4.3.4 注意事项

在同一种地质、地貌条件下，C_2 值的变幅反映着流域植被的好与差，植被好或较好者，应选用表列数值的上限或中上值；植被差或较差者，应选用下限或中下值。河道清洁、顺直者，宜选用下限或中下值；密布灌丛、遍见巨石者，应选用上限或中上值。

第7章　运城市山洪灾害评价分析

7.1　河流洪水水面线计算

推求各个重点防治区河段 5 年、10 年、20 年、50 年和 100 年一遇设计洪水水面线，水面线推求采用由 Godunov 格式的有限体积法建立的复杂明渠水流运动的高适用性数学模型。

7.1.1　控制方程

描述天然河道一维浅水运动控制方程的向量形式如下：

$$\boldsymbol{D}\frac{\partial \boldsymbol{U}}{\partial t}+\frac{\partial \boldsymbol{F}}{\partial x}=\boldsymbol{S} \tag{1-7-1}$$

其中

$$\boldsymbol{D}=\begin{bmatrix} B & 0\\ 0 & 1\end{bmatrix},\boldsymbol{U}=\begin{bmatrix} Z\\ Q\end{bmatrix},\boldsymbol{F}(\boldsymbol{U})=\begin{bmatrix} f_1\\ f_2\end{bmatrix}=\begin{bmatrix} Q\\ \dfrac{\alpha Q^2}{A}\end{bmatrix},\boldsymbol{S}=\begin{bmatrix} 0\\ -gA\dfrac{\partial Z}{\partial x}-gAJ\end{bmatrix}$$

式中　B——水面宽度；

Q——断面流量；

Z——水位；

A——过水断面面积；

α——动量修正系数，一般默认为 1.0；

f_1、f_2——向量 $\boldsymbol{F}(\boldsymbol{U})$ 的两个分量；

g——重力加速度；

t——时间变量；

J——沿程阻力损失，其表达式为 $J=(n^2Q|Q|)/(A^2R^{4/3})$，R 为水力半径，n 为糙率。

浅水方程的以上表达形式在工程上应用较广，源项部分采用水面坡度代表压力项的影响，其优点是水面变化一般比河道底坡变化平缓，因此即使底坡非常陡峭时，对计算格式稳定性的影响也不大。另外该形式还可以很好地避免由于采用不理想的底坡项离散方法平衡数值通量时所带来的水量不守恒问题。

7.1.2 数值离散方法

采用中心格式的有限体积法,把变量存在单元的中心,如图 1-7-1 所示。

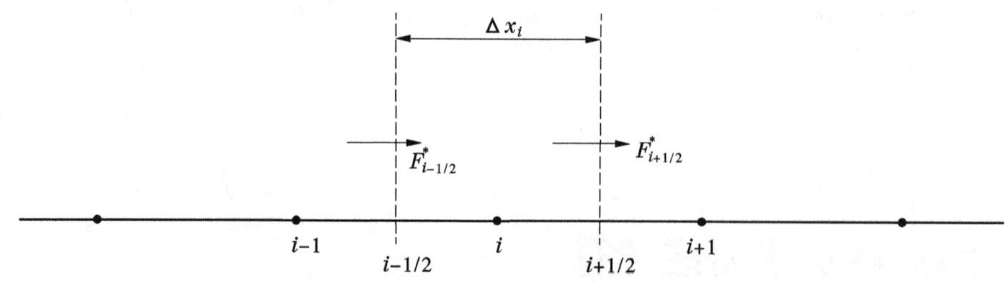

图 1-7-1 中心格式的有限体积法示意图

将式(1-7-1)在控制体 i 上进行积分并运用高斯(Gauss)定理离散后得

$$U_i^{n+1} = U_i^n - \frac{\Delta t}{\Delta x_i} D_i^{-1} (F^*_{i+1/2} - F^*_{i-1/2}) + \Delta t D_i^{-1} S_i \tag{1-7-2}$$

式中 U_i——第 i 个单元变量的平均值;

$F^*_{i-1/2}$, $F^*_{i+1/2}$ ——单元 i 左右两侧界面的通量值;

Δx_i ——第 i 个单元的边长;

S_i——第 i 个单元源项的平均值。

7.1.2.1 HLL 格式的近似黎曼(Riemann)解

对界面通量计算采用 HLL(Harten, Lax, van Leer)格式,该格式求解 Riemann 近似问题时的形式简单,通量求解过程如下

$$F^* = \begin{cases} F(U_L), s_L \geqslant 0 \\ F_{LR} = \left[\dfrac{B_R s_R f_1^L - B_L s_L f_1^R + B_R s_L s_R (Z_R - Z_L)}{B_R s_R - B_L s_L}, \dfrac{s_R f_2^L - s_L f_2^R + s_L s_R (Q_R - Q_L)}{s_R - s_L} \right]^{\mathrm{T}}, s_L < 0 < s_R \\ F(U_R), s_R \leqslant 0 \end{cases} \tag{1-7-3}$$

式中 s_L 和 s_R——计算单元左右两侧的波速,当 $s_L \geqslant 0$ 和 $s_R \leqslant 0$ 时,计算单元界面的通量值分别由其左右两侧单元的水力要素确定,当 $s_L \leqslant 0 \leqslant s_R$ 时,计算单元界面的通量由 HLL 近似 Riemann 解给出。

经过离散后,式(1-7-2)中的连续方程变为如下形式

$$Z_i^{n+1} = Z_i^n - \frac{1}{B_i} \frac{\Delta t}{\Delta x_i} [(f_1)^*_{i+1/2} - (f_1)^*_{i-1/2}] \tag{1-7-4}$$

7.1.2.2 二阶数值重构

采用 HLL 格式近似 Riemann 解求解界面通量在空间上仅具有一阶精度,为了使数值解的空间精度提高到二阶,采用 MUSCL 方法对界面左右两侧的变量进行数值重构,其表达式为

$$U^L_{i+1/2} = U_i + \frac{1}{2}\varphi(r_i)(U_i - U_{i-1}), U^R_{i+1/2} = U_{i+1} - \frac{1}{2}\varphi(r_{i+1})(U_{i+2} - U_{i+1}) \tag{1-7-5}$$

式中：$r_i = (U_{i+1} - U_i)/(U_i - U_{i-1})$，$r_{i+1} = (U_{i+1} - U_i)/(U_{i+2} - U_{i+1})$。$\varphi$ 是限制器函数，本书采用应用较为广泛的 Minmod 限制器，该限制器可以使格式保持较好的 TVD(垂直深度)性质。

为使数值解整体提高到二阶精度的同时维持数值解的稳定性，对时间步采用 Hancock 预测、校正的两步格式：

$$
\begin{aligned}
U_i^{n+1/2} &= U_i^n - \frac{1}{2}\frac{\Delta t}{\Delta x_i}D_i^{-1}\left[F_{i+1/2}(U_{i+1/2}^n) - F_{i-1/2}(U_{i-1/2}^n)\right] \\
U_i^{n+1} &= U_i^{n+1/2} - \frac{\Delta t}{\Delta x_i}D_i^{-1}\left[F_{i+1/2}^*(U_{i+1/2}^{n+1/2}) - F_{i-1/2}^*(U_{i-1/2}^{n+1/2})\right] + \Delta t D_i^{-1}S_i
\end{aligned}
\tag{1-7-6}
$$

其中　$U_{i+1/2}^{n+1/2}$，$U_{i-1/2}^{n+1/2}$——计算的中间变量。

7.1.2.3　源项的处理

源项包括水面梯度项和摩阻项。摩阻项直接采用显格式处理。对于水面梯度项的处理，为了保持数值解的光滑性，采用空间数值重构后的水位变量值来计算水面梯度，其表达式如下：

$$\partial Z/\partial x_i = (\overline{Z}_{i+1/2} - \overline{Z}_{i-1/2})/\Delta x_i \tag{1-7-7}$$

其中：$\overline{Z}_{i+1/2} = (Z_{i+1/2}^L + Z_{i+1/2}^R)/2$，$\overline{Z}_{i-1/2} = (Z_{i-1/2}^L + Z_{i-1/2}^R)/2$。

7.1.3　参数的确定

糙率参照重点防治区所在河流的沟道形态、床面粗糙情况、植被生长状况、弯曲程度以及人工建筑物等因素确定：

(1)如果有实测水文资料，应采用该资料进行推算，确定水位流量转换中的糙率；

(2)如果无实测水文资料，应根据沟道特征，参照天然或人工河道典型类型和特征情况下的糙率，确定水位流量转换中的糙率。

通常有基于实测水文资料进行糙率推算、查表法以及糙率公式法 3 种方法确定河道糙率。

7.1.3.1　基于实测水文资料进行糙率推算

如果为某一河段，根据实测的水位 Z、流量 Q、断面面积 A、湿周 χ 等，用曼宁公式反算求得糙率 n，见式(1-7-8)。

$$n = \frac{A}{Q}R^{2/3}J^{1/2} \tag{1-7-8}$$

7.1.3.2　查表法

当河道的实测资料短缺时，可根据河道特征，参照类似的糙率。

7.1.3.3　糙率公式法

在无实测资料，也无类似河道糙率可参考的情况下，用式(1-7-9)计算：

$$n = (n_0 + n_1 + n_2 + n_3 + n_4)m_5 \tag{1-7-9}$$

式中　n_0——天然顺直、光滑、均匀渠道的基本糙率；

n_1——考虑水面不规则的影响；

n_2——河道断面形状以及尺寸变化的影响；

n_3——阻水物的影响;

n_4——植物的影响;

m_5——河道曲折情况的影响。各项的取值可参见表 1-7-1。

表 1-7-1 糙率公式参数选值

河道情况			数值
材料	土料	n_0	0.020
	石料		0.025
	细砾		0.024
	粗砾		0.028
不规则程度	光滑的	n_1	0.000
	较小的		0.005
	中等的		0.010
	严重的		0.020
横断面变化	渐变的	n_2	0.000
	不经常改变的		0.005
	经常改变的		0.010～0.015
阻水物影响	可以忽略的	n_3	0.000
	较小的		0.010～0.015
	中等的		0.020～0.030
	严重的		0.040～0.060
植被	低矮的	n_4	0.005～0.010
	中等的		0.010～0.025
	高的		0.025～0.050
	很高的		0.050～0.100
曲折程度	较小的	m_5	1.000
	中等的		1.150
	严重的		1.300

此外,也可以参考中华人民共和国水利行业标准《水工建筑物与堰槽测流规范》(SL 537—2011),根据相应的地区和类型,选择糙率参数值。

根据运城市各县(市)重点防治区所在河流沟道的河床组成、水流流态以及岸壁特征、植被生长状况、弯曲程度以及人工建筑物等因素,参考天然河道和人工渠道糙率表,对照确定重点防治区河道的糙率值。

7.2　洪灾危险区范围确定

根据《山洪灾害分析评价技术要求》，危险区范围为最高历史洪水位和100年一遇设计洪水位中的较高水位淹没范围以内的居民区域。

重点防治区100年一遇设计洪水的淹没范围主要是根据经核对后的山西省工程测绘院提供的横纵断面数据，使用设计洪水水面线推求。最高历史洪水位主要是通过查阅《山西省历史洪水调查成果》《山西洪水研究》等文献资料和现场历史洪水调查而得。

7.3　洪灾危险区等级划分

危险区等级划分是在危险区范围划定的基础上，根据洪水的重现期，结合危险区内居民类型将危险区划分为三个等级，即：极高危险区、高危险区、危险区。统计不同等级危险区内人口信息，分析确定最佳的转移路线和临时安置地点。

危险区等级划分方法主要是按照危险区等级划分标准，将洪水重现期小于5年一遇的划分为极高危险区；大于等于5年一遇，小于20年一遇的划分为高危险区；大于等于20年一遇至历史最高重现期的划分为危险区。危险区等级初步划分标准见表1-7-2。

表1-7-2　危险区等级初步划分标准

危险区等级	洪水重现期	说明
极高危险区	小于5年一遇	属较高发生频次
高危险区	大于等于5年一遇，小于20年一遇	属中等发生频次
危险区	大于等于20年一遇至历史最高	属稀遇发生频次

应根据具体情况按照初步划分的危险区适当调整危险区等级：

(1)初步划分的危险区内存在学校、医院等重要设施应提升一级危险区等级；

(2)河谷形态为窄深型，到达成灾水位以后，水位流量关系曲线陡峭，对人口和房屋影响严重的情况，应提升一级危险区等级。

7.4　洪灾危险区灾情分析

7.4.1　各级危险区人口统计

根据危险区等级最终划分成果和提取或现场调查的重点防治区居民人口高程分布关系，统计各级危险区范围内的人口、户数等信息，填写运城市各县(市、区)“现状防洪能力评价表”。

7.4.2　现状防洪能力评价

根据重点防治区100年、50年、20年、10年和5年一遇设计洪水水面线成果，结合重点防治区地形及居民户高程,勾绘各频率设计洪水淹没范围。

7.4.2.1 **成灾水位及控制断面的确定**

成灾水位通过对比临河一侧居民户高程和重点防治区河段水面线确定,具体方法为:

(1)根据各频率设计洪水淹没范围,确定能够威胁到居民户的最小设计洪水重现期。

(2)将该重现期设计洪水淹没的临河一侧居民户投影到纵断面上,绘制居民户高程与该重现期设计洪水水面线对比示意图,居民户低于水面线即代表被淹没。

(3)距离该水面线最远的居民户高程即为成灾水位,距离该居民户最近的横断面即为控制断面。

7.4.2.2 **成灾水位对应频率**

根据水位流量关系推求成灾水位对应的洪峰流量,采用插值法利用洪峰流量频率曲线确定其频率,换算成重现期,得到各县(市、区)重点防治区的现状防洪能力,并绘制"各县(市、区)防灾对象现状防洪能力分布图"。

7.4.2.3 **水位 - 流量 - 人口关系**

根据重点防治区 5 个典型频率设计洪水对应的水面线成果,结合重点防治区地形地貌、居民户高程情况,勾绘划定各频率设计洪水淹没范围。统计不同频率设计洪水位下的累积人口、户数,填写"各县(市)控制断面水位 - 流量 - 人口关系表",并绘制"各县(市)防灾对象水位 - 流量 - 人口对照图"。

7.4.2.4 **运城市现状防洪能力评价成果**

运城市各县(市、区)都进行了现状防洪能力评价,13 县(市、区)共 636 个重点防治区。本篇中以盐湖区为例给出其现状防洪能力评价成果,其余各县(市、区)成果见第 4 篇。

经分析评价,盐湖区 46 个重点防治区中,有 18 个受河道洪水的影响,其中防洪能力小于 5 年一遇的有 7 个,5 ~ 20 年一遇的有 2 个,大于 20 年的有 9 个。划定了 18 个重点防治区的危险区等级,极高危险区内有 38 户 179 人,高危险区内有 46 户 203 人,危险区内有 48 户 176 人。受坡面汇流影响的有 28 个村落,致灾暴雨重现期小于等于 5 年一遇的有 1 个,5 ~ 20 年一遇的有 9 个,大于等于 20 年的有 18 个。划定了 28 个重点防治区的危险区等级,极高危险区内有 4 户 15 人,高危险区内有 68 户 240 人,危险区内有 124 户 472 人。

第8章　运城市山洪灾害预警指标

8.1　雨量预警指标

一般情况下，山洪成灾的原因是由于局地暴雨形成洪水，导致河水急速上涨，水位超过河岸高度形成漫滩，上滩洪水对农田和房屋造成安全威胁。根据河水漫滩的水位，结合实测河流断面资料计算出相应的流量，即为危险流量。由于径流是由降雨产生的，从达到危险流量的时间开始往前推，在一定时间之内的累计降雨量即为临界雨量。

山洪的大小除与降雨总量、降雨强度有关外，还和流域土壤饱和程度或前期影响雨量密切相关。随着流域前期影响雨量的变化，临界雨量值也会随之发生变化。因此，在建立临界雨量指标时，应该考虑山洪防治区中小流域前期影响雨量，给出不同前期影响雨量条件下的临界雨量。

本次雨量预警指标计算采用双曲正切产流模型与单位线流域汇流模型，对重点防治区控制断面以上流域进行了产汇流模拟分析，推求雨量预警指标。

8.1.1　预警时段确定

预警时段是指雨量预警指标中采用的典型降雨历时，是雨量预警指标的重要组成部分。受重点防治区上游集雨面积大小、降雨强度、流域形状及其地形地貌、植被、土壤含水量等因素的影响，预警时段会发生变化，因此需要合理地确定。

根据防治区暴雨特性、流域面积大小、平均比降、形状系数、下垫面情况等因素，将预警时段拟定为 0.5 h、1 h、2 h、3 h、4 h、5 h 和 6 h。

8.1.2　流域土壤含水量

通过《山西省水文计算手册》中的流域前期持水度 B_0 作为综合反映流域土壤含水量或土壤湿度的间接指标。B_0 取值为 0、0.3 和 0.6，分别代表土壤湿度较干、一般和较湿 3 种情况。

8.1.3　临界雨量计算

在确定了成灾水位、预警时段以及产汇流分析方法后，就可以计算不同前期影响雨量（B_0）下各典型时段的危险区临界雨量。具体计算步骤如下：

(1)假设一个最大 2 h ~ 最大 6 h 的降雨总量初值 H。根据设计雨型，分别计算出最大 2 h ~ 最大 6 h 的降雨量 $P_2' \sim P_6'$。

(2)计算暴雨参数。由公式(1-8-1)和式(1-8-2)计算得到不同暴雨参数下的最大 1 h ~ 最大 6 h的降雨总量值 $H_1 \sim H_6$ 及最大 2 h ~ 最大 6 h 的降雨量 $P_2 \sim P_6$。根据表 1-8-1中暴雨参数的范围,可以得到多组 $P_2 \sim P_6$,将每组 $P_2 \sim P_6$ 与 $P_2' \sim P_6'$进行比较,误差平方和最小的那组 $P_2 \sim P_6$ 所用参数即为所要求的暴雨参数。

$$H_p(t) = \begin{cases} S_p \cdot t^{1-n}, \lambda \neq 0 \\ S_p \cdot t^{1-n_s}, \lambda = 0 \end{cases} \tag{1-8-1}$$

$$n = n_s \frac{t^{\lambda} - 1}{\lambda \ln t} \tag{1-8-2}$$

式中 n、n_s ——双对数坐标系中设计暴雨历时－强度关系曲线的坡度及 t =1 h时的斜率;

S_p ——设计雨力,即 1 h 设计雨量,mm/h;

t——暴雨历时,h;

λ ——经验参数。

表 1-8-1 暴雨参数取值范围表

暴雨参数	取值范围	精度	备注
S_p	P_2 ~ 100	0.1	
n_s	0.01 ~ 1	0.01	
λ	0.001 ~ 0.12	0.001	

(3)由步骤(2)计算得的暴雨参数值,用式(1-8-1)和式(1-8-2)可以计算最大 1 h ~ 最大 6 h 的雨量;根据设计雨型,得到典型时段内每小时的雨量 $H_{p1}, H_{p2}, \cdots, H_{p6}$。

(4)使用双曲正切产流模型与单位线流域汇流模型进行产汇流分析,计算由典型时段内各个小时降雨所形成的洪峰流量 Q_m(具体步骤参加本篇第 6 章相关内容)。

(5)如果 $|Q_m - Q| > 1$ m³/s,则用二分法重新假设 H。

(6)重复步骤(2) ~ (5),直到 $|Q_m - Q| \leq 1$ m³/s 时,典型时段内各小时的降雨总量即为临界雨量。

根据运城市各县(市、区)重点防治区成灾水位对应洪峰流量成果,结合上述计算步骤,反推得到这个村落的动态临界雨量,完成临界雨量成果表,并由动态临界雨量绘制出预警雨量临界曲线图。

8.1.4 雨量预警指标综合确定

8.1.4.1 立即转移指标

由于临界雨量是从成灾水位对应流量的洪水推算得到的,所以在数值上认为临界雨量即立即转移指标。

8.1.4.2 准备转移指标

预警时段为 1 h 或者 0.5 h 时,准备转移指标 = 立即转移指标 ×0.7。

预警时段为2~6 h时，前一个预警时段的立即转移指标即为该预警时段的准备转移指标。

运城市各县（市、区）重点防治区预警指标成果表见第4篇。

运城市平陆县北坡村预警时段1 h，$B_0=0$时立即转移值为71 mm，准备转移值为57 mm。

8.2　水位预警指标

8.2.1　适用条件

只针对具备水位预警条件的预警对象分析水位预警指标。

8.2.2　临界水位计算

水位预警指标是下游危险区成灾水位相应流量对应上游水位站相应流量的水位。水位站临界水位的计算有两种方法：一为水面线推算，根据成灾水位对应的流量按水面线法推算上游水位站的相应水位；二为首先推求水位站的水位流量关系，在关系线上查下游危险村成灾流量的相应水位。水位站水位流量关系采用比降面积法。本书中采用第二种方法推求。

比降面积法计算公式如下

$$Q_C=\frac{\overline{K}S_C^{\frac{1}{2}}}{\sqrt{1-\frac{(1-\xi)\alpha\overline{K}^2}{2gL}\left(\frac{1}{A_{上}^2}-\frac{1}{A_{下}^2}\right)}} \tag{1-8-3}$$

式中　Q_C——恒定流流量，m^3/s。

$A_{上}$、$A_{下}$——上、下断面过水面积，m^2。

g——重力加速度，$g=9.81\ m/s^2$。

L——上、下断面间距，m。

S_C——恒定流态下的水面比降。

ξ——断面沿程收缩或扩散系数（收缩取负号，扩散取正号代入公式），河段断面收缩时，一般可取$\xi=0$；断面突然扩散时，$\xi=0.5\sim1.0$；逐渐扩散时，$\xi=0.3\sim0.5$，一般可取$\xi=0.3$。

α——动能矫正系数，与断面上流速分布均匀是否有关，一般比较顺直、底坡不大且断面较规则的河段，其值介于1.05~1.15之间，取$\alpha=1$；对于山区河流，当底坡较大，且断面较规则、流速分布极不均匀时，可用下式近似计算

$$\alpha=\frac{(1+\varepsilon)^3}{1+3\varepsilon} \tag{1-8-4}$$

$$\varepsilon=\frac{V_m}{V}-1 \tag{1-8-5}$$

其中 V_m——断面上最大点流速;

V——断面平均流速。

$\overline{K}$——河段平均输水率,当具有比降上、中、下断面,过水断面沿程收缩或扩散变化不均匀,包括上河段收或扩,下河段扩或收,$\overline{K}$ 值可用下式计算

$$\overline{K} = \frac{A_{上} R_{上}^{\frac{2}{3}} + 2A_{中} R_{中}^{\frac{2}{3}} + A_{下} R_{下}^{\frac{2}{3}}}{4n} \tag{1-8-6}$$

其中 n——河段平均糙率;

$A_{上}$、$A_{中}$、$A_{下}$——比降上、中、下断面过水面积,m^2;

$R_{上}$、$R_{中}$、$R_{下}$——比降上、中、下断面的水力半径,m。

水力半径与断面平均水深一般有良好的关系,可以根据一次实测断面资料计算,并建立断面平均水深与水力半径关系线。当宽深比 $B/\overline{h} \geqslant 100$ 时,也可用平均水深直接代替水力半径,但一个河段内各断面各级水位应一致。

8.2.3 水位预警指标综合确定

水位预警指标包括准备转移和立即转移两级指标,见表 1-8-2。临界水位即为立即转移指标,根据河段地形地貌及河谷形态,将临界水位减去某一差值作为水位预警的准备转移指标,差值取值参考见表 1-8-3。

运城市境内共有自动雨量站 172 处,自动水位站 74 处,均为山洪灾害站点,见表 1-8-4。山洪从水位站演进至下游预警对象的时间不应小于 30 min,否则将失去预警的意义。

表 1-8-2 运城市水位预警汇总表

所属县(市、区)	重点防治区名称	上游水位站名称	上游水位站站码	控制断面水位(m)	水位预警(m)	
					准备转移	立即转移
盐湖区	磨河村	磨河	40901875	400.05	510.582	510.882
	扆家庄	扆家庄	40901925	336.596	488.318	488.618
河津市	上寨	五眼泉	40900025	494.6	558.337	558.637
稷山县	铺头	铺头	41012275	604.44	621.767	622.067
	开西	黄华峪水库	41012325	563.929 92	593.678 9	593.978 9
	佛峪口	佛峪口	41012350	603.734 105	635.653 1	635.953 1
绛县	下柏	下柏	41010980	598.049 28	641.117 3	641.417 3
新绛县	马首官庄	马壁峪水位站	41036530	495.063 14	505.650 1	505.850 1
永济	寇家窑	寇家窑	40901980	449.560 58	472.317 6	472.617 6
	水峪口	水峪口	40902120	488.176 18	502.424 2	502.724 2

表 1-8-3　立即转移与准备转移指标差值取值表

河谷形态	差值参考范围(m)
宽浅型	0.1～0.2
峡谷型	0.3～0.5

表 1-8-4　运城市各县(市、区)自动监测站统计表

行政区名称	自动雨量站 (处)	自动水位站 (处)	自动监测站 (雨量站＋水位站)(处)
盐湖区	5	6	11
永济市	5	8	13
河津市	5	1	6
绛县	37	14	51
夏县	8	3	11
新绛县	10	2	12
稷山县	5	7	12
芮城县	12	2	14
临猗县	9	0	9
万荣县	7	2	9
闻喜县	21	7	28
垣曲县	37	7	44
平陆县	11	15	26

第 2 篇

运城市山洪灾害防控研究

第1章　山洪灾害防治现状

1.1　非工程措施

2010 年 7 月 1 日国务院常务会议决定要“加快实施山洪灾害防治规划，加强监测预警系统建设，建立基层防御组织体系，提高山洪灾害防御能力”。按照国务院常务会议精神，水利部、财政部等部局在总结试点经验基础上，决定在全国山洪灾害防治区开展山洪灾害防治县级非工程措施建设。计划用 3 年时间，初步建成覆盖全国 1 836 个县的县级山洪灾害防治区的非工程措施体系，全面提高我国山洪灾害防御能力，有效减轻人员伤亡，尤其要有效避免群死群伤事件的发生。国家防办承担项目的组织管理工作，积极采取各种措施，推进项目实施。运城市积极响应国家政策，先后开展了各县（市、区）的非工程措施建设任务，截至 2016 年，运城市 13 个县（市、区）的非工程措施共完成建设 2 985 处，其中自动雨量站 172 处，自动水位站 74 处，简易雨量站 1 345 处，简易水位站 32 处，无线预警广播站 1 362 处。运城市各县（市、区）详情现状见表 2-1-1。

表 2-1-1　运城市非工程措施汇总表

行政区名称	非工程措施（处）				
	自动监测站		简易监测站		无线预警广播站
	自动雨量站	自动水位站	简易雨量站	简易水位站	
盐湖区	5	6	102	0	108
永济市	5	8	92	5	76
河津市	5	1	111	0	95
绛县	37	14	49	2	50
夏县	8	3	88	4	150
新绛县	10	2	106	0	114
稷山县	5	7	117	4	117
芮城县	12	2	98	0	73
临猗县	9	0	115	0	97
万荣县	7	2	99	0	107
闻喜县	21	7	139	6	116
垣曲县	37	7	82	5	102
平陆县	11	15	147	6	157
合计	172	74	1 345	32	1 362

1.2 工程措施

工程措施和非工程措施在山洪灾害的防治中均起着至关重要的作用,二者相辅相成,缺一不可。运城市 13 个县(市、区)工程措施统计如表 2-1-2 所示,共有 1 299 处,其中水库 93 座,水闸 42 座,堤防 108 座,塘坝 171 座,桥梁 418 座,路涵 467 座。

表 2-1-2 运城市工程措施汇总表

行政区名称	工程措施(座)					
	水库	水闸	堤防	塘坝	桥梁	路涵
盐湖区	8	3	5	34	39	123
永济市	1	0	0	12	46	25
河津市	0	12	4	0	20	3
绛县	14	2	22	10	31	21
夏县	9	1	18	11	51	35
新绛县	5	0	2	20	9	11
稷山县	2	10	12	17	11	50
芮城县	6	0	0	14	2	35
临猗县	0	13	2	5	2	10
万荣县	1	1	1	5	4	7
闻喜县	6	0	4	11	54	39
垣曲县	6	0	27	10	92	71
平陆县	35	0	11	22	57	37
合计	93	42	108	171	418	467

1.3 防治现状及完善措施

《全国山洪灾害防治规划》提出到 2020 年“在山洪灾害重点防治区全面建成非工程措施与工程措施相结合的综合防灾减灾体制,在山洪灾害一般防治区初步建立以非工程措施为主的防灾减灾体制,极大程度地减少人员伤亡和财产损失,山洪灾害防治能力与山丘区全面建设小康社会的发展要求相适应”的规划目标。

从运城市在山洪灾害的工程性和非工程性措施现状来看,目前,运城市 13 县(市、区)虽然已落实部分工程措施,但运行人员组织机构、预警系统建设、应急防洪预案启动等工作仍需完善。为切实加强山洪灾害防御工作,保障人民生命安全和山区经济社会发展,必须把防御山洪灾害摆在突出位置,认真总结经验教训,研究山洪发生的特点和规律,采取综合防御对策,最大限度地减少灾害损失。

目前,运城市山洪灾害防治的任务依然艰巨,山洪灾害防御面临的形势依然严峻。因此,2016 ~ 2020 年需要继续加大投入,尽快完成《全国山洪灾害防治项目实施方案(2013—2015 年)》确定的建设任务,同时考虑社会经济发展对山洪灾害防治的新要求,进一步提高重点区域的监测预警技术水平与保障能力,扩大群测群防覆盖范围与社会服务能力,在山洪灾害防治区持续开展宣传培训演练,不断提高山丘区群众主动防灾避险意识,逐步实现山洪灾害防治总体目标。

(1)继续完善各级山洪灾害监测预警系统,强化信息共享和综合应用,继续开展平台延伸到乡镇及视频会商系统建设。升级完善省、地市级监测预警信息管理系统,利用大数据、云服务、移动互联网等新技术,提高系统的监测预报预警能力和数据运行维护效率,扩大预警信息覆盖面,逐步开展山洪灾害预警信息社会服务。根据标准升级、技术进步和科技创新及前期设施更新换代需求,对部分监测预警设施进行改造升级(提标升级),提高可靠性和保障能力,重点加强学校、旅游景区等人口密集地区的预警能力建设。

(2)补充开展山洪灾害调查评价相关工作,对新发现的山洪灾害区域进行补充调查评价,根据实际水雨情、灾情,复核和检验调查评价成果,率定分析预警指标,提高精准度,集成、挖掘分析与应用山洪灾害调查评价成果。开展山洪灾害综合保障体系建设,在重点地区配置必要的救援设备,加强技术支撑保障,强化制度政策保障体系建设。持续开展县、乡、村三级山洪灾害防御预案修订、宣传、培训和演练等群测群防体系建设。开展山洪灾害防治重点县示范建设。

(3)重点山洪沟防洪治理,根据试点经验加大山洪沟防洪治理力度,以保护居民区人员生命安全为重点,守点固岸,对山洪沟沿岸村落、城镇、集中居民点、重要基础设施等采取护岸、堤防等治理措施,与非工程措施相结合形成综合防御体系。

第2章　监测预警系统建设

山洪灾害具有突发性强、点多面广、破坏力大等特点,往往导致人员伤亡,房屋、田地、道路、桥梁等被毁,甚至导致水库、塘坝、堤防溃决,给国民经济和人民生命财产造成严重危害。随着信息技术的高速发展,地理信息系统(GIS)在水利行业已被广泛应用,山洪灾害监测系统利用互联网可获得所需要的各种地理空间信息、属性信息、图像和视频信息,同时可进行地理空间分析,获得更加全面、直观、有效的综合信息,将地理位置和相关属性有机结合起来,根据实际需要将各类数据展示给用户。

山洪灾害监测预警系统由前端数据采集设备、供电设备、传输设备和监控中心组成,前端安装在水库或水电站的数据采集主机将采集到的视频图像、水位、降雨量、水温、气压等数据通过 GPRS 或 3G 等无线方式传输到监控中心,监控中心软件可以显示并分析前端设备采集的数据,当出现警情时会发出预警信息,提醒相关指挥人员做好抢险救灾工作准备。山洪灾害监测预警系统结构示意图和拓扑图见图 2-2-1、图 2-2-2。

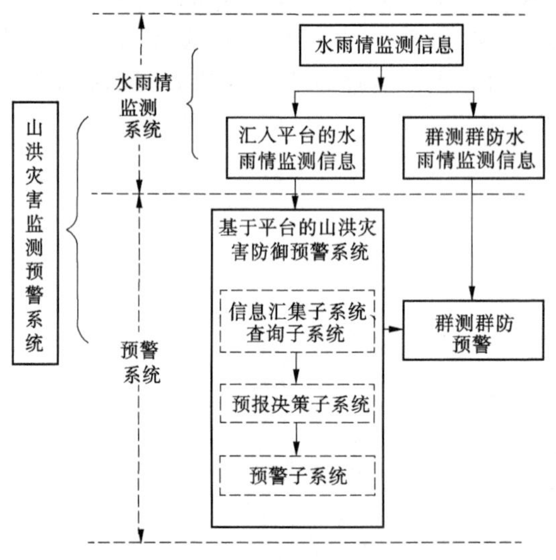

图 2-2-1　山洪灾害监测预警系统结构示意图

由于运城市各县虽建设有大量的非工程措施,但并不完善,不足以将运城市各县各地进行监测、预警一体化的系统监测,还需进行对非工程措施的继续建设。做到实时监测、提前预警,为运城市人民财产安全负责,防患于未然,实现山洪灾害监测预警一体化。

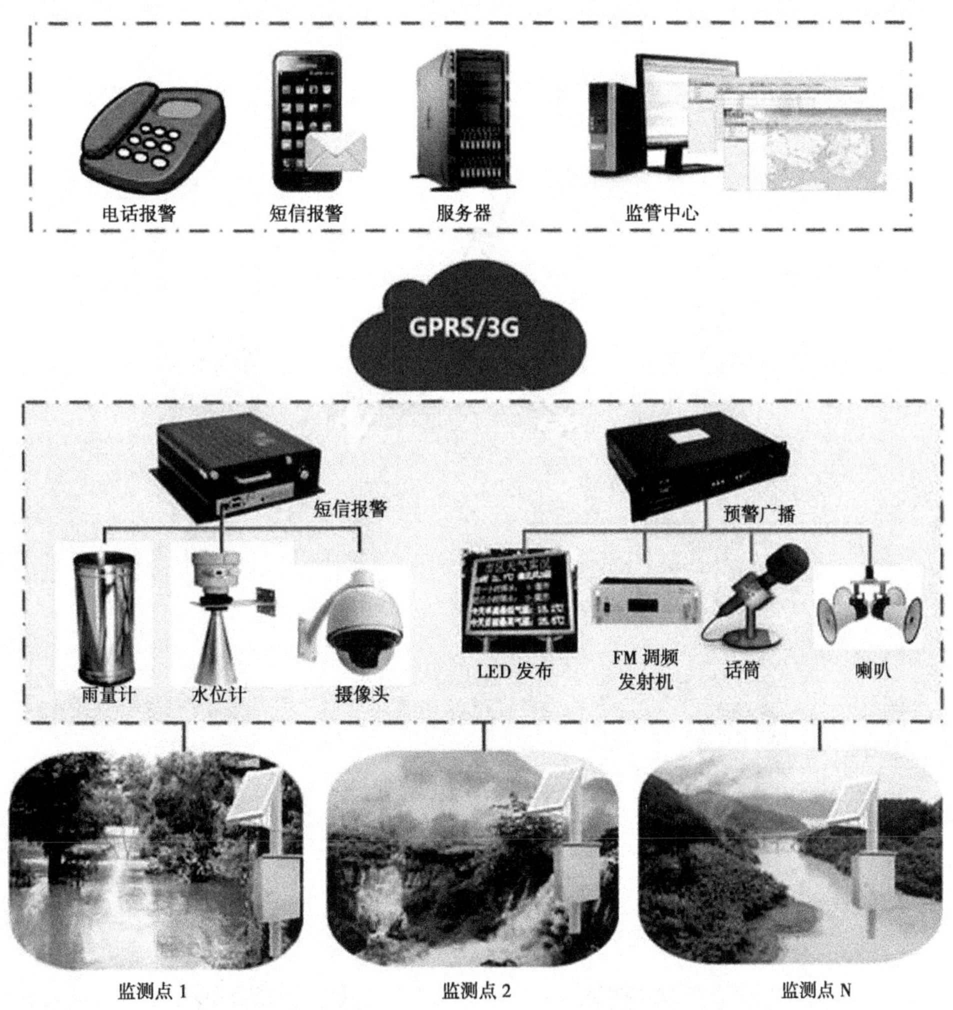

图2-2-2　山洪灾害监测预警系统拓扑图

2.1　水雨情监测系统

水雨情监测主要指对水位和雨量的监测,不涉及流量、泥沙、蒸发等其他水情信息监测方案设计。设计内容主要包含水雨情监测站网布设、信息采集、信息传输等。

通过建设实用、可靠的水雨情监测系统,扩大山洪灾害易发区水雨情收集的信息量,提高水雨情信息的收集时效,为山洪灾害的预报预警、做好防灾减灾工作提供准确的基本信息。水雨情监测系统架构如图2-2-3所示,由于运城市当地的环境条件限制,有些地方可能会出现运营商信号无法覆盖的情况,单纯通过GPRS方式无法达到通信要求,需要遥测终端机具有多种通信方式,根据地势的不同,可选用卫星、超短波、短信、GPRS进行数据传输。

(1)北斗卫星通信系统。北斗卫星通信系统由卫星、接收站、中心站组成。在北斗卫

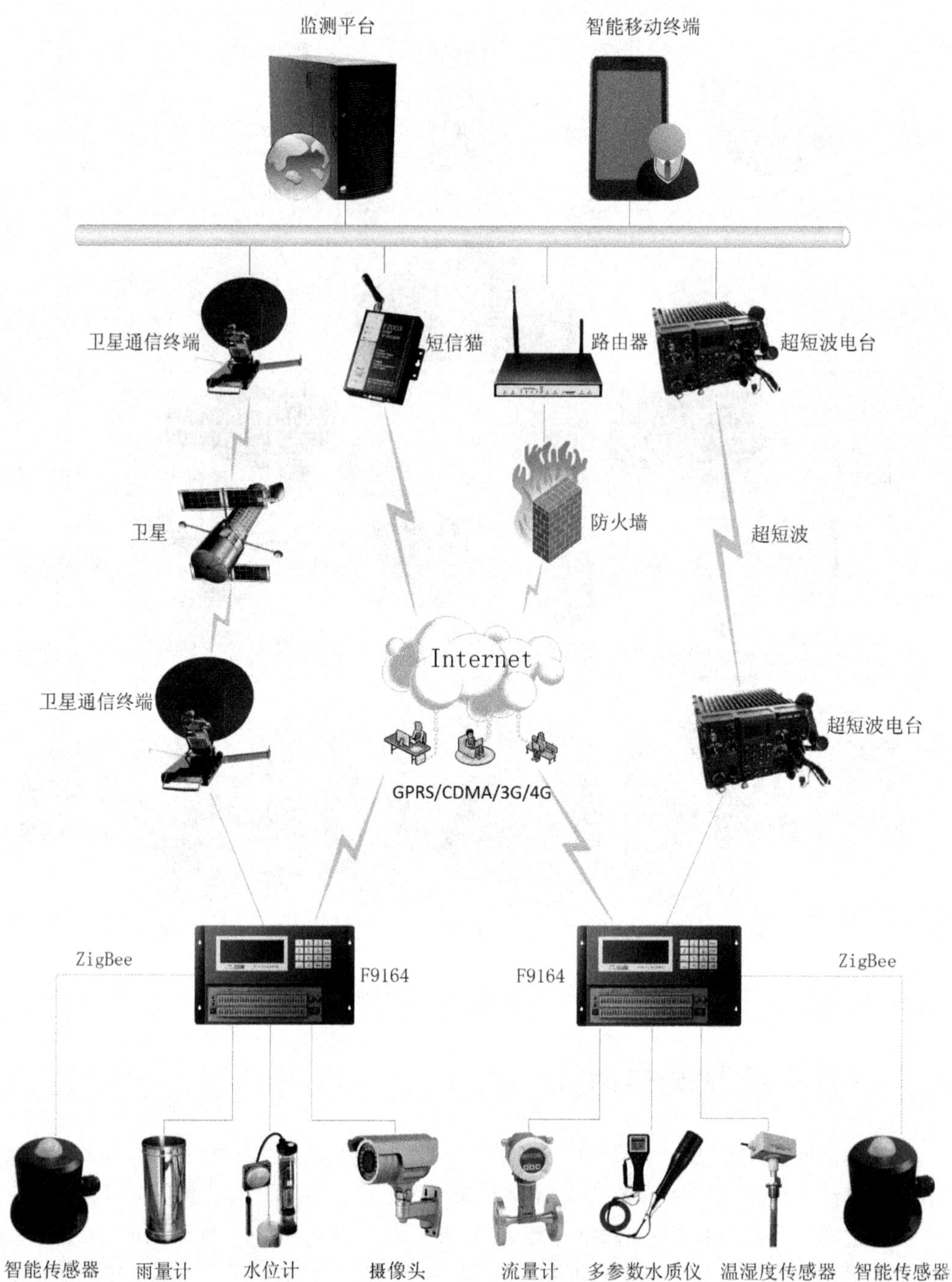

图 2-2-3　水雨情监测系统架构

星通信网络中,监测站和中心站需配置北斗卫星通信终端及天馈线等主要通信设备。

(2)GPRS 通信系统。GPRS 接入方式主要有 Internet 接入、专线接入,可根据需求选用。中心站根据接入方式不同,需配置接入 Internet 的固定 IP 或专线。

(3)超短波通信。在超短波通信网中,测站、中继站、中心站所必需的主要通信设备为超短波电台及天馈线、避雷器等。

(4)短信通信。利用短信通信实现数据传输,各地可根据需求采用点对点通信。

用短信通信方式组成数据传输网,在测站需配置短信通信终端及天线、SIM卡,中心站则根据选用的组网方式不同配置短信通信终端及天线、SIM卡或者配置短信专用服务器及专线等。

对于有公网覆盖的地区,一般应选用公网进行组网;对于公网未能覆盖的丘陵和低山地区,一般宜选用超短波通信方式进行组网,对于既无公网;又无条件建超短波的地区,则选用卫星通信方式;对于重要监测站且有条件的地区,尽量选用两种不同通信方式组网,实现互为备份、自动切换的功能,确保信息传输通道的畅通。

2.1.1　设计原则

(1)实用、可靠。山洪灾害防御水雨情监测站的环境条件恶劣,监测人员的技术水平参差不齐,系统选用的监测方法、技术、设备应注重实用、可靠,符合山洪灾害监测预警的实际需求。

(2)突出重点,合理布设监测站网。山洪灾害分布面广,优先考虑在当地和人民生命财产危害严重的山洪灾害多发区建立监测系统。在现有的气象及水文站网基础上,充分考虑地理条件、受山洪灾害威胁的程度,以及暴雨分布特点,合理布设水雨情监测站网。

(3)人工监测与自动监测相结合。根据山洪灾害发生点多面广的特点,通信条件好的地方建设自动监测站,通信差的偏远自然村建设适量的简易监测站。

(4)因地制宜地选择信息传输通信组网方式。信息传输通信组网的设计应根据山洪灾害防御信息传输实际需求,结合山洪灾害防治区地理环境、气候条件、现有通信资源、供电情况、居民居住分布等实际情况,因地制宜地选择和确定通信方式,以保证信息传输的可能性、实时性和可靠性。充分利用现有的通信资源,选择专网与公网相结合,节省系统建设、管理及运行的投资。

2.1.2　监测方式及报汛工作体制

根据山洪灾害预警的需要和各地的建站条件,考虑山洪灾害威胁区地形地貌复杂、降雨分布不均、群众居住分散、地方经济发展不均衡等实际情况,水雨情监测站可建成简易站和自动站。其监测方式及报汛工作体制要求如下。

2.1.2.1　**简易监测站**

为扩大水雨情信息监测的覆盖面,充分发挥村组自防自救的作用,因地制宜地配置简易的雨量、水位监测设施,由乡、村、组采用直观、可行的监测方法进行水雨情信息的监测。利用本区域适用的预警方式进行信息发布,达到群测群防的目的。

简易雨量站、水位站采用有雨定时监测,大到暴雨或水位上涨加密监测的工作形式,及时上报和通知下游相关村组。本地监守人员根据警报级别不同统计水量,并以手机或短信或网络的方式上报中心,由中心平台对数据进行处理,得出山洪、泥石流发生的概率,产生预警信息,通过预警广播系统或LED发布系统进行播报。若当地降水量达到紧急情况,当地监守人员还可直接通知预警广播系统进行紧急人工播报,及时将警报信息通知到各家各户,进行紧急避险。

2.1.2.2 自动监测站

为及时掌握山洪灾害威胁区的雨水情信息,应根据本地区的暴雨洪水特性、区域分布和人员居住、经济布局条件,设立自动监测雨量、水位站点。采用有人看管、无人值守的管理模式,实现水雨情信息的自动采集、传输。

自动监测站采用自报式、查询—应答式相结合的遥测方式和定时自报、事件加报和召测兼容的工作体制;对超短波组网的自动监测站,则采用增量随机自报与定时自报兼容的工作体制。

2.1.3 监测站网布设

站网布设时,在对所在区域历史山洪灾害和经济社会调查及河道资料分析的基础上,充分考虑山洪灾害易发区人口居住密度以及学校、工矿企业的分布情况;以经济、高效和实用为原则,既要照顾受山洪影响的村,又要突出重点,对山洪灾害频发及人口密度大的小流域加大监测站的布设密度,满足山洪灾害实时预报和预警的要求。同时应考虑充分利用水文、气象现有站网,避免重复建设,考虑通信、交通等运行管理维护条件。

2.1.3.1 站点布设原则

1. 雨量站

在山洪灾害严重的区域按照 20 ~ 100 km^2/站的密度布设自动雨量站;在滑坡、泥石流等地质山洪灾害特别严重的乡(镇)、山洪灾害频发及人口密度大的村组、山洪灾害易发区的暴雨中心,按照 20 ~ 30 km^2/站的密度布设自动雨量站,视测站重要程度和当地的建站条件、经济条件确定自动站的数量。在自动雨量站未覆盖的区域,按照村(组)布设简易雨量站,布设在代表性好、便于看管维护的地方。

2. 水位站

流域面积超过 100 km^2 的山洪灾害严重的流域,且河流沿岸为旗、乡(镇)政府所在地或人口密集区、重要工矿企业的,布设水位观测站,有条件的布设自动水位站。流域面积 50 ~ 100 km^2 的山洪灾害严重的小流域,如果河流沿岸有人口较为集中的居民区或有较重要工矿企业、较重要的基础设施,布设简易水位观测站。

站点布设应考虑通信、交通等运行管理维护条件。已有的自动监测水位站应纳入本系统站网,其监测信息应进入县级监测预警平台。

3. 旱情监测站

在人口较多、经济发达、土壤特性典型、对农牧业依赖较高的地区设立旱情自动监测点,采用增量随机自报、定时自报、事件加报和召测兼容的工作体制,采用有人看管、无人值守的管理模式。配置相应的土壤水分传感器,以及采集终端及通信终端设备,使用公网组网,实现土壤墒情信息的自动采集、传输。

2.1.3.2 监测站网确定

根据监测站网布设要求,在重点小流域内的乡(镇),按照全面覆盖、重点突出的原则,确定雨量监测站的位置和数量,以满足山洪灾害水雨情监测信息的需要。

在其他水雨情监测预警空白区增加自动雨量监测站。为了发挥山洪灾害群测群防作用,在未安装自动雨量监测站的村、组设立简易雨量站。在一些易发生洪灾的河流布设自动雨量与简易水位监测一体的监测站,即自动雨量简易水位站。另外布设自动旱情监测站,以便掌握土壤实时墒情信息。

2.1.3.3　监测站点布设技术要求

监测站网主要布设在易遭受山洪灾害的中小流域。通过山洪灾害易发程度降雨分区和区域历史洪水、社会经济调查,在充分利用现有监测站点的基础上,布设监测站网。

1. 雨量站布设

(1)分区控制原则:依据山洪灾害易发程度降雨分区,原则上按照20~100 km^2/站的密度布设雨量监测站;在高易发降雨区、人口密度较大的山洪灾害频发区适当加密站点。

(2)流域控制原则:布设监测站点时优先考虑山区的中小流域,站点应尽量安置在流域中心等有代表性的,且有人看管的地段,要注意避开雷区。

(3)地形控制原则:山区降雨受地形的抬升作用,布设雨量站时应充分考虑地形和海拔高度等因素。

(4)简易雨量站原则上以自然村为单位进行布设,人员比较分散且受山洪威胁大的自然村可适当增加。

(5)站网布设时充分考虑通信、交通等运行管理维护条件。

(6)已有的雨量监测站纳入本系统站网,其监测信息相应进入监测预警平台。

2. 水位站布设

(1)面积超过100 km^2的山洪灾害严重的流域,且河流沿岸为县、乡政府所在地或人口密集区、重要工矿企业的布设水位观测站,有条件的布设自动水位站。

(2)流域面积50~100 km^2的山洪灾害严重的小流域,河流沿岸有人口较为集中的居民区或有较重要工矿企业、较重要的基础设施,布设自动水位观测站或简易水位观测站。其他小流域,根据实际情况因地制宜布设简易水位观测站。

(3)对于下游居民集中的水库山塘,没有水位观测设施的,适当增设水位观测设施。

(4)水位站布设地点应考虑预警时效等因素综合确定,尽量在山洪沟河道出口、水库、山塘坝前和人口居住区、工矿企业、学校等防护目标上游。

(5)站网布设时应考虑通信、交通等运行管理维护条件。

(6)已有的水位观测站纳入本系统站网,其观测信息相应进入监测预警平台。

3. 视频站布设

(1)主要考虑对人口密集区、危险区和重要的水利工程布设视频站。

(2)视频信息采集传输必须考虑其特殊性,即容量大、误码率要求低。因此,不能和传感监测数据合并处理、传输。

(3)布设视频站时,应考虑供电、防雷是否具备条件。

2.1.3.4　运城市监测设备设施设计要求

1. 简易监测站

1)雨量观测

简易监测雨量站信息采集设备设施设计技术要求如下:

(1)运城市各地应因地制宜地配置简易雨量观测器。雨量观测器的承雨口径尽可能按照《降水量观测规范》(SL 21—2006)规定的要求进行设计。

(2)为便于观测员直观和方便地观测雨量,承水器皿可设计为透明的装置,并根据区域内雨情的临界值或降雨强度,在承水器皿外进行划分或标注明显的预警标志。

2)水位观测

对于无条件设立水尺的观测站,则可采用简易、可靠的方法进行人工监测,设计技术要求如下:

(1)在岸边修建简易的水尺桩,水尺桩可设计为木桩式或石柱型。

(2)对于无条件建桩的观测站,可选择离河边较近的固定建筑物或岩石上标注水位刻度。

(3)水位观测尺的刻度以方便观测员直接读数为设置原则,各地应根据当地的实际情况,以现场标注致灾的临界水位值的方法,作为预警的标准。

2. 自动监测站

自动监测站应实现雨量、水位信息自动采集。在设计中,运城市各地可根据是否需满足基本资料收集的要求,增加固态存储的功能,其存储容量应满足能连续记录1年的资料。

1)雨量观测

雨量信息采集设计主要包括雨量观测场地和雨量传感器,具体技术要求如下:

A. 雨量观测场地

(1)雨量监测站原则上不新建雨量观测场,已建有雨量观测场的站,将雨量传感器放置在雨量观测场内。

(2)未建雨量观测场的站,则利用屋顶平台作为观测场,但安装时应注意与建筑物、树木等障碍物的水平距离为障碍物高度的两倍。

B. 雨量传感器

(1)承雨口口径:$\phi(200+0.6)$ mm。

(2)分辨率:当测站为基本雨量站时,年平均降雨量≥800 mm的测站采用0.5 mm的雨量传感器,年平均降雨量<800 mm的测站采用0.2 mm的雨量传感器;对于非基本雨量站,湿润地区可选用1.0 mm的雨量传感器,干旱或半干旱地区可选用0.5 mm的雨量传感器。

(3)测量误差(准确度):较大降雨量的误差采用实测降雨量与其自身排水量相比较的相对误差检验;较小降雨量采用绝对误差检验。不同分辨率的雨量传感器量测精度详见表2-2-1。

表2-2-1 不同分辨率的雨量传感器量测精度表

分辨率	自身排水量(mm)					
	≤10	>10	≤12.5	>12.5	≤25.0	>25.0
0.2 mm	±0.2 mm	±2%				
0.5 mm			±0.5 mm	±4%		
1.0 mm					±1 mm	±4%

(4)环境条件:工作温度 0 ~ +50 ℃,工作湿度≤95%(40 ℃)。

(5)可靠性:在满足仪器正常维护条件下,MTBF(平均故障间隔时间)≥25 000 h。

2)水位观测

水位信息采集设计主要包括水位观测设施和水位传感器,具体技术要求如下:

A. 水位传感器选用

各地可根据实际情况选用浮子水位计、压力水位计和超声水位计进行水位观测。对已建有水位自记井且可利用的监测站,选用浮子式水位传感器;未建井或不能建井的测站,视河流及水情特点配备压力式(压阻式、气泡式)或超声式水位传感器,主要技术指标应满足:

(1)分辨率:水位传感器的分辨率为 1 cm。

(2)测量误差:95% 测点的允许误差 ±2 cm,99% 测点的允许误差 ±3 cm。

(3)环境条件:工作温度 -30 ~ +50 ℃,工作湿度 <95%(40 ℃)。

(4)可靠性:在满足仪器正常维护条件下,MTBF≥25 000 h。

B. 水位自记观测井建设要求

适宜新建水位自记观测井的测站,应以建设简易水位自记观测井为原则。井筒可采用直立式或斜井式,一般可选用水泥管、钢管、铸铁管或 PE 管;井口直径应根据所采用的浮子式水位计及有关水位观测技术标准进行设计,同时需考虑防淤积的措施。

C. 气泡压力式水位计安装要求

(1)气泡压力式水位计应放置在位于基本水尺断面处的仪器房内,其传感器感应探头需设置在水面以下。

(2)管道敷设时应沿河岸护坡顺坡而下,不能出现负坡,以免感压管内结露,形成水栓。

(3)为解决大变幅水位观测问题,可结合各站实际情况,分多级敷设压力感压气管或至中水处敷设感应探头。

2.2　信息采集、传输系统

2.2.1　系统结构

信息采集与传输系统的数据流程采用自下而上、分级处理的方式,见图 2-2-4。降雨量、水位、视频等现场信息通过建设的监测设备设施,经通信网络传输至本地信息汇集平台,按照水文规范进行标准化处理之后,存入本地规范数据库中。上级部门可以通过信息汇集系统的数据上报模块来获取所需要的信息。

2.2.2　信息采集

运城市的信息采集通过运城市各地的监测站(简易雨量站、简易水位站、自动雨量站、自动水位站)来进行。

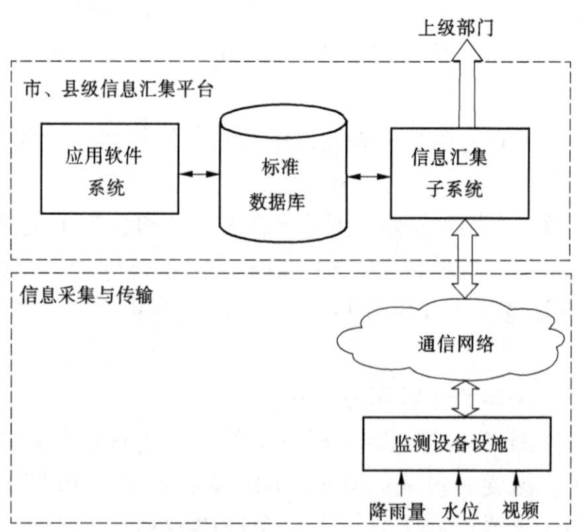

图 2-2-4 信息采集与传输系统逻辑结构图

2.2.3 信息传输

2.2.3.1 常用通信技术

水雨情数据传输常用的通信方式有卫星、超短波(UHF/VHF)、短信、GPRS,以及程控电话(PSTN)等。

视频数据的传输常用的方式有光纤、超短波、ADSL,随着3G在我国的开通,也可考虑。

1. 卫星通信

卫星通信是利用人造地球卫星作为中继站、转发无线电波实现地球站之间相互通信的一种方式,具有覆盖面大、通信频带宽、组网灵活机动等优点。目前,在国家防汛指挥系统建设中用于测站与中心站间的数据传输的卫星信道主要选用海事卫星和北斗卫星。

1)海事卫星(Inmarsat)通信

海事卫星(Inmarsat)系统是目前世界上唯一为海陆空业务提供全球公众通信和遇险安全通信的定位导航系统。在国家防汛指挥系统数据传输组网中主要应用 Inmarsat - C 站的短数据通信功能实现点对点的传输方式。其特点为:①具有点波束,使得卫星站设备的体积和功耗大大减小,可减少建设成本。②Inmarsat - C 通信频段使用的 L 波段,基本无雨衰现象,能保证通信的畅通率。③具有双向性,中心站可对各测站进行远地编程、巡测和召测。④运行费用按“短数据报告”的包数予以计取。

2)北斗卫星通信

北斗卫星系统是我国自主知识产权的军用卫星定位导航系统,覆盖中国大陆所有地区和海区,是真正意义上的无缝隙覆盖。北斗卫星定位导航系统由空间卫星、地面控制中心站和用户终端3部分构成。其特点为:①容量大、数据传输时效快,系统上下链路每秒钟可同时处理200个不同用户的不同业务或请求;②传输延时小,可在3 s内将用户(测站)的数据发送到用户数据中心;③系统采用码分多址直序扩频通信体制,抗干扰能力强，并在一定程度上保证数据的保密性；④卫星通信设备集成度高，天线尺寸小，安装简单，可减少投资成本；⑤通信费用按每次发送的帧计费，每帧的报文长度可达到 100 Bytes；⑥数据传输可靠性高，系统可提供两种通信“确认”方式。在建设时需进行细致的信道测试工作，确定测站和接收中心的最佳通信波束。

卫星通信的适用条件：所建监测站地处高山峡谷，且公网未覆盖和无条件建专用网的区域。

2. 超短波通信

超短波工作于 VHF/UHF 频段，超短波通信的传播机制是对流层内的视距传播与绕射传播。视距传播损耗小，受环境的影响也小，接收信号稳定。但是，由于传播距离较短，一般需要建设中继站进行接力。

超短波信道的特点为：①信道稳定，基本不受天气影响；②技术成熟，设备简单且易于配套；③实时性能好；④通信费用低。

但在选用时应考虑下列问题：①在用户拥挤的地区（多为经济发达地区），同频干扰日趋严重。②山区及远距离的超短波通信需在野外高处建中继站，雷击是一个突出问题。因此，无论从通信的可靠性还是从节约通信网建设投资来考虑，每条超短波电路的专用中继站均不得超过 3 级。

适用条件：所建监测站地处公用通信网不能覆盖的区域，或位于低山和丘陵地区，且所需建中继站级数不超过 3 级。

3. PSTN 通信

程控电话（PSTN）是普及程度最高的信道资源，它具有设备简单、入网方式简单灵活、适用范围广、传输质量较高、通信费用低廉等优点，可进行语音和数据的传输。

PSTN 信道用于数据传输具有的优点：适用范围广；传输速率高；没有无线通信中经常遇到的同频干扰问题，传输质量也较高；技术成熟，设备简单，价格低廉。

选用 PSTN 组网时必须认真对待的问题：①传输时效。由于 PSTN 采用电路交换方式进行通信，建立通信要花费 30 s 左右的时间，在系统容量较大、且采用通用调制解调器的条件下，时效慢的问题相当突出，可通过在中心站安装多条同号电话线和配置 MODEM 解决。②部分报汛站的电话属农话线路，线路质量不高，防御自然灾害的能力低；当线路较长时，建设、维修费用也高，使应用受到限制。③当采用通用的调制解调器时，其功耗相当大，使用中必须采取节电措施。一般在不工作时，设计为休眠状态；在需要通信时，通过拨号上电或电话振铃信号上电工作。④PSTN 属有线通信信道，防雷避雷问题格外重要，若解决措施不得力，电话会构成引雷设备，极易造成设备因雷击而毁坏。

适用条件：被 PSTN 网覆盖、电话通信质量较好且雷击不严重的地区。

4. 短信通信

移动通信是我国近十多年来发展最快的一种通信系统，目前已覆盖我国很多城镇，正逐步向农村扩展延伸。移动通信系统正得到越来越广泛的应用，对于山洪灾害信息和警报的传输有着十分重要的实际应用价值。目前可利用的短信通信有中国移动的 GSM 短信和中国联通的 CDMA 短信。

短信通信适用于 GSM 网或 CDMA 网所能覆盖的报汛站和地区。利用短信平台组网，具有以下优势:①系统响应速度快,传输时效好,信道稳定可靠。大部分已建系统的运行表明,响应速度仅为几秒钟,传输速率达 9 600 bps 及以上,绝大部分报汛站的数据可在 1 min 左右到达中心站,畅通率可达 98% 以上。②系统容量较大,可传输的数据量大。一条短信所能容纳的数据量最多可达 100 字节以上。③无须中继,即可用于无线远程传输,加上它属于双向通信,可方便地实施远程控制,所以组网十分灵活。④设备体积小、重量轻、功耗低。由于不需要架设室外天线,安装方便,不仅一次性建设投资少,而且维护管理简单,运行费用低。

适用条件:被中国移动通信网或中国联通通信网所覆盖的地区。

5. GPRS 通信

GPRS 是 GSM 系统的无线分组交换技术,不仅提供点对点、而且提供广域的无限 IP 连接,是一项高速数据处理技术,方法是以"分组"的形式将数据传送到用户手中。GPRS 作为现行 GSM 网络向第三代移动通信演变的过渡技术,突出的特点是传输速率高和费用低。GPRS 上行速率较 GSM 为高,下行速率则可达 100 Kbps。鉴于利用 GPRS 的运行速度快、运行成本低,建议尽可能地利用 GPRS 传输。

GPRS 通信具有如下特点:

(1)Internet 识别:GPRS 是无线分组数据系统,只要用户一打开 GPRS 终端,就已经附着到 GPRS 网络上,用户通过 GPRS 系统的网关 GGSN 连接到互联网,GGSN 还提供相应的动态地址分配、路由、名称解析、安全和计费等互联网功能。

(2)永远在线:不像传统拨号上网那样,断线后需重新拨号。用户随时都与网络保持联系,即使没有数据传送时,用户仍然在网上,与网络保持一种连接。

(3)快速登录:连接时间很快,GPRS 无线终端一开机,就已经与 GPRS 网络建立了连接,每次登录互联网,只需要一个激活过程,一般仅需 1 ~3 s。

(4)高速传输:由于 GPRS 网络采取了先进的分组交换技术,数据传输最高理论值可达 171.2 Kbps。

(5)按量收费:GPRS 网络按照客户接收和发送数据包的数量来收取费用,没有数据流量的传递时,客户即使在线,也不收费。

适用条件:已开通 GPRS 业务并被中国移动通信网所覆盖的地区。

6. 光纤通信

光纤即为光导纤维的简称。光纤通信是以光波作为信息载体,以光纤作为传输媒介的一种通信方式。

光纤通信与电气通信相比,主要区别在于其有很多优点:传输频带宽、通信容量大;传输损耗低、中继距离长;线径细、重量轻,原料为石英,节省金属材料,有利于资源合理使用;绝缘、抗电磁干扰性能强;还具有抗腐蚀能力强、抗辐射能力强、可绕性好、无电火花、泄漏少、保密性强等优点。

但是,光纤通信的造价较高,特别是光缆的敷设。另外,光纤通信的维护成本也比较高。

7. ADSL

ADSL 采用频分复用技术把普通的电话线分成了电话、上行和下行三个相对独立的

信道,从而避免了相互之间的干扰。ADSL具有如下优点:

(1)ADSL的接入速度快。ADSL可达到下行8 Mbps、上行640 Kbps传输速度,对于一般的视频信息传输基本足够了。

(2)ADSL易于安装、维护。它采用普通电话线路作为传输介质,几乎不需要重新布线,而维护工作由电信部门负责。

(3)随着ADSL在我国的大规模使用,ADSL的资费已经比较便宜了。

8.3G和4G

(1)3G是第三代移动通信技术的简称,是指支持高速数据传输的蜂窝移动通信技术。3G服务能够同时传送声音及数据信息。它的代表特征是提供高速数据业务。

目前存在的3G标准有:WCDMA(欧洲版)、CDMA2000(美国版)和TD-SCDMA(中国版)。

中国移动、中国电信、中国联通已于2009年开通3G网络,其将是未来无线通信的主流。

(2)4G是第四代移动电话行动通信标准,指的是第四代移动通信技术。

4G集3G与WLAN于一体,能够快速传输数据、音频、视频和图像等。4G能够以100 Mbps以上的速度下载,比目前的家用宽带ADSL(4 Mbps)快25倍,并能够满足几乎所有用户对于无线服务的要求。此外,4G可以在DSL(数字用户线路)和有线电视调制解调器没有覆盖的地方部署,然后再扩展到整个地区。很明显,4G有着不可比拟的优越性。

2.2.3.2 推荐通信技术

运城市各县(市、区)应根据现有通信状况和可利用的通信资源,因地制宜地选用监测站的信息传输方式,通信方式的选用原则为:

(1)公网能够覆盖的地区,应优先考虑选用公网进行组网。

(2)对于公网未能覆盖的丘陵和低山地区,可选用超短波通信方式进行组网。

(3)对于既无公网,又无条件建超短波的地区,则选用卫星通信方式。

(4)对于重要监测站且有条件的地区尽量选用两种不同通信方式组网,实现互为备份、自动切换的功能,确保信息传输通道的畅通。

(5)视频信息的传输可根据实际条件选择ADSL、3G、光纤、超短波等方式。

因此,在一般有无线网络覆盖的地方,推荐采用GPRS作为水雨情信息传输的通用信道,并可根据实际情况采用北斗卫星作为紧急情况下的通信备用设备。对于视频信息的传输,优先考虑ADSL的传输方式。

2.3 监测预警平台系统建设

2.3.1 平台组成与功能

监测预警平台是山洪灾害监测预警系统数据信息处理和服务的核心,主要由计算机网络、数据库、应用系统组成,主要功能包括信息汇集、信息服务、预警信息发布模块等。

2.3.2 数据库

2.3.2.1 数据库系统选型

山洪灾害监测预警系统涉及气象、水文、水工、经济、地理等多方面信息,数据包括数字、文字、表格、图片、影像等多种形式,数据的存储与应用比较复杂。必须建立强大的综合数据库系统,以实现信息的管理与应用。同时,数据库系统作为山洪监测预警系统的基础功能部件,为各个应用系统提供所需的数据和信息服务,协调各系统间的数据关系,实现各种信息的一致性共享。

根据山洪监测与预警系统站点布设原则,系统需要共享相关部门的各种数据信息,因此数据库管理系统的选择首要考虑与相关部门的数据库系统一致或兼容,以减少部门数据共享交换的成本。另外,数据库管理系统的选择还要考虑与服务器操作系统的匹配,才能更好地发挥数据库的强大功能。鉴于运城市系统数据涉及范围广、数据形式多样,并考虑数据库在日常运行中维护的方便性,选用 SQL - SERVER2005 数据库管理系统,其具体功能如下:

(1)大型分布式数据库管理系统,支持大数据量存储。

(2)具有并发控制功能,支持事务、锁、触发器等。

(3)支持用户管理、权限管理、数据备份等功能。

(4)支持常见的应用开发工具,易于开发应用。

(5)具有发展潜力,可以满足系统升级需要。

(6)数据库操作简单、使用方便,易于维护、移植。

2.3.2.2 数据库建设内容

系统数据库建设内容应该能够满足山洪监测和防御工作的需要,为山洪监测预警系统提供信息服务。具体内容包括气象国土数据库、雨水情数据库、工情信息数据库、山洪预警及响应数据库、经济社会及灾情数据库、空间数据库、图形图像数据库等。山洪灾害专题数据表分别在雨水情数据库、工情信息数据库、经济社会及灾情数据库、山洪预警及响应数据库建立。

1.气象国土数据库

气象国土数据库用于存放各应用系统所需的气象数据信息。由信息汇集系统从气象、国土部门获取后转存入气象国土信息库。数据形式包括文字、图像等。主要有:

(1)气象站实时资料表:气象站测得的雨量、温度、风向、风速等。

(2)热带气旋路径表:不同时刻的热带气旋的位置资料。

(3)短期数值预报成果表:未来 3 d 内的降雨量时空分布。

(4)卫星云图实时走势图。

2.雨水情数据库

根据运城市各县(市、区)监测预警系统的要求,按照《山洪灾害防治县级非工程措施建设实施方案编制大纲》和《实时雨水情数据库表结构与标识符》(SL 323—2011)分别建立遥测数据库和实时雨水情数据库。遥测数据库重点是使用其中的测站基本信息、实时信息、测站设备状况等相关表。实时雨水情数据库重点是使用其中的测站基础信息、实时和时段信息以及预报结果等相关表。

根据数据更新频度和性质，把雨水情数据表分成两类，一类是数据更新频度较低或基本不变的项目表，如测站基本信息等，称为基本信息表，这类数据表的记录在系统建设时录入；另一类是更新频度较高的实时水情信息表，如实时水位、雨量、测站状况等，称为实时信息表，这类数据表的记录由信息采集系统自动录入。具体如下：

(1)基础信息。测站站点相关信息，雨量站包括站号、站名、站址(所在乡镇、村)、经纬度、高程、设立日期、类别(自动站、简易站)、所属小流域、关联乡村、雨量预警指标、最大雨量(1 h、3 h、6 h、12 h、24 h)及出现时间、监测人员及联系方式；水位站信息包括站号、站名、站址(所在乡镇、村、组)、经纬度、高程、设立日期、类别(自动站、简易站)、所属小流域、关联乡村、水位预警指标、历史调查最高水位及时间、实测最高水位及时间、监测人员及联系方式等。

(2)防汛信息。水库、河道的防洪任务信息，如河道洪水传播时间信息、河道断面信息、水库库容曲线信息。

(3)实时数据。水库、河道水位、流量以及雨量、蒸发量等水文要素的实时数据以及工程调度信息。

(4)特征值数据。水位、流量、雨量、蒸发量等水文要素的旬、月、年量值及其最大、最小值等特征值。

(5)预报信息。用于存储各节点预报信息。

3. 工情信息数据库

参照《国家防汛指挥系统工程防洪工程数据库设计报告》(2001 年 8 月)标准建立，主要有河流、水库、堤防等三类防洪工程的基本信息，存储区域内各种水利工程基础信息、特征数据及其运行情况数据。有如下内容：

(1)水库：反映水库的集水面积、总库容、死库容、坝型、坝高、溢流型式、闸门底坎高程。

(2)堤防(段)：反映堤防高程、堤防建设水位、堤防建设断面、堤防纵向断面、堤防坡度、堤深、堤基的构造、渗漏系数、险工险段的基本情况。

4. 山洪预警及响应数据库

按照《山洪灾害防治县级非工程措施建设实施方案编制大纲》山洪预警及响应类的要求，建立山洪预警及响应类数据表，包括系统配置、预警等级、预警状态、预警类型、响应部门、人员、记录、措施和反馈等预警响应重要指标信息。

5. 经济社会及灾情数据库

经济社会信息数据库存储行政区域、重点防御区域的信息，内容包括人口、企业、耕地、房屋、公共设施、避洪工程等信息，包括乡镇、村、村民组、重点防御区人口、企业、土地、房屋、人均私有财产、农作物、大牲畜、各类固定资产情况，运城市各县(市、区)乡村基本情况和小流域基本情况。

(1)运城市各县(市、区)乡村基本情况：县(市、区)简介及各乡(镇)、行政村的基本情况，包括县(市、区)、乡(镇)、村名称、土地面积、耕地面积、总人口、家庭户数、房屋数，历史洪水线下人口、家庭户数、耕地面积、房屋数，可能受山体滑坡、泥石流影响人口、家庭户数、房屋数,乡(镇)负责人及联系电话、乡(镇)防汛负责人及联系电话、村负责人及联系电话。

(2)小流域基本情况:包括小流域名称、上级河流、流域面积、河长、河道比降、河源位置、河口位置,涉及乡(镇)数(名称)、村数(名称)、村组数、户数、人口数、房屋,历史洪水线下人口、家庭户数、房屋数,可能受山体滑坡、泥石流影响户数、人口、房屋数,关联监测站等。

灾情数据库用于对灾情信息进行查询与评估,为山洪灾害防御提供参考信息。存储历次历史山洪灾害的重要数据信息和实时灾情信息,包括乡(镇)、重点区域的受灾面积、受灾人口、经济损失等灾害重要指标信息,历史上山洪灾害发生总体情况及各典型年的灾害情况,内容包括灾害发生时间、灾害描述等。

6. 空间数据库

在山洪防御预警系统中包括大量以数据格式存储的区域的地形地貌、山洪风险区、撤退道路等空间数据信息。这些信息是山洪防御的依据,借助地理信息系统(GIS)存入空间数据库中。按照行业特性分为基础性公用要素数据、水利公有要素数据及山洪灾害防治专业要素数据三类。

(1)基础电子地图:描述国土资源的基础信息,包括行政区划图、交通设施图。

(2)水利要素分布图:描述水利要素分布特征,包括水系图、测站分布图、水库山塘分布图、防洪工程布置图。

(3)特征要素:描述山洪灾害易发区域基本情况,包括山洪灾害易发区域分布图、安全区与危险区范围布局图、撤退路线位置图。

7. 图形图像数据库

包括多种图形图像数据,如每日逐时卫星云图、水利工程图片图像、灾情图片图像等。

2.3.2.3 数据库结构

数据库结构按照国家相关的行业标准建设,保证数据的兼容和格式的一致,易于实现数据共享与交换。遥测和实时雨水情数据库按照《实时雨水情数据库表结构与标识符》(SL 323—2011)的要求进行数据库表结构的建设;其他数据库参照相关行业标准结合实际情况分别建立。

2.3.3 地理信息系统

地理信息系统能够为山洪防御工作提供空间信息支持。地理信息系统建设包括地理信息系统平台的选择、数据收集与处理和地理信息系统应用开发等。

2.3.3.1 地理信息系统平台选择

考虑空间数据存储与管理、应用开发等各方面的要求,选用国产 Supermap GIS 平台。

(1)以类似于关系数据库管理系统(RDBMS)方式存储,方便数据统一管理,具备 RDBMS 的功能。

(2)众多应用系统能够通过采用空间 SQL(SSQL)语言或其他方法共享这些数字化地图,以便维护空间数据的一致性,降低地图数据的工作量。

(3)具有丰富的应用编程接口(API),使系统应用软件在这些 API 和前端 GIS 工具的联合支持下,能够开发出地图浏览、地理数据空间分析、网络分析和DEM分析应用等各项功能。

(4)支持基于Internet的应用发布。

(5)具备地图浏览、缩放、文字图形标注和专题图等基本功能。

(6)支持等值线、缓冲区、坡度计算、叠加分析等空间分析。

2.3.3.2　数据收集与处理

根据山洪灾害监测预警系统建设需要,空间数据库应采用比例尺不小于万分之一的地形图进行建设。空间数据可通过数字化、外勘调查、测量等多种途径收集。

作为建立全流域地理信息系统的基础资料,空间数据信息应能够全面反映辖区内自然、地理、社会、经济情况等。同时,基于山洪系统的专业分析需要,空间数据还应包含地形、等高线等信息,以满足滑坡、泥石流易发区分析的数据需要。

地理数据的绘制与处理要严格按照空间地理数据建设的相关要求,尽量减低数据冗余,保证数据完整性。

2.3.3.3　地理信息系统应用开发

为直观表现汛情、灾情分析等信息,应进行地理信息系统应用开发,给山洪防御工作带来便利。山洪灾害预警系统GIS开发应用应具有如下功能:

(1)地图浏览:具备地图的缩放、漫游、距离和面积量算等功能;

(2)标注:能够将描述汛情、灾情等各种文字信息标注到地图上;

(3)专题图制作:能够根据汛情、灾情、经济、人口等信息制单值专题图、范围专题图、统计专题图等;

(4)能够根据雨水情信息等,绘制雨量等值线、暴雨笼罩面积、洪水淹没区图,表现汛情宏观情况;

(5)灾害易发区分析:能够根据地形数据计算地形坡度,并结合汛情信息分析滑坡、泥石流等灾害易发区范围。

2.3.4　信息的汇集

信息汇集主要由数据接收处理单元(硬件设备)和实时数据接收处理软件构成。数据接收处理单元主要由数据接收通信设备、数据接收处理计算机、电源以及设备安装设施和避雷系统组成。

各自动监测站点的水雨情信息通过数据传输信道传输到平台后,进入数据接收处理计算机,通过数据接收软件实时完成监测站水雨情数据的实时接收处理,并存入数据库中。对于气象、国土等相关部门,信息经处理后,按照统一的数据格式存入数据库中。

2.3.4.1　功能设计

根据山洪灾害防御工作的特点和山洪灾害监视预警的需求,利用通信、计算机网络、数据库应用等技术手段,建设省、市(州)和县级防汛指挥部门的山洪灾害防治信息汇集平台,形成一个局域网系统(通常选择以太网),以收集山洪灾害防治区水雨情数据信息以及其他部门的相关信息,形成规范数据库,并提供信息查询等服务。

2.3.4.2 系统结构

1. 逻辑结构

各级信息汇集平台是山洪防治及防汛预警系统数据信息处理和服务的核心,主要由计算机网络系统、数据库系统、汇集上报应用软件组成,其逻辑结构参见图 2-2-5。

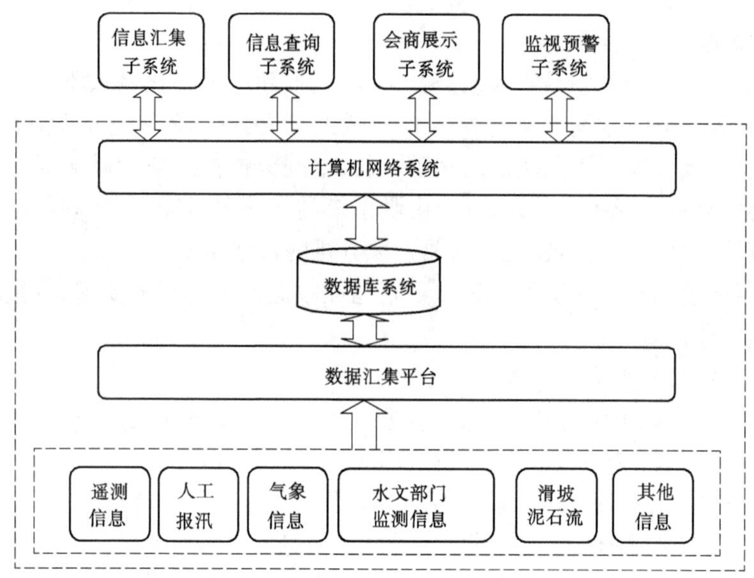

图 2-2-5 信息汇集平台逻辑结构示意图

计算机网络系统主要为系统数据接收、处理、加工与信息查询、预警指挥与信息发布、信息交换等服务提供硬软件平台。

数据库系统主要为系统维护管理、信息查询与服务、预警指挥提供数据信息。

在建设信息汇集平台时,各级单位应结合本地现有的网络结构、通信信道、网管系统、网络设备状况,按照各自的山洪防治及防汛预警系统对网络和通信的实际要求,充分利用现有资源,合理制订建设方案。

2. 层次结构

在层次结构上,信息汇集平台分为省、市、县级。

县级平台汇集本地实时、人工和其他同级部门的共享数据,按照统一规范存入县级规范数据库,并通过数据上报模块向市、省级信息汇集平台上报数据。

市级平台汇集各县上报数据、本地实时、人工和其他同级部门的共享数据,按照统一规范存入市级规范数据库,并通过数据上报模块向省级信息汇集平台上报数据。

省级平台汇集各市、县上报数据和其他部门共享数据,按照统一规范存入省级标准数据中心,并通过数据上报模块向国家防总上报数据。

各级信息汇集平台层次结构示意图参见图 2-2-6。

3. 网络拓扑结构

各级信息汇集平台的计算机网络结构采用以太网交换技术。千兆位以太网或快速以太网交换技术成熟,组网性价比高,是当前的主流网络交换技术。因此,平台的计算机网

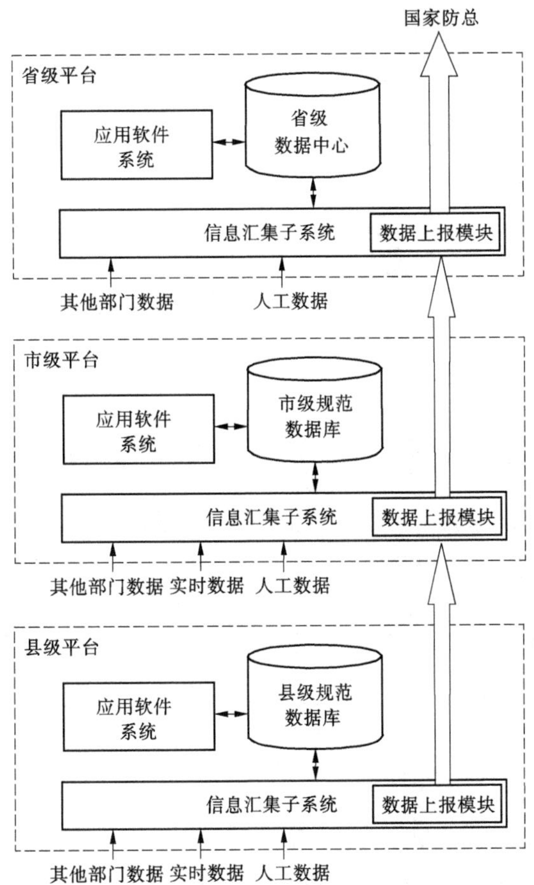

图2-2-6　各级信息汇集平台层次结构示意图

络系统可采用千兆位以太网或快速交换式以太网技术，拓扑结构采用星形结构，其拓扑结构示意图见图2-2-7。

省级、市级、县级之间的数据信息共享与交换可通过路由器与防汛专网互联的方式实现。

各级平台的计算机网络对外互联采用TCP/IP协议，局域网内部应支持TCP/IP、IPX/SPX、NetBEUI等协议。

4.网络安全

计算机网络系统是一个以TCP/IP为核心的开放式网络体系结构。而开放式网络自身的特点决定了它每时每刻可能遭受来自不同方面的入侵和攻击，这些攻击将会给应用系统带来不可估量的损失。因此，网络信息系统的安全性已成为网络建设中一个重要问题，需建立一个多层次的安全防御框架，以确保系统网络的安全。

网络安全性主要考虑局域网内部的安全、服务器和数据的安全。除利用网络系统管理工具外，还可采用以下方法和技术中的一种或多种组合：

(1)防火墙技术。利用隔离控制技术，在内部网络和外部网络之间设置屏障，阻止对内部信息资源的非法访问。

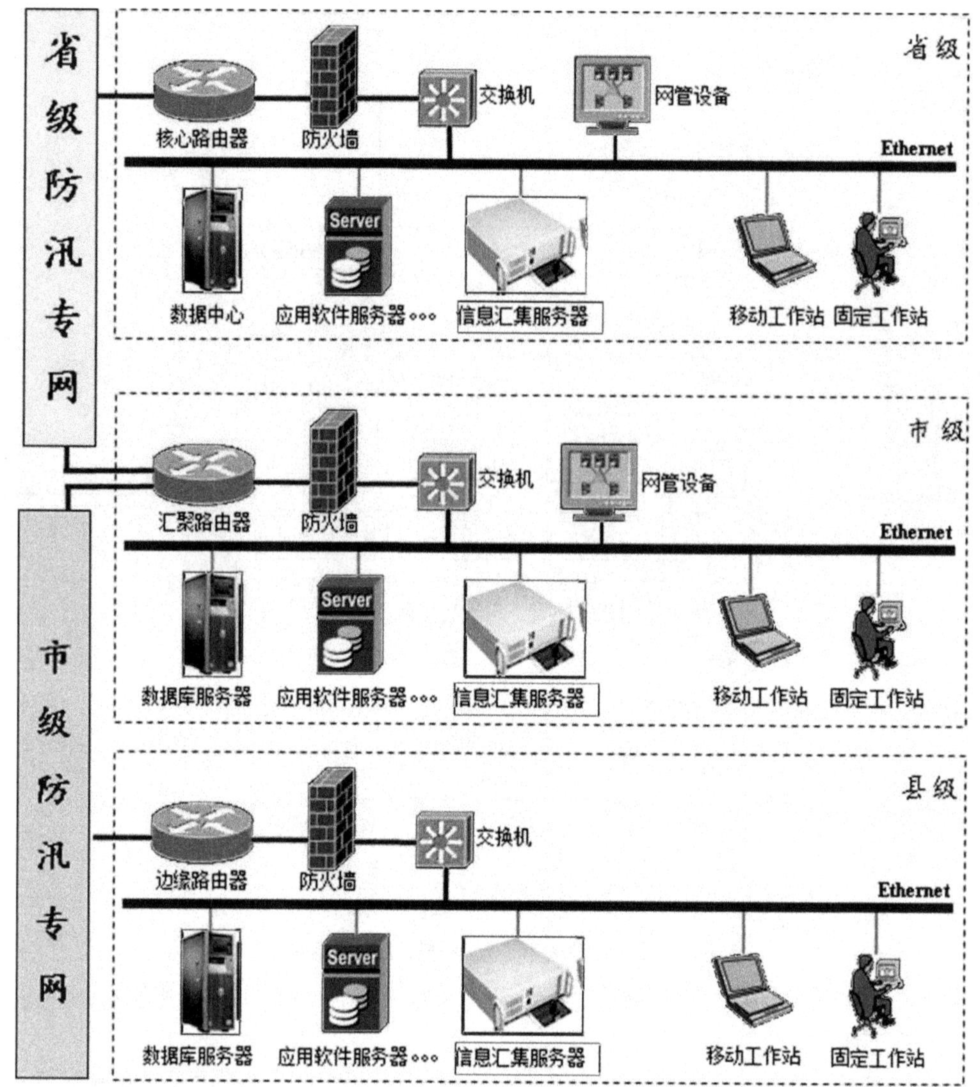

图 2-2-7　网络拓扑结构示意图

(2)入侵检测技术。采用实时的入侵检测技术进行证据记录,并采取相应的防护手段,如跟踪和恢复、断开网络连接等。

(3)内部网的安全。采用认证、授权、用户注册和 VLAN 技术。

(4)服务器的安全。利用操作系统本身所带有的安全机制,制定完善的安全策略。对重要的服务器启动审计功能。

(5)数据的安全。对外进行信息交换时,采用信息加密和信息确认的手段来确保信息的安全。同时还需考虑数据备份的措施。

(6)配备防病毒软件。要求能杀当前出现的所有病毒,且更新速度要快。

2.3.5　信息服务

信息查询系统针对雨水情、工情、灾情等信息提供分类检索和简单分析,主要包括基础信息查询、气象信息查询、雨水情信息查询、防洪预案信息查询、灾害分布与灾情统计查询、统计报表和输出打印等模块。查询、分析成果根据查询内容采用文字、表格、图形以及地图等形式表现。查询系统要求采用B/S结构模式开发。

2.3.5.1　系统安全

为了保证防洪信息安全,系统应建立先进的安全体系。根据市、旗、乡镇等多级用户,系统采用角色级的身份验证,对于不同用户按所属角色开放相应的信息与功能,确保防洪信息安全。

2.3.5.2　基础信息查询

基础信息主要是指在山洪灾害监测预警系统中更新频度较低或基本不变的信息,主要包括水文站点、水库、堤防等基础设施情况,是山洪防御调度工作的重要参考依据。

1. 站点基础信息查询

站点的类别(雨量、水文、水位)、站点的观测方式(自动、简易等)、站点位置、所属水系、所属部门等信息。

2. 水利工程信息查询

堤防、水库、山塘等水利工程的基本信息。堤防信息包括堤防长度、高程、所属河流、工程建设标准等信息。水库信息包括水库集水面积、建设洪水位(流量)、库容、坝顶高程等信息,山塘信息包括山塘位置、山塘容积等信息。

3. 安全区、危险区和重点防护区信息查询

采用地图查询方式,查询安全区、危险区以及重点防护区与防洪相关的基本信息。主要有各区域的村落分布、人口密度、监测设施、撤退路线等。

4. 经济社会状况查询

查询各行政区的经济社会信息,如区域人口分布、基本农田、电站、排灌站等基础信息。

2.3.5.3　气象信息查询

查询气象部门发布的天气预报、卫星云图以及台风警报等气象信息,及时掌握未来天气变化形式。

天气预报:各级气象台发布的短期、中期、长期预报信息,掌握基本天气情况。

卫星云图:查询当前最新的卫星云图以及最近一段时间内的卫星云图变化,掌握天气变化发展情势。

2.3.5.4　雨水情信息查询

实现对行政区域内重点防御区水库、关键节点水情信息查询,水位、流量过程查询,水位、流量特征值(最高、最低、最大、最小)查询,不同时间段洪水总量查询,超设防、超警戒、超保证时间查询,退至设防、警戒、保证时间查询。

2.3.5.5　防洪预案信息查询

各乡镇等行政区和重点防护区的防洪预案信息查询,主要包括责任人、联系方式、预警途径等信息,各地区的撤退道路位置及其他相关信息,为预警系统提供基础服务。

2.3.5.6　灾情分布与灾害统计查询

借助地理信息系统实现自动勾绘灾害分布图,统计受灾信息,主要包括受灾范围、受

灾人口、倒塌房屋、死亡人口等。

还可将灾害其他统计信息录入系统,实现灾害分布图查询和灾情信息统计等。如各乡镇工业、农业直接经济损失统计分布图,受灾人口分布图等。

2.3.5.7 统计报表

该模块为领导和业务人员对防汛信息和水利动态一目了然、快速浏览而开发,主要有每日水情、雨情、水利要闻等。

2.3.5.8 数据的输出、保存、打印

查询系统具有信息输出和打印功能。通过对采集的水情、雨情信息等实时处理,警示输出不同等级的降雨分布、暴雨中心走向、特大暴雨站点与区域分布。对于超标值在地图上按照级别给出不同警示,给工作人员发布山洪灾害监测预警提供参考。同时,根据预案划定不同的预警级别,安全区、警戒区、危险区等设定水位、雨量的警示值。通过 GIS 平台实时反映区域的汛情或灾情信息,达到汛期信息表达直观明了的目标。

除具备基础信息、雨水情信息、工情、灾情统计分析信息的数据输出外,还具备表、文字、图形的输出和保存以及打印功能。

2.3.6 预警信息发布模块

山洪灾害监测预警信息发布模块是山洪灾害监测预警系统的重要组成部分,主要内容为预报决策系统,为运城市各县(市、区)山洪灾害防御指挥部进行山洪灾害监测预警提供依据。预报决策系统主要包括雨水情分析预报、预警信息生成、维护及管理等 3 个模块。

2.3.6.1 建设原则

为了确保系统的实用性和具有较长的使用周期,更好地实现预报决策功能,系统建设采用国内外成熟、实用的硬件和软件技术,建成一个实用、高效、可靠、易于操作的山洪灾害预报决策系统。

预报决策系统建设遵循以下原则:

(1)可靠性。系统用国内成型的硬件和软件技术,以前置机信息汇集、系统数据中心服务器数据库存储、上传与异地数据库备份的方式保障数据安全可靠;数据库管理技术采用现今成熟的 SQL－SERVER 软件;系统应用软件采用流程控制与模块控制的分级控制原则,有效控制系统的可靠性与稳定性。

(2)实用性。系统按照信息呈现、信息再加工、信息成果展示的流程,确保原始数据与规整数据同步浏览;预报操作按照常规方案与备用方案结合的方法;成果展示以图形为主,结合报表与必要的文档,相互链接,实现数据展示的多元化。

(3)开放性与可拓展性。系统采用标准公用数据库接口技术和业内通用的雨水情编码标准,确保系统的开放性。在预报方法上以通用标准为基础,建设具有标准输入输出接口的预报方法库模块,实现预报方法功能扩展性;在预报节点、警报范围上,以标准数据库基础信息表为依据交互增减,实现动态预报、预警范围的扩充。

2.3.6.2 主要模块

1.雨水情分析预报模块

雨水情分析预报模块主要由预报方案的编制和软件开发组成。山丘区小流域洪水预

报软件是预报决策子系统的核心,开发建立常用预报模型库,并制定模型统一数据交换接口标准,是预报软件开发实现应有功能的基础工作。系统预报软件设计有以下要求:①建立预报模型库,模型参数能够人工率定或自动率定、优化。②预报系统要基于山洪灾害防治信息汇集及预警平台统一建设的数据库结构。③系统要求做到界面清晰,接口标准,操作简单。④系统具有自动预报和人工交互预报两种功能。⑤系统具有预报成果的可视化和输出功能。

2. 预警信息生成模块

根据预报成果,按照可能达到设防水位、警戒水位(汛限水位)、保证水位等指标,生成实时预警信息,并及时将预警信息发送至预警平台。

3. 系统维护及管理模块

该模块可以对整个系统的内容进行添加和删除,具有控制系统权限的功能。本模块为系统维护管理提供工具。

2.4 预警系统

2.4.1 预警系统生成

根据实时雨水情、水文气象预报信息及预警指标,决定是否编制预警信息。山洪灾害监测预警各县(市、区)等级分为三级:Ⅰ、Ⅱ、Ⅲ级。成灾水位分三级:设防水位、警戒水位、保证水位。三级特征水位具体数字由运城市各县(市、区)防办根据实际情况确定,具体内容如下。

2.4.1.1 Ⅲ级警报

当预报有强降雨发生,降雨可能接近或达到预警雨量,或者预报水位(流量)可能接近或达到设防水位(流量),将可能发生山洪灾害,或水库、塘坝水位接近汛限水位时,编制Ⅲ级预警信息。

2.4.1.2 Ⅱ级警报

当已有强降雨发生,预报降雨可能达到预警雨量,降雨还将持续,或者预报水位(流量)可能达到警戒水位(流量),山洪灾害即将发生,或预报水库、塘坝水位可能达到或超过汛限水位时,编制Ⅱ级预警信息。

2.4.1.3 Ⅰ级警报

当已有强降雨发生,实测降雨接近或达到预警雨量,且前期降雨量接近山洪形成区土壤饱和含水量,预报降雨将持续,实测水位(流量)接近或达到保证水位(流量),水位(流量)仍在上涨,将发生严重山洪灾害,或水库、塘坝水位已经达到设计水位时,编制Ⅰ级预警信息。

预警系统建设是在监测信息采集及预报分析决策的基础上,根据预警信息危急程度及山洪灾害可能危害范围的不同,通过预警程序和方式,将预警信息及时、准确地传送到山洪灾害可能危及区域,使接收预警区域人员根据山洪灾害防御预案,及时采取预防措施,最大限度地减少人员伤亡。

2.4.2 预警系统流程

预警信息可通过监测预警平台制作、发布。县级防汛指挥部门通过监测预警平台向县、乡(镇)、村、组及有关部门和单位责任人发布预警信息;各乡(镇)、村、组和有关单位,根据防御预案组织实施。基于平台的预警流程示意见图 2-2-8。

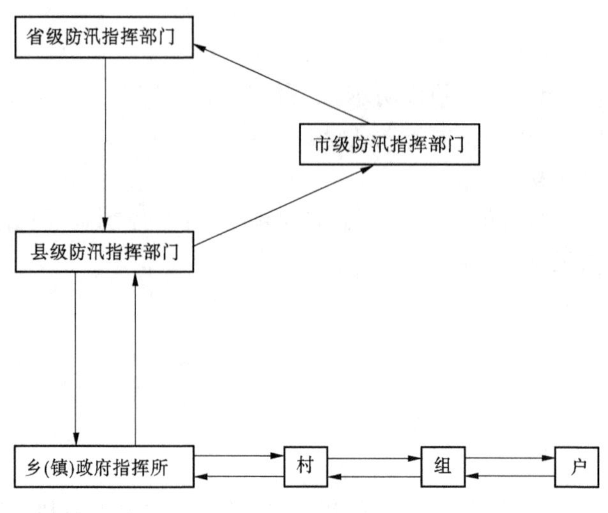

图 2-2-8 基于平台的预警流程示意图

群测群防预警信息的获取来自县、乡(镇)、村或监测点。由监测人员根据山洪灾害防御宣传培训掌握的经验、技术和监测设施进行监测,发布预警信息。各乡(镇)除接收县级防汛指挥部门发布或下发的预警信息,还接收群测群防监测点、村和水库、山塘监测点的预警信息。村、组接受上级部门和群测群防监测点、水库、山塘监测点的预警信息。上游乡镇、村组的预警信息要及时向下游乡镇、村组传递。群测群防预警流程示意见图 2-2-9。

2.4.3 预警信息发布

2.4.3.1 预警发布权限

根据预警信息获取途径不同,预警发布权限归属不同的防汛负责人(或防汛部门)。县级预警信息由运城市各县级防汛负责人(或防汛部门)授权后统一发布。群测群防监测点预警信息由监测人员和相关责任人自行发布。

2.4.3.2 预警发布内容

主要包括:洪水预报,雨量,溪河、水库、山塘水位监测信息,预警等级,准备转移通知、紧急转移命令等。

2.4.3.3 预警信息发布对象

预警信息发布对象为可能受山洪威胁的城镇、乡村、居民点、学校、工矿企业、旅游景点等。根据关联监测站、预警等级确定不同的发布对象。

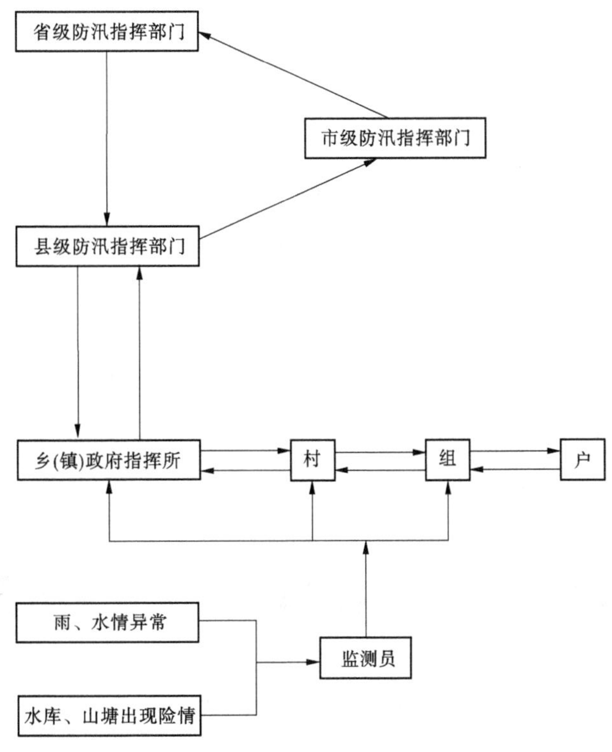

图 2-2-9　群测群防预警流程示意图

2.4.3.4　预警发布方式

预警分为两个阶段:内部预警(对防汛人员和相关责任人)和外部预警(对社会公众)。

预警信息发布以短信平台发布为主,还可用 Internet 公网、语音电话、手机通话、手机短信、传真、有线电视、广播等多种手段。紧急情况下,根据当地预警设备配置情况和山洪灾害威胁情况,按照预案确定的报警信号,利用发送信号弹、鸣锣、启动报警器和无线预警广播、高音喇叭喊话等方式,向灾害可能威胁区域发送警报。

建立短信平台预警发布和电话(传真)预警发布,在规定的条件下由山洪灾害预警系统软件发送山洪灾害预警信息。短信平台预警发布提供短信群发功能,能够在降雨达到一定量级时自动向水行政主管部门、防汛指挥部门领导和有关技术人员、责任人自动发送短信;能够在人工干预的条件下向各级主管领导、责任人、防汛相关人员发送山洪灾害预警短信。电话(传真)预警发布能自动向列表中的各个单位传送山洪灾害预警信息或调度指示文件等,克服人工拨号打电话、发传真时效性差、易出错的问题。短信平台预警示意图见图 2-2-10。

2.4.3.5　预警信息发布软件功能

预警信息发布软件主要完成预警信息的处理和发布。为了获得较好的系统运行效率和方便使用,采用 B/S 体系结构。

预警信息发布软件主要功能如下。

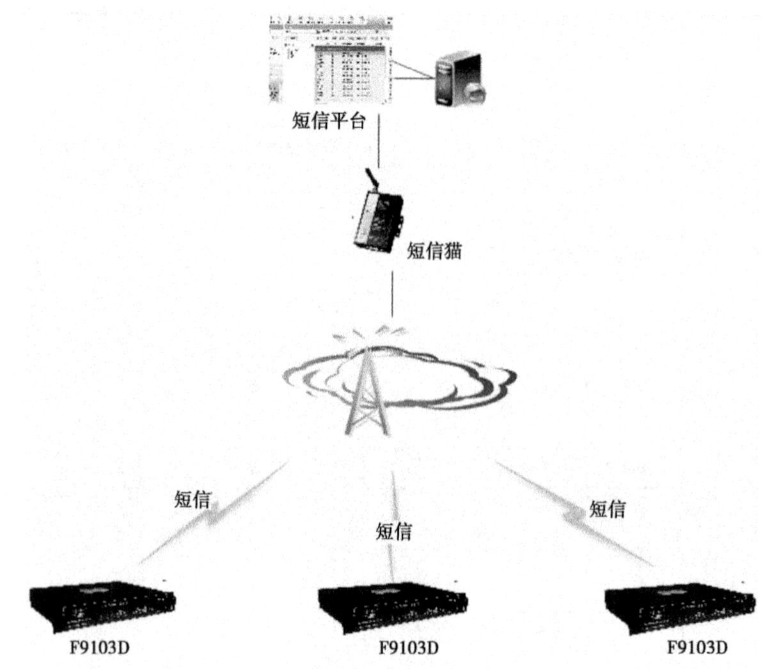

图 2-2-10　短信平台预警示意图

1. 预警信息和状态显示

预警系统触发可能成灾区域及成灾区域简易观测站点，加密观测并信息上传；输出达到成灾雨强的区域分布，输出达到成灾水位(流量)河道节点的要素标注图；自动触发可能成灾区域及成灾区域的防洪预案及相关信息，自动触发可能成灾区域及成灾区域的防汛责任人、负责人、防汛机构的相关人员并显示通信状态，将内部报警、预警发布信息用短信方式发送到符合条件的相关负责人；自动触发重点防御区域的安全区、风险区、撤退路线图，触发防洪风险图；自动触发成灾区域雨量、水位、流量等关键相关要素及相关文档上传防汛部门(省防指、市防指)。

2. 预警信息和状态以预警地图和预警列表形式显示

预警地图：根据预警分析结果，在地图上以不同的颜色闪烁的方式，显示各乡镇的预警级别等信息；已开始处理的预警取消闪烁，显示目前所处状态(内部预警、已发布预警、已启动响应)，响应结束后的预警恢复常态。

预警列表：以列表方式显示预警信息，包括发生乡镇、预警级别、预警时间、预警内容、预警状态等信息，并提供影响范围分析结果等。

3. 预警查询

(1)具备预警指标的查询和设置修改，并规定用户设置修改权限。

(2)具备预警信息包括历史预警信息发布情况查询。

(3)具备预警反馈信息查询，包括反馈人姓名、单位、电话、预警级别、发送时间、信息内容、回复情况等。

(4)具备响应情况信息查询，设置响应标准、响应部门管理关系等；显示响应反馈信息,并能够实时录入、跟踪进展情况。

2.4.4 预警信息通信方式

根据山洪灾害的特点,可用于预警信息传输的通信方式有电视、广播、Internet 网络、电话、传真、移动通信、短信、报警器、锣鼓号等,预警区根据当地经济状况、现有通信资源条件以及各种通信方式的适用性,并考虑山洪灾害监测预警信息传输的时效性和紧急程度,选用适宜的通信方式组建山洪灾害监测预警信息传输通信网。

为保障预警信息能及时发布到乡(镇)、村、组、户,有条件的县(市、区)与乡(镇)应尽可能建立双信道的通信网络,以保证一种信道通信中断时预警信息能够顺利传递。

(1)固定时间发布的预警信息,接收的对象主要是公众,充分考虑通信覆盖面,综合选择多种方式同时发布,选择电视、广播、短信、自动传真等与群众生活联系紧密的通信平台。

(2)不定时的山洪灾害警报信息,时效性要求比较强,通过电话、移动电话等直通方式进行通信。对于特别紧急的情况,警报传输通信必须各种方式并用。当公共通信(固定电话、移动电话)均遭山洪破坏而失效时,有条件的地区可采用卫星通信方式进行应急通信。

(3)对于公共通信条件较好、且运行维护费用有保障的地区,综合运用固定电话、移动通信通话和短信、传真、Internet 网络、有线电视和广播警报系统的多种方式。

(4)对于没有公共通信条件,人口居住比较分散的偏僻山村,通过广播、喇叭、锣鼓、报警器、烟火、人力等根据已设定的预警信号发布预警信息。

2.4.5 预警指挥系统

2.4.5.1 功能设计

预警指挥系统构建在信息汇集平台之上,通过对信息汇集平台提供的各类与山洪灾害密切相关的数据信息的综合分析与评估,根据设定的预警流程和响应方式,经会商决策,确定山洪灾害预警级别并启动相应预案,将预警信息及时、准确地传送到山洪可能危及区域,使接收预警区域人员根据山洪灾害防御预案,及时采取避险措施,最大限度地减少人员伤亡。

2.4.5.2 建设要求

根据各地区现阶段山洪灾害点多面广,且危害程度不尽相同的特点,预警指挥系统的建设应遵循下列要求:

(1)及时、迅速,实时性强。在系统的建立过程中,要充分考虑预警发布、响应的速度,尽可能迅速地将预警信息准确地传送到可能受灾区域,为使可能受灾区域的居民能及时采取相应措施赢得更多的时间,从而避免或减少人员伤亡。

(2)良好的可操作性。在编制软件系统时,尽量照顾用户的习惯,界面友好直观,操作人员一般只需移动鼠标点击功能框即可完成通常的值班操作,技术人员经过简单培训也能胜任日常管理工作。

(3)经济适用、因地制宜。根据经济发展水平及技术条件的不同,综合考虑各地自然地理、现有通信资源、供电情况、居民居住地分布等情况,在保证预警信息能够及时传输的前提下,充分利用现有资源,避免重复建设,因地制宜地建立预警指挥系统,以保证预警信息能够以经济、适用、合理的方式发送。

(4)预警信息系统建设与群测群防相结合。受经济技术水平条件的限制,山洪灾害预警需要群测群防预警与建立技术手段先进的预警系统相结合。

2.4.5.3 预警流程

1. 常规预警流程

对建设有山洪防治及防汛预警平台的各级防汛部门,防汛值班人员监视山洪灾害实时信息;当新预警产生后,系统对防汛值班人员报警;值班人员应立即报告当日防汛带班领导,防汛带班领导根据预警信息确定预警级别和是否组织防汛会商;经防汛带班领导或会商决策,确定预案的启动及级别;根据预案,通过多种方式向社会公众和各级防汛责任人发布预警信息,并通过系统确认防汛责任人已接收到预警信息。社会公众和防汛责任人根据预案及时避险。预警流程示意图见图2-2-11。

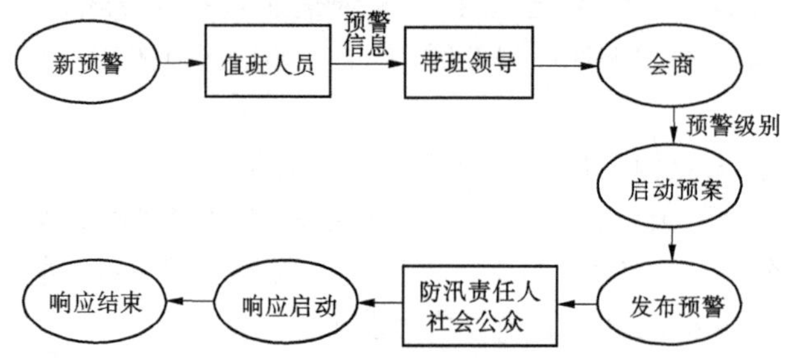

图2-2-11 山洪灾害防御预警流程示意图

出现预警信息后的工作流程(预警状态)可概括为:新预警(出现预警)→内部预警(对防汛人员)→发布预警(对社会公众)→响应启动→响应结束。

2. 紧急情况下的预警流程

群测群防预警信息的获取来自县(市、区)、乡(镇)、村或监测点。由监测人员根据山洪灾害防御培训宣传掌握的经验、技术和监测设施观测信息,发布预警信息。上级防汛指挥部接收群测群防监测点、乡(镇)、村的预警信息,逐级发布。各乡(镇)政府除接收县防汛部门发布或下发的预警信息外,还接收群测群防监测点、村和水库、山塘监测点的预警信息,村、组接收上级部门和群测群防监测点、水库、山塘监测点的预警信息,上游村庄的预警信息要及时向下游村庄传递。其预警流程见图2-2-12。

2.4.5.4 预警指标和等级划分

雨量预警指标采用流域模型法和同频率法。对于受河道洪水影响的重点防治区,雨量预警指标采用流域模型法进行分析,对于受坡面水流影响或没有明显河道无法进行水面线计算的评价对象,雨量预警指标采用同频率法进行分析。

系统对所有监测站实时雨量、实时水位进行分析,根据预警指标决定预警等级。当监测站水雨情达到相应临界值时,即产生预警。

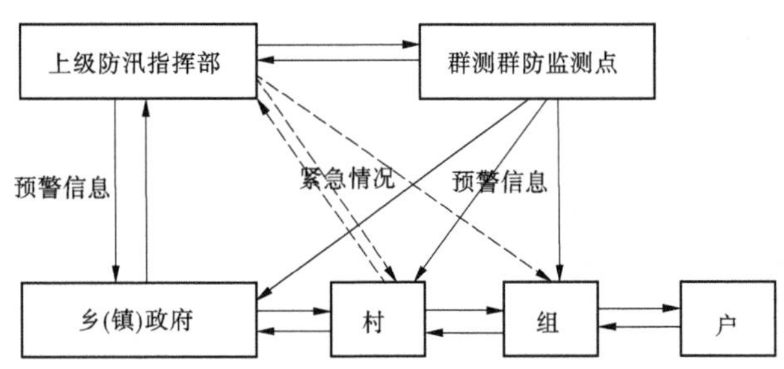

图 2-2-12　基于群测群防的山洪灾害防御预警流程

1. 雨量预警指标

1)立即转移指标

由于临界雨量是从成灾水位对应流量的洪水推算得到的,所以在数值上认为临界雨量即立即转移指标。

2)准备转移指标

预警时段为 1 h 或 0.5 h 时,准备转移指标 = 立即转移指标 ×0.7。

2. 水位预警指标

分析防灾对象上游一定距离内水位站的洪水位,将该洪水位作为水位预警指标。《山洪灾害分析评价方法指南》和《山洪灾害分析评价技术要求》规定,根据预警对象控制断面成灾水位,推算上游水位站的相应水位,作为临界水位进行预警。从时间上讲,山洪从水位站演进至下游预警对象的时间应不小于 0.5 h,否则因时间太短而失去预警的意义。因此,只需针对适用水位预警条件的预警对象分析水位预警指标。

1)临界水位分析

在确定了成灾水位后,可用以下方法分析临界水位:

(1)根据水位流量关系,由预警对象控制断面成灾水位推求危险流量 Q,用曼宁公式计算上游水位站在流量为 Q 时的洪水位,该水位即为临界水位。

(2)根据预警对象控制断面成灾水位,采用水面线方法推求上游水位站的相应洪水位,该水位即为临界水位。

2)综合确定预警指标

(1)立即转移指标:临界水位即为水位预警的立即转移指标。

(2)准备转移指标:根据河段地形地貌及河谷形态,将临界水位减去某一差值作为水位预警的准备转移指标。

3. 合理性分析

由于山洪灾害分析评价的各个重点防治区内部分没有实测雨量资料,没有收集到当地山洪灾害事件实际资料,也未收集到与流域大小、气候条件、地形地貌、植被覆盖、土壤类型、行洪能力等因素相近或相同防灾对象的预警指标成果,因此将雨量预警指标与设计暴雨成果进行比较分析。通过比较发现,雨量预警指标与同频率的设计暴雨量相接近,量级相同。由于合理性分析还做得不够,因此本次确定的预警指标在下一步的工作中还需进行复核、检验,根据实际情况进行修正,在工作中运用和改进。通过山洪灾害分析评价,确定运城市的 13 个县(市、区)的准备转移指标值在 40 ~60 mm。

2.4.5.5 预警信息发布及响应

1. 预警发布权限

(1)基于平台进行预警时,预警发布权限归属于各级防汛指挥部指挥长。

(2)依靠群测群防进行预警时,预警发布权限归属于各级防汛指挥部指挥长、各乡(镇)指挥所指挥长、各村的防汛负责人和监测员。

2. 预警发布内容

预警发布内容包括:危险区范围、时间、致险原因(暴雨预报信息,暴雨监测信息,降雨、洪水位是否达到临界值,预警信息等级等)及避险措施。

3. 预警信息发布对象

预警信息发布对象为危险区的相关防汛责任人和社会公众。

4. 预警发布方式

(1)通信网络畅通时,常态通信:语音电话、传真、手机通话、手机短信(群发);

(2)无通信网络(或通信网络中断)时,应急通信:广播、发送信号弹、鸣锣、启动报警器、高音喇叭喊话、卫星电话。

第3章 群测群防的组织体系建设

由于山洪灾害突发性强，从降雨到发生灾害之间的时间短，且往往在灾害发生时断电、断路、断信号，因此群测群防尤为重要。群测群防组织体系为建立县、乡（镇）、村、组、户五级山洪灾害防御责任制体系，群测群防组织指挥机构主要在县、乡（镇）、村一级建立。

3.1 组织指挥机构

3.1.1 县级组织指挥机构的构成

运城市各县（市、区）设立指挥部，指挥部与县（市、区）防汛抗旱指挥部合署办公，由县（市、区）防汛抗旱指挥部统一指挥。

指挥部下设办公室、根据实际情况设置工作组（如监测组、信息组、转移组、调度组、保障组）及应急抢险队。

3.1.2 乡（镇）组织指挥机构的构成

在乡（镇）设立山洪灾害防御指挥机构，指挥机构设指挥长、副指挥长，成员由水利、国土、民政、气象、建设、交通、公安、卫生等相关职能部门负责人组成。

指挥机构下设监测、信息、转移、调度、保障等工作组和应急抢险队。

3.1.3 村组织指挥机构的构成

各行政村设立以村主任为负责人的山洪灾害防御指挥机构，各村应成立以基干民兵为主体的应急抢险队，确定监测预警员，并造花名册报送乡（镇）、县指挥机构备查。

3.2 分工与职责

3.2.1 分工

（1）运城市县市级山洪灾害防御指挥部统一领导和组织山洪灾害防御群测群防工作，各相关部门各负其责，相互协作，实施山洪灾害防御工作。县指挥部办公室负责指挥部的日常工作。

(2)乡(镇)山洪灾害防御指挥机构在县级山洪灾害防御指挥部的统一领导下开展山洪灾害防御工作,发现异常情况及时向有关部门汇报,并采取相应的应急处理措施。

(3)村山洪灾害防御指挥机构负责本行政村内水雨情监测、预警、人员转移和抢险工作,必要时支援邻村开展山洪灾害抢险工作。

3.2.2 工作职责

3.2.2.1 行政首长职责

山洪防御工作实行各级人民政府行政首长负责制。行政首长的主要职责如下:

(1)负责组织制定本地区防御山洪的规章和制度,组织做好宣传和思想动员工作,增强各级干部和广大群众防御山洪的意识。

(2)负责组织开展本辖区防御山洪的非工程措施和工程措施的建设,不断提高防御山洪灾害的能力。特别是组织有关部门制订本辖区防御山洪灾害预案,并督促各项措施的落实。

(3)根据汛情,及时做出防御山洪灾害工作部署,组织指挥当地群众参加抢险,贯彻执行上级调度命令。

(4)山洪灾害发生后,要立即组织各方面力量迅速开展救灾工作,安排好群众生活,尽快恢复生产,保持社会稳定。

(5)各级行政首长对本辖区的防御山洪工作必须切实负起责任,确保安全度汛,防止发生重大灾害。

3.2.2.2 县级山洪灾害防御指挥部主要职责

在指挥长的统一领导下,负责全县山洪灾害防御工作。具体职责如下:

(1)贯彻执行有关山洪灾害防御工作的法律、法规、方针、政策和上级山洪灾害防御指挥部的指示、命令,统一指挥本县内的山洪防御工作。

(2)贯彻“安全第一、常备不懈、以防为主、全力抢险”的方针,部署年度山洪灾害防御工作任务,明确各部门的防御职责,落实工作任务,协调部门之间、上下之间的工作配合,检查督促各有关部门做好山洪灾害防御工作。

(3)遇大暴雨,可能引发山洪灾害时,及时掌握情况,研究对策,指挥协调山洪灾害抢险工作,努力减少灾害损失。

(4)督促有关部门根据山洪灾害防治规划,按照确保重点、兼顾一般的原则,编制并落实本县的山洪灾害防御预案。并组织有关人员宣传培训山洪灾害防御预案及相关山洪灾害知识。

(5)建立健全山洪灾害防御指挥部日常办事机构,配备相关人员和必要的设施,开展山洪灾害防御工作。

3.2.2.3 县级山洪灾害防御指挥部办公室主要职责

具体负责指挥部的日常工作。

3.2.2.4 县级指挥部各工作组主要职责

监测组:负责做好水雨情监测及管理、协调工作。

信息组:负责对县防汛指挥部、气象、水文、国土等部门各种信息的收集与整理,及时掌握水雨情、水库溃坝、决堤等信息，为山洪灾害防御指挥决策提供依据。

转移组：负责按照指挥部的命令，组织群众按规定的转移路线转移，一个不漏地动员到户到人，同时确保转移途中和安置后的人员安全。

调度组：负责与水利、公安、民政、卫生等部门的联系，负责调度各类险工险段的抢险救灾工作，负责调度抢险救灾车辆、船舶，负责调度抢险救灾物资、设备。

保障组：负责了解、收集山洪灾害造成的损失情况，派员到灾区实地查灾核灾，汇总、上报灾情数据；做好灾区群众的基本生活保障工作，包括急需物资的组织、供应、调拨和管理等；指导和帮助灾区开展生产自救和恢复重要基础设施；负责救灾应急资金的落实和争取上级财政支持，做好救灾资金、捐赠款物的分配、下拨工作，指导、督促灾区做好救灾款物的使用、发放和信贷工作；组织医疗防疫队伍进入灾区，抢救、治疗和转运伤病员，实施灾区疫情监测，向灾区提供所需药品和医疗器械。

应急抢险队：在紧急情况下听从县级山洪灾害防御指挥部命令，进行有序的抢险救援工作。

信号发送员：在获得险情监测信息或接到紧急避灾转移命令后，立即按预定信号发布报警信号。

3.2.2.5　县级指挥部成员单位职责

在指挥长的统一领导下，水利、国土、民政、公安、卫生等相关职能部门各负其责，相互协调，共同做好山洪灾害防御及抢险救灾工作。

3.2.2.6　乡（镇）山洪灾害防御指挥机构主要职责

（1）制定完善并落实本乡（镇）山洪灾害防御预案，负责与山洪灾害防御避灾躲灾有关的责任落实、队伍组建、预案培训演练、物资准备等各项工作。

（2）掌握本乡（镇）山洪险情动态，收集各地雨情、水情、灾情等资料，及时上报发布预警信息，并督促各村定期进行水库、山塘、堤防等险工险段的监测巡查。

（3）指挥调度、发布命令、签发调集抢险物资器材，并组织上报本乡（镇）山洪灾害相关信息。

（4）指挥并组织协调各村进行群众安全转移，落实安置灾民及做好恢复生产工作。

3.2.2.7　乡（镇）指挥部各工作组主要职责

监测组：负责本乡（镇）区域内水雨情的监测工作及水库、山塘、堤防等险工险段的监测巡查，及时提供有关信息，如遇紧急情况可直接报告县级山洪灾害防御指挥部。

信息组：负责对县级山洪灾害防御指挥部、气象、水文、国土等部门汛前各种信息的收集与整理，掌握水雨情、水库溃坝、决堤等信息及本乡（镇）各村组巡查信息员反馈的灾害迹象，及时为指挥决策提供依据。

调度组：按照山洪灾害防御预案和人、财、物总体情况，负责做好抗洪抢险人、财、物的调度工作，确保抗灾工作迅速、有效地进行。

转移组：按照县、乡（镇）防汛指挥部门的命令及预报通知，组织群众按预定的安全路线转移，一个不漏地动员到户到人。必要时可强制其转移，同时确保转移途中和安置后的人员安全，并负责转移后群众、财产的清点和保护。

保障组：按照县、乡（镇）防汛指挥部门的命令及预报通知，负责抢险物资、设备供应及后勤保障等工作,负责维护灾区社会秩序。

应急抢险队:在紧急情况下听从命令进行有序的抢险救援工作。

信号发送员:在获得险情监测信息或接到紧急避灾转移命令后,立即按照有关程序并通过各种方式发布报警信号。

3.2.2.8 村山洪灾害防御指挥机构职责

(1)协助乡(镇)制定和完善山洪灾害防御预案,并负责执行落实;组织参加预案培训演练,落实本村山洪灾害防御避灾躲灾各项工作。

(2)负责山洪灾害危险区的监测和洪灾抢险,随时掌握雨情、水情、灾情、险情动态,负责上报本村的水雨情等资料,组织人员进行水库、山塘、堤防等险工险段的监测巡查,并及时向村民发布预警。

(3)落实上级发布的防御抢险等命令,组织群众安全转移与避险、抢险,落实安置灾民及做好恢复生产工作。

(4)负责灾前灾后各种应急抢险、工程设施修复等工作。

3.2.2.9 村山洪灾害防御指挥机构工作队主要职责

监测预警队:负责对县、乡(镇)防汛指挥部、气象、水文、国土等部门汛前各种信息的接收并及时转报村指挥机构,对本责任区水雨情进行观测,对山塘、水库、堤防等险情进行巡查,及时反馈信息,并按指挥长的命令发布预警、报警信号;紧急情况下,监测人员可自行发布预警、报警信号。

应急抢险队:在工程出险等紧急情况下,听从命令,转移危险区域内的人员和财物,进行有序的抢险救灾工作。

第4章　山洪灾害应急

4.1　总　则

4.1.1　山洪灾害应急预案编制目的

山洪灾害是指山区由于降雨引发的山洪、泥石流、滑坡等对人民生命财产造成损失的灾害。山洪灾害以河道洪水和滑坡灾害为主，为了有效防御山洪灾害、最大限度地减少人员伤亡和财产损失，实现防汛工作中人民生命安全的工作目标，做好洪水灾害突发事件防范与处置工作，使洪水灾害处于可控状态，保证抗洪抢险、救灾工作高效有序进行，杜绝群死群伤事件的发生，指导实施运城市山洪灾害的防御工作，为运城市各级县市、乡镇、村落的经济可持续健康发展提供防洪安全保障。

4.1.2　山洪灾害应急预案编制依据

依据《中华人民共产国防洪法》《中华人民共和国水土保持法》《地质灾害防治条例》《中华人民共和国防汛条例》《中华人民共和国气象法》《山西省实施〈中华人民共和国防洪法〉办法》《山西省防汛抗旱应急预案》等法律法规、各级地方人民政府颁布的有关地方性法规、条例和规定等，制定预案。

4.1.3　山洪灾害应急预案编制原则

（1）落实发展观，体现以人为本，保障人民群众生命安全为首要目标的原则。

（2）实行各级行政首长负责制、分级管理责任制、分部门负责制、岗位责任制和技术人员责任制的原则。

（3）坚持因地制宜、因害设防，具有实用和可操作性的原则。

（4）以防洪安全为首要目标，实行“安全第一、常备不懈、以防为主、防抗结合”的原则。

（5）坚持依法防汛，实行公众参与，军民结合，专群结合，平战结合。中国人民武装警察部队主要承担防汛抗洪的急难险重等攻坚任务。

4.1.4　适用范围

编制运城市各县（市、区）、乡（镇）、村山洪灾害应急预案，使其适用于各行政区域范围内山洪灾害的预防和应急处置。各预案是在现有工程设施条件下,针对可能发生的山洪灾害所预先制订的防御方案、对策和措施,是实施指挥决策和防御调度、抢险救灾的依据。

4.1.5 山洪灾害应急预案编制

运城市各级山洪灾害应急预案编制的内容包括:调查了解各县(市、区)自然和社会经济基本情况、历年山洪灾害类型及损失情况,分析山洪灾害成因及特点,确定山洪灾害责任体系,监测防御体系、保证通信畅通,确定预警方式,拟定人员转移安置和抢险救灾措施,安排日常宣传和演练工作。

4.2 县(市、区)山洪灾害应急预案

4.2.1 山洪灾害区域划分

4.2.1.1 划分原则

根据运城市各县(市、区)山洪灾害的形成特点,在调查历史山洪灾害发生区域的基础上,结合运城市各县(市、区)气候和地形地质条件,人口居住分布,山洪灾害类型、程度和范围,将运城市各县(市、区)山洪灾害划分为危险区和安全区。

危险区是指受山洪灾害威胁的区域,一旦发生山洪、泥石流、滑坡将直接造成区内人员伤亡以及房屋、设施的破坏。安全区是指不受山洪、泥石流、滑坡威胁,地质结构比较稳定,可安全居住和从事生产活动的区域。安全区是危险区人员临时转移安置的避灾场所。

划分原则如下:

(1)将处于历史洪水线及各河流 10 年一遇洪水淹没线以下河谷、沟口、河滩、易损堤段范围以及陡坡下、低洼处、不稳定山体下的村庄、居民点所在区域划入危险区。

(2)将处于历史最高洪水线以上,能避开山洪、泥石流、滑坡威胁,地质结构比较稳定的临时避灾地点划入安全区。

4.2.1.2 “两区”的基本情况

根据区域山洪灾害的形成特点,在调查历史山洪灾害发生区域的基础上,结合分析未来山洪灾害可能发生的类型、程度及影响范围,合理确定危险区、安全区。

安全区划分:将非危险区域视为安全区,但非绝对安全,不排除人为和不测造成的危险。个别村庄会受某条沟道山洪灾害的影响,只是相对来说比较安全。

4.2.2 组织指挥体系(见图 2-4-1)

4.2.2.1 组织机构

运城市县级组织指挥机构的构成:有山洪灾害防御任务的县(市、区)防汛抗旱指挥部作为山洪灾害防御指挥部。山洪灾害防御指挥部下设办公室。在紧急状况下,指挥部下设雨水情监测信息组、专家调度组、安全抢险转移组、救灾保障组、维护治安队等 5 个工作组及应急抢险队;各工作组要分别确定牵头单位和参加单位。

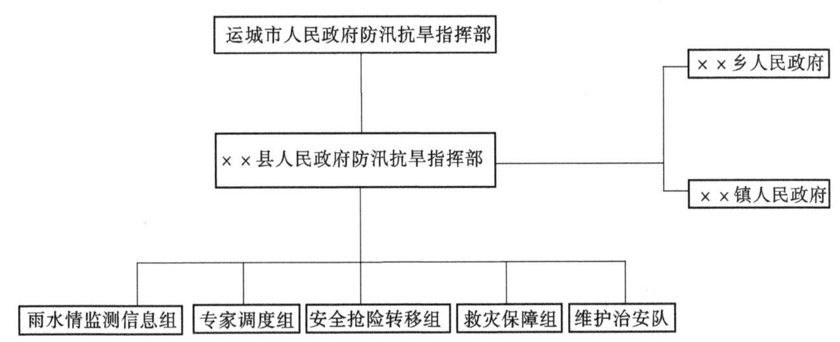

图 2-4-1 运城市各县(市、区)山洪灾害防御组织指挥体系示意图

1. 运城市各县(市、区)防御山洪灾害指挥部

指挥:县委副书记、县长

政委:县委副书记

常务副总指挥:县政府主管农业副县长

副总指挥:县人武部部长、公安局局长、水务局局长

成员:县委办、政府办、经济发展局、财政局、住建局、民政局、交通局、教育局、农业局、国土资源局、工商局、卫生局、林业局、环保局、气象局、旅游局、商务局、电力局、电信局、文体局、安监局、应急办、广电局、统计局、粮食局、科技局、畜牧局、扶贫办、防汛办、城管局、各乡(镇、街道办)、地质灾害站、水文站、自来水公司、建筑公司、中石油分公司、移动公司、联通公司、供销社等多个单位。

指挥部下设办公室,即县防汛抗旱指挥部办公室(常设机构)。

2. 雨水情监测信息组

组长:县防汛办主任

副组长:县气象局局长

成员:县防汛办副主任

水库管理处主任

水文站站长

地质环境监测站站长

3. 专家调度组

组　长:县水务局局长

副组长:县防汛办主任

成　员:县气象局局长

县住建局工程师

县交通局工程师

县电力局工程师

县电信局工程师

县水务局副局长、工程师

4. 安全抢险转移组

组　长:县防汛抗旱指挥部副指挥、人武部部长

副组长:县水务局局长

　　　　县安监局局长

成　员:县国土资源局局长

　　　　县街道办主任

　　　　县交通局局长

　　　　县广播电视局局长

5. 救灾保障组

组　长:县民政局局长

副组长:县农业局局长

成　员:县国土资源局副局长

　　　　县水务局副书记

　　　　县交通局副局长

　　　　县广播电视局局长

　　　　县供电局副局长

　　　　县卫生局副局长

　　　　县教育局副书记

6. 抢险队

由县人武部牵头,成立以民兵和采油厂职工组成的100人防汛抗洪救险队,执行重大山洪灾害抢险任务,由县防汛抗旱指挥部统一指挥调度,抢险队员每年进行调整,并报县防御山洪灾害指挥部备案。

队　长:人武部副部长

副队长:人武部军事科科长

抢险突击队队长:县森林防火办主任

7. 维护治安队

由县公安局牵头,以公安干警和武警为骨干,成立50人组成的治安队,负责重大洪灾抢险救灾过程中的治安维护工作。

队　长:县公安局副局长

副队长:县公安局治安大队队长

　　　　县武警中队队长

县级山洪灾害组织指挥机构,鉴于人事变动每年进行调整。

4.2.2.2　分工与职责

1. 县防御山洪灾害指挥部职责

(1)贯彻执行国家有关防御山洪灾害工作的法律、法规、政策和上级相关指示、命令,认真贯彻“安全第一、常备不懈、以防为主、全力抢险”的防汛工作方针。牢固树立防大汛、抗大洪、抢大险和救大灾思想,统一组织协调辖区内的山洪灾害防御工作。

(2)组织制定全县各类山洪灾害防御预案,落实各项度汛措施和责任。

(3)统筹建设辖区内各类山洪灾害防治建设工程,不断提高防御能力。

(4)及时掌握各类汛情,研究落实防御对策,指挥协调防御山洪灾害抢险救灾和开展灾后生产自救。

(5)负责组建防御山洪灾害组织机构,落实经费和物资。

(6)建设完善防御山洪灾害监测预警系统,为合理指挥调度提供科学依据,逐步实现本县山洪灾害防御工作规范化、现代化。

(7)组织防汛安全检查,开展宣传教育工作,督促各有关部门做好防御山洪灾害思想、组织、物资、技术“四落实”。

2.指挥部主要成员单位职责

(1)人武部职责:负责防御山洪灾害抢险救灾工作,在紧急时期负有执行重大抢险任务,协助组织转移安置和营救遭灾群众的任务。

(2)水务局及防汛办公室职责:负责承担县防御山洪灾害指挥部的日常工作,组织、协调、督促指导全县山洪灾害防御工作的实施,负责监测雨情、水情,掌握险情和灾害情况组织协调山洪灾害会商调度,传达天气预报形势,执行省、市、县防御山洪灾害的指令,为指挥部当好参谋。

(3)国土资源局及地质环境监测站职责:负责全县滑坡、崩塌、泥石流等地质灾害的监测预防,参与山洪灾害指挥调度,协调各级人民政府组织搬迁撤离和安置、负责地质灾害点治理,及时向县防御山洪灾害指挥部提供防御地质灾害情况,为指挥部当好参谋,参与县防洪指挥部指挥调度工作。

(4)气象局职责:负责天气形势监测、及时提供短期重要天气预报和中长期天气预报,以及有关气象信息,参与山洪灾害调度会商,提供防御山洪灾害有关信息和气象资料。

(5)民政局职责:负责全县山洪灾害查实和救灾工作。灾情发生后及时组织各相关部门现场核实受灾情况,及时向县防汛抗旱指挥部提供洪灾信息,组织捐赠救助,指挥灾区各级组织转移安置受灾群众,并做好受灾群众的基本生活保障工作。

(6)城管局职责:负责城乡公用基础设施、城镇建筑和小城镇的防洪内涝安全,排涝除险和内涝工程建设管理,并组织实施好县防洪指挥部的指挥调度工作。

(7)街道办职责:负责辖区山洪灾害防治,并组织实施好县防洪指挥部指挥调度工作。

(8)采油厂职责:负责辖区山洪灾害防御工作,并组织实施好县防洪石油新区分指挥部指挥调度工作。

(9)住建局职责:负责指导城镇建设中的防洪工作,恢复山洪毁坏的公用设施,并组织实施好县防洪长征社区分指挥部指挥调度工作。

(10)交通局职责:负责公路交通运输设施的防洪安全,抢修防御山洪灾害抢险道路和水毁公路交通设施,负责运输抢险物资,及时运送抢险、救灾救护人员,提供交通设施被山洪灾害毁坏情况。

(11)农业局职责:负责农村救灾和恢复生产,参与全县灾情调查核实工作、农村及农业山洪灾害损失情况调查。并组织实施好县防洪指挥部指挥调度工作。

(12)财政局职责:负责防洪资金管理,及时筹措和下达防洪抢险救灾资金,对山洪灾害专用资金进行监督管理。

(13)教育局职责:负责全县中、小学校的山洪安全工作,及时组织山洪威胁区校舍的安全转移,杜绝群死群伤事件的发生。并组织实施好县防洪指挥部指挥调度工作。

(14)经济发展局职责:负责全县基础设施山洪灾害水毁工程修复的规划计划立项,申报审批和投资计划安排。

(15)公安局职责:负责维护灾区社会治安,维护抢险秩序,实施交通管制,打击各类破坏盗窃山洪灾害监测预警设施、防洪抢险物资、防洪工程和抢险交通通信设施的违法行为。

(16)电力局职责:负责保障防洪、抢险、救灾和灾后恢复生产的电力供应,抢修水毁供电设施,确保供电畅通。

(17)电信、移动、联通部门职责:负责防汛期间的通信保障工作,及时传递汛情险情,确保防御山洪灾害测报设施及全县通信网络畅通。

(18)卫生局职责:负责山洪灾害伤病员救治、灾区卫生防疫和医疗救护工作。

(19)广播电视局职责:负责发布防汛、气象及山洪灾害信息,做好防御山洪灾害工作的宣传报道,编辑抗洪抢险及山洪灾害实况录像资料。

(20)林业局职责:负责全县山洪造成植被破坏的恢复,组织森林防火抢险队参与抗洪抢险突击队工作。并组织实施好县防洪指挥部指挥调度工作。

(21)文体局职责:负责检查监督本系统各单位特别是大型文化娱乐场馆的防汛救灾的准备和应急撤离的实施工作,并组织实施好县城防洪指挥部指挥调度工作。

3. 县防御山洪灾害指挥部办公室(县防汛办)职责

(1)负责监测全县雨情、水情、山洪险情和灾情,必要时发布山洪预报和洪水预报,及时向指挥部主要领导请示汇报。

(2)认真执行国家防御山洪灾害有关方针、政策、法律、法规和上级的指示和命令。

(3)负责调查统计上报辖区内山洪灾害情况,协调全县开展防御山洪灾害工作。

(4)负责编制和审查全县各级防御山洪灾害预案,检查督促各项防御山洪灾害预案的实施。

(5)协调组建全县各级山洪灾害防御组织体系。

(6)开展防御山洪灾害的宣传培训工作。

(7)完成指挥部交办的其他任务。

4.2.3 监测预警

4.2.3.1 监测

1. 监测系统的设立

1)自动监测系统

简要描述区域内设立的自动雨量、水位、流量、泥石流、滑坡等监测站情况等。

2)简易监测系统

简要描述简易雨量、水位观测站以及地质灾害点人工观测情况等。

2. 监测内容

辖区内降雨、水位、流量、泥石流和滑坡等信息。

3. 监测要求

有目的、有步骤、有计划、有针对性地进行监测，突出时效性和准确性，采用自动监测和简易监测相结合的手段，获取实时可靠的监测数据，并及时将结果上报各级指挥部门。监测系统以群测群防为主，专业监测为辅。

4.2.3.2　通信

1. 通信方式的选择

实用、可靠、先进。

2. 通信方式

(1)山洪灾害自动监测站采用GSM/GPRS通信传输信息，简易监测站点采用电话、人工传输信息。

(2)山洪灾害预警发布的通信方式由电话、传真、广播电视、手机短信、无线语音广播、手摇报警器、铜锣等组成。多种通信方式各自相对独立并互为补充，确保预警和指挥调度信息及时通知到各级部门和危险区群众。

4.2.3.3　预报预警

1. 预报

预报内容分为气象预报、溪河洪水预报、泥石流和滑坡预报。气象预报由气象部门发布，溪河洪水预报由水利部门发布，泥石流和滑坡预报由国土部门发布。

2. 预警

1)预警指标确定

预警指标确定在2.4.5.4部分中已详细介绍，分为准备转移(警戒)和立即转移(危险)两级。

2)预警等级划分原则

山洪灾害预警等级分为三级(Ⅲ、Ⅱ、Ⅰ)，按照发生山洪灾害的可能性、严重性和紧急程度，对应颜色依次为黄色、橙色、红色，三种颜色预警信号分别代表可能(暴雨气象预报)、严重(警戒雨量或警戒水位)、特别严重(危险雨量、危险水位或有泥石流、滑坡征兆)。

3)预警启用时机

(1)接到暴雨天气预报，相关行政责任人应引起重视，并发布暴雨预警信息。当降雨量达到相应等级雨量值时，降雨仍在持续，应发布预警信息。

(2)当水位达到相应等级值，且仍在上涨时，应发布预警信息。若可能对下游造成山洪灾害，应向下游发布预警信息。

(3)当出现发生泥石流、滑坡的征兆时，应发布泥石流、滑坡灾害预警信息。

(4)水库及塘堰坝出现重大险情时应立即发布预警信息。

4)预警发布及程序

根据监测、预报，按照预警等级及时发布预警。

(1)在一般情况下，可按照县→乡(镇)→村→组→户的次序进行预警(见图2-4-2)。

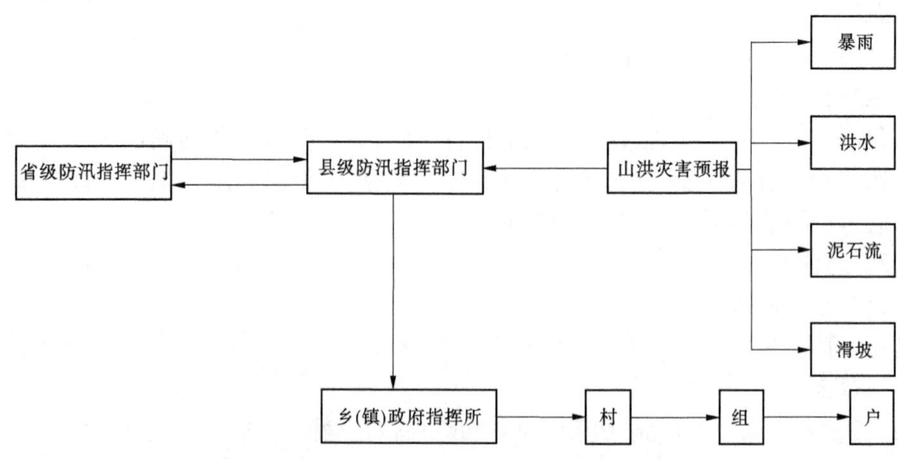

图 2-4-2　一般情况预警程序示意图

(2)如遇紧急情况(水库、塘堰坝出现重大险情,滑坡等),可采用快速灵活的预警方式进行预警(见图 2-4-3)。

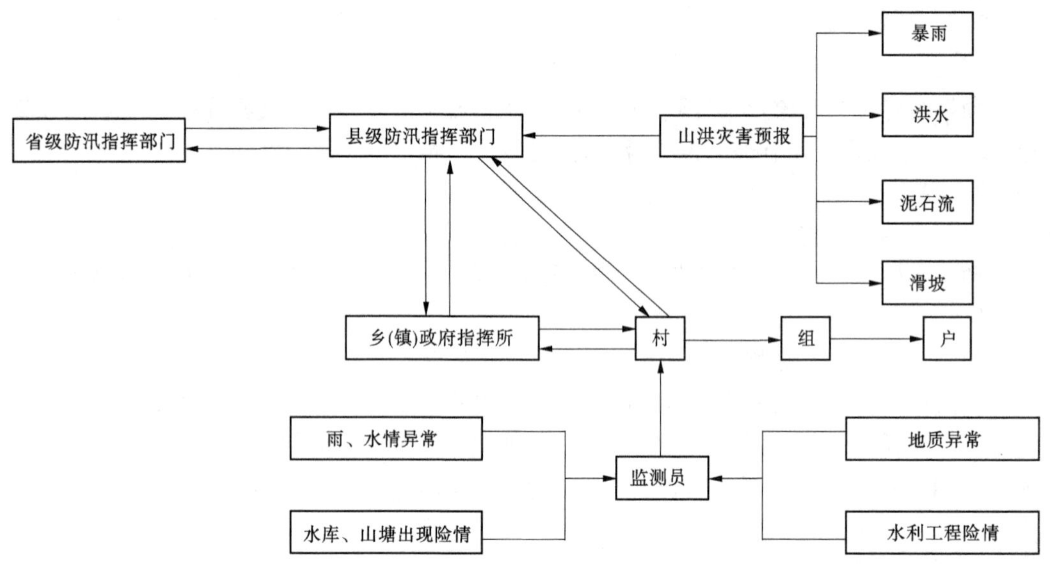

图 2-4-3　紧急情况预警程序示意图

3. 预警、警报方式

预警方式:应根据运城市各县(市、区)各类灾点的不同情况确定相应的预警处理方式,主要方式有手机短信,电话通知,报警器,锣、鼓、号等。

警报方式:应根据运城市各县(市、区)各类灾点的不同情况确定相应的警报处理方式,主要方式有无线语音广播报警、手摇报警器报警、铜锣报警、口头通知。

4. 预警发布及响应

(1)接到防汛抗旱指挥部通知将有暴雨时发布Ⅲ级(黄色)预警,同时启动Ⅲ级应急响应。

①县山洪灾害防御指挥部通过电话、传真、手机短信向有关乡镇发出Ⅲ级(黄色)预警;

②通过广播电视播放天气预报,并提醒广大群众注意做好山洪灾害防范准备;

③当接到Ⅲ级(黄色)预警后,各有关人员应迅速上岗到位,注意观察水雨情变化,并加强防范。

(2)当降雨量达到警戒雨量且降雨仍在持续时,或河流水位达到警戒水位,发布Ⅱ级(橙色)预警,同时启动Ⅱ级应急响应。

①县山洪灾害防御指挥部通过电话、传真、手机短信向有关乡镇发出Ⅱ级(橙色)预警。

②通过广播电视播放山洪灾害Ⅱ级(橙色)预警信息,提醒广大群众注意防范山洪灾害,危险区人员做好转移准备。

③通过手机短信向县山洪灾害防御指挥部指挥长及指挥部成员单位领导,各乡镇主要领导、县防指所属的监测组、信息组、转移组、调度组、保障组主要成员发布Ⅱ级(橙色)预警,做好相关防范工作。

④有关乡村在接到县防指发布的Ⅱ级(橙色)预警后,通过无线语音广播、铜锣、手摇报警器等向危险区群众发出Ⅱ级(橙色)预警,提醒危险区人员注意防范,做好转移准备。

(3)当降雨量达到危险雨量且降雨仍在持续,或溪河水位达到危险水位,或有泥石流、滑坡征兆时,发布Ⅰ级(红色)预警,同时启动Ⅰ级应急响应。

①县山洪灾害防御指挥部通过电话、传真、手机短信向有关乡镇发出Ⅰ级(红色)预警,要求有关乡镇立即全面行动,做好抢险救灾转移安置工作。

②通过广播电视播放山洪灾害Ⅰ级(红色)预警信息,要求危险区人员马上转移,有关群众严加防范山洪灾害。

③手机短信报警通知到县主要领导、县山洪灾害防御指挥部指挥长及指挥部成员单位领导、各乡镇主要领导,山洪灾害监测组、信息组、转移组、调度组、保障组主要成员,各行政村负责人,要求危险区人员立即按预定路线撤离至安全区。

4.2.4　转移安置

4.2.4.1　转移安置原则

转移遵循先人员后财产,先老弱病残后一般人员,先低洼处后较高处人员的原则,以集体、有组织转移为主。转移责任人有权对不服从转移命令的人员采取强制转移措施。

4.2.4.2　转移安置路线

转移安置路线的确定遵循就近、安全的原则。事先拟定好转移路线,必须经常检查转移路线是否出现异常,如有异常应及时修补或确定新的转移路线。转移路线宜避开跨河、跨溪或易滑坡等地带。

4.2.4.3　转移安置方式

安置地点一般因地制宜地采取就近安置、集中安置和分散安置相结合的原则。安置方式可采取投亲靠友、借住公房、搭建帐篷等。搭建帐篷地点应选择在安全区内。

4.2.4.4 制定特殊情况应急措施

转移安置过程中出现交通、通信中断等特殊情况时,灾区各村组应各自为战、不等不靠,及时采取防灾避灾措施。由村干部分头入户通知易发灾害点村民,尤其是夜间可能发生相关灾害时,要保证信息传递的可靠性,做到不漏一户、不漏一人。借助无线广播、铜锣、哨子等设备引导转移人员到安置地点。在制定的转移路线交通中断的情况下,应选择向河流沟谷两侧山坡或滑动体的两侧方向转移到就近较高地点。对于特殊人群的转移安置采取专项措施,并派专人负责,确保无一人掉队。各个灾点及威胁区要制作明白卡,将转移线路、安置地点、时机、观测人、报警人、责任人等都要进行详细规定,同时要制定避险应急措施,制作标识牌。

4.2.5 抢险救灾

4.2.5.1 准备

1. 建立抢险救灾工作机制,确定救灾方案

主要包括人员组织、物资调拨、抢险救灾装备及车辆调配和救护等。

2. 抢险救灾准备

抢险救灾准备包括装备、资金、物资准备等。

(1)装备:救助装备由县山洪灾害防御指挥部组织有关单位共同准备。

(2)资金:设立抢险救灾专项资金。

(3)物资:包括抢险物资和救助物资准备。抢险物资主要包括抢修水利、交通、电力、通信等设施所需的设备和材料,抢救伤员的药品器械及其他紧急抢险所需的物资。救助物资包括食品饮用水、帐篷、衣被和其他生存性救助所需物资等。抢险救助物资由各有关部门储备和筹集。

4.2.5.2 实施

指挥部下设的监测、信息、转移、调度、保障组和应急抢险队应该协调工作、形成合力。对可能造成新的危害的山体、建筑物等要安排专人监测、防御。

4.2.6 保障措施

4.2.6.1 汛前检查

汛前,县(市、区)、乡(镇)要对所辖区域的重要水利工程、河道险工险段、滑坡危险点及通信、监测、预报预警设施进行全面检查,统计危险区内常住人口,登记造册,发现问题及时处理,做到有险必查、有险必纠、有险必报。

认真开展汛前安全检查,堵塞漏洞、消除隐患。汛前县防汛抗旱指挥部要组织对全县范围内进行防汛安全检查。县(市、区)、乡(镇、街道)、村(社区)要对辖区内的病险库坝、滑坡险段、山洪灾点、河道城镇等进行全面检查,采取“谁检查、谁签字、谁负责”的办法,逐项填写防汛安全检查责任卡,对查出的问题,现场下发整改通知,制定整改措施,落实责任人,堵塞漏洞,消除隐患。同时,对可能发生山洪灾害的所有工程及隐患点落实专人进行监测,对监测到的汛险情要及时报告,保证信息畅通、措施到位、责任到位、确保安全。

4.2.6.2 宣传教育及演练

(1)利用会议、广播、电视、墙报、标语等多种形式,宣传山洪灾害防御常识,增强群众主动防灾避灾意识。

制作有关山洪灾害防御知识的VCD、科普读物和宣传单,在中小学、企业以及危险区内的行政村进行宣传,各单位负责人平时积极做好防灾知识方面的培训和宣传。张贴标语,创建宣传栏,介绍防灾、避灾知识等。

(2)在交通要道口及隐患处设立警示牌。

(3)组织对乡村责任人、预警人员、抢险队员等进行培训,掌握山洪灾害防御基本技能。

(4)乡村要组织群众进行演练,熟悉转移路线及安置地点。

(5)对每一处山洪灾点的预案,所辖乡(镇、街道)、村(社区)必须召开乡(镇、街道)、村(社区)负责人会议进行交待,同时,每个乡(镇、街道)每年要进行一次防御山洪灾害实战演练,使各类抢险救灾应急队伍在紧急情况下召则即来,来则能战,战则必胜。

4.2.6.3 纪律

为及时、有效地实施预案,各乡镇、各部门要做到:

(1)加强领导,落实责任,各乡镇及相关单位主要领导要负总责,层层落实责任,一级抓一级,确保灾民转移安置工作任务的圆满完成。

(2)服从命令,听从指挥,对山洪灾害防御工作失职、渎职、脱岗离岗、不听指挥的,追究相应责任,情节严重的,追究法律责任。

(3)水雨情报告要及时,有险要速报,会商要及时,指挥要果断。

(4)暴雨天气,各级防汛办和乡(镇)主要领导及包村干部未经批准,不得离岗外出。

(5)严格执行病险水库塘堰控制蓄水,一天一巡坝,大雨、暴雨天气24 h巡查制度。

(6)各级防汛办及监测、信息组实行24 h值班,确保通信畅通。

(7)对于玩忽职守,工作措施不力或延误时机,造成重大责任事故的,要以《省、市防汛安全事故责任追究办法》有关规定进行处理,构成犯罪的移交司法机关进行处理。

4.3 乡(镇)山洪灾害应急预案

4.3.1 山洪灾害区域划分

运城市各县下属乡(镇)辖区内的划分原则同运城市县(市、区)山洪灾害应急预案一致(见4.2.1节)。

4.3.2 组织指挥体系

4.3.2.1 乡(镇)级组织指挥机构

指挥部组成人员如下:

指挥长:乡(镇)长

副指挥长:副乡(镇)长

成　员:武装部部长

水务中心站站长

农技站站长

财政所所长

民政干部

医院院长

指挥部设在政府办公室,负责指挥日常事务。

各乡(镇)相应成立防汛领导机构,由乡(镇)长负总责,领导和组织辖区内的山洪灾害防御工作,并成立20人以上的应急抢险队伍,同时落实降雨、险工险段、泥石流和滑坡体检测的汛情传递员。

4.3.2.2　职责和分工

(1)本镇镇长对本镇山洪灾害防御预案负总责。

(2)各村村长对本辖区山洪灾害防御预案具体负责。

4.3.2.3　分工

监测组:由镇村两级机构负责监测雨量,威胁区及溪沟水位,泥石流、滑坡点的位移等信息。

信息组:收集各种信息,掌握暴雨、洪水、预报雨情,为领导决策提供依据。

转移组:按照指挥部命令及预警通知,做好威胁区群众转移工作,同时确保转移途中和安置后的人员安全。

调度组:负责抢险人员的调配、管理抢险救灾物资等工作。

保障组:由民政、卫生等部门人员组成,负责临时转移群众的基本生活和医疗保障组织工作,负责被安置户原屋的搬迁、新的房基审批手续及建设等工作。

应急抢险组:由镇武装干部组织以民兵为主体的应急抢险队伍,负责本辖区抢险救援工作。

信号发送员:镇村组确定一名信息传递员,在获得险情监测信息或接收到紧急避灾转移命令后,立即按预定信号发布报警信号。

4.3.3　监测预警

4.3.3.1　监测系统的设立

1.自动监测系统

简要描述区域内设立的自动雨量、水位、流量、泥石流、滑坡等监测站情况等。

2.简易监测系统

简要描述简易雨量、水位观测站以及地质灾害点人工观测情况等。

4.3.3.2　实时监测

监测降雨量、河流险工险段的情况,河流水位、泥石流和滑坡等信息。

1.监测要求

各乡(镇)每村确定一名领导抓好监测工作,各个地质灾害点、河流沿岸的村组各一名监测人员做好雨情等收集,为山洪灾害防御工作提供依据。

2. 检测系统的设立

运城市各村设一名报讯员，负责村域内险情监测和信息传递工作。

4.3.3.3 通信

结合运城市各乡（镇）的实际情况，确定通信方式为：固定电话、移动电话、广播等。

4.3.3.4 预报预警

1. 预报内容

沟河洪水水位、泥石流和滑坡预报。

2. 预警内容

暴雨洪水预报信息，降雨量、洪水位是否达到山洪灾害发生的临界值，泥石流和滑坡的监测和预报信息。

3. 预警启用机制

根据气象部门预警预报降雨强度及降雨范围，将山洪灾害预警分为三个级别。

山洪灾害预警等级分为三级（Ⅲ、Ⅱ、Ⅰ），按照发生山洪灾害的可能性、严重性和紧急程度，对应颜色依次为黄色、橙色、红色，三种颜色预警信号分别代表可能（暴雨气象预报）、严重（警戒雨量或警戒水位）、特别严重（危险雨量、危险水位或有泥石流、滑坡征兆）。

当气象部门预报强降雨量时，山洪灾害威胁预警、监测人员立即进入工作岗位，做好雨量、水位、泥石流及滑坡监测，并及时发布信息、镇村组组织群众组成巡逻小组，当发现异常现象时向附近群众报警，组织群众向指定地点撤离。

当气象部门预报降雨为大暴雨时，包村干部也要参加巡逻，每间隔 1 h，向镇主要领导报告巡逻情况，并严格实行零报告制度，发现异常情况立即向群众报警，在警报发出后要立即向县防汛指挥部报告，镇村领导要迅速赶往该区，指挥救灾。

4. 预警发布及程序

（1）一般情况下，山洪灾害预警信号由县防汛指挥部发布，按县→乡→村→组→户的次序进行预警。

（2）如遇紧急情况（水库、塘堰坝出现重大险情，滑坡等），可采用快速灵活的预警方式进行预警。

（3）预警程序示意图见图 2-4-4。

5. 预警方式

应根据运城市各乡（镇）各类灾点的不同情况确定相应的预警处理方式，主要方式有手机短信，电话通知，报警器，锣、鼓、号等。

4.3.4 转移安置

转移安置原则、方式等同县级一致。

4.3.5 抢险救灾

4.3.5.1 准备

（1）抢险队伍：镇上组织 50 人，每村至少 20 人，每个村民小组组织 10 人的抢险队。

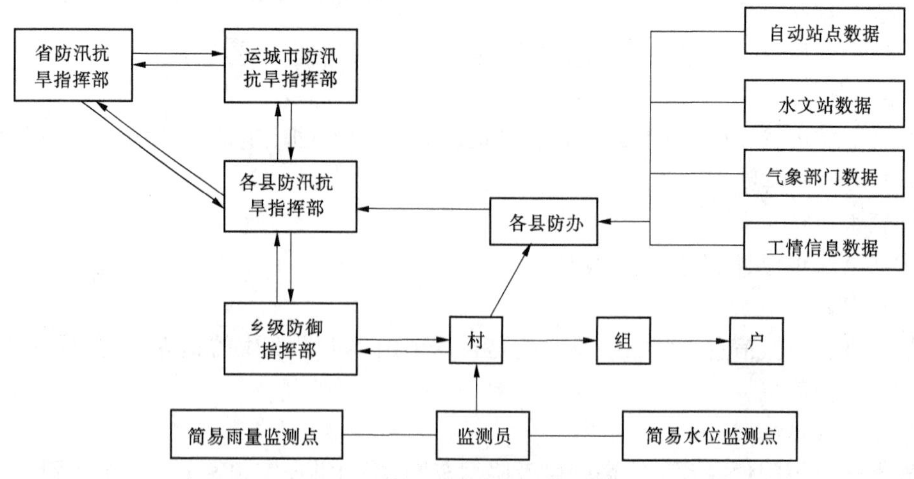

图 2-4-4 预警程序示意图

(2)物资准备:每个村每人 5 个编织袋。

(3)抢险工具:抢险队员配照明设备 1 套,铁锨 1 把。

(4)相关卫生医疗设备。

4.3.5.2 流程

一旦发生险情,及时向上级防汛指挥部门上报,同时做好人员安置疏散,抢险队投入抢险救灾,各部门要积极全力配合,做好后勤保障工作。抢险救灾流程见图 2-4-5。

4.3.6 保障措施

4.3.6.1 汛前检查

汛前组织人员对所辖区域进行全面检查,如重要水利工程、河道险工险段、滑坡危险点及通信、监测、预报预警设施,并将情况反馈给防汛领导机构,确保安全度汛。统计危险区内常住人口,登记造册,发现问题及时处理,做到有险必查、有险必纠、有险必报。

4.3.6.2 宣传教育

(1)利用会议、广播、电视、墙报、标语等多种形式,宣传山洪灾害防御常识,增强群众主动防灾避灾意识。

(2)在交通要道口及隐患处设立警示牌。

(3)组织对乡村责任人、预警人员、抢险队员等进行培训,掌握山洪灾害防御基本技能。

(4)乡村要组织群众进行演练,熟悉转移路线及安置地点。

(5)对每一处山洪灾点的预案,所辖村必须召开村负责人会议进行交代。

4.3.6.3 纪律

行政首长总负责,各有关部门分工负责。《中华人民共和国防洪法》明确规定:防汛抗洪工作实行各级人民政府首长负责制,统一指挥,分级部门负责,抓实抓好,做到有备无患,发生汛情时要立即赶赴现场指挥抗洪和救灾,对于造成重大损失的,要按照《国务院特大安全事故行政责任追究的规定》,坚决追究有关领导和当事人的责任。

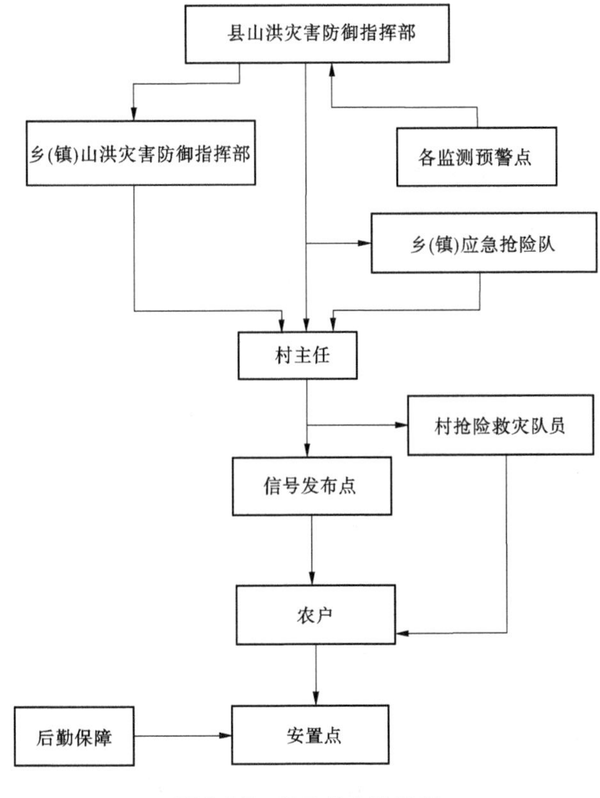

图2-4-5 抢险救灾流程图

4.4 村山洪灾害应急预案

4.4.1 山洪灾害区域划分

运城市各县(市、区)下属村落辖区内的划分原则同运城市县(市、区)山洪灾害应急预案一致(见4.2.1节)。

4.4.2 组织指挥体系

4.4.2.1 组织指挥机构

为了建立防汛快速反应机制,组织和领导山洪灾害防御工作,成立村山洪灾害防御工作组,领导和组织山洪灾害防御工作。其机构设在村委会,组长由村委主任或村支部书记担任。工作组下设信息监测员、转移通知员和1个应急抢险队。应急抢险队不少于10人。信息监测员向相应工作组报送有关情况。

4.4.2.2 职责和分工

村级组织指挥机构,人员组成如下:

组　长:村支书记

副组长:村委主任

成　员:村委副主任、村民

组长负责全村山洪灾害防御工作的组织与指挥。

雨量监测员负责汛期雨量观测,当简易雨量监测点报警时,及时报告村委主任。

沟道巡查员负责汛期降雨期间察看沟道洪水情况。同时,密切和上下游巡逻员联系,并及时向村委主任报告洪水情况,紧急情况下可立即通知受威胁村民转移。

4.4.3　监测预警

运城市各村根据不同区域的气象、水文、地理、地势及居住人口数量等因素,划定好"二区",即危险区、安全区和转移路线,严格控制好生产、居住和建设活动。让村民熟悉"二区"范围和转移路线,同时熟记紧急避灾躲灾的转移预警信号,明确山洪灾害的监测预警方法和疏散转移方案。预警程序示意图见图2-4-6。

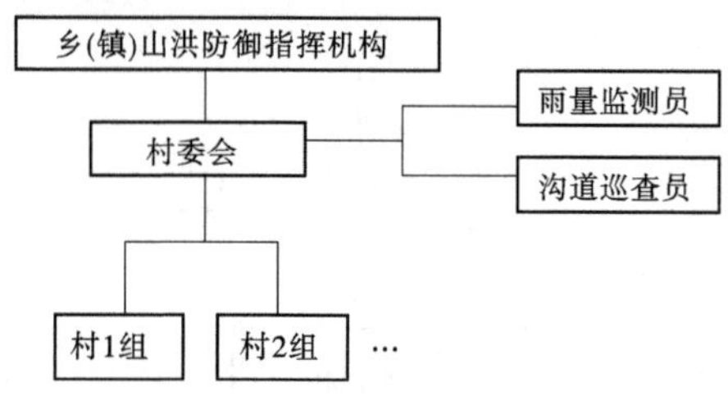

图2-4-6　一般情况预警程序示意图

运城市各村接到乡(镇)政府的电话通知后,山洪灾害防汛工作组长立即通知信息监测员、转移通知员及应急抢险队,信息监测员和转移通知员在预警期内24 h连续监测巡视,发现险情立即发出警报信号,通知到各户,并将有关信息反馈给村和乡(镇)政府,如遇紧急情况,如大体积滑坡,可直接报告区防汛办,由区防汛指挥部统一指挥。

村委主任全面负责山洪灾害防御工作,并负责及时将汛情和处置措施向县、乡两级山洪防御指挥机构报告。

全村各个居民组,分别设小组长,负责做好本组的预警通知、组织转移等工作。各小组的党员、骨干负责老弱病残人员的转移。

报警信号一般为高音喇叭、手摇报警器、锣、鼓、号等。如有险情出现,由各报警点和信息监测员报告给村长,并发出警报信号。警报信号的设置因地而异,一般警报信号设置为:断续鸣声,表示险情可能出现,全区动员,提高警惕,指挥人员到位,做好一切准备,部分开始转移;连续鸣声,表示险情出现,继续按预定路线有次序地转移至安全区。

4.4.4　转移安置

4.4.4.1　转移原则和方法

转移工作由转移通知员通知,采取村、组干部包片负责的办法,统一指挥,统一转移。

本着就近、安全的原则进行安排,先人员后财产,先老弱病残人员后一般人员。采取对户、搭棚两种安置方法。信号发送员和转移组成员必须最后离开山洪灾害发生区,并有权对不服从转移命令的人员采取强制转移措施。搭棚地点选择在居住区附近坡度较缓，没有山体滑坡、崩塌迹象的山头上，不能搭在山谷中或其出口两侧的山坡上。雨停后，确认其住房安全后才能允许群众搬回。

制作好山洪灾害防治工作明白卡，将转移路线、时机、安置地点、责任人等有关信息发放到每户。另外各村还要制作标识牌，标明安全区、危险区、转移路线、安置地点等。

如果在转移的过程中，原制定的交通、通信线路中断，各村、组要及时抢修或选择其他安全的路线，把群众转移到安全的地方。

4.4.4.2　转移路线

运城市各村居民接到转移信号后，必须迅速按预定路线转移。各村在汛前拟定好转移路线，汛期必须经常检查路线上是否出现异常，如有异常，则及时修补或改变路线，以免安全路线上出现险情。转移路线避开跨河、跨溪或易滑坡地带。

4.4.5　抢险救灾

村级抢险救灾流程见图 2-4-7。

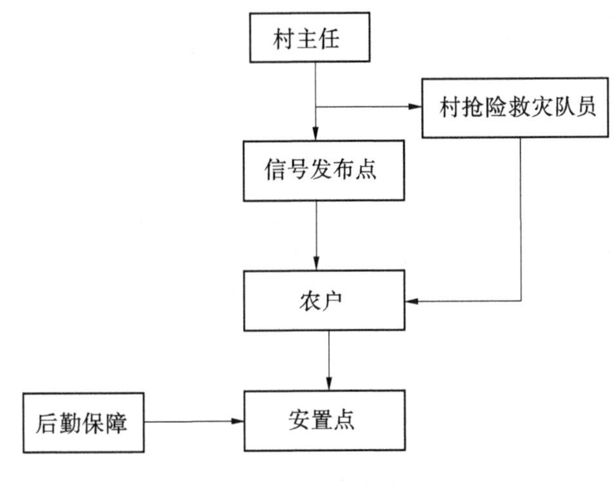

图 2-4-7　抢险救灾流程图

4.4.5.1　值班带班

运城市地区进入汛期，村值班室指定专人负责值守。在接到乡（镇）政府灾害性天气预报（暴雨以上降水）后，村领导应 24 h 带班，并安排相关人员进行监测。

4.4.5.2　信息发布

根据紧急程度，按照职责分工，应急小组成员分别或同时采用电话、手机短信、村村响广播、手摇警报器、敲锣等方式将台风、暴雨、洪水和可能出现的灾情险情等预警信息及时通知村民。特急情况时，由村两委和中心户长分头入户通知易发灾害点村民，做到不漏一户、不漏一人。发现灾情苗头或出现灾情险情时要及时上报乡（镇）人民政府。

4.4.5.3　应急巡查

接到灾害性天气预报时，主要水利工程、重点部位责任人要上岗到位，加强巡查。出现暴雨以上降水，村两委组织应急小组不间断进行全面巡查。

4.4.5.4 抢险救灾

巡查人员、村民发现灾情苗头或接到险情报告后,工作小组人员和村两委应在10 min内赶到指定地点,开展抢险救灾,撤离受威胁人员,乡(镇)挂点驻村领导或村委主任应及时向乡(镇)人民政府汇报现场情况。当接到自动监测预警信息或通过简易雨量计监测到本村辖区内或上游邻近村出现局部强降雨达到临界预警值时,应立即启动Ⅱ级村级预警,并通知防汛抢险救灾工作小组成员全部待命,做好群众撤离的各项准备。如果达到村级Ⅰ级预警临界指标,则应组织群众立即转移。撤离过程中,对不愿意撤离的群众,在确保群众安全的前提下,由工作小组实施强制撤离。

4.4.5.5 治安维持

负责人(村干部和小组长)主要负责本村治安巡查、维持工作以及转移群众的财产安全,发现异常情况,及时报告派出所。

4.4.5.6 灾后自救

村两委组织村民开展恢复生活、生产,安置、卫生防疫、水毁抢修等灾后自救工作,并及时补充防汛抢险物质。

4.4.5.7 灾情上报

村两委指定专人负责收集受灾情况和抢险救灾典型事迹,并及时上报乡(镇)人民政府。

4.4.6 保障措施

4.4.6.1 汛前检查

汛前,各村领导小组要对辖区内的桥涵、危险区群众住房、排水、人员转移道路、地质灾害隐患点、泥石流沟道淤积、防汛抢险物资的消耗等进行全面普查,对发现的问题造册登记,在汛前进行处理。无能力处理的要及时向上级报告,请求支援。

4.4.6.2 宣传教育及演练

对防汛预案主要内容,要利用会议、广播、墙报、标语等多种形式,向本村群众进行告知宣传。

汛前,乡指挥所和村领导小组应组织预案演练,组织居民熟悉转移路线、程序与安置方案,做到出险时驾轻就熟,迅速避险,确保生命财产安全。

4.4.6.3 防汛纪律

在汛期和山洪灾害防御工作中,本村干部必须严格执行以下纪律:

(1)严格执行防汛纪律。暴雨天气时驻村干部及村主要领导未经批准不得离岗外出,山洪灾害重点防范区居民做到日不入户、夜不入睡。对山洪灾害防御工作失职、渎职、脱岗离岗、不听指挥的,要追究相应责任,情节严重的,追究法律责任。

(2)严格遵守防汛值班制度:①汛期本村领导小组办公室实行昼夜值班,值班室24 h不离人。②值班人员必须坚守岗位,忠于职守,熟悉业务,及时处理日常事务。严格执行村领导带班制度,汛情紧急时,要及时向村主要领导报告雨情、水情。③积极主动抓好信息搜集和整理,认真做好值班记录,全方位掌握情况。④重要情况要及时逐级报告,做到不延时、不误报、不漏报,并随时落实和登记处理结果。⑤凡上级防汛指挥部门的指示及重要会议精神的贯彻落实情况,必须在规定时间内按要求上报和下达。

第5章　运城市防洪能力区划研究

5.1　区划概述

随着经济社会发展和近年来山洪灾害的不断发生与灾害加剧,山洪灾害防治越来越引起重视,对科学研究水平的要求也越来越高。运城市地处黄河金三角核心位置,进行相对系统的山洪灾害时空分布、山洪灾害防治区划等研究是十分必要和迫切的。

运城市防洪能力区划是指根据运城市当地山洪危险性特征,在其现状防洪能力基础上,参考区域承灾能力及社会经济状况,把山洪灾害划分为不同风险等级的区域。由于山洪发灾突然、空间尺度小、分布数量多、成灾迅速,其水文和动力参数难以进行观测而取得,并且采用遥感技术也难以获得其泛滥范围等多种特殊性,其研究难度较大。本书利用 ARCGIS 技术对运城市防洪能力进行简单区划研究。

5.2　研究方法

在分析了各沿河村落防洪能力基础上,利用 ARCGIS 反距离权重(IDW)空间插值方法得到运城市防洪能力区划图。由于不同客观条件的制约,在研究中图层的点要素往往不能覆盖整个研究区域,不规则的分布使研究结果不太可靠。空间插值就是通过已知点的研究来预测研究区内未知点的数值的一种计算方法。随着 GIS 和计算机技术的不断发展,人们对空间数据的质量要求越来越高,空间数据插值技术的作用越发明显。

5.3　研究结果

运城市共有 154 个村落属于山洪灾害的极高风险区,29 个村落属于山洪灾害的高风险区,74 个村落属于山洪灾害的中等风险区,271 个村落属于山洪灾害的中低风险区,108 个村落属于山洪灾害的低风险区。

第3篇

典型县（闻喜县）山洪灾害评价与防控研究

第1章　闻喜县基本情况

1.1　地理位置

闻喜县位于山西省西南部,运城市北端,运城盆地与临汾盆地的交界处,东经 110°59′33″～111°37′29″、北纬 35°9′38″～35°34′11″之间,东与绛县、垣曲相接,北同侯马、新绛相连,西与稷山、万荣接壤,南与夏县为邻。东西长 57.55 km,南北宽 45.3 km,总面积为1 167.11 km^2。县城在县境偏西方向的涑水盆地,东经 110°08′、北纬 35°17′。闻喜县地理位置示意图见图 3-1-1。

1.2　社会经济

闻喜县行政区划面积 1 167.11 km^2,辖 7 镇 6 乡,即凹底镇、薛店镇、礼元镇、东镇镇、河底镇、桐城镇、郭家庄镇、阳隅乡、侯村乡、后宫乡、石门乡、裴社乡、神柏乡,343 个行政村 634 个自然村,总人口 40.2 万人(2014 年)。

截至 2011 年底,全县生产总值 1 066 592 万元,同比增长 16.8%;其中,第一产业完成增加值 83 000 万元,同比增长 9.6%;第二产业完成增加值 640 491 万元,同比增长 21.4%;第三产业完成增加值 343 101 万元,同比增长 11.5%。全年实现财政总收入 72 000万元。全县财政一般预算支出累计 90 717 万元,同比增长 32.6%。城镇居民人均可支配收入 16 100 元,同比增长 18.7%。农村居民人均纯收入 5 279 元,同比增长 21.2%。

1.3　河流水系

闻喜县境内水系主要以涑水河水系为主,伴有铁寺河、板涧河、石门河、十八河、李铁河。涑水河水系包括六条支流,即沙渠河、三交河、白土河、藕河、黄芦泉、寺底泉。

涑水河由绛县东刘家村出境流到侯村乡西刘家入闻喜县境,纵贯全县侯村、东镇、桐城、郭家庄 4 个乡(镇)37 个村庄,到郭家庄镇杨家庄出境流入夏县,在闻喜境内流长 32.5 km,流域面积为 923.6 km^2,占全县总面积的 79%。

1.3.1　沙渠河

沙渠河发源于后宫乡石峡村东,流经柏底、河底、孙村、冷泉等村到原吕庄村口入涑水

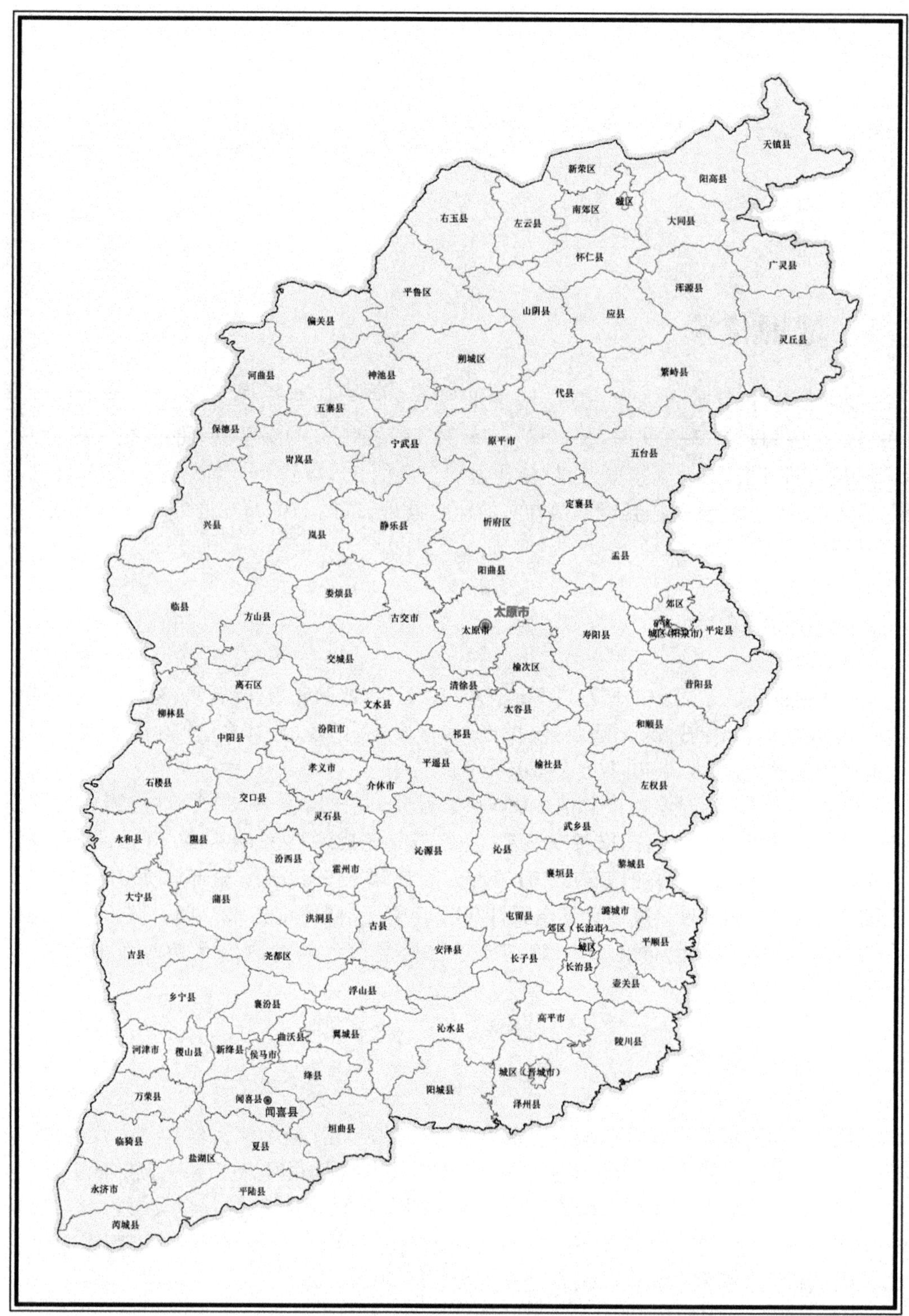

图3-1-1　闻喜县地理位置图

河。主河长33.5 km,流域面积281.3 km^2,占全县总面积的24.1%。该河水量长年不断,清水流量0.25 m^3/s,最大洪峰流量700 m^3/s。

1.3.2 三交河

由西沟与党家庄沟(源头薛店镇郝壁村)水汇交于党家庄村龙王庙前,流至三交村北,汇入白村沟(源头薛店镇南张村小沟)即称三交河或小河,经东镇南街流入涑水河。河长13.4 km,为间歇性河流,流域面积为31 km^2。

1.3.3 白土河

白土河源出白土沟(源头阳隅乡西杜村),汇野狐泉、滴水潭、户头沟诸水,经上、下白土村绕姚村、东宋,穿越同蒲铁路过宋店入涑水河。河长23.1 km,流域面积58.2 km^2,清水流量为0.015 m^3/s,可灌田百余亩。

1.3.4 铁寺河

铁寺河发源于中条山裴社乡十八坪大岭根下,汇野峪沟、东元沟等水,经寺家庄、铁牛峪、宋家庄、王赵等村流入夏县界。铁寺河在闻喜县境内长约14.5 km,流域面积45.3 km^2,清水流量为0.026 m^3/s,最大泄洪流量为47.5 m^3/s。

1.3.5 板涧河

板涧河在石门乡,全长15 km,清水流量0.3 m^3/s。该河有两个源头,一是石门乡白家滩的杨户沟,二是石门乡的西坪村,途经青山、横榆流入垣曲县毛家湾水库。

1.3.6 石门河

石门河源出石门乡后川村的孙峪,全长10 km,清水流量为0.1 m^3/s,自西流向东南;后交河源出后交和店上土岭以北,自东北流向西南。此二河到口头村汇于一起,流入垣曲县境内,近几年水量很小。

1.4 水文气象

闻喜县属于暖温带大陆季风气候,四季分明,光热资源丰富,自然降水不足,气象灾害频繁。春季由于北方干冷气团衰退北缩,形成多风干燥少雨的气候特征;夏季则受暖湿气团控制,呈炎热高温、降水集中的气候特征;秋季由于副热带温湿气团消退南移,极地大陆干冷气团迅速南压,呈秋高气爽的特征;冬季则受大陆性干冷气团控制,形成雨雪稀少的多风干冷季节。

闻喜县年平均降水量为489.8 mm,最大年份可达812.6 mm(2003年),最小年份275.3 mm(1997年),但时空分布不均,冬季降水量只占全年降水量的2%,春季约占全年降水量的21%,夏季约占全年降水量的46%,秋季约占全年降水量的31%,夏秋两季占全年降水量的77%。据闻喜气象站资料,区内年平均气温12.9 ℃。极端最高气温为

41.7 ℃,极端最低气温 -19.4 ℃,无霜期为 203 d,主导风为东北风(NE),其次为东南风(SE),年平均风速 1.9 m/s,极端最大风速 28 m/s。

1.5 地形地貌

闻喜县地层总体为北东向南西走向,大致以南坡—酒务头—十八堰一线为界,其南东地带从西向东分布有太古界涑水岩、下元古界绛县群及中条群;北西的平川、丘陵地带则广泛发育着第四系;中元古界则零星分布在焦山、支家塬及下宽峪附近。

闻喜县地处黄土高原,地形多样,河谷、塬地、丘陵、山地共存。总计全县土地,河谷盆地 35.83 万亩,占总面积的 20.47%,丘陵、塬地、山地 139.23 万亩,占总面积的 79.53%。综观全县地貌,东、南、北三面高并有山,中间则有鸣条岗突起,盆地在两夹槽间。涑水河谷盆地海拔 450~500 m,中条山海拔 1 500 m,美阳川海拔 510~550 m,北塬海拔 690~750 m,中部鸣条岗海拔 500~600 m。

闻喜县境北西第四系广泛分布,涑水杂岩、寒武系零星出露,地势相对较高,个别地段形成低山,为一断裂隆起地带;中部涑水河谷及其两侧为断陷盆地,地势低洼;南东基岩裸露,断裂、褶皱发育,总的来看属大型复式向斜的一部分,其间高山耸立,为一断褶带。上述均以断裂为界,呈北东—南西向分布,再加之构造运动的差异性、时间性,而形成北西、东南地势高,中间低洼的地貌。

1.6 历史山洪灾害

闻喜县山洪及地质灾害主要由连续或短时强降雨诱发,受气象因素控制,多发生在 7~8 月的主汛期。中华人民共和国成立以来,洪涝灾害频繁,其中:

1953 年 6~7 月间,涑水河两次泛滥成灾,马家房、崔家房村民 30% 房倒屋塌陷;孙村八里坡洪水直泄而下,致使岭底 13 户村民的房屋财产洗劫一空。

1956 年 6 月初,降暴雨。丁店沟发大水,水淹七八户人家,窑洞里水齐坑沿,多数窑洞被浸泡坍塌。10 日晚上,小张、阳隅突降暴雨,半小时后洪水进村,水深达四尺多,冲塌窑洞 18 孔,2 人被洪水卷走,损失财产达万元之多。同年 7 月 26 日,沙渠河上游下暴雨,洪水历时 3 h 不退,洪峰达 208 m^3/s,洪水涌出涑水河槽,冲进县城,政府发动群众在县城堵截封闭了东门,南关、西关、四六房均遭洪水袭击。塌房(窑)5 853 间(孔),小麦减产 345.25 万 kg,毁大秋 86 287 亩,灾情严重。

1957 年,6 月 16 日黄昏时分,瓢泼大雨下了近一小时,发大水,时值麦熟季节,下白土村的 300 亩沟地小麦割倒的和未割倒的全部冲毁,洪水犹如脱缰之野马,沿沟一直冲到郭家庄铁路以东;阳隅村南被淹,倒塌房屋 5 间、窑洞 4 孔,小张村路上水深三尺,碾麦场上麦堆被水漂起;后宫一带下暴雨半小时许,沙渠河发大水,河滩有 1 200 棵柳树被洪水冲走,最大的有合抱粗,并且冲毁后宫村的河滩沃地 20 余亩;6 月 13 日午后三时许,全县降暴雨,3 h 降雨 100 mm,岭西东、东镇、下阳等 8 个乡(镇)严重遭灾,东镇交水口洪峰流量为 74 m^3/s,冲毁粮田 900 余亩,下阳乡丁店村洪水横流,沿门涌进屋里,使全村群众有家难归。

1958年7月中旬,降特大暴雨,洪水使县城南关、闻喜中学及崔家房等17个村庄严重遭灾,柏林乡沟西水库决坝,西郭村平地出水,全县6万亩土地被冲,3 058间(孔)房窑倒塌,死亡14人。沙渠河洪水流量略小于1957年,河床由南岸改道北岸。石门一带洪水持续10 d以上,石门村的60余亩河滩地全被冲毁,青山村的一棵约200多年的大槐树被洪水冲走。店上村水深1 m,70%人家进水,20%土地被冲毁,30孔窑洞倒塌。据当地老人说,是他们记事中最大的一次洪水。涑水河大水把东鲁村的200亩水地全部冲毁。7月16日,洪水与杨家园水库坝顶齐平,溢洪道冲垮,杨家园村被淹;县城内平地水深四五尺,部分地方淤积泥沙1 m多厚,西关和王家房、崔家房、马家房、吴家房、西李房等8个村均被水淹,房屋大部分倒塌。裴社滩东张、西张、小王、西郭等村汪洋一片。

1959年8月,闻喜县局部地区降大暴雨,河渠破堤决口多处,灾情严重;8月23日至29日,紫金山洪水暴发,9个公社、18个管理区遭受洪灾,损失粮食3 500余kg;洪水冲至西赵等村,有7户人家被水冲淹,17孔窑洞冲塌,祁家河冲塌2个仓库,胡张淹没13间房屋,庄稼被毁。

1960年7月5日,河底、石门、城关等公社遭到洪水袭击,暴雨历时3 h,降雨量达80 mm,计冲毁棉田24 696亩,冲塌房屋1 211间,冲走2人,死亡1人,死亡耕牛7头、羊64只。

1961年6月25日23时至26日,全县普降大雨,雨量达81.6 mm,连同21日以来,连续5次降雨,总雨量达127.6 mm,5 198亩庄稼被淹,倒塌房屋77间、窑洞6孔。下丁、岭西东等公社有85孔窑洞进水,181间房屋濒临倒塌,倒塌墙228堵,冲毁渠道9条。礼元公社铁路被冲断3丈多,伤3人,冲走小麦108 200 kg。

1963年8月23日,城关、郭家庄一带洪灾严重,死伤人畜很多;同年7月26日,柏林公社的冰池、郑家庄和阳隅公社的邢家庄、郎家洼遭洪水袭击,农作物受灾面积达824亩。

1964年7月26日,闻喜县山坡丘陵区下暴雨,洪水水头高丈余,公路、铁路被冲断。大秋被水浸泡,小秋被水淹没,太风公路两侧三四把粗的大树被连根拔起,各种农作物受灾面积达64 000余亩。棉花倒伏落蕾面积达11 000余亩。同一天,东镇下暴雨1~2 h,平地水深尺余,中庄、东姚、干庆、上镇、三交雨量较大。洪水漫过东镇铁路,粮站、火车站被淹。水进东堡,塌房五六座。夜晚,再次大风暴雨,东镇有90余亩棉田、150余亩玉米被毁,76间房屋倒塌,冲走棉油90 kg、棉籽2 500 kg。

1967年8月8日,沙渠河发大水,后宫一带遭灾。

1969年7月初,白石公社石岬一带降落几十年不遇的大暴雨并伴有少量冰雹,洪水暴发,河槽水头高达4 m、宽5 m,将桌子大的石头冲到几里以外,沟里修筑的石坝皆被冲垮。8月20日,从夜里10时到次日凌晨5时许,持续降雨7 h,裴社滩遍地起水,11个大队46个自然村受灾,淹没秋田1 174亩,倒塌房屋31间、窑洞14孔,大泽村邓九斤一家5口就有3口被洪水冲走,其中死亡2人,损失食油20 kg、小麦1 100 kg等。

1970年7月18日下午2时许,岭西东一带突降暴雨1 h,山洪暴发,遍地起浪,洪水延续6 h,水高一丈六七尺,冲走小麦,淹没良田;当地驻军12辆汽车亦被洪水冲走。

1971年6月18、19两日,阳隅一带突降暴雨,供销社、公社机关均被水淹,塌房40余间,损失货物数万元;阳隅村塌房21间,塌窑17孔,全村围墙所剩无几。6月25日11时,石门一带下暴雨,12时左右石门河发大水,洪水冲至公社机关会议室台阶下。石门群众投工3万余个新修的百亩良田,以及后交群众投工6万多个修造的几百亩好地全被洪水毁于一旦。当地群众说,该次洪水比1958年的大洪水来头还大,就是历时短。当日下午4时,洪水方才下减。时隔两天,6月28日下午1时许,全县复降雨2 h,大小河道水位剧增,沙渠河流域尤甚。沙渠河最大洪峰为750 m^3/s,吕庄水库水位很快提高1.62 m,库容由715万m^3猛增到1 444万m^3。全县冲毁庄稼9 900余亩,冲走小麦606.5万kg,倒塌房屋86间,塌窑71孔,16座桥梁被冲坏,4座水库垮坝。关村、柏林、石键等村冲坏渠道37条,淹死耕畜4头、猪8头、羊50只,冲走树木15 850棵,死亡7人。石门后交村的29条石坝有21条被冲垮。7月29日,郭家庄、柏林、下丁、七里坡、阳隅等公社暴雨,受灾56个大队226个生产队16 300口人,损失折款1 100万元。

1973年7月底,下丁公社东山村一带暴雨成灾,全村各家都进了水,沟地无一席能种禾苗,梯田无一阶不沟壑。

1976年8月16日暴雨,全县1 657户受灾,受灾作物面积105 863亩,塌房屋1 888间(孔)。

1977年5月14日,裴社公社一带遭暴雨袭击,庙洼、隆昌洼、对深沟、元圪达、寺家庄、南坡等村深受其害,窑洞里水深1 m,倒塌甚多。田地里沟壑纵横,惨不忍睹。同年7月29日21时5分到23时55分,县境西部峨岭地区突降大暴雨,暴雨中心位于沟东村和稷王山麓两地,点雨量分别为464 mm和402 mm。特大洪水满山遍野,横冲直撞,致使晋庄、坑东、坡底、下丁等4座水库垮坝,7座塘坝被毁。郭家庄、柏林、下丁、七里坡、阳隅等5个公社受灾严重,其中陈家庄、沟东、沟西、下丁、柏林等村共有3 024户16 300多人受灾,30人死亡,受伤者达425人,死亡牲畜千头以上。太风公路破坏多处,南同蒲铁路被冲断,道轨位移丈余,轨下洪水咆啸,63 700余亩良田被淹,4 700多间房屋、窑洞倒塌;18处高灌站毁坏,178眼水井报废,损失粮食75余万kg,损失财产1 100余万元。处于洪流下游的郭家庄公社,灾害更不堪目睹,洪水从晋庄沟直泄而下,水头高达丈余,从小郭店村穿过,309户的村子有74%的人家被洗劫一空,惨遭灭顶之灾。在西阜村,洪水将一村民冲至村外桥西,倒挂在七八尺高的树上;在柏林公社,洪水将村民王振有冲出500余m,扔到沟边,将村民赵西炎冲走百米,甩到泊池里,场院里千斤重的大磨扇也被洪水搬移到五丈远以外的道路旁,令人毛骨悚然。据有关部门测定,这次洪水是属于万年一遇的暴雨洪灾。

1982年7月29日至8月8日期间,全县连降暴雨8次,总雨量达189.4 mm,8月9日12时30分礼元岭后沟上游接连遭到大暴雨袭击,半个小时降雨33.6 mm,六七三棉库上游洪水急涨,一座高3 m的防洪土坝溃垮,整个棉库区洪水深达2 m左右,冲走职工4名,淹死1人,库区门卫处冲倒土墙50余m,室内外所有物资尽淹,损失棉花3.5万担、麻7 000担,总损失价值达130万元。这次暴雨一直延续到9月10日,全县58.4%的村庄遭灾,石门尤甚。

1983年7月2日下午1时裴社一带大风暴雨,来势迅猛,并夹有冰雹,使8 676亩棉田遭灾。

1999年7月8日,西官庄一带降大暴雨,历时1 h,点雨量96.2 mm,形成洪水,毁五七七储备库围墙,水进西官庄公安派出所,看守所窑洞被冲坏。

2000年8月25日晚7至9时,侯村乡一带突降暴雨,该乡东片丘陵地区的焦山、黄芦庄、上峪口、下峪口、吴家庄、侯村6个村由于排水水路不畅,短时暴雨水急量大,使1 000余户5 000口人遭受洪灾。洪水进户40余家,其中严重者10户,无家可归者3户。倒塌房屋50间、土窑洞5孔。冲走粮食1万kg,石料、膨润土700余m^3。淹没农作物500余亩,冲垮梯田1 000亩。淹没泉水1处、深井1眼,冲毁沟底石坝1座、公路1条约1 km、渠道2 000 m,冲走树木500株,直接经济损失约51万元。

2001年8月1日下午7时20~45分,后宫、河底一带普降暴雨。据白石雨量站测量,降雨历时25 min,点雨量46 mm。据8月3日调查,后宫乡受灾涉及南白石、北白石、界元、三河口、崔家庄、刘家庄、长岭坡、小庄、马鞍桥9个行政村,造成3人死亡;1 600亩豆类、800亩玉米、300亩棉花、600亩西红柿、1 000亩土豆、1 000亩三樱椒受灾;12根通讯杆折断,9根高压杆被刮倾斜;进水户62家,严重的有12户;6亩树木全部倒地,4个企业被冲,白石学校20 m围墙倒塌,直接经济损失270万余元。河底镇受灾涉及盖寨、酒务头、连家坡、还家岭、长家岭、后元头、上水沟7个行政村,进水户达100家,严重的有16户,冲毁秋田约250亩,被淹粮食3万余kg,71根电话杆、1根低压杆折断,冲毁道路1条约3 km,倒塌房屋4间,16只羊死亡。直接经济损失10余万元。

2002年7月下旬,东镇、侯村乡农作物受灾1 000亩,倒塌房屋150间,损毁公路2 km,农作物损失10万元,直接经济损失80余万元。

2003年9月,后宫乡茨庙村受灾人口3人,死亡人口8人,倒塌房屋1间;郭家庄受伤人1人,死亡3人,倒塌房屋1间;石门死亡4人,倒塌房屋4间。

2005年6月30日,裴社乡受灾23户,倒塌房屋1间,中断公路2处。

2006年6月28日东镇、薛店镇、侯村乡农作物受灾25 021亩,倒塌房屋432间,受灾650户,电力损失90处,总损失400万元。

2007年8月8日,县城、西关庄、侯村乡、后宫乡死亡1人,受伤36人,倒塌房屋150间,损毁房屋1 200间,农业经济损失1 200万元,直接经济损失850万元。

2011年7~9月全县受灾面积50 000亩,受灾人口1 100人,经济损失180万元,淹没农田100亩。

1.7　山洪灾害防治现状

1.7.1　非工程措施

山洪灾害防治非工程措施已建成21处自动监测雨量站,7处自动监测水位站,116处无线预警广播站,139处简易雨量站,6处简易水位站。项目实施以来,闻喜县监测预警能力大幅提升,建立了各项防汛工作责任制,防汛检查、山洪灾害防御、通信联络、物资供应保障、防汛机动抢险队伍建设、山洪灾害宣传、洪涝灾情统计等项工作取得了一定成绩、积累了一定经验。

1.7.2 工程措施

1.7.2.1 水库

闻喜县现有水库6座。其中三河口水库、小涧河水库位于沙渠河流域,杨家园水库、柏林水库、吕庄水库位于涑水河流域,关村水库位于李铁河流域,各水库主要特征值详见表3-1-1。

表3-1-1 闻喜县水库特征表

序号	水库名称	水库所在位置	所在河流	设计洪水位(m)	总库容(万 m^3)
1	三河口水库	后宫乡	沙渠河	736.56	325.7
2	小涧河水库	河底镇	沙渠河	722.65	159.3
3	杨家园水库	杨家园村	涑水河	496.04	252.7
4	关村水库	关村	李铁河	594.54	317.8
5	柏林水库	柏林村	涑水河	621.90	46.5
6	吕庄水库	下阳村	涑水河	483.89	3 083.25

1.7.2.2 塘(堰)坝

闻喜县现修建塘(堰)坝11座。塘(堰)坝特征值统计见表3-1-2。

表3-1-2 闻喜县塘(堰)坝主要特征值

序号	塘(堰)坝所在位置	塘(堰)坝名称	总库容(m^3)	挡水主坝类型
1	东干庆	东干庆淤地坝	500 000	碾压混凝土坝
2	文典村	文典村淤地坝	80 000	碾压混凝土坝
3	庙凹	庙凹中鑫1号尾矿库	300 000	碾压混凝土坝
4	南坡	中鑫2号尾矿库	500 000	碾压混凝土坝
5	刘家庄	刘家庄民鑫铁矿一厂	595 000	土坝
6	东白村	东白村淤地坝	120 000	碾压混凝土坝
7	任村	任村淤地坝	313 900	碾压混凝土坝
8	薛庄村	薛庄淤地坝	333 200	碾压混凝土坝
9	家坪村	家坪淤地坝	333 200	碾压混凝土坝
10	家坪村	家坪塘坝	136 000	碾压混凝土坝
11	户头庄村	户头塘坝	150 000	碾压混凝土坝

1.8 合理性分析

运城市闻喜县是运城盆地与临汾盆地的交界处,有盆地,有山地,河流众多,中华人民共和国成立以来洪涝灾害频繁,多次位于暴雨降水中心,因此作为运城市13个县(市、区)的典型县进行重点分析。

第2章　分析评价基础工作

2.1　评价对象名录确定

根据山洪灾害调查成果,闻喜县有自然村 634 个,划入一般防治区的村落有 44 个、重点防治区的村落有 57 个、非防治区村落有 533 个。工作主要针对受河道洪水影响和坡面水流影响的村落进行分析评价,不包括滑坡、泥石流以及干流对支流产生明显顶托等情形。根据规划和前期山洪灾害防治非工程措施建设情况,选择受山洪灾害威胁严重且在区域上具有典型性的 57 个村落作为分析评价对象,其中有 13 个村落受河道洪水影响,44 个村落受坡面水流影响,评价名录见表 3-2-1。

表 3-2-1　闻喜县山洪灾害分析评价名录

县(区、市、旗)名称		闻喜县	县(区、市、旗)代码	140826
序号	行政区划名称	行政区划代码	所在流域代码	控制断面代码
1	桐城镇店头村	140823100218000	WDA76001221QA000	
2	桐城镇张石沟村	140823100219000	WDA76001221QA000	
3	桐城镇东社村	140823100202000	WDA76001221QA000	
4	桐城镇乔庄村	140823100228000	WDA76001221QA000	
5	桐城镇东庄村槐树洼	140823100232101	WDA760012I100000	
6	桐城镇丁店村	140823100231000	WDA760012I100000	任沟村 10 - 丁店村 9
7	礼元镇文典村	140823105231000	WDA76001231HA000	文典沟 31 - 文典村 16
8	东镇镇东姚村西姚	140823104208101	WDA760012C100000	
9	东镇镇东姚村东姚	140823104208100	WDA760012C100000	
10	东镇镇中庄村中庄	140823104210100	WDA760012D100000	文典沟 67 - 中庄村 18
11	裴社乡王赵村小王赵	140823203215101	WDA76103P0000000	
12	裴社乡宋家庄村下青沟	140823203214101	WDA76103P0000000	
13	裴社乡宋家庄村宋家庄	140823203214100	WDA76103P0000000	铁寺河峪 88 - 宋家庄 10
14	石门乡石门村口头	140823205200102	WDAEA00122C00000	石门河峪沟 58 - 口头 30

续表 3-2-1

县(区、市、旗)名称		闻喜县	县(区、市、旗)代码	140826
序号	行政区划名称	行政区划代码	所在流域代码	控制断面代码
15	石门乡后交村元河	140823205207105	WDAEA00122C00000	
16	石门乡石门村石门	140823205200100	WDAEA00122C00000	石门河峪沟 132 - 石门 8
17	石门乡刘家庄村刘家庄	140823205208101	WDA78003B0000000	十八河峪沟 152 - 刘家庄村 26
18	石门乡刘家庄村马家窑	140823205208105	WDA78003B0000000	十八河峪沟 82 - 马家窑 11
19	石门乡刘家庄村刘庄冶	140823205208104	WDA78003B0000000	十八河峪沟 30 - 刘庄冶 6
20	神柏乡窑头沟村	140823200213000	WDA760012Q100000	
21	郭家庄镇东韩村	140823101202000	WDA760012Q100000	神柏沟 62 - 东韩村 12
22	郭家庄镇宋店村	140823101215000	WDA760012Q100000	
23	郭家庄镇西庄儿头村	140823101210000	WDA760012Q100000	
24	郭家庄镇崔庄村	140823101209000	WDA760012Q100000	
25	后宫乡三河口村余家岭	140823204226104	WDA76001231PA000	
26	河底镇董村村董村	140823106223100	WDA76001231PAC00	
27	河底镇河底村河底	140823106200100	WDA76001231PAC00	
28	河底镇苏村	140823106201000	WDA76001231PAC00	
29	东镇镇三交村三交	140823104220100	WDA760012E100000	
30	东镇镇西街村北街	140823104201101	WDA760012E100000	
31	东镇镇南街村东堡	140823104200102	WDA760012E100000	
32	石门乡店上村店上	140823205206100	WDA76001221PAB00	南河峪沟 125 - 店上村 11
33	石门乡玉坡村柳林	140823205209104	WDA78003C0000000	
34	石门乡横榆村下柳峪	140823205204105	WDAEA00124000000	
35	石门乡白家滩村黄家沙	140823205201107	WDAEA00122000000	
36	石门乡西坪村西坪	140823205202100	WDAEA00123000000	
37	石门乡西坪村腰庄	140823205202101	WDAEA00123000000	
38	石门乡青山村青山	140823205203100	WDAEA00122000000	板涧河峪 269 - 青山村 8
39	石门乡横榆村上横榆	140823205203101	WDAEA00123000000	板涧河峪 238 - 上横榆 14
40	石门乡横榆村下横榆	140823205204100	WDAEA00125000000	板涧河峪 107 - 横榆村 19
41	郭家庄镇沟西村	140823101227000	WDA76001221VA000	
42	郭家庄镇晋庄村	140823101211000	WDA76001221VA000	
43	郭家庄镇西阜村	140823101208000	WDA76001221VA000	

续表 3-2-1

县(区、市、旗)名称		闻喜县	县(区、市、旗)代码	140826
序号	行政区划名称	行政区划代码	所在流域代码	控制断面代码
44	桐城镇下白土村黑肴	140823100221101	WDA76001231RA000	
45	桐城镇下白土村下白土	140823100221100	WDA76001231RA000	白土沟 103 - 下白土村 15
46	桐城镇王顺坡村	140823100213000	WDA76001231RA000	白土沟 65 - 王顺坡村 4
47	桐城镇姚村	140823100212000	WDA76001231RA000	白土沟 116 - 姚村 25
48	礼元镇行村	140823105203000	WDA76001231HA000	
49	东镇镇裴村	140823104204000	WDA76001231HA000	
50	东镇镇东鲁村东鲁	140823104203100	WDA760012D100000	白水滩 12 - 东鲁村 8
51	东镇镇涑阳村	140823104202000	WDA760012D100000	
52	河底镇连家坡村正水洼	140823106233103	WDA76001231PAC00	
53	河底镇卫村	140823106221000	WDA76001231PAD00	
54	河底镇小寺头村	140823106216000	WDA76001231PAD00	
55	裴社乡寺头村	140823203201000	WDA76001211PADA0	
56	桐城镇西官庄村	140823100242000	WDA760012L100000	五七七沟 47
57	郭家庄镇郭店村	140823101213000	WDA760012Q100000	

2.2　基础资料准备

2.2.1　基础数据

2.2.1.1　小流域划分

结合重点防治区分布情况和分析评价需要,分析重点防治区的洪水组成,划分设计暴雨的小流域,划分结果见表 3-2-2 闻喜县小流域信息表。

2.2.1.2　流域特征值

1. 面积长度量算

根据全国山洪灾害项目组提供的工作底图和小流域属性成果,结合实地查勘,量测小流域的面积、主沟道长。

2. 产、汇流地类核对

确定辖区的植被和土壤的分布情况,核算流域产、汇流地类面积。

表 3-2-2 闻喜县小流域信息表

序号	小流域名称	计算单元	面积(km^2)	主沟道长度(km)	主沟道比降(‰)	产流地类(km^2)					汇流地类(km^2)				汇流时间20年一遇(h)	汇流时间100年一遇(h)
						变质岩森林山地	变质岩灌丛山地	变质岩土石山区	耕种平地	黄土丘陵阶地	灌丛山地	黄土丘陵	森林山地	草坡山地		
1	张石沟2	桐城镇店头村	4.68	2.80	45.34					4.68		4.68			0.25	0.25
2		桐城镇张石沟村	9.29	5.90	29.34					9.29		9.29			0.25	0.25
3	张石沟1	桐城镇东社村	27.45	7.45	22.00				3.11	24.35		27.45			0.44	0.39
4		桐城镇乔庄村	3.55	1.52	24.02					3.55		3.55			0.25	0.25
5	任村沟1	桐城镇东庄村槐树洼	13.35	1.80	20.41				1.66	11.69		13.35			0.25	0.25
6		桐城镇丁店村	14.85	3.59	15.98				1.78	13.07		14.85			0.25	0.25
7	文典沟1	礼元镇文典村	10.02	4.34	23.63				1.12	8.90		10.02			0.30	0.27
8		东镇镇东姚村西姚	3.63	2.06	32.33					3.63		3.63			0.39	0.35
9		东镇镇东姚村东姚	3.96	2.34	28.04					3.96		3.96			0.41	0.37
10		东镇镇中庄村中庄	7.21	2.32	21.18					7.21		7.21			0.25	0.25
11	铁寺河峪2	裴社乡王赵村小王赵	10.87	3.08	51.29		2.22	3.17		5.48	0.88	5.77		4.23	0.25	0.25
12	铁寺河峪1	裴社乡宋家庄村下青沟	33.70	7.68	33.94	11.42	11.96		0.37	9.96	12.26	10.37	11.08		0.77	0.69
13		裴社乡宋家庄村宋家庄	33.99	8.47	33.61	11.73	11.67		0.60	9.98	12.25	10.63	11.11		0.86	0.77
14	石门河峪沟2	石门乡石门村口头	35.99	5.87	30.16	21.91	14.08				14.18		21.81		1.08	0.96
15	石门河峪沟1	石门乡后交村元河	12.87	2.41	25.33	4.11	8.75				9.03		3.84		0.42	0.38
16		石门乡石门村石门	20.87	4.82	22.03	12.12	8.75				9.02		11.85		1.08	0.96

续表 3-2-2

序号	小流域名称	计算单元	面积（km^2）	主沟道长度（km）	主沟道比降（‰）	产流地类（km^2）					汇流地类（km^2）				汇流时间20年一遇（h）	汇流时间100年一遇（h）
						变质岩森林山地	变质岩灌丛山地	变质岩土石山区	耕种平地	黄土丘陵阶地	灌丛山地	黄土丘陵	森林山地	草坡山地		
17	十八河峪沟1	石门乡刘家庄村刘家庄	18.61	3.84	40.53	16.99	1.62				1.24		17.38		0.92	0.82
18		石门乡刘家庄村马家窑	33.40	5.43	30.36	29.90	3.50				2.79		30.61		1.30	1.14
19		石门乡刘家庄村刘庄治	38.52	7.14	24.05	30.68	7.85				7.06		31.46		1.74	1.52
20	神柏沟1	神柏乡窑头沟村	33.36	9.59	11.75					33.36		33.36			0.72	0.64
21		郭家庄镇东韩村	35.92	12.07	10.19				1.60	34.32		35.92			0.99	0.86
22		郭家庄镇宋店村	37.37	13.28	10.10				3.04	34.34		37.37			1.12	0.97
23		郭家庄镇西庄儿头村	40.21	14.30	9.16				5.81	34.40		40.21			1.26	1.08
24		郭家庄镇崔庄村	55.19	14.58	8.45				10.40	44.79		55.19			1.22	1.05
25	沙渠河北支峪沟1	后宫乡三河口村余家岭	45.83	9.10	22.09	16.60	14.43			14.79	11.41	14.37	16.78	3.27	0.96	0.85
26		河底镇董村村董村	172.90	21.80	26.19	20.91	50.34		12.35	89.29	43.14	101.68	21.08	6.99	1.26	1.11
27		河底镇河底村河底	174.12	22.82	25.06	20.92	50.34		13.57	89.29	43.19	102.92	21.05	6.97	1.35	1.19
28		河底镇苏村	174.51	23.15	23.42	20.91	50.35		13.96	89.29	43.16	103.31	21.05	6.99	1.42	1.24
29	三交沟1	东镇镇三交村三交	25.76	4.36	16.02				1.23	24.53		25.76			0.25	0.25
30		东镇镇西街村北街	28.13	6.81	12.41				1.68	26.46		28.13			0.57	0.50
31		东镇镇南街村东堡	28.77	7.38	11.32				2.31	26.46		28.77			0.57	0.50
32	南河峪沟1	石门乡店上村店上	7.00	0.64	30.91		7.00				7.00				0.25	0.25

续表 3-2-2

序号	小流域名称	计算单元	面积(km^2)	主沟道长度(km)	主沟道比降(‰)	产流地类(km^2)					汇流地类(km^2)				汇流时间20年一遇(h)	汇流时间100年一遇(h)
						变质岩森林山地	变质岩灌丛山地	变质岩土石山区	耕种平地	黄土丘陵阶地	灌丛山地	黄土丘陵	森林山地	草坡山地		
33	柳林沟 1	石门乡玉坡村柳林	5.04	3.02	34.24	2.08	2.97				3.48		1.56		0.65	0.58
34	板涧河峪 3	石门乡横榆村下柳峪	4.03	3.83	57.37	2.27	1.75				1.73		2.29		0.90	0.81
35	板涧河峪 4	石门乡白家滩村黄家沙	10.36	2.56	41.68	10.36					2.09		8.27		0.59	0.53
36	板涧河峪 1	石门乡西坪村西坪	5.80	0.27	53.28	5.80							5.80		0.25	0.25
37		石门乡西坪村腰庄	13.14	2.40	35.49	13.14							13.14		0.65	0.58
38		石门乡青山村青山	35.97	4.45	36.27	34.39	1.58				1.55		34.42		0.997	0.882
39		石门乡横榆村上横榆	57.17	6.73	38.94	51.59	5.58				6.30		50.87		1.31	1.16
40		石门乡横榆村下横榆	68.53	8.16	33.68	56.24	12.29				12.83		55.70		1.55	1.36
41	柏林沟 1	郭家庄镇沟西村	19.86	3.67	24.19					19.86		19.86			0.25	0.25
42		郭家庄镇晋庄村	22.75	5.37	20.10					22.75		22.75			0.32	0.29
43		郭家庄镇西阜村	24.27	7.59	17.26				1.12	23.14		24.27			0.51	0.45
44	白土沟 1	桐城镇下白土村黑肴	21.83	5.60	15.57				5.94	15.89		21.83			0.38	0.34
45		桐城镇下白土村下白土	23.52	6.58	13.53				5.94	17.57		23.52			0.48	0.42
46		桐城镇王顺坡村	35.21	9.68	10.55				6.13	29.08		35.21			0.76	0.66
47		桐城镇姚村	6.25	2.98	27.76				1.18	5.07		6.25			0.25	0.25

续表 3-2-2

序号	小流域名称	计算单元	面积(km²)	主沟道长度(km)	主沟道比降(‰)	产流地类(km²)					汇流地类(km²)				汇流时间20年一遇(h)	汇流时间100年一遇(h)
						变质岩森林山地	变质岩灌丛山地	变质岩土石山区	耕种平地	黄土丘陵阶地	灌丛山地	黄土丘陵	森林山地	草坡山地		
48	白水滩 1	礼元镇行村	23.46	3.86	17.29				3.24	20.23		23.46			0.25	0.25
49		东镇镇裴村	66.41	11.41	6.71				38.21	28.20		66.41			0.95	0.82
50		东镇镇东鲁村东鲁	290.24	44.36	15.95	61.67			135.68	92.90	20.71	208.31	61.23		3.34	2.69
51		东镇镇涑阳村	291.01	45.16	15.87	61.67			136.44	92.90	20.71	209.07	61.23		3.42	2.75
52	小涧河峪沟 1	河底镇连家坡村正水洼	30.35	7.16	34.79	0.66	13.70			15.99	12.27	16.33	0.49	1.26	0.48	0.43
53		河底镇卫村	8.07	1.47	45.53	0.81			3.65	3.61	0.81	7.26			0.25	0.25
54		河底镇小寺头村	9.61	2.81	29.11		0.93		5.11	3.57	0.81	8.80			0.25	0.25
55		裴社乡寺头村	10.78	4.08	20.25		0.86		6.17	3.75	0.70	10.08			0.31	0.28
56	五七七沟	桐城镇西官庄村	4.75	4.00	12.65					4.75		4.75			0.25	0.25
57	神柏沟	郭家庄镇郭店村	32.66	15.52	26.36				7.81	24.85		32.66			0.95	0.82

3.比降的确定

根据《山洪灾害分析评价技术要求》规定,比降的确定用下面的方法:

(1)如果重点防治区河道上下游有历史洪痕的沿程分布资料,采用洪痕水面线比降作为水位流量转换中的比降。

(2)如果有近年来洪水发生的洪水水面线,采用该水面线比降作为水位流量转换中的比降。

(3)如果有中小洪水发生时的实测水面线,采用该水面线比降作为水位流量转换中的比降。

(4)如果没有水面线信息,可采用河床比降作为水位流量转换中的比降。

为了使所分析的成果尽可能合理,《山洪灾害分析评价技术要求》还规定,以上 4 种确定比降方法中,资料条件允许时,应优先采用第 1 种方法,然后为第 2、3 种方法,第 4 种方法为无资料时采用,并应当通过试算和合理性分析后最后确定。

未调查到闻喜县重点防治区所在河道的历史洪痕沿程分布资料、近年来洪水发生时的洪水水面线以及洪水发生时的实测水面线成果,因此采用河床比降作为水位流量关系计算中的比降。

流域特征值成果见表 3-2-2 闻喜县小流域信息。

4.糙率的确定

糙率是影响洪峰流量计算精度的主要参数,由于分析评价的小流域内无实测水文资料,因此根据第 1 篇第 4 章 4.2.2 节中所提到的方法取值。成果见表 3-2-3 闻喜县防灾对象计算信息表。

2.2.2 水文数据

闻喜县收集了郝壁、北白石、河底、吕庄水库、北薛庄、柏林、栗村 7 处雨量站 6 h、24 h、3 d 年最大点雨量对应的统计参数资料,但是由于缺少 10 min、60 min 的暴雨资料,所以设计暴雨采用间接法计算。

2.2.3 河道断面测量和居民户高程测量资料

根据分析评价需要,结合重点防治区实际情况,获取参与分析的河道纵横断面数据及重点防治区的居民户位置和高程数据,获取的数据成果为测绘院提取数据。经初步分析,所得到的河道断面测量数据和居民户高程测量数据,基本满足山洪灾害分析评价的要求。

2.2.4 历史洪水调查

历史洪水调查主要是根据中华人民共和国成立以来发生的历史山洪灾害记录,对具有区域代表性的典型场次洪水,按照历史洪水调查相关要求进行现场调查,考证洪水痕迹,对洪痕所在河道断面进行测量,并收集调查相应的降雨资料,估算洪峰流量和洪水重现期。

表 3-2-3　闻喜县防灾对象计算信息表

序号	行政区划名称	集雨面积（km^2）	断面代码	比降（‰）	糙率	成灾水位（m）	预警时段（h）	流域土壤含水量界值	备注
1	桐城镇店头村	4.68		45.34	0.040		0.5	$B_0=0,0.3,0.6$	
2	桐城镇张石沟村	9.29		29.34	0.035		0.5	$B_0=0,0.3,0.6$	
3	桐城镇东社村	27.45		22.00	0.035		0.5	$B_0=0,0.3,0.6$	
4	桐城镇乔庄村	3.55		13.84	0.030		0.5	$B_0=0,0.3,0.6$	
5	桐城镇东庄村槐树洼	13.35		20.41	0.035		0.5	$B_0=0,0.3,0.6$	
6	桐城镇丁店村	14.85	任沟村10－丁店村9	15.98	0.030		0.5	$B_0=0,0.3,0.6$	
7	礼元镇文典村	10.02	文典沟31－文典村16	23.63	0.035		0.5	$B_0=0,0.3,0.6$	
8	东镇镇东姚村西姚	3.63		32.33	0.035		0.5	$B_0=0,0.3,0.6$	
9	东镇镇东姚村东姚	3.96		31.00	0.035		0.5	$B_0=0,0.3,0.6$	
10	东镇镇中庄村中庄	7.21	文典沟67－中庄村18	21.18	0.035	6.50	0.5	$B_0=0,0.3,0.6$	
11	裴社乡王赵村小王赵	10.87		51.29	0.040	41.00	0.5	$B_0=0,0.3,0.6$	
12	裴社乡宋家庄村下青沟	33.70		33.94	0.035		0.5	$B_0=0,0.3,0.6$	
13	裴社乡宋家庄村宋家庄	33.99	铁寺河峪88－宋家庄10	33.61	0.035	41.50	0.5	$B_0=0,0.3,0.6$	
14	石门乡石门村口头	35.99	石门河峪沟58－口头30	30.16	0.035	71.00	0.5	$B_0=0,0.3,0.6$	
15	石门乡后交村元河	12.87		25.33	0.035		0.5	$B_0=0,0.3,0.6$	
16	石门乡石门村石门	20.87	石门河峪沟132－石门8	22.03	0.035	177.30	0.5	$B_0=0,0.3,0.6$	
17	石门乡刘家庄村刘家庄	18.61	十八河峪沟152－刘家庄村26	40.53	0.040	185.00	0.5	$B_0=0,0.3,0.6$	
18	石门乡刘家庄村马家窑	33.40	十八河峪沟82－马家窑11	30.36	0.035	130.00	0.5,1	$B_0=0,0.3,0.6$	
19	石门乡刘家庄村刘庄治	38.52	十八河峪沟30－刘庄治6	24.05	0.035	43.80	0.5,1	$B_0=0,0.3,0.6$	

续表 3-2-3

序号	行政区划名称	集雨面积（km^2）	断面代码	比降（‰）	糙率	成灾水位（m）	预警时段（h）	流域土壤含水量界值	备注
20	神柏乡窑头沟村	33.36		11.75	0.030		0.5	B_0 =0,0.3,0.6	
21	郭家庄镇东韩村	35.92	神柏沟 62 – 东韩村 12	10.19	0.030	127.00	0.5	B_0 =0,0.3,0.6	
22	郭家庄镇宋店村	37.37		10.10	0.030		0.5	B_0 =0,0.3,0.6	
23	郭家庄镇西庄儿头村	40.21		9.16	0.030		0.5,1	B_0 =0,0.3,0.6	
24	郭家庄镇崔庄村	55.19		8.45	0.030		0.5,1	B_0 =0,0.3,0.6	
25	后宫乡三河口村余家岭	45.83		22.09	0.035		0.5	B_0 =0,0.3,0.6	
26	河底镇董村村董村	172.90		26.19	0.035		0.5,1	B_0 =0,0.3,0.6	
27	河底镇河底村河底	174.12		25.06	0.035		0.5,1	B_0 =0,0.3,0.6	
28	河底镇苏村	174.51		23.42	0.035		0.5,1	B_0 =0,0.3,0.6	
29	东镇镇三交村三交	25.76		16.02	0.030		0.5	B_0 =0,0.3,0.6	
30	东镇镇西街村北街	28.13		12.41	0.030		0.5	B_0 =0,0.3,0.6	
31	东镇镇南街村东堡	28.77		11.32	0.030		0.5	B_0 =0,0.3,0.6	
32	石门乡店上村店上	7.00	南河峪沟 125 – 店上村 11	30.91	0.035	127.00	0.5	B_0 =0,0.3,0.6	
33	石门乡玉坡村柳林	5.04		34.24	0.035		0.5	B_0 =0,0.3,0.6	
34	石门乡横榆村下柳峪	4.03		57.37	0.040		0.5	B_0 =0,0.3,0.6	
35	石门乡白家滩村黄家沙	10.36		41.68	0.040		0.5	B_0 =0,0.3,0.6	
36	石门乡西坪村西坪	5.80		53.28	0.040		0.5	B_0 =0,0.3,0.6	
37	石门乡西坪村腰庄	13.14		35.49	0.035		0.5	B_0 =0,0.3,0.6	
38	石门乡青山村青山	35.97	板涧河峪 269 – 青山村 8	29.49	0.035	60.00	0.5	B_0 =0,0.3,0.6	

续表 3-2-3

序号	行政区划名称	集雨面积（km^2）	断面代码	比降（‰）	糙率	成灾水位（m）	预警时段（h）	流域土壤含水量界值	备注
39	石门乡横榆村上横榆	57.17	板涧河峪238－上横榆14	38.94	0.035	68.00	0.5,1	B_0＝0,0.3,0.6	
40	石门乡横榆村下横榆	68.53	板涧河峪107－横榆村19	33.68	0.035	75.00	0.5,1	B_0＝0,0.3,0.6	
41	郭家庄镇沟西村	19.86		24.19	0.035		0.5	B_0＝0,0.3,0.6	
42	郭家庄镇晋庄村	22.75		20.10	0.035		0.5	B_0＝0,0.3,0.6	
43	郭家庄镇西阜村	24.27	柏林沟38－西阜村6	17.26	0.030	86.00	0.5	B_0＝0,0.3,0.6	
44	桐城镇下白土村黑肴	21.83		15.57	0.030		0.5	B_0＝0,0.3,0.6	
45	桐城镇下白土村下白土	23.52	白土沟103－下白土村15	13.53	0.030	45.00	0.5	B_0＝0,0.3,0.6	
46	桐城镇王顺坡村	35.21	白土沟65－王顺坡村4	10.55	0.030	148.00	0.5	B_0＝0,0.3,0.6	
47	桐城镇姚村	6.25	白土沟116－姚村25	27.76	0.035	30.00	0.5	B_0＝0,0.3,0.6	
48	礼元镇行村	23.46		17.29	0.030		0.5	B_0＝0,0.3,0.6	
49	东镇镇裴村	66.41		6.71	0.030		0.5	B_0＝0,0.3,0.6	
50	东镇镇东鲁村东鲁	290.24	白水滩12－东鲁村8	5.95	0.030	433.00	0.5,1,2	B_0＝0,0.3,0.6	
51	东镇镇涑阳村	291.01		5.87	0.030		0.5,1,2	B_0＝0,0.3,0.6	
52	河底镇连家坡村正水洼	30.35		34.79	0.035		0.5	B_0＝0,0.3,0.6	
53	河底镇卫村	8.07		45.53	0.040		0.5	B_0＝0,0.3,0.6	
54	河底镇小寺头村	9.61		29.11	0.035		0.5	B_0＝0,0.3,0.6	
55	裴社乡寺头村	10.78		20.25	0.035		0.5	B_0＝0,0.3,0.6	
56	桐城镇西官庄村	4.75	五七七沟47	13.02	0.030	31.50	0.5	B_0＝0,0.3,0.6	
57	郭家庄镇郭店村	32.66		15.2	0.030		0.5	B_0＝0,0.3,0.6	

第3章 设计暴雨计算

3.1 设计暴雨

在山洪灾害分析评价中,设计暴雨计算的目的是推求不同频率设计洪水所需的降雨量及其时程分配,是无实测洪水资料情况下进行设计洪水分析的前提,也是确定预警临界雨量的重要环节,主要依据是《山西省水文计算手册》及其相关图集。

根据《山洪灾害分析评价技术要求》,设计暴雨计算所涉及的小流域指重点防治区控制断面以上流域或以其下游不远处为出口的完整集水区域。结合《山西省水文计算手册》计算方法,设计暴雨计算以重点防治区对应小流域组成的计算单元为单位。

设计暴雨计算首先确定暴雨历时、暴雨频率及设计雨型,之后通过设计暴雨有关参数查算、时段设计雨量计算以及设计暴雨时程分配等步骤,即可得到设计暴雨计算成果。

闻喜县57个山洪灾害重点防治区均采用《山西省水文计算手册》中提供的方法进行了设计暴雨计算。对采用流域模型法计算设计洪水的进行设计暴雨时程分配计算,对采用经验公式法计算设计洪水的不进行设计暴雨时程分配计算,计算过程方法见第1篇第5章内容。

3.2 设计暴雨计算成果

(1)设计暴雨参数查图成果见表3-3-1。

(2)闻喜县设计暴雨成果表(见表3-3-2)内容包括小流域各时段雨量的均值 $\overline{H}$ 、变差系数 C_v、C_s/C_v 和各时段相应频率的雨量值 H_p。

(3)闻喜县设计暴雨时程分配表(见表3-3-3)内容包括小流域设计时段雨量按设计雨型进行时程分配的成果。

表 3-3-1　设计暴雨参数查图成果

序号	小流域名称	计算单元	定点	水文分区	面积(km^2)	不同历时定点暴雨参数									
						10 min		60 min		6 h		24 h		3 d	
						$\overline{H}$(mm)	C_v	$\overline{H}$(mm)	C_v	$\overline{H}$(mm)	C_v	$\overline{H}$(mm)	C_v	$\overline{H}$(mm)	C_v
1	张石沟 2	桐城镇店头村	定点 1	中区	4.68	13.7	0.58	27.2	0.57	49.8	0.55	68.7	0.54	84.2	0.55
2		桐城镇张石沟村	定点 1	中区	9.29	13.0	0.55	27.2	0.57	47.8	0.51	63.4	0.53	76.2	0.50
3	张石沟 1	桐城镇东社村	定点 1	中区	27.45	12.7	0.55	27.1	0.55	46.2	0.52	63.5	0.52	75.3	0.53
4		桐城镇乔庄村	定点 1	中区	3.55	12.0	0.58	27.6	0.57	45.0	0.45	61.5	0.45	75.1	0.46
5	任村沟 1	桐城镇东庄村槐树洼	定点 1	中区	13.35	12.6	0.54	26.3	0.55	48.4	0.53	62.4	0.49	75.6	0.52
6		桐城镇丁店村	定点 1	中区	14.85	12.2	0.53	26.2	0.55	48.2	0.52	62.3	0.51	75.3	0.51
7	文典沟 1	礼元镇文典村	定点 1	中区	10.02	13.5	0.49	27.2	0.55	48.3	0.54	63.1	0.54	82.3	0.53
8		东镇镇东姚村西姚	定点 1	中区	3.63	13.0	0.52	27.1	0.56	48.5	0.53	63.2	0.53	81.3	0.54
9		东镇镇东姚村东姚	定点 1	中区	3.96	13.6	0.50	27.2	0.57	50.0	0.54	62.5	0.55	79.2	0.54
10		东镇镇中庄村中庄	定点 1	中区	7.21	13.4	0.51	26.8	0.56	50.2	0.55	62.8	0.54	78.5	0.54
11	铁寺河峪 2	裴社乡王赵村小王赵	定点 1	中区	10.87	12.0	0.53	27.1	0.56	45.5	0.53	68.9	0.53	92.3	0.53
12	铁寺河峪 1	裴社乡宋家庄村下青沟	定点 1	中区	33.70	12.6	0.47	26.3	0.52	44.3	0.52	61.3	0.52	82.2	0.49
13		裴社乡宋家庄村宋家庄	定点 1	中区	33.99	12.3	0.47	26.5	0.52	44.6	0.52	61.7	0.52	83.6	0.49
14	石门河峪沟 2	石门乡石门村口头	定点 1	东区	35.99	14.3	0.47	29.7	0.54	48.6	0.55	71.2	0.54	94.3	0.52
15	石门河峪沟 1	石门乡后交村元河	定点 1	东区	12.87	14.6	0.48	30.3	0.55	50.8	0.55	73.6	0.56	95.6	0.53
16		石门乡石门村石门	定点 1	东区	20.87	14.5	0.48	29.6	0.55	50.6	0.55	73.2	0.55	95.3	0.52

续表 3-3-1

序号	小流域名称	计算单元	定点	水文分区	面积(km^2)	不同历时定点暴雨参数									
						10 min		60 min		6 h		24 h		3 d	
						$\overline{H}$(mm)	C_v	$\overline{H}$(mm)	C_v	$\overline{H}$(mm)	C_v	$\overline{H}$(mm)	C_v	$\overline{H}$(mm)	C_v
17	十八河峪沟 1	石门乡刘家庄村刘家庄	定点 1	东区	18.61	14.3	0.48	30.1	0.55	50.1	0.55	73.2	0.55	96.4	0.53
18		石门乡刘家庄村马家窑	定点 1	东区	33.40	14.7	0.49	30.4	0.55	51.2	0.57	75.1	0.57	99.8	0.54
19		石门乡刘家庄村刘庄冶	定点 1	东区	38.52	14.7	0.49	30.5	0.55	51.3	0.57	75.1	0.57	99.8	0.54
20	神柏沟 1	神柏乡窑头沟村	定点 1	中区	33.36	12.0	0.61	28.1	0.58	44.0	0.49	63.0	0.49	80.0	0.50
21		郭家庄镇东韩村	定点 1	中区	35.92	13.0	0.61	28.0	0.59	44.0	0.50	63.0	0.50	80.5	0.50
22		郭家庄镇宋店村	定点 1	中区	37.37	13.0	0.61	28.0	0.59	44.0	0.50	63.0	0.50	80.5	0.50
23		郭家庄镇西庄儿头村	定点 1	中区	40.21	13.0	0.61	28.0	0.59	44.0	0.50	63.0	0.50	80.5	0.50
24		郭家庄镇崔庄村	定点 1	中区	55.19	13.0	0.61	28.0	0.59	44.0	0.50	63.0	0.50	80.5	0.50
25	沙渠河北支峪沟 1	后宫乡三河口村余家岭	定点 1	东区	45.83	13.7	0.50	28.2	0.58	45.0	0.54	65.0	0.54	87.3	0.57
26		河底镇董村村董村	总	中区	172.90	13.3	0.50	28.0	0.50	45.3	0.50	64.5	0.50	87.2	0.50
			定点 1		79.63	13.5	0.49	27.9	0.57	45.3	0.54	64.0	0.54	86.8	0.56
			定点 2		93.27	13.0	0.48	28.0	0.53	45.3	0.53	65.0	0.53	87.5	0.50
27		河底镇河底村河底	总	中区	174.12	13.3	0.50	28.0	0.50	45.3	0.50	64.5	0.50	87.2	0.50
			定点 1		86.33	13.5	0.49	27.9	0.57	45.3	0.54	64.0	0.54	86.8	0.56
			定点 2		87.80	13.0	0.48	28.0	0.53	45.3	0.53	65.0	0.53	87.5	0.50
28		河底镇苏村	总	中区	174.51	13.3	0.50	28.0	0.50	45.3	0.50	64.5	0.50	87.2	0.50
			定点 1		73.25	13.5	0.49	27.9	0.57	45.3	0.54	64.0	0.54	86.8	0.56
			定点 2		101.26	13.0	0.48	28.0	0.53	45.3	0.53	65.0	0.53	87.5	0.50

续表 3-3-1

序号	小流域名称	计算单元	定点	水文分区	面积(km^2)	不同历时定点暴雨参数									
						10 min		60 min		6 h		24 h		3 d	
						$\overline{H}$(mm)	C_v	$\overline{H}$(mm)	C_v	$\overline{H}$(mm)	C_v	$\overline{H}$(mm)	C_v	$\overline{H}$(mm)	C_v
29		东镇镇三交村三交	定点1	中区	25.76	12.2	0.52	26.4	0.58	44.7	0.56	62.0	0.54	79.3	0.56
30	三交沟1	东镇镇西街村北街	定点1	中区	28.13	12.2	0.52	26.3	0.57	44.6	0.55	61.8	0.54	79.2	0.55
31		东镇镇南街村东堡	定点1	中区	28.77	12.2	0.51	26.3	0.57	44.6	0.55	61.7	0.54	79.2	0.55
32	南河峪沟1	石门乡店上村店上	定点1	东区	7.00	14.1	0.48	28.8	0.54	47.5	0.54	72.0	0.54	92.8	0.51
33	柳林沟1	石门乡玉坡村柳林	定点1	东区	5.04	14.5	0.50	30.2	0.55	50.8	0.56	77.0	0.56	100.2	0.53
34	板涧河峪3	石门乡横榆村下柳峪	定点1	东区	4.03	14.4	0.48	29.8	0.55	50.5	0.54	75.5	0.54	98.0	0.51
35	板涧河峪4	石门乡白家滩村黄家沙	定点1	中区	10.36	14.1	0.48	29.1	0.54	49.5	0.54	73.0	0.54	97.3	0.50
36		石门乡西坪村西坪	定点1	东区	5.80	14.5	0.49	30.5	0.55	51.8	0.54	77.0	0.54	99.8	0.51
37		石门乡西坪村腰庄	定点1	东区	13.14	14.5	0.49	30.4	0.55	51.5	0.54	76.5	0.54	99.5	0.51
38	板涧河峪1	石门乡青山村青山	定点1	东区	35.97	14.1	0.49	29.0	0.54	48.8	0.53	74.5	0.53	95.0	0.51
39		石门乡横榆村上横榆	定点1	东区	57.17	14.1	0.49	29.0	0.54	48.8	0.53	74.5	0.53	95.0	0.51
40		石门乡横榆村下横榆	定点1	东区	68.53	14.1	0.49	29.2	0.54	49.0	0.53	74.8	0.53	95.3	0.51
41		郭家庄镇沟西村	定点1	中区	19.86	12.1	0.61	28.0	0.59	44.0	0.48	61.0	0.49	78.5	0.49
42	柏林沟1	郭家庄镇晋庄村	定点1	中区	22.75	12.1	0.61	28.0	0.59	44.5	0.50	60.0	0.49	78.0	0.50
43		郭家庄镇西阜村	定点1	中区	24.27	12.2	0.61	28.0	0.59	44.6	0.49	60.5	0.49	78.5	0.50
44		桐城镇下白土村黑肴	定点1	中区	21.83	12.2	0.60	28.7	0.60	45.0	0.52	65.2	0.52	83.3	0.53
45	白土沟1	桐城镇下白土村下白土	定点1	中区	23.52	12.2	0.60	28.5	0.60	45.0	0.50	65.0	0.50	83.0	0.50
46		桐城镇王顺坡村	定点1	中区	35.21	12.1	0.60	28.1	0.57	45.1	0.50	63.0	0.50	80.0	0.50
47		桐城镇姚村	定点1	中区	6.25	12.0	0.57	27.0	0.58	41.0	0.50	60.0	0.50	77.8	0.50

续表 3-3-1

序号	小流域名称	计算单元	定点	水文分区	面积 (km^2)	不同历时定点暴雨参数									
						10 min		60 min		6 h		24 h		3 d	
						$\overline{H}$ (mm)	C_v	$\overline{H}$ (mm)	C_v	$\overline{H}$ (mm)	C_v	$\overline{H}$ (mm)	C_v	$\overline{H}$ (mm)	C_v
48	白水滩 1	礼元镇行村	定点 1	中区	23.46	12.5	0.53	27.0	0.54	48.8	0.53	63.1	0.54	78.9	0.53
49		东镇镇裴村	定点 1	中区	66.41	12.6	0.50	26.7	0.56	45.3	0.56	63.2	0.55	76.3	0.56
50		东镇镇东鲁村东鲁	总	中区	290.24	12.9	0.50	27.3	0.6	45.3	0.50	62.8	0.60	81.9	0.60
			定点 1		80.37	12.3	0.52	26.5	0.55	45.3	0.53	62.0	0.56	80.2	0.56
			定点 2		86.79	12.4	0.51	26.4	0.57	45.4	0.52	63.2	0.56	80.4	0.57
			定点 3		123.08	13.9	0.50	29.0	0.56	45.1	0.54	63.3	0.54	85.2	0.53
51		东镇镇涑阳村	总	中区	291.01	13.0	0.50	27.3	0.6	45.1	0.50	61.0	0.50	85.2	0.50
			定点 1		81.01	12.4	0.50	26.9	0.56	45.1	0.54	61.0	0.54	78.5	0.54
			定点 2		86.91	12.2	0.51	25.9	0.57	44.9	0.53	62.0	0.52	78.9	0.53
			定点 3		123.09	14.3	0.49	29.2	0.54	45.3	0.55	60.0	0.53	98.3	0.53
52	小涧河峪沟 1	河底镇连家坡村正水洼	定点 1	中区	30.35	13.0	0.48	28.0	0.53	45.3	0.53	65.0	0.53	87.5	0.50
53		河底镇卫村	定点 1	中区	8.07	12.1	0.48	25.8	0.55	44.0	0.51	59.8	0.50	79.8	0.49
54		河底镇小寺头村	定点 1	中区	9.61	12.1	0.48	25.8	0.55	44.0	0.51	59.8	0.50	79.8	0.49
55		裴社乡寺头村	定点 1	中区	10.78	12.2	0.48	25.8	0.55	44.0	0.51	59.8	0.50	79.8	0.49
56	五七七沟	桐城镇西官庄村	定点 1	中区	4.75	12.0	0.49	25.5	0.57	44.5	0.49	60.0	0.50	77.5	0.50
57	神柏沟	郭家庄镇郭店村	定点 1	中区	32.66	13.0	0.61	28.0	0.60	44.0	0.50	63.0	0.50	80.5	0.50

表 3-3-2　闻喜县设计暴雨成果表

序号	计算单元	历时	均值 $\overline{H}$ (mm)	变差系数 C_v	C_s/C_v	重现期雨量值 H_p (mm)				
						100 a($H_{1\%}$)	50 a($H_{2\%}$)	20 a($H_{5\%}$)	10 a($H_{10\%}$)	5 a($H_{20\%}$)
1	桐城镇店头村	10 min	13.7	0.58	3.50	38.5	33.5	26.9	21.9	16.9
		60 min	27.2	0.57	3.50	77.8	67.8	54.7	44.7	34.7
		6 h	49.8	0.55	3.50	138.5	121.1	98.1	80.6	63.0
		24 h	68.7	0.54	3.50	196.9	172.6	140.4	115.8	91.0
		3 d	84.2	0.55	3.50	245.7	215.0	174.1	143.1	111.8
2	桐城镇张石沟村	10 min	13.0	0.55	3.50	34.5	30.1	24.4	20.0	15.6
		60 min	27.2	0.57	3.50	72.8	63.8	51.9	42.7	33.5
		6 h	47.8	0.51	3.50	128.8	113.2	92.4	76.4	60.3
		24 h	63.4	0.53	3.50	174.2	153.4	125.5	104.3	82.7
		3 d	76.2	0.50	3.50	204.3	180.6	148.8	124.5	99.6
3	桐城镇东社村	10 min	12.7	0.55	3.50	37.5	32.7	26.5	21.8	17.0
		60 min	27.1	0.55	3.50	80.3	70.2	56.8	46.6	36.4
		6 h	46.2	0.52	3.50	130.5	114.8	93.8	77.8	61.6
		24 h	63.5	0.52	3.50	179.4	157.8	129.0	107.0	84.6
		3 d	75.3	0.53	3.50	216.1	189.7	154.5	127.7	100.6
4	桐城镇乔庄村	10 min	12.0	0.58	3.50	37.5	32.7	26.5	21.8	17.0
		60 min	27.6	0.57	3.50	80.3	70.2	56.8	46.6	36.4
		6 h	45.0	0.45	3.50	130.5	114.8	93.8	77.8	61.6
		24 h	61.5	0.45	3.50	179.4	157.8	129.0	107.0	84.6
		3 d	75.1	0.46	3.50	216.1	189.7	154.5	127.7	100.6

续表 3-3-2

序号	计算单元	历时	均值 $\overline{H}$ (mm)	变差系数 C_v	C_s/C_v	重现期雨量值 H_p (mm)				
						100 a($H_{1\%}$)	50 a($H_{2\%}$)	20 a($H_{5\%}$)	10 a($H_{10\%}$)	5 a($H_{20\%}$)
5	桐城镇东庄村槐树洼	10 min	12.6	0.54	3.50	36.7	32.2	26.1	21.5	16.9
		60 min	26.3	0.55	3.50	77.9	68.1	55.1	45.2	35.3
		6 h	48.4	0.53	3.50	138.9	121.9	99.3	82.1	64.7
		24 h	62.4	0.49	3.50	168.0	148.6	122.7	102.8	82.5
		3 d	75.6	0.52	3.50	213.6	187.8	153.6	127.3	100.8
6	桐城镇丁店村	10 min	12.2	0.53	3.50	35.0	30.7	25.0	20.7	16.3
		60 min	26.2	0.55	3.50	77.6	67.8	54.9	45.1	35.2
		6 h	48.2	0.52	3.50	136.2	119.8	97.9	81.2	64.2
		24 h	62.3	0.51	3.50	173.2	152.6	125.2	104.2	82.8
		3 d	75.3	0.51	3.50	209.4	184.5	151.3	125.9	100.1
7	礼元镇文典村	10 min	13.5	0.49	3.50	36.3	32.2	26.6	22.3	17.8
		60 min	27.2	0.55	3.50	80.5	70.4	57.0	46.8	36.5
		6 h	48.3	0.54	3.50	140.8	123.4	100.2	82.5	64.7
		24 h	63.1	0.54	3.50	184.0	161.2	130.9	107.8	84.5
		3 d	82.3	0.53	3.50	236.2	207.3	168.9	139.6	110.0
8	东镇镇东姚村西姚	10 min	13.0	0.52	3.50	36.7	32.3	26.4	21.9	17.3
		60 min	27.1	0.56	3.50	81.5	71.1	57.3	46.9	36.5
		6 h	48.5	0.53	3.50	139.2	122.2	99.5	82.3	64.8
		24 h	63.2	0.53	3.50	181.4	159.2	129.7	107.2	84.4
		3 d	81.3	0.54	3.50	237.0	207.6	168.6	138.9	108.9

续表 3-3-2

序号	计算单元	历时	均值 $\overline{H}$ (mm)	变差系数 C_v	C_s/C_v	重现期雨量值 H_p(mm)				
						100 a($H_{1\%}$)	50 a($H_{2\%}$)	20 a($H_{5\%}$)	10 a($H_{10\%}$)	5 a($H_{20\%}$)
9	东镇镇东姚村东姚	10 min	13.6	0.50	3.50	37.2	32.9	27.0	22.6	18.0
		60 min	27.2	0.57	3.50	83.1	72.3	58.1	47.4	36.7
		6 h	50.0	0.54	3.50	145.8	127.7	103.7	85.4	67.0
		24 h	62.5	0.55	3.50	185.1	161.8	130.9	107.5	83.9
		3 d	79.2	0.54	3.50	230.9	202.3	164.2	135.3	106.1
10	东镇镇中庄村中庄	10 min	13.4	0.51	3.50	37.3	32.8	26.9	22.4	17.8
		60 min	26.8	0.56	3.50	80.6	70.3	56.7	46.4	36.1
		6 h	50.2	0.55	3.50	148.7	130.0	105.2	86.3	67.4
		24 h	62.8	0.54	3.50	183.1	160.4	130.2	107.3	84.1
		3 d	78.5	0.54	3.50	228.9	200.5	162.8	134.1	105.1
11	裴社乡王赵村小王赵	10 min	12.0	0.53	3.50	34.4	30.2	24.6	20.4	16.0
		60 min	27.1	0.56	3.50	81.5	71.1	57.3	46.9	36.5
		6 h	45.5	0.53	3.50	130.6	114.6	93.4	77.2	60.8
		24 h	68.9	0.53	3.50	197.8	173.6	141.4	116.9	92.1
		3 d	92.3	0.53	3.50	264.9	232.5	189.4	156.6	123.3
12	裴社乡宋家庄村下青沟	10 min	12.6	0.47	3.50	32.8	29.2	24.2	20.5	16.6
		60 min	26.3	0.52	3.50	74.3	65.3	53.4	44.3	35.1
		6 h	44.3	0.52	3.50	125.2	110.1	90.0	74.6	59.0
		24 h	61.3	0.52	3.50	173.2	152.3	124.5	103.3	81.7
		3 d	82.2	0.49	3.50	221.3	195.8	161.7	135.5	108.7

续表 3-3-2

序号	计算单元	历时	均值 $\overline{H}$ (mm)	变差系数 C_v	C_s/C_v	重现期雨量值 H_p(mm)				
						100 a($H_{1\%}$)	50 a($H_{2\%}$)	20 a($H_{5\%}$)	10 a($H_{10\%}$)	5 a($H_{20\%}$)
13	裴社乡宋家庄村宋家庄	10 min	12.3	0.47	3.50	32.0	28.5	23.7	20.0	16.2
		60 min	26.5	0.52	3.50	74.9	65.8	53.8	44.6	35.3
		6 h	44.6	0.52	3.50	126.0	110.8	90.6	75.1	59.4
		24 h	61.7	0.52	3.50	174.3	153.3	125.3	103.9	82.2
		3 d	83.6	0.49	3.50	225.0	199.1	164.5	137.8	110.5
14	石门乡石门村口头	10 min	14.3	0.47	3.50	37.2	33.1	27.5	23.2	18.8
		60 min	29.7	0.54	3.50	86.6	75.9	61.6	50.7	39.8
		6 h	48.6	0.55	3.50	143.9	125.8	101.8	83.6	65.2
		24 h	71.2	0.54	3.50	207.6	181.8	147.6	121.6	95.4
		3 d	94.3	0.52	3.50	266.4	234.3	191.5	158.8	125.7
15	石门乡后交村元河	10 min	14.6	0.48	3.50	38.7	34.3	28.4	23.9	19.2
		60 min	30.3	0.55	3.50	89.7	78.4	63.5	52.1	40.7
		6 h	50.8	0.55	3.50	150.4	131.5	106.4	87.4	68.2
		24 h	73.6	0.56	3.50	221.3	193.1	155.8	127.4	99.0
		3 d	95.6	0.53	3.50	274.4	240.8	196.2	162.2	127.7
16	石门乡石门村石门	10 min	14.5	0.48	3.50	38.4	34.0	28.2	23.7	19.1
		60 min	29.6	0.55	3.50	87.7	76.6	62.0	50.9	39.7
		6 h	50.6	0.55	3.50	149.8	131.0	106.0	87.0	67.9
		24 h	73.2	0.55	3.50	216.8	189.5	153.4	125.9	98.3
		3 d	95.3	0.52	3.50	269.3	236.8	193.6	160.5	127.0

续表 3-3-2

序号	计算单元	历时	均值 $\overline{H}$ (mm)	变差系数 C_v	C_s/C_v	重现期雨量值 H_p(mm)				
						100 a($H_{1\%}$)	50 a($H_{2\%}$)	20 a($H_{5\%}$)	10 a($H_{10\%}$)	5 a($H_{20\%}$)
17	石门乡刘家庄村刘家庄	10 min	14.3	0.48	3.50	37.9	33.6	27.8	23.4	18.8
		60 min	30.1	0.55	3.50	89.1	77.9	63.1	51.8	40.4
		6 h	50.1	0.55	3.50	148.4	129.7	105.0	86.2	67.2
		24 h	73.2	0.55	3.50	216.8	189.5	153.4	125.9	98.3
		3 d	96.4	0.53	3.50	276.7	242.9	197.9	163.5	128.8
18	石门乡刘家庄村马家窑	10 min	14.7	0.49	3.50	39.2	34.8	28.8	24.1	19.4
		60 min	30.4	0.55	3.50	90.4	79.0	63.9	52.4	40.8
		6 h	51.2	0.57	3.50	156.4	136.2	109.5	89.2	69.0
		24 h	75.1	0.57	3.50	227.9	198.6	159.9	130.5	101.1
		3 d	99.8	0.54	3.50	291.0	254.9	207.0	170.5	133.7
19	石门乡刘家庄村刘庄冶	10 min	14.7	0.49	3.50	39.3	34.8	28.8	24.2	19.4
		60 min	30.5	0.55	3.50	90.9	79.4	64.2	52.6	41.0
		6 h	51.3	0.57	3.50	156.6	136.4	109.6	89.4	69.1
		24 h	75.1	0.57	3.50	227.9	198.6	159.9	130.5	101.1
		3 d	99.8	0.54	3.50	291.0	254.9	207.0	170.5	133.7
20	神柏乡窑头沟村	10 min	12.0	0.61	3.50	38.9	33.6	26.7	21.4	16.3
		60 min	28.1	0.58	3.50	87.1	75.7	60.7	49.3	37.9
		6 h	44.0	0.49	3.50	118.4	104.8	86.6	72.5	58.2
		24 h	63.0	0.49	3.50	169.6	150.0	123.9	103.8	83.3
		3 d	80.0	0.50	3.50	218.9	193.3	159.1	132.8	106.1

续表 3-3-2

序号	计算单元	历时	均值 $\overline{H}$ (mm)	变差系数 C_v	C_s/C_v	重现期雨量值 H_p(mm)				
						100 a($H_{1\%}$)	50 a($H_{2\%}$)	20 a($H_{5\%}$)	10 a($H_{10\%}$)	5 a($H_{20\%}$)
21	郭家庄镇东韩村	10 min	13.0	0.61	3.50	42.1	36.4	28.9	23.2	17.6
		60 min	28.0	0.59	3.50	87.5	75.9	60.7	49.3	37.8
		6 h	44.0	0.50	3.50	120.4	106.3	87.5	73.1	58.3
		24 h	63.0	0.50	3.50	171.0	151.1	124.6	104.2	83.4
		3 d	80.5	0.50	3.50	219.5	193.9	159.7	133.5	106.7
22	郭家庄镇宋店村	10 min	13.0	0.61	3.50	42.1	36.4	28.9	23.2	17.6
		60 min	28.0	0.59	3.50	87.5	75.9	60.7	49.3	37.8
		6 h	44.0	0.50	3.50	120.4	106.3	87.5	73.1	58.3
		24 h	63.0	0.50	3.50	171.0	151.1	124.6	104.2	83.4
		3 d	80.5	0.50	3.50	219.5	193.9	159.7	133.5	106.7
23	郭家庄镇西庄儿头村	10 min	13.0	0.61	3.50	42.1	36.4	28.9	23.2	17.6
		60 min	28.0	0.59	3.50	87.5	75.9	60.7	49.3	37.8
		6 h	44.0	0.50	3.50	120.4	106.3	87.5	73.1	58.3
		24 h	63.0	0.50	3.50	171.0	151.1	124.6	104.2	83.4
		3 d	80.5	0.50	3.50	219.5	193.9	159.7	133.5	106.7
24	郭家庄镇崔庄村	10 min	13.0	0.61	3.50	42.1	36.4	28.9	23.2	17.6
		60 min	28.0	0.59	3.50	87.5	75.9	60.7	49.3	37.8
		6 h	44.0	0.50	3.50	120.4	106.3	87.5	73.1	58.3
		24 h	63.0	0.50	3.50	171.0	151.1	124.6	104.2	83.4
		3 d	80.5	0.50	3.50	219.5	193.9	159.7	133.5	106.7

续表 3-3-2

序号	计算单元	历时	均值 $\overline{H}$ (mm)	变差系数 C_v	C_s/C_v	重现期雨量值 H_p(mm)				
						100 a($H_{1\%}$)	50 a($H_{2\%}$)	20 a($H_{5\%}$)	10 a($H_{10\%}$)	5 a($H_{20\%}$)
25	后宫乡三河口村余家岭	10 min	13.7	0.50	3.50	37.2	32.9	27.1	22.7	18.1
		60 min	28.2	0.58	3.50	87.2	75.8	60.8	49.4	38.1
		6 h	45.0	0.54	3.50	131.2	114.9	93.3	76.9	60.3
		24 h	65.0	0.54	3.50	189.5	166.0	134.8	111.0	87.1
		3 d	87.3	0.57	3.50	264.5	230.6	185.7	151.6	117.6
26	河底镇董村村董村	10 min	13.5	0.49	3.50	42.1	36.4	28.9	23.2	17.6
		60 min	27.9	0.57	3.50	87.5	75.9	60.7	49.3	37.8
		6 h	45.3	0.54	3.50	120.4	106.3	87.5	73.1	58.3
		24 h	64.0	0.54	3.50	171.0	151.1	124.6	104.2	83.4
		3 d	86.8	0.56	3.50	219.5	193.9	159.7	133.5	106.7
27	河底镇河底村河底	10 min	13.5	0.49	3.50	35.3	31.3	25.9	21.7	17.5
		60 min	27.9	0.57	3.50	82.7	72.3	58.5	48.0	37.5
		6 h	45.3	0.54	3.50	130.3	114.4	93.1	76.9	60.5
		24 h	64.0	0.54	3.50	185.6	162.8	132.6	109.5	86.2
		3 d	86.8	0.56	3.50	249.8	219.3	178.7	147.7	116.4
28	河底镇苏村	10 min	13.5	0.49	3.50	35.3	31.3	25.9	21.7	17.5
		60 min	27.9	0.57	3.50	82.7	72.3	58.5	48.0	37.5
		6 h	45.3	0.54	3.50	130.3	114.4	93.1	76.9	60.5
		24 h	64.0	0.54	3.50	185.6	162.8	132.6	109.5	86.2
		3 d	86.8	0.56	3.50	249.8	219.3	178.7	147.7	116.4

续表 3-3-2

序号	计算单元	历时	均值 $\overline{H}$ (mm)	变差系数 C_v	C_s/C_v	重现期雨量值 H_p(mm)				
						100 a($H_{1\%}$)	50 a($H_{2\%}$)	20 a($H_{5\%}$)	10 a($H_{10\%}$)	5 a($H_{20\%}$)
29	东镇镇三交村三交	10 min	12.2	0.52	3.50	34.5	30.3	24.8	20.6	16.3
		60 min	26.4	0.58	3.50	81.2	70.7	56.7	46.2	35.6
		6 h	44.7	0.55	3.50	132.4	115.7	93.6	76.9	60.0
		24 h	62.0	0.54	3.50	180.8	158.3	128.6	105.9	83.0
		3 d	79.3	0.55	3.50	234.8	205.3	166.1	136.4	106.4
30	东镇镇西街村北街	10 min	12.2	0.52	3.50	34.1	30.1	24.6	20.4	16.2
		60 min	26.3	0.57	3.50	80.7	70.2	56.4	45.9	35.5
		6 h	44.6	0.55	3.50	132.1	115.5	93.4	76.7	59.9
		24 h	61.8	0.54	3.50	179.6	157.4	127.9	105.4	82.7
		3 d	79.2	0.55	3.50	234.5	205.0	165.9	136.2	106.3
31	东镇镇南街村东堡	10 min	12.2	0.51	3.50	33.9	29.9	24.5	20.4	16.2
		60 min	26.3	0.57	3.50	80.4	70.0	56.2	45.8	35.4
		6 h	44.6	0.55	3.50	131.5	115.0	93.1	76.5	59.8
		24 h	61.7	0.54	3.50	179.1	156.9	127.6	105.2	82.6
		3 d	79.2	0.55	3.50	233.7	204.4	165.5	135.9	106.2
32	石门乡店上村店上	10 min	14.1	0.48	3.50	37.2	33.0	27.4	23.0	18.6
		60 min	28.8	0.54	3.50	84.0	73.6	59.7	49.2	38.6
		6 h	47.5	0.54	3.50	138.5	121.3	98.5	81.1	63.6
		24 h	72.0	0.54	3.50	209.3	183.4	149.0	122.8	96.4
		3 d	92.8	0.51	3.50	258.0	227.4	186.5	155.2	123.4

续表 3-3-2

序号	计算单元	历时	均值 $\overline{H}$ (mm)	变差系数 C_v	C_s/C_v	重现期雨量值 H_p(mm)				
						100 a($H_{1\%}$)	50 a($H_{2\%}$)	20 a($H_{5\%}$)	10 a($H_{10\%}$)	5 a($H_{20\%}$)
33	石门乡玉坡村柳林	10 min	14.5	0.50	3.50	39.4	34.8	28.7	24.0	19.2
		60 min	30.2	0.55	3.50	89.7	78.4	63.4	52.0	40.6
		6 h	50.8	0.56	3.50	153.5	133.8	107.8	88.1	68.4
		24 h	77.0	0.56	3.50	231.6	202.0	162.9	133.3	103.6
		3 d	100.2	0.53	3.50	287.6	252.4	205.7	170.0	133.9
34	石门乡横榆村下柳峪	10 min	14.4	0.48	3.50	38.1	33.8	28.0	23.6	19.0
		60 min	29.8	0.55	3.50	88.0	76.9	62.3	51.2	40.0
		6 h	50.5	0.54	3.50	147.2	129.0	104.7	86.3	67.6
		24 h	75.5	0.54	3.50	220.1	192.8	156.6	129.0	101.1
		3 d	98.0	0.51	3.50	271.6	239.4	196.5	163.7	130.2
35	石门乡白家滩村黄家沙	10 min	14.1	0.48	3.50	37.2	33.0	27.4	23.0	18.6
		60 min	29.1	0.54	3.50	84.8	74.3	60.3	49.7	39.0
		6 h	49.5	0.54	3.50	143.9	126.1	102.4	84.4	66.3
		24 h	73.0	0.54	3.50	212.8	186.4	151.4	124.7	97.8
		3 d	97.3	0.50	3.50	267.5	236.1	194.1	161.9	129.1
36	石门乡西坪村西坪	10 min	14.5	0.49	3.50	39.0	34.5	28.5	23.9	19.2
		60 min	30.5	0.55	3.50	90.5	79.1	64.0	52.5	40.9
		6 h	51.8	0.54	3.50	151.0	132.3	107.4	88.5	69.4
		24 h	77.0	0.54	3.50	224.5	196.7	159.7	131.5	103.1
		3 d	99.8	0.51	3.50	277.5	244.5	200.6	166.9	132.7

续表 3-3-2

序号	计算单元	历时	均值 $\overline{H}$ (mm)	变差系数 C_v	C_s/C_v	重现期雨量值 H_p (mm)				
						100 a($H_{1\%}$)	50 a($H_{2\%}$)	20 a($H_{5\%}$)	10 a($H_{10\%}$)	5 a($H_{20\%}$)
37	石门乡西坪村腰庄	10 min	14.5	0.49	3.50	38.8	34.3	28.4	23.8	19.1
		60 min	30.4	0.55	3.50	90.0	78.7	63.7	52.3	40.8
		6 h	51.5	0.54	3.50	149.0	130.6	106.2	87.7	68.9
		24 h	76.5	0.54	3.50	222.4	194.8	158.3	130.5	102.4
		3 d	99.5	0.51	3.50	275.8	243.1	199.5	166.2	132.2
38	石门乡青山村青山	10 min	14.1	0.49	3.50	37.6	33.3	27.6	23.2	18.6
		60 min	29.0	0.54	3.50	85.1	74.6	60.6	49.9	39.1
		6 h	48.8	0.53	3.50	141.1	123.8	100.8	83.2	65.5
		24 h	74.5	0.53	3.50	214.7	188.4	153.5	126.9	99.9
		3 d	95.0	0.51	3.50	263.7	232.5	190.9	159.0	126.6
39	石门乡横榆村上横榆	10 min	14.1	0.49	3.50	37.6	33.3	27.6	23.2	18.6
		60 min	29.0	0.54	3.50	84.4	74.0	60.1	49.5	38.8
		6 h	48.8	0.53	3.50	140.1	122.9	100.2	82.8	65.2
		24 h	74.5	0.53	3.50	213.2	187.2	152.6	126.2	99.5
		3 d	95.0	0.51	3.50	262.0	231.1	189.9	158.3	126.1
40	石门乡横榆村下横榆	10 min	14.1	0.49	3.50	37.6	33.3	27.6	23.2	18.6
		60 min	29.2	0.54	3.50	85.1	74.6	60.6	49.9	39.1
		6 h	49.0	0.53	3.50	141.1	123.8	100.8	83.2	65.5
		24 h	74.8	0.53	3.50	214.7	188.4	153.5	126.9	99.9
		3 d	95.3	0.51	3.50	263.7	232.5	190.9	159.0	126.6

续表 3-3-2

序号	计算单元	历时	均值 $\overline{H}$ (mm)	变差系数 C_v	C_s/C_v	重现期雨量值 H_p (mm)				
						100 a($H_{1\%}$)	50 a($H_{2\%}$)	20 a($H_{5\%}$)	10 a($H_{10\%}$)	5 a($H_{20\%}$)
41	郭家庄镇沟西村	10 min	12.1	0.61	3.50	39.2	33.9	26.9	21.6	16.4
		60 min	28.0	0.59	3.50	88.1	76.4	61.0	49.4	37.9
		6 h	44.0	0.48	3.50	116.5	103.3	85.6	72.0	58.0
		24 h	61.0	0.49	3.50	162.9	144.2	119.3	100.2	80.5
		3 d	78.5	0.49	3.50	211.3	187.0	154.4	129.4	103.8
42	郭家庄镇晋庄村	10 min	12.1	0.61	3.50	39.0	33.8	26.8	21.6	16.5
		60 min	28.0	0.59	3.50	88.1	76.4	61.0	49.4	37.9
		6 h	44.5	0.50	3.50	120.8	106.7	88.0	73.6	58.9
		24 h	60.0	0.49	3.50	161.5	142.9	118.0	98.9	79.3
		3 d	78.0	0.50	3.50	211.7	187.1	154.3	129.0	103.3
43	郭家庄镇西阜村	10 min	12.2	0.61	3.50	39.5	34.2	27.1	21.8	16.6
		60 min	28.0	0.59	3.50	88.1	76.4	61.0	49.4	37.9
		6 h	44.6	0.49	3.50	120.1	106.2	87.7	73.5	59.0
		24 h	60.5	0.49	3.50	162.9	144.1	119.0	99.7	80.0
		3 d	78.5	0.50	3.50	213.0	188.3	155.3	129.9	103.9
44	桐城镇下白土村黑肴	10 min	12.2	0.60	3.50	38.8	33.6	26.7	21.6	16.5
		60 min	28.7	0.60	3.50	91.7	79.4	63.2	51.0	38.9
		6 h	45.0	0.52	3.50	127.1	111.8	91.4	75.8	60.0
		24 h	65.2	0.52	3.50	184.2	162.0	132.4	109.8	86.9
		3 d	83.3	0.53	3.50	239.1	209.9	171.0	141.3	111.3

续表 3-3-2

序号	计算单元	历时	均值 $\overline{H}$ (mm)	变差系数 C_v	C_s/C_v	重现期雨量值 H_p (mm)				
						100 a($H_{1\%}$)	50 a($H_{2\%}$)	20 a($H_{5\%}$)	10 a($H_{10\%}$)	5 a($H_{20\%}$)
45	桐城镇下白土村下白土	10 min	12.2	0.60	3.50	39.0	33.7	26.8	21.7	16.5
		60 min	28.5	0.60	3.50	90.3	78.3	62.4	50.5	38.6
		6 h	45.0	0.50	3.50	123.1	108.7	89.5	74.7	59.7
		24 h	65.0	0.50	3.50	177.8	157.0	129.2	107.9	86.2
		3 d	83.0	0.50	3.50	227.1	200.5	165.0	137.8	110.0
46	桐城镇王顺坡村	10 min	12.1	0.60	3.50	38.5	33.3	26.5	21.4	16.3
		60 min	28.1	0.57	3.50	85.8	74.7	60.1	49.0	37.9
		6 h	45.1	0.50	3.50	123.4	109.0	89.7	74.9	59.8
		24 h	63.0	0.50	3.50	172.4	152.2	125.3	104.6	83.5
		3 d	80.0	0.50	3.50	218.9	193.3	159.1	132.8	106.1
47	桐城镇姚村	10 min	12.1	0.57	3.50	36.8	32.0	25.8	21.0	16.2
		60 min	27.0	0.58	3.50	83.1	72.3	58.0	47.2	36.4
		6 h	41.0	0.50	3.50	111.3	98.4	81.1	67.8	54.3
		24 h	60.0	0.50	3.50	163.4	144.3	118.9	99.4	79.5
		3 d	77.8	0.50	3.50	211.1	186.6	153.9	128.7	103.0
48	礼元镇行村	10 min	12.5	0.53	3.50	35.9	31.5	25.7	21.2	16.7
		60 min	27.0	0.54	3.50	78.7	69.0	56.0	46.1	36.2
		6 h	48.8	0.53	3.50	140.1	122.9	100.2	82.8	65.2
		24 h	63.1	0.54	3.50	184.0	161.2	130.9	107.8	84.5
		3 d	78.9	0.53	3.50	226.5	198.8	161.9	133.8	105.4

续表 3-3-2

序号	计算单元	历时	均值 $\overline{H}$ (mm)	变差系数 C_v	C_s/C_v	重现期雨量值 H_p (mm)				
						100 a($H_{1\%}$)	50 a($H_{2\%}$)	20 a($H_{5\%}$)	10 a($H_{10\%}$)	5 a($H_{20\%}$)
49	东镇镇裴村	10 min	12.6	0.50	3.50	34.5	30.4	25.1	20.9	16.7
		60 min	26.7	0.56	3.50	80.3	70.1	56.5	46.2	35.9
		6 h	45.3	0.56	3.50	136.2	118.9	95.9	78.4	60.9
		24 h	63.2	0.55	3.50	187.2	163.6	132.4	108.7	84.8
		3 d	76.3	0.56	3.50	229.5	200.2	161.5	132.1	102.6
50	东镇镇东鲁村东鲁	10 min	12.3	0.52	3.50	35.4	31.3	25.8	21.5	17.2
		60 min	26.5	0.55	3.50	81.7	71.3	57.6	47.2	36.7
		6 h	45.3	0.53	3.50	131.4	115.1	93.5	77.0	60.4
		24 h	62.0	0.56	3.50	175.1	153.7	125.2	103.5	81.5
		3 d	80.2	0.56	3.50	245.7	215.5	175.4	144.9	114.0
51	东镇镇涑阳村	10 min	12.4	0.50	3.50	35.4	31.3	25.8	21.5	17.2
		60 min	26.9	0.56	3.50	81.7	71.3	57.6	47.2	36.7
		6 h	45.1	0.54	3.50	131.4	115.1	93.5	77.0	60.4
		24 h	61.0	0.54	3.50	175.1	153.7	125.2	103.5	81.5
		3 d	78.5	0.54	3.50	245.7	215.5	175.4	144.9	114.0

续表 3-3-2

序号	计算单元	历时	均值 $\overline{H}$ (mm)	变差系数 C_v	C_s/C_v	重现期雨量值 H_p(mm)				
						100 a($H_{1\%}$)	50 a($H_{2\%}$)	20 a($H_{5\%}$)	10 a($H_{10\%}$)	5 a($H_{20\%}$)
52	河底镇连家坡村正水洼	10 min	13.0	0.48	3.50	34.1	30.3	25.2	21.2	17.1
		60 min	28.0	0.53	3.50	79.7	70.1	57.2	47.3	37.4
		6 h	45.3	0.53	3.50	129.0	113.3	92.5	76.6	60.5
		24 h	65.0	0.53	3.50	185.1	162.6	132.7	109.9	86.7
		3 d	87.5	0.50	3.50	238.6	210.8	173.6	145.1	115.9
53	河底镇卫村	10 min	12.1	0.48	3.50	32.0	28.4	23.5	19.8	15.9
		60 min	25.8	0.55	3.50	76.4	66.8	54.0	44.4	34.6
		6 h	44.0	0.51	3.50	121.4	107.1	88.0	73.3	58.4
		24 h	59.8	0.50	3.50	163.9	144.7	119.0	99.4	79.3
		3 d	79.8	0.49	3.50	214.8	190.1	157.0	131.5	105.5
54	河底镇小寺头村	10 min	12.1	0.48	3.50	32.0	28.4	23.5	19.8	15.9
		60 min	25.8	0.55	3.50	76.4	66.8	54.0	44.4	34.6
		6 h	44.0	0.51	3.50	121.4	107.1	88.0	73.3	58.4
		24 h	59.8	0.50	3.50	163.6	144.5	118.9	99.3	79.3
		3 d	79.8	0.49	3.50	214.8	190.1	157.0	131.5	105.5

续表 3-3-2

序号	计算单元	历时	均值 $\overline{H}$ (mm)	变差系数 C_v	C_s/C_v	重现期雨量值 H_p(mm)				
						100 a($H_{1\%}$)	50 a($H_{2\%}$)	20 a($H_{5\%}$)	10 a($H_{10\%}$)	5 a($H_{20\%}$)
55	裴社乡寺头村	10 min	12.2	0.48	3.50	32.3	28.6	23.7	20.0	16.1
		60 min	25.8	0.55	3.50	76.4	66.8	54.0	44.4	34.6
		6 h	44.0	0.51	3.50	121.4	107.1	88.0	73.3	58.4
		24 h	59.8	0.50	3.50	163.6	144.5	118.9	99.3	79.3
		3 d	79.8	0.49	3.50	214.8	190.1	157.0	131.5	105.5
56	桐城镇西官庄村	10 min	12.0	0.49	3.50	32.3	28.6	23.6	19.8	15.9
		60 min	25.5	0.57	3.50	77.9	67.8	54.5	44.4	34.4
		6 h	44.5	0.49	3.50	119.8	106.0	87.5	73.3	58.8
		24 h	60.0	0.50	3.50	162.8	143.9	118.7	99.3	79.4
		3 d	77.5	0.50	3.50	210.3	185.9	153.3	128.2	102.6
57	郭家庄镇郭店村	10 min	13.0	0.61	3.50	42.1	36.4	28.9	23.2	17.6
		60 min	28.0	0.59	3.50	87.5	75.9	60.7	49.3	37.8
		6 h	44.0	0.50	3.50	120.4	106.3	87.5	73.1	58.3
		24 h	63.0	0.50	3.50	171.0	151.1	124.6	104.2	83.4
		3 d	80.5	0.50	3.50	219.5	193.9	159.7	133.5	106.7

表 3-3-3　闻喜县设计暴雨时程分配表

序号	计算单元	时段长	时段序号	重现期雨量值 H_p(mm)				
				100 a ($H_{1\%}$)	50 a ($H_{2\%}$)	20 a ($H_{5\%}$)	10 a ($H_{10\%}$)	5 a ($H_{20\%}$)
1	桐城镇店头村	0.5 h	1	3.2	2.8	2.3	1.9	1.5
			2	3.4	3.0	2.5	2.0	1.6
			3	3.7	3.2	2.7	2.2	1.7
			4	6.3	5.6	4.5	3.7	3.0
			5	7.5	6.5	5.3	4.4	3.5
			6	17.6	15.4	12.5	10.3	8.1
			7	60.1	52.4	42.1	34.4	26.6
			8	11.9	10.4	8.4	7.0	5.5
			9	9.1	8.0	6.5	5.4	4.2
			10	5.5	4.9	4.0	3.3	2.6
			11	4.9	4.3	3.5	2.9	2.3
			12	4.4	3.9	3.2	2.6	2.1
2	桐城镇张石沟村	0.5 h	1	2.7	2.4	2.0	1.7	1.3
			2	3.0	2.6	2.1	1.8	1.4
			3	3.2	2.9	2.3	2.0	1.6
			4	5.9	5.2	4.2	3.5	2.8
			5	7.0	6.1	5.0	4.2	3.3
			6	17.2	15.1	12.4	10.2	8.1
			7	55.6	48.7	39.5	32.5	25.4
			8	11.4	10.0	8.2	6.8	5.4
			9	8.6	7.6	6.2	5.2	4.1
			10	5.0	4.4	3.7	3.0	2.4
			11	4.4	3.9	3.2	2.7	2.1
			12	3.9	3.5	2.9	2.4	1.9
3	桐城镇东社村	0.25 h	1	1.4	1.3	1.1	0.9	0.7
			2	1.5	1.3	1.1	0.9	0.7
			3	1.6	1.4	1.1	1.0	0.8
			4	1.6	1.5	1.2	1.0	0.8

续表 3-3-3

序号	计算单元	时段长	时段序号	重现期雨量值 H_p(mm)				
				100 a ($H_{1\%}$)	50 a ($H_{2\%}$)	20 a ($H_{5\%}$)	10 a ($H_{10\%}$)	5 a ($H_{20\%}$)
3	桐城镇东社村	0.25 h	5	2.7	2.4	2.0	1.7	1.3
			6	3.0	2.6	2.2	1.8	1.4
			7	3.2	2.8	2.3	2.0	1.6
			8	3.5	3.1	2.6	2.1	1.7
			9	7.1	6.3	5.1	4.3	3.4
			10	13.2	11.6	9.5	7.9	6.2
			11	37.9	33.2	27.0	22.2	17.4
			12	9.1	8.0	6.6	5.5	4.3
			13	5.9	5.2	4.2	3.5	2.8
			14	5.0	4.4	3.6	3.0	2.4
			15	4.4	3.9	3.2	2.7	2.1
			16	3.9	3.5	2.8	2.4	1.9
			17	2.5	2.3	1.9	1.5	1.2
			18	2.4	2.1	1.7	1.5	1.2
			19	2.2	2.0	1.6	1.4	1.1
			20	2.1	1.9	1.5	1.3	1.0
			21	2.0	1.8	1.5	1.2	1.0
			22	1.9	1.7	1.4	1.2	0.9
			23	1.8	1.6	1.3	1.1	0.9
			24	1.7	1.5	1.3	1.0	0.8
4	桐城镇乔庄村	0.25 h	1	1.4	1.3	1.1	0.9	0.7
			2	1.5	1.3	1.1	0.9	0.7
			3	1.6	1.4	1.1	1.0	0.8
			4	1.6	1.5	1.2	1.0	0.8
			5	2.7	2.4	2.0	1.7	1.3
			6	3.0	2.6	2.2	1.8	1.4
			7	3.2	2.8	2.3	2.0	1.6
			8	3.5	3.1	2.6	2.1	1.7

续表 3-3-3

序号	计算单元	时段长	时段序号	重现期雨量值 H_p(mm)				
				100 a ($H_{1\%}$)	50 a ($H_{2\%}$)	20 a ($H_{5\%}$)	10 a ($H_{10\%}$)	5 a ($H_{20\%}$)
4	桐城镇乔庄村	0.25 h	9	7.1	6.3	5.1	4.3	3.4
			10	13.3	11.7	9.6	7.9	6.3
			11	38.1	33.4	27.1	22.3	17.5
			12	9.2	8.1	6.6	5.5	4.3
			13	5.9	5.2	4.3	3.5	2.8
			14	5.0	4.4	3.6	3.0	2.4
			15	4.4	3.9	3.2	2.7	2.1
			16	3.9	3.5	2.8	2.4	1.9
			17	2.6	2.3	1.9	1.6	1.2
			18	2.4	2.1	1.7	1.5	1.2
			19	2.2	2.0	1.6	1.4	1.1
			20	2.1	1.9	1.5	1.3	1.0
			21	2.0	1.8	1.5	1.2	1.0
			22	1.9	1.7	1.4	1.2	0.9
			23	1.8	1.6	1.3	1.1	0.9
			24	1.7	1.5	1.3	1.0	0.8
5	桐城镇东庄村槐树洼	0.5 h	1	2.5	2.2	1.9	1.6	1.3
			2	2.7	2.5	2.1	1.7	1.4
			3	3.0	2.7	2.3	1.9	1.6
			4	5.8	5.1	4.2	3.5	2.8
			5	7.0	6.2	5.0	4.2	3.3
			6	17.7	15.5	12.6	10.3	8.1
			7	53.2	46.6	37.8	31.2	24.4
			8	11.7	10.2	8.3	6.9	5.4
			9	8.7	7.7	6.3	5.2	4.1
			10	4.9	4.4	3.6	3.0	2.4
			11	4.3	3.8	3.1	2.6	2.1
			12	3.8	3.4	2.8	2.3	1.9

续表 3-3-3

序号	计算单元	时段长	时段序号	重现期雨量值 H_p(mm)				
				100 a ($H_{1\%}$)	50 a ($H_{2\%}$)	20 a ($H_{5\%}$)	10 a ($H_{10\%}$)	5 a ($H_{20\%}$)
6	桐城镇丁店村	0.5 h	1	2.7	2.4	2.0	1.6	1.3
			2	2.9	2.6	2.1	1.8	1.4
			3	3.2	2.8	2.3	2.0	1.6
			4	6.0	5.3	4.3	3.6	2.9
			5	7.2	6.3	5.2	4.3	3.4
			6	17.6	15.5	12.6	10.4	8.2
			7	51.4	45.1	36.7	30.4	23.9
			8	11.8	10.3	8.4	7.0	5.5
			9	8.9	7.8	6.4	5.3	4.2
			10	5.1	4.5	3.7	3.1	2.5
			11	4.5	3.9	3.2	2.7	2.2
			12	4.0	3.5	2.9	2.4	1.9
7	礼元镇文典村	0.25 h	1	1.5	1.3	1.1	0.9	0.7
			2	1.6	1.4	1.1	0.9	0.7
			3	1.7	1.5	1.2	1.0	0.8
			4	1.7	1.5	1.2	1.0	0.8
			5	3.0	2.6	2.1	1.7	1.3
			6	3.3	2.9	2.3	1.9	1.5
			7	3.6	3.1	2.5	2.0	1.6
			8	3.9	3.4	2.8	2.2	1.7
			9	8.0	7.0	5.6	4.6	3.5
			10	14.8	13.0	10.4	8.5	6.6
			11	39.2	34.7	28.5	23.8	19.0
			12	10.3	9.0	7.2	5.9	4.5
			13	6.6	5.8	4.6	3.8	2.9
			14	5.6	4.9	3.9	3.2	2.5
			15	4.9	4.3	3.4	2.8	2.2
			16	4.4	3.8	3.1	2.5	1.9
			17	2.8	2.4	2.0	1.6	1.2

续表 3-3-3

序号	计算单元	时段长	时段序号	重现期雨量值 H_p(mm)				
				100 a ($H_{1\%}$)	50 a ($H_{2\%}$)	20 a ($H_{5\%}$)	10 a ($H_{10\%}$)	5 a ($H_{20\%}$)
7	礼元镇文典村	0.25 h	18	2.6	2.3	1.8	1.5	1.2
			19	2.4	2.1	1.7	1.4	1.1
			20	2.3	2.0	1.6	1.3	1.0
			21	2.2	1.9	1.5	1.2	1.0
			22	2.0	1.8	1.4	1.2	0.9
			23	1.9	1.7	1.4	1.1	0.9
			24	1.8	1.6	1.3	1.1	0.8
8	东镇镇东姚村西姚	0.25 h	1	1.5	1.3	1.1	0.9	0.7
			2	1.5	1.4	1.1	0.9	0.7
			3	1.6	1.4	1.2	1.0	0.8
			4	1.7	1.5	1.2	1.0	0.8
			5	3.0	2.6	2.1	1.7	1.4
			6	3.2	2.8	2.3	1.9	1.5
			7	3.5	3.1	2.5	2.1	1.6
			8	3.9	3.4	2.8	2.3	1.8
			9	8.1	7.1	5.7	4.7	3.6
			10	15.3	13.3	10.8	8.8	6.8
			11	41.2	36.2	29.6	24.5	19.3
			12	10.5	9.2	7.4	6.1	4.7
			13	6.7	5.8	4.7	3.9	3.0
			14	5.7	5.0	4.0	3.3	2.6
			15	4.9	4.3	3.5	2.9	2.2
			16	4.4	3.8	3.1	2.5	2.0
			17	2.8	2.4	2.0	1.6	1.3
			18	2.6	2.2	1.8	1.5	1.2
			19	2.4	2.1	1.7	1.4	1.1
			20	2.2	2.0	1.6	1.3	1.0
			21	2.1	1.9	1.5	1.2	1.0
			22	2.0	1.8	1.4	1.2	0.9

续表 3-3-3

序号	计算单元	时段长	时段序号	重现期雨量值 H_p(mm)				
				100 a ($H_{1\%}$)	50 a ($H_{2\%}$)	20 a ($H_{5\%}$)	10 a ($H_{10\%}$)	5 a ($H_{20\%}$)
8	东镇镇东姚村西姚	0.25 h	23	1.9	1.7	1.4	1.1	0.9
			24	1.8	1.6	1.3	1.1	0.8
9	东镇镇东姚村东姚	0.25 h	1	1.5	1.3	1.1	0.9	0.7
			2	1.6	1.4	1.1	0.9	0.7
			3	1.7	1.5	1.2	1.0	0.8
			4	1.7	1.5	1.2	1.0	0.8
			5	3.1	2.7	2.2	1.8	1.4
			6	3.4	3.0	2.4	1.9	1.5
			7	3.7	3.2	2.6	2.1	1.6
			8	4.1	3.6	2.9	2.3	1.8
			9	8.6	7.5	6.0	4.8	3.7
			10	16.2	14.1	11.3	9.1	7.0
			11	42.6	37.5	30.7	25.5	20.2
			12	11.1	9.7	7.7	6.3	4.8
			13	7.1	6.1	4.9	4.0	3.0
			14	6.0	5.2	4.2	3.4	2.6
			15	5.2	4.5	3.6	2.9	2.2
			16	4.6	4.0	3.2	2.6	2.0
			17	2.9	2.5	2.0	1.6	1.3
			18	2.7	2.3	1.9	1.5	1.2
			19	2.5	2.2	1.7	1.4	1.1
			20	2.3	2.0	1.6	1.3	1.0
			21	2.2	1.9	1.5	1.3	1.0
			22	2.1	1.8	1.4	1.2	0.9
			23	1.9	1.7	1.4	1.1	0.9
			24	1.8	1.6	1.3	1.1	0.8
10	东镇镇中庄村中庄	0.5 h	1	2.8	2.5	2.0	1.7	1.3
			2	3.1	2.7	2.2	1.8	1.4
			3	3.4	3.0	2.4	2.0	1.6

续表 3-3-3

序号	计算单元	时段长	时段序号	重现期雨量值 H_p(mm)				
				100 a ($H_{1\%}$)	50 a ($H_{2\%}$)	20 a ($H_{5\%}$)	10 a ($H_{10\%}$)	5 a ($H_{20\%}$)
10	东镇镇中庄村中庄	0.5 h	4	6.4	5.6	4.5	3.7	2.9
			5	7.7	6.7	5.4	4.4	3.4
			6	19.2	16.7	13.3	10.8	8.3
			7	56.1	49.2	40.1	33.1	26.0
			8	12.8	11.1	8.9	7.2	5.5
			9	9.6	8.4	6.7	5.5	4.2
			10	5.5	4.8	3.9	3.2	2.5
			11	4.8	4.2	3.4	2.8	2.2
			12	4.2	3.7	3.0	2.5	1.9
11	裴社乡王赵村小王赵	0.5 h	1	3.2	2.8	2.3	1.9	1.5
			2	3.4	3.0	2.5	2.1	1.6
			3	3.7	3.3	2.7	2.2	1.8
			4	6.4	5.6	4.6	3.8	3.0
			5	7.5	6.6	5.4	4.4	3.5
			6	17.3	15.2	12.3	10.1	7.9
			7	51.3	45.0	36.6	30.2	23.8
			8	11.8	10.4	8.4	6.9	5.4
			9	9.1	8.0	6.5	5.4	4.2
			10	5.6	4.9	4.0	3.3	2.6
			11	4.9	4.3	3.5	2.9	2.3
			12	4.4	3.9	3.2	2.6	2.1
12	裴社乡宋家庄村下青沟	0.5 h	1	2.7	2.4	2.0	1.6	1.3
			2	2.9	2.6	2.1	1.8	1.4
			3	3.2	2.8	2.3	1.9	1.5
			4	5.7	5.0	4.1	3.3	2.6
			5	6.7	5.9	4.8	4.0	3.1
			6	15.8	13.9	11.3	9.3	7.3
			7	45.9	40.6	33.6	28.1	22.6
			8	10.7	9.4	7.6	6.3	4.9

续表 3-3-3

序号	计算单元	时段长	时段序号	重现期雨量值 H_p(mm)				
				100 a ($H_{1\%}$)	50 a ($H_{2\%}$)	20 a ($H_{5\%}$)	10 a ($H_{10\%}$)	5 a ($H_{20\%}$)
12	裴社乡宋家庄村下青沟	0.5 h	9	8.2	7.2	5.9	4.8	3.8
			10	4.9	4.3	3.5	2.9	2.3
			11	4.3	3.8	3.1	2.6	2.0
			12	3.9	3.4	2.8	2.3	1.8
13	裴社乡宋家庄村宋家庄	0.5 h	1	2.8	2.4	2.0	1.6	1.3
			2	3.0	2.6	2.1	1.8	1.4
			3	3.3	2.9	2.3	1.9	1.5
			4	5.8	5.1	4.2	3.4	2.7
			5	6.9	6.0	4.9	4.1	3.2
			6	16.2	14.2	11.6	9.5	7.5
			7	45.6	40.4	33.4	28.0	22.5
			8	11.0	9.7	7.8	6.5	5.1
			9	8.5	7.4	6.0	5.0	3.9
			10	5.0	4.4	3.6	3.0	2.3
			11	4.4	3.9	3.2	2.6	2.1
			12	4.0	3.5	2.8	2.3	1.9
14	石门乡石门村口头	0.5 h	1	2.6	2.2	1.8	1.5	1.2
			2	2.7	2.4	1.9	1.6	1.3
			3	2.9	2.5	2.1	1.7	1.3
			4	3.1	2.7	2.2	1.8	1.4
			5	3.3	2.9	2.4	1.9	1.5
			6	9.9	8.6	6.9	5.6	4.3
			7	12.8	11.1	8.9	7.2	5.5
			8	55.0	48.5	39.9	33.2	26.5
			9	18.9	16.4	13.1	10.6	8.2
			10	8.1	7.0	5.6	4.6	3.5
			11	6.8	6.0	4.8	3.9	3.0
			12	5.9	5.2	4.2	3.4	2.6

续表 3-3-3

序号	计算单元	时段长	时段序号	重现期雨量值 H_p(mm)				
				100 a ($H_{1\%}$)	50 a ($H_{2\%}$)	20 a ($H_{5\%}$)	10 a ($H_{10\%}$)	5 a ($H_{20\%}$)
15	石门乡后交村元河	0.25 h	1	4.9	4.3	3.4	2.8	2.1
			2	5.5	4.8	3.8	3.1	2.4
			3	6.2	5.4	4.3	3.5	2.7
			4	7.2	6.3	5.0	4.1	3.1
			5	11.0	9.5	7.6	6.2	4.8
			6	41.6	36.8	30.4	25.5	20.4
			7	15.6	13.6	10.9	8.9	6.9
			8	8.6	7.5	6.0	4.9	3.7
			9	4.4	3.9	3.1	2.5	1.9
			10	4.1	3.5	2.8	2.3	1.8
			11	3.8	3.3	2.6	2.1	1.6
			12	3.5	3.0	2.4	2.0	1.5
			13	3.3	2.8	2.3	1.8	1.4
			14	3.1	2.7	2.1	1.7	1.3
			15	2.9	2.5	2.0	1.6	1.3
			16	2.7	2.4	1.9	1.5	1.2
			17	2.6	2.2	1.8	1.5	1.1
			18	2.5	2.1	1.7	1.4	1.1
			19	2.3	2.0	1.6	1.3	1.0
			20	2.2	1.9	1.6	1.3	1.0
			21	2.1	1.9	1.5	1.2	0.9
			22	2.1	1.8	1.4	1.2	0.9
			23	2.0	1.7	1.4	1.1	0.9
			24	1.9	1.7	1.3	1.1	0.8
16	石门乡石门村石门	0.5 h	1	13.1	11.3	9.1	7.4	5.7
			2	55.2	48.7	39.9	33.2	26.4
			3	19.1	16.6	13.3	10.8	8.3
			4	8.3	7.2	5.8	4.7	3.6
			5	7.1	6.2	4.9	4.0	3.1

续表 3-3-3

序号	计算单元	时段长	时段序号	重现期雨量值 H_p(mm)				
				100 a ($H_{1\%}$)	50 a ($H_{2\%}$)	20 a ($H_{5\%}$)	10 a ($H_{10\%}$)	5 a ($H_{20\%}$)
16	石门乡石门村石门	0.5 h	6	6.2	5.4	4.3	3.5	2.7
			7	5.5	4.8	3.8	3.1	2.4
			8	4.9	4.3	3.5	2.8	2.2
			9	4.5	3.9	3.2	2.6	2.0
			10	4.1	3.6	2.9	2.4	1.8
			11	3.8	3.3	2.7	2.2	1.7
			12	2.5	2.2	1.8	1.5	1.1
17	石门乡刘家庄村刘家庄	0.5 h	1	13.2	11.5	9.2	7.5	5.7
			2	55.5	48.9	40.1	33.3	26.5
			3	19.3	16.8	13.5	10.9	8.4
			4	8.4	7.3	5.8	4.7	3.7
			5	7.1	6.2	5.0	4.0	3.1
			6	6.2	5.4	4.3	3.5	2.7
			7	5.5	4.8	3.8	3.1	2.4
			8	4.9	4.3	3.5	2.8	2.2
			9	4.5	3.9	3.1	2.6	2.0
			10	4.1	3.6	2.9	2.4	1.8
			11	3.8	3.3	2.7	2.2	1.7
			12	2.4	2.1	1.7	1.4	1.1
18	石门乡刘家庄村马家窑	0.5 h	1	13.5	11.7	9.3	7.5	5.7
			2	55.3	48.6	39.8	33.1	26.2
			3	19.6	17.0	13.5	11.0	8.4
			4	8.7	7.5	6.0	4.8	3.7
			5	7.4	6.4	5.1	4.1	3.2
			6	6.5	5.6	4.5	3.6	2.8
			7	5.8	5.0	4.0	3.2	2.5
			8	5.2	4.5	3.6	2.9	2.3
			9	4.7	4.1	3.3	2.7	2.1
			10	4.3	3.8	3.0	2.5	1.9

续表 3-3-3

序号	计算单元	时段长	时段序号	重现期雨量值 H_p(mm)				
				100 a ($H_{1\%}$)	50 a ($H_{2\%}$)	20 a ($H_{5\%}$)	10 a ($H_{10\%}$)	5 a ($H_{20\%}$)
18	石门乡刘家庄村马家窑	0.5 h	11	4.0	3.5	2.8	2.3	1.8
			12	2.6	2.3	1.9	1.5	1.2
19	石门乡刘家庄村刘庄冶	0.5 h	1	13.5	11.7	9.3	7.5	5.8
			2	55.0	48.4	39.6	32.9	26.0
			3	19.6	17.0	13.5	11.0	8.4
			4	8.7	7.5	6.0	4.8	3.7
			5	7.4	6.4	5.1	4.1	3.2
			6	6.5	5.6	4.5	3.6	2.8
			7	5.8	5.0	4.0	3.2	2.5
			8	5.2	4.5	3.6	2.9	2.3
			9	4.7	4.1	3.3	2.7	2.1
			10	4.3	3.8	3.0	2.5	1.9
			11	4.0	3.5	2.8	2.3	1.8
			12	2.6	2.3	1.8	1.5	1.2
20	神柏乡窑头沟村	0.5 h	1	2.3	2.1	1.8	1.5	1.3
			2	2.5	2.3	1.9	1.7	1.4
			3	2.8	2.5	2.1	1.8	1.5
			4	5.1	4.6	3.8	3.3	2.7
			5	6.1	5.4	4.6	3.9	3.2
			6	15.3	13.6	11.3	9.5	7.7
			7	52.0	45.3	36.5	29.8	23.1
			8	10.0	9.0	7.5	6.4	5.2
			9	7.6	6.8	5.7	4.8	4.0
			10	4.4	3.9	3.3	2.8	2.3
			11	3.8	3.4	2.9	2.5	2.1
			12	3.4	3.1	2.6	2.2	1.8
21	郭家庄镇东韩村	0.5 h	1	2.3	2.1	1.8	1.5	1.3
			2	2.5	2.3	1.9	1.7	1.4
			3	2.8	2.5	2.1	1.8	1.5

续表 3-3-3

序号	计算单元	时段长	时段序号	重现期雨量值 H_p(mm)				
				100 a ($H_{1\%}$)	50 a ($H_{2\%}$)	20 a ($H_{5\%}$)	10 a ($H_{10\%}$)	5 a ($H_{20\%}$)
21	郭家庄镇东韩村	0.5 h	4	4.9	4.4	3.7	3.2	2.6
			5	5.9	5.3	4.4	3.8	3.1
			6	14.8	13.1	10.9	9.1	7.3
			7	53.9	47.0	37.7	30.7	23.8
			8	9.7	8.6	7.2	6.1	4.9
			9	7.3	6.5	5.5	4.6	3.8
			10	4.3	3.8	3.2	2.7	2.3
			11	3.8	3.4	2.8	2.4	2.0
			12	3.3	3.0	2.5	2.2	1.8
22	郭家庄镇宋店村	0.5 h	1	2.3	2.1	1.8	1.5	1.3
			2	2.5	2.3	1.9	1.7	1.4
			3	2.8	2.5	2.1	1.8	1.5
			4	4.9	4.4	3.7	3.2	2.6
			5	5.9	5.3	4.4	3.8	3.1
			6	14.7	13.1	10.8	9.1	7.3
			7	53.8	46.8	37.6	30.7	23.7
			8	9.7	8.6	7.2	6.1	4.9
			9	7.3	6.5	5.4	4.6	3.8
			10	4.3	3.8	3.2	2.7	2.3
			11	3.8	3.4	2.8	2.4	2.0
			12	3.3	3.0	2.5	2.2	1.8
23	郭家庄镇西庄儿头村	0.5 h	1	2.3	2.1	1.8	1.5	1.3
			2	2.5	2.3	1.9	1.7	1.4
			3	2.8	2.5	2.1	1.8	1.5
			4	4.9	4.4	3.7	3.2	2.6
			5	5.9	5.3	4.4	3.8	3.1
			6	14.7	13.1	10.8	9.1	7.3
			7	53.5	46.6	37.5	30.5	23.6
			8	9.7	8.6	7.2	6.1	4.9

续表 3-3-3

序号	计算单元	时段长	时段序号	重现期雨量值 H_p(mm)				
				100 a ($H_{1\%}$)	50 a ($H_{2\%}$)	20 a ($H_{5\%}$)	10 a ($H_{10\%}$)	5 a ($H_{20\%}$)
23	郭家庄镇西庄儿头村	0.5 h	9	7.3	6.5	5.4	4.6	3.8
			10	4.3	3.8	3.2	2.7	2.3
			11	3.7	3.4	2.8	2.4	2.0
			12	3.3	3.0	2.5	2.2	1.8
24	郭家庄镇崔庄村	0.5 h	1	2.3	2.1	1.8	1.5	1.3
			2	2.5	2.3	1.9	1.7	1.4
			3	2.8	2.5	2.1	1.8	1.5
			4	4.9	4.4	3.7	3.2	2.6
			5	5.8	5.2	4.4	3.7	3.1
			6	14.5	12.9	10.7	9.0	7.2
			7	52.4	45.6	36.7	29.9	23.1
			8	9.6	8.5	7.1	6.0	4.9
			9	7.2	6.5	5.4	4.6	3.7
			10	4.2	3.8	3.2	2.7	2.3
			11	3.7	3.4	2.8	2.4	2.0
			12	3.3	3.0	2.5	2.2	1.8
25	后宫乡三河口村余家岭	0.5 h	1	11.4	9.9	8.0	6.5	5.0
			2	50.8	44.6	36.4	30.2	23.8
			3	16.9	14.7	11.8	9.6	7.4
			4	7.1	6.2	5.0	4.1	3.2
			5	6.0	5.2	4.2	3.5	2.7
			6	5.2	4.5	3.7	3.0	2.3
			7	4.6	4.0	3.2	2.7	2.1
			8	4.1	3.6	2.9	2.4	1.9
			9	3.7	3.2	2.6	2.2	1.7
			10	3.4	3.0	2.4	2.0	1.6
			11	3.1	2.7	2.2	1.8	1.5
			12	1.9	1.7	1.4	1.2	1.0

续表 3-3-3

序号	计算单元	时段长	时段序号	重现期雨量值 H_p(mm)				
				100 a ($H_{1\%}$)	50 a ($H_{2\%}$)	20 a ($H_{5\%}$)	10 a ($H_{10\%}$)	5 a ($H_{20\%}$)
26	河底镇董村村董村	0.5 h	1	2.3	2.1	1.8	1.5	1.3
			2	2.5	2.3	1.9	1.7	1.4
			3	2.8	2.5	2.1	1.8	1.5
			4	4.9	4.4	3.7	3.2	2.6
			5	5.8	5.2	4.4	3.7	3.1
			6	14.5	12.9	10.7	9.0	7.2
			7	52.4	45.6	36.7	29.9	23.1
			8	9.6	8.5	7.1	6.0	4.9
			9	7.2	6.5	5.4	4.6	3.7
			10	4.2	3.8	3.2	2.7	2.3
			11	3.7	3.4	2.8	2.4	2.0
			12	3.3	3.0	2.5	2.2	1.8
27	河底镇河底村河底	0.5 h	1	2.8	2.5	2.0	1.7	1.4
			2	3.0	2.7	2.2	1.8	1.5
			3	3.3	2.9	2.4	2.0	1.6
			4	5.8	5.0	4.1	3.4	2.7
			5	6.8	5.9	4.8	4.0	3.1
			6	15.6	13.6	11.0	9.1	7.1
			7	43.4	38.3	31.5	26.3	21.0
			8	10.7	9.4	7.6	6.2	4.9
			9	8.3	7.2	5.9	4.8	3.8
			10	5.0	4.4	3.6	3.0	2.3
			11	4.4	3.9	3.2	2.6	2.1
			12	4.0	3.5	2.9	2.4	1.9
28	河底镇苏村	0.5 h	1	2.8	2.5	2.0	1.7	1.4
			2	3.0	2.7	2.2	1.8	1.5
			3	3.3	2.9	2.4	2.0	1.6
			4	5.8	5.0	4.1	3.4	2.7
			5	6.8	5.9	4.8	4.0	3.1

续表 3-3-3

序号	计算单元	时段长	时段序号	重现期雨量值 H_p(mm)				
				100 a ($H_{1\%}$)	50 a ($H_{2\%}$)	20 a ($H_{5\%}$)	10 a ($H_{10\%}$)	5 a ($H_{20\%}$)
28	河底镇苏村	0.5 h	6	15.5	13.6	11.0	9.1	7.1
			7	43.1	38.1	31.4	26.2	20.9
			8	10.7	9.3	7.6	6.2	4.9
			9	8.3	7.2	5.9	4.8	3.8
			10	5.0	4.4	3.6	3.0	2.3
			11	4.4	3.9	3.2	2.6	2.1
			12	4.0	3.5	2.9	2.4	1.9
29	东镇镇三交村三交	0.5 h	1	2.8	2.4	2.0	1.7	1.3
			2	3.0	2.7	2.2	1.8	1.4
			3	3.3	2.9	2.4	2.0	1.5
			4	6.1	5.3	4.3	3.5	2.7
			5	7.2	6.3	5.1	4.2	3.2
			6	17.5	15.2	12.2	9.9	7.6
			7	50.0	43.8	35.6	29.3	23.0
			8	11.8	10.2	8.2	6.7	5.2
			9	9.0	7.8	6.3	5.1	4.0
			10	5.2	4.6	3.7	3.0	2.4
			11	4.6	4.0	3.3	2.7	2.1
			12	4.1	3.6	2.9	2.4	1.9
30	东镇镇西街村北街	0.5 h	1	2.8	2.4	2.0	1.7	1.3
			2	3.0	2.7	2.2	1.8	1.4
			3	3.3	2.9	2.4	2.0	1.5
			4	6.1	5.3	4.3	3.5	2.7
			5	7.2	6.3	5.1	4.1	3.2
			6	17.4	15.1	12.1	9.9	7.6
			7	49.4	43.3	35.2	29.0	22.8
			8	11.7	10.2	8.2	6.7	5.1
			9	8.9	7.8	6.3	5.1	3.9
			10	5.2	4.6	3.7	3.0	2.4

续表 3-3-3

序号	计算单元	时段长	时段序号	重现期雨量值 H_p(mm)				
				100 a ($H_{1\%}$)	50 a ($H_{2\%}$)	20 a ($H_{5\%}$)	10 a ($H_{10\%}$)	5 a ($H_{20\%}$)
30	东镇镇西街村北街	0.5 h	11	4.6	4.0	3.2	2.7	2.1
			12	4.1	3.6	2.9	2.4	1.9
31	东镇镇南街村东堡	0.5 h	1	2.8	2.4	2.0	1.7	1.3
			2	3.0	2.6	2.2	1.8	1.4
			3	3.3	2.9	2.4	2.0	1.5
			4	6.0	5.3	4.3	3.5	2.7
			5	7.2	6.3	5.1	4.1	3.2
			6	17.4	15.1	12.1	9.8	7.6
			7	49.1	43.0	35.0	28.9	22.7
			8	11.7	10.2	8.2	6.6	5.1
			9	8.9	7.8	6.2	5.1	3.9
			10	5.2	4.5	3.7	3.0	2.4
			11	4.6	4.0	3.2	2.7	2.1
			12	4.0	3.5	2.9	2.4	1.9
32	石门乡店上村店上	0.5 h	1	12.3	10.7	8.6	7.0	5.4
			2	55.2	48.7	39.9	33.3	26.5
			3	17.9	15.6	12.5	10.2	7.9
			4	7.8	6.8	5.5	4.5	3.5
			5	6.7	5.8	4.7	3.8	3.0
			6	5.8	5.1	4.1	3.4	2.6
			7	5.2	4.5	3.7	3.0	2.3
			8	4.7	4.1	3.3	2.7	2.1
			9	4.3	3.7	3.0	2.5	1.9
			10	3.9	3.4	2.8	2.3	1.8
			11	3.6	3.2	2.6	2.1	1.7
			12	2.4	2.1	1.7	1.4	1.1
33	石门乡玉坡村柳林	0.5 h	1	13.7	11.9	9.5	7.7	5.9
			2	59.7	52.5	42.8	35.5	28.0
			3	20.0	17.3	13.8	11.2	8.6

续表 3-3-3

序号	计算单元	时段长	时段序号	重现期雨量值 H_p(mm)				
				100 a ($H_{1\%}$)	50 a ($H_{2\%}$)	20 a ($H_{5\%}$)	10 a ($H_{10\%}$)	5 a ($H_{20\%}$)
33	石门乡玉城村柳林	0.5 h	4	8.8	7.6	6.1	4.9	3.8
			5	7.5	6.5	5.2	4.2	3.2
			6	6.6	5.7	4.6	3.7	2.9
			7	5.9	5.1	4.1	3.3	2.6
			8	5.3	4.6	3.7	3.0	2.3
			9	4.8	4.2	3.4	2.7	2.1
			10	4.5	3.9	3.1	2.5	2.0
			11	4.1	3.6	2.9	2.3	1.8
			12	2.7	2.4	1.9	1.6	1.2
34	石门乡横榆村下柳峪	0.5 h	1	13.3	11.6	9.3	7.6	5.8
			2	58.6	51.6	42.3	35.1	27.9
			3	19.5	17.0	13.6	11.1	8.5
			4	8.5	7.4	5.9	4.8	3.7
			5	7.2	6.3	5.0	4.1	3.2
			6	6.3	5.5	4.4	3.6	2.8
			7	5.6	4.9	3.9	3.2	2.5
			8	5.0	4.4	3.5	2.9	2.3
			9	4.6	4.0	3.2	2.6	2.1
			10	4.2	3.7	3.0	2.4	1.9
			11	3.9	3.4	2.7	2.3	1.8
			12	2.5	2.2	1.8	1.5	1.2
35	石门乡白家滩村黄家沙	0.5 h	1	3.5	3.0	2.5	2.0	1.6
			2	3.7	3.3	2.7	2.2	1.7
			3	4.0	3.5	2.9	2.4	1.8
			4	6.9	6.0	4.9	4.0	3.1
			5	8.1	7.1	5.7	4.6	3.6
			6	18.6	16.2	13.0	10.6	8.2
			7	55.1	48.6	39.9	33.2	26.5
			8	12.7	11.1	8.9	7.3	5.6

续表 3-3-3

序号	计算单元	时段长	时段序号	重现期雨量值 H_p(mm)				
				100 a ($H_{1\%}$)	50 a ($H_{2\%}$)	20 a ($H_{5\%}$)	10 a ($H_{10\%}$)	5 a ($H_{20\%}$)
35	石门乡白家滩村黄家沙	0.5 h	9	9.9	8.6	6.9	5.6	4.4
			10	6.0	5.3	4.3	3.5	2.7
			11	5.4	4.7	3.8	3.1	2.4
			12	4.8	4.2	3.4	2.8	2.2
36	石门乡西坪村西坪	0.5 h	1	13.6	11.9	9.5	7.8	6.0
			2	59.4	52.3	42.8	35.5	28.1
			3	20.0	17.4	14.0	11.4	8.8
			4	8.6	7.5	6.1	4.9	3.8
			5	7.4	6.4	5.2	4.2	3.3
			6	6.4	5.6	4.5	3.7	2.9
			7	5.7	5.0	4.0	3.3	2.6
			8	5.1	4.5	3.6	3.0	2.3
			9	4.7	4.1	3.3	2.7	2.1
			10	4.3	3.7	3.0	2.5	1.9
			11	3.9	3.4	2.8	2.3	1.8
			12	2.6	2.2	1.8	1.5	1.2
37	石门乡西坪村腰庄	0.5 h	1	13.3	11.6	9.3	7.6	5.9
			2	57.1	50.3	41.2	34.3	27.2
			3	19.4	16.9	13.6	11.1	8.6
			4	8.5	7.4	5.9	4.9	3.8
			5	7.2	6.3	5.1	4.2	3.2
			6	6.3	5.5	4.4	3.6	2.8
			7	5.6	4.9	4.0	3.2	2.5
			8	5.0	4.4	3.6	2.9	2.3
			9	4.6	4.0	3.3	2.7	2.1
			10	4.2	3.7	3.0	2.5	1.9
			11	3.9	3.4	2.8	2.3	1.8
			12	2.5	2.2	1.8	1.5	1.2

续表 3-3-3

序号	计算单元	时段长	时段序号	重现期雨量值 H_p(mm)				
				100 a ($H_{1\%}$)	50 a ($H_{2\%}$)	20 a ($H_{5\%}$)	10 a ($H_{10\%}$)	5 a ($H_{20\%}$)
38	石门乡青山村青山	0.5 h	1	2.8	2.4	2.0	1.7	1.3
			2	2.9	2.6	2.1	1.7	1.4
			3	3.1	2.7	2.2	1.8	1.5
			4	3.3	2.9	2.4	2.0	1.5
			5	3.5	3.1	2.5	2.1	1.6
			6	9.6	8.4	6.8	5.5	4.3
			7	12.3	10.8	8.7	7.1	5.5
			8	53.9	47.6	39.0	32.5	25.9
			9	17.9	15.6	12.6	10.3	8.0
			10	7.9	6.9	5.6	4.6	3.6
			11	6.8	5.9	4.8	4.0	3.1
			12	6.0	5.2	4.2	3.5	2.7
39	石门乡横榆村上横榆	0.5 h	1	11.7	10.3	8.3	6.8	5.3
			2	49.7	43.9	36.1	30.1	24.0
			3	16.9	14.8	12.0	9.8	7.7
			4	7.6	6.7	5.4	4.5	3.5
			5	6.6	5.7	4.7	3.9	3.0
			6	5.8	5.1	4.1	3.4	2.7
			7	5.2	4.5	3.7	3.1	2.4
			8	4.7	4.1	3.4	2.8	2.2
			9	4.3	3.8	3.1	2.6	2.0
			10	4.0	3.5	2.9	2.4	1.9
			11	3.7	3.2	2.7	2.2	1.7
			12	2.5	2.2	1.8	1.5	1.2
40	石门乡横榆村下横榆	0.5 h	1	11.8	10.3	8.3	6.9	5.4
			2	49.3	43.5	35.7	29.8	23.8
			3	17.0	14.8	12.0	9.9	7.7
			4	7.7	6.7	5.5	4.5	3.5
			5	6.6	5.8	4.7	3.9	3.0

续表 3-3-3

序号	计算单元	时段长	时段序号	重现期雨量值 H_p(mm)				
				100 a ($H_{1\%}$)	50 a ($H_{2\%}$)	20 a ($H_{5\%}$)	10 a ($H_{10\%}$)	5 a ($H_{20\%}$)
40	石门乡横榆村下横榆	0.5 h	6	5.8	5.1	4.1	3.4	2.7
			7	5.2	4.6	3.7	3.1	2.4
			8	4.7	4.1	3.4	2.8	2.2
			9	4.3	3.8	3.1	2.6	2.0
			10	4.0	3.5	2.9	2.4	1.9
			11	3.7	3.3	2.7	2.2	1.8
			12	2.5	2.2	1.8	1.5	1.2
41	郭家庄镇沟西村	0.5 h	1	2.2	1.9	1.7	1.4	1.2
			2	2.4	2.1	1.8	1.6	1.3
			3	2.6	2.3	2.0	1.7	1.4
			4	4.9	4.4	3.7	3.2	2.7
			5	5.9	5.3	4.5	3.8	3.2
			6	15.5	13.8	11.5	9.7	7.8
			7	54.1	47.1	37.9	30.9	23.9
			8	10.0	8.9	7.5	6.4	5.2
			9	7.4	6.7	5.6	4.8	3.9
			10	4.2	3.8	3.2	2.7	2.3
			11	3.6	3.3	2.8	2.4	2.0
			12	3.2	2.9	2.5	2.1	1.8
42	郭家庄镇晋庄村	0.25 h	1	1.1	1.0	0.9	0.8	0.6
			2	1.2	1.1	0.9	0.8	0.7
			3	1.3	1.1	1.0	0.8	0.7
			4	1.3	1.2	1.0	0.9	0.7
			5	2.4	2.2	1.8	1.6	1.3
			6	2.6	2.4	2.0	1.7	1.4
			7	2.9	2.6	2.2	1.9	1.5
			8	3.2	2.9	2.4	2.0	1.7
			9	7.0	6.2	5.1	4.3	3.5
			10	13.7	12.1	9.9	8.2	6.5

续表 3-3-3

序号	计算单元	时段长	时段序号	重现期雨量值 H_p(mm)				
				100 a ($H_{1\%}$)	50 a ($H_{2\%}$)	20 a ($H_{5\%}$)	10 a ($H_{10\%}$)	5 a ($H_{20\%}$)
42	郭家庄镇晋庄村	0.25 h	11	40.6	35.2	28.1	22.7	17.4
			12	9.2	8.1	6.7	5.6	4.5
			13	5.7	5.0	4.2	3.5	2.8
			14	4.8	4.2	3.5	3.0	2.4
			15	4.1	3.7	3.1	2.6	2.1
			16	3.6	3.2	2.7	2.3	1.9
			17	2.2	2.0	1.7	1.4	1.2
			18	2.1	1.8	1.6	1.3	1.1
			19	1.9	1.7	1.4	1.2	1.0
			20	1.8	1.6	1.4	1.2	1.0
			21	1.7	1.5	1.3	1.1	0.9
			22	1.6	1.4	1.2	1.0	0.9
			23	1.5	1.3	1.1	1.0	0.8
			24	1.4	1.3	1.1	0.9	0.8
43	郭家庄镇西阜村	0.25 h	1	1.1	1.0	0.9	0.8	0.6
			2	1.2	1.1	0.9	0.8	0.7
			3	1.3	1.1	1.0	0.8	0.7
			4	1.3	1.2	1.0	0.9	0.7
			5	2.4	2.1	1.8	1.5	1.3
			6	2.6	2.3	2.0	1.7	1.4
			7	2.9	2.6	2.2	1.8	1.5
			8	3.2	2.8	2.4	2.0	1.7
			9	6.9	6.1	5.1	4.3	3.4
			10	13.4	11.9	9.7	8.1	6.4
			11	40.8	35.4	28.2	22.8	17.4
			12	9.0	8.0	6.6	5.5	4.4
			13	5.6	5.0	4.1	3.5	2.8
			14	4.7	4.2	3.5	3.0	2.4
			15	4.0	3.6	3.0	2.6	2.1

续表 3-3-3

序号	计算单元	时段长	时段序号	重现期雨量值 H_p(mm)				
				100 a ($H_{1\%}$)	50 a ($H_{2\%}$)	20 a ($H_{5\%}$)	10 a ($H_{10\%}$)	5 a ($H_{20\%}$)
43	郭家庄镇西阜村	0.25 h	16	3.6	3.2	2.7	2.3	1.9
			17	2.2	2.0	1.7	1.4	1.2
			18	2.0	1.8	1.6	1.3	1.1
			19	1.9	1.7	1.4	1.2	1.0
			20	1.8	1.6	1.4	1.2	1.0
			21	1.7	1.5	1.3	1.1	0.9
			22	1.6	1.4	1.2	1.0	0.9
			23	1.5	1.3	1.1	1.0	0.8
			24	1.4	1.3	1.1	0.9	0.8
44	桐城镇下白土村黑肴	0.25 h	1	1.4	1.2	1.0	0.9	0.7
			2	1.5	1.3	1.1	0.9	0.7
			3	1.5	1.4	1.1	1.0	0.8
			4	1.6	1.4	1.2	1.0	0.8
			5	2.8	2.4	2.0	1.7	1.4
			6	3.0	2.6	2.2	1.8	1.5
			7	3.3	2.9	2.4	2.0	1.6
			8	3.6	3.2	2.6	2.2	1.8
			9	7.5	6.6	5.4	4.5	3.5
			10	14.1	12.4	10.1	8.3	6.5
			11	40.8	35.4	28.3	22.9	17.5
			12	9.6	8.5	6.9	5.7	4.5
			13	6.1	5.4	4.4	3.7	2.9
			14	5.2	4.6	3.8	3.1	2.5
			15	4.5	4.0	3.3	2.8	2.2
			16	4.0	3.5	2.9	2.4	2.0
			17	2.6	2.3	1.9	1.6	1.3
			18	2.4	2.1	1.8	1.5	1.2
			19	2.2	2.0	1.6	1.4	1.1
			20	2.1	1.9	1.5	1.3	1.1

续表 3-3-3

序号	计算单元	时段长	时段序号	重现期雨量值 H_p(mm)				
				100 a ($H_{1\%}$)	50 a ($H_{2\%}$)	20 a ($H_{5\%}$)	10 a ($H_{10\%}$)	5 a ($H_{20\%}$)
44	桐城镇下白土村黑肴	0.25 h	21	2.0	1.8	1.5	1.2	1.0
			22	1.9	1.7	1.4	1.2	0.9
			23	1.8	1.6	1.3	1.1	0.9
			24	1.7	1.5	1.2	1.1	0.9
45	桐城镇下白土村下白土	0.25 h	1	1.3	1.2	1.0	0.9	0.7
			2	1.4	1.2	1.0	0.9	0.7
			3	1.4	1.3	1.1	0.9	0.8
			4	1.5	1.4	1.1	1.0	0.8
			5	2.6	2.3	2.0	1.7	1.4
			6	2.8	2.5	2.1	1.8	1.5
			7	3.1	2.8	2.3	2.0	1.6
			8	3.4	3.0	2.5	2.1	1.7
			9	7.1	6.3	5.2	4.4	3.5
			10	13.6	12.0	9.8	8.1	6.4
			11	40.6	35.2	28.1	22.8	17.5
			12	9.3	8.2	6.7	5.6	4.5
			13	5.8	5.2	4.3	3.6	2.9
			14	4.9	4.4	3.6	3.1	2.5
			15	4.3	3.8	3.2	2.7	2.2
			16	3.8	3.4	2.8	2.4	1.9
			17	2.4	2.2	1.8	1.5	1.3
			18	2.3	2.0	1.7	1.4	1.2
			19	2.1	1.9	1.6	1.3	1.1
			20	2.0	1.8	1.5	1.3	1.0
			21	1.9	1.7	1.4	1.2	1.0
			22	1.8	1.6	1.3	1.1	0.9
			23	1.7	1.5	1.3	1.1	0.9
			24	1.6	1.4	1.2	1.0	0.8

续表 3-3-3

序号	计算单元	时段长	时段序号	重现期雨量值 H_p(mm)				
				100 a ($H_{1\%}$)	50 a ($H_{2\%}$)	20 a ($H_{5\%}$)	10 a ($H_{10\%}$)	5 a ($H_{20\%}$)
46	桐城镇王顺坡村	0.5 h	1	2.4	2.2	1.8	1.6	1.3
			2	2.6	2.4	2.0	1.7	1.4
			3	2.9	2.6	2.2	1.9	1.5
			4	5.3	4.8	4.0	3.4	2.8
			5	6.4	5.7	4.7	4.0	3.3
			6	15.9	14.1	11.7	9.8	7.9
			7	51.9	45.3	36.5	29.9	23.2
			8	10.5	9.3	7.8	6.6	5.3
			9	7.9	7.0	5.9	5.0	4.1
			10	4.6	4.1	3.4	2.9	2.4
			11	4.0	3.6	3.0	2.6	2.1
			12	3.6	3.2	2.7	2.3	1.9
47	桐城镇姚村	0.5 h	1	2.3	2.0	1.7	1.5	1.2
			2	2.5	2.2	1.8	1.6	1.3
			3	2.7	2.4	2.0	1.7	1.4
			4	4.9	4.4	3.7	3.1	2.5
			5	5.9	5.2	4.4	3.7	3.0
			6	15.0	13.2	10.9	9.1	7.3
			7	53.1	46.5	37.6	30.8	24.1
			8	9.8	8.7	7.2	6.0	4.8
			9	7.3	6.5	5.4	4.6	3.7
			10	4.2	3.8	3.1	2.7	2.2
			11	3.7	3.3	2.8	2.3	1.9
			12	3.3	2.9	2.5	2.1	1.7
48	礼元镇行村	0.5 h	1	2.9	2.6	2.1	1.7	1.4
			2	3.2	2.8	2.3	1.9	1.5
			3	3.4	3.0	2.5	2.0	1.6
			4	6.2	5.4	4.4	3.7	2.9
			5	7.4	6.5	5.3	4.4	3.4

续表 3-3-3

序号	计算单元	时段长	时段序号	重现期雨量值 H_p(mm)				
				100 a ($H_{1\%}$)	50 a ($H_{2\%}$)	20 a ($H_{5\%}$)	10 a ($H_{10\%}$)	5 a ($H_{20\%}$)
48	礼元镇行村	0.5 h	6	17.6	15.4	12.6	10.4	8.2
			7	51.0	44.8	36.6	30.3	24.0
			8	11.9	10.4	8.5	7.0	5.6
			9	9.1	8.0	6.5	5.4	4.2
			10	5.4	4.7	3.8	3.2	2.5
			11	4.7	4.1	3.4	2.8	2.2
			12	4.2	3.7	3.0	2.5	2.0
49	东镇镇裴村	0.5 h	1	2.9	2.6	2.1	1.7	1.4
			2	3.2	2.8	2.3	1.9	1.5
			3	3.5	3.0	2.5	2.0	1.6
			4	6.2	5.4	4.3	3.5	2.7
			5	7.3	6.4	5.1	4.2	3.2
			6	17.0	14.8	11.8	9.6	7.4
			7	46.8	41.1	33.6	27.8	22.0
			8	11.6	10.1	8.1	6.6	5.1
			9	8.9	7.8	6.2	5.1	3.9
			10	5.4	4.7	3.8	3.1	2.4
			11	4.7	4.1	3.3	2.7	2.1
			12	4.2	3.7	3.0	2.4	1.9
50	东镇镇东鲁村东鲁	0.5 h	1	2.5	2.2	1.9	1.6	1.3
			2	2.8	2.4	2.0	1.7	1.4
			3	3.0	2.7	2.2	1.8	1.5
			4	5.5	4.8	3.9	3.2	2.5
			5	6.5	5.7	4.6	3.8	3.0
			6	15.2	13.3	10.8	8.9	6.9
			7	41.6	36.6	30.0	25.0	19.8
			8	10.4	9.1	7.4	6.0	4.7
			9	8.0	7.0	5.7	4.7	3.7
			10	4.7	4.1	3.4	2.8	2.2

续表 3-3-3

序号	计算单元	时段长	时段序号	重现期雨量值 H_p(mm)				
				100 a ($H_{1\%}$)	50 a ($H_{2\%}$)	20 a ($H_{5\%}$)	10 a ($H_{10\%}$)	5 a ($H_{20\%}$)
50	东镇镇东鲁村东鲁	0.5 h	11	4.1	3.6	3.0	2.5	2.0
			12	3.7	3.3	2.7	2.2	1.8
51	东镇镇涑阳村	0.5 h	1	2.5	2.2	1.9	1.6	1.3
			2	2.8	2.4	2.0	1.7	1.4
			3	3.0	2.7	2.2	1.8	1.5
			4	5.5	4.8	3.9	3.2	2.5
			5	6.5	5.7	4.6	3.8	3.0
			6	15.2	13.3	10.8	8.9	6.9
			7	41.5	36.6	30.0	25.0	19.8
			8	10.4	9.1	7.4	6.0	4.7
			9	8.0	7.0	5.7	4.7	3.7
			10	4.7	4.1	3.4	2.8	2.2
			11	4.1	3.6	3.0	2.5	2.0
			12	3.7	3.3	2.7	2.2	1.8
52	河底镇连家坡村正水洼	0.25 h	1	1.5	1.4	1.1	0.9	0.7
			2	1.6	1.4	1.1	1.0	0.8
			3	1.7	1.5	1.2	1.0	0.8
			4	1.7	1.5	1.2	1.0	0.8
			5	2.9	2.5	2.1	1.7	1.3
			6	3.1	2.7	2.2	1.8	1.4
			7	3.4	3.0	2.4	2.0	1.6
			8	3.7	3.3	2.6	2.2	1.7
			9	7.3	6.4	5.2	4.3	3.4
			10	13.3	11.7	9.5	7.8	6.2
			11	35.1	31.1	25.8	21.7	17.5
			12	9.3	8.2	6.6	5.5	4.3
			13	6.1	5.3	4.3	3.6	2.8
			14	5.2	4.6	3.7	3.1	2.4
			15	4.6	4.0	3.3	2.7	2.1

续表 3-3-3

序号	计算单元	时段长	时段序号	重现期雨量值 H_p(mm)				
				100 a ($H_{1\%}$)	50 a ($H_{2\%}$)	20 a ($H_{5\%}$)	10 a ($H_{10\%}$)	5 a ($H_{20\%}$)
52	河底镇连家坡村正水洼	0.25 h	16	4.1	3.6	2.9	2.4	1.9
			17	2.7	2.4	1.9	1.6	1.2
			18	2.5	2.2	1.8	1.5	1.2
			19	2.4	2.1	1.7	1.4	1.1
			20	2.2	2.0	1.6	1.3	1.0
			21	2.1	1.9	1.5	1.3	1.0
			22	2.0	1.8	1.4	1.2	0.9
			23	1.9	1.7	1.4	1.1	0.9
			24	1.8	1.6	1.3	1.1	0.9
53	河底镇卫村	0.5 h	1	2.5	2.2	1.8	1.5	1.2
			2	2.7	2.4	2.0	1.7	1.3
			3	3.0	2.6	2.2	1.8	1.5
			4	5.6	4.9	4.0	3.3	2.6
			5	6.7	5.9	4.8	4.0	3.1
			6	16.8	14.7	11.9	9.8	7.6
			7	49.3	43.5	35.7	29.7	23.7
			8	11.2	9.8	7.9	6.5	5.1
			9	8.4	7.4	6.0	4.9	3.9
			10	4.8	4.2	3.5	2.9	2.3
			11	4.2	3.7	3.0	2.5	2.0
			12	3.7	3.3	2.7	2.2	1.8
54	河底镇小寺头村	0.5 h	1	2.5	2.2	1.8	1.5	1.2
			2	2.7	2.4	2.0	1.7	1.3
			3	3.0	2.6	2.2	1.8	1.5
			4	5.6	4.9	4.0	3.3	2.6
			5	6.7	5.9	4.8	4.0	3.1
			6	16.7	14.7	11.9	9.7	7.6
			7	49.0	43.2	35.5	29.5	23.5
			8	11.1	9.7	7.9	6.5	5.1

续表 3-3-3

序号	计算单元	时段长	时段序号	重现期雨量值 H_p(mm)				
				100 a ($H_{1\%}$)	50 a ($H_{2\%}$)	20 a ($H_{5\%}$)	10 a ($H_{10\%}$)	5 a ($H_{20\%}$)
54	河底镇小寺头村	0.5 h	9	8.4	7.3	6.0	4.9	3.9
			10	4.8	4.2	3.4	2.9	2.3
			11	4.2	3.7	3.0	2.5	2.0
			12	3.7	3.2	2.7	2.2	1.8
55	裴社乡寺头村	0.25 h	1	1.3	1.2	1.0	0.8	0.7
			2	1.4	1.2	1.0	0.8	0.7
			3	1.4	1.3	1.1	0.9	0.7
			4	1.5	1.3	1.1	0.9	0.7
			5	2.7	2.3	1.9	1.6	1.3
			6	2.9	2.5	2.1	1.7	1.4
			7	3.2	2.8	2.3	1.9	1.5
			8	3.5	3.1	2.5	2.1	1.6
			9	7.3	6.4	5.1	4.2	3.3
			10	13.5	11.8	9.6	7.9	6.1
			11	35.4	31.3	25.8	21.6	17.3
			12	9.4	8.2	6.6	5.4	4.2
			13	6.0	5.2	4.2	3.5	2.7
			14	5.1	4.4	3.6	3.0	2.3
			15	4.4	3.9	3.1	2.6	2.0
			16	3.9	3.4	2.8	2.3	1.8
			17	2.5	2.2	1.8	1.5	1.2
			18	2.3	2.0	1.7	1.4	1.1
			19	2.1	1.9	1.5	1.3	1.0
			20	2.0	1.8	1.5	1.2	1.0
			21	1.9	1.7	1.4	1.1	0.9
			22	1.8	1.6	1.3	1.1	0.9
			23	1.7	1.5	1.2	1.0	0.8
			24	1.6	1.4	1.2	1.0	0.8

续表 3-3-3

序号	计算单元	时段长	时段序号	重现期雨量值 H_p(mm)				
				100 a ($H_{1\%}$)	50 a ($H_{2\%}$)	20 a ($H_{5\%}$)	10 a ($H_{10\%}$)	5 a ($H_{20\%}$)
56	桐城镇西官庄村	0.5 h	1	2.4	2.1	1.8	1.5	1.2
			2	2.6	2.3	2.0	1.7	1.3
			3	2.9	2.6	2.1	1.8	1.5
			4	5.6	4.9	4.0	3.3	2.7
			5	6.7	5.9	4.8	4.0	3.2
			6	16.9	14.8	12.0	9.9	7.7
			7	50.6	44.6	36.5	30.3	24.0
			8	11.2	9.8	8.0	6.6	5.1
			9	8.4	7.4	6.0	5.0	3.9
			10	4.7	4.2	3.4	2.9	2.3
			11	4.1	3.6	3.0	2.5	2.0
			12	3.6	3.2	2.7	2.2	1.8
57	郭家庄镇郭店村	0.5 h	1	2.3	2.1	1.8	1.5	1.3
			2	2.5	2.3	1.9	1.7	1.4
			3	2.8	2.5	2.1	1.8	1.5
			4	5.0	4.4	3.7	3.2	2.6
			5	5.9	5.3	4.4	3.8	3.1
			6	14.8	13.1	10.9	9.2	7.4
			7	54.2	47.2	38.0	30.9	23.9
			8	9.7	8.6	7.2	6.1	4.9
			9	7.3	6.5	5.5	4.6	3.8
			10	4.3	3.8	3.2	2.8	2.3
			11	3.8	3.4	2.8	2.4	2.0
			12	3.4	3.0	2.5	2.2	1.8

第4章 设计洪水分析

4.1 洪水计算方法

闻喜县 57 个重点防治区均采用由设计暴雨推求设计洪水的方法,依据《山西省水文计算手册》中的流域模型法与经验公式法计算。流域模型法分产流计算和汇流计算两部分。产流计算包括设计净雨深和设计净雨过程计算两部分,前者采用双曲正切模型计算,后者采用变损失率推理扣损法计算;汇流计算采用综合瞬时单位线法计算;计算过程及方法见第 1 篇第 6 章内容。

4.2 流域特征值

流域特征值包括各计算单元的面积、主沟道长度、主沟道比降以及产汇流地类面积。各计算单元的面积主要采用水利部统一下发的小流域合并成果,主沟道长度与比降采用山西省测绘院提供数据,水文下垫面产流地类和汇流地类采用《山西省水文计算手册》中水文下垫面图件,结合实地查勘综合分析确定计算单元产汇流地类,结果见表 3-2-2。

4.3 设计洪水计算成果

闻喜县设计洪水计算成果如下:设计净雨深计算成果表见表 3-4-1,设计净雨过程计算成果见表 3-4-2,控制断面设计洪水成果表见表 3-4-3。内容包括闻喜县 57 个重点防治区控制断面各频率(重现期)设计洪水的洪峰、洪量、洪水历时等洪水要素。闻喜县防灾对象汇流时间见表 3-2-2。

表 3-4-1 设计净雨深计算成果表

序号	计算单元	重现期	参数			主雨历时	主雨雨量	净雨深
		(a)	μ	S_r	K_s	(h)	(mm)	(mm)
1	桐城镇店头村	100	6.10	21.00	1.40	17.3	182.7	102.0
		50	6.81	21.00	1.40	15.2	155.1	80.8
		20	8.13	21.00	1.40	12.3	119.4	55.1
		10	9.82	21.00	1.40	10.0	93.1	37.4
		5	11.27	21.00	1.40	7.7	67.8	23.6

续表 3-4-1

序号	计算单元	重现期(a)	参数			主雨历时(h)	主雨雨量(mm)	净雨深(mm)
			μ	S_r	K_s			
2	桐城镇张石沟村	100	6.53	21.00	1.40	13.2	155.3	90.0
		50	7.29	21.00	1.40	11.8	133.4	72.0
		20	8.64	21.00	1.40	9.8	104.6	49.8
		10	10.30	21.00	1.40	8.3	83.1	34.2
		5	11.56	21.00	1.40	6.6	62.0	22.0
3	桐城镇东社村	100	6.92	21.68	1.46	13.6	149.9	81.1
		50	7.73	21.68	1.46	12.1	128.7	64.4
		20	9.16	21.68	1.46	10.1	100.8	44.1
		10	10.89	21.68	1.46	8.4	80.1	30.1
		5	12.19	21.68	1.46	6.7	59.6	19.2
4	桐城镇乔庄村	100	7.35	21.00	1.40	9.3	128.1	77.8
		50	8.16	21.00	1.40	8.7	112.6	63.5
		20	9.51	21.00	1.40	7.7	91.8	45.4
		10	11.05	21.00	1.40	6.9	75.7	32.2
		5	11.81	21.00	1.40	6.0	59.1	21.6
5	桐城镇东庄村槐树洼	100	7.16	21.74	1.46	11.1	144.8	84.9
		50	7.94	21.74	1.46	10.3	125.7	67.8
		20	9.32	21.74	1.46	9.0	100.1	46.8
		10	10.96	21.74	1.46	7.9	80.6	32.0
		5	12.16	21.74	1.46	6.5	60.8	20.4
6	桐城镇丁店村	100	6.97	21.72	1.46	12.0	148.3	85.1
		50	7.73	21.72	1.46	11.0	128.2	67.9
		20	9.06	21.72	1.46	9.4	101.4	46.6
		10	10.65	21.72	1.46	8.1	81.2	31.9
		5	11.80	21.72	1.46	6.6	61.0	20.3
7	礼元镇文典村	100	6.77	21.67	1.46	13.1	159.6	92.1
		50	7.55	21.67	1.46	11.9	136.9	73.1
		20	8.98	21.67	1.46	10.0	106.8	49.7
		10	10.81	21.67	1.46	8.4	84.3	33.6
		5	12.49	21.67	1.46	6.6	62.0	21.2

续表 3-4-1

序号	计算单元	重现期(a)	参数			主雨历时(h)	主雨雨量(mm)	净雨深(mm)
			μ	S_r	K_s			
8	东镇镇东姚村西姚	100	6.48	21.00	1.40	12.4	158.7	95.9
		50	7.20	21.00	1.40	11.3	136.6	76.7
		20	8.50	21.00	1.40	9.6	107.3	53.0
		10	10.13	21.00	1.40	8.2	85.2	36.4
		5	11.48	21.00	1.40	6.6	63.3	23.2
9	东镇镇东姚村东姚	100	6.42	21.00	1.40	12.3	163.3	100.8
		50	7.13	21.00	1.40	11.2	140.2	80.4
		20	8.44	21.00	1.40	9.6	109.5	55.2
		10	10.12	21.00	1.40	8.1	86.5	37.6
		5	11.62	21.00	1.40	6.5	63.7	23.8
10	东镇镇中庄村中庄	100	6.40	21.00	1.40	12.5	161.7	98.4
		50	7.10	21.00	1.40	11.4	138.9	78.5
		20	8.39	21.00	1.40	9.7	108.6	53.7
		10	10.01	21.00	1.40	8.3	85.8	36.6
		5	11.45	21.00	1.40	6.6	63.2	23.0
11	裴社乡王赵村小王赵	100	5.07	18.81	1.27	16.6	171.5	100.6
		50	5.57	18.81	1.27	14.8	146.4	80.3
		20	6.49	18.81	1.27	12.2	113.4	55.3
		10	7.64	18.81	1.27	10.1	89.0	38.0
		5	8.63	18.81	1.27	7.8	65.1	24.2
12	裴社乡宋家庄村下青沟	100	5.76	19.63	1.32	13.4	143.4	81.4
		50	6.39	19.63	1.32	12.0	123.0	64.8
		20	7.55	19.63	1.32	10.0	96.1	44.6
		10	9.01	19.63	1.32	8.3	76.0	30.6
		5	10.33	19.63	1.32	6.5	56.3	19.6
13	裴社乡宋家庄村宋家庄	100	5.80	19.73	1.32	13.2	144.3	82.5
		50	6.41	19.73	1.32	11.9	123.9	65.8
		20	7.53	19.73	1.32	9.9	97.0	45.3
		10	8.94	19.73	1.32	8.3	76.9	31.1
		5	10.16	19.73	1.32	6.5	57.1	20.0

续表 3-4-1

序号	计算单元	重现期(a)	参数			主雨历时(h)	主雨雨量(mm)	净雨深(mm)
			μ	S_r	K_s			
14	石门乡石门村口头	100	5.35	19.65	1.31	16.7	178.1	104.1
		50	5.89	19.65	1.31	15.0	152.2	82.8
		20	6.90	19.65	1.31	12.4	117.8	56.6
		10	8.22	19.65	1.31	10.2	92.1	38.5
		5	9.55	19.65	1.31	7.9	67.0	24.4
15	石门乡后交村元河	100	4.55	17.92	1.21	18.6	198.2	123.8
		50	4.98	17.92	1.21	16.4	168.2	99.1
		20	5.78	17.92	1.21	13.3	129.1	68.6
		10	6.84	17.92	1.21	10.9	100.2	47.4
		5	7.91	17.92	1.21	8.2	72.3	30.3
16	石门乡石门村石门	100	5.15	19.48	1.30	18.3	192.4	113.6
		50	5.66	19.48	1.30	16.3	163.8	90.3
		20	6.63	19.48	1.30	13.3	126.1	61.8
		10	7.90	19.48	1.30	10.9	98.2	42.1
		5	9.17	19.48	1.30	8.3	71.0	26.6
17	石门乡刘家庄村刘家庄	100	6.02	21.48	1.42	17.6	190.8	107.4
		50	6.67	21.48	1.42	15.7	162.5	84.9
		20	7.87	21.48	1.42	13.0	125.5	57.5
		10	9.45	21.48	1.42	10.7	97.9	38.8
		5	11.00	21.48	1.42	8.2	71.0	24.2
18	石门乡刘家庄村马家窑	100	5.77	21.37	1.41	19.8	203.6	113.0
		50	6.38	21.37	1.41	17.5	172.4	88.7
		20	7.52	21.37	1.41	14.2	131.7	59.4
		10	9.03	21.37	1.41	11.5	101.7	39.7
		5	10.61	21.37	1.41	8.7	72.7	24.4
19	石门乡刘家庄刘庄冶	100	5.54	20.78	1.38	19.6	202.3	114.5
		50	6.11	20.78	1.38	17.3	171.4	90.2
		20	7.17	20.78	1.38	14.1	131.1	60.7
		10	8.58	20.78	1.38	11.5	101.3	40.6
		5	10.02	20.78	1.38	8.7	72.5	25.1

续表 3-4-1

序号	计算单元	重现期(a)	参数			主雨历时(h)	主雨雨量(mm)	净雨深(mm)
			μ	S_r	K_s			
20	神柏乡窑头沟村	100	6.97	21.00	1.40	11.4	134.7	76.4
		50	7.76	21.00	1.40	10.4	116.9	61.5
		20	9.10	21.00	1.40	8.9	93.4	42.9
		10	10.61	21.00	1.40	7.7	75.6	29.8
		5	11.42	21.00	1.40	6.4	57.7	19.4
21	郭家庄镇东韩村	100	7.24	21.27	1.42	11.8	136.2	75.6
		50	8.12	21.27	1.42	10.7	117.8	60.5
		20	9.65	21.27	1.42	9.1	93.5	41.9
		10	11.44	21.27	1.42	7.8	75.2	28.9
		5	12.54	21.27	1.42	6.4	56.9	18.6
22	郭家庄镇宋店村	100	7.40	21.49	1.44	11.8	136.0	74.7
		50	8.31	21.49	1.44	10.7	117.6	59.8
		20	9.88	21.49	1.44	9.1	93.4	41.4
		10	11.71	21.49	1.44	7.8	75.1	28.4
		5	12.82	21.49	1.44	6.4	56.8	18.3
23	郭家庄镇 西庄儿头村	100	7.69	21.87	1.47	11.8	135.7	73.3
		50	8.64	21.87	1.47	10.7	117.4	58.6
		20	10.28	21.87	1.47	9.1	93.2	40.4
		10	12.18	21.87	1.47	7.8	75.0	27.7
		5	13.31	21.87	1.47	6.4	56.7	17.8
24	郭家庄镇崔庄村	100	7.88	22.13	1.49	11.9	134.2	71.1
		50	8.86	22.13	1.49	10.7	116.2	56.6
		20	10.52	22.13	1.49	9.1	92.2	38.9
		10	12.45	22.13	1.49	7.8	74.2	26.6
		5	13.56	22.13	1.49	6.4	56.1	17.0
25	后宫乡三河口村 余家岭	100	5.77	19.79	1.32	13.9	154.8	90.3
		50	6.39	19.79	1.32	12.5	132.5	71.7
		20	7.55	19.79	1.32	10.5	103.1	48.9
		10	9.06	19.79	1.32	8.8	81.0	33.1
		5	10.52	19.79	1.32	6.8	59.1	20.7

续表 3-4-1

序号	计算单元	重现期(a)	参数			主雨历时(h)	主雨雨量(mm)	净雨深(mm)
			μ	S_r	K_s			
26	河底镇董村村董村	100	5.90	20.09	1.35	14.1	144.0	78.3
		50	6.52	20.09	1.35	12.6	123.4	61.9
		20	7.64	20.09	1.35	10.6	96.4	42.0
		10	9.05	20.09	1.35	8.8	76.0	28.3
		5	10.30	20.09	1.35	6.9	55.9	17.8
27	河底镇河底村河底	100	5.93	20.14	1.36	14.1	143.9	78.2
		50	6.56	20.14	1.36	12.6	123.3	61.8
		20	7.68	20.14	1.36	10.5	96.3	41.9
		10	9.10	20.14	1.36	8.8	76.0	28.2
		5	10.36	20.14	1.36	6.9	55.8	17.7
28	河底镇苏村	100	5.93	20.16	1.36	14.1	143.9	77.9
		50	6.56	20.16	1.36	12.7	123.3	61.5
		20	7.68	20.16	1.36	10.6	96.3	41.7
		10	9.09	20.16	1.36	8.8	76.0	28.2
		5	10.34	20.16	1.36	6.9	55.9	17.7
29	东镇镇三交村三交	100	6.58	21.29	1.42	12.8	151.1	86.2
		50	7.31	21.29	1.42	11.6	129.6	68.0
		20	8.62	21.29	1.42	9.9	101.0	45.9
		10	10.26	21.29	1.42	8.3	79.5	30.7
		5	11.66	21.29	1.42	6.6	58.3	19.0
30	东镇镇西街村北街	100	6.63	21.36	1.43	12.7	149.8	85.1
		50	7.36	21.36	1.43	11.6	128.5	67.1
		20	8.68	21.36	1.43	9.8	100.2	45.2
		10	10.32	21.36	1.43	8.3	79.0	30.2
		5	11.74	21.36	1.43	6.6	57.9	18.7
31	东镇镇南街村东堡	100	6.71	21.48	1.44	12.7	149.1	84.2
		50	7.45	21.48	1.44	11.5	127.9	66.4
		20	8.78	21.48	1.44	9.8	99.9	44.7
		10	10.45	21.48	1.44	8.3	78.7	29.8
		5	11.88	21.48	1.44	6.6	57.7	18.4

续表 3-4-1

序号	计算单元	重现期(a)	参数			主雨历时(h)	主雨雨量(mm)	净雨深(mm)
			μ	S_r	K_s			
32	石门乡店上村店上	100	3.92	16.00	1.10	18.7	188.2	120.5
		50	4.26	16.00	1.10	16.5	159.8	97.1
		20	4.91	16.00	1.10	13.4	122.8	67.9
		10	5.76	16.00	1.10	10.8	95.5	47.5
		5	6.64	16.00	1.10	8.2	69.0	30.8
33	石门乡玉坡村柳林	100	4.58	18.47	1.24	21.3	216.5	131.3
		50	5.02	18.47	1.24	18.7	183.0	104.5
		20	5.84	18.47	1.24	15.1	139.4	71.6
		10	6.93	18.47	1.24	12.1	107.4	48.9
		5	8.08	18.47	1.24	9.1	76.7	30.9
34	石门乡横榆村下柳峪	100	5.08	19.39	1.30	19.0	200.6	119.7
		50	5.58	19.39	1.30	16.9	171.0	95.6
		20	6.52	19.39	1.30	13.8	132.0	65.9
		10	7.77	19.39	1.30	11.4	103.0	45.2
		5	9.02	19.39	1.30	8.7	74.7	28.8
35	石门乡白家滩村黄家沙	100	6.23	22.00	1.45	18.6	191.1	102.9
		50	6.92	22.00	1.45	16.5	162.7	81.1
		20	8.22	22.00	1.45	13.4	125.4	54.8
		10	9.94	22.00	1.45	11.0	97.8	36.9
		5	11.66	22.00	1.45	8.3	70.9	23.2
36	石门乡西坪村西坪	100	6.16	22.00	1.45	19.0	204.1	113.8
		50	6.82	22.00	1.45	16.9	174.2	90.1
		20	8.05	22.00	1.45	14.0	134.7	61.3
		10	9.66	22.00	1.45	11.5	105.4	41.5
		5	11.23	22.00	1.45	8.9	76.7	26.1
37	石门乡西坪村腰庄	100	6.16	22.00	1.45	19.0	199.4	109.2
		50	6.82	22.00	1.45	16.9	170.1	86.4
		20	8.05	22.00	1.45	13.9	131.6	58.7
		10	9.64	22.00	1.45	11.5	103.0	39.7
		5	11.17	22.00	1.45	8.8	75.1	25.0

续表 3-4-1

序号	计算单元	重现期(a)	参数			主雨历时(h)	主雨雨量(mm)	净雨深(mm)
			μ	S_r	K_s			
38	石门乡青山村青山	100	6.00	21.74	1.43	20.2	188.9	96.6
		50	6.65	21.74	1.43	17.8	160.6	76.0
		20	7.86	21.74	1.43	14.4	123.7	51.2
		10	9.46	21.74	1.43	11.7	96.4	34.4
		5	11.06	21.74	1.43	8.8	69.9	21.6
39	石门乡横榆村上横榆	100	5.84	21.41	1.42	20.2	186.4	95.2
		50	6.45	21.41	1.42	17.8	158.6	74.9
		20	7.61	21.41	1.42	14.4	122.1	50.4
		10	9.12	21.41	1.42	11.7	95.2	33.9
		5	10.61	21.41	1.42	8.9	68.9	21.2
40	石门乡横榆村下横榆	100	5.61	20.92	1.39	20.3	186.7	97.0
		50	6.19	20.92	1.39	17.9	158.7	76.4
		20	7.27	20.92	1.39	14.4	122.2	51.6
		10	8.67	20.92	1.39	11.7	95.2	34.8
		5	10.04	20.92	1.39	8.9	69.0	21.8
41	郭家庄镇沟西村	100	7.21	21.00	1.40	10.2	130.5	76.8
		50	8.03	21.00	1.40	9.3	113.7	62.1
		20	9.41	21.00	1.40	8.1	91.4	43.7
		10	10.97	21.00	1.40	7.1	74.4	30.5
		5	11.78	21.00	1.40	6.0	57.1	19.9
42	郭家庄镇晋庄村	100	7.17	21.00	1.40	9.7	131.0	79.1
		50	7.97	21.00	1.40	9.0	114.2	63.9
		20	9.32	21.00	1.40	7.9	91.7	44.7
		10	10.87	21.00	1.40	7.0	74.5	31.1
		5	11.71	21.00	1.40	5.9	57.0	20.2
43	郭家庄镇西阜村	100	7.36	21.28	1.42	10.0	131.3	77.5
		50	8.20	21.28	1.42	9.2	114.4	62.5
		20	9.61	21.28	1.42	8.0	91.8	43.8
		10	11.20	21.28	1.42	7.1	74.6	30.4
		5	12.04	21.28	1.42	6.0	57.1	19.7

续表 3-4-1

序号	计算单元	重现期(a)	参数			主雨历时(h)	主雨雨量(mm)	净雨深(mm)
			μ	S_r	K_s			
44	桐城镇下白土村黑肴	100	7.71	22.63	1.54	12.4	150.4	82.8
		50	8.60	22.63	1.54	11.3	129.8	65.8
		20	10.12	22.63	1.54	9.6	102.4	44.9
		10	11.87	22.63	1.54	8.3	81.8	30.4
		5	12.96	22.63	1.54	6.7	61.3	19.1
45	桐城镇下白土村下白土	100	7.83	22.52	1.53	11.9	143.7	78.9
		50	8.73	22.52	1.53	10.8	124.6	62.9
		20	10.26	22.52	1.53	9.3	99.1	43.3
		10	11.99	22.52	1.53	8.1	79.9	29.6
		5	12.97	22.52	1.53	6.7	60.5	18.9
46	桐城镇王顺坡村	100	7.54	22.04	1.49	11.7	138.7	76.2
		50	8.40	22.04	1.49	10.6	120.2	61.0
		20	9.85	22.04	1.49	9.1	95.7	42.2
		10	11.49	22.04	1.49	7.8	77.2	29.0
		5	12.37	22.04	1.49	6.4	58.6	18.7
47	桐城镇姚村	100	7.96	22.13	1.49	11.1	132.5	72.4
		50	8.97	22.13	1.49	10.0	114.6	57.7
		20	10.74	22.13	1.49	8.5	90.9	39.8
		10	12.84	22.13	1.49	7.3	73.1	27.2
		5	14.26	22.13	1.49	5.9	55.2	17.5
48	礼元镇行村	100	6.80	21.83	1.47	13.8	157.6	87.2
		50	7.56	21.83	1.47	12.3	134.9	69.1
		20	8.92	21.83	1.47	10.2	105.3	47.2
		10	10.55	21.83	1.47	8.5	83.3	32.1
		5	11.79	21.83	1.47	6.7	61.8	20.5
49	东镇镇裴村	100	8.39	24.45	1.69	14.2	154.0	74.5
		50	9.36	24.45	1.69	12.7	131.5	57.5
		20	11.11	24.45	1.69	10.6	101.8	37.6
		10	13.29	24.45	1.69	8.8	79.6	24.4
		5	15.28	24.45	1.69	6.9	57.8	14.7

续表 3-4-1

序号	计算单元	重现期(a)	参数			主雨历时(h)	主雨雨量(mm)	净雨深(mm)
			μ	S_r	K_s			
50	东镇镇东鲁村东鲁	100	7.67	23.22	1.59	14.4	140.2	64.9
		50	8.54	23.22	1.59	12.7	119.6	50.4
		20	10.08	23.22	1.59	10.5	92.8	33.2
		10	11.95	23.22	1.59	8.6	72.8	21.8
		5	13.48	23.22	1.59	6.7	53.3	13.4
51	东镇镇涑阳村	100	8.49	24.02	1.65	12.0	130.4	62.1
		50	9.45	24.02	1.65	10.9	112.2	48.2
		20	11.11	24.02	1.65	9.3	88.2	31.7
		10	13.12	24.02	1.65	7.9	70.0	20.7
		5	14.75	24.02	1.65	6.3	51.8	12.7
52	河底镇连家坡村正水洼	100	5.26	18.76	1.27	14.4	154.4	91.3
		50	5.81	18.76	1.27	12.9	132.3	73.0
		20	6.81	18.76	1.27	10.6	103.2	50.6
		10	8.08	18.76	1.27	8.8	81.5	35.0
		5	9.24	18.76	1.27	6.9	60.2	22.6
53	河底镇卫村	100	8.58	23.81	1.63	11.1	137.8	72.8
		50	9.61	23.81	1.63	10.2	119.3	57.4
		20	11.42	23.81	1.63	8.8	94.6	38.7
		10	13.64	23.81	1.63	7.6	75.8	26.0
		5	15.48	23.81	1.63	6.2	56.9	16.4
54	河底镇小寺头村	100	8.58	23.71	1.64	11.1	137.2	72.3
		50	9.60	23.71	1.64	10.2	118.8	57.0
		20	11.40	23.71	1.64	8.8	94.2	38.5
		10	13.60	23.71	1.64	7.6	75.6	25.8
		5	15.41	23.71	1.64	6.2	56.7	16.2
55	裴社乡寺头村	100	8.83	24.04	1.66	11.1	136.9	71.0
		50	9.89	24.04	1.66	10.2	118.5	55.9
		20	11.76	24.04	1.66	8.8	94.0	37.6
		10	14.06	24.04	1.66	7.6	75.3	25.2
		5	15.99	24.04	1.66	6.2	56.5	15.8

续表 3-4-1

序号	计算单元	重现期(a)	参数			主雨历时(h)	主雨雨量(mm)	净雨深(mm)
			μ	S_r	K_s			
56	桐城镇西官庄村	100	6.79	21.00	1.40	10.7	137.3	81.2
		50	7.55	21.00	1.40	9.9	119.2	65.2
		20	8.88	21.00	1.40	8.6	94.9	45.1
		10	10.52	21.00	1.40	7.5	76.4	31.0
		5	11.83	21.00	1.40	6.2	57.6	19.8
57	郭家庄镇郭店村	100	8.15	22.43	1.52	11.8	136.5	72.7
		50	9.17	22.43	1.52	10.6	118.1	57.9
		20	10.93	22.43	1.52	9.0	93.8	39.8
		10	12.96	22.43	1.52	7.7	75.4	27.2
		5	14.16	22.43	1.52	6.3	57.1	17.4

表 3-4-2　设计净雨过程计算成果表

序号	计算单元	时段长	时段序号	重现期时段雨量值(mm)					备注
				100 a ($H_{1\%}$)	50 a ($H_{2\%}$)	20 a ($H_{5\%}$)	10 a ($H_{10\%}$)	5 a ($H_{20\%}$)	
1	桐城镇店头村	0.25 h	1	0.1					
			2	0.4					
			3	0.6					
			4	3.3	2.2	0.5			
			5	4.4	3.1	1.3			
			6	14.6	12.0	8.5	5.4	2.4	
			7	57.1	49.0	38.1	29.5	21.0	
			8	8.8	7.0	4.4	2.5	0.1	
			9	6.1	4.6	2.4			
			10	2.5	1.4				
			11	1.9	0.9				
			12	1.4	0.6				
			13	1.0					

续表 3-4-2

序号	计算单元	时段长	时段序号	重现期时段雨量值(mm)					备注
				100 a ($H_{1\%}$)	50 a ($H_{2\%}$)	20 a ($H_{5\%}$)	10 a ($H_{10\%}$)	5 a ($H_{20\%}$)	
2	桐城镇张石沟村	0.5 h	1	2.6	1.5				
			2	3.7	2.5	0.8			
			3	13.9	11.5	8.0	5.1	2.3	
			4	52.3	45.0	35.2	27.3	19.6	
			5	8.1	6.4	3.9	1.8	0.1	
			6	5.4	4.0	1.9			
			7	1.8	0.8				
			8	1.2	0.3				
			9	0.7					
			10	0.3					
3	桐城镇东社村	0.25 h	1	1.0	0.5				
			2	1.2	0.7				
			3	1.5	0.9				
			4	1.8	1.2	0.3			
			5	5.4	4.3	2.8	1.6	0.3	
			6	11.5	9.7	7.2	5.2	3.2	
			7	36.2	31.3	24.7	19.5	14.4	
			8	7.4	6.1	4.3	2.8	1.3	
			9	4.1	3.2	2.0	1.1		
			10	3.3	2.5	1.3			
			11	2.7	1.9	0.9			
			12	2.2	1.5	0.5			
			13	0.8	0.5				
			14	0.7					
			15	0.5					
			16	0.4					
			17	0.5					

续表 3-4-2

序号	计算单元	时段长	时段序号	重现期时段雨量值(mm)					备注
				100 a ($H_{1\%}$)	50 a ($H_{2\%}$)	20 a ($H_{5\%}$)	10 a ($H_{10\%}$)	5 a ($H_{20\%}$)	
4	桐城镇乔庄村	0.5 h	1	1.1					
			2	2.2	1.5				
			3	12.1	10.0	7.0	4.5	2.2	
			4	51.8	44.5	34.6	26.8	19.3	
			5	6.4	5.0	2.9	1.0		
			6	3.7	2.6	0.9			
			7	0.4					
5	桐城镇东庄村槐树洼	0.5 h	1	2.2	1.1				
			2	3.4	2.2	0.4			
			3	14.1	11.5	7.9	4.9	2.0	
			4	49.7	42.6	33.2	25.7	18.4	
			5	8.1	6.3	3.7	1.5		
			6	5.2	3.7	1.6			
			7	1.4	0.4				
			8	0.7					
			9	0.2					
6	桐城镇丁店村	0.25 h	1	2.5	1.4				
			2	3.7	2.4	0.6			
			3	14.2	11.6	8.1	5.1	2.3	
			4	47.9	41.2	32.2	25.0	18.0	
			5	8.3	6.5	3.9	1.8	0.1	
			6	5.4	4.0	1.9			
			7	1.6	0.8				
			8	1.0					
			9	0.5					

续表 3-4-2

序号	计算单元	时段长	时段序号	重现期时段雨量值(mm)					备注
				100 a ($H_{1\%}$)	50 a ($H_{2\%}$)	20 a ($H_{5\%}$)	10 a ($H_{10\%}$)	5 a ($H_{20\%}$)	
7	礼元镇文典村	0.5 h	1	0.1					
			2	1.3	0.7				
			3	1.6	1.0				
			4	1.9	1.2				
			5	2.2	1.5	0.8			
			6	6.3	5.1	3.4	1.9	0.4	
			7	13.2	11.1	8.2	5.8	3.5	
			8	37.6	32.8	26.3	21.1	15.9	
			9	8.6	7.1	5.0	3.2	1.4	
			10	4.9	3.9	2.4	1.7		
			11	4.0	3.0	1.7			
			12	3.2	2.4	1.2			
			13	2.7	1.9	0.8			
			14	1.1	0.6				
			15	0.9	0.4				
			16	0.7	0.2				
			17	0.6	0.1				
			18	0.5					
			19	0.3					
			20	0.2					
			21	0.1					
8	东镇镇东姚村西姚	0.5 h	1	0.1					
			2	1.4	0.8				
			3	1.6	1.0				
			4	1.9	1.3				
			5	2.3	1.6	1.2			
			6	6.5	5.3	3.6	2.2	0.8	
			7	13.6	11.5	8.6	6.3	4.0	

续表 3-4-2

序号	计算单元	时段长	时段序号	重现期时段雨量值(mm)					备注
				100 a ($H_{1\%}$)	50 a ($H_{2\%}$)	20 a ($H_{5\%}$)	10 a ($H_{10\%}$)	5 a ($H_{20\%}$)	
8	东镇镇东姚村西姚	0.5 h	8	39.6	34.4	27.4	21.9	16.4	
			9	8.9	7.4	5.3	3.5	1.8	
			10	5.1	4.0	2.6	2.4	0.1	
			11	4.0	3.2	1.9			
			12	3.3	2.5	1.4			
			13	2.7	2.0	1.0			
			14	1.1	0.6				
			15	0.9	0.4				
			16	0.8	0.3				
			17	0.6	0.2				
			18	0.5	0.1				
			19	0.4					
			20	0.3					
			21	0.2					
9	东镇镇东姚村东姚	0.25 h	1	0.2					
			2	1.5	0.9				
			3	1.8	1.2				
			4	2.1	1.4				
			5	2.5	1.8	1.5			
			6	6.9	5.6	3.8	2.3	0.8	
			7	14.3	12.1	9.0	6.5	4.1	
			8	40.2	35.0	28.0	22.5	17.0	
			9	9.4	7.8	5.5	3.7	1.9	
			10	5.4	4.3	2.7	2.7	0.1	
			11	4.3	3.4	2.0			
			12	3.6	2.7	1.5			
			13	3.0	2.2	1.1			
			14	1.3	0.7				

续表 3-4-2

序号	计算单元	时段长	时段序号	重现期时段雨量值(mm)					备注
				100 a ($H_{1\%}$)	50 a ($H_{2\%}$)	20 a ($H_{5\%}$)	10 a ($H_{10\%}$)	5 a ($H_{20\%}$)	
9	东镇镇东姚村东姚	0.25 h	15	1.1	0.5				
			16	0.9	0.4				
			17	0.7	0.2				
			18	0.6	0.2				
			19	0.5					
			20	0.3					
			21	0.2					
10	东镇镇中庄村中庄	0.5 h	1	0.2					
			2	3.2	2.1				
			3	4.5	3.2	1.5			
			4	16.0	13.1	9.2	5.8	2.6	
			5	52.9	45.7	35.9	28.1	20.3	
			6	9.6	7.5	4.7	2.7	0.1	
			7	6.4	4.8	2.5			
			8	2.3	1.3				
			9	1.6	0.6				
			10	1.0	0.2				
			11	0.6					
11	裴社乡王赵村小王赵	0.5 h	1	0.4					
			2	0.6					
			3	0.9	0.2				
			4	1.2	0.5				
			5	3.9	2.8	1.3			
			6	5.0	3.8	2.1	0.6		
			7	14.8	12.4	9.0	6.3	3.6	
			8	48.8	42.2	33.4	26.4	19.4	
			9	9.3	7.6	5.2	3.1	1.2	

续表 3-4-2

序号	计算单元	时段长	时段序号	重现期时段雨量值(mm)					备注
				100 a ($H_{1\%}$)	50 a ($H_{2\%}$)	20 a ($H_{5\%}$)	10 a ($H_{10\%}$)	5 a ($H_{20\%}$)	
11	裴社乡王赵村小王赵		10	6.6	5.2	3.3	1.5		
			11	3.0	2.1	0.7			
			12	2.4	1.6	0.3			
			13	1.9	1.1				
			14	1.5	0.8				
			15	0.2					
			16	0.1					
12	裴社乡宋家庄村下青沟	0.5 h	1	0.4					
			2	2.8	1.8				
			3	3.8	2.7	1.3			
			4	12.9	10.7	7.5	4.8	2.1	
			5	43.0	37.4	29.8	23.6	17.4	
			6	7.9	6.2	3.9	2.1	0.1	
			7	5.4	4.0	2.1			
			8	2.0	1.1				
			9	1.5	0.6				
			10	1.0	0.2				
			11	0.6					
13	裴社乡宋家庄村宋家庄	0.25 h	1	0.1					
			2	0.4					
			3	2.9	1.9	0.4			
			4	4.0	2.8	1.1			
			5	13.3	11.0	7.8	5.1	2.4	
			6	42.7	37.1	29.6	23.5	17.4	
			7	8.1	6.5	4.1	2.0	0.2	
			8	5.6	4.2	2.3	0.5		
			9	2.1	1.2				
			10	1.5	0.7				
			11	1.1	0.3				
			12	0.7					

续表 3-4-2

序号	计算单元	时段长	时段序号	重现期时段雨量值(mm)					备注
				100 a ($H_{1\%}$)	50 a ($H_{2\%}$)	20 a ($H_{5\%}$)	10 a ($H_{10\%}$)	5 a ($H_{20\%}$)	
14	石门乡石门村口头	0.5 h	1	0.3					
			2	0.4					
			3	0.6					
			4	7.0	5.5	3.3	1.4		
			5	9.8	7.9	5.3	3.0	0.7	
			6	49.6	43.2	34.5	27.5	20.5	
			7	15.6	13.0	9.3	6.3	3.2	
			8	5.3	4.0	2.1	0.4		
			9	4.1	2.9	1.3			
			10	3.2	2.2	0.7			
			11	2.5	1.6	0.2			
			12	2.0	1.1				
			13	1.6	0.8				
			14	1.2	0.5				
			15	0.9	0.2				
15	石门乡后交村元河	0.25 h	1	3.8	3.0	2.0	1.0	0.1	
			2	4.3	3.5	2.4	1.4	0.4	
			3	5.1	4.1	2.9	1.8	0.7	
			4	6.1	5.0	3.6	2.3	1.1	
			5	9.8	8.3	6.2	4.5	2.8	
			6	40.5	35.6	29.0	23.8	18.5	
			7	14.5	12.3	9.5	7.2	4.9	
			8	7.5	6.3	4.6	3.2	1.8	
			9	3.3	2.6	1.6	0.8		
			10	2.9	2.3	1.4	0.6		
			11	2.6	2.0	1.2	0.4		
			12	2.4	1.8	1.0	0.3		
			13	2.1	1.6	0.8	0.2		

续表 3-4-2

序号	计算单元	时段长	时段序号	重现期时段雨量值(mm)					备注
				100 a ($H_{1\%}$)	50 a ($H_{2\%}$)	20 a ($H_{5\%}$)	10 a ($H_{10\%}$)	5 a ($H_{20\%}$)	
15	石门乡后交村元河	0.25 h	14	1.9	1.4	0.7			
			15	1.7	1.3	0.6			
			16	1.6	1.1	0.5			
			17	1.4	1.0	0.4			
			18	1.3	0.9	0.3			
			19	1.2	0.8	0.2			
			20	1.1	0.7	0.1			
			21	1.0	0.6	0.1			
			22	0.9	0.5				
			23	0.8	0.5				
			24	0.8	0.4				
16	石门乡石门村石门	0.5 h	1	0.2					
			2	0.3					
			3	0.5					
			4	0.7					
			5	0.9	0.3				
			6	7.5	6.0	3.7	1.8		
			7	10.5	8.5	5.8	3.4	1.1	
			8	52.7	45.8	36.6	29.2	21.8	
			9	16.5	13.7	10.0	6.8	3.7	
			10	5.7	4.4	2.5	0.9		
			11	4.5	3.3	1.6			
			12	3.6	2.5	1.0			
			13	2.9	1.9	0.5			
			14	2.4	1.5	0.1			
			15	1.9	1.1				
			16	1.5	0.8				
			17	1.2	0.5				

续表 3-4-2

序号	计算单元	时段长	时段序号	重现期时段雨量值(mm)					备注
				100 a ($H_{1\%}$)	50 a ($H_{2\%}$)	20 a ($H_{5\%}$)	10 a ($H_{10\%}$)	5 a ($H_{20\%}$)	
17	石门乡刘家庄村刘家庄	0.5 h	1	0.3					
			2	0.5					
			3	7.2	5.6	3.2	1.0		
			4	10.2	8.2	5.3	2.7	0.3	
			5	52.5	45.6	36.2	28.6	21.0	
			6	16.3	13.5	9.5	6.2	2.9	
			7	5.4	4.0	1.9	0.1		
			8	4.1	2.9	1.0			
			9	3.2	2.1	0.4			
			10	2.5	1.5				
			11	1.9	1.0				
			12	1.5	0.6				
			13	1.1	0.3				
			14	0.8					
18	石门乡刘家庄村马家窑	0.5 h	1	0.2					
			2	0.4					
			3	0.6					
			4	0.8	0.1				
			5	7.6	5.9	3.5	1.3		
			6	10.6	8.5	5.6	3.0	0.5	
			7	52.4	45.5	36.1	28.5	20.9	
			8	16.7	13.8	9.8	6.4	3.1	
			9	5.8	4.3	2.2	0.3		
			10	4.5	3.2	1.4			
			11	3.6	2.4	0.7			
			12	2.9	1.8	0.2			
			13	2.3	1.3				
			14	1.8	0.9				

续表 3-4-2

序号	计算单元	时段长	时段序号	重现期时段雨量值(mm)					备注
				100 a ($H_{1\%}$)	50 a ($H_{2\%}$)	20 a ($H_{5\%}$)	10 a ($H_{10\%}$)	5 a ($H_{20\%}$)	
18	石门乡刘家庄村马家窑	0.5 h	15	1.5	0.6				
			16	1.1	0.3				
19	石门乡刘家庄刘庄冶	0.25 h	1	0.1					
			2	0.3					
			3	0.5					
			4	0.7					
			5	1.0	0.2				
			6	7.7	6.1	3.7	1.6		
			7	10.7	8.7	5.7	3.2	0.7	
			8	52.2	45.3	36.0	28.6	21.0	
			9	16.8	13.9	10.0	6.7	3.4	
			10	5.9	4.5	2.4	0.6		
			11	4.6	3.4	1.5			
			12	3.7	2.6	0.9			
			13	3.0	1.9	0.4			
			14	2.4	1.5	0.1			
			15	2.0	1.1				
			16	1.6	0.7				
			17	1.2	0.4				
20	神柏乡窑头沟村	0.5 h	1	1.6	0.7				
			2	2.6	1.6	0.1			
			3	11.8	9.7	6.8	4.2	2.0	
			4	48.5	41.4	31.9	24.5	17.4	
			5	6.6	5.1	3.0	1.1		
			6	4.1	2.9	1.1			
			7	0.9	0.1				
			8	0.3					

续表 3-4-2

序号	计算单元	时段长	时段序号	重现期时段雨量值(mm)					备注
				100 a ($H_{1\%}$)	50 a ($H_{2\%}$)	20 a ($H_{5\%}$)	10 a ($H_{10\%}$)	5 a ($H_{20\%}$)	
21	郭家庄镇东韩村	0.5 h	1	1.3	0.4				
			2	2.3	1.2				
			3	11.1	9.0	6.0	3.4	1.1	
			4	50.3	42.9	32.9	25.0	17.5	
			5	6.1	4.6	2.4	0.4		
			6	3.7	2.5	0.6			
			7	0.6					
			8	0.1					
22	郭家庄镇宋店村	0.25 h	1	1.2	0.3				
			2	2.2	1.1				
			3	11.0	8.9	5.9	3.3	1.0	
			4	50.1	42.7	32.7	24.8	17.3	
			5	6.0	4.5	2.2	0.4		
			6	3.6	2.4	0.5			
			7	0.6					
			8	0.1					
23	郭家庄镇西庄儿头村	0.5 h	1	1.1	0.1				
			2	2.0	0.9				
			3	10.9	8.7	5.7	3.0	0.8	
			4	49.7	42.3	32.3	24.4	16.9	
			5	5.8	4.3	2.0	0.2		
			6	3.4	2.2	0.3			
			7	0.4					

续表 3-4-2

序号	计算单元	时段长	时段序号	重现期时段雨量值(mm)					备注
				100 a ($H_{1\%}$)	50 a ($H_{2\%}$)	20 a ($H_{5\%}$)	10 a ($H_{10\%}$)	5 a ($H_{20\%}$)	
24	郭家庄镇崔庄村	0.5 h	1	1.0	0.1				
			2	1.9	0.8				
			3	10.6	8.5	5.4	2.8	0.7	
			4	48.4	41.2	31.4	23.7	16.3	
			5	5.6	4.1	1.8	0.1		
			6	3.3	2.0	0.2			
			7	0.3					
25	后宫乡三河口村余家岭	0.5 h	1	5.8	4.4	2.3	0.4		
			2	8.5	6.7	4.2	1.9	0.1	
			3	47.9	41.4	32.7	25.6	18.6	
			4	14.0	11.5	8.0	5.1	2.1	
			5	4.2	3.0	1.2			
			6	3.1	2.0	0.4			
			7	2.3	1.3				
			8	1.7	0.8				
			9	1.2	0.4				
			10	0.8	0.1				
			11	0.5					
			12	0.2					
26	河底镇董村村董村	0.5 h	1	0.1					
			2	0.3					
			3	2.8	1.8	0.3			
			4	3.8	2.7	1.0			
			5	12.6	10.4	7.2	4.6	1.9	
			6	40.3	34.9	27.6	21.7	15.8	
			7	7.7	6.1	3.8	1.7	0.1	

续表 3-4-2

序号	计算单元	时段长	时段序号	重现期时段雨量值(mm)					备注
				100 a ($H_{1\%}$)	50 a ($H_{2\%}$)	20 a ($H_{5\%}$)	10 a ($H_{10\%}$)	5 a ($H_{20\%}$)	
26	河底镇董村村董村	0.5 h	8	5.3	4.0	2.1	0.3		
			9	2.1	1.1				
			10	1.5	0.6				
			11	1.0	0.2				
			12	0.7					
27	河底镇河底村河底	0.25 h	1	0.1					
			2	0.3					
			3	2.8	1.8	0.3			
			4	3.8	2.7	1.0			
			5	12.6	10.4	7.2	4.5	1.9	
			6	40.4	35.0	27.6	21.7	15.8	
			7	7.7	6.1	3.7	1.7	0.1	
			8	5.3	4.0	2.0	0.3		
			9	2.0	1.1				
			10	1.5	0.6				
			11	1.0	0.2				
			12	0.6					
28	河底镇苏村	0.5 h	1	0.1					
			2	0.3					
			3	2.8	1.8	0.3			
			4	3.8	2.7	1.0			
			5	12.6	10.3	7.2	4.5	1.9	
			6	40.2	34.8	27.5	21.6	15.7	
			7	7.7	6.1	3.7	1.7	0.1	
			8	5.3	4.0	2.0	0.3		
			9	2.0	1.1				
			10	1.5	0.6				
			11	1.0	0.2				
			12	0.6					

续表 3-4-2

序号	计算单元	时段长	时段序号	重现期时段雨量值(mm)					备注
				100 a ($H_{1\%}$)	50 a ($H_{2\%}$)	20 a ($H_{5\%}$)	10 a ($H_{10\%}$)	5 a ($H_{20\%}$)	
29	东镇镇三交村三交	0.5 h	1	0.1					
			2	2.8	1.7	0.1			
			3	4.0	2.7	0.8			
			4	14.2	11.6	7.9	4.8	1.8	
			5	46.7	40.1	31.3	24.2	17.2	
			6	8.5	6.6	3.9	1.6		
			7	5.7	4.1	2.0	0.1		
			8	1.9	0.9				
			9	1.3	0.4				
			10	0.8					
			11	0.4					
30	东镇镇西街村北街	0.5 h	1	2.7	1.6	0.1			
			2	3.9	2.6	0.7			
			3	14.1	11.5	7.8	4.7	1.7	
			4	46.1	39.6	30.9	23.9	16.9	
			5	8.4	6.5	3.8	1.5		
			6	5.6	4.1	1.9	0.1		
			7	1.9	0.9				
			8	1.3	0.3				
			9	0.7					
			10	0.3					
31	东镇镇南街村东堡	0.5 h	1	2.7	1.6				
			2	3.8	2.6	0.7			
			3	14.0	11.4	7.7	4.6	1.6	
			4	45.7	39.3	30.6	23.7	16.8	
			5	8.3	6.4	3.8	1.4		

续表 3-4-2

序号	计算单元	时段长	时段序号	重现期时段雨量值(mm)					备注
				100 a ($H_{1\%}$)	50 a ($H_{2\%}$)	20 a ($H_{5\%}$)	10 a ($H_{10\%}$)	5 a ($H_{20\%}$)	
31	东镇镇南街村东堡	0.5 h	6	5.5	4.0	1.8	0.1		
			7	1.8	0.8				
			8	1.2	0.3				
			9	0.7					
			10	0.3					
32	石门乡店上村店上	0.5 h	1	0.6	0.1				
			2	0.7	0.2				
			3	0.9	0.3				
			4	1.0	0.5				
			5	1.2	0.7				
			6	1.4	0.8				
			7	7.5	6.1	4.2	2.5	0.9	
			8	10.3	8.5	6.1	4.1	2.1	
			9	53.2	46.5	37.5	30.4	23.1	
			10	16.0	13.5	10.1	7.3	4.6	
			11	5.9	4.7	3.0	1.6	0.2	
			12	4.7	3.7	2.2	0.9		
			13	3.9	3.0	1.7	0.5		
			14	3.2	2.4	1.2	0.1		
			15	2.7	2.0	0.9			
			16	2.3	1.6	0.6			
			17	2.0	1.3	0.3			
			18	1.7	1.1	0.1			
			19	0.4					
			20	0.3					

续表 3-4-2

序号	计算单元	时段长	时段序号	重现期时段雨量值(mm)					备注
				100 a ($H_{1\%}$)	50 a ($H_{2\%}$)	20 a ($H_{5\%}$)	10 a ($H_{10\%}$)	5 a ($H_{20\%}$)	
33	石门乡玉坡村柳林	0.5 h	1	0.6					
			2	0.7	0.1				
			3	0.9	0.3				
			4	1.1	0.4				
			5	1.3	0.6				
			6	1.5	0.8				
			7	8.4	6.7	4.5	2.5	0.5	
			8	11.4	9.4	6.6	4.2	1.8	
			9	57.5	50.0	39.9	32.0	24.0	
			10	17.7	14.8	10.9	7.7	4.5	
			11	6.5	5.1	3.2	1.5		
			12	5.2	4.0	2.3	0.8		
			13	4.3	3.2	1.7	0.2		
			14	3.6	2.6	1.2			
			15	3.0	2.1	0.8			
			16	2.5	1.7	0.5			
			17	2.2	1.4	0.2			
			18	1.8	1.1				
			19	0.4					
			20	0.3					
34	石门乡横榆村下柳峪	0.25 h	1	0.1					
			2	0.3					
			3	0.4					
			4	0.6					
			5	0.8	0.2				
			6	1.1	0.4				
			7	7.8	6.2	3.9	2.0	0.1	
			8	10.8	8.8	6.0	3.7	1.3	

续表 3-4-2

序号	计算单元	时段长	时段序号	重现期时段雨量值(mm)					备注
				100 a ($H_{1\%}$)	50 a ($H_{2\%}$)	20 a ($H_{5\%}$)	10 a ($H_{10\%}$)	5 a ($H_{20\%}$)	
34	石门乡横榆村下柳峪	0.25 h	9	56.0	48.8	39.0	31.3	23.4	
			10	17.0	14.2	10.4	7.2	4.0	
			11	5.9	4.6	2.7	0.9		
			12	4.7	3.5	1.8	0.2		
			13	3.7	2.7	1.1			
			14	3.0	2.1	0.7			
			15	2.5	1.6	0.3			
			16	2.0	1.2				
			17	1.7	0.9				
			18	1.3	0.6				
35	石门乡白家滩村黄家沙	0.5 h	1	0.1					
			2	0.4					
			3	0.6					
			4	0.9	0.1				
			5	3.8	2.6	0.8			
			6	5.0	3.6	1.6			
			7	15.5	12.7	8.9	5.7	2.4	
			8	52.0	45.1	35.8	28.3	20.6	
			9	9.6	7.6	4.8	2.3	0.1	
			10	6.8	5.1	2.8	0.7		
			11	2.9	1.8	0.2			
			12	2.3	1.2				
			13	1.7	0.8				
			14	1.3	0.4				

续表 3-4-2

序号	计算单元	时段长	时段序号	重现期时段雨量值(mm)					备注
				100 a ($H_{1\%}$)	50 a ($H_{2\%}$)	20 a ($H_{5\%}$)	10 a ($H_{10\%}$)	5 a ($H_{20\%}$)	
36	石门乡西坪村西坪	0.5 h	1	0.1					
			2	0.3					
			3	0.6					
			4	7.5	5.8	3.3	1.2		
			5	10.6	8.5	5.5	2.9	0.4	
			6	56.4	48.9	38.8	30.7	22.5	
			7	16.9	14.0	10.0	6.6	3.2	
			8	5.6	4.1	2.0	0.2		
			9	4.3	3.0	1.1			
			10	3.3	2.2	0.5			
			11	2.6	1.6				
			12	2.0	1.1				
			13	1.6	0.7				
			14	1.2	0.3				
			15	0.9	0.1				
37	石门乡西坪村腰庄	0.5 h	1	0.1					
			2	0.3					
			3	0.5					
			4	7.2	5.6	3.2	1.1		
			5	10.2	8.2	5.3	2.8	0.4	
			6	54.0	46.9	37.2	29.4	21.6	
			7	16.3	13.5	9.6	6.3	3.0	
			8	5.4	4.0	1.9	0.1		
			9	4.1	2.9	1.1			
			10	3.2	2.1	0.4			
			11	2.5	1.5				
			12	2.0	1.0				

续表 3-4-2

序号	计算单元	时段长	时段序号	重现期时段雨量值(mm)					备注
				100 a ($H_{1\%}$)	50 a ($H_{2\%}$)	20 a ($H_{5\%}$)	10 a ($H_{10\%}$)	5 a ($H_{20\%}$)	
37	石门乡西坪村腰庄	0.5 h	13	1.5	0.6				
			14	1.1	0.3				
			15	0.8					
38	石门乡青山村青山	0.5 h	1	0.1					
			2	0.2					
			3	0.5					
			4	6.3	4.8	2.7	0.7		
			5	8.9	7.1	4.5	2.2	0.1	
			6	48.3	42.0	33.3	26.3	19.2	
			7	14.2	11.7	8.2	5.2	2.2	
			8	4.7	3.4	1.5			
			9	3.6	2.5	0.8			
			10	2.8	1.8	0.2			
			11	2.2	1.2				
			12	1.7	0.8				
			13	1.3	0.5				
			14	1.0	0.2				
			15	0.7					
39	石门乡横榆村上横榆	0.5 h	1	0.1					
			2	0.3					
			3	0.5					
			4	6.3	4.8	2.7	0.8		
			5	8.8	7.0	4.5	2.3	0.2	
			6	46.8	40.6	32.3	25.5	18.7	
			7	14.0	11.5	8.2	5.3	2.4	
			8	4.7	3.5	1.6	0.1		
			9	3.6	2.5	0.9			

续表 3-4-2

序号	计算单元	时段长	时段序号	重现期时段雨量值(mm)					备注
				100 a ($H_{1\%}$)	50 a ($H_{2\%}$)	20 a ($H_{5\%}$)	10 a ($H_{10\%}$)	5 a ($H_{20\%}$)	
39	石门乡横榆村上横榆	0.5 h	10	2.9	1.8	0.3			
			11	2.2	1.3				
			12	1.8	0.9				
			13	1.4	0.5				
			14	1.0	0.3				
			15	0.8					
40	石门乡横榆村下横榆	0.5 h	1	0.1					
			2	0.3					
			3	0.4					
			4	0.7					
			5	6.4	5.0	2.9	1.1		
			6	9.0	7.2	4.7	2.5	0.4	
			7	46.4	40.4	32.1	25.5	18.7	
			8	14.2	11.7	8.4	5.5	2.7	
			9	4.9	3.6	1.8	0.2		
			10	3.8	2.7	1.1			
			11	3.0	2.0	0.6			
			12	2.4	1.5				
			13	1.9	1.0				
			14	1.5	0.7				
			15	1.2	0.4				
			16	0.9	0.2				
41	郭家庄镇沟西村	0.5 h	1	1.3	0.4				
			2	2.3	1.3				
			3	11.9	9.7	6.8	4.2	1.9	
			4	50.5	43.1	33.2	25.4	18.0	
			5	6.4	4.9	2.8	0.9		

续表 3-4-2

序号	计算单元	时段长	时段序号	重现期时段雨量值(mm)					备注
				100 a ($H_{1\%}$)	50 a ($H_{2\%}$)	20 a ($H_{5\%}$)	10 a ($H_{10\%}$)	5 a ($H_{20\%}$)	
41	郭家庄镇沟西村	0.5 h	6	3.8	2.6	0.9			
			7	0.7					
42	郭家庄镇晋庄村	0.5 h	1	0.6	0.2				
			2	0.8	0.4				
			3	1.1	0.6				
			4	1.4	0.9	0.1			
			5	5.2	4.2	2.8	1.6	0.5	
			6	11.9	10.1	7.5	5.5	3.6	
			7	38.8	33.2	25.8	20.0	14.5	
			8	7.4	6.1	4.4	2.9	1.6	
			9	3.9	3.0	1.9	1.1		
			10	3.0	2.3	1.2			
			11	2.3	1.7	0.7			
			12	1.8	1.2	0.4			
			13	0.8					
43	郭家庄镇西阜村	0.5 h	1	0.5	0.1				
			2	0.8	0.3				
			3	1.0	0.5				
			4	1.3	0.8				
			5	5.0	4.1	2.7	1.5	0.4	
			6	11.6	9.8	7.3	5.3	3.4	
			7	39.0	33.3	25.8	20.0	14.4	
			8	7.2	5.9	4.2	2.7	1.4	
			9	3.7	2.9	1.7	0.9		
			10	2.8	2.1	1.1			
			11	2.2	1.6	0.6			
			12	1.7	1.1	0.3			
			13	0.6					

续表 3-4-2

序号	计算单元	时段长	时段序号	重现期时段雨量值(mm)					备注
				100 a ($H_{1\%}$)	50 a ($H_{2\%}$)	20 a ($H_{5\%}$)	10 a ($H_{10\%}$)	5 a ($H_{20\%}$)	
44	桐城镇下白土村黑肴	0.5 h	1	0.8	0.3				
			2	1.1	0.5				
			3	1.3	0.7				
			4	1.7	1.0	0.1			
			5	5.5	4.4	2.8	1.5		
			6	12.2	10.2	7.5	5.3		
			7	38.8	33.2	25.7	19.9	19.1	
			8	7.7	6.3	4.4	2.8		
			9	4.2	3.2	1.9	0.9		
			10	3.3	2.4	1.2			
			11	2.6	1.8	0.8			
			12	2.1	1.4	0.4			
			13	0.6	0.1				
			14	0.4					
			15	0.3					
			16	0.2					
45	桐城镇下白土村下白土	0.5 h	1	0.7	0.1				
			2	0.9	0.3				
			3	1.1	0.6				
			4	1.5	0.9				
			5	5.2	4.1	2.6	1.4		
			6	11.7	9.8	7.2	5.1		
			7	38.6	33.0	25.6	19.8	18.9	
			8	7.3	6.0	4.2	2.6		
			9	3.9	3.0	1.7	0.7		
			10	3.0	2.2	1.1			
			11	2.3	1.6	0.6			
			12	1.9	1.2	0.3			
			13	0.9					

续表 3-4-2

序号	计算单元	时段长	时段序号	重现期时段雨量值(mm)					备注
				100 a ($H_{1\%}$)	50 a ($H_{2\%}$)	20 a ($H_{5\%}$)	10 a ($H_{10\%}$)	5 a ($H_{20\%}$)	
46	桐城镇王顺坡村	0.5 h	1	1.5	0.5				
			2	2.6	1.5				
			3	12.1	9.9	6.7	4.1	1.7	
			4	48.1	41.1	31.6	24.1	17.0	
			5	6.7	5.1	2.8	0.8		
			6	4.1	2.8	1.0			
			7	1.0					
47	桐城镇姚村	0.5 h	1	0.9					
			2	1.9	0.8				
			3	11.0	8.8	5.5	2.7		
			4	49.2	42.0	32.2	24.4	17.5	
			5	5.8	4.2	2.0	0.1		
			6	3.3	2.0				
			7	0.2					
48	礼元镇行村	0.5 h	1	0.1					
			2	2.8	1.7				
			3	4.0	2.7	0.9			
			4	14.2	11.7	8.1	5.1	2.3	
			5	47.6	41.0	32.1	25.0	18.1	
			6	8.5	6.6	4.0	2.0	0.1	
			7	5.7	4.2	2.0			
			8	2.0	0.9				
			9	1.3	0.4				
			10	0.8					
			11	0.4					

续表 3-4-2

序号	计算单元	时段长	时段序号	重现期时段雨量值(mm)					备注
				100 a ($H_{1\%}$)	50 a ($H_{2\%}$)	20 a ($H_{5\%}$)	10 a ($H_{10\%}$)	5 a ($H_{20\%}$)	
49	东镇镇裴村	0.5 h	1	2.0	0.7				
			2	3.1	1.7				
			3	12.8	10.1	6.3	3.0		
			4	42.6	36.5	28.0	21.2	14.7	
			5	7.4	5.4	2.5	0.2		
			6	4.8	3.1	0.7			
			7	1.2	0.1				
			8	0.5					
			9	0.1					
50	东镇镇东鲁村东鲁	0.5 h	1	1.7	0.6				
			2	2.7	1.5				
			3	11.0	8.7	5.6	2.8		
			4	37.4	32.1	24.7	18.8	13.4	
			5	6.4	4.7	2.3	0.3		
			6	4.1	2.7	0.6			
			7	1.0	0.1				
			8	0.5					
			9	0.1					
51	东镇镇涑阳村	0.5 h	1	1.2					
			2	2.2	1.1				
			3	11.0	8.6	5.2	2.3		
			4	37.3	31.9	24.5	18.4	12.7	
			5	6.1	4.4	2.0	0.1		
			6	3.7	2.2				
			7	0.5					

续表 3-4-2

序号	计算单元	时段长	时段序号	重现期时段雨量值(mm)					备注
				100 a ($H_{1\%}$)	50 a ($H_{2\%}$)	20 a ($H_{5\%}$)	10 a ($H_{10\%}$)	5 a ($H_{20\%}$)	
52	河底镇连家坡村正水洼	0.5 h	1	0.2					
			2	0.3					
			3	0.4					
			4	0.4	0.1				
			5	1.6	1.1	0.4			
			6	1.8	1.3	0.5			
			7	2.1	1.5	0.7			
			8	2.4	1.8	0.9	0.2		
			9	6.0	5.0	3.5	2.3	1.0	
			10	12.0	10.2	7.8	5.8	3.9	
			11	33.8	29.7	24.1	19.7	15.2	
			12	8.0	6.7	4.9	3.5	2.0	
			13	4.8	3.9	2.6	1.5	0.6	
			14	3.9	3.1	2.0	1.0		
			15	3.3	2.6	1.6	0.7		
			16	2.8	2.1	1.2	0.4		
			17	1.4	0.9	0.3			
			18	1.2	0.8				
			19	1.1	0.6				
			20	0.9	0.5				
			21	0.8	0.4				
			22	0.7	0.3				
			23	0.6	0.2				
			24	0.5	0.2				

续表 3-4-2

序号	计算单元	时段长	时段序号	重现期时段雨量值(mm)					备注
				100 a ($H_{1\%}$)	50 a ($H_{2\%}$)	20 a ($H_{5\%}$)	10 a ($H_{10\%}$)	5 a ($H_{20\%}$)	
53	河底镇卫村	0.5 h	1	1.3					
			2	2.4	1.3				
			3	12.5	9.9	6.2	3.0		
			4	45.0	38.7	30.0	22.9	16.4	
			5	6.9	5.0	2.6	0.1		
			6	4.1	2.6				
			7	0.5					
54	河底镇小寺头村	0.5 h	1	1.3					
			2	2.4	1.3				
			3	12.5	9.9	6.2	2.9		
			4	44.7	38.4	29.8	22.7	16.2	
			5	6.8	4.9	2.5	0.1		
			6	4.1	2.6				
			7	0.5					
55	裴社乡寺头村	0.5 h	1	0.5					
			2	0.7	0.1				
			3	1.0	0.3				
			4	1.3	0.6				
			5	5.1	3.9	2.2	0.7		
			6	11.3	9.4	6.7	4.4	2.1	
			7	33.2	28.8	22.9	18.1	13.3	
			8	7.2	5.7	3.7	1.9	0.3	
			9	3.8	2.8	1.3	0.1		
			10	2.9	2.0	0.7			

续表 3-4-2

序号	计算单元	时段长	时段序号	重现期时段雨量值(mm)					备注
				100 a ($H_{1\%}$)	50 a ($H_{2\%}$)	20 a ($H_{5\%}$)	10 a ($H_{10\%}$)	5 a ($H_{20\%}$)	
55	裴社乡寺头村	0.5 h	11	2.2	1.4	0.2			
			12	1.7	1.0				
			13	0.3					
			14	0.1					
56	桐城镇西官庄村	0.5 h	1	2.2	1.1				
			2	3.3	2.1	0.4			
			3	13.5	11.1	7.6	4.6	1.8	
			4	47.2	40.8	32.0	25.0	18.0	
			5	7.8	6.0	3.5	1.3		
			6	5.0	3.6	1.6			
			7	1.3	0.4				
			8	0.7					
			9	0.2					
57	郭家庄镇郭店村	0.5	1	0.9					
			2	1.8	0.7				
			3	10.7	8.6	5.4			
			4	50.2	42.6	32.5	2.7	0.6	
			5	5.6	4.1	1.7	24.4	16.8	
			6	3.2	1.9	0.2	0.1		
			7	0.2					

表 3-4-3　闻喜县控制断面设计洪水成果表

序号	行政区划名称	行政区划代码	流域代码	断面代码	洪水要素	重现期洪水要素值					备注
						100 a ($Q_{1\%}$)	50 a ($Q_{2\%}$)	20 a ($Q_{5\%}$)	10 a ($Q_{10\%}$)	5 a ($Q_{20\%}$)	
1	桐城镇店头村	140823100218000	WDA76001221QA000		洪峰流量 (m^3/s)	134.3	114.3	87.5	66.3	45.8	
					洪量 (万 m^3)	47.7	37.8	25.8	17.5	11	
					涨洪历时 (h)	3	1.5	1.5	0.5	0.5	
					洪水历时 (h)	7.5	5.5	4.5	3	3	
2	桐城镇张石沟村	140823100219000	WDA76001221QA000		洪峰流量 (m^3/s)	220.3	186.8	141.9	106.4	72.7	
					洪量 (万 m^3)	83.6	66.8	46.3	36.8	20.4	
					涨洪历时 (h)	2	1.5	1.5	0.5	0.5	
					洪水历时 (h)	7	5.5	5.5	4.5	4.5	
3	桐城镇东社村	140823100202000	WDA76001221QA000		洪峰流量 (m^3/s)	633	532	397	295	199	
					洪量 (万 m^3)	221	176	120	82	52.3	
					涨洪历时 (h)	1.7	1.7	0.9	0.7	0.7	
					洪水历时 (h)	4.7	4.2	2.9	3	3	

续表 3-4-3

序号	行政区划名称	行政区划代码	流域代码	断面代码	洪水要素	重现期洪水要素值					备注
						100 a ($Q_{1\%}$)	50 a ($Q_{2\%}$)	20 a ($Q_{5\%}$)	10 a ($Q_{10\%}$)	5 a ($Q_{20\%}$)	
4	桐城镇乔庄村	140823100228000	WDA76001221QA000		洪峰流量(m^3/s)	585	493	370	277	188	
					洪量(万 m^3)	210	167	115	79	50	
					涨洪历时(h)	2	1.75	1.5	0.75	0.75	
					洪水历时(h)	2.75	2.5	2.25	1.5	1.5	
5	桐城镇东庄村槐树洼	140823100232101	WDA760012I100000		洪峰流量(m^3/s)	339	289	221	168	116	
					洪量(万 m^3)	113	90	62	43	27	
					涨洪历时(h)	2	2	1.25	1	1	
					洪水历时(h)	4.5	4	2.75	2.5	2.5	
6	桐城镇丁店村	140823100231000	WDA760012I100000	任沟村10－丁店村9	洪峰流量(m^3/s)	341	290	221	167	115	
					洪量(万 m^3)	126.00	100.00	69.00	47.00	30.00	
					涨洪历时(h)	2.00	2.00	1.25	1.00	1.00	
					洪水历时(h)	5.00	4.00	3.00	2.75	2.75	

续表 3-4-3

序号	行政区划名称	行政区划代码	流域代码	断面代码	洪水要素	重现期洪水要素值					备注
						100 a ($Q_{1\%}$)	50 a ($Q_{2\%}$)	20 a ($Q_{5\%}$)	10 a ($Q_{10\%}$)	5 a ($Q_{20\%}$)	
7	礼元镇文典村	140823105231000	WDA76001231HA000	文典沟31－文典村16	洪峰流量(m^3/s)	281	240	184	140	98	
					洪量(万 m^3)	92	73	50	34	21	
					涨洪历时(h)	1.7	1.7	1	0.75	0.75	
					洪水历时(h)	4.95	4.2	3	2.5	2.5	
8	东镇镇东姚村西姚	140823104208101	WDA760012C100000		洪峰流量(m^3/s)	51.9	44.4	34.4	26.4	18.6	
					洪量(万 m^3)	18.2	14.6	10.1	6.9	4.4	
					涨洪历时(h)	2	1.5	1.5	0.5	0.5	
					洪水历时(h)	5	4.5	4	2.5	2.5	
9	东镇镇东姚村东姚	140823104208100	WDA760012C100000		洪峰流量(m^3/s)	64.1	54.7	42.3	32.5	23	
					洪量(万 m^3)	20	16	11	8	5	
					涨洪历时(h)	2	1.75	1	0.75	0.75	
					洪水历时(h)	2.75	2.5	1.75	1.5	1.5	

续表 3-4-3

序号	行政区划名称	行政区划代码	流域代码	断面代码	洪水要素	重现期洪水要素值					备注
						100 a ($Q_{1\%}$)	50 a ($Q_{2\%}$)	20 a ($Q_{5\%}$)	10 a ($Q_{10\%}$)	5 a ($Q_{20\%}$)	
10	东镇镇中庄村中庄	140823104210100	WDA760012D100000	文典沟67－中庄村18	洪峰流量(m^3/s)	192	165	127	96.9	67.7	
					洪量(万 m^3)	70.8	56.4	38.6	26.2	16.5	
					涨洪历时(h)	2	1.9	1.5	0.9	0.9	
					洪水历时(h)	5.2	3.4	3	2.4	2.4	
11	裴社乡王赵村小王赵	140823203215101	WDA76103P0000000		洪峰流量(m^3/s)	255	219	169	131	92.7	
					洪量(万 m^3)	109	86.7	59.6	41.2	26.2	
					涨洪历时(h)	3.5	2.5	2	1.3	0.9	
					洪水历时(h)	7.2	6	4.5	3.4	2.7	
12	裴社乡宋家庄村下青沟	140823203214101	WDA76103P0000000		洪峰流量(m^3/s)	323	266	191	135	86.2	
					洪量(万 m^3)	272	217	149	102	65.6	
					涨洪历时(h)	2.2	2	1.5	0.9	0.9	
					洪水历时(h)	7.3	7.2	7.3	6.6	7.3	

续表 3-4-3

序号	行政区划名称	行政区划代码	流域代码	断面代码	洪水要素	重现期洪水要素值					备注
						100 a ($Q_{1\%}$)	50 a ($Q_{2\%}$)	20 a ($Q_{5\%}$)	10 a ($Q_{10\%}$)	5 a ($Q_{20\%}$)	
13	裴社乡宋家庄村宋家庄	140823203214100	WDA76103P0000000	铁寺河峪 88 – 宋家庄 10	洪峰流量 (m^3/s)	324	267	192	135	87.3	
					洪量 (万 m^3)	280	224	154	106	68	
					涨洪历时 (h)	2.2	1.9	1.5	0.9	0.9	
					洪水历时 (h)	8.9	8	8.2	7.5	8.5	
14	石门乡石门村口头	140823205200102	WDAEA00122C00000	石门河峪沟 58 – 口头 30	洪峰流量 (m^3/s)	140	116	84.3	59.2	35.8	
					洪量 (万 m^3)	153	121	83	57	36	
					涨洪历时 (h)	4	2	2	2	1.5	
					洪水历时 (h)	13.5	11.5	11	11	10.5	
15	石门乡后交村元河	140823205207105	WDAEA00122C00000		洪峰流量 (m^3/s)	212	179	136	102	68.4	
					洪量 (万 m^3)	158	126	87.5	60.5	38.7	
					涨洪历时 (h)	4.5	3	1.75	1.75	1.5	
					洪水历时 (h)	10	9	6.35	5.5	5.5	

续表 3-4-3

序号	行政区划名称	行政区划代码	流域代码	断面代码	洪水要素	重现期洪水要素值					备注
						100 a（$Q_{1\%}$）	50 a（$Q_{2\%}$）	20 a（$Q_{5\%}$）	10 a（$Q_{10\%}$）	5 a（$Q_{20\%}$）	
16	石门乡石门村石门	140823205200100	WDAEA00122C00000	石门河峪沟 132 – 石门 8	洪峰流量（m^3/s）	222	185	135	96.8	59.8	
					洪量（万 m^3）	236	187	128	87.3	55.1	
					涨洪历时（h）	4.3	1.9	1.9	1.9	1.4	
					洪水历时（h）	11.5	8.4	8.2	8.4	8.4	
17	石门乡刘家庄村刘家庄	140823205208101	WDA78003B0000000	十八河峪沟 152 – 刘家庄村 26	洪峰流量（m^3/s）	194	160	116	80	47.5	
					洪量（万 m^3）	199	157	106	71.5	44.7	
					涨洪历时（h）	2.5	1.9	2	1.9	1.3	
					洪水历时（h）	9.8	8.4	7.8	8.4	8	
18	石门乡刘家庄村马家窑	140823205208105	WDA78003B0000000	十八河峪沟 82 – 马家窑 11	洪峰流量（m^3/s）	311	253	181	124	71.8	
					洪量（万 m^3）	374	294	197	132	80.9	
					涨洪历时（h）	2.3	1.9	2	1.9	1.3	
					洪水历时（h）	11.8	9.4	9.2	9.7	9.8	

续表 3-4-3

序号	行政区划名称	行政区划代码	流域代码	断面代码	洪水要素	重现期洪水要素值					备注
						100 a ($Q_{1\%}$)	50 a ($Q_{2\%}$)	20 a ($Q_{5\%}$)	10 a ($Q_{10\%}$)	5 a ($Q_{20\%}$)	
19	石门乡刘家庄村刘庄冶	140823205208104	WDA78003B0000000	十八河峪沟30－刘庄冶6	洪峰流量(m^3/s)	331	269	192	132	76.5	
					洪量(万 m^3)	437	344	232	155	95.9	
					涨洪历时(h)	3.3	1.9	1.9	1.9	1.5	
					洪水历时(h)	11.8	10.4	10.4	10.4	10.8	
20	神柏乡窑头沟村	140823200213000	WDA760012Q100000		洪峰流量(m^3/s)	627	524	386	282	186	
					洪量(万 m^3)	255	205	143	99.4	64.7	
					涨洪历时(h)	1.9	1.7	0.9	0.9	1	
					洪水历时(h)	4.6	4.7	3.6	3.6	4.3	
21	郭家庄镇东韩村	140823101202000	WDA760012Q100000	神柏沟62－东韩村12	洪峰流量(m^3/s)	652	541	394	282	180	
					洪量(万 m^3)	271	217	151	104	66.9	
					涨洪历时(h)	1.9	1.5	0.9	0.9	0.9	
					洪水历时(h)	5.2	5.2	4.2	4.2	4.6	

续表 3-4-3

序号	行政区划名称	行政区划代码	流域代码	断面代码	洪水要素	重现期洪水要素值					备注
						100 a ($Q_{1\%}$)	50 a ($Q_{2\%}$)	20 a ($Q_{5\%}$)	10 a ($Q_{10\%}$)	5 a ($Q_{20\%}$)	
22	郭家庄镇宋店村	140823101215000	WDA760012Q100000		洪峰流量(m^3/s)	659	545	395	272	178	
					洪量(万 m^3)	279	224	155	106	68.4	
					涨洪历时(h)	1.7	1.7	0.9	0.9	0.9	
					洪水历时(h)	5.2	5.2	4.2	4.2	4.7	
23	郭家庄镇西庄儿头村	140823101210000	WDA760012Q100000		洪峰流量(m^3/s)	682	562	405	286	179	
					洪量(万 m^3)	259	236	162	111	71.4	
					涨洪历时(h)	1.9	1.4	0.9	0.9	0.9	
					洪水历时(h)	5.4	4.7	4.2	4.6	4.8	
24	郭家庄镇崔庄村	140823101209000	WDA760012Q100000		洪峰流量(m^3/s)	895	736	528	370	229	
					洪量(万 m^3)	393	313	215	147	94	
					涨洪历时(h)	1.8	1.3	0.9	0.9	0.8	
					洪水历时(h)	5.2	4.8	4.3	4.5	4.6	

续表 3-4-3

序号	行政区划名称	行政区划代码	流域代码	断面代码	洪水要素	重现期洪水要素值					备注
						100 a ($Q_{1\%}$)	50 a ($Q_{2\%}$)	20 a ($Q_{5\%}$)	10 a ($Q_{10\%}$)	5 a ($Q_{20\%}$)	
25	后宫乡三河口村余家岭	140823204226104	WDA76001231PA000		洪峰流量(m^3/s)	90.7	78	60.8	46.9	33.2	
					洪量(万 m^3)	30	24	16	11	7	
					涨洪历时(h)	1.5	1.5	1.5	1	0.5	
					洪水历时(h)	5	4	3	2.25	1.75	
26	河底镇董村村董村	140823106223100	WDA76001231PAC00		洪峰流量(m^3/s)	1 480	1 210	853	592	369	
					洪量(万 m^3)	1 341	1 062	719	485	305	
					涨洪历时(h)	2	2	1.5	1	1	
					洪水历时(h)	8.5	8.5	7.5	7.5	7.5	
27	河底镇河底村河底	140823106200100	WDA76001231PAC00		洪峰流量(m^3/s)	145.9	119.2	838	580	360	
					洪量(万 m^3)	1 361	1 075	729	492	309	
					涨洪历时(h)	2	2	1.5	1	1	
					洪水历时(h)	8.75	8.5	8.25	8	8.75	

续表 3-4-3

序号	行政区划名称	行政区划代码	流域代码	断面代码	洪水要素	重现期洪水要素值					备注
						100 a ($Q_{1\%}$)	50 a ($Q_{2\%}$)	20 a ($Q_{5\%}$)	10 a ($Q_{10\%}$)	5 a ($Q_{20\%}$)	
28	河底镇苏村	140823106201000	WDA76001231PAC00		洪峰流量(m^3/s)	143.3	117	822	569	353	
					洪量(万 m^3)	1 359	1 074	728	491	309	
					涨洪历时(h)	2	2	1.5	1	1	
					洪水历时(h)	8.75	8.75	8.25	8.25	8.75	
29	东镇镇三交村三交	140823104220100	WDA760012E100000		洪峰流量(m^3/s)	550	466	351	261	174	
					洪量(万 m^3)	222	175	118	79	49	
					涨洪历时(h)	2	2	1.5	1	1	
					洪水历时(h)	5.25	4.5	3.75	3	3	
30	东镇镇西街村北街	140823104201101	WDA760012E100000		洪峰流量(m^3/s)	554	467	349	257	169	
					洪量(万 m^3)	239	189	127	85	53	
					涨洪历时(h)	2	2	1.25	1	1	
					洪水历时(h)	5.25	4.75	3.75	3.25	3.25	

续表 3-4-3

序号	行政区划名称	行政区划代码	流域代码	断面代码	洪水要素	重现期洪水要素值					备注
						100 a ($Q_{1\%}$)	50 a ($Q_{2\%}$)	20 a ($Q_{5\%}$)	10 a ($Q_{10\%}$)	5 a ($Q_{20\%}$)	
31	东镇镇南街村东堡	140823104200102	WDA760012E100000		洪峰流量(m^3/s)	556	468	350	257	168	
					洪量(万 m^3)	242	191	129	86	53	
					涨洪历时(h)	2	2	1.25	1	1	
					洪水历时(h)	5.25	4.75	3.75	3.5	3.5	
32	石门乡店上村店上	140823205206100	WDA76001221PAB00	南河峪沟125－店上村11	洪峰流量(m^3/s)	167	144	113	88.8	64.5	
					洪量(万 m^3)	84	68	48	33	22	
					涨洪历时(h)	4	2.75	1.5	1.5	1.5	
					洪水历时(h)	9.5	7.75	5.75	4.25	3.75	
33	石门乡玉坡村柳林	140823205209104	WDA78003C0000000		洪峰流量(m^3/s)	79.2	66.4	49.6	36.8	24.3	
					洪量(万 m^3)	66	53	36	25	16	
					涨洪历时(h)	4	2.75	1.5	1.5	1.25	
					洪水历时(h)	10.5	9	7	6.5	6.25	

续表 3-4-3

序号	行政区划名称	行政区划代码	流域代码	断面代码	洪水要素	重现期洪水要素值					备注
						100 a ($Q_{1\%}$)	50 a ($Q_{2\%}$)	20 a ($Q_{5\%}$)	10 a ($Q_{10\%}$)	5 a ($Q_{20\%}$)	
34	石门乡横榆村下柳峪	140823205204105	WDAEA00124000000		洪峰流量(m^3/s)	52.4	43.6	32.4	23.6	15.2	
					洪量(万 m^3)	48	39	27	18	12	
					涨洪历时(h)	3	1.5	1.5	1.5	1	
					洪水历时(h)	9.75	8.25	7.5	7.25	7.25	
35	石门乡白家滩村黄家沙	140823205201107	WDAEA00122000000		洪峰流量(m^3/s)	128	106	75.8	52.9	33.3	
					洪量(万 m^3)	107	84	57	38	24	
					涨洪历时(h)	2.75	2	1.75	1	1	
					洪水历时(h)	8.5	7.75	7.75	6.75	7.25	
36	石门乡西坪村西坪	140823205202100	WDAEA00123000000		洪峰流量(m^3/s)	135	115	87	65.6	44.4	
					洪量(万 m^3)	66	52	36	24	15.2	
					涨洪历时(h)	1.75	1.5	1.5	1.5	0.75	
					洪水历时(h)	6.75	5.75	4.25	4	3.25	

续表 3-4-3

序号	行政区划名称	行政区划代码	流域代码	断面代码	洪水要素	重现期洪水要素值					备注
						100 a ($Q_{1\%}$)	50 a ($Q_{2\%}$)	20 a ($Q_{5\%}$)	10 a ($Q_{10\%}$)	5 a ($Q_{20\%}$)	
37	石门乡西坪村腰庄	140823205202101	WDAEA00123000000		洪峰流量(m^3/s)	152	127	93	65	39	
					洪量(万 m^3)	144	114	77	52	33	
					涨洪历时(h)	2.25	2	2	2	1.25	
					洪水历时(h)	8.5	8	7.75	7.75	7.5	
38	石门乡青山村青山	140823205203100	WDAEA00122000000	板涧河峪 269－青山村 8	洪峰流量(m^3/s)	160	133	96.3	66.9	40.1	
					洪量(万 m^3)	166	131	89	60	38	
					涨洪历时(h)	4	2	2	2	1.5	
					洪水历时(h)	13	11	10.5	10.5	10	
39	石门乡横榆村上横榆	140823205203101	WDAEA00123000000	板涧河峪 238－上横榆 14	洪峰流量(m^3/s)	434	355	253	171	99	
					洪量(万 m^3)	544	428	288	194	121	
					涨洪历时(h)	2.25	2	2	1.75	1	
					洪水历时(h)	11	10.25	10.25	10.5	10.75	

续表 3-4-3

序号	行政区划名称	行政区划代码	流域代码	断面代码	洪水要素	重现期洪水要素值					备注
						100 a ($Q_{1\%}$)	50 a ($Q_{2\%}$)	20 a ($Q_{5\%}$)	10 a ($Q_{10\%}$)	5 a ($Q_{20\%}$)	
40	石门乡横榆村下横榆	140823205204100	WDAEA00125000000	板涧河峪107－横榆村19	洪峰流量(m^3/s)	494	402	288	195	113	
					洪量(万 m^3)	659	520	351	236	148	
					涨洪历时(h)	2.25	2	2	2	1.25	
					洪水历时(h)	10.5	10.25	10.25	10.75	11	
41	郭家庄镇沟西村	140823101227000	WDA76001221VA000		洪峰流量(m^3/s)	476	402	302	225	153	
					洪量(万 m^3)	152	122	86	60	39	
					涨洪历时(h)	2	1.5	1	1	1	
					洪水历时(h)	4	3.25	2.5	2.75	2.75	
42	郭家庄镇晋庄村	140823101211000	WDA76001221VA000		洪峰流量(m^3/s)	574	480	355	261	175	
					洪量(万 m^3)	178	144	101	70	46	
					涨洪历时(h)	1.7	1.5	0.75	0.75	0.75	
					洪水历时(h)	3.95	3.5	2.75	2.75	2.75	

续表 3-4-3

序号	行政区划名称	行政区划代码	流域代码	断面代码	洪水要素	重现期洪水要素值					备注
						100 a ($Q_{1\%}$)	50 a ($Q_{2\%}$)	20 a ($Q_{5\%}$)	10 a ($Q_{10\%}$)	5 a ($Q_{20\%}$)	
43	郭家庄镇西阜村	140823101208000	WDA76001221VA000		洪峰流量(m^3/s)	580	482	355	260	173	
					洪量(万 m^3)	187	150	106	73	48	
					涨洪历时(h)	1.7	1.25	0.75	0.75	0.75	
					洪水历时(h)	3.95	3.5	3	3	3	
44	桐城镇下白土村黑肴	140823100221101	WDA76001231RA000		洪峰流量(m^3/s)	564	470	346	252	200	
					洪量(万 m^3)	180	142	97	66	42	
					涨洪历时(h)	1.7	1.5	0.75	0.75	0.25	
					洪水历时(h)	4.2	3.5	2.75	2.75	2.25	
45	桐城镇下白土村下白土	140823100221100	WDA76001231RA000	白土沟103－下白土村15	洪峰流量(m^3/s)	566	471	345	251	16	
					洪量(万 m^3)	184	147	101	69	44	
					涨洪历时(h)	1.6	1.5	0.75	0.75	0.25	
					洪水历时(h)	4	3.75	2.75	3	2.5	

续表 3-4-3

序号	行政区划名称	行政区划代码	流域代码	断面代码	洪水要素	重现期洪水要素值					备注
						100 a ($Q_{1\%}$)	50 a ($Q_{2\%}$)	20 a ($Q_{5\%}$)	10 a ($Q_{10\%}$)	5 a ($Q_{20\%}$)	
46	桐城镇王顺坡村	140823100213000	WDA76001231RA000	白土沟65－王顺坡村4	洪峰流量(m^3/s)	651	542	397	288	187	
					洪量(万 m^3)	267	213	147	102	65	
					涨洪历时(h)	2	1.75	1	1	1	
					洪水历时(h)	4.5	4.25	3.5	3.75	3.75	
47	桐城镇姚村	140823100212000	WDA76001231RA000	白土沟116－姚村25	洪峰流量(m^3/s)	150	126	94.7	69.6	47.3	
					洪量(万 m^3)	45	36	25	17	11	
					涨洪历时(h)	1.75	1.25	1	1	0.5	
					洪水历时(h)	3.5	2.75	2.5	2.5	2	
48	礼元镇行村	140823105203000	WDA76001231HA000		洪峰流量(m^3/s)	526	447	341	257	177	
					洪量(万 m^3)	203	161	111	75	48	
					涨洪历时(h)	2	2	1.25	1	1	
					洪水历时(h)	5.25	4.25	3.25	2.75	2.75	

续表 3-4-3

序号	行政区划名称	行政区划代码	流域代码	断面代码	洪水要素	重现期洪水要素值					备注
						100 a ($Q_{1\%}$)	50 a ($Q_{2\%}$)	20 a ($Q_{5\%}$)	10 a ($Q_{10\%}$)	5 a ($Q_{20\%}$)	
49	东镇镇裴村	140823104204000	WDA76001231HA000		洪峰流量(m^3/s)	102	840	602	417	250	
					洪量(万 m^3)	492	380	248	161	97	
					涨洪历时(h)	2	1.75	1	1	0.5	
					洪水历时(h)	5	4.75	4	4	3.75	
50	东镇镇东鲁村东鲁	140823104203100	WDA760012D100000	白水滩12－东鲁村8	洪峰流量(m^3/s)	1 553	1 210	791	484	271	
					洪量(万 m^3)	1 787	1 387	912	597	366	
					涨洪历时(h)	2.5	2	1.5	1.5	1	
					洪水历时(h)	10.5	10.5	10.5	11.3	12.2	
51	东镇镇涑阳村	140823104202000	WDA760012D100000		洪峰流量(m^3/s)	1 550	1 201	781	481	270	
					洪量(万 m^3)	1 807	1 402	923	604	369	
					涨洪历时(h)	2.5	2	1.5	1.5	1	
					洪水历时(h)	11.5	12	11.5	12.5	13	

续表 3-4-3

序号	行政区划名称	行政区划代码	流域代码	断面代码	洪水要素	重现期洪水要素值					备注
						100 a ($Q_{1\%}$)	50 a ($Q_{2\%}$)	20 a ($Q_{5\%}$)	10 a ($Q_{10\%}$)	5 a ($Q_{20\%}$)	
52	河底镇连家坡村正水洼	140823106233103	WDA76001231PAC00		洪峰流量(m^3/s)	482	407	306	228	157	
					洪量(万 m^3)	275	220	152	106	68	
					涨洪历时(h)	2.4	1.7	1.7	0.75	0.75	
					洪水历时(h)	6.65	5.7	5.2	4.25	4.35	
53	河底镇卫村	140823106221000	WDA76001231PAD00		洪峰流量(m^3/s)	186	159	121	90.4	61.9	
					洪量(万 m^3)	59	46	31	21	13	
					涨洪历时(h)	2	1.5	1	1	0.5	
					洪水历时(h)	4	3	2.25	2.25	1.75	
54	河底镇小寺头村	140823106216000	WDA76001231PAD00		洪峰流量(m^3/s)	209	174	131	96.2	64.5	
					洪量(万 m^3)	70	54	37	25	16	
					涨洪历时(h)	2	1.5	1	1	0.5	
					洪水历时(h)	4	3.25	2.5	2.75	2.25	

续表 3-4-3

序号	行政区划名称	行政区划代码	流域代码	断面代码	洪水要素	重现期洪水要素值					备注
						100 a ($Q_{1\%}$)	50 a ($Q_{2\%}$)	20 a ($Q_{5\%}$)	10 a ($Q_{10\%}$)	5 a ($Q_{20\%}$)	
55	裴社乡寺头村	140823203201000	WDA76001211PADA0		洪峰流量(m^3/s)	248	209	157	116	77.1	
					洪量(万 m^3)	77	60	41	27	17	
					涨洪历时(h)	1.7	1	0.75	0.75	0.5	
					洪水历时(h)	3.95	3.25	2.75	2.75	2.5	
56	桐城镇西官庄村	140823100242000	WDA760012L100000	五七七沟 47	洪峰流量(m^3/s)	103	87.7	66.9	50.5	34.4	
					洪量(万 m^3)	39	31	21	15	9	
					涨洪历时(h)	2	2	1	1	1	
					洪水历时(h)	4.7	4.3	3	3	3.3	
57	郭家庄镇郭店村	140823101213000	WDA760012Q100000		洪峰流量(m^3/s)	600	500	360	253	159	
					洪量(万 m^3)	240	189	130	88	57	
					涨洪历时(h)	2.00	1.50	1.00	1.00	1.00	
					洪水历时(h)	5.50	5.00	4.50	4.50	4.50	

4.4 成果合理性分析

(1)历史洪水调查成果与设计洪水成果进行比较分析:闻喜县境内有 3 个河段的历史洪水调查成果,包括晋庄、堆后和石门河段,其中晋庄河段与流域模型法计算的设计洪水的断面相同。

晋庄河段位于闻喜县郭家庄镇晋庄村,集水面积约 23.0 km^2。该流域属于黄土沟壑区,植被覆盖较差。调查河段较顺直,断面呈单式宽浅式河槽,河床由砂卵石组成。该河段有 1 段年调查成果,1977 年,洪峰流量为 410 m^3/s,估算该洪水频率为 2%,与该河段的设计洪水接近,因此该小流域的设计洪水成果基本合理。

(2)由于分析评价的各重点防治区没有实测资料,因此采用河道上下游设计成果对比分析、相邻流域设计成果对比分析,并通过洪峰模数进行区域性合理分析。通过对比分析,重点防治区不同频率设计洪水成果合理,基本满足工作要求。

4.5 涉水工程过水能力计算

闻喜县各重点防治区中分布有不同规模的桥梁与路涵。桥梁规模较大,基本不影响河道过水能力时,不考虑其山洪灾害特殊工况。对位于村庄下游对村庄影响较小的桥梁路涵也不考虑。工作主要是针对规模较小,对河道过水能力影响较大且对村庄防洪有较大影响的桥梁与路涵,分析其过水能力,并对其可能的淹没范围进行分析。

桥梁与路涵受其河床变化影响较大,一般采用现状断面情况计算其过水能力。对建设规模相对较大、基本不影响河道过水能力的桥梁与路涵,通过水面线法来推求其相应过水流量;对河道过水能力影响较大的桥梁与路涵,采用水力学法计算其过水能力。

第5章　防洪现状评价

5.1　现状防洪能力评价方法

现状防洪能力评价主要是在设计洪水分析成果的基础上，根据水面线分析成果、划定的危险区范围，并根据省测绘院提供的居民点高程信息，统计各重点防治区5个典型频率设计洪水位下的累计人口、户数，获得水位－流量－人口关系，综合评价现状防洪能力。评价内容主要包括重点防治区成灾水位和控制断面确定、重点防治区控制断面水位－流量关系曲线、重点防治区成灾水位对应洪峰流量的频率分析、重点防治区水位－流量－人口关系统计四部分内容。闻喜县现状防洪能力评价意见表见表3-5-1。

5.2　闻喜县山洪灾害重点防治区防洪现状能力评价

5.2.1　桐城镇店头村

桐城镇店头村共532户，1 860人，属张石沟流域，位于张石沟2流域内，产、汇流地类均为黄土丘陵阶地。通过实地调查，该村受坡面流的影响，因此只进行危险区的划定及危险区人口的统计、安置点和转移路线的确定。

5.2.2　桐城镇张石沟村

桐城镇张石沟村全村共105户，430人，属张石沟流域，位于张石沟2流域内，产、汇流地类均为黄土丘陵阶地。通过实地调查，该村受坡面流的影响，因此只进行危险区的划定及危险区人口的统计、安置点和转移路线的确定。

5.2.3　桐城镇东社村

桐城镇东社村全村共490户，1 790人。属张石沟流域，产、汇流地类均以黄土丘陵阶地为主。通过实地调查，该村附近没有河道断面，无法进行水面线计算，因此只进行危险区的划定及危险区人口的统计、安置点和转移路线的确定。

表 3-5-1　闻喜县现状防洪能力评价表

序号	行政区划名称	行政区划代码	断面代码	防洪能力(a)	极高危险区(小于5年一遇)		高危险区(5~20年一遇)		危险区(大于20年一遇)	
					人口(人)	房屋(座)	人口(人)	房屋(座)	人口(人)	房屋(座)
1	桐城镇店头村	140823100218000								
2	桐城镇张石沟村	140823100219000								
3	桐城镇东社村	140823100202000								
4	桐城镇乔庄村	140823100228000								
5	桐城镇东庄村槐树洼	140823100232101								
6	桐城镇丁店村	140823100231000								
7	礼元镇文典村	140823105231000								
8	东镇镇东姚村西姚	140823104208101								
9	东镇镇东姚村东姚	140823104208100								
10	东镇镇中庄村中庄	140823104210100	文典沟67－中庄村18	<5	90		6			
11	裴社乡王赵村小王赵	140823203215101								
12	裴社乡宋家庄村下青沟	140823203214101								
13	裴社乡宋家庄村宋家庄	140823203214100	铁寺河峪88－宋家庄10	34					7	
14	石门乡石门村口头	140823205200102	石门河峪沟58－口头30	<5	20					
15	石门乡后交村元河	140823205207105								
16	石门乡石门村石门	140823205200100	石门河峪沟132－石门8	44					3	
17	石门乡刘家庄村刘家庄	140823205208101	十八河峪沟152－刘家庄村26	82					5	

续表 3-5-1

序号	行政区划名称	行政区划代码	断面代码	防洪能力(a)	极高危险区(小于 5 年一遇)		高危险区(5～20 年一遇)		危险区(大于 20 年一遇)	
					人口(人)	房屋(座)	人口(人)	房屋(座)	人口(人)	房屋(座)
18	石门乡刘家庄村马家窑	140823205208105	十八河峪沟 82－马家窑 11	11			3			
19	石门乡刘家庄村刘庄冶	140823205208104	十八河峪沟 30－刘庄冶 6	<5	30		5			
20	神柏乡窑头沟村	140823200213000								
21	郭家庄镇东韩村	140823101202000								
22	郭家庄镇宋店村	140823101215000								
23	郭家庄镇西庄儿头村	140823101210000								
24	郭家庄镇崔庄村	140823101209000								
25	后宫乡三河口村余家岭	140823204226104								
26	河底镇董村村董村	140823106223100								
27	河底镇河底村河底	140823106200100								
28	河底镇苏村	140823106201000								
29	东镇镇三交村三交	140823104220100								
30	东镇镇西街村北街	140823104201101								

续表 3-5-1

序号	行政区划名称	行政区划代码	断面代码	防洪能力（a）	极高危险区（小于5年一遇）		高危险区（5～20年一遇）		危险区（大于20年一遇）	
					人口（人）	房屋（座）	人口（人）	房屋（座）	人口（人）	房屋（座）
31	东镇镇南街村东堡	140823104200102								
32	石门乡店上村店上	140823205206100	南河峪沟125－店上村11	30					3	
33	石门乡玉坡村柳林	140823205209104								
34	石门乡横榆村下柳峪	140823205204105								
35	石门乡白家滩村黄家沙	140823205201107								
36	石门乡西坪村西坪	140823205202100								
37	石门乡西坪村腰庄	140823205202101								
38	石门乡青山村青山	140823205203100	板涧河峪269－青山村8	<5	4		14			
39	石门乡横榆村上横榆	140823205203101	板涧河峪238－上横榆14	70					13	
40	石门乡横榆村下横榆	140823205204100	板涧河峪107－横榆村19	55					12	
41	郭家庄镇沟西村	140823101227000								
42	郭家庄镇晋庄村	140823101211000								
43	郭家庄镇西阜村	140823101208000								
44	桐城镇下白土村黑肴	140823100221101								

续表 3-5-1

序号	行政区划名称	行政区划代码	断面代码	防洪能力（a）	极高危险区（小于 5 年一遇）		高危险区（5 ~ 20 年一遇）		危险区（大于 20 年一遇）	
					人口（人）	房屋（座）	人口（人）	房屋（座）	人口（人）	房屋（座）
45	桐城镇下白土村下白土	140823100221100	白土沟 103 – 下白土村 15	13			32		36	
46	桐城镇王顺坡村	140823100213000								
47	桐城镇姚村	140823100212000								
48	礼元镇行村	140823105203000								
49	东镇镇裴村	140823104204000								
50	东镇镇东鲁村东鲁	140823104203100	白水滩 12 – 东鲁村 8	76					28	
51	东镇镇涑阳村	140823104202000								
52	河底镇连家坡村正水洼	140823106233103								
53	河底镇卫村	140823106221000								
54	河底镇小寺头村	140823106216000								
55	裴社乡寺头村	140823203201000								
56	桐城镇西官庄村	140823100242000								
57	郭家庄镇郭店村	140823101213000								

5.2.4 桐城镇乔庄村

桐城镇乔庄村共 145 户,498 人。属张石沟流域,位于张石沟 1 与张石沟 2 交汇处,产、汇流地类均以黄土丘陵阶地为主。通过实地调查,该村致灾的原因主要是修建公路时未考虑张石沟来水的排水问题,洪水受公路阻挡后,沿公路边的排水渠进入该村。由于该村距离张石沟主河道较远,无法进行水面线计算,因此只进行危险区的划定及危险区人口的统计、安置点和转移路线的确定。经调查,该村危险区内共 30 户 143 人。

5.2.5 桐城镇东庄村槐树洼

桐城镇东庄村槐树洼共 50 户,200 人。属任村沟流域,产、汇流地类均以黄土丘陵阶地为主。通过实地调查,该村受坡面流的影响,无法进行水面线计算,因此只进行危险区的划定及危险区人口的统计、安置点和转移路线的确定。

5.2.6 桐城镇丁店村

桐城镇丁店村位于桐城镇,全村 78 户,共 307 人。属任村沟流域,村以上流域面积为 15 km^2,河长 4 km,主河道平均比降 16‰。产流地类主要有耕种平地(1.8 km^2)、黄土丘陵阶地(13.1 km^2)。通过实地调查,该村受坡面流的影响,因此只进行危险区的划定及危险区人口的统计、安置点和转移路线的确定。该村危险区内共 3 户 8 人。

5.2.7 礼元镇文典村

礼元镇文典村全村共 795 户,3 788 人,属涑水河支流文典沟流域,产、汇流地类均以黄土丘陵阶地为主。该村上游 1.6 km 处修建有文典沟淤堤坝,该坝为均质土坝,坝长 36.0 m,坝高 4.0 m,经计算该坝的溃坝流量演算至文典村时为 45 m^3/s;同时在文典村口有一个二级路涵(见图 3-5-1),该涵洞长 13.0 m,宽 3.6 m,高 1.7 m,过水不畅。由于文典沟下游河道经常处于干涸状态,因而盲目开发滩涂,已建成居民区,不给洪水让路,一旦发生较大洪水,将从村中沿大路下泄,因此对于该村来说,上游流量下泄,而下游又排水不畅时,情况还是比较危险的,建议作为闻喜县的防汛重点。经统计,该村特殊工况危险区内共 149 户 712 人。

5.2.8 东镇镇东姚村西姚

东镇镇东姚村西姚共 190 户,900 人。属文典沟流域,村以上流域面积为 3.6 km^2,河长 2 km,产、汇流地类为黄土丘陵阶地。由于村内没有明显河段,无法进行水面线计算,因此只进行危险区的划定及危险区人口的统计、安置点和转移路线的确定。该村危险区内共 14 户 68 人。

5.2.9 东镇镇东姚村东姚

东镇镇东姚村东姚共 495 户,2 353 人,属涑水河支流文典沟流域,产、汇流地类均为黄土丘陵阶地。由于文典沟下游河道已被修建为居民区,无明显河道,因此上游来水从村

图 3-5-1　文典村路涵

中通过。野外实地调查中了解到,最近的 2004 年、2008 年、2013 年该村均发生过山洪灾害,其中损失最为严重的是由 2013 年 7 月 2 日的那场降雨造成的,全村水毁严重,图 3-5-2所示就是当时灾害发生后留下的。经统计,该村危险区内共 200 户 954 人,建议作为闻喜县的防汛重点。

图 3-5-2　东姚村东姚 2013 年 7 月 2 日山洪灾害损失实例

5.2.10　东镇镇中庄村中庄

东镇镇中庄村中庄共 326 户,1 578 人,属文典沟流域,流域面积 7.21 km^2,主沟道长

2.32 km,比降21.18‰,产、汇流地类均为黄土丘陵阶地。该村中河段已经整治成泄洪渠(见图3-5-3),渠宽5.0 m,高1.3 m。

图3-5-3 中庄村泄洪渠

根据各频率设计洪水水面线成果,结合地形及居民户高程分析,该村居民范晓闹家最先受灾,距离该处最近的中庄村18横断面即为控制断面,成灾水位510.09 m的确定见图3-5-4。

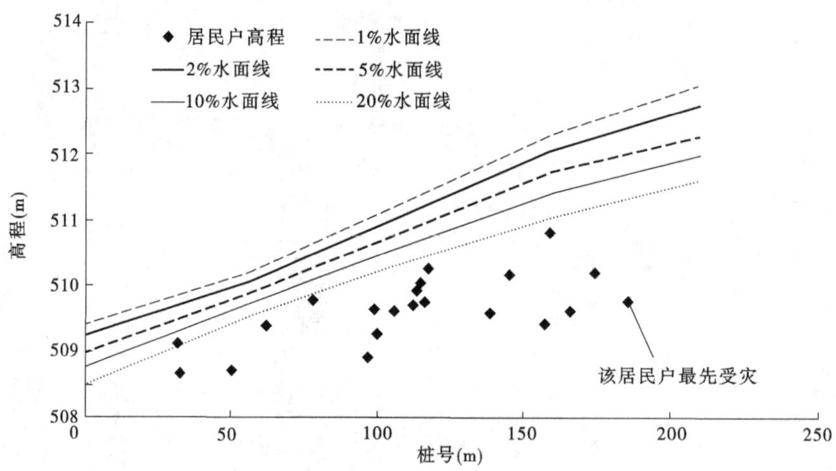

图3-5-4 中庄村中庄居民户高程与水面线对比示意图

控制断面水位-流量关系见图3-5-5,成灾水位对应的流量为15 m^3/s,洪水频率>20.0%,见图3-5-6。现状防洪能力重现期为<5年一遇。受东沟洪水的威胁,处于极高危险区内的有20户90人,高危险区的有1户6人,危险区内没有人口居住。

5.2.11 裴社乡王赵村小王赵

裴社乡王赵村小王赵共25户,100人。属铁寺河峪2流域,控制断面以上流域面积为11 km^2,河长3.08 km,主河道平均比降51.29‰。产、汇流地类均以为黄土丘陵阶地为

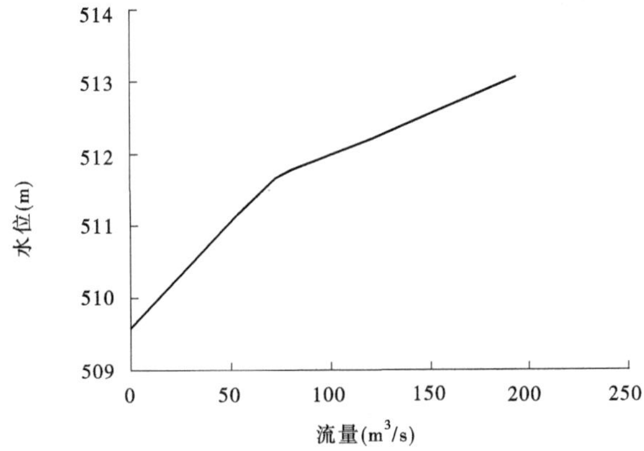

图3-5-5　中庄村中庄控制断面水位－流量关系图

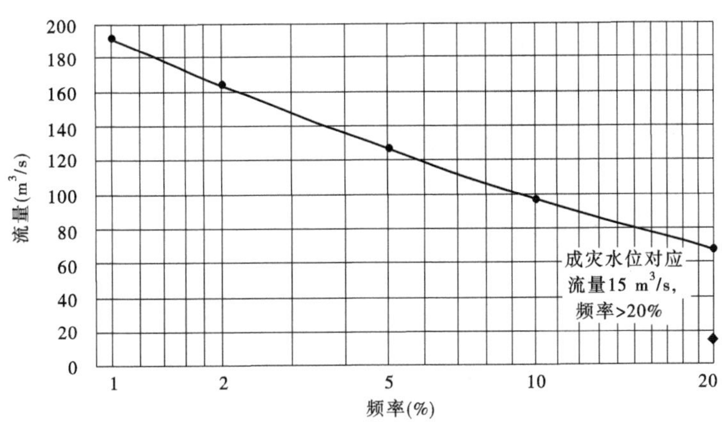

图3-5-6　中庄村中庄成灾水位对应的洪水频率

主。通过实地调查,该村受坡面流的影响,因此只进行危险区的划定及危险区人口的统计、安置点和转移路线的确定。该村危险区内共11户41人。

5.2.12　裴社乡宋家庄村下青沟

裴社乡宋家庄村下青沟共7户,30人,属铁寺河峪1流域,村以上流域面积为34 km²,河长8 km,主河道平均比降34‰。产流地类主要有变质岩森林山地(11.4 km²)、变质岩灌丛山地(12 km²)、耕种平地(0.4 km²)、黄土丘陵阶地(10 km²)。通过实地调查,该村新建的美阳宝丰建材厂处于危险区范围内,该厂常住人口5人。

5.2.13　裴社乡宋家庄村宋家庄

裴社乡宋家庄村宋家庄共263户,990人。属铁寺河峪1流域,控制断面以上流域面积为34 km²,河长8 km,主河道平均比降34‰。产流地类主要有变质岩森林山地(11.7 km²)、变质岩灌丛山地(11.7 km²)、耕种平地(0.6 km²)、黄土丘陵阶地(10 km²)。

根据各频率设计洪水水面线成果,结合地形及居民户高程分析,成灾水位551.42 m,距离该处最近的铁寺河峪88 - 宋家庄10横断面即为控制断面,成灾水位的确定见图3-5-7。

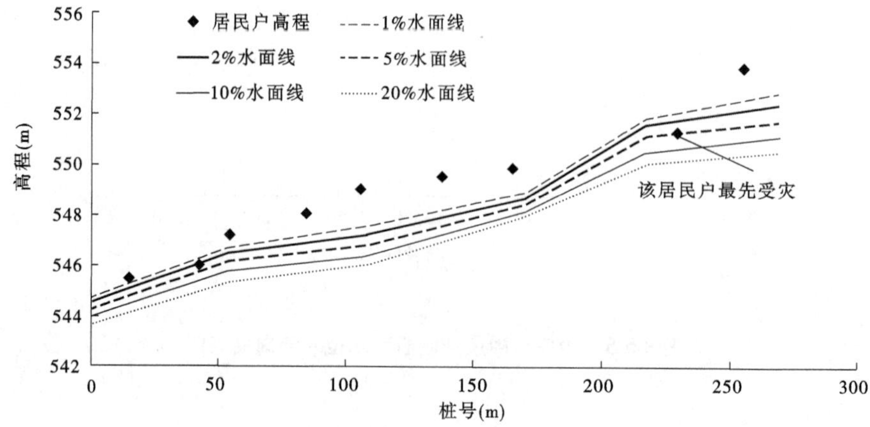

图3-5-7 裴社乡宋家庄村宋家庄居民户高程与水面线对比示意图

控制断面水位 - 流量关系见图3-5-8,成灾水位对应的流量为236 m^3/s,洪水频率为2.9%,见图3-5-9。现状防洪能力重现期为34.4年一遇。受洪水的威胁,处于危险区内的有2户7人,极高危险区、高危险区没有人口居住。

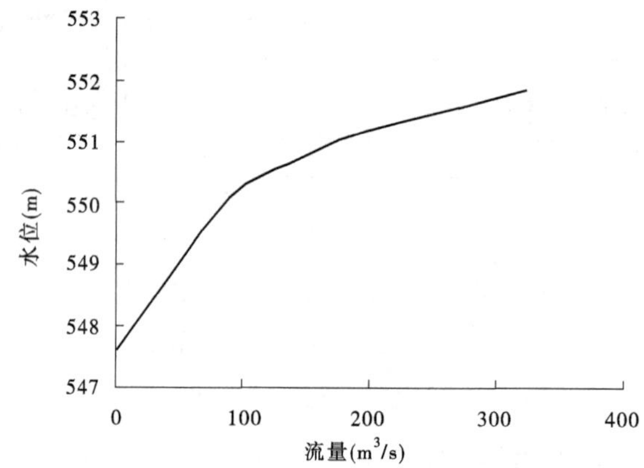

图3-5-8 裴社乡宋家庄村宋家庄控制断面水位 - 流量关系图

5.2.14 石门乡石门村口头

石门乡石门村口头共54户,235人,属板涧河支流石门河峪沟2流域,控制断面以上流域面积为36 km^2,河长6 km,主河道平均比降30‰。产流地类主要有变质岩森林山地(21.9 km^2)、变质岩灌丛山地(14.1 km^2)。其河谷形态见图3-5-10。

根据各频率设计洪水水面线成果,结合地形及居民户高程分析,该村居民张根庭家最先受灾,距离该处最近的石门河峪沟58 - 口头30横断面即为控制断面,成灾水位806.04 m。成灾水位的确定见图3-5-11。

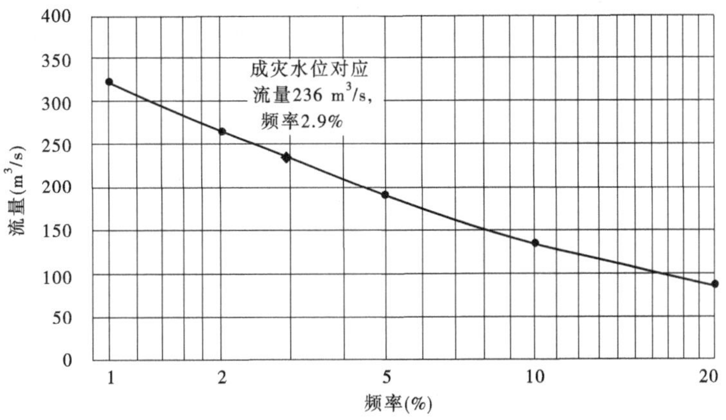

图3-5-9　裴社乡宋家庄村宋家庄成灾水位对应的洪水频率

图3-5-10　石门乡石门村口头控制断面河谷形态

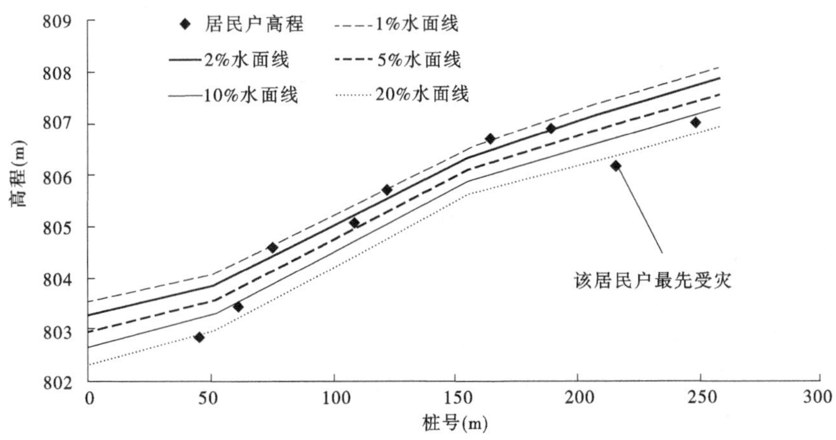

图3-5-11　石门乡石门村口头居民户高程与水面线对比示意图

控制断面水位-流量关系见图 3-5-12,成灾水位对应的流量为 71 m^3/s,洪水频率 > 20.0%,见图 3-5-13。现状防洪能力重现期为 <5 年一遇。受洪水的威胁,处于极高危险区内的有 6 户 20 人,高危险区、危险区内没有人口居住。

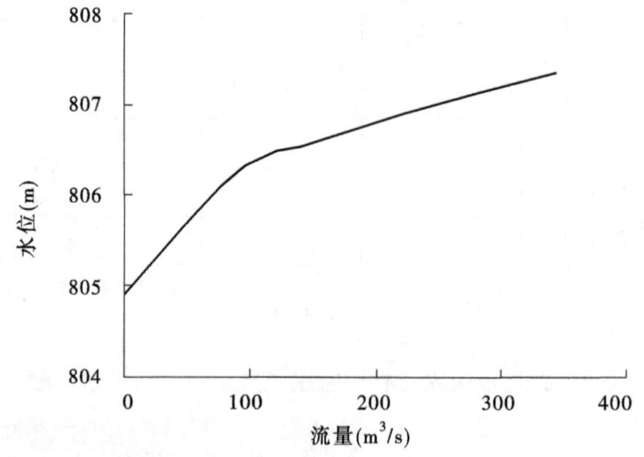

图 3-5-12 石门乡石门村口头控制断面水位-流量关系图

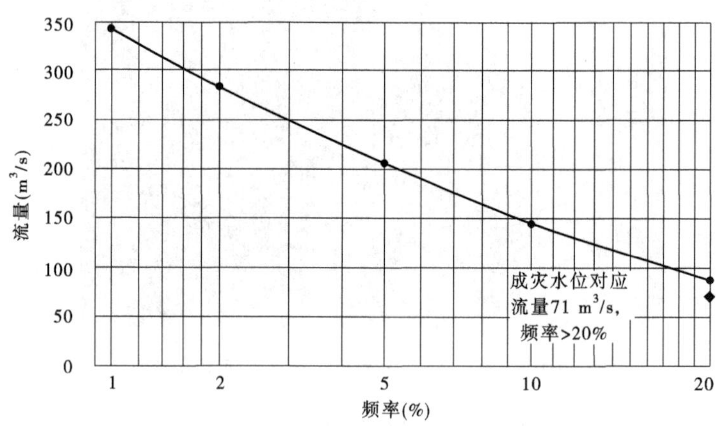

图 3-5-13 石门乡石门村口头成灾水位对应的洪水频率

5.2.15 石门乡后交村元河

石门乡后交村元河共 23 户,130 人,属石门河峪沟 1 流域,控制断面以上流域面积为 13 km^2,河长 2 km,主河道平均比降 25‰。产流地类主要有变质岩森林山地(4.1 km^2)、变质岩灌丛山地(8.8 km^2)。

通过实地调查,该村受坡面流的影响,因此只进行危险区的划定及危险区人口的统计、安置点和转移路线的确定。该村危险区内共 7 户 31 人。

5.2.16 石门乡石门村石门

石门乡石门村石门共 36 户,75 人,属石门河峪沟 1 流域,控制断面以上流域面积为

21 km²,河长5 km,主河道平均比降22‰。产流地类主要有变质岩森林山地(12.1 km²)、变质岩灌丛山地(8.8 km²)。

根据各频率设计洪水水面线成果,结合地形及居民户高程分析,该村居民李安平家最先受灾,距离该处最近的石门河峪沟132-石门8横断面即为控制断面,成灾水位814.21 m。成灾水位的确定见图3-5-14。

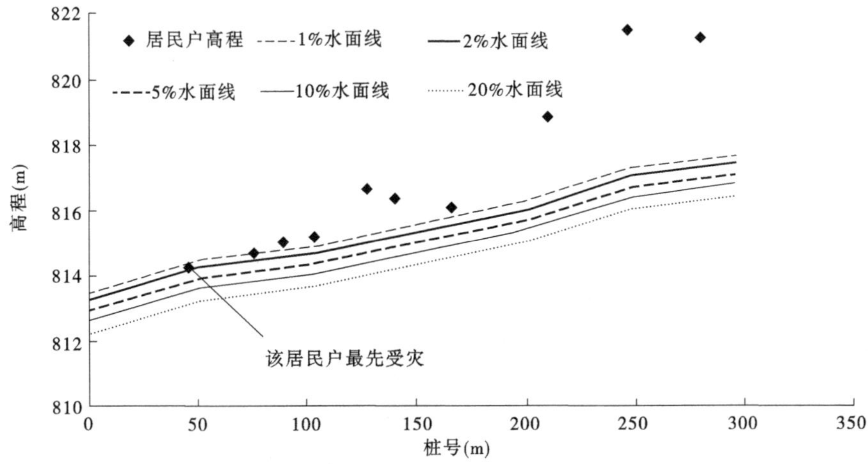

图3-5-14　石门乡石门村石门居民户高程与水面线对比示意图

控制断面水位-流量关系见图3-5-15,成灾水位对应的流量为177.3 m³/s,洪水频率2.3%,见图3-5-16。现状防洪能力重现期为43.7年一遇。受洪水的威胁,处于危险区内的有1户3人,极高危险区、高危险区内没有人口居住。

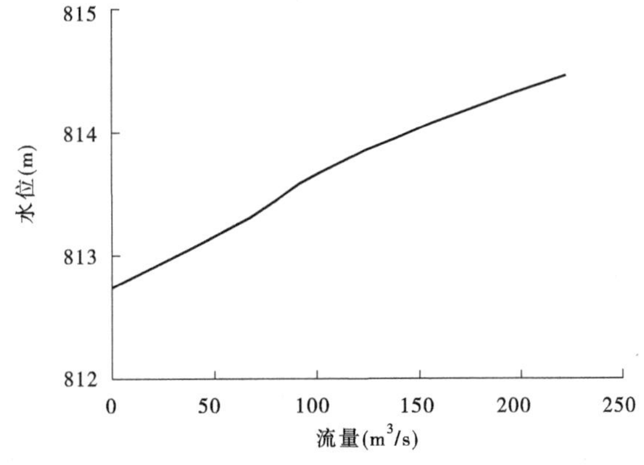

图3-5-15　石门乡石门村石门控制断面水位-流量关系图

5.2.17　石门乡刘家庄村刘家庄

石门乡刘家庄村刘家庄共44户,172人,属十八河峪沟1流域,控制断面以上流域面积为19 km²,河长4 km,主河道平均比降41‰。产流地类主要有变质岩森林山地(17

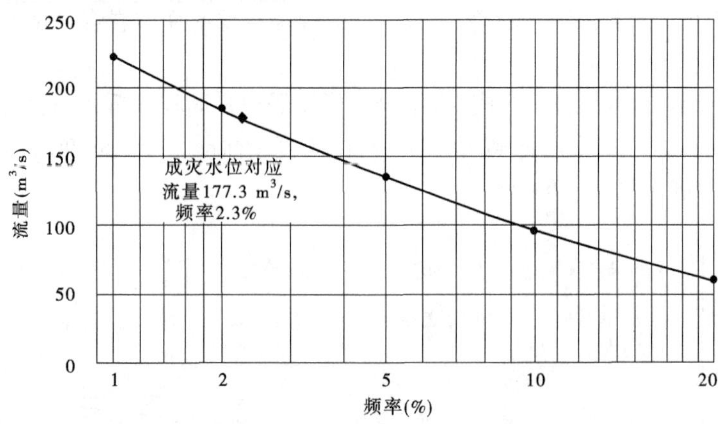

图 3-5-16 石门乡石门村石门成灾水位对应的洪水频率

km²)、变质岩灌丛山地(1.6 km²)。根据各频率设计洪水水面线成果,结合地形及居民户高程分析,该村居民李振杰家最先受灾,距离该处最近的十八河峪沟 152 - 刘家庄村 26 横断面即为控制断面,成灾水位 690.32 m。成灾水位的确定见图 3-5-17。

控制断面水位 - 流量关系见图 3-5-18,成灾水位对应的流量为 185 m³/s,洪水频率 1.2%,见图 3-5-19。现状防洪能力重现期为 82 年一遇。受洪水的威胁,处于危险区内的有 2 户 5 人,极高危险区、高危险区内没有人口居住。

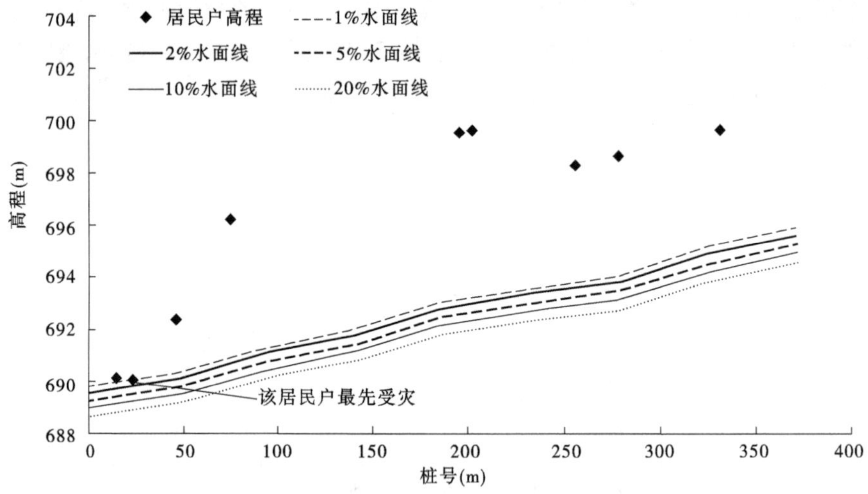

图 3-5-17 石门乡刘家庄村刘家庄居民户高程与水面线对比示意图

5.2.18 石门乡刘家庄村马家窑

石门乡刘家庄村马家窑共 143 户,48 人。属十八河峪沟 1 流域,控制断面以上流域面积为 33 km²,河长 5 km,主河道平均比降 30‰。产流地类主要有变质岩森林山地(29.9 km²)、变质岩灌丛山地(3.5 km²)。

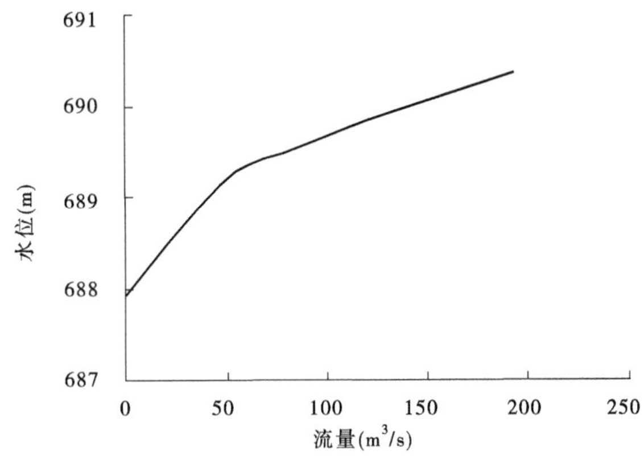

图3-5-18　石门乡刘家庄村刘家庄控制断面水位－流量关系图

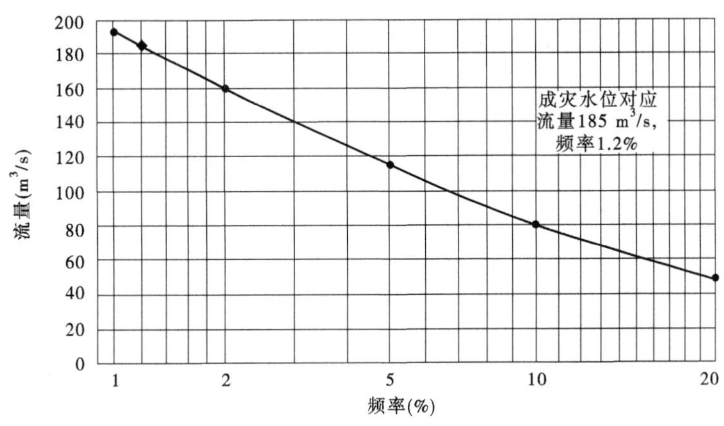

图3-5-19　石门乡刘家庄村刘家庄成灾水位对应的洪水频率

根据各频率设计洪水水面线成果,结合地形及居民户高程分析,该村居民史学花家最先受灾,距离该处最近的十八河峪沟82－马家窑11横断面即为控制断面,成灾水位649.19 m。成灾水位的确定见图3-5-20。

控制断面水位－流量关系见图3-5-21,成灾水位对应的流量为130 m^3/s,洪水频率9.3%,见图3-5-22。现状防洪能力重现期为10.7年一遇。受洪水的威胁,处于高危险区内的有1户2人,极高危险区、危险区内没有人口居住。

5.2.19　石门乡刘家庄村刘庄冶

石门乡刘家庄村刘庄冶共4户,172人。属十八河峪沟1流域,控制断面以上流域面积为39 km^2,河长7 km,主河道平均比降24‰。产流地类主要有变质岩森林山地(30.7 km^2)、变质岩灌丛山地(7.8 km^2)。

根据各频率设计洪水水面线成果,结合地形及居民户高程分析,该村居民梁来国家最先受灾,距离该处最近的十八河峪沟30－刘庄冶6横断面即为控制断面,成灾水位631.76 m。成灾水位的确定见图3-5-23。

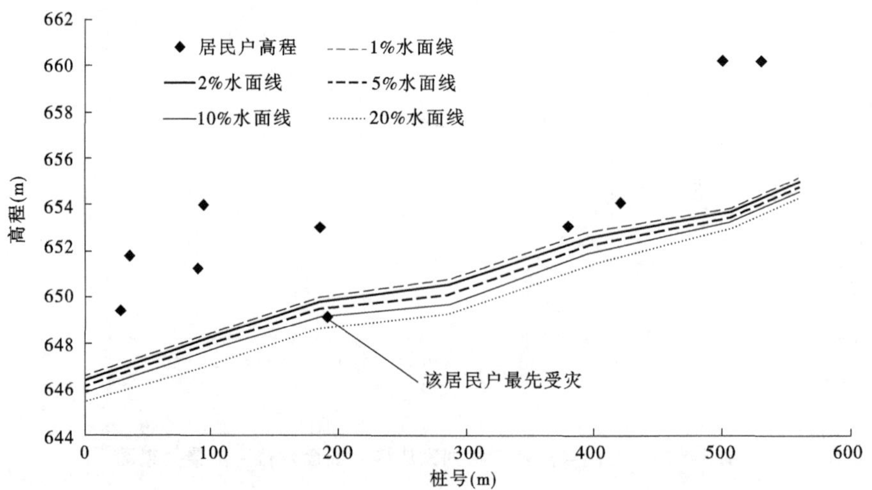

图 3-5-20　石门乡刘家庄村马家窑居民户高程与水面线对比示意图

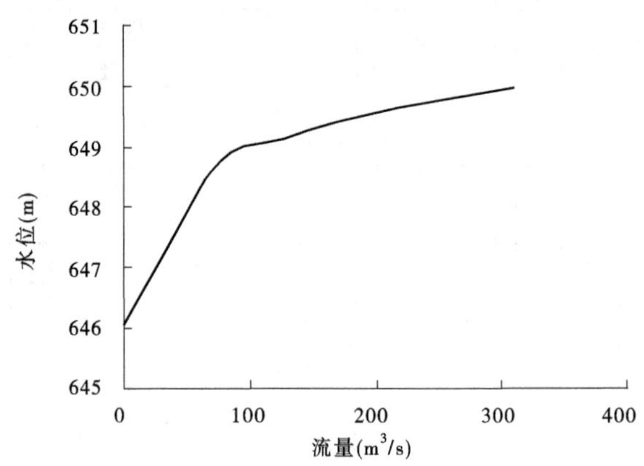

图 3-5-21　石门乡刘家庄村马家窑控制断面水位－流量关系图

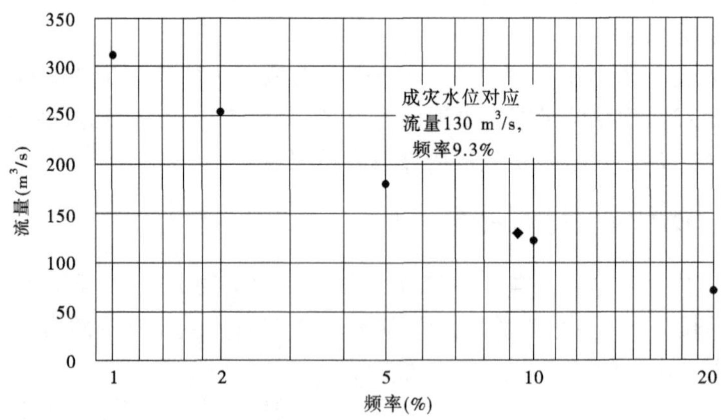

图 3-5-22　石门乡刘家庄村马家窑成灾水位对应的洪水频率

控制断面水位－流量关系见图 3-5-24,成灾水位对应的流量为 43.8 m^3/s,洪水频率 >20%,见图 3-5-25。现状防洪能力重现期为 <5 年一遇。受洪水的威胁,处于极高危险区内的有 8 户 30 人,高危险区内共 2 户 5 人,危险区内没有人口居住。

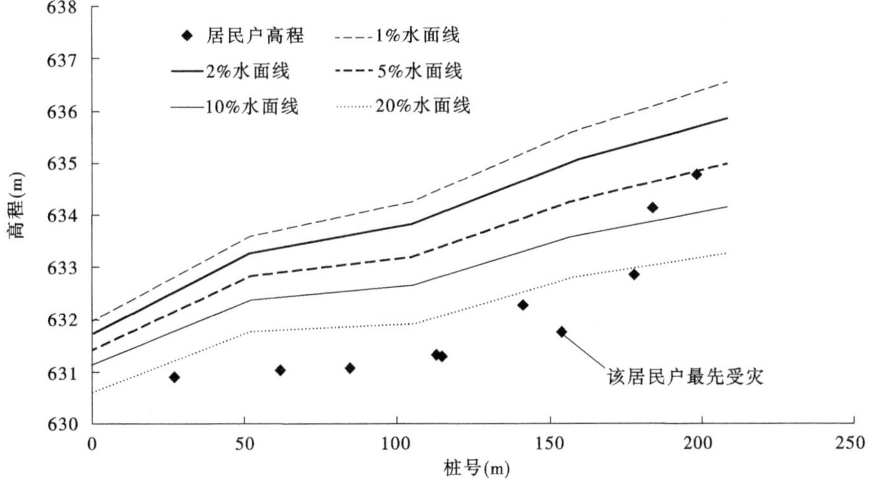

图 3-5-23　石门乡刘家庄村刘庄冶居民户高程与水面线对比示意图

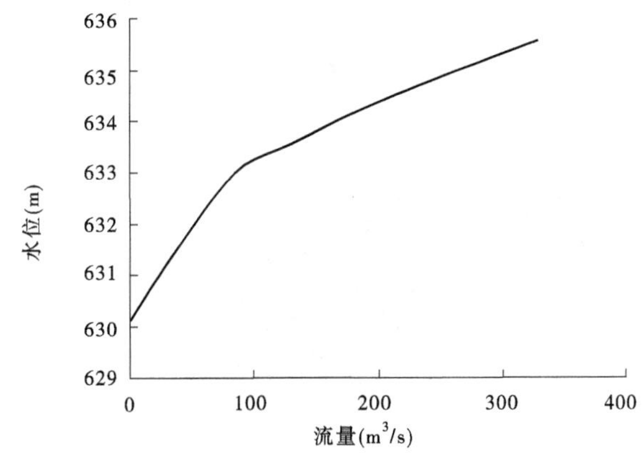

图 3-5-24　石门乡刘家庄村刘庄冶控制断面水位－流量关系图

5.2.20　神柏乡窑头沟村

神柏乡窑头沟村全村共 142 户, 537 人。该村处于神柏沟与下丁沟的交汇处,流域面积为 33 km^2,产汇流地类均为黄土丘陵阶地。通过实地调查及内业分析计算,该村受坡面流的影响,因此只进行危险区的划定及危险区人口的统计、安置点和转移路线的确定。该村危险区内共 14 户 60 人。

5.2.21　郭家庄镇东韩村

郭家庄镇东韩村全村共 218 户,927 人。上游神柏沟、下丁沟交汇后河段称东韩沟,

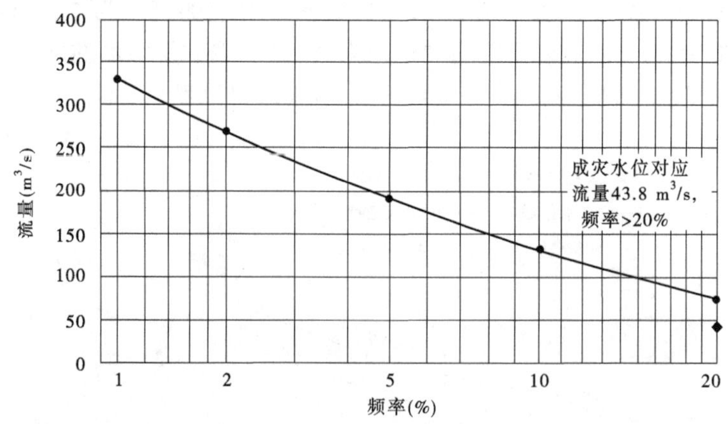

图 3-5-25 石门乡刘家庄村刘庄冶成灾水位对应的洪水频率

流域面积为 36 km^2,河长 12 km,主河道平均比降 10‰,产汇流地类均以黄土丘陵阶地为主。村中河段上有一双孔拱桥,见图 3-5-26,桥长 15.0 m,高 2.4 m,每孔宽 2.5 m,调查时该桥的一孔已被垃圾堵塞,另一孔也已快被完全堵塞,该桥已快没有过水能力,建议将该河段及时进行清理整治。如果按实际的过水断面计算,该桥的过水能力为 37.9 m^3/s,过水不畅,桥壅水将会对住户造成威胁,桥所在断面即为控制断面。危险区内共 31 户 164 人。

图 3-5-26 东韩村桥梁

5.2.22 郭家庄镇宋店村

郭家庄镇宋店村全村 453 户,共 1 837 人。属神柏沟 1 流域,控制断面以上流域面积为 37 km^2,河长 13 km,主河道平均比降 10‰。产流地类主要有耕种平地(3 km^2)、黄土丘陵阶地(34.3 km^2)。该村在"7 · 29"暴雨洪水中受灾,经统计处于历史受灾范围内的共 23 户 112 人。由于该村附近没有河道,无法进行水面线计算,因此只进行了危险区范围的划定。

5.2.23 郭家庄镇西庄儿头村

郭家庄镇西庄儿头村全村 153 户,共 645 人。属神柏沟 1 流域,控制断面以上流域面积为40 km^2,河长14 km,主河道平均比降9‰。产流地类主要有耕种平地(5.8 km^2)、黄土丘陵阶地(34.4 km^2)。该村在“7·29”暴雨洪水中受灾,经统计处于历史受灾范围的共4户21人。由于该村附近没有河道,无法进行水面线计算,因此只进行了危险区范围的划定。

5.2.24　郭家庄镇崔庄村

郭家庄镇崔庄村位于郭家庄镇,全村共118户,436人,属神柏沟1流域。控制断面以上流域面积为55 km^2,河长15 km,主河道平均比降8‰。产流地类主要有耕种平地(10.4 km^2)、黄土丘陵阶地(44.8 km^2)。该村在“7·29”暴雨洪水中受灾,经统计处于历史受灾范围内的共8户37人。由于该村附近没有河道,无法进行水面线计算,因此只进行了危险区范围的划定。

5.2.25　后宫乡三河口村余家岭

后宫乡三河口村余家岭共25户,130人,属沙渠河北支峪沟1流域,控制断面以上流域面积为46 km^2,河长9 km,主河道平均比降22‰。产流地类主要有变质岩森林山地(16.6 km^2)、变质岩灌丛山地(14.4 km^2)、黄土丘陵阶地(14.8 km^2)。通过实地调查,该村受坡面流的影响,因此只进行危险区的划定及危险区人口的统计、安置点和转移路线的确定。该村危险区内共3户18人。

5.2.26　河底镇董村村董村

河底镇董村村董村177户,共745人。属沙渠河北支峪沟1流域,村以上流域面积为173 km^2,河长22 km,主河道平均比降26‰。产流地类主要有变质岩森林山地(20.9 km^2)、变质岩灌丛山地(50.3 km^2)、耕种平地(12.3 km^2)、黄土丘陵阶地(89.3 km^2)。通过实地调查,该村受坡面流的影响,因此只进行危险区的划定及危险区人口的统计、安置点和转移路线的确定。该村危险区内共1户2人。

5.2.27　河底镇河底村河底

河底镇河底村河底458户,共1 734人。属沙渠河北支峪沟1流域,控制断面以上流域面积为174 km^2,河长23 km,主河道平均比降25‰。产流地类主要有变质岩森林山地(20.9 km^2)、变质岩灌丛山地(50.3 km^2)、耕种平地(13.6 km^2)、黄土丘陵阶地(89.3 km^2)。通过实地调查,该村受坡面流的影响,因此只进行危险区的划定及危险区人口的统计、安置点和转移路线的确定。该村危险区内共1户2人。

5.2.28　河底镇苏村

河底镇苏村全村213户,共831人。属沙渠河北支峪沟1流域,村以上流域面积为175 km^2,河长23 km,主河道平均比降23‰。产流地类主要有变质岩森林山地(20.9 km^2)、变质岩灌丛山地(50.3 km^2)、耕种平地(14 km^2)、黄土丘陵阶地(89.3 km^2)。通过实地调查,该村受坡面流的影响,因此只进行危险区的划定及危险区人口的统计、安置点和转移路线的确定。该村危险区内共 1 户 2 人。

5.2.29　东镇镇三交村三交

东镇镇三交村三交 354 户,共 1 419 人。属三交沟 1 流域,控制断面以上流域面积为 26 km^2,河长 4 km,主河道平均比降 16‰。产流地类主要有耕种平地(1.2 km^2)、黄土丘陵阶地(24.5 km^2)。

村中河段有一桥,见图 3-5-27,桥长 17.0 m,高 4.5 m,宽 5 m,调查时桥过水洞已快被淤满,几乎没有过水能力,建议将该河段及时进行清理整治。桥壅水将会对住户造成威胁,桥所在断面即为控制断面。危险区内共 4 户 23 人。

图 3-5-27　三交村桥

5.2.30　东镇镇西街村北街

东镇镇西街村北街 85 户,共 385 人。属三交沟 1 流域,控制断面以上流域面积为 28 km^2,河长 7 km,主河道平均比降 12‰。产流地类主要有耕种平地(1.7%)、黄土丘陵阶地(26.5%)。通过实地调查,该村受坡面流的影响,因此只进行危险区的划定及危险区人口的统计、安置点和转移路线的确定。该村危险区内共 1 户 2 人。

5.2.31　东镇镇南街村东堡

东镇镇南街村东堡位于东镇,全村 180 户,共 796 人。属三交沟 1 流域,控制断面以上流域面积为 29 km^2,河长 7 km,主河道平均比降 11‰。产流地类主要有耕种平地(2.3%)、黄土丘陵阶地(26.5%)。村中河段有一桥,桥长 27.0 m,高 2 m,宽 6 m,该桥的过水能力为 60 m^3/s,过水不畅,桥壅水将会对住户造成威胁,桥所在断面即为控制断面。危险区内共 9 户 48 人。

5.2.32　石门乡店上村店上

石门乡店上村店上共 33 户,146 人。属南河峪沟 1 流域,控制断面以上流域面积为 7

km^2,河长1 km,主河道平均比降31‰。产流地类为变质岩灌丛山地(7 km^2)。

根据各频率设计洪水水面线成果,结合地形及居民户高程分析,该村居民闫小军家最先受灾,距离该处最近的南河峪沟125-店上村11横断面即为控制断面,成灾水位898.07 m。成灾水位的确定见图3-5-28。

控制断面水位-流量关系见图3-5-29,成灾水位对应的流量为127 m^3/s,洪水频率3.3%,见图3-5-30。现状防洪能力重现期为30年一遇。受洪水的威胁,处于危险区内的有1户3人,极高危险区、高危险区没有人口居住。

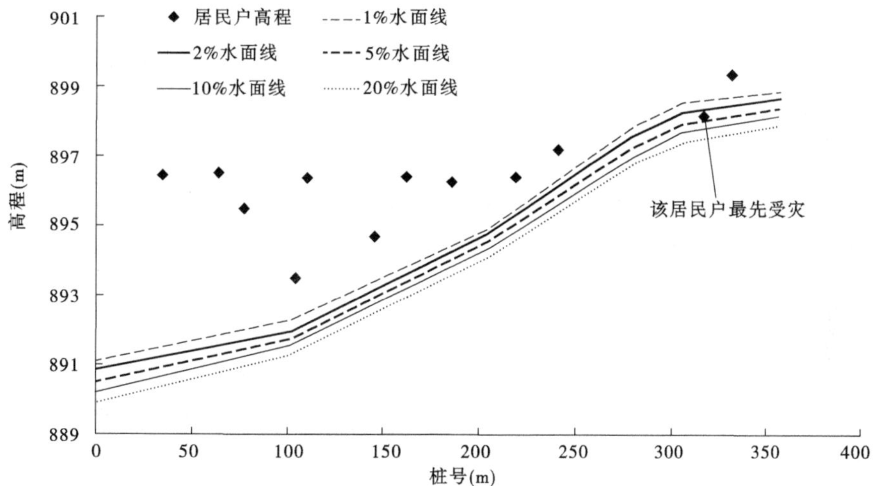

图3-5-28　石门乡店上村店上居民户高程与水面线对比示意图

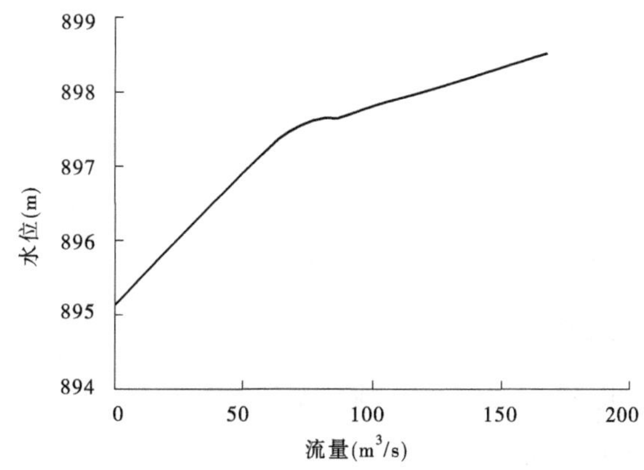

图3-5-29　石门乡店上村店上控制断面水位-流量关系图

5.2.33　石门乡玉坡村柳林

石门乡玉坡村柳林共38户,150人。属柳林沟1流域,控制断面以上流域面积为5 km^2,河长3 km,主河道平均比降34‰。产流地类主要有变质岩森林山地(2.1 km^2)、变质岩灌丛山地(3 km^2)。

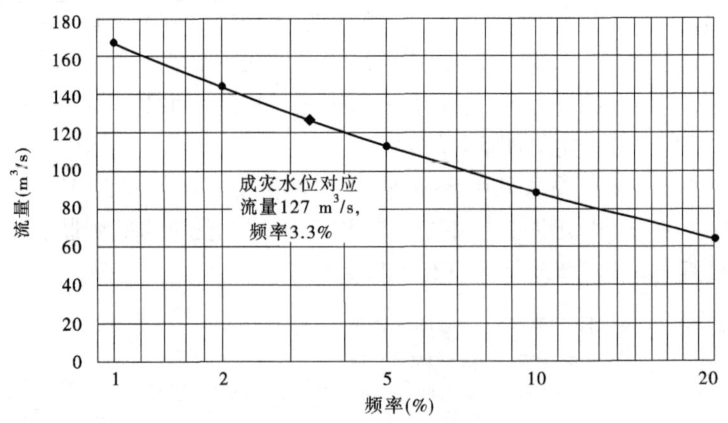

图 3-5-30　石门乡店上村店上成灾水位对应的洪水频率

通过实地调查,该村受坡面流的影响,因此只进行危险区的划定及危险区人口的统计、安置点和转移路线的确定。该村危险区内共 1 户 2 人。

5.2.34　石门乡横榆村下柳峪

石门乡横榆村下柳峪共 10 户,43 人。属板涧河峪 3 流域,控制断面以上流域面积为 4 km^2,河长 4 km,主河道平均比降 57‰。产流地类主要有变质岩森林山地(2.3 km^2)、变质岩灌丛山地(1.8 km^2)。

通过实地调查,该村受坡面流的影响,因此只进行危险区的划定及危险区人口的统计、安置点和转移路线的确定。该村危险区内共 1 户 2 人。

5.2.35　石门乡白家滩村黄家沙

石门乡白家滩村黄家沙共 7 户,23 人。属板涧河峪 4 流域,控制断面以上流域面积为 10 km^2,河长 3 km,主河道平均比降 42‰。产流地类为变质岩森林山地(10.4 km^2)。

通过实地调查,该村受坡面流的影响,因此只进行危险区的划定及危险区人口的统计、安置点和转移路线的确定。该村危险区内共 3 户 15 人。

5.2.36　石门乡西坪村西坪

石门乡西坪村西坪共 57 户,107 人。属板涧河峪 1 流域,控制断面以上流域面积为 6 km^2,河长 0.27 km,主河道平均比降 53‰。产流地类主要有变质岩森林山地(5.8 km^2)。

通过实地调查,该村受坡面流的影响,因此只进行危险区的划定及危险区人口的统计、安置点和转移路线的确定。该村危险区内共 5 户 33 人。

5.2.37　石门乡西坪村腰庄

石门乡西坪村腰庄共 35 户,145 人。属板涧河峪 1 流域,控制断面以上流域面积为 13 km^2,河长 2 km,主河道平均比降 35‰。产流地类为变质岩森林山地(13.1 km^2)。

通过实地调查,该村受坡面流的影响,因此只进行危险区的划定及危险区人口的统计、安置点和转移路线的确定。该村危险区内共 9 户 43 人。

5.2.38　石门乡青山村青山

石门乡青山村青山共 75 户，310 人，该村处于板涧河与界碑河的交汇处，界碑河流域面积 20.03 km^2，板涧河流域面积 16.28 km^2，在实地调查走访中了解到，对该村造成威胁的主要是界碑河。

根据界碑河各频率设计洪水水面线成果，结合地形及居民户高程分析，该村居民杨保思家最先受灾，距离该处最近的板涧河峪 269 – 青山村 8 横断面即为控制断面，成灾水位 855.14 m。成灾水位的确定见图 3-5-31。

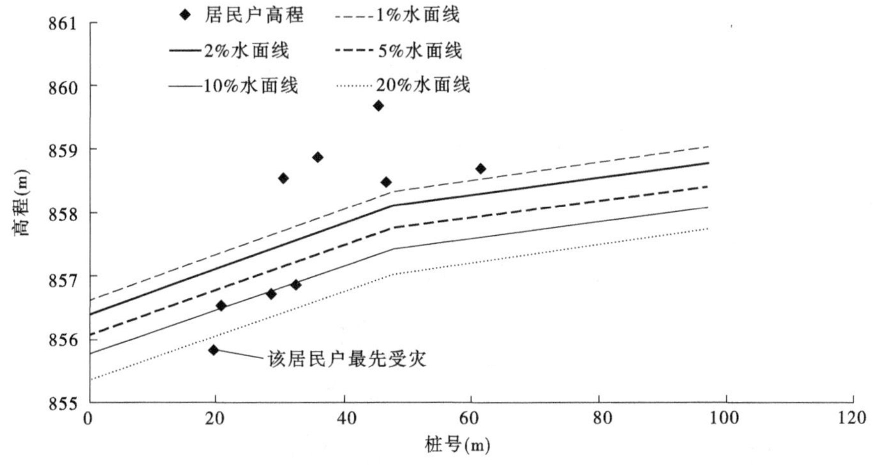

图 3-5-31　石门乡青山村青山居民户高程与水面线对比示意图

控制断面水位 – 流量关系见图 3-5-32，成灾水位对应的流量为 60 m^3/s，洪水频率 > 20%，见图 3-5-33。现状防洪能力重现期为 <5 年一遇。受洪水的威胁，处于极高危险区内的有 1 户 4 人，高危险区内 3 户 14 人，危险区内没有人口居住。

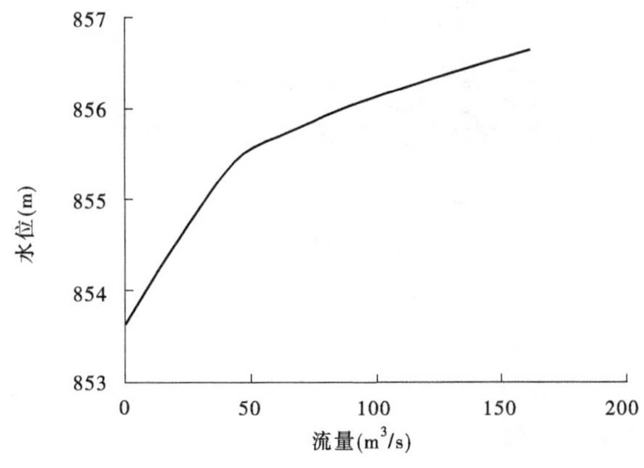

图 3-5-32　石门乡青山村青山控制断面水位 – 流量关系图

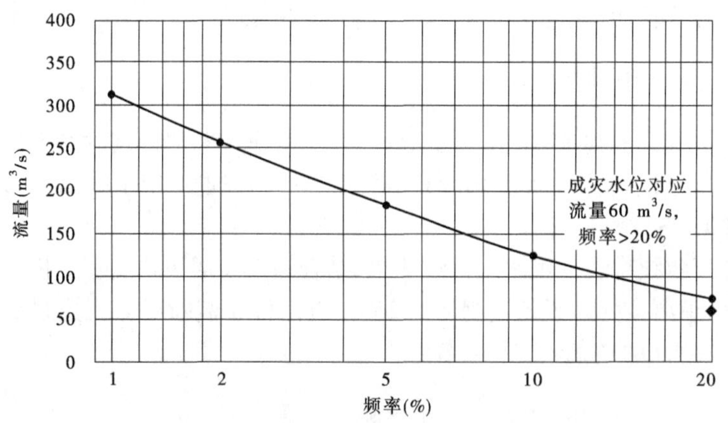

图 3-5-33 石门乡青山村青山成灾水位对应的洪水频率

5.2.39 石门乡横榆村上横榆

石门乡横榆村上横榆共 75 户,308 人。属板涧河峪 1 流域,控制断面以上流域面积为 57 km^2,河长 7 km,主河道平均比降 39‰。产流地类主要有变质岩森林山地(51.6 km^2)和变质岩灌丛山地(5.6 km^2),见图 3-5-34。

图 3-5-34 上横榆河谷形态

根据各频率设计洪水水面线成果,结合地形及居民户高程分析,该村居民陈小花家最先受灾,距离该处最近的板涧河峪 238 - 上横榆 14 横断面即为控制断面,成灾水位 818.90 m。成灾水位的确定见图 3-5-35。

控制断面水位 - 流量关系见图 3-5-36,成灾水位对应的流量为 365 m^3/s,洪水频率 1.8%,见图 3-5-37。现状防洪能力重现期为 55 年一遇。受洪水的威胁,极高危险区、高危险区内没有人,危险区内有 3 户 13 人。

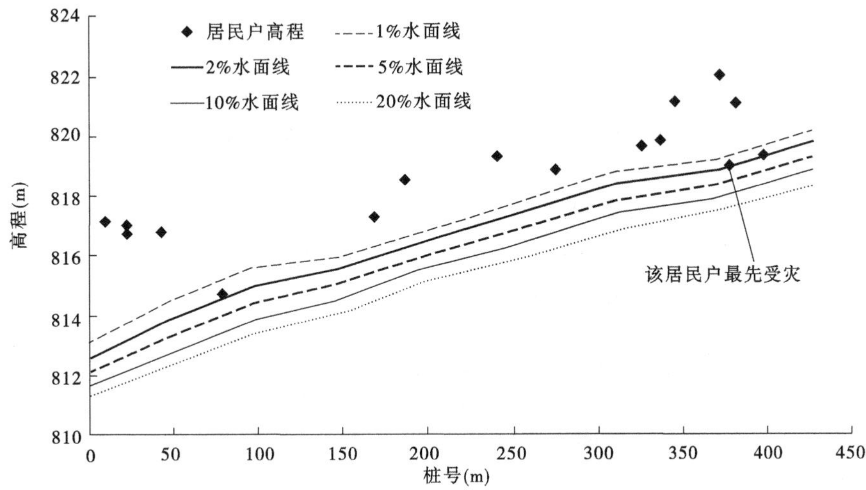

图3-5-35　石门乡横榆村上横榆居民户高程与水面线对比示意图

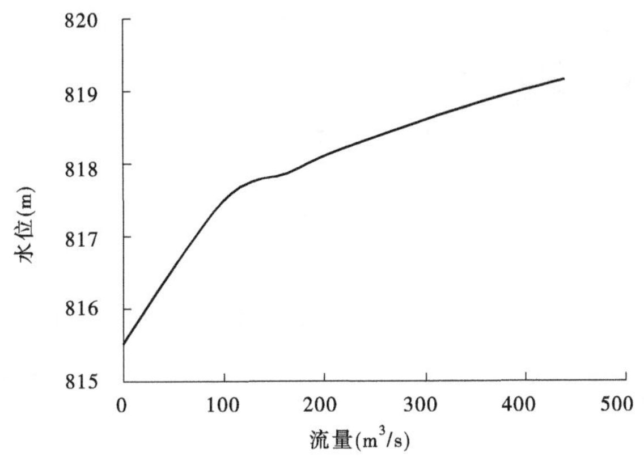

图3-5-36　石门乡横榆村上横榆控制断面水位－流量关系图

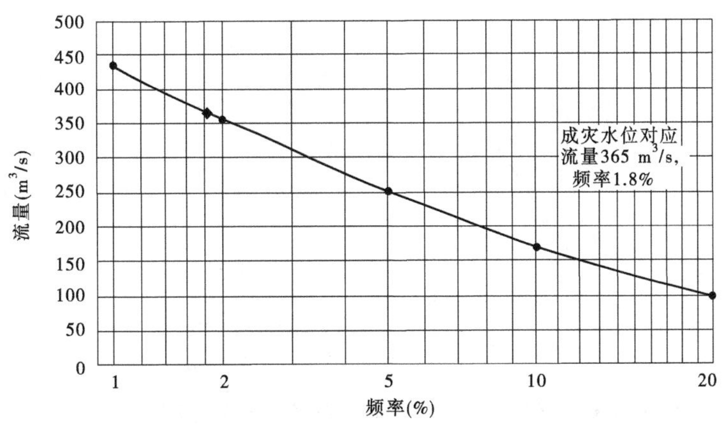

图3-5-37　石门乡横榆村上横榆成灾水位对应的频率

5.2.40 石门乡横榆村下横榆

石门乡横榆村下横榆共160户,750人。属板涧河峪1流域,控制断面以上流域面积为69 km^2,河长8 km,主河道平均比降34‰。产流地类主要有变质岩森林山地(56.2 km^2)、变质岩灌丛山地(12.3 km^2)。

根据各频率设计洪水水面线成果,结合地形及居民户高程分析,该村居民郭兰英家最先受灾,距离该处最近的板涧河峪107-横榆村19横断面即为控制断面,成灾水位797.86 m。成灾水位的确定见图3-5-38。

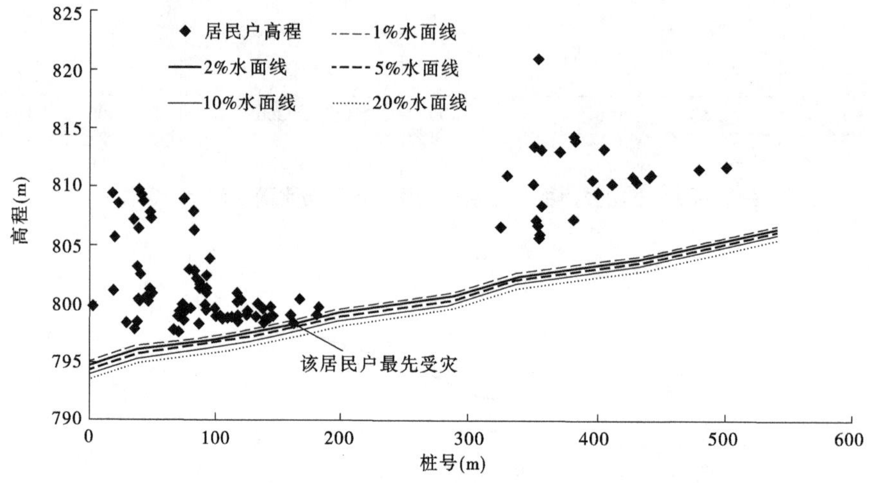

图3-5-38 石门乡横榆村下横榆居民户高程与水面线对比示意图

控制断面水位-流量关系见图3-5-39,成灾水位对应的流量为415 m^3/s,洪水频率1.8%,见图3-5-40。现状防洪能力重现期为55年一遇。受洪水的威胁,处于危险区内的有3户12人,极高危险区、高危险区内没有人口居住。

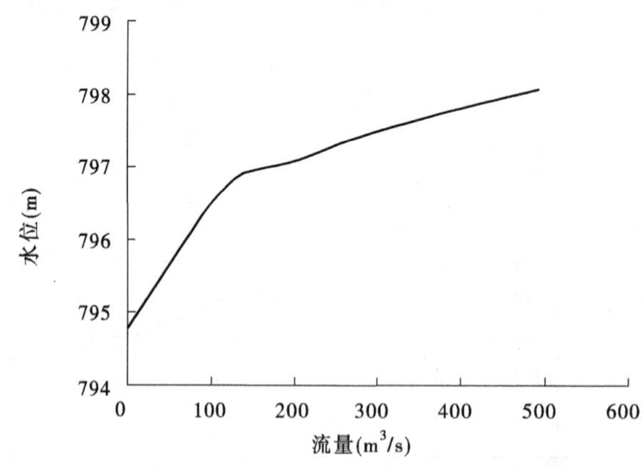

图3-5-39 石门乡横榆村下横榆控制断面水位-流量关系图

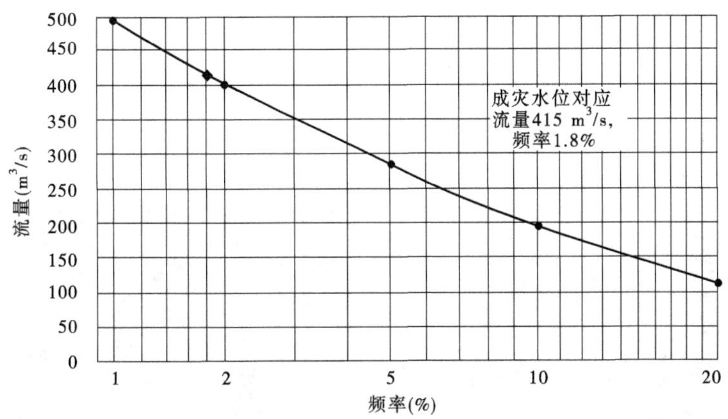

图3-5-40 石门乡横榆村下横榆成灾水位对应的频率

5.2.41 郭家庄镇沟西村

郭家庄镇沟西村全村116户,共478人。属柏林沟1流域,控制断面以上流域面积为20 km^2,河长4 km,主河道平均比降24‰。产流地类主要为黄土丘陵阶地(19.9 km^2)。

通过实地调查,该村受坡面流的影响,因此只进行危险区的划定及危险区人口的统计、安置点和转移路线的确定。该村危险区内共3户17人。

5.2.42 郭家庄镇晋庄村

郭家庄镇晋庄村全村298户,共1 320人。属柏林沟1流域,控制断面以上流域面积为23 km^2,河长5 km,主河道平均比降20‰。产流地类为黄土丘陵阶地(22.7 km^2)。通过实地调查,该村受坡面流的影响,因此只进行危险区的划定及危险区人口的统计、安置点和转移路线的确定。该村危险区内共6户28人。

5.2.43 郭家庄镇西阜村

郭家庄镇西阜村全村共171户,743人,属柏林沟1流域,流域面积为24 km^2,河长8 km,主河道平均比降17‰。产流地类主要有耕种平地(1.1 km^2)、黄土丘陵阶地(23.1 km^2)。

该村在“7·29”暴雨洪水中受灾,经统计处于历史受灾范围内的共63户276人。由于该村附近没有河道,无法进行水面线计算,因此只进行了危险区范围的划定。

5.2.44 桐城镇下白土村黑肴

桐城镇下白土村黑肴共60户,200人。属白土沟1流域,控制断面以上流域面积为22 km^2,河长6 km,主河道平均比降16‰。产流地类主要有耕种平地(5.9 km^2)、黄土丘陵阶地(15.9 km^2)。

通过实地调查,该村受坡面流的影响,因此只进行危险区的划定及危险区人口的统计、安置点和转移路线的确定。该村危险区内共1户2人。

5.2.45 桐城镇下白土村下白土

桐城镇下白土村下白土共302户,1 408人。属白土沟1流域,控制断面以上流域面积为24 km^2,河长7 km,主河道平均比降14‰。产流地类主要有耕种平地(5.9 km^2)、黄土丘陵阶地(17.6 km^2),见图3-5-41。

图3-5-41 桐城镇下白土村下白土河谷形态

根据各频率设计洪水水面线成果,结合地形及居民户高程分析,该村居民张长忠家先受灾,距离该处最近的白土沟103－下白土村15横断面即为控制断面,成灾水位517.14 m,成灾水位的确定见图3-5-42。

控制断面水位－流量关系见图3-5-43,成灾水位对应的流量为284 m^3/s,洪水频率7.6%,见图3-5-44。现状防洪能力重现期为13.4年一遇。受洪水的威胁,处于高危险区内的有4户32人,危险区内的有10户36人,极高危险区内没有人居住。

5.2.46 桐城镇王顺坡村

桐城镇王顺坡村全村共257户,1 053人。属白土沟1流域,控制断面以上流域面积为35 km^2,河长10 km,主河道平均比降11‰。产流地类主要有耕种平地(6.1 km^2)、黄土丘陵阶地(29.1 km^2)。

通过实地调查,该村受坡面流的影响,因此只进行危险区的划定及危险区人口的统计、安置点和转移路线的确定。该村危险区内共2户7人。

5.2.47 桐城镇姚村

桐城镇姚村全村共495户,2 353人。属白土沟1流域,村以上流域面积为6 km^2,河长3 km,主河道平均比降28‰。产流地类主要有耕种平地(1.2 km^2)、黄土丘陵阶地(5.1

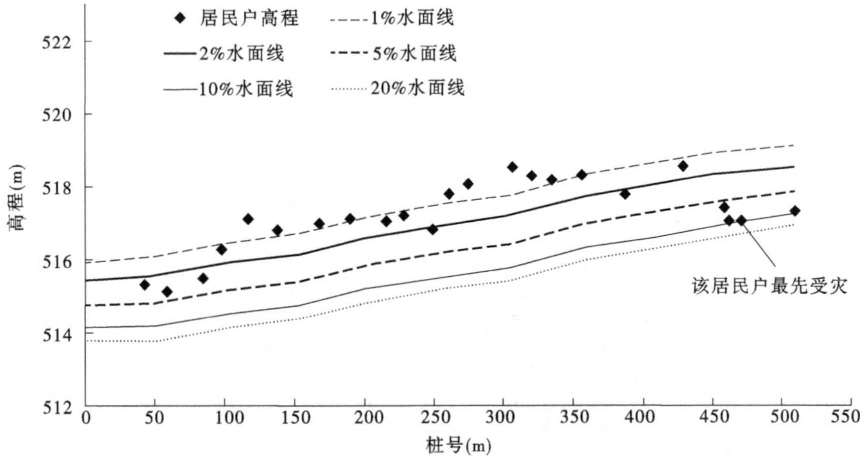

图 3-5-42 桐城镇下白土村下白土居民户高程与水面线对比示意图

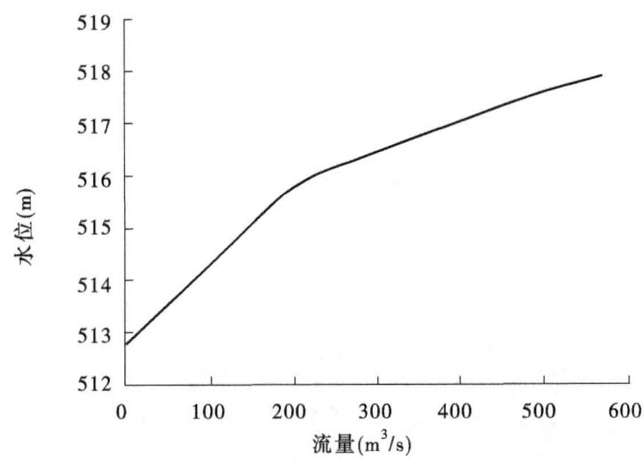

图 3-5-43 桐城镇下白土村下白土控制断面水位 - 流量关系图

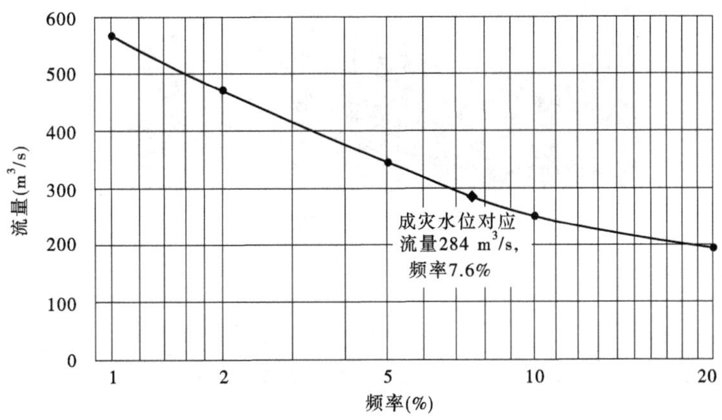

图 3-5-44 桐城镇下白土村下白土成灾水位对应的频率

km^2)。距该村上游1.5 km处修建了一座浆砌石防洪堤坝(见图3-5-45),设计标准5年一遇,坝长105 m,坝高5 m,右岸的泄水洞设计泄水量10 m^3/s。经现场调查与内业分析计算,该村危险区内共20户85人。

图3-5-45　姚村防洪堤坝

5.2.48　礼元镇行村

礼元镇行村全村共466户,2 471人。属白水滩1流域,村以上流域面积为23 km^2,河长4 km,主河道平均比降17‰。产流地类主要有耕种平地(3.2 km^2)、黄土丘陵阶地(20.2 km^2)。经调查进入该村的村口公路上有一桥,见图3-5-46,桥洞过水面积1.5 m×1.5 m,过水不畅。受该桥壅水影响,处于危险区范围内的有4户18人。

图3-5-46　行村桥

5.2.49　东镇镇裴村

东镇镇裴村全村793户,共3 675人。属白水滩1流域,控制断面以上流域面积为66 km^2,河长11 km,主河道平均比降7‰。产流地类主要有耕种平地(38.2 km^2)、黄土丘陵阶地(28.2 km^2)。

通过实地调查,该村受坡面流的影响,因此只进行危险区的划定及危险区人口的统计、安置点和转移路线的确定。该村危险区内共1户2人。

5.2.50 东镇镇东鲁村东鲁

东镇镇东鲁村东鲁共393户,1 800人。属白水滩1流域,控制断面以上流域面积为290 km^2,河长44 km,主河道平均比降6‰。产流地类主要有变质岩森林山地(61.7 km^2)、耕种平地(135.7 km^2)、黄土丘陵阶地(92.9 km^2)。

根据各频率设计洪水水面线成果,结合地形及居民户高程分析,该村居民王泽瑞家最先受灾,距离该处最近的白水滩12-东鲁村8横断面即为控制断面,成灾水位492.35 m。成灾水位的确定见图3-5-47。

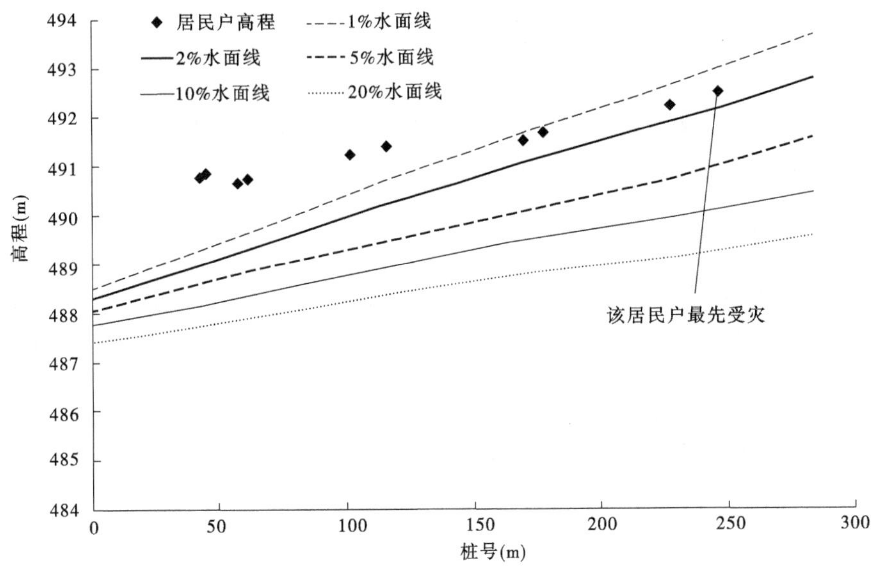

图3-5-47 东镇镇东鲁村东鲁居民户高程与水面线对比示意图

控制断面水位-流量关系见图3-5-48,成灾水位对应的流量为1 415 m^3/s,洪水频率1.3%,见图3-5-49。现状防洪能力重现期为75.5年一遇。受洪水的威胁,处于危险区内

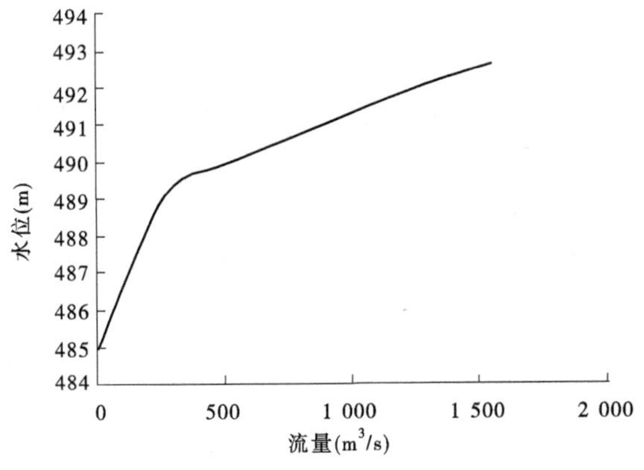

图3-5-48 东镇镇东鲁村东鲁控制断面水位-流量关系图

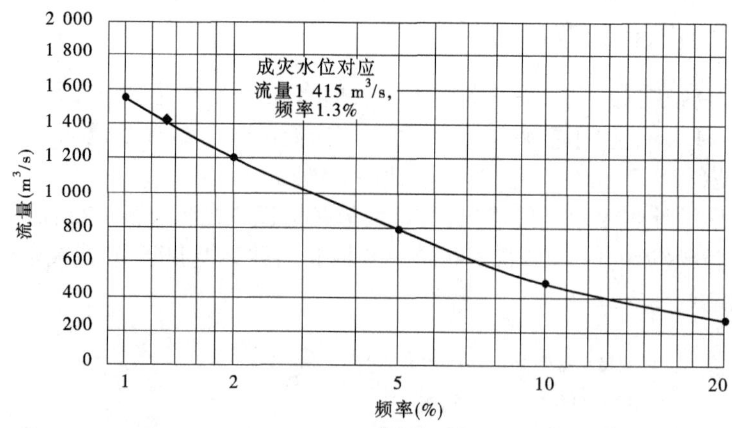

图 3-5-49 东镇镇东鲁村东鲁成灾水位对应的频率

的有 5 户 28 人,极高危险区、高危险区内没有人居住。

5.2.51 东镇镇涑阳村

东镇镇涑阳村全村 214 户,共 880 人。属白水滩 1 流域,控制断面以上流域面积为 291 km^2,河长 51 km,主河道平均比降 16‰。产流地类主要有变质岩森林山地(61.7 km^2)、耕种平地(136.4 km^2)、黄土丘陵阶地(92.9 km^2)。

通过实地调查,该村受坡面流的影响,因此只进行危险区的划定及危险区人口的统计、安置点和转移路线的确定。该村危险区内共 1 户 2 人。

5.2.52 河底镇连家坡村正水洼

河底镇连家坡村正水洼共 42 户,169 人。属小涧河峪沟 1 流域,控制断面以上流域面积为 30 km^2,河长 7 km,主河道平均比降 35‰。产流地类主要有变质岩森林山地(0.7 km^2)、变质岩灌丛山地(13.7 km^2)、黄土丘陵阶地(16 km^2)。

通过实地调查,该村受坡面流的影响,因此只进行危险区的划定及危险区人口的统计、安置点和转移路线的确定。该村危险区内共 1 户 2 人。

5.2.53 河底镇卫村

河底镇卫村全村共 213 户,786 人,属小涧河峪沟 1 流域,上游大尾沟与后产沟汇流后河段称为花鸡沟,村以上流域面积为 8 km^2,河长 1.47 km,主河道平均比降 46‰。产流地类主要有变质岩森林山地(0.8 km^2),耕种平地(3.6 km^2)、黄土丘陵阶地(3.6 km^2)。由于该村处于山前平原区,因人类活动影响河道已不明显,无法进行水面线计算,因此只进行危险区划分及雨量预警指标分析。在现场走访阶段了解到,1971 年 8 月 23 日晚,该地降暴雨,2 h 左右洪水进村,冲毁房屋数间,冲走 1 人。经调查,该村历史受灾范围内共有 107 户 634 人。

5.2.54 河底镇小寺头村

河底镇小寺头村全村 210 户,共 771 人。属小涧河峪沟 1 流域,控制断面以上流域面积为 10 km^2,河长 3 km,主河道平均比降 29‰。产流地类主要有变质岩灌丛山地(0.9 km^2)、耕种平地(5.1 km^2)、黄土丘陵阶地(3.6 km^2)。通过实地调查,该村受坡面流的影响,因此只进行危险区的划定及危险区人口的统计、安置点和转移路线的确定。该村危险区内共 19 户 102 人。

5.2.55 裴社乡寺头村

裴社乡寺头村位于裴社乡,全村 143 户,共 526 人。属小涧河峪沟 1 流域,控制断面以上流域面积为 11 km^2,河长 4 km,主河道平均比降 20‰。产流地类主要有变质岩灌丛山地(0.9 km^2)、耕种平地(6.2 km^2)、黄土丘陵阶地(3.8 km^2)。

通过实地调查,该村受坡面流的影响,因此只进行危险区的划定及危险区人口的统计、安置点和转移路线的确定。该村危险区内共 1 户 2 人。

5.2.56 桐城镇西官庄村

桐城镇西官庄村全村 330 户, 1 300 人,属涑水河支流五七七沟流域,村以上流域面积为 5 km^2,河长 4 km,主河道平均比降 13‰。产汇流地类均为黄土丘陵阶地(4.8 km^2)。因人类活动影响河道已不明显,无法进行水面线计算,因此只进行危险区划分及雨量预警指标分析。在现场走访阶段了解到,2013 年 7 月 10 日晚,该地降暴雨,致使一人死亡。经调查,该村危险区内共 6 户 29 人。

5.2.57 郭家庄镇郭店村

郭家庄镇郭店村全村共 422 户,1 980 人,属神柏沟流域。村以上流域面积 32.66 km^2,产汇流地类均以黄土丘陵阶地为主。因人类活动影响河道已不明显,无法进行水面线计算,因此只进行危险区划分及雨量预警指标分析。在现场走访阶段了解到,该村在"7·29"特大暴雨中人员伤亡及财产损失惨重。经调查,该村全村处于历史受灾范围内。

闻喜县防灾对象水位 - 流量 - 人口(户数)对照图见图 3-5-50。

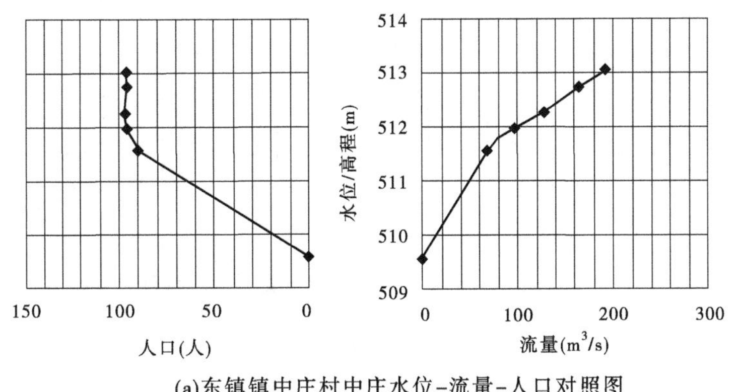

(a)东镇镇中庄村中庄水位-流量-人口对照图

图 3-5-50 闻喜县防灾对象水位 - 流量 - 人口(户数)对照图

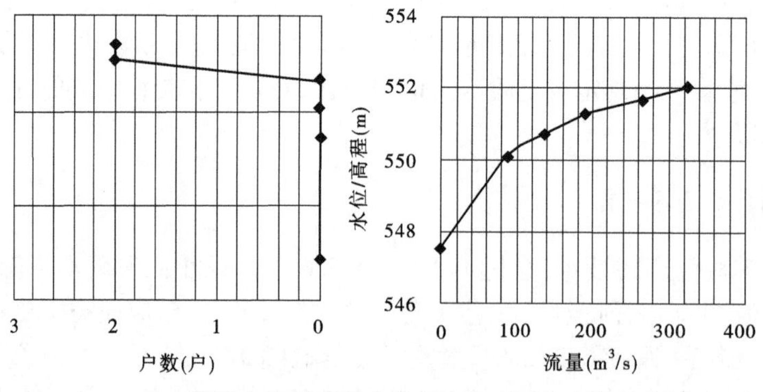

(b)裴社乡宋家庄村宋家庄水位-流量-户数对照图

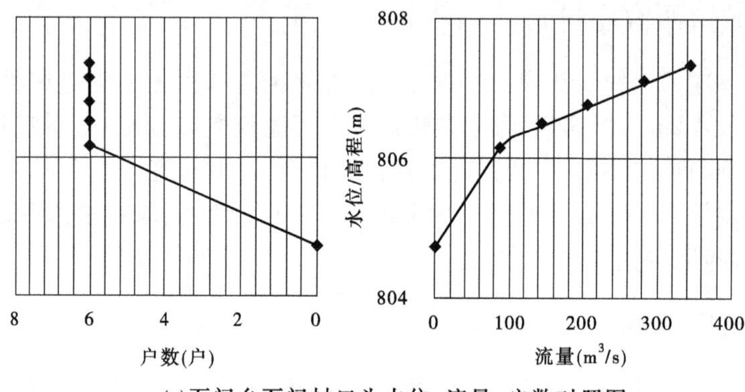

(c)石门乡石门村口头水位-流量-户数对照图

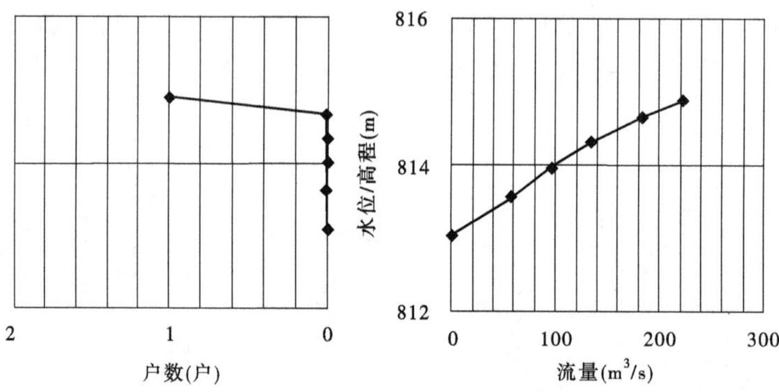

(d)石门乡石门村石门水位-流量-户数对照图

续图 3-5-50

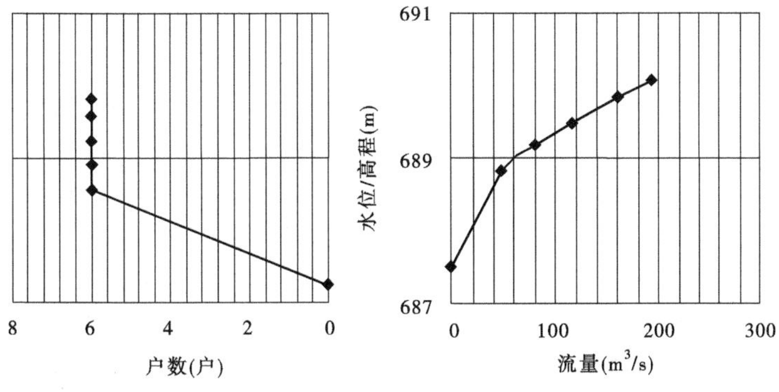

(e)石门乡刘家庄村刘家庄水位-流量-户数对照图

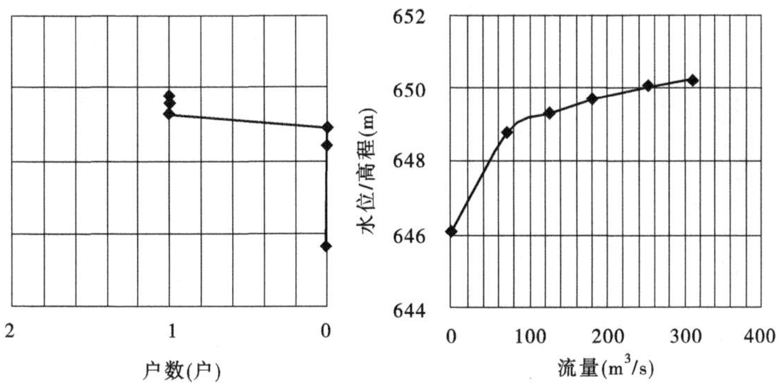

(f)石门乡刘家庄村马家窑水位-流量-户数对照图

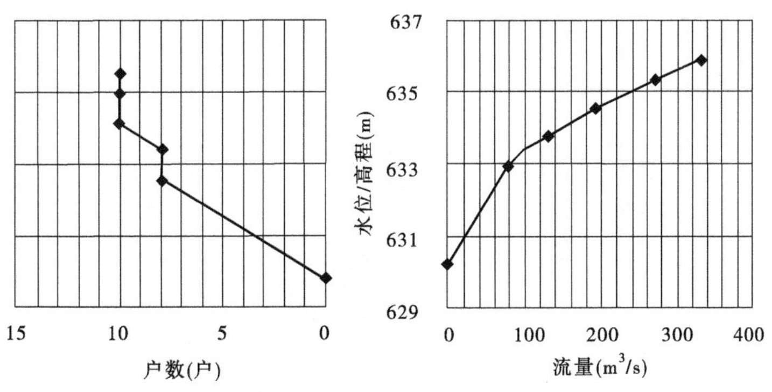

(g)石门乡刘家庄村刘庄冶水位-流量-户数对照图

续图 3-5-50

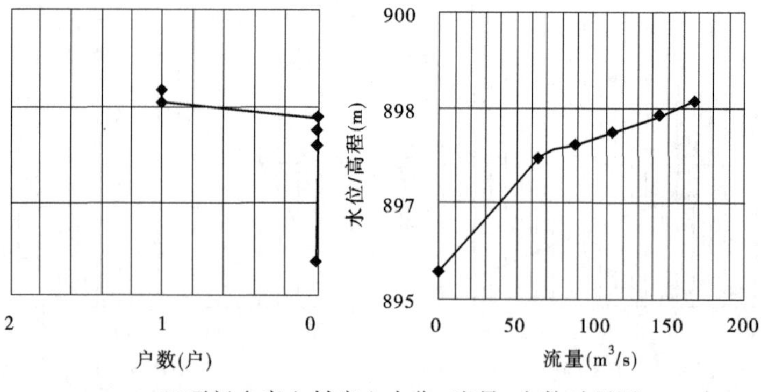

(h)石门乡店上村店上水位-流量-户数对照图

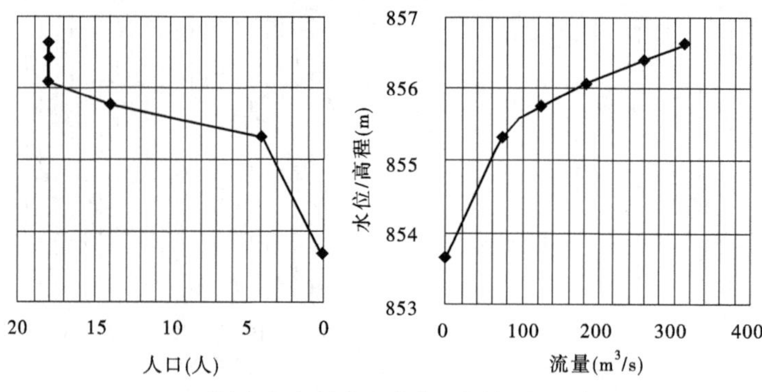

(i)石门乡青山村青山水位-流量-人口对照图

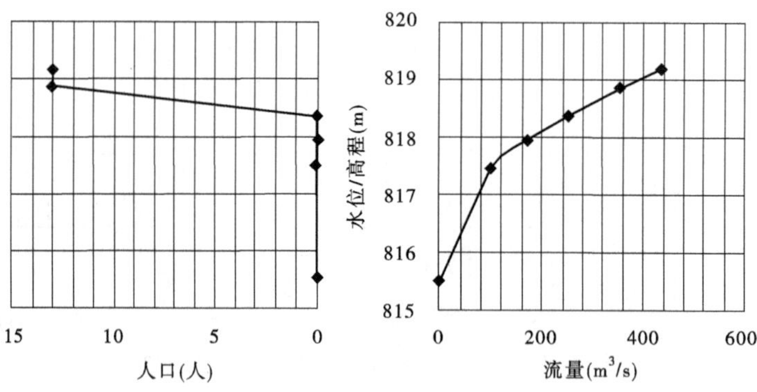

(j)石门乡横榆村上横榆水位-流量-人口对照图

续图 3-5-50

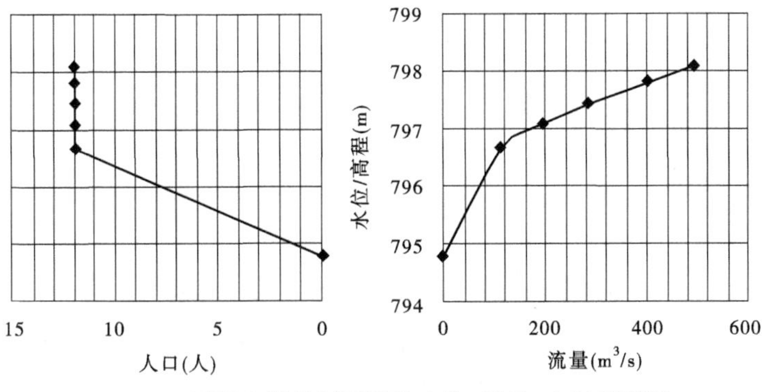

(k)石门乡横榆村下横榆水位-流量-人口对照图

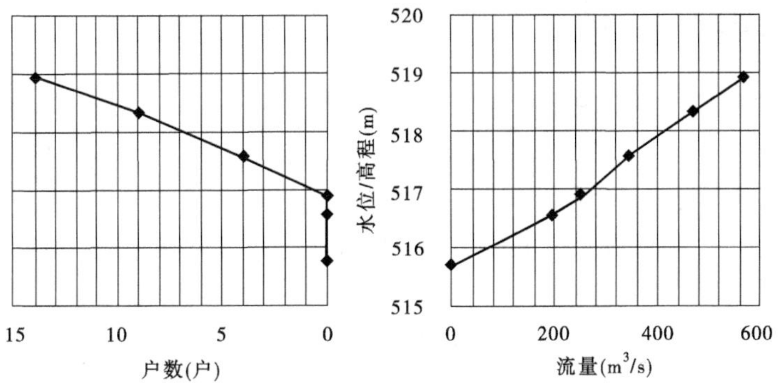

(l)桐城镇下白土村下白土水位-流量-户数对照图

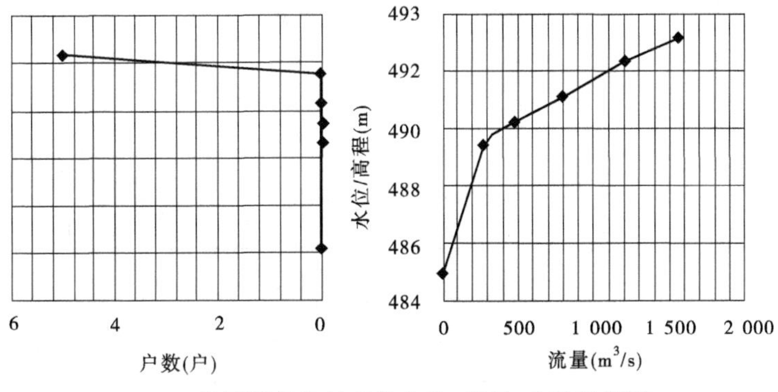

(m)东镇镇东鲁村东鲁水位-流量-户数对照图

续图 3-5-50

第6章 预警指标分析

根据防洪现状评价成果,对重点防治区进行预警指标计算,预警指标分为雨量和水位两类,包括准备转移和立即转移两级指标,其中水位预警指标只针对适用水位预警条件的预警对象进行分析计算。雨量预警与水位预警计算方法均采用第1篇第8章中所提到的方法进行计算。

6.1 雨量预警指标

雨量预警指标采用流域模型法和同频率法。对于受河道洪水影响的重点防治区,雨量预警指标采用流域模型法进行分析;对于受坡面水流影响或没有明显河道无法进行水面线计算的评价对象,雨量预警指标采用同频率法进行分析。

闻喜县动态临界雨量成果表见表3-6-1,并由动态临界雨量绘制“预警雨量临界曲线图”,见图3-6-1。

表3-6-1 闻喜县动态临界雨量成果表

序号	行政区划名称	行政区划代码	类别	致灾暴雨频率(%)	B_0	时段	临界雨量(mm)	方法
1	桐城镇店头村	140823100218000	雨量	2	0	0.5 h	50	同频率法
						1 h	67	
2	桐城镇张石沟村	140823100219000	雨量	2	0	0.5 h	49	同频率法
						1 h	65	
3	桐城镇东社村	140823100202000	雨量	2	0	0.5 h	51	同频率法
						1 h	68	
4	桐城镇乔庄村	140823100228000	雨量	5	0	0.5 h	42	同频率法
						1 h	56	
5	桐城镇东庄村槐树洼	140823100232101	雨量	2	0	0.5 h	54	同频率法
						1 h	72	
6	桐城镇丁店村	140823100231000	雨量	<20	0	0.5 h	33	同频率法
						1 h	41	
7	礼元镇文典村	140823105231000	雨量	<20	0	0.5 h	34	同频率法
						1 h	42	

续表 3-6-1

序号	行政区划名称	行政区划代码	类别	致灾暴雨频率(%)	B_0	时段	临界雨量(mm)	方法
8	东镇镇东姚村西姚	140823104208101	雨量	2	0	0.5 h	41	同频率法
						1 h	65	
9	东镇镇东姚村东姚	140823104208100	雨量	4	0	0.5 h	45	同频率法
						1 h	60	
10	东镇镇中庄村中庄	140823104210100	雨量	<20	0	0.5 h	35	流域模型法
						1 h	43	
					0.3	0.5 h	31	
						1 h	38	
					0.6	0.5 h	28	
						1 h	34	
11	裴社乡王赵村小王赵	140823203215101	雨量	5	0	0.5 h	43	同频率法
						1 h	57	
12	裴社乡宋家庄村下青沟	140823203214101	雨量	5	0	0.5 h	43	流域模型法
						1 h	51	
					0.3	0.5 h	39	
						1 h	46	
					0.6	0.5 h	35	
						1 h	40	
13	裴社乡宋家庄村宋家庄	140823203214100	雨量	3	0	0.5 h	61	同频率法
						1 h	71	
14	石门乡石门村口头	140823205200102	雨量	<20	0	0.5 h	37	流域模型法
						1 h	43	
					0.3	0.5 h	32	
						1 h	38	
					0.6	0.5 h	27	
						1 h	32	
15	石门乡后交村元河	140823205207105	雨量	9	0	0.5 h	50	同频率法
						1 h	66	

续表 3-6-1

序号	行政区划名称	行政区划代码	类别	致灾暴雨频率(%)	B_0	时段	临界雨量(mm)	方法
16	石门乡石门村石门	140823205200100	雨量	2	0	0.5 h	56	流域模型法
						1 h	73	
					0.3	0.5 h	53	
						1 h	68	
					0.6	0.5 h	49	
						1 h	62	
17	石门乡刘家庄村刘家庄	140823205208101	雨量	1	0	0.5 h	71	流域模型法
						1 h	81	
					0.3	0.5 h	66	
						1 h	75	
					0.6	0.5 h	62	
						1 h	68	
18	石门乡刘家庄村马家窑	140823205208105	雨量	9	0	0.5 h	56	流域模型法
						1 h	65	
					0.3	0.5 h	51	
						1 h	58	
					0.6	0.5 h	47	
						1 h	52	
19	石门乡刘家庄村刘庄冶	140823205208104	雨量	<20	0	0.5 h	31	流域模型法
						1 h	38	
					0.3	0.5 h	27	
						1 h	33	
					0.6	0.5 h	23	
						1 h	27	
20	神柏乡窑头沟村	140823200213000	雨量	2	0	0.5 h	54	同频率法
						1 h	75	
21	郭家庄镇东韩村	140823101202000	雨量	<20	0	0.5 h	35	同频率法
						1 h	41	

续表 3-6-1

序号	行政区划名称	行政区划代码	类别	致灾暴雨频率（%）	B_0	时段	临界雨量（mm）	方法
22	郭家庄镇宋店村	140823101215000	雨量	<20	0	0.5 h	36	同频率法
						1 h	44	
23	郭家庄镇西庄儿头村	140823101210000	雨量	6	0	0.5 h	43	同频率法
						1 h	57	
24	郭家庄镇崔庄村	140823101209000	雨量	1	0	0.5 h	63	同频率法
						1 h	84	
25	后宫乡三河口村余家岭	140823204226104	雨量	1	0	0.5 h	79	同频率法
						1 h	92	
26	河底镇董村村董村	140823106223100	雨量	6	0	0.5 h	50	同频率法
						1 h	59	
27	河底镇河底村河底	140823106200100	雨量	5	0	0.5 h	44	同频率法
						1 h	58	
28	河底镇苏村	140823106201000	雨量	5	0	0.5 h	44	同频率法
						1 h	58	
29	东镇镇三交村三交	140823104220100	雨量	5	0	0.5 h	42	同频率法
						1 h	56	
30	东镇镇西街村北街	140823104201101	雨量	5	0	0.5 h	42	同频率法
						1 h	56	
31	东镇镇南街村东堡	140823104200102	雨量	<20	0	0.5 h	33	同频率法
						1 h	39	
32	石门乡店上村店上	140823205206100	雨量	3	0	0.5 h	56	流域模型法
						1 h	85	
					0.3	0.5 h	53	
						1 h	81	
					0.6	0.5 h	50	
						1 h	77	
33	石门乡玉坡村柳林	140823205209104	雨量	1	0	0.5 h	67	同频率法
						1 h	88	

续表 3-6-1

序号	行政区划名称	行政区划代码	类别	致灾暴雨频率(%)	B_0	时段	临界雨量(mm)	方法
34	石门乡横榆村下柳峪	140823205204105	雨量	2	0	0.5 h	57	同频率法
						1 h	76	
35	石门乡白家滩村黄家沙	140823205201107	雨量	2	0	0.5 h	56	同频率法
						1 h	74	
36	石门乡西坪村西坪	140823205202100	雨量	2	0	0.5 h	58	同频率法
						1 h	77	
37	石门乡西坪村腰庄	140823205202101	雨量	3	0	0.5 h	79	同频率法
						1 h	93	
38	石门乡青山村青山	140823205203100	雨量	<20	0	0.5 h	34	流域模型法
						1 h	41	
					0.3	0.5 h	30	
						1 h	36	
					0.6	0.5 h	26	
						1 h	30	
39	石门乡横榆村上横榆	140823205203101	雨量	1	0	0.5 h	78	流域模型法
						1 h	88	
					0.3	0.5 h	74	
						1 h	82	
					0.6	0.5 h	69	
						1 h	76	
40	石门乡横榆村下横榆	140823205204100	雨量	2	0	0.5 h	78	流域模型法
						1 h	89	
					0.3	0.5 h	74	
						1 h	83	
					0.6	0.5 h	69	
						1 h	76	
41	郭家庄镇沟西村	140823101227000	雨量	5	0	0.5 h	50	同频率法
						1 h	77	

续表 3-6-1

序号	行政区划名称	行政区划代码	类别	致灾暴雨频率(%)	B_0	时段	临界雨量(mm)	方法
42	郭家庄镇晋庄村	140823101211000	雨量	2	0	0.5 h	54	同频率法
						1 h	72	
43	郭家庄镇西阜村	140823101208000	雨量	1	0	0.5 h	57	同频率法
						1 h	83	
44	桐城镇下白土村黑肴	140823100221101	雨量	3	0	0.5 h	53	同频率法
						1 h	71	
45	桐城镇下白土村下白土	140823100221100	雨量	8	0	0.5 h	50	流域模型法
						1 h	72	
					0.3	0.5 h	45	
						1 h	66	
					0.6	0.5 h	40	
						1 h	59	
46	桐城镇王顺坡村	140823100213000	雨量	<20	0	0.5 h	36	同频率法
						1 h	47	
47	桐城镇姚村	140823100212000	雨量	<20	0	0.5 h	38	同频率法
						1 h	51	
48	礼元镇行村	140823105203000	雨量	2	0	0.5 h	53	同频率法
						1 h	70	
49	东镇镇裴村	140823104204000	雨量	2	0	0.5 h	55	同频率法
						1 h	73	
50	东镇镇东鲁村东鲁	140823104203100	雨量	1	0	0.5 h	69	流域模型法
						1 h	79	
						2 h	98	
					0.3	0.5 h	64	
						1 h	72	
						2 h	89	
					0.6	0.5 h	59	
						1 h	64	
						2 h	79	

续表 3-6-1

<table>
<tr><th>序号</th><th>行政区划名称</th><th>行政区划代码</th><th>类别</th><th>致灾暴雨频率(%)</th><th>B_0</th><th>时段</th><th>临界雨量(mm)</th><th>方法</th></tr>
<tr><td rowspan="3">51</td><td rowspan="3">东镇镇涑阳村</td><td rowspan="3">140823104202000</td><td rowspan="3">雨量</td><td rowspan="3">5</td><td rowspan="3">0</td><td>0.5 h</td><td>43</td><td rowspan="3">同频率法</td></tr>
<tr><td>1 h</td><td>57</td></tr>
<tr><td>2 h</td><td>77</td></tr>
<tr><td rowspan="2">52</td><td rowspan="2">河底镇连家坡村正水洼</td><td rowspan="2">140823106233103</td><td rowspan="2">雨量</td><td rowspan="2">1</td><td rowspan="2">0</td><td>0.5 h</td><td>56</td><td rowspan="2">同频率法</td></tr>
<tr><td>1 h</td><td>74</td></tr>
<tr><td rowspan="2">53</td><td rowspan="2">河底镇卫村</td><td rowspan="2">140823106221000</td><td rowspan="2">雨量</td><td rowspan="2">2</td><td rowspan="2">0</td><td>0.5 h</td><td>50</td><td rowspan="2">同频率法</td></tr>
<tr><td>1 h</td><td>67</td></tr>
<tr><td rowspan="2">54</td><td rowspan="2">河底镇小寺头村</td><td rowspan="2">140823106216000</td><td rowspan="2">雨量</td><td rowspan="2">2</td><td rowspan="2">0</td><td>0.5 h</td><td>51</td><td rowspan="2">同频率法</td></tr>
<tr><td>1 h</td><td>67</td></tr>
<tr><td rowspan="2">55</td><td rowspan="2">裴社乡寺头村</td><td rowspan="2">140823203201000</td><td rowspan="2">雨量</td><td rowspan="2">2</td><td rowspan="2">0</td><td>0.5 h</td><td>49</td><td rowspan="2">同频率法</td></tr>
<tr><td>1 h</td><td>65</td></tr>
<tr><td rowspan="2">56</td><td rowspan="2">桐城镇西官庄村</td><td rowspan="2">140823100242000</td><td rowspan="2">雨量</td><td rowspan="2"><20</td><td rowspan="2">0</td><td>0.5 h</td><td>33</td><td rowspan="2">同频率法</td></tr>
<tr><td>1 h</td><td>46</td></tr>
<tr><td rowspan="2">57</td><td rowspan="2">郭家庄镇郭店村</td><td rowspan="2">140823101213000</td><td rowspan="2">雨量</td><td rowspan="2">1</td><td rowspan="2">0</td><td>0.5 h</td><td>64</td><td rowspan="2">同频率法</td></tr>
<tr><td>1 h</td><td>79</td></tr>
</table>

对汇流时间小于 1 h 的 12 个重点防治区,用降雨频率来确定预警指标,成果见表 3-6-1。

6.1.1 综合确定预警指标

各重点防治区的预警指标成果见表 3-6-2,并绘制“防灾对象预警指标分布图”。

6.1.2 合理性分析

由于分析评价的各个重点防治区内没有实测雨量资料,没有收集到当地山洪灾害事件实际资料,也未收集到与流域大小、气候条件、地形地貌、植被覆盖、土壤类型、行洪能力等因素相近或相同防灾对象的预警指标成果,因此将雨量预警指标与设计暴雨成果进行比较分析。通过比较发现,雨量预警指标与同频率的设计暴雨量相接近,量级相同。由于合理性分析还做得不够,因此确定的预警指标在下一步的工作中还需进行复核、检验,根据实际情况进行修正,在工作中运用和改进。

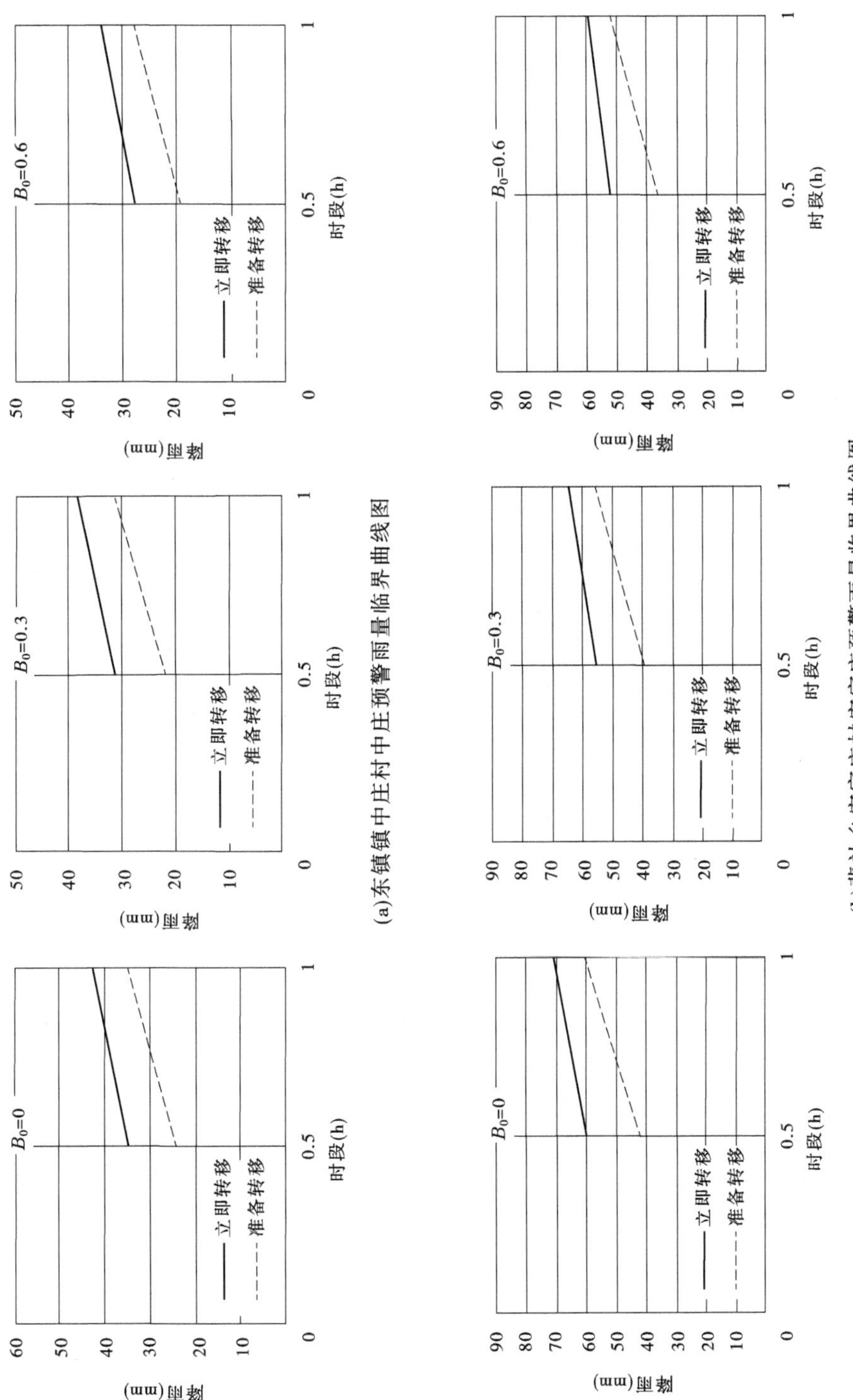

(a)东镇镇中庄村中庄预警雨量临界曲线图

(b)裴社乡宋家庄村宋家庄预警雨量临界曲线图

图 3-6-1　预警雨量临界曲线图

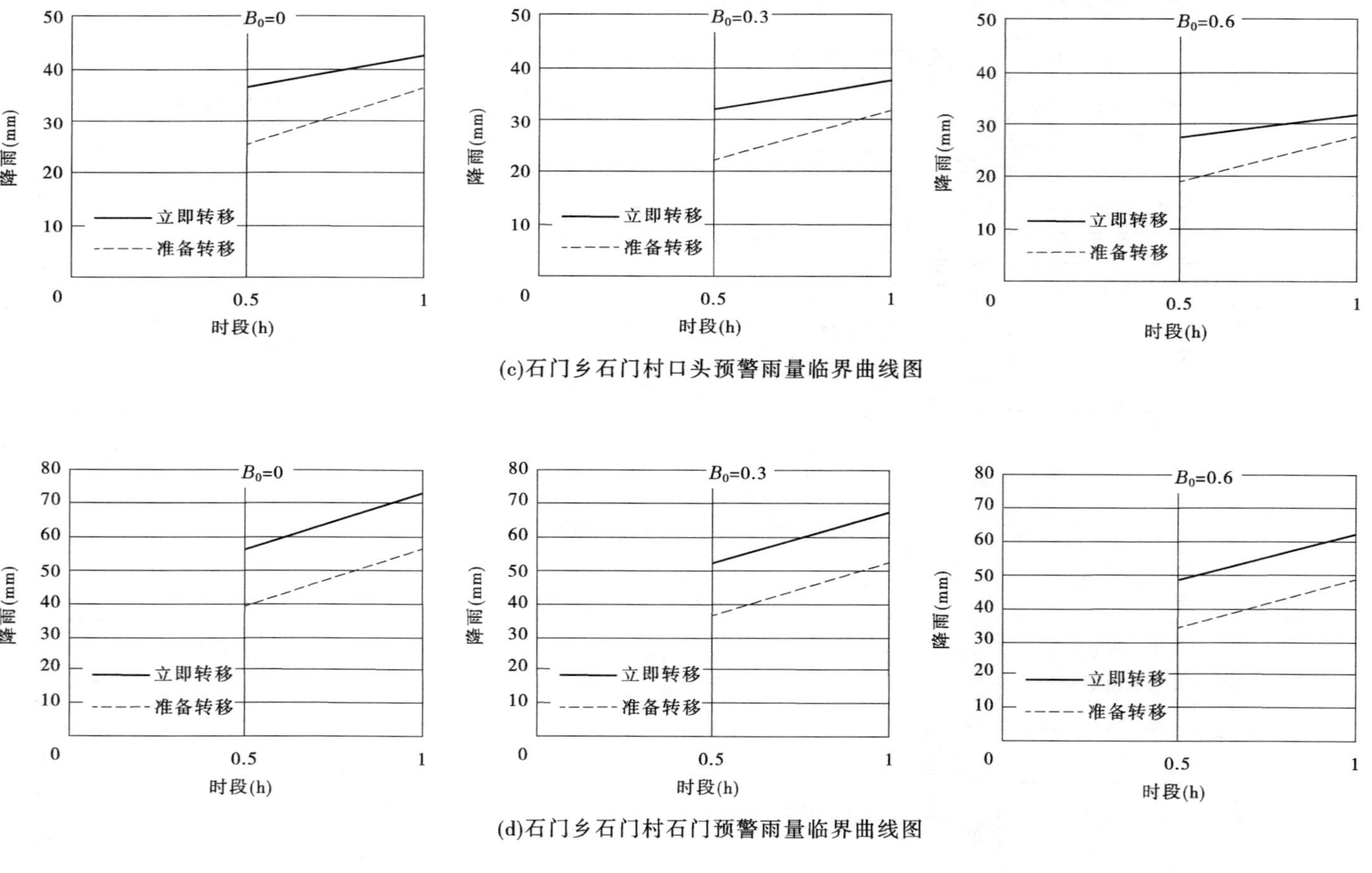

(c)石门乡石门村口头预警雨量临界曲线图

(d)石门乡石门村石门预警雨量临界曲线图

续图 3-6-1

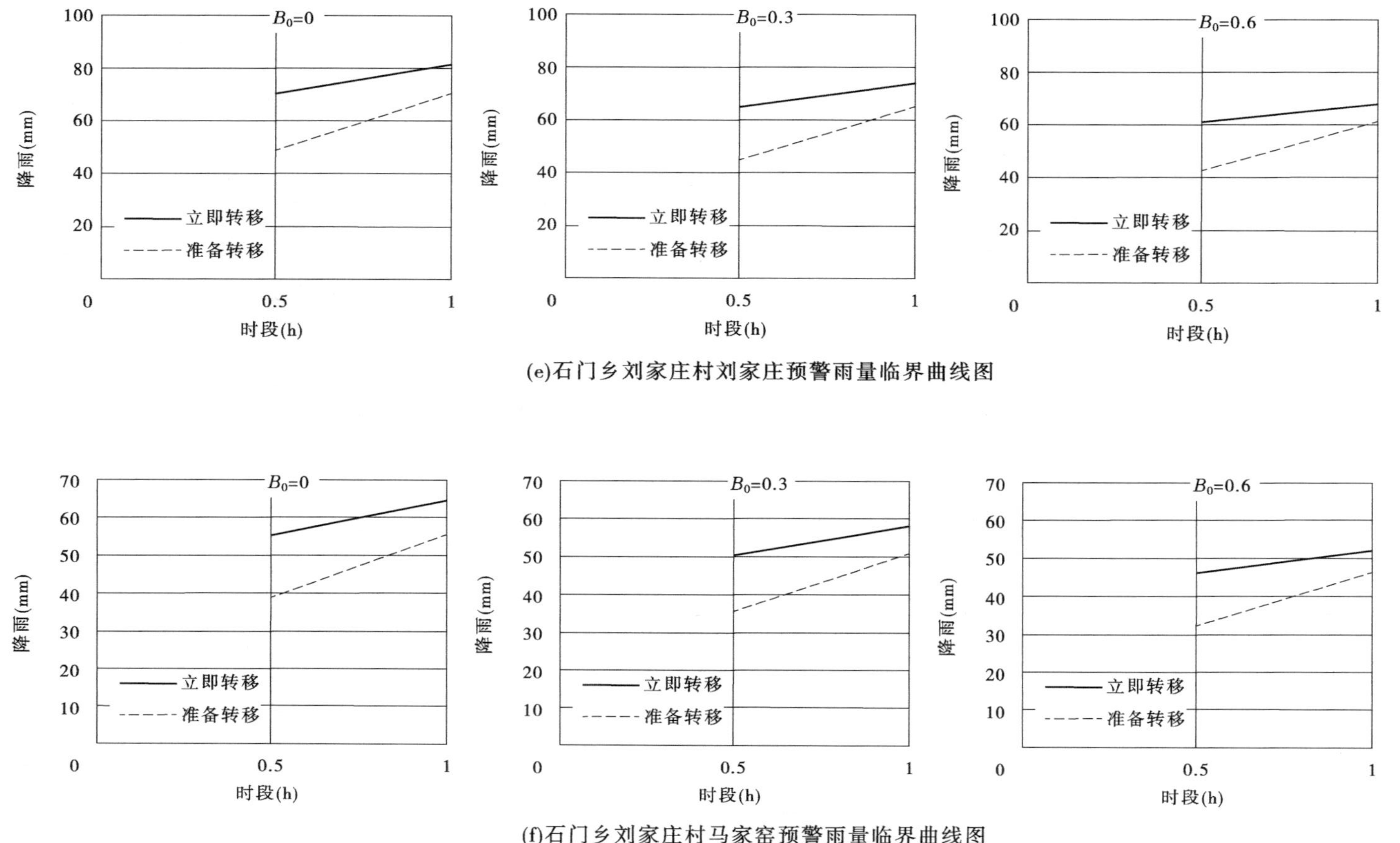

(e)石门乡刘家庄村刘家庄预警雨量临界曲线图

(f)石门乡刘家庄村马家窑预警雨量临界曲线图

续图 3-6-1

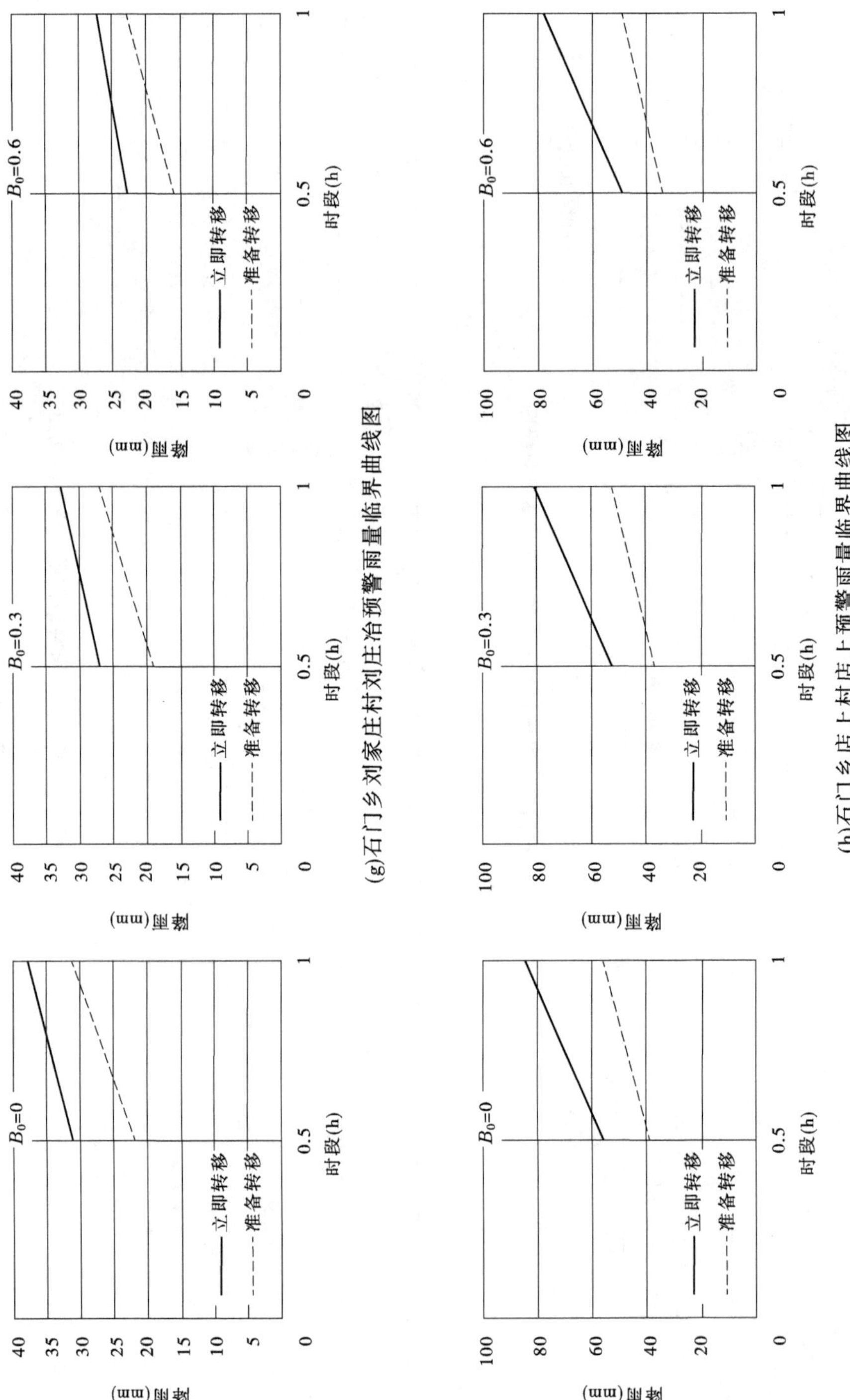

(g)石门乡刘家庄村刘庄冶预警雨量临界曲线图

(h)石门乡店上村店上预警雨量临界曲线图

续图 3-6-1

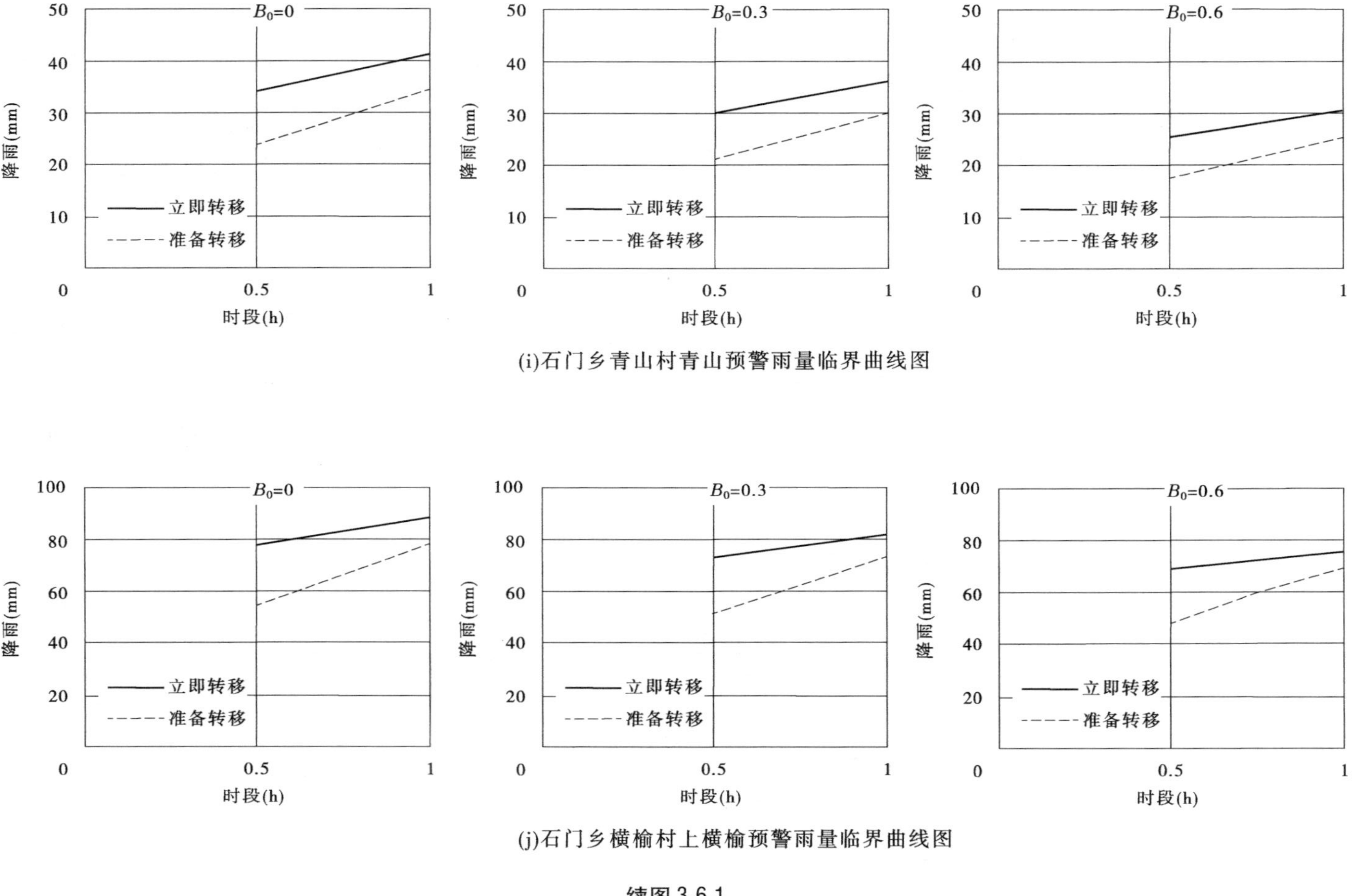

(i)石门乡青山村青山预警雨量临界曲线图

(j)石门乡横榆村上横榆预警雨量临界曲线图

续图 3-6-1

(k)石门乡横榆村下横榆预警雨量临界曲线图

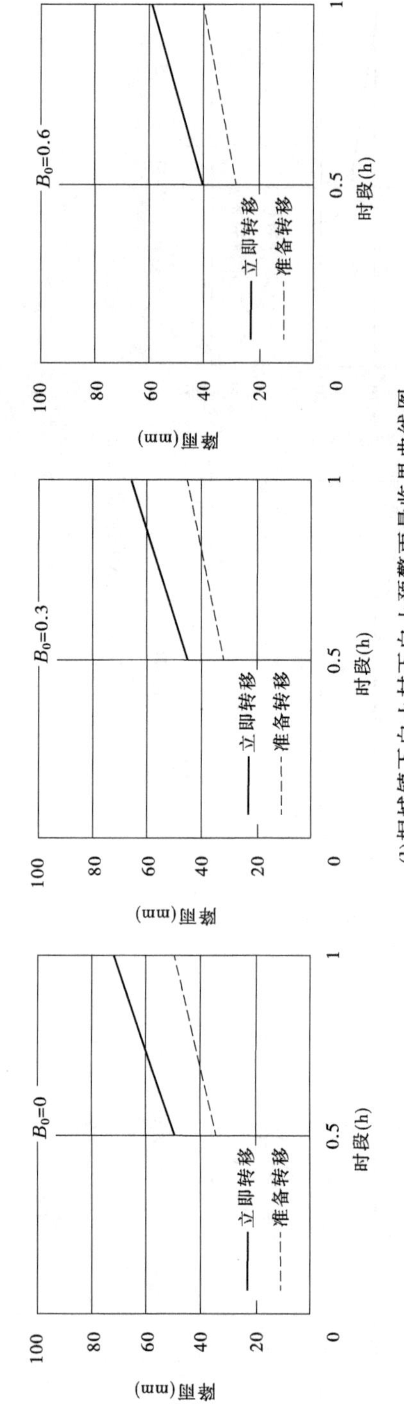

(l)桐城镇下白土村下白土预警雨量临界曲线图

续图 3-6-1

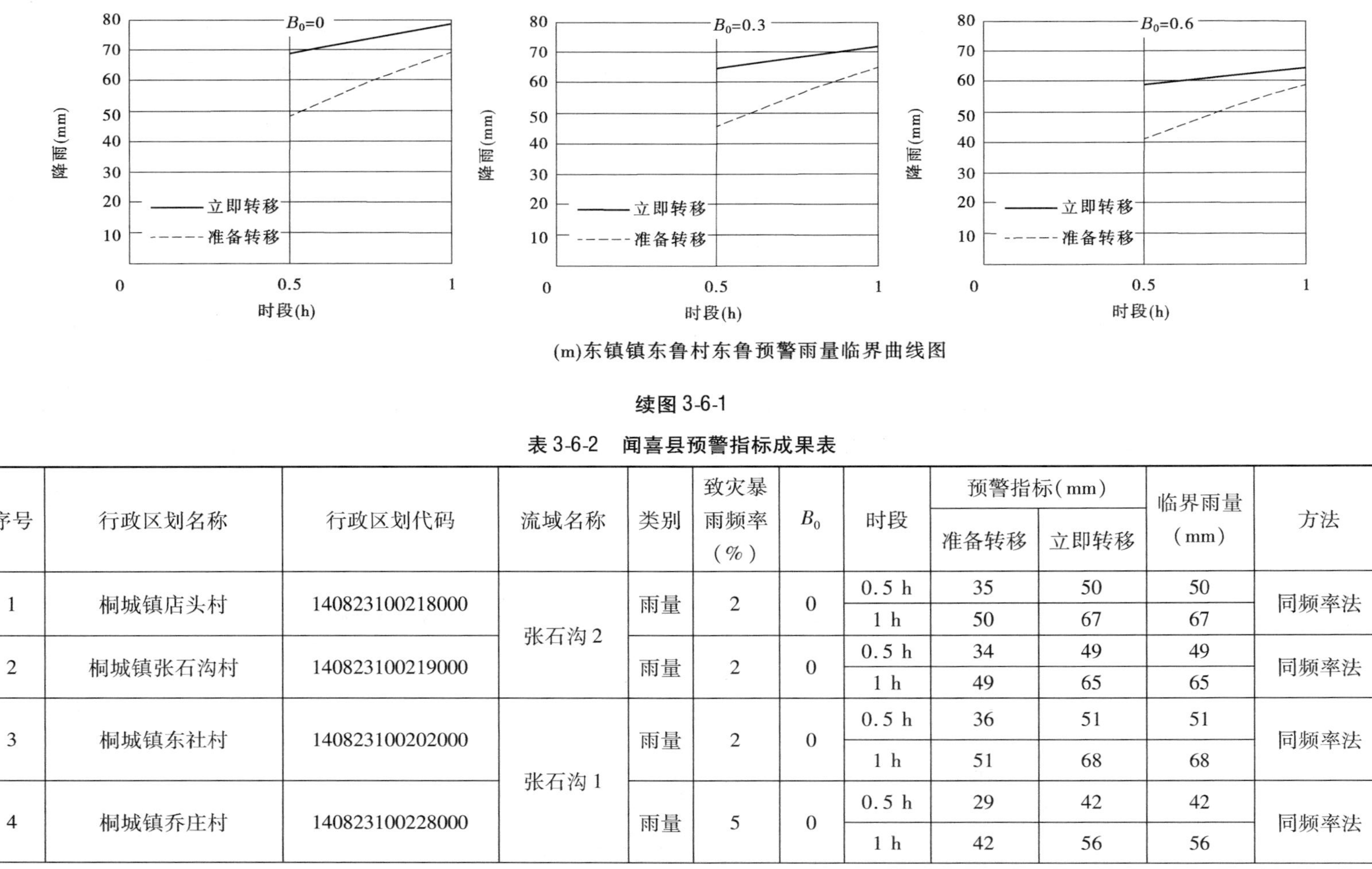

(m)东镇镇东鲁村东鲁预警雨量临界曲线图

续图 3-6-1

表 3-6-2　闻喜县预警指标成果表

序号	行政区划名称	行政区划代码	流域名称	类别	致灾暴雨频率(%)	B_0	时段	预警指标(mm)		临界雨量(mm)	方法
								准备转移	立即转移		
1	桐城镇店头村	140823100218000	张石沟2	雨量	2	0	0.5 h	35	50	50	同频率法
							1 h	50	67	67	
2	桐城镇张石沟村	140823100219000		雨量	2	0	0.5 h	34	49	49	同频率法
							1 h	49	65	65	
3	桐城镇东社村	140823100202000	张石沟1	雨量	2	0	0.5 h	36	51	51	同频率法
							1 h	51	68	68	
4	桐城镇乔庄村	140823100228000		雨量	5	0	0.5 h	29	42	42	同频率法
							1 h	42	56	56	

续表 3-6-2

序号	行政区划名称	行政区划代码	流域名称	类别	致灾暴雨频率（%）	B_0	时段	预警指标（mm）		临界雨量（mm）	方法
								准备转移	立即转移		
5	桐城镇东庄村槐树洼	140823100232101	任村沟 1	雨量	2	0	0.5 h	38	54	54	同频率法
							1 h	54	72	72	
6	桐城镇丁店村	140823100231000		雨量	<20	0	0.5 h	23	33	33	同频率法
							1 h	33	41	41	
7	礼元镇文典村	140823105231000	文典沟 1	雨量	<20	0	0.5 h	24	34	34	同频率法
							1 h	34	42	42	
8	东镇镇东姚村西姚	140823104208101		雨量	2	0	0.5 h	29	41	41	同频率法
							1 h	41	65	65	
9	东镇镇东姚村东姚	140823104208100		雨量	4	0	0.5 h	32	45	45	同频率法
							1 h	45	60	60	
10	东镇镇中庄村中庄	140823104210100		雨量	<20	0	0.5 h	24	35	35	流域模型法
							1 h	35	43	43	
						0.3	0.5 h	22	31	31	
							1 h	31	38	38	
						0.6	0.5 h	19	28	28	
							1 h	28	34	34	
11	裴社乡王赵村小王赵	140823203215101	铁寺河峪 2	雨量	5	0	0.5 h	30	43	43	同频率法
							1 h	43	57	57	

续表 3-6-2

序号	行政区划名称	行政区划代码	流域名称	类别	致灾暴雨频率(%)	B_0	时段	预警指标(mm)		临界雨量(mm)	方法
								准备转移	立即转移		
12	裴社乡宋家庄村下青沟	140823203214101	铁寺河峪1	雨量	5	0	0.5 h	30	43	43	流域模型法
							1 h	43	51	51	
						0.3	0.5 h	27	39	39	
							1 h	39	46	46	
						0.6	0.5 h	24	35	35	
							1 h	35	40	40	
13	裴社乡宋家庄村宋家庄	140823203214100		雨量	3	0	0.5 h	42	61	61	流域模型法
							1 h	61	71	71	
						0.3	0.5 h	39	56	56	
							1 h	56	65	65	
						0.6	0.5 h	36	52	52	
							1 h	52	59	59	
14	石门乡石门村口头	140823205200102	石门河峪沟2	雨量	<20	0	0.5 h	26	37	37	流域模型法
							1 h	37	43	43	
						0.3	0.5 h	22	32	32	
							1 h	32	38	38	
						0.6	0.5 h	19	27	27	
							1 h	27	32	32	

续表 3-6-2

序号	行政区划名称	行政区划代码	流域名称	类别	致灾暴雨频率(%)	B_0	时段	预警指标(mm)		临界雨量(mm)	方法
								准备转移	立即转移		
15	石门乡后交村元河	140823205207105	石门河峪沟1	雨量	9	0	0.5 h	35	50	50	同频率法
							1 h	50	66	66	
16	石门乡石门村石门	140823205200100		雨量	2	0	0.5 h	39	56	56	流域模型法
							1 h	56	73	73	
						0.3	0.5 h	37	53	53	
							1 h	53	68	68	
						0.6	0.5 h	34	49	49	
							1 h	49	62	62	
17	石门乡刘家庄村刘家庄	140823205208101	十八河峪沟1	雨量	1	0	0.5 h	50	71	71	流域模型法
							1 h	71	81	81	
						0.3	0.5 h	46	66	66	
							1 h	66	75	75	
						0.6	0.5 h	43	62	62	
							1 h	62	68	68	
18	石门乡刘家庄村马家窑	140823205208105		雨量	9	0	0.5 h	39	56	56	流域模型法
							1 h	56	65	65	
						0.3	0.5 h	36	51	51	
							1 h	51	58	58	
						0.6	0.5 h	33	47	47	
							1 h	47	52	52	
				水位				638.89	649.19	649.19	

续表 3-6-2

序号	行政区划名称	行政区划代码	流域名称	类别	致灾暴雨频率(%)	B_0	时段	预警指标(mm)		临界雨量(mm)	方法
								准备转移	立即转移		
19	石门乡刘家庄村刘庄冶	140823205208104	十八河峪沟 1	雨量	<20	0	0.5 h	22	31	31	流域模型法
							1 h	31	38	38	
						0.3	0.5 h	19	27	27	
							1 h	27	33	33	
						0.6	0.5 h	16	23	23	
							1 h	23	27	27	
20	神柏乡窑头沟村	140823200213000	神柏沟 1	雨量	2	0	0.5 h	38	54	54	同频率法
							1 h	54	75	75	
21	郭家庄镇东韩村	140823101202000		雨量	<20	0	0.5 h	25	35	35	同频率法
							1 h	35	41	41	
22	郭家庄镇宋店村	140823101215000		雨量	<20	0	0.5 h	25	36	36	同频率法
							1 h	36	44	44	
23	郭家庄镇西庄儿头村	140823101210000		雨量	6	0	0.5 h	30	43	43	同频率法
							1 h	43	57	57	
24	郭家庄镇崔庄村	140823101209000		雨量	1	0	0.5 h	44	63	63	同频率法
							1 h	63	84	84	

续表 3-6-2

序号	行政区划名称	行政区划代码	流域名称	类别	致灾暴雨频率(%)	B_0	时段	预警指标(mm)		临界雨量(mm)	方法
								准备转移	立即转移		
25	后宫乡三河口村余家岭	140823204226104	沙渠河北支峪沟 1	雨量	1	0	0.5 h	55	79	79	同频率法
							1 h	79	92	92	
26	河底镇董村村董村	140823106223100		雨量	6	0	0.5 h	35	50	50	同频率法
							1 h	50	59	59	
27	河底镇河底村河底	140823106200100		雨量	5	0	0.5 h	30	44	44	同频率法
							1 h	44	58	58	
28	河底镇苏村	140823106201000		雨量	5	0	0.5 h	31	44	44	同频率法
							1 h	44	58	58	
29	东镇镇三交村三交	140823104220100	三交沟 1	雨量	5	0	0.5 h	29	42	42	同频率法
							1 h	42	56	56	
30	东镇镇西街村北街	140823104201101		雨量	5	0	0.5 h	29	42	42	同频率法
							1 h	42	56	56	
31	东镇镇南街村东堡	140823104200102		雨量	<20	0	0.5 h	23	33	33	同频率法
							1 h	33	39	39	
32	石门乡店上村店上	140823205206100	南河峪沟 1	雨量	3	0	0.5 h	39	56	56	流域模型法
							1 h	56	85	85	
						0.3	0.5 h	37	53	53	
							1 h	53	81	81	
						0.6	0.5 h	35	50	50	
							1 h	50	77	77	

续表 3-6-2

序号	行政区划名称	行政区划代码	流域名称	类别	致灾暴雨频率(%)	B_0	时段	预警指标(mm)		临界雨量(mm)	方法
								准备转移	立即转移		
33	石门乡玉坡村柳林	140823205209104	柳林沟 1	雨量	1	0	0.5 h	47	67	67	同频率法
							1 h	67	88	88	
34	石门乡横榆村下柳峪	140823205204105	板涧河峪 3	雨量	2	0	0.5 h	40	57	57	同频率法
							1 h	57	76	76	
35	石门乡白家滩村黄家沙	140823205201107	板涧河峪 4	雨量	2	0	0.5 h	39	56	56	同频率法
							1 h	56	74	74	
36	石门乡西坪村西坪	140823205202100	板涧河峪 1	雨量	2	0	0.5 h	40	58	58	同频率法
							1 h	58	77	77	
37	石门乡西坪村腰庄	140823205202101		雨量	3	0	0.5 h	55	79	79	同频率法
							1 h	79	93	93	
38	石门乡青山村青山	140823205203100		雨量	<20	0	0.5 h	24	34	34	流域模型法
							1 h	34	41	41	
						0.3	0.5 h	21	30	30	
							1 h	30	36	36	
						0.6	0.5 h	18	26	26	
							1 h	26	30	30	

续表 3-6-2

序号	行政区划名称	行政区划代码	流域名称	类别	致灾暴雨频率(%)	B_0	时段	预警指标(mm)		临界雨量(mm)	方法
								准备转移	立即转移		
39	石门乡横榆村上横榆	140823205203101	板涧河峪 1	雨量	1	0	0.5 h	55	78	78	流域模型法
							1 h	78	88	88	
						0.3	0.5 h	51	74	74	
							1 h	74	82	82	
						0.6	0.5 h	48	69	69	
							1 h	69	76	76	
40	石门乡横榆村下横榆	140823205204100		雨量	2	0	0.5 h	55	78	78	流域模型法
							1 h	78	89	89	
						0.3	0.5 h	51	74	74	
							1 h	74	83	83	
						0.6	0.5 h	48	69	69	
							1 h	69	76	76	
41	郭家庄镇沟西村	140823101227000	柏林沟 1	雨量	5	0	0.5 h	35	50	50	同频率法
							1 h	50	77	77	
42	郭家庄镇晋庄村	140823101211000		雨量	2	0	0.5 h	38	54	54	同频率法
							1 h	54	72	72	
43	郭家庄镇西阜村	140823101208000		雨量	1	0	0.5 h	40	57	57	同频率法
							1 h	57	83	83	

续表 3-6-2

序号	行政区划名称	行政区划代码	流域名称	类别	致灾暴雨频率(%)	B_0	时段	预警指标(mm)		临界雨量(mm)	方法
								准备转移	立即转移		
44	桐城镇下白土村黑肴	140823100221101	白土沟 1	雨量	3	0	0.5 h	37	53	53	同频率法
							1 h	53	71	71	
45	桐城镇下白土村下白土	140823100221100		雨量	8	0	0.5 h	35	50	50	流域模型法
							1 h	50	72	72	
						0.3	0.5 h	32	45	45	
							1 h	45	66	66	
						0.6	0.5 h	28	40	40	
							1 h	40	59	59	
46	桐城镇王顺坡村	140823100213000		雨量	<20	0	0.5 h	25	36	36	同频率法
							1 h	36	47	47	
47	桐城镇姚村	140823100212000		雨量	<20	0	0.5 h	27	38	38	同频率法
							1 h	38	51	51	
48	礼元镇行村	140823105203000	白水滩 1	雨量	2	0	0.5 h	37	53	53	同频率法
							1 h	53	70	70	
49	东镇镇裴村	140823104204000		雨量	2	0	0.5 h	38	55	55	同频率法
							1 h	55	73	73	
50	东镇镇东鲁村东鲁	140823104203100		雨量	1	0	0.5 h	48	69	69	流域模型法
							1 h	69	79	79	
							2 h	88	98	98	

续表 3-6-2

序号	行政区划名称	行政区划代码	流域名称	类别	致灾暴雨频率(%)	B_0	时段	预警指标(mm)		临界雨量(mm)	方法
								准备转移	立即转移		
50	东镇镇东鲁村东鲁	140823104203100	白水滩 1	雨量	1	0.3	0.5 h	45	64	64	流域模型法
							1 h	64	72	72	
							2 h	79	89	89	
						0.6	0.5 h	41	59	59	
							1 h	59	64	64	
							2 h	71	79	79	
51	东镇镇涑阳村	140823104202000		雨量	5	0	0.5 h	30	43	43	同频率法
							1 h	43	57	57	
							2 h	66	77	77	
52	河底镇连家坡村正水洼	140823106233103	小涧河峪沟 1	雨量	1	0	0.5 h	39	56	56	同频率法
							1 h	56	74	74	
53	河底镇卫村	140823106221000		雨量	2	0	0.5 h	35	50	50	同频率法
							1 h	50	67	67	
54	河底镇小寺头村	140823106216000		雨量	2	0	0.5 h	35	51	51	同频率法
							1 h	51	67	67	
55	裴社乡寺头村	140823203201000		雨量	2	0	0.5 h	34	49	49	同频率法
							1 h	49	65	65	
56	桐城镇西官庄村	140823100242000	五七七沟	雨量	<20	0	0.5 h	23	33	33	同频率法
							1 h	33	46	46	
57	郭家庄镇郭店村	140823101213000	神柏沟	雨量	1	0	0.5 h	45	64	64	同频率法
							1 h	64	79	79	

6.2 水位预警指标分析

分析防灾对象上游一定距离内水位站的洪水位,将该洪水位作为水位预警指标。《山洪灾害分析评价方法指南》和《山洪灾害分析评价技术要求》规定,根据预警对象控制断面成灾水位,推算上游水位站的相应水位,作为临界水位进行预警。从时间上讲,山洪从水位站演进至下游预警对象的时间应不小于0.5 h,否则因时间太短而失去预警的意义。因此,只需针对适用水位预警条件的预警对象分析水位预警指标。

6.3 预警指标分析成果

(1)临界雨量成果,见表3-6-1。

(2)预警指标成果,见表3-6-2。

第7章 危险区图绘制

7.1 危险区图内容

针对每一个防灾对象进行危险区图绘制,包括基础底图信息、主要信息和辅助信息3类。各类信息主要包括:

(1)基础底图信息:遥感底图信息,行政区划、居民区范围、危险区、控制断面、河流流向、对象在县级行政区的空间位置。

(2)主要信息:各级危险区(极高、高、危险)空间分布及其人口、户数统计信息,转移路线,临时安置地点,典型雨型分布,设计洪水主要成果,预警指标,预警方式,责任人,联系方式等。

(3)辅助信息:编制单位、编制时间,以及图名、图例、比例尺、指北针等地图辅助信息。

7.2 绘制流程

充分运用遥感底图信息,结合重点防治区各频率设计洪水淹没范围和危险区等级划分情况,绘制不同等级危险区,并叠加《山洪灾害分析评价技术要求》和《山洪灾害分析评价方法指南》中要求的各类信息,绘制流程如下:

(1)检查防灾对象的工作底图,尤其注意遥感底图、行政区划、河流及其走向、控制断面、集中居民区范围、交通道路等信息是否完整。

(2)叠加山洪灾害分析评价的主要信息,主要包括以下五项:

①危险区相关信息:各级危险区(极高、高、危险)空间分布及其人口、户数统计信息,特殊工况危险区空间分布、人口、户数统计信息,工程失事情况说明和特殊工况的应对措施等内容;

②转移安置信息:核实后的转移路线、临时安置地点等信息;

③设计暴雨洪水成果信息:典型雨型分布、设计洪水主要成果;

④预警指标成果信息:包括雨量预警指标和水位预警指标、预警方式等;

⑤防汛组织信息:如责任人、联系方式等。

(3)添加辅助信息,即编制单位、编制时间,以及图名、图例、比例尺、指北针等地图辅助信息。

第8章　山洪灾害非工程措施防御预案

8.1　组织指挥体系

8.1.1　指挥部

闻喜县人民政府成立防汛抗旱指挥部(以下简称闻喜县指挥部),负责领导、指挥闻喜县防汛抗洪工作。其组织指挥体系示意图见图 3-8-1。

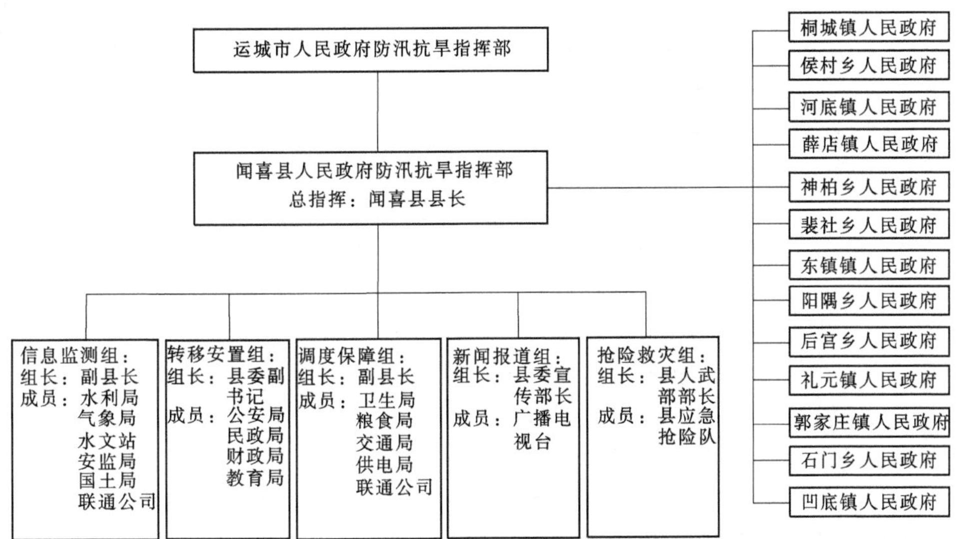

图 3-8-1　闻喜县山洪灾害防御组织指挥体系示意

总指挥由县长担任,全面负责闻喜县的防汛抗旱及抗洪抢险的指挥工作。

总　指　挥:闻喜县县委副书记、闻喜县县长

政　　　委:闻喜县县委副书记、闻喜县统战部部长、闻喜县党校校长

常务副总指挥:闻喜县副县长

副 总 指 挥:闻喜县委宣传部部长

闻喜县副县长

闻喜县人武部部长

闻喜县公安局局长

闻喜县党委书记

闻喜县水务局局长
闻喜县政府办主任
成　　员:闻喜县发改局局长
闻喜县经信局局长
闻喜县粮食局局长
闻喜县教育局局长、闻喜县党委副书记
闻喜县纪委副书记、闻喜县监察局局长
闻喜县民政局局长
闻喜县国土资源局局长
闻喜县住建局局长
闻喜县交运局局长
闻喜县水务局党总支书记
闻喜县农委主任
闻喜县林业局局长
闻喜县卫生局局长
闻喜县安监局局长
闻喜县报社社长
闻喜县农机局局长
闻喜县供销联社主任
闻喜县广电中心主任
闻喜县房管局局长、闻喜县物资总公司经理
闻喜县水务局副局长
闻喜县气象局局长
闻喜县供电支公司经理
闻喜县中国联通分公司经理

闻喜县防御山洪灾害指挥部职责:

(1)贯彻执行国家有关防御山洪灾害工作的法律、法规、政策和上级相关指示、命令,认真贯彻“安全第一、常备不懈、以防为主、全力抢险”的防汛工作方针。牢固树立防大汛、抗大洪、抢大险和救大灾思想,统一组织协调辖区内的山洪灾害防御工作。

(2)组织制订全县各类山洪灾害防御预案,落实各项度汛措施和责任。

(3)统筹建设辖区内各类山洪灾害防治建设工程,不断提高防御能力。

(4)及时掌握各类汛情,研究落实防御对策,指挥协调防御山洪灾害抢险救灾和开展灾后生产自救。

(5)负责组建防御山洪灾害组织机构,落实经费和物资。

(6)建设完善防御山洪灾害监测预警系统,为合理指挥调度提供科学依据,逐步实现闻喜县山洪灾害防御工作规范化、现代化。

(7)组织防汛安全检查,开展宣传教育工作,督促各有关部门做好防御山洪灾害思想、组织、物资、技术“四落实”。

各乡(镇)人民政府分别设立防汛抗旱指挥部,在本级人民政府领导下指挥所辖地区防汛抗洪工作,服从县防汛抗旱指挥部调度。

各乡(镇)防汛抗旱办事机构,要配足人员,配备必要的办公、监测、通信设备,交通工具,保证防汛抢险指令及时传达、汛情信息及时处置反馈。

8.1.2　应急小组

8.1.2.1　组成

1. 信息监测组

组　长:副县长

成　员:水利局

气象局

水文站

安监局

国土局

联通公司

2. 转移安置组

组　长:县委副书记

成　员:公安局

民政局

财政局

教育局

3. 调度保障组

组　长:副县长

成　员:卫生局

粮食局

交通局

供电局

联通公司

4. 新闻报道组

组　长:县委宣传部长

成　员:广播电视台

5. 抢险救灾组

组　长:县人武部部长

成　员:县应急抢险队

8.1.2.2　职责

闻喜县防御山洪灾害应急工作小组职责如下:

(1)雨水情监测信息组职责:负责发布重要气象和洪水预报,监测雨、水情和灾点险情,及时掌握暴雨、洪水、滑坡、泥石流和水利工程险情,准确传递汛情信息,为总指挥部决策提供科学依据。

(2)专家调度组职责:对监测站的汛险情组织专家进行会商,提出科学对策。负责调度抢险人员,防汛物资、设备、车辆,并负责水利工程运用调度,当好领导参谋。

(3)安全抢险转移组职责:负责按照指挥部的预警通知、命令和指示,按照预案撤离路线,做好受威胁区群众的安全转移工作,首先保证人民生命安全,并组织抢险队进行抢险,将灾害损失降到最低程度。

(4)救灾保障组职责:负责被转移群众的临时安置,提供生活和医疗保障,救助受灾群众。实地调查核实受灾情况,报经县政府审核后,按有关规定逐级上报相关部门。

8.2 监测预警

8.2.1 监测信息收集、整理、上报

水雨情监测信息来源主要有以下四种:

(1)监测预警平台接收。24 h 监测接收全县 21 个自动雨量站、7 个自动水位站的实时水雨情信息。

(2)人工收集。全县 139 个简易雨量站、6 个简易水位站的水雨情信息,当达到准备转移条件时由各站点负责人报送乡(镇)值班室和县防汛抗旱指挥部办公室。主汛期(7 月 15 日至 8 月 15 日)每日 8 时实行零报告制度。

(3)气象、水文部门报送的水雨情信息。

(4)各类水库、淤地坝、尾矿库、滑坡体等的工情信息。

建立县防汛办公室信息汇集平台,设立计算机网络、数据库和信息处理系统,为全县山洪灾害防御指挥调度提供科学依据。

8.2.2 预警级别

山洪灾害预警级别分两级:准备转移和立即转移。

根据气象部门预报信息和水雨工情监测信息,经过综合判定,确定预警的级别、范围等。

8.2.2.1 雨情监测情况

准备转移:当辖区内某村雨量站 1 h 雨量达到 35 mm,或 6 h 雨量达到 55 mm,或 24 h 雨量达到 78 mm 时,及时向市山洪灾害防御组织有关成员单位发布准备转移的指令,同时报上一级山洪灾害防御指挥部。

立即转移:当辖区内某村雨量站 1 h 降雨量达到 42 mm,或 6 h 降雨量达到 64 mm,或 24 h 降雨量达到 90 mm 时,及时向市山洪灾害防御组织有关成员单位发布立即转移的指令,同时报上一级山洪灾害防御指挥部。

闻喜县预警临界雨量成果见表 3-6-2。

8.2.2.2 水情监测情况

根据闻喜县 21 处自动雨量站及 139 处简易雨量站监测信息,向上下游村庄及时发布

预警信息。根据水位站距离堤顶高度将水位分为“安全水位”“警戒水位”“转移水位”。

安全水位:当沟道洪水水位在“安全水位”标示以下或与“安全水位”标示齐平时,为安全水位。当沟道洪水水位超过“安全水位”标示时,应密切监测水位变化。

准备转移(警戒水位):当沟道内洪水水位达到“警戒水位”时为警戒水位,应及时向沟道两侧及下游危险区内居民发布准备转移的指令,同时报上一级防汛指挥部,并密切监测水位变化。

立即转移(转移水位):当沟道内洪水位达到“转移水位”时,及时向沟道两侧及下游危险区内居民发布立即转移的指令,同时报上一级防汛指挥部。

8.2.3　预警指令的签发及发布方式

8.2.3.1　预警指令

准备转移预警指令经县防汛指挥部会商后,由防汛指挥部常务指挥签发。

立即转移预警指令经县防汛指挥部会商后,由防汛指挥部总指挥签发。

8.2.3.2　发布方式

(1)有线电话、传真和无线电话。闻喜县各行政村基本村村通电话。

(2)语音电话。水库与闻喜县防汛办信息采用语音电话传输。

(3)移动、联通和电信网络基本覆盖全县村组,可以采用短信传输。

(4)电视、广播网络基本覆盖县城和各镇(街道)、驻地。

(5)县城区范围内安装大功率报警器,县城安装GSM无线高音报警喇叭,街道社区安装预警广播;乡镇驻地和重点山洪灾害区安装大功率报警器、报警高音喇叭、预警广播,配手持扩音器、手摇报警器、铜锣、口哨等。

(6)无线短波和超短波系统、短波电台,对讲机,卫星电话。

8.2.4　预警程序

发布程序分一般情况和紧急情况(程序示意图见图3-8-2):

(1)一般情况下,按县→乡(镇)→村→组→户的次序进行预警。

(2)紧急情况下,村级山洪防御机构可直接向本村发布预警信号并组织转移、撤离,同时报告乡(镇)防汛指挥机构和市防汛指挥部办公室。

8.2.5　预警响应

8.2.5.1　准备转移

由闻喜县防汛指挥部常务副总指挥主持会商,各小组成员参加,针对防御工作做出部署。

(1)信息监测组:加强水雨情变化的观测,加密各工情点的监测巡查。随时掌握各种汛情,及时研判,并将最新信息上报县防汛指挥部。

(2)调度保障组:根据预警范围准备必需的救灾物资,随时待命。

(3)转移安置组:各相关单位、各乡(镇)做好转移准备工作的同时,所包乡(镇)负责人立即奔赴可能发生山洪区域,督促指导转移准备工作。

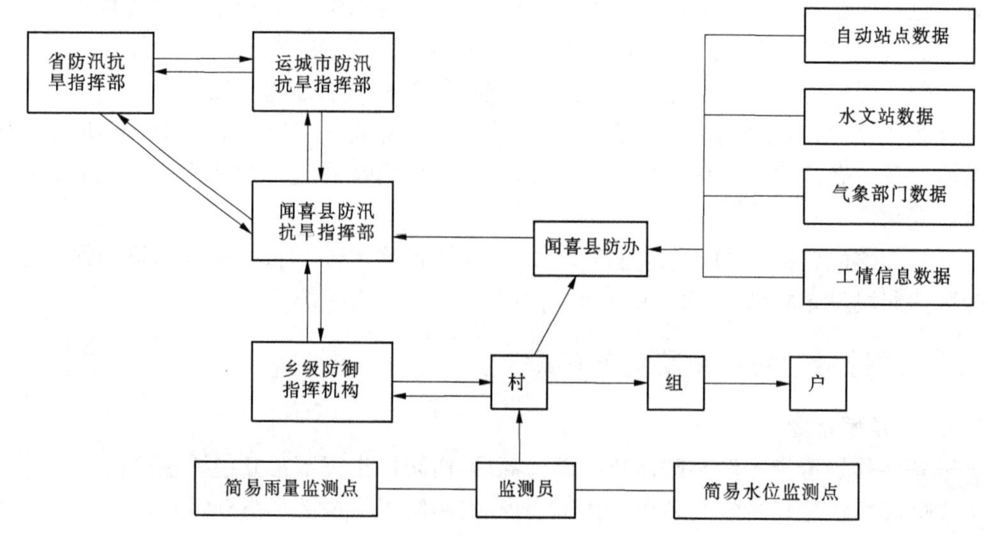

图 3-8-2　闻喜县预警程序示意图

(4)新闻报道组:听从指挥部命令,及时发布雨情以及撤离等指令。

(5)应急抢险队:应急抢险队员集结待命,听从指挥部命令出发抢险。闻喜县武装部组织预备役民兵,闻喜县公安局组建 50 人的应急抢险队伍,闻喜县安监局组建 30 人的应急抢险队伍,县住房和城乡建设管理局组织 150 人的抢险队伍,车辆自备。

(6)闻喜县防办做好各项组织、协调工作,及时将汛情、灾情、抢险措施等上报市防办。

8.2.5.2　立即转移

闻喜县防汛抗旱指挥部总指挥主持会商,防指全体成员参加,部署防御工作。

(1)信息监测组:密切关注汛情的发展变化,做好汛情预测预报。增加值班人员,加强值班。将最新信息及时上报县防汛指挥部,经分析后报县政府及市防汛抗旱指挥部办公室,利于领导指挥决策。

(2)调度保障组:将转移群众必需的生活用品和抢险救灾物资及时运达受灾地区,保障人民群众的生活不受影响和抢险救灾的顺利进行。

(3)转移安置组:县、乡、村的各级防汛指挥机构负责人、成员单位负责人应按照职责到分管的区域组织指挥转移工作,全力以赴做好受威胁群众按预定的路线和地点转移的组织工作,负责将转移人一个不漏地动员到户到人,同时确保转移途中和安置后的人员安全。

(4)新闻报道组:在县电视台发布撤离警报,帮助群众及时了解撤离的信息,并及时报道山洪发展及抗洪措施。

(5)应急抢险队:应急抢险队员在接到指令后,立即赶赴受灾区域,进行抢险救灾,将损失减至最低。

(6)由县防汛指挥部领导和专家组成的工作组赴一线指导工作。

(7)县防办做好各项组织、协调工作,及时将汛情、灾情、抢险措施等上报市防办。

8.2.6 转移安置

根据闻喜县自然地理条件和山洪灾害威胁情况,结合历史洪水淹没范围,滑坡、泥石流威胁范围,山洪沟分布情况,确定人员转移安置地点。

8.2.6.1 转移安置原则

转移安置应遵循以下原则:

(1)先人员后财产的原则。

(2)先老弱病残人员后一般人员的原则。

(3)因地制宜、因害设防、就近方便、躲灾避险的原则。

(4)集中分散相结合的原则。

转移安置的路线、地点要在镇(街道)、村(社区)预案中进行详细规定,并绘制出转移路线和安置地点图,填写群众转移安置计划表。

各个灾点及威胁区要制作明白卡,将转移线路、安置地点、时机、观测人、报警人、责任人等都要进行详细规定,同时要制定避险应急措施,制作标识牌。

8.2.6.2 转移安置纪律

防御山洪灾害,转移安置群众是关系民生的大事,各级政府领导干部必须高度重视,县、乡(镇、街道)、村(社区)、组必须层层签订目标责任书,落实转移安置措施,统一指挥调度,分区转移安置。对一些转移难度较大的住户,必要时采取强制措施进行转移,坚决杜绝伤亡事件的发生。

8.2.7 预警解除

根据天气预报和水雨情的变化情况,县防汛指挥部会商后,可以决定宣布解除预警。

8.3 保障措施

认真开展汛前安全检查,堵塞漏洞、消除隐患。汛前县防汛抗旱指挥部要组织对全县范围内进行防汛安全检查。乡(镇、街道)、村(社区)要对辖区内的病险库坝、滑坡险段,山洪灾点、河道城镇等进行全面检查,采取"谁检查、谁签字、谁负责"的办法,逐项填写防汛安全检查责任卡,对查出的问题,现场下发整改通知,制定整改措施,落实责任人,堵塞漏洞,消除隐患。同时,对可能发生山洪灾害的所有工程及隐患点落实专人进行监测,对监测到的汛险情要及时报告,保证信息畅通、措施到位,责任到位、确保安全。

8.3.1 物资保障

物资部门汛前需准备一定数量的救灾物资,当灾害发生后及时将救灾、抢险物资运抵受灾区域。

8.3.2 电力保障

电力部门要保证防洪工程的电力供应。优先保障抢险、排涝、救灾的应急用电调配和电力供应。

8.3.3 交通保障

交通部门要做好公路交通设施的安全工作,做好受灾人员、物资及设备的运输工作。

8.3.4 通信保障

通信部门要做好山洪灾害发生时通信保障工作。根据险情需要,协调调度全市电信运营企业的应急通信设施。

8.3.5 医疗卫生保障

医疗卫生部门要做好疾病预防控制和医疗救护工作。当灾害发生后,组织卫生力量赶赴灾区,开展防病治病,预防和控制疫情的发生和流行,并及时向市防汛指挥部提供灾害发生区疫情与防治信息。

8.4 宣传、培训及演练

8.4.1 宣传

充分利用会议、广播、电视以及宣传栏、宣传册、挂图、明白卡、墙报、标语等群众通俗易懂、喜闻乐见的形式,大力宣传山洪灾害防治知识、防御常识及预案主要内容等。

8.4.2 培训

汛前要对受山洪灾害威胁地区的干部群众进行全方位教育培训,使广大干部群众掌握对山洪灾害的预防、避险、救灾等知识,保证每个村民了解预警信号、撤离路线等,增强全民对山洪灾害的防范意识。

8.4.3 演练

汛前,受山洪灾害威胁的地区,要组织以行政村为单位或多村联合进行的山洪灾害防御演练。演练内容包括应急响应、抢险、救灾、转移、后勤保障、人员转移、安置等。

8.4.4 纪律

为了认真做好山洪灾害防御工作,在汛期各级干部必须严格执行以下工作纪律:

(1)各级组织进入汛期都要认真安排好防汛值班,严格执行领导带班制度,值班人员必须 24 h 坚守工作岗位,及时处理日常事务,保证信息畅通。

(2)主汛期各级防汛组织的主要领导,未经批准不得离岗外出。

(3)闻喜县重点水库、淤地坝、滑坡、泥石流灾点,山洪灾害重点防范区汛期都要落实监测人员。实行县级领导包水库,镇(街道)领导包淤地坝、包滑坡、山洪灾点,村上领导包组、包户等一系列承包责任制。

(4)认真制订山洪灾害防御预案,并组织现场演练,全面落实防范措施,做到防患于未然。

(5)对于重要汛情立即逐级上报,同时按照预定方案和相关规定进行处理,做到不延时,不误报、不漏报。

(6)出现险情时,辖区主要领导必须立即赶赴现场亲临指挥,确保群众安全转移。

(7)对于玩忽职守、工作措施不力或延误时机,造成重大责任事故的,要根据《省、市防汛安全事故责任追究办法》有关规定进行处理,构成犯罪的移交司法机关进行处理。

第4篇

各县（市、区）山洪灾害评价与防控研究

第1章　盐湖区

1.1　盐湖区基本情况概述

1.1.1　地理位置

盐湖区位于山西省南端，涑水河中游，地处北纬 34°48′45″～35°22′30″、东经 110°45′53″～110°11′15″，是运城市政治、经济、文化中心。北依稷王山与闻喜、万荣相接，南依中条山与平陆、芮城相连，东与夏县毗邻，西靠临猗、永济两县(市)，中间为宽阔的冲湖积平原及湖积洼地。东西宽 40 km，南北长 62 km，总面积 1 222 km^2，其中山丘区 158 km^2、平原区 1 064 km^2，盐湖区地理位置示意图如图 4-1-1 所示。

1.1.2　社会经济

盐湖区是运城市委、市政府所在地，是运城市政治、经济、文化中心。全区辖 22 个乡镇(含中城办事处)314 个行政村 403 个自然村，总面积 1 222 km^2，总人口 65.83 万人(2014)年，其中农业人口 41.75 万人，现有耕地面积 85.82 万亩。

全区农业种植以小麦、棉花、苹果、桃、梨为主。2009 年，全区粮食播种面积 75.65 万亩，粮食总产量 2.03 亿 kg；苹果、梨等水果面积 32 万亩，总产值 12.6 亿元；蔬菜 10.7 万亩；棉花总产 1 672 万 kg。全区生产总值完成 105 亿元，区属规模以上工业增加值完成 9 亿元，全社会固定资产投资完成 125.5 亿元，财政总收入完成 12.92 亿元，其中一般预算收入完成 3.4 亿元，农民人均纯收入达到 5 115 元，城镇居民人均收入 13 416 元，人口自然增长率 1.45‰。

区属规模以上工业企业达到 35 家，完成总产值 28.4 亿元，实现利税 1.3 亿元，中小企业总数达到 3 362 个；全区纳税突破千万元的企业达到 4 家，支柱产业初步建立，工业经济从弱到强。

1.1.3　河流水系

盐湖区境内较大的河流有涑水河和姚暹渠。

涑水河发源于绛县的陈村峪南尽头山谷中，流经绛县、闻喜、夏县、盐湖区、临猗、永济等县(市、区)，在永济流经伍姓湖后再流入黄河。全长 196 km，流域面积为 5 774 km^2，其中盐湖区境内长约 19.6 km，流经盐湖区王范、冯村、北相、泓芝驿四个乡镇，属季节性河流。

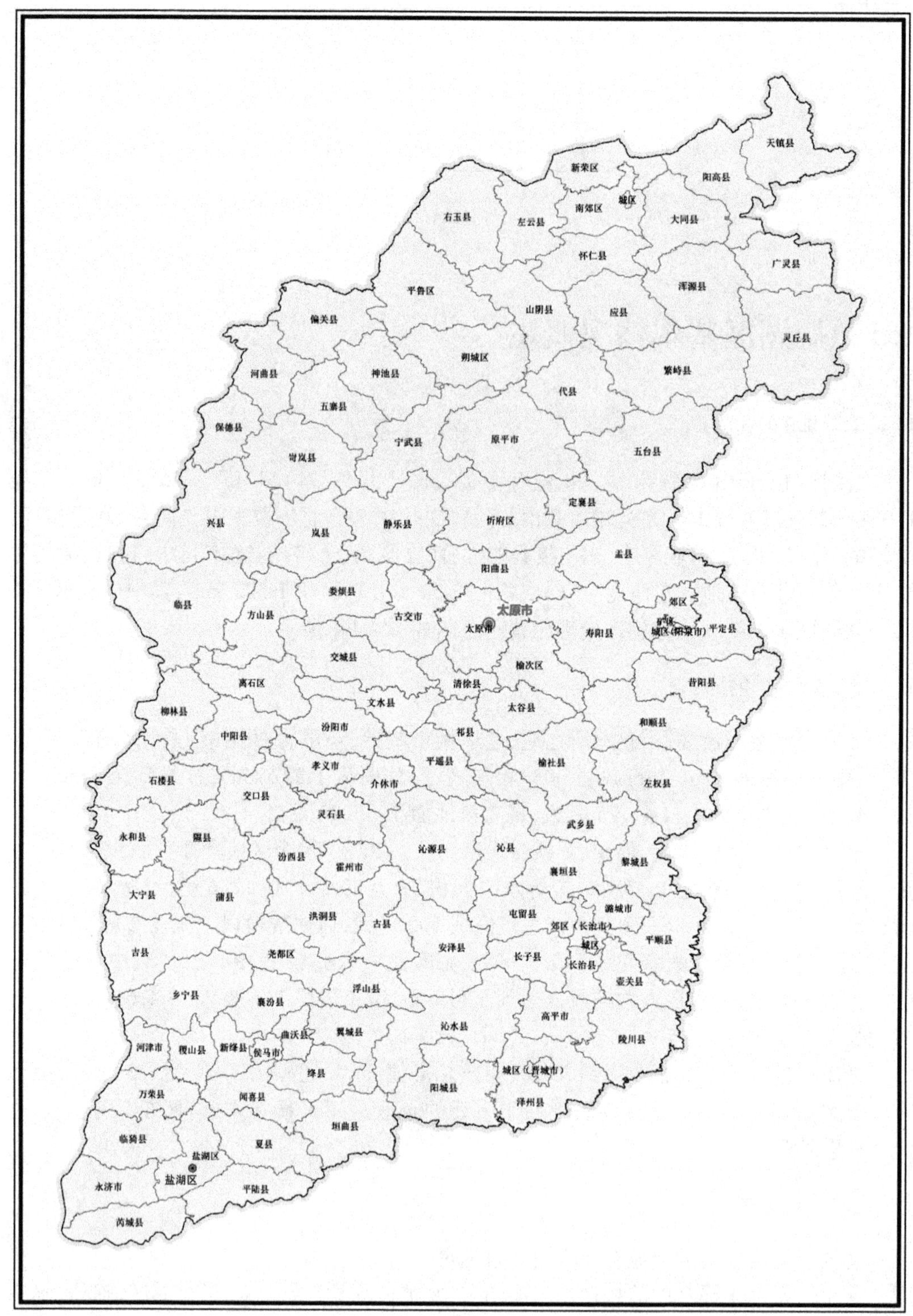

图 4-1-1　盐湖区地理位置示意图

姚暹渠为一人工渠道,始建于北魏正始二年。姚暹渠自夏县王峪口起,沿中条山北麓拦截柳沟、寺沟等七条沟道来水,经夏县、盐湖,在永济境内入伍姓湖,再入黄河。全长 86 km,其中盐湖境内长 39.5 km。流经盐湖区安邑、北城、东城、中城、西城、龙居、金井七个乡(镇、办事处),境内渠道多为填方,称为“悬河”。

姚暹渠与中条山之间有 702 km^2 的闭流区,区内分布有盐池、硝池、鸭子池、汤里滩等,这些湖泊水面约为 140 km^2。

南部中条山坡陡沟短,雨季因受太平洋湿暖气流的影响,雨量较为充沛,年平均降雨量在 590 mm 左右,每年汛期多有洪水出沟,而且沿山有四十多条沟峪,大多有小泉小水,清水流量为 0.25 m^3/s。

北部稷王山区,气候干燥,多年平均降雨量 550 mm 左右,一般沟道较中条山坡缓,冬春季干燥无雨,汛期山洪暴发,水土流失极为严重,平时除沟东、子谏、牛庄等沟有少量清水外,其余沟道均无清水。

1.1.4　水文气象

盐湖区属温带大陆性气候,四季分明,光照充足,年日照总时数 2 271 h,日照百分率为 51%。年平均气温 13.5 ℃,最低气温 -18.9 ℃,最高气温 42.7 ℃。平均初霜期在 10 月下旬,终霜期在 4 月上旬,全年无霜期 206 d。冬春两季干旱多风,夏季盛行东南风,伏旱时有发生,其影响比较严重,秋冬季以西北风为主。风力 3 ~8 级,风速 2 ~3 m /(s · a)。平均降雨量为 550 mm,其中 6 ~9 月为集中降雨期,占全年降雨量的 64%。区域内地形复杂,降雨集中,山洪具有历时短、强度大的特点,因此极易形成山洪灾害。

1.1.5　历史山洪灾害

盐湖区山洪灾害几乎遍及全区,山洪及其诱发的泥石流、滑坡、崩塌等地质灾害常常毁坏村庄、耕地、山林,给人民生命财产安全带来直接威胁,冲毁交通线路和桥梁,破坏水利工程和通信设施,淹没农田,堵塞河道,淤高河床,污染环境,严重制约着区内经济社会的发展。

据统计,1953 ~2011 年的 58 年中,共出现暴雨 25 次,年平均 0.45 次。

主要山洪灾害有:

(1)1953 年 7 月运城暴雨倾盆,南北山洪大发,磨河、东郭等乡镇被淹没 1 200 余亩。顺郭、东阳淹地 600 余亩。7 月涑水河水涨,河水溢堤,小张、将军庙、东阳等地淹没土地 13 000 多亩,张良、苦池等 6 个村淹没土地 6 800 余亩。

(2)1954 年运城涑水河流域大雨,河水大发。解虞曲庄头受灾。

(3)1955 年,全区降雨量为 728.78 mm,比去年平均降雨量多四成。夏季连续降雨 40 d左右,严重影响夏收,雨水频繁,洪涝交替,山洪暴发,淹没村庄,冲决堤堰,人畜伤亡、小麦发霉、秋草丛生。仅解虞县就淹没农田 72 000 多亩,塌房 745 间,死亡 6 人,损失粮食1 万余 kg,塌水井 263 眼。运城北门外被淹,机关、火车站、油厂、电厂、面粉厂、粮库皆浸于水中,损失惨重。

(4)1957 年,全区春旱秋涝。涑水河流域暴雨成灾。运城从 7 月 12 日至月底,降雨

227.6 mm。加之汤里滩、鸭子池积水甚多,使其水量达 1 000 多 m^3,故使东禁墙塌坡,对盐池形成威胁。姚暹渠水量达到 15 m^3/s。侯村、美玉、西王、郑费、车盘等村径流遍野,农田被淹。

(5)1958 年,全区大涝,涑水河流域尤甚。7 月 16 日、18 日两天,运城降雨 167 mm,7 月 16 日至 8 月 17 日,32 d 降雨 431.3 mm,致使涑水河河水大涨,洪水流量 65.5 m^3/s。南至鸣条岗,北至峨嵋岭脚下,长 100 多 km,宽 2.5 km,一片汪洋。水淹水头镇、北相镇,冲毁南同蒲铁路。据统计,共造成涑水河流域 7 个县,104 个乡镇,1 272 个村庄,10 819 户受灾,塌房 40 241 间,死亡 101 人,死亡牲口 157 头,迫使铁路停运 3 天,总计损失 7 000 万元。

(6)1961 年 6 月下旬雨量增加,降雨都在 100 mm 以上。

(7)1964 年全区阴雨,7 月全区降雨量超过历年月平均降雨量的 30%,造成 9 300 多 hm^2 棉花严重烂桃,难以突絮,不能按时采摘。6 000 多 hm^2 小麦推迟下种。运城遭大水侵害,造成不同程度损失。

(8)1971 年全区旱涝兼施,进入 6 月,暴雨成灾。运城小麦开镰,连阴雨多日,致使小麦霉烂发芽。

(9)1972 年 7 月,运城暴雨成灾,7 月 5 日姚孟、岳坦、南村、羊驮寺暴雨 2 h,雨量 205 mm,地表径流汇流入运城北郊,大部分商店、公司被淹,损失 120 余万元,淹没棉秋田 1 500余亩。7 月 6 日夜,盐池四周暴雨倾盆,雨量 121.5 mm,池南各村受灾。7 月 7 日,下马、阎家一带大雨如注,房屋倒塌,棉田受淹,积水 0.7 m 有余。

(10)1973 年 5 ~6 月中条山东部暴雨成灾。

(11)1977 年 7 月 29 日运城部分地区暴雨 2 h,雨量达 200 mm。

(12)1978 年 6、7 月,降雨强度大、时间短,涑水河流域水患。6 月 28 日运城暴雨,团结水库冲垮。7 月 22 日暴雨 2 h,雨量 98.7 mm。席张、大渠、车盘、西张耿、原王庄、解州、西姚等 7 个公社淹没棉秋田 11 000 亩,倒塌房屋 246 间,冲倒围墙 1 000 余堵,压死牲畜 219 头(只),冲毁粮食 92 500 余 kg,淹没水井 84 眼,损失水利机械 23 台,死亡 4 人,受伤 27 人。

(13)1982 年全区阴雨,13 个县普降大雨,损失惨重。7 月 22 日夜运城市暴雨 77 mm,7 月 29 日至 8 月 13 日降雨 430 mm,市区内街道水深 1 ~ 1.3 m。洪水造成盐池停产,损失 155 万元。雨后统计:全区 13 个县(市)161 个公社 1 105 个大队的 31.8 万亩土地受灾,塌房 17 300 多间,死亡 65 人,死牲口 1 613 头,损失折款 7 000 多万元。

(14)1983 年运城 5、6 月连续降雨 98.2 mm,小麦发芽霉烂,秋雨 40 d,雨量达 328 mm,为 30 年罕见,使 25 万亩棉花减产损失 900 多万元

(15)1985 年全区水患仍很严重。7 月 23 日晚运城三路里镇突降暴雨,1 h 降雨 146 mm,山洪顺沟而下,水头 1.5 m 左右,属百年一遇,仅三路里村就有 10 个单位、164 户、959 间房屋倒塌,淹没农田 8 230 亩。

(16)1988 年 6 月 6 ~9 日运城连降大雨,有 30 万亩小麦霉烂发芽,损失 1 100 多万 kg。

(17)1989 年 7 月 23 日,王范、冯村、上王大雨倾盆,雨量达 100 mm。据统计,41 间房屋倒塌,180 间房屋受到严重破坏,1 800 亩土地被冲毁,损失达 20 多万元。

(18)1992 年 8 月 31 日至 9 月 1 日,王范、冯村、上郭、陶村 4 个乡镇遭暴雨袭击,降雨量最大达到 140 mm。冲淹农作物 2 000 多亩,破坏水利设施 400 m,损坏机井 1 眼,107

户500多人受灾,死亡2人,伤1人,经济损失达25万元。

(19)1994年8月6日晨5~7时,泓芝驿、冯村两个乡镇遭特大暴雨袭击,4 000余亩农作物被淹。淹没棉田1 000余亩,倒塌房屋260间,冲毁道路10 km,塌陷果库6个,损坏机井8眼,冲毁防渗渠道800 m,直接经济损失350万元。

(20)1996年5月底6月初,正值小麦开镰收获时节,遭遇长达10 d的阴雨连绵天气,总降雨量达到99.4 mm,导致9.5万亩小麦大面积倒状,30.7万亩成熟小麦因不能及时收割而发芽霉烂,严重的达14.74万亩。尤以沿中条山一带的东郭、西姚、常平、车盘、南城和靠北山的上郭、三路里发芽霉烂程度更为严重。

(21)1998年4月23日上午,东郭、西姚、常平3个乡镇,遭罕见暴风雨袭击,涉及21个村。暴雨淹没小麦300余亩,棉花、油菜1 000余亩,倒塌房屋13间,造成危房50间,冲毁公路4处,长百余米。损失达150万元。

(22)2003年8月29日至10月5日,全区遭受罕见的两次大范围强降雨,出现了大范围的房屋倒塌和农作物受损,造成3人死亡,伤病5人。两次降雨雨量高达254 mm,比历史同期高155 mm。灾害涉及22个乡镇314个村,农作物受灾面积38万亩,绝收8万亩,受灾人口25.3万人,损坏日光温室大棚1 208个,倒塌房屋43 803间。

(23)2009年5月8~27日降雨量193.2 mm,造成姚暹渠出现8处决口。

(24)2010年8月11~14日上郭乡北城降雨量达到127.4 mm,造成上郭、王范乡倒塌房屋46间,淹没农田830亩,冲毁道路2处,造成姚暹渠决口1处。

(25)2011年9月9~19日降雨量达到207.9 mm,造成车盘、龙居、安邑3个乡镇8 843亩农作物淹没,22个乡镇倒塌房屋1万余间,毁坏路基12.2 km。

1.2 盐湖区山洪灾害分析评价成果

1.2.1 分析评价名录确定

盐湖区46个重点防治区名录见表4-1-1。其中包括小流域名称及面积、主沟道长度及比降、产流地类、汇流地类。

1.2.2 设计暴雨成果表

盐湖区的46个重点防治区都进行了设计暴雨的推求,设计暴雨计算成果表、设计暴雨时程分配表分别见表4-1-2、表4-1-3。

1.2.3 设计洪水成果表

盐湖区的46个重点防治区都进行了设计洪水的推求,设计洪水成果表、设计净雨深计算成果表分别见表4-1-4、表4-1-5。

表 4-1-1　盐湖区小流域基本信息汇总表

序号	小流域名称	行政区划名称	面积(km^2)	主沟道长度(km)	主沟道比降(‰)	产流地类(km^2)							汇流地类(km^2)		
						变质岩森林山地	变质岩灌丛山地	变质岩土石山区	灰岩灌丛山地	耕种平地	黄土丘陵阶地	灰岩森林山地	森林山地	灌丛山地	黄土丘陵
1	沙沟	界滩村	2.10	3.33	66.91		1.16	0.45		0.49				1.58	0.52
2	老龙沟	下月村	9.16	4.41	35.70		7.18	0.92		1.06				7.00	2.16
3	小水沟	磨河村	14.62	7.61	65.13		12.60				2.02			8.88	5.74
4		东郭村	15.66	9.10	46.59		12.75			0.79	2.12			9.23	6.43
5		白庄村	15.98	9.50	42.79		12.75			1.11	2.12			9.23	6.75
6	赵家窑沟	界村	5.74	4.73	70.91		3.65			2.09				3.42	2.32
7	补沟	井园村	5.49	5.99	78.22	4.82					0.68		3.65	1.12	0.72
8	胡家沟	小李村	5.30	4.89	107.03	3.23					2.07		2.37	0.80	2.13
9	唐沟	大李村	2.26	4.07	107.96	0.69	0.44			1.13			0.57	0.47	1.22
10	柏口沟	柏口窑村	7.68	6.02	116.46	6.02					1.66		5.47	0.48	1.73
11	照南沟	西姚村	3.09	2.90	116.18	0.45	0.35			2.29			0.34	0.38	2.38
12	庙沟	义同村	5.85	4.96	122.90	4.43					1.42		3.26	1.07	1.52
13	大柴沟	银张村	4.25	5.72	63.75	1.76					2.49		0.27	1.38	2.60
14	华松沟	曲村	3.90	5.56	102.13	1.78	1.28			0.84			1.81	1.22	0.87
15	石板沟	常平村	5.80	5.37	79.31	4.60					1.19		3.16	1.37	1.28
16	麻沟	蚕坊村	6.25	4.98	133.60	4.19					2.06		1.52	2.56	2.17

续表 4-1-1

序号	小流域名称	行政区划名称	面积(km^2)	主沟道长度(km)	主沟道比降(‰)	产流地类(km^2)							汇流地类(km^2)		
						变质岩森林山地	变质岩灌丛山地	变质岩土石山区	灰岩灌丛山地	耕种平地	黄土丘陵阶地	灰岩森林山地	森林山地	灌丛山地	黄土丘陵
17	黑里沟	董家庄	11.18	6.46	102.94	9.14			0.61		1.43		8.01	1.69	1.49
18		宬家庄	11.23	6.85	77.96	7.58	1.70		0.64	1.32			8.14	1.71	1.38
19	刀得淄沟	社东村	6.09	4.61	86.23	1.12					4.97			1.04	5.05
20	五龙峪	娘娘庙	17.75	8.89	68.19	13.63			3.48		0.64		13.89	3.13	0.74
21		李家坟1	20.02	10.51	60.95	14.65			3.46		1.91		14.44	3.59	1.99
22		西元村	20.92	11.68	51.44	13.31	1.46		3.87	2.28			15.07	3.51	2.34
23		阎村	31.26	11.80	48.78	19.86	3.47		3.95	3.97			21.75	5.39	4.12
24	王窑头沟	王窑头	9.14	4.52	88.65	8.69					0.45		6.70	1.84	0.60
25		史家坟	9.51	6.60	82.45	8.70					0.81		6.70	1.85	0.96
26		郭雷庄	10.03	7.58	67.08	8.67						1.35	6.71	1.84	1.49
27		王庄	10.11	7.61	61.78	8.68						1.43	6.71	1.83	1.57
28	白峪口沟	白峪口	8.42	4.29	109.21	8.17					0.25		6.68	1.43	0.31
29		郊斜村	15.20	6.82	64.36	9.28	3.36			2.57			9.05	3.37	2.79
30		郭家村	15.40	7.44	62.91	9.28	3.36			2.76			9.05	3.37	2.99
31	东胡西沟	东胡村	5.02	5.24	115.48	3.38	0.43			1.21			3.29	0.43	1.31

续表 4-1-1

序号	小流域名称	行政区划名称	面积(km^2)	主沟道长度(km)	主沟道比降(‰)	产流地类(km^2)							汇流地类(km^2)		
						变质岩森林山地	变质岩灌丛山地	变质岩土石山区	灰岩灌丛山地	耕种平地	黄土丘陵阶地	灰岩森林山地	森林山地	灌丛山地	黄土丘陵
32	黄花峪沟	王坟	4.43	7.59	105.01	3.69					0.74		2.96	0.67	0.81
33		马坟	4.90	7.66	105.01	3.69					1.21		2.95	0.68	1.27
34		李家坟 2	6.19	8.55	95.65	4.07					2.13		2.99	0.95	2.25
35		西胡村	6.13	9.29	92.61	4.08					2.05		3.00	0.96	2.17
36	马道峪沟	东底村	3.39	2.78	32.52	0.52					2.87			0.45	2.94
37	柴家窑沟	柴家窑村	15.44	5.65	45.42	12.34					1.14	1.96	13.63	0.58	1.22
38		西底村	16.20	7.70	34.38	11.94	0.45			1.87		1.94	13.72	0.54	1.94
39		南贾村	17.91	7.70	34.38	12.38					3.56	1.97	13.63	0.59	3.68
40	大峪口沟 2	李家庄	1.95	1.34	163.27	0.95	0.54			0.46			0.92	0.49	0.54
41		孙家坟	2.13	1.67	167.91	1.04	0.63			0.46			1.00	0.58	0.54
42	大峪口沟 1	大峪口	6.30	5.21	109.46	3.46					0.93	1.92	4.81	0.47	1.02
43	丁家窑沟	丁家窑	1.06	1.89	212.77	0.32					0.74		0.10	0.15	0.81
44	山神沟	三路里村	8.06	2.71	26.63					5.21	2.85				8.06
45		墩张村	8.14	3.49	24.17					6.98	1.17				8.14
46	上王沟	上王村	12.96	9.98	27.12					5.98	6.98				12.96

表 4-1-2　盐湖区设计暴雨计算成果表

序号	行政区划名称	历时	均值 $\overline{H}$ (mm)	变差系数 C_v	C_s/C_v	重现期雨量值 H_p (mm)				
						100 a($H_{1\%}$)	50 a($H_{2\%}$)	20 a($H_{5\%}$)	10 a($H_{10\%}$)	5 a($H_{20\%}$)
1	界滩村	10 min	13.9	0.49	3.5	37.4	33.1	27.3	22.9	18.4
		60 min	29.2	0.53	3.5	83.6	73.4	59.8	49.5	39.0
		6 h	45.5	0.53	3.5	130.6	114.6	93.4	77.2	60.8
		24 h	65.1	0.47	3.5	169.5	150.6	125.3	105.7	85.5
		3 d	83.5	0.46	3.5	213.9	190.4	158.9	134.5	109.4
2	下月村	10 min	14.5	0.48	3.5	38.4	34.0	28.2	23.7	19.1
		60 min	29.7	0.52	3.5	83.9	73.8	60.3	50.0	39.6
		6 h	47.3	0.53	3.5	135.8	119.2	97.1	80.2	63.2
		24 h	63.2	0.49	3.5	168.7	149.5	123.6	103.8	83.4
		3 d	84.2	0.47	3.5	220.4	195.7	162.6	137.0	110.8
3	磨河村	10 min	14.9	0.44	3.5	36.9	33.0	27.7	23.6	19.4
		60 min	30	0.53	3.5	86.1	75.6	61.6	50.9	40.1
		6 h	47	0.53	3.5	134.9	118.4	96.5	79.7	62.8
		24 h	66	0.49	3.5	177.7	157.2	129.8	108.8	87.3
		3 d	86	0.485	3.5	229.6	203.4	168.3	141.2	113.5
4	东郭村	10 min	14.4	0.49	3.5	38.8	34.3	28.3	28.3	19.0
		60 min	30.2	0.53	3.5	86.7	76.1	62.0	62.0	40.4
		6 h	49.0	0.53	3.5	140.9	123.6	100.7	100.7	65.5
		24 h	66.9	0.49	3.5	178.9	158.4	131.0	131.0	88.3
		3 d	85.1	0.48	3.5	225.3	199.8	165.6	165.6	112.2

续表 4-1-2

序号	行政区划名称	历时	均值 $\overline{H}$ (mm)	变差系数 C_v	C_s/C_v	重现期雨量值 H_p (mm)				
						100 a($H_{1\%}$)	50 a($H_{2\%}$)	20 a($H_{5\%}$)	10 a($H_{10\%}$)	5 a($H_{20\%}$)
5	白庄村	10 min	15.0	0.49	3.5	40.4	35.7	29.5	24.7	19.8
		60 min	30.3	0.52	3.5	85.6	75.3	61.5	51.0	40.4
		6 h	49.1	0.54	3.5	143.2	125.4	101.8	83.9	65.8
		24 h	66.2	0.47	3.5	172.4	153.2	127.4	107.5	87.0
		3 d	85.2	0.47	3.5	221.9	197.1	164.0	138.3	112.0
6	界村	10 min	13.8	0.48	3.5	36.5	32.4	26.9	22.6	18.2
		60 min	29.3	0.52	3.5	82.8	72.8	59.5	49.4	39.1
		6 h	45.3	0.53	3.5	130.2	114.3	93.1	76.9	60.5
		24 h	65.2	0.46	3.5	167.0	148.7	124.1	105.0	85.4
		3 d	84.3	0.48	3.5	223.2	197.9	164.0	137.9	111.1
7	井园村	10 min	14.5	0.486	3.5	38.8	34.3	28.4	23.8	19.1
		60 min	30.1	0.53	3.5	86.4	75.8	61.8	51.1	40.2
		6 h	49.5	0.535	3.5	143.2	125.6	102.1	84.3	66.2
		24 h	66.5	0.498	3.5	181.4	160.2	131.9	110.3	88.1
		3 d	86.5	0.492	3.5	233.6	206.6	170.5	142.8	114.4
8	小李村	10 min	14.1	0.485	3.5	37.6	33.3	27.6	23.2	18.6
		60 min	30.0	0.525	3.5	85.4	75.1	61.3	50.7	40.0
		6 h	48.5	0.525	3.5	138.1	121.3	99.0	82.0	64.7
		24 h	65.8	0.495	3.5	178.6	157.8	130.1	108.9	87.1
		3 d	85.5	0.488	3.5	229.4	203.1	167.8	140.7	113.0

续表 4-1-2

序号	行政区划名称	历时	均值 $\overline{H}$ (mm)	变差系数 C_v	C_s/C_v	重现期雨量值 H_p (mm)				
						100 a($H_{1\%}$)	50 a($H_{2\%}$)	20 a($H_{5\%}$)	10 a($H_{10\%}$)	5 a($H_{20\%}$)
9	大李村	10 min	13.9	0.48	3.5	36.8	32.6	27.0	22.7	18.3
		60 min	29.8	0.51	3.5	82.9	73.0	59.9	49.8	39.6
		6 h	48.2	0.52	3.5	136.2	119.8	97.9	81.2	64.2
		24 h	67.2	0.47	3.5	175.0	155.5	129.3	109.1	88.3
		3 d	85.8	0.46	3.5	219.7	195.6	163.3	138.2	112.4
10	柏口窑村	10 min	14.5	0.487	3.5	38.8	34.4	28.4	23.8	19.2
		60 min	30.08	0.528	3.5	86.1	75.6	61.6	51.0	40.2
		6 h	50	0.54	3.5	145.8	127.7	103.7	85.4	67.0
		24 h	67.5	0.498	3.5	184.1	162.6	133.9	111.9	89.4
		3 d	87.5	0.495	3.5	237.5	209.9	173.1	144.8	115.8
11	西姚村	10 min	14.0	0.48	3.5	37.1	32.9	27.2	22.9	18.5
		60 min	29.7	0.51	3.5	82.6	72.8	59.7	49.7	39.5
		6 h	48.1	0.53	3.5	137.0	120.3	98.2	81.3	64.2
		24 h	66.8	0.47	3.5	174.0	154.6	128.6	108.5	87.8
		3 d	85.3	0.46	3.5	218.5	194.5	162.3	137.4	111.7
12	义同村	10 min	14.3	0.49	3.5	38.5	34.1	28.1	23.6	18.9
		60 min	30.2	0.52	3.5	85.3	75.0	61.3	50.9	40.3
		6 h	51	0.55	3.5	139.5	123.2	101.4	84.7	67.6
		24 h	69	0.51	3.5	191.9	169.1	138.7	115.4	91.7
		3 d	90.2	0.48	3.5	238.8	211.8	175.5	147.6	118.9

续表 4-1-2

序号	行政区划名称	历时	均值 $\overline{H}$ (mm)	变差系数 C_v	C_s/C_v	重现期雨量值 H_p (mm)				
						100 a($H_{1\%}$)	50 a($H_{2\%}$)	20 a($H_{5\%}$)	10 a($H_{10\%}$)	5 a($H_{20\%}$)
13	银张村	10 min	14	0.48	3.5	37.1	32.9	27.2	22.9	18.5
		60 min	28.5	0.52	3.5	80.5	70.8	57.9	48.0	38.0
		6 h	50	0.54	3.5	145.8	127.7	103.7	85.4	67.0
		24 h	68	0.495	3.5	184.5	163.1	134.5	112.5	90.0
		3 d	89.2	0.475	3.5	234.2	207.9	172.6	145.4	117.4
14	曲村	10 min	14.0	0.47	3.5	36.5	32.4	26.9	22.7	18.4
		60 min	30.0	0.52	3.5	84.8	74.5	60.9	50.5	40.0
		6 h	46.5	0.53	3.5	133.5	117.1	95.4	78.9	62.1
		24 h	69.0	0.46	3.5	176.7	157.3	131.3	111.2	90.4
		3 d	91.0	0.46	3.5	231.1	206.0	172.2	146.0	119.0
15	常平村	10 min	14	0.485	3.5	37.4	33.1	27.4	23.0	18.5
		60 min	30.1	0.527	3.5	86.0	75.5	61.6	51.0	40.2
		6 h	50.5	0.54	3.5	147.2	129.0	104.7	86.3	67.6
		24 h	68.5	0.52	3.5	193.5	170.2	139.1	115.4	91.3
		3 d	90.25	0.485	3.5	241.0	213.4	176.6	148.2	119.1
16	蚕坊村	10 min	14.3	0.475	3.5	37.6	33.3	27.7	23.3	18.8
		60 min	30.1	0.53	3.5	86.4	75.8	61.8	51.1	40.2
		6 h	49.7	0.56	3.5	149.5	130.4	105.2	86.0	66.9
		24 h	69.5	0.52	3.5	196.4	172.7	141.2	117.1	92.6
		3 d	92	0.5	3.5	251.7	222.3	182.9	152.8	122.0

续表 4-1-2

序号	行政区划名称	历时	均值 $\overline{H}$ (mm)	变差系数 C_v	C_s/C_v	重现期雨量值 H_p(mm)				
						100 a($H_{1\%}$)	50 a($H_{2\%}$)	20 a($H_{5\%}$)	10 a($H_{10\%}$)	5 a($H_{20\%}$)
17	董家庄	10 min	14.1	0.48	3.5	37.3	33.1	27.4	23.1	18.6
		60 min	28.6	0.53	3.5	82.1	72.1	58.7	48.5	38.2
		6 h	51.5	0.54	3.5	150.2	131.5	106.8	88.0	69.0
		24 h	68.75	0.5	3.5	188.1	166.1	136.7	114.2	91.1
		3 d	90.1	0.48	3.5	238.6	211.5	175.3	147.4	118.8
18	宬家庄	10 min	14.0	0.48	3.5	37.1	32.9	27.2	22.9	18.5
		60 min	30.0	0.52	3.5	84.8	74.5	60.9	50.5	40.0
		6 h	48.5	0.52	3.5	137.0	120.5	98.5	81.7	64.6
		24 h	70.0	0.46	3.5	179.3	159.6	133.2	112.8	91.7
		3 d	90.0	0.46	3.5	228.6	203.7	170.3	144.4	117.7
19	社东村	10 min	13.1	0.47	3.5	34.1	30.3	25.2	21.3	17.2
		60 min	28.2	0.501	3.5	77.3	68.2	56.1	46.9	37.4
		6 h	45.4	0.506	3.5	125.4	110.6	90.9	75.7	60.3
		24 h	65.3	0.47	3.5	170.1	151.1	125.7	106.0	85.8
		3 d	87.6	0.46	3.5	224.4	199.8	166.7	141.1	114.8
20	娘娘庙	10 min	15.0	0.47	3.5	39.1	34.7	28.9	24.4	19.7
		60 min	30.8	0.52	3.5	87.0	76.5	62.6	51.9	41.1
		6 h	51.5	0.56	3.5	154.9	135.1	109.0	89.2	69.3
		24 h	74.5	0.48	3.5	197.3	174.9	145.0	121.9	98.2
		3 d	101.0	0.47	3.5	263.0	233.7	194.4	164.0	132.7

续表 4-1-2

序号	行政区划名称	历时	均值 $\overline{H}$ (mm)	变差系数 C_v	C_s/C_v	重现期雨量值 H_p(mm)				
						100 a($H_{1\%}$)	50 a($H_{2\%}$)	20 a($H_{5\%}$)	10 a($H_{10\%}$)	5 a($H_{20\%}$)
21	李家坟 1	10 min	14.4	0.53	3.5	41.3	36.3	29.6	24.4	19.2
		60 min	30.5	0.53	3.5	87.5	76.8	62.6	51.7	40.8
		6 h	54	0.57	3.5	164.9	143.6	115.4	94.1	72.8
		24 h	75	0.48	3.5	198.6	176.1	145.9	122.7	98.9
		3 d	98.5	0.47	3.5	256.5	227.9	189.6	159.9	129.4
22	西元村	10 min	13.4	0.50	3.5	36.7	32.4	26.6	22.2	17.8
		60 min	30.0	0.50	3.5	82.1	72.5	59.7	49.8	39.8
		6 h	49.0	0.52	3.5	138.4	121.7	99.5	82.5	65.3
		24 h	72.0	0.48	3.5	190.7	169.0	140.1	117.8	94.9
		3 d	95.0	0.46	3.5	243.3	216.6	180.8	153.1	124.4
23	阎村	10 min	13.5	0.48	3.5	35.7	31.7	26.3	22.1	17.8
		60 min	29.0	0.51	3.5	80.6	71.1	58.3	48.5	38.6
		6 h	49.0	0.53	3.5	139.5	122.6	100.0	82.8	65.4
		24 h	72.0	0.48	3.5	190.7	169.0	140.1	117.8	94.9
		3 d	95.0	0.46	3.5	243.3	216.6	180.8	153.1	124.4
24	王窑头	10 min	13.6	0.47	3.5	35.4	31.5	26.2	22.1	17.9
		60 min	28.7	0.52	3.5	81.1	71.3	58.3	48.3	38.3
		6 h	47.6	0.53	3.5	136.6	119.9	97.7	80.7	63.6
		24 h	69.2	0.48	3.5	183.2	162.5	134.6	113.2	91.2
		3 d	91.1	0.46	3.5	233.3	207.7	173.4	146.8	119.3

续表 4-1-2

序号	行政区划名称	历时	均值 $\overline{H}$ (mm)	变差系数 C_v	C_s/C_v	重现期雨量值 H_p(mm)				
						100 a($H_{1\%}$)	50 a($H_{2\%}$)	20 a($H_{5\%}$)	10 a($H_{10\%}$)	5 a($H_{20\%}$)
25	史家坟	10 min	14.2	0.47	3.5	37.0	32.9	27.3	23.1	18.7
		60 min	28.8	0.51	3.5	80.1	70.6	57.9	48.2	38.3
		6 h	47.9	0.58	3.5	148.5	129.1	103.4	84.0	64.7
		24 h	69.2	0.48	3.5	183.2	162.5	134.6	113.2	91.2
		3 d	90.8	0.45	3.5	228.7	204.0	170.9	145.2	118.6
26	郭雷庄	10 min	14.5	0.46	3.5	37.1	33.1	27.6	23.4	19.0
		60 min	30.1	0.52	3.5	85.0	74.8	61.1	50.7	40.1
		6 h	53	0.56	3.5	159.4	139.1	112.2	91.8	71.3
		24 h	78	0.49	3.5	210.0	185.8	153.4	128.6	103.1
		3 d	100	0.47	3.5	260.4	231.4	192.4	162.4	131.4
27	王庄	10 min	14.5	0.46	3.5	37.1	33.1	27.6	23.4	19.0
		60 min	29.5	0.53	3.5	84.7	74.3	60.5	50.0	39.4
		6 h	53.5	0.56	3.5	160.9	140.4	113.2	92.6	72.0
		24 h	78	0.49	3.5	210.0	185.8	153.4	128.6	103.1
		3 d	101	0.47	3.5	263.0	233.7	194.4	164.0	132.7
28	白峪口	10 min	13.8	0.485	3.5	36.8	32.6	27.0	22.7	18.2
		60 min	29.5	0.515	3.5	82.7	72.8	59.6	49.5	39.3
		6 h	49.5	0.53	3.5	142.1	124.7	101.6	84.0	66.1
		24 h	72.3	0.485	3.5	193.0	171.0	141.5	118.7	95.4
		3 d	95.3	0.465	3.5	246.1	218.9	182.4	154.1	125.0

续表 4-1-2

序号	行政区划名称	历时	均值 $\overline{H}$ (mm)	变差系数 C_v	C_s/C_v	重现期雨量值 H_p(mm)				
						100 a($H_{1\%}$)	50 a($H_{2\%}$)	20 a($H_{5\%}$)	10 a($H_{10\%}$)	5 a($H_{20\%}$)
29	郊斜村	10 min	14.2	0.48	3.5	37.6	33.3	27.6	23.2	18.7
		60 min	29.9	0.52	3.5	84.9	74.6	60.9	50.5	39.9
		6 h	49.0	0.55	3.5	144.0	126.0	102.1	84.0	65.7
		24 h	70.0	0.48	3.5	185.4	164.3	136.2	114.5	92.3
		3 d	94.5	0.46	3.5	242.0	215.5	179.8	152.3	123.8
30	郭家村	10 min	14.4	0.48	3.5	38.1	33.8	28.0	23.6	19.0
		60 min	29.9	0.52	3.5	84.9	74.6	60.9	50.5	39.9
		6 h	49.9	0.55	3.5	146.6	128.3	104.0	85.5	66.9
		24 h	70.0	0.48	3.5	185.4	164.3	136.2	114.5	92.3
		3 d	94.5	0.46	3.5	242.0	215.5	179.8	152.3	123.8
31	东胡村	10 min	14.0	0.48	3.5	37.1	32.9	27.2	22.9	18.5
		60 min	29.0	0.51	3.5	80.6	71.1	58.3	48.5	38.6
		6 h	50.0	0.53	3.5	143.5	126.0	102.6	84.8	66.8
		24 h	71.0	0.49	3.5	189.6	167.9	138.9	116.6	93.7
		3 d	96.0	0.45	3.5	239.7	214.1	179.6	152.9	125.1
32	王坟	10 min	14.1	0.50	3.5	38.8	34.2	28.1	23.5	18.7
		60 min	30.0	0.52	3.5	84.8	74.5	60.9	50.5	40.0
		6 h	50.1	0.55	3.5	147.2	128.8	104.4	85.9	67.2
		24 h	73.0	0.49	3.5	196.5	173.9	143.6	120.3	96.5
		3 d	97.0	0.45	3.5	244.3	217.9	182.5	155.1	126.6

续表 4-1-2

序号	行政区划名称	历时	均值 $\overline{H}$ (mm)	变差系数 C_v	C_s/C_v	重现期雨量值 H_p (mm)				
						100 a($H_{1\%}$)	50 a($H_{2\%}$)	20 a($H_{5\%}$)	10 a($H_{10\%}$)	5 a($H_{20\%}$)
33	马坟	10 min	14.1	0.50	3.5	38.8	34.2	28.1	23.5	18.7
		60 min	29.9	0.52	3.5	84.6	74.4	60.8	50.4	39.9
		6 h	50.2	0.54	3.5	147.3	128.9	104.5	86.0	67.3
		24 h	74.0	0.49	3.5	199.8	176.8	145.9	122.1	97.9
		3 d	96.0	0.45	3.5	241.3	215.4	180.4	153.3	125.3
34	李家坟2	10 min	14.2	0.50	3.5	39.1	34.5	28.4	23.6	18.8
		60 min	30.1	0.52	3.5	85.0	74.8	61.1	50.7	40.1
		6 h	50.1	0.55	3.5	147.2	128.8	104.4	85.9	67.2
		24 h	73.0	0.49	3.5	196.5	173.9	143.6	120.3	96.5
		3 d	97.0	0.45	3.5	244.7	218.3	182.7	155.2	126.7
35	西胡村	10 min	14.1	0.50	3.5	38.7	34.2	28.1	23.4	18.7
		60 min	30.0	0.52	3.5	84.8	74.5	60.9	50.5	40.0
		6 h	50.5	0.55	3.5	149.1	130.4	105.6	86.7	67.8
		24 h	72.0	0.47	3.5	187.5	166.6	138.6	116.9	94.6
		3 d	96.0	0.45	3.5	241.7	215.7	180.6	153.5	125.3
36	东底村	10 min	14.0	0.47	3.5	36.5	32.4	26.9	22.7	18.4
		60 min	28.5	0.51	3.5	79.2	69.8	57.3	47.7	37.9
		6 h	47.7	0.52	3.5	134.8	118.5	96.9	80.3	63.6
		24 h	65.1	0.46	3.5	166.7	148.4	123.9	104.9	85.3
		3 d	92.0	0.44	3.5	228.9	204.6	171.7	146.3	119.8

续表 4-1-2

序号	行政区划名称	历时	均值 $\overline{H}$ (mm)	变差系数 C_v	C_s/C_v	重现期雨量值 H_p(mm)				
						100 a($H_{1\%}$)	50 a($H_{2\%}$)	20 a($H_{5\%}$)	10 a($H_{10\%}$)	5 a($H_{20\%}$)
37	柴家窑村	10 min	14.6	0.49	3.5	39.3	34.8	28.7	24.1	19.3
		60 min	29	0.52	3.5	81.9	72.1	58.9	48.8	38.7
		6 h	51	0.54	3.5	148.7	130.3	105.8	87.1	68.3
		24 h	71	0.47	3.5	184.9	164.3	136.6	115.3	93.3
		3 d	97	0.447	3.5	243.0	217.0	181.9	154.7	126.5
38	西底村	10 min	15.0	0.49	3.5	40.4	35.7	29.5	24.7	19.8
		60 min	30.5	0.52	3.5	86.2	75.8	61.9	51.4	40.7
		6 h	53.0	0.57	3.5	161.8	140.9	113.3	92.4	71.4
		24 h	73.0	0.49	3.5	196.5	173.9	143.6	120.3	96.5
		3 d	97.0	0.46	3.5	248.4	221.2	184.6	156.3	127.1
39	南贾村	10 min	14	0.44	3.5	34.7	31.0	26.0	22.2	18.2
		60 min	29	0.51	3.5	80.6	71.1	58.3	48.5	38.6
		6 h	47	0.51	3.5	130.7	115.2	94.5	78.6	62.5
		24 h	71	0.47	3.5	184.9	164.3	136.6	115.3	93.3
		3 d	95	0.45	3.5	239.2	213.4	178.8	151.9	124.0
40	李家庄	10 min	13.8	0.48	3.5	36.5	32.4	26.9	22.6	18.2
		60 min	29.5	0.51	3.5	82.0	72.3	59.3	49.3	39.2
		6 h	48.0	0.53	3.5	136.7	120.1	98.0	81.1	64.1
		24 h	70.0	0.48	3.5	183.8	163.2	135.5	114.1	92.1
		3 d	95.0	0.44	3.5	235.2	210.3	176.7	150.7	123.6

续表 4-1-2

序号	行政区划名称	历时	均值 $\overline{H}$ (mm)	变差系数 C_v	C_s/C_v	重现期雨量值 H_p(mm)				
						100 a($H_{1\%}$)	50 a($H_{2\%}$)	20 a($H_{5\%}$)	10 a($H_{10\%}$)	5 a($H_{20\%}$)
41	孙家坟	10 min	13.5	0.47	3.5	35.2	31.2	26.0	21.9	17.7
		60 min	28.5	0.52	3.5	80.5	70.8	57.9	48.0	38.0
		6 h	48.5	0.53	3.5	139.2	122.2	99.5	82.3	64.8
		24 h	69.5	0.48	3.5	184.0	163.2	135.2	113.7	91.6
		3 d	95.0	0.45	3.5	239.2	213.4	178.8	151.9	124.0
42	大峪口	10 min	13.9	0.47	3.5	36.2	32.2	26.7	22.6	18.3
		60 min	28.3	0.51	3.5	78.7	69.3	56.9	47.3	37.6
		6 h	50.1	0.53	3.5	143.8	126.2	102.8	85.0	66.9
		24 h	69.8	0.46	3.5	178.8	159.2	132.8	112.5	91.4
		3 d	93.5	0.44	3.5	231.5	207.0	173.9	148.3	121.7
43	丁家窑	10 min	12.9	0.48	3.5	34.2	30.3	25.1	21.1	17.0
		60 min	28.4	0.51	3.5	79.0	69.6	57.1	47.5	37.8
		6 h	48.8	0.52	3.5	137.9	121.3	99.1	82.2	65.0
		24 h	69.9	0.47	3.5	182.0	161.7	134.5	113.5	91.9
		3 d	85.5	0.43	3.5	208.0	186.4	157.2	134.5	110.9

续表 4-1-2

序号	行政区划名称	历时	均值 $\overline{H}$ (mm)	变差系数 C_v	C_s/C_v	重现期雨量值 H_p(mm)				
						100 a($H_{1\%}$)	50 a($H_{2\%}$)	20 a($H_{5\%}$)	10 a($H_{10\%}$)	5 a($H_{20\%}$)
44	三路里村	10 min	11.9	0.58	3.5	36.9	32.1	25.7	20.9	16.1
		60 min	27.5	0.59	3.5	86.5	75.1	59.9	48.5	37.2
		6 h	44.3	0.49	3.5	119.2	105.5	87.1	73.0	58.6
		24 h	59.8	0.47	3.5	155.7	138.4	115.1	97.1	78.6
		3 d	76.8	0.47	3.5	200.0	177.7	147.8	124.7	100.9
45	墩张村	10 min	12.1	0.61	3.5	39.2	33.9	26.9	21.6	16.4
		60 min	27.7	0.58	3.5	85.9	74.6	59.8	48.6	37.4
		6 h	43.5	0.48	3.5	115.2	102.1	84.6	71.2	57.3
		24 h	58.5	0.48	3.5	154.9	137.3	113.8	95.7	77.1
		3 d	74.5	0.48	3.5	197.3	174.9	145.0	121.9	98.2
46	上王村	10 min	12.2	0.58	3.5	37.8	32.9	26.3	21.4	16.5
		60 min	26.1	0.58	3.5	80.9	70.3	56.3	45.8	35.2
		6 h	43.7	0.48	3.5	115.7	102.6	85.0	71.5	57.6
		24 h	61.5	0.47	3.5	160.2	142.3	118.4	99.8	80.8
		3 d	74.5	0.48	3.5	197.3	174.9	145.0	121.9	98.2

表 4-1-3　盐湖区设计暴雨时程分配表

序号	行政区划名称	时段长	时段序号	重现期时段雨量值(mm)				
				100 a($H_{1\%}$)	50 a($H_{2\%}$)	20 a($H_{5\%}$)	10 a($H_{10\%}$)	5 a($H_{20\%}$)
1	界滩村	0.25 h	1	1.28	1.15	0.96	0.82	0.67
			2	1.34	1.20	1.01	0.86	0.70
			3	1.41	1.26	1.06	0.90	0.73
			4	1.49	1.33	1.11	0.94	0.77
			5	2.72	2.40	1.96	1.63	1.30
			6	2.97	2.61	2.14	1.77	1.41
			7	3.27	2.87	2.34	1.94	1.53
			8	3.63	3.18	2.59	2.14	1.69
			9	7.84	6.83	5.50	4.49	3.49
			10	15.14	13.18	10.60	8.64	6.67
			11	42.84	37.84	31.17	26.04	20.81
			12	10.25	8.92	7.17	5.85	4.52
			13	6.37	5.56	4.48	3.67	2.86
			14	5.36	4.69	3.79	3.11	2.43
			15	4.63	4.05	3.28	2.70	2.12
			16	4.07	3.57	2.90	2.39	1.88
			17	2.50	2.21	1.81	1.51	1.21
			18	2.32	2.05	1.69	1.41	1.13
			19	2.15	1.91	1.57	1.32	1.06
			20	2.01	1.78	1.47	1.24	0.99
			21	1.88	1.67	1.38	1.16	0.94
			22	1.77	1.57	1.31	1.10	0.89
			23	1.67	1.48	1.23	1.04	0.84
			24	1.57	1.40	1.17	0.99	0.80

续表 4-1-3

序号	行政区划名称	时段长	时段序号	重现期时段雨量值(mm)				
				100 a($H_{1\%}$)	50 a($H_{2\%}$)	20 a($H_{5\%}$)	10 a($H_{10\%}$)	5 a($H_{20\%}$)
2	下月村	0.25 h	1	1.27	1.13	0.94	0.80	0.65
			2	1.34	1.19	0.99	0.83	0.68
			3	1.41	1.25	1.04	0.88	0.71
			4	1.49	1.32	1.09	0.92	0.74
			5	2.73	2.40	1.96	1.62	1.28
			6	2.98	2.62	2.13	1.77	1.39
			7	3.28	2.88	2.34	1.94	1.52
			8	3.65	3.20	2.60	2.14	1.68
			9	7.88	6.87	5.54	4.54	3.53
			10	15.12	13.20	10.65	8.73	6.79
			11	41.60	36.84	30.48	25.58	20.58
			12	10.28	8.96	7.22	5.92	4.59
			13	6.40	5.59	4.51	3.70	2.88
			14	5.40	4.71	3.81	3.13	2.44
			15	4.66	4.07	3.30	2.71	2.12
			16	4.10	3.58	2.91	2.39	1.88
			17	2.51	2.21	1.81	1.50	1.19
			18	2.32	2.05	1.68	1.39	1.11
			19	2.16	1.90	1.56	1.30	1.04
			20	2.01	1.78	1.46	1.22	0.97
			21	1.88	1.67	1.37	1.15	0.92
			22	1.77	1.57	1.29	1.08	0.87
			23	1.67	1.48	1.22	1.02	0.82
			24	1.57	1.39	1.15	0.97	0.78

续表 4-1-3

序号	行政区划名称	时段长	时段序号	重现期时段雨量值(mm)				
				100 a($H_{1\%}$)	50 a($H_{2\%}$)	20 a($H_{5\%}$)	10 a($H_{10\%}$)	5 a($H_{20\%}$)
3	磨河村	0.5 h	1	2.58	2.30	1.91	1.61	1.30
			2	2.84	2.51	2.08	1.75	1.41
			3	3.13	2.77	2.28	1.91	1.53
			4	6.02	5.26	4.25	3.49	2.73
			5	7.25	6.32	5.09	4.16	3.23
			6	18.37	15.96	12.75	10.34	7.92
			7	54.75	48.46	40.06	33.58	26.96
			8	12.12	10.53	8.42	6.84	5.26
			9	9.08	7.90	6.34	5.16	3.99
			10	5.12	4.49	3.64	3.00	2.36
			11	4.45	3.90	3.18	2.63	2.08
			12	3.91	3.44	2.82	2.34	1.86
4	东郭村	0.5 h	1	2.59	2.31	1.93	1.64	1.33
			2	2.84	2.53	2.11	1.78	1.45
			3	3.14	2.79	2.32	1.95	1.58
			4	6.07	5.34	4.36	3.62	2.86
			5	7.33	6.43	5.24	4.33	3.41
			6	18.73	16.35	13.19	10.81	8.41

续表 4-1-3

序号	行政区划名称	时段长	时段序号	重现期时段雨量值(mm)				
				100 a($H_{1\%}$)	50 a($H_{2\%}$)	20 a($H_{5\%}$)	10 a($H_{10\%}$)	5 a($H_{20\%}$)
4	东郭村	0.5 h	7	56.53	49.81	40.85	34.00	27.02
			8	12.30	10.76	8.70	7.15	5.58
			9	9.20	8.06	6.54	5.39	4.23
			10	5.16	4.55	3.73	3.10	2.47
			11	4.47	3.95	3.25	2.71	2.17
			12	3.93	3.48	2.87	2.41	1.93
5	白庄村	0.5 h	1	2.43	2.18	1.84	1.57	1.29
			2	2.67	2.39	2.01	1.71	1.40
			3	2.96	2.64	2.21	1.88	1.53
			4	5.83	5.14	4.21	3.50	2.78
			5	7.08	6.22	5.07	4.19	3.31
			6	18.50	16.13	12.99	10.61	8.23
			7	57.63	50.78	41.65	34.65	27.53
			8	12.03	10.51	8.50	6.97	5.43
			9	8.93	7.83	6.35	5.23	4.10
			10	4.94	4.36	3.59	2.99	2.39
			11	4.26	3.78	3.12	2.61	2.10
			12	3.74	3.32	2.75	2.32	1.87

续表 4-1-3

序号	行政区划名称	时段长	时段序号	重现期时段雨量值(mm)				
				100 a($H_{1\%}$)	50 a($H_{2\%}$)	20 a($H_{5\%}$)	10 a($H_{10\%}$)	5 a($H_{20\%}$)
6	界村	0.25 h	1	1.27	1.14	0.96	0.82	0.68
			2	1.33	1.19	1.00	0.86	0.71
			3	1.40	1.25	1.05	0.90	0.74
			4	1.48	1.32	1.11	0.94	0.77
			5	2.71	2.39	1.96	1.63	1.30
			6	2.96	2.61	2.13	1.77	1.41
			7	3.26	2.86	2.34	1.94	1.53
			8	3.62	3.17	2.59	2.14	1.69
			9	7.78	6.79	5.46	4.46	3.46
			10	14.90	12.99	10.44	8.52	6.58
			11	40.71	36.03	29.80	24.99	20.07
			12	10.15	8.84	7.11	5.79	4.48
			13	6.33	5.53	4.46	3.65	2.84
			14	5.34	4.67	3.77	3.10	2.42
			15	4.62	4.04	3.27	2.69	2.11
			16	4.06	3.56	2.89	2.38	1.87
			17	2.49	2.20	1.81	1.51	1.21
			18	2.31	2.04	1.68	1.41	1.13

续表 4-1-3

序号	行政区划名称	时段长	时段序号	重现期时段雨量值(mm)				
				100 a($H_{1\%}$)	50 a($H_{2\%}$)	20 a($H_{5\%}$)	10 a($H_{10\%}$)	5 a($H_{20\%}$)
6	界村	0.25 h	19	2.14	1.90	1.57	1.32	1.06
			20	2.00	1.77	1.47	1.24	1.00
			21	1.87	1.66	1.38	1.16	0.94
			22	1.76	1.56	1.30	1.10	0.89
			23	1.66	1.48	1.23	1.04	0.85
			24	1.56	1.39	1.17	0.99	0.81
7	井园村	0.5 h	1	2.64	2.34	1.95	1.64	1.32
			2	2.90	2.57	2.13	1.79	1.43
			3	3.21	2.84	2.34	1.96	1.57
			4	6.24	5.47	4.44	3.66	2.88
			5	7.55	6.61	5.34	4.39	3.44
			6	19.41	16.93	13.58	11.10	8.59
			7	59.11	52.06	42.65	35.49	28.20
			8	12.72	11.10	8.92	7.30	5.67
			9	9.49	8.29	6.69	5.48	4.27
			10	5.30	4.66	3.79	3.14	2.47
			11	4.59	4.04	3.30	2.74	2.16
			12	4.03	3.55	2.91	2.42	1.92

续表 4-1-3

序号	行政区划名称	时段长	时段序号	重现期时段雨量值(mm)				
				100 a($H_{1\%}$)	50 a($H_{2\%}$)	20 a($H_{5\%}$)	10 a($H_{10\%}$)	5 a($H_{20\%}$)
8	小李村	0.25 h	1	1.39	1.24	1.02	0.86	0.69
			2	1.46	1.30	1.07	0.90	0.72
			3	1.54	1.36	1.12	0.94	0.76
			4	1.62	1.43	1.18	0.99	0.79
			5	2.92	2.57	2.09	1.73	1.37
			6	3.19	2.80	2.28	1.89	1.49
			7	3.50	3.07	2.50	2.06	1.63
			8	3.88	3.40	2.76	2.28	1.79
			9	8.23	7.20	5.82	4.78	3.73
			10	15.60	13.65	11.06	9.08	7.09
			11	42.06	37.20	30.72	25.73	20.63
			12	10.68	9.34	7.56	6.20	4.84
			13	6.72	5.88	4.76	3.91	3.05
			14	5.68	4.98	4.03	3.31	2.59
			15	4.92	4.31	3.50	2.88	2.26
			16	4.34	3.80	3.09	2.55	2.00
			17	2.69	2.37	1.94	1.60	1.27
			18	2.50	2.20	1.80	1.49	1.18
			19	2.32	2.05	1.68	1.39	1.11
			20	2.17	1.92	1.57	1.31	1.04
			21	2.04	1.80	1.48	1.23	0.98
			22	1.92	1.69	1.39	1.16	0.92
			23	1.81	1.60	1.31	1.10	0.88
			24	1.71	1.51	1.24	1.04	0.83

续表 4-1-3

序号	行政区划名称	时段长	时段序号	重现期时段雨量值(mm)				
				100 a($H_{1\%}$)	50 a($H_{2\%}$)	20 a($H_{5\%}$)	10 a($H_{10\%}$)	5 a($H_{20\%}$)
9	大李村	0.25 h	1	1.37	1.22	1.02	0.87	0.71
			2	1.44	1.28	1.07	0.91	0.74
			3	1.51	1.35	1.12	0.95	0.77
			4	1.59	1.42	1.18	1.00	0.81
			5	2.88	2.54	2.09	1.74	1.39
			6	3.15	2.77	2.27	1.89	1.50
			7	3.46	3.05	2.49	2.07	1.64
			8	3.84	3.37	2.75	2.28	1.81
			9	8.17	7.15	5.80	4.77	3.73
			10	15.54	13.60	11.02	9.06	7.08
			11	42.12	37.30	30.87	25.91	20.83
			12	10.62	9.29	7.53	6.19	4.83
			13	6.67	5.84	4.74	3.90	3.06
			14	5.63	4.94	4.01	3.31	2.60
			15	4.88	4.28	3.48	2.88	2.27
			16	4.30	3.77	3.08	2.55	2.01
			17	2.66	2.35	1.93	1.61	1.29
			18	2.46	2.18	1.79	1.50	1.20
			19	2.29	2.03	1.67	1.40	1.12
			20	2.14	1.90	1.57	1.31	1.06
			21	2.01	1.78	1.47	1.24	1.00
			22	1.89	1.68	1.39	1.17	0.94
			23	1.78	1.58	1.31	1.11	0.89
			24	1.68	1.50	1.24	1.05	0.85

续表 4-1-3

序号	行政区划名称	时段长	时段序号	重现期时段雨量值(mm)				
				100 a($H_{1\%}$)	50 a($H_{2\%}$)	20 a($H_{5\%}$)	10 a($H_{10\%}$)	5 a($H_{20\%}$)
10	柏口窑村	0.5 h	1	2.73	2.42	2.01	1.69	1.36
			2	2.99	2.65	2.19	1.84	1.47
			3	3.31	2.92	2.41	2.01	1.61
			4	6.35	5.56	4.52	3.72	2.92
			5	7.65	6.69	5.42	4.45	3.48
			6	19.42	16.92	13.61	11.11	8.61
			7	58.43	51.48	42.21	35.13	27.91
			8	12.79	11.16	8.98	7.35	5.70
			9	9.58	8.37	6.76	5.54	4.32
			10	5.40	4.74	3.86	3.19	2.52
			11	4.69	4.12	3.37	2.79	2.21
			12	4.13	3.64	2.98	2.48	1.97
11	西姚村	0.5 h	1	2.53	2.27	1.90	1.61	1.32
			2	2.79	2.49	2.08	1.76	1.43
			3	3.08	2.75	2.28	1.93	1.57
			4	6.00	5.29	4.33	3.60	2.85
			5	7.26	6.38	5.21	4.31	3.40
			6	18.76	16.38	13.26	10.87	8.45
			7	57.70	50.91	41.90	34.95	27.86
			8	12.27	10.73	8.70	7.15	5.59
			9	9.14	8.01	6.52	5.38	4.22
			10	5.10	4.50	3.69	3.08	2.45
			11	4.41	3.90	3.21	2.69	2.15
			12	3.87	3.43	2.84	2.38	1.92

续表 4-1-3

序号	行政区划名称	时段长	时段序号	重现期时段雨量值(mm)				
				100 a($H_{1\%}$)	50 a($H_{2\%}$)	20 a($H_{5\%}$)	10 a($H_{10\%}$)	5 a($H_{20\%}$)
12	义同村	0.25 h	1	1.56	1.38	1.13	0.94	0.75
			2	1.63	1.44	1.18	0.98	0.78
			3	1.70	1.50	1.23	1.03	0.82
			4	1.78	1.57	1.29	1.07	0.86
			5	3.03	2.67	2.19	1.82	1.45
			6	3.29	2.90	2.37	1.98	1.57
			7	3.59	3.16	2.59	2.15	1.71
			8	3.94	3.47	2.85	2.37	1.88
			9	8.06	7.10	5.81	4.84	3.83
			10	15.09	13.29	10.90	9.08	7.19
			11	42.48	37.57	31.01	25.97	20.82
			12	10.38	9.15	7.49	6.23	4.94
			13	6.63	5.84	4.78	3.98	3.15
			14	5.65	4.98	4.08	3.39	2.68
			15	4.93	4.35	3.56	2.96	2.34
			16	4.38	3.86	3.16	2.63	2.08
			17	2.82	2.48	2.04	1.69	1.34
			18	2.63	2.32	1.90	1.58	1.26
			19	2.46	2.17	1.78	1.48	1.18
			20	2.32	2.04	1.68	1.40	1.11
			21	2.19	1.93	1.58	1.32	1.05
			22	2.07	1.83	1.50	1.25	0.99
			23	1.96	1.73	1.42	1.18	0.94
			24	1.87	1.65	1.35	1.13	0.90

续表 4-1-3

序号	行政区划名称	时段长	时段序号	重现期时段雨量值(mm)				
				100 a($H_{1\%}$)	50 a($H_{2\%}$)	20 a($H_{5\%}$)	10 a($H_{10\%}$)	5 a($H_{20\%}$)
13	银张村	0.25 h	1	1.53	1.36	1.12	0.94	0.75
			2	1.60	1.42	1.17	0.98	0.78
			3	1.68	1.48	1.22	1.02	0.82
			4	1.76	1.56	1.28	1.07	0.85
			5	3.08	2.70	2.19	1.81	1.42
			6	3.34	2.93	2.38	1.96	1.54
			7	3.66	3.20	2.59	2.13	1.67
			8	4.03	3.53	2.85	2.34	1.83
			9	8.32	7.25	5.83	4.76	3.69
			10	15.50	13.52	10.90	8.91	6.91
			11	41.17	36.46	30.17	25.30	20.34
			12	10.72	9.34	7.51	6.13	4.75
			13	6.84	5.97	4.80	3.92	3.04
			14	5.82	5.08	4.09	3.35	2.60
			15	5.07	4.43	3.57	2.93	2.28
			16	4.49	3.93	3.17	2.60	2.03
			17	2.85	2.50	2.03	1.68	1.32
			18	2.65	2.33	1.90	1.57	1.24
			19	2.48	2.18	1.78	1.47	1.16
			20	2.33	2.05	1.67	1.39	1.10
			21	2.19	1.93	1.58	1.31	1.04
			22	2.07	1.82	1.49	1.24	0.98
			23	1.96	1.72	1.41	1.18	0.94
			24	1.85	1.64	1.34	1.12	0.89

续表 4-1-3

序号	行政区划名称	时段长	时段序号	重现期时段雨量值(mm)				
				100 a($H_{1\%}$)	50 a($H_{2\%}$)	20 a($H_{5\%}$)	10 a($H_{10\%}$)	5 a($H_{20\%}$)
14	曲村	0.5 h	1	2.58	2.31	1.95	1.67	1.38
			2	2.83	2.53	2.13	1.81	1.49
			3	3.12	2.79	2.33	1.98	1.62
			4	6.02	5.30	4.34	3.60	2.85
			5	7.27	6.38	5.19	4.29	3.38
			6	18.60	16.21	13.02	10.60	8.19
			7	56.76	50.07	41.15	34.31	27.33
			8	12.21	10.66	8.59	7.03	5.46
			9	9.12	7.99	6.47	5.32	4.16
			10	5.12	4.52	3.72	3.10	2.47
			11	4.44	3.93	3.25	2.72	2.18
			12	3.91	3.47	2.88	2.42	1.96
15	常平村	0.5 h	1	2.99	2.63	2.15	1.78	1.41
			2	3.27	2.87	2.34	1.94	1.53
			3	3.59	3.15	2.57	2.12	1.67
			4	6.74	5.89	4.76	3.91	3.05
			5	8.08	7.06	5.70	4.67	3.63
			6	19.94	17.40	14.04	11.49	8.90
			7	57.85	51.00	41.88	34.90	27.75
			8	13.30	11.60	9.35	7.65	5.93
			9	10.05	8.77	7.07	5.79	4.49
			10	5.77	5.05	4.09	3.36	2.62
			11	5.03	4.41	3.57	2.94	2.30
			12	4.45	3.90	3.17	2.61	2.05

续表 4-1-3

序号	行政区划名称	时段长	时段序号	重现期时段雨量值(mm)				
				100 a($H_{1\%}$)	50 a($H_{2\%}$)	20 a($H_{5\%}$)	10 a($H_{10\%}$)	5 a($H_{20\%}$)
16	蚕坊村	0.5 h	1	3.05	2.69	2.19	1.82	1.44
			2	3.34	2.93	2.39	1.97	1.56
			3	3.67	3.22	2.61	2.15	1.69
			4	6.86	5.97	4.79	3.90	3.02
			5	8.21	7.14	5.71	4.64	3.58
			6	20.16	17.50	13.97	11.32	8.67
			7	58.05	51.17	41.98	34.94	27.78
			8	13.47	11.69	9.33	7.56	5.79
			9	10.20	8.86	7.08	5.74	4.41
			10	5.88	5.12	4.12	3.36	2.61
			11	5.13	4.48	3.61	2.96	2.30
			12	4.54	3.97	3.21	2.63	2.06
17	董家庄	0.5 h	1	2.94	2.61	2.16	1.81	1.46
			2	3.22	2.85	2.34	1.96	1.57
			3	3.53	3.12	2.57	2.14	1.71
			4	6.60	5.78	4.68	3.85	3.02
			5	7.89	6.90	5.57	4.58	3.57
			6	19.35	16.85	13.54	11.03	8.52
			7	55.63	49.04	40.26	33.52	26.67
			8	12.94	11.28	9.07	7.40	5.73
			9	9.80	8.55	6.89	5.64	4.38
			10	5.65	4.96	4.03	3.33	2.62
			11	4.94	4.34	3.53	2.93	2.31
			12	4.37	3.85	3.14	2.61	2.07

续表 4-1-3

序号	行政区划名称	时段长	时段序号	重现期时段雨量值（mm）				
				100 a($H_{1\%}$)	50 a($H_{2\%}$)	20 a($H_{5\%}$)	10 a($H_{10\%}$)	5 a($H_{20\%}$)
18	扆家庄	0.5 h	1	2.65	2.38	2.01	1.72	1.42
			2	2.90	2.60	2.19	1.87	1.54
			3	3.20	2.86	2.40	2.04	1.67
			4	6.09	5.38	4.42	3.69	2.95
			5	7.33	6.46	5.28	4.39	3.49
			6	18.47	16.15	13.06	10.71	8.35
			7	55.33	48.82	40.14	33.47	26.68
			8	12.20	10.69	8.68	7.15	5.60
			9	9.16	8.05	6.56	5.43	4.28
			10	5.20	4.60	3.80	3.18	2.56
			11	4.52	4.01	3.32	2.80	2.26
			12	3.98	3.54	2.95	2.49	2.02
19	社东村	0.5 h	1	2.57	2.30	1.92	1.63	1.33
			2	2.80	2.50	2.08	1.77	1.44
			3	3.07	2.74	2.28	1.92	1.56
			4	5.69	5.03	4.13	3.46	2.76
			5	6.81	6.00	4.93	4.11	3.27
			6	16.88	14.82	12.07	10.00	7.89
			7	51.67	45.72	37.80	31.70	25.46
			8	11.20	9.85	8.04	6.67	5.28
			9	8.46	7.45	6.10	5.07	4.02
			10	4.88	4.32	3.56	2.99	2.39
			11	4.27	3.78	3.13	2.63	2.11
			12	3.78	3.36	2.78	2.34	1.89

续表 4-1-3

序号	行政区划名称	时段长	时段序号	重现期时段雨量值(mm)				
				100 a($H_{1\%}$)	50 a($H_{2\%}$)	20 a($H_{5\%}$)	10 a($H_{10\%}$)	5 a($H_{20\%}$)
20	娘娘庙	0.5 h	1	3.07	2.73	2.28	1.93	1.56
			2	3.35	2.97	2.47	2.08	1.68
			3	3.68	3.26	2.69	2.26	1.82
			4	6.82	5.97	4.84	3.98	3.12
			5	8.15	7.12	5.74	4.70	3.66
			6	19.88	17.25	13.78	11.15	8.55
			7	56.86	50.16	41.23	34.36	27.37
			8	13.33	11.58	9.27	7.52	5.80
			9	10.11	8.80	7.07	5.77	4.47
			10	5.86	5.14	4.18	3.45	2.72
			11	5.12	4.50	3.68	3.05	2.42
			12	4.54	4.00	3.28	2.73	2.18
21	李家坟 1	0.5 h	1	3.09	2.76	2.31	1.96	1.60
			2	3.37	3.00	2.51	2.13	1.73
			3	3.71	3.29	2.74	2.32	1.88
			4	6.93	6.09	4.98	4.13	3.27
			5	8.29	7.28	5.93	4.90	3.85
			6	20.40	17.77	14.30	11.66	9.02
			7	58.99	51.72	42.07	34.70	27.26
			8	13.62	11.89	9.61	7.87	6.12
			9	10.31	9.02	7.32	6.02	4.71
			10	5.94	5.23	4.30	3.58	2.84
			11	5.18	4.58	3.77	3.15	2.52
			12	4.58	4.06	3.36	2.82	2.26

续表 4-1-3

序号	行政区划名称	时段长	时段序号	重现期时段雨量值(mm)				
				100 a($H_{1\%}$)	50 a($H_{2\%}$)	20 a($H_{5\%}$)	10 a($H_{10\%}$)	5 a($H_{20\%}$)
22	西元村	0.5 h	1	2.99	2.66	2.22	1.87	1.52
			2	3.24	2.88	2.40	2.02	1.64
			3	3.53	3.13	2.60	2.20	1.78
			4	6.28	5.56	4.58	3.84	3.07
			5	7.44	6.58	5.41	4.52	3.62
			6	17.70	15.59	12.76	10.61	8.42
			7	52.40	46.28	38.11	31.83	25.44
			8	11.95	10.54	8.64	7.19	5.72
			9	9.15	8.07	6.63	5.53	4.41
			10	5.44	4.82	3.98	3.34	2.68
			11	4.80	4.25	3.52	2.95	2.37
			12	4.29	3.80	3.15	2.65	2.13
23	阎村	0.5 h	1	3.03	2.70	2.25	1.90	1.55
			2	3.28	2.92	2.43	2.05	1.66
			3	3.57	3.17	2.63	2.22	1.79
			4	6.33	5.58	4.58	3.82	3.04
			5	7.49	6.59	5.39	4.48	3.55
			6	17.60	15.42	12.53	10.33	8.11
			7	50.38	44.52	36.71	30.70	24.58
			8	11.96	10.49	8.54	7.06	5.55
			9	9.18	8.07	6.59	5.46	4.31
			10	5.49	4.85	3.99	3.33	2.66
			11	4.84	4.28	3.53	2.96	2.37
			12	4.33	3.84	3.17	2.66	2.14

续表 4-1-3

序号	行政区划名称	时段长	时段序号	重现期时段雨量值(mm)				
				100 a($H_{1\%}$)	50 a($H_{2\%}$)	20 a($H_{5\%}$)	10 a($H_{10\%}$)	5 a($H_{20\%}$)
24	王窑头	0.5 h	1	2.84	2.53	2.11	1.78	1.45
			2	3.09	2.75	2.28	1.93	1.56
			3	3.39	3.01	2.49	2.10	1.69
			4	6.25	5.49	4.48	3.71	2.93
			5	7.46	6.54	5.31	4.38	3.45
			6	18.24	15.91	12.81	10.47	8.12
			7	53.53	47.27	38.91	32.49	25.94
			8	12.20	10.65	8.60	7.04	5.48
			9	9.25	8.09	6.55	5.39	4.21
			10	5.37	4.73	3.87	3.21	2.55
			11	4.70	4.15	3.40	2.83	2.26
			12	4.17	3.69	3.03	2.54	2.03
25	史家坟	0.5 h	1	2.86	2.54	2.12	1.78	1.44
			2	3.13	2.77	2.30	1.93	1.55
			3	3.44	3.04	2.51	2.10	1.68
			4	6.44	5.62	4.53	3.71	2.89
			5	7.72	6.71	5.39	4.39	3.40
			6	19.02	16.46	13.08	10.55	8.01
			7	55.16	48.66	39.96	33.29	26.47
			8	12.69	10.99	8.75	7.07	5.40
			9	9.59	8.33	6.66	5.40	4.15
			10	5.52	4.83	3.91	3.22	2.52
			11	4.81	4.22	3.43	2.84	2.24
			12	4.26	3.74	3.06	2.54	2.01

续表 4-1-3

序号	行政区划名称	时段长	时段序号	重现期时段雨量值(mm)				
				100 a($H_{1\%}$)	50 a($H_{2\%}$)	20 a($H_{5\%}$)	10 a($H_{10\%}$)	5 a($H_{20\%}$)
26	郭雷庄	0.5 h	1	3.46	3.07	2.54	2.13	1.71
			2	3.76	3.32	2.74	2.29	1.84
			3	4.11	3.62	2.98	2.48	1.98
			4	7.40	6.46	5.21	4.27	3.32
			5	8.78	7.65	6.14	5.01	3.88
			6	20.67	17.93	14.29	11.56	8.84
			7	56.73	50.10	41.21	34.39	27.44
			8	14.06	12.21	9.74	7.89	6.06
			9	10.79	9.38	7.51	6.10	4.71
			10	6.40	5.60	4.53	3.72	2.92
			11	5.63	4.93	4.01	3.31	2.60
			12	5.02	4.41	3.59	2.98	2.35
27	王庄	0.5 h	1	3.48	3.08	2.55	2.15	1.73
			2	3.77	3.34	2.75	2.31	1.85
			3	4.13	3.64	2.99	2.50	1.99
			4	7.45	6.49	5.23	4.28	3.33
			5	8.83	7.67	6.16	5.02	3.88
			6	20.77	17.97	14.29	11.51	8.76
			7	56.71	50.01	41.10	34.25	27.25
			8	14.14	12.24	9.75	7.88	6.02
			9	10.85	9.41	7.52	6.10	4.69
			10	6.43	5.62	4.55	3.73	2.92
			11	5.66	4.95	4.02	3.32	2.61
			12	5.04	4.43	3.61	2.99	2.36

续表 4-1-3

序号	行政区划名称	时段长	时段序号	重现期时段雨量值(mm)				
				100 a($H_{1\%}$)	50 a($H_{2\%}$)	20 a($H_{5\%}$)	10 a($H_{10\%}$)	5 a($H_{20\%}$)
28	白峪口	0.5 h	1	3.04	2.70	2.25	1.90	1.53
			2	3.30	2.93	2.43	2.05	1.65
			3	3.60	3.20	2.64	2.22	1.79
			4	6.51	5.73	4.68	3.88	3.08
			5	7.74	6.80	5.54	4.58	3.62
			6	18.63	16.29	13.18	10.83	8.45
			7	55.25	48.74	40.06	33.41	26.63
			8	12.52	10.96	8.89	7.31	5.73
			9	9.55	8.37	6.80	5.61	4.41
			10	5.62	4.95	4.06	3.38	2.68
			11	4.94	4.36	3.58	2.99	2.38
			12	4.40	3.89	3.20	2.68	2.14
29	郊斜村	0.5 h	1	2.80	2.50	2.09	1.77	1.44
			2	3.07	2.73	2.27	1.92	1.56
			3	3.38	3.00	2.49	2.09	1.69
			4	6.37	5.59	4.55	3.76	2.96
			5	7.65	6.70	5.43	4.47	3.50
			6	19.00	16.55	13.28	10.81	8.34
			7	55.44	48.88	40.12	33.40	26.58
			8	12.63	11.02	8.86	7.23	5.61
			9	9.53	8.33	6.72	5.51	4.29
			10	5.45	4.79	3.92	3.25	2.57
			11	4.75	4.18	3.43	2.86	2.27
			12	4.19	3.71	3.05	2.55	2.04

续表 4-1-3

序号	行政区划名称	时段长	时段序号	重现期时段雨量值(mm)				
				100 a($H_{1\%}$)	50 a($H_{2\%}$)	20 a($H_{5\%}$)	10 a($H_{10\%}$)	5 a($H_{20\%}$)
30	郭家村	0.5 h	1	2.80	2.50	2.09	1.77	1.44
			2	3.07	2.73	2.27	1.92	1.56
			3	3.38	3.00	2.49	2.10	1.69
			4	6.40	5.62	4.57	3.78	2.98
			5	7.68	6.73	5.45	4.49	3.52
			6	19.15	16.67	13.38	10.89	8.41
			7	55.97	49.35	40.51	33.73	26.84
			8	12.72	11.09	8.92	7.28	5.65
			9	9.58	8.37	6.76	5.54	4.32
			10	5.47	4.81	3.93	3.26	2.58
			11	4.76	4.20	3.44	2.87	2.28
			12	4.20	3.71	3.06	2.56	2.04
31	东胡村	0.5 h	1	2.99	2.66	2.21	1.86	1.50
			2	3.25	2.89	2.39	2.01	1.62
			3	3.55	3.15	2.60	2.18	1.75
			4	6.45	5.67	4.63	3.84	3.03
			5	7.67	6.74	5.48	4.54	3.57
			6	18.60	16.27	13.17	10.81	8.44
			7	56.02	49.47	40.72	34.00	27.14
			8	12.46	10.91	8.84	7.27	5.69
			9	9.48	8.31	6.75	5.57	4.37
			10	5.56	4.89	4.01	3.33	2.64
			11	4.88	4.30	3.53	2.94	2.34
			12	4.34	3.84	3.16	2.64	2.10

续表 4-1-3

序号	行政区划名称	时段长	时段序号	重现期时段雨量值(mm)				
				100 a($H_{1\%}$)	50 a($H_{2\%}$)	20 a($H_{5\%}$)	10 a($H_{10\%}$)	5 a($H_{20\%}$)
32	王坟	0.5 h	1	3.07	2.73	2.26	1.91	1.54
			2	3.34	2.96	2.45	2.06	1.66
			3	3.65	3.23	2.67	2.24	1.80
			4	6.63	5.83	4.76	3.94	3.11
			5	7.90	6.93	5.64	4.66	3.66
			6	19.26	16.82	13.59	11.12	8.64
			7	58.74	51.68	42.31	35.09	27.79
			8	12.86	11.25	9.11	7.47	5.83
			9	9.77	8.56	6.95	5.72	4.48
			10	5.71	5.03	4.12	3.42	2.71
			11	5.01	4.42	3.63	3.02	2.40
			12	4.46	3.94	3.24	2.70	2.16
33	马坟	0.5 h	1	2.40	2.14	1.79	1.52	1.23
			2	2.56	2.27	1.90	1.61	1.30
			3	2.73	2.43	2.02	1.71	1.38
			4	2.93	2.60	2.16	1.82	1.47
			5	3.16	2.80	2.32	1.95	1.58
			6	9.79	8.58	6.96	5.73	4.49
			7	12.83	11.23	9.09	7.46	5.82
			8	58.38	51.38	42.03	34.89	27.63
			9	19.13	16.72	13.49	11.05	8.59
			10	7.94	6.97	5.67	4.68	3.68
			11	6.69	5.88	4.80	3.97	3.13
			12	5.78	5.09	4.16	3.45	2.74

续表 4-1-3

序号	行政区划名称	时段长	时段序号	重现期时段雨量值(mm)				
				100 a($H_{1\%}$)	50 a($H_{2\%}$)	20 a($H_{5\%}$)	10 a($H_{10\%}$)	5 a($H_{20\%}$)
34	李家坟 2	0.5 h	1	3.06	2.72	2.26	1.90	1.54
			2	3.33	2.95	2.44	2.05	1.65
			3	3.64	3.22	2.66	2.23	1.79
			4	6.59	5.79	4.73	3.92	3.09
			5	7.84	6.88	5.61	4.63	3.64
			6	19.09	16.67	13.49	11.04	8.58
			7	58.38	51.38	42.07	34.89	27.64
			8	12.76	11.16	9.05	7.42	5.79
			9	9.69	8.49	6.90	5.68	4.45
			10	5.68	5.00	4.10	3.40	2.70
			11	4.99	4.40	3.61	3.01	2.39
			12	4.44	3.92	3.23	2.69	2.15
35	西胡村	0.5 h	1	3.07	2.72	2.26	1.90	1.54
			2	3.35	2.97	2.45	2.06	1.66
			3	3.68	3.25	2.68	2.24	1.80
			4	6.88	6.01	4.87	4.00	3.13
			5	8.23	7.18	5.80	4.75	3.70
			6	20.23	17.57	14.06	11.41	8.76
			7	58.45	51.47	42.17	35.05	27.79
			8	13.51	11.75	9.42	7.66	5.90
			9	10.23	8.91	7.16	5.85	4.53
			10	5.89	5.16	4.20	3.46	2.72
			11	5.14	4.52	3.68	3.05	2.41
			12	4.55	4.01	3.28	2.73	2.16

续表 4-1-3

序号	行政区划名称	时段长	时段序号	重现期时段雨量值(mm)				
				100 a($H_{1\%}$)	50 a($H_{2\%}$)	20 a($H_{5\%}$)	10 a($H_{10\%}$)	5 a($H_{20\%}$)
36	东底村	0.5 h	1	2.42	2.17	1.83	1.57	1.29
			2	2.66	2.39	2.00	1.71	1.40
			3	2.95	2.63	2.20	1.87	1.53
			4	5.76	5.08	4.17	3.47	2.76
			5	6.98	6.14	5.01	4.16	3.29
			6	18.09	15.80	12.76	10.46	8.15
			7	55.89	49.38	40.69	34.01	27.19
			8	11.81	10.33	8.37	6.88	5.39
			9	8.79	7.71	6.27	5.18	4.08
			10	4.89	4.32	3.56	2.98	2.38
			11	4.23	3.75	3.10	2.60	2.09
			12	3.71	3.29	2.74	2.31	1.87
37	柴家窑村	0.5 h	1	2.84	2.55	2.14	1.82	1.50
			2	3.10	2.77	2.32	1.97	1.61
			3	3.39	3.03	2.52	2.14	1.74
			4	6.26	5.52	4.51	3.75	2.98
			5	7.48	6.57	5.36	4.44	3.50
			6	18.44	16.08	12.94	10.58	8.21
			7	55.90	49.26	40.41	33.62	26.71
			8	12.27	10.73	8.66	7.11	5.55
			9	9.28	8.14	6.60	5.44	4.28
			10	5.38	4.75	3.90	3.26	2.60
			11	4.71	4.17	3.44	2.88	2.31
			12	4.18	3.71	3.07	2.58	2.08

续表 4-1-3

序号	行政区划名称	时段长	时段序号	重现期时段雨量值(mm)				
				100 a($H_{1\%}$)	50 a($H_{2\%}$)	20 a($H_{5\%}$)	10 a($H_{10\%}$)	5 a($H_{20\%}$)
38	西底村	0.5 h	1	2.49	2.23	1.88	1.60	1.32
			2	2.73	2.44	2.05	1.74	1.43
			3	3.01	2.69	2.25	1.91	1.56
			4	5.79	5.12	4.21	3.52	2.81
			5	6.98	6.16	5.05	4.21	3.35
			6	17.78	15.60	12.68	10.47	8.23
			7	53.87	47.67	39.37	32.98	26.46
			8	11.70	10.27	8.37	6.93	5.47
			9	8.75	7.70	6.30	5.23	4.14
			10	4.93	4.36	3.60	3.02	2.43
			11	4.28	3.79	3.14	2.64	2.13
			12	3.77	3.35	2.78	2.35	1.90
39	南贾村	0.5 h	1	2.88	2.57	2.15	1.83	1.49
			2	3.13	2.78	2.32	1.97	1.60
			3	3.41	3.03	2.52	2.13	1.72
			4	6.09	5.36	4.39	3.65	2.89
			5	7.22	6.34	5.17	4.28	3.38
			6	17.20	15.03	12.15	9.97	7.76
			7	50.58	44.88	37.24	31.34	25.28
			8	11.61	10.16	8.23	6.77	5.29
			9	8.88	7.79	6.33	5.22	4.10
			10	5.27	4.65	3.82	3.18	2.54
			11	4.64	4.10	3.38	2.83	2.26
			12	4.15	3.67	3.03	2.55	2.05

续表 4-1-3

序号	行政区划名称	时段长	时段序号	重现期时段雨量值(mm)				
				100 a($H_{1\%}$)	50 a($H_{2\%}$)	20 a($H_{5\%}$)	10 a($H_{10\%}$)	5 a($H_{20\%}$)
40	李家庄	0.5 h	1	2.80	2.50	2.09	1.77	1.44
			2	3.06	2.72	2.27	1.91	1.55
			3	3.35	2.98	2.47	2.09	1.69
			4	6.24	5.49	4.49	3.73	2.96
			5	7.46	6.56	5.35	4.43	3.50
			6	18.58	16.24	13.14	10.79	8.42
			7	57.12	50.41	41.46	34.59	27.59
			8	12.31	10.78	8.74	7.19	5.63
			9	9.29	8.15	6.62	5.47	4.30
			10	5.34	4.71	3.87	3.23	2.57
			11	4.67	4.13	3.40	2.84	2.27
			12	4.14	3.66	3.02	2.54	2.04
41	孙家坟	0.5 h	1	2.86	2.55	2.12	1.79	1.46
			2	3.12	2.78	2.31	1.94	1.57
			3	3.43	3.05	2.52	2.12	1.71
			4	6.43	5.65	4.60	3.80	2.99
			5	7.71	6.75	5.48	4.51	3.54
			6	19.06	16.61	13.36	10.90	8.44
			7	55.88	49.32	40.56	33.84	26.98
			8	12.69	11.07	8.92	7.30	5.67
			9	9.59	8.38	6.77	5.56	4.34
			10	5.51	4.85	3.96	3.28	2.60
			11	4.81	4.24	3.47	2.89	2.30
			12	4.25	3.76	3.09	2.58	2.06

续表 4-1-3

序号	行政区划名称	时段长	时段序号	重现期时段雨量值(mm)				
				100 a($H_{1\%}$)	50 a($H_{2\%}$)	20 a($H_{5\%}$)	10 a($H_{10\%}$)	5 a($H_{20\%}$)
42	大峪口	0.5 h	1	2.77	2.48	2.09	1.79	1.47
			2	3.03	2.71	2.27	1.93	1.58
			3	3.33	2.97	2.49	2.11	1.72
			4	6.27	5.52	4.52	3.76	2.99
			5	7.52	6.61	5.39	4.46	3.52
			6	18.67	16.30	13.13	10.74	8.33
			7	54.82	48.45	39.88	33.32	26.63
			8	12.42	10.86	8.77	7.20	5.62
			9	9.37	8.21	6.66	5.49	4.31
			10	5.37	4.74	3.90	3.25	2.60
			11	4.68	4.14	3.42	2.87	2.30
			12	4.13	3.67	3.04	2.56	2.07
43	丁家窑	0.5 h	1	2.85	2.54	2.13	1.81	1.47
			2	3.11	2.77	2.31	1.96	1.59
			3	3.42	3.05	2.53	2.14	1.74
			4	6.44	5.68	4.65	3.87	3.08
			5	7.72	6.79	5.55	4.60	3.64
			6	19.11	16.72	13.54	11.14	8.71
			7	55.46	48.95	40.27	33.61	26.81
			8	12.73	11.15	9.05	7.46	5.86
			9	9.61	8.44	6.87	5.68	4.48
			10	5.51	4.87	4.00	3.34	2.67
			11	4.80	4.25	3.50	2.93	2.35
			12	4.25	3.76	3.11	2.61	2.10

续表 4-1-3

序号	行政区划名称	时段长	时段序号	重现期时段雨量值(mm)				
				100 a($H_{1\%}$)	50 a($H_{2\%}$)	20 a($H_{5\%}$)	10 a($H_{10\%}$)	5 a($H_{20\%}$)
44	三路里村	0.5 h	1	2.01	1.82	1.57	1.38	1.16
			2	2.22	2.02	1.73	1.51	1.27
			3	2.48	2.25	1.92	1.67	1.40
			4	5.07	4.54	3.82	3.26	2.67
			5	6.20	5.54	4.64	3.94	3.21
			6	16.89	14.91	12.24	10.19	8.10
			7	55.21	48.14	38.80	31.67	24.54
			8	10.80	9.58	7.93	6.66	5.34
			9	7.91	7.05	5.87	4.96	4.01
			10	4.25	3.82	3.22	2.76	2.28
			11	3.64	3.28	2.78	2.39	1.98
			12	3.17	2.86	2.43	2.10	1.75
45	墩张村	0.5 h	1	1.97	1.79	1.53	1.33	1.12
			2	2.17	1.96	1.68	1.46	1.22
			3	2.40	2.17	1.86	1.61	1.35
			4	4.71	4.24	3.60	3.10	2.57
			5	5.73	5.15	4.36	3.74	3.09
			6	15.53	13.82	11.52	9.74	7.88

续表 4-1-3

序号	行政区划名称	时段长	时段序号	重现期时段雨量值(mm)				
				100 a($H_{1\%}$)	50 a($H_{2\%}$)	20 a($H_{5\%}$)	10 a($H_{10\%}$)	5 a($H_{20\%}$)
45	墩张村	0.5 h	7	55.99	48.77	39.22	31.98	24.73
			8	9.89	8.85	7.43	6.33	5.17
			9	7.27	6.52	5.50	4.71	3.87
			10	3.99	3.59	3.05	2.63	2.19
			11	3.44	3.10	2.64	2.28	1.90
			12	3.02	2.72	2.32	2.01	1.68
46	上王村	0.5 h	1	2.22	2.01	1.72	1.50	1.26
			2	2.41	2.18	1.87	1.62	1.36
			3	2.64	2.39	2.04	1.76	1.47
			4	4.88	4.38	3.69	3.16	2.60
			5	5.86	5.24	4.40	3.75	3.07
			6	14.98	13.27	10.97	9.20	7.37
			7	52.59	45.91	37.06	30.34	23.59
			8	9.76	8.69	7.23	6.11	4.94
			9	7.31	6.53	5.46	4.64	3.78
			10	4.19	3.76	3.18	2.73	2.25
			11	3.66	3.29	2.79	2.40	1.99
			12	3.25	2.93	2.49	2.14	1.78

表 4-1-4　盐湖区设计洪水成果表

序号	行政区划名称	小流域名称	洪水要素	重现期洪水要素值				
				100 a($Q_{1\%}$)	50 a($Q_{2\%}$)	20 a($Q_{5\%}$)	10 a($Q_{10\%}$)	5 a($Q_{20\%}$)
1	界滩村	沙沟	洪峰流量(m^3/s)	47	39.8	30.3	22.9	16.1
			洪量(万 m^3)	20	16	12	8	5
			涨洪历时(h)	1.51	1.45	3.95	3.95	3.9
			洪水历时(h)	5.22	4.3	1.05	0.8	1.05
2	下月村	老龙沟	洪峰流量(m^3/s)	166	140	106	79.6	55.8
			洪量(万 m^3)	89	73	53	38	25
			涨洪历时(h)	2.4	2	1.6	0.9	0.75
			洪水历时(h)	6.6	5.6	3.6	4.2	4.25
3	磨河村	小水沟	洪峰流量(m^3/s)	257	219	168	128	89.9
			洪量(万 m^3)	149	122	87	62	41
			涨洪历时(h)	3.25	2.25	2	1	1
			洪水历时(h)	8	7	6.25	5	5
4	东郭村	小水沟	洪峰流量(m^3/s)	264	224	170	128	88.6
			洪量(万 m^3)	161	132	95	68	45
			涨洪历时(h)	2.5	2	2	1.3	0.9
			洪水历时(h)	7	6.51	5.92	5.4	5.3

续表 4-1-4

序号	行政区划名称	小流域名称	洪水要素	重现期洪水要素值				
				100 a($Q_{1\%}$)	50 a($Q_{2\%}$)	20 a($Q_{5\%}$)	10 a($Q_{10\%}$)	5 a($Q_{20\%}$)
5	白庄村	小水沟	洪峰流量(m^3/s)	269	227	248	129	89
			洪量(万 m^3)	160	132	95	67	45
			涨洪历时(h)	1.2	1.9	1.9	1.1	1.9
			洪水历时(h)	6.4	6.3	6	5	5.3
6	界村	赵家窑沟	洪峰流量(m^3/s)	119	101	76.1	57.2	39.5
			洪量(万 m^3)	51	41	29	20	13
			涨洪历时(h)	1.7	1.6	1.25	0.75	1.01
			洪水历时(h)	5.25	4.3	4	1.4	4
7	井园村	补沟	洪峰流量(m^3/s)	65.8	54.2	38.6	27.5	17.5
			洪量(万 m^3)	53	43	30	30	30
			涨洪历时(h)	2	1.9	1.25	1.25	1.25
			洪水历时(h)	7.5	7.7	7	7	7
8	小李村	胡家沟	洪峰流量(m^3/s)	86.7	72.4	53.4	39.4	26.6
			洪量(万 m^3)	50	40	28	28	13
			涨洪历时(h)	1.6	1.6	1	1	0.75
			洪水历时(h)	5.6	5.35	5	5	5.25

续表 4-1-4

序号	行政区划名称	小流域名称	洪水要素	重现期洪水要素值				
				100 a($Q_{1\%}$)	50 a($Q_{2\%}$)	20 a($Q_{5\%}$)	10 a($Q_{10\%}$)	5 a($Q_{20\%}$)
9	大李村	唐沟	洪峰流量(m^3/s)	48.1	40.4	30.3	22.6	17.5
			洪量(万 m^3)	20	16	11	8	5
			涨洪历时(h)	1.75	1.5	0.75	0.75	2.8
			洪水历时(h)	4.75	4.25	3.75	3.5	3.5
10	柏口窑村	柏口沟	洪峰流量(m^3/s)	97.7	80.7	58.1	41.5	26.6
			洪量(万 m^3)	75	60	42	29	19
			涨洪历时(h)	2	2	1.25	1	1
			洪水历时(h)	7.5	7.5	7	6.75	7.5
11	西姚村	照南沟	洪峰流量(m^3/s)	74.6	176	119	79.5	47
			洪量(万 m^3)	26	204	139	94	60
			涨洪历时(h)	1.7	2.4	1.4	1.5	1.5
			洪水历时(h)	4.3	11.5	10.5	11.5	12.5
12	义同村	庙沟	洪峰流量(m^3/s)	83.5	69.6	51.2	37.4	25.3
			洪量(万 m^3)	56	45	32	22	15
			涨洪历时(h)	1.75	1.7	1	0.75	0.75
			洪水历时(h)	6.5	6.2	5.75	5.75	6

续表 4-1-4

序号	行政区划名称	小流域名称	洪水要素	重现期洪水要素值				
				100 a($Q_{1\%}$)	50 a($Q_{2\%}$)	20 a($Q_{5\%}$)	10 a($Q_{10\%}$)	5 a($Q_{20\%}$)
13	银张村	大柴沟	洪峰流量(m^3/s)	93	78.8	59.9	45	31.2
			洪量(万 m^3)	41	33	23	16	10
			涨洪历时(h)	2	1.75	1	0.75	0.75
			洪水历时(h)	5.5	5	3.75	3.75	3.75
14	曲村	华松沟	洪峰流量(m^3/s)	55.4	46.2	33.7	24.5	16
			洪量(万 m^3)	36	29	20	14	9
			涨洪历时(h)	2	1.7	1.3	0.9	1
			洪水历时(h)	7.3	7.3	6.6	6.5	7.3
15	常平村	石板沟	洪峰流量(m^3/s)	80.4	66.8	48.7	35	22.8
			洪量(万 m^3)	59	48	33	23	15
			涨洪历时(h)	2	2	1.5	1	1
			洪水历时(h)	7.5	7.25	7	6.75	6.75
16	蚕坊村	麻沟	洪峰流量(m^3/s)	117	98.2	73.3	54	36
			洪量(万 m^3)	65	52	36	24	16
			涨洪历时(h)	2	1.8	1.4	1	1
			洪水历时(h)	6.75	6.4	5.3	5.5	5.4

续表 4-1-4

序号	行政区划名称	小流域名称	洪水要素	重现期洪水要素值				
				100 a($Q_{1\%}$)	50 a($Q_{2\%}$)	20 a($Q_{5\%}$)	10 a($Q_{10\%}$)	5 a($Q_{20\%}$)
17	董家庄	黑里沟	洪峰流量(m^3/s)	122	100	70.9	49.8	31.1
			洪量(万 m^3)	107	85	57	40	26
			涨洪历时(h)	2	2	1.5	1	1
			洪水历时(h)	8.5	8.5	9	8.5	8.5
18	宬家庄	黑里沟	洪峰流量(m^3/s)	110	89.8	63.1	44.4	27.6
			洪量(万 m^3)	100	80	56	38	25
			涨洪历时(h)	1	1.7	1	1	1.05
			洪水历时(h)	9.5	9	8.5	8.5	10.5
19	社东村	刀得淄沟	洪峰流量(m^3/s)	134	115	88.5	67.8	47.4
			洪量(万 m^3)	51	41	29	20	13
			涨洪历时(h)	2	0.9	1.2	0.9	0.9
			洪水历时(h)	4.1	3.5	3.8	3.6	3.3
20	娘娘庙	五龙峪	洪峰流量(m^3/s)	181	144	98	66	42
			洪量(万 m^3)	191	155	107	74	44
			涨洪历时(h)	1.7	2	1.3	0.9	0.5
			洪水历时(h)	7.5	7.5	8	7.5	8.2

续表 4-1-4

序号	行政区划名称	小流域名称	洪水要素	重现期洪水要素值				
				100 a($Q_{1\%}$)	50 a($Q_{2\%}$)	20 a($Q_{5\%}$)	10 a($Q_{10\%}$)	5 a($Q_{20\%}$)
21	李家坟 1	五龙峪	洪峰流量(m^3/s)	176	143	97.6	65.3	38.5
			洪量(万 m^3)	196	155	106	72	45
			涨洪历时(h)	2.5	2.5	2.5	2.6	1.5
			洪水历时(h)	10.5	10.5	11.5	11.5	10.5
22	西元村	五龙峪	洪峰流量(m^3/s)	146	117	79.6	52.7	31.6
			洪量(万 m^3)	169	134	92	63	40
			涨洪历时(h)	2.5	2	1.5	1.5	1.5
			洪水历时(h)	11.5	11	11.5	11.5	12.5
23	阎村	五龙峪	洪峰流量(m^3/s)	218	176	119	79.5	47
			洪量(万 m^3)	258	204	139	94	60
			涨洪历时(h)	2.5	2.5	1.5	1.5	1.5
			洪水历时(h)	11.5	11.5	10.5	11.5	12.5
24	王窑头	王窑头沟	洪峰流量(m^3/s)	102	84.1	60.6	43.1	27.8
			洪量(万 m^3)	83	67	46	32	21
			涨洪历时(h)	2.3	2	1.5	1	1
			洪水历时(h)	7.5	7.4	7.1	6.6	7.3

续表 4-1-4

序号	行政区划名称	小流域名称	洪水要素	重现期洪水要素值				
				100 a($Q_{1\%}$)	50 a($Q_{2\%}$)	20 a($Q_{5\%}$)	10 a($Q_{10\%}$)	5 a($Q_{20\%}$)
25	史家坟	王窑头沟	洪峰流量(m^3/s)	109	89.9	61.2	45.2	65.9
			洪量(万 m^3)	91	73	50	34	23
			涨洪历时(h)	2	1.9	1.8	1	0.7
			洪水历时(h)	7.5	7.5	7.5	7.3	7.5
26	郭雷庄	王窑头沟	洪峰流量(m^3/s)	109	89.2	64.1	44.8	28.8
			洪量(万 m^3)	111	88	61	41	26
			涨洪历时(h)	2.8	1.9	1.8	0.8	1.1
			洪水历时(h)	10.2	9.5	9.5	10.5	10
27	王庄	王窑头沟	洪峰流量(m^3/s)	109	89.2	63.9	44.5	28.5
			洪量(万 m^3)	112	89	62	41	26
			涨洪历时(h)	2.5	2	1.7	1.2	0.8
			洪水历时(h)	10.2	9.5	9.5	11.5	10.5
28	白峪口	白峪口沟	洪峰流量(m^3/s)	99.6	82.3	59.1	42	27
			洪量(万 m^3)	83	66	45	31	20
			涨洪历时(h)	2	1.9	1.5	1	0.8
			洪水历时(h)	8	8	7.8	7.5	8.5

续表 4-1-4

序号	行政区划名称	小流域名称	洪水要素	重现期洪水要素值				
				100 a($Q_{1\%}$)	50 a($Q_{2\%}$)	20 a($Q_{5\%}$)	10 a($Q_{10\%}$)	5 a($Q_{20\%}$)
29	郯斜村	白峪口沟	洪峰流量(m^3/s)	166	136	96.6	68	43
			洪量(万 m^3)	144	116	80	55	35
			涨洪历时(h)	2	2	1.5	1	1
			洪水历时(h)	8	8.5	10	8.5	9.5
30	郭家村	白峪口沟	洪峰流量(m^3/s)	165	135	96.1	67.5	42.7
			洪量(万 m^3)	146	117	81	56	36
			涨洪历时(h)	2	0.9	1.5	0.9	0.9
			洪水历时(h)	8	7.9	7.9	7.5	8.3
31	东胡村	东胡西沟	洪峰流量(m^3/s)	66.5	55.1	39.9	63.3	18.3
			洪量(万 m^3)	46	37	26	18	11
			涨洪历时(h)	1.3	1.9	1.3	28.64	0.9
			洪水历时(h)	7.2	6.8	6.6	17.47	6.7
32	王玟	黄花峪沟	洪峰流量(m^3/s)	52.7	43.5	31.3	22.2	14.4
			洪量(万 m^3)	45	36	25	12	11
			涨洪历时(h)	2	2	1.5	1	1
			洪水历时(h)	8.3	8	8	7.7	8.3

续表 4-1-4

序号	行政区划名称	小流域名称	洪水要素	重现期洪水要素值				
				100 a($Q_{1\%}$)	50 a($Q_{2\%}$)	20 a($Q_{5\%}$)	10 a($Q_{10\%}$)	5 a($Q_{20\%}$)
33	马坟	黄花峪沟	洪峰流量(m^3/s)	57	47.3	34.5	24.3	15.5
			洪量(万 m^3)	50	40	28	19	12
			涨洪历时(h)	1.5	1.5	1.5	1.2	0.5
			洪水历时(h)	7	6.5	8	8.2	7.7
34	李家坟 2	黄花峪沟	洪峰流量(m^3/s)	83.6	69.4	50.6	36.3	23.7
			洪量(万 m^3)	62	50	35	24	15
			涨洪历时(h)	2	2	1.7	1	1
			洪水历时(h)	7.5	7.5	7.2	6.7	7.3
35	西胡村	黄花峪沟	洪峰流量(m^3/s)	97.7	81.1	58.9	41.4	26.8
			洪量(万 m^3)	72	57	40	27	18
			涨洪历时(h)	1.5	1.5	1.5	1	0.5
			洪水历时(h)	7.3	7.3	6.7	6.8	6.7
36	东底村	马道峪沟	洪峰流量(m^3/s)	58.1	50	39	30.2	21.5
			洪量(万 m^3)	21	17	12	8	5
			涨洪历时(h)	2	2	1	1	1
			洪水历时(h)	4.5	4	3	2.7	2.7

续表 4-1-4

序号	行政区划名称	小流域名称	洪水要素	重现期洪水要素值				
				100 a($Q_{1\%}$)	50 a($Q_{2\%}$)	20 a($Q_{5\%}$)	10 a($Q_{10\%}$)	5 a($Q_{20\%}$)
37	柴家窑村	柴家窑沟	洪峰流量(m^3/s)	133	107	73.3	48.3	29
			洪量(万 m^3)	132	104	71	48	31
			涨洪历时(h)	2.5	2.2	1.5	1.5	1
			洪水历时(h)	9	8.7	9.3	8.7	9.2
38	西底村	柴家窑沟	洪峰流量(m^3/s)	139	112	75.7	50	29.3
			洪量(万 m^3)	153	121	82	55	35
			涨洪历时(h)	2.5	2.25	1.5	1.5	1
			洪水历时(h)	9.5	9.5	9.25	9.75	10.25
39	南贾村	柴家窑沟	洪峰流量(m^3/s)	134	108	73.9	48.9	29.4
			洪量(万 m^3)	141	112	76	52	33
			涨洪历时(h)	2.5	3.2	1.5	1.5	1
			洪水历时(h)	9.5	9.2	8.7	9.5	9.8
40	李家庄	大峪口沟 2	洪峰流量(m^3/s)	42.5	36.1	27.5	20.7	14.2
			洪量(万 m^3)	18	15	10	7	5
			涨洪历时(h)	2	2	1.25	1	1
			洪水历时(h)	5.25	4.75	4	3.75	3.75

续表 4-1-4

序号	行政区划名称	小流域名称	洪水要素	重现期洪水要素值				
				100 a($Q_{1\%}$)	50 a($Q_{2\%}$)	20 a($Q_{5\%}$)	10 a($Q_{10\%}$)	5 a($Q_{20\%}$)
41	孙家坟	大峪口沟2	洪峰流量(m^3/s)	43.4	36.9	28	21	14.3
			洪量(万 m^3)	20	16	11	8	5
			涨洪历时(h)	2	2	1.5	1	1
			洪水历时(h)	5.5	4.75	4.25	3.75	4
42	大峪口	大峪口沟1	洪峰流量(m^3/s)	66.8	53.5	37.2	24.9	14.1
			洪量(万 m^3)	48	37	25	17	11
			涨洪历时(h)	1.6	1	1	0.5	0.5
			洪水历时(h)	6	6.5	6.5	6.8	7.2
43	丁家窑	丁家窑沟	洪峰流量(m^3/s)	27	23.2	18.1	14.1	10.1
			洪量(万 m^3)	10	8	6	4	3
			涨洪历时(h)	2	2	1.75	1	1
			洪水历时(h)	5.25	4.5	3.5	2.75	2.6
44	三路里村	山神沟	洪峰流量(m^3/s)	64.4	47.4	29.1	18.2	10.5
			洪量(万 m^3)	15	11	7	5	3
			涨洪历时(h)	0.5	0.5	0.5	0.5	0.5
			洪水历时(h)	2	2	2.2	2.2	2.8

续表 4-1-4

序号	行政区划名称	小流域名称	洪水要素	重现期洪水要素值				
				100 a($Q_{1\%}$)	50 a($Q_{2\%}$)	20 a($Q_{5\%}$)	10 a($Q_{10\%}$)	5 a($Q_{20\%}$)
45	墩张村	山神沟	洪峰流量(m^3/s)	202	170	127	93.7	66.5
			洪量(万 m^3)	61	49	34	24	16
			涨洪历时(h)	1.7	1.3	1	1	0.5
			洪水历时(h)	3.4	3	2.5	2.7	2.2
46	上王村	上王沟	洪峰流量(m^3/s)	250	207	150	111	66.8
			洪量(万 m^3)	87	69	47	32	20
			涨洪历时(h)	1.5	1	1	0.5	0.5
			洪水历时(h)	3.8	2.5	3.3	2.8	3.2

表 4-1-5　盐湖区设计净雨深计算成果表

序号	行政区划名称	重现期(a)	参数			主雨历时(h)	主雨雨量(mm)	净雨深(mm)
			μ	S_r	K_s			
1	界滩村	100	5.86	18.77	1.30	10.56	146.54	95.70
		50	6.45	18.77	1.30	9.86	127.57	77.89
		20	7.55	18.77	1.30	8.72	102.02	55.29
		10	8.95	18.77	1.30	7.65	82.36	39.00
		5	10.16	18.77	1.30	6.36	62.35	25.65
2	下月村	100	5.19	17.38	1.20	10.39	144.91	98.38
		50	5.69	17.38	1.20	9.65	125.95	80.55
		20	6.60	17.38	1.20	8.46	100.51	57.86
		10	7.76	17.38	1.20	7.36	81.05	41.41
		5	8.77	17.38	1.20	6.07	61.33	27.67

续表 4-1-5

序号	行政区划名称	重现期(a)	参数			主雨历时(h)	主雨雨量(mm)	净雨深(mm)
			μ	S_r	K_s			
3	磨河村	100	4.72	16.7	1.14	11.4	150.1	102.44
		50	5.15	16.7	1.14	10.5	130.3	83.81
		20	5.93	16.7	1.14	9.2	103.6	60.01
		10	6.96	16.7	1.14	8.0	83.1	42.76
		5	7.92	16.7	1.14	6.5	62.4	28.39
4	东郭村	100	4.96	17.23	1.18	11.30	152.60	103.54
		50	5.41	17.23	1.18	10.49	132.68	84.85
		20	6.23	17.23	1.18	9.22	105.89	60.96
		10	7.26	17.23	1.18	8.06	85.40	43.60
		5	8.11	17.23	1.18	6.66	64.57	29.06
5	白庄村	100	5.16	17.43	1.20	10.58	148.18	100.95
		50	5.64	17.43	1.20	9.90	129.15	82.83
		20	6.50	17.43	1.20	8.79	103.49	59.59
		10	7.61	17.43	1.20	7.75	83.72	42.62
		5	8.55	17.43	1.20	6.47	63.56	28.43
6	界村	100	6.55	20.01	1.39	10.37	143.04	89.58
		50	7.24	20.01	1.39	9.72	124.74	72.46
		20	8.50	20.01	1.39	8.65	100.07	50.92
		10	10.11	20.01	1.39	7.65	81.02	35.52
		5	11.50	20.01	1.39	6.38	61.52	23.14

续表 4-1-5

序号	行政区划名称	重现期(a)	参数			主雨历时(h)	主雨雨量(mm)	净雨深(mm)
			μ	S_r	K_s			
7	井园村	100	6.91	21.7	1.43	11.3	155.0	94.82
		50	7.68	21.7	1.43	10.5	134.5	76.3
		20	9.08	21.7	1.43	9.1	107.1	53.3
		10	10.85	21.7	1.43	7.9	86.2	37.0
		5	12.37	21.7	1.43	6.5	65.0	23.9
8	小李村	100	6.90	21.6	1.43	11.3	154.5	94.44
		50	7.67	21.6	1.43	10.5	134.1	76.1
		20	9.07	21.6	1.43	9.1	106.7	53.2
		10	10.84	21.6	1.43	7.9	85.9	36.9
		5	12.32	21.6	1.43	6.5	64.9	24.03
9	大李村	100	8.21	23.32	1.61	11.14	152.80	87.96
		50	9.17	23.32	1.61	10.36	133.18	70.47
		20	10.89	23.32	1.61	9.13	106.78	48.80
		10	13.01	23.32	1.61	8.01	86.53	33.66
		5	14.78	23.32	1.61	6.67	65.89	21.79
10	柏口窑村	100	6.86	21.8	1.44	11.9	160.5	97.83
		50	7.62	21.8	1.44	11.0	139.1	78.6
		20	9.01	21.8	1.44	9.6	110.5	54.6
		10	10.78	21.8	1.44	8.3	88.6	37.67
		5	12.32	21.8	1.44	6.8	66.6	24.3

续表 4-1-5

序号	行政区划名称	重现期(a)	参数			主雨历时(h)	主雨雨量(mm)	净雨深(mm)
			μ	S_r	K_s			
11	西姚村	100	9.47	25.02	1.74	11.05	152.16	83.09
		50	10.63	25.02	1.74	10.30	132.55	65.92
		20	12.71	25.02	1.74	9.06	106.16	45.09
		10	15.30	25.02	1.74	7.95	85.88	30.63
		5	17.52	25.02	1.74	6.61	65.23	19.52
12	义同村	100	6.68	21.8	1.44	13.9	166.8	96.49
		50	7.45	21.8	1.44	12.5	143.9	77.6
		20	8.83	21.8	1.44	10.5	113.7	54.3
		10	10.55	21.8	1.44	8.8	91.0	38.0
		5	11.96	21.8	1.44	7.1	68.6	25.0
13	银张村	100	6.57	21.4	1.42	12.9	163.4	97.76
		50	7.28	21.4	1.42	11.9	141.4	78.4
		20	8.59	21.4	1.42	10.3	112.1	54.3
		10	10.25	21.4	1.42	8.8	89.7	37.4
		5	11.74	21.4	1.42	7.2	67.1	24.1
14	曲村	100	6.81	21.11	1.43	11.32	152.28	92.91
		50	7.54	21.11	1.43	10.59	132.80	74.91
		20	8.87	21.11	1.43	9.43	106.51	52.28
		10	10.58	21.11	1.43	8.33	86.20	36.24
		5	12.09	21.11	1.43	6.94	65.38	23.46

续表 4-1-5

序号	行政区划名称	重现期(a)	参数			主雨历时(h)	主雨雨量(mm)	净雨深(mm)
			μ	S_r	K_s			
15	常平村	100	6.64	21.8	1.44	13.1	169.8	102.29
		50	7.36	21.8	1.44	12.0	146.5	82.0
		20	8.69	21.8	1.44	10.2	115.4	56.7
		10	10.35	21.8	1.44	8.7	92.0	39.1
		5	11.80	21.8	1.44	7.0	68.6	25.1
16	蚕坊村	100	6.53	21.67	1.43	13.38	172.74	104.40
		50	7.24	21.67	1.43	12.28	148.86	83.33
		20	8.55	21.67	1.43	10.56	116.97	57.23
		10	10.24	21.67	1.43	9.0	92.8	39.06
		5	11.84	21.67	1.43	7.2	68.7	24.77
17	董家庄	100	7.15	22.34	1.52	13.0	165.1	95.33
		50	7.93	22.34	1.52	12.0	143.0	75.98
		20	9.34	22.34	1.52	10.4	113.3	52.09
		10	11.10	22.34	1.52	9.0	90.6	35.51
		5	12.67	22.34	1.52	7.4	67.8	22.55
18	宬家庄	100	7.44	22.16	1.53	11.7	153.1	88.79
		50	8.25	22.16	1.53	11.0	133.7	71.29
		20	9.69	22.16	1.53	9.7	107.5	49.49
		10	11.48	22.16	1.53	8.6	87.2	34.17
		5	12.95	22.16	1.53	7.2	66.5	22.09

续表 4-1-5

序号	行政区划名称	重现期(a)	参数			主雨历时(h)	主雨雨量(mm)	净雨深(mm)
			μ	S_r	K_s			
19	社东村	100	6.73	21.18	1.41	12.0	144.5	83.40
		50	7.48	21.18	1.41	11.0	125.7	67.08
		20	8.55	21.18	1.41	9.5	100.3	46.82
		10	10.55	21.18	1.41	8.2	81.1	32.62
		5	11.97	21.18	1.41	6.7	61.5	21.38
20	娘娘庙	100	7.94	22.99	1.68	12.8	149.0	74.96
		50	8.79	22.99	1.68	13.6	171.7	95.04
		20	10.32	22.99	1.68	11.2	119.0	51.30
		10	12.27	22.99	1.68	9.8	95.5	34.66
		5	14.08	22.99	1.68	8.1	71.6	21.85
21	李家坟1	100	8.11	23.37	1.70	13.5	175.2	97.82
		50	8.96	23.37	1.70	12.6	152.3	77.75
		20	10.44	23.37	1.70	11.2	121.7	53.13
		10	12.23	23.37	1.70	9.8	97.9	36.01
		5	13.62	23.37	1.70	8.2	73.8	22.69
22	西元村	100	8.58	23.70	1.74	14.5	163.1	80.91
		50	9.51	23.70	1.74	13.2	141.3	64.19
		20	11.14	23.70	1.74	11.2	112.2	43.92
		10	13.09	23.70	1.74	9.6	90.2	30.03
		5	14.57	23.70	1.74	7.8	68.1	19.35

续表 4-1-5

序号	行政区划名称	重现期(a)	参数			主雨历时(h)	主雨雨量(mm)	净雨深(mm)
			μ	S_r	K_s			
23	阎村	100	7.83	23.04	1.65	14.7	162.2	82.42
		50	8.66	23.04	1.65	13.5	140.6	65.27
		20	10.12	23.04	1.65	11.6	111.7	44.46
		10	11.92	23.04	1.65	9.9	89.6	30.21
		5	13.43	23.04	1.65	8.0	67.3	19.27
24	王窑头	100	6.28	20.79	1.38	13.0	157.9	93.78
		50	6.94	20.79	1.38	12.0	137.1	75.30
		20	8.13	20.79	1.38	10.4	109.0	52.29
		10	9.64	20.79	1.38	9.0	87.6	36.10
		5	10.99	20.79	1.38	7.4	65.8	23.27
25	史家坟	100	6.40	21.01	1.40	12.7	161.2	97.28
		50	7.07	21.01	1.40	11.8	139.8	77.73
		20	8.31	21.01	1.40	10.4	110.8	53.44
		10	9.94	21.01	1.40	9.0	88.6	36.45
		5	11.54	21.01	1.40	7.4	65.9	23.02
26	郭雷庄	100	6.29	21.86	1.44	15.7	188.2	110.50
		50	6.91	21.86	1.44	14.6	163.3	88.29
		20	8.02	21.86	1.44	12.8	129.6	60.61
		10	9.45	21.86	1.44	11.1	103.6	41.34
		5	10.79	21.86	1.44	9.0	77.1	26.15

续表 4-1-5

序号	行政区划名称	重现期(a)	参数			主雨历时(h)	主雨雨量(mm)	净雨深(mm)
			μ	S_r	K_s			
27	王庄	100	6.28	21.86	1.44	15.7	188.8	111.06
		50	6.89	21.86	1.44	14.7	163.8	88.55
		20	7.99	21.86	1.44	13.0	130.1	60.70
		10	9.39	21.86	1.44	11.3	104.1	41.27
		5	10.72	21.86	1.44	9.2	77.4	25.96
28	白峪口	100	6.66	21.97	1.45	14.3	168.6	96.15
		50	7.37	21.97	1.45	13.2	146.1	76.92
		20	8.66	21.97	1.45	11.3	115.9	53.17
		10	10.29	21.97	1.45	9.7	92.9	36.58
		5	11.69	21.97	1.45	7.9	69.7	23.56
29	郊斜村	100	6.76	21.52	1.45	12.4	159.3	95.01
		50	7.47	21.52	1.45	11.5	138.5	76.19
		20	8.77	21.52	1.45	10.1	110.4	52.68
		10	10.41	21.52	1.45	8.9	88.8	36.18
		5	11.85	21.52	1.45	7.3	66.8	23.16
30	郭家村	100	7.11	22.31	1.51	13.1	163.6	93.81
		50	7.87	22.31	1.51	12.1	142.0	74.87
		20	9.24	22.31	1.51	10.6	113.0	51.51
		10	10.95	22.31	1.51	9.2	90.7	35.28
		5	12.43	22.31	1.51	7.5	68.2	22.54

续表 4-1-5

序号	行政区划名称	重现期（a）	参数			主雨历时（h）	主雨雨量（mm）	净雨深（mm）
			μ	S_r	K_s			
31	东胡村	100	7.25	22.69	1.53	14.1	167.5	93.12
		50	8.06	22.69	1.53	12.9	145.2	74.31
		20	9.54	22.69	1.53	11.1	115.1	51.15
		10	11.40	22.69	1.53	9.5	92.3	35.08
		5	13.04	22.69	1.53	7.7	69.2	22.54
32	王坟	100	6.60	21.8	1.44	14.4	174.2	101.77
		50	7.31	21.8	1.44	13.2	150.8	81.57
		20	8.61	21.8	1.44	11.3	119.4	56.54
		10	10.25	21.8	1.44	9.7	95.5	38.90
		5	11.67	21.8	1.44	7.9	71.4	24.98
33	马坟	100	6.48	21.8	1.44	15.2	177.8	102.57
		50	7.18	21.8	1.44	13.8	153.6	82.13
		20	8.44	21.8	1.44	11.8	121.4	56.75
		10	10.05	21.8	1.44	10.1	96.9	39.02
		5	11.46	21.8	1.44	8.1	72.3	25.01
34	李家坟 2	100	6.52	21.7	1.43	14.4	173.5	101.32
		50	7.23	21.7	1.43	13.2	150.2	81.21
		20	8.51	21.7	1.43	11.3	118.8	56.35
		10	10.12	21.7	1.43	9.7	95.0	38.78
		5	11.53	21.7	1.43	7.9	71.1	24.93

续表 4-1-5

序号	行政区划名称	重现期(a)	参数			主雨历时(h)	主雨雨量(mm)	净雨深(mm)
			μ	S_r	K_s			
35	西胡村	100	7.28	22.6	1.51	12.5	164.7	96.82
		50	8.07	22.6	1.51	11.7	143.5	77.59
		20	9.48	22.6	1.51	10.4	114.8	53.64
		10	11.23	22.6	1.51	9.1	92.7	36.80
		5	12.67	22.6	1.51	7.6	70.1	23.61
36	东底村	100	6.85	21.2	1.41	10.6	145.5	89.32
		50	7.61	21.2	1.41	10.0	127.0	72.18
		20	8.98	21.2	1.41	8.8	102.0	50.64
		10	10.73	21.2	1.41	7.8	82.7	35.33
		5	12.24	21.2	1.41	6.5	63.0	23.11
37	柴家窑村	100	8.46	23.6	1.69	13.1	161.1	85.92
		50	9.42	23.6	1.69	12.2	140.2	68.14
		20	11.14	23.6	1.69	10.7	112.0	46.37
		10	13.30	23.6	1.69	9.3	90.3	31.44
		5	15.20	23.6	1.69	7.7	68.1	19.94
38	西底村	100	8.42	24.03	1.72	13.4	173.7	95.23
		50	9.36	24.03	1.72	12.5	150.6	75.30
		20	11.06	24.03	1.72	11.0	119.6	50.99
		10	13.18	24.03	1.72	9.6	95.8	34.34
		5	15.11	24.03	1.72	7.8	71.6	21.51

续表 4-1-5

序号	行政区划名称	重现期(a)	参数			主雨历时(h)	主雨雨量(mm)	净雨深(mm)
			μ	S_r	K_s			
39	南贾村	100	8.06	23.3	1.65	14.0	156.2	79.37
		50	8.97	23.3	1.65	12.8	135.7	62.84
		20	10.61	23.3	1.65	11.1	108.2	42.78
		10	12.73	23.3	1.65	9.5	87.0	29.06
		5	14.76	23.3	1.65	7.7	65.5	18.57
40	李家庄	100	6.83	21.51	1.46	12.8	161.0	94.72
		50	7.58	21.51	1.46	11.8	139.9	76.15
		20	8.94	21.51	1.46	10.3	111.5	53.07
		10	10.65	21.51	1.46	8.9	89.8	36.83
		5	12.14	21.51	1.46	7.3	67.8	23.94
41	孙家坟	100	6.64	21.30	1.44	12.7	162.0	96.66
		50	7.34	21.30	1.44	11.8	140.8	77.61
		20	8.61	21.30	1.44	10.3	112.1	53.87
		10	10.22	21.30	1.44	9.0	90.1	37.18
		5	11.64	21.30	1.44	7.4	67.8	23.95
42	大峪口	100	11.03	26.0	2.02	12.3	157.2	76.03
		50	12.31	26.0	2.02	11.5	137.1	59.66
		20	14.57	26.0	2.02	10.2	110.0	39.95
		10	17.33	26.0	2.02	9.0	89.1	26.73
		5	19.78	26.0	2.02	7.5	67.6	16.81

续表 4-1-5

序号	行政区划名称	重现期(a)	参数			主雨历时(h)	主雨雨量(mm)	净雨深(mm)
			μ	S_r	K_s			
43	丁家窑	100	6.53	21.3	1.42	12.6	161.0	96.95
		50	7.20	21.3	1.42	11.7	140.2	78.19
		20	8.41	21.3	1.42	10.3	112.2	54.72
		10	9.89	21.3	1.42	9.0	90.8	38.10
		5	11.10	21.3	1.42	7.4	68.8	24.81
44	三路里村	100	94.22	24.9	8.66	8.9	130.2	18.13
		50	95.09	24.9	8.66	8.4	113.9	13.66
		20	94.46	24.9	8.66	7.5	92.0	8.74
		10	92.47	24.9	8.66	6.8	75.1	5.70
		5	85.72	24.9	8.66	5.9	57.7	3.45
45	墩张村	100	8.06	21.9	1.47	9.2	127.0	75.00
		50	9.01	21.9	1.47	8.5	110.9	60.59
		20	10.61	21.9	1.47	7.5	89.4	42.54
		10	12.40	21.9	1.47	6.6	73.0	29.65
		5	13.29	21.9	1.47	5.6	56.3	19.38
46	上王村	100	9.34	23.8	1.63	10.7	130.3	67.37
		50	10.50	23.8	1.63	9.9	113.6	53.53
		20	12.45	23.8	1.63	8.6	91.2	36.59
		10	14.67	23.8	1.63	7.5	74.0	24.86
		5	15.93	23.8	1.63	6.3	56.5	15.86

1.2.4 现状防洪能力成果

盐湖区的46个重点防治区都进行了现状防洪评价、危险区等级划分。评价结果为:46个沿河村落中,防洪能力小于5年一遇的有7个,5~20年一遇的有12个,20~50年一遇的有21个,50~100年一遇的有6个;划定46个沿河村落的危险区等级,极高危险区共192人,高危险区共205人,危险区共176人。现状防洪能力成果见表4-1-6。

表4-1-6 盐湖区现状防洪能力评价成果表

序号	行政区划名称	防洪能力(a)	极高危险区(小于5年一遇)		高危险区(5~20年一遇)		危险区(大于20年一遇)	
			人口(人)	房屋(座)	人口(人)	房屋(座)	人口(人)	房屋(座)
1	界滩村	30					15	5
2	下月村	37					9	
3	磨河村	4.9	11		10		5	
4	白庄村	10.8			16		7	
5	界村	4.9	84		32		11	
6	柏口窑村	32					5	1
7	扆家庄	21					4	
8	李家坟1	38.5					6	2
9	阎村	4.9	26		3		18	
10	王窑头	16.5			3	1		
11	郊斜村	4.9	4		4			
12	郭家村	4.9	52		81		7	
13	李家坟2	35.5					4	1
14	西胡村	4.9			12		22	
15	柴家窑村	65					3	1
16	西底村	19			44	12	52	13
17	南贾村	26					4	2
18	李家庄	60					4	1

1.2.5 预警指标分析评价成果

盐湖区的46个重点防治区都进行了雨量预警指标的确定。盐湖区预警指标分析成果表见表4-1-7。

表 4-1-7　盐湖区预警指标成果表

序号	行政区划名称	类别	B_0	时段	预警指标(mm)		临界雨量(mm)	方法
					准备转移	立即转移		
1	界滩村	雨量	0	0.5 h	40	57	57	流域模型法
				1 h	57	80	80	
			0.3	0.5 h	36	52	52	
				1 h	52	71	71	
			0.6	0.5 h	33	47	47	
				1 h	47	67	67	
2	下月村	雨量	0	0.5 h	42	60	60	流域模型法
				1 h	60	78	78	
			0.3	0.5 h	39	56	56	
				1 h	56	72	72	
			0.6	0.5 h	36	52	52	
				1 h	52	67	67	
3	磨河村	雨量	0	0.5 h	27	38	38	流域模型法
				1 h	38	45	45	
			0.3	0.5 h	25	35	35	
				1 h	35	41	41	
			0.6	0.5 h	22	32	32	
				1 h	32	36	36	
4	东郭村	雨量	0	0.5 h	34	48	48	同频率法
				1 h	48	65	65	
5	白庄村	雨量	0	0.5 h	37	53	53	流域模型法
				1 h	53	67	67	
			0.3	0.5 h	34	49	49	
				1 h	49	62	62	
			0.6	0.5 h	31	45	45	
				1 h	45	57	57	
6	界村	雨量	0	0.5 h	26	38	38	流域模型法
				1 h	38	45	45	
			0.3	0.5 h	24	34	34	
				1 h	34	41	41	
			0.6	0.5 h	21	31	31	
				1 h	31	36	36	

续表 4-1-7

序号	行政区划名称	类别	B_0	时段	预警指标(mm)		临界雨量(mm)	方法
					准备转移	立即转移		
7	井园村	雨量	0	0.5 h	32	46	46	同频率法
				1 h	46	61	61	
8	小李村	雨量	0	0.5 h	41	59	59	同频率法
				1 h	59	78	78	
9	大李村	雨量	0	0.5 h	33	47	47	同频率法
				1 h	47	62	62	
10	柏口窑村	雨量	0	0.5 h	49	70	70	流域模型法
				1 h	70	85	85	
			0.3	0.5 h	45	65	65	
				1 h	65	78	78	
			0.6	0.5 h	42	60	60	
				1 h	60	71	71	
11	西姚村	雨量	0	0.5 h	35	50	50	同频率法
				1 h	50	73	73	
12	义同村	雨量	0	0.5 h	35	50	50	同频率法
				1 h	50	67	67	
13	银张村	雨量	0	0.5 h	29	41	41	同频率法
				1 h	41	57	57	
14	曲村	雨量	0	0.5 h	45	64	64	同频率法
				1 h	64	82	82	
15	常平村	雨量	0	0.5 h	25	36	36	同频率法
				1 h	36	48	48	
16	蚕坊村	雨量	0	0.5 h	42	60	60	同频率法
				1 h	60	80	80	
17	董家庄	雨量	0	0.5 h	37	53	53	同频率法
				1 h	53	71	71	
18	扆家庄	雨量	0	0.5 h	43	61	61	流域模型法
				1 h	61	72	72	
			0.3	0.5 h	40	57	57	
				1 h	57	66	66	
			0.6	0.5 h	36	52	52	
				1 h	52	59	59	
19	社东村	雨量	0	0.5 h	35	51	51	同频率法
				1 h	51	68	68	

续表 4-1-7

序号	行政区划名称	类别	B_0	时段	预警指标(mm)		临界雨量(mm)	方法
					准备转移	立即转移		
20	娘娘庙	雨量	0	0.5 h	45	65	65	同频率法
				1 h	65	73	73	
21	李家坟 1	雨量	0	0.5 h	56	80	80	流域模型法
				1 h	80	89	89	
			0.3	0.5 h	53	76	76	
				1 h	76	82	82	
			0.6	0.5 h	50	71	71	
				1 h	71	76	76	
22	西元村	雨量	0	0.5 h	33	47	47	同频率法
				1 h	47	62	62	
23	阎村	雨量	0	0.5 h	26	38	38	流域模型法
				1 h	38	45	45	
			0.3	0.5 h	23	33	33	
				1 h	33	39	39	
			0.6	0.5 h	20	29	29	
				1 h	29	34	34	
24	王窑头	雨量	0	0.5 h	40	57	57	流域模型法
				1 h	57	67	67	
			0.3	0.5 h	36	52	52	
				1 h	52	61	61	
			0.6	0.5 h	33	47	47	
				1 h	47	55	55	
25	史家坟	雨量	0	0.5 h	56	80	80	同频率法
				1 h	80	94	94	
26	郭雷庄	雨量	0	0.5 h	35	50	50	同频率法
				1 h	50	67	67	
27	王庄	雨量	0	0.5 h	30	44	44	同频率法
				1 h	44	58	58	
28	白峪口	雨量	0	0.5 h	27	38	38	同频率法
				1 h	38	43	43	
29	郊斜村	雨量	0	0.5 h	26	38	38	流域模型法
				1 h	38	45	45	
			0.3	0.5 h	24	34	34	
				1 h	34	39	39	
			0.6	0.5 h	21	29	29	
				1 h	29	34	34	

续表 4-1-7

序号	行政区划名称	类别	B_0	时段	预警指标(mm)		临界雨量(mm)	方法
					准备转移	立即转移		
30	郭家村	雨量	0	0.5 h	26	37	37	流域模型法
				1 h	37	42	42	
			0.3	0.5 h	24	35	35	
				1 h	35	38	38	
			0.6	0.5 h	21	30	30	
				1 h	30	34	34	
31	东胡村	雨量	0	0.5 h	29	42	42	同频率法
				1 h	42	56	56	
32	王坟	雨量	0	0.5 h	36	51	51	同频率法
				1 h	51	68	68	
33	马坟	雨量	0	0.5 h	36	51	51	同频率法
				1 h	51	69	69	
34	李家坟 2	雨量	0	0.5 h	45	64	64	流域模型法
				1 h	64	78	78	
			0.3	0.5 h	41	59	59	
				1 h	59	71	71	
			0.6	0.5 h	38	54	54	
				1 h	54	65	65	
35	西胡村	雨量	0	0.5 h	26	38	38	流域模型法
				1 h	38	49	49	
			0.3	0.5 h	24	34	34	
				1 h	34	42	42	
			0.6	0.5 h	21	30	30	
				1 h	30	36	36	
36	东底村	雨量	0	0.5 h	36	51	51	同频率法
				1 h	51	68	68	
37	柴家窑村	雨量	0	0.5 h	57	82	82	流域模型法
				1 h	82	92	92	
			0.3	0.5 h	54	77	77	
				1 h	77	85	85	
			0.6	0.5 h	50	72	72	
				1 h	72	78	78	

续表 4-1-7

序号	行政区划名称	类别	B_0	时段	预警指标(mm)		临界雨量(mm)	方法
					准备转移	立即转移		
38	西底村	雨量	0	0.5 h	45	65	65	流域模型法
				1 h	65	75	75	
			0.3	0.5 h	41	59	59	
				1 h	59	67	67	
			0.6	0.5 h	38	54	54	
				1 h	54	60	60	
39	南贾村	雨量	0	0.5 h	44	63	63	流域模型法
				1 h	63	71	71	
			0.3	0.5 h	41	58	58	
				1 h	58	65	65	
			0.6	0.5 h	37	53	53	
				1 h	53	58	58	
40	李家庄	雨量	0	0.5 h	33	47	47	流域模型法
				1 h	47	67	67	
			0.3	0.5 h	30	43	43	
				1 h	43	60	60	
			0.6	0.5 h	26	38	38	
				1 h	38	53	53	
41	孙家坟	雨量	0	0.5 h	36	52	52	同频率法
				1 h	52	71	71	
42	大峪口	雨量	0	0.5 h	29	42	42	同频率法
				1 h	42	56	56	
43	丁家窑	雨量	0	0.5 h	30	43	43	同频率法
				1 h	43	62	62	
44	三路里村	雨量	0	0.5 h	39	56	56	同频率法
				1 h	56	74	74	
45	墩张村	雨量	0	0.5 h	38	55	55	同频率法
				1 h	55	73	73	
46	上王村	雨量	0	0.5 h	28	40	40	同频率法
				1 h	40	57	57	

第2章　永济市

2.1　永济市基本情况概述

2.1.1　地理位置

永济市位于山西省西南部,运城盆地西南角。东经 110°15′00″~110°45′33″,北纬 34°44′50″~35°04′50″。西临黄河与陕西省大荔县、合阳县隔河相望,南依中条山与芮城接壤,东邻运城市,北接临猗县。东西长 49 km,南北宽 43.5 km,总面积 1 221.06 km^2。永济市地理位置示意图见图 4-2-1。

2.1.2　社会经济

全市共辖城东街道、城西街道、城北街道 3 个街道及于乡镇、卿头镇、开张镇、栲栳镇、张营镇、蒲州镇、韩阳镇 7 个镇,277 个行政村,全市总人口 82.7 万人(2014 年),其中农业人口 36.6 万人。共有农业耕地面积 90.21 万亩,有效灌溉面积 80.2 万亩。农作物主要以粮棉为主,附加果园、蔬菜等特色农业;工业有机电制造园区、铝深加工园区、现代农产品加工园区等五大园区;旅游业有东部山水休闲、中部伍姓湖湿地开发、西部古蒲州历史文化旅游圈;2011 年全市 GDP 106 亿元。城市发展更趋合理,经济社会发展速度快速增长,人民生活水平大幅提高。

2.1.3　河流水系

永济市地处山、塬、河的交汇处。山与河之间为长条平川,黄河川道区有阶地、滩地和水原,东北侧为河水冲积平原,地形较为复杂。流入永济市境内的有黄河、涑水河、姚暹渠,本市境内有湾湾河。总长共计 144.93 km,最后都自然形成黄河水系。全市现有的 1 座小(2)型水库及 13 座小塘坝、30 条沟道,大多位于中条山的前沿,易受到山洪灾害的威胁的有 18 条沟道下游的村庄。

黄河从本市张营北阳村入境,途经蒲州镇从韩阳长旺村出境,市内全长 45.13 km,流域面积为 135 km^2,宽度随主河道迁移,时有变化。本市境内的河水落差小,流速慢,泥沙沉积,形成河床不定的漫流状态。一般水量较小,汛期流量可达 2 000 m^3/s 左右。

涑水河,是黄河的一级支流,地处运城盆地,发源于永济市的陈村峪,向西南流经闻喜、夏县、运城、临猗、永济,从本市开张镇城子埒村入境,途经城北、城东、城西、蒲州镇,最

图 4-2-1　永济市地理位置示意图

后从韩阳独头流入黄河,市内全长 51.8 km,流域面积为 670 km²。河口断面窄小,平时流的是污水,水量较小,汛期有 3 个左右流量,目前部分河段淤积严重。

湾湾河属于市内季节性河流,发源于于乡镇陶家窑村,途经卿头镇,在城东干樊村进入伍姓湖,汇入涑水河。市内全长 26 km,流域面积为 111 km²,平时几乎干涸,汛期过水,人为破坏较为严重。

姚暹渠从本市曾家营村入境,途经开张镇、于乡农场进入总干排,最后流入伍姓湖,也属于涑水河系。市内全长 22 km,流域面积为 66 km²,承载于上游运城的汛期行洪,近年来有乱垦乱种毁渠现象。

永济市河流基本情况见表 4-2-1。

表 4-2-1　永济市主要河流基本情况表

编号	河流名称	河流级别	上级河流名称	流域面积(km²)	河长(km)	比降(‰)
1	涑水河	2	黄河	670.13	51.8	0.25
2	湾湾河	4	涑水河	111	26	0.33
3	姚暹渠	3	涑水河	66	22	0.25
4	黄河	1		550	45.13	0.30

2.1.4　水文气象

永济市属温带大陆性气候,全市年平均气温 13.5 ℃,年平均降水量在 500 ~ 550 mm,年平均日照 2 272.5 h,无霜期 216 d,春、夏、秋、冬四季分明,光、热、水源充足,极利于小麦、棉花等多种作物生长。

年平均太阳总辐射量为 123.737 kcal/cm²。从初春到晚春逐渐增高,从初秋至晚秋逐渐降低。对小麦返青、抽穗、灌浆、成熟十分有利,对玉米、棉花后期成熟和开花有利。

年平均日照时数为 2 272.5 h,冬季日出,受中条山阻挡,迟 1 h 左右,春夏秋季日照正常。8 月最多,日照率为 55%。3 月最少,日照率为 46%。年平均阴雨日 128 d,最多 144 d,最少 90 d。年日照日数 237 d。

年平均降水量在 500 ~ 550 mm,全市降水量分布由东南向西北逐渐减少。四季分布:夏季最多,达 273.6 mm,占全年降水量的 49%;秋季次之,降水量为 163.1 mm,占全年降水量的 29 %;春季降水量为 105.4 mm,占全年降水量的 19%;冬季最少,仅 15.9 mm,占全年降水量的 3%。沿山地形复杂,夏季遇到强降雨,极有可能形成山洪灾害。

2.1.5　历史山洪灾害

据统计,1980 ~ 2011 年的 32 年中,共出现暴雨 35 次,历史上最大的洪水为 300 m³/s,直接经济损失为 1.5 亿元。

主要山洪灾害有:

1981 年 7、8、9 月下了几个月连阴雨,降雨量为 357.8 mm,于乡境内由于山洪下泄,湾湾河河水猛涨,冲毁房屋 120 余间,冲毁良田 3 200 余亩,冲毁涵洞桥梁 21 座,于乡粮站进水,淹没粮仓 1 座,受灾人口达到 2 万人。

1983 年 9 月下大雨,城西的太峪口沟道洪水下泄,任阳、庄子、太宁淹没耕地 1 020 亩,致使庄稼颗粒无收,太峪口学校、大队房屋倒塌 20 余间。

1988 年 7 月 15 日,郭李乡 13 个村庄遭暴雨袭击,郭李沟道、马铺头沟道洪水下泄,受灾 110 户,冲地 3 000 亩,倒塌房屋 21 间。8 月 12 日 21 时许,永济市突降暴雨,降雨量达 58.2 mm,引起郭李沟道、马铺头沟道、雪花山沟道洪水暴发,造成农作物受灾,房屋倒塌 80 余间。9 月 19 日,首阳突降暴雨,长旺沟道洪水下泄,冲垮塘坝 1 座,冲地 800 余亩,冲塌房屋 5 间,冲断庙风公路。

2003 年 9 月下大雨,城西太峪口沟道洪水下泄,太峪口学校房屋倒塌 12 余间,大水冲死一个人和一头牛,淹没庄子、上庄子、任阳耕地 800 余亩。

2003 年 10 月 1 日,韩阳镇下大雨,下寺村苍龙峪山水下泄,洪水冲过防洪渠发生险情,造成山体滑坡,沿山 15 余户、50 余人被困,20 间房屋倒塌。

2011 年 9 月极端天气频发,全月阴雨天气达 18 d,降雨量达 301.4 mm,是常年月平均降雨量 78.1 mm 的近 4 倍,仅 9 月 11 日降雨量就达 71.5 mm。如此大的雨量使大部分沟道山洪下泄,导致平原低洼地带地水上升,大面积农田被淹,房屋倒塌损坏严重,蔬菜大棚大部分被毁等,各行各业遭受了巨大的经济损失,损失达 1.99 亿元。

受灾人口多。2011 年洪涝灾害大部分出现在农村和城市周边地区。

农田、房屋、蔬菜大棚等受灾人口达 13.5 万人,城市周边受山洪威胁人口达到 4.5 万人。

房屋倒塌损坏严重。全市 10 个镇(街道)房屋倒塌 3 580 户 8 054 间,损坏房屋 2 826 户 7 289 间,紧急转移安置人口 886 人。

蔬菜大棚严重倒塌。全市 6 个镇(街道)遭受破坏,其中倒塌 131 个,损坏 441 个,大部分无法正常使用。

农作物损失惨重。地处东北腹地的城北、开张、卿头三个镇(街道)由于地势较低,涑水河排水不畅,田面积水严重,积水面积达 15 万亩。全市农作物受灾面积达 50 万亩,成灾面积达 35 万亩,绝收面积达 5 万亩。

永济市历史山洪灾害情况统计见表 4-2-2。

表 4-2-2　永济市历史山洪灾害情况统计表

序号	灾害发生时间(年-月)	涉及地点		灾害描述
		乡(镇)村	小流域	
城西街道				
1	1983	任阳、庄子、太宁		太峪口学校、大队塌房屋 20 间,淹没耕地 1 000 亩
2	2002	任阳、庄子、上庄		太峪口学校、大队塌房屋 15 间,大水冲死 1 人,牛 1 头,淹没耕地 800 亩
3	2003	水峪口		洪水决堤,淹没农田 200 亩
4	2011	庄子、小张、张华、张志		电机学校被淹,倒墙 80 m,淹没耕地 700 亩

续表 4-2-2

序号	灾害发生时间(年-月)	涉及地点		灾害描述
		乡(镇)村	小流域	
城北街道				
5	1983、2003、2011	郭家庄		淹没部分农田
6	1983、2003、2011	东伍姓		淹没部分农田
7	1983、2003、2011	西伍姓		淹没部分农田
8	1983、2003、2011	任家庄		淹没部分农田
9	1983、2003、2011	下朝		淹没部分农田
于乡镇				
10	1981	寇家窑、土乐	湾湾河	石鹿峪连续降雨 42 d,降雨量 300 mm,致使湾湾河水持续增长,冲毁良田 300 亩,冲毁房屋 30 余间
11	1981	石卫、庞家营	湾湾河	石令矿沟降雨 50 d,降雨量 320 mm,致使湾湾河水猛涨,冲毁良田 320 亩,冲毁桥梁 2 座
12	1981	洗马、洗马庄	湾湾河	二峪沟降雨 40 d,降雨量 250 mm,冲毁良田 200 亩,冲毁房屋 70 间
13	1981	楼上、清华	湾湾河	东峪河连续降雨 50 d,降雨量 300 mm,冲毁良田 380 亩,于乡粮站进水,淹没粮仓 1 座
14	1981	风柏峪、屯里	湾湾河	连续降雨 50 d,降雨量 320 mm,冲毁良田 500 亩
15	1981	石佛寺、于乡	湾湾河	寺峪河连续降雨 50 d,降雨量 330 mm,冲毁良田 500 亩,冲毁房屋 20 间
16	1981	黄家窑、西坦朝、肖家堡、吕家堡	湾湾河	黄峪沟连续降雨 50 d,降雨量 350 mm,冲毁良田 500 亩,冲毁房屋 20 间
17	2011	石卫	湾湾河	连续降雨 18 d,湾湾河水猛涨,冲毁桥梁 3 个,毁地 100 亩
18	2011	洗马	湾湾河	连续降雨 18 d,二峪口水急下,湾湾河水猛涨,冲毁桥梁 10 座,毁地 150 亩
19	2011	肖家堡、吕家堡	湾湾河	连续降雨 18 d,黄峪口水急下,冲毁桥梁 2 座,毁地 80 亩
20	2011	于乡、定远	湾湾河	连续降雨 18 d,寺峪水急下,冲毁路面 20 m,毁地 120 亩

续表 4-2-2

序号	灾害发生时间(年-月)	涉及地点		灾害描述
		乡(镇)村	小流域	
卿头镇				
21	1983	曾家营、杜家营、圪塔营、桥上		受涝面积 13 000 亩
22	2003	曾家营、杜家营、圪塔营、桥上、吴家庄、许家营		受涝面积 2 000 亩
23	2011	曾家营、杜家营、圪塔营、桥上、关家庄、许家营、永喜庄		受涝面积 34 000 亩
24	2001-08	上源头		洪水进入农户,15 户人家进水
25	2002-09	陈村、坛庄、韩阳		洪水发生后,陈村、祁家、坛庄、韩阳无护村坝,洪水冲过土堤进入村庄,受灾 350 人,部队参加抢险
26	2003-09	辛店		洪水冲过河堤淹没农田,直冲村庄,使 200 户 40 人受灾,500 亩土地受淹
27	2003-10	下寺、贺家、牛家、祁家		2003 年 10 月 1 日,洪水冲过防洪渠发生险情,山体滑坡,沿山 15 户 50 人受灾,房屋 20 间倒塌
28	2007-10	双店		洪水发生后,泥沙淤积,铁路受到威胁,洪水溢过铁路,火车阻断通行

2.2　永济市山洪灾害分析评价成果

2.2.1　分析评价名录确定

永济市 65 个重点防治区名录见表 4-2-3。其中包括小流域名称与面积、主沟道长度及比降、产流地类、汇流地类。

2.2.2　设计暴雨成果表

永济市的 65 个重点防治区都进行了设计暴雨的推求,设计暴雨计算成果表、设计暴雨时程分配表分别见表 4-2-4、表 4-2-5。

2.2.3　设计洪水成果表

永济市的 65 个重点防治区都进行了设计洪水的推求,设计洪水成果表、设计净雨深计算成果表分别见表 4-2-6、表 4-2-7。

表 4-2-3　永济市小流域基本信息汇总表

序号	小流域名称	行政区划名称	面积(km^2)	主沟道长度(km)	主沟道比降(‰)	产流地类(km^2)				汇流地类(km^2)		
						变质岩森林山地	变质岩灌丛山地	耕种平地	灰岩森林山地	森林山地	灌丛山地	黄土丘陵
1	寇家窑沟道	寇家窑	6.59	3.58	93.92	2.81	1.41	0.26	2.12	4.75	1.42	0.42
2		土乐村	10.18	5.35	78.20	3.22	2.24	2.61	2.12	5.02	2.10	3.06
3	陶家窑沟道	石卫	10.47	3.21	117.61	2.59	1.91	3.32	2.64	5.03	1.88	3.55
4		二峪口	5.15	4.93	115.96	2.37	0.77		2.01	4.25	0.90	
5		洗马庄	6.78	3.07	99.53	2.38	1.09	1.30	2.01	4.25	1.09	1.43
6		雷家庄村	22.93	7.29	26.62	6.03	4.51	7.74	4.65	10.21	4.61	8.10
7		庞家营村	39.41	7.79	48.26		16.45	16.18	6.77	15.24	7.04	17.13
8	王官峪沟道	清华村	28.56	11.03	72.96	1.16	2.68	3.24	21.48	22.28	2.88	3.40
9		古市营村	8.95	9.43	48.80	2.37	1.05	3.52	2.01	4.25	1.08	3.63
10	风伯峪沟道	南窑村	1.79	2.01	318.07		0.84	0.37	0.58	0.53	0.46	0.81
11		西吴闫村	5.73	3.11	214.19	0.89	1.76	3.08		0.89	1.76	3.08
12		屯里	17.43	8.91	88.59	3.29	1.13	1.73	11.27	14.24	1.41	1.78
13	石佛寺沟道	石佛寺	10.68	3.99	93.56	6.70	1.07	0.19	2.72	9.20	1.26	0.23
14		东源头村	2.69	2.39	237.01		0.73	1.97		1.97	0.73	
15		南梯村	8.37	6.81	207.32	2.47	2.07	3.83		2.33	2.02	4.02
16		于乡村	17.43	6.50	69.12	7.55	3.10	3.74	3.04	10.14	3.31	3.98
17		东仁里	4.52	3.49	167.43		0.82	3.70		3.81	0.72	
18		西仁里	4.52	3.49	167.43		0.82	3.70			0.72	3.81
19		三畛地	18.10	7.53	62.43	7.55	3.10	4.41	3.04	10.14	3.31	4.65

续表 4-2-3

序号	小流域名称	行政区划名称	面积(km^2)	主沟道长度(km)	主沟道比降(‰)	产流地类(km^2)				汇流地类(km^2)		
						变质岩森林山地	变质岩灌丛山地	耕种平地	灰岩森林山地	森林山地	灌丛山地	黄土丘陵
20	黄家窑沟道	张家窑村	5.48	2.76	105.76	3.52	1.82	0.14		3.37	1.94	0.18
21		黄家窑村	11.97	4.29	103.40	8.64	2.99	0.34		8.40	3.07	0.50
22		东坦朝村	9.07	4.60	88.04	4.26	3.29	1.53		4.00	3.42	1.65
23		西坦朝村	11.98	6.58	89.50	7.71	1.86	2.41		7.56	1.90	2.52
24		肖家堡	12.25	6.94	85.55	7.70	1.84	2.71		7.63	1.84	2.78
25		侯孟村	9.63	7.97	59.60	0.99	2.34	6.30		0.88	2.26	6.50
26	李家窑沟道	南郭沟村	6.48	5.10	121.58	0.99	2.34	3.15		0.88	2.26	3.35
27		南郭	7.19	5.60	107.61	0.99	2.34	3.86		0.88	2.26	4.06
28		孙常村	11.30	8.74	70.96	4.48	2.40	4.43		4.36	2.43	4.51
29	郭李沟道	郭李村	9.19	3.87	76.51	1.58	1.92	5.68		1.63	1.71	5.84
30		新街村	9.19	3.87	76.51	1.58	1.92	5.68		1.63	1.71	5.84
31	清水峪沟道	西干樊	7.47	4.31	87.82	3.27	1.67	2.54		3.19	1.61	2.68
32		南吴村	7.47	4.31	87.82	3.27	1.67	2.54		3.19	1.61	2.68
33	雪花山沟道	马铺头村	11.02	5.54	124.23	7.63	2.09	1.31		7.41	2.05	1.57
34	赵坊沟道	赵坊村	7.30	1.81	223.10	1.98	4.08	1.25		1.57	4.00	1.73

续表 4-2-3

序号	小流域名称	行政区划名称	面积(km^2)	主沟道长度(km)	主沟道比降(‰)	产流地类(km^2)				汇流地类(km^2)		
						变质岩森林山地	变质岩灌丛山地	耕种平地	灰岩森林山地	森林山地	灌丛山地	黄土丘陵
35	龙王峪沟道	观上	9.61	8.12	171.68	7.53	1.75	0.33		7.32	1.85	0.44
36		上榆林	13.07	9.71	151.11	7.53	2.75	2.79		7.32	2.69	3.07
37		下榆林	13.60	9.99	119.13	7.53	2.75	3.32		7.32	2.69	3.59
38		涧西	13.60	9.99	119.13	7.53	2.75	3.32		7.32	2.69	3.59
39	水峪口沟道	水峪口村	12.25	8.91	121.77	9.31	2.95			9.01	3.24	
40		张华村	21.91	14.31	57.50	12.80	2.02	7.09		12.82	1.90	7.19
41		张志村	21.91	14.31	57.50	12.80	2.02	7.09		12.82	1.90	7.19
42	太峪口沟道	太峪口村	12.25	7.07	107.10	9.30	2.95			9.01	3.24	
43		任阳村	15.45	11.51	60.00	9.08	3.30	3.07		9.11	3.14	3.21
44	万固寺沟道	胜利庄	6.21	7.96	122.02	3.18	2.88	0.15		3.21	2.67	0.32
45		古新庄村	6.84	9.06	109.82	3.17	2.88	0.79		3.20	2.67	0.97
46	苍龙峪沟道	大宝泉	3.31	2.32	152.72	1.37	1.94			1.26	2.05	
47		小宝泉	1.69	2.10	127.43		0.48	1.21			0.48	1.21
48		峪口	11.68	8.13	78.93	10.55	1.13			10.50	1.18	
49		王庄	13.14	10.49	68.33	10.55	1.13	1.47		10.50	1.14	1.51
50		襄益庄	14.47	12.08	57.19	10.55	1.13	2.79		10.50	1.14	2.84
51	柳沟沟道	山底	11.68	8.13	78.93	10.55	1.13			10.50	1.18	

续表 4-2-3

序号	小流域名称	行政区划名称	面积(km²)	主沟道长度(km)	主沟道比降(‰)	产流地类(km²)				汇流地类(km²)		
						变质岩森林山地	变质岩灌丛山地	耕种平地	灰岩森林山地	森林山地	灌丛山地	黄土丘陵
52	牛家沟道	尚坡	8.28	3.32	133.31	6.07	2.22			5.89	2.39	
53		西庄	9.52	4.29	85.47	5.12	3.22	1.18		5.12	3.22	1.18
54		韩阳村	9.81	4.79	83.39	5.12	3.22	1.47		4.98	3.34	1.50
55	祁家坡沟道	祁家坡	2.20	2.56	139.89	1.38	0.82			1.43	0.77	
56		韩家坟	1.43	2.00	94.35		1.43				1.43	
57		东盘底	8.37	4.51	56.88	2.15	6.22			2.52	5.86	
58		西盘底	8.94	5.22	53.44	2.15	6.53	0.26		2.52	6.08	0.33
59		南庄	8.37	4.51	56.88	2.15	6.22			2.49	5.88	
60		李家巷村	3.49	4.20	85.24	1.37	1.10	1.03		1.36	1.05	1.08
61		祁家巷村	4.12	4.77	67.99	1.37	1.10	1.66		1.37	1.04	1.72
62	上源头沟道	双店村	4.77	4.85	86.84		4.44	0.34			4.42	0.35
63		夏阳村	0.42	1.27	151.81		0.29	0.13			0.29	0.13
64		上源头村	4.94	6.17	46.66		4.79	0.15			4.75	0.19
65	城子埒沟	城子埒村	25.28	5.34	63.77			25.28				25.28

表 4-2-4　永济市设计暴雨计算成果表

序号	行政区划名称	历时	均值 $\overline{H}$ (mm)	变差系数 C_v	C_s/C_v	重现期雨量值 H_p(mm)				
						100 a ($H_{1\%}$)	50 a ($H_{2\%}$)	20 a ($H_{5\%}$)	10 a ($H_{10\%}$)	5 a ($H_{20\%}$)
1	寇家窑	10 min	14.5	0.49	3.5	39.03	34.54	28.52	23.90	19.17
		60 min	29.9	0.52	3.5	84.48	74.29	60.73	50.37	39.85
		6 h	52.0	0.55	3.5	153.99	134.62	108.94	89.43	69.80
		24 h	72.7	0.47	3.5	190.12	168.92	140.48	118.52	95.93
		3 d	98.0	0.45	3.5	246.78	220.19	184.41	156.66	127.95
2	土乐村	10 min	14.5	0.49	3.5	39.03	34.54	28.52	23.90	19.17
		60 min	29.9	0.52	3.5	84.48	74.29	60.73	50.37	39.85
		6 h	52.0	0.55	3.5	153.99	134.62	108.94	89.43	69.80
		24 h	72.7	0.47	3.5	190.12	168.92	140.48	118.52	95.93
		3 d	98.0	0.45	3.5	246.78	220.19	184.41	156.66	127.95
3	石卫	10 min	14.5	0.49	3.5	39.03	34.54	28.52	23.90	19.17
		60 min	29.9	0.52	3.5	84.48	74.29	60.73	50.37	39.85
		6 h	52.0	0.55	3.5	153.99	134.62	108.94	89.43	69.80
		24 h	72.7	0.47	3.5	189.34	168.22	139.90	118.03	95.54
		3 d	98.0	0.45	3.5	246.78	220.19	184.41	156.66	127.95
4	二峪口	10 min	14.3	0.49	3.5	38.49	34.06	28.13	23.57	18.90
		60 min	29.6	0.52	3.5	83.63	73.55	60.12	49.86	39.45
		6 h	52.0	0.55	3.5	153.99	134.62	108.94	89.43	69.80
		24 h	72.2	0.48	3.5	191.18	169.51	140.48	118.12	95.17
		3 d	96.6	0.46	3.5	245.33	218.66	182.81	155.03	126.33

续表 4-2-4

序号	行政区划名称	历时	均值 $\overline{H}$ (mm)	变差系数 C_v	C_s/C_v	重现期雨量值 H_p(mm)				
						100 a ($H_{1\%}$)	50 a ($H_{2\%}$)	20 a ($H_{5\%}$)	10 a ($H_{10\%}$)	5 a ($H_{20\%}$)
5	洗马庄	10 min	13.5	0.49	3.5	36.34	32.15	26.56	22.25	17.85
		60 min	30.2	0.51	3.5	83.97	74.00	60.70	50.51	40.15
		6 h	50.0	0.53	3.5	143.52	125.96	102.62	84.82	66.81
		24 h	72.0	0.48	3.5	190.65	169.04	140.09	117.79	94.91
		3 d	96.0	0.45	3.5	241.75	215.69	180.65	153.46	125.34
6	雷家庄村	10 min	14.1	0.44	3.5	34.91	31.21	26.23	22.36	18.35
		60 min	29.3	0.51	3.5	81.47	71.79	58.89	49.00	38.95
		6 h	50.0	0.53	3.5	143.52	125.96	102.62	84.82	66.81
		24 h	74.0	0.47	3.5	192.72	171.23	142.41	120.14	97.24
		3 d	100.0	0.44	3.5	247.56	221.35	186.04	158.59	130.12
7	庞家营村	10 min	13.8	0.49	3.5	37.15	32.87	27.15	22.75	18.24
		60 min	29.4	0.52	3.5	83.06	73.05	59.71	49.52	39.18
		6 h	54.0	0.54	3.5	157.45	137.91	111.98	92.24	72.32
		24 h	78.5	0.47	3.5	204.44	181.64	151.07	127.45	103.16
		3 d	104.0	0.46	3.5	266.36	237.15	197.92	167.56	136.23
8	清华村	10 min	14.1	0.49	3.5	37.95	33.58	27.74	23.24	18.64
		60 min	29.8	0.52	3.5	84.19	74.04	60.53	50.20	39.72
		6 h	51.6	0.54	3.5	150.45	131.79	107.00	88.14	69.11
		24 h	72.3	0.48	3.5	191.45	169.74	140.68	118.28	95.30
		3 d	96.2	0.45	3.5	242.25	216.14	181.02	153.78	125.60

续表 4-2-4

序号	行政区划名称	历时	均值 $\overline{H}$ (mm)	变差系数 C_v	C_s/C_v	重现期雨量值 H_p(mm)				
						100 a ($H_{1\%}$)	50 a ($H_{2\%}$)	20 a ($H_{5\%}$)	10 a ($H_{10\%}$)	5 a ($H_{20\%}$)
9	古市营村	10 min	13.6	0.48	3.5	36.01	31.93	26.46	22.25	17.93
		60 min	28.7	0.52	3.5	81.09	71.31	58.29	48.34	38.25
		6 h	49.8	0.53	3.5	142.94	125.46	102.21	84.48	66.54
		24 h	70.6	0.47	3.5	183.87	163.36	135.86	114.62	92.78
		3 d	95.8	0.44	3.5	237.16	212.05	178.23	151.93	124.65
10	南窑村	10 min	14.0	0.49	3.5	37.69	33.34	27.54	23.08	18.51
		60 min	29.0	0.51	3.5	80.63	71.06	58.28	48.50	38.55
		6 h	50.0	0.54	3.5	145.79	127.70	103.68	85.40	66.96
		24 h	72.0	0.48	3.5	189.08	167.82	139.33	117.34	94.76
		3 d	97.0	0.45	3.5	244.26	217.94	182.53	155.06	126.65
11	西吴闫村	10 min	14.0	0.49	3.5	37.95	33.58	27.74	23.24	18.64
		60 min	29.5	0.52	3.5	83.35	73.30	59.92	49.69	39.32
		6 h	51.4	0.55	3.5	152.21	133.07	107.68	88.39	68.99
		24 h	72.3	0.48	3.5	191.45	169.74	140.68	118.28	95.30
		3 d	96.3	0.46	3.5	244.56	217.98	182.24	154.55	125.94
12	屯里	10 min	13.0	0.50	3.5	35.57	31.41	25.85	21.59	17.23
		60 min	28.3	0.51	3.5	78.69	69.34	56.88	47.33	37.62
		6 h	46.0	0.53	3.5	132.04	115.88	94.41	78.03	61.46
		24 h	67.5	0.46	3.5	172.88	153.92	128.46	108.75	88.42
		3 d	83.0	0.44	3.5	205.47	183.72	154.41	131.63	108.00

续表 4-2-4

序号	行政区划名称	历时	均值 $\overline{H}$ (mm)	变差系数 C_v	C_s/C_v	重现期雨量值 H_p(mm)				
						100 a ($H_{1\%}$)	50 a ($H_{2\%}$)	20 a ($H_{5\%}$)	10 a ($H_{10\%}$)	5 a ($H_{20\%}$)
13	石佛寺	10 min	13.8	0.49	3.5	37.15	32.87	27.15	22.75	18.24
		60 min	29.0	0.51	3.5	80.63	71.06	58.28	48.50	38.55
		6 h	47.0	0.53	3.5	133.85	117.59	95.96	79.45	62.72
		24 h	67.0	0.46	3.5	171.59	152.78	127.51	107.94	87.77
		3 d	87.0	0.45	3.5	219.08	195.47	163.71	139.08	113.59
14	东源头村	10 min	14.0	0.54	3.5	40.82	35.76	29.03	23.91	18.75
		60 min	28.7	0.52	3.5	81.09	71.31	58.29	48.34	38.25
		6 h	50.0	0.53	3.5	143.52	125.96	102.62	84.82	66.81
		24 h	71.0	0.47	3.5	184.91	164.29	136.63	115.27	93.30
		3 d	100.0	0.44	3.5	247.56	221.35	186.04	158.59	130.12
15	南梯村	10 min	12.9	0.47	3.5	34.64	30.78	25.59	21.59	17.48
		60 min	28.3	0.52	3.5	79.96	70.32	57.48	47.67	37.72
		6 h	46.5	0.53	3.5	133.47	117.14	95.44	78.88	62.13
		24 h	67.5	0.47	3.5	175.80	156.19	129.90	109.59	88.70
		3 d	87.0	0.43	3.5	226.58	201.31	167.42	141.25	114.33
16	于乡村	10 min	13.8	0.49	3.5	37.15	32.87	27.15	22.75	18.24
		60 min	29.0	0.51	3.5	80.63	71.06	58.28	48.50	38.55
		6 h	47.0	0.53	3.5	133.85	117.59	95.96	79.45	62.72
		24 h	67.0	0.46	3.5	171.59	152.78	127.51	107.94	87.77
		3 d	87.0	0.46	3.5	221.32	197.22	164.82	139.73	113.82

续表 4-2-4

序号	行政区划名称	历时	均值 $\overline{H}$ (mm)	变差系数 C_v	C_s/C_v	重现期雨量值 H_p(mm)				
						100 a ($H_{1\%}$)	50 a ($H_{2\%}$)	20 a ($H_{5\%}$)	10 a ($H_{10\%}$)	5 a ($H_{20\%}$)
17	东仁里	10 min	13.4	0.47	3.5	34.90	31.01	25.79	21.76	17.61
		60 min	29.0	0.52	3.5	81.93	72.05	58.90	48.85	38.65
		6 h	49.5	0.53	3.5	142.08	124.70	101.59	83.97	66.14
		24 h	73.5	0.47	3.5	191.42	170.07	141.44	119.33	96.59
		3 d	98.0	0.44	3.5	242.61	216.92	182.32	155.42	127.52
18	西仁里	10 min	13.4	0.47	3.5	34.90	31.01	25.79	21.76	17.61
		60 min	29.0	0.52	3.5	81.93	72.05	58.90	48.85	38.65
		6 h	49.5	0.53	3.5	142.08	124.70	101.59	83.97	66.14
		24 h	73.5	0.47	3.5	191.42	170.07	141.44	119.33	96.59
		3 d	98.0	0.44	3.5	242.61	216.92	182.32	155.42	127.52
19	三畛地	10 min	13.7	0.49	3.5	36.88	32.63	26.95	22.58	18.11
		60 min	29.0	0.50	3.5	79.34	70.06	57.67	48.15	38.45
		6 h	47.0	0.52	3.5	132.79	116.78	95.46	79.17	62.64
		24 h	67.0	0.46	3.5	171.59	152.78	127.51	107.94	87.77
		3 d	87.0	0.46	3.5	221.32	197.22	164.82	139.73	113.82
20	张家窑村	10 min	12.0	0.52	3.5	33.80	29.73	24.32	20.18	15.99
		60 min	27.8	0.52	3.5	78.54	69.07	56.46	46.83	37.05
		6 h	44.2	0.52	3.5	125.08	109.97	89.87	74.51	58.93
		24 h	64.9	0.46	3.5	166.50	148.21	123.65	104.64	85.04
		3 d	80.1	0.44	3.5	198.29	177.30	149.02	127.03	104.22

续表 4-2-4

序号	行政区划名称	历时	均值 $\overline{H}$ (mm)	变差系数 C_v	C_s/C_v	重现期雨量值 H_p (mm)				
						100 a ($H_{1\%}$)	50 a ($H_{2\%}$)	20 a ($H_{5\%}$)	10 a ($H_{10\%}$)	5 a ($H_{20\%}$)
21	黄家窑村	10 min	13.4	0.54	3.5	39.07	34.22	27.79	22.89	17.95
		60 min	28.0	0.52	3.5	79.11	69.57	56.87	47.16	37.32
		6 h	46.5	0.53	3.5	133.47	117.14	95.44	78.88	62.13
		24 h	67.0	0.47	3.5	174.49	155.03	128.94	108.78	88.05
		3 d	80.0	0.44	3.5	198.05	177.08	148.83	126.88	104.09
22	东坦朝村	10 min	12.0	0.53	3.5	34.44	30.23	24.63	20.36	16.03
		60 min	26.9	0.50	3.5	73.60	64.99	53.49	44.66	35.66
		6 h	41.6	0.50	3.5	113.82	100.50	82.72	69.07	55.15
		24 h	60.1	0.45	3.5	151.34	135.03	113.09	96.07	78.47
		3 d	74.9	0.44	3.5	185.74	166.04	139.50	118.88	97.49
23	西坦朝村	10 min	13.1	0.52	3.5	37.01	32.55	26.61	22.07	17.46
		60 min	27.5	0.52	3.5	77.70	68.33	55.86	46.32	36.65
		6 h	44.5	0.52	3.5	125.73	110.57	90.38	74.96	59.31
		24 h	63.0	0.43	3.5	153.30	137.36	115.86	99.11	81.69
		3 d	77.0	0.44	3.5	190.62	170.44	143.25	122.12	100.19
24	肖家堡	10 min	13.0	0.52	3.5	36.73	32.30	26.40	21.90	17.33
		60 min	27.7	0.52	3.5	78.26	68.82	56.26	46.66	36.92
		6 h	43.5	0.53	3.5	124.86	109.59	89.28	73.79	58.12
		24 h	65.0	0.47	3.5	169.28	150.41	125.09	105.53	85.42
		3 d	77.5	0.43	3.5	188.58	168.98	142.53	121.93	100.49

续表 4-2-4

序号	行政区划名称	历时	均值 $\overline{H}$ (mm)	变差系数 C_v	C_s/C_v	重现期雨量值 H_p (mm)				
						100 a ($H_{1\%}$)	50 a ($H_{2\%}$)	20 a ($H_{5\%}$)	10 a ($H_{10\%}$)	5 a ($H_{20\%}$)
25	侯孟村	10 min	12.9	0.51	3.5	35.87	31.61	25.93	21.57	17.15
		60 min	27.6	0.52	3.5	77.98	68.58	56.06	46.49	36.79
		6 h	45.0	0.52	3.5	127.14	111.81	91.40	75.80	59.98
		24 h	64.5	0.43	3.5	156.95	140.64	118.62	101.47	83.63
		3 d	80.1	0.44	3.5	198.29	177.30	149.02	127.03	104.22
26	南郭沟村	10 min	12.3	0.51	3.5	34.20	30.14	24.72	20.57	16.35
		60 min	27.3	0.52	3.5	77.13	67.83	55.45	45.99	36.39
		6 h	43.0	0.46	3.5	110.13	98.05	81.83	69.28	56.33
		24 h	63.0	0.42	3.5	150.66	135.29	114.52	98.31	81.39
		3 d	78.0	0.43	3.5	189.80	170.07	143.45	122.71	101.13
27	南郭	10 min	12.5	0.51	3.5	34.76	30.63	25.12	20.91	16.62
		60 min	27.5	0.51	3.5	76.46	67.38	55.27	45.99	36.56
		6 h	44.0	0.52	3.5	124.31	109.32	89.37	74.12	58.64
		24 h	65.0	0.42	3.5	155.44	139.59	118.16	101.43	83.97
		3 d	80.0	0.43	3.5	194.66	174.43	147.13	125.86	103.73
28	孙常村	10 min	13.0	0.51	3.5	36.15	31.85	26.13	21.74	17.28
		60 min	27.5	0.51	3.5	75.85	66.91	54.98	45.83	36.51
		6 h	43.5	0.52	3.5	122.90	108.08	88.35	73.27	57.98
		24 h	65.0	0.47	3.5	167.88	149.31	124.39	105.13	85.28
		3 d	77.5	0.45	3.5	194.50	173.61	145.50	123.69	101.12

续表 4-2-4

序号	行政区划名称	历时	均值 $\overline{H}$ (mm)	变差系数 C_v	C_s/C_v	重现期雨量值 H_p(mm)				
						100 a ($H_{1\%}$)	50 a ($H_{2\%}$)	20 a ($H_{5\%}$)	10 a ($H_{10\%}$)	5 a ($H_{20\%}$)
29	郭李村	10 min	12.4	0.52	3.5	35.03	30.81	25.19	20.89	16.53
		60 min	27.1	0.51	3.5	75.35	66.40	54.47	45.32	36.03
		6 h	43.5	0.52	3.5	122.90	108.08	88.35	73.27	57.98
		24 h	62.0	0.47	3.5	161.47	143.46	119.31	100.66	81.47
		3 d	76.5	0.41	3.5	179.76	161.78	137.44	118.39	98.46
30	新街村	10 min	12.4	0.52	3.5	35.03	30.81	25.19	20.89	16.53
		60 min	27.1	0.51	3.5	75.35	66.40	54.47	45.32	36.03
		6 h	43.5	0.52	3.5	122.90	108.08	88.35	73.27	57.98
		24 h	62.0	0.47	3.5	161.47	143.46	119.31	100.66	81.47
		3 d	76.5	0.41	3.5	179.76	161.78	137.44	118.39	98.46
31	西干樊	10 min	13.8	0.53	3.5	40.24	35.24	28.62	23.57	18.48
		60 min	27.0	0.51	3.5	75.07	66.15	54.26	45.16	35.89
		6 h	42.0	0.51	3.5	116.78	102.91	84.41	70.24	55.83
		24 h	62.0	0.47	3.5	161.47	143.46	119.31	100.66	81.47
		3 d	73.0	0.44	3.5	180.72	161.59	135.81	115.77	94.99
32	南吴村	10 min	13.8	0.53	3.5	40.24	35.24	28.62	23.57	18.48
		60 min	27.0	0.51	3.5	75.07	66.15	54.26	45.16	35.89
		6 h	42.0	0.51	3.5	116.78	102.91	84.41	70.24	55.83
		24 h	62.0	0.47	3.5	161.47	143.46	119.31	100.66	81.47
		3 d	73.0	0.44	3.5	180.72	161.59	135.81	115.77	94.99

续表 4-2-4

序号	行政区划名称	历时	均值 $\overline{H}$ (mm)	变差系数 C_v	C_s/C_v	重现期雨量值 H_p(mm)				
						100 a ($H_{1\%}$)	50 a ($H_{2\%}$)	20 a ($H_{5\%}$)	10 a ($H_{10\%}$)	5 a ($H_{20\%}$)
33	马铺头村	10 min	12.0	0.53	3.5	34.44	30.23	24.63	20.36	16.03
		60 min	26.8	0.51	3.5	74.52	65.66	53.86	44.82	35.63
		6 h	42.0	0.50	3.5	114.91	101.47	83.51	69.74	55.68
		24 h	60.0	0.46	3.5	153.67	136.82	114.18	96.67	78.60
		3 d	73.0	0.43	3.5	177.63	159.17	134.26	114.85	94.65
34	赵坊村	10 min	12.3	0.55	3.5	36.42	31.84	25.77	21.15	16.51
		60 min	26.0	0.49	3.5	69.99	61.93	51.14	42.85	34.37
		6 h	41.5	0.47	3.5	107.54	95.61	79.60	67.22	54.48
		24 h	55.1	0.48	3.5	145.90	129.36	107.21	90.14	72.63
		3 d	69.8	0.41	3.5	164.01	147.61	125.40	108.02	89.83
35	观上	10 min	13.2	0.54	3.5	38.49	33.71	27.37	22.55	17.68
		60 min	27.6	0.52	3.5	77.98	68.58	56.06	46.49	36.79
		6 h	42.1	0.52	3.5	118.94	104.60	85.51	70.92	56.11
		24 h	62.3	0.47	3.5	162.25	144.16	119.89	101.15	81.87
		3 d	72.4	0.44	3.5	179.23	160.26	134.69	114.82	94.21
36	上榆林	10 min	13.0	0.53	3.5	37.31	32.75	26.68	22.05	17.37
		60 min	27.2	0.52	3.5	76.85	67.58	55.25	45.82	36.25
		6 h	42.0	0.51	3.5	116.78	102.91	84.41	70.24	55.83
		24 h	63.3	0.47	3.5	164.86	146.47	121.82	102.77	83.18
		3 d	72.7	0.44	3.5	179.97	160.92	135.25	115.30	94.60

续表 4-2-4

序号	行政区划名称	历时	均值 $\overline{H}$ (mm)	变差系数 C_v	C_s/C_v	重现期雨量值 H_p(mm) 100 a ($H_{1\%}$)	50 a ($H_{2\%}$)	20 a ($H_{5\%}$)	10 a ($H_{10\%}$)	5 a ($H_{20\%}$)
37	下榆林	10 min	12.9	0.53	3.5	37.03	32.50	26.48	21.88	17.24
		60 min	27.3	0.52	3.5	77.13	67.83	55.45	45.99	36.39
		6 h	42.1	0.51	3.5	117.06	103.15	84.61	70.41	55.97
		24 h	63.2	0.47	3.5	164.60	146.24	121.62	102.61	83.05
		3 d	72.6	0.44	3.5	179.73	160.70	135.07	115.14	94.47
38	涧西	10 min	12.9	0.53	3.5	37.03	32.50	26.48	21.88	17.24
		60 min	27.3	0.52	3.5	77.13	67.83	55.45	45.99	36.39
		6 h	42.1	0.51	3.5	117.06	103.15	84.61	70.41	55.97
		24 h	63.2	0.47	3.5	164.60	146.24	121.62	102.61	83.05
		3 d	72.6	0.44	3.5	179.73	160.70	135.07	115.14	94.47
39	水峪口村	10 min	13.1	0.55	3.5	38.79	33.91	27.44	22.53	17.58
		60 min	27.1	0.52	3.5	76.57	67.33	55.04	45.65	36.12
		6 h	43.5	0.52	3.5	122.90	108.08	88.35	73.27	57.98
		24 h	60.2	0.46	3.5	154.18	137.27	114.56	96.99	78.86
		3 d	72.1	0.43	3.5	175.44	157.21	132.60	113.43	93.48
40	张华村	10 min	12.1	0.55	3.5	35.83	31.33	25.35	20.81	16.24
		60 min	26.2	0.53	3.5	75.20	66.00	53.77	44.44	35.01
		6 h	41.3	0.50	3.5	113.00	99.78	82.12	68.57	54.75
		24 h	59.8	0.46	3.5	153.67	136.76	114.06	96.49	78.38
		3 d	72.1	0.44	3.5	178.49	159.59	134.14	114.35	93.82

续表 4-2-4

序号	行政区划名称	历时	均值 $\overline{H}$ (mm)	变差系数 C_v	C_s/C_v	重现期雨量值 H_p (mm)				
						100 a ($H_{1\%}$)	50 a ($H_{2\%}$)	20 a ($H_{5\%}$)	10 a ($H_{10\%}$)	5 a ($H_{20\%}$)
41	张志村	10 min	12.1	0.55	3.5	35.83	31.33	25.35	20.81	16.24
		60 min	26.2	0.53	3.5	75.20	66.00	53.77	44.44	35.01
		6 h	41.3	0.50	3.5	113.00	99.78	82.12	68.57	54.75
		24 h	59.8	0.46	3.5	153.67	136.76	114.06	96.49	78.38
		3 d	72.1	0.44	3.5	178.49	159.59	134.14	114.35	93.82
42	太峪口村	10 min	13.0	0.55	3.5	38.20	33.43	27.10	22.28	17.43
		60 min	27.0	0.53	3.5	76.89	67.55	55.13	45.64	36.03
		6 h	42.3	0.51	3.5	117.99	103.93	85.19	70.85	56.26
		24 h	61.0	0.47	3.5	158.87	141.15	117.39	99.04	80.16
		3 d	72.0	0.45	3.5	181.31	161.77	135.49	115.10	94.01
43	任阳村	10 min	12.5	0.55	3.5	37.02	32.36	26.19	21.50	16.78
		60 min	26.5	0.53	3.5	75.47	66.30	54.11	44.80	35.36
		6 h	41.3	0.51	3.5	114.84	101.19	83.00	69.07	54.90
		24 h	59.0	0.47	3.5	153.66	136.52	113.54	95.79	77.53
		3 d	71.5	0.45	3.5	178.52	159.45	133.78	113.85	93.19
44	胜利庄	10 min	13.0	0.56	3.5	39.09	34.11	27.51	22.51	17.49
		60 min	26.8	0.55	3.5	78.75	68.91	55.86	45.93	35.93
		6 h	41.0	0.52	3.5	115.84	101.87	83.28	69.06	54.65
		24 h	59.5	0.48	3.5	157.55	139.69	115.77	97.34	78.43
		3 d	71.5	0.45	3.5	180.66	161.12	134.85	114.48	93.41

续表 4-2-4

序号	行政区划名称	历时	均值 $\overline{H}$ (mm)	变差系数 C_v	C_s/C_v	重现期雨量值 H_p(mm)				
						100 a ($H_{1\%}$)	50 a ($H_{2\%}$)	20 a ($H_{5\%}$)	10 a ($H_{10\%}$)	5 a ($H_{20\%}$)
45	古新庄村	10 min	13.0	0.56	3.5	39.09	34.11	27.51	22.51	17.49
		60 min	26.8	0.55	3.5	78.75	68.91	55.86	45.93	35.93
		6 h	41.0	0.52	3.5	115.84	101.87	83.28	69.06	54.65
		24 h	59.5	0.48	3.5	157.55	139.69	115.77	97.34	78.43
		3 d	71.5	0.45	3.5	180.66	161.12	134.85	114.48	93.41
46	大宝泉	10 min	13.1	0.56	3.5	39.40	34.37	27.72	22.68	17.62
		60 min	26.8	0.54	3.5	78.14	68.45	55.58	45.78	35.89
		6 h	42.3	0.51	3.5	117.62	103.64	85.01	70.75	56.23
		24 h	57.3	0.48	3.5	151.73	134.53	111.49	93.74	75.53
		3 d	72.6	0.45	3.5	182.82	163.12	136.61	116.06	94.79
47	小宝泉	10 min	13.4	0.56	3.5	40.30	35.16	28.36	23.20	18.03
		60 min	26.4	0.54	3.5	76.98	67.42	54.75	45.09	35.36
		6 h	42.1	0.52	3.5	118.94	104.60	85.51	70.92	56.11
		24 h	57.6	0.48	3.5	152.52	135.23	112.08	94.23	75.92
		3 d	72.6	0.46	3.5	185.00	164.82	137.70	116.69	95.01
48	峪口	10 min	12.5	0.57	3.5	38.17	33.24	26.72	21.78	16.85
		60 min	26.8	0.54	3.5	78.14	68.45	55.58	45.78	35.89
		6 h	44.6	0.51	3.5	123.96	109.23	89.60	74.56	59.26
		24 h	59.2	0.47	3.5	154.18	136.98	113.93	96.12	77.80
		3 d	73.0	0.45	3.5	183.83	164.02	137.37	116.70	95.31

续表 4-2-4

序号	行政区划名称	历时	均值 $\overline{H}$ (mm)	变差系数 C_v	C_s/C_v	重现期雨量值 H_p (mm)				
						100 a ($H_{1\%}$)	50 a ($H_{2\%}$)	20 a ($H_{5\%}$)	10 a ($H_{10\%}$)	5 a ($H_{20\%}$)
49	王庄	10 min	13.3	0.57	3.5	40.61	35.36	28.43	23.18	17.93
		60 min	26.9	0.53	3.5	77.21	67.77	55.21	45.63	35.94
		6 h	42.5	0.51	3.5	118.17	104.13	85.42	71.08	56.50
		24 h	55.3	0.46	3.5	142.11	126.47	105.48	89.23	72.49
		3 d	72.2	0.42	3.5	172.66	155.05	131.25	112.66	93.27
50	襄益庄	10 min	13.3	0.55	3.5	39.39	34.43	27.86	22.87	17.85
		60 min	26.3	0.52	3.5	74.66	65.62	53.59	44.40	35.08
		6 h	44.5	0.52	3.5	125.73	110.57	90.38	74.96	59.31
		24 h	57.3	0.46	3.5	147.00	130.85	109.17	92.39	75.08
		3 d	72.4	0.44	3.5	179.23	160.26	134.69	114.82	94.21
51	山底	10 min	12.5	0.57	3.5	38.17	33.24	26.72	21.78	16.85
		60 min	26.8	0.54	3.5	78.14	68.45	55.58	45.78	35.89
		6 h	44.6	0.51	3.5	123.96	109.23	89.60	74.56	59.26
		24 h	59.2	0.47	3.5	154.18	136.98	113.93	96.12	77.80
		3 d	73.0	0.45	3.5	183.83	164.02	137.37	116.70	95.31
52	尚坡	10 min	13.5	0.57	3.5	41.22	35.90	28.85	23.53	18.20
		60 min	27.5	0.55	3.5	81.19	71.00	57.49	47.23	36.90
		6 h	41.3	0.53	3.5	117.61	103.33	84.32	69.81	55.11
		24 h	59.3	0.49	3.5	159.63	141.24	116.65	97.74	78.40
		3 d	72.5	0.46	3.5	185.68	165.32	137.97	116.81	94.97

续表 4-2-4

序号	行政区划名称	历时	均值 $\overline{H}$ (mm)	变差系数 C_v	C_s/C_v	重现期雨量值 H_p(mm)				
						100 a ($H_{1\%}$)	50 a ($H_{2\%}$)	20 a ($H_{5\%}$)	10 a ($H_{10\%}$)	5 a ($H_{20\%}$)
53	西庄	10 min	13.2	0.54	3.5	38.49	33.71	27.37	22.55	17.68
		60 min	26.7	0.54	3.5	77.85	68.19	55.37	45.61	35.76
		6 h	42.4	0.51	3.5	117.89	103.89	85.21	70.91	56.37
		24 h	58.3	0.47	3.5	151.83	134.90	112.19	94.65	76.61
		3 d	72.5	0.45	3.5	181.64	162.17	135.96	115.62	94.56
54	韩阳村	10 min	13.2	0.58	3.5	40.92	35.56	28.49	23.15	17.83
		60 min	27.3	0.51	3.5	75.91	66.89	54.87	45.66	36.29
		6 h	42.5	0.50	3.5	116.28	102.67	84.51	70.57	56.35
		24 h	54.5	0.48	3.5	144.31	127.95	106.04	89.16	71.84
		3 d	73.0	0.46	3.5	186.96	166.46	138.92	117.61	95.63
55	祁家坡	10 min	13.7	0.56	3.5	41.20	35.95	28.99	23.72	18.43
		60 min	27.8	0.50	3.5	75.45	66.69	54.98	45.99	36.80
		6 h	42.0	0.53	3.5	119.61	105.08	85.75	71.00	56.05
		24 h	59.0	0.50	3.5	160.90	142.13	117.07	97.82	78.18
		3 d	73.0	0.47	3.5	188.54	167.69	139.70	118.07	95.78
56	韩家坟	10 min	13.4	0.58	3.5	41.54	36.10	28.92	23.50	18.10
		60 min	27.7	0.55	3.5	82.03	71.71	58.03	47.64	37.18
		6 h	42.0	0.50	3.5	114.91	101.47	83.51	69.74	55.68
		24 h	70.0	0.50	3.5	191.52	169.11	139.19	116.23	92.80
		3 d	73.1	0.47	3.5	190.38	169.15	140.67	118.68	96.06

续表 4-2-4

序号	行政区划名称	历时	均值 $\overline{H}$ (mm)	变差系数 C_v	C_s/C_v	重现期雨量值 H_p(mm)				
						100 a ($H_{1\%}$)	50 a ($H_{2\%}$)	20 a ($H_{5\%}$)	10 a ($H_{10\%}$)	5 a ($H_{20\%}$)
57	东盘底	10 min	13.5	0.56	3.5	40.60	35.42	28.57	23.37	18.16
		60 min	27.4	0.54	3.5	79.89	69.98	56.82	46.80	36.70
		6 h	42.0	0.53	3.5	120.56	105.81	86.20	71.25	56.12
		24 h	56.8	0.49	3.5	152.90	135.28	111.73	93.62	75.09
		3 d	72.5	0.46	3.5	185.68	165.32	137.97	116.81	94.97
58	西盘底	10 min	13.6	0.58	3.5	42.16	36.64	29.36	23.85	18.37
		60 min	27.5	0.55	3.5	81.44	71.19	57.61	47.29	36.91
		6 h	42.0	0.53	3.5	120.56	105.81	86.20	71.25	56.12
		24 h	57.0	0.49	3.5	153.43	135.76	112.13	93.95	75.36
		3 d	72.5	0.46	3.5	185.68	165.32	137.97	116.81	94.97
59	南庄	10 min	13.5	0.56	3.5	40.60	35.42	28.57	23.37	18.16
		60 min	27.4	0.54	3.5	79.89	69.98	56.82	46.80	36.70
		6 h	42.0	0.53	3.5	120.56	105.81	86.20	71.25	56.12
		24 h	56.8	0.49	3.5	152.90	135.28	111.73	93.62	75.09
		3 d	72.5	0.46	3.5	185.68	165.32	137.97	116.81	94.97
60	李家巷村	10 min	13.7	0.56	3.5	41.20	35.95	28.99	23.72	18.43
		60 min	27.6	0.50	3.5	75.03	66.30	54.65	45.69	36.55
		6 h	42.0	0.53	3.5	119.61	105.08	85.75	71.00	56.05
		24 h	59.0	0.50	3.5	161.16	142.34	117.19	97.89	78.20
		3 d	73.0	0.47	3.5	188.54	167.69	139.70	118.07	95.78

续表 4-2-4

序号	行政区划名称	历时	均值 $\overline{H}$ (mm)	变差系数 C_v	C_s/C_v	重现期雨量值 H_p(mm)				
						100 a ($H_{1\%}$)	50 a ($H_{2\%}$)	20 a ($H_{5\%}$)	10 a ($H_{10\%}$)	5 a ($H_{20\%}$)
61	祁家巷村	10 min	13.7	0.56	3.5	41.20	35.95	28.99	23.72	18.43
		60 min	27.6	0.50	3.5	75.03	66.30	54.65	45.69	36.55
		6 h	42.0	0.53	3.5	119.61	105.08	85.75	71.00	56.05
		24 h	59.0	0.50	3.5	161.16	142.34	117.19	97.89	78.20
		3 d	73.0	0.47	3.5	188.54	167.69	139.70	118.07	95.78
62	双店村	10 min	13.0	0.56	3.5	39.09	34.11	27.51	22.51	17.49
		60 min	26.8	0.55	3.5	78.75	68.91	55.86	45.93	35.93
		6 h	41.0	0.52	3.5	115.84	101.87	83.28	69.06	54.65
		24 h	59.5	0.48	3.5	157.55	139.69	115.77	97.34	78.43
		3 d	71.5	0.45	3.5	180.05	160.65	134.54	114.30	93.35
63	夏阳村	10 min	13.8	0.57	3.5	42.14	36.69	29.50	24.05	18.60
		60 min	27.9	0.55	3.5	82.62	72.23	58.45	47.98	37.45
		6 h	43.1	0.54	3.5	125.67	110.08	89.38	73.62	57.72
		24 h	57.6	0.50	3.5	157.59	139.15	114.53	95.64	76.36
		3 d	73.1	0.47	3.5	190.38	169.15	140.67	118.68	96.06
64	上源头村	10 min	14.2	0.57	3.5	43.36	37.76	30.35	24.75	19.14
		60 min	28.9	0.55	3.5	85.58	74.82	60.54	49.70	38.79
		6 h	42.5	0.52	3.5	120.08	105.60	86.32	71.59	56.64
		24 h	57.0	0.56	3.5	171.42	149.56	120.62	98.68	76.67
		3 d	74.5	0.47	3.5	194.03	172.39	143.37	120.96	97.90

续表 4-2-4

序号	行政区划名称	历时	均值 $\overline{H}$ (mm)	变差系数 C_v	C_s/C_v	重现期雨量值 H_p(mm)				
						100 a ($H_{1\%}$)	50 a ($H_{2\%}$)	20 a ($H_{5\%}$)	10 a ($H_{10\%}$)	5 a ($H_{20\%}$)
65	城子埒村	10 min	11.5	0.55	3.5	34.1	29.8	24.1	19.8	15.4
		60 min	27.5	0.48	3.5	72.8	64.6	53.5	45.0	36.2
		6 h	39.0	0.48	3.5	103.3	91.6	75.9	63.8	51.4
		24 h	53.0	0.43	3.5	129.0	115.6	97.5	83.4	68.7
		3 d	70.0	0.43	3.5	170.3	152.6	128.7	110.1	90.8

表 4-2-5 永济市设计暴雨时程分配表

序号	行政区划名称	时段长	时段序号	重现期时段雨量值(mm)				
				100 a($H_{1\%}$)	50 a($H_{2\%}$)	20 a($H_{5\%}$)	10 a($H_{10\%}$)	5 a($H_{20\%}$)
1	寇家窑	0.5 h	1	2.93	2.93	2.93	1.87	1.53
			2	3.21	3.21	3.21	2.03	1.65
			3	3.53	3.53	3.53	2.21	1.79
			4	6.67	6.67	6.67	3.96	3.13
			5	8.01	8.01	8.01	4.70	3.69
			6	19.97	19.97	19.97	11.36	8.77
			7	58.89	58.89	58.89	35.29	27.99
			8	13.26	13.26	13.26	7.61	5.90
			9	9.99	9.99	9.99	5.79	4.52
			10	5.70	5.70	5.70	3.42	2.72
			11	4.96	4.96	4.96	3.01	2.41
			12	4.38	4.38	4.38	2.69	2.16

续表 4-2-5

序号	行政区划名称	时段长	时段序号	重现期时段雨量值(mm)				
				100 a($H_{1\%}$)	50 a($H_{2\%}$)	20 a($H_{5\%}$)	10 a($H_{10\%}$)	5 a($H_{20\%}$)
2	土乐村	0.5 h	1	2.93	2.63	2.20	1.88	1.54
			2	3.21	2.86	2.39	2.03	1.66
			3	3.53	3.14	2.62	2.21	1.80
			4	6.65	5.84	4.76	3.95	3.12
			5	7.97	6.99	5.67	4.68	3.68
			6	19.79	17.21	13.82	11.26	8.70
			7	57.92	50.99	41.78	34.72	27.56
			8	13.16	11.47	9.24	7.56	5.87
			9	9.93	8.68	7.02	5.76	4.51
			10	5.68	5.01	4.10	3.42	2.72
			11	4.95	4.38	3.60	3.01	2.41
			12	4.38	3.88	3.20	2.69	2.16
3	石卫	0.5 h	1	2.91	2.61	2.19	1.86	1.53
			2	3.19	2.85	2.38	2.02	1.65
			3	3.51	3.13	2.60	2.20	1.79
			4	6.63	5.83	4.75	3.94	3.12
			5	7.95	6.98	5.66	4.67	3.68
			6	19.78	17.22	13.82	11.27	8.71
			7	57.88	50.96	41.76	34.71	27.54
			8	13.15	11.47	9.24	7.55	5.87
			9	9.91	8.67	7.01	5.76	4.50
			10	5.66	5.00	4.09	3.41	2.71
			11	4.93	4.36	3.59	3.00	2.40
			12	4.36	3.86	3.19	2.68	2.15

续表 4-2-5

序号	行政区划名称	时段长	时段序号	重现期时段雨量值(mm)				
				100 a($H_{1\%}$)	50 a($H_{2\%}$)	20 a($H_{5\%}$)	10 a($H_{10\%}$)	5 a($H_{20\%}$)
4	二峪口	0.5 h	1	2.98	2.65	2.21	1.87	1.52
			2	3.26	2.89	2.41	2.03	1.64
			3	3.58	3.18	2.63	2.22	1.78
			4	6.74	5.91	4.81	3.98	3.13
			5	8.08	7.07	5.73	4.72	3.70
			6	20.05	17.44	14.01	11.41	8.82
			7	58.74	51.71	42.37	35.22	27.94
			8	13.33	11.62	9.35	7.64	5.93
			9	10.06	8.78	7.10	5.82	4.54
			10	5.76	5.07	4.14	3.43	2.72
			11	5.02	4.43	3.63	3.02	2.40
			12	4.44	3.92	3.23	2.70	2.15
5	洗马庄	0.25 h	1	1.58	1.41	1.17	0.99	0.80
			2	1.65	1.47	1.22	1.03	0.83
			3	1.73	1.54	1.28	1.08	0.87
			4	1.82	1.61	1.34	1.13	0.91
			5	3.17	2.79	2.29	1.90	1.51
			6	3.44	3.03	2.48	2.06	1.63

续表 4-2-5

序号	行政区划名称	时段长	时段序号	重现期时段雨量值(mm)				
				100 a($H_{1\%}$)	50 a($H_{2\%}$)	20 a($H_{5\%}$)	10 a($H_{10\%}$)	5 a($H_{20\%}$)
5	洗马庄	0.25 h	7	3.76	3.31	2.70	2.24	1.78
			8	4.14	3.64	2.97	2.46	1.95
			9	8.48	7.43	6.03	4.96	3.89
			10	15.64	13.70	11.11	9.15	7.16
			11	40.35	35.68	29.47	24.69	19.80
			12	10.88	9.53	7.72	6.36	4.98
			13	6.99	6.13	4.97	4.10	3.22
			14	5.96	5.23	4.25	3.51	2.76
			15	5.20	4.56	3.71	3.07	2.42
			16	4.61	4.05	3.30	2.73	2.15
			17	2.94	2.59	2.12	1.77	1.41
			18	2.73	2.41	1.98	1.65	1.32
			19	2.56	2.26	1.86	1.55	1.24
			20	2.40	2.12	1.75	1.46	1.17
			21	2.26	2.00	1.65	1.38	1.10
			22	2.13	1.89	1.56	1.31	1.05
			23	2.02	1.79	1.48	1.24	1.00
			24	1.91	1.70	1.40	1.18	0.95

续表 4-2-5

序号	行政区划名称	时段长	时段序号	重现期时段雨量值(mm)				
				100 a($H_{1\%}$)	50 a($H_{2\%}$)	20 a($H_{5\%}$)	10 a($H_{10\%}$)	5 a($H_{20\%}$)
6	雷家庄村	0.5 h	1	3.09	2.75	2.30	1.95	1.59
			2	3.36	2.98	2.49	2.10	1.71
			3	3.67	3.26	2.70	2.28	1.84
			4	6.64	5.83	4.74	3.92	3.09
			5	7.89	6.90	5.60	4.61	3.61
			6	18.64	16.24	13.05	10.64	8.22
			7	51.33	45.49	37.69	31.66	25.49
			8	12.66	11.04	8.89	7.26	5.63
			9	9.70	8.48	6.84	5.61	4.38
			10	5.74	5.04	4.12	3.42	2.71
			11	5.04	4.44	3.64	3.04	2.42
			12	4.49	3.97	3.27	2.73	2.19
7	庞家营村	0.25 h	1	1.78	1.59	1.33	1.13	0.92
			2	1.85	1.65	1.38	1.17	0.95
			3	1.93	1.72	1.44	1.22	0.99
			4	2.02	1.80	1.50	1.27	1.03
			5	3.38	2.98	2.45	2.04	1.62
			6	3.65	3.21	2.63	2.19	1.74

续表 4-2-5

序号	行政区划名称	时段长	时段序号	重现期时段雨量值(mm)				
				100 a($H_{1\%}$)	50 a($H_{2\%}$)	20 a($H_{5\%}$)	10 a($H_{10\%}$)	5 a($H_{20\%}$)
7	庞家营村	0.25 h	7	3.96	3.49	2.85	2.37	1.88
			8	4.34	3.81	3.11	2.58	2.04
			9	8.50	7.43	6.01	4.93	3.85
			10	15.14	13.23	10.69	8.76	6.82
			11	37.02	32.76	27.08	22.69	18.22
			12	10.75	9.39	7.58	6.22	4.84
			13	7.08	6.20	5.02	4.13	3.23
			14	6.10	5.34	4.33	3.57	2.80
			15	5.36	4.70	3.82	3.16	2.48
			16	4.80	4.21	3.43	2.84	2.24
			17	3.15	2.78	2.28	1.91	1.52
			18	2.95	2.60	2.14	1.79	1.43
			19	2.77	2.45	2.02	1.69	1.36
			20	2.61	2.31	1.91	1.60	1.29
			21	2.47	2.19	1.81	1.52	1.22
			22	2.34	2.08	1.72	1.45	1.17
			23	2.22	1.97	1.64	1.38	1.12
			24	2.12	1.88	1.57	1.32	1.07

续表 4-2-5

序号	行政区划名称	时段长	时段序号	重现期时段雨量值(mm)				
				100 a($H_{1\%}$)	50 a($H_{2\%}$)	20 a($H_{5\%}$)	10 a($H_{10\%}$)	5 a($H_{20\%}$)
8	清华村	0.5 h	1	2.98	2.66	2.22	1.89	1.54
			2	3.25	2.89	2.41	2.04	1.66
			3	3.57	3.17	2.63	2.22	1.79
			4	6.58	5.79	4.73	3.93	3.11
			5	7.84	6.89	5.62	4.65	3.67
			6	18.99	16.59	13.40	10.99	8.56
			7	53.95	47.56	39.05	32.53	25.89
			8	12.77	11.17	9.04	7.44	5.81
			9	9.71	8.51	6.91	5.70	4.48
			10	5.65	4.98	4.09	3.41	2.71
			11	4.95	4.37	3.60	3.01	2.40
			12	4.39	3.89	3.21	2.69	2.16
9	古市营村	0.5 h	1	2.86	2.55	2.14	1.82	1.49
			2	3.12	2.78	2.33	1.98	1.61
			3	3.43	3.05	2.54	2.15	1.75
			4	6.41	5.64	4.62	3.84	3.04
			5	7.68	6.74	5.49	4.55	3.59
			6	18.87	16.47	13.28	10.87	8.45
			7	54.51	48.08	39.51	32.93	26.23
			8	12.61	11.02	8.91	7.32	5.71
			9	9.54	8.36	6.78	5.59	4.39
			10	5.49	4.85	3.98	3.32	2.65
			11	4.79	4.24	3.50	2.93	2.34
			12	4.24	3.76	3.11	2.61	2.10

续表 4-2-5

序号	行政区划名称	时段长	时段序号	重现期时段雨量值(mm)				
				100 a($H_{1\%}$)	50 a($H_{2\%}$)	20 a($H_{5\%}$)	10 a($H_{10\%}$)	5 a($H_{20\%}$)
10	南窑村	0.5 h	1	2.97	2.65	2.21	1.87	1.52
			2	3.23	2.88	2.39	2.02	1.64
			3	3.54	3.14	2.61	2.20	1.77
			4	6.48	5.70	4.66	3.87	3.06
			5	7.73	6.79	5.53	4.58	3.61
			6	19.00	16.59	13.39	10.97	8.52
			7	58.21	51.32	42.10	35.04	27.84
			8	12.65	11.07	8.96	7.36	5.74
			9	9.58	8.40	6.82	5.62	4.41
			10	5.57	4.92	4.03	3.36	2.67
			11	4.88	4.31	3.55	2.96	2.37
			12	4.34	3.84	3.17	2.65	2.13
11	西吴闫村	0.5 h	1	2.99	2.67	2.23	1.88	1.53
			2	3.27	2.91	2.42	2.04	1.65
			3	3.59	3.19	2.64	2.22	1.79
			4	6.73	5.91	4.81	3.97	3.13
			5	8.06	7.06	5.72	4.71	3.70
			6	19.89	17.31	13.90	11.33	8.76
			7	57.96	51.02	41.81	34.74	27.57
			8	13.26	11.56	9.31	7.61	5.91
			9	10.02	8.76	7.07	5.80	4.53
			10	5.76	5.07	4.14	3.44	2.72
			11	5.03	4.43	3.64	3.03	2.41
			12	4.45	3.93	3.24	2.70	2.16

续表 4-2-5

序号	行政区划名称	时段长	时段序号	重现期时段雨量值(mm)				
				100 a($H_{1\%}$)	50 a($H_{2\%}$)	20 a($H_{5\%}$)	10 a($H_{10\%}$)	5 a($H_{20\%}$)
12	屯里	0.5 h	1	2.61	2.35	1.98	1.70	1.40
			2	2.85	2.55	2.15	1.84	1.51
			3	3.13	2.80	2.35	2.00	1.63
			4	5.80	5.13	4.23	3.54	2.84
			5	6.94	6.12	5.03	4.19	3.34
			6	17.12	15.00	12.17	10.02	7.86
			7	51.30	45.20	37.09	30.87	24.55
			8	11.40	10.01	8.15	6.74	5.32
			9	8.62	7.59	6.20	5.15	4.09
			10	4.98	4.41	3.65	3.07	2.47
			11	4.35	3.86	3.21	2.71	2.19
			12	3.86	3.43	2.86	2.42	1.97
13	石佛寺	0.5 h	1	2.53	2.27	1.91	1.64	1.35
			2	2.76	2.48	2.08	1.78	1.46
			3	3.04	2.72	2.28	1.94	1.59
			4	5.75	5.08	4.19	3.51	2.80
			5	6.91	6.10	5.01	4.17	3.32
			6	17.49	15.32	12.44	10.23	8.01
			7	54.26	47.87	39.37	32.81	26.13
			8	11.51	10.11	8.24	6.80	5.35
			9	8.64	7.60	6.22	5.16	4.08
			10	4.91	4.35	3.60	3.02	2.43
			11	4.27	3.80	3.15	2.66	2.15
			12	3.78	3.36	2.80	2.37	1.92

续表 4-2-5

序号	行政区划名称	时段长	时段序号	重现期时段雨量值(mm)				
				100 a($H_{1\%}$)	50 a($H_{2\%}$)	20 a($H_{5\%}$)	10 a($H_{10\%}$)	5 a($H_{20\%}$)
14	东源头村	0.25 h	1	1.50	1.34	1.13	0.96	0.79
			2	1.56	1.40	1.17	1.00	0.82
			3	1.63	1.46	1.22	1.04	0.85
			4	1.71	1.53	1.28	1.09	0.89
			5	2.89	2.57	2.13	1.79	1.44
			6	3.13	2.78	2.30	1.93	1.56
			7	3.42	3.03	2.50	2.10	1.69
			8	3.76	3.33	2.75	2.30	1.85
			9	7.74	6.81	5.57	4.63	3.66
			10	14.75	12.94	10.52	8.69	6.83
			11	44.91	39.40	32.08	26.50	20.86
			12	10.03	8.82	7.19	5.95	4.70
			13	6.35	5.60	4.59	3.82	3.03
			14	5.40	4.77	3.91	3.26	2.60
			15	4.71	4.16	3.42	2.86	2.28
			16	4.18	3.70	3.05	2.55	2.04
			17	2.69	2.39	1.98	1.67	1.35
			18	2.51	2.23	1.85	1.56	1.26
			19	2.35	2.09	1.74	1.47	1.19
			20	2.21	1.97	1.64	1.39	1.13
			21	2.09	1.86	1.55	1.32	1.07
			22	1.98	1.77	1.47	1.25	1.02
			23	1.88	1.68	1.40	1.19	0.97
			24	1.79	1.60	1.34	1.14	0.93

续表 4-2-5

序号	行政区划名称	时段长	时段序号	重现期时段雨量值(mm)				
				100 a($H_{1\%}$)	50 a($H_{2\%}$)	20 a($H_{5\%}$)	10 a($H_{10\%}$)	5 a($H_{20\%}$)
15	南梯村	0.25 h	1	1.43	1.27	1.07	0.91	0.74
			2	1.50	1.33	1.11	0.94	0.77
			3	1.57	1.40	1.16	0.99	0.80
			4	1.65	1.47	1.22	1.03	0.84
			5	2.91	2.56	2.09	1.73	1.37
			6	3.16	2.78	2.26	1.88	1.48
			7	3.46	3.03	2.47	2.04	1.61
			8	3.82	3.35	2.72	2.24	1.76
			9	7.90	6.88	5.54	4.53	3.51
			10	14.66	12.79	10.30	8.41	6.52
			11	38.14	33.82	28.05	23.59	19.02
			12	10.16	8.86	7.12	5.81	4.50
			13	6.49	5.66	4.57	3.74	2.90
			14	5.52	4.82	3.89	3.19	2.49
			15	4.81	4.20	3.40	2.79	2.18
			16	4.26	3.73	3.02	2.49	1.95
			17	2.69	2.37	1.94	1.61	1.28
			18	2.50	2.20	1.81	1.51	1.20
			19	2.33	2.06	1.69	1.41	1.13
			20	2.19	1.93	1.59	1.33	1.07
			21	2.06	1.82	1.50	1.26	1.01
			22	1.94	1.72	1.42	1.19	0.96
			23	1.83	1.63	1.35	1.13	0.91
			24	1.74	1.54	1.28	1.08	0.87

续表 4-2-5

序号	行政区划名称	时段长	时段序号	重现期时段雨量值(mm)				
				100 a($H_{1\%}$)	50 a($H_{2\%}$)	20 a($H_{5\%}$)	10 a($H_{10\%}$)	5 a($H_{20\%}$)
16	于乡村	0.5 h	1	2.53	2.27	1.92	1.64	1.36
			2	2.77	2.48	2.09	1.78	1.47
			3	3.04	2.72	2.28	1.94	1.59
			4	5.72	5.06	4.18	3.49	2.80
			5	6.87	6.06	4.98	4.15	3.31
			6	17.27	15.12	12.30	10.12	7.92
			7	53.05	46.80	38.51	32.10	25.58
			8	11.40	10.01	8.17	6.75	5.31
			9	8.57	7.54	6.18	5.13	4.06
			10	4.89	4.34	3.59	3.02	2.43
			11	4.26	3.79	3.15	2.65	2.14
			12	3.77	3.36	2.80	2.37	1.92
17	东仁里	0.5 h	1	3.04	2.71	2.27	1.93	1.58
			2	3.31	2.95	2.46	2.09	1.70
			3	3.63	3.23	2.69	2.27	1.84
			4	6.70	5.89	4.81	3.98	3.15
			5	7.99	7.01	5.70	4.70	3.70
			6	19.35	16.87	13.57	11.08	8.58
			7	55.00	48.54	39.92	33.30	26.56
			8	13.01	11.36	9.16	7.50	5.84
			9	9.89	8.65	7.01	5.76	4.50
			10	5.76	5.07	4.16	3.46	2.75
			11	5.04	4.45	3.66	3.06	2.44
			12	4.47	3.96	3.27	2.74	2.20

续表 4-2-5

序号	行政区划名称	时段长	时段序号	重现期时段雨量值(mm)				
				100 a($H_{1\%}$)	50 a($H_{2\%}$)	20 a($H_{5\%}$)	10 a($H_{10\%}$)	5 a($H_{20\%}$)
18	西仁里	0.5 h	1	3.04	2.71	2.27	1.93	1.58
			2	3.31	2.95	2.46	2.09	1.70
			3	3.63	3.23	2.69	2.27	1.84
			4	6.70	5.89	4.81	3.98	3.15
			5	7.99	7.01	5.70	4.70	3.70
			6	19.35	16.87	13.57	11.08	8.58
			7	55.00	48.54	39.92	33.30	26.56
			8	13.01	11.36	9.16	7.50	5.84
			9	9.89	8.65	7.01	5.76	4.50
			10	5.76	5.07	4.16	3.46	2.75
			11	5.04	4.45	3.66	3.06	2.44
			12	4.47	3.96	3.27	2.74	2.20
19	三畛地	0.5 h	1	2.56	2.30	1.93	1.65	1.36
			2	2.79	2.50	2.10	1.79	1.47
			3	3.06	2.74	2.29	1.95	1.60
			4	5.68	5.04	4.16	3.49	2.80
			5	6.80	6.02	4.96	4.15	3.31
			6	16.94	14.88	12.16	10.06	7.93
			7	52.28	46.19	38.07	31.80	25.43
			8	11.22	9.88	8.10	6.72	5.32
			9	8.46	7.47	6.14	5.11	4.07
			10	4.87	4.33	3.59	3.02	2.43
			11	4.26	3.79	3.15	2.66	2.15
			12	3.77	3.36	2.80	2.37	1.93

续表 4-2-5

序号	行政区划名称	时段长	时段序号	重现期时段雨量值(mm)				
				100 a($H_{1\%}$)	50 a($H_{2\%}$)	20 a($H_{5\%}$)	10 a($H_{10\%}$)	5 a($H_{20\%}$)
20	张家窑村	0.25 h	1	1.32	1.18	1.00	0.85	0.70
			2	1.38	1.24	1.04	0.89	0.73
			3	1.45	1.30	1.09	0.93	0.77
			4	1.52	1.36	1.15	0.98	0.80
			5	2.72	2.41	1.99	1.68	1.35
			6	2.96	2.62	2.17	1.82	1.46
			7	3.24	2.87	2.37	1.98	1.59
			8	3.59	3.17	2.61	2.18	1.74
			9	7.53	6.61	5.39	4.46	3.52
			10	14.17	12.41	10.08	8.30	6.51
			11	37.91	33.37	27.33	22.70	18.01
			12	9.74	8.54	6.95	5.74	4.51
			13	6.16	5.42	4.43	3.67	2.90
			14	5.23	4.60	3.77	3.13	2.48
			15	4.54	4.00	3.28	2.73	2.17
			16	4.01	3.54	2.91	2.43	1.93
			17	2.51	2.23	1.85	1.56	1.26
			18	2.33	2.07	1.72	1.45	1.17
			19	2.17	1.93	1.61	1.36	1.10
			20	2.03	1.81	1.51	1.28	1.04
			21	1.91	1.70	1.42	1.20	0.98
			22	1.80	1.60	1.34	1.14	0.93
			23	1.70	1.52	1.27	1.08	0.88
			24	1.61	1.44	1.21	1.03	0.84

续表 4-2-5

序号	行政区划名称	时段长	时段序号	重现期时段雨量值(mm)				
				100 a($H_{1\%}$)	50 a($H_{2\%}$)	20 a($H_{5\%}$)	10 a($H_{10\%}$)	5 a($H_{20\%}$)
21	黄家窑村	0.5 h	1	2.61	2.34	1.98	1.69	1.39
			2	2.83	2.54	2.13	1.82	1.49
			3	3.09	2.76	2.32	1.98	1.62
			4	5.59	4.96	4.11	3.46	2.79
			5	6.65	5.89	4.87	4.09	3.29
			6	16.45	14.46	11.81	9.80	7.77
			7	54.48	47.82	38.95	32.19	25.38
			8	10.89	9.60	7.88	6.56	5.24
			9	8.24	7.28	6.00	5.02	4.02
			10	4.82	4.28	3.56	3.00	2.43
			11	4.23	3.77	3.14	2.66	2.16
			12	3.77	3.36	2.81	2.38	1.94
22	东坦朝村	0.25 h	1	1.15	1.04	0.88	0.76	0.63
			2	1.20	1.08	0.92	0.79	0.66
			3	1.26	1.13	0.96	0.83	0.69
			4	1.32	1.19	1.01	0.87	0.72
			5	2.32	2.07	1.74	1.48	1.21
			6	2.52	2.25	1.89	1.60	1.31
			7	2.76	2.46	2.06	1.75	1.43
			8	3.05	2.72	2.27	1.93	1.57
			9	6.45	5.72	4.73	3.98	3.20
			10	12.43	10.97	9.03	7.54	6.02
			11	37.06	32.59	26.68	22.14	17.55
			12	8.41	7.44	6.14	5.15	4.13

续表 4-2-5

序号	行政区划名称	时段长	时段序号	重现期时段雨量值(mm)				
				100 a($H_{1\%}$)	50 a($H_{2\%}$)	20 a($H_{5\%}$)	10 a($H_{10\%}$)	5 a($H_{20\%}$)
22	东坦朝村	0.25 h	13	5.26	4.67	3.87	3.26	2.63
			14	4.45	3.95	3.29	2.78	2.25
			15	3.86	3.43	2.86	2.42	1.96
			16	3.41	3.04	2.53	2.14	1.74
			17	2.14	1.92	1.61	1.37	1.13
			18	1.99	1.78	1.50	1.28	1.05
			19	1.86	1.67	1.40	1.20	0.99
			20	1.75	1.56	1.32	1.13	0.93
			21	1.64	1.47	1.24	1.06	0.88
			22	1.55	1.39	1.18	1.01	0.83
			23	1.47	1.32	1.11	0.96	0.79
			24	1.39	1.25	1.06	0.91	0.75
23	西坦朝村	0.5 h	1	2.11	1.93	1.67	1.46	1.24
			2	2.32	2.11	1.82	1.59	1.34
			3	2.57	2.34	2.00	1.74	1.46
			4	5.08	4.53	3.78	3.21	2.61
			5	6.17	5.48	4.55	3.84	3.10
			6	16.32	14.32	11.64	9.61	7.57
			7	52.93	46.50	37.97	31.44	24.85
			8	10.55	9.29	7.61	6.33	5.04
			9	7.80	6.91	5.69	4.77	3.83
			10	4.30	3.85	3.23	2.75	2.26
			11	3.71	3.33	2.81	2.41	1.99
			12	3.25	2.93	2.48	2.14	1.78

续表 4-2-5

序号	行政区划名称	时段长	时段序号	重现期时段雨量值(mm)				
				100 a($H_{1\%}$)	50 a($H_{2\%}$)	20 a($H_{5\%}$)	10 a($H_{10\%}$)	5 a($H_{20\%}$)
24	肖家堡	0.5 h	1	2.51	2.25	1.89	1.62	1.33
			2	2.72	2.44	2.05	1.74	1.43
			3	2.97	2.66	2.23	1.89	1.55
			4	5.41	4.79	3.95	3.31	2.66
			5	6.45	5.70	4.69	3.92	3.13
			6	15.97	14.01	11.39	9.39	7.38
			7	52.08	45.79	37.40	31.00	24.50
			8	10.57	9.30	7.59	6.29	4.97
			9	7.99	7.05	5.78	4.81	3.82
			10	4.66	4.13	3.42	2.88	2.32
			11	4.09	3.63	3.02	2.54	2.06
			12	3.64	3.24	2.70	2.28	1.85
25	侯孟村	0.5 h	1	2.21	2.01	1.74	1.52	1.29
			2	2.43	2.21	1.90	1.66	1.40
			3	2.70	2.44	2.09	1.81	1.52
			4	5.32	4.73	3.94	3.33	2.70
			5	6.46	5.72	4.74	3.98	3.20
			6	16.90	14.81	12.03	9.90	7.75
			7	52.81	46.43	37.97	31.48	24.89
			8	10.99	9.66	7.91	6.55	5.18
			9	8.15	7.20	5.93	4.95	3.94
			10	4.50	4.02	3.37	2.86	2.34
			11	3.88	3.48	2.93	2.51	2.06
			12	3.40	3.06	2.59	2.23	1.84

续表 4-2-5

序号	行政区划名称	时段长	时段序号	重现期时段雨量值(mm)				
				100 a($H_{1\%}$)	50 a($H_{2\%}$)	20 a($H_{5\%}$)	10 a($H_{10\%}$)	5 a($H_{20\%}$)
26	南郭沟村	0.25 h	1	1.11	1.01	0.88	0.77	0.66
			2	1.16	1.06	0.92	0.81	0.68
			3	1.22	1.11	0.96	0.84	0.71
			4	1.28	1.17	1.01	0.88	0.75
			5	2.29	2.06	1.75	1.51	1.25
			6	2.49	2.24	1.90	1.63	1.35
			7	2.74	2.46	2.08	1.78	1.47
			8	3.03	2.72	2.29	1.96	1.62
			9	6.51	5.78	4.81	4.05	3.28
			10	12.66	11.18	9.21	7.70	6.15
			11	37.80	33.31	27.34	22.77	18.12
			12	8.53	7.55	6.25	5.25	4.22
			13	5.29	4.71	3.93	3.32	2.70
			14	4.46	3.98	3.33	2.83	2.30
			15	3.86	3.45	2.89	2.46	2.01
			16	3.40	3.04	2.56	2.18	1.79
			17	2.11	1.90	1.62	1.40	1.16
			18	1.96	1.77	1.51	1.30	1.09
			19	1.82	1.65	1.41	1.22	1.02
			20	1.71	1.55	1.32	1.15	0.96
			21	1.60	1.45	1.25	1.08	0.91
			22	1.51	1.37	1.18	1.02	0.86
			23	1.43	1.29	1.11	0.97	0.82
			24	1.35	1.23	1.06	0.92	0.78

续表 4-2-5

序号	行政区划名称	时段长	时段序号	重现期时段雨量值(mm)				
				100 a($H_{1\%}$)	50 a($H_{2\%}$)	20 a($H_{5\%}$)	10 a($H_{10\%}$)	5 a($H_{20\%}$)
27	南郭	0.25 h	1	1.18	1.08	0.93	0.82	0.69
			2	1.24	1.13	0.98	0.85	0.72
			3	1.31	1.19	1.02	0.89	0.75
			4	1.38	1.25	1.07	0.93	0.78
			5	2.53	2.26	1.88	1.60	1.30
			6	2.76	2.46	2.05	1.73	1.41
			7	3.04	2.70	2.24	1.89	1.53
			8	3.38	3.00	2.48	2.08	1.68
			9	7.28	6.38	5.19	4.28	3.37
			10	13.93	12.18	9.84	8.07	6.29
			11	38.10	33.58	27.59	22.98	18.29
			12	9.49	8.30	6.73	5.53	4.34
			13	5.92	5.20	4.25	3.52	2.78
			14	4.99	4.40	3.60	3.00	2.38
			15	4.31	3.81	3.13	2.61	2.09
			16	3.79	3.35	2.77	2.32	1.86
			17	2.33	2.08	1.74	1.48	1.21
			18	2.15	1.93	1.62	1.38	1.13
			19	2.00	1.80	1.51	1.30	1.07
			20	1.87	1.68	1.42	1.22	1.01
			21	1.75	1.57	1.33	1.15	0.95
			22	1.64	1.48	1.26	1.09	0.90
			23	1.55	1.40	1.19	1.03	0.86
			24	1.46	1.32	1.13	0.98	0.82

续表 4-2-5

序号	行政区划名称	时段长	时段序号	重现期时段雨量值(mm)				
				100 a($H_{1\%}$)	50 a($H_{2\%}$)	20 a($H_{5\%}$)	10 a($H_{10\%}$)	5 a($H_{20\%}$)
28	孙常村	0.5 h	1	2.52	2.26	1.90	1.62	1.33
			2	2.73	2.44	2.05	1.75	1.43
			3	2.98	2.66	2.23	1.89	1.55
			4	5.33	4.73	3.91	3.29	2.65
			5	6.34	5.61	4.63	3.88	3.11
			6	15.52	13.65	11.15	9.25	7.32
			7	51.05	44.98	36.90	30.71	24.42
			8	10.31	9.09	7.46	6.21	4.94
			9	7.83	6.91	5.69	4.76	3.80
			10	4.61	4.09	3.40	2.86	2.31
			11	4.05	3.61	3.00	2.53	2.05
			12	3.62	3.22	2.69	2.28	1.85
29	郭李村	0.25 h	1	1.27	1.13	0.95	0.81	0.66
			2	1.33	1.19	0.99	0.85	0.69
			3	1.39	1.24	1.04	0.88	0.72
			4	1.46	1.30	1.09	0.93	0.76
			5	2.54	2.26	1.87	1.57	1.27
			6	2.76	2.45	2.03	1.70	1.37

续表 4-2-5

序号	行政区划名称	时段长	时段序号	重现期时段雨量值(mm)				
				100 a($H_{1\%}$)	50 a($H_{2\%}$)	20 a($H_{5\%}$)	10 a($H_{10\%}$)	5 a($H_{20\%}$)
29	郭李村	0.25 h	7	3.02	2.68	2.21	1.86	1.49
			8	3.34	2.95	2.44	2.04	1.64
			9	6.96	6.14	5.02	4.18	3.31
			10	13.22	11.63	9.48	7.85	6.20
			11	37.73	33.21	27.24	22.65	17.99
			12	9.03	7.95	6.49	5.39	4.26
			13	5.70	5.03	4.12	3.43	2.73
			14	4.84	4.27	3.51	2.93	2.33
			15	4.20	3.72	3.06	2.55	2.04
			16	3.72	3.29	2.71	2.27	1.82
			17	2.35	2.09	1.73	1.46	1.18
			18	2.19	1.95	1.62	1.36	1.10
			19	2.05	1.82	1.51	1.28	1.03
			20	1.92	1.71	1.42	1.20	0.97
			21	1.81	1.61	1.34	1.14	0.92
			22	1.71	1.52	1.27	1.07	0.87
			23	1.62	1.44	1.20	1.02	0.83
			24	1.53	1.37	1.14	0.97	0.79

续表 4-2-5

序号	行政区划名称	时段长	时段序号	重现期时段雨量值(mm)				
				100 a($H_{1\%}$)	50 a($H_{2\%}$)	20 a($H_{5\%}$)	10 a($H_{10\%}$)	5 a($H_{20\%}$)
30	新街村	0.25 h	1	1.27	1.13	0.95	0.81	0.66
			2	1.33	1.19	0.99	0.85	0.69
			3	1.39	1.24	1.04	0.88	0.72
			4	1.46	1.30	1.09	0.93	0.76
			5	2.54	2.26	1.87	1.57	1.27
			6	2.76	2.45	2.03	1.70	1.37
			7	3.02	2.68	2.21	1.86	1.49
			8	3.34	2.95	2.44	2.04	1.64
			9	6.96	6.14	5.02	4.18	3.31
			10	13.22	11.63	9.48	7.85	6.20
			11	37.73	33.21	27.24	22.65	17.99
			12	9.03	7.95	6.49	5.39	4.26
			13	5.70	5.03	4.12	3.43	2.73
			14	4.84	4.27	3.51	2.93	2.33
			15	4.20	3.72	3.06	2.55	2.04
			16	3.72	3.29	2.71	2.27	1.82
			17	2.35	2.09	1.73	1.46	1.18
			18	2.19	1.95	1.62	1.36	1.10
			19	2.05	1.82	1.51	1.28	1.03
			20	1.92	1.71	1.42	1.20	0.97
			21	1.81	1.61	1.34	1.14	0.92
			22	1.71	1.52	1.27	1.07	0.87
			23	1.62	1.44	1.20	1.02	0.83
			24	1.53	1.37	1.14	0.97	0.79

续表 4-2-5

序号	行政区划名称	时段长	时段序号	重现期时段雨量值(mm)				
				100 a($H_{1\%}$)	50 a($H_{2\%}$)	20 a($H_{5\%}$)	10 a($H_{10\%}$)	5 a($H_{20\%}$)
31	西干樊	0.25 h	1	1.24	1.11	0.93	0.79	0.65
			2	1.28	1.15	0.96	0.82	0.67
			3	1.34	1.19	1.00	0.85	0.70
			4	1.39	1.24	1.04	0.89	0.73
			5	2.27	2.02	1.69	1.43	1.16
			6	2.45	2.18	1.82	1.54	1.25
			7	2.66	2.36	1.97	1.67	1.36
			8	2.91	2.59	2.16	1.83	1.48
			9	5.91	5.24	4.34	3.66	2.94
			10	11.43	10.11	8.33	6.99	5.58
			11	42.01	36.89	30.08	24.89	19.64
			12	7.68	6.80	5.62	4.73	3.79
			13	4.85	4.30	3.57	3.01	2.43
			14	4.13	3.67	3.05	2.58	2.08
			15	3.61	3.21	2.67	2.26	1.83
			16	3.22	2.86	2.38	2.02	1.63
			17	2.12	1.89	1.58	1.34	1.09
			18	1.98	1.77	1.48	1.26	1.02
			19	1.87	1.67	1.39	1.18	0.97
			20	1.77	1.58	1.32	1.12	0.91
			21	1.67	1.50	1.25	1.06	0.87
			22	1.59	1.42	1.19	1.01	0.83
			23	1.52	1.36	1.14	0.97	0.79
			24	1.45	1.30	1.09	0.93	0.76

续表 4-2-5

序号	行政区划名称	时段长	时段序号	重现期时段雨量值(mm)				
				100 a($H_{1\%}$)	50 a($H_{2\%}$)	20 a($H_{5\%}$)	10 a($H_{10\%}$)	5 a($H_{20\%}$)
32	南吴村	0.25 h	1	1.24	1.11	0.93	0.79	0.65
			2	1.28	1.15	0.96	0.82	0.67
			3	1.34	1.19	1.00	0.85	0.70
			4	1.39	1.24	1.04	0.89	0.73
			5	2.27	2.02	1.69	1.43	1.16
			6	2.45	2.18	1.82	1.54	1.25
			7	2.66	2.36	1.97	1.67	1.36
			8	2.91	2.59	2.16	1.83	1.48
			9	5.91	5.24	4.34	3.66	2.94
			10	11.43	10.11	8.33	6.99	5.58
			11	42.01	36.89	30.08	24.89	19.64
			12	7.68	6.80	5.62	4.73	3.79
			13	4.85	4.30	3.57	3.01	2.43
			14	4.13	3.67	3.05	2.58	2.08
			15	3.61	3.21	2.67	2.26	1.83
			16	3.22	2.86	2.38	2.02	1.63
			17	2.12	1.89	1.58	1.34	1.09
			18	1.98	1.77	1.48	1.26	1.02
			19	1.87	1.67	1.39	1.18	0.97
			20	1.77	1.58	1.32	1.12	0.91
			21	1.67	1.50	1.25	1.06	0.87
			22	1.59	1.42	1.19	1.01	0.83
			23	1.52	1.36	1.14	0.97	0.79
			24	1.45	1.30	1.09	0.93	0.76

续表 4-2-5

序号	行政区划名称	时段长	时段序号	重现期时段雨量值(mm)				
				100 a($H_{1\%}$)	50 a($H_{2\%}$)	20 a($H_{5\%}$)	10 a($H_{10\%}$)	5 a($H_{20\%}$)
33	马铺头村	0.5 h	1	2.20	1.98	1.68	1.44	1.19
			2	2.40	2.16	1.82	1.57	1.29
			3	2.63	2.36	2.00	1.71	1.41
			4	4.93	4.39	3.67	3.12	2.54
			5	5.91	5.27	4.39	3.72	3.02
			6	15.03	13.30	10.98	9.19	7.37
			7	49.36	43.45	35.58	29.57	23.45
			8	9.85	8.74	7.24	6.09	4.91
			9	7.39	6.57	5.46	4.61	3.73
			10	4.21	3.77	3.15	2.68	2.19
			11	3.68	3.29	2.76	2.35	1.93
			12	3.25	2.91	2.45	2.09	1.72
34	赵坊村	0.5 h	1	2.07	1.85	1.54	1.30	1.06
			2	2.24	2.00	1.67	1.41	1.15
			3	2.44	2.17	1.82	1.54	1.26
			4	4.34	3.89	3.29	2.82	2.33
			5	5.16	4.63	3.92	3.36	2.79
			6	12.94	11.65	9.88	8.50	7.05
			7	49.36	43.56	35.83	29.89	23.84
			8	8.47	7.62	6.47	5.56	4.62
			9	6.39	5.75	4.87	4.18	3.47
			10	3.75	3.36	2.83	2.42	2.00
			11	3.30	2.95	2.49	2.12	1.74
			12	2.95	2.64	2.21	1.89	1.55

续表 4-2-5

序号	行政区划名称	时段长	时段序号	重现期时段雨量值(mm)				
				100 a($H_{1\%}$)	50 a($H_{2\%}$)	20 a($H_{5\%}$)	10 a($H_{10\%}$)	5 a($H_{20\%}$)
35	观上	0.5 h	1	2.31	2.08	1.75	1.50	1.23
			2	2.51	2.25	1.89	1.62	1.33
			3	2.74	2.45	2.06	1.76	1.44
			4	4.95	4.40	3.66	3.09	2.50
			5	5.91	5.24	4.35	3.66	2.95
			6	14.87	13.10	10.73	8.93	7.09
			7	53.19	46.68	38.05	31.47	24.80
			8	9.74	8.61	7.09	5.93	4.74
			9	7.34	6.50	5.37	4.51	3.62
			10	4.26	3.80	3.17	2.68	2.17
			11	3.74	3.34	2.79	2.37	1.93
			12	3.34	2.98	2.49	2.12	1.73
36	上榆林	0.5 h	1	2.41	2.16	1.82	1.56	1.28
			2	2.60	2.33	1.96	1.67	1.38
			3	2.83	2.53	2.13	1.81	1.49
			4	5.00	4.45	3.70	3.12	2.53
			5	5.93	5.26	4.37	3.68	2.97
			6	14.52	12.82	10.52	8.77	6.98
			7	51.06	44.90	36.70	30.44	24.07
			8	9.62	8.51	7.02	5.87	4.71
			9	7.31	6.48	5.36	4.50	3.62
			10	4.33	3.86	3.21	2.72	2.21
			11	3.82	3.41	2.85	2.41	1.96
			12	3.42	3.05	2.56	2.17	1.77

续表 4-2-5

序号	行政区划名称	时段长	时段序号	重现期时段雨量值(mm)				
				100 a($H_{1\%}$)	50 a($H_{2\%}$)	20 a($H_{5\%}$)	10 a($H_{10\%}$)	5 a($H_{20\%}$)
37	下榆林	0.5 h	1	2.40	2.15	1.82	1.55	1.28
			2	2.60	2.33	1.96	1.67	1.37
			3	2.83	2.53	2.12	1.81	1.48
			4	5.03	4.47	3.72	3.14	2.54
			5	5.97	5.30	4.40	3.70	2.99
			6	14.69	12.95	10.63	8.86	7.06
			7	50.93	44.79	36.61	30.35	24.02
			8	9.72	8.59	7.09	5.93	4.75
			9	7.37	6.53	5.40	4.54	3.65
			10	4.35	3.87	3.23	2.73	2.22
			11	3.83	3.42	2.85	2.42	1.97
			12	3.43	3.06	2.56	2.17	1.77
38	涧西	0.5 h	1	2.40	2.15	1.82	1.55	1.28
			2	2.60	2.33	1.96	1.67	1.37
			3	2.83	2.53	2.12	1.81	1.48
			4	5.03	4.47	3.72	3.14	2.54
			5	5.97	5.30	4.40	3.70	2.99
			6	14.69	12.95	10.63	8.86	7.06
			7	50.93	44.79	36.61	30.35	24.02
			8	9.72	8.59	7.09	5.93	4.75
			9	7.37	6.53	5.40	4.54	3.65
			10	4.35	3.87	3.23	2.73	2.22
			11	3.83	3.42	2.85	2.42	1.97
			12	3.43	3.06	2.56	2.17	1.77

续表 4-2-5

序号	行政区划名称	时段长	时段序号	重现期时段雨量值(mm)				
				100 a($H_{1\%}$)	50 a($H_{2\%}$)	20 a($H_{5\%}$)	10 a($H_{10\%}$)	5 a($H_{20\%}$)
39	水峪口村	0.5 h	1	2.14	1.93	1.64	1.42	1.18
			2	2.34	2.11	1.79	1.54	1.28
			3	2.57	2.31	1.96	1.68	1.39
			4	4.84	4.32	3.61	3.06	2.49
			5	5.83	5.19	4.32	3.66	2.97
			6	15.17	13.38	10.99	9.16	7.31
			7	53.19	46.65	37.99	31.36	24.68
			8	9.83	8.70	7.18	6.02	4.84
			9	7.32	6.50	5.39	4.54	3.67
			10	4.13	3.69	3.10	2.63	2.15
			11	3.60	3.22	2.71	2.31	1.90
			12	3.18	2.85	2.40	2.06	1.69
40	张华村	0.5 h	1	2.18	1.97	1.67	1.44	1.20
			2	2.37	2.13	1.81	1.56	1.30
			3	2.59	2.33	1.97	1.70	1.41
			4	4.73	4.23	3.55	3.02	2.47
			5	5.65	5.04	4.22	3.58	2.92
			6	14.22	12.58	10.39	8.70	6.98
			7	48.52	42.57	34.69	28.67	22.59
			8	9.34	8.29	6.88	5.80	4.68
			9	7.03	6.26	5.22	4.41	3.58
			10	4.07	3.64	3.06	2.61	2.14
			11	3.56	3.19	2.69	2.30	1.89
			12	3.17	2.84	2.40	2.06	1.70

续表 4-2-5

序号	行政区划名称	时段长	时段序号	重现期时段雨量值(mm)				
				100 a($H_{1\%}$)	50 a($H_{2\%}$)	20 a($H_{5\%}$)	10 a($H_{10\%}$)	5 a($H_{20\%}$)
41	张志村	0.5 h	1	2.18	1.97	1.67	1.44	1.20
			2	2.37	2.13	1.81	1.56	1.30
			3	2.59	2.33	1.97	1.70	1.41
			4	4.73	4.23	3.55	3.02	2.47
			5	5.65	5.04	4.22	3.58	2.92
			6	14.22	12.58	10.39	8.70	6.98
			7	48.52	42.57	34.69	28.67	22.59
			8	9.34	8.29	6.88	5.80	4.68
			9	7.03	6.26	5.22	4.41	3.58
			10	4.07	3.64	3.06	2.61	2.14
			11	3.56	3.19	2.69	2.30	1.89
			12	3.17	2.84	2.40	2.06	1.70
42	太峪口村	0.5 h	1	2.25	2.02	1.71	1.47	1.21
			2	2.45	2.19	1.85	1.58	1.31
			3	2.67	2.39	2.02	1.72	1.42
			4	4.85	4.32	3.61	3.05	2.48
			5	5.80	5.16	4.29	3.62	2.93
			6	14.64	12.93	10.63	8.87	7.07
			7	52.20	45.80	37.33	30.85	24.30
			8	9.58	8.49	7.01	5.88	4.72
			9	7.21	6.40	5.30	4.46	3.60
			10	4.18	3.72	3.11	2.64	2.15
			11	3.66	3.27	2.74	2.33	1.90
			12	3.26	2.92	2.45	2.08	1.71

续表 4-2-5

序号	行政区划名称	时段长	时段序号	重现期时段雨量值(mm)				
				100 a($H_{1\%}$)	50 a($H_{2\%}$)	20 a($H_{5\%}$)	10 a($H_{10\%}$)	5 a($H_{20\%}$)
43	任阳村	0.5 h	1	2.16	1.94	1.64	1.41	1.17
			2	2.35	2.11	1.78	1.53	1.26
			3	2.57	2.30	1.94	1.66	1.37
			4	4.72	4.21	3.51	2.98	2.42
			5	5.64	5.03	4.19	3.54	2.87
			6	14.35	12.68	10.44	8.73	6.98
			7	50.38	44.22	36.01	29.76	23.44
			8	9.37	8.31	6.88	5.78	4.65
			9	7.03	6.25	5.19	4.38	3.54
			10	4.05	3.62	3.03	2.57	2.10
			11	3.54	3.17	2.66	2.26	1.85
			12	3.15	2.82	2.37	2.02	1.66
44	胜利庄	0.5 h	1	2.17	1.95	1.64	1.41	1.16
			2	2.36	2.11	1.78	1.52	1.25
			3	2.58	2.31	1.94	1.66	1.36
			4	4.74	4.21	3.50	2.96	2.39
			5	5.68	5.04	4.18	3.51	2.83
			6	14.63	12.87	10.53	8.75	6.93
			7	54.49	47.65	38.60	31.70	24.78
			8	9.48	8.38	6.89	5.75	4.59
			9	7.09	6.28	5.19	4.35	3.49
			10	4.06	3.62	3.02	2.55	2.07
			11	3.56	3.17	2.65	2.25	1.83
			12	3.16	2.82	2.36	2.01	1.64

续表 4-2-5

序号	行政区划名称	时段长	时段序号	重现期时段雨量值(mm)				
				100 a($H_{1\%}$)	50 a($H_{2\%}$)	20 a($H_{5\%}$)	10 a($H_{10\%}$)	5 a($H_{20\%}$)
45	古新庄村	0.5 h	1	2.17	1.95	1.65	1.41	1.16
			2	2.36	2.11	1.78	1.52	1.25
			3	2.58	2.31	1.94	1.66	1.36
			4	4.74	4.21	3.50	2.96	2.39
			5	5.67	5.04	4.18	3.51	2.83
			6	14.60	12.85	10.52	8.73	6.92
			7	54.30	47.48	38.47	31.60	24.70
			8	9.47	8.37	6.88	5.75	4.59
			9	7.08	6.27	5.18	4.35	3.49
			10	4.06	3.62	3.02	2.55	2.07
			11	3.56	3.17	2.65	2.25	1.83
			12	3.16	2.82	2.36	2.01	1.64
46	大宝泉	0.25 h	1	1.08	0.97	0.82	0.70	0.58
			2	1.13	1.01	0.85	0.73	0.60
			3	1.19	1.06	0.90	0.77	0.63
			4	1.25	1.12	0.94	0.80	0.66
			5	2.22	1.98	1.65	1.40	1.14
			6	2.42	2.16	1.80	1.52	1.24

续表 4-2-5

序号	行政区划名称	时段长	时段序号	重现期时段雨量值(mm)				
				100 a($H_{1\%}$)	50 a($H_{2\%}$)	20 a($H_{5\%}$)	10 a($H_{10\%}$)	5 a($H_{20\%}$)
46	大宝泉	0.25 h	7	2.66	2.37	1.97	1.67	1.35
			8	2.95	2.63	2.18	1.84	1.49
			9	6.45	5.70	4.70	3.93	3.14
			10	12.90	11.35	9.29	7.71	6.10
			11	43.16	37.73	30.53	25.05	19.55
			12	8.53	7.52	6.18	5.15	4.10
			13	5.21	4.61	3.81	3.19	2.56
			14	4.37	3.88	3.21	2.69	2.17
			15	3.77	3.35	2.77	2.33	1.88
			16	3.31	2.94	2.44	2.06	1.66
			17	2.05	1.83	1.53	1.30	1.05
			18	1.90	1.70	1.42	1.20	0.98
			19	1.77	1.58	1.32	1.13	0.92
			20	1.66	1.48	1.24	1.06	0.86
			21	1.56	1.39	1.17	0.99	0.81
			22	1.47	1.31	1.10	0.94	0.77
			23	1.39	1.24	1.04	0.89	0.73
			24	1.31	1.18	0.99	0.84	0.69

续表 4-2-5

序号	行政区划名称	时段长	时段序号	重现期时段雨量值(mm)				
				100 a($H_{1\%}$)	50 a($H_{2\%}$)	20 a($H_{5\%}$)	10 a($H_{10\%}$)	5 a($H_{20\%}$)
47	小宝泉	0.25 h	1	1.08	0.97	0.82	0.70	0.58
			2	1.13	1.02	0.86	0.73	0.60
			3	1.19	1.07	0.90	0.77	0.63
			4	1.25	1.12	0.94	0.80	0.66
			5	2.22	1.97	1.64	1.39	1.12
			6	2.42	2.15	1.78	1.51	1.22
			7	2.65	2.36	1.96	1.65	1.33
			8	2.94	2.61	2.16	1.82	1.47
			9	6.45	5.68	4.66	3.87	3.08
			10	13.00	11.40	9.28	7.67	6.04
			11	45.73	39.95	32.28	26.46	20.62
			12	8.55	7.51	6.14	5.09	4.03
			13	5.20	4.59	3.77	3.15	2.51
			14	4.36	3.85	3.18	2.65	2.12
			15	3.76	3.33	2.75	2.30	1.85
			16	3.30	2.93	2.42	2.03	1.63
			17	2.05	1.82	1.52	1.28	1.04
			18	1.90	1.69	1.41	1.20	0.97
			19	1.77	1.58	1.32	1.12	0.91
			20	1.66	1.48	1.24	1.05	0.86
			21	1.56	1.39	1.17	0.99	0.81
			22	1.47	1.31	1.10	0.94	0.77
			23	1.39	1.24	1.04	0.89	0.73
			24	1.32	1.18	0.99	0.84	0.69

续表 4-2-5

序号	行政区划名称	时段长	时段序号	重现期时段雨量值(mm)				
				100 a($H_{1\%}$)	50 a($H_{2\%}$)	20 a($H_{5\%}$)	10 a($H_{10\%}$)	5 a($H_{20\%}$)
48	峪口	0.5 h	1	2.11	1.91	1.62	1.40	1.17
			2	2.32	2.09	1.77	1.53	1.27
			3	2.56	2.30	1.95	1.68	1.39
			4	4.95	4.42	3.71	3.15	2.57
			5	6.00	5.35	4.46	3.78	3.08
			6	15.80	13.97	11.50	9.62	7.69
			7	53.56	46.86	37.97	31.22	24.42
			8	10.20	9.05	7.50	6.30	5.08
			9	7.56	6.73	5.60	4.73	3.83
			10	4.21	3.76	3.16	2.69	2.21
			11	3.64	3.26	2.75	2.35	1.93
			12	3.20	2.87	2.43	2.08	1.71
49	王庄	0.5 h	1	1.80	1.63	1.40	1.21	1.02
			2	1.98	1.79	1.53	1.33	1.11
			3	2.19	1.98	1.69	1.46	1.22
			4	4.32	3.87	3.26	2.78	2.29
			5	5.26	4.71	3.95	3.36	2.75
			6	14.41	12.78	10.57	8.87	7.12
			7	54.28	47.54	38.57	31.75	24.87
			8	9.13	8.12	6.76	5.71	4.62
			9	6.69	5.97	4.99	4.23	3.45
			10	3.65	3.28	2.77	2.37	1.96
			11	3.15	2.83	2.40	2.06	1.70
			12	2.76	2.48	2.11	1.82	1.51

续表 4-2-5

序号	行政区划名称	时段长	时段序号	重现期时段雨量值(mm)				
				100 a($H_{1\%}$)	50 a($H_{2\%}$)	20 a($H_{5\%}$)	10 a($H_{10\%}$)	5 a($H_{20\%}$)
50	襄益庄	0.5 h	1	2.00	1.80	1.54	1.33	1.11
			2	2.19	1.97	1.68	1.45	1.20
			3	2.42	2.18	1.84	1.59	1.32
			4	4.68	4.17	3.49	2.96	2.41
			5	5.67	5.04	4.20	3.55	2.88
			6	15.07	13.30	10.92	9.11	7.26
			7	53.07	46.54	37.89	31.29	24.62
			8	9.68	8.57	7.08	5.94	4.77
			9	7.16	6.35	5.27	4.44	3.59
			10	3.97	3.55	2.98	2.53	2.07
			11	3.44	3.08	2.59	2.21	1.82
			12	3.02	2.71	2.29	1.96	1.61
51	山底	0.5 h	1	2.11	1.91	1.62	1.40	1.17
			2	2.32	2.09	1.77	1.53	1.27
			3	2.56	2.30	1.95	1.68	1.39
			4	4.95	4.42	3.71	3.15	2.57
			5	6.00	5.35	4.46	3.78	3.08
			6	15.80	13.97	11.50	9.62	7.69
			7	53.56	46.86	37.97	31.22	24.42
			8	10.20	9.05	7.50	6.30	5.08
			9	7.56	6.73	5.60	4.73	3.83
			10	4.21	3.76	3.16	2.69	2.21
			11	3.64	3.26	2.75	2.35	1.93
			12	3.20	2.87	2.43	2.08	1.71

续表 4-2-5

序号	行政区划名称	时段长	时段序号	重现期时段雨量值(mm)				
				100 a($H_{1\%}$)	50 a($H_{2\%}$)	20 a($H_{5\%}$)	10 a($H_{10\%}$)	5 a($H_{20\%}$)
52	尚坡	0.25 h	1	1.15	1.03	0.86	0.74	0.60
			2	1.20	1.07	0.90	0.77	0.63
			3	1.25	1.12	0.94	0.80	0.65
			4	1.31	1.17	0.98	0.84	0.68
			5	2.25	2.00	1.66	1.40	1.14
			6	2.45	2.17	1.80	1.52	1.23
			7	2.68	2.38	1.97	1.66	1.34
			8	2.95	2.62	2.17	1.82	1.47
			9	6.28	5.54	4.55	3.79	3.01
			10	12.45	10.93	8.91	7.37	5.81
			11	43.55	37.99	30.65	25.09	19.51
			12	8.26	7.27	5.95	4.94	3.92
			13	5.10	4.51	3.71	3.09	2.47
			14	4.31	3.81	3.14	2.63	2.10
			15	3.73	3.30	2.73	2.29	1.83
			16	3.30	2.92	2.42	2.03	1.63
			17	2.09	1.86	1.55	1.31	1.06
			18	1.95	1.73	1.44	1.22	0.99
			19	1.82	1.62	1.35	1.14	0.93
			20	1.71	1.52	1.27	1.08	0.88
			21	1.61	1.44	1.20	1.02	0.83
			22	1.53	1.36	1.14	0.97	0.79
			23	1.45	1.29	1.08	0.92	0.75
			24	1.38	1.23	1.03	0.87	0.71

续表 4-2-5

序号	行政区划名称	时段长	时段序号	重现期时段雨量值(mm)				
				100 a($H_{1\%}$)	50 a($H_{2\%}$)	20 a($H_{5\%}$)	10 a($H_{10\%}$)	5 a($H_{20\%}$)
53	西庄	0.25 h	1	1.09	0.98	0.83	0.72	0.59
			2	1.14	1.03	0.87	0.75	0.62
			3	1.20	1.08	0.91	0.78	0.65
			4	1.26	1.13	0.96	0.82	0.68
			5	2.26	2.01	1.67	1.42	1.15
			6	2.46	2.19	1.82	1.54	1.24
			7	2.71	2.41	1.99	1.68	1.36
			8	3.00	2.67	2.21	1.86	1.49
			9	6.55	5.77	4.71	3.92	3.11
			10	13.00	11.39	9.25	7.63	6.00
			11	41.89	36.72	29.85	24.61	19.34
			12	8.64	7.59	6.18	5.12	4.05
			13	5.30	4.67	3.83	3.19	2.54
			14	4.45	3.93	3.23	2.70	2.16
			15	3.84	3.39	2.80	2.34	1.88
			16	3.37	2.99	2.47	2.07	1.66
			17	2.08	1.86	1.55	1.31	1.07
			18	1.93	1.72	1.44	1.22	0.99
			19	1.80	1.61	1.34	1.14	0.93
			20	1.68	1.50	1.26	1.07	0.88
			21	1.58	1.41	1.19	1.01	0.83
			22	1.49	1.33	1.12	0.96	0.78
			23	1.40	1.26	1.06	0.91	0.74
			24	1.33	1.19	1.01	0.86	0.71

续表 4-2-5

序号	行政区划名称	时段长	时段序号	重现期时段雨量值(mm)				
				100 a($H_{1\%}$)	50 a($H_{2\%}$)	20 a($H_{5\%}$)	10 a($H_{10\%}$)	5 a($H_{20\%}$)
54	韩阳村	0.5 h	1	1.89	1.69	1.42	1.21	0.99
			2	2.06	1.84	1.55	1.32	1.08
			3	2.26	2.02	1.70	1.45	1.19
			4	4.29	3.84	3.24	2.77	2.28
			5	5.18	4.65	3.92	3.35	2.76
			6	13.86	12.40	10.41	8.86	7.25
			7	54.36	47.70	38.84	32.06	25.22
			8	8.84	7.92	6.67	5.69	4.68
			9	6.53	5.86	4.94	4.22	3.47
			10	3.65	3.27	2.76	2.36	1.94
			11	3.17	2.84	2.40	2.05	1.69
			12	2.80	2.51	2.11	1.81	1.49
55	祁家坡	0.25 h	1	1.22	1.08	0.89	0.74	0.59
			2	1.26	1.12	0.92	0.77	0.62
			3	1.32	1.17	0.96	0.81	0.65
			4	1.37	1.22	1.00	0.84	0.68
			5	2.28	2.02	1.68	1.41	1.14
			6	2.46	2.19	1.81	1.53	1.23

续表 4-2-5

序号	行政区划名称	时段长	时段序号	重现期时段雨量值(mm)				
				100 a($H_{1\%}$)	50 a($H_{2\%}$)	20 a($H_{5\%}$)	10 a($H_{10\%}$)	5 a($H_{20\%}$)
55	祁家坡	0.25 h	7	2.68	2.38	1.97	1.66	1.35
			8	2.94	2.61	2.17	1.83	1.48
			9	6.09	5.42	4.50	3.80	3.09
			10	11.96	10.62	8.81	7.42	6.02
			11	44.60	39.08	31.75	26.17	20.52
			12	7.97	7.08	5.88	4.96	4.03
			13	4.97	4.42	3.68	3.10	2.52
			14	4.22	3.75	3.12	2.63	2.14
			15	3.68	3.27	2.72	2.29	1.86
			16	3.27	2.90	2.41	2.03	1.65
			17	2.12	1.88	1.56	1.31	1.06
			18	1.98	1.76	1.46	1.23	0.99
			19	1.86	1.65	1.37	1.15	0.93
			20	1.76	1.56	1.29	1.08	0.87
			21	1.67	1.48	1.22	1.03	0.83
			22	1.58	1.40	1.16	0.97	0.78
			23	1.51	1.33	1.10	0.93	0.74
			24	1.44	1.27	1.05	0.88	0.71

续表 4-2-5

序号	行政区划名称	时段长	时段序号	重现期时段雨量值(mm)				
				100 a($H_{1\%}$)	50 a($H_{2\%}$)	20 a($H_{5\%}$)	10 a($H_{10\%}$)	5 a($H_{20\%}$)
56	韩家坟	0.5 h	1	2.90	2.58	2.14	1.81	1.47
			2	3.08	2.74	2.28	1.93	1.56
			3	3.29	2.93	2.44	2.06	1.67
			4	5.27	4.69	3.91	3.30	2.68
			5	6.10	5.43	4.52	3.82	3.10
			6	13.69	12.19	10.12	8.52	6.88
			7	57.03	49.89	40.38	33.13	25.88
			8	9.36	8.33	6.93	5.85	4.73
			9	7.32	6.52	5.42	4.58	3.71
			10	4.67	4.15	3.46	2.92	2.37
			11	4.21	3.74	3.12	2.63	2.14
			12	3.84	3.42	2.84	2.40	1.95
57	东盘底	0.5 h	1	2.02	1.81	1.52	1.30	1.06
			2	2.21	1.98	1.66	1.41	1.15
			3	2.44	2.17	1.82	1.55	1.26
			4	4.67	4.14	3.43	2.89	2.33
			5	5.65	5.00	4.14	3.47	2.79
			6	15.07	13.26	10.84	9.00	7.13
			7	55.92	48.95	39.66	32.61	25.51
			8	9.64	8.51	6.99	5.83	4.64
			9	7.13	6.30	5.19	4.35	3.48
			10	3.97	3.52	2.93	2.47	2.00
			11	3.44	3.06	2.55	2.15	1.75
			12	3.03	2.70	2.25	1.91	1.55

续表 4-2-5

序号	行政区划名称	时段长	时段序号	重现期时段雨量值(mm)				
				100 a($H_{1\%}$)	50 a($H_{2\%}$)	20 a($H_{5\%}$)	10 a($H_{10\%}$)	5 a($H_{20\%}$)
58	西盘底	0.5 h	1	1.99	1.79	1.51	1.29	1.06
			2	2.18	1.95	1.65	1.41	1.16
			3	2.40	2.15	1.81	1.54	1.26
			4	4.57	4.07	3.39	2.86	2.32
			5	5.53	4.92	4.08	3.44	2.78
			6	14.84	13.07	10.72	8.93	7.09
			7	57.12	49.86	40.23	32.95	25.63
			8	9.46	8.37	6.90	5.77	4.62
			9	6.99	6.19	5.12	4.31	3.46
			10	3.89	3.47	2.89	2.45	1.99
			11	3.38	3.01	2.52	2.14	1.74
			12	2.98	2.66	2.23	1.90	1.55
59	南庄	0.5 h	1	2.02	1.81	1.52	1.30	1.06
			2	2.21	1.98	1.66	1.41	1.15
			3	2.44	2.17	1.82	1.55	1.26
			4	4.67	4.14	3.43	2.89	2.33
			5	5.65	5.00	4.14	3.47	2.79
			6	15.07	13.26	10.84	9.00	7.13
			7	55.92	48.95	39.66	32.61	25.51
			8	9.64	8.51	6.99	5.83	4.64
			9	7.13	6.30	5.19	4.35	3.48
			10	3.97	3.52	2.93	2.47	2.00
			11	3.44	3.06	2.55	2.15	1.75
			12	3.03	2.70	2.25	1.91	1.55

续表 4-2-5

序号	行政区划名称	时段长	时段序号	重现期时段雨量值(mm)				
				100 a($H_{1\%}$)	50 a($H_{2\%}$)	20 a($H_{5\%}$)	10 a($H_{10\%}$)	5 a($H_{20\%}$)
60	李家巷村	0.25 h	1	1.23	1.09	0.89	0.75	0.60
			2	1.27	1.13	0.93	0.78	0.63
			3	1.33	1.17	0.97	0.81	0.65
			4	1.38	1.23	1.01	0.85	0.68
			5	2.28	2.02	1.67	1.41	1.14
			6	2.46	2.18	1.81	1.52	1.23
			7	2.67	2.37	1.97	1.66	1.34
			8	2.93	2.60	2.16	1.82	1.48
			9	6.03	5.36	4.45	3.76	3.05
			10	11.77	10.45	8.68	7.31	5.92
			11	43.95	38.51	31.29	25.79	20.24
			12	7.86	6.99	5.81	4.90	3.97
			13	4.93	4.38	3.64	3.07	2.49
			14	4.19	3.73	3.10	2.61	2.12
			15	3.66	3.25	2.70	2.28	1.85
			16	3.25	2.89	2.40	2.02	1.64
			17	2.12	1.88	1.56	1.31	1.06
			18	1.99	1.76	1.46	1.23	0.99
			19	1.87	1.66	1.37	1.15	0.93
			20	1.76	1.56	1.29	1.09	0.88
			21	1.67	1.48	1.22	1.03	0.83
			22	1.59	1.41	1.16	0.98	0.79
			23	1.51	1.34	1.11	0.93	0.75
			24	1.45	1.28	1.06	0.89	0.71

续表 4-2-5

序号	行政区划名称	时段长	时段序号	重现期时段雨量值(mm)				
				100 a($H_{1\%}$)	50 a($H_{2\%}$)	20 a($H_{5\%}$)	10 a($H_{10\%}$)	5 a($H_{20\%}$)
61	祁家巷村	0.25 h	1	1.23	1.09	0.90	0.75	0.60
			2	1.28	1.13	0.93	0.78	0.63
			3	1.33	1.18	0.97	0.81	0.65
			4	1.38	1.23	1.01	0.85	0.68
			5	2.28	2.02	1.67	1.41	1.14
			6	2.46	2.18	1.81	1.52	1.23
			7	2.67	2.37	1.97	1.66	1.34
			8	2.93	2.60	2.16	1.82	1.47
			9	6.01	5.34	4.45	3.75	3.05
			10	11.73	10.42	8.66	7.29	5.91
			11	43.71	38.30	31.13	25.66	20.14
			12	7.84	6.97	5.80	4.89	3.97
			13	4.92	4.37	3.64	3.07	2.49
			14	4.19	3.72	3.09	2.61	2.12
			15	3.65	3.25	2.70	2.28	1.85
			16	3.25	2.89	2.40	2.02	1.64
			17	2.12	1.88	1.56	1.31	1.06
			18	1.99	1.76	1.46	1.23	0.99
			19	1.87	1.66	1.37	1.15	0.93
			20	1.76	1.56	1.29	1.09	0.88
			21	1.67	1.48	1.23	1.03	0.83
			22	1.59	1.41	1.16	0.98	0.79
			23	1.51	1.34	1.11	0.93	0.75
			24	1.45	1.28	1.06	0.89	0.71

续表 4-2-5

序号	行政区划名称	时段长	时段序号	重现期时段雨量值(mm)				
				100 a($H_{1\%}$)	50 a($H_{2\%}$)	20 a($H_{5\%}$)	10 a($H_{10\%}$)	5 a($H_{20\%}$)
62	双店村	0.5 h	1	2.16	1.94	1.64	1.41	1.16
			2	2.35	2.11	1.78	1.52	1.25
			3	2.57	2.30	1.94	1.65	1.36
			4	4.74	4.22	3.51	2.96	2.39
			5	5.69	5.05	4.18	3.52	2.84
			6	14.69	12.93	10.57	8.78	6.96
			7	54.95	48.07	38.91	31.97	24.99
			8	9.51	8.40	6.91	5.77	4.60
			9	7.11	6.29	5.20	4.36	3.50
			10	4.07	3.62	3.02	2.55	2.07
			11	3.56	3.17	2.65	2.25	1.83
			12	3.16	2.82	2.36	2.01	1.64
63	夏阳村	0.25 h	1	1.09	0.97	0.81	0.69	0.56
			2	1.14	1.02	0.85	0.72	0.59
			3	1.20	1.07	0.89	0.76	0.62
			4	1.26	1.13	0.94	0.80	0.65
			5	2.32	2.05	1.69	1.42	1.14
			6	2.54	2.25	1.85	1.55	1.24

续表 4-2-5

序号	行政区划名称	时段长	时段序号	重现期时段雨量值(mm)				
				100 a($H_{1\%}$)	50 a($H_{2\%}$)	20 a($H_{5\%}$)	10 a($H_{10\%}$)	5 a($H_{20\%}$)
63	夏阳村	0.25 h	7	2.80	2.47	2.04	1.70	1.36
			8	3.12	2.75	2.26	1.89	1.51
			9	6.99	6.14	4.99	4.13	3.25
			10	14.21	12.42	10.05	8.25	6.45
			11	48.14	41.98	33.82	27.62	21.44
			12	9.31	8.16	6.62	5.46	4.28
			13	5.61	4.93	4.02	3.33	2.63
			14	4.69	4.12	3.37	2.80	2.22
			15	4.02	3.54	2.90	2.41	1.91
			16	3.52	3.10	2.54	2.12	1.69
			17	2.13	1.89	1.56	1.31	1.05
			18	1.97	1.75	1.45	1.22	0.98
			19	1.83	1.62	1.35	1.13	0.91
			20	1.71	1.52	1.26	1.06	0.85
			21	1.60	1.42	1.18	1.00	0.80
			22	1.50	1.33	1.11	0.94	0.76
			23	1.41	1.26	1.05	0.89	0.72
			24	1.34	1.19	0.99	0.84	0.68

续表 4-2-5

序号	行政区划名称	时段长	时段序号	重现期时段雨量值(mm)				
				100 a($H_{1\%}$)	50 a($H_{2\%}$)	20 a($H_{5\%}$)	10 a($H_{10\%}$)	5 a($H_{20\%}$)
64	上源头村	0.5 h	1	2.35	2.05	1.65	1.35	1.05
			2	2.54	2.22	1.79	1.46	1.14
			3	2.76	2.41	1.95	1.60	1.25
			4	4.92	4.33	3.54	2.94	2.33
			5	5.85	5.16	4.23	3.52	2.80
			6	14.80	13.11	10.84	9.10	7.31
			7	59.27	51.92	42.15	34.71	27.20
			8	9.64	8.53	7.03	5.89	4.71
			9	7.26	6.41	5.27	4.40	3.51
			10	4.25	3.73	3.05	2.52	1.99
			11	3.74	3.28	2.67	2.21	1.74
			12	3.34	2.93	2.38	1.96	1.54
65	城子埒村	0.5 h	1	1.61	1.47	1.27	1.12	0.95
			2	1.79	1.63	1.41	1.23	1.04
			3	1.99	1.81	1.56	1.36	1.15
			4	4.04	3.65	3.12	2.70	2.26
			5	4.94	4.46	3.80	3.28	2.74
			6	13.55	12.12	10.18	8.68	7.13
			7	46.41	40.91	33.58	27.96	22.25
			8	8.62	7.74	6.54	5.61	4.64
			9	6.31	5.68	4.82	4.15	3.45
			10	3.39	3.07	2.63	2.28	1.92
			11	2.91	2.64	2.26	1.97	1.66
			12	2.53	2.30	1.98	1.72	1.45

表 4-2-6　永济市设计洪水成果表

序号	行政区划名称	小流域名称	洪水要素	重现期洪水要素值				
				100 a($Q_{1\%}$)	50 a($Q_{2\%}$)	20 a($Q_{5\%}$)	10 a($Q_{10\%}$)	5 a($Q_{20\%}$)
1	寇家窑	寇家窑沟道	洪峰流量(m^3/s)	86	69	48	33	19
			洪量(万 m^3)	57	44	30	20	13
			涨洪历时(h)	1.7	1.4	0.9	0.9	0.7
			洪水历时(h)	7.2	7	6.4	6.4	7.8
2	土乐村	寇家窑沟道	洪峰流量(m^3/s)	131	107	76	53	32
			洪量(万 m^3)	90	71	48	33	21
			涨洪历时(h)	1.9	1.7	0.9	1	0.9
			洪水历时(h)	7.2	6.9	6.2	6.5	7.2
3	石卫	陶家窑沟道	洪峰流量(m^3/s)	177	145	103	71	43
			洪量(万 m^3)	87	69	46	31	19
			涨洪历时(h)	1.7	1.3	0.9	0.9	0.8
			洪水历时(h)	5.5	4.8	5.2	5.2	5.2
4	二峪口	陶家窑沟道	洪峰流量(m^3/s)	58	46	32	22	13
			洪量(万 m^3)	45	35	24	16	10
			涨洪历时(h)	1.7	1.5	0.9	0.9	0.5
			洪水历时(h)	7.2	7.4	7.3	7.7	7.8
5	洗马庄	陶家窑沟道	洪峰流量(m^3/s)	73	59	43	29	19
			洪量(万 m^3)	54	42	30	19	12
			涨洪历时(h)	1.5	1	1	0.8	0.3
			洪水历时(h)	5.3	5	5	5	5

续表 4-2-6

序号	行政区划名称	小流域名称	洪水要素	重现期洪水要素值				
				100 a($Q_{1\%}$)	50 a($Q_{2\%}$)	20 a($Q_{5\%}$)	10 a($Q_{10\%}$)	5 a($Q_{20\%}$)
6	雷家庄村	陶家窑沟道	洪峰流量(m^3/s)	220	176	121	82	47
			洪量(万 m^3)	179	140	94	62	39
			涨洪历时(h)	2	1.5	1	1	0.5
			洪水历时(h)	7.3	7.2	7.3	7.3	7.8
7	庞家营村	陶家窑沟道	洪峰流量(m^3/s)	373	306	217	153	96
			洪量(万 m^3)	345	272	184	124	78
			涨洪历时(h)	1.8	1.8	1	1	1
			洪水历时(h)	6.5	6.3	6	6.3	6.6
8	清华村	王官峪沟道	洪峰流量(m^3/s)	157	115	119	42	23
			洪量(万 m^3)	161	123	80	51	31
			涨洪历时(h)	1.5	0.9	1	1	1
			洪水历时(h)	9	4.5	10.2	11.2	12.2
9	古市营村	王官峪沟道	洪峰流量(m^3/s)	49	39	27	18	10
			洪量(万 m^3)	68	53	36	24	15
			涨洪历时(h)	1.4	1.2	0.9	0.9	0.5
			洪水历时(h)	7.4	7	7.3	7.5	8.2
10	南窑村	风伯峪沟道	洪峰流量(m^3/s)	104	85	61	47	28
			洪量(万 m^3)	51	40	28	19	12
			涨洪历时(h)	1.6	0.8	0.8	0.4	0.3
			洪水历时(h)	5.5	4.5	4.6	4.3	5

续表 4-2-6

序号	行政区划名称	小流域名称	洪水要素	重现期洪水要素值				
				100 a($Q_{1\%}$)	50 a($Q_{2\%}$)	20 a($Q_{5\%}$)	10 a($Q_{10\%}$)	5 a($Q_{20\%}$)
11	西吴闫村	风伯峪沟道	洪峰流量(m^3/s)	133	113	86	64	44
			洪量(万 m^3)	55	44	30	21	13
			涨洪历时(h)	2	1.9	1.3	0.9	0.9
			洪水历时(h)	5.2	4.5	3.6	3.2	3.2
12	屯里	风伯峪沟道	洪峰流量(m^3/s)	95	72	42	26	14
			洪量(万 m^3)	91	69	45	29	18
			涨洪历时(h)	0.9	0.9	0.7	1	1
			洪水历时(h)	9.4	10	10.5	11.8	12
13	石佛寺	石佛寺沟道	洪峰流量(m^3/s)	105	84	58	38	22
			洪量(万 m^3)	78	62	42	28	18
			涨洪历时(h)	1.5	1	0.9	0.9	0.5
			洪水历时(h)	7.8	7.3	7.4	8.6	8
14	东源头村	石佛寺沟道	洪峰流量(m^3/s)	63	53	40	30	23
			洪量(万 m^3)	23	18	13	9	6
			涨洪历时(h)	1.5	1.3	0.8	0.8	0.3
			洪水历时(h)	3.5	3	2.3	2	1.8
15	南梯村	石佛寺沟道	洪峰流量(m^3/s)	138	115	85	62	47
			洪量(万 m^3)	70	56	38	26	16
			涨洪历时(h)	1.9	1.6	0.8	0.8	0.3
			洪水历时(h)	5.4	5.4	4.5	4.5	4

续表 4-2-6

序号	行政区划名称	小流域名称	洪水要素	重现期洪水要素值				
				100 a($Q_{1\%}$)	50 a($Q_{2\%}$)	20 a($Q_{5\%}$)	10 a($Q_{10\%}$)	5 a($Q_{20\%}$)
16	于乡村	石佛寺沟道	洪峰流量(m^3/s)	164	131	92	61	35
			洪量(万 m^3)	128	102	69	47	30
			涨洪历时(h)	1.7	1.3	0.9	1.1	0.5
			洪水历时(h)	8.2	7.7	7.4	8.4	8.2
17	东仁里	石佛寺沟道	洪峰流量(m^3/s)	57	47	33	23	14
			洪量(万 m^3)	39	31	21	14	9
			涨洪历时(h)	2	2	1	1	0.5
			洪水历时(h)	6.5	7	6	6.3	6.2
18	西仁里	石佛寺沟道	洪峰流量(m^3/s)	57	47	33	23	14
			洪量(万 m^3)	39	31	21	14	9
			涨洪历时(h)	2	2	1	1	0.5
			洪水历时(h)	6.5	6	6	6.3	6.2
19	三畛地	石佛寺沟道	洪峰流量(m^3/s)	166	133	93	62	36
			洪量(万 m^3)	130	103	70	48	31
			涨洪历时(h)	1.7	1	0.9	0.9	0.7
			洪水历时(h)	8.4	7.9	8.2	8.6	9.4
20	张家窑村	黄家窑沟道	洪峰流量(m^3/s)	101	86	26	19	13
			洪量(万 m^3)	47	38	26	19	12
			涨洪历时(h)	1.6	1.8	1	1	1
			洪水历时(h)	4.3	4.5	5.5	4.8	5.5

续表 4-2-6

序号	行政区划名称	小流域名称	洪水要素	重现期洪水要素值				
				100 a($Q_{1\%}$)	50 a($Q_{2\%}$)	20 a($Q_{5\%}$)	10 a($Q_{10\%}$)	5 a($Q_{20\%}$)
21	黄家窑村	黄家窑沟道	洪峰流量(m^3/s)	138	114	81	58	37
			洪量(万 m^3)	102	82	57	40	26
			涨洪历时(h)	2	2	1.5	1	1
			洪水历时(h)	7	7	7	6.5	7.3
22	东坦朝村	黄家窑沟道	洪峰流量(m^3/s)	89	72	54	33	19
			洪量(万 m^3)	50	39	26	18	11
			涨洪历时(h)	0.8	0.8	0.3	0.3	0.4
			洪水历时(h)	5.3	5.3	4.9	5.4	6
23	西坦朝村	黄家窑沟道	洪峰流量(m^3/s)	139	113	81	56	35
			洪量(万 m^3)	90	72	50	35	22
			涨洪历时(h)	2	1	1	1	0.5
			洪水历时(h)	6.5	6.5	5.7	6.3	6.2
24	肖家堡	黄家窑沟道	洪峰流量(m^3/s)	142	116	82	57	35
			洪量(万 m^3)	94	75	51	35	22
			涨洪历时(h)	2	1.5	1	1	1
			洪水历时(h)	7	6.5	6.5	6.5	6.7
25	侯孟村	黄家窑沟道	洪峰流量(m^3/s)	159	132	96	68	43
			洪量(万 m^3)	70	56	38	26	17
			涨洪历时(h)	1.7	1.2	1	0.9	0.5
			洪水历时(h)	4.5	4.1	4.2	4.3	4.2

续表 4-2-6

序号	行政区划名称	小流域名称	洪水要素	重现期洪水要素值				
				100 a($Q_{1\%}$)	50 a($Q_{2\%}$)	20 a($Q_{5\%}$)	10 a($Q_{10\%}$)	5 a($Q_{20\%}$)
26	南郭沟村	李家窑沟道	洪峰流量(m^3/s)	123	105	81	63	46
			洪量(万 m^3)	52	44	33	25	17
			涨洪历时(h)	1.6	1.6	1.6	1	0.8
			洪水历时(h)	3.8	5.1	4.6	4	4
27	南郭	李家窑沟道	洪峰流量(m^3/s)	134	112	82	60	45
			洪量(万 m^3)	53	43	29	20	13
			涨洪历时(h)	1.5	1	0.8	0.8	0.3
			洪水历时(h)	4.5	3.8	3.8	3.8	3.3
28	孙常村	李家窑沟道	洪峰流量(m^3/s)	123	101	72	50	30
			洪量(万 m^3)	83	70	45	31	20
			涨洪历时(h)	1.9	1.5	1	0.9	0.7
			洪水历时(h)	7.4	7	7.5	7.3	8.1
29	郭李村	郭李沟道	洪峰流量(m^3/s)	104	87	65	48	36
			洪量(万 m^3)	68	54	38	26	17
			涨洪历时(h)	1.5	1	0.8	0.8	0.3
			洪水历时(h)	4.3	3.5	3.5	3.3	3
30	新街村	郭李沟道	洪峰流量(m^3/s)	104	87	65	48	36
			洪量(万 m^3)	68	54	38	26	17
			涨洪历时(h)	1.5	1	0.8	0.8	0.3
			洪水历时(h)	4.3	3.5	3.5	3.3	3

续表 4-2-6

序号	行政区划名称	小流域名称	洪水要素	重现期洪水要素值				
				100 a($Q_{1\%}$)	50 a($Q_{2\%}$)	20 a($Q_{5\%}$)	10 a($Q_{10\%}$)	5 a($Q_{20\%}$)
31	西干樊	清水峪沟道	洪峰流量(m^3/s)	41	34	24	18	11
			洪量(万 m^3)	51	40	28	19	12
			涨洪历时(h)	1.5	0.8	0.8	0.4	0.5
			洪水历时(h)	5.5	4.5	4.8	4.3	5
32	南吴村	清水峪沟道	洪峰流量(m^3/s)	41	34	26	19	12
			洪量(万 m^3)	15	12	8	5	3
			涨洪历时(h)	1.7	1.5	0.9	1	0.7
			洪水历时(h)	4.2	4	3.2	3.2	3.4
33	马铺头村	雪花山沟道	洪峰流量(m^3/s)	109	89	63	44	28
			洪量(万 m^3)	77	62	43	30	20
			涨洪历时(h)	2	1.5	1	1	0.5
			洪水历时(h)	7.5	7	6.5	7.3	7
34	赵坊村	赵坊沟道	洪峰流量(m^3/s)	136	115	87	65	47
			洪量(万 m^3)	49	40	28	20	14
			涨洪历时(h)	2	1.3	0.9	0.6	0.5
			洪水历时(h)	4.2	4	3.3	3.3	2.9
35	观上	龙王峪沟道	洪峰流量(m^3/s)	92	74	52	36	22
			洪量(万 m^3)	72	58	40	28	18
			涨洪历时(h)	1.7	1.5	0.9	0.9	0.4
			洪水历时(h)	8.4	8.3	7.7	8.3	8.8

续表 4-2-6

序号	行政区划名称	小流域名称	洪水要素	重现期洪水要素值				
				100 a($Q_{1\%}$)	50 a($Q_{2\%}$)	20 a($Q_{5\%}$)	10 a($Q_{10\%}$)	5 a($Q_{20\%}$)
36	上榆林	龙王峪沟道	洪峰流量(m^3/s)	123	100	70	48	29
			洪量(万 m^3)	93	74	51	35	23
			涨洪历时(h)	0.7	1.4	0.9	0.9	0.5
			洪水历时(h)	7.4	7	7.3	7.6	7.8
37	下榆林	龙王峪沟道	洪峰流量(m^3/s)	125	101	71	49	29
			洪量(万 m^3)	96	77	53	36	23
			涨洪历时(h)	1.7	1.4	0.9	0.9	0.5
			洪水历时(h)	7.5	7.6	7.2	7.7	8.2
38	涧西	龙王峪沟道	洪峰流量(m^3/s)	125	101	71	49	29
			洪量(万 m^3)	96	77	53	36	23
			涨洪历时(h)	1.7	1.3	0.9	0.9	0.5
			洪水历时(h)	7.8	7.6	7.2	7.7	8.2
39	水峪口村	水峪口沟道	洪峰流量(m^3/s)	97	78	54	38	23
			洪量(万 m^3)	93	75	52	37	24
			涨洪历时(h)	1.7	1.5	0.9	0.9	0.5
			洪水历时(h)	8.4	8.9	8.7	9.3	9.8
40	张华村	水峪口沟道	洪峰流量(m^3/s)	136	107	74	48	28
			洪量(万 m^3)	138	109	75	51	33
			涨洪历时(h)	1.5	0.9	0.9	0.5	0.5
			洪水历时(h)	9.2	9.3	9.6	9.8	10.8

续表 4-2-6

序号	行政区划名称	小流域名称	洪水要素	重现期洪水要素值				
				100 a($Q_{1\%}$)	50 a($Q_{2\%}$)	20 a($Q_{5\%}$)	10 a($Q_{10\%}$)	5 a($Q_{20\%}$)
41	张志村	水峪口沟道	洪峰流量(m^3/s)	136	107	74	74	28
			洪量(万 m^3)	138	109	75	75	33
			涨洪历时(h)	1.5	0.9	0.9	1	0.5
			洪水历时(h)	10.4	9.3	9.4	9.7	10.8
42	太峪口村	太峪口沟道	洪峰流量(m^3/s)	102	82	57	40	24
			洪量(万 m^3)	92	74	51	36	23
			涨洪历时(h)	1.6	1.2	0.9	1	0.9
			洪水历时(h)	7.4	9.2	8.4	8.6	9.7
43	任阳村	太峪口沟道	洪峰流量(m^3/s)	107	85	59	39	23
			洪量(万 m^3)	106	84	58	40	26
			涨洪历时(h)	1.7	1.2	0.9	0.6	0.7
			洪水历时(h)	9.4	9.7	10.3	11.2	11.2
44	胜利庄	万固寺沟道	洪峰流量(m^3/s)	64	52	37	26	16
			洪量(万 m^3)	49	39	28	19	13
			涨洪历时(h)	1.8	1.7	0.9	0.9	0.9
			洪水历时(h)	8.3	8.4	8.3	8.6	9.2
45	古新庄村	万固寺沟道	洪峰流量(m^3/s)	70	57	40	28	17
			洪量(万 m^3)	52	42	29	20	13
			涨洪历时(h)	1.9	1.7	0.9	0.9	0.9
			洪水历时(h)	8.2	8.4	7.9	7.6	9.2

续表 4-2-6

序号	行政区划名称	小流域名称	洪水要素	重现期洪水要素值				
				100 a($Q_{1\%}$)	50 a($Q_{2\%}$)	20 a($Q_{5\%}$)	10 a($Q_{10\%}$)	5 a($Q_{20\%}$)
46	大宝泉	苍龙峪沟道	洪峰流量(m^3/s)	60	50	37	27	18
			洪量(万 m^3)	27	22	16	11	7
			涨洪历时(h)	1.6	1.5	0.8	0.8	0.8
			洪水历时(h)	4.6	4.5	4	4.2	4.4
47	小宝泉	苍龙峪沟道	洪峰流量(m^3/s)	24	21	16	12	8
			洪量(万 m^3)	3	3	2	1	1
			涨洪历时(h)	1.7	1.4	1.3	0.8	0.8
			洪水历时(h)	4.6	4	3.3	2.5	2.5
48	峪口	苍龙峪沟道	洪峰流量(m^3/s)	84	68	47	31	19
			洪量(万 m^3)	89	71	50	35	23
			涨洪历时(h)	1.2	1.8	1.2	1.4	1
			洪水历时(h)	9	9	9.3	10.2	10.8
49	王庄	苍龙峪沟道	洪峰流量(m^3/s)	86	71	52	38	28
			洪量(万 m^3)	38	30	21	15	10
			涨洪历时(h)	1.4	1.4	0.8	0.8	0.3
			洪水历时(h)	4.4	4.3	4	4.2	3.9
50	襄益庄	苍龙峪沟道	洪峰流量(m^3/s)	94	75	51	34	20
			洪量(万 m^3)	90	72	50	35	23
			涨洪历时(h)	1.8	1.5	1.4	2	1
			洪水历时(h)	9.6	9.3	10.3	10.2	11.2

续表 4-2-6

序号	行政区划名称	小流域名称	洪水要素	重现期洪水要素值				
				100 a($Q_{1\%}$)	50 a($Q_{2\%}$)	20 a($Q_{5\%}$)	10 a($Q_{10\%}$)	5 a($Q_{20\%}$)
51	山底	柳沟沟道	洪峰流量(m^3/s)	84	67	45	29	18
			洪量(万 m^3)	100	80	56	38	25
			涨洪历时(h)	1.6	0.9	0.9	0.9	1
			洪水历时(h)	10	10.2	10.3	11.7	11.2
52	尚坡	牛家沟道	洪峰流量(m^3/s)	101	81	56	37	23
			洪量(万 m^3)	89	71	50	35	23
			涨洪历时(h)	1.8	1.9	1.4	1.5	1
			洪水历时(h)	9.4	9.1	9.2	10.2	10.8
53	西庄	牛家沟道	洪峰流量(m^3/s)	112	92	66	46	28
			洪量(万 m^3)	64	51	36	25	16
			涨洪历时(h)	1.6	1.5	1	1	0.8
			洪水历时(h)	7	6.3	5.8	6.5	6.3
54	韩阳村	牛家沟道	洪峰流量(m^3/s)	114	94	67	47	30
			洪量(万 m^3)	68	55	39	28	19
			涨洪历时(h)	1.5	1	1	1	0.5
			洪水历时(h)	6	5.5	5.7	6.3	6
55	祁家坡	祁家坡沟道	洪峰流量(m^3/s)	33	27	20	15	10
			洪量(万 m^3)	17	14	10	7	5
			涨洪历时(h)	1.6	1.7	0.8	0.7	0.8
			洪水历时(h)	6.4	6.5	5.5	5.5	5.5

续表 4-2-6

序号	行政区划名称	小流域名称	洪水要素	重现期洪水要素值				
				100 a($Q_{1\%}$)	50 a($Q_{2\%}$)	20 a($Q_{5\%}$)	10 a($Q_{10\%}$)	5 a($Q_{20\%}$)
56	韩家坟	祁家坡沟道	洪峰流量(m^3/s)	22	18	14	11	8
			洪量(万 m^3)	14	12	8	6	4
			涨洪历时(h)	3	2.5	2	1.5	1
			洪水历时(h)	8.5	6.5	5	4	3.7
57	东盘底	祁家坡沟道	洪峰流量(m^3/s)	110	91	66	48	31
			洪量(万 m^3)	70	57	41	29	19
			涨洪历时(h)	2	2	1.3	1	1
			洪水历时(h)	6.5	6.5	6	5.7	6.3
58	西盘底	祁家坡沟道	洪峰流量(m^3/s)	115	95	69	49	32
			洪量(万 m^3)	74	60	43	30	20
			涨洪历时(h)	2	2	1	1	1
			洪水历时(h)	6.5	6.5	6	6.3	6.5
59	南庄	祁家坡沟道	洪峰流量(m^3/s)	110	91	66	48	31
			洪量(万 m^3)	70	57	41	29	19
			涨洪历时(h)	2	2	1.3	1	1
			洪水历时(h)	6.5	6.5	6	5.7	6.3
60	李家巷村	祁家坡沟道	洪峰流量(m^3/s)	53	44	32	23	15
			洪量(万 m^3)	25	20	14	10	7
			涨洪历时(h)	1.5	1	0.8	0.5	0.5
			洪水历时(h)	5.9	5.3	5.3	5.3	5.3

续表 4-2-6

序号	行政区划名称	小流域名称	洪水要素	重现期洪水要素值				
				100 a($Q_{1\%}$)	50 a($Q_{2\%}$)	20 a($Q_{5\%}$)	10 a($Q_{10\%}$)	5 a($Q_{20\%}$)
61	祁家巷村	祁家坡沟道	洪峰流量(m^3/s)	63	52	38	26	17
			洪量(万 m^3)	29	23	16	11	7
			涨洪历时(h)	1.3	0.8	0.8	0.5	0.5
			洪水历时(h)	6	4.3	5.2	5.3	5.3
62	双店村	上源头沟道	洪峰流量(m^3/s)	80	67	50	37	25
			洪量(万 m^3)	41	33	24	17	11
			涨洪历时(h)	0.9	0.9	1.5	0.9	0.9
			洪水历时(h)	6.3	5.6	5.2	5.3	5.2
63	夏阳村	上源头沟道	洪峰流量(m^3/s)	15	13	9	7	6
			洪量(万 m^3)	4	3	2	1	1
			涨洪历时(h)	1.5	1.3	1.5	0.8	0.3
			洪水历时(h)	3.5	3.3	3.5	3.3	1.5
64	上源头村	上源头沟道	洪峰流量(m^3/s)	77	64	48	35	24
			洪量(万 m^3)	46	37	27	19	13
			涨洪历时(h)	2	2	0.7	1	1
			洪水历时(h)	6.7	6.5	6.2	6.5	6.3
65	城子埒村	城子埒沟	洪峰流量(m^3/s)	459	378	281	184	115
			洪量(万 m^3)	122	97	66	45	29
			涨洪历时(h)	1	1	0.5	0.5	0.5
			洪水历时(h)	2.5	2.8	2.3	2.3	2.5

表 4-2-7　永济市设计净雨深计算成果表

序号	行政区划名称	重现期(a)	参数			主雨历时(h)	主雨雨量(mm)	净雨深(mm)
			μ	S_r	K_s			
1	寇家窑	100	10.50	25.26	2.00	12.8	168.8	85.75
		50	11.69	25.26	2.00	12.0	147.0	67.44
		20	13.79	25.26	2.00	10.6	117.6	45.33
		10	16.36	25.26	2.00	9.4	95.0	30.38
		5	18.60	25.26	2.00	7.8	71.7	19.02
2	土乐村	100	9.34	23.73	1.88	12.8	167.6	88.68
		50	10.36	23.73	1.88	12.1	146.1	70.12
		20	12.15	23.73	1.88	10.7	116.9	47.57
		10	14.35	23.73	1.88	9.4	94.3	32.14
		5	16.23	23.73	1.88	7.8	71.3	20.29
3	石卫	100	10.73	25.90	2.01	12.7	166.8	83.41
		50	11.96	25.90	2.01	11.9	145.5	65.46
		20	14.13	25.90	2.01	10.6	116.4	43.81
		10	16.76	25.90	2.01	9.3	94.0	29.26
		5	19.04	25.90	2.01	7.8	71.0	18.27
4	二峪口	100	9.94	24.42	1.96	13.0	170.5	88.08
		50	11.05	24.42	1.96	12.1	148.2	69.37
		20	13.00	24.42	1.96	10.7	118.1	46.84
		10	15.39	24.42	1.96	9.4	95.1	31.53
		5	17.45	24.42	1.96	7.7	71.5	19.81

续表 4-2-7

序号	行政区划名称	重现期(a)	参数			主雨历时(h)	主雨雨量(mm)	净雨深(mm)
			μ	S_r	K_s			
5	洗马庄	100	10.90	25.99	2.04	13.2	166.4	80.17
		50	12.12	25.99	2.04	12.2	144.6	63.00
		20	13.09	25.99	2.04	10.6	115.4	44.44
		10	16.69	25.99	2.04	9.2	93.0	28.52
		5	18.63	25.99	2.04	7.6	70.3	18.01
6	雷家庄村	100	9.71	25.25	1.92	14.2	165.5	78.81
		50	10.76	25.25	1.92	13.2	144.1	61.70
		20	12.63	25.25	1.92	11.6	115.2	41.23
		10	14.96	25.25	1.92	10.1	92.8	27.52
		5	17.20	25.25	1.92	8.3	69.8	17.23
7	庞家营村	100	8.51	23.87	1.82	15.7	178.1	88.17
		50	9.33	23.87	1.82	14.7	155.2	69.62
		20	10.72	23.87	1.82	12.9	124.3	47.13
		10	12.37	23.87	1.82	11.3	100.4	31.83
		5	13.67	23.87	1.82	9.3	75.7	20.06
8	清华村	100	19.35	32.16	2.90	13.4	164.5	56.98
		50	21.44	32.16	2.90	12.5	143.1	43.40
		20	24.91	32.16	2.90	10.9	114.2	27.92
		10	28.90	32.16	2.90	9.5	92.0	18.08
		5	32.16	32.16	2.90	7.8	69.3	11.03

续表 4-2-7

序号	行政区划名称	重现期(a)	参数			主雨历时(h)	主雨雨量(mm)	净雨深(mm)
			μ	S_r	K_s			
9	古市营村	100	10.94	26.29	2.01	12.7	160.2	76.91
		50	12.19	26.29	2.01	11.8	139.5	60.21
		20	14.37	26.29	2.01	10.5	111.6	40.21
		10	17.00	26.29	2.01	9.2	90.1	26.80
		5	19.23	26.29	2.01	7.6	68.2	16.75
10	南窑村	100	10.43	24.63	2.00	13.8	169.3	82.74
		50	11.61	24.63	2.00	12.7	147.0	65.21
		20	13.72	24.63	2.00	11.0	117.0	44.05
		10	16.33	24.63	2.00	9.5	94.0	29.72
		5	18.64	24.63	2.00	7.8	70.7	18.76
11	西吴闫村	100	7.53	22.84	1.58	13.2	170.0	97.48
		50	8.34	22.84	1.58	12.3	147.8	77.75
		20	9.80	22.84	1.58	10.8	117.8	53.38
		10	11.61	22.84	1.58	9.4	94.7	36.42
		5	13.18	22.84	1.58	7.8	71.3	23.17
12	屯里	100	18.51	30.84	2.70	12.1	146.0	52.10
		50	20.61	30.84	2.70	11.2	127.2	39.86
		20	24.14	30.84	2.70	9.8	101.9	25.83
		10	28.21	30.84	2.70	8.6	82.4	16.82
		5	31.37	30.84	2.70	7.1	62.4	10.36

续表 4-2-7

序号	行政区划名称	重现期(a)	参数			主雨历时(h)	主雨雨量(mm)	净雨深(mm)
			μ	S_r	K_s			
13	石佛寺	100	10.51	24.93	1.91	11.5	146.5	73.02
		50	11.77	24.93	1.91	10.7	127.7	57.63
		20	13.97	24.93	1.91	9.4	102.5	39.10
		10	16.67	24.93	1.91	8.2	83.0	26.38
		5	18.91	24.93	1.91	6.8	63.1	16.75
14	东源头村	100	8.77	24.03	1.68	13.8	164.6	85.97
		50	9.82	24.03	1.68	12.6	142.8	68.43
		20	11.68	24.03	1.68	10.9	113.8	46.98
		10	13.95	24.03	1.68	9.3	91.6	32.14
		5	15.68	24.03	1.68	7.6	69.3	20.64
15	南梯村	100	7.75	22.81	1.57	12.0	150.8	84.12
		50	8.61	22.81	1.57	11.1	131.2	66.90
		20	10.17	22.81	1.57	9.8	104.8	45.74
		10	12.13	22.81	1.57	8.6	84.5	31.09
		5	13.85	22.81	1.57	7.1	63.7	19.77
16	于乡村	100	9.76	24.36	1.82	11.6	145.1	73.69
		50	10.91	24.36	1.82	10.7	126.5	58.25
		20	12.93	24.36	1.82	9.4	101.5	39.66
		10	15.40	24.36	1.82	8.2	82.2	26.83
		5	17.43	24.36	1.82	6.8	62.5	17.08

续表 4-2-7

序号	行政区划名称	重现期(a)	参数			主雨历时(h)	主雨雨量(mm)	净雨深(mm)
			μ	S_r	K_s			
17	东仁里	100	8.87	25.00	1.75	13.6	168.2	87.36
		50	9.85	25.00	1.75	12.7	146.5	68.93
		20	11.60	25.00	1.75	11.2	117.1	46.56
		10	13.75	25.00	1.75	9.8	94.4	31.31
		5	15.61	25.00	1.75	8.1	71.2	19.70
18	西仁里	100	8.87	25.00	1.75	13.6	168.2	87.36
		50	9.85	25.00	1.75	12.7	146.5	68.93
		20	11.60	25.00	1.75	11.2	117.1	46.56
		10	13.75	25.00	1.75	9.8	94.4	31.31
		5	15.61	25.00	1.75	8.1	71.2	19.70
19	三畛地	100	9.82	24.46	1.82	11.9	144.9	72.00
		50	10.97	24.46	1.82	11.0	126.3	57.00
		20	12.99	24.46	1.82	9.5	101.2	38.91
		10	15.45	24.46	1.82	8.3	82.0	26.42
		5	17.41	24.46	1.82	6.8	62.4	16.94
20	张家窑村	100	6.30	20.14	1.35	11.1	141.5	86.36
		50	6.95	20.14	1.35	10.3	123.4	69.82
		20	8.09	20.14	1.35	9.1	99.0	49.04
		10	9.48	20.14	1.35	8.0	80.2	34.22
		5	10.50	20.14	1.35	6.6	61.1	22.33

续表 4-2-7

序号	行政区划名称	重现期(a)	参数			主雨历时(h)	主雨雨量(mm)	净雨深(mm)
			μ	S_r	K_s			
21	黄家窑村	100	6.44	20.64	1.38	12.8	149.2	86.29
		50	7.16	20.64	1.38	11.7	129.4	69.42
		20	8.45	20.64	1.38	10.0	103.0	48.43
		10	10.04	20.64	1.38	8.6	82.9	33.63
		5	11.28	20.64	1.38	7.0	62.6	21.93
22	东坦朝村	100	12.94	25.92	2.05	10.3	124.9	55.45
		50	14.51	25.92	2.05	9.4	109.0	43.58
		20	17.15	25.92	2.05	8.2	87.7	29.43
		10	20.11	25.92	2.05	7.1	71.4	19.88
		5	21.87	25.92	2.05	5.9	54.8	12.74
23	西坦朝村	100	7.86	22.08	1.49	9.6	129.6	75.62
		50	8.77	22.08	1.49	9.0	113.8	60.76
		20	10.37	22.08	1.49	8.1	92.1	42.18
		10	12.32	22.08	1.49	7.3	75.3	29.08
		5	13.75	22.08	1.49	6.2	57.9	18.84
24	肖家堡	100	7.55	22.20	1.50	12.2	141.9	77.03
		50	8.45	22.20	1.50	11.2	123.1	61.32
		20	10.07	22.20	1.50	9.6	97.9	42.02
		10	12.11	22.20	1.50	8.2	78.6	28.66
		5	13.79	22.20	1.50	6.7	59.2	18.32

续表 4-2-7

序号	行政区划名称	重现期(a)	参数			主雨历时(h)	主雨雨量(mm)	净雨深(mm)
			μ	S_r	K_s			
25	侯孟村	100	9.09	23.81	1.66	9.9	133.6	73.41
		50	10.16	23.81	1.66	9.3	117.2	58.44
		20	12.01	23.81	1.66	8.4	95.0	40.05
		10	14.24	23.81	1.66	7.6	77.7	27.21
		5	15.93	23.81	1.66	6.5	59.7	17.33
26	南郭沟村	100	5.01	10.07	1.54	9.7	123.5	81.51
		50	5.30	10.07	1.54	9.1	108.7	68.31
		20	5.78	10.07	1.54	8.1	88.8	51.25
		10	6.33	10.07	1.54	7.3	73.3	38.54
		5	6.69	10.07	1.54	6.2	57.2	27.20
27	南郭	100	8.33	22.73	1.58	9.8	132.4	74.84
		50	9.27	22.73	1.58	9.3	116.3	59.87
		20	10.91	22.73	1.58	8.5	94.4	41.30
		10	12.88	22.73	1.58	7.6	77.3	28.29
		5	14.32	22.73	1.58	6.5	59.6	18.20
28	孙常村	100	7.98	22.69	1.55	12.6	141.0	73.17
		50	8.95	22.69	1.55	11.4	122.2	58.13
		20	10.70	22.69	1.55	9.7	97.2	39.84
		10	12.89	22.69	1.55	8.3	78.2	27.22
		5	14.69	22.69	1.55	6.7	59.0	17.52

续表 4-2-7

序号	行政区划名称	重现期(a)	参数			主雨历时(h)	主雨雨量(mm)	净雨深(mm)
			μ	S_r	K_s			
29	郭李村	100	7.91	20.31	1.66	11.2	135.9	74.00
		50	8.76	20.31	1.66	10.3	118.0	59.30
		20	10.24	20.31	1.66	8.9	94.2	41.16
		10	12.03	20.31	1.66	7.6	76.0	28.49
		5	13.35	20.31	1.66	6.3	57.7	18.52
30	新街村	100	7.91	20.31	1.66	11.2	135.9	74.00
		50	8.76	20.31	1.66	10.3	118.0	59.30
		20	10.24	20.31	1.66	8.9	94.2	41.16
		10	12.03	20.31	1.66	7.6	76.0	28.49
		5	13.35	20.31	1.66	6.3	57.7	18.52
31	西干樊	100	8.30	22.36	1.52	12.7	135.1	68.27
		50	9.48	22.36	1.52	11.2	116.5	54.38
		20	11.67	22.36	1.52	9.3	91.9	37.49
		10	14.45	22.36	1.52	7.7	73.6	25.88
		5	16.75	22.36	1.52	6.1	55.5	16.85
32	南吴村	100	8.30	22.36	1.52	12.7	135.1	68.27
		50	9.48	22.36	1.52	11.2	116.5	54.38
		20	11.67	22.36	1.52	9.3	91.9	37.49
		10	14.45	22.36	1.52	7.7	73.6	25.88
		5	16.75	22.36	1.52	6.1	55.5	16.85

续表 4-2-7

序号	行政区划名称	重现期(a)	参数			主雨历时(h)	主雨雨量(mm)	净雨深(mm)
			μ	S_r	K_s			
33	马铺头村	100	7.42	21.46	1.44	10.5	126.6	70.76
		50	8.29	21.46	1.44	9.6	110.3	56.85
		20	9.82	21.46	1.44	8.3	88.5	39.63
		10	11.64	21.46	1.44	7.2	71.9	27.51
		5	12.88	21.46	1.44	6.0	55.0	18.03
34	赵坊村	100	6.67	19.51	1.33	10.6	119.0	67.12
		50	7.53	19.51	1.33	9.4	102.9	54.55
		20	9.02	19.51	1.33	7.7	82.1	39.03
		10	10.77	19.51	1.33	6.5	66.7	27.95
		5	11.83	19.51	1.33	5.3	51.5	19.11
35	观上	100	7.09	21.07	1.40	11.5	134.5	75.68
		50	7.97	21.07	1.40	10.4	116.5	60.63
		20	9.58	21.07	1.40	8.9	92.6	42.10
		10	11.60	21.07	1.40	7.6	74.5	29.10
		5	13.22	21.07	1.40	6.2	56.3	18.90
36	上榆林	100	7.53	21.81	1.47	12.4	135.8	71.52
		50	8.47	21.81	1.47	11.2	117.5	57.00
		20	10.20	21.81	1.47	9.4	93.2	39.23
		10	12.38	21.81	1.47	8.0	74.8	26.94
		5	14.12	21.81	1.47	6.4	56.4	17.42

续表 4-2-7

序号	行政区划名称	重现期 (a)	参数			主雨历时 (h)	主雨雨量 (mm)	净雨深 (mm)
			μ	S_r	K_s			
37	下榆林	100	7.67	22.01	1.49	12.2	135.4	71.26
		50	8.63	22.01	1.49	11.0	117.3	56.75
		20	10.37	22.01	1.49	9.3	93.1	39.05
		10	12.53	22.01	1.49	7.9	74.8	26.79
		5	14.24	22.01	1.49	6.4	56.5	17.31
38	涧西	100	7.67	22.01	1.49	12.2	135.4	71.26
		50	8.63	22.01	1.49	11.0	117.3	56.75
		20	10.37	22.01	1.49	9.3	93.1	39.05
		10	12.53	22.01	1.49	7.9	74.8	26.79
		5	14.24	22.01	1.49	6.4	56.5	17.31
39	水峪口村	100	6.93	20.56	1.37	10.2	128.8	76.19
		50	7.76	20.56	1.37	9.4	112.2	61.48
		20	9.23	20.56	1.37	8.1	89.8	43.11
		10	11.02	20.56	1.37	7.1	72.9	30.06
		5	12.32	20.56	1.37	5.9	55.6	19.71
40	张华村	100	8.73	23.07	1.56	10.7	123.7	63.31
		50	9.82	23.07	1.56	9.8	107.6	50.25
		20	11.72	23.07	1.56	8.4	86.1	34.38
		10	13.96	23.07	1.56	7.3	69.7	23.41
		5	15.42	23.07	1.56	6.0	53.2	15.05

续表 4-2-7

序号	行政区划名称	重现期(a)	参数			主雨历时(h)	主雨雨量(mm)	净雨深(mm)
			μ	S_r	K_s			
41	张志村	100	8.73	23.07	1.56	10.7	123.7	63.31
		50	9.82	23.07	1.56	9.8	107.6	50.25
		20	11.72	23.07	1.56	8.4	86.1	34.38
		10	13.96	23.07	1.56	7.3	69.7	23.41
		5	15.42	23.07	1.56	6.0	53.2	15.05
42	太峪口村	100	6.83	20.56	1.37	11.2	130.9	74.81
		50	7.67	20.56	1.37	10.1	113.5	60.12
		20	9.17	20.56	1.37	8.7	90.4	41.94
		10	11.04	20.56	1.37	7.4	72.9	29.13
		5	12.47	20.56	1.37	6.0	55.2	19.01
43	任阳村	100	7.80	21.71	1.46	10.6	125.2	68.27
		50	8.78	21.71	1.46	9.6	108.7	54.57
		20	10.52	21.71	1.46	8.2	86.7	37.67
		10	12.63	21.71	1.46	7.1	70.0	25.91
		5	14.13	21.71	1.46	5.8	53.1	16.78
44	胜利庄	100	6.30	19.33	1.30	10.7	130.1	78.57
		50	7.06	19.33	1.30	9.7	112.7	63.37
		20	8.44	19.33	1.30	8.3	89.4	44.41
		10	10.20	19.33	1.30	7.1	71.8	30.92
		5	11.59	19.33	1.30	5.8	54.1	20.16

续表 4-2-7

序号	行政区划名称	重现期(a)	参数			主雨历时(h)	主雨雨量(mm)	净雨深(mm)
			μ	S_r	K_s			
45	古新庄村	100	6.77	20.05	1.35	10.7	129.9	76.40
		50	7.61	20.05	1.35	9.7	112.5	61.39
		20	9.14	20.05	1.35	8.3	89.3	42.78
		10	11.06	20.05	1.35	7.1	71.7	29.62
		5	12.58	20.05	1.35	5.8	54.0	19.20
46	大宝泉	100	5.98	18.48	1.24	9.6	127.4	81.49
		50	6.67	18.48	1.24	8.8	110.7	66.40
		20	7.91	18.48	1.24	7.6	88.3	47.33
		10	9.46	18.48	1.24	6.6	71.4	33.56
		5	10.61	18.48	1.24	5.4	54.3	22.30
47	小宝泉	100	4.81	16.00	1.10	9.8	130.5	89.67
		50	5.31	16.00	1.10	8.9	113.1	73.72
		20	6.21	16.00	1.10	7.7	90.0	53.39
		10	7.37	16.00	1.10	6.6	72.5	38.50
		5	8.31	16.00	1.10	5.4	54.9	25.97
48	峪口	100	7.40	21.42	1.42	9.8	129.4	76.41
		50	8.27	21.42	1.42	9.0	112.8	61.57
		20	9.77	21.42	1.42	7.9	90.5	43.04
		10	11.54	21.42	1.42	6.9	73.5	29.88
		5	12.66	21.42	1.42	5.8	56.3	19.47

续表 4-2-7

序号	行政区划名称	重现期(a)	参数			主雨历时(h)	主雨雨量(mm)	净雨深(mm)
			μ	S_r	K_s			
49	王庄	100	8.47	22.04	1.47	8.5	118.0	68.72
		50	9.58	22.04	1.47	7.9	103.0	55.34
		20	11.51	22.04	1.47	6.9	82.9	38.64
		10	13.83	22.04	1.47	6.1	67.5	26.79
		5	15.32	22.04	1.47	5.1	51.9	17.48
50	襄益庄	100	8.45	22.50	1.51	9.4	123.9	69.96
		50	9.53	22.50	1.51	8.7	108.0	56.00
		20	11.43	22.50	1.51	7.6	86.7	38.78
		10	13.71	22.50	1.51	6.6	70.4	26.70
		5	15.31	22.50	1.51	5.5	53.9	17.29
51	山底	100	7.40	21.42	1.42	9.8	129.4	76.41
		50	8.27	21.42	1.42	9.0	112.8	61.57
		20	9.77	21.42	1.42	7.9	90.5	43.04
		10	11.54	21.42	1.42	6.9	73.5	29.88
		5	12.66	21.42	1.42	5.8	56.3	19.47
52	尚坡	100	6.92	20.39	1.36	10.7	131.3	77.23
		50	7.81	20.39	1.36	9.7	113.4	62.01
		20	9.46	20.39	1.36	8.2	89.7	43.15
		10	11.53	20.39	1.36	7.0	71.9	29.87
		5	13.18	20.39	1.36	5.6	54.1	19.35

续表 4-2-7

序号	行政区划名称	重现期(a)	参数			主雨历时(h)	主雨雨量(mm)	净雨深(mm)
			μ	S_r	K_s			
53	西庄	100	6.59	19.48	1.33	9.6	127.2	78.61
		50	7.36	19.48	1.33	8.9	110.7	63.68
		20	8.76	19.48	1.33	7.7	88.5	44.82
		10	10.52	19.48	1.33	6.7	71.6	31.41
		5	11.90	19.48	1.33	5.6	54.4	20.64
54	韩阳村	100	7.68	20.78	1.40	9.1	119.3	70.02
		50	8.68	20.78	1.40	8.2	103.7	56.83
		20	10.42	20.78	1.40	7.0	83.2	40.35
		10	12.45	20.78	1.40	6.0	67.7	28.54
		5	13.65	20.78	1.40	5.0	52.2	19.11
55	祁家坡	100	6.41	19.77	1.32	12.1	136.8	79.28
		50	7.28	19.77	1.32	10.6	117.3	63.97
		20	8.89	19.77	1.32	8.6	92.0	45.09
		10	10.92	19.77	1.32	7.1	73.5	31.82
		5	12.45	19.77	1.32	5.6	55.4	21.31
56	韩家坟	100	3.94	16.00	1.10	19.6	171.4	101.64
		50	4.36	16.00	1.10	16.7	144.5	81.82
		20	5.15	16.00	1.10	13.0	110.7	57.59
		10	6.18	16.00	1.10	10.4	86.5	40.67
		5	7.13	16.00	1.10	7.8	63.4	26.97

续表 4-2-7

序号	行政区划名称	重现期(a)	参数			主雨历时(h)	主雨雨量(mm)	净雨深(mm)
			μ	S_r	K_s			
57	东盘底	100	5.51	17.54	1.19	9.6	127.5	83.72
		50	6.13	17.54	1.19	8.7	110.4	68.27
		20	7.24	17.54	1.19	7.5	87.7	48.72
		10	8.66	17.54	1.19	6.5	70.6	34.60
		5	9.77	17.54	1.19	5.3	53.3	22.97
58	西盘底	100	5.68	17.76	1.21	9.5	127.3	83.21
		50	6.32	17.76	1.21	8.7	110.3	67.81
		20	7.49	17.76	1.21	7.5	87.7	48.32
		10	8.97	17.76	1.21	6.5	70.6	34.27
		5	10.09	17.76	1.21	5.3	53.3	22.68
59	南庄	100	5.51	17.54	1.19	9.6	127.5	83.72
		50	6.13	17.54	1.19	8.7	110.4	68.27
		20	7.24	17.54	1.19	7.5	87.7	48.72
		10	8.66	17.54	1.19	6.5	70.6	34.60
		5	9.77	17.54	1.19	5.3	53.3	22.97

续表 4-2-7

序号	行政区划名称	重现期(a)	参数			主雨历时(h)	主雨雨量(mm)	净雨深(mm)
			μ	S_r	K_s			
60	李家巷村	100	7.78	21.59	1.47	12.3	136.7	72.87
		50	8.90	21.59	1.47	10.8	117.1	58.29
		20	10.97	21.59	1.47	8.7	91.7	40.55
		10	13.55	21.59	1.47	7.2	73.1	28.20
		5	15.44	21.59	1.47	5.6	55.0	18.65
61	祁家巷村	100	8.47	22.42	1.54	12.4	136.5	70.26
		50	9.71	22.42	1.54	10.8	116.9	56.02
		20	12.01	22.42	1.54	8.7	91.5	38.76
		10	14.84	22.42	1.54	7.2	73.0	26.82
		5	16.87	22.42	1.54	5.6	54.9	17.67
62	双店村	100	5.07	16.77	1.16	10.6	130.5	85.00
		50	5.61	16.77	1.16	9.7	113.1	69.38
		20	6.59	16.77	1.16	8.3	89.7	49.53
		10	7.83	16.77	1.16	7.1	72.0	35.21
		5	8.84	16.77	1.16	5.8	54.3	23.39

续表 4-2-7

序号	行政区划名称	重现期(a)	参数			主雨历时(h)	主雨雨量(mm)	净雨深(mm)
			μ	S_r	K_s			
63	夏阳村	100	6.65	19.40	1.35	9.4	136.5	88.31
		50	7.45	19.40	1.35	8.6	118.0	71.58
		20	8.91	19.40	1.35	7.4	93.6	50.54
		10	10.76	19.40	1.35	6.4	75.2	35.47
		5	12.24	19.40	1.35	5.3	56.6	23.20
64	上源头村	100	4.69	16.33	1.12	12.1	142.4	93.31
		50	5.24	16.33	1.12	10.5	121.1	75.87
		20	6.28	16.33	1.12	8.3	93.8	54.23
		10	7.60	16.33	1.12	6.7	74.0	38.91
		5	8.68	16.33	1.12	5.2	55.1	26.25
65	城子埒村	100	13.41	27.00	1.90	7.7	103.5	48.53
		50	15.10	27.00	1.90	7.1	91.2	38.38
		20	17.76	27.00	1.90	6.3	74.5	26.16
		10	20.54	27.00	1.90	5.7	61.7	17.80
		5	21.54	27.00	1.90	4.9	48.5	11.60

2.2.4 现状防洪能力成果

永济市的65个重点防治区中,有21个受河道洪水的影响,44个受坡面水流影响。受河道洪水影响的21个村落中,极高危险区内有30户144人,高危险区内有24户110人,危险区内有34户149人。另外,受坡面水流影响的,也存在山洪灾害特殊情况。现状防洪能力成果见表4-2-8。

表4-2-8 永济市防洪现状评价成果表

序号	行政区划名称	防洪能力(a)	极高危险区(小于5年一遇)		高危险区(5~20年一遇)		危险区(大于20年一遇)	
			人口(人)	房屋(座)	人口(人)	房屋(座)	人口(人)	房屋(座)
1	寇家窑	<5	3	2				
2	石卫	23					15	3
3	石佛寺	80					6	1
4	于乡村	<5	12	5			4	1
5	南郭	40					9	2
6	西干樊	<5	8	2				
7	南吴村	42					2	1
8	马铺头村	<5	8	1	28	6	4	2
9	观上	<5	40	1			5	1
10	上榆林	<5	12	2	4	2	3	1
11	涧西	<5	5	1	6	2	2	1
12	水峪口村	100					5	1
13	太峪口村	<5	2	1	10	4	11	3
14	任阳村	<5	16	3	7	1		
15	尚坡	48					5	1
16	韩阳村	<5	15	8	3	1		
17	祁家坡	78					5	1
18	西盘底	32					6	1
19	李家巷村	<5	23	4	52	8	54	9
20	夏阳村	31					5	1
21	上源头村	52					8	2

2.2.5 预警指标分析成果

永济市的65个重点防治区都进行了雨量预警指标的确定。永济市预警指标分析成果表见表4-2-9。

表 4-2-9　永济市预警指标分析成果表

序号	行政区划名称	类别	B_0	时段	预警指标(mm)		临界雨量(mm)	方法
					准备转移	立即转移		
1	寇家窑	雨量	0	0.5 h	26	37	37	流域模型法
				1 h	37	42	42	
			0.3	0.5 h	23	32	32	
				1 h	32	38	38	
			0.6	0.5 h	19	28	28	
				1 h	28	33	33	
2	土乐村	雨量	0	0.5 h	50	71	71	流域模型法
				1 h	71	89	89	
			0.3	0.5 h	46	66	66	
				1 h	66	81	81	
			0.6	0.5 h	42	60	60	
				1 h	60	75	75	
3	石卫	雨量	0	0.5 h	43	61	61	流域模型法
				1 h	61	80	80	
			0.3	0.5 h	39	56	56	
				1 h	56	73	73	
			0.6	0.5 h	35	50	50	
				1 h	50	66	66	

续表 4-2-9

序号	行政区划名称	类别	B_0	时段	预警指标(mm)		临界雨量(mm)	方法
					准备转移	立即转移		
4	二峪口	雨量	0	0.5 h	37	53	53	同频率法
				1 h	53	70	70	
5	洗马庄	雨量	0	0.5 h	32	45	45	同频率法
				1 h	45	60	60	
6	雷家庄村	雨量	0	0.5 h	37	53	53	流域模型法
				1 h	53	71	71	
			0.3	0.5 h	33	48	48	
				1 h	48	64	64	
			0.6	0.5 h	30	43	43	
				1 h	43	57	57	
7	庞家营村	雨量	0	0.5 h	30	43	43	同频率法
				1 h	43	53	53	
8	清华村	雨量	0	0.5 h	33	47	47	流域模型法
				1 h	47	62	62	
			0.3	0.5 h	29	42	42	
				1 h	42	56	56	
			0.6	0.5 h	26	38	38	
				1 h	38	50	50	

续表 4-2-9

序号	行政区划名称	类别	B_0	时段	预警指标(mm)		临界雨量(mm)	方法
					准备转移	立即转移		
9	古市营村	雨量	0	0.5 h	40	57	57	同频率法
				1 h	57	70	70	
10	南窑村	雨量	0	0.5 h	37	53	53	流域模型法
				1 h	53	70	70	
			0.3	0.5 h	33	47	47	
				1 h	47	63	63	
			0.6	0.5 h	30	43	43	
				1 h	43	57	57	
11	西吴闫村	雨量	0	0.5 h	38	54	54	同频率法
				1 h	54	72	72	
12	屯里	雨量	0	0.5 h	29	42	42	同频率法
				1 h	42	56	56	
13	石佛寺	雨量	0	0.5 h	54	77	77	流域模型法
				1 h	77	90	90	
			0.3	0.5 h	50	71	71	
				1 h	71	83	83	
			0.6	0.5 h	46	66	66	
				1 h	66	76	76	

续表 4-2-9

序号	行政区划名称	类别	B_0	时段	预警指标(mm)		临界雨量(mm)	方法
					准备转移	立即转移		
14	东源头村	雨量	0	0.5 h	37	53	53	同频率法
				1 h	53	71	71	
15	南梯村	雨量	0	0.5 h	37	52	52	同频率法
				1 h	52	70	70	
16	于乡村	雨量	0	0.5 h	24	34	34	流域模型法
				1 h	34	41	41	
			0.3	0.5 h	20	29	29	
				1 h	29	36	36	
			0.6	0.5 h	17	24	24	
				1 h	24	30	30	
17	东仁里	雨量	0	0.5 h	39	56	56	同频率法
				1 h	56	74	74	
18	西仁里	雨量	0	0.5 h	30	43	43	同频率法
				1 h	43	65	65	
19	三畛地	雨量	0	0.5 h	31	45	45	流域模型法
				1 h	45	55	55	
			0.3	0.5 h	28	40	40	
				1 h	40	48	48	
			0.6	0.5 h	24	35	35	
				1 h	35	41	41	

续表 4-2-9

序号	行政区划名称	类别	B_0	时段	预警指标(mm)		临界雨量(mm)	方法
					准备转移	立即转移		
20	张家窑村	雨量	0	0.5 h	38	54	54	流域模型法
				1 h	54	72	72	
			0.3	0.5 h	34	49	49	
				1 h	49	65	65	
			0.6	0.5 h	31	44	44	
				1 h	44	58	58	
21	黄家窑村	雨量	0	0.5 h	49	70	70	流域模型法
				1 h	70	83	83	
			0.3	0.5 h	46	66	66	
				1 h	66	78	78	
			0.6	0.5 h	43	61	61	
				1 h	61	72	72	
22	东坦朝村	雨量	0	0.5 h	38	55	55	同频率法
				1 h	55	69	69	
23	西坦朝村	雨量	0	0.5 h	36	52	52	同频率法
				1 h	52	70	70	
24	肖家堡	雨量	0	0.5 h	29	41	41	同频率法
				1 h	41	55	55	

续表 4-2-9

序号	行政区划名称	类别	B_0	时段	预警指标(mm)		临界雨量(mm)	方法
					准备转移	立即转移		
25	侯孟村	雨量	0	0.5 h	38	54	54	同频率法
				1 h	54	72	72	
26	南郭沟村	雨量	0	0.5 h	36	51	51	同频率法
				1 h	51	80	80	
27	南郭	雨量	0	0.5 h	42	60	60	同频率法
				1 h	60	89	89	
28	孙常村	雨量	0	0.5 h	37	53	53	流域模型法
				1 h	53	71	71	
			0.3	0.5 h	34	48	48	
				1 h	48	64	64	
			0.6	0.5 h	30	43	43	
				1 h	43	58	58	
29	郭李村	雨量	0	0.5 h	33	48	48	同频率法
				1 h	48	67	67	
30	新街村	雨量	0	0.5 h	28	40	40	同频率法
				1 h	40	53	53	

续表 4-2-9

序号	行政区划名称	类别	B_0	时段	预警指标(mm)		临界雨量(mm)	方法
					准备转移	立即转移		
31	西干樊	雨量	0	0.5 h	21	31	31	流域模型法
				1 h	31	40	40	
			0.3	0.5 h	18	26	26	
				1 h	26	35	35	
			0.6	0.5 h	16	22	22	
				1 h	22	29	29	
32	南吴村	雨量	0	0.5 h	39	56	56	流域模型法
				1 h	56	71	71	
			0.3	0.5 h	36	51	51	
				1 h	51	65	65	
			0.6	0.5 h	32	46	46	
				1 h	46	58	58	
33	马铺头村	雨量	0	0.5 h	23	33	33	流域模型法
				1 h	33	40	40	
			0.3	0.5 h	20	28	28	
				1 h	28	36	36	
			0.6	0.5 h	17	24	24	
				1 h	24	29	29	

续表 4-2-9

序号	行政区划名称	类别	B_0	时段	预警指标(mm)		临界雨量(mm)	方法
					准备转移	立即转移		
34	赵坊村	雨量	0	0.5 h	33	47	47	流域模型法
				1 h	47	63	63	
			0.3	0.5 h	30	43	43	
				1 h	43	57	57	
			0.6	0.5 h	27	38	38	
				1 h	38	51	51	
35	观上	雨量	0	0.5 h	25	36	36	流域模型法
				1 h	36	41	41	
			0.3	0.5 h	22	31	31	
				1 h	31	37	37	
			0.6	0.5 h	19	27	27	
				1 h	27	31	31	
36	上榆林	雨量	0	0.5 h	21	31	31	流域模型法
				1 h	31	38	38	
			0.3	0.5 h	18	26	26	
				1 h	26	32	32	
			0.6	0.5 h	15	22	22	
				1 h	22	27	27	

续表 4-2-9

序号	行政区划名称	类别	B_0	时段	预警指标(mm)		临界雨量(mm)	方法
					准备转移	立即转移		
37	下榆林	雨量	0	0.5 h	36	51	51	流域模型法
				1 h	51	68	68	
			0.3	0.5 h	32	46	46	
				1 h	46	61	61	
			0.6	0.5 h	29	41	41	
				1 h	41	55	55	
38	涧西	雨量	0	0.5 h	23	33	33	流域模型法
				1 h	33	41	41	
			0.3	0.5 h	20	28	28	
				1 h	28	36	36	
			0.6	0.5 h	17	24	24	
				1 h	24	29	29	
39	水峪口村	雨量	0	0.5 h	55	79	79	流域模型法
				1 h	79	89	89	
			0.3	0.5 h	52	74	74	
				1 h	74	82	82	
			0.6	0.5 h	49	70	70	
				1 h	70	77	77	

续表 4-2-9

序号	行政区划名称	类别	B_0	时段	预警指标(mm)		临界雨量(mm)	方法
					准备转移	立即转移		
40	张华村	雨量	0	0.5 h	37	53	53	流域模型法
				1 h	53	62	62	
			0.3	0.5 h	34	48	48	
				1 h	48	56	56	
			0.6	0.5 h	31	44	44	
				1 h	44	49	49	
41	张志村	雨量	0	0.5 h	37	53	53	流域模型法
				1 h	53	62	62	
			0.3	0.5 h	34	48	48	
				1 h	48	56	56	
			0.6	0.5 h	31	44	44	
				1 h	44	49	49	
42	太峪口村	雨量	0	0.5 h	21	30	30	流域模型法
				1 h	30	36	36	
			0.3	0.5 h	18	26	26	
				1 h	26	31	31	
			0.6	0.5 h	15	21	21	
				1 h	21	24	24	

续表 4-2-9

序号	行政区划名称	类别	B_0	时段	预警指标(mm)		临界雨量(mm)	方法
					准备转移	立即转移		
43	任阳村	雨量	0	0.5 h	23	33	33	流域模型法
				1 h	33	40	40	
			0.3	0.5 h	20	28	28	
				1 h	28	35	35	
			0.6	0.5 h	17	25	25	
				1 h	25	29	29	
44	胜利庄	雨量	0	0.5 h	36	51	51	流域模型法
				1 h	51	68	68	
			0.3	0.5 h	32	46	46	
				1 h	46	61	61	
			0.6	0.5 h	29	41	41	
				1 h	41	55	55	
45	古新庄村	雨量	0	0.5 h	36	51	51	流域模型法
				1 h	51	68	68	
			0.3	0.5 h	32	46	46	
				1 h	46	61	61	
			0.6	0.5 h	29	41	41	
				1 h	41	55	55	

续表 4-2-9

序号	行政区划名称	类别	B_0	时段	预警指标(mm)		临界雨量(mm)	方法
					准备转移	立即转移		
46	大宝泉	雨量	0	0.5 h	35	50	50	流域模型法
				1 h	50	67	67	
			0.3	0.5 h	32	45	45	
				1 h	45	60	60	
			0.6	0.5 h	28	41	41	
				1 h	41	54	54	
47	小宝泉	雨量	0	0.5 h	35	50	50	同频率法
				1 h	50	66	66	
48	峪口	雨量	0	0.5 h	37	53	53	流域模型法
				1 h	53	70	70	
			0.3	0.5 h	33	47	47	
				1 h	47	63	63	
			0.6	0.5 h	30	43	43	
				1 h	43	57	57	
49	王庄	雨量	0	0.5 h	36	51	51	流域模型法
				1 h	51	68	68	
			0.3	0.5 h	32	46	46	
				1 h	46	61	61	
			0.6	0.5 h	29	41	41	
				1 h	41	55	55	

续表 4-2-9

序号	行政区划名称	类别	B_0	时段	预警指标(mm)		临界雨量(mm)	方法
					准备转移	立即转移		
50	襄益庄	雨量	0	0.5 h	34	49	49	流域模型法
				1 h	49	65	65	
			0.3	0.5 h	31	44	44	
				1 h	44	59	59	
			0.6	0.5 h	28	39	39	
				1 h	39	53	53	
51	山底	雨量	0	0.5 h	28	41	41	流域模型法
				1 h	41	54	54	
			0.3	0.5 h	26	36	36	
				1 h	36	49	49	
			0.6	0.5 h	23	33	33	
				1 h	33	44	44	
52	尚坡	雨量	0	0.5 h	25	35	35	同频率法
				1 h	35	42	42	
53	西庄	雨量	0	0.5 h	37	53	53	流域模型法
				1 h	53	70	70	
			0.3	0.5 h	33	47	47	
				1 h	47	63	63	
			0.6	0.5 h	30	43	43	
				1 h	43	57	57	

续表 4-2-9

序号	行政区划名称	类别	B_0	时段	预警指标(mm)		临界雨量(mm)	方法
					准备转移	立即转移		
54	韩阳村	雨量	0	0.5 h	27	39	39	流域模型法
				1 h	39	44	44	
			0.3	0.5 h	26	37	37	
				1 h	37	40	40	
			0.6	0.5 h	22	32	32	
				1 h	32	36	36	
55	祁家坡	雨量	0	0.5 h	51	73	73	流域模型法
				1 h	73	94	94	
			0.3	0.5 h	50	71	71	
				1 h	71	89	89	
			0.6	0.5 h	46	66	66	
				1 h	66	80	80	
56	韩家坟	雨量	0	0.5 h	29	42	42	流域模型法
				1 h	42	56	56	
			0.3	0.5 h	26	38	38	
				1 h	38	50	50	
			0.6	0.5 h	24	34	34	
				1 h	34	45	45	

续表 4-2-9

序号	行政区划名称	类别	B_0	时段	预警指标(mm)		临界雨量(mm)	方法
					准备转移	立即转移		
57	东盘底	雨量	0	0.5 h	36	52	52	流域模型法
				1 h	52	69	69	
			0.3	0.5 h	33	47	47	
				1 h	47	62	62	
			0.6	0.5 h	29	42	42	
				1 h	42	56	56	
58	西盘底	雨量	0	0.5 h	44	63	63	流域模型法
				1 h	63	76	76	
			0.3	0.5 h	41	59	59	
				1 h	59	70	70	
			0.6	0.5 h	38	55	55	
				1 h	55	65	65	
59	南庄	雨量	0	0.5 h	37	53	53	同频率法
				1 h	53	70	70	
60	李家巷村	雨量	0	0.5 h	25	35	35	流域模型法
				1 h	35	49	49	
			0.3	0.5 h	23	33	33	
				1 h	33	42	42	
			0.6	0.5 h	20	28	28	
				1 h	28	36	36	

续表 4-2-9

序号	行政区划名称	类别	B_0	时段	预警指标(mm)		临界雨量(mm)	方法
					准备转移	立即转移		
61	祁家巷村	雨量	0	0.5 h	26	38	38	流域模型法
				1 h	38	50	50	
			0.3	0.5 h	24	34	34	
				1 h	34	45	45	
			0.6	0.5 h	21	30	30	
				1 h	30	41	41	
62	双店村	雨量	0	0.5 h	36	51	51	同频率法
				1 h	51	68	68	
63	夏阳村	雨量	0	0.5 h	38	55	55	流域模型法
				1 h	55	86	86	
			0.3	0.5 h	32	45	45	
				1 h	45	86	86	
			0.6	0.5 h	32	45	45	
				1 h	45	86	86	
64	上源头村	雨量	0	0.5 h	50	71	71	流域模型法
				1 h	71	88	88	
			0.3	0.5 h	47	67	67	
				1 h	67	83	83	
			0.6	0.5 h	45	64	64	
				1 h	64	78	78	

续表 4-2-9

序号	行政区划名称	类别	B_0	时段	预警指标(mm)		临界雨量(mm)	方法
					准备转移	立即转移		
65	城子坪村	雨量	0	0.5 h	26	38	38	流域模型法
				1 h	38	43	43	
			0.3	0.5 h	24	34	34	
				1 h	34	40	40	
			0.6	0.5 h	22	31	31	
				1 h	31	35	35	

第3章 河津市

3.1 河津市基本情况概述

3.1.1 地理位置

河津市地处山西省西南部、运城市西北隅,汾河汇入黄河的河口三角洲,东迎汾水与稷山毗邻,西隔黄河与陕西韩城相望,南依峨嵋岭,北枕吕梁山。地理坐标东经110°32′15″~110°50′45″,北纬35°28′17″~35°47′15″。东西宽27.5 km,南北长35.0 km,国土面积593.1 km^2。河津市地理位置示意图如图4-3-1所示。

3.1.2 社会经济

河津市坐落在汾河岸畔,是区域政治、经济、文化发展中心。建成区面积15 km^2,城镇居民16.5万人,城镇化率42.6%。辖城区、清涧(街道办事处),僧楼、樊村(镇),柴家、小梁、阳村、赵家庄、下化(乡),共148个行政村,215个自然村,总人口38.7万人(2014年)。

区域位置险要,素有"险厄龙门,西河要地"之称,南北纵贯的209国道同东西横穿的108国道交会于市郊。村村柏油路相连,道路四通八达,侯(马)西(安)铁路、侯(马)禹(门口)高速横空飞架,交通十分便利。

天然的地理位置、特殊的区位优势,丰富的矿产资源和充沛的水资源,使国家重点企业山西铝厂、漳泽电力有限公司河津分公司、王家岭煤矿入驻区域,已形成以煤、焦、铁、电、铝为龙头,建筑、建材、化工、医药各业齐发展的厂郊型、资源型经济格局。

河津境内有许多名胜古迹、自然景观,风光旖旎、气势雄浑。天险龙门,两岸山崖壁立,河水激浪奔涌,有禹凿龙门、鲤鱼跳龙门的美丽传说。薛仁贵故里,有寒窑犹存。九龙头建筑群,依山势而上下,凭地形以参差,布局宏伟,建筑奇特。兴国寺鸟鸣塔,为全国现存的四大回音建筑之一。列入省地重点文物保护的还有:樊村明代舞台、高禖庙、卜子夏墓、司马迁墓、王通弹琴山、王绩隐居洞等。

3.1.3 河流水系

汾河在稷山史册村进入河津市境内,由东向西横贯, 流经河津市柴家乡、城区街道办

图 4-3-1　河津市地理位置示意图

事处、阳村乡、小梁乡,从小梁乡西梁村送出。河长 22.5 km,流域面积为 548 km^2,河津境内 441.9 km^2,最大径流量 33.56 亿 m^3(1964 年),最大洪水流量 3 320 m^3/s(1954 年 9 月 6 日),含沙量 22 kg/m^3。汾河自 1972 年开始断流,断流时间逐年增长,河流蜿蜒曲折,蠕动蛇行,属于平原冲堆积性蜿蜒型河流。

瓜峪发源于乡宁县尉庄乡,途经交口乡在吕梁山南麓北午芹的悬崖峭壁处,水由石罅而出。筛儿崖南行为瓜峪口,水流经此处分三涧:天涧、太涧和西长涧,三涧形如“瓜”字,故名瓜峪。峪口以上为基岩山区,海拔在 600 ~ 1 320 m,多发育“V”字形沟,集雨面积为 160.5 km^2,为山区河流。其下为山前倾斜平原区,海拔一般为 480 ~ 550 m ,由北向南倾斜。流域总面积为 296 km^2,全段平均坡降为 0.7%。河流全长为 64.8 km,河津境内 25 km,流域面积 170 km^2。山区坡度较大,向南较为平坦,为平原河流。瓜峪出口处洪积扇较发育,呈裙状。由于水流侵蚀和冲沟切割,扇型不明显。峪东亦有洪积扇,因受洪水切割形成东南向大沟多条。上分下连,由北里沟南下直通汾河。

遮马峪发源于乡宁县西坡乡一带,集雨面积为 114 km^2,双峰以下为峪口。峪口以上为基岩山区,海拔在 600 ~ 1 320 m,河道为山区河流。峪口外为山前倾斜平原区,其势由北向南倾斜。峪口以西为小的洪积扇,坡度较陡,小冲沟发育。其前缘由于受洪水冲刷,形成北东 - 南西向的宽阔冲沟,即遮马峪大涧。流域总面积 181 km^2,河流总长 28 km,全段平均坡降为 22.1‰,河津境内长 20 km,流域面积 68.6 km^2。洪水顺大涧南西行 15 km 至清涧湾汇入黄河。

河津市河流基本情况见表 4-3-1。

表 4-3-1　河津市主要河流基本情况表

编号	河流名称	河流级别	上级河流名称	流域面积(km^2)	河长(km)	比降(‰)
1	瓜峪河	2	汾河	296	64.8	7.0
2	遮马峪河	1	黄河	181	28	22.1

3.1.4　水文气象

河津市属暖温带大陆性黄土高原气候,受季风和内蒙古沙漠气候的影响,降雨时空分配不均,年际变化大。据 1958 ~ 2010 年降雨实测资料:年最大降雨量为 997.5 mm,出现在 1958 年;年最小降雨量为 230.8 mm,出现在 1997 年;最大日降雨量 122.9 mm,出现在 1985 年 8 月 17 日;最长连续降雨 11 d,出现在 1976 年 8 月 19 ~ 29 日,降雨量 274 mm;多年平均降雨量为 467.1 mm。年最大降雨量是最小降雨量的 4.3 倍。年际降水有连续干旱和连续丰沛的特点,年内分布极不均匀(见表 4-3-2)。

洪水在一年中集中出现明显的时期,称为汛期,本区域与全省降雨量年内分配资料基本类同,确定 6 ~ 9 月为汛期。

表 4-3-2　1958～2010 年逐月平均降雨量、蒸发量情况表　　(单位:mm)

月份	1	2	3	4	5	6	7	8	9	10	11	12	年
平均降雨量	4.9	6.9	15.4	26.1	40.2	52.6	93.4	85.7	83.1	39.9	13.1	5.8	467.1
最大降雨量	16.2	30.2	64.3	83.6	162.0	175.1	229.4	368.8	162.5	107.3	69.4	16.2	997.5
最小降雨量	0	0	0	5.0	0.1	1.6	19.0	12.9	5.1	0.8	0	0	230.8
蒸发量	67.6	86.8	143.2	202.4	256	308.5	258.1	239.2	155.5	126.5	86.2	64.5	1994.4

3.1.5　历史山洪灾害

暴雨山洪除直接形成灾害外,同时可诱发崩塌、滑坡、泥石流等地质灾害,已经成为导致洪涝灾害、人员伤亡的最主要因素。因此,防御暴雨山洪与地质灾害已经成为各级防汛指挥部门的重要工作之一。

河津市山洪灾害主要分布于沿山一带的下化乡、清涧街道办事处、樊村镇、僧楼镇,山洪及其诱发的泥石流、滑坡、崩塌等地质灾害常常毁坏村庄、耕地、山林,给人民生命财产安全带来直接威胁,冲毁交通线路和桥梁,破坏水利工程和通信设施,淹没农田,堵塞河道,淤高河床,污染环境,严重制约着市内经济社会的发展。

河津市历史山洪灾害统计情况见表 4-3-3。

河津市山洪及地质灾害主要由连续或短时强降雨诱发,受气象因素控制,多发在 7～9 月。新中国成立以来,洪涝灾害年年发生,平均两年有一次较大灾害。

1953 年 8 月 2 日, 洪水由瓜峪口出,水头 1.5 丈余,水面宽十余丈,分太涧、西长涧向南猛窜,持续 10 h 之久。沿洪水流向的 34 条渠道 53 处被冲毁,三区两三个乡 63 个村受灾,冲毁秋田 15 694 亩,塌房 220 间,冲走粮食万余斤,死亡 4 人。

1954 年 7 月 10 日,瓜峪洪水大发,分三股:一股流经光德、范家庄、东辛封、西窑头、太阳、连伯等村;一股流经西庄、东庄、城北、高家湾、米家关、吴家关、米家湾等村;再一股流经樊家庄、义唐、史惠庄、史恩庄、南里、郭村等村,冲毁田禾 11 499.9 亩,倒塌房屋 227 间、窑洞 42 孔,冲没水井 8 眼,冲走小麦 969.5 kg。

1959 年,遮马峪河发水,洪水冲毁了遮马峪跃进渠首引水工程及泄水闸 2 部,灌区 18 500亩农田无法灌溉。

1973 年 8 月,大雨从 19 日开始到 28 日止,最大时降雨量 40 多 mm,樊村镇、僧楼镇等总降雨量达 300 mm 以上,山洪暴发成灾。

1984 年 5 月 11 日,遮马峪河和瓜峪河先后发生洪水,洪水淹没僧楼镇小麦 1 900 亩、棉花 900 亩,樊村公社小麦 991 亩、棉花 359 亩。沿瓜峪太涧的人民、尹村、北方平、侯家庄、李家堡等村都被洪水漫入,毁坏房屋 8 间,淹死生猪 11 头。

1987 年,遮马峪洪水淹没了龙门二级站和山西铝厂的部分水井和排水道。

表 4-3-3　河津市历史山洪灾害情况统计表

序号	灾害发生时间	涉及地点		灾害描述
		乡镇、村	小流域名称	
1	1953 年 8 月 2 日	三区两三个乡 63 个村	瓜峪河	洪水由瓜峪口出,水头 1.5 丈余,水面宽十余丈,分太涧、西长涧向南猛窜,持续 10 h 之久。沿洪水流向的 34 条渠道 53 处被冲毁,63 个村庄受灾,冲毁秋田 15 694 亩,塌房 220 间,冲走粮食万余斤,死亡 4 人
2	1954 年 7 月 10 日	光德村、范家庄、东辛封、西窑头、太阳、连伯、西庄	瓜峪河	冲毁田禾 11 499.9 亩,倒塌房屋 227 间、窑洞 42 孔,冲没水井 8 眼,冲走小麦 969.5 kg
3	1959 年	樊村镇	遮马峪河	洪水冲毁了遮马峪跃进渠首引水工程及泄水闸 2 部,灌区 18 500 亩农田无法灌溉
4	1973 年 8 月	樊村镇、僧楼镇	遮马峪河、瓜峪河	总降雨量在 300 mm 以上,山洪暴发成灾
5	1984 年 5 月 11 日	樊村镇、僧楼镇人民、尹村、北方平、侯家庄、李家堡	遮马峪河、瓜峪河	遮马峪河和瓜峪河先后发生洪水,洪水淹没僧楼镇小麦 1 900 亩、棉花 900 亩,樊村公社小麦 991 亩、棉花 359 亩。沿瓜峪太涧的人民、尹村、北方平、侯家庄、李家堡等村都被洪水漫入,毁坏房屋 8 间,淹死生猪 11 头
6	1987 年	清涧街道办事处	遮马峪河	暴发洪水,淹没小麦 2 891 亩,棉花 1 259 亩,损坏房屋 8 间,淹死生猪 11 头,水利设施水毁严重
7	1988 年	樊村镇	遮马峪河、瓜峪河	遮马峪河干渠两处发生决口,淹没农田数百亩,瓜峪河太涧史家庄跌水、遮马峪南干渠被冲毁。振兴集团焦化车间被淹没,经济损失 20 多万元
8	1993 年	县城	瓜峪河	大雨倾盆,山洪暴发,汾河暴涨,冲进县城南门,汾河滩一片汪洋,致使良田渐废,见谷日少
9	2006 年	僧楼镇	遮马峪河、瓜峪河	马家堡、刘家堡、李家堡 3 个村被洪水淹没
10	2010 年 8 月 13 日	清涧街道办事处	遮马峪河	发生 50 m^3/s 的洪水,造成下游清涧街道办淹没农田 2 800 亩
11	2010 年 8 月 18 日	僧楼镇	瓜峪河	发生 150 m^3/s 的洪水,造成僧楼镇尹村、北方平、李家堡、马家堡 4 个村庄 500 余亩受淹,107 户居民房屋不同程度进水,其中浸水倒塌房屋 12 户 37 间,转移安置居民 87 户 325 人,直接经济损失约 150 万元
12	2011 年 9 月 17 日	柴家乡	三交河	柴家乡 15 个大棚倒塌、34 个大棚进水,清涧湾约 3 300 亩农田、苗圃被淹

1988年,遮马峪河干渠两处发生决口,淹没农田数百亩,瓜峪河太涧史家庄跌水、遮马峪南干渠被冲毁。振兴集团焦化车间被淹,经济损失20多万元。

2009年8月17日,由于连续降雨,三交河流量加大,排洪不畅,淹没了柴家村、山王村近千亩农田。

2010年8月13日,遮马峪河发生50 m^3/s的洪水,造成清涧街道办事处2 800亩农田被淹。

2010年8月18日,瓜峪河发生150 m^3/s的洪水,造成僧楼镇尹村、北方平、李家堡、马家堡4个村庄500余亩受淹,107户居民房屋不同程度进水,其中浸水倒塌房屋12户37间,转移安置居民87户325人,直接经济损失约150万元。

3.2　河津市山洪灾害分析评价成果

3.2.1　分析评价名录确定

河津市34个重点防治区名录见表4-3-4。其中包括小流域名称及面积、主沟道长度及比降、产流地类、汇流地类。

3.2.2　设计暴雨成果

河津市的34个重点防治区都进行了设计暴雨的推求,设计暴雨计算成果表、设计暴雨时程分配表分别见表4-3-5、表4-3-6。

3.2.3　设计洪水成果

河津市的34个重点防治区都进行了设计洪水的推求,设计洪水成果表、设计净雨深计算成果表分别见表4-3-7、表4-3-8。

3.2.4　现状防洪能力成果

经分析评价,34个分析评价对象中,有17个受河道洪水的影响,其中防洪能力小于5年一遇的有6个,5~20年一遇的有2个,20~50年一遇的有2个,50~100年一遇的有7个。划定了受河道洪水影响的17个沿河村落的危险区等级,极高危险区内有207户2 622人,高危险区内有14户51人,危险区内有24户99人。受坡面汇流影响的有17个村落,重现期小于5年一遇的有1个,5~20年一遇的有6个,大于20年的有10个。划定了受坡面汇流影响的17个沿河村落的危险区等级,极高危险区内有9户30人,高危险区内有120户444人,危险区内有44户113人。现状防洪能力成果见表4-3-9。

表 4-3-4　河津市小流域基本信息汇总表

序号	小流域名称	行政区划名称	面积（km^2）	主沟道长度（km）	主沟道比降（‰）	产流地类（km^2）								汇流地类（km^2）			
						变质岩森林山地	变质岩灌丛山地	黄土丘陵沟壑	砂面岩森林山地	耕种平地	黄土丘陵阶地	灰岩森林山地	灰岩灌丛山地	森林山地	草坡山地	灌丛山地	黄土丘陵
1	无底沟	枣坪	0.47	0.40	125.30			0.47									0.47
2		上化	6.69	3.84	30.50			6.21					0.48		0.45		6.23
3		下化	11.13	5.05	29.70			9.92					1.21		0.59	0.47	10.07
4	遮马峪	西卫村	115.84	14.02	39.12			98.03					17.81		8.27	9.54	98.03
5		上寨岭	116.05	14.21	37.40			98.14					17.91		8.27	8.92	98.86
6		上寨	116.09	14.26	35.30			98.20					17.89		8.29	8.93	98.87
7		固镇	128.11	18.35	21.10		3.15	98.13		6.32			20.51		10.06	13.05	105.00
8		西崖底	2.83	4.45	55.70		1.01			1.12			0.70		0.47	1.27	1.08
9		东崖底	131.79	19.75	18.40		4.23	98.20		8.11			21.24		10.95	13.99	106.85
10		原家沟	132.16	20.44	17.60		4.20	98.18		8.49			21.30		10.73	14.21	107.22
11		任家窑	132.51	21.04	16.60		4.23	98.13		8.78			21.37		10.91	13.99	107.61
12	西长涧	韩家院村	3.69	2.56	113.80					0.72			2.97		2.72	0.97	
13		干涧	6.44	4.85	39.60					3.53			2.91		2.43	0.90	3.11
14		古垛村	6.44	4.85	39.60					3.46			2.99		2.62	0.88	2.94
15	遮马峪	杜家沟村	151.65	26.35	14.10		9.57	98.40		19.76			23.92		16.98	15.47	119.20
16	瓜峪河	北午芹村	2.69	0.70	22.83					1.19			1.50			1.50	1.19
17		魏家院村	25.16	8.52	21.10					0.41		1.16	23.60	1.06	3.19	20.34	0.57

续表 4-3-4

序号	小流域名称	行政区划名称	面积(km²)	主沟道长度(km)	主沟道比降(‰)	产流地类(km²)								汇流地类(km²)			
						变质岩森林山地	变质岩灌丛山地	黄土丘陵沟壑	砂面岩森林山地	耕种平地	黄土丘陵阶地	灰岩森林山地	灰岩灌丛山地	森林山地	草坡山地	灌丛山地	黄土丘陵
18	瓜峪河	史家庄村	161.22	8.62	20.40					0.47		1.16	159.60	1.06	3.43	156.34	0.39
19		人民村	162.17	10.15	17.35			0.26		1.40		1.13	159.38	1.03	3.48	156.29	1.37
20		尹村	163.85	10.74	16.83			0.26		3.08		1.13	159.38	1.03	3.48	156.29	3.05
21		北方平村	167.34	12.32	14.38			0.26		6.57		1.13	159.38	1.03	23.77	136.00	6.54
22		伏伯村	174.51	16.69	18.64			0.26		13.74		1.13	159.38	1.03	3.48	156.29	13.71
23	史家窑沟	史家窑村	1.48	1.14	182.10								1.48		1.17	0.31	0.00
24	天涧	旭红村	9.09	1.50	15.67					5.93			3.16			3.16	5.93
25		小张村	10.75	2.84	12.40					7.59			3.16		2.65	0.94	7.15
26	琵琶垣沟	琵琶垣	7.00	2.70	85.10					0.00		1.62	5.37	1.59	0.74	4.67	0.00
27	苍底沟	苍底村	3.72	2.76	29.70					3.72							3.72
28	北原沟	北原村	16.80	2.90	11.30					16.80							16.80
29	北张沟	北张村	22.12	6.76	20.10					22.12							22.12
30	山王沟	夏村	15.04	2.14	10.50					15.04							15.04
31		山王村	14.46	3.15	8.80					14.46							14.46
32	丁家沟	丁家村	6.10	3.80	15.20					6.10							6.10
33	西王村沟	西王村	1.62	2.50	11.51			0.67		0.95							1.62
34	东湖潮沟	东湖潮村	0.59	0.75	25.12			0.42		0.17							0.59

表 4-3-5　河津市设计暴雨计算成果表

序号	行政区划名称	历时	均值 $\overline{H}$ (mm)	变差系数 C_v	C_s/C_v	重现期雨量值 H_p(mm)				
						100 a($H_{1\%}$)	50 a($H_{2\%}$)	20 a($H_{5\%}$)	10 a($H_{10\%}$)	5 a($H_{20\%}$)
1	枣坪	10 min	11.8	0.53	3.5	33.6	29.5	24.1	19.9	15.7
		60 min	27.0	0.51	3.5	75.1	66.2	54.3	45.2	35.9
		6 h	44.0	0.53	3.5	126.3	110.8	90.3	74.6	58.8
		24 h	62.0	0.47	3.5	161.5	143.5	119.3	100.7	81.5
		3 d	75.0	0.45	3.5	188.9	168.5	141.1	119.9	97.9
2	上化	10 min	12.0	0.52	3.5	33.9	29.8	24.4	20.2	16.0
		60 min	27.0	0.51	3.5	75.1	66.2	54.3	45.2	35.9
		6 h	44.0	0.54	3.5	127.3	111.6	90.8	74.9	58.9
		24 h	62.0	0.47	3.5	161.5	143.5	119.3	100.7	81.5
		3 d	75.0	0.45	3.5	188.9	168.5	141.1	119.9	97.9
3	下化	10 min	12.0	0.52	3.5	33.9	29.8	24.4	20.2	16.0
		60 min	27.0	0.51	3.5	75.1	66.2	54.3	45.2	35.9
		6 h	44.0	0.54	3.5	127.3	111.6	90.8	74.9	58.9
		24 h	62.0	0.47	3.5	161.5	143.5	119.3	100.7	81.5
		3 d	75.0	0.45	3.5	188.9	168.5	141.1	119.9	97.9
4	西卫村	10 min	10.5	0.51	3.5	23.3	20.6	17.0	14.2	11.3
		60 min	27.0	0.50	3.5	52.1	45.8	37.7	31.4	25.1
		6 h	35.3	0.52	3.5	96.2	85.1	70.2	58.8	46.6
		24 h	57.9	0.47	3.5	132.8	118.3	98.7	83.6	67.6
		3 d	77.5	0.44	3.5	181.4	162.6	137.4	117.7	96.6

续表 4-3-5

序号	行政区划名称	历时	均值 $\overline{H}$ (mm)	变差系数 C_v	C_s/C_v	重现期雨量值 H_p(mm)				
						100 a($H_{1\%}$)	50 a($H_{2\%}$)	20 a($H_{5\%}$)	10 a($H_{10\%}$)	5 a($H_{20\%}$)
5	上寨岭	10 min	10.5	0.51	3.5	29.2	25.7	21.1	17.6	14.0
		60 min	27.0	0.50	3.5	73.9	65.2	53.7	44.8	35.8
		6 h	35.3	0.52	3.5	99.7	87.7	71.7	59.5	47.0
		24 h	57.9	0.47	3.5	150.8	134.0	111.4	94.0	76.1
		3 d	77.5	0.44	3.5	191.9	171.5	144.2	122.9	100.8
6	上寨	10 min	10.5	0.51	3.5	29.2	25.7	21.1	17.6	14.0
		60 min	27.0	0.50	3.5	73.9	65.2	53.7	44.8	35.8
		6 h	35.3	0.52	3.5	99.7	87.7	71.7	59.5	47.0
		24 h	57.9	0.47	3.5	150.8	134.0	111.4	94.0	76.1
		3 d	77.5	0.44	3.5	191.9	171.5	144.2	122.9	100.8
7	固镇	10 min	11.5	0.52	3.5	32.5	28.6	23.4	19.4	15.3
		60 min	27.0	0.50	3.5	73.5	65.0	53.5	44.7	35.8
		6 h	44.8	0.53	3.5	128.6	112.9	91.9	76.0	59.9
		24 h	65.0	0.47	3.5	169.3	150.4	125.1	105.5	85.4
		3 d	77.5	0.44	3.5	191.9	171.5	144.2	122.9	100.8
8	西崖底	10 min	11.2	0.53	3.5	32.1	28.2	23.0	19.0	15.0
		60 min	26.5	0.51	3.5	73.7	64.9	53.3	44.3	35.2
		6 h	44.0	0.52	3.5	124.3	109.3	89.4	74.1	58.6
		24 h	63.0	0.47	3.5	164.1	145.8	121.2	102.3	82.8
		3 d	78.0	0.47	3.5	203.1	180.5	150.1	126.6	102.5

续表 4-3-5

序号	行政区划名称	历时	均值 $\overline{H}$ (mm)	变差系数 C_v	C_s/C_v	重现期雨量值 H_p (mm)				
						100 a($H_{1\%}$)	50 a($H_{2\%}$)	20 a($H_{5\%}$)	10 a($H_{10\%}$)	5 a($H_{20\%}$)
9	东崖底	10 min	11.2	0.52	3.5	31.6	27.8	22.7	18.9	14.9
		60 min	27.0	0.50	3.5	73.3	64.8	53.4	44.7	35.7
		6 h	44.0	0.53	3.5	126.3	110.8	90.3	74.6	58.8
		24 h	65.0	0.47	3.5	169.3	150.4	125.1	105.5	85.4
		3 d	77.5	0.44	3.5	191.9	171.5	144.2	122.9	100.8
10	原家沟	10 min	11.2	0.52	3.5	31.6	27.8	22.7	18.9	14.9
		60 min	27.0	0.50	3.5	73.3	64.8	53.4	44.7	35.7
		6 h	44.0	0.53	3.5	126.3	110.8	90.3	74.6	58.8
		24 h	65.0	0.47	3.5	169.3	150.4	125.1	105.5	85.4
		3 d	77.5	0.44	3.5	191.9	171.5	144.2	122.9	100.8
11	任家窑	10 min	11.0	0.52	3.5	31.1	27.3	22.3	18.5	14.7
		60 min	26.5	0.48	3.5	70.2	62.2	51.6	43.4	34.9
		6 h	45.0	0.52	3.5	127.1	111.8	91.4	75.8	60.0
		24 h	65.0	0.47	3.5	169.3	150.4	125.1	105.5	85.4
		3 d	80.0	0.45	3.5	201.5	179.7	150.5	127.9	104.5
12	韩家院村	10 min	12.0	0.52	3.5	33.9	29.8	24.4	20.2	16.0
		60 min	27.5	0.52	3.5	77.7	68.3	55.9	46.3	36.7
		6 h	45.0	0.52	3.5	127.1	111.8	91.4	75.8	60.0
		24 h	64.8	0.46	3.5	166.0	147.8	123.3	104.4	84.9
		3 d	77.0	0.47	3.5	200.5	178.2	148.2	125.0	101.2

续表 4-3-5

序号	行政区划名称	历时	均值 $\overline{H}$ (mm)	变差系数 C_v	C_s/C_v	重现期雨量值 H_p(mm)				
						100 a($H_{1\%}$)	50 a($H_{2\%}$)	20 a($H_{5\%}$)	10 a($H_{10\%}$)	5 a($H_{20\%}$)
13	干涧	10 min	11.9	0.52	3.5	33.6	29.6	24.2	20.0	15.9
		60 min	27.0	0.50	3.5	73.9	65.2	53.7	44.8	35.8
		6 h	44.7	0.52	3.5	126.3	111.1	90.8	75.3	59.6
		24 h	63.5	0.47	3.5	165.4	146.9	122.2	103.1	83.4
		3 d	77.0	0.45	3.5	193.9	173.0	144.9	123.1	100.5
14	古垛村	10 min	11.8	0.52	3.5	33.3	29.3	24.0	19.9	15.7
		60 min	26.5	0.51	3.5	73.7	64.9	53.3	44.3	35.2
		6 h	44.8	0.53	3.5	128.6	112.9	91.9	76.0	59.9
		24 h	65.0	0.47	3.5	169.3	150.4	125.1	105.5	85.4
		3 d	78.1	0.45	3.5	196.7	175.5	147.0	124.8	102.0
15	杜家沟村	10 min	11.0	0.52	3.5	31.1	27.3	22.3	18.5	14.7
		60 min	26.3	0.47	3.5	68.5	60.9	50.6	42.7	34.6
		6 h	45.1	0.52	3.5	127.4	112.1	91.6	76.0	60.1
		24 h	65.1	0.47	3.5	169.5	150.6	125.3	105.7	85.5
		3 d	80.5	0.45	3.5	202.7	180.9	151.5	128.7	105.1
16	北午芹村	10 min	11.7	0.54	3.5	31.6	27.8	22.7	18.8	14.8
		60 min	27.0	0.48	3.5	67.6	59.5	48.8	40.6	32.2
		6 h	43.0	0.52	3.5	116.0	102.9	85.3	71.8	57.8
		24 h	62.5	0.42	3.5	147.2	131.9	111.2	95.1	78.3
		3 d	79.3	0.43	3.5	190.8	171.1	144.4	123.6	102.0

续表 4-3-5

序号	行政区划名称	历时	均值 $\overline{H}$ (mm)	变差系数 C_v	C_s/C_v	重现期雨量值 H_p(mm)				
						100 a($H_{1\%}$)	50 a($H_{2\%}$)	20 a($H_{5\%}$)	10 a($H_{10\%}$)	5 a($H_{20\%}$)
17	魏家院村	10 min	11.7	0.52	3.5	33.1	29.1	23.8	19.7	15.6
		60 min	26.0	0.47	3.5	67.7	60.2	50.0	42.2	34.2
		6 h	45.0	0.52	3.5	127.1	111.8	91.4	75.8	60.0
		24 h	67.5	0.47	3.5	175.8	156.2	129.9	109.6	88.7
		3 d	78.0	0.43	3.5	189.8	170.1	143.5	122.7	101.1
18	史家庄村	10 min	11.7	0.54	3.5	34.1	29.9	24.3	20.0	15.7
		60 min	27.0	0.48	3.5	71.5	63.4	52.5	44.2	35.6
		6 h	43.0	0.52	3.5	121.5	106.8	87.3	72.4	57.3
		24 h	62.5	0.42	3.5	149.5	134.2	113.6	97.5	80.7
		3 d	79.3	0.43	3.5	193.0	172.9	145.8	124.8	102.8
19	人民村	10 min	11.7	0.52	3.5	33.1	29.1	23.8	19.7	15.6
		60 min	26.0	0.47	3.5	67.7	60.2	50.0	42.2	34.2
		6 h	45.0	0.52	3.5	127.1	111.8	91.4	75.8	60.0
		24 h	67.5	0.47	3.5	175.8	156.2	129.9	109.6	88.7
		3 d	78.0	0.43	3.5	189.8	170.1	143.5	122.7	101.1
20	尹村	10 min	11.7	0.52	3.5	33.1	29.1	23.8	19.7	15.6
		60 min	26.0	0.47	3.5	67.7	60.2	50.0	42.2	34.2
		6 h	45.0	0.52	3.5	127.1	111.8	91.4	75.8	60.0
		24 h	67.5	0.47	3.5	175.8	156.2	129.9	109.6	88.7
		3 d	78.0	0.43	3.5	189.8	170.1	143.5	122.7	101.1

续表 4-3-5

序号	行政区划名称	历时	均值 $\overline{H}$ (mm)	变差系数 C_v	C_s/C_v	重现期雨量值 H_p(mm)				
						100 a($H_{1\%}$)	50 a($H_{2\%}$)	20 a($H_{5\%}$)	10 a($H_{10\%}$)	5 a($H_{20\%}$)
21	北方平村	10 min	11.5	0.53	3.5	33.0	29.0	23.6	19.5	15.4
		60 min	26.3	0.51	3.5	73.1	64.4	52.9	44.0	35.0
		6 h	44.5	0.52	3.5	125.7	110.6	90.4	75.0	59.3
		24 h	66.5	0.46	3.5	170.3	151.6	126.6	107.1	87.1
		3 d	78.0	0.45	3.5	196.4	175.3	146.8	124.7	101.8
22	伏伯村	10 min	11.5	0.53	3.5	32.7	28.8	23.5	19.4	15.3
		60 min	27.5	0.50	3.5	75.2	66.4	54.7	45.7	36.5
		6 h	44.6	0.52	3.5	126.0	110.8	90.6	75.1	59.4
		24 h	65.2	0.46	3.5	167.0	148.7	124.1	105.0	85.4
		3 d	78.0	0.45	3.5	196.4	175.3	146.8	124.7	101.8
23	史家窑村	10 min	12.9	0.53	3.5	37.0	32.5	26.5	21.9	17.2
		60 min	27.0	0.52	3.5	76.3	67.1	54.8	45.5	36.0
		6 h	44.7	0.53	3.5	128.3	112.6	91.7	75.8	59.7
		24 h	67.3	0.47	3.5	175.3	155.7	129.5	109.3	88.4
		3 d	79.4	0.46	3.5	203.4	181.1	151.1	127.9	104.0
24	旭红村	10 min	11.7	0.52	3.5	29.1	25.7	21.1	17.6	14.1
		60 min	26.0	0.47	3.5	62.4	55.2	45.6	38.2	30.6
		6 h	45.0	0.52	3.5	117.0	103.7	85.9	72.2	58.1
		24 h	67.5	0.47	3.5	171.7	152.4	126.5	106.5	85.9
		3 d	78.0	0.43	3.5	186.0	166.8	140.9	120.7	99.7

续表 4-3-5

序号	行政区划名称	历时	均值 $\overline{H}$ (mm)	变差系数 C_v	C_s/C_v	重现期雨量值 H_p (mm)				
						100 a($H_{1\%}$)	50 a($H_{2\%}$)	20 a($H_{5\%}$)	10 a($H_{10\%}$)	5 a($H_{20\%}$)
25	小张村	10 min	11.7	0.53	3.5	33.6	29.5	24.0	19.8	15.6
		60 min	26.8	0.53	3.5	76.9	67.5	55.0	45.5	35.8
		6 h	43.6	0.53	3.5	125.1	109.8	89.5	74.0	58.3
		24 h	64.1	0.51	3.5	178.2	157.1	128.8	107.2	85.2
		3 d	78.6	0.51	3.5	218.5	192.6	158.0	131.5	104.5
26	琵琶垣	10 min	11.7	0.53	3.5	33.6	29.5	24.0	19.8	15.6
		60 min	27.3	0.54	3.5	79.6	69.7	56.6	46.6	36.6
		6 h	46.8	0.54	3.5	136.5	119.5	97.0	79.9	62.7
		24 h	66.8	0.51	3.5	185.7	163.7	134.3	111.7	88.8
		3 d	78.3	0.52	3.5	221.2	194.5	159.0	131.9	104.4
27	苍底村	10 min	11.8	0.56	3.5	35.5	31.0	25.0	20.4	15.9
		60 min	27.3	0.55	3.5	80.8	70.7	57.2	46.9	36.6
		6 h	45.1	0.53	3.5	129.5	113.6	92.6	76.5	60.3
		24 h	65.1	0.50	3.5	178.1	157.3	129.4	108.1	86.3
		3 d	81.0	0.51	3.5	225.2	198.5	162.8	135.5	107.7
28	北原村	10 min	11.9	0.56	3.5	35.8	31.2	25.2	20.6	16.0
		60 min	27.1	0.54	3.5	79.0	69.2	56.2	46.3	36.3
		6 h	45.4	0.52	3.5	128.3	112.8	92.2	76.5	60.5
		24 h	65.3	0.53	3.5	187.4	164.5	134.0	110.8	87.2
		3 d	82.0	0.52	3.5	231.7	203.7	166.6	138.1	109.3

续表 4-3-5

序号	行政区划名称	历时	均值 $\overline{H}$ (mm)	变差系数 C_v	C_s/C_v	重现期雨量值 H_p (mm)				
						100 a($H_{1\%}$)	50 a($H_{2\%}$)	20 a($H_{5\%}$)	10 a($H_{10\%}$)	5 a($H_{20\%}$)
29	北张村	10 min	11.7	0.50	3.5	32.0	28.3	23.3	19.4	15.5
		60 min	26.8	0.52	3.5	75.7	66.6	54.4	45.1	35.7
		6 h	45.3	0.51	3.5	126.0	111.0	91.0	75.8	60.2
		24 h	65.2	0.52	3.5	184.2	162.0	132.4	109.8	86.9
		3 d	81.2	0.53	3.5	233.1	204.6	166.7	137.7	108.5
30	夏村	10 min	12.5	0.54	3.5	36.4	31.9	25.9	21.4	16.7
		60 min	26.8	0.53	3.5	76.9	67.5	55.0	45.5	35.8
		6 h	45.3	0.51	3.5	126.0	111.0	91.0	75.8	60.2
		24 h	65.1	0.52	3.5	183.9	161.7	132.2	109.7	86.8
		3 d	82.2	0.52	3.5	232.2	204.2	167.0	138.5	109.6
31	山王村	10 min	12.4	0.53	3.5	35.6	31.2	25.4	21.0	16.6
		60 min	26.7	0.52	3.5	75.4	66.3	54.2	45.0	35.6
		6 h	45.2	0.53	3.5	129.7	113.9	92.8	76.7	60.4
		24 h	65.4	0.53	3.5	187.7	164.8	134.2	110.9	87.4
		3 d	80.2	0.54	3.5	233.8	204.8	166.3	137.0	107.4

续表 4-3-5

序号	行政区划名称	历时	均值 $\overline{H}$ (mm)	变差系数 C_v	C_s/C_v	重现期雨量值 H_p(mm)				
						100 a($H_{1\%}$)	50 a($H_{2\%}$)	20 a($H_{5\%}$)	10 a($H_{10\%}$)	5 a($H_{20\%}$)
32	丁家村	10 min	12.3	0.52	3.5	34.8	30.6	25.0	20.7	16.4
		60 min	26.6	0.51	3.5	74.0	65.2	53.5	44.5	35.4
		6 h	45.3	0.52	3.5	128.0	112.6	92.0	76.3	60.4
		24 h	65.5	0.53	3.5	188.1	165.1	134.5	111.1	87.5
		3 d	80.1	0.52	3.5	226.3	199.0	162.7	134.9	106.8
33	西王村	10 min	12.5	0.53	3.5	34.0	29.8	24.3	20.1	15.9
		60 min	26.2	0.55	3.5	12.3	63.3	51.3	42.3	33.1
		6 h	45.5	0.54	3.5	131.0	114.8	93.1	76.7	60.1
		24 h	65.2	0.53	3.5	183.1	160.9	131.2	108.5	85.7
		3 d	79.8	0.50	3.5	216.4	191.2	157.4	131.5	105.1
34	东湖潮村	10 min	11.8	0.56	3.5	34.6	30.2	24.4	19.9	15.5
		60 min	27.2	0.54	3.5	73.1	64.1	52.1	43.0	33.8
		6 h	45.3	0.52	3.5	130.7	114.9	93.9	77.9	61.6
		24 h	65.2	0.52	3.5	179.5	157.9	129.2	107.2	84.9
		3 d	81.5	0.51	3.5	225.4	198.7	163.0	135.7	107.9

表 4-3-6　河津市设计暴雨时程分配表

序号	行政区划名称	时段长	时段序号	重现期雨量值(mm)				
				100 a($H_{1\%}$)	50 a($H_{2\%}$)	20 a($H_{5\%}$)	10 a($H_{10\%}$)	5 a($H_{20\%}$)
1	枣坪	0.5 h	1	2.37	2.12	1.79	1.52	1.25
			2	2.61	2.33	1.96	1.66	1.36
			3	2.89	2.58	2.15	1.83	1.49
			4	5.63	4.98	4.11	3.44	2.75
			5	6.81	6.01	4.94	4.13	3.29
			6	17.61	15.44	12.57	10.39	8.18
			7	54.17	47.60	38.84	32.15	25.39
			8	11.51	10.11	8.26	6.85	5.42
			9	8.57	7.55	6.19	5.15	4.09
			10	4.77	4.23	3.50	2.94	2.36
			11	4.13	3.67	3.04	2.56	2.07
			12	3.63	3.22	2.68	2.27	1.83
2	上化	0.5 h	1	2.40	2.15	1.80	1.54	1.26
			2	2.63	2.35	1.97	1.68	1.37
			3	2.91	2.59	2.17	1.84	1.50
			4	5.56	4.92	4.06	3.39	2.72
			5	6.70	5.91	4.87	4.06	3.23
			6	16.97	14.90	12.15	10.02	7.88
			7	51.22	45.06	36.86	30.56	24.18
			8	11.18	9.84	8.05	6.66	5.26
			9	8.38	7.39	6.06	5.04	4.00
			10	4.74	4.20	3.47	2.91	2.34
			11	4.11	3.65	3.03	2.55	2.06
			12	3.63	3.22	2.68	2.26	1.83

续表 4-3-6

序号	行政区划名称	时段长	时段序号	重现期雨量值(mm)				
				100 a($H_{1\%}$)	50 a($H_{2\%}$)	20 a($H_{5\%}$)	10 a($H_{10\%}$)	5 a($H_{20\%}$)
3	下化	0.25 h	1	1.29	1.15	0.96	0.82	0.67
			2	1.35	1.21	1.01	0.86	0.70
			3	1.42	1.27	1.06	0.90	0.73
			4	1.49	1.33	1.11	0.94	0.77
			5	2.65	2.35	1.94	1.62	1.30
			6	2.89	2.55	2.11	1.76	1.41
			7	3.16	2.80	2.30	1.92	1.54
			8	3.50	3.09	2.54	2.12	1.69
			9	7.32	6.43	5.25	4.34	3.42
			10	13.73	12.04	9.81	8.08	6.34
			11	36.47	32.13	26.34	21.91	17.40
			12	9.46	8.30	6.77	5.58	4.39
			13	6.00	5.27	4.31	3.57	2.82
			14	5.09	4.48	3.67	3.04	2.41
			15	4.42	3.89	3.19	2.65	2.11
			16	3.91	3.45	2.83	2.35	1.87
			17	2.45	2.17	1.79	1.51	1.21
			18	2.27	2.02	1.67	1.40	1.13
			19	2.12	1.88	1.56	1.31	1.06
			20	1.99	1.76	1.46	1.23	1.00
			21	1.86	1.66	1.38	1.16	0.94
			22	1.76	1.56	1.30	1.10	0.89
			23	1.66	1.48	1.23	1.04	0.85
			24	1.57	1.40	1.17	0.99	0.80

续表 4-3-6

序号	行政区划名称	时段长	时段序号	重现期雨量值(mm)				
				100 a($H_{1\%}$)	50 a($H_{2\%}$)	20 a($H_{5\%}$)	10 a($H_{10\%}$)	5 a($H_{20\%}$)
4	西卫村	0.5 h	1	4.63	4.86	9.48	7.90	6.49
			2	5.49	11.55	28.22	23.54	19.33
			3	13.12	34.30	6.42	5.37	4.41
			4	38.93	7.80	4.93	4.13	3.39
			5	8.84	5.97	2.96	2.50	2.05
			6	6.76	3.56	2.61	2.21	1.81
			7	4.00	3.14	2.34	1.98	1.63
			8	3.52	2.80	2.12	1.80	1.48
			9	3.15	2.53	1.43	1.23	1.01
			10	2.84	1.70	1.34	1.15	0.95
			11	1.89	1.59	1.02	0.88	0.72
			12	1.77	1.20	0.97	0.84	0.69
5	上寨岭	0.5 h	1	2.19	1.96	1.65	1.41	1.15
			2	2.37	2.12	1.78	1.52	1.24
			3	2.58	2.31	1.94	1.65	1.35
			4	4.63	4.11	3.41	2.87	2.31
			5	5.49	4.86	4.02	3.38	2.72
			6	13.12	11.54	9.48	7.90	6.28
			7	38.92	34.29	28.22	23.54	18.78
			8	8.84	7.80	6.42	5.37	4.28
			9	6.76	5.97	4.93	4.13	3.31
			10	4.00	3.56	2.96	2.50	2.02
			11	3.52	3.14	2.61	2.21	1.79
			12	3.15	2.80	2.34	1.98	1.61

续表 4-3-6

序号	行政区划名称	时段长	时段序号	重现期雨量值(mm)				
				100 a($H_{1\%}$)	50 a($H_{2\%}$)	20 a($H_{5\%}$)	10 a($H_{10\%}$)	5 a($H_{20\%}$)
6	上寨	0.5 h	1	2.19	1.96	1.65	1.41	1.15
			2	2.37	2.12	1.78	1.52	1.24
			3	2.58	2.31	1.94	1.65	1.35
			4	4.63	4.11	3.41	2.87	2.31
			5	5.49	4.86	4.02	3.38	2.72
			6	13.12	11.54	9.48	7.90	6.28
			7	38.92	34.29	28.22	23.54	18.78
			8	8.84	7.80	6.42	5.37	4.28
			9	6.76	5.97	4.93	4.13	3.31
			10	4.00	3.56	2.96	2.50	2.02
			11	3.52	3.14	2.61	2.21	1.79
			12	3.15	2.80	2.34	1.98	1.61
7	固镇	0.5 h	1	2.64	2.36	1.99	1.69	1.39
			2	2.87	2.56	2.15	1.83	1.50
			3	3.13	2.79	2.34	1.99	1.63
			4	5.62	4.99	4.14	3.49	2.82
			5	6.65	5.90	4.89	4.11	3.31
			6	15.60	13.77	11.31	9.43	7.51
			7	42.75	37.70	30.99	25.83	20.59
			8	10.63	9.40	7.75	6.48	5.18
			9	8.17	7.23	5.97	5.01	4.02
			10	4.86	4.32	3.59	3.03	2.46
			11	4.28	3.81	3.17	2.68	2.18
			12	3.82	3.40	2.84	2.41	1.96

续表 4-3-6

序号	行政区划名称	时段长	时段序号	重现期雨量值(mm)				
				100 a($H_{1\%}$)	50 a($H_{2\%}$)	20 a($H_{5\%}$)	10 a($H_{10\%}$)	5 a($H_{20\%}$)
8	西崖底	0.25 h	1	1.34	1.20	1.00	0.85	0.70
			2	1.40	1.25	1.05	0.89	0.73
			3	1.47	1.31	1.10	0.93	0.76
			4	1.55	1.38	1.15	0.98	0.80
			5	2.73	2.42	2.00	1.69	1.36
			6	2.97	2.63	2.18	1.83	1.47
			7	3.25	2.88	2.38	2.00	1.60
			8	3.59	3.17	2.62	2.20	1.76
			9	7.45	6.56	5.38	4.47	3.55
			10	13.90	12.22	9.98	8.27	6.54
			11	36.69	32.26	26.36	21.85	17.28
			12	9.60	8.45	6.91	5.74	4.55
			13	6.11	5.39	4.43	3.69	2.94
			14	5.20	4.59	3.77	3.15	2.51
			15	4.52	3.99	3.29	2.75	2.20
			16	4.00	3.54	2.92	2.44	1.96
			17	2.52	2.24	1.86	1.56	1.26
			18	2.34	2.08	1.73	1.46	1.18
			19	2.19	1.95	1.62	1.36	1.10
			20	2.05	1.82	1.52	1.28	1.04
			21	1.93	1.72	1.43	1.21	0.98
			22	1.82	1.62	1.35	1.14	0.93
			23	1.72	1.53	1.28	1.08	0.88
			24	1.63	1.45	1.21	1.03	0.84

续表 4-3-6

序号	行政区划名称	时段长	时段序号	重现期雨量值(mm)				
				100 a($H_{1\%}$)	50 a($H_{2\%}$)	20 a($H_{5\%}$)	10 a($H_{10\%}$)	5 a($H_{20\%}$)
9	东崖底	0.5 h	1	2.65	2.37	1.99	1.70	1.39
			2	2.87	2.57	2.16	1.84	1.50
			3	3.14	2.80	2.35	1.99	1.63
			4	5.61	4.98	4.14	3.48	2.81
			5	6.64	5.89	4.88	4.10	3.30
			6	15.48	13.66	11.23	9.36	7.47
			7	41.87	36.94	30.37	25.32	20.18
			8	10.58	9.36	7.71	6.45	5.16
			9	8.14	7.21	5.96	5.00	4.01
			10	4.86	4.32	3.59	3.03	2.45
			11	4.28	3.81	3.17	2.68	2.18
			12	3.82	3.40	2.84	2.41	1.96
10	原家沟	0.5 h	1	2.65	2.37	1.99	1.70	1.39
			2	2.87	2.57	2.16	1.83	1.50
			3	3.14	2.80	2.35	1.99	1.63
			4	5.61	4.98	4.14	3.48	2.81
			5	6.64	5.89	4.88	4.10	3.30
			6	15.47	13.66	11.22	9.36	7.47
			7	41.86	36.93	30.36	25.31	20.17
			8	10.58	9.36	7.71	6.45	5.16
			9	8.14	7.21	5.96	5.00	4.01
			10	4.86	4.32	3.59	3.03	2.45
			11	4.28	3.81	3.17	2.68	2.18
			12	3.82	3.40	2.84	2.41	1.96

续表 4-3-6

序号	行政区划名称	时段长	时段序号	重现期雨量值(mm)				
				100 a($H_{1\%}$)	50 a($H_{2\%}$)	20 a($H_{5\%}$)	10 a($H_{10\%}$)	5 a($H_{20\%}$)
11	任家窑	0.5 h	1	2.71	2.42	2.03	1.73	1.41
			2	2.93	2.62	2.19	1.87	1.53
			3	3.19	2.85	2.38	2.03	1.65
			4	5.61	4.99	4.17	3.52	2.86
			5	6.61	5.88	4.90	4.14	3.36
			6	15.15	13.44	11.15	9.36	7.55
			7	40.78	36.05	29.75	24.88	19.93
			8	10.42	9.26	7.69	6.48	5.23
			9	8.06	7.17	5.97	5.03	4.07
			10	4.87	4.34	3.63	3.07	2.50
			11	4.31	3.84	3.21	2.72	2.22
			12	3.86	3.44	2.88	2.44	1.99
12	韩家院村	0.5 h	1	2.46	2.21	1.87	1.61	1.33
			2	2.70	2.42	2.04	1.75	1.44
			3	2.98	2.67	2.25	1.92	1.58
			4	5.72	5.07	4.20	3.53	2.84
			5	6.90	6.10	5.03	4.21	3.37
			6	17.53	15.39	12.53	10.36	8.16
			7	52.82	46.42	37.91	31.41	24.82
			8	11.54	10.16	8.31	6.90	5.47
			9	8.64	7.63	6.26	5.22	4.16
			10	4.87	4.33	3.60	3.03	2.45
			11	4.23	3.76	3.14	2.65	2.15
			12	3.72	3.32	2.78	2.36	1.92

续表 4-3-6

序号	行政区划名称	时段长	时段序号	重现期雨量值(mm)				
				100 a($H_{1\%}$)	50 a($H_{2\%}$)	20 a($H_{5\%}$)	10 a($H_{10\%}$)	5 a($H_{20\%}$)
13	干涧	0.25 h	1	1.35	1.20	1.01	0.86	0.70
			2	1.41	1.26	1.05	0.89	0.73
			3	1.48	1.32	1.10	0.93	0.76
			4	1.55	1.38	1.15	0.98	0.80
			5	2.69	2.39	1.98	1.66	1.34
			6	2.92	2.59	2.14	1.80	1.45
			7	3.19	2.83	2.34	1.96	1.58
			8	3.52	3.11	2.57	2.16	1.73
			9	7.25	6.40	5.26	4.38	3.49
			10	13.57	11.95	9.79	8.13	6.44
			11	36.92	32.53	26.68	22.21	17.66
			12	9.35	8.25	6.77	5.63	4.47
			13	5.96	5.26	4.33	3.61	2.88
			14	5.07	4.48	3.69	3.08	2.46
			15	4.42	3.91	3.22	2.70	2.16
			16	3.91	3.47	2.86	2.40	1.92
			17	2.49	2.21	1.83	1.54	1.25
			18	2.32	2.06	1.71	1.44	1.16
			19	2.17	1.93	1.60	1.35	1.09
			20	2.03	1.81	1.51	1.27	1.03
			21	1.92	1.71	1.42	1.20	0.97
			22	1.81	1.61	1.34	1.14	0.92
			23	1.71	1.53	1.27	1.08	0.88
			24	1.63	1.45	1.21	1.02	0.83

续表 4-3-6

序号	行政区划名称	时段长	时段序号	重现期雨量值(mm)				
				100 a($H_{1\%}$)	50 a($H_{2\%}$)	20 a($H_{5\%}$)	10 a($H_{10\%}$)	5 a($H_{20\%}$)
14	古垛村	0.25 h	1	1.40	1.25	1.05	0.89	0.73
			2	1.47	1.31	1.10	0.93	0.76
			3	1.54	1.37	1.14	0.97	0.79
			4	1.61	1.43	1.20	1.01	0.83
			5	2.77	2.45	2.03	1.70	1.36
			6	3.01	2.66	2.20	1.84	1.47
			7	3.28	2.90	2.39	2.00	1.60
			8	3.61	3.19	2.63	2.19	1.75
			9	7.38	6.48	5.30	4.38	3.46
			10	13.68	12.00	9.79	8.07	6.34
			11	36.64	32.28	26.46	21.99	17.46
			12	9.48	8.32	6.79	5.61	4.42
			13	6.08	5.34	4.38	3.63	2.87
			14	5.18	4.56	3.74	3.11	2.46
			15	4.52	3.99	3.28	2.72	2.16
			16	4.02	3.54	2.91	2.43	1.93
			17	2.57	2.28	1.89	1.58	1.27
			18	2.40	2.12	1.76	1.48	1.19
			19	2.24	1.99	1.65	1.39	1.12
			20	2.11	1.87	1.55	1.31	1.06
			21	1.99	1.77	1.47	1.24	1.00
			22	1.88	1.67	1.39	1.17	0.95
			23	1.78	1.58	1.32	1.12	0.90
			24	1.69	1.51	1.26	1.06	0.86

续表 4-3-6

序号	行政区划名称	时段长	时段序号	重现期雨量值(mm)				
				100 a($H_{1\%}$)	50 a($H_{2\%}$)	20 a($H_{5\%}$)	10 a($H_{10\%}$)	5 a($H_{20\%}$)
15	杜家沟村	0.5 h	1	2.74	2.45	2.05	1.74	1.42
			2	2.95	2.64	2.21	1.88	1.53
			3	3.20	2.86	2.40	2.03	1.66
			4	5.54	4.94	4.12	3.50	2.85
			5	6.50	5.79	4.83	4.10	3.33
			6	14.69	13.07	10.87	9.18	7.43
			7	39.63	35.09	29.01	24.33	19.54
			8	10.15	9.05	7.53	6.38	5.17
			9	7.89	7.04	5.87	4.97	4.04
			10	4.83	4.31	3.60	3.06	2.49
			11	4.29	3.83	3.20	2.71	2.21
			12	3.85	3.44	2.88	2.44	1.99
16	北午芹村	0.5 h	1	16.01	14.16	11.68	9.78	24.35
			2	51.55	45.35	37.09	30.78	5.21
			3	10.40	9.23	7.67	6.46	3.95
			4	7.72	6.88	5.75	4.87	2.31
			5	4.30	3.86	3.26	2.80	2.03
			6	3.72	3.35	2.84	2.45	1.81
			7	3.27	2.95	2.51	2.17	1.62
			8	2.90	2.62	2.24	1.94	1.07
			9	1.81	1.65	1.43	1.26	1.00
			10	1.67	1.53	1.33	1.17	0.74
			11	1.18	1.09	0.96	0.86	0.71
			12	1.11	1.03	0.91	0.81	0.67

续表 4-3-6

序号	行政区划名称	时段长	时段序号	重现期雨量值(mm)				
				100 a($H_{1\%}$)	50 a($H_{2\%}$)	20 a($H_{5\%}$)	10 a($H_{10\%}$)	5 a($H_{20\%}$)
17	魏家院村	0.5 h	1	2.92	2.60	2.16	1.83	1.49
			2	3.13	2.78	2.32	1.96	1.59
			3	3.37	3.00	2.50	2.11	1.71
			4	5.63	5.01	4.17	3.52	2.86
			5	6.57	5.84	4.86	4.11	3.33
			6	14.80	13.14	10.91	9.21	7.43
			7	44.89	39.70	32.77	27.44	21.98
			8	10.19	9.05	7.53	6.36	5.14
			9	7.94	7.06	5.87	4.96	4.02
			10	4.94	4.40	3.66	3.10	2.51
			11	4.42	3.93	3.27	2.77	2.24
			12	4.00	3.56	2.96	2.51	2.03
18	史家庄村	0.5 h	1	2.17	1.98	1.70	1.49	1.26
			2	2.38	2.16	1.86	1.62	1.37
			3	2.62	2.37	2.04	1.77	1.49
			4	4.97	4.47	3.77	3.22	2.65
			5	5.99	5.36	4.50	3.84	3.15
			6	15.20	13.48	11.14	9.35	7.50
			7	47.15	41.54	34.04	28.29	22.44
			8	10.00	8.90	7.40	6.25	5.06
			9	7.49	6.69	5.59	4.75	3.87
			10	4.24	3.82	3.23	2.78	2.30
			11	3.69	3.33	2.83	2.44	2.02
			12	3.26	2.94	2.51	2.17	1.81

续表 4-3-6

序号	行政区划名称	时段长	时段序号	重现期雨量值(mm)				
				100 a($H_{1\%}$)	50 a($H_{2\%}$)	20 a($H_{5\%}$)	10 a($H_{10\%}$)	5 a($H_{20\%}$)
19	人民村	0.5 h	1	2.92	2.60	2.16	1.83	1.49
			2	3.13	2.78	2.32	1.96	1.59
			3	3.37	3.00	2.50	2.11	1.71
			4	5.63	5.01	4.17	3.52	2.86
			5	6.56	5.84	4.86	4.11	3.33
			6	14.78	13.13	10.90	9.19	7.42
			7	44.79	39.62	32.70	27.38	21.93
			8	10.18	9.05	7.52	6.35	5.14
			9	7.93	7.06	5.87	4.96	4.01
			10	4.94	4.40	3.66	3.10	2.51
			11	4.41	3.93	3.27	2.77	2.24
			12	4.00	3.56	2.96	2.50	2.03
20	尹村	0.5 h	1	2.92	2.60	2.16	1.83	1.49
			2	3.12	2.78	2.32	1.96	1.59
			3	3.37	3.00	2.50	2.11	1.71
			4	5.62	5.00	4.16	3.52	2.85
			5	6.56	5.83	4.85	4.10	3.32
			6	14.75	13.11	10.88	9.18	7.41
			7	44.62	39.48	32.58	27.29	21.86
			8	10.16	9.04	7.51	6.34	5.13
			9	7.92	7.05	5.86	4.95	4.01
			10	4.94	4.39	3.66	3.09	2.51
			11	4.41	3.93	3.27	2.76	2.24
			12	3.99	3.55	2.96	2.50	2.03

续表 4-3-6

序号	行政区划名称	时段长	时段序号	重现期雨量值(mm)				
				100 a($H_{1\%}$)	50 a($H_{2\%}$)	20 a($H_{5\%}$)	10 a($H_{10\%}$)	5 a($H_{20\%}$)
21	北方平村	0.5 h	1	2.67	2.40	2.03	1.74	1.44
			2	2.90	2.60	2.19	1.87	1.54
			3	3.15	2.83	2.38	2.03	1.67
			4	5.62	5.00	4.16	3.51	2.84
			5	6.65	5.90	4.90	4.12	3.33
			6	15.76	13.89	11.39	9.49	7.55
			7	46.06	40.51	33.14	27.51	21.80
			8	10.66	9.42	7.76	6.49	5.20
			9	8.17	7.24	5.98	5.02	4.04
			10	4.86	4.33	3.61	3.06	2.49
			11	4.29	3.83	3.20	2.71	2.21
			12	3.83	3.42	2.87	2.44	1.99
22	伏伯村	0.5 h	1	2.56	2.30	1.94	1.66	1.37
			2	2.79	2.50	2.11	1.80	1.48
			3	3.06	2.74	2.30	1.97	1.62
			4	5.62	5.00	4.16	3.51	2.85
			5	6.70	5.95	4.94	4.16	3.36
			6	16.19	14.29	11.75	9.80	7.82
			7	46.01	40.54	33.25	27.67	22.00
			8	10.89	9.64	7.95	6.66	5.34
			9	8.29	7.35	6.08	5.11	4.11
			10	4.83	4.31	3.59	3.04	2.47
			11	4.23	3.78	3.16	2.68	2.18
			12	3.76	3.36	2.81	2.39	1.96

续表 4-3-6

序号	行政区划名称	时段长	时段序号	重现期雨量值(mm)				
				100 a($H_{1\%}$)	50 a($H_{2\%}$)	20 a($H_{5\%}$)	10 a($H_{10\%}$)	5 a($H_{20\%}$)
23	史家窑村	0.5 h	1	2.69	2.40	2.02	1.72	1.41
			2	2.91	2.59	2.18	1.85	1.52
			3	3.16	2.82	2.36	2.00	1.64
			4	5.64	5.00	4.13	3.46	2.78
			5	6.70	5.93	4.88	4.08	3.26
			6	16.42	14.46	11.75	9.69	7.62
			7	55.28	48.57	39.56	32.68	25.74
			8	10.90	9.61	7.85	6.51	5.15
			9	8.27	7.31	6.00	4.99	3.97
			10	4.88	4.33	3.59	3.01	2.43
			11	4.30	3.82	3.17	2.67	2.16
			12	3.84	3.42	2.85	2.40	1.95
24	旭红村	0.5 h	1	6.67	13.51	11.21	9.44	23.00
			2	15.23	41.68	34.37	28.75	5.23
			3	47.16	9.25	7.68	6.48	4.07
			4	10.42	7.19	5.97	5.04	2.53
			5	8.09	4.44	3.70	3.12	2.25
			6	5.00	3.96	3.30	2.78	2.04
			7	4.46	3.58	2.98	2.52	1.86
			8	4.03	3.27	2.72	2.30	1.31
			9	3.68	2.29	1.91	1.61	1.23
			10	2.58	2.17	1.80	1.52	0.97
			11	2.44	1.70	1.41	1.19	0.93
			12	1.91	1.63	1.35	1.14	0.89

续表 4-3-6

序号	行政区划名称	时段长	时段序号	重现期雨量值(mm)				
				100 a($H_{1\%}$)	50 a($H_{2\%}$)	20 a($H_{5\%}$)	10 a($H_{10\%}$)	5 a($H_{20\%}$)
25	小张村	0.5 h	1	2.79	2.47	2.03	1.70	1.36
			2	3.02	2.67	2.20	1.84	1.47
			3	3.29	2.91	2.39	2.00	1.60
			4	5.85	5.15	4.22	3.51	2.79
			5	6.92	6.10	4.99	4.15	3.29
			6	16.51	14.51	11.83	9.79	7.72
			7	49.72	43.68	35.65	29.51	23.30
			8	11.13	9.79	7.99	6.62	5.24
			9	8.51	7.49	6.12	5.08	4.03
			10	5.06	4.46	3.66	3.05	2.42
			11	4.46	3.94	3.23	2.69	2.15
			12	3.99	3.52	2.89	2.41	1.92
26	琵琶垣	0.5 h	1	2.75	2.45	2.05	1.74	1.42
			2	2.95	2.63	2.20	1.87	1.52
			3	3.20	2.85	2.38	2.01	1.64
			4	5.51	4.90	4.06	3.41	2.75
			5	6.50	5.76	4.76	4.00	3.21
			6	15.45	13.67	11.20	9.32	7.42
			7	52.80	46.48	38.01	31.51	24.95
			8	10.37	9.18	7.55	6.31	5.04
			9	7.95	7.05	5.81	4.87	3.90
			10	4.80	4.27	3.54	2.98	2.41
			11	4.26	3.79	3.15	2.66	2.15
			12	3.83	3.41	2.84	2.40	1.94

续表 4-3-6

序号	行政区划名称	时段长	时段序号	重现期雨量值(mm)				
				100 a($H_{1\%}$)	50 a($H_{2\%}$)	20 a($H_{5\%}$)	10 a($H_{10\%}$)	5 a($H_{20\%}$)
27	苍底村	0.5 h	1	2.69	2.40	2.00	1.69	1.37
			2	2.93	2.61	2.17	1.83	1.48
			3	3.21	2.85	2.37	2.00	1.62
			4	5.94	5.25	4.32	3.61	2.89
			5	7.10	6.27	5.15	4.29	3.42
			6	17.61	15.46	12.59	10.41	8.20
			7	54.52	47.65	38.56	31.66	24.71
			8	11.68	10.28	8.40	6.97	5.51
			9	8.82	7.77	6.37	5.30	4.21
			10	5.10	4.51	3.72	3.12	2.50
			11	4.46	3.95	3.26	2.74	2.20
			12	3.95	3.51	2.90	2.44	1.96
28	北原村	0.5 h	1	2.95	2.60	2.13	1.77	1.41
			2	3.18	2.80	2.30	1.91	1.52
			3	3.44	3.03	2.49	2.07	1.65
			4	5.93	5.24	4.31	3.60	2.87
			5	6.97	6.16	5.07	4.23	3.38
			6	16.25	14.36	11.82	9.87	7.89
			7	50.62	44.38	36.10	29.78	23.41
			8	11.03	9.75	8.03	6.71	5.36
			9	8.50	7.51	6.19	5.17	4.13
			10	5.17	4.56	3.75	3.13	2.50
			11	4.59	4.05	3.33	2.77	2.21
			12	4.13	3.64	2.99	2.49	1.98

续表 4-3-6

序号	行政区划名称	时段长	时段序号	重现期雨量值(mm)				
				100 a($H_{1\%}$)	50 a($H_{2\%}$)	20 a($H_{5\%}$)	10 a($H_{10\%}$)	5 a($H_{20\%}$)
29	北张村	0.25 h	1	1.57	1.39	1.14	0.94	0.75
			2	1.64	1.44	1.18	0.98	0.78
			3	1.70	1.50	1.23	1.02	0.81
			4	1.78	1.57	1.28	1.07	0.85
			5	2.91	2.57	2.10	1.75	1.39
			6	3.14	2.76	2.26	1.88	1.49
			7	3.40	3.00	2.46	2.04	1.62
			8	3.71	3.27	2.68	2.23	1.77
			9	7.23	6.37	5.23	4.35	3.46
			10	12.98	11.44	9.40	7.83	6.23
			11	33.63	29.72	24.49	20.48	16.39
			12	9.16	8.07	6.62	5.51	4.38
			13	6.03	5.31	4.36	3.62	2.88
			14	5.19	4.58	3.75	3.12	2.48
			15	4.58	4.03	3.31	2.75	2.18
			16	4.10	3.61	2.96	2.46	1.95
			17	2.72	2.40	1.96	1.63	1.30
			18	2.55	2.25	1.84	1.53	1.21
			19	2.40	2.12	1.73	1.44	1.14
			20	2.27	2.00	1.64	1.36	1.08
			21	2.15	1.89	1.55	1.29	1.02
			22	2.04	1.80	1.47	1.23	0.97
			23	1.95	1.72	1.40	1.17	0.93
			24	1.86	1.64	1.34	1.12	0.89

续表 4-3-6

序号	行政区划名称	时段长	时段序号	重现期雨量值(mm)				
				100 a($H_{1\%}$)	50 a($H_{2\%}$)	20 a($H_{5\%}$)	10 a($H_{10\%}$)	5 a($H_{20\%}$)
30	夏村	0.5 h	1	2.90	2.56	2.10	1.75	1.39
			2	3.11	2.75	2.26	1.88	1.50
			3	3.36	2.97	2.44	2.03	1.62
			4	5.71	5.05	4.16	3.48	2.78
			5	6.70	5.92	4.88	4.08	3.26
			6	15.58	13.77	11.35	9.49	7.60
			7	50.85	44.70	36.52	30.27	23.94
			8	10.56	9.34	7.70	6.44	5.16
			9	8.15	7.21	5.94	4.97	3.98
			10	4.99	4.41	3.63	3.04	2.43
			11	4.44	3.93	3.23	2.70	2.15
			12	4.01	3.54	2.91	2.43	1.94
31	山王村	0.5 h	1	3.03	2.67	2.17	1.80	1.42
			2	3.26	2.86	2.33	1.93	1.52
			3	3.51	3.09	2.52	2.08	1.64
			4	5.93	5.22	4.27	3.54	2.80
			5	6.94	6.11	5.00	4.15	3.29
			6	15.92	14.03	11.50	9.57	7.60
			7	49.97	43.97	35.98	29.87	23.67
			8	10.87	9.58	7.84	6.52	5.18
			9	8.43	7.42	6.07	5.05	4.00
			10	5.20	4.57	3.74	3.10	2.45
			11	4.63	4.07	3.33	2.76	2.18
			12	4.18	3.68	3.00	2.49	1.97

续表 4-3-6

序号	行政区划名称	时段长	时段序号	重现期雨量值(mm)				
				100 a($H_{1\%}$)	50 a($H_{2\%}$)	20 a($H_{5\%}$)	10 a($H_{10\%}$)	5 a($H_{20\%}$)
32	丁家村	0.5 h	1	3.08	2.70	2.19	1.81	1.42
			2	3.30	2.89	2.35	1.94	1.53
			3	3.56	3.12	2.54	2.10	1.65
			4	6.00	5.28	4.31	3.58	2.83
			5	7.01	6.18	5.06	4.20	3.33
			6	16.08	14.20	11.67	9.74	7.77
			7	51.16	45.10	37.02	30.82	24.52
			8	10.98	9.68	7.95	6.62	5.27
			9	8.51	7.50	6.15	5.11	4.06
			10	5.25	4.62	3.77	3.13	2.47
			11	4.68	4.12	3.36	2.78	2.20
			12	4.23	3.72	3.03	2.51	1.98
33	西王村	0.5 h	1	6.14	5.38	5.15	10.04	7.81
			2	7.26	6.36	12.24	32.24	25.29
			3	17.33	15.14	39.11	6.76	5.27
			4	54.92	48.14	8.24	5.19	4.05
			5	11.65	10.18	6.31	3.13	2.46
			6	8.91	7.80	3.80	2.77	2.18

续表 4-3-6

序号	行政区划名称	时段长	时段序号	重现期雨量值(mm)				
				100 a($H_{1\%}$)	50 a($H_{2\%}$)	20 a($H_{5\%}$)	10 a($H_{10\%}$)	5 a($H_{20\%}$)
33	西王村	0.5 h	7	5.33	4.67	3.36	2.49	1.96
			8	4.71	4.13	3.01	2.26	1.78
			9	4.22	3.70	2.73	1.55	1.23
			10	3.82	3.36	1.87	1.46	1.16
			11	2.59	2.28	1.76	1.12	0.90
			12	2.43	2.14	1.35	1.07	0.86
34	东湖潮村	0.5 h	1	3.37	5.31	4.37	10.45	8.31
			2	6.02	6.31	5.18	32.58	25.52
			3	7.14	15.30	12.55	7.00	5.58
			4	17.35	48.80	39.59	5.33	4.25
			5	55.74	10.22	8.39	3.15	2.52
			6	11.58	7.78	6.39	2.78	2.22
			7	8.81	4.59	3.78	2.48	1.98
			8	5.20	4.04	3.33	2.24	1.79
			9	4.58	3.61	2.97	1.50	1.19
			10	4.09	3.26	2.68	1.40	1.12
			11	3.70	2.18	1.79	1.05	0.84
			12	2.47	2.05	1.68	1.00	0.80

表 4-3-7 河津市设计洪水成果表

序号	行政区划名称	小流域名称	洪水要素	重现期洪水要素值				
				100 a($Q_{1\%}$)	50 a($Q_{2\%}$)	20 a($Q_{5\%}$)	10 a($Q_{10\%}$)	5 a($Q_{20\%}$)
1	枣坪	无底沟	洪峰流量(m^3/s)	13	11.3	8.83	7	5
			洪量(万 m^3)	4	3	2	2	1
			涨洪历时(h)	2	2	1.25	1	1
			洪水历时(h)	4.25	3.75	2.75	2	1.75
2	上化	无底沟	洪峰流量(m^3/s)	153	130	100	75.9	52.7
			洪量(万 m^3)	54	44	31	21	14
			涨洪历时(h)	2	2	1	1	1
			洪水历时(h)	4.5	4	3	2.75	2.75
3	下化	无底沟	洪峰流量(m^3/s)	238.62	203.01	154.03	116.64	80.67
			洪量(万 m^3)	85	70	49	33	21
			涨洪历时(h)	1.6	1.6	0.75	0.75	0.75
			洪水历时(h)	4.1	3.85	2.75	2.75	2.75
4	西卫村	遮马峪	洪峰流量(m^3/s)	921.21	766.48	560.57	392.81	229.22
			洪量(万 m^3)	365	285	191	127	80
			涨洪历时(h)	2	1.5	1	1	1
			洪水历时(h)	6.5	5.5	5	5.5	5

续表 4-3-7

序号	行政区划名称	小流域名称	洪水要素	重现期洪水要素值				
				100 a($Q_{1\%}$)	50 a($Q_{2\%}$)	20 a($Q_{5\%}$)	10 a($Q_{10\%}$)	5 a($Q_{20\%}$)
5	上寨岭	遮马峪	洪峰流量(m^3/s)	917.54	750.17	535.98	375.58	219.17
			洪量(万 m^3)	392	305	204	137	86
			涨洪历时(h)	1.5	1	1	0.5	0.5
			洪水历时(h)	4.25	4	3.75	3.5	4.25
6	上寨	遮马峪	洪峰流量(m^3/s)	910.1	744.63	531.88	373.3	217.68
			洪量(万 m^3)	388	302	202	135	85
			涨洪历时(h)	1.25	1	1	0.5	0.5
			洪水历时(h)	4.25	4	3.75	3.5	4.25
7	固镇	遮马峪	洪峰流量(m^3/s)	935.49	764.4	542.28	380.2	239.13
			洪量(万 m^3)	579	456	308	209	133
			涨洪历时(h)	2	1.5	1	1	0.5
			洪水历时(h)	6.25	6	5.5	5.75	5.75
8	西崖底	遮马峪	洪峰流量(m^3/s)	29.2	24.24	17.78	12.82	9.32
			洪量(万 m^3)	20	16	11	7	5
			涨洪历时(h)	1.5	1	0.75	0.75	0.25
			洪水历时(h)	4	3.5	3.25	3.25	3

续表 4-3-7

序号	行政区划名称	小流域名称	洪水要素	重现期洪水要素值				
				100 a($Q_{1\%}$)	50 a($Q_{2\%}$)	20 a($Q_{5\%}$)	10 a($Q_{10\%}$)	5 a($Q_{20\%}$)
9	东崖底	遮马峪	洪峰流量(m^3/s)	947	772	547	382	239
			洪量(万 m^3)	592	466	314	213	135
			涨洪历时(h)	2	1.5	1	1	0.5
			洪水历时(h)	6.5	6	5.5	5.7	5.8
10	原家沟	遮马峪	洪峰流量(m^3/s)	954	778	551	385	241
			洪量(万 m^3)	591	467	315	213	135
			涨洪历时(h)	2	1.5	1	1	0.5
			洪水历时(h)	6	6	5.5	5.7	5.8
11	任家窑	遮马峪	洪峰流量(m^3/s)	949	777	554	391	251
			洪量(万 m^3)	582	461	313	213	137
			涨洪历时(h)	2.5	1.7	1	1	0.5
			洪水历时(h)	6	6.2	5.5	5.7	5.2
12	韩家院村	西长涧	洪峰流量(m^3/s)	73.7	59.8	42.7	26.8	15.8
			洪量(万 m^3)	20	16	10	7	4
			涨洪历时(h)	1	1	0.5	0.5	0.5
			洪水历时(h)	2.7	2.7	2.2	2.3	2.8

续表 4-3-7

序号	行政区划名称	小流域名称	洪水要素	重现期洪水要素值				
				100 a($Q_{1\%}$)	50 a($Q_{2\%}$)	20 a($Q_{5\%}$)	10 a($Q_{10\%}$)	5 a($Q_{20\%}$)
13	干涧	西长涧	洪峰流量(m^3/s)	112	92.48	65.59	45.48	28
			洪量(万 m^3)	36	28	19	12	8
			涨洪历时(h)	0.75	0.75	0.75	0.5	0.5
			洪水历时(h)	3	2.75	3.25	2.75	3
14	古垛村	西长涧	洪峰流量(m^3/s)	111	91.66	64.83	44.74	27.25
			洪量(万 m^3)	37	29	19	12	8
			涨洪历时(h)	0.75	0.75	0.75	0.5	0.5
			洪水历时(h)	3	3	3	2.75	3
15	杜家沟村	遮马峪	洪峰流量(m^3/s)	1 004	817	578	404	254
			洪量(万 m^3)	672	532	360	246	158
			涨洪历时(h)	2	1.5	1	1	0.5
			洪水历时(h)	6.5	7.2	5.7	6.3	6.2
16	北午芹村	瓜峪河	洪峰流量(m^3/s)	18.7	15.27	10.63	7.08	4.26
			洪量(万 m^3)	14	11	7	5	3
			涨洪历时(h)	1	1	1	0.5	0.5
			洪水历时(h)	3.5	3.5	3.5	3	3

续表 4-3-7

序号	行政区划名称	小流域名称	洪水要素	重现期洪水要素值				
				100 a($Q_{1\%}$)	50 a($Q_{2\%}$)	20 a($Q_{5\%}$)	10 a($Q_{10\%}$)	5 a($Q_{20\%}$)
17	魏家院村	瓜峪河	洪峰流量(m^3/s)	158	117.68	70.28	42.39	23.86
			洪量(万 m^3)	99	76	50	33	21
			涨洪历时(h)	1	0.5	0.5	0.5	0.5
			洪水历时(h)	6.7	6.2	6.8	7.8	8.2
18	史家庄村	瓜峪河	洪峰流量(m^3/s)	998.82	733.31	437.46	261.08	145.4
			洪量(万 m^3)	652	502	329	217	136
			涨洪历时(h)	2	2	1.5	1.5	1.5
			洪水历时(h)	6.75	6.75	7.25	7.75	8.75
19	人民村	瓜峪河	洪峰流量(m^3/s)	1 002.46	750.14	447.36	269.37	153.44
			洪量(万 m^3)	712	551	363	241	153
			涨洪历时(h)	2	1.5	1.5	1.5	1.5
			洪水历时(h)	6.7	6.9	7.2	7.2	8.8
20	尹村	瓜峪河	洪峰流量(m^3/s)	1 008.85	758.2	455.54	274.47	154.78
			洪量(万 m^3)	742	573	378	252	159
			涨洪历时(h)	2	2	1.5	1.5	1.5
			洪水历时(h)	6.7	7.3	7.2	8.2	9.2

续表 4-3-7

序号	行政区划名称	小流域名称	洪水要素	重现期洪水要素值				
				100 a($Q_{1\%}$)	50 a($Q_{2\%}$)	20 a($Q_{5\%}$)	10 a($Q_{10\%}$)	5 a($Q_{20\%}$)
21	北方平村	瓜峪河	洪峰流量(m^3/s)	1 021.33	797.61	509.21	314.91	178.37
			洪量(万 m^3)	870	667	434	285	176
			涨洪历时(h)	2	2	2	1.5	1.5
			洪水历时(h)	4.5	4.5	4.7	4.8	5
22	伏伯村	瓜峪河	洪峰流量(m^3/s)	1 028.54	798.29	495.06	299.74	166.97
			洪量(万 m^3)	989	762	500	329	205
			涨洪历时(h)	2	2	2	1.5	1.5
			洪水历时(h)	6.7	7.6	7.4	7.8	8.8
23	史家窑村	史家窑沟	洪峰流量(m^3/s)	33.1	26.7	17.9	11.4	7
			洪量(万 m^3)	7	6	4	2	1
			涨洪历时(h)	0.5	0.5	0.5	0.5	0.5
			洪水历时(h)	1.3	1.1	2	2	2
24	旭红村	天涧	洪峰流量(m^3/s)	136.5	112.74	80.16	54.51	33.18
			洪量(万 m^3)	49	38	25	17	11
			涨洪历时(h)	1.5	1	1	1	0.5
			洪水历时(h)	5	4.5	4.5	4.5	4

续表 4-3-7

序号	行政区划名称	小流域名称	洪水要素	重现期洪水要素值				
				100 a($Q_{1\%}$)	50 a($Q_{2\%}$)	20 a($Q_{5\%}$)	10 a($Q_{10\%}$)	5 a($Q_{20\%}$)
25	小张村	天涧	洪峰流量(m^3/s)	154	127.09	89.71	61.53	35.81
			洪量(万 m^3)	64	49	32	21	13
			涨洪历时(h)	1	0.9	0.9	0.5	0.5
			洪水历时(h)	2.9	2.7	2.6	2.3	2.8
26	琵琶垣	琵琶垣沟	洪峰流量(m^3/s)	107	80	49.4	30.6	17.8
			洪量(万 m^3)	30	23	15	10	6
			涨洪历时(h)	0.5	0.4	0.5	0.5	0.7
			洪水历时(h)	2.8	2.8	3.2	3.2	3.8
27	苍底村	苍底沟	洪峰流量(m^3/s)	89.9	75.1	55.2	42	25.1
			洪量(万 m^3)	27	21	14	9	6
			涨洪历时(h)	1.5	1	0.9	0.5	0.5
			洪水历时(h)	2.8	2.5	2.4	1.9	2
28	北原村	北原沟	洪峰流量(m^3/s)	359	299	218	162	96.7
			洪量(万 m^3)	112	87	58	38	24
			涨洪历时(h)	1.5	1	1	0.5	0.5
			洪水历时(h)	3.2	2.5	2.5	2.23	2.2
29	北张村	北张沟	洪峰流量(m^3/s)	439	366	269	233	134
			洪量(万 m^3)	143	111	73	49	30
			涨洪历时(h)	1.5	0.85	0.75	0.25	0.35
			洪水历时(h)	3.1	3.25	3	2.25	2.52

续表 4-3-7

序号	行政区划名称	小流域名称	洪水要素	重现期洪水要素值				
				100 a($Q_{1\%}$)	50 a($Q_{2\%}$)	20 a($Q_{5\%}$)	10 a($Q_{10\%}$)	5 a($Q_{20\%}$)
30	夏村	山王沟	洪峰流量(m^3/s)	292	244	179	130	78.7
			洪量(万 m^3)	85	66	44	29	18
			涨洪历时(h)	1.5	0.9	1	0.5	0.5
			洪水历时(h)	3	2.4	2.5	2.9	2.2
31	山王村	山王沟	洪峰流量(m^3/s)	298	248	181	126	77.8
			洪量(万 m^3)	96	74	49	32	20
			涨洪历时(h)	1.5	0.9	1	1.1	0.5
			洪水历时(h)	3.5	3.9	2.7	3	2.8
32	丁家村	丁家沟	洪峰流量(m^3/s)	90.7	75.9	55.8	39.3	24.6
			洪量(万 m^3)	29	23	15	10	6
			涨洪历时(h)	1.7	1	0.9	0.9	0.5
			洪水历时(h)	3.7	3	2.9	2.85	2.8
33	西王村	西王村沟	洪峰流量(m^3/s)	8.2	6.93	5.21	3.82	2.49
			洪量(万 m^3)	13	11	7	5	3
			涨洪历时(h)	2	2	1	1	1
			洪水历时(h)	5.5	5	3.5	3.5	3.5
34	东湖潮村	东湖潮沟	洪峰流量(m^3/s)	12.3	10.53	8.14	6.25	4.4
			洪量(万 m^3)	5	4	3	2	1
			涨洪历时(h)	2	2	1.5	1	1
			洪水历时(h)	5	4	3	2.5	2

表 4-3-8　河津市设计净雨深计算成果表

序号	行政区划名称	重现期(a)	参数			主雨历时(h)	主雨雨量(mm)	净雨深(mm)
			μ	S_r	K_s			
1	枣坪	100	6.83	21.0	1.40	10.5	141.3	86.10
		50	7.57	21.0	1.40	9.7	123.0	69.43
		20	8.89	21.0	1.40	8.5	98.4	48.58
		10	10.49	21.0	1.40	7.5	79.6	33.76
		5	11.68	21.0	1.40	6.2	60.5	21.96
2	上化	100	6.79	20.75	1.41	10.8	138.3	81.96
		50	7.52	20.75	1.41	10.0	120.2	65.91
		20	8.81	20.75	1.41	8.7	96.1	45.95
		10	10.38	20.75	1.41	7.6	77.6	31.75
		5	11.56	20.75	1.41	6.3	58.8	20.55
3	下化	100	7.63	22.92	1.47	10.9	137.1	76.89
		50	7.92	22.92	1.47	10.1	119.2	63.26
		20	9.27	22.92	1.47	8.8	95.2	43.86
		10	10.91	22.92	1.47	7.6	76.9	30.16
		5	12.12	22.92	1.47	6.3	58.3	19.43
4	西卫村	100	8.81	22.43	1.67	10.8	112.3	51.36
		50	9.81	22.43	1.67	9.8	97.2	40.10
		20	11.54	22.43	1.67	8.3	77.1	26.84
		10	13.57	22.43	1.67	7.1	61.8	17.92
		5	15.32	22.43	1.67	5.9	46.8	11.34

续表 4-3-8

序号	行政区划名称	重现期(a)	参数			主雨历时(h)	主雨雨量(mm)	净雨深(mm)
			μ	S_r	K_s			
5	上寨岭	100	8.82	22.44	1.67	10.8	112.3	51.33
		50	9.82	22.44	1.67	9.8	97.2	40.06
		20	11.55	22.44	1.67	8.3	77.1	26.81
		10	13.59	22.44	1.67	7.1	61.8	17.91
		5	15.09	22.44	1.67	5.7	46.4	11.26
6	上寨	100	8.81	22.44	1.67	10.8	112.3	51.34
		50	9.81	22.44	1.67	9.8	97.2	40.08
		20	11.54	22.44	1.67	8.3	77.1	26.82
		10	13.58	22.44	1.67	7.1	61.8	17.91
		5	15.08	22.44	1.67	5.7	46.4	11.27
7	固镇	100	8.33	22.77	1.70	12.6	136.0	65.27
		50	9.16	22.77	1.70	11.5	118.1	51.51
		20	10.55	22.77	1.70	9.9	94.3	34.93
		10	12.12	22.77	1.70	8.6	76.1	23.63
		5	13.12	22.77	1.70	7.0	57.6	15.04
8	西崖底	100	9.84	23.96	1.86	11.4	141.2	70.53
		50	10.92	23.96	1.86	10.5	122.8	55.77
		20	12.71	23.96	1.86	9.1	98.2	37.88
		10	14.75	23.96	1.86	7.9	79.4	25.66
		5	16.04	23.96	1.86	6.6	60.4	16.34

续表 4-3-8

序号	行政区划名称	重现期(a)	参数			主雨历时(h)	主雨雨量(mm)	净雨深(mm)
			μ	S_r	K_s			
9	东崖底	100	8.33	22.83	1.71	12.7	135.2	64.15
		50	9.16	22.83	1.71	11.6	117.4	50.56
		20	10.53	22.83	1.71	10.0	93.7	34.21
		10	12.07	22.83	1.71	8.6	75.5	23.10
		5	13.03	22.83	1.71	7.0	57.2	14.67
10	原家沟	100	8.35	22.86	1.71	12.7	135.2	64.06
		50	9.18	22.86	1.71	11.6	117.4	50.49
		20	10.55	22.86	1.71	10.0	93.7	34.16
		10	12.09	22.86	1.71	8.6	75.5	23.06
		5	13.05	22.86	1.71	7.0	57.2	14.65
11	任家窑	100	8.26	22.88	1.71	13.4	136.5	62.77
		50	9.07	22.88	1.71	12.1	118.3	49.58
		20	10.40	22.88	1.71	10.3	94.2	33.76
		10	11.87	22.88	1.71	8.8	76.1	22.95
		5	12.73	22.88	1.71	7.1	57.8	14.76
12	韩家院村	100	18.06	29.82	2.70	10.9	142.6	54.91
		50	20.05	29.82	2.70	10.2	124.4	42.24
		20	23.25	29.82	2.70	9.0	99.9	27.56
		10	26.73	29.82	2.70	7.9	81.1	18.05
		5	28.89	29.82	2.70	6.7	61.8	11.14

续表 4-3-8

序号	行政区划名称	重现期(a)	参数			主雨历时(h)	主雨雨量(mm)	净雨深(mm)
			μ	S_r	K_s			
13	干涧	100	15.01	28.58	2.35	11.8	141.4	56.45
		50	16.69	28.58	2.35	10.8	122.9	43.84
		20	19.46	28.58	2.35	9.3	98.1	29.06
		10	22.56	28.58	2.35	8.0	79.2	19.26
		5	24.45	28.58	2.35	6.6	60.2	12.08
14	古垛村	100	14.80	28.62	2.36	12.4	145.6	57.39
		50	16.46	28.62	2.36	11.3	126.4	44.31
		20	19.17	28.62	2.36	9.8	100.7	29.18
		10	22.27	28.62	2.36	8.5	81.1	19.14
		5	24.35	28.62	2.36	6.9	61.3	11.86
15	杜家沟村	100	8.34	23.12	1.73	14.0	136.5	60.17
		50	9.16	23.12	1.73	12.5	118.1	47.51
		20	10.51	23.12	1.73	10.5	93.8	32.26
		10	11.99	23.12	1.73	8.9	75.5	21.97
		5	12.85	23.12	1.73	7.2	57.3	14.15
16	北午芹村	100	16.98	28.95	2.46	9.8	128.7	52.49
		50	18.93	28.95	2.46	9.2	113.0	40.86
		20	22.03	28.95	2.46	8.2	91.8	27.19
		10	25.33	28.95	2.46	7.3	75.3	18.12
		5	27.04	28.95	2.46	6.2	58.4	11.42

续表 4-3-8

序号	行政区划名称	重现期(a)	参数			主雨历时(h)	主雨雨量(mm)	净雨深(mm)
			μ	S_r	K_s			
17	魏家院村	100	20.53	30.67	2.90	16.6	153.1	39.49
		50	22.44	30.67	2.90	14.6	131.3	30.46
		20	25.51	30.67	2.90	11.9	102.9	20.11
		10	28.83	30.67	2.90	9.8	81.9	13.39
		5	30.61	30.67	2.90	7.7	61.4	8.46
18	史家庄村	100	21.59	30.66	2.90	10.1	123.6	40.90
		50	23.71	30.66	2.90	9.4	108.6	31.50
		20	26.96	30.66	2.90	8.4	88.2	20.63
		10	30.17	30.66	2.90	7.4	72.4	13.61
		5	31.48	30.66	2.90	6.3	56.1	8.52
19	人民村	100	19.84	30.42	2.85	16.6	153.0	40.22
		50	21.70	30.42	2.85	14.6	131.2	31.07
		20	24.72	30.42	2.85	11.9	102.8	20.50
		10	27.99	30.42	2.85	9.8	81.9	13.65
		5	29.77	30.42	2.85	7.7	61.3	8.63
20	尹村	100	19.15	30.22	2.79	16.6	152.8	40.92
		50	20.96	30.22	2.79	14.6	131.0	31.62
		20	23.92	30.22	2.79	11.9	102.7	20.87
		10	27.14	30.22	2.79	9.8	81.7	13.90
		5	28.91	30.22	2.79	7.7	61.2	8.79

续表 4-3-8

序号	行政区划名称	重现期(a)	参数			主雨历时(h)	主雨雨量(mm)	净雨深(mm)
			μ	S_r	K_s			
21	北方平村	100	17.88	29.86	2.69	13.1	141.5	45.67
		50	19.59	29.86	2.69	12.0	123.0	35.01
		20	22.29	29.86	2.69	10.4	98.2	22.80
		10	25.17	29.86	2.69	8.9	79.3	14.93
		5	26.68	29.86	2.69	7.3	60.1	9.25
22	伏伯村	100	16.17	29.33	2.55	11.9	137.1	49.19
		50	17.75	29.33	2.55	11.0	119.5	37.92
		20	20.22	29.33	2.55	9.5	95.8	24.87
		10	22.79	29.33	2.55	8.3	77.7	16.38
		5	24.07	29.33	2.55	6.9	59.3	10.21
23	史家窑村	100	22.46	30.50	2.90	13.5	153.2	49.53
		50	25.02	30.50	2.90	12.2	132.5	38.15
		20	29.57	30.50	2.90	10.4	105.1	24.79
		10	34.93	30.50	2.90	8.9	84.2	16.19
		5	39.13	30.50	2.90	7.2	63.2	9.99
24	旭红村	100	13.68	28.22	2.25	16.3	155.9	53.61
		50	15.22	28.22	2.25	14.4	133.7	41.65
		20	17.82	28.22	2.25	11.8	104.9	27.75
		10	20.78	28.22	2.25	9.7	83.6	18.58
		5	22.70	28.22	2.25	7.6	62.7	11.81

续表 4-3-8

序号	行政区划名称	重现期(a)	参数			主雨历时(h)	主雨雨量(mm)	净雨深(mm)
			μ	S_r	K_s			
25	小张村	100	13.22	28.03	2.19	13.8	151.1	59.77
		50	14.75	28.03	2.19	12.3	129.7	46.11
		20	17.36	28.03	2.19	10.3	101.6	30.19
		10	20.35	28.03	2.19	8.6	80.7	19.77
		5	22.41	28.03	2.19	6.9	60.0	12.19
26	琵琶垣	100	25.24	31.66	3.00	14.8	153.3	43.04
		50	28.03	31.66	3.00	13.1	132.0	33.18
		20	32.97	31.66	3.00	11.0	104.0	21.67
		10	38.70	31.66	3.00	9.2	83.0	14.24
		5	42.76	31.66	3.00	7.3	62.1	8.88
27	苍底村	100	11.01	27.00	1.90	12.5	153.0	72.63
		50	12.34	27.00	1.90	11.4	132.2	56.68
		20	14.60	27.00	1.90	9.8	104.5	37.65
		10	17.17	27.00	1.90	8.4	83.7	24.92
		5	18.80	27.00	1.90	6.9	62.8	15.43
28	北原村	100	10.69	27.00	1.90	15.7	160.3	67.23
		50	12.01	27.00	1.90	13.7	136.5	52.21
		20	14.26	27.00	1.90	11.1	105.8	34.56
		10	16.83	27.00	1.90	9.1	83.4	22.88
		5	18.43	27.00	1.90	7.1	61.7	14.27

续表 4-3-8

序号	行政区划名称	重现期(a)	参数			主雨历时(h)	主雨雨量(mm)	净雨深(mm)
			μ	S_r	K_s			
29	北张村	100	10.32	27.00	1.90	15.1	155.7	65.21
		50	11.53	27.00	1.90	13.4	133.3	50.58
		20	13.61	27.00	1.90	11.0	103.9	33.45
		10	16.05	27.00	1.90	9.1	82.3	22.13
		5	17.82	27.00	1.90	7.2	61.1	13.83
30	夏村	100	10.96	27.00	1.90	16.0	158.6	64.70
		50	12.39	27.00	1.90	13.9	135.0	50.28
		20	14.91	27.00	1.90	11.2	104.6	33.39
		10	17.89	27.00	1.90	9.1	82.4	22.19
		5	19.98	27.00	1.90	7.1	61.0	13.95
31	山王村	100	10.55	27.00	1.90	16.9	164.5	66.46
		50	11.91	27.00	1.90	14.7	139.4	51.39
		20	14.36	27.00	1.90	11.7	107.1	33.83
		10	17.31	27.00	1.90	9.4	83.8	22.31
		5	19.59	27.00	1.90	7.2	61.4	13.88

续表 4-3-8

序号	行政区划名称	重现期(a)	参数			主雨历时(h)	主雨雨量(mm)	净雨深(mm)
			μ	S_r	K_s			
32	丁家村	100	10.53	27.00	1.90	17.4	168.3	68.21
		50	11.92	27.00	1.90	15.0	142.4	52.89
		20	14.43	27.00	1.90	11.8	109.3	35.02
		10	17.46	27.00	1.90	9.5	85.4	23.26
		5	19.80	27.00	1.90	7.2	62.7	14.62
33	西王村	100	8.32	24.10	1.65	15.1	166.0	83.06
		50	9.35	24.10	1.65	13.5	141.7	65.01
		20	11.25	24.10	1.65	11.1	109.8	43.39
		10	13.64	24.10	1.65	9.2	86.2	28.87
		5	15.73	24.10	1.65	7.1	63.2	17.89
34	东湖潮村	100	6.99	22.02	1.47	14.1	161.3	89.27
		50	7.81	22.02	1.47	12.5	138.2	71.12
		20	9.26	22.02	1.47	10.4	108.2	48.95
		10	11.01	22.02	1.47	8.7	85.9	33.60
		5	12.27	22.02	1.47	6.9	64.1	21.60

表 4-3-9 河津市现状防洪能力评价成果表

行政区划名称	防洪能力(a)	极高危险区(小于5年一遇)		高危险区(5~20年一遇)		危险区(大于20年一遇)	
		人口(人)	房屋(座)	人口(人)	房屋(座)	人口(人)	房屋(座)
枣坪	89					5	1
上化	36.5					11	3
下化	<5	4	4			4	1
西崖底	80					4	1
东崖底	61					8	2
原家沟	<5	119	23				
任家窑	<5	2	1				
干涧	<5	28	7	10	3	3	1
古垛村	<5	21	5	20	5	5	1
杜家沟村	9.5			6	2		
史家庄村	71					10	2
人民村	<5	2 448	167				
尹村	74					4	1
苍底村	89					4	1
北原村	20			5	1	7	2
北张村	57.5					8	2
山王村	11			10	3	26	6

3.2.5 预警指标分析成果

河津市的34个重点防治区都进行了雨量预警指标的确定。河津市预警指标分析成果表见表4-3-10。

表 4-3-10　河津市预警指标分析成果表

序号	行政区划名称	类别	致灾暴雨频率(%)	B_0	时段	预警指标(mm)		临界雨量(mm)	方法
						准备转移	立即转移		
1	枣坪	雨量	1	0	0.5 h	41.0	58.5	58.5	流域模型法
					1 h	58.5	78.0	78.0	
				0.3	0.5 h	36.9	52.7	52.7	
					1 h	52.7	70.2	70.2	
				0.6	0.5 h	33.2	47.4	47.4	
					1 h	47.4	63.2	63.2	
2	上化	雨量	3	0	0.5 h	39.7	56.7	56.7	流域模型法
					1 h	56.7	87.9	87.9	
				0.3	0.5 h	36.4	52.0	52.0	
					1 h	52.0	81.3	81.3	
				0.6	0.5 h	33.5	47.8	47.8	
					1 h	47.8	75.7	75.7	
3	下化	雨量	<20	0	0.5 h	26.0	37.2	37.2	流域模型法
					1 h	37.2	49.0	49.0	
				0.3	0.5 h	23.5	33.6	33.6	
					1 h	33.6	44.0	44.0	
				0.6	0.5 h	20.6	29.5	29.5	
					1 h	29.5	38.4	38.4	

续表 4-3-10

序号	行政区划名称	类别	致灾暴雨频率(%)	B_0	时段	预警指标(mm)		临界雨量(mm)	方法
						准备转移	立即转移		
4	西卫村	雨量	5	0	0.5 h	19.4	27.8	27.8	同频率法
					1 h	27.8	37.0	37.0	
5	上寨岭	雨量	2	0	0.5 h	32.0	45.8	45.8	同频率法
					1 h	45.8	61.0	61.0	
6	上寨	雨量	3	0	0.5 h	29.9	42.8	42.8	同频率法
					1 h	42.8	57.0	57.0	
7	固镇	雨量	2	0	0.5 h	35.2	50.3	50.3	同频率法
					1 h	50.3	67.0	67.0	
8	西崖底	雨量	1	0	0.5 h	33.9	48.4	48.4	流域模型法
					1 h	48.4	66.8	66.8	
				0.3	0.5 h	29.8	42.5	42.5	
					1 h	42.5	62.3	62.3	
				0.6	0.5 h	26.5	37.8	37.8	
					1 h	37.8	53.4	53.4	
9	东崖底	雨量	2	0	0.5 h	40.0	57.2	57.2	流域模型法
					1 h	57.2	73.3	73.3	
				0.3	0.5 h	36.6	52.3	52.3	
					1 h	52.3	66.7	66.7	
				0.6	0.5 h	33.2	47.4	47.4	
					1 h	47.4	59.8	59.8	

续表 4-3-10

序号	行政区划名称	类别	致灾暴雨频率(%)	B_0	时段	预警指标(mm)		临界雨量(mm)	方法
						准备转移	立即转移		
10	原家沟	雨量	<20	0	0.5 h	26.8	38.4	38.4	流域模型法
					1 h	38.4	43.0	43.0	
				0.3	0.5 h	25.0	35.7	35.7	
					1 h	35.7	39.4	39.4	
				0.6	0.5 h	22.8	32.6	32.6	
					1 h	32.6	35.8	35.8	
11	任家窑	雨量	<20	0	0.5 h	26.7	38.1	38.1	流域模型法
					1 h	38.1	44.3	44.3	
				0.3	0.5 h	24.3	34.7	34.7	
					1 h	34.7	40.0	40.0	
				0.6	0.5 h	21.7	31.0	31.0	
					1 h	31.0	35.2	35.2	
12	韩家院村	雨量	3	0	0.5 h	31.5	45.0	45.0	
					1 h	45.0	60.0	60.0	
13	干涧	雨量	<20	0	0.5 h	26.0	37.2	37.2	流域模型法
					1 h	37.2	40.8	40.8	
				0.3	0.5 h	24.4	34.8	34.8	
					1 h	34.8	40.8	40.8	
				0.6	0.5 h	22.7	32.4	32.4	
					1 h	32.4	36.4	36.4	

续表 4-3-10

序号	行政区划名称	类别	致灾暴雨频率(%)	B_0	时段	预警指标(mm)		临界雨量(mm)	方法
						准备转移	立即转移		
14	古垛村	雨量	<20	0	0.5 h	26.0	37.2	37.2	流域模型法
					1 h	37.2	47.9	47.9	
				0.3	0.5 h	22.7	32.4	32.4	
					1 h	32.4	41.2	41.2	
				0.6	0.5 h	19.4	27.7	27.7	
					1 h	27.7	35.6	35.6	
15	杜家沟村	雨量	11	0	0.5 h	26.7	38.2	38.2	流域模型法
					1 h	38.2	43.5	43.5	
				0.3	0.5 h	24.5	34.9	34.9	
					1 h	34.9	39.6	39.6	
				0.6	0.5 h	22.0	31.4	31.4	
					1 h	31.4	35.1	35.1	
16	北午芹村	雨量	5	0	0.5 h	42.0	59.9	59.9	流域模型法
					1 h	59.9	72.9	72.9	
				0.3	0.5 h	37.6	53.7	53.7	
					1 h	53.7	64.6	64.6	
				0.6	0.5 h	33.1	47.2	47.2	
					1 h	47.2	55.9	55.9	

续表 4-3-10

序号	行政区划名称	类别	致灾暴雨频率(%)	B_0	时段	预警指标(mm)		临界雨量(mm)	方法
						准备转移	立即转移		
17	魏家院村	雨量	2	0	0.5 h	25.2	36.0	36.0	同频率法
					1 h	36.0	48.0	48.0	
18	史家庄村	雨量	1	0	0.5 h	29.9	42.8	42.8	同频率法
					1 h	42.8	57.0	57.0	
19	人民村	雨量	<20	0	0.5 h	27.0	38.5	38.5	流域模型法
					1 h	38.5	43.3	43.3	
				0.3	0.5 h	24.5	35.0	35.0	
					1 h	35.0	39.8	39.8	
				0.6	0.5 h	22.0	31.4	31.4	
					1 h	31.4	35.4	35.4	
20	尹村	雨量	1	0	0.5 h	41.1	58.8	58.8	流域模型法
					1 h	58.8	71.2	71.2	
				0.3	0.5 h	36.8	52.6	52.6	
					1 h	52.6	63.5	63.5	
				0.6	0.5 h	32.4	46.4	46.4	
					1 h	46.4	54.6	54.6	
21	北方平村	雨量	5	0	0.5 h	27.3	39.1	39.1	同频率法
					1 h	39.1	50.0	50.0	

续表 4-3-10

序号	行政区划名称	类别	致灾暴雨频率(%)	B_0	时段	预警指标(mm)		临界雨量(mm)	方法
						准备转移	立即转移		
22	伏伯村	雨量	6	0	0.5 h	28.7	41.0	41.0	同频率法
					1 h	41.0	51.2	51.2	
23	史家窑村	雨量	2	0	0.5 h	34.7	49.5	49.5	同频率法
					1 h	49.5	66.0	66.0	
24	旭红村	雨量	<20	0	0.5 h	25.6	36.6	36.6	同频率法
					1 h	36.6	52.3	52.3	
25	小张村	雨量	4	0	0.5 h	29.4	42.0	42.0	同频率法
					1 h	42.0	56.0	56.0	
26	琵琶垣	雨量	5	0	0.5 h	29.9	42.8	42.8	同频率法
					1 h	42.8	57.0	57.0	
27	苍底村	雨量	1	0	0.5 h	45.7	65.3	65.3	流域模型法
					1 h	65.3	87.0	87.0	
				0.3	0.5 h	41.1	58.7	58.7	
					1 h	58.7	78.3	78.3	
				0.6	0.5 h	37.0	52.9	52.9	
					1 h	52.9	70.5	70.5	
28	北原村	雨量	5	0	0.5 h	23.8	34.0	34.0	流域模型法
					1 h	34.0	49.5	49.5	
				0.3	0.5 h	20.3	28.9	28.9	
					1 h	28.9	42.9	42.9	
				0.6	0.5 h	16.7	23.9	23.9	
					1 h	23.9	35.6	35.6	

续表 4-3-10

序号	行政区划名称	类别	致灾暴雨频率(%)	B_0	时段	预警指标(mm)		临界雨量(mm)	方法
						准备转移	立即转移		
29	北张村	雨量	2	0	0.5 h	45.3	64.7	64.7	流域模型法
					1 h	64.7	95.2	95.2	
				0.3	0.5 h	41.3	59.1	59.1	
					1 h	59.1	87.4	87.4	
				0.6	0.5 h	37.3	53.3	53.3	
					1 h	53.3	79.6	79.6	
30	夏村	雨量	2	0	0.5 h	35.2	50.3	50.3	同频率法
					1 h	50.3	67.0	67.0	
31	山王村	雨量	9	0	0.5 h	30.0	42.8	42.8	流域模型法
					1 h	42.8	63.5	63.5	
				0.3	0.5 h	26.5	37.8	37.8	
					1 h	37.8	56.2	56.2	
				0.6	0.5 h	22.5	32.2	32.2	
					1 h	32.2	48.4	48.4	
32	丁家村	雨量	5	0	0.5 h	27.8	39.8	39.8	同频率法
					1 h	39.8	53.0	53.0	
33	西王村	雨量	7	0	0.5 h	25.6	36.6	36.6	同频率法
					1 h	36.6	44.2	44.2	
34	东湖潮村	雨量	6	0	0.5 h	26.8	38.3	38.3	同频率法
					1 h	38.3	51.0	51.0	

第4章 绛 县

4.1 绛县基本情况概述

4.1.1 地理位置

绛县位于山西省南部、运城市的东北边缘,因绛山而得名。东经 110°24′~110°48′,北纬 35°20′~35°38′,地处中条山西北麓、运城、临汾两盆地的分水岭上,北与曲沃、侯马市相接,东与翼城县相邻,南跨中条山与垣曲县相连,西部和西南部与闻喜县接壤。县境内东南高峻、西北平缓,一般海拔在 550~570 m。东西长 49.1 km,南北宽 35.4 km,总面积 996.31 km^2,其中平川区 160.98 km^2,丘陵区 189.35 km^2,黄土台垣区 174.13 km^2,土石山区 73.87 km^2,石山区 380.03 km^2,山区占总面积的 67.5%,丘陵区占总面积的 18%,平川区仅占总面积的 14.5%,是典型的丘陵山区县。绛县地理位置示意图见图 4-4-1。

4.1.2 社会经济

绛县共辖古绛、横水、南樊、大交、卫庄、安峪、么里、陈村 8 个镇及郝庄、冷口 2 个乡,205 个行政村,573 个自然村,共 28 万人(2014 年),其中农业人口 23.5 万人。国内生产总值 26.23 亿元。共有耕地面积 45 万亩,有效灌溉面积 20.6 万亩。农作物主要以小麦和玉米为主,粮食产量 1.19 亿 kg。

4.1.3 河流水系

绛县以中条山横亘东南,绛山俯瞰西北,地形比较复杂,自然形成 2 大水系。但其河流多源于中条山,由于中条山在县境的支脉为南北走向,南高北低,所以自然形成 6 条山峪和 3 条平川河流。2 大水系为涑水河水系和浍河水系。续鲁峪、么里峪、里册峪属浍河水系,陈村峪、紫家峪、冷口峪属涑水河水系。3 条平川河流为涑水河、大交河、黑河,总长共计 180 km。全县现有 14 座水库,小(1)型 4 座,小(2)型 10 座。47 条边山峪口及沟道,大多位于中条山前沿,易受到山洪灾害威胁的主要为 6 大山峪。

4.1.3.1 续鲁峪河

续鲁峪河发源于晋城市沁水县杨岔岭,经翼城县西阎乡入县境,流经绛县的安峪、大交 2 个乡镇 17 个行政村,在大交村西北老牛凹入浍河。河流总长 38.5 km,总流域面积

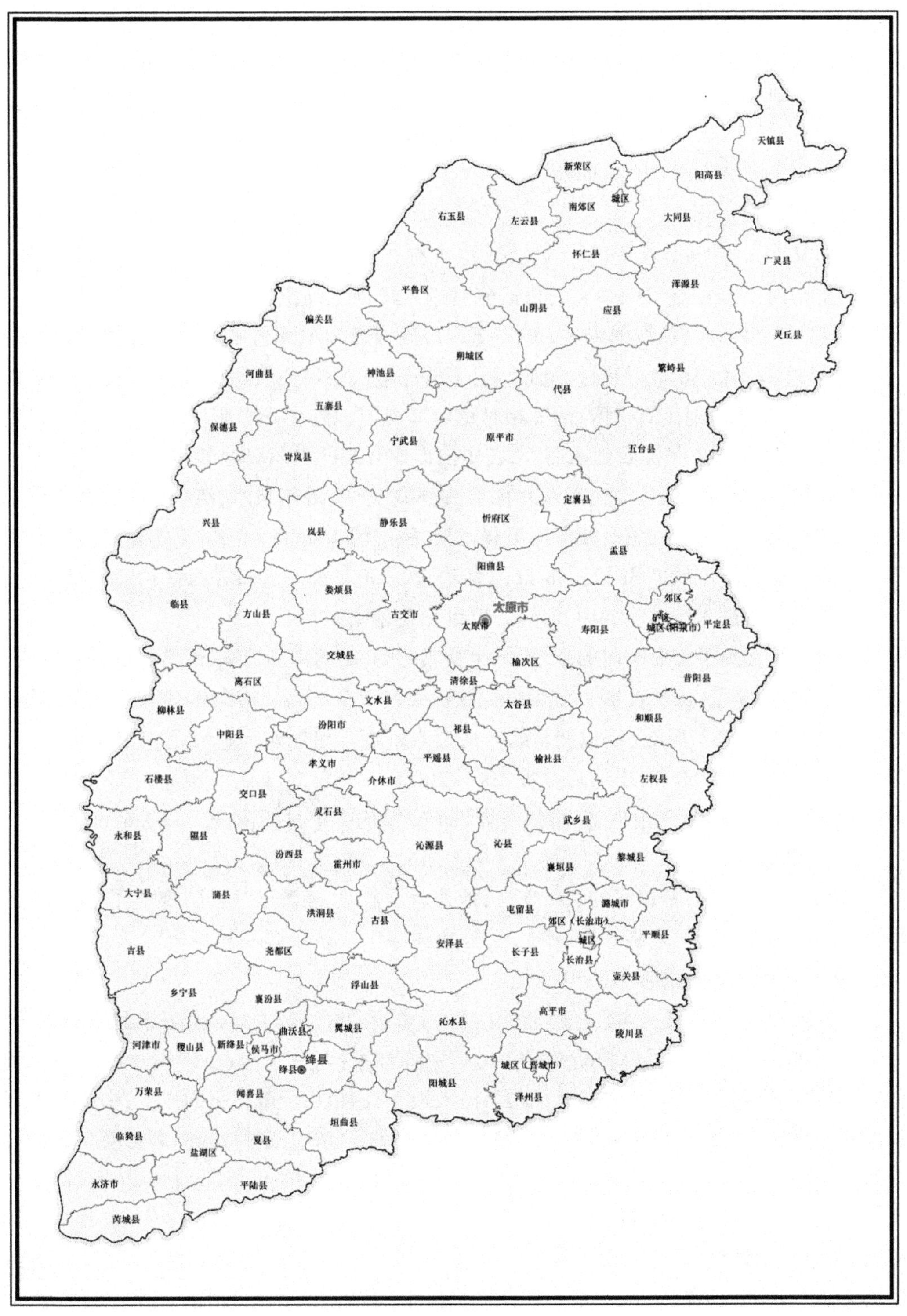

图 4-4-1　绛县地理位置示意图

337.19 km^2,其中绛县境内长 23.3 km,流域面积 147.29 km^2,是浍河流域最大的一条支流。上游河道位于中条山续鲁峪内,穿梭于高山峻岭之间,峪长 40 km,峪深 50 ~ 200 m,峪宽 150 ~ 300 m,纵坡 16‰;下游河道位于中条山山前倾斜平原区,河长 10.4 km,河宽 100 ~ 200 m,河深 1.5 ~ 5 m,纵坡 9‰。较大的沟道有 5 条,主要有建河、小峪河、杀人沟等。在平原区河流方向是自东而西。

4.1.3.2 黑河

黑河又称么里河,是浍河的一级支流,源头有 2 条主要支流。一条为么里峪河,另一条为里册峪河,2 条河在安峪镇董封村汇流后进入黑河主河道。绛县境内全长 55.5 km,流域面积 383.54 km^2,流域内纵坡 25‰ ~ 35‰,流域外为 10‰左右。流经么里、卫庄、安峪、南樊 4 个乡镇的 16 个行政村,至曲沃县下裴庄汇入浍河。该河流属季节性河流,汛期易暴发洪水,由于流经土石山区,河床相对稳定。流域地处中条山东段中低山区,河谷发育呈"V"字形,汛期大量泥石随水而下,在山前形成开阔的洪积扇地形,地下水较为丰富。

么里峪河源头在石窑,沿途汇入大晋堂、蛤蟆峪等 10 处沟泉水,清水流量大部分潜入地下。主河槽在窄石口处建有截潜流工程一处,截出清水 0.06 m^3/s。支沟蛤蟆峪建有小水库 1 座。么里峪流域面积 175.48 km^2,河道全长 30.5 km,峪口在么里村,其中峪内长 17 km,自么里村进入黄土狭谷后,流经么里镇和安峪镇的 6 个村庄。

里册峪河发源于里册峪内的东、西桑池及黑龙潭,峪内山高坡陡,层峦叠嶂,河谷蜿蜒狭窄,两崖悬崖峭壁,山林茂密,常年清水不断,约有 0.1 m^3/s。峪内建有水库 1 座(里册峪水库),总库容 667 万 m^3,用以调蓄峪内清洪水资源。里册峪河流域面积 208.06 km^2,峪内河道宽度 35 ~ 150 m,出峪后宽度 100 ~ 200 m。全长 25 km,其中峪内河流长 17.5 km,在里册村出峪后流经卫庄、安峪和南樊 3 个乡镇的 7 个村庄,流长 7.5 km。

4.1.3.3 涑水河

涑水河又名涑川,是黄河的一级支流,地处运城盆地,发源于绛县陈村峪,向西南流经闻喜、夏县、运城、临猗、永济 5 县(市),入伍姓湖后于永济市独头村附近注入黄河,干流全长 196.6 km,流域总面积 5 774 km^2。

绛县段地处涑水河上游,地理坐标位置为东经 111°22′ ~ 111°43′,北纬 35°22′ ~ 35°25′。涑水河发源于绛县陈村峪南尽头山谷中的杜家沟、莲花池、石碑沟及过峪沟 4 条沟峪,向北流经花儿圪塔等山村,流至峪口潜入地下,出峪后经陈村折向西流,中途汇入紫家峪河、冷口峪河及 18 处沟泉水,流经绛县 27 个村庄至东刘家村流入闻喜县境。绛县段总流长 43 km,其中 15.45 km 是在山峪内流过(即陈村峪河长度),干流长 27.55 km(出峪后的长度),流域总面积 419.54 km^2,河宽 15 ~ 300 m,河道纵坡 2.3‰ ~ 60‰,其中陈村峪、紫家峪平均纵坡 22.8‰,冷口峪平均纵坡 16.4‰,紫家至白家涧平均纵坡 17.4‰,白家涧至东下吕平均纵坡 9.1‰,东下吕至东刘家平均纵坡 3.2‰。20 世纪 70 年代,涑水河有清水流量 0.249 m^3/s,至 1992 年后,除上游的陈村峪、紫家峪和冷口峪共有 0.15 m^3/s 的泉被峪内陈村峪水库、紫家峪水库及冷口渠引用外,涑水河主河槽已全部干涸。

1. 陈村峪河

陈村峪河流域面积 39.85 km^2,河宽 10～100 m,河长 15 km,河道纵坡 20‰～60‰,地质属于侵蚀性构造,下部岩石属震旦纪安山岩,河床砂砾层较厚,有清水 0.05～0.14 m^3/s,在峪内于 1974 年建陈村峪水库 1 座,总库容 367 万 m^3,调蓄峪内清洪水,浇灌下游 1 万余亩土地。

2. 紫家峪河

紫家峪河是涑水河发源后汇入的第一条支流,发源于清陵山。紫家峪河入峪 3 km 处建有水库 1 座,总库容 172 万 m^3,调蓄峪内清洪水。库后分为两峪,即紫家东峪和西峪,东峪源头在八宝滩,西峪源头在老马岭。两峪水流至大庙前汇合为紫家峪河,河水出峪后至紫家村处汇入涑水河。流域面积 58.6 km^2,主干流长度 15 km,河宽 10～100 m,河道纵坡 20‰～60‰,属侵蚀构造地质,流域内多为坚硬的花岗片麻岩及松软的云母片麻岩,河床为砂卵石及漂石,峪内有清水流量 0.056 m^3/s。

3. 冷口峪河

冷口峪河古称洮水河,发源于冷口峪内的横岭山,冷口峪河在峪内有 19 处小泉水汇入,现有清水 0.04 m^3/s,流域面积 70 km^2,流长 18 km,河床宽 20～200 m,河水流出峪口后至东宋庄村北汇入涑水河。

绛县主要河流基本情况见表 4-4-1。

表 4-4-1　绛县主要河流基本情况表

编号	河流名称	上级河流名称	流域面积(km^2)	河长(km)	比降(‰)
1	续鲁峪河	浍河	337.19	38.5	16
2	么里峪河	黑河	175.48	30.5	
3	里册峪河	黑河	208.06	25	
4	黑河	浍河	383.54	55.5	25
5	陈村峪河	涑水河	39.85	15	22.8
6	紫家峪河	涑水河	58.6	15	22.8
7	冷口峪河	涑水河	70	18	16.4
8	涑水河	黄河	419.54	43	30

4.1.4　水文气象

绛县属半干旱大陆性气候,受季风活动影响,四季分明,春季由于北方干冷气团衰退北缩,形成多风干燥少雨的气候特征;夏季则受暖湿气团控制,呈炎热高温降水集中的气候特征;秋季由于副热带温湿气团消退南移,极地大陆干冷气团迅速南压,呈秋高气爽的特征;冬季则受大陆性干冷气团控制,形成雨雪稀少的多风干冷季节。

由于地形独特,年均降雨量在600~750 mm,其中:中条山区多年平均降雨量为701.1 mm,黄土台垣区多年平均降雨量622.7 mm,最大降雨量1 332.5 mm(1958 年),最小降雨量408.5 mm(1965 年),年际变化较大,且年内分配不均,降雨量多集中在汛期6~9月,约占全年降雨量的70%左右。区域内地形复杂,降雨集中,山洪具有历时短、强度大的特点,因此极易形成山洪灾害。

4.1.5 历史山洪灾害

据统计,1954~2009年的55年中,绛县共出现暴雨61次,年平均1.1次,主要山洪灾害有:

1956年5月下旬至6月末,淫雨40余d,麦子未收,秋禾荒芜。8月4日至15日,阴雨连绵,山洪暴发,全县死亡8人,伤29人,死伤牲口12头、猪14头、羊6只,倒塌房屋310间,窑洞120孔,霉烂小麦1万kg,冲毁树木285株,河坝6条,农田1 169亩。东冷口侯家凹一住户三孔窑洞于16日半夜倒塌,一家三口被砸死。

1958年7月16日,阴雨连绵,大水成灾,降雨167.6 mm,全县冲垮塘坝28座,淹没耕地7.63万亩,倒塌房屋3 467间,死亡24人,伤14人,死亡牲畜424头,本次山洪灾害涉及全县110多个行政村。

1988年8月15日,陈村峪降雨量达249 mm,紫家峪降雨量220 mm,陈村峪和紫家峪水库大坝溢流,陈村峪水库大坝溢流达11 h,下泄流量达250 m^3/s,石猫截流工程被冲毁,冲毁农田1.2万亩,受灾人口达2万余人。

1996年7月31日,以中条山为中心的大暴雨最大降雨量199 mm,平川水流成河,淹没耕地5.6万亩,冲毁渠道5 600 m,河堤28 km,公路5 km,水利工程36处,倒塌房屋132间,围墙5 470 m,通信线路69.15 km。里册峪、陈村峪、紫家峪3座水库发生溢流,里册峪水库下泄流量220 m^3/s,造成3万人及6个工矿企业受灾,直接经济损失1.2亿元。

2005年6月29日晚10时30分许,绛县县城突降暴雨,降雨量达69.4 mm,由于降雨强度大,地面在短时间内汇流,排水设施已不能满足排洪要求,洪水沿着厢城街自东向西顺势而下,致使位于县城西侧的一座民营企业围墙倒塌,并将与其邻墙而建的煤球厂简易住房砸塌,造成两死一伤特大灾害事故。本次灾害使全县2.6万亩粮棉作物受损,0.88万亩经济作物遭灾,直接经济损失5 000万元。

2006年6月28日下午4时许,绛县大范围普降特大暴雨,持续时间达1 h 10 min,并伴有短时冰雹,全县降雨量23~80 mm,其中郝庄乡降雨量80 mm,横水镇降雨量74 mm,这场暴雨造成横水、郝庄2乡镇51个村,不同程度受灾,给农业生产和群众生活造成极大破坏。冲毁桥梁11座,道路40余km,房屋进水2 257户,冲毁房屋457间,造成危房1 369间,电力直接经济损失达5 600万元。其中郝庄乡直接经济损失达4 500余万元。

2007 年 7 月 28 日至 30 日早 8 时,绛县遭遇百年不遇的大暴雨,全县平均降雨量 130.33 mm,共造成全县直接经济损失 1.5 亿元。据统计,全县房屋进水的 1 794 户 5 201 间,倒塌房屋 615 间,损坏房屋、窑洞 4 208 间;冲毁滩地 4 000 余亩,受灾面积 80 055 亩,其中粮食作物 20 775 亩,经济作物 6 312 亩,减产粮食 1 936.5 t,损失粮食 1.95 t;死亡家禽、牲畜 25 200 只,水产养殖损失 1 560 亩;停产工矿企业 37 个,公路中断 19 条,毁坏路基 145 km,桥梁 38 座,损坏输电线路 28 km,损坏通信线路 71.6 km。有近 40 多个山区村庄交通中断,涉及受灾群众 10 万余人,本次山洪灾害共造成 7 人死亡、1 人失踪、2 人重伤。

4.2　绛县山洪灾害分析评价成果

4.2.1　分析评价名录确定

绛县 33 个重点防治区名录见表 4-4-2。其中包括小流域名称及面积、主沟道长度及比降、产流地类、汇流地类。

4.2.2　设计暴雨成果表

绛县的 33 个重点防治区都进行了设计暴雨的推求,设计暴雨计算成果表、设计暴雨时程分配表分别见表 4-4-3、表 4-4-4。

4.2.3　设计洪水成果表

绛县的 33 个重点防治区都进行了设计洪水的推求,设计洪水成果表、设计净雨深计算成果表分别见表 4-4-5、表 4-4-6。

4.2.4　现状防洪能力成果

绛县 33 个分析评价对象中,受河道洪水影响的有 15 个,受坡面水流影响的有 18 个。15 个评价对象中,防洪能力小于 5 年一遇的有 7 个,5 ~ 20 年一遇的有 5 个,大于 20 年一遇的有 3 个。对应的极高危险区内的人口有 222 人,高危险区内的人口有 186 人,危险区内人口有 250 人。对于受坡面水流影响的 18 个评价对象,通过现场走访和询问受灾情况,估算暴雨致灾频率,换算成重现期。18 个分析评价对象中,重现期 5 ~ 20 年一遇的有 3 个,>20 年一遇的有 15 个。根据外业调查成果,进行了危险区范围的划定,高危险区内的人口有 46 人,危险区内的人口有 673 人。现状防洪能力成果见表 4-4-7。

表 4-4-2　绛县小流域基本信息汇总表

序号	小流域名称	行政区划名称	面积(km^2)	主沟道长度(km)	主沟道比降(‰)	产流地类(km^2)						汇流地类(km^2)		
						变质岩森林山地	变质岩灌丛山地	灰岩灌丛山地	耕种平地	黄土丘陵阶地	灰岩森林山地	森林山地	灌丛山地	黄土丘陵
1	续鲁峪	东晋峪村	0.54	1.60	16.04					0.54				0.54
2		东贺水村	21.46	2.11	32.71				11.63	9.83				21.46
3		冯村	11.99	2.38	36.49				11.05	0.94				11.99
4		康家窑	8.71	0.43	64.39					8.71				8.71
5		下柏村	13.05	2.95	40.17				2.02	11.04				13.05
6	么里峪	石窑	11.54	4.70	55.59						11.54	11.54		
7		炭园河	34.27	11.67	41.42						34.27	34.27		
8		石娥	24.82	3.81	63.20	17.09					7.73	24.82		
9		土窑上	9.64	1.45	90.18	9.64						9.64		
10		柳泉	21.05	5.10	55.72	21.05						21.05		
11		杈把沟	27.92	6.80	47.72	27.92						27.92		
12	里册峪	槐泉村	113.71	22.92	21.69	88.56	5.09		20.06			88.47	5.09	20.14
13		西沟	8.94	1.43	24.38	8.94						8.94		
14	陈村峪	五亩地	3.42	1.63	61.45	3.42						3.42		
15		南坡	76.96	12.35	23.90	72.15	4.03		0.47	0.30		71.70	4.35	0.92
16		西坡	78.52	13.00	23.65	72.10	4.65		1.13	0.64		71.82	4.63	2.06
17		南官庄	0.82	0.61	50.99				0.53	0.29				0.82
18		郭家庄	0.50	1.02	23.09	0.50						0.50		
19		申家山	0.46	1.04	110.34	0.21				0.24		0.21		0.24
20		尧宇村	1.28	2.53	60.61		0.63			0.65			0.58	0.70

续表 4-4-2

序号	小流域名称	行政区划名称	面积(km^2)	主沟道长度(km)	主沟道比降(‰)	产流地类(km^2)						汇流地类(km^2)		
						变质岩森林山地	变质岩灌丛山地	灰岩灌丛山地	耕种平地	黄土丘陵阶地	灰岩森林山地	森林山地	灌丛山地	黄土丘陵
21	冷口峪	平道	2.58	1.70	32.76	2.58						2.58		
22		后村	34.58	7.07	21.65	34.58						34.58		
23		前村	14.84	4.53	1.57	14.84						14.84		
24		马家疙瘩	71.57	11.79	18.70	59.87	11.70					59.77	11.80	
25	九龙沟	横东	25.77	5.20	17.87				11.95	13.82				25.77
26		横南	25.77	5.20	17.87				11.95	13.82				25.77
27	中董沟	东郝村	5.30	2.01	35.67					5.30				5.30
28	紫家峪	范家沟	5.20	0.49	62.74	5.20						5.20		
29		楼房底	3.72	0.18	59.18	3.72						3.72		
30	柿树林	柿树林村	8.16	2.53	25.53				8.16					8.16
31	续鲁峪	北册	131.72	45.85	15.41			1.04	8.95	19.75	101.98	101.52	0.99	29.21
32		大交	186.66	49.05	10.96			1.04	41.84	19.75	124.03	124.03	0.99	61.65
33		浍南	186.66	49.05	10.96			1.04	41.84	19.75	124.03	124.03	0.99	61.65

表 4-4-3　绛县设计暴雨计算成果表

序号	行政区划名称	历时	均值 $\overline{H}$ (mm)	变差系数 C_v	C_s/C_v	重现期雨量值 H_p(mm)				
						100 a ($H_{1\%}$)	50 a ($H_{2\%}$)	20 a ($H_{5\%}$)	10 a ($H_{10\%}$)	5 a ($H_{20\%}$)
1	东晋峪村	10 min	13.5	0.57	3.5	41.2	35.9	28.9	23.5	18.2
		60 min	30.1	0.57	3.5	91.9	80.0	64.3	52.5	40.6
		6 h	50.5	0.61	3.5	163.7	141.4	112.2	90.3	68.5
		24 h	67.0	0.60	3.5	214.0	185.3	147.5	119.0	90.8
		3 d	84.0	0.58	3.5	260.4	226.3	181.3	147.3	113.4
2	东贺水村	10 min	13.6	0.55	3.5	40.3	35.2	28.5	23.4	18.3
		60 min	27.9	0.55	3.5	82.2	71.9	58.3	47.9	37.4
		6 h	45.3	0.55	3.5	134.2	117.3	94.9	77.9	60.8
		24 h	63.2	0.55	3.5	187.2	163.6	132.4	108.7	84.8
		3 d	80.1	0.56	3.5	240.9	210.2	169.5	138.7	107.7
3	冯村	10 min	13.7	0.57	3.5	41.8	36.4	29.3	23.9	18.5
		60 min	31.0	0.57	3.5	93.9	81.9	65.9	53.8	41.7
		6 h	50.0	0.61	3.5	160.9	139.1	110.6	89.1	67.8
		24 h	64.0	0.63	3.5	212.0	182.7	144.2	115.4	87.0
		3 d	84.0	0.58	3.5	258.4	224.8	180.4	146.9	113.3

续表 4-4-3

序号	行政区划名称	历时	均值 $\overline{H}$ (mm)	变差系数 C_v	C_s/C_v	重现期雨量值 H_p(mm)				
						100 a ($H_{1\%}$)	50 a ($H_{2\%}$)	20 a ($H_{5\%}$)	10 a ($H_{10\%}$)	5 a ($H_{20\%}$)
4	康家窑	10 min	13.0	0.60	3.5	41.5	35.9	28.6	23.1	17.6
		60 min	28.0	0.60	3.5	89.4	77.4	61.6	49.7	37.9
		6 h	47.0	0.60	3.5	150.1	130.0	103.4	83.5	63.7
		24 h	63.0	0.63	3.5	210.2	180.9	142.6	113.9	85.7
		3 d	82.0	0.57	3.5	250.4	218.0	175.3	142.9	110.5
5	下柏村	10 min	13.0	0.57	3.5	39.7	34.6	27.8	22.7	17.5
		60 min	27.5	0.61	3.5	89.1	77.0	61.1	49.1	37.3
		6 h	48.0	0.62	3.5	156.7	135.3	107.2	86.0	65.2
		24 h	63.0	0.60	3.5	201.2	174.2	138.6	111.9	85.4
		3 d	83.5	0.57	3.5	255.0	222.0	178.5	145.5	112.5
6	石窑	10 min	15.0	0.57	3.5	45.8	39.9	32.1	26.1	20.2
		60 min	30.0	0.58	3.5	93.0	80.8	64.8	52.6	40.5
		6 h	52.0	0.63	3.5	173.5	149.4	117.7	94.1	70.8
		24 h	68.0	0.55	3.5	201.4	176.0	142.5	116.9	91.3
		3 d	87.0	0.60	3.5	277.8	240.6	191.5	154.5	117.9

续表 4-4-3

序号	行政区划名称	历时	均值 $\overline{H}$ (mm)	变差系数 C_v	C_s/C_v	重现期雨量值 H_p(mm)				
						100 a ($H_{1\%}$)	50 a ($H_{2\%}$)	20 a ($H_{5\%}$)	10 a ($H_{10\%}$)	5 a ($H_{20\%}$)
7	炭园河	10 min	15.0	0.57	3.5	45.8	39.9	32.1	26.1	20.2
		60 min	30.0	0.58	3.5	93.0	80.8	64.8	52.6	40.5
		6 h	52.0	0.62	3.5	173.5	149.4	117.7	94.1	70.8
		24 h	65.0	0.56	3.5	201.4	176.0	142.5	116.9	91.3
		3 d	86.0	0.59	3.5	277.8	240.6	191.5	154.5	117.9
8	石娥	10 min	15.1	0.57	3.5	46.1	40.2	32.3	26.3	20.4
		60 min	30.1	0.58	3.5	93.3	81.1	65.0	52.8	40.6
		6 h	52.0	0.62	3.5	171.0	147.5	116.6	93.5	70.7
		24 h	66.0	0.55	3.5	195.5	170.9	138.3	113.5	88.6
		3 d	89.0	0.60	3.5	284.2	246.1	195.9	158.1	120.6
9	土窑上	10 min	14.5	0.58	3.5	44.9	39.1	31.3	25.4	19.6
		60 min	31.0	0.58	3.5	96.1	83.5	66.9	54.4	41.9
		6 h	52.0	0.63	3.5	173.5	149.4	117.7	94.1	70.8
		24 h	70.0	0.56	3.5	210.5	183.7	148.1	121.2	94.2
		3 d	93.0	0.58	3.5	288.3	250.6	200.7	163.1	125.6

续表 4-4-3

序号	行政区划名称	历时	均值 $\overline{H}$ (mm)	变差系数 C_v	C_s/C_v	重现期雨量值 H_p(mm)				
						100 a ($H_{1\%}$)	50 a ($H_{2\%}$)	20 a ($H_{5\%}$)	10 a ($H_{10\%}$)	5 a ($H_{20\%}$)
10	柳泉	10 min	15.2	0.58	3.5	47.1	41.0	32.8	26.7	20.5
		60 min	30.5	0.59	3.5	96.0	83.3	66.5	53.8	41.3
		6 h	53.0	0.63	3.5	176.8	152.2	120.0	95.9	72.1
		24 h	70.0	0.54	3.5	204.1	178.8	145.2	119.6	93.8
		3 d	92.0	0.60	3.5	293.8	254.4	202.5	163.4	124.7
11	杈把沟	10 min	14.0	0.58	3.5	43.4	37.7	30.2	24.6	18.9
		60 min	27.0	0.55	3.5	80.0	69.9	56.6	46.4	36.2
		6 h	45.0	0.55	3.5	133.3	116.5	94.3	77.4	60.4
		24 h	61.0	0.55	3.5	180.6	157.9	127.8	104.9	81.9
		3 d	80.0	0.53	3.5	229.6	201.5	164.2	135.7	106.9
12	槐泉村	10 min	14.0	0.56	3.5	42.1	36.7	29.6	24.2	18.8
		60 min	28.5	0.56	3.5	85.7	74.8	60.3	49.3	38.3
		6 h	49.0	0.60	3.5	156.5	135.5	107.8	87.0	66.4
		24 h	69.0	0.60	3.5	218.7	189.6	151.1	122.2	93.4
		3 d	90.0	0.57	3.5	274.8	239.3	192.4	156.8	121.3

续表 4-4-3

序号	行政区划名称	历时	均值 $\overline{H}$ (mm)	变差系数 C_v	C_s/C_v	重现期雨量值 H_p(mm)				
						100 a ($H_{1\%}$)	50 a ($H_{2\%}$)	20 a ($H_{5\%}$)	10 a ($H_{10\%}$)	5 a ($H_{20\%}$)
13	西沟	10 min	15.0	0.56	3.5	45.1	39.4	31.7	26.0	20.2
		60 min	31.0	0.57	3.5	94.7	82.4	66.3	54.0	41.8
		6 h	49.0	0.62	3.5	161.1	139.0	109.9	88.1	66.6
		24 h	78.0	0.58	3.5	241.8	210.2	168.4	136.8	105.3
		3 d	97.0	0.58	3.5	300.7	261.3	209.4	170.1	131.0
14	五亩地	10 min	15.0	0.56	3.5	45.1	39.4	31.7	26.0	20.2
		60 min	31.0	0.57	3.5	94.7	82.4	66.3	54.0	41.8
		6 h	47.0	0.62	3.5	154.5	133.3	105.4	84.5	63.9
		24 h	77.0	0.58	3.5	238.7	207.5	166.2	135.1	104.0
		3 d	98.0	0.58	3.5	303.8	264.0	211.5	171.9	132.3
15	南坡	10 min	14.3	0.57	3.5	43.7	38.0	30.6	24.9	19.3
		60 min	31.4	0.57	3.5	95.9	83.5	67.1	54.7	42.3
		6 h	52.0	0.61	3.5	168.5	145.6	115.5	92.9	70.6
		24 h	72.0	0.57	3.5	219.9	191.4	153.9	125.5	97.0
		3 d	96.0	0.57	3.5	293.1	255.3	205.2	167.3	129.4

续表 4-4-3

序号	行政区划名称	历时	均值 $\overline{H}$ (mm)	变差系数 C_v	C_s/C_v	重现期雨量值 H_p(mm)				
						100 a ($H_{1\%}$)	50 a ($H_{2\%}$)	20 a ($H_{5\%}$)	10 a ($H_{10\%}$)	5 a ($H_{20\%}$)
16	西坡	10 min	13.9	0.55	3.5	41.2	36.0	29.1	23.9	18.7
		60 min	29.8	0.55	3.5	88.2	77.1	62.4	51.2	40.0
		6 h	48.0	0.58	3.5	148.8	129.3	103.6	84.2	64.8
		24 h	67.5	0.59	3.5	212.4	184.2	147.1	119.2	91.3
		3 d	94.0	0.55	3.5	278.4	243.4	196.9	161.7	126.2
17	南官庄	10 min	14.9	0.57	3.5	45.5	39.6	31.8	26.0	20.1
		60 min	29.8	0.54	3.5	87.3	76.4	62.0	51.0	39.9
		6 h	46.7	0.55	3.5	138.3	120.9	97.8	80.3	62.7
		24 h	64.3	0.55	3.5	191.3	167.1	135.1	110.8	86.4
		3 d	83.5	0.54	3.5	243.5	213.3	173.2	142.6	111.8
18	郭家庄	10 min	14.3	0.55	3.5	42.5	37.2	30.0	24.6	19.2
		60 min	30.2	0.55	3.5	89.4	78.2	63.3	51.9	40.5
		6 h	48.0	0.58	3.5	147.7	128.5	103.1	83.9	64.8
		24 h	70.0	0.58	3.5	215.4	187.4	150.4	122.4	94.4
		3 d	92.5	0.55	3.5	272.7	238.5	193.2	158.8	124.1

续表 4-4-3

序号	行政区划名称	历时	均值 $\overline{H}$ (mm)	变差系数 C_v	C_s/C_v	重现期雨量值 H_p(mm)				
						100 a ($H_{1\%}$)	50 a ($H_{2\%}$)	20 a ($H_{5\%}$)	10 a ($H_{10\%}$)	5 a ($H_{20\%}$)
19	申家山	10 min	14.1	0.54	3.5	41.1	36.0	29.2	24.1	18.9
		60 min	28.3	0.55	3.5	83.8	73.3	59.3	48.7	38.0
		6 h	46.3	0.56	3.5	139.2	121.5	98.0	80.2	62.3
		24 h	68.3	0.56	3.5	205.4	179.2	144.5	118.2	91.9
		3 d	83.2	0.54	3.5	242.6	212.5	172.5	142.1	111.4
20	尧宇村	10 min	15.0	0.55	3.5	44.4	38.8	31.4	25.8	20.1
		60 min	29.0	0.55	3.5	85.9	75.1	60.8	49.9	38.9
		6 h	48.0	0.57	3.5	146.6	127.6	102.6	83.7	64.7
		24 h	69.0	0.57	3.5	210.7	183.5	147.5	120.2	93.0
		3 d	81.0	0.55	3.5	239.9	209.7	169.7	139.3	108.7
21	平道	10 min	15.0	0.56	3.5	45.1	39.4	31.7	26.0	20.2
		60 min	32.0	0.56	3.5	96.2	84.0	67.7	55.4	43.0
		6 h	50.0	0.57	3.5	152.7	132.9	106.9	87.1	67.4
		24 h	75.0	0.58	3.5	232.5	202.1	161.9	131.6	101.3
		3 d	99.0	0.54	3.5	288.7	252.8	205.3	169.1	132.6

续表 4-4-3

序号	行政区划名称	历时	均值 $\overline{H}$ (mm)	变差系数 C_v	C_s/C_v	重现期雨量值 H_p(mm)				
						100 a ($H_{1\%}$)	50 a ($H_{2\%}$)	20 a ($H_{5\%}$)	10 a ($H_{10\%}$)	5 a ($H_{20\%}$)
22	后村	10 min	14.3	0.54	3.5	41.7	36.5	29.7	24.4	19.2
		60 min	30.0	0.55	3.5	89.4	78.2	63.3	51.9	40.5
		6 h	49.3	0.59	3.5	155.1	134.6	107.5	87.0	66.7
		24 h	73.2	0.58	3.5	226.9	197.2	158.0	128.4	98.9
		3 d	91.3	0.54	3.5	266.2	233.2	189.3	155.9	122.3
23	前村	10 min	14.3	0.54	3.5	41.7	36.5	29.7	24.4	19.2
		60 min	30.0	0.55	3.5	88.9	77.7	62.9	51.6	40.3
		6 h	49.3	0.59	3.5	155.1	134.6	107.5	87.0	66.7
		24 h	73.2	0.58	3.5	226.9	197.2	158.0	128.4	98.9
		3 d	91.3	0.54	3.5	266.2	233.2	189.3	155.9	122.3
24	马家疙瘩	10 min	13.4	0.50	3.5	36.7	32.4	26.6	22.2	17.8
		60 min	27.3	0.54	3.5	79.6	69.7	56.6	46.6	36.6
		6 h	44.5	0.50	3.5	125.7	110.6	90.4	75.0	59.3
		24 h	61.0	0.51	3.5	169.6	149.5	122.6	102.0	81.1
		3 d	79.0	0.50	3.5	226.8	199.0	162.1	134.0	105.6

续表 4-4-3

序号	行政区划名称	历时	均值 $\overline{H}$ (mm)	变差系数 C_v	C_s/C_v	重现期雨量值 H_p(mm)				
						100 a ($H_{1\%}$)	50 a ($H_{2\%}$)	20 a ($H_{5\%}$)	10 a ($H_{10\%}$)	5 a ($H_{20\%}$)
25	横东	10 min	13.1	0.53	3.5	37.6	33.0	26.9	22.2	17.5
		60 min	27.1	0.54	3.5	79.0	69.2	56.2	46.3	36.3
		6 h	43.2	0.56	3.5	129.1	112.7	91.1	74.6	58.1
		24 h	61.0	0.54	3.5	177.9	155.8	126.5	104.2	81.7
		3 d	76.0	0.54	3.5	221.6	194.1	157.6	129.8	101.8
26	横南	10 min	13.1	0.53	3.5	37.6	33.0	26.9	22.2	17.5
		60 min	27.1	0.54	3.5	79.0	69.2	56.2	46.3	36.3
		6 h	43.2	0.56	3.5	129.1	112.7	91.1	74.6	58.1
		24 h	61.0	0.54	3.5	177.9	155.8	126.5	104.2	81.7
		3 d	76.0	0.54	3.5	221.6	194.1	157.6	129.8	101.8
27	东郝村	10 min	13.0	0.49	3.5	35.0	31.0	25.6	21.4	17.2
		60 min	27.0	0.54	3.5	78.7	69.0	56.0	46.1	36.2
		6 h	45.0	0.60	3.5	143.7	124.4	99.0	79.9	61.0
		24 h	62.0	0.56	3.5	186.5	162.7	131.2	107.3	83.4
		3 d	77.5	0.60	3.5	247.5	214.3	170.6	137.7	105.0

续表 4-4-3

序号	行政区划名称	历时	均值 $\overline{H}$ (mm)	变差系数 C_v	C_s/C_v	重现期雨量值 H_p(mm)				
						100 a ($H_{1\%}$)	50 a ($H_{2\%}$)	20 a ($H_{5\%}$)	10 a ($H_{10\%}$)	5 a ($H_{20\%}$)
28	范家沟	10 min	14.4	0.57	3.5	44.0	38.3	30.8	25.1	19.4
		60 min	31.4	0.56	3.5	94.4	82.4	66.4	54.4	42.2
		6 h	51.5	0.61	3.5	166.9	144.2	114.4	92.0	69.9
		24 h	75.5	0.61	3.5	244.7	211.5	167.7	134.9	102.5
		3 d	97.0	0.56	3.5	291.7	254.5	205.3	167.9	130.5
29	楼房底	10 min	14.5	0.56	3.5	43.6	38.0	30.7	25.1	19.5
		60 min	31.3	0.56	3.5	93.4	81.6	65.9	54.0	42.1
		6 h	50.0	0.60	3.5	159.7	138.3	110.0	88.8	67.8
		24 h	72.0	0.60	3.5	229.9	199.1	158.5	127.9	97.6
		3 d	99.0	0.56	3.5	295.4	258.0	208.5	170.8	133.0
30	柿树林村	10 min	15.0	0.55	3.5	40.2	35.2	28.6	23.5	18.4
		60 min	28.0	0.55	3.5	71.5	62.6	50.8	41.8	32.7
		6 h	41.0	0.55	3.5	120.6	105.6	85.6	70.5	55.2
		24 h	62.0	0.55	3.5	174.2	152.5	123.6	101.6	79.5
		3 d	83.0	0.55	3.5	241.1	211.0	171.0	140.6	109.9

续表 4-4-3

序号	行政区划名称	历时	均值 $\overline{H}$ (mm)	变差系数 C_v	C_s/C_v	重现期雨量值 H_p(mm)				
						100 a ($H_{1\%}$)	50 a ($H_{2\%}$)	20 a ($H_{5\%}$)	10 a ($H_{10\%}$)	5 a ($H_{20\%}$)
31	北册	10 min	13.2	0.60	3.5	30.8	26.7	21.3	17.3	13.2
		60 min	27.5	0.60	3.5	66.4	57.8	46.4	37.8	29.2
		6 h	46.6	0.60	3.5	128.7	111.7	89.2	72.2	55.4
		24 h	63.7	0.66	3.5	198.4	170.8	134.6	107.4	80.7
		3 d	78.5	0.65	3.5	250.7	215.7	170.1	135.9	102.1
32	大交	10 min	13.2	0.60	2.3	29.6	25.6	20.5	16.6	12.7
		60 min	27.5	0.60	2.3	64.3	56.0	45.0	36.7	28.4
		6 h	46.6	0.60	2.3	125.8	109.2	87.3	70.8	54.3
		24 h	63.7	0.66	2.3	195.3	168.1	132.7	106.1	79.8
		3 d	78.5	0.65	2.3	247.6	213.1	168.3	134.6	101.3
33	浍南	10 min	13.2	0.60	2.3	29.6	25.6	20.5	16.6	12.7
		60 min	27.5	0.60	2.3	64.3	56.0	45.0	36.7	28.4
		6 h	46.6	0.60	2.3	125.8	109.2	87.3	70.8	54.3
		24 h	63.7	0.66	2.3	195.3	168.1	132.7	106.1	79.8
		3 d	78.5	0.65	2.3	247.6	213.1	168.3	134.6	101.3

表4.4-4　绛县设计暴雨时程分配表

序号	行政区划名称	时段长	时段序号	重现期时段雨量值(mm)				
				100 a ($H_{1\%}$)	50 a ($H_{2\%}$)	20 a ($H_{5\%}$)	10 a ($H_{10\%}$)	5 a ($H_{20\%}$)
1	东晋峪村	0.5 h	1	3.3	2.9	2.3	1.8	1.4
			2	3.7	3.2	2.5	2.0	1.5
			3	4.0	3.5	2.7	2.2	1.7
			4	7.5	6.5	5.1	4.1	3.1
			5	9.0	7.8	6.1	4.9	3.8
			6	22.2	19.3	15.3	12.4	9.5
			7	66.5	57.9	46.5	37.8	29.2
			8	14.8	12.8	10.2	8.2	6.2
			9	11.2	9.7	7.7	6.2	4.7
			10	6.4	5.5	4.4	3.5	2.7
			11	5.6	4.8	3.8	3.1	2.3
			12	5.0	4.3	3.4	2.7	2.1
2	东贺水村	0.5 h	1	2.9	2.5	2.0	1.7	1.3
			2	3.1	2.7	2.2	1.8	1.4
			3	3.3	2.9	2.4	1.9	1.5
			4	5.8	5.1	4.1	3.4	2.7
			5	6.8	6.0	4.9	4.0	3.1
			6	16.2	14.2	11.6	9.6	7.5
			7	54.1	47.4	38.5	31.8	24.9
			8	10.9	9.6	7.8	6.4	5.0
			9	8.3	7.3	5.9	4.9	3.9
			10	5.0	4.4	3.6	2.9	2.3
			11	4.5	3.9	3.2	2.6	2.0
			12	4.0	3.5	2.8	2.3	1.8

续表 4-4-4

序号	行政区划名称	时段长	时段序号	重现期时段雨量值(mm)				
				100 a ($H_{1\%}$)	50 a ($H_{2\%}$)	20 a ($H_{5\%}$)	10 a ($H_{10\%}$)	5 a ($H_{20\%}$)
3	冯村	0.5 h	1	3.3	2.8	2.2	1.7	1.3
			2	3.6	3.1	2.4	1.9	1.4
			3	3.9	3.4	2.6	2.1	1.6
			4	7.2	6.2	4.9	4.0	3.0
			5	8.6	7.5	5.9	4.8	3.6
			6	21.1	18.4	14.7	12.0	9.2
			7	62.1	54.1	43.6	35.7	27.7
			8	14.1	12.3	9.8	7.9	6.1
			9	10.7	9.3	7.4	6.0	4.5
			10	6.2	5.4	4.2	3.4	2.6
			11	5.4	4.7	3.7	2.9	2.2
			12	4.8	4.1	3.3	2.6	1.9
4	康家窑	0.5 h	1	8.0	6.9	5.5	4.5	3.4
			2	19.1	16.6	13.3	10.8	8.3
			3	60.2	52.3	41.8	33.9	26.0
			4	12.9	11.2	8.9	7.2	5.5
			5	9.8	8.5	6.8	5.5	4.2
			6	5.9	5.1	4.0	3.2	2.4
			7	5.2	4.5	3.6	2.8	2.1
			8	4.7	4.0	3.2	2.5	1.9
			9	4.2	3.6	2.9	2.3	1.7
			10	2.9	2.5	1.9	1.5	1.1
			11	2.7	2.3	1.8	1.4	1.1
			12	2.1	1.8	1.4	1.1	0.8

续表 4-4-4

序号	行政区划名称	时段长	时段序号	重现期时段雨量值(mm)				
				100 a ($H_{1\%}$)	50 a ($H_{2\%}$)	20 a ($H_{5\%}$)	10 a ($H_{10\%}$)	5 a ($H_{20\%}$)
5	下柏村	0.5 h	1	3.1	2.7	2.2	1.7	1.3
			2	3.4	3.0	2.3	1.9	1.4
			3	3.7	3.2	2.6	2.1	1.6
			4	7.0	6.0	4.7	3.8	2.9
			5	8.3	7.2	5.7	4.5	3.4
			6	20.5	17.6	13.9	11.1	8.3
			7	59.0	51.2	40.9	33.2	25.5
			8	13.7	11.8	9.3	7.4	5.6
			9	10.4	8.9	7.0	5.6	4.2
			10	6.0	5.2	4.1	3.3	2.5
			11	5.2	4.5	3.6	2.9	2.2
			12	4.6	4.0	3.2	2.5	1.9
6	石窑	0.5 h	1	3.0	2.6	2.1	1.8	1.4
			2	3.3	2.9	2.3	1.9	1.5
			3	3.6	3.2	2.6	2.1	1.7
			4	7.0	6.0	4.8	3.9	3.0
			5	8.4	7.3	5.8	4.7	3.5
			6	21.4	18.5	14.5	11.6	8.7
			7	65.7	57.1	45.7	37.1	28.5
			8	14.1	12.1	9.6	7.7	5.8
			9	10.5	9.1	7.2	5.8	4.4
			10	5.9	5.2	4.1	3.3	2.6
			11	5.1	4.5	3.6	2.9	2.3
			12	4.5	4.0	3.2	2.6	2.0

续表 4-4-4

序号	行政区划名称	时段长	时段序号	重现期时段雨量值(mm)				
				100 a ($H_{1\%}$)	50 a ($H_{2\%}$)	20 a ($H_{5\%}$)	10 a ($H_{10\%}$)	5 a ($H_{20\%}$)
7	炭园河	0.5 h	1	2.9	2.5	2.0	1.7	1.3
			2	3.1	2.7	2.2	1.8	1.4
			3	3.5	3.0	2.4	2.0	1.6
			4	6.7	5.8	4.6	3.8	2.9
			5	8.1	7.0	5.6	4.5	3.4
			6	20.6	17.8	14.1	11.3	8.6
			7	62.0	53.9	43.3	35.2	27.2
			8	13.6	11.7	9.3	7.5	5.7
			9	10.1	8.8	7.0	5.6	4.3
			10	5.7	5.0	4.0	3.2	2.5
			11	4.9	4.3	3.4	2.8	2.2
			12	4.3	3.8	3.0	2.5	1.9
8	石娥	0.5 h	1	2.8	2.5	2.0	1.7	1.3
			2	3.1	2.7	2.2	1.8	1.5
			3	3.5	3.0	2.5	2.0	1.6
			4	6.7	5.8	4.7	3.8	2.9
			5	8.1	7.0	5.6	4.5	3.5
			6	20.8	18.0	14.2	11.4	8.6
			7	63.5	55.2	44.3	36.0	27.7
			8	13.6	11.8	9.3	7.5	5.7
			9	10.2	8.8	7.0	5.7	4.3
			10	5.7	5.0	4.0	3.2	2.5
			11	4.9	4.3	3.5	2.8	2.2
			12	4.3	3.8	3.1	2.5	1.9

续表 4-4-4

序号	行政区划名称	时段长	时段序号	重现期时段雨量值(mm)				
				100 a ($H_{1\%}$)	50 a ($H_{2\%}$)	20 a ($H_{5\%}$)	10 a ($H_{10\%}$)	5 a ($H_{20\%}$)
9	土窑上	0.5 h	1	3.2	2.8	2.3	1.9	1.4
			2	3.5	3.0	2.5	2.0	1.6
			3	3.8	3.4	2.7	2.2	1.7
			4	7.3	6.4	5.1	4.1	3.1
			5	8.8	7.6	6.1	4.9	3.7
			6	22.3	19.2	15.2	12.2	9.2
			7	66.4	57.7	46.1	37.4	28.7
			8	14.7	12.7	10.0	8.1	6.1
			9	11.0	9.6	7.6	6.1	4.6
			10	6.3	5.4	4.3	3.5	2.7
			11	5.4	4.7	3.8	3.1	2.4
			12	4.8	4.2	3.3	2.7	2.1
10	柳泉	0.5 h	1	3.0	2.7	2.2	1.8	1.5
			2	3.3	2.9	2.4	2.0	1.6
			3	3.6	3.2	2.6	2.2	1.7
			4	7.0	6.1	4.9	4.0	3.0
			5	8.5	7.3	5.9	4.7	3.6
			6	21.6	18.6	14.6	11.7	8.8
			7	65.7	57.0	45.5	36.8	28.2
			8	14.2	12.3	9.7	7.8	5.9
			9	10.6	9.2	7.3	5.9	4.5
			10	6.0	5.2	4.2	3.4	2.6
			11	5.2	4.5	3.7	3.0	2.3
			12	4.6	4.0	3.2	2.7	2.1

续表 4-4-4

序号	行政区划名称	时段长	时段序号	重现期时段雨量值(mm)				
				100 a ($H_{1\%}$)	50 a ($H_{2\%}$)	20 a ($H_{5\%}$)	10 a ($H_{10\%}$)	5 a ($H_{20\%}$)
11	杈把沟	0.25 h	1	1.4	1.2	1.0	0.8	0.6
			2	1.5	1.3	1.0	0.9	0.7
			3	1.5	1.3	1.1	0.9	0.7
			4	1.6	1.4	1.1	0.9	0.7
			5	2.6	2.3	1.9	1.5	1.2
			6	2.8	2.5	2.0	1.7	1.3
			7	3.1	2.7	2.2	1.8	1.4
			8	3.4	3.0	2.4	2.0	1.6
			9	6.8	6.0	4.9	4.1	3.2
			10	13.3	11.6	9.5	7.9	6.2
			11	48.0	41.8	33.6	27.4	21.2
			12	8.9	7.8	6.4	5.3	4.2
			13	5.6	4.9	4.0	3.3	2.6
			14	4.8	4.2	3.4	2.8	2.2
			15	4.2	3.7	3.0	2.5	2.0
			16	3.7	3.3	2.7	2.2	1.7
			17	2.4	2.1	1.7	1.4	1.1
			18	2.3	2.0	1.6	1.3	1.1
			19	2.2	1.9	1.5	1.3	1.0
			20	2.0	1.8	1.5	1.2	0.9
			21	1.9	1.7	1.4	1.1	0.9
			22	1.8	1.6	1.3	1.1	0.8
			23	1.8	1.5	1.2	1.0	0.8
			24	1.7	1.5	1.2	1.0	0.8

续表 4-4-4

序号	行政区划名称	时段长	时段序号	重现期时段雨量值(mm)				
				100 a ($H_{1\%}$)	50 a ($H_{2\%}$)	20 a ($H_{5\%}$)	10 a ($H_{10\%}$)	5 a ($H_{20\%}$)
12	槐泉村	0.5 h	1	3.5	3.1	2.4	2.0	1.5
			2	3.8	3.3	2.6	2.1	1.6
			3	4.1	3.5	2.8	2.3	1.7
			4	6.7	5.8	4.6	3.8	2.9
			5	7.7	6.7	5.4	4.4	3.4
			6	17.1	14.9	12.0	9.8	7.6
			7	50.7	44.4	35.9	29.5	23.0
			8	11.9	10.3	8.3	6.8	5.2
			9	9.3	8.1	6.5	5.3	4.1
			10	5.9	5.1	4.1	3.3	2.5
			11	5.3	4.6	3.7	3.0	2.3
			12	4.8	4.2	3.3	2.7	2.1
13	西沟	0.25 h	1	2.1	1.8	1.4	1.2	0.9
			2	2.1	1.9	1.5	1.2	0.9
			3	2.2	1.9	1.5	1.2	1.0
			4	2.3	2.0	1.6	1.3	1.0
			5	3.6	3.1	2.5	2.0	1.5
			6	3.9	3.4	2.7	2.1	1.6
			7	4.2	3.6	2.9	2.3	1.8
			8	4.6	3.9	3.1	2.5	1.9
			9	8.7	7.5	5.9	4.8	3.6
			10	15.8	13.7	10.8	8.7	6.6
			11	48.0	41.9	33.9	27.7	21.6
			12	11.0	9.5	7.5	6.0	4.6

续表 4-4-4

序号	行政区划名称	时段长	时段序号	重现期时段雨量值(mm)				
				100 a ($H_{1\%}$)	50 a ($H_{2\%}$)	20 a ($H_{5\%}$)	10 a ($H_{10\%}$)	5 a ($H_{20\%}$)
13	西沟	0.25 h	13	7.3	6.3	5.0	4.0	3.0
			14	6.3	5.4	4.3	3.4	2.6
			15	5.6	4.8	3.8	3.1	2.3
			16	5.0	4.3	3.4	2.7	2.1
			17	3.4	2.9	2.3	1.9	1.4
			18	3.2	2.8	2.2	1.8	1.4
			19	3.0	2.6	2.1	1.7	1.3
			20	2.9	2.5	2.0	1.6	1.2
			21	2.7	2.4	1.9	1.5	1.2
			22	2.6	2.3	1.8	1.5	1.1
			23	2.5	2.2	1.7	1.4	1.1
			24	2.4	2.1	1.7	1.3	1.0
14	五亩地	0.25 h	1	2.0	1.8	1.4	1.1	0.9
			2	2.1	1.8	1.4	1.2	0.9
			3	2.2	1.9	1.5	1.2	0.9
			4	2.3	2.0	1.6	1.3	1.0
			5	3.5	3.0	2.4	1.9	1.5
			6	3.8	3.3	2.6	2.1	1.6
			7	4.1	3.5	2.8	2.2	1.7
			8	4.4	3.8	3.0	2.4	1.8
			9	8.5	7.3	5.8	4.6	3.5
			10	15.6	13.4	10.6	8.5	6.4
			11	49.7	43.4	35.0	28.6	22.3
			12	10.8	9.3	7.3	5.9	4.4

续表 4-4-4

序号	行政区划名称	时段长	时段序号	重现期时段雨量值(mm)				
				100 a ($H_{1\%}$)	50 a ($H_{2\%}$)	20 a ($H_{5\%}$)	10 a ($H_{10\%}$)	5 a ($H_{20\%}$)
14	五亩地	0.25 h	13	7.1	6.1	4.8	3.9	2.9
			14	6.1	5.3	4.2	3.3	2.5
			15	5.4	4.7	3.7	3.0	2.2
			16	4.9	4.2	3.3	2.7	2.0
			17	3.3	2.9	2.3	1.8	1.4
			18	3.1	2.7	2.1	1.7	1.3
			19	3.0	2.6	2.0	1.6	1.2
			20	2.8	2.4	1.9	1.6	1.2
			21	2.7	2.3	1.8	1.5	1.1
			22	2.5	2.2	1.8	1.4	1.1
			23	2.4	2.1	1.7	1.4	1.0
			24	2.3	2.0	1.6	1.3	1.0
15	南坡	0.5 h	1	3.4	3.0	2.4	2.0	1.5
			2	3.7	3.2	2.6	2.1	1.7
			3	4.0	3.5	2.8	2.3	1.8
			4	7.2	6.3	5.0	4.1	3.2
			5	8.6	7.5	6.0	4.9	3.7
			6	20.3	17.6	14.0	11.4	8.7
			7	57.2	49.9	40.2	32.8	25.4
			8	13.7	11.9	9.5	7.7	5.9
			9	10.5	9.2	7.3	5.9	4.6
			10	6.3	5.5	4.4	3.6	2.7
			11	5.5	4.8	3.9	3.1	2.4
			12	4.9	4.3	3.4	2.8	2.2

续表 4-4-4

序号	行政区划名称	时段长	时段序号	重现期时段雨量值(mm)				
				100 a ($H_{1\%}$)	50 a ($H_{2\%}$)	20 a ($H_{5\%}$)	10 a ($H_{10\%}$)	5 a ($H_{20\%}$)
16	西坡	0.5 h	1	3.3	2.9	2.3	1.9	1.4
			2	3.6	3.1	2.5	2.0	1.5
			3	3.9	3.4	2.7	2.2	1.7
			4	6.6	5.7	4.6	3.7	2.9
			5	7.7	6.7	5.4	4.4	3.4
			6	17.4	15.2	12.3	10.1	7.9
			7	52.2	45.7	37.2	30.6	24.0
			8	12.0	10.4	8.4	6.9	5.4
			9	9.3	8.1	6.5	5.3	4.1
			10	5.7	5.0	4.0	3.3	2.5
			11	5.1	4.4	3.6	2.9	2.2
			12	4.6	4.0	3.2	2.6	2.0
17	南官庄	0.5 h	1	2.8	2.4	2.0	1.6	1.3
			2	3.0	2.6	2.1	1.7	1.4
			3	3.3	2.9	2.3	1.9	1.5
			4	5.8	5.1	4.1	3.4	2.7
			5	6.8	6.0	4.9	4.0	3.2
			6	17.0	14.9	12.2	10.1	8.0
			7	65.3	57.0	46.1	37.8	29.5
			8	11.2	9.8	8.0	6.6	5.2
			9	8.4	7.4	6.0	5.0	3.9
			10	5.0	4.4	3.6	2.9	2.3
			11	4.4	3.9	3.1	2.6	2.0
			12	3.9	3.5	2.8	2.3	1.8

续表 4-4-4

序号	行政区划名称	时段长	时段序号	重现期时段雨量值(mm)				
				100 a ($H_{1\%}$)	50 a ($H_{2\%}$)	20 a ($H_{5\%}$)	10 a ($H_{10\%}$)	5 a ($H_{20\%}$)
18	郭家庄	0.5 h	1	3.4	2.9	2.3	1.9	1.5
			2	3.6	3.2	2.5	2.0	1.6
			3	3.9	3.4	2.7	2.2	1.7
			4	6.8	5.9	4.7	3.9	3.0
			5	8.0	7.0	5.6	4.6	3.5
			6	19.1	16.7	13.4	10.9	8.5
			7	64.7	56.6	45.7	37.5	29.3
			8	12.8	11.2	9.0	7.3	5.7
			9	9.8	8.6	6.9	5.6	4.3
			10	5.9	5.2	4.1	3.4	2.6
			11	5.3	4.6	3.7	3.0	2.3
			12	4.7	4.1	3.3	2.7	2.0
19	申家山	0.25 h	1	1.7	1.5	1.2	1.0	0.8
			2	1.8	1.5	1.2	1.0	0.8
			3	1.8	1.6	1.3	1.1	0.8
			4	1.9	1.7	1.3	1.1	0.8
			5	3.1	2.7	2.2	1.8	1.4
			6	3.3	2.9	2.3	1.9	1.5
			7	3.6	3.1	2.5	2.0	1.6
			8	3.9	3.4	2.7	2.2	1.7
			9	7.7	6.7	5.4	4.4	3.4
			10	14.4	12.6	10.1	8.3	6.4
			11	47.1	41.2	33.5	27.6	21.6
			12	9.9	8.6	6.9	5.7	4.4

续表 4-4-4

序号	行政区划名称	时段长	时段序号	重现期时段雨量值(mm)				
				100 a ($H_{1\%}$)	50 a ($H_{2\%}$)	20 a ($H_{5\%}$)	10 a ($H_{10\%}$)	5 a ($H_{20\%}$)
19	申家山	0.25 h	13	6.4	5.6	4.5	3.7	2.8
			14	5.5	4.8	3.8	3.1	2.4
			15	4.8	4.2	3.4	2.8	2.1
			16	4.3	3.8	3.0	2.5	1.9
			17	2.9	2.5	2.0	1.6	1.3
			18	2.7	2.4	1.9	1.5	1.2
			19	2.6	2.2	1.8	1.5	1.1
			20	2.4	2.1	1.7	1.4	1.1
			21	2.3	2.0	1.6	1.3	1.0
			22	2.2	1.9	1.5	1.3	1.0
			23	2.1	1.8	1.5	1.2	0.9
			24	2.0	1.7	1.4	1.1	0.9
20	尧宇村	0.25 h	1	1.8	1.5	1.2	1.0	
			2	1.8	1.6	1.3	1.0	0.8
			3	1.9	1.6	1.3	1.1	0.8
			4	2.0	1.7	1.4	1.1	0.9
			5	3.1	2.7	2.2	1.8	1.4
			6	3.3	2.9	2.3	1.9	1.5
			7	3.6	3.1	2.5	2.1	1.6
			8	3.9	3.4	2.8	2.2	1.7
			9	7.7	6.7	5.4	4.4	3.4
			10	14.4	12.6	10.2	8.3	6.5
			11	49.2	43.1	34.9	28.7	22.4
			12	9.9	8.6	6.9	5.7	4.4

续表 4-4-4

序号	行政区划名称	时段长	时段序号	重现期时段雨量值(mm)				
				100 a ($H_{1\%}$)	50 a ($H_{2\%}$)	20 a ($H_{5\%}$)	10 a ($H_{10\%}$)	5 a ($H_{20\%}$)
20	尧宇村	0.25 h	13	6.4	5.6	4.5	3.7	2.8
			14	5.5	4.8	3.8	3.1	2.4
			15	4.8	4.2	3.4	2.8	2.1
			16	4.3	3.8	3.0	2.5	1.9
			17	2.9	2.5	2.0	1.7	1.3
			18	2.7	2.4	1.9	1.6	1.2
			19	2.6	2.3	1.8	1.5	1.1
			20	2.5	2.1	1.7	1.4	1.1
			21	2.3	2.0	1.6	1.3	1.0
			22	2.2	1.9	1.6	1.3	1.0
			23	2.1	1.9	1.5	1.2	0.9
			24	2.0	1.8	1.4	1.2	0.9
21	平道	0.25 h	1	1.9	1.7	1.3	1.1	0.8
			2	2.0	1.7	1.4	1.1	0.9
			3	2.1	1.8	1.4	1.2	0.9
			4	2.2	1.9	1.5	1.2	0.9
			5	3.5	3.0	2.4	2.0	1.5
			6	3.7	3.2	2.6	2.1	1.6
			7	4.0	3.5	2.8	2.3	1.8
			8	4.4	3.8	3.1	2.5	1.9
			9	8.6	7.5	6.0	4.9	3.8
			10	15.9	13.9	11.2	9.2	7.1
			11	50.4	44.0	35.6	29.1	22.7
			12	10.9	9.6	7.7	6.3	4.9

续表 4-4-4

序号	行政区划名称	时段长	时段序号	重现期时段雨量值(mm)				
				100 a ($H_{1\%}$)	50 a ($H_{2\%}$)	20 a ($H_{5\%}$)	10 a ($H_{10\%}$)	5 a ($H_{20\%}$)
21	平道	0.25 h	13	7.1	6.2	5.0	4.1	3.2
			14	6.1	5.3	4.3	3.5	2.7
			15	5.4	4.7	3.8	3.1	2.4
			16	4.8	4.2	3.4	2.7	2.1
			17	3.2	2.8	2.3	1.8	1.4
			18	3.0	2.6	2.1	1.7	1.3
			19	2.9	2.5	2.0	1.6	1.2
			20	2.7	2.4	1.9	1.5	1.2
			21	2.6	2.2	1.8	1.5	1.1
			22	2.5	2.1	1.7	1.4	1.1
			23	2.4	2.0	1.6	1.3	1.0
			24	2.3	2.0	1.6	1.3	1.0
22	后村	0.5 h	1	3.7	3.2	2.6	2.1	1.6
			2	4.0	3.4	2.8	2.2	1.7
			3	4.3	3.7	3.0	2.4	1.8
			4	7.1	6.2	4.9	4.0	3.1
			5	8.3	7.2	5.7	4.7	3.6
			6	18.5	16.1	12.9	10.5	8.1
			7	56.0	49.0	39.8	32.8	25.7
			8	12.7	11.1	8.9	7.2	5.6
			9	10.0	8.7	6.9	5.6	4.3
			10	6.2	5.4	4.3	3.5	2.7
			11	5.6	4.8	3.9	3.1	2.4
			12	5.1	4.4	3.5	2.8	2.2

续表 4-4-4

序号	行政区划名称	时段长	时段序号	重现期时段雨量值(mm)				
				100 a ($H_{1\%}$)	50 a ($H_{2\%}$)	20 a ($H_{5\%}$)	10 a ($H_{10\%}$)	5 a ($H_{20\%}$)
23	前村	0.5 h	1	3.7	3.2	2.6	2.1	1.6
			2	4.0	3.5	2.8	2.2	1.7
			3	4.3	3.7	3.0	2.4	1.8
			4	7.2	6.2	5.0	4.0	3.1
			5	8.4	7.3	5.8	4.7	3.6
			6	19.0	16.5	13.2	10.7	8.3
			7	58.7	51.4	41.7	34.3	26.8
			8	13.0	11.3	9.1	7.3	5.6
			9	10.1	8.8	7.0	5.7	4.4
			10	6.3	5.5	4.4	3.5	2.7
			11	5.6	4.9	3.9	3.2	2.4
			12	5.1	4.4	3.5	2.9	2.2
24	马家疙瘩	0.5 h	1	2.5	2.2	1.8	1.5	1.2
			2	2.7	2.4	2.0	1.7	1.3
			3	3.0	2.6	2.2	1.8	1.5
			4	5.3	4.7	3.8	3.2	2.5
			5	6.3	5.6	4.6	3.8	3.0
			6	15.4	13.5	11.0	9.1	7.1
			7	47.2	41.6	34.1	28.4	22.6
			8	10.3	9.0	7.4	6.1	4.8
			9	7.8	6.9	5.6	4.7	3.7
			10	4.6	4.1	3.3	2.8	2.2
			11	4.0	3.6	2.9	2.4	2.0
			12	3.6	3.2	2.6	2.2	1.8

续表 4-4-4

序号	行政区划名称	时段长	时段序号	重现期时段雨量值(mm)				
				100 a ($H_{1\%}$)	50 a ($H_{2\%}$)	20 a ($H_{5\%}$)	10 a ($H_{10\%}$)	5 a ($H_{20\%}$)
25	横东	0.5 h	1	2.7	2.4	1.9	1.6	1.3
			2	2.9	2.6	2.1	1.7	1.4
			3	3.2	2.8	2.3	1.9	1.5
			4	5.6	4.9	4.0	3.3	2.6
			5	6.6	5.8	4.7	3.9	3.0
			6	15.9	13.9	11.2	9.2	7.2
			7	51.0	44.7	36.5	30.1	23.7
			8	10.6	9.3	7.5	6.2	4.8
			9	8.1	7.1	5.8	4.7	3.7
			10	4.9	4.2	3.4	2.8	2.2
			11	4.3	3.8	3.0	2.5	2.0
			12	3.8	3.4	2.7	2.2	1.8
26	横南	0.5 h	1	2.7	2.4	1.9	1.6	1.3
			2	2.9	2.6	2.1	1.7	1.4
			3	3.2	2.8	2.3	1.9	1.5
			4	5.6	4.9	4.0	3.3	2.6
			5	6.6	5.8	4.7	3.9	3.0
			6	15.9	13.9	11.2	9.2	7.2
			7	51.0	44.7	36.5	30.1	23.7
			8	10.6	9.3	7.5	6.2	4.8
			9	8.1	7.1	5.8	4.7	3.7
			10	4.9	4.2	3.4	2.8	2.2
			11	4.3	3.8	3.0	2.5	2.0
			12	3.8	3.4	2.7	2.2	1.8

续表 4-4-4

序号	行政区划名称	时段长	时段序号	重现期时段雨量值(mm)				
				100 a ($H_{1\%}$)	50 a ($H_{2\%}$)	20 a ($H_{5\%}$)	10 a ($H_{10\%}$)	5 a ($H_{20\%}$)
27	东郝村	0.25 h	1	1.6	1.4	1.1	0.9	0.7
			2	1.7	1.4	1.2	0.9	0.7
			3	1.7	1.5	1.2	1.0	0.7
			4	1.8	1.6	1.3	1.0	0.8
			5	3.1	2.7	2.1	1.7	1.3
			6	3.4	2.9	2.3	1.9	1.4
			7	3.7	3.2	2.5	2.0	1.5
			8	4.1	3.5	2.8	2.2	1.7
			9	8.3	7.2	5.7	4.5	3.4
			10	15.2	13.2	10.5	8.5	6.4
			11	38.9	34.4	28.3	23.7	18.9
			12	10.6	9.2	7.3	5.8	4.4
			13	6.9	5.9	4.7	3.7	2.8
			14	5.9	5.1	4.0	3.2	2.4
			15	5.1	4.4	3.5	2.8	2.1
			16	4.6	3.9	3.1	2.5	1.9
			17	2.9	2.5	2.0	1.6	1.2
			18	2.7	2.4	1.9	1.5	1.1
			19	2.5	2.2	1.7	1.4	1.1
			20	2.4	2.1	1.6	1.3	1.0
			21	2.3	1.9	1.5	1.2	0.9
			22	2.1	1.8	1.5	1.2	0.9
			23	2.0	1.7	1.4	1.1	0.9
			24	1.9	1.7	1.3	1.1	0.8

续表 4-4-4

序号	行政区划名称	时段长	时段序号	重现期时段雨量值(mm)				
				100 a ($H_{1\%}$)	50 a ($H_{2\%}$)	20 a ($H_{5\%}$)	10 a ($H_{10\%}$)	5 a ($H_{20\%}$)
28	范家沟	0.5 h	1	4.1	3.5	2.7	2.2	1.6
			2	4.3	3.7	2.9	2.4	1.8
			3	4.7	4.0	3.2	2.5	1.9
			4	7.9	6.8	5.4	4.3	3.3
			5	9.2	8.0	6.3	5.1	3.9
			6	20.9	18.2	14.5	11.8	9.1
			7	64.9	56.6	45.6	37.2	28.9
			8	14.3	12.4	9.9	8.0	6.1
			9	11.1	9.7	7.7	6.2	4.7
			10	6.9	6.0	4.7	3.8	2.9
			11	6.2	5.3	4.2	3.4	2.5
			12	5.6	4.8	3.8	3.0	2.3
29	楼房底	0.5 h	1	8.7	7.5	6.0	4.8	3.7
			2	20.4	17.7	14.2	11.5	8.9
			3	64.8	56.6	45.7	37.4	29.1
			4	13.8	12.0	9.6	7.7	5.9
			5	10.6	9.2	7.3	5.9	4.5
			6	6.5	5.6	4.4	3.6	2.7
			7	5.7	5.0	3.9	3.2	2.4
			8	5.2	4.5	3.5	2.8	2.1
			9	4.7	4.1	3.2	2.6	1.9
			10	3.2	2.8	2.2	1.8	1.3
			11	3.1	2.6	2.1	1.7	1.2
			12	2.4	2.0	1.6	1.3	0.9

续表 4-4-4

序号	行政区划名称	时段长	时段序号	重现期时段雨量值(mm)				
				100 a ($H_{1\%}$)	50 a ($H_{2\%}$)	20 a ($H_{5\%}$)	10 a ($H_{10\%}$)	5 a ($H_{20\%}$)
30	柿树林村	0.5 h	1	2.88	2.52	2.04	1.68	1.31
			2	3.09	2.71	2.19	1.80	1.41
			3	5.10	4.47	3.62	2.98	2.33
			4	5.96	5.22	4.23	3.48	2.73
			5	13.90	12.17	9.88	8.14	6.38
			6	57.56	50.39	40.89	33.64	26.36
			7	9.35	8.19	6.64	5.47	4.28
			8	7.22	6.33	5.13	4.22	3.31
			9	4.49	3.93	3.19	2.62	2.05
			10	4.02	3.52	2.85	2.34	1.83
			11	3.65	3.19	2.59	2.13	1.66
			12	3.34	2.93	2.37	1.95	1.53
31	北册	0.5 h	1	3.75	3.22	2.52	2.00	1.49
			2	4.02	3.45	2.71	2.15	1.61
			3	6.52	5.64	4.47	3.60	2.74
			4	7.54	6.53	5.20	4.20	3.21
			5	16.47	14.36	11.57	9.46	7.33
			6	49.93	43.42	34.85	28.36	21.88
			7	11.48	9.98	8.01	6.52	5.02
			8	9.04	7.84	6.27	5.08	3.90
			9	5.76	4.98	3.94	3.16	2.39
			10	5.18	4.47	3.53	2.83	2.13
			11	4.72	4.06	3.20	2.56	1.92
			12	4.34	3.73	2.93	2.34	1.75

续表 4-4-4

序号	行政区划名称	时段长	时段序号	重现期时段雨量值(mm)				
				100 a ($H_{1\%}$)	50 a ($H_{2\%}$)	20 a ($H_{5\%}$)	10 a ($H_{10\%}$)	5 a ($H_{20\%}$)
32	大交	0.5 h	1	16.12	14.07	11.34	27.40	21.15
			2	48.19	41.92	33.66	6.42	4.95
			3	11.27	9.81	7.88	5.02	3.85
			4	8.89	7.73	6.18	3.14	2.38
			5	5.69	4.92	3.90	2.81	2.12
			6	5.12	4.42	3.50	2.54	1.91
			7	4.67	4.02	3.18	2.33	1.74
			8	4.29	3.70	2.91	1.64	1.22
			9	3.11	2.66	2.08	1.55	1.15
			10	2.95	2.53	1.97	1.22	0.89
			11	2.37	2.02	1.56	1.18	0.86
			12	2.28	1.94	1.50	1.13	0.82
33	浍南	0.5 h	1	16.12	14.07	11.34	27.40	21.15
			2	48.19	41.92	33.66	6.42	4.95
			3	11.27	9.81	7.88	5.02	3.85
			4	8.89	7.73	6.18	3.14	2.38
			5	5.69	4.92	3.90	2.81	2.12
			6	5.12	4.42	3.50	2.54	1.91
			7	4.67	4.02	3.18	2.33	1.74
			8	4.29	3.70	2.91	1.64	1.22
			9	3.11	2.66	2.08	1.55	1.15
			10	2.95	2.53	1.97	1.22	0.89
			11	2.37	2.02	1.56	1.18	0.86
			12	2.28	1.94	1.50	1.13	0.82

表 4-4-5　绛县设计洪水成果表

序号	小流域名称	行政区划名称	洪水要素	重现期洪水要素值				
				100 a($Q_{1\%}$)	50 a($Q_{2\%}$)	20 a($Q_{5\%}$)	10 a($Q_{10\%}$)	5 a($Q_{20\%}$)
1	续鲁峪	东晋峪村	洪峰流量(m^3/s)	8.3	7.1	5.5	4.17	2.93
			洪量(万 m^3)	6	5	4	2	2
			涨洪历时(h)	2.5	2	2	1.5	1.5
			洪水历时(h)	6	5.5	4	3	2.5
2		东贺水村	洪峰流量(m^3/s)	244	206	155	113	73
			洪量(万 m^3)	165	129	86	57	36
			涨洪历时(h)	2	1.5	1	1	1
			洪水历时(h)	4.25	3.5	2.75	2.75	2.75
3		冯村	洪峰流量(m^3/s)	117	99	74	54	36
			洪量(万 m^3)	116	88	59	38	23
			涨洪历时(h)	2	2	1	1	0.5
			洪水历时(h)	4.75	4	2.5	2.5	2
4		康家窑	洪峰流量(m^3/s)	105	90	69	53	37
			洪量(万 m^3)	95	74	49	33	20
			涨洪历时(h)	3.25	2	2	1	1
			洪水历时(h)	6.75	5.25	3.75	2.25	2
5		下柏村	洪峰流量(m^3/s)	127	107	81	60	40
			洪量(万 m^3)	137	108	71	47	28
			涨洪历时(h)	2.2	1.9	1.4	1	1
			洪水历时(h)	4.5	4.5	3.3	2.5	2.7

续表 4-4-5

序号	小流域名称	行政区划名称	洪水要素	重现期洪水要素值				
				100 a($Q_{1\%}$)	50 a($Q_{2\%}$)	20 a($Q_{5\%}$)	10 a($Q_{10\%}$)	5 a($Q_{20\%}$)
6	么里峪	石窑	洪峰流量(m^3/s)	210	177	104	61.5	32.9
			洪量(万 m^3)	72	54	33	20	12
			涨洪历时(h)	1	0.5	0.5	0.5	0.5
			洪水历时(h)	2.5	2.1	2.2	2.2	2.9
7		炭园河	洪峰流量(m^3/s)	580	439	250	142	74.1
			洪量(万 m^3)	172	126	77	47	27
			涨洪历时(h)	1	0.5	0.5	0.5	0.5
			洪水历时(h)	3.4	2.9	3.1	3.1	3.9
8		石娥	洪峰流量(m^3/s)	251	196	127	79.9	43.3
			洪量(万 m^3)	221	172	112	72	43
			涨洪历时(h)	2.5	2.8	1.5	1	1
			洪水历时(h)	8	7.8	7.6	7.9	8.9
9		土窑上	洪峰流量(m^3/s)	177	146	104	72.9	45.4
			洪量(万 m^3)	115	91	62	41	25
			涨洪历时(h)	3	3	3	1.5	1
			洪水历时(h)	11.5	11.5	11.5	10	10
10		柳泉	洪峰流量(m^3/s)	228	184	127	85.7	48.5
			洪量(万 m^3)	238	189	128	86	52
			涨洪历时(h)	2.5	2.5	2	1.5	1.5
			洪水历时(h)	9.5	9	9	8.8	9.7
11		权把沟	洪峰流量(m^3/s)	298	246.6	178.8	127.93	86.87
			洪量(万 m^3)	339	247	122	87	51
			涨洪历时(h)	1.75	1.75	0.75	0.75	0.25
			洪水历时(h)	6.25	5.5	3.75	3.75	3.25

续表 4-4-5

序号	小流域名称	行政区划名称	洪水要素	重现期洪水要素值				
				100 a($Q_{1\%}$)	50 a($Q_{2\%}$)	20 a($Q_{5\%}$)	10 a($Q_{10\%}$)	5 a($Q_{20\%}$)
12	里册峪	槐泉村	洪峰流量(m^3/s)	589	460	296	180	96.9
			洪量(万 m^3)	1 063	818	514	345	207
			涨洪历时(h)	5	3.5	3	2	2
			洪水历时(h)	32	32	34	35	37
13		西沟	洪峰流量(m^3/s)	174	147	112	85.5	59.5
			洪量(万 m^3)	130	104	73	52	33
			涨洪历时(h)	8	6	4.25	2.25	2
			洪水历时(h)	17	14	11	8.5	6.75
14	陈村峪	五亩地	洪峰流量(m^3/s)	73.2	60.5	43.8	31	19.4
			洪量(万 m^3)	42	32	21	14	8
			涨洪历时(h)	4.5	3	1.75	0.75	0.75
			洪水历时(h)	12	10	8	7	7
15		南坡	洪峰流量(m^3/s)	601	479	326	212	122
			洪量(万 m^3)	835	658	443	296	181
			涨洪历时(h)	3.75	2.5	2.5	1.75	1.5
			洪水历时(h)	13.5	11.72	12.25	12	12.75
16		西坡	洪峰流量(m^3/s)	523	415	279	180	102
			洪量(万 m^3)	751	585	389	258	160
			涨洪历时(h)	3.75	2.5	2.5	1.5	1.5
			洪水历时(h)	16.5	15.25	16.25	16.25	17.25
17		南官庄	洪峰流量(m^3/s)	5.4	4.7	3.8	3.1	2.5
			洪量(万 m^3)					
			涨洪历时(h)					
			洪水历时(h)					

续表 4-4-5

序号	小流域名称	行政区划名称	洪水要素	重现期洪水要素值				
				100 a($Q_{1\%}$)	50 a($Q_{2\%}$)	20 a($Q_{5\%}$)	10 a($Q_{10\%}$)	5 a($Q_{20\%}$)
18	陈村峪	郭家庄	洪峰流量(m^3/s)	4.3	3.8	3.04	2.48	1.92
			洪量(万 m^3)					
			涨洪历时(h)					
			洪水历时(h)					
19		申家山	洪峰流量(m^3/s)	5	4.4	3.52	2.88	2.25
			洪量(万 m^3)					
			涨洪历时(h)					
			洪水历时(h)					
20		尧宇村	洪峰流量(m^3/s)	10.3	8.8	6.7	5.2	3.7
			洪量(万 m^3)	17	14	8	6	4
			涨洪历时(h)	7.5	5.75	1.75	1.25	0.75
			洪水历时(h)	15	11.75	5.5	4.5	4
21		平道	洪峰流量(m^3/s)	50.7	41.9	30.4	21.6	13.9
			洪量(万 m^3)	30	24	16	11	7
			涨洪历时(h)	3.75	2	1.75	0.75	0.75
			洪水历时(h)	10	8.25	6.5	5.5	5
22		后村	洪峰流量(m^3/s)	225	203	138	89	50.6
			洪量(万 m^3)	374	291	193	127	78
			涨洪历时(h)	4	2.5	2.5	1.5	1.5
			洪水历时(h)	16	14.5	14.5	14.5	15.5
23		前村	洪峰流量(m^3/s)	102	80.5	54.1	34.1	19
			洪量(万 m^3)	166	129	86	57	35
			涨洪历时(h)	4.5	3	2.75	2	2
			洪水历时(h)	16.25	15.25	15.5	15.75	17.25

续表 4-4-5

序号	小流域名称	行政区划名称	洪水要素	重现期洪水要素值				
				100 a($Q_{1\%}$)	50 a($Q_{2\%}$)	20 a($Q_{5\%}$)	10 a($Q_{10\%}$)	5 a($Q_{20\%}$)
24	冷口峪	马家疙瘩	洪峰流量(m^3/s)	403	322	215	141	81
			洪量(万 m^3)	533	424	290	197	126
			涨洪历时(h)	2.5	2.5	1.75	1.5	1.5
			洪水历时(h)	14.25	15.25	14.5	16.25	17.25
25	九龙沟	横东	洪峰流量(m^3/s)	203	169	125	88	55
			洪量(万 m^3)	189	147	98	65	40
			涨洪历时(h)	2	1.5	1	1	0.5
			洪水历时(h)	4.5	4	3.5	3.6	4
26		横南	洪峰流量(m^3/s)	203	169	125	88	55
			洪量(万 m^3)	189	147	98	65	40
			涨洪历时(h)	2	1.5	1	1	0.5
			洪水历时(h)	4.5	4	3.5	3.6	4
27	中董沟	东郝村	洪峰流量(m^3/s)	56	49	38	29.5	21.1
			洪量(万 m^3)	52	41	28	18	11
			涨洪历时(h)	3.25	2.25	2	0.75	0.75
			洪水历时(h)	6.75	5	4	1.25	1.25
28	紫家峪	范家沟	洪峰流量(m^3/s)	124	105	77.9	56.9	37.3
			洪量(万 m^3)	67	52	34	23	14
			涨洪历时(h)	5.5	3.5	2	1.5	1
			洪水历时(h)	12	9	6.5	5	4.5
29		楼房底	洪峰流量(m^3/s)	80	67.8	51.5	38.6	26
			洪量(万 m^3)	45	35	23	16	10
			涨洪历时(h)	3.75	2.25	2	1	1
			洪水历时(h)	7.25	6	4	3.25	3

续表 4-4-5

序号	小流域名称	行政区划名称	洪水要素	重现期洪水要素值				
				100 a($Q_{1\%}$)	50 a($Q_{2\%}$)	20 a($Q_{5\%}$)	10 a($Q_{10\%}$)	5 a($Q_{20\%}$)
30	柿树林	柿树林村	洪峰流量(m^3/s)	58	47.8	33.4	21.6	12.9
			洪量(万 m^3)	51	39	26	17	10
			涨洪历时(h)	1.5	1	1	0.5	0.5
			洪水历时(h)	4	3.5	3.5	2.5	2
31	续鲁峪	北册	洪峰流量(m^3/s)	265	184.3	102.1	56.4	28.5
			洪量(万 m^3)	616	457	281	173	98
			涨洪历时(h)	3	2.5	2.5	2	2.5
			洪水历时(h)	17	16.5	15.5	14	11
32		大交	洪峰流量(m^3/s)	356	258	143	73	50
			洪量(万 m^3)	888	658	404	248	141
			涨洪历时(h)	2	2.5	2.5	2.5	2.5
			洪水历时(h)	17.5	17.5	17	15.5	13
33		浍南	洪峰流量(m^3/s)	356	258	143	73	50
			洪量(万 m^3)	888	658	404	248	141
			涨洪历时(h)	2	2.5	2.5	2.5	2.5
			洪水历时(h)	17.5	17.5	17	15.5	13

表 4-4-6　绛县设计净雨深计算成果表

序号	小流域名称	重现期(a)	参数			主雨历时(h)	主雨雨量(mm)	净雨深(mm)	备注
			μ	S_r	K_s				
1	东晋峪村	100	6.08	21.00	1.40	14.5	195.5	124.2	
		50	6.75	21.00	1.40	12.9	165.5	98.6	
		20	8.00	21.00	1.40	10.6	126.6	67.3	
		10	5.59	21.00	1.40	8.8	98.1	45.6	
		5	11.00	21.00	1.40	6.8	70.7	28.4	
2	东贺水村	100	8.70	24.25	1.67	15.1	159.8	76.9	
		50	9.87	24.25	1.67	13.2	135.5	60.0	
		20	12.03	24.25	1.67	10.6	104.1	40.0	
		10	14.73	24.25	1.67	8.6	81.3	26.6	
		5	16.98	24.25	1.67	6.55	59.3	16.6	
3	冯村	100	9.71	26.53	1.86	14.5	186.8	96.7	
		50	10.94	26.53	1.86	12.7	157.3	74.9	
		20	13.15	26.53	1.86	10.2	119.6	49.2	
		10	15.81	26.53	1.86	8.3	92.4	32.2	
		5	17.88	26.53	1.86	6.4	66.5	19.5	
4	康家窑	100	6.03	21.00	1.40	16.7	187.2	108.5	
		50	6.77	21.00	1.40	14.3	156.2	84.8	
		20	8.16	21.00	1.40	11.2	116.9	56.5	
		10	9.20	21.00	1.40	8.8	89.1	37.5	
		5	11.50	21.00	1.40	6.6	63.0	22.9	

续表 4-4-6

序号	小流域名称	重现期(a)	参数			主雨历时(h)	主雨雨量(mm)	净雨深(mm)	备注
			μ	S_r	K_s				
5	下柏村	100	6.73	21.93	1.48	13.6	176.5	105.7	
		50	7.49	21.93	1.48	12.3	149.7	82.8	
		20	8.90	21.93	1.48	10.3	114.4	54.8	
		10	10.70	21.93	1.48	8.6	88.3	35.9	
		5	12.35	21.93	1.48	6.7	63.0	21.5	
6	石窑	100	25.74	35.50	3.35	12.8	180.3	62.7	
		50	28.96	35.50	3.35	11.8	154.5	46.6	
		20	34.48	35.50	3.35	10.2	120.2	28.6	
		10	40.93	35.50	3.35	8.7	94.3	17.6	
		5	46.94	35.50	3.35	7.0	68.5	10.0	
7	炭园河	100	32.08	39.50	3.75	12.2	170.3	50.5	
		50	35.79	39.50	3.75	11.2	145.8	37.2	
		20	41.91	39.50	3.75	9.6	113.3	22.5	
		10	48.60	39.50	3.75	8.2	89.0	13.8	
		5	54.06	39.50	3.75	6.6	64.8	7.8	
8	石娥	100	11.13	26.20	2.04	12.1	171.7	89.8	
		50	12.50	26.20	2.04	11.1	147.3	69.6	
		20	14.99	26.20	2.04	9.6	114.8	45.4	
		10	18.00	26.20	2.04	8.3	90.3	29.4	
		5	20.68	26.20	2.04	6.7	65.9	17.5	

续表 4-4-6

序号	小流域名称	重现期(a)	参数			主雨历时(h)	主雨雨量(mm)	净雨深(mm)	备注
			μ	S_r	K_s				
9	土窑上	100	6.61	22.00	1.45	13.4	188.6	119.0	
		50	7.34	22.00	1.45	12.3	161.3	94.6	
		20	8.67	22.00	1.45	10.6	125.2	64.1	
		10	10.36	22.00	1.45	9.0	98.0	43.0	
		5	11.87	22.00	1.45	7.2	71.1	26.3	
10	柳泉	100	6.74	22.00	1.45	12.7	180.7	114.0	
		50	7.48	22.00	1.45	11.8	155.4	90.6	
		20	8.83	22.00	1.45	10.4	121.4	61.4	
		10	10.57	22.00	1.45	9.0	95.6	41.0	
		5	12.13	22.00	1.45	7.3	69.8	25.0	
11	杈把沟	100	7.19	22.00	1.45	14.6	160.7	87.5	
		50	8.22	22.00	1.45	12.6	135.9	69.3	
		20	10.19	22.00	1.45	10.0	104.2	47.2	
		10	12.72	22.00	1.45	8.0	81.4	32.1	
		5	14.87	22.00	1.45	6.1	59.5	20.5	
12	槐泉村	100	6.43	22.61	1.51	21.3	193.4	93.5	
		50	7.20	22.61	1.51	18.1	160.7	71.9	
		20	8.65	22.61	1.51	13.9	119.8	46.8	
		10	10.54	22.61	1.51	10.9	90.6	30.3	
		5	12.38	22.61	1.51	7.9	63.5	18.2	

续表 4-4-6

序号	小流域名称	重现期(a)	参数			主雨历时(h)	主雨雨量(mm)	净雨深(mm)	备注
			μ	S_r	K_s				
13	西沟	100	3.87	8.94	1.45	24.0	232.0	146.1	
		50	4.07	8.94	1.45	21.0	194.6	117.5	
		20	4.40	8.94	1.45	16.4	145.3	82.4	
		10	4.82	8.94	1.45	12.9	109.8	58.1	
		5	5.26	8.94	1.45	9.3	76.3	37.5	
14	五亩地	100	5.88	22.00	1.45	24.0	229.9	121.8	
		50	6.60	22.00	1.45	20.8	192.2	94.3	
		20	8.01	22.00	1.45	16.2	143.1	61.9	
		10	10.00	22.00	1.45	12.6	107.8	40.5	
		5	12.35	22.00	1.45	9.0	74.7	24.2	
15	南坡	100	6.25	21.71	1.43	15.9	187.3	109.3	
		50	6.91	21.71	1.43	14.3	159.4	86.3	
		20	8.12	21.71	1.43	11.9	122.9	58.0	
		10	9.61	21.71	1.43	9.9	95.8	38.8	
		5	10.89	21.71	1.43	7.8	69.2	23.7	
16	西坡	100	6.16	21.71	1.44	18.5	182.0	95.6	
		50	6.90	21.71	1.44	15.8	152.4	74.6	
		20	8.28	21.71	1.44	12.3	114.9	49.6	
		10	10.04	21.71	1.44	9.8	88.1	32.9	
		5	11.64	21.71	1.44	7.3	62.9	20.3	

续表 4-4-6

序号	小流域名称	重现期(a)	参数			主雨历时(h)	主雨雨量(mm)	净雨深(mm)	备注
			μ	S_r	K_s				
17	南官庄								经验公式法
18	郭家庄								经验公式法
19	申家山								经验公式法
20	尧宇村	100	3.42	18.55	1.25	20.0	198.4	133.01	
		50	3.61	18.55	1.25	17.0	165.8	108.19	
		20	6.48	18.55	1.25	13.1	124.6	63.53	
		10	7.97	18.55	1.25	10.2	95.2	43.52	
		5	9.52	18.55	1.25	7.4	67.9	27.78	
21	平道	100	6.13	22.00	1.45	21.3	217.4	118.80	
		50	6.89	22.00	1.45	18.1	181.8	93.33	
		20	8.36	22.00	1.45	14.0	136.8	62.88	
		10	10.29	22.00	1.45	11.0	104.7	42.36	
		5	12.15	22.00	1.45	8.1	74.7	26.55	

续表 4-4-6

序号	小流域名称	重现期(a)	参数			主雨历时(h)	主雨雨量(mm)	净雨深(mm)	备注
			μ	S_r	K_s				
22	后村	100	5.99	22.00	1.45	21.6	207.1	108.2	
		50	6.69	22.00	1.45	18.5	173.2	84.2	
		20	8.02	22.00	1.45	14.5	130.0	55.7	
		10	9.77	22.00	1.45	11.4	99.1	36.8	
		5	11.53	22.00	1.45	8.3	70.0	22.5	
23	前村	100	6.01	22.00	1.45	21.6	211.2	111.9	
		50	6.72	22.00	1.45	18.5	176.6	87.2	
		20	8.07	22.00	1.45	14.4	132.5	57.9	
		10	9.88	22.00	1.45	11.4	100.9	38.3	
		5	11.72	22.00	1.45	8.3	71.3	23.5	
24	马家疙瘩	100	6.68	21.02	1.39	12.1	135.3	74.5	
		50	7.46	21.02	1.39	11.0	116.6	59.2	
		20	8.87	21.02	1.39	9.2	91.8	40.5	
		10	10.65	21.02	1.39	7.8	73.2	27.6	
		5	12.15	21.02	1.39	6.2	54.6	17.6	
25	横东	100	8.46	23.78	1.63	13.8	149.0	73.2	
		50	9.57	23.78	1.63	12.2	126.8	57.1	
		20	11.63	23.78	1.63	9.9	98.0	37.9	
		10	14.24	23.80	1.63	8.1	76.7	25.1	
		5	16.57	23.78	1.63	6.3	56.0	15.6	

续表 4-4-6

序号	小流域名称	重现期(a)	参数			主雨历时(h)	主雨雨量(mm)	净雨深(mm)	备注
			μ	S_r	K_s				
26	横南	100	8.46	23.78	1.63	13.8	149.0	73.2	
		50	9.57	23.78	1.63	12.2	126.8	57.1	
		20	11.63	23.78	1.63	9.9	98.0	37.9	
		10	14.24	23.80	1.63	8.1	76.7	25.1	
		5	16.57	23.78	1.63	6.3	56.0	15.6	
27	东郝村	100	6.27	21.00	1.40	13.5	164.7	97.92	
		50	6.98	21.00	1.40	12.2	140.2	77.15	
		20	8.32	21.00	1.40	10.1	108.0	51.83	
		10	10.11	21.00	1.40	8.4	83.9	34.55	
		5	11.94	21.00	1.40	6.5	60.4	21.24	
28	范家沟	100	5.85	22.00	1.45	23.3	235.7	129.53	
		50	6.54	22.00	1.45	19.7	195.5	100.85	
		20	7.87	22.00	1.45	15.1	144.9	66.83	
		10	9.62	22.00	1.45	11.7	109.3	44.27	
		5	11.36	22.00	1.45	8.5	76.5	27.06	
29	楼房底	100	6.15	22.00	1.45	19.9	214.0	120.31	
		50	6.90	22.00	1.45	17.0	178.8	94.25	
		20	8.33	22.00	1.45	13.2	134.1	63.07	
		10	10.22	22.00	1.45	10.4	102.3	42.15	
		5	12.05	22.00	1.45	7.7	72.5	26.08	

续表 4-4-6

序号	小流域名称	重现期(a)	参数			主雨历时(h)	主雨雨量(mm)	净雨深(mm)	备注
			μ	S_r	K_s				
30	柿树林村	100	12.62	27.00	1.90	16.4	158.0	62.80	
		50	14.96	27.00	1.90	13.9	132.5	48.36	
		20	19.73	27.00	1.90	10.7	100.2	31.66	
		10	26.49	27.00	1.90	8.3	77.1	20.75	
		5	33.60	27.00	1.90	6.1	55.5	12.84	
31	北册	100	20.64	32.71	2.96	22.4	194.6	46.94	
		50	22.94	32.71	2.96	18.3	158.2	34.84	
		20	26.90	32.71	2.96	13.4	114.3	21.51	
		10	31.28	32.71	2.96	10.0	84.5	13.32	
		5	33.99	32.71	2.96	7.0	58.1	7.65	
32	大交	100	18.63	32.03	2.82	22.5	191.5	47.70	
		50	20.74	32.03	2.82	18.3	155.5	35.38	
		20	24.40	32.03	2.82	13.4	112.4	21.79	
		10	28.47	32.03	2.82	10.0	83.1	13.46	
		5	31.07	32.03	2.82	7.0	57.0	7.71	
33	浍南	100	18.63	32.03	2.82	22.5	191.5	47.70	
		50	20.74	32.03	2.82	18.3	155.5	35.38	
		20	24.40	32.03	2.82	13.4	112.4	21.79	
		10	28.47	32.03	2.82	10.0	83.1	13.46	
		5	31.07	32.03	2.82	7.0	57.0	7.71	

表 4-4-7　绛县防洪现状评价成果表

序号	行政区划名称	防洪能力(a)	极高危险区(小于 5 年一遇)		高危险区(5 ~ 20 年一遇)		危险区(大于 20 年一遇)	
			人口(人)	房屋(座)	人口(人)	房屋(座)	人口(人)	房屋(座)
1	康家窑	9			8		14	
2	下柏村	5	8		4		14	
3	石窑	<5	7		14		14	
4	炭园河	<5	5					
5	石娥	77					3	
6	土窑上	49					9	
7	西沟	14			4			
8	南坡	<5	12					
9	尧宇村	<5	5					
10	平道	5	3				10	
11	后村	<5	25		38		41	
12	马家疙瘩	40					25	
13	横东	<5	147		85			
14	横南	<5	10		28		96	
15	大交	18			5		24	

4.2.5　预警指标分析成果

绛县的 33 个重点防治区都进行了雨量预警指标的确定。绛县预警指标分析成果表见表 4-4-8。

表 4-4-8　绛县预警指标分析成果表

序号	行政区划名称	类别	致灾暴雨频率(%)	B_0	时段	预警指标(mm)		临界雨量(mm)	方法
						准备转移	立即转移		
1	东晋峪村	雨量	1	0	0.5 h	47.9	68.4	68.4	同频率法
					1 h	68.4	91.2	91.2	
2	东贺水村	雨量	5	0	0.5 h	30.4	43.4	43.4	同频率法
					1 h	43.4	57.9	57.9	
3	冯村	雨量	9	0	0.5 h	28.5	40.7	40.7	同频率法
					1 h	40.7	54.3	54.3	
4	康家窑	雨量	11	0	0.5 h	30.6	43.7	43.7	流域模型法
					1 h	43.7	74.0	74.0	
				0.3	0.5 h	27.7	39.6	39.6	
					1 h	39.6	67.9	67.9	
				0.6	0.5 h	24.6	35.1	35.1	
					1 h	35.1	62.3	62.3	
5	下柏村	雨量	20	0	0.5 h	25.0	35.7	35.7	流域模型法
					1 h	35.7	54.6	54.6	
				0.3	0.5 h	21.9	31.3	31.3	
					1 h	31.3	48.4	48.4	
				0.6	0.5 h	18.8	26.9	26.9	
					1 h	26.9	42.3	42.3	

续表 4-4-8

序号	行政区划名称	类别	致灾暴雨频率(%)	B_0	时段	预警指标(mm)		临界雨量(mm)	方法
						准备转移	立即转移		
6	石窑	雨量	<20	0	0.5 h	41.3	59.1	59.1	流域模型法
					1 h	59.1	71.2	71.2	
				0.3	0.5 h	36.4	52.0	52.0	
					1 h	52.0	62.3	62.3	
				0.6	0.5 h	31.4	44.9	44.9	
					1 h	44.9	52.3	52.3	
7	炭园河	雨量	<20	0	0.5 h	35.0	50.0	50.0	流域模型法
					1 h	50.0	61.6	61.6	
					2 h	70.2	76.4	76.4	
				0.3	0.5 h	30.6	43.8	43.8	
					1 h	43.8	52.9	52.9	
					2 h	60.3	66.3	66.3	
				0.6	0.5 h	25.8	36.9	36.9	
					1 h	36.9	44.2	44.2	
					2 h	49.6	55.0	55.0	
8	石娥	雨量	<5	0	0.5 h	61.7	88.2	88.2	流域模型法
					1 h	88.2	99.3	99.3	
				0.3	0.5 h	57.2	81.7	81.7	
					1 h	81.7	90.4	90.4	
				0.6	0.5 h	54.1	77.3	77.3	
					1 h	77.3	83.7	83.7	

续表 4-4-8

序号	行政区划名称	类别	致灾暴雨频率(%)	B_0	时段	预警指标(mm)		临界雨量(mm)	方法
						准备转移	立即转移		
9	土窑上	雨量	2	0	0.5 h	55.4	79.1	79.1	流域模型法
					1 h	79.1	99.1	99.1	
				0.3	0.5 h	52.1	74.4	74.4	
					1 h	74.4	92.4	92.4	
				0.6	0.5 h	48.8	69.7	69.7	
					1 h	69.7	85.7	85.7	
10	柳泉	雨量	2	0	0.5 h	42.7	61.0	61.0	同频率法
					1 h	61.0	81.3	81.3	
11	杈把沟	雨量	2	0	0.5 h	36.1	51.5	51.5	同频率法
					1 h	51.5	68.7	68.7	
12	槐泉村	雨量	3	0	0.5 h	35.9	51.2	51.2	同频率法
					1 h	51.2	68.3	68.3	
					2 h	68.3	92.1	92.1	
					3 h	92.1	111.0	111.0	
13	西沟	雨量	7	0	0.5 h	53.3	76.2	76.2	流域模型法
					1 h	76.2	90.2	90.2	
				0.3	0.5 h	50.0	71.5	71.5	
					1 h	71.5	83.5	83.5	
				0.6	0.5 h	46.7	66.7	66.7	
					1 h	66.7	76.8	76.8	

续表 4-4-8

序号	行政区划名称	类别	致灾暴雨频率(%)	B_0	时段	预警指标(mm)		临界雨量(mm)	方法
						准备转移	立即转移		
14	五亩地	雨量	3	0	0.5 h	37.4	53.4	53.4	同频率法
					1 h	53.4	71.2	71.2	
15	南坡	雨量	<20	0	0.5 h	29.4	38.5	38.5	同频率法
					1 h	38.5	44.8	44.8	
					2 h	49.6	53.3	53.3	同频率法
16	西坡	雨量	1	0	0.5 h	46.1	65.9	65.9	
					1 h	65.9	87.9	87.9	同频率法
					2 h	87.9	118.5	118.5	
17	南官庄	雨量	5	0	0.5 h	32.1	45.9	45.9	同频率法
					1 h	45.9	61.2	61.2	
18	郭家庄	雨量	2	0	0.5 h	41.5	59.3	59.3	同频率法
					1 h	59.3	79.0	79.0	
19	申家山	雨量	2	0	0.5 h	38.3	54.7	54.7	同频率法
					1 h	54.7	72.9	72.9	
20	尧宇村	雨量	<20	0	0.5 h	19.8	28.3	28.3	流域模型法
					1 h	28.3	35.6	35.6	
				0.3	0.5 h	16.5	23.6	23.6	
					1 h	23.6	35.6	35.6	
				0.6	0.5 h	13.2	18.9	18.9	
					1 h	18.9	26.7	26.7	

续表 4-4-8

序号	行政区划名称	类别	致灾暴雨频率(%)	B_0	时段	预警指标(mm)		临界雨量(mm)	方法
						准备转移	立即转移		
21	平道	雨量	20	0	0.5 h	34.7	49.6	49.6	流域模型法
					1 h	49.6	62.3	62.3	
				0.3	0.5 h	31.4	44.9	44.9	
					1 h	44.9	53.4	53.4	
				0.6	0.5 h	28.1	40.2	40.2	
					1 h	40.2	49.0	49.0	
22	后村	雨量	<20	0	0.5 h	44.6	63.8	63.8	流域模型法
					1 h	63.8	72.9	72.9	
				0.3	0.5 h	41.8	59.6	59.6	
					1 h	59.6	66.8	66.8	
				0.6	0.5 h	38.4	54.9	54.9	
					1 h	54.9	60.1	60.1	
23	前村	雨量	1	0	0.5 h	45.8	65.4	65.4	同频率法
					1 h	65.4	87.2	87.2	
					2 h	87.2	117.5	117.5	
					3 h	117.5	141.8	141.8	
24	马家疙瘩	雨量	3	0	0.5 h	51.3	73.2	73.2	流域模型法
					1 h	73.2	81.5	81.5	
				0.3	0.5 h	48.0	68.5	68.5	
					1 h	68.5	75.1	75.1	
				0.6	0.5 h	44.9	64.1	64.1	
					1 h	64.1	69.0	69.0	

续表 4-4-8

序号	行政区划名称	类别	致灾暴雨频率(%)	B_0	时段	预警指标(mm)		临界雨量(mm)	方法
						准备转移	立即转移		
25	横东	雨量	<20	0	0.5 h	17.4	24.8	24.8	流域模型法
					1 h	24.8	34.5	34.5	
				0.3	0.5 h	14.6	20.8	20.8	
					1 h	20.8	29.5	29.5	
				0.6	0.5 h	11.6	16.5	16.5	
					1 h	16.5	23.9	23.9	
26	横南	雨量	<20	0	0.5 h	21.9	31.3	31.3	流域模型法
					1 h	31.3	44.8	44.8	
				0.3	0.5 h	19.0	27.2	27.2	
					1 h	27.2	39.0	39.0	
				0.6	0.5 h	15.7	22.4	22.4	
					1 h	22.4	32.8	32.8	
27	东郝村	雨量	2	0	0.5 h	35.3	50.4	50.4	
					1 h	50.4	67.2	67.2	
28	范家沟	雨量	2	0	0.5 h	42.5	60.8	60.8	同频率法
					1 h	60.8	81.0	81.0	
29	楼房底	雨量	2	0	0.5 h	42.6	60.9	60.9	同频率法
					1 h	60.9	81.2	81.2	
30	柿树林村	雨量	3	0	0.5 h	28.2	40.4	40.4	同频率法
					1 h	40.4	53.8	53.8	

续表 4-4-8

序号	行政区划名称	类别	致灾暴雨频率(%)	B_0	时段	预警指标(mm)		临界雨量(mm)	方法
						准备转移	立即转移		
31	北册	雨量	2	0	0.5 h	29.2	41.7	41.7	同频率法
					1 h	41.7	55.6	55.6	
					2 h	55.6	75.0	75.0	
					3 h	75.0	90.4	90.4	
					6 h	90.4	139.6	139.6	
32	大交	雨量	5	0	0.5 h	32.6	46.5	46.5	流域模型法
					1 h	46.5	54.5	54.5	
					2 h	60.3	65.0	65.0	
					3 h	68.8	73.1	73.1	
					6 h	87.9	90.8	90.8	
				0.3	0.5 h	29.3	41.9	41.9	
					1 h	41.9	48.1	48.1	
					2 h	53.3	57.6	57.6	
					3 h	61.2	64.7	64.7	
					6 h	78.3	80.8	80.8	
				0.6	0.5 h	25.5	36.4	36.4	
					1 h	36.4	41.7	41.7	
					2 h	45.9	49.2	49.2	
					3 h	52.1	55.6	55.6	
					6 h	67.7	69.7	69.7	
33	浍南	雨量	16	0	0.5 h	34.7	49.6	49.6	同频率法
					1 h	49.6	59.8	59.8	
					2 h	67.2	74.4	74.4	
					3 h	79.9	85.2	85.2	
					6 h	106.4	109.6	109.6	

运城市山洪灾害评价与防控研究

（下册）

宋晋华　孙西欢　主编

黄河水利出版社

·郑州·

目　录

前　言

（上　册）

第1篇　运城市山洪灾害评价

第1章　运城市基本情况 …………………………………………………… (3)
第2章　运城市暴雨洪水特征研究 ……………………………………… (43)
第3章　运城市山洪灾害防治概况 ……………………………………… (51)
第4章　运城市山洪灾害分析评价基础工作 …………………………… (57)
第5章　运城市设计暴雨分析 …………………………………………… (60)
第6章　运城市设计洪水分析 …………………………………………… (69)
第7章　运城市山洪灾害评价分析 ……………………………………… (81)
第8章　运城市山洪灾害预警指标 ……………………………………… (87)

第2篇　运城市山洪灾害防控研究

第1章　山洪灾害防治现状 ……………………………………………… (95)
第2章　监测预警系统建设 ……………………………………………… (98)
第3章　群测群防的组织体系建设 …………………………………… (127)
第4章　山洪灾害应急 ………………………………………………… (131)
第5章　运城市防洪能力区划研究 …………………………………… (149)

第3篇　典型县(闻喜县)山洪灾害评价与防控研究

第1章　闻喜县基本情况 ……………………………………………… (153)
第2章　分析评价基础工作 …………………………………………… (161)
第3章　设计暴雨计算 ………………………………………………… (172)
第4章　设计洪水分析 ………………………………………………… (221)
第5章　防洪现状评价 ………………………………………………… (279)
第6章　预警指标分析 ………………………………………………… (316)
第7章　危险区图绘制 ………………………………………………… (340)
第8章　山洪灾害非工程措施防御预案 ……………………………… (341)

第4篇　各县(市、区)山洪灾害评价与防控研究

第1章　盐湖区 ………………………………………………………… (353)
第2章　永济市 ………………………………………………………… (430)
第3章　河津市 ………………………………………………………… (550)
第4章　绛　县 ………………………………………………………… (612)

(下　册)

第5章　夏　县 ………………………………………………………… (673)
第6章　新绛县 ………………………………………………………… (816)
第7章　稷山县 ………………………………………………………… (896)
第8章　芮城县 ………………………………………………………… (999)
第9章　临猗县 ………………………………………………………… (1070)
第10章　万荣县 ……………………………………………………… (1129)
第11章　垣曲县 ……………………………………………………… (1156)
第12章　平陆县 ……………………………………………………… (1232)

参考文献 ……………………………………………………………… (1393)

第5章　夏县

5.1　夏县基本情况概述

5.1.1　地理位置

夏县位于山西省南部,运城盆地北部,南接平陆,西邻运城,北连闻喜和垣曲,东南隔黄河与河南省相望。地理坐标位置东经 111°01′~111°40′、北纬 34°56′~35°18′。全县总面积为 1 352.7 km^2,大体称为“一丘二川七分山”,其中山区面积为 874.9 km^2,占总面积的 64.7%,丘陵区面积 130 km^2,占总面积的 9.6%,平川面积 347.8 km^2,占总面积的 25.7%。夏县地理位置示意图如图 4-5-1 所示。

5.1.2　社会经济

夏县共辖 6 镇 5 乡(瑶峰镇、水头镇、裴介镇、庙前镇、埝掌镇、泗交镇,禹王乡、尉郭乡、胡张乡、南大里乡、祁家河乡),257 个行政村,总人口 36.04 万人(2014 年)。其中农业人口 26.56 万人,总耕地面积 60 万亩。全县土地肥沃,气候温和,物产丰富,盛产小麦、棉花,是山西省重要的粮棉生产基地。生产总值 129 169 万元,其中:第一产业 38 724 万元,第二产业 41 704 万元,第三产业 48 741 万元。

5.1.3　河流水系

夏县河流分三个水系,即黄河支流水系、姚暹渠水系、涑水河水系。

5.1.3.1　黄河支流水系

以中条山分水岭为界,以东部分的河沟注入黄河,较大河流有清水河、泗交河、太宽河。

(1)清水河:位于夏县城北 40 km 的中条山区。发源于泗交镇东西交口一带,河流走向由西北向东南经曹家庄、温峪、架桑进入垣曲县境内,最终汇入黄河。该河流全长 36 km,夏县境内 21.8 km,平均流域宽度 5.24 km,流域面积 71.9 km^2。河床纵坡 19.1‰,糙率为 0.033,本流域为土石山区,岩石属奥陶纪和前震旦纪,覆盖较好,上游为灌木,中游山坡杂草丛生,局部岩石裸露。

(2)泗交河:泗交河发源于泗交镇西沟村,经泗交镇与王家河、南河、法河汇流,由西向

图 4-5-1　夏县地理位置示意图

东南流经泗交、下唐回、麻岔等村至祁家河乡旗杆岭附近入黄河。该河总长度 75 km,流域面积 342.25 km^2。河床平均纵坡 20.5‰,属土石山区,糙率为 0.033。流域两岸出露下元界中条山群的云母石英岩及大理岩,夹薄层细岩。河床以漂卵石为主,峰多林广,覆盖较好。

(3)太宽河:太宽河位于夏县东南 25 km 中条山迎水坡面的深山区。发源于泗交镇野庙滩,河流走向由西北向东南,经柳仙洞、下秦涧、五龙庙、黑龙潭进入平陆境内流入黄河。海拔 1 520 m,较大一级支流干沟长 6 km,流域面积 22.3 km^2,河道纵坡 11‰,沿河出露下元古界中条山群余家山组白云质大理岩、板岩、片岩及各种花岗岩、片麻岩。山高坡陡,悬崖峭壁,地势险要,覆盖良好,属森林石山区,河道为"V"字形,河床较稳定,糙率为 0.033。

5.1.3.2　姚暹渠水系

中条山分水岭以西部分的河沟,县城以北的诸河汇入青龙河,县城以南的诸河汇入姚暹渠,二者于苦池水库汇流经永济入伍姓湖。主要河流有青龙河、红沙河、白沙河、姚暹渠。

(1)青龙河:青龙河发源于闻喜县裴社乡铁牛峪,向西南流入夏县境内,经东下冯、上董、楼底、禹王、师冯等村入苦池水库。河流长 26 km,控制流域面积 236.21 km^2,其中土石山区 102.66 km^2,黄土丘陵区 133.55 km^2。

(2)红沙河:县境全长 19.83 km,流域面积 67.03 km^2,流经瑶峰镇,汇入青龙河。

(3)白沙河:发源于泗交镇瓦沟,向西经大庙乡汇集九沟十八岔溪流于城关镇樊家峪村入白沙河水库再向西于瑶台出巫咸(前名巫咸河),再向西经县城南关入中留水库转向西南,经禹王乡秦家埝、东浒村等于师冯滩汇入青龙河,向南流经运城市苦池水库,注入永济伍姓湖。县境全长 40 km,流域面积 72.7 km^2,清水流量 0.37 m^3/s,历史上最大洪峰 596 m^3/s。

(4)姚暹渠:姚暹渠发源于夏县的王峪口沟,沿中条山汇集寺沟、柳沟、史家峪、刁崖河、元沟、赤峪河等 7 条河沟的来水,经苦池水库流经运城。姚暹渠夏县段位于渠首,长 22.8 km,流经庙前、瑶峰、裴介 3 镇,该段落差 99.76 m,平均纵坡 3.5‰,集雨面积 109.43 km^2。

5.1.3.3　涑水河水系

涑水河发源于绛县的陈村峪,经闻喜由夏县沙流村流入境内,途经胡张、水头 2 个乡(镇),由西张村出境入盐湖区,最后经临猗,在永济独头附近入黄河。全长 195 km,流域面积 5 774 km^2,其中在夏县境内流长 15.1 km,流域面积 27.5 km^2,平均纵坡 12.7‰,历史最大洪峰 320 m^3/s。

夏县主要河流基本情况见表 4-5-1。

5.1.4　水文气象

夏县属半干旱大陆性季风气候,多年平均降雨量 555.8 mm。每年 10 月至次年 5 月多西北风,降雨少;汛期 6 ~ 9 月多东南风,降雨集中且多暴雨,占全年降雨量的 60% ~

70%。年蒸发量为 1 965.1 mm,最高气温 38.1 ℃,平均气温 13.1 ℃,相对空气湿度 64.3%,最大风速 17 m/s,初霜期 10 月 12 日前后,终霜期 3 月底左右,无霜期 205 d。

表 4-5-1　夏县主要河流基本情况表

编号	河流名称	河流级别	上级河流名称	流域面积(km^2)	河长(km)	比降(‰)
1	青龙河	3	姚暹渠	236.21	26	18.7
2	红沙河	4	青龙河	67.03	19.83	40.9
3	白沙河	4	青龙河	72.7	40	8.6
4	姚暹渠	2	涑水河	109.43	22.8	3.5
5	清水河	1	黄河	71.9	21.8	19.1
6	泗交河	1	黄河	342.25	75	20.5
7	太宽河	1	黄河	110	31	11

5.1.5　历史山洪灾害

山洪灾害是县域发生频次最高、危害最大的自然灾害。山洪灾害多源于暴雨,其灾害程度取决于暴雨的强度。夏县 6~9 月暴雨较多,灾害频繁。新中国成立后发生大的山洪灾害年份有 1956、1958、1971、1977、1996、1998、2001、2003、2007 年。

1956 年 7 月 17 日 13 时,中条山前沿的涧张、西村、虎庙等忽降暴雨,致使刁崖河、赤峪河、史家峪等河沟山洪暴发,泄入姚暹渠,小吕水库垮坝,淹没小吕、郭村、姚村等农田 1 000余亩,冲毁郭村房屋 200 余间,损失粮食 20 余万 kg。

1958 年 7 月 17 日 10 时 23 分,白沙河洪峰达 596 m^3/s,超过安全泄量 130 m^3/s 的 3.5 倍,造成河堤决口 15 处,其中桥下街处溃堤 40 余 m,洪水冲入桥下街,使其变成一片汪洋,房屋财产全被淹没。

1971 年 6 月 28 日下午 1 时,中条山前沿一带 2 h 降雨量达 87 mm,山洪暴发,洪水泛滥,沿山的寺儿河、洞崖河、横洛渠、赤峪河等河沟洪水都达到甚至超过历史最高洪峰,赤峪河洪峰达 85 m^3/s,是 1958 年最大洪峰 35 m^3/s 的两倍多,洪水超过赤峪水库大坝 0.5 m,漫坝达 5 h。水磨沟洪峰达 207 m^3/s,直接进入横洛渠,造成横洛渠决堤 4 处,洪水直冲郭道村,水深达 1 m 多,户户进了水,家家遭了水灾。

1977 年 7 月 29 日晚,姚暹渠超过其安全泄量,中游地段石桥庄村处发生决堤 40 余 m,致使洪水全部冲入大吕盆地。

1996 年 7 月 12 日下午 6 时半至 7 时半,夏县突降暴雨,平均降雨量 27.2 mm,特别是埝掌、郭道前山沿及中条山腹地、泗交镇 0.5 h 降雨 50 mm。6 月以来,全县平均降雨量达 200 mm,土壤饱和,河道山洪暴发,南北晋河洪峰 48 m^3/s,河堤决口 5 处长 100 余 m;横洛渠洪峰 30 m^3/s,郭道中学段决口,学校 14 间房屋被毁,100 余 m 围墙倒塌;寺儿河洪峰 42 m^3/s,冲毁河堤 1 000 m,损坏房屋 20 间,冲走大牲畜 10 头,羊 109 只,倒塌围墙 100 m,农作物受灾面积 17 400 亩,冲毁柏油路 50 余 m,冲毁路肩 800 m,经济损失1 000 万元,其中水利设施损失 350 万元。

1998 年 7 月 15 日,夏县泗交、埝掌等乡(镇)遭暴雨袭击,40 min 降雨 50 mm,全县河流洪水暴涨,其中,泗交河最大洪峰流量 350 m^3/s。全县共倒塌房屋 208 间,损坏房屋 400 间。农作物受灾面积 4 万亩,其中经济作物 0.86 万亩;农作物成灾面积 3.5 万亩,其中经济作物 0.72 万亩;农作物绝收面积 0.5 万亩,其中经济作物 0.14 万亩;减产粮食 5 000 t,其中损失粮食 390 t。死亡牲畜 11 头,损坏堤防 4 km,堤防决口 14 处,长度 2 000 m,冲毁桥涵 6 座,毁坏路基 46 km,造成经济损失 1 236 万元。

2001 年 8 月 1 日,夏县突降暴雨,随后冰雹从天而降,南大里乡遭到持续 20 min 的冰雹袭击,全乡 17 个村,就有 15 个自然村遭受了雹灾,受灾人口 1.5 万人,受灾面积 2.9 万亩,直接经济损失 571 万元,冲毁上董村桥涵一座,损失 15 万元,造成总损失 586 万元。

2003 年汛期雨水较多,7 月 7 日中条山腹地突降暴雨,历时 50 min,降雨达 44 mm,致使瑶峰、尉郭、裴介、南大里等乡(镇)15 个村遭受洪水袭击,5 140 亩良田淹没,130 间房屋倒塌,冲没小麦 3.15 万 kg,死亡 2 人,直接经济损失达 1 500 万元。

2007 年 7 月 29 日至 7 月 30 日凌晨 5 时,夏县 11 个乡(镇)遭受特大暴雨袭击,特别是泗交、祁家河两个山区乡(镇)24 h 降雨量达 150 mm 和 300 mm。共造成 2 人死亡,2 人失踪。农作物受灾面积 3.8 万亩,直接经济损失 9 800 万元;倒塌房屋 2 570 间、窑洞 93 孔,构成危房 3 200 间,冲毁成材林 30 万株、粮食 130 余 t,另外还有摩托车、三轮车,大牲畜等,直接经济损失 4 020 万元;损毁河堤 52 170 m,直接经济损失 2 878 万元;小水电损失 533.9 万元,其他水利损失 223.7 万元;冲毁塘坝、桥涵 98 座,损失 532 万元;冲毁道路 261 km、公路桥涵 24 座,直接经济损失 5 301 万元;通信、电力光缆损失 65 万元;全县总损失 2.33 亿元。

5.2　夏县山洪灾害分析评价成果

5.2.1　分析评价名录确定

夏县 79 个重点防治区名录见表 4-5-2。其中包括小流域面积、主沟道长度及比降、产流地类、汇流地类。

5.2.2　设计暴雨成果表

夏县的 79 个重点防治区都进行了设计暴雨的推求,设计暴雨计算成果表、设计暴雨时程分配表分别见表 4-5-3、表 4-5-4。

5.2.3　设计洪水成果表

夏县的 79 个重点防治区都进行了设计洪水的推求,设计洪水成果表、设计净雨深计算成果表分别见表 4-5-5、表 4-5-6。

表 4-5-2　夏县小流域基本信息汇总表

序号	小流域名称	行政区划名称	面积(km^2)	主沟道长度(km)	主沟道比降(‰)	产流地类(km^2)							汇流地类(km^2)			
						变质岩森林山地	变质岩土石山区	变质岩灌丛山地	砂页岩灌丛山地	耕种平地	黄土丘陵阶地	灰岩灌丛山地	森林山地	草坡山地	灌丛山地	黄土丘陵
1	青龙河	孟家村	14.56	2.62	54.50	5.16	0.29	9.11					5.17	1.26	8.13	
2		探马沟村	7.45	2.29	69.34	0.30	0.88	6.26						2.64	4.81	
3		上冯村	2.76	3.34	37.04		1.81			0.95				1.52		1.24
4		东下冯村	50.21	15.42	33.94	11.67	3.36	14.77		4.93	15.48		11.38	4.37	13.24	21.22
5		北晋村	19.43	6.24	43.78		7.06	12.37						10.45	8.98	
6		上董村	119.39	22.81	26.60	11.93	22.81	33.44		35.06	16.15		11.84	28.35	26.48	52.72
7		小王村	8.12	1.86	48.75		6.79			1.33				6.66		1.46
8		南郭村	9.32	1.08	45.05		6.79			2.53				6.69		2.62
9		上辛庄村	11.68	2.92	36.12		6.79			4.89				6.69		4.99
10		大洋村	16.06	3.68	38.21		11.70	1.77		2.59				12.59	0.75	2.72
11		苏庄村	32.22	5.05	25.24		18.52	1.77		11.93				19.26	0.75	12.21
12		尉郭村	35.08	7.43	16.71		20.29			14.79				19.38	0.74	14.97
13		周村	6.85	5.53	49.33		4.19			2.66				4.05		2.81
14		郭道村	16.60	6.62	45.61		9.39	5.91		1.30				5.86	9.39	1.35
15		苗村	27.56	8.87	28.26		14.02	9.77		3.78				10.07	13.59	3.91

续表 4-5-2

序号	小流域名称	行政区划名称	面积(km^2)	主沟道长度(km)	主沟道比降(‰)	产流地类(km^2)							汇流地类(km^2)			
						变质岩森林山地	变质岩土石山区	变质岩灌丛山地	砂页岩灌丛山地	耕种平地	黄土丘陵阶地	灰岩灌丛山地	森林山地	草坡山地	灌丛山地	黄土丘陵
16	红沙河	上北师村	1.56	1.62	48.25		1.26			0.31			1.21			0.35
17		下北师村	23.30	11.12	42.33		15.43	4.82		3.06				11.84	8.27	3.20
18		吴家峪	9.54	0.79	41.60		9.54							9.54		
19		北山底村	10.86	2.12	38.10		10.86							9.09	1.77	
20		挪过村	21.77	4.18	34.22		19.02			2.75				12.91	6.00	2.86
21	白沙河	后西洛	6.38	0.67	36.60	6.38							6.38			
22		涧底河村	17.88	4.87	24.15	11.01	2.04	4.84					11.40		6.48	
23	姚暹渠	南坡地村	28.47	13.43	35.98	6.31	22.16						9.91		18.56	
24		堡尔村	70.91	15.01	0.38	8.35	49.48	3.94		9.14			12.20		47.73	10.98
25		赤峪村	8.19	3.09	37.23		8.19								7.90	0.29
26		上留村	8.69	3.53	26.76		7.93			0.77					7.91	0.78
27		埝底村	5.81	5.03	60.97		3.86			1.96					3.80	2.01

续表 4-5-2

序号	小流域名称	行政区划名称	面积(km^2)	主沟道长度(km)	主沟道比降(‰)	产流地类(km^2)							汇流地类(km^2)			
						变质岩森林山地	变质岩土石山区	变质岩灌丛山地	砂页岩灌丛山地	耕种平地	黄土丘陵阶地	灰岩灌丛山地	森林山地	草坡山地	灌丛山地	黄土丘陵
28	清水河	西交口	3.66	1.50	98.72	2.43		1.23					2.52		1.14	
29		曹家庄村	19.11	5.08	21.20	8.78		10.33					9.09		10.02	
30		张家坪	36.60	10.79	17.82	12.96		23.64					12.74		23.86	
31		樊家沟	0.83	0.70	35.54	0.33		0.50					0.30		0.53	
32		上圪马沟	12.87	2.60	27.64	8.20		4.68					7.84		5.04	
33		下圪马沟	20.17	4.52	24.03	10.54		9.63					9.59		10.58	
34		温峪村	74.89	11.58	16.91	38.10		36.79					37.73		37.16	
35		王家圪塔	10.75	2.20	21.14	10.75							10.75			
36		架桑村	92.78	17.35	15.80	55.13		37.65					55.24		37.54	
37		马家匣	3.22	0.55	68.79	3.22							3.22			
38		王家村	17.80	6.35	52.08	17.80							17.80			
39		前坪村	29.56	7.16	44.76	29.56							29.56			
40		金家岭	0.65	0.67	234.87	0.65							0.65			
41		宋家匣	37.90	10.85	35.04	37.90							37.90			
42		麻岔村	300.85	35.38	30.50	282.96		12.14				5.75	83.45	31.40	88.20	97.80
43		槐庄	303.68	36.85	27.60	276.03	2.06	16.88				8.71	284.74		18.94	
44		三尖头	305.61	38.43	26.11	283.51		12.02				10.08	286.57		19.04	
45		祁家河村	307.28	39.65	24.74	262.65		12.23	8.93			23.47	294.73		12.55	
46		庙坪村	309.24	38.38	23.78	262.97		11.86	10.82			23.60	296.51		12.73	

续表 4-5-2

序号	小流域名称	行政区划名称	面积(km^2)	主沟道长度(km)	主沟道比降(‰)	产流地类(km^2)							汇流地类(km^2)			
						变质岩森林山地	变质岩土石山区	变质岩灌丛山地	砂页岩灌丛山地	耕种平地	黄土丘陵阶地	灰岩灌丛山地	森林山地	草坡山地	灌丛山地	黄土丘陵
47	泗交河	西普峪	1.30	0.91	40.83	1.30							1.30			
48		许家沟	2.40	1.03	42.31	2.40							2.40			
49		西沟村	7.31	2.59	31.86	7.31							7.31			
50		贾路	1.96	0.60	51.44	0.83		1.13					0.86		1.10	
51		郭庄	7.96	2.79	29.98	5.96		2.00					5.57		2.40	
52		李峪	11.64	2.43	62.89	11.64							11.64			
53		岭底	35.97	5.75	23.94	31.63		4.34					31.23		4.74	
54		石咀	40.02	3.37	22.42	34.98		5.05					34.62		5.41	
55		窑头村	45.11	4.30	20.73	38.95		6.16					38.60		6.51	
56		郭峪	10.26	4.10	39.66	7.40		2.86					7.28		2.98	
57		寨里	11.27	5.43	32.19	8.41		2.86					8.29		2.98	
58		蛇沟	1.90	0.80	70.28	1.90							1.90			
59		磨儿沟	2.74	1.80	49.52	2.74							2.74			
60		王家河村	17.80	6.35	52.08	17.80							17.80			
61		泗交村	67.18	8.43	25.89	55.30		11.88					51.59		15.59	
62		土崖头	97.61	9.47	21.46	85.47		12.14					85.32		12.29	
63		彭家湾	112.09	11.68	18.99	99.76		12.33					99.77		12.32	
64		野猪岭	120.98	14.42	16.81	109.06		11.93					108.70		12.28	
65		秦家村	5.16	1.63	75.65	5.16							5.16			

续表 4-5-2

序号	小流域名称	行政区划名称	面积(km^2)	主沟道长度(km)	主沟道比降(‰)	产流地类(km^2)							汇流地类(km^2)			
						变质岩森林山地	变质岩土石山区	变质岩灌丛山地	砂页岩灌丛山地	耕种平地	黄土丘陵阶地	灰岩灌丛山地	森林山地	草坡山地	灌丛山地	黄土丘陵
66	泗交河	毛家村	6.44	2.69	52.71	6.44							6.44			
67	泗交河	上唐回	132.97	15.48	15.92	120.91		12.06					120.44		12.53	
68	泗交河	下唐回	133.83	16.67	15.41	121.75		12.08					121.08		12.75	
69	泗交河	芦家沟	5.71	2.27	45.45	5.71							5.71			
70	泗交河	窑底	22.62	4.44	42.91	22.62							22.62			
71	泗交河	水峪	2.40	1.23	43.20	2.40							2.40			
72	泗交河	任家窑村	175.89	22.14	15.14	163.89		12.00					163.20		12.69	
73	泗交河	奇峰	225.76	33.74	17.18	213.85		11.91					212.91		12.84	
74	太宽河	马排沟口	14.88	3.41	41.70	14.88							14.88			
75	太宽河	寺沟村	25.65	4.60	39.34	25.65							25.65			
76	太宽河	沟口	25.65	4.60	39.34	25.65							25.65			
77	太宽河	黄瓦厦	26.62	5.68	33.63	26.62							26.62			
78	太宽河	上秦涧	35.05	7.60	31.13	35.05							35.05			
79	太宽河	下秦涧	39.46	9.14	29.36	39.46							39.46			

表 4-5-3　夏县设计暴雨计算成果表

序号	行政区划名称	历时	均值 $\overline{H}$ (mm)	变差系数 C_v	C_s/C_v	重现期雨量值 H_p(mm)				
						100 a($H_{1\%}$)	50 a($H_{2\%}$)	20 a($H_{5\%}$)	10 a($H_{10\%}$)	5 a($H_{20\%}$)
1	孟家村	10 min	14.2	0.48	3.5	37.6	33.3	27.6	23.2	18.7
		60 min	28.8	0.52	3.5	81.4	71.6	58.5	48.5	38.4
		6 h	48.0	0.52	3.5	135.6	119.3	97.5	80.9	64.0
		24 h	70.0	0.52	3.5	197.8	173.9	142.2	117.9	93.3
		3 d	90.0	0.48	3.5	238.3	211.3	175.1	147.2	118.6
2	探马沟村	10 min	13.9	0.48	3.5	36.8	32.6	27.0	22.7	18.3
		60 min	28.0	0.50	3.5	76.6	67.6	55.7	46.5	37.1
		6 h	49.0	0.53	3.5	140.6	123.4	100.6	83.1	65.5
		24 h	70.0	0.53	3.5	200.9	176.3	143.7	118.7	93.5
		3 d	90.0	0.48	3.5	238.3	211.3	175.1	147.2	118.6
3	上冯村	10 min	14.0	0.47	3.5	36.5	32.4	26.9	22.7	18.4
		60 min	27.0	0.51	3.5	75.1	66.2	54.3	45.2	35.9
		6 h	44.0	0.50	3.5	120.4	106.3	87.5	73.1	58.3
		24 h	64.0	0.49	3.5	172.3	152.4	125.9	105.5	84.6
		3 d	82.0	0.48	3.5	217.1	192.5	159.6	134.1	108.1
4	东下冯村	10 min	14.5	0.49	3.5	39.0	34.5	28.5	23.9	19.2
		60 min	28.5	0.50	3.5	78.0	68.9	56.7	47.3	37.8
		6 h	47.0	0.53	3.5	134.9	118.4	96.5	79.7	62.8
		24 h	70.0	0.53	3.5	200.9	176.3	143.7	118.7	93.5
		3 d	90.0	0.49	3.5	242.3	214.4	177.0	148.3	119.0

续表 4-5-3

序号	行政区划名称	历时	均值 $\overline{H}$ (mm)	变差系数 C_v	C_s/C_v	重现期雨量值 H_p (mm)				
						100 a($H_{1\%}$)	50 a($H_{2\%}$)	20 a($H_{5\%}$)	10 a($H_{10\%}$)	5 a($H_{20\%}$)
5	北晋村	10 min	13.7	0.50	3.5	37.5	33.1	27.2	22.7	18.2
		60 min	28.5	0.52	3.5	80.5	70.8	57.9	48.0	38.0
		6 h	48.0	0.52	3.5	135.6	119.3	97.5	80.9	64.0
		24 h	70.0	0.50	3.5	191.5	169.1	139.2	116.2	92.8
		3 d	89.0	0.49	3.5	239.6	212.0	175.1	146.7	117.7
6	上董村	10 min	13.0	0.48	3.5	34.4	30.5	25.3	21.3	17.1
		60 min	29.5	0.52	3.5	83.3	73.3	59.9	49.7	39.3
		6 h	51.0	0.53	3.5	146.4	128.5	104.7	86.5	68.1
		24 h	74.0	0.54	3.5	215.8	189.0	153.5	126.4	99.1
		3 d	89.0	0.49	3.5	239.6	212.0	175.1	146.7	117.7
7	小王村	10 min	13.1	0.47	3.5	34.1	30.3	25.2	21.3	17.2
		60 min	28.0	0.51	3.5	77.9	68.6	56.3	46.8	37.2
		6 h	47.0	0.52	3.5	132.8	116.8	95.5	79.2	62.6
		24 h	65.0	0.49	3.5	175.0	154.8	127.9	107.1	85.9
		3 d	85.0	0.48	3.5	225.1	199.6	165.4	139.1	112.0
8	南郭村	10 min	13.2	0.49	3.5	35.5	31.4	26.0	21.8	17.5
		60 min	28.0	0.51	3.5	77.9	68.6	56.3	46.8	37.2
		6 h	47.0	0.49	3.5	126.5	111.9	92.5	77.5	62.1
		24 h	65.0	0.45	3.5	163.7	146.0	122.3	103.9	84.9
		3 d	85.0	0.47	3.5	221.4	196.7	163.6	138.0	111.7

续表 4-5-3

序号	行政区划名称	历时	均值 $\overline{H}$ (mm)	变差系数 C_v	C_s/C_v	重现期雨量值 H_p(mm)				
						100 a($H_{1\%}$)	50 a($H_{2\%}$)	20 a($H_{5\%}$)	10 a($H_{10\%}$)	5 a($H_{20\%}$)
9	上辛庄村	10 min	12.9	0.48	3.5	34.2	30.3	25.1	21.1	17.0
		60 min	28.0	0.50	3.5	76.6	67.6	55.7	46.5	37.1
		6 h	45.0	0.50	3.5	123.1	108.7	89.5	74.7	59.7
		24 h	64.0	0.49	3.5	172.3	152.4	125.9	105.5	84.6
		3 d	82.0	0.49	3.5	220.7	195.3	161.3	135.2	108.4
10	大洋村	10 min	13.0	0.46	3.5	33.3	29.6	24.7	20.9	17.0
		60 min	28.5	0.53	3.5	81.8	71.8	58.5	48.3	38.1
		6 h	44.8	0.50	3.5	122.6	108.2	89.1	74.4	59.4
		24 h	64.0	0.48	3.5	169.5	150.3	124.5	104.7	84.4
		3 d	85.0	0.48	3.5	225.1	199.6	165.4	139.1	112.0
11	苏庄村	10 min	12.4	0.47	3.5	32.3	28.7	23.9	20.1	16.3
		60 min	28.1	0.51	3.5	78.1	68.9	56.5	47.0	37.4
		6 h	45.0	0.53	3.5	129.2	113.4	92.4	76.3	60.1
		24 h	65.0	0.50	3.5	177.8	157.0	129.2	107.9	86.2
		3 d	85.0	0.48	3.5	225.1	199.6	165.4	139.1	112.0
12	尉郭村	10 min	12.0	0.47	3.5	31.3	27.8	23.1	19.5	15.8
		60 min	27.5	0.51	3.5	76.5	67.4	55.3	46.0	36.6
		6 h	45.0	0.50	3.5	123.1	108.7	89.5	74.7	59.7
		24 h	65.0	0.49	3.5	175.0	154.8	127.9	107.1	85.9
		3 d	84.0	0.48	3.5	222.4	197.2	163.4	137.4	110.7

续表 4-5-3

序号	行政区划名称	历时	均值 $\overline{H}$ (mm)	变差系数 C_v	C_s/C_v	重现期雨量值 H_p(mm)				
						100 a($H_{1\%}$)	50 a($H_{2\%}$)	20 a($H_{5\%}$)	10 a($H_{10\%}$)	5 a($H_{20\%}$)
13	周村	10 min	13.0	0.48	3.5	34.4	30.5	25.3	21.3	17.1
		60 min	28.2	0.52	3.5	79.7	70.1	57.3	47.5	37.6
		6 h	45.2	0.50	3.5	123.7	109.2	89.9	75.0	59.9
		24 h	65.0	0.49	3.5	175.0	154.8	127.9	107.1	85.9
		3 d	82.0	0.49	3.5	220.7	195.3	161.3	135.2	108.4
14	郭道村	10 min	13.1	0.51	3.5	36.4	32.1	26.3	21.9	17.4
		60 min	29.8	0.54	3.5	86.9	76.1	61.8	50.9	39.9
		6 h	50.0	0.52	3.5	141.3	124.2	101.6	84.2	66.6
		24 h	69.0	0.51	3.5	191.9	169.1	138.7	115.4	91.7
		3 d	89.0	0.50	3.5	243.5	215.0	177.0	147.8	118.0
15	苗村	10 min	14.0	0.53	3.5	40.2	35.3	28.7	23.7	18.7
		60 min	29.3	0.53	3.5	84.1	73.8	60.1	49.7	39.1
		6 h	49.0	0.52	3.5	138.4	121.7	99.5	82.5	65.3
		24 h	69.0	0.51	3.5	191.9	169.1	138.7	115.4	91.7
		3 d	85.0	0.49	3.5	228.8	202.4	167.2	140.1	112.4
16	上北师村	10 min	14.1	0.51	3.5	39.2	34.5	28.3	23.6	18.7
		60 min	28.0	0.52	3.5	79.1	69.6	56.9	47.2	37.3
		6 h	45.0	0.50	3.5	123.1	108.7	89.5	74.7	59.7
		24 h	65.0	0.49	3.5	175.0	154.8	127.9	107.1	85.9
		3 d	83.0	0.48	3.5	219.8	194.9	161.5	135.8	109.4

续表 4-5-3

序号	行政区划名称	历时	均值 $\overline{H}$ (mm)	变差系数 C_v	C_s/C_v	重现期雨量值 H_p(mm)				
						100 a($H_{1\%}$)	50 a($H_{2\%}$)	20 a($H_{5\%}$)	10 a($H_{10\%}$)	5 a($H_{20\%}$)
17	下北师村	10 min	13.5	0.51	3.5	37.5	33.1	27.1	22.6	17.9
		60 min	29.0	0.53	3.5	83.2	73.1	59.5	49.2	38.7
		6 h	47.0	0.50	3.5	128.6	113.5	93.5	78.0	62.3
		24 h	67.0	0.50	3.5	183.3	161.9	133.2	111.2	88.8
		3 d	85.0	0.49	3.5	228.8	202.4	167.2	140.1	112.4
18	吴家峪	10 min	14.1	0.52	3.5	39.8	35.0	28.6	23.8	18.8
		60 min	29.8	0.54	3.5	86.9	76.1	61.8	50.9	39.9
		6h	47.0	0.52	3.5	132.8	116.8	95.5	79.2	62.6
		24h	67.0	0.50	3.5	183.3	161.9	133.2	111.2	88.8
		3d	85.0	0.49	3.5	228.8	202.4	167.2	140.1	112.4
19	北山底村	10 min	14.5	0.52	3.5	41.0	36.0	29.5	24.4	19.3
		60 min	29.0	0.53	3.5	83.2	73.1	59.5	49.2	38.7
		6h	47.0	0.52	3.5	132.8	116.8	95.5	79.2	62.6
		24h	67.0	0.52	3.5	189.3	166.5	136.1	112.9	89.3
		3d	85.0	0.49	3.5	228.8	202.4	167.2	140.1	112.4
20	挪过村	10 min	13.8	0.50	3.5	37.8	33.3	27.4	22.9	18.3
		60 min	29.8	0.54	3.5	86.9	76.1	61.8	50.9	39.9
		6h	47.0	0.52	3.5	132.8	116.8	95.5	79.2	62.6
		24h	47.0	0.52	3.5	194.9	171.4	140.1	116.2	92.0
		3d	85.0	0.48	3.5	225.1	199.6	165.4	139.1	112.0

续表 4-5-3

序号	行政区划名称	历时	均值 $\overline{H}$ (mm)	变差系数 C_v	C_s/C_v	重现期雨量值 H_p(mm)				
						100 a($H_{1\%}$)	50 a($H_{2\%}$)	20 a($H_{5\%}$)	10 a($H_{10\%}$)	5 a($H_{20\%}$)
21	后西洛	10 min	14.4	0.54	3.5	42.0	36.8	29.9	24.6	19.3
		60 min	31.3	0.54	3.5	91.3	79.9	64.9	53.5	41.9
		6 h	51.5	0.52	3.5	145.5	128.0	104.6	86.7	68.6
		24 h	72.5	0.52	3.5	204.8	180.1	147.3	122.1	96.6
		3 d	91.5	0.51	3.5	254.4	224.2	183.9	153.0	121.6
22	涧底河村	10 min	14.5	0.52	3.5	41.0	36.0	29.5	24.4	19.3
		60 min	28.5	0.51	3.5	79.2	69.8	57.3	47.7	37.9
		6 h	50.5	0.52	3.5	142.7	125.5	102.6	85.1	67.3
		24 h	68.5	0.50	3.5	187.4	165.5	136.2	113.7	90.8
		3 d	87.8	0.51	3.5	244.1	215.1	176.5	146.8	116.7
23	南坡地村	10 min	13.8	0.53	3.5	39.6	34.8	28.3	23.4	18.4
		60 min	33.5	0.51	3.5	93.1	82.1	67.3	56.0	44.5
		6 h	48.5	0.53	3.5	139.2	122.2	99.5	82.3	64.8
		24 h	68.9	0.49	3.5	185.5	164.1	135.5	113.6	91.1
		3 d	83.1	0.48	3.5	220.0	195.1	161.7	135.9	109.5
24	堡尔村	10 min	14.1	0.49	3.5	38.0	33.6	27.7	23.2	18.6
		60 min	30.1	0.54	3.5	87.8	76.9	62.4	51.4	40.3
		6 h	48.6	0.52	3.5	137.3	120.8	98.7	81.9	64.8
		24 h	69.1	0.54	3.5	201.5	176.5	143.3	118.0	92.5
		3 d	85.3	0.49	3.5	229.6	203.2	167.8	140.6	112.8

续表 4-5-3

序号	行政区划名称	历时	均值 $\overline{H}$ (mm)	变差系数 C_v	C_s/C_v	重现期雨量值 H_p (mm)				
						100 a($H_{1\%}$)	50 a($H_{2\%}$)	20 a($H_{5\%}$)	10 a($H_{10\%}$)	5 a($H_{20\%}$)
25	赤峪村	10 min	13.9	0.50	3.5	38.0	33.6	27.6	23.1	18.4
		60 min	30.8	0.53	3.5	88.4	77.6	63.2	52.2	41.2
		6 h	48.1	0.51	3.5	133.7	117.9	96.7	80.4	63.9
		24 h	65.0	0.49	3.5	175.0	154.8	127.9	107.1	85.9
		3 d	85.2	0.48	3.5	225.6	200.0	165.8	139.4	112.3
26	上留村	10 min	14.2	0.53	3.5	40.8	35.8	29.1	24.1	19.0
		60 min	30.0	0.49	3.5	80.8	71.5	59.0	49.4	39.7
		6 h	49.8	0.52	3.5	140.7	123.7	101.1	83.9	66.4
		24 h	72.5	0.51	3.5	201.6	177.6	145.7	121.3	96.4
		3 d	86.5	0.50	3.5	236.7	209.0	172.0	143.6	114.7
27	埝底村	10 min	13.6	0.50	3.5	37.2	32.9	27.0	22.6	18.0
		60 min	28.5	0.53	3.5	81.8	71.8	58.5	48.3	38.1
		6 h	47.1	0.48	3.5	124.7	110.6	91.6	77.1	62.1
		24 h	65.0	0.49	3.5	175.0	154.8	127.9	107.1	85.9
		3 d	82.5	0.49	3.5	222.1	196.5	162.3	136.0	109.1
28	西交口	10 min	14.5	0.51	3.5	40.3	35.5	29.1	24.3	19.3
		60 min	30.3	0.54	3.5	88.3	77.4	62.8	51.8	40.6
		6 h	51.0	0.54	3.5	148.7	130.3	105.8	87.1	68.3
		24 h	77.6	0.54	3.5	226.3	198.2	160.9	132.5	103.9
		3 d	96.3	0.51	3.5	267.8	236.0	193.5	161.1	128.0

续表 4-5-3

序号	行政区划名称	历时	均值 $\overline{H}$ (mm)	变差系数 C_v	C_s/C_v	重现期雨量值 H_p (mm)				
						100 a($H_{1\%}$)	50 a($H_{2\%}$)	20 a($H_{5\%}$)	10 a($H_{10\%}$)	5 a($H_{20\%}$)
29	曹家庄村	10 min	15.0	0.52	3.5	42.4	37.3	30.5	25.3	20.0
		60 min	31.2	0.49	3.5	84.0	74.3	61.4	51.4	41.2
		6 h	53.7	0.54	3.5	156.6	137.1	111.4	91.7	71.9
		24 h	78.7	0.54	3.5	229.5	201.0	163.2	134.4	105.4
		3 d	98.8	0.52	3.5	279.1	245.5	200.7	166.4	131.7
30	张家坪	10 min	15.1	0.50	3.5	41.3	36.5	30.0	25.1	20.0
		60 min	31.6	0.56	3.5	95.0	82.9	66.9	54.7	42.5
		6 h	54.0	0.54	3.5	157.4	137.9	112.0	92.2	72.3
		24 h	80.0	0.54	3.5	233.3	204.3	165.9	136.6	107.1
		3 d	98.6	0.52	3.5	278.6	245.0	200.3	166.1	131.4
31	樊家沟	10 min	14.9	0.55	3.5	44.1	38.6	31.2	25.6	20.0
		60 min	31.2	0.56	3.5	93.8	81.9	66.0	54.0	42.0
		6 h	54.2	0.54	3.5	158.0	138.4	112.4	92.6	72.6
		24 h	78.7	0.54	3.5	229.5	201.0	163.2	134.4	105.4
		3 d	95.2	0.52	3.5	269.0	236.5	193.4	160.4	126.9
32	上圪马沟	10 min	15.2	0.55	3.5	43.3	38.0	31.0	25.6	20.2
		60 min	31.8	0.57	3.5	45.0	39.4	31.8	26.1	20.4
		6 h	54.1	0.54	3.5	45.2	39.5	31.9	26.2	20.5
		24 h	78.8	0.53	3.5	95.3	83.2	67.1	54.9	42.6
		3 d	99.1	0.51	3.5	97.1	84.6	68.0	55.4	42.9

续表 4-5-3

序号	行政区划名称	历时	均值 $\overline{H}$ (mm)	变差系数 C_v	C_s/C_v	重现期雨量值 H_p(mm)				
						100 a($H_{1\%}$)	50 a($H_{2\%}$)	20 a($H_{5\%}$)	10 a($H_{10\%}$)	5 a($H_{20\%}$)
33	下圪马沟	10 min	15.3	0.55	3.5	99.8	86.8	69.5	56.5	43.5
		60 min	31.7	0.56	3.5	157.7	138.2	112.2	92.4	72.5
		6 h	54.1	0.54	3.5	157.7	138.2	112.2	92.4	72.5
		24 h	79.0	0.54	3.5	166.4	144.9	116.5	95.0	73.5
		3 d	99.2	0.51	3.5	226.2	198.5	161.7	133.7	105.3
34	温峪村	10 min	15.1	0.53	3.5	230.3	201.8	163.8	134.9	105.8
		60 min	32.2	0.58	3.5	240.9	210.2	169.5	138.7	107.7
		6 h	54.5	0.57	3.5	275.5	242.8	199.2	165.7	131.7
		24 h	80.1	0.56	3.5	275.8	243.1	199.4	165.9	131.9
		3 d	101.3	0.54	3.5	295.4	258.7	210.1	173.0	135.7
35	王家圪塔	10 min	15.3	0.53	3.5	43.9	38.5	31.4	26.0	20.4
		60 min	32.4	0.57	3.5	98.9	86.2	69.3	56.5	43.7
		6 h	54.9	0.55	3.5	162.6	142.1	115.0	94.4	73.7
		24 h	80.2	0.55	3.5	237.5	207.6	168.0	137.9	107.7
		3 d	100.1	0.53	3.5	287.3	252.2	205.4	169.8	133.7
36	架桑村	10 min	15.2	0.51	3.5	42.3	37.2	30.5	25.4	20.2
		60 min	33.1	0.57	3.5	101.1	88.0	70.7	57.7	44.6
		6 h	56.6	0.57	3.5	172.8	150.5	121.0	98.6	76.3
		24 h	79.5	0.57	3.5	242.8	211.4	169.9	138.5	107.2
		3 d	101.2	0.54	3.5	295.1	258.5	209.9	172.9	135.5

续表 4-5-3

序号	行政区划名称	历时	均值 $\overline{H}$ (mm)	变差系数 C_v	C_s/C_v	重现期雨量值 H_p (mm)				
						100 a($H_{1\%}$)	50 a($H_{2\%}$)	20 a($H_{5\%}$)	10 a($H_{10\%}$)	5 a($H_{20\%}$)
37	马家匣	10 min	15.6	0.55	3.5	46.1	40.3	32.6	26.8	20.9
		60 min	32.4	0.59	3.5	102.0	88.4	70.6	57.2	43.8
		6 h	54.9	0.55	3.5	162.6	142.1	115.0	94.4	73.7
		24 h	79.0	0.55	3.5	233.9	204.5	165.5	135.9	106.0
		3 d	99.8	0.53	3.5	286.5	251.4	204.8	169.3	133.3
38	王家村	10 min	15.5	0.55	3.5	45.7	40.0	32.4	26.6	20.8
		60 min	33.0	0.57	3.5	100.8	87.7	70.5	57.5	44.5
		6 h	56.0	0.56	3.5	168.4	146.9	118.5	97.0	75.3
		24 h	80.0	0.57	3.5	242.8	211.6	170.3	139.1	107.7
		3 d	100.0	0.54	3.5	289.8	254.0	206.5	170.3	133.8
39	前坪村	10 min	15.9	0.54	3.5	46.4	40.6	33.0	27.2	21.3
		60 min	34.0	0.57	3.5	104.3	90.8	72.9	59.4	45.9
		6 h	56.4	0.57	3.5	172.2	150.0	120.5	98.3	76.0
		24 h	80.0	0.56	3.5	242.1	211.0	170.0	138.9	107.7
		3 d	100.1	0.52	3.5	284.6	250.1	204.2	169.1	133.5
40	金家岭	10 min	16.1	0.55	3.5	47.7	41.7	33.7	27.7	21.6
		60 min	35.0	0.57	3.5	107.2	93.3	75.0	61.1	47.2
		6 h	56.0	0.60	3.5	178.8	154.8	123.2	99.5	75.9
		24 h	78.0	0.57	3.5	237.4	206.9	166.4	135.8	105.1
		3 d	96.0	0.53	3.5	277.3	243.2	197.8	163.3	128.4

续表 4-5-3

序号	行政区划名称	历时	均值 $\overline{H}$ (mm)	变差系数 C_v	C_s/C_v	重现期雨量值 H_p(mm)				
						100 a($H_{1\%}$)	50 a($H_{2\%}$)	20 a($H_{5\%}$)	10 a($H_{10\%}$)	5 a($H_{20\%}$)
41	宋家匣	10 min	15.9	0.55	3.5	47.1	41.2	33.3	27.3	21.3
		60 min	34.0	0.57	3.5	103.0	89.8	72.3	59.1	45.8
		6 h	56.0	0.57	3.5	171.0	148.9	119.7	97.6	75.5
		24 h	79.7	0.56	3.5	240.4	209.7	169.0	138.2	107.3
		3 d	98.0	0.52	3.5	276.9	243.5	199.0	165.1	130.6
42	麻岔村	10 min	15.0	0.54	3.5	45.0	39.4	31.9	26.2	20.5
		60 min	31.3	0.57	3.5	96.4	84.1	67.8	55.5	43.1
		6 h	52.3	0.55	3.5	157.8	137.7	111.2	91.0	70.8
		24 h	73.3	0.54	3.5	218.0	190.6	154.2	126.5	98.7
		3 d	95.3	0.52	3.5	267.4	235.1	192.2	159.3	126.1
43	槐庄	10 min	15.0	0.54	3.5	45.0	39.4	31.9	26.2	20.5
		60 min	31.3	0.57	3.5	96.4	84.1	67.8	55.5	43.1
		6 h	52.3	0.55	3.5	157.3	137.3	111.0	90.9	70.8
		24 h	73.3	0.54	3.5	218.0	190.6	154.2	126.5	98.7
		3 d	95.3	0.52	3.5	267.4	235.1	192.2	159.3	126.1
44	三尖头	10 min	15.0	0.54	3.5	45.0	39.4	31.9	26.2	20.5
		60 min	31.3	0.57	3.5	96.4	84.1	67.8	55.5	43.1
		6 h	52.3	0.55	3.5	157.3	137.3	111.0	90.9	70.8
		24 h	73.3	0.54	3.5	218.0	190.6	154.2	126.5	98.7
		3 d	95.3	0.52	3.5	267.4	235.1	192.2	159.3	126.1

续表 4-5-3

序号	行政区划名称	历时	均值 $\overline{H}$ (mm)	变差系数 C_v	C_s/C_v	重现期雨量值 H_p(mm)				
						100 a($H_{1\%}$)	50 a($H_{2\%}$)	20 a($H_{5\%}$)	10 a($H_{10\%}$)	5 a($H_{20\%}$)
45	祁家河村	10 min	15.0	0.54	3.5	45.0	39.4	31.9	26.2	20.5
		60 min	31.3	0.57	3.5	96.4	84.1	67.8	55.5	43.1
		6 h	52.3	0.55	3.5	157.3	137.3	111.0	90.9	70.8
		24 h	73.3	0.54	3.5	218.0	190.6	154.2	126.5	98.7
		3 d	95.3	0.52	3.5	267.4	235.1	192.2	159.3	126.1
46	庙坪村	10 min	15.0	0.54	3.5	45.0	39.4	31.9	26.2	20.5
		60 min	31.3	0.57	3.5	96.4	84.1	67.8	55.5	43.1
		6 h	52.3	0.55	3.5	157.8	137.7	111.2	91.0	70.8
		24 h	73.3	0.54	3.5	218.0	190.6	154.2	126.5	98.7
		3 d	95.3	0.52	3.5	267.4	235.1	192.2	159.3	126.1
47	西普峪	10 min	14.8	0.50	3.5	40.4	35.7	29.4	24.5	19.6
		60 min	30.8	0.55	3.5	91.2	79.7	64.5	53.0	41.3
		6 h	52.4	0.54	3.5	153.3	134.2	108.9	89.6	70.2
		24 h	77.3	0.54	3.5	224.7	196.9	160.0	131.9	103.5
		3 d	98.0	0.52	3.5	276.9	243.5	199.0	165.1	130.6
48	许家沟	10 min	14.7	0.50	3.5	40.0	35.4	29.1	24.4	19.5
		60 min	30.7	0.55	3.5	90.9	79.5	64.3	52.8	41.2
		6 h	52.3	0.55	3.5	153.9	134.7	109.1	89.7	70.1
		24 h	77.2	0.54	3.5	224.0	196.4	159.6	131.6	103.3
		3 d	97.8	0.52	3.5	276.3	243.0	198.6	164.7	130.4

续表 4-5-3

序号	行政区划名称	历时	均值 $\overline{H}$ (mm)	变差系数 C_v	C_s/C_v	重现期雨量值 H_p(mm)				
						100 a($H_{1\%}$)	50 a($H_{2\%}$)	20 a($H_{5\%}$)	10 a($H_{10\%}$)	5 a($H_{20\%}$)
49	西沟村	10 min	14.5	0.50	3.5	39.4	34.8	28.7	24.0	19.2
		60 min	30.0	0.55	3.5	88.8	77.7	62.8	51.6	40.3
		6 h	51.2	0.54	3.5	148.8	130.4	106.0	87.3	68.5
		24 h	75.0	0.52	3.5	211.9	186.3	152.3	126.3	100.0
		3 d	95.0	0.50	3.5	259.9	229.5	188.9	157.7	125.9
50	贾路	10 min	14.8	0.51	3.5	41.2	36.3	29.7	24.8	19.7
		60 min	30.8	0.56	3.5	92.6	80.8	65.2	53.3	41.4
		6 h	52.4	0.55	3.5	154.7	135.3	109.6	90.0	70.3
		24 h	76.0	0.54	3.5	221.6	194.1	157.6	129.8	101.8
		3 d	95.8	0.51	3.5	267.2	235.4	192.9	160.5	127.4
51	郭庄	10 min	14.8	0.52	3.5	41.5	36.6	29.9	24.9	19.7
		60 min	30.8	0.56	3.5	92.6	80.8	65.2	53.3	41.4
		6 h	52.0	0.54	3.5	151.6	132.8	107.8	88.8	69.6
		24 h	75.2	0.53	3.5	215.9	189.4	154.3	127.6	100.5
		3 d	95.0	0.51	3.5	264.1	232.8	190.9	158.9	126.3
52	李峪	10 min	14.5	0.50	3.5	39.7	35.0	28.8	24.1	19.2
		60 min	30.0	0.55	3.5	88.6	77.5	62.7	51.5	40.3
		6 h	51.0	0.53	3.5	146.4	128.5	104.7	86.5	68.1
		24 h	74.8	0.53	3.5	214.0	187.9	153.2	126.7	99.9
		3 d	93.0	0.50	3.5	254.4	224.7	184.9	154.4	123.3

续表 4-5-3

序号	行政区划名称	历时	均值 $\overline{H}$ (mm)	变差系数 C_v	C_s/C_v	重现期雨量值 H_p(mm)				
						100 a($H_{1\%}$)	50 a($H_{2\%}$)	20 a($H_{5\%}$)	10 a($H_{10\%}$)	5 a($H_{20\%}$)
53	岭底	10 min	14.7	0.52	3.5	41.3	36.3	29.7	24.7	19.6
		60 min	30.8	0.56	3.5	92.6	80.8	65.2	53.3	41.4
		6 h	52.0	0.54	3.5	150.4	131.9	107.3	88.5	69.6
		24 h	75.2	0.53	3.5	216.5	190.0	154.7	127.7	100.5
		3 d	95.2	0.51	3.5	264.7	233.3	191.3	159.2	126.6
54	石咀	10 min	14.2	0.53	3.5	40.6	35.7	29.1	24.1	19.0
		60 min	30.7	0.55	3.5	90.9	79.5	64.3	52.8	41.2
		6 h	51.6	0.53	3.5	148.1	130.0	105.9	87.5	68.9
		24 h	75.0	0.52	3.5	211.9	186.3	152.3	126.3	100.0
		3 d	94.0	0.50	3.5	257.2	227.1	186.9	156.1	124.6
55	窑头村	10 min	14.6	0.52	3.5	41.2	36.3	29.7	24.6	19.5
		60 min	30.3	0.55	3.5	89.7	78.4	63.5	52.1	40.7
		6 h	51.8	0.53	3.5	148.7	130.5	106.3	87.9	69.2
		24 h	75.0	0.53	3.5	215.3	188.9	153.9	127.2	100.2
		3 d	93.8	0.50	3.5	256.6	226.6	186.5	155.7	124.4
56	郭峪	10 min	14.6	0.53	3.5	41.9	36.8	30.0	24.8	19.5
		60 min	30.0	0.55	3.5	88.8	77.7	62.8	51.6	40.3
		6 h	51.0	0.52	3.5	144.1	126.7	103.6	85.9	68.0
		24 h	72.0	0.52	3.5	203.4	178.9	146.2	121.3	96.0
		3 d	91.0	0.49	3.5	245.0	216.7	179.0	150.0	120.3

续表 4-5-3

序号	行政区划名称	历时	均值 $\overline{H}$ (mm)	变差系数 C_v	C_s/C_v	重现期雨量值 H_p(mm)				
						100 a($H_{1\%}$)	50 a($H_{2\%}$)	20 a($H_{5\%}$)	10 a($H_{10\%}$)	5 a($H_{20\%}$)
57	寨里	10 min	14.9	0.53	3.5	42.8	37.5	30.6	25.3	19.9
		60 min	29.3	0.52	3.5	82.8	72.8	59.5	49.4	39.1
		6 h	52.8	0.53	3.5	151.6	133.0	108.4	89.6	70.5
		24 h	71.2	0.53	3.5	204.4	179.4	146.1	120.8	95.1
		3 d	81.9	0.49	3.5	220.5	195.1	161.1	135.0	108.3
58	蛇沟	10 min	15.1	0.55	3.5	44.7	39.1	31.6	26.0	20.3
		60 min	31.2	0.54	3.5	91.0	79.7	64.7	53.3	41.8
		6 h	31.2	0.54	3.5	153.9	134.9	109.8	90.6	71.2
		24 h	71.3	0.53	3.5	204.7	179.6	146.3	120.9	95.3
		3 d	90.0	0.50	3.5	246.2	217.4	179.0	149.4	119.3
59	磨儿沟	10 min	15.4	0.51	3.5	42.8	37.7	31.0	25.8	20.5
		60 min	30.0	0.54	3.5	87.5	76.6	62.2	51.2	40.2
		6 h	53.0	0.53	3.5	152.1	133.5	108.8	89.9	70.8
		24 h	71.1	0.53	3.5	204.1	179.1	145.9	120.6	95.0
		3 d	90.2	0.51	3.5	250.8	221.0	181.3	150.9	119.9
60	王家河村	10 min	15.2	0.49	3.5	40.9	36.2	29.9	25.1	20.1
		60 min	29.8	0.52	3.5	84.2	74.0	60.5	50.2	39.7
		6 h	50.1	0.52	3.5	141.5	124.5	101.8	84.4	66.8
		24 h	69.8	0.51	3.5	194.1	171.0	140.3	116.7	92.8
		3 d	89.8	0.48	3.5	237.8	210.8	174.7	146.9	118.4

续表 4-5-3

序号	行政区划名称	历时	均值 $\overline{H}$ (mm)	变差系数 C_v	C_s/C_v	重现期雨量值 H_p(mm)				
						100 a($H_{1\%}$)	50 a($H_{2\%}$)	20 a($H_{5\%}$)	10 a($H_{10\%}$)	5 a($H_{20\%}$)
61	泗交村	10 min	14.7	0.53	3.5	42.2	37.0	30.2	24.9	19.6
		60 min	31.5	0.56	3.5	94.7	82.7	66.7	54.5	42.4
		6 h	52.0	0.53	3.5	149.3	131.0	106.7	88.2	69.5
		24 h	72.5	0.55	3.5	214.7	187.7	151.9	124.7	97.3
		3 d	91.0	0.51	3.5	253.0	223.0	182.9	152.2	121.0
62	土崖头	10 min	15.0	0.56	3.5	45.1	39.4	31.7	26.0	20.2
		60 min	31.0	0.56	3.5	93.2	81.3	65.6	53.7	41.7
		6 h	53.0	0.54	3.5	154.5	135.4	109.9	90.5	71.0
		24 h	73.0	0.53	3.5	209.5	183.9	149.8	123.8	97.5
		3 d	93.0	0.52	3.5	262.8	231.1	188.9	156.7	124.0
63	彭家湾	10 min	14.8	0.56	3.5	44.5	38.8	31.3	25.6	19.9
		60 min	31.0	0.55	3.5	91.8	80.3	64.9	53.3	41.6
		6 h	53.0	0.53	3.5	152.1	133.5	108.8	89.9	70.8
		24 h	73.5	0.54	3.5	214.3	187.7	152.4	125.5	98.4
		3 d	93.0	0.52	3.5	262.8	231.1	188.9	156.7	124.0
64	野猪岭	10 min	15.0	0.56	3.5	45.1	39.4	31.7	26.0	20.2
		60 min	30.5	0.56	3.5	91.7	80.0	64.5	52.8	41.0
		6 h	51.0	0.54	3.5	147.5	129.4	105.2	86.8	68.2
		24 h	73.0	0.53	3.5	209.5	183.9	149.8	123.8	97.5
		3 d	93.5	0.51	3.5	260.0	229.1	187.9	156.4	124.3

续表 4-5-3

序号	行政区划名称	历时	均值 $\overline{H}$ (mm)	变差系数 C_v	C_s/C_v	重现期雨量值 H_p (mm) 100 a($H_{1\%}$)	50 a($H_{2\%}$)	20 a($H_{5\%}$)	10 a($H_{10\%}$)	5 a($H_{20\%}$)
65	秦家村	10 min	15.0	0.56	3.5	44.8	39.1	31.6	25.9	20.2
		60 min	30.8	0.56	3.5	91.9	80.3	64.9	53.1	41.4
		6 h	52.0	0.53	3.5	148.1	130.1	106.2	87.9	69.4
		24 h	72.0	0.53	3.5	206.7	181.4	147.8	122.1	96.2
		3 d	92.5	0.51	3.5	257.2	226.6	185.9	154.7	123.0
66	毛家村	10 min	15.8	0.57	3.5	48.2	42.0	33.8	27.5	21.3
		60 min	31.7	0.57	3.5	96.1	83.7	67.4	55.1	42.7
		6 h	52.5	0.54	3.5	153.1	134.1	108.9	89.7	70.3
		24 h	72.5	0.54	3.5	211.4	185.2	150.3	123.8	97.1
		3 d	93.0	0.52	3.5	262.8	231.1	188.9	156.7	124.0
67	上唐回	10 min	14.8	0.55	3.5	43.8	38.3	31.0	25.5	19.9
		60 min	30.5	0.56	3.5	91.0	79.5	64.2	52.6	41.0
		6 h	51.0	0.53	3.5	145.2	127.6	104.1	86.2	68.1
		24 h	72.0	0.52	3.5	203.4	178.9	146.2	121.3	96.0
		3 d	91.0	0.50	3.5	249.0	219.8	180.9	151.1	120.6
68	下唐回	10 min	14.8	0.55	3.5	43.8	38.3	31.0	25.5	19.9
		60 min	30.5	0.56	3.5	91.0	79.5	64.2	52.6	41.0
		6 h	51.0	0.53	3.5	145.2	127.6	104.1	86.2	68.1
		24 h	72.0	0.52	3.5	203.4	178.9	146.2	121.3	96.0
		3 d	91.0	0.50	3.5	249.0	219.8	180.9	151.1	120.6

续表 4-5-3

序号	行政区划名称	历时	均值 $\overline{H}$ (mm)	变差系数 C_v	C_s/C_v	重现期雨量值 H_p(mm)				
						100 a($H_{1\%}$)	50 a($H_{2\%}$)	20 a($H_{5\%}$)	10 a($H_{10\%}$)	5 a($H_{20\%}$)
69	芦家沟	10 min	15.3	0.56	3.5	46.0	40.1	32.4	26.5	20.6
		60 min	32.2	0.53	3.5	92.4	81.1	66.1	54.6	43.0
		6 h	54.2	0.54	3.5	158.0	138.4	112.4	92.6	72.6
		24 h	76.1	0.54	3.5	221.9	194.4	157.8	130.0	101.9
		3 d	96.1	0.52	3.5	271.5	238.8	195.2	161.9	128.1
70	窑底	10 min	15.1	0.56	3.5	45.4	39.6	32.0	26.1	20.3
		60 min	31.7	0.54	3.5	92.4	81.0	65.7	54.1	42.5
		6 h	53.7	0.54	3.5	156.6	137.1	111.4	91.7	71.9
		24 h	75.8	0.54	3.5	221.0	193.6	157.2	129.5	101.5
		3 d	95.6	0.52	3.5	270.1	237.5	194.2	161.0	127.4
71	水峪	10 min	15.6	0.57	3.5	47.6	41.5	33.3	27.2	21.0
		60 min	31.8	0.54	3.5	92.7	81.2	65.9	54.3	42.6
		6 h	53.6	0.54	3.5	156.3	136.9	111.2	91.6	71.8
		24 h	73.4	0.54	3.5	214.0	187.5	152.2	125.4	98.3
		3 d	88.3	0.52	3.5	249.5	219.4	179.3	148.7	117.7
72	任家窑村	10 min	15.1	0.56	3.5	45	40	32	26	20
		60 min	31.5	0.54	3.5	93	81	66	54	42
		6 h	52.8	0.53	3.5	152	133	109	90	71
		24 h	73.6	0.54	3.5	215	188	153	126	99
		3 d	93.5	0.52	3.5	264	233	190	158	125

续表 4-5-3

序号	行政区划名称	历时	均值 $\overline{H}$ (mm)	变差系数 C_v	C_s/C_v	重现期雨量值 H_p(mm)				
						100 a($H_{1\%}$)	50 a($H_{2\%}$)	20 a($H_{5\%}$)	10 a($H_{10\%}$)	5 a($H_{20\%}$)
73	奇峰	10 min	15.2	0.55	3.5	45	39	32	26	20
		60 min	31.7	0.53	3.5	91	80	65	54	42
		6 h	52.5	0.54	3.5	152	133	108	89	70
		24 h	73.1	0.53	3.5	211	185	151	124	98
		3 d	93.3	0.52	3.5	262	231	189	157	124
74	马排沟口	10 min	15.3	0.56	3.5	45.9	40.0	32.3	26.5	20.6
		60 min	31.0	0.56	3.5	93.2	81.3	65.6	53.7	41.7
		6 h	51.0	0.53	3.5	146.4	128.5	104.7	86.5	68.1
		24 h	70.0	0.55	3.5	207.3	181.2	146.6	120.4	94.0
		3 d	91.0	0.51	3.5	253.0	223.0	182.9	152.2	121.0
75	寺沟村	10 min	15.5	0.56	3.5	46.6	40.7	32.8	26.8	20.9
		60 min	31.4	0.57	3.5	95.2	82.9	66.8	54.5	42.3
		6 h	51.5	0.54	3.5	149.0	130.6	106.2	87.7	68.9
		24 h	70.8	0.54	3.5	206.4	180.8	146.8	120.9	94.8
		3 d	92.0	0.51	3.5	255.8	225.4	184.9	153.9	122.3
76	沟口	10 min	15.5	0.56	3.5	46.6	40.7	32.8	26.8	20.9
		60 min	31.4	0.57	3.5	95.2	82.9	66.8	54.5	42.3
		6 h	51.5	0.54	3.5	149.0	130.6	106.2	87.7	68.9
		24 h	70.8	0.54	3.5	206.4	180.8	146.8	120.9	94.8
		3 d	92.0	0.51	3.5	255.8	225.4	184.9	153.9	122.3

续表 4-5-3

序号	行政区划名称	历时	均值 $\overline{H}$ (mm)	变差系数 C_v	C_s/C_v	重现期雨量值 H_p(mm)				
						100 a($H_{1\%}$)	50 a($H_{2\%}$)	20 a($H_{5\%}$)	10 a($H_{10\%}$)	5 a($H_{20\%}$)
77	黄瓦厦	10 min	15.2	0.56	3.5	45.7	39.9	32.2	26.3	20.4
		60 min	31.3	0.57	3.5	95.6	83.2	66.9	54.5	42.2
		6 h	50.3	0.53	3.5	144.4	126.7	103.2	85.3	67.2
		24 h	70.5	0.53	3.5	202.4	177.6	144.7	119.6	94.2
		3 d	93.8	0.51	3.5	260.8	229.8	188.5	156.9	124.7
78	上秦涧	10 min	15.3	0.56	3.5	46.0	40.1	32.4	26.5	20.6
		60 min	31.4	0.57	3.5	95.9	83.5	67.1	54.7	42.3
		6 h	50.4	0.53	3.5	144.7	127.0	103.4	85.5	67.3
		24 h	71.1	0.54	3.5	207.3	181.6	147.4	121.4	95.2
		3 d	88.5	0.52	3.5	250.0	219.9	179.8	149.1	118.0
79	下秦涧	10 min	15.1	0.56	3.5	45.4	39.6	32.0	26.1	20.3
		60 min	31.1	0.56	3.5	93.5	81.6	65.8	53.8	41.8
		6 h	52.0	0.52	3.5	146.9	129.2	105.6	87.6	69.3
		24 h	71.0	0.53	3.5	203.8	178.9	145.7	120.4	94.9
		3 d	91.5	0.51	3.5	254.4	224.2	183.9	153.0	121.6

表 4-5-4　夏县设计暴雨时程分配表

序号	行政区划名称	时段长	时段序号	重现期时段雨量值(mm)				
				100 a($H_{1\%}$)	50 a($H_{2\%}$)	20 a($H_{5\%}$)	10 a($H_{10\%}$)	5 a($H_{20\%}$)
1	孟家村	0.25 h	1	1.66	1.46	1.20	0.99	0.79
			2	1.73	1.52	1.24	1.03	0.81
			3	1.80	1.58	1.29	1.07	0.85
			4	1.87	1.64	1.34	1.11	0.88
			5	3.01	2.64	2.15	1.78	1.40
			6	3.24	2.84	2.31	1.91	1.50
			7	3.50	3.07	2.50	2.06	1.62
			8	3.82	3.35	2.73	2.25	1.77
			9	7.45	6.53	5.31	4.38	3.44
			10	13.64	11.97	9.75	8.05	6.34
			11	39.50	34.99	28.98	24.34	19.59
			12	9.50	8.33	6.77	5.58	4.39
			13	6.20	5.43	4.41	3.64	2.86
			14	5.34	4.68	3.80	3.13	2.46
			15	4.70	4.12	3.35	2.76	2.17
			16	4.21	3.70	3.00	2.48	1.95
			17	2.82	2.47	2.01	1.66	1.31
			18	2.64	2.32	1.89	1.56	1.23
			19	2.49	2.19	1.78	1.48	1.16
			20	2.36	2.07	1.69	1.40	1.10
			21	2.24	1.97	1.61	1.33	1.05
			22	2.14	1.88	1.53	1.27	1.00
			23	2.04	1.79	1.46	1.21	0.96
			24	1.95	1.71	1.40	1.16	0.92

续表 4-5-4

序号	行政区划名称	时段长	时段序号	重现期时段雨量值(mm)				
				100 a($H_{1\%}$)	50 a($H_{2\%}$)	20 a($H_{5\%}$)	10 a($H_{10\%}$)	5 a($H_{20\%}$)
2	探马沟村	0.5 h	1	3.35	2.94	2.38	1.95	1.53
			2	3.59	3.15	2.55	2.09	1.64
			3	3.87	3.39	2.75	2.26	1.76
			4	6.47	5.67	4.60	3.78	2.96
			5	7.54	6.61	5.37	4.42	3.47
			6	17.07	15.00	12.22	10.11	7.97
			7	53.06	46.96	38.81	32.53	26.11
			8	11.72	10.28	8.37	6.90	5.43
			9	9.12	8.00	6.50	5.36	4.21
			10	5.68	4.97	4.03	3.32	2.60
			11	5.07	4.44	3.60	2.96	2.32
			12	4.59	4.02	3.26	2.68	2.10
3	上冯村	0.25 h	1	1.39	1.23	1.02	0.86	0.69
			2	1.44	1.28	1.06	0.89	0.72
			3	1.50	1.33	1.10	0.92	0.74
			4	1.57	1.39	1.15	0.96	0.77
			5	2.57	2.27	1.86	1.55	1.23
			6	2.78	2.45	2.01	1.67	1.33
			7	3.01	2.66	2.18	1.81	1.44
			8	3.30	2.91	2.38	1.98	1.57
			9	6.65	5.84	4.76	3.94	3.10
			10	12.59	11.05	9.01	7.45	5.85
			11	40.38	35.82	29.74	25.03	20.19
			12	8.58	7.53	6.14	5.08	3.99

续表 4-5-4

序号	行政区划名称	时段长	时段序号	重现期时段雨量值(mm)				
				100 a($H_{1\%}$)	50 a($H_{2\%}$)	20 a($H_{5\%}$)	10 a($H_{10\%}$)	5 a($H_{20\%}$)
3	上冯村	0.25 h	13	5.48	4.81	3.93	3.25	2.56
			14	4.68	4.12	3.36	2.79	2.20
			15	4.10	3.61	2.95	2.45	1.93
			16	3.65	3.22	2.63	2.19	1.73
			17	2.40	2.12	1.74	1.45	1.15
			18	2.25	1.98	1.63	1.36	1.09
			19	2.12	1.87	1.54	1.28	1.02
			20	2.00	1.77	1.45	1.21	0.97
			21	1.89	1.67	1.38	1.15	0.92
			22	1.80	1.59	1.31	1.10	0.88
			23	1.72	1.52	1.25	1.05	0.84
			24	1.64	1.45	1.20	1.00	0.80
4	东下冯村	0.5 h	1	3.25	2.85	2.32	1.92	1.51
			2	3.46	3.04	2.47	2.04	1.61
			3	3.71	3.26	2.65	2.19	1.72
			4	5.97	5.25	4.28	3.54	2.79
			5	6.91	6.07	4.95	4.10	3.24
			6	15.15	13.33	10.92	9.07	7.20
			7	49.00	43.37	35.85	30.06	24.15
			8	10.52	9.25	7.56	6.27	4.96
			9	8.27	7.27	5.94	4.92	3.89
			10	5.29	4.64	3.79	3.13	2.47
			11	4.76	4.18	3.41	2.82	2.22
			12	4.34	3.81	3.10	2.57	2.02

续表 4-5-4

序号	行政区划名称	时段长	时段序号	重现期时段雨量值(mm)				
				100 a($H_{1\%}$)	50 a($H_{2\%}$)	20 a($H_{5\%}$)	10 a($H_{10\%}$)	5 a($H_{20\%}$)
5	北晋村	0.25 h	1	1.60	1.41	1.17	0.98	0.79
			2	1.66	1.47	1.21	1.02	0.82
			3	1.73	1.53	1.26	1.06	0.85
			4	1.80	1.59	1.31	1.10	0.88
			5	2.94	2.59	2.13	1.77	1.41
			6	3.17	2.79	2.29	1.90	1.51
			7	3.43	3.03	2.48	2.06	1.64
			8	3.75	3.31	2.71	2.25	1.78
			9	7.39	6.50	5.30	4.39	3.46
			10	13.58	11.93	9.72	8.04	6.34
			11	38.73	34.21	28.18	23.55	18.83
			12	9.44	8.29	6.76	5.59	4.41
			13	6.14	5.39	4.40	3.65	2.88
			14	5.27	4.64	3.79	3.14	2.48
			15	4.63	4.08	3.33	2.77	2.19
			16	4.14	3.65	2.98	2.48	1.96
			17	2.74	2.42	1.99	1.66	1.32
			18	2.57	2.27	1.87	1.56	1.24
			19	2.42	2.14	1.76	1.47	1.17
			20	2.29	2.02	1.66	1.39	1.11
			21	2.17	1.92	1.58	1.32	1.05
			22	2.07	1.83	1.50	1.26	1.01
			23	1.97	1.74	1.44	1.20	0.96
			24	1.88	1.66	1.37	1.15	0.92

续表 4-5-4

序号	行政区划名称	时段长	时段序号	重现期时段雨量值(mm)				
				100 a($H_{1\%}$)	50 a($H_{2\%}$)	20 a($H_{5\%}$)	10 a($H_{10\%}$)	5 a($H_{20\%}$)
6	上董村	0.5 h	1	3.55	3.12	2.54	2.10	1.65
			2	3.81	3.35	2.73	2.25	1.77
			3	4.12	3.61	2.94	2.43	1.91
			4	6.93	6.07	4.95	4.08	3.21
			5	8.07	7.08	5.76	4.76	3.74
			6	17.58	15.44	12.61	10.44	8.24
			7	45.23	40.04	33.09	27.75	22.29
			8	12.35	10.84	8.84	7.31	5.75
			9	9.71	8.52	6.94	5.73	4.51
			10	6.08	5.34	4.34	3.59	2.82
			11	5.43	4.76	3.88	3.20	2.52
			12	4.91	4.30	3.50	2.89	2.28
7	小王村	0.5 h	1	2.70	2.39	1.98	1.67	1.34
			2	2.94	2.61	2.16	1.81	1.45
			3	3.24	2.86	2.36	1.98	1.58
			4	6.03	5.31	4.33	3.59	2.84
			5	7.22	6.34	5.17	4.27	3.37
			6	17.78	15.57	12.63	10.40	8.15
			7	51.87	45.88	37.88	31.72	25.44
			8	11.86	10.39	8.44	6.95	5.45
			9	8.97	7.87	6.40	5.28	4.15
			10	5.17	4.55	3.72	3.09	2.45
			11	4.52	3.98	3.26	2.71	2.16
			12	4.00	3.53	2.90	2.42	1.93

续表 4-5-4

序号	行政区划名称	时段长	时段序号	重现期时段雨量值(mm)				
				100 a($H_{1\%}$)	50 a($H_{2\%}$)	20 a($H_{5\%}$)	10 a($H_{10\%}$)	5 a($H_{20\%}$)
8	南郭村	0.5 h	1	2.85	2.53	2.11	1.78	1.44
			2	3.13	2.78	2.31	1.95	1.57
			3	3.46	3.07	2.54	2.14	1.72
			4	7.29	6.43	5.28	4.40	3.50
			5	13.85	12.19	9.98	8.29	6.55
			6	38.43	34.00	28.10	23.54	18.88
			7	9.46	8.34	6.83	5.69	4.50
			8	5.96	5.26	4.33	3.62	2.88
			9	5.04	4.46	3.68	3.08	2.46
			10	4.38	3.87	3.20	2.69	2.15
			11	3.86	3.42	2.83	2.38	1.91
			12	2.42	2.15	1.80	1.52	1.24
9	上辛庄村	0.5 h	1	2.64	2.34	1.94	1.63	1.31
			2	2.86	2.54	2.10	1.76	1.42
			3	3.12	2.76	2.29	1.92	1.54
			4	5.61	4.96	4.08	3.41	2.73
			5	6.66	5.88	4.84	4.04	3.23
			6	16.12	14.22	11.68	9.74	7.75
			7	49.83	44.13	36.51	30.64	24.64
			8	10.79	9.52	7.82	6.52	5.20
			9	8.21	7.25	5.96	4.98	3.97
			10	4.84	4.28	3.53	2.95	2.36
			11	4.26	3.77	3.11	2.60	2.08
			12	3.80	3.36	2.78	2.33	1.87

续表 4-5-4

序号	行政区划名称	时段长	时段序号	重现期时段雨量值(mm)				
				100 a($H_{1\%}$)	50 a($H_{2\%}$)	20 a($H_{5\%}$)	10 a($H_{10\%}$)	5 a($H_{20\%}$)
10	大洋村	0.5 h	1	2.49	2.22	1.86	1.58	1.29
			2	2.73	2.43	2.03	1.72	1.40
			3	3.01	2.67	2.22	1.88	1.52
			4	5.69	5.01	4.11	3.42	2.72
			5	6.83	6.01	4.92	4.08	3.23
			6	17.01	14.92	12.12	9.99	7.82
			7	49.91	44.18	36.52	30.61	24.57
			8	11.30	9.92	8.07	6.66	5.23
			9	8.51	7.48	6.10	5.05	3.98
			10	4.86	4.29	3.53	2.95	2.35
			11	4.23	3.74	3.09	2.58	2.07
			12	3.74	3.31	2.74	2.30	1.85
11	苏庄村	0.25 h	1	1.48	1.31	1.08	0.90	0.72
			2	1.55	1.37	1.13	0.94	0.75
			3	1.62	1.43	1.18	0.98	0.78
			4	1.70	1.50	1.23	1.03	0.82
			5	2.90	2.55	2.08	1.72	1.36
			6	3.14	2.76	2.25	1.86	1.46
			7	3.42	3.00	2.44	2.02	1.59
			8	3.76	3.30	2.68	2.21	1.74
			9	7.51	6.58	5.34	4.39	3.44
			10	13.55	11.88	9.67	7.98	6.27
			11	33.40	29.66	24.66	20.78	16.82
			12	9.55	8.37	6.79	5.60	4.38

续表 4-5-4

序号	行政区划名称	时段长	时段序号	重现期时段雨量值(mm)				
				100 a($H_{1\%}$)	50 a($H_{2\%}$)	20 a($H_{5\%}$)	10 a($H_{10\%}$)	5 a($H_{20\%}$)
11	苏庄村	0.25 h	13	6.23	5.46	4.43	3.65	2.86
			14	5.34	4.68	3.80	3.13	2.45
			15	4.68	4.10	3.33	2.75	2.15
			16	4.17	3.66	2.97	2.45	1.92
			17	2.70	2.37	1.93	1.60	1.26
			18	2.52	2.21	1.81	1.50	1.18
			19	2.36	2.07	1.69	1.41	1.11
			20	2.22	1.95	1.60	1.32	1.05
			21	2.09	1.84	1.51	1.25	0.99
			22	1.98	1.74	1.43	1.19	0.94
			23	1.88	1.65	1.36	1.13	0.90
			24	1.78	1.57	1.29	1.08	0.86
12	尉郭村	0.5 h	1	2.74	2.44	2.02	1.70	1.38
			2	2.98	2.64	2.19	1.84	1.49
			3	3.25	2.88	2.39	2.01	1.62
			4	5.84	5.16	4.24	3.54	2.83
			5	6.92	6.11	5.02	4.18	3.33
			6	16.28	14.34	11.75	9.77	7.76
			7	45.09	39.96	33.12	27.82	22.41
			8	11.07	9.76	8.00	6.65	5.29
			9	8.50	7.49	6.15	5.12	4.07
			10	5.05	4.46	3.68	3.07	2.46
			11	4.44	3.93	3.24	2.71	2.18
			12	3.96	3.51	2.90	2.43	1.95

续表 4-5-4

序号	行政区划名称	时段长	时段序号	重现期时段雨量值(mm)				
				100 a($H_{1\%}$)	50 a($H_{2\%}$)	20 a($H_{5\%}$)	10 a($H_{10\%}$)	5 a($H_{20\%}$)
13	周村	0.25 h	1	1.41	1.25	1.04	0.87	0.70
			2	1.47	1.30	1.08	0.91	0.73
			3	1.53	1.36	1.13	0.95	0.76
			4	1.61	1.43	1.18	0.99	0.80
			5	2.75	2.43	2.00	1.66	1.33
			6	2.98	2.63	2.16	1.80	1.43
			7	3.25	2.87	2.35	1.96	1.56
			8	3.58	3.15	2.59	2.15	1.71
			9	7.32	6.44	5.26	4.36	3.44
			10	13.70	12.05	9.84	8.15	6.44
			11	38.16	33.80	27.97	23.48	18.88
			12	9.44	8.30	6.77	5.61	4.43
			13	6.03	5.30	4.33	3.59	2.84
			14	5.14	4.52	3.70	3.07	2.43
			15	4.48	3.95	3.23	2.68	2.13
			16	3.98	3.51	2.87	2.39	1.90
			17	2.55	2.25	1.85	1.55	1.24
			18	2.38	2.10	1.73	1.45	1.16
			19	2.23	1.97	1.62	1.36	1.09
			20	2.10	1.85	1.53	1.28	1.02
			21	1.98	1.75	1.44	1.21	0.97
			22	1.87	1.66	1.37	1.15	0.92
			23	1.77	1.57	1.30	1.09	0.88
			24	1.69	1.50	1.24	1.04	0.83

续表 4-5-4

序号	行政区划名称	时段长	时段序号	重现期时段雨量值(mm)				
				100 a($H_{1\%}$)	50 a($H_{2\%}$)	20 a($HQ_{5\%}$)	10 a($H_{10\%}$)	5 a($H_{20\%}$)
14	郭道村	0.5 h	1	2.94	2.61	2.15	1.80	1.45
			2	3.21	2.84	2.34	1.96	1.57
			3	3.53	3.12	2.57	2.15	1.72
			4	6.55	5.77	4.72	3.92	3.10
			5	7.83	6.88	5.62	4.66	3.69
			6	19.08	16.74	13.62	11.25	8.84
			7	54.45	47.92	39.22	32.56	25.81
			8	12.79	11.23	9.15	7.56	5.96
			9	9.71	8.53	6.96	5.76	4.55
			10	5.62	4.95	4.06	3.37	2.68
			11	4.91	4.33	3.55	2.96	2.35
			12	4.35	3.84	3.16	2.63	2.10
15	苗村	0.5 h	1	2.94	2.60	2.15	1.80	1.45
			2	3.17	2.81	2.32	1.94	1.56
			3	3.44	3.05	2.51	2.11	1.69
			4	6.01	5.31	4.37	3.65	2.92
			5	7.10	6.27	5.15	4.30	3.43
			6	16.89	14.88	12.19	10.14	8.06
			7	54.15	47.62	38.93	32.29	25.56
			8	11.36	10.02	8.22	6.85	5.45
			9	8.70	7.68	6.31	5.26	4.19
			10	5.22	4.62	3.80	3.18	2.54
			11	4.62	4.09	3.37	2.82	2.25
			12	4.15	3.67	3.02	2.53	2.03

续表 4-5-4

序号	行政区划名称	时段长	时段序号	重现期时段雨量值(mm)				
				100 a($H_{1\%}$)	50 a($H_{2\%}$)	20 a($H_{5\%}$)	10 a($H_{10\%}$)	5 a($H_{20\%}$)
16	上北师村	0.25 h	1	1.37	1.22	1.01	0.85	0.69
			2	1.42	1.27	1.05	0.89	0.72
			3	1.48	1.32	1.09	0.92	0.74
			4	1.55	1.38	1.14	0.96	0.78
			5	2.57	2.27	1.88	1.57	1.26
			6	2.77	2.45	2.03	1.70	1.36
			7	3.02	2.67	2.20	1.84	1.48
			8	3.31	2.93	2.41	2.02	1.62
			9	6.77	5.97	4.90	4.09	3.25
			10	13.02	11.47	9.39	7.81	6.20
			11	43.84	38.63	31.70	26.39	20.98
			12	8.79	7.75	6.35	5.29	4.21
			13	5.55	4.90	4.03	3.36	2.68
			14	4.73	4.17	3.43	2.87	2.29
			15	4.13	3.65	3.00	2.51	2.01
			16	3.67	3.25	2.67	2.24	1.79
			17	2.39	2.12	1.75	1.47	1.18
			18	2.24	1.98	1.64	1.38	1.11
			19	2.10	1.86	1.54	1.30	1.04
			20	1.98	1.76	1.46	1.22	0.99
			21	1.88	1.67	1.38	1.16	0.93
			22	1.78	1.58	1.31	1.10	0.89
			23	1.70	1.51	1.25	1.05	0.85
			24	1.62	1.44	1.19	1.00	0.81

续表 4-5-4

序号	行政区划名称	时段长	时段序号	重现期时段雨量值(mm)				
				100 a($H_{1\%}$)	50 a($H_{2\%}$)	20 a($H_{5\%}$)	10 a($H_{10\%}$)	5 a($H_{20\%}$)
17	下北师村	0.5 h	1	2.76	2.45	2.03	1.71	1.38
			2	2.98	2.65	2.20	1.85	1.49
			3	3.25	2.88	2.39	2.01	1.62
			4	5.76	5.10	4.21	3.53	2.83
			5	6.83	6.04	4.98	4.17	3.34
			6	16.44	14.51	11.91	9.93	7.90
			7	52.13	45.96	37.73	31.43	25.02
			8	11.01	9.73	8.00	6.68	5.33
			9	8.40	7.43	6.12	5.11	4.09
			10	4.99	4.42	3.65	3.06	2.46
			11	4.40	3.90	3.22	2.71	2.18
			12	3.94	3.49	2.89	2.43	1.95
18	吴家峪	0.5 h	1	2.67	2.37	1.97	1.66	1.35
			2	2.90	2.58	2.14	1.80	1.46
			3	3.18	2.82	2.33	1.96	1.58
			4	5.82	5.14	4.22	3.52	2.80
			5	6.95	6.13	5.02	4.18	3.32
			6	17.39	15.26	12.41	10.25	8.06
			7	57.36	50.40	41.15	34.08	26.92
			8	11.46	10.08	8.22	6.80	5.37
			9	8.64	7.61	6.22	5.16	4.09
			10	5.00	4.42	3.64	3.04	2.42
			11	4.38	3.87	3.19	2.67	2.14
			12	3.89	3.45	2.85	2.39	1.91

续表 4-5-4

序号	行政区划名称	时段长	时段序号	重现期时段雨量值(mm)				
				100 a($H_{1\%}$)	50 a($H_{2\%}$)	20 a($H_{5\%}$)	10 a($H_{10\%}$)	5 a($H_{20\%}$)
19	北山底村	0.5 h	1	2.88	2.54	2.08	1.73	1.38
			2	3.10	2.73	2.24	1.86	1.48
			3	3.35	2.95	2.42	2.01	1.60
			4	5.78	5.09	4.17	3.46	2.75
			5	6.81	6.00	4.91	4.08	3.23
			6	16.26	14.30	11.69	9.71	7.69
			7	56.38	49.61	40.61	33.72	26.73
			8	10.89	9.58	7.84	6.51	5.16
			9	8.34	7.34	6.01	4.99	3.95
			10	5.03	4.43	3.63	3.02	2.39
			11	4.46	3.93	3.22	2.68	2.13
			12	4.02	3.54	2.90	2.41	1.91
20	挪过村	0.25 h	1	1.58	1.39	1.14	0.95	0.76
			2	1.64	1.45	1.19	0.99	0.79
			3	1.71	1.51	1.24	1.03	0.82
			4	1.79	1.58	1.29	1.07	0.85
			5	2.96	2.60	2.12	1.76	1.39
			6	3.20	2.81	2.29	1.90	1.50
			7	3.47	3.05	2.49	2.06	1.62
			8	3.80	3.34	2.72	2.25	1.77
			9	7.58	6.65	5.41	4.46	3.50
			10	14.00	12.28	9.99	8.24	6.48
			11	39.42	34.79	28.63	23.89	19.07
			12	9.71	8.51	6.92	5.71	4.48

续表 4-5-4

序号	行政区划名称	时段长	时段序号	重现期时段雨量值(mm)				
				100 a($H_{1\%}$)	50 a($H_{2\%}$)	20 a($H_{5\%}$)	10 a($H_{10\%}$)	5 a($H_{20\%}$)
20	挪过村	0.25 h	13	6.27	5.51	4.48	3.70	2.90
			14	5.38	4.72	3.84	3.17	2.49
			15	4.72	4.14	3.37	2.79	2.19
			16	4.21	3.70	3.01	2.49	1.96
			17	2.76	2.43	1.98	1.64	1.30
			18	2.58	2.27	1.86	1.54	1.22
			19	2.43	2.14	1.75	1.45	1.15
			20	2.29	2.02	1.65	1.37	1.08
			21	2.17	1.91	1.56	1.30	1.03
			22	2.06	1.81	1.48	1.23	0.98
			23	1.96	1.73	1.41	1.18	0.93
			24	1.87	1.65	1.35	1.12	0.89
21	后西洛	0.5 h	1	3.11	2.75	2.26	1.89	1.50
			2	3.37	2.98	2.44	2.04	1.63
			3	3.67	3.24	2.66	2.22	1.77
			4	6.55	5.78	4.74	3.95	3.14
			5	7.78	6.86	5.62	4.68	3.72
			6	18.93	16.66	13.64	11.32	8.97
			7	61.47	53.94	43.94	36.31	28.60
			8	12.62	11.11	9.10	7.57	6.01
			9	9.59	8.46	6.93	5.77	4.58
			10	5.66	5.00	4.10	3.42	2.72
			11	4.99	4.40	3.61	3.01	2.40
			12	4.46	3.93	3.23	2.69	2.14

续表 4-5-4

序号	行政区划名称	时段长	时段序号	重现期时段雨量值(mm)				
				100 a($H_{1\%}$)	50 a($H_{2\%}$)	20 a($H_{5\%}$)	10 a($H_{10\%}$)	5 a($H_{20\%}$)
22	涧底河村	0.5 h	1	2.37	2.10	1.74	1.46	1.17
			2	2.51	2.22	1.83	1.54	1.23
			3	2.66	2.35	1.94	1.63	1.31
			4	2.83	2.50	2.07	1.73	1.39
			5	3.03	2.68	2.21	1.85	1.48
			6	8.68	7.66	6.29	5.25	4.17
			7	11.32	9.98	8.19	6.82	5.42
			8	59.70	52.26	42.43	34.90	27.33
			9	16.89	14.88	12.19	10.13	8.02
			10	7.09	6.27	5.15	4.30	3.43
			11	6.03	5.33	4.38	3.66	2.92
			12	5.26	4.65	3.83	3.20	2.55
23	南坡地村	0.5 h	1	2.63	2.35	1.95	1.65	1.34
			2	2.89	2.57	2.14	1.81	1.46
			3	3.19	2.84	2.36	1.99	1.61
			4	6.13	5.42	4.47	3.75	3.00
			5	7.38	6.53	5.38	4.50	3.60
			6	18.75	16.51	13.53	11.25	8.93
			7	56.46	49.68	40.65	33.74	26.74
			8	12.35	10.89	8.94	7.45	5.93
			9	9.25	8.17	6.72	5.61	4.48
			10	5.22	4.62	3.82	3.20	2.57
			11	4.53	4.01	3.32	2.79	2.25
			12	3.98	3.54	2.93	2.47	1.99

续表 4-5-4

序号	行政区划名称	时段长	时段序号	重现期时段雨量值(mm)				
				100 a($H_{1\%}$)	50 a($H_{2\%}$)	20 a($H_{5\%}$)	10 a($H_{10\%}$)	5 a($H_{20\%}$)
24	堡尔村	0.5 h	1	3.11	2.73	2.23	1.84	1.45
			2	3.35	2.94	2.40	1.98	1.56
			3	3.63	3.19	2.60	2.15	1.69
			4	6.28	5.51	4.49	3.70	2.91
			5	7.38	6.48	5.27	4.35	3.42
			6	17.05	14.98	12.20	10.09	7.94
			7	49.97	44.14	36.34	30.35	24.24
			8	11.65	10.22	8.32	6.87	5.40
			9	9.00	7.90	6.43	5.31	4.17
			10	5.47	4.80	3.91	3.23	2.54
			11	4.85	4.26	3.47	2.87	2.26
			12	4.36	3.83	3.12	2.58	2.03
25	赤峪村	0.25 h	1	1.32	1.17	0.98	0.82	0.67
			2	1.38	1.23	1.02	0.86	0.70
			3	1.46	1.29	1.08	0.91	0.73
			4	1.54	1.36	1.13	0.96	0.77
			5	2.81	2.48	2.04	1.70	1.36
			6	3.07	2.71	2.23	1.86	1.48
			7	3.38	2.98	2.45	2.04	1.62
			8	3.75	3.31	2.71	2.26	1.79
			9	8.07	7.09	5.78	4.78	3.77
			10	15.43	13.55	11.03	9.12	7.18
			11	42.03	37.10	30.52	25.46	20.32
			12	10.52	9.23	7.52	6.22	4.90

续表 4-5-4

序号	行政区划名称	时段长	时段序号	重现期时段雨量值(mm)				
				100 a($H_{1\%}$)	50 a($H_{2\%}$)	20 a($H_{5\%}$)	10 a($H_{10\%}$)	5 a($H_{20\%}$)
25	赤峪村	0.25 h	13	6.57	5.77	4.71	3.90	3.08
			14	5.54	4.87	3.98	3.30	2.61
			15	4.79	4.21	3.45	2.86	2.27
			16	4.21	3.71	3.04	2.52	2.00
			17	2.59	2.29	1.88	1.57	1.26
			18	2.39	2.12	1.75	1.46	1.17
			19	2.23	1.97	1.63	1.36	1.09
			20	2.08	1.84	1.52	1.27	1.02
			21	1.94	1.72	1.42	1.20	0.96
			22	1.83	1.62	1.34	1.13	0.91
			23	1.72	1.53	1.26	1.06	0.86
			24	1.62	1.44	1.20	1.01	0.81
26	上留村	0.5 h	1	3.25	2.86	2.34	1.94	1.54
			2	3.47	3.06	2.51	2.08	1.66
			3	3.74	3.30	2.70	2.25	1.79
			4	6.23	5.51	4.54	3.80	3.04
			5	7.27	6.43	5.31	4.45	3.57
			6	16.66	14.77	12.24	10.32	8.31
			7	56.34	49.69	40.87	34.10	27.17
			8	11.35	10.05	8.32	7.01	5.63
			9	8.81	7.80	6.44	5.42	4.35
			10	5.47	4.83	3.98	3.33	2.66
			11	4.89	4.32	3.55	2.97	2.37
			12	4.43	3.91	3.21	2.68	2.13

续表 4-5-4

序号	行政区划名称	时段长	时段序号	重现期时段雨量值(mm)				
				100 a($H_{1\%}$)	50 a($H_{2\%}$)	20 a($H_{5\%}$)	10 a($H_{10\%}$)	5 a($H_{20\%}$)
27	埝底村	0.25 h	1	1.37	1.22	1.01	0.86	0.70
			2	1.43	1.27	1.06	0.89	0.72
			3	1.49	1.33	1.10	0.93	0.76
			4	1.56	1.39	1.16	0.98	0.79
			5	2.67	2.37	1.96	1.65	1.33
			6	2.89	2.56	2.12	1.78	1.44
			7	3.16	2.80	2.32	1.95	1.56
			8	3.48	3.08	2.55	2.14	1.72
			9	7.19	6.36	5.24	4.38	3.50
			10	13.70	12.09	9.95	8.30	6.62
			11	40.97	36.16	29.75	24.83	19.80
			12	9.33	8.24	6.78	5.67	4.52
			13	5.89	5.21	4.30	3.60	2.88
			14	5.01	4.43	3.66	3.07	2.46
			15	4.36	3.86	3.19	2.68	2.15
			16	3.87	3.43	2.83	2.38	1.91
			17	2.47	2.20	1.82	1.53	1.23
			18	2.31	2.05	1.70	1.43	1.15
			19	2.16	1.92	1.59	1.34	1.08
			20	2.03	1.81	1.50	1.26	1.02
			21	1.92	1.70	1.42	1.19	0.96
			22	1.81	1.61	1.34	1.13	0.91
			23	1.72	1.53	1.27	1.07	0.87
			24	1.64	1.46	1.21	1.02	0.83

续表 4-5-4

序号	行政区划名称	时段长	时段序号	重现期时段雨量值(mm)				
				100 a($H_{1\%}$)	50 a($H_{2\%}$)	20 a($H_{5\%}$)	10 a($H_{10\%}$)	5 a($H_{20\%}$)
28	西交口	0.5 h	1	2.94	2.58	2.10	1.73	1.36
			2	3.10	2.72	2.21	1.82	1.43
			3	3.28	2.88	2.34	1.92	1.51
			4	3.48	3.05	2.48	2.04	1.60
			5	3.71	3.25	2.64	2.17	1.70
			6	10.13	8.86	7.16	5.87	4.57
			7	13.04	11.39	9.20	7.54	5.88
			8	60.14	52.86	43.19	35.78	28.29
			9	19.03	16.64	13.44	11.02	8.58
			10	8.37	7.32	5.91	4.85	3.78
			11	7.17	6.27	5.07	4.16	3.25
			12	6.29	5.50	4.45	3.66	2.85
29	曹家庄村	0.5 h	1	3.15	2.74	2.20	1.79	1.39
			2	3.30	2.87	2.31	1.89	1.46
			3	3.47	3.02	2.43	1.99	1.54
			4	3.66	3.19	2.57	2.10	1.64
			5	3.87	3.38	2.73	2.24	1.74
			6	9.75	8.59	7.04	5.86	4.65
			7	12.36	10.91	8.97	7.48	5.95
			8	56.77	50.13	41.30	34.51	27.57
			9	17.74	15.69	12.94	10.84	8.66
			10	8.16	7.18	5.87	4.87	3.85
			11	7.06	6.21	5.07	4.19	3.31
			12	6.26	5.50	4.48	3.70	2.91

续表 4-5-4

序号	行政区划名称	时段长	时段序号	重现期时段雨量值(mm)				
				100 a($H_{1\%}$)	50 a($H_{2\%}$)	20 a($H_{5\%}$)	10 a($H_{10\%}$)	5 a($H_{20\%}$)
30	张家坪	0.5 h	1	2.93	2.59	2.12	1.76	1.40
			2	3.10	2.73	2.24	1.86	1.48
			3	3.29	2.90	2.37	1.97	1.56
			4	3.51	3.09	2.52	2.09	1.65
			5	3.75	3.30	2.69	2.23	1.76
			6	10.56	9.21	7.43	6.08	4.72
			7	13.59	11.85	9.54	7.80	6.04
			8	57.31	50.39	41.19	34.14	27.00
			9	19.77	17.23	13.86	11.32	8.76
			10	8.70	7.60	6.13	5.03	3.91
			11	7.43	6.49	5.25	4.31	3.36
			12	6.50	5.69	4.60	3.78	2.95
31	樊家沟	0.5 h	1	2.85	2.51	2.05	1.70	1.34
			2	3.02	2.65	2.17	1.79	1.41
			3	3.21	2.82	2.30	1.90	1.50
			4	3.42	3.00	2.45	2.03	1.60
			5	3.66	3.21	2.62	2.17	1.71
			6	10.59	9.27	7.52	6.19	4.85
			7	13.79	12.07	9.78	8.05	6.30
			8	67.30	58.84	47.62	39.09	30.51
			9	20.46	17.90	14.50	11.92	9.31
			10	8.66	7.59	6.16	5.08	3.98
			11	7.36	6.45	5.24	4.32	3.39
			12	6.41	5.62	4.57	3.77	2.96

续表 4-5-4

序号	行政区划名称	时段长	时段序号	重现期时段雨量值(mm)				
				100 a($H_{1\%}$)	50 a($H_{2\%}$)	20 a($H_{5\%}$)	10 a($H_{10\%}$)	5 a($H_{20\%}$)
32	上圪马沟	0.25 h	1	4.86	4.27	3.47	2.86	2.24
			2	5.45	4.77	3.87	3.19	2.50
			3	6.20	5.43	4.40	3.62	2.84
			4	7.23	6.33	5.13	4.21	3.29
			5	11.20	9.78	7.90	6.48	5.05
			6	47.58	41.61	33.70	27.67	21.62
			7	16.20	14.15	11.41	9.35	7.27
			8	8.74	7.64	6.18	5.07	3.96
			9	4.40	3.86	3.14	2.59	2.04
			10	4.02	3.53	2.87	2.37	1.87
			11	3.71	3.26	2.65	2.19	1.73
			12	3.44	3.02	2.46	2.04	1.61
			13	3.21	2.82	2.30	1.90	1.50
			14	3.01	2.65	2.16	1.79	1.41
			15	2.83	2.49	2.03	1.69	1.33
			16	2.68	2.35	1.92	1.60	1.26
			17	2.54	2.23	1.83	1.52	1.20
			18	2.41	2.12	1.74	1.44	1.14
			19	2.30	2.02	1.66	1.38	1.09
			20	2.19	1.93	1.58	1.32	1.05
			21	2.10	1.85	1.52	1.26	1.00
			22	2.01	1.78	1.46	1.21	0.96
			23	1.93	1.71	1.40	1.17	0.93
			24	1.86	1.64	1.35	1.12	0.89

续表 4-5-4

序号	行政区划名称	时段长	时段序号	重现期时段雨量值(mm)				
				100 a($H_{1\%}$)	50 a($H_{2\%}$)	20 a($H_{5\%}$)	10 a($H_{10\%}$)	5 a($H_{20\%}$)
33	下圪马沟	0.5 h	1	2.88	2.53	2.07	1.72	1.36
			2	3.04	2.67	2.19	1.81	1.44
			3	3.22	2.83	2.31	1.92	1.52
			4	3.42	3.01	2.46	2.04	1.61
			5	3.65	3.21	2.62	2.17	1.72
			6	10.15	8.90	7.24	5.98	4.70
			7	13.11	11.49	9.34	7.70	6.05
			8	61.81	54.09	43.87	36.09	28.26
			9	19.25	16.87	13.69	11.28	8.85
			10	8.35	7.33	5.97	4.93	3.88
			11	7.14	6.27	5.10	4.22	3.32
			12	6.25	5.49	4.47	3.70	2.91
34	温峪村	0.5 h	1	3.83	3.36	2.73	2.25	1.76
			2	4.12	3.61	2.93	2.41	1.89
			3	4.46	3.91	3.16	2.60	2.03
			4	7.65	6.66	5.36	4.37	3.38
			5	8.97	7.80	6.27	5.10	3.94
			6	20.36	17.67	14.14	11.47	8.80
			7	57.36	50.19	40.68	33.44	26.16
			8	14.02	12.18	9.75	7.92	6.08
			9	10.89	9.47	7.59	6.17	4.75
			10	6.68	5.83	4.69	3.83	2.97
			11	5.94	5.18	4.18	3.42	2.66
			12	5.35	4.67	3.77	3.09	2.41

续表 4-5-4

序号	行政区划名称	时段长	时段序号	重现期时段雨量值(mm)				
				100 a($H_{1\%}$)	50 a($H_{2\%}$)	20 a($H_{5\%}$)	10 a($H_{10\%}$)	5 a($H_{20\%}$)
35	王家圪塔	0.5 h	1	2.93	2.58	2.10	1.74	1.37
			2	3.11	2.73	2.22	1.84	1.45
			3	3.31	2.90	2.36	1.95	1.53
			4	3.53	3.09	2.52	2.08	1.63
			5	3.78	3.32	2.69	2.22	1.74
			6	11.00	9.60	7.72	6.31	4.89
			7	14.28	12.45	10.01	8.17	6.32
			8	64.26	56.26	45.64	37.56	29.41
			9	21.04	18.34	14.73	12.01	9.29
			10	9.01	7.86	6.34	5.18	4.02
			11	7.65	6.68	5.39	4.41	3.43
			12	6.67	5.82	4.70	3.85	3.00
36	架桑村	0.5 h	1	2.97	2.60	2.11	1.73	1.35
			2	3.16	2.76	2.23	1.84	1.43
			3	3.37	2.94	2.38	1.95	1.52
			4	3.61	3.15	2.55	2.09	1.62
			5	3.88	3.39	2.73	2.24	1.74
			6	11.43	9.93	7.94	6.44	4.94
			7	14.73	12.80	10.23	8.30	6.37
			8	56.57	49.65	40.45	33.43	26.33
			9	21.33	18.54	14.84	12.05	9.26
			10	9.38	8.15	6.53	5.30	4.07
			11	7.98	6.93	5.55	4.51	3.47
			12	6.94	6.04	4.84	3.94	3.03

续表 4-5-4

序号	行政区划名称	时段长	时段序号	重现期时段雨量值(mm)				
				100 a($H_{1\%}$)	50 a($H_{2\%}$)	20 a($H_{5\%}$)	10 a($H_{10\%}$)	5 a($H_{20\%}$)
37	马家匣	0.5 h	1	2.77	2.44	2.00	1.66	1.32
			2	2.94	2.59	2.12	1.76	1.39
			3	3.13	2.76	2.25	1.87	1.48
			4	3.35	2.95	2.41	1.99	1.57
			5	3.61	3.17	2.58	2.14	1.69
			6	10.96	9.56	7.69	6.28	4.86
			7	14.38	12.52	10.06	8.19	6.33
			8	69.43	60.56	48.81	39.90	30.97
			9	21.51	18.71	15.00	12.19	9.39
			10	8.91	7.77	6.27	5.13	3.98
			11	7.52	6.57	5.30	4.34	3.38
			12	6.51	5.69	4.60	3.78	2.95
38	王家村	0.5 h	1	3.01	2.63	2.12	1.74	1.35
			2	3.19	2.78	2.25	1.84	1.43
			3	3.39	2.96	2.39	1.96	1.52
			4	3.61	3.15	2.55	2.08	1.62
			5	3.87	3.38	2.73	2.23	1.73
			6	11.14	9.72	7.82	6.39	4.95
			7	14.44	12.59	10.14	8.28	6.42
			8	64.78	56.64	45.85	37.65	29.40
			9	21.23	18.51	14.91	12.18	9.45
			10	9.14	7.97	6.42	5.24	4.07
			11	7.77	6.78	5.46	4.46	3.46
			12	6.78	5.91	4.76	3.89	3.02

续表 4-5-4

序号	行政区划名称	时段长	时段序号	重现期时段雨量值(mm)				
				100 a($H_{1\%}$)	50 a($H_{2\%}$)	20 a($H_{5\%}$)	10 a($H_{10\%}$)	5 a($H_{20\%}$)
39	前坪村	0.5 h	1	2.90	2.54	2.06	1.69	1.33
			2	3.08	2.70	2.19	1.80	1.41
			3	3.29	2.88	2.33	1.91	1.49
			4	3.52	3.08	2.49	2.04	1.59
			5	3.79	3.31	2.67	2.19	1.71
			6	11.35	9.87	7.92	6.44	4.97
			7	14.78	12.86	10.30	8.38	6.45
			8	64.78	56.64	45.86	37.66	29.41
			9	21.82	18.97	15.20	12.36	9.52
			10	9.26	8.06	6.47	5.27	4.07
			11	7.84	6.83	5.48	4.47	3.45
			12	6.80	5.93	4.77	3.89	3.01
40	金家岭	0.5 h	1	2.63	2.30	1.86	1.52	1.19
			2	2.82	2.46	1.99	1.63	1.27
			3	3.04	2.65	2.14	1.75	1.36
			4	3.29	2.87	2.31	1.88	1.46
			5	3.58	3.12	2.50	2.04	1.58
			6	12.22	10.56	8.38	6.74	5.12
			7	16.28	14.06	11.14	8.95	6.79
			8	76.29	66.46	53.45	43.62	33.76
			9	24.71	21.34	16.90	13.58	10.29
			10	9.78	8.46	6.72	5.41	4.12
			11	8.14	7.05	5.60	4.52	3.44
			12	6.95	6.02	4.79	3.87	2.96

续表 4-5-4

序号	行政区划名称	时段长	时段序号	重现期时段雨量值(mm)				
				100 a($H_{1\%}$)	50 a($H_{2\%}$)	20 a($H_{5\%}$)	10 a($H_{10\%}$)	5 a($H_{20\%}$)
41	宋家匣	0.5 h	1	2.90	2.54	2.06	1.69	1.32
			2	3.08	2.69	2.18	1.79	1.40
			3	3.27	2.87	2.32	1.91	1.49
			4	3.50	3.06	2.48	2.03	1.59
			5	3.75	3.28	2.65	2.18	1.70
			6	11.01	9.60	7.73	6.32	4.90
			7	14.31	12.48	10.04	8.20	6.36
			8	63.79	55.77	45.15	37.07	28.95
			9	21.09	18.39	14.80	12.08	9.36
			10	9.01	7.86	6.33	5.18	4.02
			11	7.65	6.67	5.38	4.40	3.42
			12	6.65	5.81	4.68	3.83	2.98
42	麻岔村	0.5 h	1	2.46	2.18	1.80	1.51	1.21
			2	2.61	2.31	1.91	1.59	1.28
			3	2.77	2.45	2.02	1.69	1.35
			4	2.96	2.61	2.15	1.80	1.44
			5	3.17	2.80	2.31	1.93	1.54
			6	9.09	7.98	6.50	5.38	4.24
			7	11.73	10.29	8.37	6.91	5.44
			8	49.29	43.21	35.16	29.01	22.81
			9	17.11	14.99	12.17	10.03	7.87
			10	7.47	6.56	5.36	4.44	3.50
			11	6.36	5.59	4.57	3.79	3.00
			12	5.55	4.89	4.00	3.32	2.63

续表 4-5-4

序号	行政区划名称	时段长	时段序号	重现期时段雨量值(mm)				
				100 a($H_{1\%}$)	50 a($H_{2\%}$)	20 a($H_{5\%}$)	10 a($H_{10\%}$)	5 a($H_{20\%}$)
43	槐庄	0.5 h	1	2.46	2.18	1.80	1.51	1.21
			2	2.61	2.31	1.91	1.60	1.28
			3	2.77	2.45	2.02	1.69	1.35
			4	2.96	2.61	2.16	1.80	1.44
			5	3.17	2.80	2.31	1.93	1.54
			6	9.07	7.96	6.49	5.37	4.24
			7	11.70	10.27	8.36	6.90	5.43
			8	49.24	43.17	35.13	28.99	22.80
			9	17.06	14.96	12.15	10.02	7.87
			10	7.46	6.55	5.35	4.43	3.50
			11	6.35	5.59	4.57	3.79	3.00
			12	5.55	4.88	4.00	3.32	2.63
44	三尖头	0.5 h	1	2.46	2.18	1.80	1.51	1.21
			2	2.61	2.31	1.91	1.60	1.28
			3	2.77	2.45	2.02	1.69	1.35
			4	2.96	2.61	2.16	1.80	1.44
			5	3.17	2.80	2.31	1.93	1.54
			6	9.06	7.96	6.49	5.37	4.23
			7	11.70	10.26	8.35	6.90	5.43
			8	49.22	43.15	35.11	28.97	22.78
			9	17.05	14.95	12.15	10.02	7.87
			10	7.45	6.55	5.35	4.43	3.50
			11	6.35	5.58	4.57	3.79	3.00
			12	5.54	4.88	3.99	3.32	2.63

续表 4-5-4

序号	行政区划名称	时段长	时段序号	重现期时段雨量值(mm)				
				100 a($H_{1\%}$)	50 a($H_{2\%}$)	20 a($H_{5\%}$)	10 a($H_{10\%}$)	5 a($H_{20\%}$)
45	祁家河村	0.5 h	1	2.49	2.20	1.81	1.51	1.21
			2	2.64	2.33	1.92	1.60	1.28
			3	2.80	2.47	2.03	1.70	1.35
			4	2.98	2.63	2.17	1.81	1.44
			5	3.20	2.82	2.32	1.93	1.54
			6	9.09	7.98	6.51	5.39	4.25
			7	11.72	10.29	8.38	6.92	5.45
			8	49.45	43.35	35.28	29.11	22.90
			9	17.08	14.98	12.18	10.05	7.90
			10	7.48	6.57	5.37	4.44	3.51
			11	6.38	5.61	4.58	3.80	3.00
			12	5.57	4.90	4.01	3.33	2.63
46	庙坪村	0.5 h	1	2.49	2.20	1.81	1.51	1.21
			2	2.64	2.33	1.92	1.60	1.28
			3	2.80	2.47	2.04	1.70	1.35
			4	2.99	2.63	2.17	1.81	1.44
			5	3.20	2.82	2.32	1.93	1.54
			6	9.11	8.00	6.52	5.39	4.25
			7	11.75	10.31	8.39	6.93	5.45
			8	49.47	43.37	35.28	29.11	22.89
			9	17.13	15.01	12.20	10.06	7.90
			10	7.50	6.59	5.37	4.45	3.51
			11	6.39	5.62	4.59	3.80	3.00
			12	5.58	4.91	4.01	3.33	2.63

续表 4-5-4

序号	行政区划名称	时段长	时段序号	重现期时段雨量值(mm)				
				100 a($H_{1\%}$)	50 a($H_{2\%}$)	20 a($H_{5\%}$)	10 a($H_{10\%}$)	5 a($H_{20\%}$)
47	西普峪	0.5 h	1	2.81	2.47	2.01	1.67	1.32
			2	2.98	2.61	2.13	1.76	1.39
			3	3.17	2.78	2.26	1.87	1.47
			4	3.38	2.97	2.41	1.99	1.57
			5	3.63	3.18	2.58	2.13	1.67
			6	10.66	9.28	7.46	6.08	4.70
			7	13.87	12.07	9.69	7.89	6.09
			8	63.16	55.51	45.32	37.53	29.64
			9	20.50	17.84	14.32	11.66	8.99
			10	8.71	7.60	6.11	4.99	3.86
			11	7.39	6.45	5.19	4.25	3.29
			12	6.43	5.61	4.53	3.71	2.88
48	许家沟	0.5 h	1	2.80	2.47	2.01	1.67	1.32
			2	2.97	2.61	2.13	1.77	1.39
			3	3.16	2.78	2.26	1.87	1.48
			4	3.38	2.97	2.41	1.99	1.57
			5	3.63	3.18	2.59	2.13	1.68
			6	10.68	9.30	7.46	6.08	4.69
			7	13.89	12.08	9.69	7.88	6.08
			8	62.11	54.58	44.56	36.91	29.15
			9	20.49	17.82	14.29	11.62	8.95
			10	8.73	7.61	6.12	4.99	3.86
			11	7.41	6.46	5.20	4.25	3.29
			12	6.44	5.62	4.53	3.71	2.88

续表 4-5-4

序号	行政区划名称	时段长	时段序号	重现期时段雨量值(mm)				
				100 a($H_{1\%}$)	50 a($H_{2\%}$)	20 a($H_{5\%}$)	10 a($H_{10\%}$)	5 a($H_{20\%}$)
49	西沟村	0.5 h	1	2.59	2.29	1.89	1.59	1.28
			2	2.75	2.43	2.01	1.68	1.35
			3	2.93	2.59	2.13	1.78	1.43
			4	3.14	2.77	2.28	1.90	1.52
			5	3.37	2.97	2.44	2.03	1.62
			6	10.10	8.82	7.10	5.81	4.52
			7	13.17	11.48	9.23	7.54	5.84
			8	58.96	51.83	42.35	35.10	27.76
			9	19.49	16.97	13.63	11.11	8.58
			10	8.24	7.20	5.81	4.77	3.72
			11	6.97	6.10	4.94	4.06	3.17
			12	6.05	5.30	4.30	3.54	2.78
50	贾路	0.5 h	1	2.70	2.38	1.94	1.61	1.28
			2	2.87	2.52	2.06	1.71	1.35
			3	3.06	2.69	2.19	1.81	1.43
			4	3.27	2.88	2.34	1.94	1.52
			5	3.52	3.09	2.51	2.07	1.63
			6	10.65	9.27	7.44	6.06	4.68
			7	13.92	12.11	9.70	7.89	6.08
			8	63.85	56.00	45.56	37.60	29.57
			9	20.68	17.98	14.41	11.71	9.01
			10	8.67	7.55	6.07	4.95	3.83
			11	7.32	6.39	5.14	4.20	3.26
			12	6.35	5.54	4.47	3.66	2.84

续表 4-5-4

序号	行政区划名称	时段长	时段序号	重现期时段雨量值(mm)				
				100 a($H_{1\%}$)	50 a($H_{2\%}$)	20 a($H_{5\%}$)	10 a($H_{10\%}$)	5 a($H_{20\%}$)
51	郭庄	0.5 h	1	2.59	2.29	1.88	1.58	1.26
			2	2.75	2.43	2.00	1.67	1.33
			3	2.93	2.59	2.13	1.77	1.41
			4	3.14	2.77	2.27	1.89	1.50
			5	3.38	2.98	2.44	2.03	1.61
			6	10.19	8.90	7.18	5.88	4.58
			7	13.31	11.62	9.36	7.65	5.94
			8	61.35	53.82	43.80	36.16	28.45
			9	19.79	17.25	13.88	11.33	8.77
			10	8.29	7.25	5.86	4.81	3.75
			11	7.01	6.14	4.97	4.09	3.20
			12	6.08	5.33	4.32	3.56	2.79
52	李峪	0.5 h	1	2.66	2.35	1.93	1.61	1.28
			2	2.82	2.48	2.04	1.70	1.35
			3	2.99	2.64	2.16	1.80	1.43
			4	3.19	2.81	2.30	1.91	1.52
			5	3.42	3.01	2.46	2.04	1.62
			6	9.85	8.61	6.97	5.72	4.47
			7	12.77	11.16	9.02	7.39	5.76
			8	57.59	50.67	41.45	34.40	27.24
			9	18.79	16.41	13.25	10.86	8.45
			10	8.07	7.07	5.73	4.71	3.68
			11	6.87	6.02	4.88	4.02	3.15
			12	5.99	5.25	4.26	3.52	2.76

续表 4-5-4

序号	行政区划名称	时段长	时段序号	重现期时段雨量值(mm)				
				100 a($H_{1\%}$)	50 a($H_{2\%}$)	20 a($H_{5\%}$)	10 a($H_{10\%}$)	5 a($H_{20\%}$)
53	岭底	0.5 h	1	2.62	2.32	1.91	1.60	1.28
			2	2.78	2.46	2.02	1.69	1.35
			3	2.96	2.61	2.15	1.79	1.43
			4	3.16	2.79	2.29	1.91	1.52
			5	3.39	2.99	2.45	2.04	1.62
			6	9.88	8.65	7.01	5.76	4.50
			7	12.82	11.21	9.07	7.44	5.81
			8	56.57	49.67	40.51	33.51	26.43
			9	18.85	16.47	13.31	10.91	8.50
			10	8.09	7.09	5.75	4.74	3.71
			11	6.87	6.03	4.90	4.04	3.17
			12	5.98	5.25	4.27	3.53	2.78
54	石咀	0.5 h	1	2.56	2.27	1.88	1.58	1.27
			2	2.71	2.40	1.99	1.67	1.34
			3	2.89	2.56	2.11	1.77	1.42
			4	3.08	2.73	2.25	1.89	1.51
			5	3.31	2.93	2.41	2.02	1.62
			6	9.67	8.50	6.93	5.74	4.53
			7	12.56	11.02	8.98	7.42	5.84
			8	55.28	48.54	39.58	32.73	25.81
			9	18.47	16.20	13.17	10.86	8.53
			10	7.92	6.97	5.69	4.72	3.73
			11	6.73	5.92	4.84	4.02	3.19
			12	5.85	5.16	4.22	3.51	2.79

续表 4-5-4

序号	行政区划名称	时段长	时段序号	重现期时段雨量值(mm)				
				100 a($H_{1\%}$)	50 a($H_{2\%}$)	20 a($H_{5\%}$)	10 a($H_{10\%}$)	5 a($H_{20\%}$)
55	窑头村	0.5 h	1	2.66	2.35	1.94	1.62	1.29
			2	2.82	2.49	2.04	1.71	1.36
			3	2.99	2.64	2.17	1.81	1.44
			4	3.18	2.81	2.30	1.92	1.53
			5	3.40	3.00	2.46	2.05	1.63
			6	9.55	8.38	6.82	5.63	4.43
			7	12.32	10.81	8.79	7.25	5.70
			8	54.80	48.16	39.33	32.58	25.75
			9	18.02	15.79	12.83	10.57	8.30
			10	7.86	6.90	5.62	4.65	3.67
			11	6.71	5.90	4.81	3.98	3.14
			12	5.87	5.16	4.21	3.49	2.76
56	郭峪	0.5 h	1	2.42	2.14	1.76	1.48	1.19
			2	2.56	2.27	1.87	1.56	1.26
			3	2.73	2.41	1.99	1.66	1.33
			4	2.91	2.58	2.12	1.77	1.42
			5	3.13	2.76	2.27	1.90	1.52
			6	9.31	8.19	6.69	5.55	4.38
			7	12.19	10.71	8.74	7.23	5.70
			8	59.49	52.21	42.55	35.16	27.68
			9	18.18	15.96	13.00	10.75	8.44
			10	7.59	6.68	5.46	4.53	3.58
			11	6.42	5.65	4.63	3.85	3.05
			12	5.57	4.91	4.02	3.35	2.66

续表 4-5-4

序号	行政区划名称	时段长	时段序号	重现期时段雨量值(mm)				
				100 a($H_{1\%}$)	50 a($H_{2\%}$)	20 a($H_{5\%}$)	10 a($H_{10\%}$)	5 a($H_{20\%}$)
57	寨里	0.5 h	1	2.59	2.27	1.85	1.53	1.20
			2	2.73	2.40	1.95	1.61	1.27
			3	2.89	2.54	2.07	1.71	1.34
			4	3.08	2.70	2.20	1.82	1.43
			5	3.28	2.89	2.35	1.94	1.53
			6	9.19	8.09	6.62	5.50	4.36
			7	11.90	10.48	8.58	7.13	5.66
			8	58.47	51.44	42.08	34.94	27.68
			9	17.56	15.47	12.68	10.55	8.38
			10	7.55	6.64	5.43	4.51	3.57
			11	6.44	5.67	4.63	3.84	3.04
			12	5.64	4.96	4.05	3.36	2.65
58	蛇沟	0.5 h	1	2.35	2.06	1.69	1.40	1.11
			2	2.50	2.20	1.80	1.49	1.18
			3	2.67	2.35	1.92	1.59	1.26
			4	2.87	2.52	2.06	1.71	1.35
			5	3.09	2.72	2.22	1.84	1.46
			6	9.76	8.58	7.00	5.80	4.59
			7	12.91	11.34	9.26	7.67	6.06
			8	66.22	58.02	47.10	38.81	30.44
			9	19.56	17.18	14.02	11.61	9.16
			10	7.87	6.92	5.65	4.69	3.71
			11	6.61	5.81	4.75	3.93	3.11
			12	5.69	5.01	4.09	3.39	2.68

续表 4-5-4

序号	行政区划名称	时段长	时段序号	重现期时段雨量值(mm)				
				100 a($H_{1\%}$)	50 a($H_{2\%}$)	20 a($H_{5\%}$)	10 a($H_{10\%}$)	5 a($H_{20\%}$)
59	磨儿沟	0.5 h	1	2.43	2.14	1.75	1.45	1.15
			2	2.58	2.27	1.86	1.54	1.22
			3	2.75	2.42	1.98	1.64	1.30
			4	2.95	2.59	2.12	1.75	1.39
			5	3.17	2.79	2.27	1.88	1.49
			6	9.70	8.48	6.87	5.65	4.41
			7	12.75	11.15	9.02	7.41	5.79
			8	63.15	55.51	45.35	37.58	29.71
			9	19.14	16.73	13.54	11.11	8.67
			10	7.86	6.89	5.58	4.59	3.59
			11	6.63	5.81	4.71	3.88	3.04
			12	5.74	5.03	4.08	3.36	2.64
60	王家河村	0.5 h	1	3.00	2.65	2.18	1.82	1.45
			2	3.23	2.85	2.34	1.95	1.56
			3	3.51	3.09	2.54	2.12	1.69
			4	6.12	5.38	4.40	3.65	2.88
			5	7.23	6.35	5.18	4.29	3.39
			6	17.26	15.13	12.31	10.17	8.00
			7	56.14	49.54	40.79	34.06	27.19
			8	11.59	10.16	8.27	6.84	5.38
			9	8.87	7.78	6.34	5.25	4.14
			10	5.32	4.68	3.83	3.18	2.52
			11	4.71	4.15	3.39	2.82	2.24
			12	4.22	3.72	3.05	2.54	2.01

续表 4-5-4

序号	行政区划名称	时段长	时段序号	重现期时段雨量值(mm)				
				100 a($H_{1\%}$)	50 a($H_{2\%}$)	20 a($H_{5\%}$)	10 a($H_{10\%}$)	5 a($H_{20\%}$)
61	泗交村	0.5 h	1	2.54	2.23	1.82	1.51	1.19
			2	2.69	2.36	1.93	1.60	1.26
			3	2.86	2.51	2.05	1.70	1.34
			4	3.06	2.69	2.19	1.81	1.43
			5	3.28	2.88	2.35	1.94	1.53
			6	9.60	8.43	6.86	5.67	4.46
			7	12.47	10.95	8.91	7.36	5.79
			8	55.09	48.38	39.46	32.65	25.76
			9	18.35	16.11	13.11	10.83	8.52
			10	7.86	6.90	5.62	4.64	3.65
			11	6.67	5.86	4.77	3.94	3.10
			12	5.81	5.10	4.15	3.43	2.70
62	土崖头	0.5 h	1	2.44	2.17	1.80	1.51	1.21
			2	2.59	2.30	1.90	1.60	1.28
			3	2.76	2.44	2.02	1.69	1.36
			4	2.94	2.61	2.16	1.81	1.45
			5	3.16	2.80	2.31	1.93	1.55
			6	9.27	8.16	6.67	5.54	4.39
			7	12.06	10.60	8.65	7.17	5.67
			8	55.26	48.35	39.20	32.24	25.24
			9	17.84	15.65	12.74	10.54	8.31
			10	7.58	6.67	5.47	4.55	3.61
			11	6.43	5.67	4.65	3.87	3.08
			12	5.59	4.93	4.05	3.38	2.69

续表 4-5-4

序号	行政区划名称	时段长	时段序号	重现期时段雨量值(mm)				
				100 a($H_{1\%}$)	50 a($H_{2\%}$)	20 a($H_{5\%}$)	10 a($H_{10\%}$)	5 a($H_{20\%}$)
63	彭家湾	0.5 h	1	2.59	2.28	1.87	1.56	1.24
			2	2.73	2.41	1.97	1.64	1.31
			3	2.90	2.55	2.09	1.74	1.38
			4	3.08	2.71	2.23	1.85	1.47
			5	3.29	2.90	2.38	1.98	1.58
			6	9.13	8.06	6.62	5.53	4.40
			7	11.77	10.39	8.54	7.13	5.67
			8	53.48	46.88	38.14	31.48	24.73
			9	17.21	15.18	12.47	10.41	8.27
			10	7.52	6.64	5.46	4.56	3.63
			11	6.43	5.67	4.66	3.89	3.10
			12	5.63	4.97	4.08	3.41	2.71
64	野猪岭	0.5 h	1	2.49	2.21	1.83	1.54	1.24
			2	2.63	2.33	1.93	1.62	1.30
			3	2.79	2.47	2.04	1.71	1.38
			4	2.96	2.62	2.17	1.82	1.46
			5	3.16	2.80	2.31	1.94	1.55
			6	8.74	7.71	6.32	5.26	4.18
			7	11.28	9.94	8.14	6.76	5.37
			8	53.09	46.48	37.72	31.05	24.33
			9	16.55	14.56	11.89	9.86	7.80
			10	7.20	6.36	5.22	4.35	3.46
			11	6.16	5.44	4.47	3.73	2.97
			12	5.39	4.76	3.92	3.28	2.61

续表 4-5-4

序号	行政区划名称	时段长	时段序号	重现期时段雨量值(mm)				
				100 a($H_{1\%}$)	50 a($H_{2\%}$)	20 a($H_{5\%}$)	10 a($H_{10\%}$)	5 a($H_{20\%}$)
65	秦家村	0.5 h	1	2.41	2.12	1.74	1.45	1.15
			2	2.55	2.25	1.85	1.54	1.22
			3	2.72	2.40	1.97	1.64	1.30
			4	2.91	2.56	2.10	1.75	1.39
			5	3.12	2.75	2.26	1.88	1.49
			6	9.42	8.29	6.79	5.64	4.46
			7	12.38	10.90	8.91	7.40	5.84
			8	64.05	56.04	45.45	37.39	29.25
			9	18.64	16.38	13.38	11.10	8.74
			10	7.65	6.74	5.52	4.58	3.63
			11	6.46	5.69	4.66	3.87	3.07
			12	5.59	4.93	4.04	3.36	2.66
66	毛家村	0.5 h	1	3.13	2.76	2.25	1.87	1.48
			2	3.38	2.98	2.43	2.02	1.60
			3	3.67	3.23	2.64	2.19	1.74
			4	6.48	5.70	4.65	3.85	3.04
			5	7.68	6.75	5.51	4.56	3.60
			6	18.86	16.55	13.48	11.09	8.71
			7	67.28	58.74	47.44	38.81	30.19
			8	12.48	10.96	8.94	7.37	5.80
			9	9.48	8.33	6.79	5.61	4.42
			10	5.61	4.94	4.03	3.34	2.64
			11	4.96	4.36	3.56	2.95	2.33
			12	4.44	3.90	3.19	2.65	2.09

续表 4-5-4

序号	行政区划名称	时段长	时段序号	重现期时段雨量值(mm)				
				100 a($H_{1\%}$)	50 a($H_{2\%}$)	20 a($H_{5\%}$)	10 a($H_{10\%}$)	5 a($H_{20\%}$)
67	上唐回	0.5 h	1	2.37	2.11	1.76	1.48	1.20
			2	2.51	2.23	1.86	1.57	1.27
			3	2.66	2.37	1.97	1.66	1.34
			4	2.84	2.52	2.09	1.76	1.43
			5	3.03	2.69	2.24	1.89	1.52
			6	8.66	7.64	6.29	5.25	4.19
			7	11.22	9.90	8.12	6.77	5.39
			8	51.81	45.43	36.97	30.51	24.00
			9	16.52	14.55	11.91	9.90	7.85
			10	7.10	6.28	5.17	4.33	3.46
			11	6.05	5.35	4.41	3.70	2.96
			12	5.28	4.67	3.86	3.24	2.59
68	下唐回	0.5 h	1	2.37	2.11	1.76	1.48	1.20
			2	2.51	2.23	1.86	1.57	1.27
			3	2.66	2.36	1.97	1.66	1.34
			4	2.84	2.52	2.09	1.76	1.43
			5	3.03	2.69	2.24	1.89	1.52
			6	8.65	7.64	6.29	5.25	4.19
			7	11.22	9.89	8.12	6.77	5.39
			8	51.77	45.40	36.95	30.49	23.98
			9	16.51	14.54	11.91	9.89	7.85
			10	7.10	6.28	5.17	4.32	3.46
			11	6.05	5.35	4.41	3.70	2.96
			12	5.28	4.67	3.86	3.24	2.59

续表 4-5-4

序号	行政区划名称	时段长	时段序号	重现期时段雨量值(mm)				
				100 a($H_{1\%}$)	50 a($H_{2\%}$)	20 a($H_{5\%}$)	10 a($H_{10\%}$)	5 a($H_{20\%}$)
69	芦家沟	0.5 h	1	3.50	3.07	2.49	2.05	1.61
			2	3.76	3.29	2.68	2.21	1.73
			3	4.06	3.56	2.90	2.39	1.88
			4	6.95	6.11	4.99	4.14	3.28
			5	8.16	7.18	5.87	4.88	3.87
			6	19.22	16.95	13.90	11.59	9.21
			7	65.14	57.11	46.43	38.28	30.07
			8	12.95	11.41	9.35	7.79	6.19
			9	9.96	8.77	7.18	5.97	4.74
			10	6.06	5.33	4.35	3.60	2.85
			11	5.39	4.73	3.86	3.19	2.52
			12	4.86	4.26	3.47	2.87	2.26
70	窑底	0.5 h	1	2.73	2.40	1.95	1.61	1.27
			2	2.89	2.53	2.06	1.70	1.34
			3	3.06	2.69	2.19	1.81	1.42
			4	3.25	2.86	2.33	1.92	1.52
			5	3.47	3.05	2.49	2.06	1.62
			6	9.77	8.60	7.04	5.85	4.63
			7	12.66	11.14	9.12	7.58	6.01
			8	60.95	53.40	43.38	35.75	28.05
			9	18.66	16.43	13.45	11.17	8.86
			10	8.03	7.07	5.78	4.80	3.80
			11	6.85	6.03	4.92	4.09	3.23
			12	5.99	5.27	4.30	3.57	2.82

续表 4-5-4

序号	行政区划名称	时段长	时段序号	重现期时段雨量值(mm)				
				100 a($H_{1\%}$)	50 a($H_{2\%}$)	20 a($H_{5\%}$)	10 a($H_{10\%}$)	5 a($H_{20\%}$)
71	水峪	0.25 h	1	1.48	1.29	1.04	1.04	0.66
			2	1.53	1.33	1.07	1.07	0.68
			3	1.58	1.38	1.11	1.11	0.70
			4	1.64	1.43	1.15	1.15	0.73
			5	2.42	2.11	1.71	1.71	1.10
			6	2.55	2.23	1.81	1.81	1.16
			7	2.70	2.36	1.92	1.92	1.24
			8	2.87	2.51	2.04	2.04	1.32
			9	3.06	2.68	2.17	2.17	1.41
			10	3.27	2.87	2.33	2.33	1.51
			11	9.65	8.49	6.95	6.95	4.58
			12	12.65	11.14	9.13	9.13	6.03
			13	68.01	59.50	48.20	48.20	30.95
			14	19.01	16.75	13.73	13.73	9.07
			15	7.85	6.91	5.65	5.65	3.72
			16	6.65	5.85	4.78	4.78	3.14
			17	5.78	5.08	4.15	4.15	2.72
			18	5.11	4.49	3.67	3.67	2.40
			19	4.59	4.03	3.29	3.29	2.15
			20	4.17	3.66	2.98	2.98	1.94
			21	3.82	3.35	2.73	2.73	1.78
			22	3.53	3.09	2.51	2.51	1.63
			23	2.29	2.01	1.62	1.62	1.04
			24	2.19	1.91	1.55	1.55	0.99

续表 4-5-4

序号	行政区划名称	时段长	时段序号	重现期时段雨量值(mm)				
				100 a($H_{1\%}$)	50 a($H_{2\%}$)	20 a($H_{5\%}$)	10 a($H_{10\%}$)	5 a($H_{20\%}$)
72	任家窑村	0.5 h	1	2.57	2.26	1.86	1.55	1.23
			2	2.71	2.39	1.96	1.64	1.30
			3	2.86	2.53	2.08	1.73	1.38
			4	3.04	2.68	2.21	1.84	1.47
			5	3.24	2.86	2.36	1.97	1.57
			6	8.89	7.85	6.47	5.41	4.32
			7	11.43	10.10	8.32	6.95	5.55
			8	51.86	45.49	37.03	30.58	24.07
			9	16.68	14.73	12.11	10.12	8.07
			10	7.34	6.49	5.34	4.47	3.57
			11	6.29	5.55	4.57	3.82	3.06
			12	5.51	4.87	4.01	3.35	2.68
73	奇峰	0.5 h	1	2.51	2.22	1.83	1.53	1.22
			2	2.65	2.34	1.93	1.61	1.29
			3	2.80	2.48	2.04	1.71	1.36
			4	2.98	2.63	2.17	1.81	1.45
			5	3.18	2.81	2.32	1.94	1.55
			6	8.76	7.74	6.37	5.33	4.26
			7	11.26	9.95	8.19	6.84	5.47
			8	49.95	43.90	35.87	29.73	23.51
			9	16.40	14.48	11.91	9.94	7.94
			10	7.23	6.39	5.26	4.40	3.52
			11	6.19	5.47	4.50	3.77	3.01
			12	5.43	4.79	3.95	3.30	2.64

续表 4-5-4

序号	行政区划名称	时段长	时段序号	重现期时段雨量值(mm)				
				100 a($H_{1\%}$)	50 a($H_{2\%}$)	20 a($H_{5\%}$)	10 a($H_{10\%}$)	5 a($H_{20\%}$)
74	马排沟口	0.5 h	1	2.42	2.12	1.72	1.41	1.11
			2	2.56	2.24	1.82	1.50	1.18
			3	2.72	2.38	1.94	1.59	1.25
			4	2.90	2.54	2.07	1.70	1.34
			5	3.11	2.72	2.21	1.83	1.44
			6	9.12	8.02	6.55	5.43	4.28
			7	11.93	10.50	8.58	7.11	5.61
			8	62.17	54.42	44.16	36.32	28.42
			9	17.87	15.72	12.85	10.66	8.40
			10	7.43	6.53	5.33	4.42	3.48
			11	6.30	5.53	4.51	3.74	2.95
			12	5.47	4.81	3.92	3.25	2.56
75	寺沟村	0.5 h	1	2.35	2.07	1.70	1.41	1.12
			2	2.49	2.20	1.80	1.50	1.19
			3	2.65	2.34	1.92	1.59	1.27
			4	2.84	2.50	2.05	1.70	1.35
			5	3.05	2.68	2.20	1.83	1.45
			6	9.17	8.06	6.58	5.46	4.30
			7	12.04	10.58	8.63	7.15	5.63
			8	61.74	53.99	43.74	35.94	28.06
			9	18.09	15.89	12.94	10.70	8.40
			10	7.45	6.55	5.35	4.44	3.50
			11	6.29	5.54	4.52	3.75	2.97
			12	5.45	4.80	3.92	3.26	2.58

续表 4-5-4

序号	行政区划名称	时段长	时段序号	重现期时段雨量值(mm)				
				100 a($H_{1\%}$)	50 a($H_{2\%}$)	20 a($H_{5\%}$)	10 a($H_{10\%}$)	5 a($H_{20\%}$)
76	沟口	0.5 h	1	2.35	2.07	1.70	1.41	1.12
			2	2.49	2.20	1.80	1.50	1.19
			3	2.65	2.34	1.92	1.59	1.27
			4	2.84	2.50	2.05	1.70	1.35
			5	3.05	2.68	2.20	1.83	1.45
			6	9.17	8.06	6.58	5.46	4.30
			7	12.04	10.58	8.63	7.15	5.63
			8	61.74	53.99	43.74	35.94	28.06
			9	18.09	15.89	12.94	10.70	8.40
			10	7.45	6.55	5.35	4.44	3.50
			11	6.29	5.54	4.52	3.75	2.97
			12	5.45	4.80	3.92	3.26	2.58
77	黄瓦厦	0.5 h	1	2.26	2.00	1.65	1.39	1.11
			2	2.40	2.13	1.76	1.47	1.18
			3	2.56	2.26	1.87	1.57	1.26
			4	2.74	2.42	2.00	1.67	1.34
			5	2.94	2.60	2.15	1.80	1.44
			6	8.99	7.92	6.47	5.37	4.25
			7	11.84	10.41	8.50	7.04	5.56
			8	60.84	53.19	43.06	35.35	27.59
			9	17.85	15.67	12.76	10.54	8.30
			10	7.29	6.42	5.26	4.37	3.47
			11	6.14	5.42	4.44	3.69	2.93
			12	5.32	4.69	3.85	3.21	2.55

续表 4-5-4

序号	行政区划名称	时段长	时段序号	重现期时段雨量值(mm)				
				100 a($H_{1\%}$)	50 a($H_{2\%}$)	20 a($H_{5\%}$)	10 a($H_{10\%}$)	5 a($H_{20\%}$)
78	上秦涧	0.5 h	1	2.37	2.09	1.72	1.43	1.14
			2	2.51	2.22	1.82	1.52	1.21
			3	2.67	2.35	1.93	1.61	1.28
			4	2.85	2.51	2.06	1.72	1.37
			5	3.05	2.69	2.21	1.84	1.46
			6	8.98	7.91	6.46	5.36	4.24
			7	11.75	10.34	8.44	7.00	5.53
			8	59.90	52.39	42.44	34.87	27.25
			9	17.58	15.44	12.59	10.42	8.22
			10	7.32	6.45	5.27	4.38	3.47
			11	6.20	5.46	4.47	3.71	2.94
			12	5.39	4.75	3.89	3.23	2.56
79	下秦涧	0.5 h	1	2.33	2.06	1.70	1.42	1.14
			2	2.47	2.19	1.80	1.51	1.21
			3	2.63	2.33	1.92	1.60	1.28
			4	2.81	2.49	2.05	1.71	1.37
			5	3.02	2.67	2.20	1.84	1.47
			6	9.02	7.96	6.54	5.46	4.35
			7	11.81	10.42	8.56	7.14	5.67
			8	58.89	51.57	41.85	34.46	26.98
			9	17.67	15.58	12.77	10.64	8.43
			10	7.34	6.48	5.33	4.45	3.55
			11	6.21	5.48	4.51	3.77	3.01
			12	5.38	4.76	3.92	3.27	2.61

表 4-5-5　夏县设计洪水成果表

序号	行政区划名称	小流域名称	洪水要素	重现期洪水要素值				
				100 a($Q_{1\%}$)	50 a($Q_{2\%}$)	20 a($Q_{5\%}$)	10 a($Q_{10\%}$)	5 a($Q_{20\%}$)
1	孟家村	青龙河	洪峰流量(m^3/s)	219	185	139	104	58.1
			洪量(万 m^3)	149	120	84	58	38
			涨洪历时(h)	3.25	2.2	1.95	1.25	1
			洪水历时(h)	8.25	6.7	5.7	4.75	4.75
2	探马沟村		洪峰流量(m^3/s)	110.9	95.65	75.55	59.33	43.18
			洪量(万 m^3)	85	68	48	34	22
			涨洪历时(h)	4.75	3.75	2	2	1
			洪水历时(h)	9.35	8	5.5	4.5	3.5
3	上冯村		洪峰流量(m^3/s)	38	32.65	25.46	19.73	15.97
			洪量(万 m^3)	22	18	12	9	6
			涨洪历时(h)	1.7	1.7	0.75	0.75	0.25
			洪水历时(h)	69.53	3.7	2.5	2.25	1.75
4	东下冯村		洪峰流量(m^3/s)	489	404	291	205	131
			洪量(万 m^3)	450	355	240	162	104
			涨洪历时(h)	3.5	2	1.75	1	1
			洪水历时(h)	9.5	8	8	7.25	7.75

续表 4-5-5

序号	行政区划名称	小流域名称	洪水要素	重现期洪水要素值				
				100 a($Q_{1\%}$)	50 a($Q_{2\%}$)	20 a($Q_{5\%}$)	10 a($Q_{10\%}$)	5 a($Q_{20\%}$)
5	北晋村	青龙河	洪峰流量(m^3/s)	351	298	229	175	123
			洪量(万 m^3)	202	165	117	83	55
			涨洪历时(h)	3.5	2.75	1.7	1.6	0.75
			洪水历时(h)	8.25	7	5.45	4.85	4.25
6	上董村		洪峰流量(m^3/s)	1 194	987	718	508	332
			洪量(万 m^3)	1 140	899	611	414	262
			涨洪历时(h)	3.5	2.25	2	1.25	1
			洪水历时(h)	9.5	8	7.75	7.25	7.25
7	小王村		洪峰流量(m^3/s)	204	176	139	110	80.9
			洪量(万 m^3)	76	62	44	31	20
			涨洪历时(h)	2	2	2	1	1
			洪水历时(h)	5.5	4.75	4	2.5	2.5
8	南郭村		洪峰流量(m^3/s)	230.1	199.61	157.51	124.85	92.19
			洪量(万 m^3)	78	64	45	32	21
			涨洪历时(h)	1.7	1.7	1	0.75	0.75
			洪水历时(h)	4.45	3.45	2.75	1.6	1.75

续表 4-5-5

序号	行政区划名称	小流域名称	洪水要素	重现期洪水要素值				
				100 a($Q_{1\%}$)	50 a($Q_{2\%}$)	20 a($Q_{5\%}$)	10 a($Q_{10\%}$)	5 a($Q_{20\%}$)
9	上辛庄村	青龙河	洪峰流量(m^3/s)	262	225	175	134	101
			洪量(万 m^3)	92	74	51	35	23
			涨洪历时(h)	2	2	1	1	0.5
			洪水历时(h)	4.75	4	2.75	2.5	2.25
10	大洋村		洪峰流量(m^3/s)	350	302	236	183	132
			洪量(万 m^3)	141	114	81	57	38
			涨洪历时(h)	2	2	1.75	1	1
			洪水历时(h)	5.25	4.75	3.75	3	3
11	苏庄村		洪峰流量(m^3/s)	687	586	451	343	241
			洪量(万 m^3)	266	213	146	100	64
			涨洪历时(h)	1.55	1.55	1	0.75	0.75
			洪水历时(h)	5.2	4.45	3.25	2.75	2.75
12	尉郭村		洪峰流量(m^3/s)	586	498	377	283	193
			洪量(万 m^3)	269	214	148	101	66
			涨洪历时(h)	2	2	1.25	1	1
			洪水历时(h)	5.25	4.5	3.75	3.25	3.75

续表 4-5-5

序号	行政区划名称	小流域名称	洪水要素	重现期洪水要素值				
				100 a($Q_{1\%}$)	50 a($Q_{2\%}$)	20 a($Q_{5\%}$)	10 a($Q_{10\%}$)	5 a($Q_{20\%}$)
13	周村	青龙河	洪峰流量(m^3/s)	120	102.95	79.09	60.89	43.16
			洪量(万 m^3)	57	46	32	22	14
			涨洪历时(h)	1.7	1.7	1	0.75	0.75
			洪水历时(h)	4.7	3.95	3	2.75	2.75
14	郭道村		洪峰流量(m^3/s)	293	249	190	144	100
			洪量(万 m^3)	178	146	104	74	49
			涨洪历时(h)	3.25	2.25	2	1.75	1
			洪水历时(h)	7.5	6.5	5.5	5.25	4.75
15	苗村		洪峰流量(m^3/s)	430	362	272	202	138
			洪量(万 m^3)	272	219	155	109	72
			涨洪历时(h)	3	2	2	1.25	1
			洪水历时(h)	7.5	6.25	6	5.25	5.25
16	上北师村	红沙河	洪峰流量(m^3/s)	25.7	21.5	16	11.8	8
			洪量(万 m^3)	14	11	8	6	4
			涨洪历时(h)	1.7	1.7	1	0.75	0.75
			洪水历时(h)	5.95	5.45	4.75	4.75	4.75

续表 4-5-5

序号	行政区划名称	小流域名称	洪水要素	重现期洪水要素值				
				100 a($Q_{1\%}$)	50 a($Q_{2\%}$)	20 a($Q_{5\%}$)	10 a($Q_{10\%}$)	5 a($Q_{20\%}$)
17	下北师村	红沙河	洪峰流量(m^3/s)	368	311	235	176	122
			洪量(万 m^3)	215	174	124	88	58
			涨洪历时(h)	2.5	2	2	1	1
			洪水历时(h)	6.75	6	5.75	4.75	4.75
18	吴家峪		洪峰流量(m^3/s)	281	243	193	153	114
			洪量(万 m^3)	98	80	57	41	27
			涨洪历时(h)	2.5	2	2	1.25	1
			洪水历时(h)	5.75	5	4	2.75	2
19	北山底村		洪峰流量(m^3/s)	279	240	189	148	107
			洪量(万 m^3)	111	89	63	45	30
			涨洪历时(h)	3.25	2	2	1.25	1
			洪水历时(h)	7	5.25	4.25	3.25	2.75
20	挪过村		洪峰流量(m^3/s)	495	422	324	248	175
			洪量(万 m^3)	216	174	122	86	56
			涨洪历时(h)	2.6	1.8	1.7	1	0.75
			洪水历时(h)	6.6	5.55	4.45	3.5	3.25

续表 4-5-5

序号	行政区划名称	小流域名称	洪水要素	重现期洪水要素值				
				100 a($Q_{1\%}$)	50 a($Q_{2\%}$)	20 a($Q_{5\%}$)	10 a($Q_{10\%}$)	5 a($Q_{20\%}$)
21	后西洛	白沙河	洪峰流量(m^3/s)	123	103	76.1	55.4	36.7
			洪量(万 m^3)	65	52	36	25	16
			涨洪历时(h)	2	2	1.5	1	1
			洪水历时(h)	5.75	5.25	4.5	4.25	4.25
22	涧底河村		洪峰流量(m^3/s)	183	152	111	77.4	47.7
			洪量(万 m^3)	181	145	101	70	46
			涨洪历时(h)	2	2	2	1.75	1.25
			洪水历时(h)	8.75	8.75	8.75	8.5	9
23	南坡地村	姚暹渠	洪峰流量(m^3/s)	252	209	153	110	72.9
			洪量(万 m^3)	289	236	170	122	82
			涨洪历时(h)	2.75	2.5	2.5	1.75	1.5
			洪水历时(h)	9.75	9.5	10	9.5	10.25
24	堡尔村		洪峰流量(m^3/s)	388	312	218	145	87.1
			洪量(万 m^3)	706	566	393	273	177
			涨洪历时(h)	4.25	3	2.75	2.25	2
			洪水历时(h)	16	15.25	15.5	16	17.25

续表 4-5-5

序号	行政区划名称	小流域名称	洪水要素	重现期洪水要素值				
				100 a($Q_{1\%}$)	50 a($Q_{2\%}$)	20 a($Q_{5\%}$)	10 a($Q_{10\%}$)	5 a($Q_{20\%}$)
25	赤峪村	姚暹渠	洪峰流量(m^3/s)	153	128	97.2	73.3	51.4
			洪量(万 m^3)	84	70	50	37	25
			涨洪历时(h)	2	1.7	1.6	1	1
			洪水历时(h)	6	5.95	5.35	4.75	4.75
26	上留村		洪峰流量(m^3/s)	150	128	97.6	73.9	51.5
			洪量(万 m^3)	94	76	53	38	25
			涨洪历时(h)	4	2.5	2	1.5	1
			洪水历时(h)	9	7.25	6	5.5	5
27	埝底村		洪峰流量(m^3/s)	110	92.5	69.3	51.9	35.7
			洪量(万 m^3)	49	40	28	20	13
			涨洪历时(h)	1.7	1.7	1	0.75	0.75
			洪水历时(h)	5.2	4.7	4	4	4.25
28	西交口	清水河	洪峰流量(m^3/s)	66.5	56	42.2	31.4	20.9
			洪量(万 m^3)	44	35	24	16	11
			涨洪历时(h)	3.25	1.5	1.5	1.5	1
			洪水历时(h)	9	7	5.75	5.25	5

续表 4-5-5

序号	行政区划名称	小流域名称	洪水要素	重现期洪水要素值				
				100 a($Q_{1\%}$)	50 a($Q_{2\%}$)	20 a($Q_{5\%}$)	10 a($Q_{10\%}$)	5 a($Q_{20\%}$)
29	曹家庄村	清水河	洪峰流量(m^3/s)	211	177	133	98.7	65.2
			洪量(万 m^3)	242	189	130	90	59
			涨洪历时(h)	4.75	3.75	2	2	1.75
			洪水历时(h)	14	11	8.75	8.5	8.5
30	张家坪		洪峰流量(m^3/s)	354	293	214	156	101
			洪量(万 m^3)	467	375	261	181	116
			涨洪历时(h)	4.25	3.25	2	2	2
			洪水历时(h)	13.5	12	10.75	10.75	11.25
31	樊家沟		洪峰流量(m^3/s)	15.5	12.06	7.88	4.4	2.33
			洪量(万 m^3)	11	9	6	4	3
			涨洪历时(h)	3.25	1.75	1.5	1.5	1.5
			洪水历时(h)	8.75	6.75	5.5	4.5	4.25
32	上圪马沟		洪峰流量(m^3/s)	200	166	123	89.2	57.3
			洪量(万 m^3)	157	126	88	61	39
			涨洪历时(h)	2.4	1.75	1.75	1.75	1.25
			洪水历时(h)	8.4	7.75	7	7	6.75

续表 4-5-5

序号	行政区划名称	小流域名称	洪水要素	重现期洪水要素值				
				100 a($Q_{1\%}$)	50 a($Q_{2\%}$)	20 a($Q_{5\%}$)	10 a($Q_{10\%}$)	5 a($Q_{20\%}$)
33	下坨马沟	清水河	洪峰流量(m^3/s)	250	209	155	114	73.4
			洪量(万 m^3)	251	201	139	97	62
			涨洪历时(h)	4.2	2.5	2	2	1.7
			洪水历时(h)	11.6	9.8	8.5	8	8.2
34	温峪村		洪峰流量(m^3/s)	893	658.192	464.749	323.621	197.093
			洪量(万 m^3)	62	759	521	355	223
			涨洪历时(h)	5	3.8	2.5	2.2	1.6
			洪水历时(h)	14.8	13.8	12.5	12.2	12.5
35	王家坨塔		洪峰流量(m^3/s)	121.23	101.17	73.7	52.07	31.83
			洪量(万 m^3)	133	105	72	49	31
			涨洪历时(h)	2.5	2	2	2	1.5
			洪水历时(h)	8.8	8.5	8.5	8.3	8.8
36	架桑村		洪峰流量(m^3/s)	670	543	386	269	161
			洪量(万 m^3)	1 187	947	651	444	279
			涨洪历时(h)	4.8	1.8	2.5	2.5	2.8
			洪水历时(h)	17	14.8	14.5	15.5	16.8

续表 4-5-5

序号	行政区划名称	小流域名称	洪水要素	重现期洪水要素值				
				100 a($Q_{1\%}$)	50 a($Q_{2\%}$)	20 a($Q_{5\%}$)	10 a($Q_{10\%}$)	5 a($Q_{20\%}$)
37	马家匣	清水河	洪峰流量(m^3/s)	55.4	46.45	34.64	25.41	16.68
			洪量(万 m^3)	40	32	22	15	10
			涨洪历时(h)	1.8	1.8	1.5	1.8	0.8
			洪水历时(h)	6.8	5.7	4.7	4.3	4
38	王家村		洪峰流量(m^3/s)	188	154	111	77	45.9
			洪量(万 m^3)	224	178	121	82	52
			涨洪历时(h)	1.7	2	2	1.7	1.5
			洪水历时(h)	11.2	11.5	10.5	10.5	11
39	前坪村		洪峰流量(m^3/s)	297	243	173	119	70.2
			洪量(万 m^3)	372	296	202	137	86
			涨洪历时(h)	2	2	2	2	1.5
			洪水历时(h)	10.7	10.7	10.7	11.3	11.8
40	金家岭		洪峰流量(m^3/s)	10.5	8.85	6.64	5.11	3.41
			洪量(万 m^3)	9	7	5	3	2
			涨洪历时(h)	1.5	1.5	1.5	1.5	1
			洪水历时(h)	6.5	5.7	4.5	4.5	4

续表 4-5-5

序号	行政区划名称	小流域名称	洪水要素	重现期洪水要素值				
				100 a($Q_{1\%}$)	50 a($Q_{2\%}$)	20 a($Q_{5\%}$)	10 a($Q_{10\%}$)	5 a($Q_{20\%}$)
41	宋家匣	清水河	洪峰流量(m^3/s)	303	245	173	117	67.9
			洪量(万 m^3)	464	368	251	170	107
			涨洪历时(h)	2.3	2	2	2	1.3
			洪水历时(h)	13	12.7	13.3	13.7	14
42	麻岔村		洪峰流量(m^3/s)	2 196	1 790	1 251	826	477
			洪量(万 m^3)	2 654	2 090	1 411	948	593
			涨洪历时(h)	2	2	2	1.5	1
			洪水历时(h)	10.7	10.7	11.5	11.2	11.7
43	槐庄		洪峰流量(m^3/s)	1 071	848	556	344	194
			洪量(万 m^3)	2 665	2 098	1 416	949	592
			涨洪历时(h)	3	3	3	2.5	2.5
			洪水历时(h)	20.7	21.3	22.7	24.2	26.3
44	三尖头		洪峰流量(m^3/s)	1 048	826	537	332	187
			洪量(万 m^3)	2 662	2 093	1 410	944	588
			涨洪历时(h)	3.5	3.5	3	3	2.5
			洪水历时(h)	21.3	21.7	23.3	24.8	27.5

续表 4-5-5

序号	行政区划名称	小流域名称	洪水要素	重现期洪水要素值				
				100 a($Q_{1\%}$)	50 a($Q_{2\%}$)	20 a($Q_{5\%}$)	10 a($Q_{10\%}$)	5 a($Q_{20\%}$)
45	祁家河村	清水河	洪峰流量(m^3/s)	1 030	937.11	599.66	370.38	208.12
			洪量(万 m^3)	2 642	2 071	1 391	929	577
			涨洪历时(h)	3.5	3.5	3	3	2.5
			洪水历时(h)	21.7	22.7	24.1	25.8	27.5
46	庙坪村		洪峰流量(m^3/s)	1 034	811	519	321	180
			洪量(万 m^3)	2 664	2 091	1 404	937	582
			涨洪历时(h)	3.5	3.5	3	3	2.5
			洪水历时(h)	20.7	22.3	23.5	25.8	27.5
47	西普峪	泗交河	洪峰流量(m^3/s)	23.3	19.5	14.5	10.5	7
			洪量(万 m^3)	15	12	8	6	4
			涨洪历时(h)	1.5	1.5	1.5	1.5	0.8
			洪水历时(h)	7	5.5	5.7	5.5	5
48	许家沟		洪峰流量(m^3/s)	40.6	33.9	25.1	18.1	11.6
			洪量(万 m^3)	28	22	15	10	7
			涨洪历时(h)	1.5	1.5	1.5	1.5	0.8
			洪水历时(h)	7.3	6.5	5.7	5.7	5

续表 4-5-5

序号	行政区划名称	小流域名称	洪水要素	重现期洪水要素值				
				100 a($Q_{1\%}$)	50 a($Q_{2\%}$)	20 a($Q_{5\%}$)	10 a($Q_{10\%}$)	5 a($Q_{20\%}$)
49	西沟村	泗交河	洪峰流量(m^3/s)	83.6	69.4	50.3	34.9	21.1
			洪量(万 m^3)	78	62	42	29	18
			涨洪历时(h)	2	2	2	1.7	1
			洪水历时(h)	8.5	8	7.7	8	7.7
50	贾路		洪峰流量(m^3/s)	32.2	27.49	21.14	16.23	11.39
			洪量(万 m^3)	25	42	14	10	6
			涨洪历时(h)	2.8	1.5	1.5	1.5	1.2
			洪水历时(h)	8	6.5	5.5	4.5	3.7
51	郭庄		洪峰流量(m^3/s)	102	84.9	62.7	45	28.2
			洪量(万 m^3)	91	73	51	35	22
			涨洪历时(h)	2.5	2	2	2	1.5
			洪水历时(h)	9	7.5	7	7	7.2
52	李峪		洪峰流量(m^3/s)	137	114	83.5	58.4	35.6
			洪量(万 m^3)	121	96	65	44	28.1
			涨洪历时(h)	2	2	2	1.7	1
			洪水历时(h)	7.5	6.7	6.7	6.4	6.5

续表 4-5-5

序号	行政区划名称	小流域名称	洪水要素	重现期洪水要素值				
				100 a($Q_{1\%}$)	50 a($Q_{2\%}$)	20 a($Q_{5\%}$)	10 a($Q_{10\%}$)	5 a($Q_{20\%}$)
53	岭底	泗交河	洪峰流量(m^3/s)	388	318.67	227.45	155.69	92.44
			洪量(万 m^3)	376	299	205	140	89
			涨洪历时(h)	2	2	2	2	1.5
			洪水历时(h)	9	9.3	9.5	9.7	10.2
54	石咀		洪峰流量(m^3/s)	408	338	245	171	104
			洪量(万 m^3)	406	323	223	153	98
			涨洪历时(h)	2	2	2	2	1.5
			洪水历时(h)	8.5	7.7	7.7	8.5	8.2
55	窑头村		洪峰流量(m^3/s)	420	346	249	172	103
			洪量(万 m^3)	458	363	248	169	108
			涨洪历时(h)	2.5	2	2	1.7	1.5
			洪水历时(h)	8.7	8.5	8.5	8.4	9.2
56	郭峪		洪峰流量(m^3/s)	114	95.3	69.9	49.6	30.8
			洪量(万 m^3)	106	85	59	41	27
			涨洪历时(h)	2	2	2	2	1.5
			洪水历时(h)	7.7	7.5	7.5	7.7	8

续表 4-5-5

序号	行政区划名称	小流域名称	洪水要素	重现期洪水要素值				
				100 a($Q_{1\%}$)	50 a($Q_{2\%}$)	20 a($Q_{5\%}$)	10 a($Q_{10\%}$)	5 a($Q_{20\%}$)
57	寨里	泗交河	洪峰流量(m^3/s)	115	96.2	71.3	51.9	33.3
			洪量(万 m^3)	129	103	72	50	33
			涨洪历时(h)	3.7	2.5	2	2	1.5
			洪水历时(h)	11	9.5	8.5	8.7	9
58	蛇沟		洪峰流量(m^3/s)	29.5	24.75	18.31	13.33	8.74
			洪量(万 m^3)	21	17	12	8	5
			涨洪历时(h)	1.5	1.5	1.5	1	0.5
			洪水历时(h)	6	5	4.7	4.2	3.7
59	磨儿沟		洪峰流量(m^3/s)	38.7	32.1	23.3	16.4	10.4
			洪量(万 m^3)	29	23	16	11	7
			涨洪历时(h)	1.5	1.5	1.5	1	0.5
			洪水历时(h)	6.7	6.3	6.5	6	5.8
60	王家河村		洪峰流量(m^3/s)	146	119	82.9	56.4	34.4
			洪量(万 m^3)	162	129	89	61	40
			涨洪历时(h)	2.5	2.5	1.5	1.5	1
			洪水历时(h)	9.5	10.7	9.5	9.7	10.2

续表 4-5-5

序号	行政区划名称	小流域名称	洪水要素	重现期洪水要素值				
				100 a($Q_{1\%}$)	50 a($Q_{2\%}$)	20 a($Q_{5\%}$)	10 a($Q_{10\%}$)	5 a($Q_{20\%}$)
61	泗交村	泗交河	洪峰流量(m^3/s)	526	431	306	209	123
			洪量(万 m^3)	679	541	372	255	163
			涨洪历时(h)	2	2	2	2	1.5
			洪水历时(h)	10	10	10.5	10.7	11.2
62	土崖头		洪峰流量(m^3/s)	657	536	374	247	146
			洪量(万 m^3)	943	752	515	353	225
			涨洪历时(h)	2.5	2.5	2.5	2.5	1.5
			洪水历时(h)	11	11	11.5	12.5	12.5
63	彭家湾		洪峰流量(m^3/s)	667	542	378	249	146
			洪量(万 m^3)	1 071	848	581	398	254
			涨洪历时(h)	2.5	2.5	2.2	2.2	1.5
			洪水历时(h)	12.3	12	12.4	13.4	13.7
64	野猪岭		洪峰流量(m^3/s)	627	506	345	221	126
			洪量(万 m^3)	1 098	869	592	402	255
			涨洪历时(h)	2.5	2.5	2.5	2	1.5
			洪水历时(h)	13.5	13.5	14.5	15	15.7

续表 4-5-5

序号	行政区划名称	小流域名称	洪水要素	重现期洪水要素值				
				100 a($Q_{1\%}$)	50 a($Q_{2\%}$)	20 a($Q_{5\%}$)	10 a($Q_{10\%}$)	5 a($Q_{20\%}$)
65	秦家村	泗交河	洪峰流量(m^3/s)	79.9	66.1	47.9	33.7	21.4
			洪量(万 m^3)	54	43	30	21	13
			涨洪历时(h)	1.5	1.5	1.5	1	0.5
			洪水历时(h)	6.5	5.7	5.7	5.5	5.3
66	毛家村		洪峰流量(m^3/s)	88.9	72.8	51.6	36	22.4
			洪量(万 m^3)	69	55	38	26	17
			涨洪历时(h)	2	2	1.5	1	1
			洪水历时(h)	7.5	7.3	7	6.7	7.3
67	上唐回		洪峰流量(m^3/s)	642	517	353	225	129
			洪量(万 m^3)	1 161	922	632	432	276
			涨洪历时(h)	2.5	2.5	2.2	2	1.5
			洪水历时(h)	13.7	14	14.7	16	17
68	下唐回		洪峰流量(m^3/s)	622	500	341	217	125
			洪量(万 m^3)	1 168	929	636	434	277
			涨洪历时(h)	2.5	2.3	2.5	2	2
			洪水历时(h)	14	14.5	15.5	16.5	17.5

续表 4-5-5

序号	行政区划名称	小流域名称	洪水要素	重现期洪水要素值				
				100 a($Q_{1\%}$)	50 a($Q_{2\%}$)	20 a($Q_{5\%}$)	10 a($Q_{10\%}$)	5 a($Q_{20\%}$)
69	芦家沟	泗交河	洪峰流量(m^3/s)	81.6	67.3	48.6	34.3	22.3
			洪量(万 m^3)	65	51	35	25	16
			涨洪历时(h)	2.7	2	1.7	1	1
			洪水历时(h)	8.2	7.3	6.7	6.5	6.7
70	窑底		洪峰流量(m^3/s)	233	192	138	95.4	57.7
			洪量(万 m^3)	243	192	132	91	58
			涨洪历时(h)	2	2	2	1.7	1
			洪水历时(h)	8.7	8.5	8.5	8.6	8.7
71	水峪		洪峰流量(m^3/s)	43	36	26.5	19.1	12.2
			洪量(万 m^3)	27	21	15	10	7
			涨洪历时(h)	2	2	2	1	0.75
			洪水历时(h)	6.75	5.8	5.75	5	5
72	任家窑村		洪峰流量(m^3/s)	740	594	400	255	148
			洪量(万 m^3)	1 603	1 267	865	590	377
			涨洪历时(h)	3	3	3	2.5	2
			洪水历时(h)	16	16	18	19	20

续表 4-5-5

序号	行政区划名称	小流域名称	洪水要素	重现期洪水要素值				
				100 a($Q_{1\%}$)	50 a($Q_{2\%}$)	20 a($Q_{5\%}$)	10 a($Q_{10\%}$)	5 a($Q_{20\%}$)
73	奇峰	泗交河	洪峰流量(m^3/s)	772	614	405	256	148
			洪量(万 m^3)	1 971	1 559	1 064	724	463
			涨洪历时(h)	3.5	3.5	3	3	2.5
			洪水历时(h)	19	20.7	21.5	22.5	24.5
74	马排沟口	太宽河	洪峰流量(m^3/s)	162	134	95.1	64.4	38.8
			洪量(万 m^3)	148	118	81	55	35
			涨洪历时(h)	3	3	2.7	2.5	2
			洪水历时(h)	21.5	22.5	24	25.5	27.3
75	寺沟村		洪峰流量(m^3/s)	254	208	147	98.3	58.4
			洪量(万 m^3)	254	203	139	96	61
			涨洪历时(h)	2	2	2	1.5	1
			洪水历时(h)	8.5	8.3	9	9	8.7
76	沟口		洪峰流量(m^3/s)	254	208	147	98.3	58.4
			洪量(万 m^3)	254	203	139	96	61
			涨洪历时(h)	2	2	2	1.5	1
			洪水历时(h)	8.3	8.3	8.7	9	8.7

续表 4-5-5

序号	行政区划名称	小流域名称	洪水要素	重现期洪水要素值				
				100 a($Q_{1\%}$)	50 a($Q_{2\%}$)	20 a($Q_{5\%}$)	10 a($Q_{10\%}$)	5 a($Q_{20\%}$)
77	黄瓦厦	太宽河	洪峰流量(m^3/s)	235	192	134	88.4	52.3
			洪量(万 m^3)	256	204	140	96	62
			涨洪历时(h)	2	2	2	1.5	1
			洪水历时(h)	9	9	9.5	10	9.7
78	上秦涧		洪峰流量(m^3/s)	270	219	152	98.9	57.8
			洪量(万 m^3)	337	268	183	125	80
			涨洪历时(h)	2	2	2	1.5	1
			洪水历时(h)	10	11.5	10.7	11	11.7
79	下秦涧		洪峰流量(m^3/s)	274	223	154	101	59.3
			洪量(万 m^3)	375	299	207	142	92
			涨洪历时(h)	2	2	2	1.5	1.3
			洪水历时(h)	11	11	11.7	12	12.7

表 4-5-6　夏县设计净雨深计算成果表

序号	小流域名称	计算单元名称	重现期（a）	参数			主雨历时（h）	主雨雨量（mm）	净雨深（mm）
				μ	S_r	K_s			
1	青龙河	孟家村	100	4.79	18.1	1.23	17.2	173.7	103.15
			50	5.27	18.1	1.23	15.2	148.2	82.81
			20	6.18	18.1	1.23	12.3	114.8	57.77
			10	7.38	18.1	1.23	10.1	90.2	40.30
			5	8.52	18.1	1.23	7.7	66.3	26.35
2		探马沟村	100	4.00	16.4	1.12	19.4	185.4	114.52
			50	4.38	16.4	1.12	16.8	156.7	92.05
			20	5.09	16.4	1.12	13.3	119.9	64.52
			10	6.02	16.4	1.12	10.6	93.3	45.36
			5	6.94	16.4	1.12	7.9	67.9	29.91
3		上冯村	100	6.53	20.4	1.41	13.9	148.0	80.93
			50	7.34	20.4	1.41	12.4	127.2	64.73
			20	8.87	20.4	1.41	10.2	99.9	44.95
			10	10.92	20.4	1.41	8.5	79.5	31.19
			5	12.93	20.4	1.41	6.6	59.3	20.36
4		东下冯村	100	5.35	20.1	1.36	21.3	180.5	90.55
			50	5.98	20.1	1.36	18.1	151.4	71.14
			20	7.20	20.1	1.36	13.9	114.5	48.10
			10	8.83	20.1	1.36	10.9	88.3	32.67
			5	10.51	20.1	1.36	8.0	63.6	20.90

续表 4-5-6

序号	小流域名称	计算单元名称	重现期(a)	参数			主雨历时(h)	主雨雨量(mm)	净雨深(mm)
				μ	S_r	K_s			
5	青龙河	北晋村	100	4.22	16.4	1.12	15.9	165.5	105.08
			50	4.60	16.4	1.12	14.2	142.2	85.41
			20	5.30	16.4	1.12	11.8	111.5	60.74
			10	6.19	16.4	1.12	9.8	88.5	43.15
			5	6.97	16.4	1.12	7.7	65.8	28.67
6		上董村	100	5.69	20.7	1.42	18.9	181.9	96.10
			50	6.24	20.7	1.42	16.7	155.0	75.90
			20	7.21	20.7	1.42	13.6	119.8	51.56
			10	8.41	20.7	1.42	11.2	94.0	34.98
			5	9.44	20.7	1.42	8.6	68.7	22.17
7		小王村	100	5.48	18.6	1.27	12.2	150.3	94.34
			50	6.02	18.6	1.27	11.2	130.3	76.49
			20	7.00	18.6	1.27	9.6	103.5	54.08
			10	8.23	18.6	1.27	8.3	83.1	38.09
			5	9.27	18.6	1.27	6.7	62.6	25.13
8		南郭村	100	6.31	19.7	1.35	10.9	138.5	84.29
			50	6.96	19.7	1.35	10.1	121.2	68.62
			20	8.11	19.7	1.35	8.9	97.9	48.87
			10	9.52	19.7	1.35	7.8	79.9	34.68
			5	10.57	19.7	1.35	6.6	61.5	23.08

续表 4-5-6

序号	小流域名称	计算单元名称	重现期(a)	参数			主雨历时(h)	主雨雨量(mm)	净雨深(mm)
				μ	S_r	K_s			
9	青龙河	上辛庄村	100	6.91	21.2	1.46	12.9	144.7	79.07
			50	7.70	21.2	1.46	11.6	125.0	63.32
			20	9.12	21.2	1.46	9.7	99.0	44.01
			10	10.89	21.2	1.46	8.2	79.4	30.57
			5	12.32	21.2	1.46	6.6	60.0	20.07
10		大洋村	100	5.57	18.5	1.27	11.3	140.0	87.80
			50	6.12	18.5	1.27	10.4	121.8	71.35
			20	7.11	18.5	1.27	9.0	97.3	50.57
			10	8.35	18.5	1.27	7.8	78.6	35.67
			5	9.38	18.5	1.27	6.4	59.6	23.57
11		苏庄村	100	6.40	20.6	1.42	12.9	147.5	83.28
			50	7.07	20.6	1.42	11.7	127.4	66.41
			20	8.25	20.6	1.42	10.0	100.6	45.68
			10	9.72	20.6	1.42	8.5	80.4	31.31
			5	10.96	20.6	1.42	6.8	60.1	20.09
12		尉郭村	100	6.73	21.2	1.47	13.1	143.3	77.08
			50	7.43	21.2	1.47	11.9	124.0	61.48
			20	8.67	21.2	1.47	10.1	98.4	42.39
			10	10.17	21.2	1.47	8.6	79.1	29.16
			5	11.33	21.2	1.47	6.9	59.6	18.90

续表 4-5-6

序号	小流域名称	计算单元名称	重现期（a）	参数			主雨历时（h）	主雨雨量（mm）	净雨深（mm）
				μ	S_r	K_s			
13	青龙河	周村	100	6.74	20.9	1.44	12.6	147.5	83.70
			50	7.49	20.9	1.44	11.4	127.7	67.18
			20	8.85	20.9	1.44	9.7	101.3	46.78
			10	10.55	20.9	1.44	8.3	81.4	32.49
			5	11.96	20.9	1.44	6.7	61.4	21.24
14		郭道村	100	4.81	17.4	1.19	13.1	163.5	107.99
			50	5.25	17.4	1.19	12.0	141.5	88.15
			20	6.01	17.4	1.19	10.3	112.1	63.00
			10	6.96	17.4	1.19	8.9	89.9	44.87
			5	7.69	17.4	1.19	7.2	67.6	29.80
15		苗村	100	4.98	18.0	1.24	15.2	163.6	99.46
			50	5.49	18.0	1.24	13.5	140.4	80.42
			20	6.40	18.0	1.24	11.2	110.1	56.74
			10	7.54	18.0	1.24	9.3	87.5	40.01
			5	8.49	18.0	1.24	7.4	65.2	26.44
16	红沙河	上北师村	100	5.75	19.0	1.30	13.5	150.6	89.28
			50	6.42	19.0	1.30	12.0	129.7	72.22
			20	7.67	19.0	1.30	10.0	102.2	51.05
			10	9.28	19.0	1.30	8.3	81.7	36.07
			5	10.70	19.0	1.30	6.6	61.3	24.00

续表 4-5-6

序号	小流域名称	计算单元名称	重现期 (a)	参数			主雨历时 (h)	主雨雨量 (mm)	净雨深 (mm)
				μ	S_r	K_s			
17	红沙河	下北师村	100	5.15	18.1	1.24	13.8	152.7	93.00
			50	5.67	18.1	1.24	12.4	131.7	75.41
			20	6.62	18.1	1.24	10.4	104.0	53.45
			10	7.79	18.1	1.24	8.7	83.2	37.83
			5	8.74	18.1	1.24	7.0	62.6	25.15
18		吴家峪	100	4.72	17.0	1.15	12.7	155.3	102.58
			50	5.18	17.0	1.15	11.6	134.2	83.82
			20	6.01	17.0	1.15	9.8	106.2	60.03
			10	7.06	17.0	1.15	8.4	85.0	42.88
			5	7.94	17.0	1.15	6.8	63.8	28.62
19		北山底村	100	4.50	17.0	1.15	15.5	163.8	102.52
			50	4.97	17.0	1.15	13.6	139.8	82.96
			20	5.85	17.0	1.15	11.0	108.6	58.70
			10	6.99	17.0	1.15	9.0	85.7	41.59
			5	8.02	17.0	1.15	7.0	63.4	27.63
20		挪过村	100	5.05	18.3	1.24	15.0	164.2	99.99
			50	5.56	18.3	1.24	13.4	140.9	80.60
			20	6.50	18.3	1.24	11.1	110.2	56.51
			10	7.69	18.3	1.24	9.3	87.3	39.53
			5	8.74	18.3	1.24	7.3	64.7	25.85

续表 4-5-6

序号	小流域名称	计算单元名称	重现期(a)	参数			主雨历时(h)	主雨雨量(mm)	净雨深(mm)
				μ	S_r	K_s			
21	白沙河	后西洛	100	6.66	22.00	1.45	15.4	179.8	103.19
			50	7.42	22.00	1.45	13.7	154.4	82.74
			20	8.81	22.00	1.45	11.4	121.1	57.55
			10	10.51	22.00	1.45	9.5	96.4	39.95
			5	11.85	22.00	1.45	7.6	72.0	26.00
22		涧底河村	100	5.61	19.81	1.32	16.7	175.2	101.02
			50	6.25	19.81	1.32	14.7	149.6	81.02
			20	7.44	19.81	1.32	11.9	116.3	56.45
			10	8.94	19.81	1.32	9.8	91.8	39.23
			5	10.23	19.81	1.32	7.6	67.8	25.49
23	姚暹渠	南坡地村	100	5.23	18.11	1.22	11.6	154.2	102.34
			50	5.73	18.11	1.22	10.6	134.0	83.89
			20	6.60	18.11	1.22	9.2	107.1	60.46
			10	7.67	18.11	1.22	8.0	86.7	43.42
			5	8.45	18.11	1.22	6.7	66.1	29.20
24		堡尔村	100	4.83	18.82	1.19	16.1	166.2	99.62
			50	5.33	18.82	1.19	14.2	141.9	79.82
			20	6.25	18.82	1.19	11.6	110.2	55.46
			10	7.43	18.82	1.19	9.5	86.7	38.46
			5	8.48	18.82	1.19	7.4	63.9	24.95

续表 4-5-6

序号	小流域名称	计算单元名称	重现期(a)	参数			主雨历时(h)	主雨雨量(mm)	净雨深(mm)
				μ	S_r	K_s			
25	姚暹渠	赤峪村	100	4.90	17.00	1.15	10.7	148.9	102.90
			50	5.35	17.00	1.15	9.9	129.6	84.81
			20	6.16	17.00	1.15	8.6	103.7	61.61
			10	7.16	17.00	1.15	7.5	84.0	44.62
			5	7.95	17.00	1.15	6.3	64.0	30.25
26		上留村	100	4.59	17.88	1.22	19.3	184.6	108.34
			50	5.08	17.88	1.22	16.6	156.6	87.27
			20	5.99	17.88	1.22	13.0	120.5	61.53
			10	7.13	17.88	1.22	10.4	94.7	43.70
			5	8.12	17.88	1.22	8.0	70.1	29.22
27		埝底村	100	6.54	20.36	1.40	12.5	147.7	85.88
			50	7.29	20.36	1.40	11.3	128.0	69.44
			20	8.62	20.36	1.40	9.5	101.8	49.03
			10	10.26	20.36	1.40	8.1	82.1	34.55
			5	11.54	20.36	1.40	6.6	62.4	22.97
28	清水河	西交口	100	5.16	19.98	1.33	21.7	212.8	120.73
			50	5.70	19.98	1.33	18.9	180.0	95.94
			20	6.72	19.98	1.33	15.1	137.7	65.77
			10	8.06	19.98	1.33	12.1	106.8	45.07
			5	9.38	19.98	1.33	9.1	77.2	28.75

续表 4-5-6

序号	小流域名称	计算单元名称	重现期(a)	参数			主雨历时(h)	主雨雨量(mm)	净雨深(mm)
				μ	S_r	K_s			
29	清水河	曹家庄村	100	4.35	18.76	1.26	24.0	220.9	126.51
			50	4.90	18.76	1.26	22.4	189.6	99.13
			20	5.80	18.76	1.26	16.7	141.6	67.98
			10	6.97	18.76	1.26	12.9	108.4	47.07
			5	8.09	18.76	1.26	9.4	77.9	30.66
30		张家坪	100	4.52	18.12	1.22	20.1	207.4	127.49
			50	4.92	18.12	1.22	17.9	177.2	102.45
			20	5.65	18.12	1.22	14.8	137.3	71.31
			10	6.59	18.12	1.22	12.2	107.5	49.47
			5	7.47	18.12	1.22	9.5	78.2	31.76
31		樊家沟	100	4.68	18.37	1.24	19.6	214.9	135.31
			50	5.13	18.37	1.24	17.3	182.9	109.13
			20	5.97	18.37	1.24	14.1	141.3	76.62
			10	7.05	18.37	1.24	11.5	110.6	53.75
			5	8.01	18.37	1.24	8.9	80.9	35.03
32		上圪马沟	100	5.33	19.82	1.32	18.4	202.9	122.30
			50	5.86	19.82	1.32	16.4	173.7	98.25
			20	6.84	19.82	1.32	13.6	135.3	68.39
			10	8.08	19.82	1.32	11.4	106.6	47.42
			5	9.16	19.82	1.32	8.9	78.4	30.51

续表 4-5-6

序号	小流域名称	计算单元名称	重现期(a)	参数			主雨历时(h)	主雨雨量(mm)	净雨深(mm)
				μ	S_r	K_s			
33	清水河	下圪马沟	100	4.90	19.14	1.28	20.7	210.1	124.34
			50	5.39	19.14	1.28	18.1	178.4	99.55
			20	6.30	19.14	1.28	14.6	137.4	69.08
			10	7.45	19.14	1.28	11.9	107.3	47.88
			5	8.49	19.14	1.28	9.1	78.2	30.87
34		温峪村	100	4.85	19.05	1.28	19.8	209.8	127.11
			50	5.29	19.05	1.28	17.8	178.8	101.36
			20	6.09	19.05	1.28	14.7	137.9	69.54
			10	7.11	19.05	1.28	12.2	107.4	47.42
			5	8.05	19.05	1.28	9.4	77.5	29.73
35		王家圪塔	100	6.11	22.0	1.45	19.6	216.0	123.30
			50	6.76	22.0	1.45	17.4	184.1	97.91
			20	7.97	22.0	1.45	14.3	142.3	66.84
			10	9.52	22.0	1.45	11.8	111.2	45.44
			5	10.93	22.0	1.45	9.1	80.9	28.62
36		架桑村	100	5.08	19.6	1.31	18.4	208.0	127.93
			50	5.55	19.6	1.31	16.6	177.4	102.07
			20	6.39	19.6	1.31	13.8	137.2	70.13
			10	7.45	19.6	1.31	11.6	107.2	47.88
			5	8.41	19.6	1.31	9.0	77.6	30.11

续表 4-5-6

序号	小流域名称	计算单元名称	重现期(a)	参数			主雨历时(h)	主雨雨量(mm)	净雨深(mm)
				μ	S_r	K_s			
37	泗交河	马家匣	100	6.30	22.0	1.45	17.9	212.5	125.78
			50	6.99	22.0	1.45	16.0	181.6	100.27
			20	8.27	22.0	1.45	13.3	140.9	68.82
			10	9.91	22.0	1.45	11.1	110.6	46.96
			5	11.39	22.0	1.45	8.7	80.8	29.62
38		王家村	100	6.05	22.0	1.45	20.3	221.5	126.00
			50	6.70	22.0	1.45	17.9	187.8	99.81
			20	7.92	22.0	1.45	14.5	144.0	67.92
			10	9.47	22.0	1.45	11.8	111.9	46.08
			5	10.86	22.0	1.45	9.0	80.9	28.98
39		前坪村	100	6.15	22.0	1.45	18.5	214.8	125.96
			50	6.80	22.0	1.45	16.5	183.0	100.02
			20	8.00	22.0	1.45	13.6	141.3	68.21
			10	9.53	22.0	1.45	11.3	110.4	46.28
			5	10.91	22.0	1.45	8.8	80.2	29.02
40		金家岭	100	6.38	22.0	1.45	15.0	217.3	140.99
			50	7.07	22.0	1.45	13.7	185.7	112.85
			20	8.36	22.0	1.45	11.6	144.1	77.80
			10	10.02	22.0	1.45	9.9	112.9	53.25
			5	11.57	22.0	1.45	7.8	82.3	33.49

续表 4-5-6

序号	小流域名称	计算单元名称	重现期(a)	参数			主雨历时(h)	主雨雨量(mm)	净雨深(mm)
				μ	S_r	K_s			
41	泗交河	宋家匣	100	6.14	22.0	1.45	19.1	213.4	122.45
			50	6.80	22.0	1.45	16.9	181.4	97.11
			20	8.02	22.0	1.45	13.8	139.7	66.18
			10	9.57	22.0	1.45	11.4	109.0	44.93
			5	10.94	22.0	1.45	8.8	79.2	28.26
42		麻岔村	100	6.49	21.9	1.46	16.5	168.4	88.21
			50	7.18	21.9	1.46	14.7	144.0	69.47
			20	8.41	21.9	1.46	12.2	112.1	46.91
			10	9.91	21.9	1.46	10.2	88.2	31.51
			5	11.13	21.9	1.46	7.9	64.7	19.70
43		槐庄	100	6.50	21.9	1.47	16.6	168.5	87.92
			50	7.20	21.9	1.47	14.7	143.9	69.23
			20	8.43	21.9	1.47	12.2	112.1	46.77
			10	9.93	21.9	1.47	10.2	88.2	31.43
			5	11.14	21.9	1.47	7.9	64.7	19.66
44		三尖头	100	6.60	22.0	1.48	16.6	168.5	87.26
			50	7.31	22.0	1.48	14.7	143.9	68.66
			20	8.56	22.0	1.48	12.2	112.1	46.33
			10	10.09	22.0	1.48	10.2	88.2	31.10
			5	11.32	22.0	1.48	7.9	64.7	19.44

续表 4-5-6

序号	小流域名称	计算单元名称	重现期(a)	参数			主雨历时(h)	主雨雨量(mm)	净雨深(mm)
				μ	S_r	K_s			
45	泗交河	祁家河村	100	6.89	22.3	1.54	16.9	170.2	86.10
			50	7.63	22.3	1.54	14.9	145.1	67.61
			20	8.94	22.3	1.54	12.3	112.8	45.50
			10	10.54	22.3	1.54	10.2	88.6	30.48
			5	11.81	22.3	1.54	7.9	64.9	19.03
46		庙坪村	100	6.88	22.3	1.54	16.8	170.2	86.35
			50	7.62	22.3	1.54	14.9	145.2	67.80
			20	8.93	22.3	1.54	12.3	112.8	45.61
			10	10.52	22.3	1.54	10.2	88.6	30.54
			5	11.79	22.3	1.54	7.9	64.9	19.04
47		西普峪	100	6.22	22.0	1.45	18.6	206.8	117.87
			50	6.90	22.0	1.45	16.6	176.6	93.65
			20	8.18	22.0	1.45	13.7	136.8	64.02
			10	9.85	22.0	1.45	11.3	107.2	43.61
			5	11.46	22.0	1.45	8.8	78.2	27.61
48		许家沟	100	6.21	22.0	1.45	18.4	205.3	116.95
			50	6.89	22.0	1.45	16.5	175.4	92.86
			20	8.14	22.0	1.45	13.7	136.0	63.38
			10	9.79	22.0	1.45	11.3	106.6	43.08
			5	11.37	22.0	1.45	8.8	77.8	27.18

续表 4-5-6

序号	小流域名称	计算单元名称	重现期(a)	参数			主雨历时(h)	主雨雨量(mm)	净雨深(mm)
				μ	S_r	K_s			
49	泗交河	西沟村	100	6.40	22.0	1.45	16.7	188.7	106.84
			50	7.09	22.0	1.45	15.1	162.1	84.96
			20	8.37	22.0	1.45	12.8	126.8	58.10
			10	10.02	22.0	1.45	10.7	100.2	39.53
			5	11.57	22.0	1.45	8.4	73.8	25.02
50		贾路	100	4.87	18.5	1.25	17.3	201.5	128.72
			50	5.33	18.5	1.25	15.6	172.3	103.75
			20	6.19	18.5	1.25	13.0	133.9	72.56
			10	7.31	18.5	1.25	10.8	105.1	50.55
			5	8.36	18.5	1.25	8.4	76.8	32.62
51		郭庄	100	5.73	20.5	1.36	16.8	191.9	114.65
			50	6.33	20.5	1.36	15.1	164.5	91.80
			20	7.43	20.5	1.36	12.6	128.3	63.50
			10	8.84	20.5	1.36	10.6	101.2	43.72
			5	10.13	20.5	1.36	8.3	74.5	27.96
52		李峪	100	6.32	22.0	1.45	18.0	190.7	104.43
			50	7.02	22.0	1.45	16.1	163.1	82.82
			20	8.31	22.0	1.45	13.2	126.7	56.49
			10	9.99	22.0	1.45	10.9	99.6	38.41
			5	11.55	22.0	1.45	8.5	73.0	24.35

续表 4-5-6

序号	小流域名称	计算单元名称	重现期(a)	参数			主雨历时(h)	主雨雨量(mm)	净雨深(mm)
				μ	S_r	K_s			
53	泗交河	岭底	100	6.01	21.3	1.41	17.4	187.4	105.55
			50	6.65	21.3	1.41	15.6	160.5	83.96
			20	7.81	21.3	1.41	13.0	125.0	57.51
			10	9.28	21.3	1.41	10.8	98.5	39.22
			5	10.59	21.3	1.41	8.4	72.3	24.88
54		石咀	100	6.05	21.2	1.41	17.0	182.0	102.04
			50	6.68	21.2	1.41	15.2	156.2	81.38
			20	7.83	21.2	1.41	12.7	122.2	56.03
			10	9.24	21.2	1.41	10.6	96.8	38.43
			5	10.40	21.2	1.41	8.4	71.7	24.59
55		窑头村	100	5.90	21.2	1.40	18.6	187.6	102.28
			50	6.53	21.2	1.40	16.4	160.1	81.20
			20	7.69	21.2	1.40	13.5	124.2	55.52
			10	9.15	21.2	1.40	11.1	97.5	37.88
			5	10.45	21.2	1.40	8.6	71.5	24.10
56		郭峪	100	5.81	20.3	1.35	16.1	178.6	104.54
			50	6.45	20.3	1.35	14.3	153.1	83.90
			20	7.62	20.3	1.35	11.9	119.7	58.44
			10	9.09	20.3	1.35	9.9	94.8	40.60
			5	10.36	20.3	1.35	7.8	70.3	26.31

续表 4-5-6

序号	小流域名称	计算单元名称	重现期 (a)	参数			主雨历时 (h)	主雨雨量 (mm)	净雨深 (mm)
				μ	S_r	K_s			
57	泗交河	寨里	100	4.37	20.5	1.03	18.6	187.4	115.68
			50	4.89	20.5	1.03	16.1	158.9	92.62
			20	5.90	20.5	1.03	12.8	122.4	64.43
			10	7.21	20.5	1.03	10.3	95.9	44.84
			5	8.42	20.5	1.03	7.9	70.4	29.30
58		蛇沟	100	6.72	22.0	1.45	15.0	184.3	108.83
			50	7.52	22.0	1.45	13.3	157.9	87.34
			20	8.97	22.0	1.45	11.0	123.5	60.87
			10	10.79	22.0	1.45	9.2	97.9	42.33
			5	12.26	22.0	1.45	7.3	73.0	27.56
59		磨儿沟	100	6.62	22.0	1.45	15.8	184.5	106.08
			50	7.40	22.0	1.45	14.1	158.0	84.71
			20	8.87	22.0	1.45	11.6	123.2	58.47
			10	10.77	22.0	1.45	9.7	97.2	40.26
			5	12.52	22.0	1.45	7.6	71.8	25.93
60		王家河村	100	6.72	22.0	1.45	15.5	168.6	91.84
			50	7.52	22.0	1.45	13.9	144.7	73.13
			20	9.03	22.0	1.45	11.4	113.2	50.35
			10	10.98	22.0	1.45	9.5	89.8	34.65
			5	12.78	22.0	1.45	7.4	66.7	22.41

续表 4-5-6

序号	小流域名称	计算单元名称	重现期(a)	参数			主雨历时(h)	主雨雨量(mm)	净雨深(mm)
				μ	S_r	K_s			
61	泗交河	泗交村	100	5.93	20.9	1.39	16.8	180.5	102.02
			50	6.58	20.9	1.39	14.9	153.9	81.20
			20	7.75	20.9	1.39	12.2	119.3	55.78
			10	9.21	20.9	1.39	10.0	93.8	38.23
			5	10.43	20.9	1.39	7.8	69.0	24.45
62		土崖头	100	6.18	21.3	1.41	16.3	175.0	97.58
			50	6.85	21.3	1.41	14.6	150.1	77.67
			20	8.05	21.3	1.41	12.1	117.2	53.31
			10	9.52	21.3	1.41	10.1	92.7	36.47
			5	10.68	21.3	1.41	8.0	68.6	23.27
63		彭家湾	100	6.03	21.3	1.41	18.4	181.2	96.34
			50	6.70	21.3	1.41	16.0	154.0	76.38
			20	7.92	21.3	1.41	12.9	119.0	52.28
			10	9.40	21.3	1.41	10.5	93.4	35.79
			5	10.57	21.3	1.41	8.1	68.7	22.88
64		野猪岭	100	6.16	21.4	1.42	17.9	174.8	91.67
			50	6.86	21.4	1.42	15.7	148.9	72.53
			20	8.12	21.4	1.42	12.8	115.5	49.39
			10	9.70	21.4	1.42	10.5	90.7	33.55
			5	11.00	21.4	1.42	8.1	66.6	21.27

续表 4-5-6

序号	小流域名称	计算单元名称	重现期(a)	参数			主雨历时(h)	主雨雨量(mm)	净雨深(mm)
				μ	S_r	K_s			
65	泗交河	秦家村	100	6.67	22.0	1.45	16.0	183.6	104.58
			50	7.47	22.0	1.45	14.2	157.0	83.59
			20	8.9	22.0	1.45	11.6	122.4	57.90
			10	10.77	22.0	1.45	9.6	96.8	40.04
			5	12.29	22.0	1.45	7.6	71.8	25.81
66		毛家村	100	6.69	22.0	1.45	16.2	188.0	108.23
			50	7.51	22.0	1.45	14.3	160.5	86.44
			20	9.03	22.0	1.45	11.6	124.6	59.74
			10	10.97	22.0	1.45	9.7	98.1	41.06
			5	12.60	22.0	1.45	7.5	72.3	26.36
67		上唐回	100	6.33	21.5	1.42	16.3	165.9	88.21
			50	7.03	21.5	1.42	14.5	142.2	70.07
			20	8.29	21.5	1.42	12.0	111.2	48.01
			10	9.83	21.5	1.42	10.0	88.2	32.78
			5	11.04	21.5	1.42	7.9	65.4	20.95
68		下唐回	100	6.33	21.5	1.42	16.3	165.8	88.16
			50	7.04	21.5	1.42	14.5	142.1	70.02
			20	8.29	21.5	1.42	12.0	111.2	47.98
			10	9.83	21.5	1.42	10.0	88.1	32.76
			5	11.04	21.5	1.42	7.9	65.4	20.93

续表 4-5-6

序号	小流域名称	计算单元名称	重现期(a)	参数			主雨历时(h)	主雨雨量(mm)	净雨深(mm)
				μ	S_r	K_s			
69	泗交河	芦家沟	100	6.29	22.0	1.45	19.5	205.6	113.71
			50	7.05	22.0	1.45	16.8	174.0	90.55
			20	8.44	22.0	1.45	13.3	133.8	62.55
			10	10.18	22.0	1.45	10.7	104.7	43.30
			5	11.62	22.0	1.45	8.2	77.0	28.11
70		窑底	100	6.26	22.0	1.45	19.4	199.6	108.06
			50	6.99	22.0	1.45	16.9	169.2	85.79
			20	8.34	22.0	1.45	13.5	130.2	58.83
			10	10.01	22.0	1.45	10.9	101.9	40.35
			5	11.40	22.0	1.45	8.4	74.7	25.91
71		水峪	100	6.54	22.0	1.45	17.5	196.5	111.59
			50	7.36	22.0	1.45	15.2	166.8	89.16
			20	8.86	22.0	1.45	12.2	128.9	61.85
			10	10.75	22.0	1.45	9.9	101.3	42.90
			5	12.30	22.0	1.45	7.7	74.7	27.90
72		任家窑村	100	6.15	21.6	1.43	18.5	177.8	91.97
			50	6.84	21.6	1.43	16.1	151.0	72.73
			20	8.09	21.6	1.43	13.0	116.7	49.63
			10	9.61	21.6	1.43	10.6	91.6	33.84
			5	10.80	21.6	1.43	8.1	67.4	21.62

续表 4-5-6

序号	小流域名称	计算单元名称	重现期(a)	参数			主雨历时(h)	主雨雨量(mm)	净雨深(mm)
				μ	S_r	K_s			
73	泗交河	奇峰	100	6.24	21.7	1.43	17.9	171.9	88.17
			50	6.94	21.7	1.43	15.6	146.3	69.70
			20	8.19	21.7	1.43	12.7	113.5	47.55
			10	9.72	21.7	1.43	10.3	89.3	32.40
			5	10.93	21.7	1.43	8.0	65.8	20.72
74	太宽河	马排沟口	100	6.66	22.0	1.45	16.6	181.3	100.46
			50	7.50	22.0	1.45	14.4	154.0	79.88
			20	9.06	22.0	1.45	11.6	118.9	54.91
			10	11.01	22.0	1.45	9.4	93.2	37.69
			5	12.67	22.0	1.45	7.3	68.5	24.17
75		寺沟村	100	6.73	22.0	1.45	15.7	177.5	99.85
			50	7.54	22.0	1.45	13.8	151.6	79.54
			20	9.05	22.0	1.45	11.3	117.9	54.72
			10	10.93	22.0	1.45	9.4	93.0	37.55
			5	12.51	22.0	1.45	7.4	68.6	23.98
76		沟口	100	6.73	22.0	1.45	15.7	177.5	99.85
			50	7.54	22.0	1.45	13.8	151.6	79.54
			20	9.05	22.0	1.45	11.3	117.9	54.72
			10	10.93	22.0	1.45	9.4	93.0	37.55
			5	12.51	22.0	1.45	7.4	68.6	23.98

续表 4-5-6

序号	小流域名称	计算单元名称	重现期(a)	参数			主雨历时(h)	主雨雨量(mm)	净雨深(mm)
				μ	S_r	K_s			
77	太宽河	黄瓦厦	100	6.83	22.0	1.45	14.9	171.4	96.84
			50	7.65	22.0	1.45	13.3	147.0	77.24
			20	9.15	22.0	1.45	11.0	114.9	53.20
			10	11.03	22.0	1.45	9.2	91.0	36.48
			5	12.55	22.0	1.45	7.3	67.5	23.36
78		上秦涧	100	6.70	22.0	1.45	16.1	175.9	96.81
			50	7.51	22.0	1.45	14.2	150.1	76.95
			20	9.01	22.0	1.45	11.6	116.6	52.75
			10	10.89	22.0	1.45	9.6	91.8	36.06
			5	12.45	22.0	1.45	7.4	67.7	23.03
79		下秦涧	100	6.72	22.0	1.45	15.6	172.9	95.77
			50	7.52	22.0	1.45	13.8	148.1	76.43
			20	8.96	22.0	1.45	11.4	115.7	52.75
			10	10.72	22.0	1.45	9.4	91.7	36.36
			5	12.09	22.0	1.45	7.5	68.2	23.40

5.2.4 现状防洪能力成果

根据危险区等级划分标准,洪水重现期小于5年一遇的划分为极高危险区;5~20年一遇的划分为高危险区;大于20年一遇至历史最高重现期的划分为危险区。

夏县79个沿河村落中,极高危险区的村庄有21个,高危险村的村庄有12个,危险区的村庄有46个。另外,有20个村庄存在山洪灾害特殊工况。特殊工况除上游存在水库与淤地坝等控制性水利工程外,沿河村落分布的桥梁、路涵已成为村庄防冶山洪灾害的重点关注点。经统计,夏县79个沿河村落有8个沿河村落存在因桥梁、路涵阻塞引发山洪灾害的可能性。现状防洪能力成果见表4-5-7。

表4-5-7 夏县防洪现状评价成果表

序号	行政区划名称	防洪能力(a)	极高危险区(小于5年一遇)		高危险区(5~20年一遇)		危险区(大于20年一遇)	
			人口(人)	房屋(座)	人口(人)	房屋(座)	人口(人)	房屋(座)
1	东下冯村	40					14	
2	北晋村	<5	68					
3	上董村	<5						
4	南郭村	<5	56		4			
5	苏庄村	<5	6		50		6	
6	尉郭村	<5		4		4		
7	下北师村	<5	18		7			
8	吴家峪	10.9				1		1
9	北山底村	<5		1		1		
10	挪过村	<5	37					
11	后西洛	93					11	2
12	南坡地村	<5	4		9		3	
13	堡尔村	<5	6		32		5	
14	西交口	<5	16					
15	曹家庄村	<5	21		45		28	
16	张家坪	84						1
17	樊家沟	12.7			4		8	
18	上圪马沟	35					12	

续表 4-5-7

序号	行政区划名称	防洪能力(a)	极高危险区(小于 5 年一遇)		高危险区(5～20 年一遇)		危险区(大于 20 年一遇)	
			人口(人)	房屋(座)	人口(人)	房屋(座)	人口(人)	房屋(座)
19	下圪马沟	74					5	
20	温峪村	18						1
21	王家圪塔	49.7						3
22	架桑村	63.5						1
23	马家匣	<5	18				9	
24	王家村	11.5				1		1
25	前坪村	5.2			6			
26	宋家匣	53					16	
27	麻岔村	67						1
28	槐庄	36						8
29	三尖头	94						1
30	祁家河村	50						
31	庙坪村	51					9	
32	西普峪	52						
33	许家沟	7.1			5			
34	西沟村	<5		3		3		3
35	贾路	34						1
36	郭庄	64					5	
37	李峪	<5	9		7			
38	岭底	10			9			
39	石咀	<5		2				2
40	窑头村	30.5					18	
41	郭峪	<5	6		4		4	
42	寨里	79					4	
43	蛇沟	49						

续表 4-5-7

序号	行政区划名称	防洪能力(a)	极高危险区(小于5年一遇)		高危险区(5~20年一遇)		危险区(大于20年一遇)	
			人口(人)	房屋(座)	人口(人)	房屋(座)	人口(人)	房屋(座)
44	磨儿沟	5	4		3		10	
45	王家河村	5.8			4			
46	泗交村	6.2			12		22	
47	土崖头	12.6				2		
48	彭家湾	<5		1				2
49	野猪岭	27.7					44	
50	秦家村							
51	毛家村	30.6					8	
52	上唐回	50						
53	下唐回	67					3	
54	芦家沟	<5	3					
55	窑底	42						
56	水峪	<5	5		4		1	
57	任家窑村	6.1				1		
58	奇峰	45						
59	马排沟口	24						1
60	寺沟村	24						3
61	沟口	47						
62	黄瓦厦	78						1
63	上秦涧	<5	5					
64	下秦涧	41						

5.2.5 预警指标分析成果

夏县的79个重点防治区都进行了雨量预警指标的确定。夏县预警指标分析成果表见表4-5-8。

表 4-5-8　夏县预警指标分析成果表

序号	行政区划名称	类别	B_0	时段	预警指标(mm)		临界雨量(mm)	方法
					准备转移	立即转移		
1	孟家村	雨量	0	0.5 h	37	53	53	同频率法
				1 h	53	71	71	
2	探马沟村	雨量	0	0.5 h	36	51	51	同频率法
				1 h	51	68	68	
3	上冯村	雨量	0	0.5 h	33	47	47	同频率法
				1 h	47	71	71	
4	东下冯村	雨量	0	0.5 h	45	64	64	流域模型法
				1 h	64	76	76	
			0.3	0.5 h	42	60	60	
				1 h	60	70	70	
			0.6	0.5 h	39	56	56	
				1 h	56	64	64	
5	北晋村	雨量	0	0.5 h	21	31	31	流域模型法
				1 h	31	37	37	
			0.3	0.5 h	19	27	27	
				1 h	27	33	33	
			0.6	0.5 h	16	23	23	
				1 h	23	27	27	

续表 4-5-8

序号	行政区划名称	类别	B_0	时段	预警指标(mm)		临界雨量(mm)	方法
					准备转移	立即转移		
6	上董村	雨量	0	0.5 h	27	38	38	流域模型法
				1 h	38	42	42	
			0.3	0.5 h	25	36	36	
				1 h	36	39	39	
			0.6	0.5 h	23	33	33	
				1 h	33	36	36	
7	小王村	雨量	0	0.5 h	37	53	53	同频率法
				1 h	53	70	70	
8	南郭村	雨量	0	0.5 h	39	55	55	流域模型法
				1 h	55	67	67	
			0.3	0.5 h	36	51	51	
				1 h	51	62	62	
			0.6	0.5 h	34	48	48	
				1 h	48	58	58	
9	上辛庄村	雨量	0	0.5 h	35	50	50	同频率法
				1 h	50	66	66	
10	大洋村	雨量	0	0.5 h	36	52	52	同频率法
				1 h	52	69	69	

续表 4-5-8

序号	行政区划名称	类别	B_0	时段	预警指标(mm)		临界雨量(mm)	方法
					准备转移	立即转移		
11	苏庄村	雨量	0	0.5 h	24	34	34	流域模型法
				1 h	34	49	49	
			0.3	0.5 h	21	30	30	
				1 h	30	44	44	
			0.6	0.5 h	18	26	26	
				1 h	26	38	38	
12	尉郭村	雨量	0	0.5 h	22	32	32	流域模型法
				1 h	32	44	44	
			0.3	0.5 h	19	28	28	
				1 h	28	38	38	
			0.6	0.5 h	16	23	23	
				1 h	23	33	33	
13	周村	雨量	0	0.5 h	37	53	53	同频率法
				1 h	53	79	79	
14	郭道村	雨量	0	0.5 h	41	59	59	同频率法
				1 h	59	78	78	
15	苗村	雨量	0	0.5 h	36	51	51	同频率法
				1 h	51	68	68	
16	上北师村	雨量	0	0.5 h	37	53	53	同频率法
				1 h	53	70	70	

续表 4-5-8

序号	行政区划名称	类别	B_0	时段	预警指标(mm)		临界雨量(mm)	方法
					准备转移	立即转移		
17	下北师村	雨量	0	0.5 h	23	32	32	流域模型法
				1 h	32	42	42	
			0.3	0.5 h	20	29	29	
				1 h	29	38	38	
			0.6	0.5 h	18	25	25	
				1 h	25	32	32	
18	吴家峪	雨量	0	0.5 h	32	45	45	流域模型法
				1 h	45	75	75	
			0.3	0.5 h	29	42	42	
				1 h	42	70	70	
			0.6	0.5 h	26	38	38	
				1 h	38	66	66	
19	北山底村	雨量	0	0.5 h	22	32	32	流域模型法
				1 h	32	47	47	
			0.3	0.5 h	20	28	28	
				1 h	28	42	42	
			0.6	0.5 h	17	25	25	
				1 h	25	37	37	

续表 4-5-8

序号	行政区划名称	类别	B_0	时段	预警指标（mm）		临界雨量（mm）	方法
					准备转移	立即转移		
20	挪过村	雨量	0	0.5 h	27	38	38	流域模型法
				1 h	38	45	45	
			0.3	0.5h	25	35	35	
				1 h	35	42	42	
			0.6	0.5 h	22	32	32	
				1 h	32	38	38	
21	后西洛	雨量	0	0.5 h	45	64	64	流域模型法
				1 h	64	89	89	
			0.3	0.5 h	41	59	59	
				1 h	59	82	82	
			0.6	0.5 h	38	54	54	
				1 h	54	76	76	
22	涧底河村	雨量	0	0.5 h	37	53	53	同频率法
				1 h	53	71	71	
23	南坡地村	雨量	0	0.5 h	24	35	35	流域模型法
				1 h	35	42	42	
				2 h	47	52	52	

续表 4-5-8

序号	行政区划名称	类别	B_0	时段	预警指标(mm)		临界雨量(mm)	方法
					准备转移	立即转移		
23	南坡地村	雨量	0.3	0.5 h	21	31	31	流域模型法
				1 h	31	37	37	
				2 h	41	46	46	
			0.6	0.5 h	19	27	27	
				1 h	27	32	32	
				2 h	35	39	39	
24	堡尔村	雨量	0	0.5 h	26	37	37	流域模型法
				1 h	37	41	41	
				2 h	45	48	48	
				3 h	49	52	52	
				6 h	61	64	64	
			0.3	0.5 h	24	34	34	
				1 h	34	38	38	
				2 h	41	43	43	
				3 h	45	47	47	
				6 h	56	58	58	
			0.6	0.5 h	22	31	31	
				1 h	31	34	34	
				2 h	36	38	38	
				3 h	40	41	41	
				6 h	49	51	51	

续表 4-5-8

序号	行政区划名称	类别	B_0	时段	预警指标(mm)		临界雨量(mm)	方法
					准备转移	立即转移		
25	赤峪村	雨量	0	0.5 h	39	56	56	同频率法
				1 h	56	74	74	
26	上留村	雨量	0	0.5 h	37	53	53	同频率法
				1 h	53	70	70	
27	埝底村	雨量	0	0.5h	37	53	53	同频率法
				1 h	53	71	71	
28	西交口	雨量	0	0.5 h	27	38	38	流域模型法
				1 h	38	39	39	
			0.3	0.5 h	25	35	35	
				1 h	35	39	39	
			0.6	0.5 h	21	31	31	
				1 h	31	35	35	
29	曹家庄村	雨量	0	0.5 h	24	34	34	流域模型法
				1 h	34	40	40	
			0.3	0.5 h	21	30	30	
				1 h	30	35	35	
			0.6	0.5 h	19	27	27	
				1 h	27	30	30	

续表 4-5-8

序号	行政区划名称	类别	B_0	时段	预警指标(mm)		临界雨量(mm)	方法
					准备转移	立即转移		
30	张家坪	雨量	0	0.5 h	55	78	78	流域模型法
				1 h	78	87	87	
			0.3	0.5 h	52	75	75	
				1 h	75	81	81	
			0.6	0.5 h	50	71	71	
				1 h	71	76	76	
31	樊家沟	雨量	0	0.5 h	26	37	37	流域模型法
				1 h	37	49	49	
			0.3	0.5 h	21	30	30	
				1 h	30	49	49	
			0.6	0.5 h	21	30	30	
				1 h	30	39	39	
32	上圪马沟	雨量	0	0.5 h	55	79	79	流域模型法
				1 h	79	96	96	
			0.3	0.5 h	52	75	75	
				1 h	75	90	90	
			0.6	0.5 h	49	70	70	
				1 h	70	83	83	

续表 4-5-8

序号	行政区划名称	类别	B_0	时段	预警指标(mm)		临界雨量(mm)	方法
					准备转移	立即转移		
33	下圪马沟	雨量	0	0.5 h	48	69	69	流域模型法
				1 h	69	82	82	
			0.3	0.5 h	46	65	65	
				1 h	65	76	76	
			0.6	0.5 h	43	61	61	
				1 h	61	71	71	
34	温峪村	雨量	0	0.5 h	55	79	79	流域模型法
				1 h	79	89	89	
			0.3	0.5 h	52	75	75	
				1 h	75	83	83	
			0.6	0.5 h	49	71	71	
				1 h	71	77	77	
35	王家圪塔	雨量	0	0.5 h	57	81	81	流域模型法
				1 h	81	93	93	
			0.3	0.5 h	53	76	76	
				1 h	76	85	85	
			0.6	0.5 h	50	71	71	
				1 h	71	79	79	

续表 4-5-8

序号	行政区划名称	类别	B_0	时段	预警指标(mm)		临界雨量(mm)	方法
					准备转移	立即转移		
36	架桑村	雨量	0	0.5 h	48	68	68	流域模型法
				1 h	68	76	76	
				2 h	82	89	89	
				3 h	94	102	102	
			0.3	0.5 h	45	64	64	
				1 h	64	70	70	
				2 h	75	81	81	
				3 h	86	93	93	
			0.6	0.5 h	42	60	60	
				1 h	60	64	64	
				2 h	68	73	73	
				3 h	77	83	83	
37	马家匣	雨量	0	0.5 h	27	38	38	流域模型法
				1 h	38	39	39	
			0.3	0.5 h	25	35	35	
				1 h	35	39	39	
			0.6	0.5 h	23	32	32	
				1 h	32	35	35	

续表 4-5-8

序号	行政区划名称	类别	B_0	时段	预警指标(mm)		临界雨量(mm)	方法
					准备转移	立即转移		
38	王家村	雨量	0	0.5 h	45	64	64	流域模型法
				1 h	64	72	72	
			0.3	0.5 h	42	59	59	
				1 h	59	66	66	
			0.6	0.5 h	38	55	55	
				1 h	55	60	60	
39	前坪村	雨量	0	0.5 h	33	47	47	流域模型法
				1 h	47	56	56	
			0.3	0.5 h	30	43	43	
				1 h	43	50	50	
			0.6	0.5 h	27	38	38	
				1 h	38	43	43	
40	金家岭	雨量	0	0.5 h	41	59	59	同频率法
				1 h	59	78	78	
41	宋家匣	雨量	0	0.5 h	53	76	76	流域模型法
				1 h	76	89	89	
				2 h	96	104	104	

续表 4-5-8

序号	行政区划名称	类别	B_0	时段	预警指标(mm)		临界雨量(mm)	方法
					准备转移	立即转移		
41	宋家匣	雨量	0.3	0.5 h	50	71	71	流域模型法
				1 h	71	82	82	
				2 h	88	95	95	
			0.6	0.5 h	47	67	67	
				1 h	67	76	76	
				2 h	80	85	85	
42	麻岔村	雨量	0	0.5 h	61	87	87	流域模型法
				1 h	87	97	97	
			0.3	0.5 h	57	82	82	
				1 h	82	91	91	
			0.6	0.5 h	54	77	77	
				1 h	77	84	84	
43	槐庄	雨量	0	0.5 h	48	69	69	流域模型法
				1 h	69	77	77	
				2 h	84	90	90	
				3 h	95	100	100	
				6 h	127	131	131	

续表 4-5-8

序号	行政区划名称	类别	B_0	时段	预警指标(mm)		临界雨量(mm)	方法
					准备转移	立即转移		
43	槐庄	雨量	0.3	0.5 h	45	65	65	流域模型法
				1 h	65	71	71	
				2 h	76	81	81	
				3 h	85	90	90	
				6 h	115	119	119	
			0.6	0.5 h	42	60	60	
				1 h	60	64	64	
				2 h	68	72	72	
				3 h	75	79	79	
				6 h	102	107	107	
44	三尖头	雨量	0	0.5 h	52	75	75	流域模型法
				1 h	75	83	83	
				2 h	90	96	96	
				3 h	102	109	109	
				6 h	144	151	151	
			0.3	0.5 h	49	70	70	
				1 h	70	76	76	
				2 h	82	87	87	
				3 h	92	98	98	
				6 h	131	138	138	

续表 4-5-8

序号	行政区划名称	类别	B_0	时段	预警指标(mm)		临界雨量(mm)	方法
					准备转移	立即转移		
44	三尖头	雨量	0.6	0.5 h	46	65	65	流域模型法
				1 h	65	70	70	
				2 h	74	78	78	
				3 h	82	87	87	
				6 h	117	123	123	
45	祁家河村	雨量	0	0.5 h	64	91	91	同频率法
				1 h	91	99	99	
				2 h	106	113	113	
				3 h	119	124	124	
				6 h	158	165	165	
46	庙坪村	雨量	0	0.5 h	58	82	82	流域模型法
				1 h	82	91	91	
				2 h	98	104	104	
				3 h	109	115	115	
				6 h	146	151	151	
			0.3	0.5 h	54	78	78	
				1 h	78	84	84	
				2 h	90	95	95	
				3 h	100	104	104	
				6h	133	139	139	

续表 4-5-8

序号	行政区划名称	类别	B_0	时段	预警指标(mm)		临界雨量(mm)	方法
					准备转移	立即转移		
46	庙坪村	雨量	0.6	0. 5h	51	73	73	流域模型法
				1 h	73	78	78	
				2 h	81	85	85	
				3 h	89	93	93	
				6 h	120	125	125	
47	西普峪	雨量	0	0.5 h	42	60	60	同频率法
				1 h	60	80	80	
48	许家沟	雨量	0	0.5 h	32	46	46	流域模型法
				1 h	46	63	63	
			0.3	0.5 h	30	43	43	
				1 h	43	58	58	
			0.6	0.5 h	26	37	37	
				1 h	37	49	49	
49	西沟村	雨量	0	0.5 h	27	38	38	流域模型法
				1 h	38	44	44	
			0.3	0.5 h	25	35	35	
				1 h	35	39	39	
			0.6	0.5 h	23	32	32	
				1 h	32	35	35	

续表 4-5-8

序号	行政区划名称	类别	B_0	时段	预警指标(mm)		临界雨量(mm)	方法
					准备转移	立即转移		
50	贾路	雨量	0	0.5 h	35	50	50	流域模型法
				1 h	50	73	73	
			0.3	0.5 h	32	46	46	
				1 h	46	71	71	
			0.6	0.5 h	30	43	43	
				1 h	43	66	66	
51	郭庄	雨量	0	0.5 h	42	61	61	流域模型法
				1 h	61	85	85	
			0.3	0.5 h	40	57	57	
				1 h	57	79	79	
			0.6	0.5 h	37	52	52	
				1 h	52	74	74	
52	李峪	雨量	0	0.5 h	21	30	30	流域模型法
				1 h	30	37	37	
			0.3	0.5 h	18	26	26	
				1 h	26	32	32	
			0.6	0.5 h	15	21	21	
				1 h	21	27	27	

续表 4-5-8

序号	行政区划名称	类别	B_0	时段	预警指标(mm)		临界雨量(mm)	方法
					准备转移	立即转移		
53	岭底	雨量	0	0.5 h	42	61	61	流域模型法
				1 h	61	70	70	
			0.3	0.5 h	39	56	56	
				1 h	56	64	64	
			0.6	0.5 h	36	52	52	
				1 h	52	58	58	
54	石咀	雨量	0	0.5 h	26	37	37	流域模型法
				1 h	37	44	44	
			0.3	0.5 h	23	32	32	
				1 h	32	39	39	
			0.6	0.5 h	20	28	28	
				1 h	28	33	33	
55	窑头村	雨量	0	0.5 h	51	74	74	流域模型法
				1 h	74	83	83	
			0.3	0.5 h	48	69	69	
				1 h	69	77	77	
			0.6	0.5 h	45	65	65	
				1 h	65	71	71	

续表 4-5-8

序号	行政区划名称	类别	B_0	时段	预警指标(mm)		临界雨量(mm)	方法
					准备转移	立即转移		
56	郭峪	雨量	0	0.5 h	22	32	32	流域模型法
				1 h	32	39	39	
			0.3	0.5 h	20	29	29	
				1 h	29	34	34	
			0.6	0.5 h	17	24	24	
				1 h	24	28	28	
57	寨里	雨量	0	0.5 h	51	72	72	流域模型法
				1 h	72	82	82	
			0.3	0.5 h	48	68	68	
				1 h	68	76	76	
			0.6	0.5 h	45	64	64	
				1 h	64	70	70	
58	蛇沟	雨量	0	0.5 h	41	59	59	同频率法
				1 h	59	79	79	
59	磨儿沟	雨量	0	0.5 h	28	40	40	流域模型法
				1 h	40	49	49	
			0.3	0.5 h	26	37	37	
				1 h	37	44	44	

续表 4-5-8

序号	行政区划名称	类别	B_0	时段	预警指标(mm)		临界雨量(mm)	方法
					准备转移	立即转移		
59	磨儿沟	雨量	0.6	0.5 h	21	30	30	流域模型法
				1 h	30	39	39	
60	王家河村	雨量	0	0.5 h	29	41	41	流域模型法
				1 h	41	50	50	
			0.3	0.5 h	26	37	37	
				1 h	37	45	45	
			0.6	0.5 h	23	33	33	
				1 h	33	38	38	
61	泗交村	雨量	0	0.5 h	31	45	45	流域模型法
				1 h	45	54	54	
			0.3	0.5 h	28	40	40	
				1 h	40	48	48	
			0.6	0.5 h	25	36	36	
				1 h	36	41	41	
62	土崖头	雨量	0	0.5 h	39	56	56	流域模型法
				1 h	56	65	65	
			0.3	0.5 h	36	52	52	
				1 h	52	58	58	

续表 4-5-8

序号	行政区划名称	类别	B_0	时段	预警指标(mm)		临界雨量(mm)	方法
					准备转移	立即转移		
62	土崖头	雨量	0.6	0.5 h	33	47	47	流域模型法
				1 h	47	52	52	
63	彭家湾	雨量	0	0.5 h	27	38	38	流域模型法
				1 h	38	45	45	
				2 h	51	55	55	
			0.3	0.5 h	24	34	34	
				1 h	34	40	40	
				2 h	44	48	48	
			0.6	0.5 h	21	30	30	
				1 h	30	34	34	
				2 h	37	40	40	
64	野猪岭	雨量	0	0.5 h	50	71	71	流域模型法
				1 h	71	79	79	
				2 h	86	92	92	
				3 h	98	105	105	
			0.3	0.5 h	46	66	66	
				1 h	66	73	73	
				2 h	78	83	83	
				3 h	89	95	95	

续表 4-5-8

序号	行政区划名称	类别	B_0	时段	预警指标(mm)		临界雨量(mm)	方法
					准备转移	立即转移		
64	野猪岭	雨量	0.6	0.5 h	43	62	62	流域模型法
				1 h	62	66	66	
				2 h	70	74	74	
				3 h	79	84	84	
65	秦家村	雨量	0.6	0.5 h	29	41	41	同频率法
				1 h	41	54	54	
66	毛家村	雨量	0	0.5 h	54	77	77	流域模型法
				1 h	77	89	89	
			0.3	0.5 h	50	72	72	
				1 h	72	82	82	
			0.6	0.5 h	47	67	67	
				1 h	67	76	76	
67	上唐回	雨量	0	0.5 h	56	81	81	同频率法
				1 h	81	89	89	
				2 h	96	102	102	
				3 h	109	116	116	

续表 4-5-8

序号	行政区划名称	类别	B_0	时段	预警指标(mm)		临界雨量(mm)	方法
					准备转移	立即转移		
68	下唐回	雨量	0	0.5 h	60	86	86	流域模型法
				1 h	86	94	94	
				2 h	101	108	108	
				3 h	115	122	122	
			0.3	0.5 h	57	81	81	
				1 h	81	88	88	
				2 h	94	99	99	
				3 h	105	112	112	
			0.6	0.5 h	54	77	77	
				1 h	77	82	82	
				2 h	86	90	90	
				3 h	96	100	100	
69	芦家沟	雨量	0	0.5 h	22	32	32	流域模型法
				1 h	32	40	40	
			0.3	0.5 h	20	28	28	
				1 h	28	33	33	
			0.6	0.5 h	17	24	24	
				1 h	24	27	27	

续表 4-5-8

序号	行政区划名称	类别	B_0	时段	预警指标(mm)		临界雨量(mm)	方法
					准备转移	立即转移		
70	窑底	雨量	0	0.5 h	37	53	53	同频率法
				1 h	53	70	70	
71	水峪	雨量	0	0.5 h	21	30	30	流域模型法
				1 h	30	44	44	
			0.3	0.5 h	19	27	27	
				1 h	27	39	39	
			0.6	0.5 h	17	24	24	
				1 h	24	29	29	
72	任家窑村	雨量	0	0.5 h	29	42	42	流域模型法
				1 h	42	49	49	
				2 h	55	59	59	
				3 h	64	67	67	
			0.3	0.5 h	26	37	37	
				1 h	37	43	43	
				2 h	48	52	52	
				3 h	55	59	59	
			0.6	0.5 h	23	33	33	
				1 h	33	37	37	
				2 h	40	44	44	
				3 h	46	50	50	

续表 4-5-8

序号	行政区划名称	类别	B_0	时段	预警指标(mm)		临界雨量(mm)	方法
					准备转移	立即转移		
73	奇峰	雨量	0	0.5 h	38	55	55	同频率法
				1 h	55	73	73	
				2 h	73	98	98	
				3 h	98	119	119	
				6 h	119	183	183	
74	马排沟口	雨量	0	0.5 h	50	71	71	流域模型法
				1 h	71	80	80	
			0.3	0.5 h	46	66	66	
				1 h	66	74	74	
			0.6	0.5 h	46	66	66	
				1 h	66	74	74	
75	寺沟村	雨量	0	0.5 h	51	73	73	流域模型法
				1 h	73	82	82	
			0.3	0.5 h	48	68	68	
				1 h	68	75	75	
			0.6	0.5 h	44	63	63	
				1 h	63	69	69	

续表 4-5-8

序号	行政区划名称	类别	B_0	时段	预警指标(mm)		临界雨量(mm)	方法
					准备转移	立即转移		
76	沟口	雨量	0	0.5 h	42	60	60	同频率法
				1 h	60	80	80	
77	黄瓦厦	雨量	0	0.5 h	52	74	74	流域模型法
				1 h	74	84	84	
			0.3	0.5 h	48	69	69	
				1 h	69	77	77	
			0.6	0.5 h	45	65	65	
				1 h	65	71	71	
78	上秦涧	雨量	0	0.5 h	26	37	37	流域模型法
				1 h	37	44	44	
			0.3	0.5 h	23	33	33	
				1 h	33	39	39	
			0.6	0.5 h	20	28	28	
				1 h	28	33	33	
79	下秦涧	雨量	0	0.5 h	40	57	57	同频率法
				1 h	57	76	76	
				2 h	76	102	102	

第6章　新绛县

6.1　新绛县基本情况概述

6.1.1　地理位置

新绛县位于山西省南部,运城市北部。地理坐标:东经 111°01′36″~111°20′26″,北纬 35°27′19″~35°49′18″。北依吕梁山南麓和乡宁、襄汾接壤,南界峨嵋岭东段与闻喜相依,东临侯马市,西靠稷山县,总面积 593.4 km^2。新绛县地理位置示意图见图 4-6-1。

6.1.2　社会经济

新绛县共辖 10 个乡(镇、区)(横桥乡、龙兴镇、三泉镇、泽掌镇、北张镇、古交镇、万安镇、阳王镇、泉掌镇、商贸经济开发区),220 个行政村。

6.1.2.1　人口、耕地和农业情况

新绛县全县总人口 32.16 万人(2014 年),其中农业人口 28.15 万人,城镇人口 4.01 万人;全县共有耕地 51.68 万亩,有效灌溉面积 36.18 万亩;全县农业经济收入 52 400 万元。

新绛县是山西省主要的粮棉和蔬菜基地,经济条件较好,粮食作物以小麦、玉米为主,经济作物以蔬菜、棉花为主。其中,新绛县的莲菜在晋南享有盛誉,蔬菜面积不断扩大,已成为山西省主要商品菜区之一。

6.1.2.2　工业发展情况

新绛县的工业也比较发达,全县规模以上工业企业现状年的工业总产值为 136 652 万元。

6.1.3　河流水系

新绛县境内河流主要有汾河、浍河和天河,前二者为过境河流,后者发源于本地。区内地表径流年际变化大,丰枯年水量相差较大,1956~2000 年统计时段内年径流极值比为 49.0,枯水段平均每年径流偏少量在 10%~60%。

汾河自新绛县南梁村入境,自东向西横贯新绛县中部,于周流村入稷山县境,境内流长 60.25 km,流经新绛县 5 个乡(镇)44 个行政村,河床平均比降 0.3‰,据河津百底水文站 多年平均(1956~2000年)观测资料,多年平均径流量106 732万 m^3,多年平均流量

图 4-6-1　新绛县地理位置示意图

33.8 m^3/s,最大洪峰流量 3 320 m^3/s(1954 年 9 月 6 日),最小为河干断流。汾河河水径流量受季节和上游高灌扬水站、水库调蓄等影响较大。

浍河自新绛县中村北流入,于新绛县西曲村流入汾河,流经新绛县 2 个乡镇 14 个行政村,在新绛县境内总流长 11 km。由于上游修建水库和灌溉工程,断流时间长,多年平均流量 0.5 m^3/s。

天河发源于新绛县,因现在泉源不能自流,天河基本全年断流。

新绛县由于地处吕梁山南麓,峨嵋岭北,东西两边有汾、浍两河穿境而过,造成全县南、北两边高,中间低的地形特点,延伸越远,地势越高。全县小流域(沟道)主要分布在南岭北山,大小沟道数以百计,最大的沟道长达 36 km,最大流域面积 120 km^2,且具有沟深坡陡,水流形成快、来势猛的特点。将受山洪灾害威胁严重的吕梁山前倾斜平原区内 7 条沟道和峨嵋岭下 8 条沟道以及三泉水库下游天河沟道为重点防治区域,涉及 8 个乡镇,面积 195.6 km^2。自 20 世纪 70 年代末开始,经过多年的水土流失治理,全县水土流失治理面积已达 60%以上,极大地改善了山洪危险区群众的生存环境、生态环境。

新绛县主要河流基本情况见表 4-6-1。

表 4-6-1 新绛县主要河流基本情况

编号	河流名称	河流级别	上级河流名称	流域面积(km^2)	河长(km)	比降(‰)
一	汾河流域					
1	新绛汾河段	1	黄河	520	60.25	0.3
二	浍河流域					
1	新绛浍河段	2	汾河	80	11	0.5

6.1.4 水文气象

新绛县属暖温带半干旱大陆性季风气候,夏季炎热,秋季凉爽,冬春两季受西伯利亚寒流影响,西北风盛行,多风少雨,蒸发强烈。据气象站多年的资料统计,多年平均降水量 485.76 mm,最低年降水量 305.9 mm,多年平均蒸发量 1 766 mm,平均日照 2 289 h,全年无霜期 220 d。

全县年平均降水量 485.76 mm,跟大部分内陆地区一样,降水量在季节上分配很不均匀,汛期 6~9 月降水占全年的 64%,其余时段为 36%。高强度降水主要发生在 7 月下旬和 8 月上旬。由于沿山沟道坡陡沟深,集水面积大,一遇强降雨,极可能形成山洪灾害。

6.1.5 历史山洪灾害

新绛县山洪及其诱发的泥石流、滑坡、崩塌等地质灾害常常毁坏村庄、耕地、山林,给人民生命财产安全带来直接威胁,冲毁交通线路和桥梁,破坏水利工程和通信设施,淹没农田,堵塞河道,淤高河床,污染环境,严重制约着区内经济社会的发展。

新绛县历史山洪灾害情况统计见表 4-6-2。

表 4-6-2　新绛县历史山洪灾害情况统计

序号	灾害发生年份	灾害发生地点	所属小流域名称	过程降雨量(mm)	死亡人数(人)	失踪人数(人)	损毁房屋(间)	转移人数(人)	直接经济损失(万元)	灾害描述
1	1970	阳王镇刘峪村	刘峪沟	149.00	0	0	8	0	13	发生山洪，冲塌房屋数间，冲死数头牲口，冲毁农田5 300余亩
2	1973	北张镇西庄村	西庄沟	120.00	1	0	42	0	11	发生山洪，洪水进村入户，最深处达50 cm以上，造成1人伤亡，上百户居民家中进水，数千亩农田受灾
3	1975	泽掌镇南范庄、北范庄	石门峪	118.00	0	0	15	0	26	洪水侵袭，造成126户受灾，15间房屋倒塌。洪水冲毁桥涵2座，冲断新乡公路
4	1976	阳王镇阳王村、万安镇杜庄村	阳王沟	163.00	0	0	39	0	29	由于连续暴雨，峨嵋岭一带降水汇流而下，形成山洪。洪水直接进村入户，造成阳王村163间房屋进水，26间房屋垮塌，村内主街路面被拉深40余cm。杜庄村38间房屋被冲，13间房屋倒塌，共计2 300亩农田被冲毁
5	1995	泽掌镇程官庄村	娘娘峪	95.00	0	0	13	0	9	因突发暴雨，位于官庄村的西九源山突发山洪，洪水直接冲进村庄，造成该村多数家户和学校进水，水位深达1.4 m
6	2006	北张镇马首官庄村	马匹峪	181.00	0	0	15	0	102	突发山洪，造成山下北张镇马首官庄、东南董村、西南董村、李家庄村进水，冲毁房屋数十间、农田5 000余亩，冲毁马首官庄村防洪坝1处

续表 4-6-2

序号	灾害发生年份	灾害发生地点	所属小流域名称	过程降雨量(mm)	死亡人数(人)	失踪人数(人)	损毁房屋(间)	转移人数(人)	直接经济损失(万元)	灾害描述
7	2011	北张镇马首官庄村	马匹峪	102.00	0	0	9	0	92	因持续暴雨,山洪暴发,马首官庄村防洪坝被冲毁,新绛县防汛指挥部紧急抽调 1 000 余名抢险人员,50 余辆抢险车辆,因组织有序,抢险有力,成功拦截洪水
8	2012	新纺公司	天河	82.00	0	0	6	0	15	由于翠风岭雨水大量下泄,新纺公司生产车间及棉裤成品库大量积水,损失严重,东生活区一楼的居民住宅进水,造成不同程度的财产损失
9	2012	泽掌镇小聂村	石门峪	98.00	0	0	17	37	36	泽掌镇石门峪突发山洪,造成下游小聂村 17 户家中进水,当地政府紧急转移危房群众 37 人。洪水冲毁农田 300 余亩,大棚 19 座,田间路 12 条,共计 1 600 m,造成很大经济损失

6.2　新绛县山洪灾害分析评价成果

6.2.1　分析评价名录确定

新绛县 44 个重点防治区名录见表 4-6-3。其中包括小流域名称及面积、主沟道长度及比降、产流地类、汇流地类。

6.2.2　设计暴雨成果

新绛县的 44 个重点防治区都进行了设计暴雨的推求,设计暴雨计算成果表、设计暴雨时程分配表分别见表 4-6-4、表 4-6-5。

6.2.3　设计洪水成果

新绛县的 44 个重点防治区都进行了设计洪水的推求,设计洪水成果表、设计净雨深计算成果表分别见表 4-6-6、表 4-6-7。

6.2.4　现状防洪能力成果

新绛县的 44 个重点防治区中,有 13 个受河道洪水的影响,31 个受坡面水流影响。受河道洪水影响的有 13 个村落,其中防洪能力小于 5 年一遇的有 13 个,划定了 13 个沿河村落的危险区等级,极高危险区内有 193 户 1 085 人,高危险区内有 26 户 120 人,危险区内有 10 户 37 人。受坡面汇流影响的有 31 个村落,重现期小于 5 年一遇的有 0 个,5～20 年一遇的有 8 个,大于 20 年一遇的有 23 个,划定了 31 个沿河村落的危险区等级,极高危险区内没有居民,高危险区内有 208 户 969 人,危险区内有 265 户 1 171 人。现状防洪能力成果见表 4-6-8。

6.2.5　预警指标分析成果

新绛县的 44 个重点防治区都进行了雨量预警指标的确定。新绛县预警指标分析成果表见表 4-6-9。

表 4-6-3　新绛县小流域基本信息汇总表

序号	小流域名称	行政区划名称	面积（km^2）	主沟道长度（km）	主沟道比降（‰）	产流地类（km^2）						汇流地类（km^2）			
						变质岩灌丛山地	砂页岩灌丛山地	耕种平地	黄土丘陵阶地	灰岩森林山地	灰岩灌丛山地	森林山地	草坡山地	灌丛山地	黄土丘陵
1	西沟	赵村	18.83	6.83	11.57			16.56	2.27						18.83
2	张家坡沟	张家坡村	0.43	1.19	118.19	0.43							0.15	0.28	
3	石门峪	张家庄村	17.41	7.94	61.59			0.09		8.55	8.78	8.80	0.44	8.11	0.06
4		小聂村	22.73	11.57	50.36			4.47		8.55	9.72	8.80	0.94	8.70	4.29
5		泽掌村	27.49	12.98	12.50			9.23		8.55	9.72	8.80	0.94	8.70	9.05
6	向家庄村沟	向家庄村	24.08	10.10	32.41		3.60	2.76		10.10	7.61	13.94		7.43	2.71
7		北苏村	26.46	11.97	40.86		3.60	5.15		10.10	7.61	13.94		7.43	5.10
8	西庄沟	西庄坡村	1.75	1.21	250.36			0.14			1.61		0.33	1.33	0.09
9		西庄村	5.67	2.93	86.06			3.32			2.35		0.97	1.58	3.12
10	西柳泉沟	西柳泉村	15.72	1.65	44.78			10.56	5.16						15.72
11	乐乐峪	吴岭庄村	2.35	1.78	37.98			1.69			0.65		0.36	0.37	1.62
12	苏阳村沟	苏阳村	2.50	1.28	92.40			0.24	2.26						2.50
13	马匹峪	泉掌村	23.92	13.94	56.17	4.67		10.26		3.95	5.05	4.26	2.77	6.96	9.94
14		西韩村	25.06	14.92	54.62	4.67		11.39		3.95	5.05	4.26	2.77	6.96	11.08

续表 4-6-3

序号	小流域名称	行政区划名称	面积(km^2)	主沟道长度(km)	主沟道比降(‰)	产流地类(km^2)						汇流地类(km^2)			
						变质岩灌丛山地	砂页岩灌丛山地	耕种平地	黄土丘陵阶地	灰岩森林山地	灰岩灌丛山地	森林山地	草坡山地	灌丛山地	黄土丘陵
15	娘娘峪	乔沟头村	9.08	8.60	59.71			2.03		2.81	4.25	2.98	0.09	4.05	1.97
16	大水峪	大聂村	10.93	10.47	47.07			3.87		2.81	4.25	2.98	0.09	4.05	3.82
17	石门峪	北范庄村	2.00	2.19	199.45			1.06			0.94		0.50	0.60	0.91
18		南范庄村	2.49	2.69	161.40			1.55			0.94		0.50	0.60	1.39
19	沐浴沟	沐浴沟村	1.45	1.87	115.22	1.45		0					0.47	0.98	
20	庙儿坡沟	庙儿坡村	8.61	6.47	77.42	4.24		0.23		3.93	0.21	4.21	1.43	2.77	0.20
21	马匹峪	马首官庄村	3.13	2.38	16.99			2.79			0.33		0.28	0.11	2.74
22	刘峪沟	刘峪村	5.16	0.97	153.15			1.08	4.09						5.16
23		辛安村	9.34	3.12	46.10			5.26	4.09						9.34
24	红叶泉沟	刘雅村	13.22	1.91	7.87			7.47	5.75						13.22
25	石门峪	涧西村	1.90	0.71	92.83			0.66			1.24		0.90	0.51	0.49
26		杏林村	13.32	6.39	30.37			9.78		0.04	3.50	0.13	1.29	2.44	9.46
27	马匹峪	西南董村	2.29	3.52	21.61	0.57		1.72					0.39	0.30	1.59
28		光马村	10.45	7.22	16.58	0.58		9.87					0.44	0.30	9.71
29		武平村	15.61	10.98	13.94	0.58		15.03					0.44	0.31	14.86

续表 4-6-3

序号	小流域名称	行政区划名称	面积（km^2）	主沟道长度（km）	主沟道比降（‰）	产流地类（km^2）						汇流地类（km^2）			
						变质岩灌丛山地	砂页岩灌丛山地	耕种平地	黄土丘陵阶地	灰岩森林山地	灰岩灌丛山地	森林山地	草坡山地	灌丛山地	黄土丘陵
30	符村沟	符村	2.78	2.26	27.55			2.78							2.78
31	阳王沟	裴社村	6.44	0.82	56.93			1.35	5.09						6.44
32		西头村	9.53	1.88	13.97			3.73	5.80						9.53
33		阳王村	9.94	2.12	13.91			4.14	5.80						9.94
34		杜庄村	14.91	4.21	12.23			9.11	5.80						14.91
35	东薛郭村沟	东薛郭村	10.11	6.13	7.35			10.11							10.11
36	东陀村沟	东陀村	6.97	3.27	33.38			6.97							6.97
37	娘娘峪	程官庄村	1.65	1.37	63.42			1.65							1.65
38	刘峪沟	禅曲村	3.79	2.33	74.25			0.27	3.52						3.79
39	西庄沟	北张村	15.78	2.73	9.17	4.92		9.86			1.00		1.89	4.44	9.44
40	宁家沟	宁家坡村	1.12	1.97	110.67	0.56					0.56		0.18	0.95	
41		北董村	11.92	8.33	63.93	1.18		1.75		3.95	5.05	4.25	1.85	4.18	1.63
42	阳王沟	上庄村	1.36	1.56	67.48			0.31	1.05						1.36
43	三家店村沟	三家店村	0.91	1.00	69.72			0.912							0.912
44	马匹峪	东南董村	0.31	1.46	19.17			0.312							0.312

表 4-6-4　新绛县设计暴雨计算成果表

序号	行政区划名称	历时	均值 $\overline{H}$(mm)	变差系数 C_v	C_s/C_v	重现期雨量值 H_p(mm)				
						100 a($H_{1\%}$)	50 a($H_{2\%}$)	20 a($H_{5\%}$)	10 a($H_{10\%}$)	5 a($H_{20\%}$)
1	赵村	10 min	12.2	0.58	3.5	37.5	32.7	26.2	21.3	16.5
		60 min	26.6	0.59	3.5	83.7	72.6	58.0	47.0	36.0
		6 h	46.5	0.57	3.5	142.6	124.1	99.7	81.2	62.7
		24 h	65.5	0.58	3.5	202.4	176.0	141.1	114.7	88.4
		3 d	87.5	0.56	3.5	263.1	229.6	185.2	151.5	117.7
2	张家坡村	10 min	12.1	0.52	3.5	34.2	30.1	24.6	20.4	16.1
		60 min	27.0	0.51	3.5	75.4	66.4	54.4	45.3	35.9
		6 h	45.0	0.50	3.5	122.1	107.9	89.0	74.4	59.6
		24 h	70.0	0.45	3.5	176.3	157.3	131.7	111.9	91.4
		3 d	80.0	0.45	3.5	199.7	178.4	149.7	127.4	104.3
3	张家庄村	10 min	12.1	0.50	3.5	33.1	29.2	24.1	20.1	16.0
		60 min	27.0	0.50	3.5	73.9	65.2	53.7	44.8	35.8
		6 h	44.8	0.46	3.5	114.7	102.2	85.3	72.2	58.7
		24 h	68.0	0.45	3.5	169.8	151.6	127.2	108.3	88.6
		3 d	80.0	0.44	3.5	198.0	177.1	148.8	126.9	104.1

续表 4-6-4

序号	行政区划名称	历时	均值 $\overline{H}$(mm)	变差系数 C_v	C_s/C_v	重现期雨量值 H_p(mm)				
						100 a($H_{1\%}$)	50 a($H_{2\%}$)	20 a($H_{5\%}$)	10 a($H_{10\%}$)	5 a($H_{20\%}$)
4	小聂村	10 min	12.0	0.50	3.5	32.8	29.0	23.9	19.9	15.9
		60 min	27.1	0.50	3.5	74.5	65.7	54.1	45.1	36.0
		6 h	44.9	0.46	3.5	115.4	102.7	85.6	72.5	58.9
		24 h	67.8	0.45	3.5	169.9	151.7	127.1	108.1	88.4
		3 d	79.8	0.44	3.5	197.9	176.9	148.6	126.7	103.9
5	泽掌村	10 min	12.1	0.50	3.5	33.2	29.3	24.1	20.1	16.0
		60 min	27.0	0.51	3.5	74.5	65.7	54.0	45.0	35.8
		6 h	45.0	0.47	3.5	116.2	103.4	86.1	72.8	59.0
		24 h	67.5	0.45	3.5	169.4	151.2	126.7	107.7	88.1
		3 d	79.5	0.44	3.5	197.8	176.8	148.4	126.4	103.6
6	向家庄村	10 min	12.1	0.49	3.5	32.5	28.7	23.7	19.9	16.0
		60 min	27.9	0.50	3.5	75.7	66.9	55.2	46.2	36.9
		6 h	44.8	0.45	3.5	111.9	99.9	83.8	71.3	58.4
		24 h	65.5	0.45	3.5	163.5	146.1	122.6	104.3	85.4
		3 d	79.0	0.44	3.5	195.6	174.9	147.0	125.3	102.8

续表 4-6-4

序号	行政区划名称	历时	均值 $\overline{H}$(mm)	变差系数 C_v	C_s/C_v	重现期雨量值 H_p(mm)				
						100 a($H_{1\%}$)	50 a($H_{2\%}$)	20 a($H_{5\%}$)	10 a($H_{10\%}$)	5 a($H_{20\%}$)
7	北苏村	10 min	12.1	0.49	3.5	32.5	28.7	23.7	19.9	16.0
		60 min	27.9	0.50	3.5	75.7	66.9	55.2	46.2	36.9
		6 h	44.8	0.45	3.5	111.9	99.9	83.8	71.3	58.4
		24 h	65.5	0.45	3.5	163.5	146.1	122.6	104.3	85.4
		3 d	79.0	0.44	3.5	195.6	174.9	147.0	125.3	102.8
8	西庄坡村	10 min	12.1	0.50	3.5	33.3	29.4	24.2	20.1	16.1
		60 min	27.1	0.50	3.5	74.5	65.7	54.1	45.1	36.0
		6 h	44.9	0.47	3.5	117.5	104.4	86.7	73.1	59.1
		24 h	69.5	0.45	3.5	174.4	155.7	130.5	110.9	90.7
		3 d	80.0	0.45	3.5	200.1	178.7	149.9	127.5	104.3
9	西庄村	10 min	12.1	0.51	3.5	33.4	29.4	24.2	20.2	16.1
		60 min	27.2	0.51	3.5	74.9	66.1	54.3	45.2	36.0
		6 h	44.9	0.48	3.5	118.0	104.7	86.9	73.2	59.1
		24 h	69.5	0.45	3.5	174.7	155.9	130.6	111.0	90.7
		3 d	80.0	0.45	3.5	200.1	178.7	149.9	127.5	104.3

续表 4-6-4

序号	行政区划名称	历时	均值 $\overline{H}$(mm)	变差系数 C_v	C_s/C_v	重现期雨量值 H_p(mm)				
						100 a($H_{1\%}$)	50 a($H_{2\%}$)	20 a($H_{5\%}$)	10 a($H_{10\%}$)	5 a($H_{20\%}$)
10	西柳泉村	10 min	13.0	0.56	3.5	38.8	33.9	27.4	22.4	17.5
		60 min	26.0	0.56	3.5	78.2	68.2	55.0	45.0	35.0
		6 h	46.0	0.57	3.5	140.0	122.0	98.1	80.1	62.0
		24 h	64.0	0.56	3.5	191.0	166.8	134.8	110.4	86.0
		3 d	82.5	0.53	3.5	236.8	207.8	169.3	139.9	110.2
11	吴岭庄村	10 min	12.1	0.50	3.5	32.9	29.1	23.9	20.0	16.0
		60 min	27.0	0.50	3.5	73.6	65.0	53.6	44.8	35.8
		6 h	44.9	0.45	3.5	113.1	100.9	84.5	71.8	58.6
		24 h	66.5	0.45	3.5	166.3	148.5	124.6	106.0	86.7
		3 d	79.8	0.44	3.5	198.6	177.4	149.0	126.9	103.9
12	苏阳村	10 min	12.3	0.57	3.5	37.6	32.7	26.3	21.4	16.6
		60 min	27.8	0.58	3.5	86.2	74.9	60.0	48.8	37.5
		6 h	48.0	0.57	3.5	146.6	127.6	102.6	83.7	64.7
		24 h	64.5	0.57	3.5	195.5	170.4	137.2	112.0	86.9
		3 d	85.0	0.54	3.5	245.9	215.6	175.4	144.7	113.7

续表 4-6-4

序号	行政区划名称	历时	均值 $\overline{H}$(mm)	变差系数 C_v	C_s/C_v	重现期雨量值 H_p(mm)				
						100 a($H_{1\%}$)	50 a($H_{2\%}$)	20 a($H_{5\%}$)	10 a($H_{10\%}$)	5 a($H_{20\%}$)
13	泉掌村	10 min	14.0	0.51	3.5	38.9	34.3	28.1	23.4	18.6
		60 min	28.5	0.53	3.5	81.8	71.8	58.5	48.3	38.1
		6 h	50.0	0.54	3.5	144.7	126.8	103.2	85.1	66.9
		24 h	67.5	0.46	3.5	172.9	153.9	128.5	108.8	88.4
		3 d	78.0	0.46	3.5	199.8	177.9	148.4	125.7	102.2
14	西韩村	10 min	14.0	0.51	3.5	38.9	34.3	28.1	23.4	18.6
		60 min	28.5	0.53	3.5	81.8	71.8	58.5	48.3	38.1
		6 h	50.0	0.54	3.5	144.7	126.8	103.2	85.1	66.9
		24 h	67.5	0.46	3.5	172.9	153.9	128.5	108.8	88.4
		3 d	78.0	0.46	3.5	199.8	177.9	148.4	125.7	102.2
15	乔沟头村	10 min	13.8	0.49	3.5	37.1	32.9	27.1	22.7	18.2
		60 min	27.0	0.50	3.5	73.9	65.2	53.7	44.8	35.8
		6 h	44.7	0.45	3.5	112.2	100.1	83.9	71.3	58.3
		24 h	65.0	0.44	3.5	161.5	144.3	121.2	103.3	84.6
		3 d	78.5	0.44	3.5	194.3	173.8	146.0	124.5	102.1

续表 4-6-4

序号	行政区划名称	历时	均值 $\overline{H}$(mm)	变差系数 C_v	C_s/C_v	重现期雨量值 H_p(mm)				
						100 a($H_{1\%}$)	50 a($H_{2\%}$)	20 a($H_{5\%}$)	10 a($H_{10\%}$)	5 a($H_{20\%}$)
16	大聂村	10 min	13.8	0.49	3.5	37.1	32.9	27.1	22.7	18.2
		60 min	27.0	0.50	3.5	73.9	65.2	53.7	44.8	35.8
		6 h	44.7	0.45	3.5	112.2	100.1	83.9	71.3	58.3
		24 h	65.0	0.44	3.5	161.5	144.3	121.2	103.3	84.6
		3 d	78.5	0.44	3.5	194.3	173.8	146.0	124.5	102.1
17	北范庄村	10 min	13.9	0.51	3.5	38.6	34.1	27.9	23.2	18.5
		60 min	28.0	0.49	3.5	75.4	66.7	55.1	46.2	37.0
		6 h	44.5	0.45	3.5	111.5	99.5	83.5	71.0	58.0
		24 h	67.5	0.43	3.5	164.2	147.2	124.1	106.2	87.5
		3 d	84.0	0.43	3.5	204.4	183.2	154.5	132.2	108.9
18	南范庄村	10 min	13.9	0.51	3.5	38.6	34.1	27.9	23.2	18.5
		60 min	28.0	0.49	3.5	75.4	66.7	55.1	46.2	37.0
		6 h	44.5	0.45	3.5	111.5	99.5	83.5	71.0	58.0
		24 h	67.5	0.43	3.5	164.2	147.2	124.1	106.2	87.5
		3 d	84.0	0.43	3.5	204.4	183.2	154.5	132.2	108.9

续表 4-6-4

序号	行政区划名称	历时	均值 $\overline{H}$(mm)	变差系数 C_v	C_s/C_v	重现期雨量值 H_p(mm)				
						100 a($H_{1\%}$)	50 a($H_{2\%}$)	20 a($H_{5\%}$)	10 a($H_{10\%}$)	5 a($H_{20\%}$)
19	沐浴沟村	10 min	13.5	0.54	3.5	39.1	34.2	27.9	23.0	18.1
		60 min	26.0	0.53	3.5	74.0	65.0	53.1	44.0	34.7
		6 h	45.0	0.54	3.5	131.2	114.9	93.3	76.9	60.3
		24 h	61.0	0.48	3.5	160.2	142.2	118.0	99.4	80.3
		3 d	79.0	0.54	3.5	230.3	201.8	163.8	134.9	105.8
20	庙儿坡村	10 min	13.7	0.50	3.5	37.5	33.1	27.2	22.7	18.2
		60 min	28.1	0.50	3.5	76.9	67.9	55.9	46.7	37.3
		6 h	44.7	0.46	3.5	114.5	101.9	85.1	72.0	58.6
		24 h	63.0	0.44	3.5	156.0	139.5	117.2	99.9	82.0
		3 d	80.0	0.44	3.5	198.7	177.6	149.2	127.1	104.2
21	马首官庄村	10 min	13.3	0.55	3.5	39.4	34.4	27.9	22.9	17.9
		60 min	25.8	0.52	3.5	72.9	64.1	52.4	43.5	34.4
		6 h	49.0	0.44	3.5	121.3	108.5	91.2	77.7	63.8
		24 h	63.5	0.47	3.5	165.4	146.9	122.2	103.1	83.4
		3 d	75.0	0.47	3.5	195.3	173.5	144.3	121.8	98.6

续表 4-6-4

序号	行政区划名称	历时	均值 $\overline{H}$(mm)	变差系数 C_v	C_s/C_v	重现期雨量值 H_p(mm)				
						100 a($H_{1\%}$)	50 a($H_{2\%}$)	20 a($H_{5\%}$)	10 a($H_{10\%}$)	5 a($H_{20\%}$)
22	刘峪村	10 min	12.0	0.57	3.5	36.6	31.9	25.6	20.9	16.2
		60 min	27.3	0.59	3.5	85.9	74.5	59.5	48.2	36.9
		6 h	46.5	0.62	3.5	152.9	131.9	104.3	83.6	63.2
		24 h	70.0	0.58	3.5	217.0	188.6	151.1	122.8	94.5
		3 d	92.0	0.56	3.5	276.7	241.4	194.7	159.3	123.8
23	辛安村	10 min	12.0	0.57	3.5	36.6	31.9	25.6	20.9	16.2
		60 min	27.3	0.59	3.5	85.9	74.5	59.5	48.2	36.9
		6 h	46.5	0.62	3.5	152.9	131.9	104.3	83.6	63.2
		24 h	70.0	0.58	3.5	217.0	188.6	151.1	122.8	94.5
		3 d	92.0	0.56	3.5	276.7	241.4	194.7	159.3	123.8
24	刘雅村	10 min	12.3	0.57	3.5	37.6	32.7	26.3	21.4	16.6
		60 min	27.0	0.57	3.5	82.4	71.8	57.7	47.1	36.4
		6 h	46.3	0.61	3.5	150.0	129.7	102.9	82.7	62.8
		24 h	63.5	0.57	3.5	193.9	168.8	135.7	110.7	85.6
		3 d	87.0	0.59	3.5	273.8	237.5	189.6	153.6	117.7

续表 4-6-4

序号	行政区划名称	历时	均值 $\overline{H}$(mm)	变差系数 C_v	C_s/C_v	重现期雨量值 H_p(mm)				
						100 a($H_{1\%}$)	50 a($H_{2\%}$)	20 a($H_{5\%}$)	10 a($H_{10\%}$)	5 a($H_{20\%}$)
25	涧西村	10 min	13.8	0.50	3.5	37.8	33.3	27.4	22.9	18.3
		60 min	27.2	0.50	3.5	74.4	65.7	54.1	45.2	36.1
		6 h	45.1	0.46	3.5	115.5	102.8	85.8	72.7	59.1
		24 h	70.1	0.44	3.5	173.5	155.2	130.4	111.2	91.2
		3 d	80.0	0.43	3.5	194.7	174.4	147.1	125.9	103.7
26	杏林村	10 min	12.0	0.51	3.5	33.4	29.4	24.1	20.1	16.0
		60 min	27.4	0.52	3.5	77.4	68.1	55.7	46.2	36.5
		6 h	45.0	0.47	3.5	117.2	104.1	86.6	73.1	59.1
		24 h	66.5	0.43	3.5	161.8	145.0	122.3	104.6	86.2
		3 d	80.0	0.42	3.5	191.3	171.8	145.4	124.8	103.4
27	西南董村	10 min	13.5	0.52	3.5	38.1	33.5	27.4	22.7	18.0
		60 min	26.7	0.52	3.5	75.8	66.6	54.4	45.1	35.6
		6 h	45.0	0.50	3.5	123.1	108.7	89.5	74.7	59.7
		24 h	70.0	0.52	3.5	197.8	173.9	142.2	117.9	93.3
		3 d	80.1	0.44	3.5	198.3	177.3	149.0	127.0	104.2

续表 4-6-4

序号	行政区划名称	历时	均值 $\overline{H}$(mm)	变差系数 C_v	C_s/C_v	重现期雨量值 H_p(mm)				
						100 a($H_{1\%}$)	50 a($H_{2\%}$)	20 a($H_{5\%}$)	10 a($H_{10\%}$)	5 a($H_{20\%}$)
28	光马村	10 min	13.6	0.53	3.5	39.0	34.3	27.9	23.1	18.2
		60 min	26.3	0.52	3.5	74.3	65.3	53.4	44.3	35.1
		6 h	45.0	0.52	3.5	127.1	111.8	91.4	75.8	60.0
		24 h	70.0	0.47	3.5	182.3	162.0	134.7	113.7	92.0
		3 d	80.0	0.44	3.5	198.0	177.1	148.8	126.9	104.1
29	武平村	10 min	13.7	0.54	3.5	39.9	35.0	28.4	23.4	18.3
		60 min	27.0	0.52	3.5	76.3	67.1	54.8	45.5	36.0
		6 h	45.0	0.52	3.5	127.1	111.8	91.4	75.8	60.0
		24 h	70.0	0.47	3.5	182.3	162.0	134.7	113.7	92.0
		3 d	80.0	0.50	3.5	218.9	193.3	159.1	132.8	106.1
30	符村	10 min	12.3	0.56	3.5	37.0	32.3	26.0	21.3	16.5
		60 min	26.8	0.57	3.5	81.8	71.3	57.3	46.7	36.1
		6 h	46.3	0.61	3.5	150.0	129.7	102.9	82.7	62.8
		24 h	63.0	0.57	3.5	192.4	167.5	134.7	109.8	84.9
		3 d	86.0	0.55	3.5	254.7	222.6	180.2	147.9	115.4

续表 4-6-4

序号	行政区划名称	历时	均值 $\overline{H}$(mm)	变差系数 C_v	C_s/C_v	重现期雨量值 H_p(mm)				
						100 a($H_{1\%}$)	50 a($H_{2\%}$)	20 a($H_{5\%}$)	10 a($H_{10\%}$)	5 a($H_{20\%}$)
31	裴社村	10 min	13.4	0.57	3.5	40.9	35.6	28.6	23.4	18.1
		60 min	27.7	0.58	3.5	85.9	74.6	59.8	48.6	37.4
		6 h	46.0	0.60	3.5	146.9	127.2	101.2	81.7	62.3
		24 h	67.0	0.47	3.5	174.5	155.0	128.9	108.8	88.0
		3 d	88.5	0.57	3.5	270.2	235.3	189.2	154.2	119.3
32	西头村	10 min	13.2	0.57	3.5	40.3	35.1	28.2	23.0	17.8
		60 min	27.7	0.57	3.5	84.6	73.7	59.2	48.3	37.3
		6 h	46.0	0.60	3.5	146.9	127.2	101.2	81.7	62.3
		24 h	67.0	0.47	3.5	174.5	155.0	128.9	108.8	88.0
		3 d	88.5	0.57	3.5	270.2	235.3	189.2	154.2	119.3
33	阳王村	10 min	12.1	0.57	3.5	36.9	32.2	25.9	21.1	16.3
		60 min	27.2	0.58	3.5	84.3	73.3	58.7	47.7	36.7
		6 h	47.3	0.60	3.5	151.1	130.8	104.1	84.0	64.1
		24 h	70.0	0.57	3.5	213.7	186.1	149.6	122.0	94.4
		3 d	88.3	0.58	3.5	273.7	237.9	190.6	154.9	119.2

续表 4-6-4

序号	行政区划名称	历时	均值 $\overline{H}$(mm)	变差系数 C_v	C_s/C_v	重现期雨量值 H_p(mm)				
						100 a($H_{1\%}$)	50 a($H_{2\%}$)	20 a($H_{5\%}$)	10 a($H_{10\%}$)	5 a($H_{20\%}$)
34	杜庄村	10 min	13.4	0.57	3.5	40.9	35.6	28.6	23.4	18.1
		60 min	27.7	0.58	3.5	85.9	74.6	59.8	48.6	37.4
		6 h	46.0	0.60	3.5	146.9	127.2	101.2	81.7	62.3
		24 h	67.0	0.47	3.5	174.5	155.0	128.9	108.8	88.0
		3 d	88.5	0.57	3.5	270.2	235.3	189.2	154.2	119.3
35	东薛郭村	10 min	13.5	0.56	3.5	40.6	35.4	28.6	23.4	18.2
		60 min	25.0	0.54	3.5	72.9	63.8	51.8	42.7	33.5
		6 h	45.0	0.53	3.5	129.2	113.4	92.4	76.3	60.1
		24 h	67.5	0.47	3.5	175.8	156.2	129.9	109.6	88.7
		3 d	80.0	0.48	3.5	211.8	187.8	155.7	130.9	105.5
36	东陀村	10 min	13.1	0.53	3.5	37.6	33.0	26.9	22.2	17.5
		60 min	23.7	0.53	3.5	68.0	59.7	48.6	40.2	31.7
		6 h	45.0	0.53	3.5	129.2	113.4	92.4	76.3	60.1
		24 h	64.5	0.48	3.5	170.8	151.4	125.5	105.5	85.0
		3 d	80.0	0.47	3.5	208.3	185.1	154.0	129.9	105.1

续表 4-6-4

序号	行政区划名称	历时	均值 $\overline{H}$(mm)	变差系数 C_v	C_s/C_v	重现期雨量值 H_p(mm)				
						100 a($H_{1\%}$)	50 a($H_{2\%}$)	20 a($H_{5\%}$)	10 a($H_{10\%}$)	5 a($H_{20\%}$)
37	程官庄村	10 min	13.0	0.53	3.5	37.3	32.8	26.7	22.1	17.4
		60 min	24.0	0.53	3.5	68.9	60.5	49.3	40.7	32.1
		6 h	45.0	0.52	3.5	127.1	111.8	91.4	75.8	60.0
		24 h	65.0	0.47	3.5	169.3	150.4	125.1	105.5	85.4
		3 d	80.0	0.48	3.5	211.8	187.8	155.7	130.9	105.5
38	禅曲村	10 min	12.1	0.57	3.5	36.9	32.2	25.9	21.1	16.3
		60 min	27.2	0.58	3.5	84.3	73.3	58.7	47.7	36.7
		6 h	47.3	0.60	3.5	151.1	130.8	104.1	84.0	64.1
		24 h	70.0	0.57	3.5	213.7	186.1	149.6	122.0	94.4
		3 d	88.3	0.58	3.5	273.7	237.9	190.6	154.9	119.2
39	北张村	10 min	13.9	0.49	3.5	37.4	33.1	27.3	22.9	18.4
		60 min	26.5	0.52	3.5	74.9	65.8	53.8	44.6	35.3
		6 h	45.0	0.48	3.5	119.2	105.6	87.6	73.6	59.3
		24 h	68.0	0.47	3.5	177.1	157.3	130.9	110.4	89.4
		3 d	80.0	0.44	3.5	198.0	177.1	148.8	126.9	104.1

续表 4-6-4

序号	行政区划名称	历时	均值 $\overline{H}$(mm)	变差系数 C_v	C_s/C_v	重现期雨量值 H_p(mm)				
						100 a($H_{1\%}$)	50 a($H_{2\%}$)	20 a($H_{5\%}$)	10 a($H_{10\%}$)	5 a($H_{20\%}$)
40	宁家坡村	10 min	13.7	0.53	3.5	39.3	34.5	28.1	23.2	18.3
		60 min	26.4	0.52	3.5	74.6	65.6	53.6	44.5	35.2
		6 h	45.0	0.50	3.5	123.1	108.7	89.5	74.7	59.7
		24 h	70.0	0.48	3.5	185.4	164.3	136.2	114.5	92.3
		3 d	80.0	0.46	3.5	204.9	182.4	152.2	128.9	104.8
41	北董村	10 min	13.7	0.53	3.5	39.3	34.5	28.1	23.2	18.3
		60 min	26.3	0.52	3.5	74.3	65.3	53.4	44.3	35.1
		6 h	44.0	0.47	3.5	114.6	101.8	84.7	71.4	57.8
		24 h	69.4	0.46	3.5	177.7	158.3	132.1	111.8	90.9
		3 d	80.0	0.43	3.5	194.7	174.4	147.1	125.9	103.7
42	上庄村	10 min	12.1	0.57	3.5	36.9	32.2	25.9	21.1	16.3
		60 min	27.2	0.56	3.5	84.3	73.3	58.7	47.7	36.7
		6 h	47.3	0.55	3.5	151.1	130.8	104.1	84.0	64.1
		24 h	70.0	0.54	3.5	213.7	186.1	149.6	122.0	94.4
		3 d	88.3	0.53	3.5	273.7	237.9	190.6	154.9	119.2

续表 4-6-4

序号	行政区划名称	历时	均值 $\overline{H}$(mm)	变差系数 C_v	C_s/C_v	重现期雨量值 H_p(mm)				
						100 a($H_{1\%}$)	50 a($H_{2\%}$)	20 a($H_{5\%}$)	10 a($H_{10\%}$)	5 a($H_{20\%}$)
43	三家店村	10 min	12.3	0.56	3.5	37.0	32.3	26.0	21.3	16.5
		60 min	26.8	0.57	3.5	81.8	71.3	57.3	46.7	36.1
		6 h	46.3	0.61	3.5	150.0	129.7	102.9	82.7	62.8
		24 h	63.0	0.57	3.5	192.4	167.5	134.7	109.8	84.9
		3 d	86.0	0.55	3.5	254.7	222.6	180.2	147.9	115.4
44	东南董村	10 min	13.9	0.49	3.5	37.4	33.1	27.3	22.9	18.4
		60 min	26.5	0.52	3.5	74.9	65.8	53.8	44.6	35.3
		6 h	45.0	0.48	3.5	119.2	105.6	87.6	73.6	59.3
		24 h	68.0	0.47	3.5	177.1	157.3	130.9	110.4	89.4
		3 d	80.0	0.44	3.5	198.0	177.1	148.8	126.9	104.1

表 4-6-5　新绛县设计暴雨时程分配表

序号	行政区划名称	时段长	时段序号	重现期时段雨量值(mm)				
				100 a($H_{1\%}$)	50 a($H_{2\%}$)	20 a($H_{5\%}$)	10 a($H_{10\%}$)	5 a($H_{20\%}$)
1	赵村	0.5 h	1	3.24	2.83	2.28	1.86	1.44
			2	3.50	3.05	2.46	2.01	1.56
			3	3.79	3.31	2.66	2.17	1.69
			4	6.59	5.74	4.62	3.76	2.91
			5	7.76	6.76	5.43	4.43	3.42
			6	18.06	15.72	12.62	10.28	7.93
			7	53.67	46.72	37.54	30.59	23.65
			8	12.29	10.70	8.59	7.00	5.41
			9	9.48	8.25	6.63	5.40	4.17
			10	5.74	5.00	4.02	3.28	2.54
			11	5.08	4.43	3.56	2.91	2.25
			12	4.57	3.98	3.20	2.61	2.02
2	张家坡村	0.5 h	1	2.74	2.46	2.09	1.80	1.49
			2	2.96	2.66	2.25	1.93	1.60
			3	3.22	2.89	2.44	2.09	1.73
			4	5.72	5.10	4.25	3.60	2.93
			5	6.78	6.03	5.02	4.24	3.43
			6	16.45	14.51	11.93	9.95	7.93
			7	53.54	47.10	38.54	31.99	25.34
			8	10.97	9.71	8.02	6.73	5.40
			9	8.36	7.41	6.15	5.18	4.17
			10	4.95	4.42	3.70	3.14	2.56
			11	4.36	3.90	3.28	2.79	2.28
			12	3.90	3.49	2.94	2.51	2.06

续表 4-6-5

序号	行政区划名称	时段长	时段序号	重现期时段雨量值(mm)				
				100 a($H_{1\%}$)	50 a($H_{2\%}$)	20 a($H_{5\%}$)	10 a($H_{10\%}$)	5 a($H_{20\%}$)
3	张家庄村	0.5 h	1	2.62	2.36	2.01	1.73	1.44
			2	2.82	2.54	2.16	1.86	1.55
			3	3.06	2.75	2.34	2.01	1.67
			4	5.30	4.75	4.00	3.42	2.82
			5	6.24	5.59	4.70	4.01	3.29
			6	14.69	13.08	10.91	9.24	7.50
			7	46.63	41.28	34.12	28.62	22.99
			8	9.92	8.86	7.42	6.30	5.14
			9	7.63	6.82	5.72	4.88	3.99
			10	4.61	4.14	3.49	2.99	2.47
			11	4.09	3.67	3.10	2.66	2.20
			12	3.68	3.30	2.80	2.40	1.99
4	小聂村	0.5 h	1	2.62	2.36	2.00	1.73	1.44
			2	2.82	2.54	2.16	1.86	1.54
			3	3.06	2.75	2.34	2.01	1.67
			4	5.34	4.78	4.02	3.44	2.83
			5	6.29	5.63	4.73	4.04	3.31
			6	14.84	13.20	11.00	9.30	7.55
			7	46.05	40.76	33.70	28.26	22.69
			8	10.03	8.94	7.48	6.35	5.18
			9	7.70	6.88	5.77	4.91	4.02
			10	4.64	4.16	3.51	3.00	2.48
			11	4.11	3.69	3.12	2.67	2.21
			12	3.69	3.31	2.80	2.41	1.99

续表 4-6-5

序号	行政区划名称	时段长	时段序号	重现期时段雨量值(mm)				
				100 a($H_{1\%}$)	50 a($H_{2\%}$)	20 a($H_{5\%}$)	10 a($H_{10\%}$)	5 a($H_{20\%}$)
5	泽掌村	0.5 h	1	2.60	2.35	1.99	1.72	1.43
			2	2.81	2.53	2.15	1.85	1.54
			3	3.05	2.74	2.32	2.00	1.66
			4	5.31	4.76	4.00	3.42	2.81
			5	6.26	5.60	4.71	4.01	3.29
			6	14.77	13.14	10.94	9.24	7.49
			7	45.90	40.60	33.53	28.09	22.53
			8	9.98	8.90	7.44	6.31	5.14
			9	7.66	6.85	5.74	4.88	3.99
			10	4.62	4.14	3.49	2.99	2.46
			11	4.09	3.67	3.10	2.66	2.19
			12	3.67	3.30	2.79	2.39	1.98
6	向家庄村	0.5 h	1	2.44	2.20	1.87	1.62	1.35
			2	2.65	2.38	2.03	1.75	1.46
			3	2.88	2.60	2.21	1.90	1.58
			4	5.15	4.62	3.91	3.35	2.77
			5	6.10	5.48	4.63	3.96	3.27
			6	14.72	13.15	11.04	9.40	7.69
			7	45.80	40.66	33.76	28.44	22.98
			8	9.86	8.83	7.43	6.35	5.21
			9	7.52	6.74	5.68	4.86	4.01
			10	4.45	4.00	3.39	2.91	2.41
			11	3.92	3.53	2.99	2.57	2.13
			12	3.50	3.15	2.67	2.30	1.91

续表 4-6-5

序号	行政区划名称	时段长	时段序号	重现期时段雨量值(mm)				
				100 a($H_{1\%}$)	50 a($H_{2\%}$)	20 a($H_{5\%}$)	10 a($H_{10\%}$)	5 a($H_{20\%}$)
7	北苏村	0.5 h	1	2.44	2.20	1.87	1.62	1.35
			2	2.64	2.38	2.03	1.75	1.46
			3	2.88	2.60	2.20	1.90	1.58
			4	5.14	4.62	3.90	3.35	2.77
			5	6.09	5.47	4.62	3.96	3.27
			6	14.68	13.12	11.01	9.37	7.67
			7	45.56	40.44	33.59	28.30	22.86
			8	9.84	8.81	7.42	6.33	5.21
			9	7.50	6.73	5.67	4.86	4.00
			10	4.45	4.00	3.38	2.91	2.41
			11	3.92	3.52	2.99	2.57	2.13
			12	3.50	3.15	2.67	2.30	1.91
8	西庄坡村	0.5 h	1	2.72	2.45	2.07	1.78	1.48
			2	2.93	2.64	2.23	1.92	1.59
			3	3.18	2.86	2.42	2.07	1.71
			4	5.56	4.97	4.17	3.54	2.90
			5	6.57	5.86	4.90	4.16	3.39
			6	15.69	13.91	11.53	9.69	7.81
			7	50.93	44.98	37.04	30.95	24.73
			8	10.53	9.36	7.79	6.58	5.33
			9	8.06	7.18	5.99	5.07	4.12
			10	4.83	4.32	3.63	3.09	2.54
			11	4.28	3.83	3.22	2.75	2.26
			12	3.83	3.44	2.90	2.48	2.04

续表 4-6-5

序号	行政区划名称	时段长	时段序号	重现期时段雨量值(mm)				
				100 a($H_{1\%}$)	50 a($H_{2\%}$)	20 a($H_{5\%}$)	10 a($H_{10\%}$)	5 a($H_{20\%}$)
9	西庄村	0.5 h	1	2.72	2.45	2.08	1.79	1.48
			2	2.94	2.64	2.24	1.92	1.59
			3	3.19	2.86	2.42	2.07	1.72
			4	5.55	4.96	4.16	3.53	2.89
			5	6.55	5.84	4.88	4.15	3.38
			6	15.51	13.76	11.40	9.58	7.72
			7	49.50	43.72	36.02	30.09	24.05
			8	10.45	9.29	7.73	6.52	5.28
			9	8.02	7.14	5.96	5.04	4.10
			10	4.82	4.32	3.62	3.09	2.53
			11	4.27	3.83	3.22	2.75	2.26
			12	3.84	3.44	2.90	2.48	2.04
10	西柳泉村	0.5 h	1	3.06	2.68	2.17	1.78	1.39
			2	3.29	2.88	2.33	1.91	1.49
			3	3.55	3.11	2.52	2.07	1.61
			4	6.08	5.31	4.29	3.51	2.73
			5	7.14	6.23	5.03	4.12	3.20
			6	16.62	14.50	11.68	9.55	7.41
			7	53.32	46.59	37.68	30.91	24.10
			8	11.27	9.84	7.93	6.49	5.03
			9	8.69	7.59	6.12	5.01	3.89
			10	5.31	4.64	3.74	3.07	2.39
			11	4.72	4.12	3.33	2.73	2.13
			12	4.25	3.72	3.00	2.46	1.92

续表 4-6-5

序号	行政区划名称	时段长	时段序号	重现期时段雨量值(mm)				
				100 a($H_{1\%}$)	50 a($H_{2\%}$)	20 a($H_{5\%}$)	10 a($H_{10\%}$)	5 a($H_{20\%}$)
11	吴岭庄村	0.5 h	1	2.54	2.28	1.94	1.67	1.39
			2	2.74	2.46	2.09	1.80	1.49
			3	2.98	2.68	2.27	1.95	1.62
			4	5.27	4.73	3.99	3.41	2.81
			5	6.25	5.60	4.72	4.03	3.31
			6	15.14	13.51	11.30	9.58	7.81
			7	49.83	44.11	36.48	30.61	24.59
			8	10.10	9.03	7.58	6.45	5.28
			9	7.70	6.89	5.79	4.94	4.05
			10	4.57	4.10	3.46	2.97	2.45
			11	4.03	3.62	3.06	2.62	2.17
			12	3.61	3.24	2.74	2.35	1.95
12	苏阳村	0.5 h	1	3.02	2.64	2.13	1.75	1.36
			2	3.30	2.88	2.33	1.91	1.48
			3	3.63	3.17	2.55	2.09	1.63
			4	6.77	5.90	4.75	3.88	3.01
			5	8.11	7.07	5.68	4.64	3.59
			6	20.06	17.46	14.01	11.41	8.81
			7	59.33	51.65	41.52	33.85	26.19
			8	13.35	11.62	9.34	7.61	5.88
			9	10.09	8.79	7.06	5.76	4.45
			10	5.80	5.06	4.07	3.33	2.58
			11	5.07	4.42	3.56	2.91	2.26
			12	4.48	3.91	3.15	2.58	2.00

续表 4-6-5

序号	行政区划名称	时段长	时段序号	重现期时段雨量值(mm)				
				100 a($H_{1\%}$)	50 a($H_{2\%}$)	20 a($H_{5\%}$)	10 a($H_{10\%}$)	5 a($H_{20\%}$)
13	泉掌村	0.5 h	1	2.54	2.29	1.95	1.68	1.39
			2	2.78	2.50	2.12	1.82	1.51
			3	3.07	2.76	2.33	1.99	1.64
			4	5.91	5.23	4.31	3.60	2.89
			5	7.13	6.28	5.15	4.29	3.41
			6	18.11	15.81	12.77	10.47	8.16
			7	54.51	47.90	39.12	32.43	25.63
			8	11.92	10.44	8.47	6.98	5.48
			9	8.93	7.85	6.40	5.30	4.19
			10	5.03	4.46	3.69	3.11	2.50
			11	4.36	3.88	3.23	2.73	2.21
			12	3.84	3.43	2.86	2.43	1.98
14	西韩村	0.5 h	1	2.54	2.29	1.95	1.68	1.39
			2	2.79	2.50	2.12	1.82	1.51
			3	3.08	2.76	2.33	1.99	1.64
			4	5.91	5.22	4.30	3.60	2.88
			5	7.12	6.28	5.15	4.29	3.41
			6	18.08	15.79	12.75	10.45	8.15
			7	54.33	47.79	39.03	32.35	25.57
			8	11.91	10.43	8.47	6.98	5.48
			9	8.92	7.84	6.40	5.30	4.19
			10	5.03	4.46	3.69	3.11	2.50
			11	4.36	3.88	3.23	2.73	2.21
			12	3.84	3.43	2.86	2.43	1.98

续表 4-6-5

序号	行政区划名称	时段长	时段序号	重现期时段雨量值(mm)				
				100 a($H_{1\%}$)	50 a($H_{2\%}$)	20 a($H_{5\%}$)	10 a($H_{10\%}$)	5 a($H_{20\%}$)
15	乔沟头村	0.5 h	1	2.38	2.15	1.83	1.58	1.32
			2	2.56	2.31	1.96	1.70	1.42
			3	2.77	2.49	2.12	1.83	1.52
			4	4.78	4.29	3.62	3.11	2.56
			5	5.64	5.06	4.26	3.65	3.00
			6	13.63	12.16	10.16	8.62	7.01
			7	50.43	44.69	37.02	31.10	25.03
			8	9.07	8.10	6.80	5.79	4.73
			9	6.92	6.19	5.21	4.45	3.65
			10	4.16	3.74	3.16	2.71	2.25
			11	3.69	3.32	2.81	2.42	2.00
			12	3.32	2.99	2.53	2.18	1.81
16	大聂村	0.5 h	1	2.38	2.15	1.83	1.58	1.32
			2	2.56	2.31	1.96	1.70	1.42
			3	2.77	2.49	2.12	1.83	1.53
			4	4.77	4.29	3.62	3.10	2.56
			5	5.63	5.05	4.26	3.64	3.00
			6	13.58	12.11	10.12	8.59	6.99
			7	50.04	44.35	36.75	30.87	24.85
			8	9.04	8.08	6.78	5.77	4.72
			9	6.90	6.18	5.20	4.44	3.64
			10	4.16	3.73	3.16	2.71	2.24
			11	3.69	3.31	2.81	2.41	2.00
			12	3.32	2.98	2.53	2.18	1.81

续表 4-6-5

序号	行政区划名称	时段长	时段序号	重现期时段雨量值(mm)				
				100 a($H_{1\%}$)	50 a($H_{2\%}$)	20 a($H_{5\%}$)	10 a($H_{10\%}$)	5 a($H_{20\%}$)
17	北范庄村	0.5 h	1	2.39	2.17	1.86	1.61	1.35
			2	2.57	2.32	1.99	1.73	1.45
			3	2.78	2.51	2.15	1.86	1.56
			4	4.76	4.29	3.65	3.15	2.62
			5	5.61	5.05	4.29	3.69	3.07
			6	13.60	12.18	10.25	8.75	7.19
			7	53.94	47.71	39.41	33.01	26.49
			8	9.02	8.09	6.84	5.86	4.84
			9	6.88	6.18	5.24	4.50	3.73
			10	4.15	3.74	3.19	2.75	2.30
			11	3.68	3.32	2.84	2.45	2.05
			12	3.32	3.00	2.56	2.21	1.85
18	南范庄村	0.5 h	1	2.39	2.17	1.86	1.61	1.36
			2	2.57	2.33	1.99	1.73	1.45
			3	2.78	2.51	2.15	1.86	1.56
			4	4.76	4.29	3.65	3.15	2.62
			5	5.60	5.05	4.29	3.69	3.07
			6	13.57	12.15	10.22	8.73	7.17
			7	53.65	47.47	39.21	32.85	26.36
			8	9.00	8.08	6.83	5.85	4.83
			9	6.87	6.18	5.23	4.50	3.73
			10	4.15	3.74	3.19	2.75	2.30
			11	3.68	3.32	2.84	2.45	2.05
			12	3.32	3.00	2.56	2.22	1.85

续表 4-6-5

序号	行政区划名称	时段长	时段序号	重现期时段雨量值(mm)				
				100 a($H_{1\%}$)	50 a($H_{2\%}$)	20 a($H_{5\%}$)	10 a($H_{10\%}$)	5 a($H_{20\%}$)
19	沐浴沟村	0.5 h	1	2.33	2.09	1.76	1.50	1.23
			2	2.54	2.27	1.91	1.62	1.33
			3	2.78	2.49	2.08	1.77	1.44
			4	5.18	4.58	3.78	3.16	2.53
			5	6.21	5.49	4.51	3.76	3.00
			6	16.00	14.02	11.37	9.37	7.34
			7	56.68	49.70	40.41	33.34	26.20
			8	10.40	9.14	7.45	6.17	4.87
			9	7.77	6.85	5.61	4.66	3.70
			10	4.43	3.93	3.25	2.73	2.20
			11	3.87	3.44	2.85	2.40	1.94
			12	3.43	3.05	2.54	2.15	1.74
20	庙儿坡村	0.5 h	1	2.18	1.97	1.69	1.46	1.23
			2	2.37	2.14	1.83	1.58	1.32
			3	2.59	2.34	1.99	1.72	1.44
			4	4.75	4.27	3.60	3.09	2.55
			5	5.69	5.10	4.30	3.67	3.02
			6	14.52	12.93	10.77	9.11	7.40
			7	52.22	46.20	38.15	31.97	25.65
			8	9.46	8.45	7.07	6.01	4.91
			9	7.10	6.35	5.33	4.54	3.73
			10	4.08	3.67	3.10	2.67	2.21
			11	3.57	3.21	2.73	2.35	1.95
			12	3.18	2.86	2.43	2.09	1.74

续表 4-6-5

序号	行政区划名称	时段长	时段序号	重现期时段雨量值(mm)				
				100 a($H_{1\%}$)	50 a($H_{2\%}$)	20 a($H_{5\%}$)	10 a($H_{10\%}$)	5 a($H_{20\%}$)
21	马首官庄村	0.25 h	1	1.31	1.18	0.99	0.85	0.70
			2	1.36	1.22	1.03	0.88	0.73
			3	1.42	1.27	1.07	0.92	0.76
			4	1.47	1.32	1.12	0.96	0.79
			5	2.39	2.15	1.82	1.57	1.30
			6	2.58	2.32	1.96	1.69	1.40
			7	2.80	2.52	2.13	1.83	1.52
			8	3.06	2.75	2.33	2.01	1.67
			9	6.17	5.54	4.69	4.03	3.34
			10	11.85	10.61	8.94	7.63	6.27
			11	42.29	37.06	30.11	24.82	19.48
			12	8.00	7.18	6.07	5.20	4.29
			13	5.07	4.56	3.86	3.32	2.75
			14	4.33	3.90	3.30	2.84	2.36
			15	3.80	3.41	2.89	2.49	2.07
			16	3.39	3.05	2.58	2.22	1.84
			17	2.23	2.01	1.70	1.46	1.21
			18	2.10	1.88	1.60	1.37	1.14
			19	1.97	1.77	1.50	1.29	1.07
			20	1.87	1.68	1.42	1.22	1.01
			21	1.77	1.59	1.35	1.16	0.96
			22	1.69	1.52	1.28	1.10	0.91
			23	1.61	1.45	1.22	1.05	0.87
			24	1.54	1.38	1.17	1.00	0.83

续表 4-6-5

序号	行政区划名称	时段长	时段序号	重现期时段雨量值(mm)				
				100 a($H_{1\%}$)	50 a($H_{2\%}$)	20 a($H_{5\%}$)	10 a($H_{10\%}$)	5 a($H_{20\%}$)
22	刘峪村	0.5 h	1	3.60	3.13	2.51	2.04	1.57
			2	3.89	3.38	2.70	2.20	1.69
			3	4.23	3.67	2.93	2.38	1.82
			4	7.44	6.43	5.09	4.10	3.11
			5	8.77	7.57	5.99	4.81	3.64
			6	20.34	17.53	13.83	11.06	8.33
			7	57.26	49.72	39.77	32.26	24.78
			8	13.90	11.98	9.46	7.57	5.71
			9	10.72	9.25	7.31	5.86	4.43
			10	6.46	5.59	4.44	3.57	2.72
			11	5.71	4.95	3.93	3.17	2.42
			12	5.12	4.44	3.53	2.85	2.18
23	辛安村	0.5 h	1	3.60	3.13	2.51	2.04	1.57
			2	3.89	3.38	2.71	2.20	1.69
			3	4.23	3.67	2.93	2.38	1.83
			4	7.39	6.39	5.07	4.08	3.10
			5	8.71	7.52	5.96	4.79	3.63
			6	20.08	17.31	13.66	10.93	8.25
			7	56.03	48.67	38.95	31.61	24.30
			8	13.76	11.86	9.37	7.50	5.67
			9	10.63	9.17	7.25	5.82	4.40
			10	6.43	5.57	4.42	3.56	2.71
			11	5.69	4.93	3.92	3.17	2.41
			12	5.10	4.43	3.53	2.85	2.18

续表 4-6-5

序号	行政区划名称	时段长	时段序号	重现期时段雨量值(mm)				
				100 a($H_{1\%}$)	50 a($H_{2\%}$)	20 a($H_{5\%}$)	10 a($H_{10\%}$)	5 a($H_{20\%}$)
24	刘雅村	0.5 h	1	3.08	2.69	2.16	1.76	1.36
			2	3.35	2.92	2.34	1.91	1.48
			3	3.67	3.19	2.56	2.08	1.61
			4	6.67	5.79	4.62	3.75	2.87
			5	7.94	6.88	5.49	4.44	3.40
			6	19.10	16.55	13.18	10.65	8.12
			7	55.25	48.10	38.65	31.50	24.34
			8	12.85	11.14	8.87	7.17	5.47
			9	9.80	8.49	6.77	5.47	4.18
			10	5.75	4.99	3.99	3.24	2.48
			11	5.05	4.38	3.51	2.85	2.19
			12	4.49	3.90	3.13	2.54	1.95
25	涧西村	0.5 h	1	2.65	2.39	2.04	1.76	1.47
			2	2.84	2.56	2.18	1.88	1.56
			3	3.06	2.75	2.34	2.01	1.68
			4	5.12	4.59	3.87	3.31	2.73
			5	6.00	5.37	4.51	3.85	3.16
			6	14.07	12.52	10.43	8.81	7.14
			7	53.28	47.12	38.87	32.54	26.06
			8	9.46	8.44	7.06	5.99	4.88
			9	7.29	6.52	5.47	4.65	3.81
			10	4.49	4.03	3.40	2.91	2.41
			11	4.01	3.60	3.04	2.61	2.16
			12	3.62	3.26	2.76	2.37	1.97

续表 4-6-5

序号	行政区划名称	时段长	时段序号	重现期时段雨量值(mm)				
				100 a($H_{1\%}$)	50 a($H_{2\%}$)	20 a($H_{5\%}$)	10 a($H_{10\%}$)	5 a($H_{20\%}$)
26	杏林村	0.25 h	1	1.26	1.15	0.99	0.86	0.73
			2	1.32	1.20	1.03	0.90	0.76
			3	1.38	1.25	1.08	0.94	0.79
			4	1.45	1.32	1.13	0.98	0.82
			5	2.53	2.27	1.92	1.64	1.36
			6	2.75	2.47	2.08	1.78	1.46
			7	3.01	2.70	2.27	1.93	1.59
			8	3.32	2.97	2.49	2.12	1.74
			9	6.90	6.13	5.07	4.27	3.43
			10	12.99	11.49	9.44	7.88	6.29
			11	35.97	31.71	26.04	21.69	17.28
			12	8.92	7.90	6.52	5.47	4.38
			13	5.66	5.03	4.18	3.53	2.85
			14	4.81	4.28	3.57	3.02	2.45
			15	4.18	3.73	3.12	2.64	2.15
			16	3.70	3.31	2.77	2.35	1.92
			17	2.35	2.11	1.78	1.53	1.26
			18	2.18	1.96	1.66	1.43	1.18
			19	2.04	1.84	1.56	1.34	1.11
			20	1.91	1.73	1.47	1.26	1.05
			21	1.80	1.63	1.38	1.20	1.00
			22	1.70	1.54	1.31	1.13	0.95
			23	1.61	1.46	1.24	1.08	0.90
			24	1.53	1.38	1.18	1.03	0.86

续表 4-6-5

序号	行政区划名称	时段长	时段序号	重现期时段雨量值(mm)				
				100 a($H_{1\%}$)	50 a($H_{2\%}$)	20 a($H_{5\%}$)	10 a($H_{10\%}$)	5 a($H_{20\%}$)
27	西南董村	0.25 h	1	1.68	1.48	1.21	1.01	0.80
			2	1.74	1.53	1.25	1.04	0.83
			3	1.79	1.58	1.30	1.08	0.86
			4	1.86	1.64	1.34	1.12	0.89
			5	2.81	2.48	2.04	1.70	1.35
			6	3.00	2.64	2.17	1.81	1.44
			7	3.22	2.84	2.33	1.95	1.55
			8	3.48	3.07	2.53	2.11	1.68
			9	6.49	5.74	4.73	3.95	3.16
			10	11.80	10.44	8.61	7.20	5.77
			11	41.81	36.81	30.14	25.03	19.85
			12	8.21	7.26	5.98	5.01	4.01
			13	5.44	4.81	3.96	3.31	2.65
			14	4.73	4.18	3.44	2.87	2.30
			15	4.20	3.71	3.06	2.55	2.04
			16	3.80	3.36	2.76	2.31	1.84
			17	2.65	2.34	1.92	1.60	1.27
			18	2.51	2.21	1.81	1.51	1.20
			19	2.38	2.10	1.72	1.44	1.14
			20	2.27	2.00	1.64	1.37	1.09
			21	2.17	1.91	1.57	1.31	1.04
			22	2.08	1.83	1.50	1.25	1.00
			23	2.00	1.76	1.45	1.20	0.96
			24	1.92	1.70	1.39	1.16	0.92

续表 4-6-5

序号	行政区划名称	时段长	时段序号	重现期时段雨量值(mm)				
				100 a($H_{1\%}$)	50 a($H_{2\%}$)	20 a($H_{5\%}$)	10 a($H_{10\%}$)	5 a($H_{20\%}$)
28	光马村	0.5 h	1	2.89	2.59	2.17	1.85	1.52
			2	3.09	2.76	2.32	1.97	1.61
			3	3.32	2.96	2.48	2.11	1.72
			4	5.48	4.86	4.03	3.39	2.74
			5	6.38	5.66	4.68	3.93	3.16
			6	14.60	12.85	10.51	8.73	6.92
			7	52.15	45.82	37.41	30.97	24.48
			8	9.94	8.77	7.21	6.01	4.80
			9	7.72	6.83	5.63	4.71	3.78
			10	4.82	4.28	3.56	3.00	2.43
			11	4.32	3.84	3.20	2.70	2.20
			12	3.92	3.49	2.91	2.47	2.01
29	武平村	0.5 h	1	2.84	2.55	2.14	1.82	1.50
			2	3.04	2.72	2.28	1.94	1.59
			3	3.27	2.92	2.45	2.08	1.71
			4	5.42	4.82	4.01	3.39	2.74
			5	6.32	5.61	4.66	3.93	3.17
			6	14.54	12.81	10.57	8.80	7.00
			7	52.31	45.93	37.51	31.03	24.48
			8	9.87	8.72	7.22	6.04	4.83
			9	7.65	6.78	5.63	4.72	3.80
			10	4.76	4.24	3.54	2.99	2.43
			11	4.26	3.80	3.17	2.69	2.18
			12	3.86	3.45	2.88	2.45	1.99

续表 4-6-5

序号	行政区划名称	时段长	时段序号	重现期时段雨量值(mm)				
				100 a($H_{1\%}$)	50 a($H_{2\%}$)	20 a($H_{5\%}$)	10 a($H_{10\%}$)	5 a($H_{20\%}$)
30	符村	0.5 h	1	3.05	2.66	2.13	1.74	1.34
			2	3.33	2.90	2.32	1.89	1.45
			3	3.65	3.17	2.54	2.06	1.59
			4	6.77	5.87	4.67	3.77	2.87
			5	8.09	7.01	5.57	4.49	3.42
			6	19.83	17.14	13.60	10.95	8.31
			7	57.86	50.38	40.48	33.01	25.52
			8	13.25	11.46	9.09	7.32	5.55
			9	10.04	8.69	6.90	5.55	4.22
			10	5.81	5.04	4.01	3.24	2.48
			11	5.08	4.41	3.51	2.84	2.17
			12	4.50	3.91	3.12	2.53	1.94
31	裴社村	0.5 h	1	2.46	2.23	1.91	1.65	1.38
			2	2.71	2.45	2.08	1.79	1.49
			3	3.01	2.71	2.29	1.96	1.61
			4	5.98	5.26	4.29	3.55	2.80
			5	7.27	6.36	5.15	4.22	3.30
			6	19.20	16.55	13.05	10.43	7.87
			7	60.55	52.55	41.99	34.01	26.08
			8	12.44	10.77	8.57	6.91	5.28
			9	9.21	8.01	6.43	5.23	4.05
			10	5.05	4.46	3.67	3.06	2.43
			11	4.35	3.86	3.20	2.68	2.16
			12	3.81	3.39	2.83	2.39	1.94

续表 4-6-5

序号	行政区划名称	时段长	时段序号	重现期时段雨量值(mm)				
				100 a($H_{1\%}$)	50 a($H_{2\%}$)	20 a($H_{5\%}$)	10 a($H_{10\%}$)	5 a($H_{20\%}$)
32	西头村	0.5 h	1	2.50	2.26	1.93	1.67	1.39
			2	2.75	2.48	2.10	1.81	1.49
			3	3.05	2.74	2.31	1.97	1.62
			4	5.99	5.27	4.30	3.56	2.81
			5	7.27	6.37	5.16	4.24	3.32
			6	18.96	16.37	12.95	10.40	7.88
			7	58.85	51.14	40.93	33.23	25.54
			8	12.34	10.71	8.54	6.91	5.30
			9	9.17	7.99	6.43	5.24	4.06
			10	5.08	4.48	3.69	3.07	2.45
			11	4.38	3.89	3.22	2.70	2.17
			12	3.84	3.42	2.85	2.41	1.95
33	阳王村	0.5 h	1	3.54	3.09	2.49	2.03	1.57
			2	3.82	3.33	2.68	2.18	1.69
			3	4.14	3.61	2.90	2.36	1.83
			4	7.20	6.25	4.99	4.05	3.11
			5	8.46	7.34	5.86	4.75	3.64
			6	19.49	16.88	13.43	10.85	8.28
			7	55.55	48.33	38.79	31.57	24.37
			8	13.34	11.56	9.21	7.44	5.69
			9	10.32	8.95	7.13	5.77	4.41
			10	6.27	5.45	4.36	3.54	2.72
			11	5.55	4.83	3.87	3.14	2.42
			12	4.99	4.34	3.48	2.83	2.18

续表 4-6-5

序号	行政区划名称	时段长	时段序号	重现期时段雨量值(mm)				
				100 a($H_{1\%}$)	50 a($H_{2\%}$)	20 a($H_{5\%}$)	10 a($H_{10\%}$)	5 a($H_{20\%}$)
34	杜庄村	0.25 h	1	1.33	1.20	1.02	0.88	0.73
			2	1.40	1.26	1.07	0.92	0.76
			3	1.47	1.32	1.12	0.96	0.79
			4	1.55	1.39	1.17	1.00	0.82
			5	2.84	2.50	2.04	1.69	1.34
			6	3.10	2.73	2.22	1.83	1.45
			7	3.42	2.99	2.43	2.00	1.57
			8	3.79	3.32	2.68	2.20	1.71
			9	8.17	7.05	5.58	4.48	3.40
			10	15.65	13.46	10.58	8.42	6.31
			11	42.84	37.32	30.02	24.49	18.95
			12	10.65	9.17	7.23	5.78	4.35
			13	6.65	5.75	4.57	3.68	2.81
			14	5.60	4.86	3.88	3.14	2.41
			15	4.84	4.21	3.37	2.74	2.12
			16	4.26	3.71	2.99	2.44	1.89
			17	2.61	2.31	1.89	1.58	1.25
			18	2.42	2.14	1.76	1.47	1.18
			19	2.25	1.99	1.65	1.38	1.11
			20	2.10	1.86	1.54	1.30	1.05
			21	1.96	1.75	1.45	1.23	0.99
			22	1.84	1.64	1.37	1.16	0.94
			23	1.74	1.55	1.30	1.10	0.90
			24	1.64	1.47	1.23	1.05	0.86

续表 4-6-5

序号	行政区划名称	时段长	时段序号	重现期时段雨量值(mm)				
				100 a($H_{1\%}$)	50 a($H_{2\%}$)	20 a($H_{5\%}$)	10 a($H_{10\%}$)	5 a($H_{20\%}$)
35	东薛郭村	0.5 h	1	2.76	2.48	2.09	1.79	1.48
			2	2.95	2.65	2.23	1.91	1.57
			3	3.17	2.84	2.39	2.04	1.67
			4	5.26	4.68	3.89	3.28	2.65
			5	6.14	5.45	4.51	3.80	3.06
			6	14.19	12.48	10.19	8.46	6.68
			7	52.97	46.33	37.53	30.83	24.09
			8	9.61	8.48	6.97	5.81	4.63
			9	7.44	6.58	5.44	4.56	3.65
			10	4.62	4.12	3.43	2.90	2.36
			11	4.13	3.69	3.08	2.61	2.13
			12	3.75	3.35	2.81	2.38	1.95
36	东陀村	0.5 h	1	2.77	2.47	2.07	1.75	1.43
			2	2.96	2.64	2.20	1.87	1.52
			3	3.18	2.83	2.37	2.00	1.62
			4	5.29	4.68	3.87	3.24	2.59
			5	6.18	5.46	4.49	3.75	2.99
			6	14.24	12.48	10.16	8.37	6.58
			7	50.54	44.35	36.13	29.86	23.51
			8	9.66	8.50	6.95	5.75	4.55
			9	7.49	6.60	5.41	4.50	3.58
			10	4.65	4.12	3.41	2.86	2.30
			11	4.16	3.69	3.06	2.57	2.07
			12	3.77	3.34	2.78	2.34	1.89

续表 4-6-5

序号	行政区划名称	时段长	时段序号	重现期时段雨量值(mm)				
				100 a($H_{1\%}$)	50 a($H_{2\%}$)	20 a($H_{5\%}$)	10 a($H_{10\%}$)	5 a($H_{20\%}$)
37	程官庄村	0.5 h	1	2.70	2.42	2.03	1.74	1.43
			2	2.90	2.59	2.18	1.85	1.52
			3	3.12	2.79	2.34	1.99	1.63
			4	5.30	4.70	3.89	3.27	2.63
			5	6.22	5.50	4.54	3.80	3.05
			6	14.66	12.88	10.48	8.66	6.82
			7	52.73	46.28	37.68	31.12	24.49
			8	9.85	8.68	7.11	5.91	4.68
			9	7.58	6.69	5.50	4.59	3.66
			10	4.63	4.11	3.42	2.88	2.32
			11	4.12	3.67	3.05	2.58	2.09
			12	3.72	3.32	2.77	2.34	1.90
38	禅曲村	0.5 h	1	3.54	3.09	2.48	2.03	1.57
			2	3.82	3.33	2.68	2.18	1.69
			3	4.15	3.62	2.90	2.36	1.83
			4	7.26	6.30	5.03	4.07	3.12
			5	8.56	7.42	5.92	4.79	3.66
			6	19.89	17.22	13.69	11.04	8.41
			7	57.45	49.97	40.07	32.59	25.13
			8	13.56	11.74	9.34	7.54	5.75
			9	10.45	9.06	7.21	5.83	4.45
			10	6.31	5.48	4.38	3.55	2.73
			11	5.59	4.86	3.88	3.15	2.43
			12	5.01	4.36	3.49	2.84	2.18

续表 4-6-5

序号	行政区划名称	时段长	时段序号	重现期时段雨量值(mm)				
				100 a($H_{1\%}$)	50 a($H_{2\%}$)	20 a($H_{5\%}$)	10 a($H_{10\%}$)	5 a($H_{20\%}$)
39	北张村	0.25 h	1	1.44	1.29	1.08	0.92	0.76
			2	1.49	1.34	1.12	0.96	0.78
			3	1.55	1.39	1.16	0.99	0.81
			4	1.61	1.44	1.21	1.03	0.84
			5	2.54	2.26	1.88	1.59	1.28
			6	2.72	2.42	2.01	1.70	1.37
			7	2.94	2.61	2.17	1.83	1.47
			8	3.20	2.84	2.36	1.98	1.60
			9	6.20	5.48	4.52	3.77	3.01
			10	11.52	10.16	8.33	6.93	5.49
			11	38.31	33.88	27.98	23.43	18.79
			12	7.93	7.00	5.76	4.80	3.81
			13	5.16	4.56	3.76	3.15	2.52
			14	4.44	3.93	3.25	2.73	2.18
			15	3.92	3.47	2.87	2.41	1.94
			16	3.52	3.12	2.59	2.17	1.75
			17	2.38	2.12	1.76	1.49	1.21
			18	2.24	1.99	1.66	1.41	1.14
			19	2.12	1.89	1.57	1.33	1.08
			20	2.01	1.79	1.50	1.27	1.03
			21	1.91	1.71	1.43	1.21	0.99
			22	1.83	1.63	1.36	1.16	0.94
			23	1.75	1.56	1.31	1.11	0.91
			24	1.68	1.50	1.25	1.07	0.87

续表 4-6-5

序号	行政区划名称	时段长	时段序号	重现期时段雨量值(mm)				
				100 a($H_{1\%}$)	50 a($H_{2\%}$)	20 a($H_{5\%}$)	10 a($H_{10\%}$)	5 a($H_{20\%}$)
40	宁家坡村	0.25 h	1	1.54	1.37	1.15	0.97	0.79
			2	1.59	1.42	1.18	1.00	0.82
			3	1.65	1.47	1.23	1.04	0.84
			4	1.71	1.52	1.27	1.07	0.87
			5	2.65	2.35	1.95	1.65	1.33
			6	2.83	2.52	2.09	1.76	1.42
			7	3.05	2.71	2.25	1.89	1.53
			8	3.32	2.94	2.44	2.05	1.66
			9	6.38	5.64	4.65	3.89	3.12
			10	11.88	10.47	8.60	7.17	5.71
			11	43.41	38.15	31.14	25.77	20.35
			12	8.15	7.20	5.93	4.95	3.96
			13	5.31	4.69	3.88	3.25	2.61
			14	4.58	4.05	3.35	2.81	2.26
			15	4.05	3.59	2.97	2.49	2.01
			16	3.64	3.23	2.68	2.25	1.81
			17	2.49	2.21	1.84	1.55	1.25
			18	2.35	2.09	1.74	1.46	1.19
			19	2.22	1.98	1.65	1.39	1.13
			20	2.11	1.88	1.57	1.32	1.07
			21	2.02	1.79	1.49	1.26	1.02
			22	1.93	1.72	1.43	1.21	0.98
			23	1.85	1.65	1.37	1.16	0.94
			24	1.78	1.58	1.32	1.12	0.91

续表 4-6-5

序号	行政区划名称	时段长	时段序号	重现期时段雨量值(mm)				
				100 a($H_{1\%}$)	50 a($H_{2\%}$)	20 a($H_{5\%}$)	10 a($H_{10\%}$)	5 a($H_{20\%}$)
41	北董村	0.5 h	1	2.75	2.47	2.09	1.79	1.48
			2	2.92	2.62	2.22	1.90	1.57
			3	3.12	2.80	2.37	2.03	1.68
			4	5.01	4.49	3.78	3.22	2.65
			5	5.80	5.19	4.36	3.72	3.05
			6	13.00	11.58	9.65	8.16	6.63
			7	50.69	44.67	36.64	30.48	24.22
			8	8.90	7.95	6.65	5.64	4.60
			9	6.97	6.23	5.22	4.44	3.63
			10	4.44	3.98	3.35	2.86	2.35
			11	4.00	3.58	3.02	2.58	2.13
			12	3.65	3.27	2.76	2.36	1.95
42	上庄村	0.5 h	1	3.54	3.08	2.48	2.02	1.56
			2	3.82	3.33	2.67	2.18	1.68
			3	4.15	3.62	2.90	2.36	1.82
			4	7.30	6.34	5.06	4.09	3.13
			5	8.62	7.47	5.96	4.81	3.68
			6	20.19	17.47	13.88	11.19	8.52
			7	58.90	51.21	41.05	33.37	25.71
			8	13.72	11.88	9.44	7.62	5.80
			9	10.55	9.14	7.28	5.88	4.48
			10	6.34	5.51	4.40	3.56	2.73
			11	5.61	4.87	3.89	3.16	2.43
			12	5.02	4.37	3.50	2.84	2.18

续表 4-6-5

序号	行政区划名称	时段长	时段序号	重现期时段雨量值(mm)				
				100 a($H_{1\%}$)	50 a($H_{2\%}$)	20 a($H_{5\%}$)	10 a($H_{10\%}$)	5 a($H_{20\%}$)
43	三家店村	0.5 h	1	3.04	2.65	2.12	1.73	1.33
			2	3.32	2.89	2.31	1.88	1.45
			3	3.65	3.17	2.53	2.06	1.58
			4	6.81	5.89	4.69	3.78	2.88
			5	8.15	7.05	5.60	4.51	3.43
			6	20.12	17.39	13.79	11.09	8.40
			7	59.26	51.57	41.43	33.76	26.07
			8	13.41	11.58	9.18	7.39	5.60
			9	10.13	8.76	6.95	5.59	4.25
			10	5.83	5.05	4.02	3.25	2.48
			11	5.09	4.41	3.52	2.85	2.18
			12	4.51	3.91	3.12	2.53	1.94
44	东南董村	0.5 h	1	2.73	2.44	2.05	1.75	1.43
			2	2.93	2.61	2.19	1.87	1.53
			3	3.16	2.82	2.36	2.01	1.64
			4	5.36	4.76	3.95	3.33	2.69
			5	6.29	5.58	4.62	3.89	3.13
			6	14.93	13.16	10.80	8.99	7.14
			7	55.17	48.70	40.08	33.45	26.67
			8	10.00	8.84	7.28	6.08	4.85
			9	7.68	6.80	5.62	4.71	3.77
			10	4.68	4.16	3.46	2.92	2.37
			11	4.17	3.71	3.09	2.62	2.12
			12	3.76	3.35	2.80	2.37	1.93

表 4-6-6　新绛县设计洪水成果表

序号	行政区划名称	小流域名称	洪水要素	重现期洪水要素值				
				100 a($Q_{1\%}$)	50 a($Q_{2\%}$)	20 a($Q_{5\%}$)	10 a($Q_{10\%}$)	5 a($Q_{20\%}$)
1	赵村	西沟	洪峰流量(m^3/s)	273	225	161	111	65.9
			洪量(万 m^3)	151	116	75	48	29
			涨洪历时(h)	2	2	1	1	1
			洪水历时(h)	5.5	5.5	4	4	4
2	张家坡村	张家坡沟	洪峰流量(m^3/s)	10.4	9	7	6	4
			洪量(万 m^3)	4	4	3	2	1
			涨洪历时(h)	4.5	4	2	2	1.5
			洪水历时(h)	5.5	5	4	3	2
3	张家庄村	石门峪	洪峰流量(m^3/s)	79.9	58.2	34.8	21.5	12.8
			洪量(万 m^3)	62	48	32	21	14
			涨洪历时(h)	1	1	0.5	1	1
			洪水历时(h)	10	10	10	10	10
4	小聂村		洪峰流量(m^3/s)	103	75.3	45.4	27.5	16
			洪量(万 m^3)	84	65	43	29	19
			涨洪历时(h)	1	1	0.5	0.5	1
			洪水历时(h)	10.5	10.5	10.5	10.5	10.5

续表 4-6-6

序号	行政区划名称	小流域名称	洪水要素	重现期洪水要素值				
				100 a($Q_{1\%}$)	50 a($Q_{2\%}$)	20 a($Q_{5\%}$)	10 a($Q_{10\%}$)	5 a($Q_{20\%}$)
5	泽掌村	石门峪	洪峰流量(m^3/s)	120	89.4	56.1	35.1	20.7
			洪量(万 m^3)	117	91	61	41	26
			涨洪历时(h)	1	1	1.5	1	1
			洪水历时(h)	12	12	12	12	12
6	向家庄村	向家庄村沟	洪峰流量(m^3/s)	94.4	71.2	45	28.3	16.8
			洪量(万 m^3)	99	77	52	35	23
			涨洪历时(h)	1.5	1.5	1.5	1	1
			洪水历时(h)	12.5	12.5	12.5	12.5	12.5
7	北苏村		洪峰流量(m^3/s)	109	82	52.2	33	19.8
			洪量(万 m^3)	111	87	58	40	26
			涨洪历时(h)	1	1.5	1.5	1	1
			洪水历时(h)	12.5	12.5	12.5	12.5	12.5
8	西庄坡村	西庄沟	洪峰流量(m^3/s)	32.6	26.3	18	11.7	7
			洪量(万 m^3)	8	6	4	3	2
			涨洪历时(h)	1	1	1	0.5	0.5
			洪水历时(h)	2.5	2.5	2	2	2

续表 4-6-6

序号	行政区划名称	小流域名称	洪水要素	重现期洪水要素值				
				100 a($Q_{1\%}$)	50 a($Q_{2\%}$)	20 a($Q_{5\%}$)	10 a($Q_{10\%}$)	5 a($Q_{20\%}$)
9	西庄村	西庄沟	洪峰流量(m^3/s)	98.9	81.7	57.8	39.3	24.1
			洪量(万 m^3)	30	24	16	11	7
			涨洪历时(h)	1	1	1	1	0.5
			洪水历时(h)	3	3	3	2.5	2.5
10	西柳泉村	西柳泉沟	洪峰流量(m^3/s)	107	90.9	68	49.6	31.7
			洪量(万 m^3)	124	96	63	41	25
			涨洪历时(h)	2	2	1	1	1
			洪水历时(h)	4.5	4	2.5	2.5	2.5
11	吴岭庄村	乐乐峪	洪峰流量(m^3/s)	15.5	13.1	9.79	7.14	4.57
			洪量(万 m^3)	13	10	7	5	3
			涨洪历时(h)	1	1	1	1	0.5
			洪水历时(h)	2.5	2.5	2.5	2	1.5
12	苏阳村	苏阳村沟	洪峰流量(m^3/s)	35.2	29.3	21.3	14.9	9.46
			洪量(万 m^3)	26	21	14	10	6
			涨洪历时(h)	3	2	2	1	1
			洪水历时(h)	5.5	4.5	3.5	2	2

续表 4-6-6

序号	行政区划名称	小流域名称	洪水要素	重现期洪水要素值				
				100 a($Q_{1\%}$)	50 a($Q_{2\%}$)	20 a($Q_{5\%}$)	10 a($Q_{10\%}$)	5 a($Q_{20\%}$)
13	泉掌村	马匹峪	洪峰流量(m^3/s)	269	230	177	135	94.6
			洪量(万 m^3)	164	127	84	56	35
			涨洪历时(h)	2	1	1	1	0.5
			洪水历时(h)	9	8	8.5	8.5	8
14	西韩村		洪峰流量(m^3/s)	278	222	151	95.7	54.5
			洪量(万 m^3)	171	133	88	59	36
			涨洪历时(h)	2	1	1	1	0.5
			洪水历时(h)	9	8.5	8.5	8.5	8
15	乔沟头村	娘娘峪	洪峰流量(m^3/s)	62.2	46.4	28.6	17.8	11
			洪量(万 m^3)	35	27	18	12	8
			涨洪历时(h)	1	1	0.5	0.5	0.5
			洪水历时(h)	8	7.5	7.5	7.5	7.5
16	大聂村	大水峪	洪峰流量(m^3/s)	72.9	54.7	34	21.2	12.6
			洪量(万 m^3)	44	35	23	16	10
			涨洪历时(h)	1	1	0.5	0.5	0.5
			洪水历时(h)	8	8	7.5	7.5	7.5

续表 4-6-6

序号	行政区划名称	小流域名称	洪水要素	重现期洪水要素值				
				100 a($Q_{1\%}$)	50 a($Q_{2\%}$)	20 a($Q_{5\%}$)	10 a($Q_{10\%}$)	5 a($Q_{20\%}$)
17	北范庄村	石门峪	洪峰流量(m^3/s)	15.7	12.7	8.74	5.85	3.74
			洪量(万 m^3)	10	8	5	4	2
			涨洪历时(h)	1	1	1	0.5	0.5
			洪水历时(h)	2.5	2.5	2	2	1.5
18	南范庄村		洪峰流量(m^3/s)	19.3	15.7	10.9	7.32	4.67
			洪量(万 m^3)	12	10	7	5	3
			涨洪历时(h)	1	1	1	0.5	0.5
			洪水历时(h)	2.5	2.5	2	2	2
19	沐浴沟村	沐浴沟	洪峰流量(m^3/s)	12.9	11	8.54	6.6	4.74
			洪量(万 m^3)	14	11	8	6	4
			涨洪历时(h)	3.5	2.5	2	2	1
			洪水历时(h)	6	5	4	3	2.5
20	庙儿坡村	庙儿坡沟	洪峰流量(m^3/s)	75.4	59.9	39.4	25.3	15.2
			洪量(万 m^3)	47	37	26	18	12
			涨洪历时(h)	1	1	1	1	0.5
			洪水历时(h)	7.5	7.5	7.5	7	7

续表 4-6-6

序号	行政区划名称	小流域名称	洪水要素	重现期洪水要素值				
				100 a($Q_{1\%}$)	50 a($Q_{2\%}$)	20 a($Q_{5\%}$)	10 a($Q_{10\%}$)	5 a($Q_{20\%}$)
21	马首官庄村	马匹峪	洪峰流量(m^3/s)	43.8	36.5	26.6	19	12.4
			洪量(万 m^3)	18	14	10	7	4
			涨洪历时(h)	0.75	0.75	0.75	0.5	0.5
			洪水历时(h)	1.5	1.5	1.5	1.25	1.25
22	刘峪村	刘峪沟	洪峰流量(m^3/s)	74.6	63.3	48.7	37	25.5
			洪量(万 m^3)	57	44	29	19	11
			涨洪历时(h)	4	2.5	2	1.5	1
			洪水历时(h)	7	5.5	3.5	2	1.5
23	辛安村		洪峰流量(m^3/s)	85.2	71.6	53.4	39.1	26.9
			洪量(万 m^3)	93	72	46	29	17
			涨洪历时(h)	2.5	2	1.5	1	0.5
			洪水历时(h)	6	4.5	3.5	2.5	1.5
24	刘雅村	红叶泉沟	洪峰流量(m^3/s)	124	104	77.8	56.7	37.4
			洪量(万 m^3)	118	91	60	39	23
			涨洪历时(h)	2	2	1.5	1	0.5
			洪水历时(h)	5	4	3.5	2	1.5

续表 4-6-6

序号	行政区划名称	小流域名称	洪水要素	重现期洪水要素值				
				100 a($Q_{1\%}$)	50 a($Q_{2\%}$)	20 a($Q_{5\%}$)	10 a($Q_{10\%}$)	5 a($Q_{20\%}$)
25	涧西村	石门峪	洪峰流量(m^3/s)	28.8	24.2	16.1	10.7	6.84
			洪量(万 m^3)	9	7	5	3	2
			涨洪历时(h)	1	0.5	0.5	0.5	0.5
			洪水历时(h)	1.5	1	1.5	1.5	1.5
26	杏林村		洪峰流量(m^3/s)	103	84.8	60.3	45.1	26.7
			洪量(万 m^3)	74	58	39	26	17
			涨洪历时(h)	1	0.75	0.75	0.25	0.25
			洪水历时(h)	1.5	1.5	1.5	1	1
27	西南董村	马匹峪	洪峰流量(m^3/s)	44.2	37.3	27.9	23.8	14.1
			洪量(万 m^3)	17	13	9	6	4
			涨洪历时(h)	1.75	1.75	0.75	0.25	0.25
			洪水历时(h)	2.5	2.25	1.5	1	1
28	光马村		洪峰流量(m^3/s)	103	85.5	61.2	41.5	24.5
			洪量(万 m^3)	67	52	34	23	14
			涨洪历时(h)	1.5	1.5	1	0.5	0.5
			洪水历时(h)	4	3.5	3	2.5	3

续表 4-6-6

序号	行政区划名称	小流域名称	洪水要素	重现期洪水要素值				
				100 a($Q_{1\%}$)	50 a($Q_{2\%}$)	20 a($Q_{5\%}$)	10 a($Q_{10\%}$)	5 a($Q_{20\%}$)
29	武平村	马匹峪	洪峰流量(m^3/s)	145	119	83.7	55.8	32.8
			洪量(万 m^3)	98	76	51	34	21
			涨洪历时(h)	1.5	1	1	0.5	0.5
			洪水历时(h)	4.5	3.5	3.5	3	3.5
30	符村	符村沟	洪峰流量(m^3/s)	29.5	24.6	18.1	12.9	7.97
			洪量(万 m^3)	24	18	12	8	4
			涨洪历时(h)	2	1.5	1	1	0.5
			洪水历时(h)	4	3	2	2	1.5
31	裴社村	阳王沟	洪峰流量(m^3/s)	63.7	54.1	41	30.9	22.2
			洪量(万 m^3)	60	48	32	22	13
			涨洪历时(h)	2	2	1.5	1	0.5
			洪水历时(h)	4.5	3.5	3	1.5	1
32	西头村		洪峰流量(m^3/s)	92.5	77.8	58.2	42.8	28.7
			洪量(万 m^3)	85	67	45	30	18
			涨洪历时(h)	2	2	1.5	1	0.5
			洪水历时(h)	4	4	2.5	2	1.5

续表 4-6-6

序号	行政区划名称	小流域名称	洪水要素	重现期洪水要素值				
				100 a($Q_{1\%}$)	50 a($Q_{2\%}$)	20 a($Q_{5\%}$)	10 a($Q_{10\%}$)	5 a($Q_{20\%}$)
33	阳王村	阳王沟	洪峰流量(m^3/s)	80.1	67.5	50.7	37.8	24.9
			洪量(万 m^3)	99	77	50	33	19
			涨洪历时(h)	3.5	2	1.5	1	1
			洪水历时(h)	6.5	5	3.5	2.5	2
34	杜庄村		洪峰流量(m^3/s)	119	98.8	72.4	51.8	35.9
			洪量(万 m^3)	125	98	65	42	25
			涨洪历时(h)	1.75	1	0.75	0.75	0.25
			洪水历时(h)	2.5	1.75	1.5	1.5	1
35	东薛郭村	东薛郭村沟	洪峰流量(m^3/s)	45.8	37.4	27	16.9	9.76
			洪量(万 m^3)	61	47	31	20	13
			涨洪历时(h)	1.5	1	0.5	0.5	0.5
			洪水历时(h)	4	3	2.5	2.5	3
36	东陀村	东陀村沟	洪峰流量(m^3/s)	30.1	24.9	18.9	12	7.05
			洪量(万 m^3)	41	32	21	14	8
			涨洪历时(h)	1.5	1	0.5	0.5	0.5
			洪水历时(h)	3	2.5	1.5	2	2

续表 4-6-6

序号	行政区划名称	小流域名称	洪水要素	重现期洪水要素值				
				100 a($Q_{1\%}$)	50 a($Q_{2\%}$)	20 a($Q_{5\%}$)	10 a($Q_{10\%}$)	5 a($Q_{20\%}$)
37	程官庄村	娘娘峪	洪峰流量(m^3/s)	9.53	7.98	5.83	4.05	2.46
			洪量(万 m^3)	10	8	5	3	2
			涨洪历时(h)	1.5	1	1	0.5	0.5
			洪水历时(h)	2.5	1.5	1.5	1	1
38	禅曲村	刘峪沟	洪峰流量(m^3/s)	35	29.7	22.8	17.3	11.9
			洪量(万 m^3)	42	33	22	14	9
			涨洪历时(h)	4	2.5	2	1.5	1
			洪水历时(h)	7.5	5.5	3.5	3	2
39	北张村	西庄沟	洪峰流量(m^3/s)	129	107	78.9	61.9	36.3
			洪量(万 m^3)	101	79	54	36	23
			涨洪历时(h)	1.75	1	0.75	0.25	0.25
			洪水历时(h)	2.5	1.75	1.5	1	1
40	宁家坡村	宁家沟	洪峰流量(m^3/s)	8.35	6.92	5.05	3.87	2.22
			洪量(万 m^3)	7	6	4	3	2
			涨洪历时(h)	1	1	0.75	0.25	0.25
			洪水历时(h)	1.75	1.5	1.5	1	1

续表 4-6-6

序号	行政区划名称	小流域名称	洪水要素	重现期洪水要素值				
				100 a($Q_{1\%}$)	50 a($Q_{2\%}$)	20 a($Q_{5\%}$)	10 a($Q_{10\%}$)	5 a($Q_{20\%}$)
41	北董村	宁家沟	洪峰流量(m^3/s)	79	58.2	35.6	21.9	12.7
			洪量(万 m^3)	47	36	24	16	10
			涨洪历时(h)	0.5	0.5	0.5	0.5	0.5
			洪水历时(h)	5.5	6	6.5	7	7.5
42	上庄村	阳王沟	洪峰流量(m^3/s)	12.8	10.9	8.32	6.3	4.32
			洪量(万 m^3)	15	12	8	5	3
			涨洪历时(h)	2.5	2	1.75	1	1
			洪水历时(h)	6	5	3.25	2.5	2
43	三家店村	三家店村沟	洪峰流量(m^3/s)	8.36	7.04	5.25	3.8	2.42
			洪量(万 m^3)	8	6	4	3	2
			涨洪历时(h)	2	1.5	1	1	0.5
			洪水历时(h)	3.75	2.75	2	2	1.5
44	东南董村	马匹峪	洪峰流量(m^3/s)	7.8	6.6	4.9	3.4	2.1
			洪量(万 m^3)	2	2	1	1	1
			涨洪历时(h)	1	1	1	0.5	0.5
			洪水历时(h)	2.5	2.25	2.25	1.75	1.75

表 4-6-7　新绛县设计净雨深计算成果表

序号	计算单元名称	重现期(a)	参数			主雨历时(h)	主雨雨量(mm)	净雨深(mm)
			μ	S_r	K_s			
1	赵村	100	9.57	26.28	1.84	16.6	177.0	80.40
		50	10.73	26.28	1.84	14.6	149.5	61.70
		20	12.82	26.28	1.84	11.8	113.9	39.84
		10	15.33	26.28	1.84	9.6	87.9	25.59
		5	17.33	26.28	1.84	7.3	63.0	15.19
2	张家坡村	100	4.29	16.00	1.10	13.7	153.4	100.31
		50	4.66	16.00	1.10	12.6	133.5	82.60
		20	5.31	16.00	1.10	10.8	107.0	59.98
		10	6.11	16.00	1.10	9.4	86.6	43.44
		5	6.73	16.00	1.10	7.7	66.0	29.50
3	张家庄村	100	25.78	32.94	3.12	13.8	140.1	35.71
		50	28.19	32.94	3.12	12.5	122.0	27.60
		20	31.94	32.94	3.12	10.6	98.0	18.31
		10	35.90	32.94	3.12	9.1	79.7	12.25
		5	37.70	32.94	3.12	7.4	61.2	7.85
4	小聂村	100	23.80	31.69	3.07	13.5	139.1	37.09
		50	25.96	31.69	3.07	12.3	121.2	28.69
		20	29.30	31.69	3.07	10.5	97.4	19.05
		10	32.81	31.69	3.07	9.0	79.3	12.76
		5	34.31	31.69	3.07	7.3	60.9	8.18

续表 4-6-7

序号	计算单元名称	重现期（a）	参数			主雨历时（h）	主雨雨量（mm）	净雨深（mm）
			μ	S_r	K_s			
5	泽掌村	100	18.90	29.33	2.70	13.5	138.3	42.44
		50	20.73	29.33	2.70	12.2	120.5	33.01
		20	23.62	29.33	2.70	10.4	96.8	22.06
		10	26.75	29.33	2.70	8.9	78.8	14.83
		5	28.29	29.33	2.70	7.3	60.5	9.53
6	向家庄村	100	19.80	30.33	2.72	12.2	131.3	41.09
		50	21.73	30.33	2.72	11.0	114.9	32.11
		20	24.72	30.33	2.72	9.5	92.9	21.64
		10	27.82	30.33	2.72	8.2	76.2	14.68
		5	29.05	30.33	2.72	6.8	59.2	9.58
7	北苏村	100	18.92	30.03	2.65	12.2	131.0	41.91
		50	20.79	30.03	2.65	11.1	114.6	32.77
		20	23.70	30.03	2.65	9.5	92.7	22.10
		10	26.73	30.03	2.65	8.2	76.0	15.01
		5	27.96	30.03	2.65	6.8	59.1	9.80
8	西庄坡村	100	20.05	30.21	2.74	14.1	149.5	47.26
		50	22.18	30.21	2.74	12.8	130.1	36.71
		20	25.65	30.21	2.74	10.9	104.3	24.48
		10	29.52	30.21	2.74	9.3	84.6	16.43
		5	31.77	30.21	2.74	7.6	64.7	10.51

续表 4-6-7

序号	计算单元名称	重现期(a)	参数			主雨历时(h)	主雨雨量(mm)	净雨深(mm)
			μ	S_r	K_s			
9	西庄村	100	14.99	28.45	2.32	14.2	148.1	53.52
		50	16.67	28.45	2.32	12.9	128.9	41.79
		20	19.45	28.45	2.32	11.0	103.2	28.03
		10	22.60	28.45	2.32	9.4	83.7	18.87
		5	24.58	28.45	2.32	7.6	63.9	12.09
10	西柳泉村	100	8.54	25.03	1.67	16.7	169.1	79.02
		50	9.67	25.03	1.67	14.5	142.9	61.05
		20	11.78	25.03	1.67	11.6	109.0	39.92
		10	14.48	25.03	1.67	9.4	84.3	26.01
		5	16.93	25.03	1.67	7.1	60.6	15.75
11	吴岭庄村	100	14.25	27.98	2.18	12.9	140.0	54.29
		50	15.91	27.98	2.18	11.6	122.1	42.80
		20	18.65	27.98	2.18	9.9	98.3	29.15
		10	21.71	27.98	2.18	8.5	80.2	19.92
		5	23.40	27.98	2.18	7.0	62.0	13.04
12	苏阳村	100	6.60	21.57	1.45	13.4	173.0	104.44
		50	7.33	21.57	1.45	12.1	147.7	82.88
		20	8.65	21.57	1.45	10.1	114.5	56.41
		10	10.27	21.57	1.45	8.5	89.8	38.10
		5	11.55	21.57	1.45	6.8	65.7	23.74

续表 4-6-7

序号	计算单元名称	重现期(a)	参数			主雨历时(h)	主雨雨量(mm)	净雨深(mm)
			μ	S_r	K_s			
13	泉掌村	100	12.88	26.99	2.19	11.2	147.9	68.39
		50	14.39	26.99	2.19	10.5	129.2	53.24
		20	16.97	26.99	2.19	9.4	103.9	35.26
		10	19.99	26.99	2.19	8.4	84.3	23.34
		5	22.32	26.99	2.19	7.0	64.1	14.49
14	西韩村	100	12.79	26.99	2.18	11.2	147.7	68.39
		50	14.29	26.99	2.18	10.5	129.0	53.27
		20	16.85	26.99	2.18	9.4	103.7	35.29
		10	19.85	26.99	2.18	8.4	84.2	23.36
		5	22.17	26.99	2.18	7.0	64.0	14.50
15	乔沟头村	100	25.95	31.26	2.82	12.8	133.3	38.67
		50	29.26	31.26	2.82	11.5	116.1	30.15
		20	34.89	31.26	2.82	9.7	93.2	20.27
		10	41.43	31.26	2.82	8.2	75.9	13.72
		5	45.94	31.26	2.82	6.7	58.4	8.92
16	大聂村	100	23.18	30.54	2.66	12.8	132.8	40.54
		50	26.19	30.54	2.66	11.5	115.7	31.66
		20	31.35	30.54	2.66	9.7	92.9	21.33
		10	37.38	30.54	2.66	8.2	75.6	14.45
		5	41.54	30.54	2.66	6.7	58.2	9.41

续表 4-6-7

序号	计算单元名称	重现期(a)	参数			主雨历时(h)	主雨雨量(mm)	净雨深(mm)
			μ	S_r	K_s			
17	北范庄村	100	19.37	28.64	2.37	13.1	137.8	48.29
		50	22.03	28.64	2.37	11.8	120.2	38.13
		20	26.58	28.64	2.37	9.9	96.8	26.12
		10	31.91	28.64	2.37	8.5	79.1	17.97
		5	35.06	28.64	2.37	6.9	61.2	11.89
18	南范庄村	100	17.99	28.32	2.28	13.1	137.5	49.59
		50	20.49	28.32	2.28	11.8	120.0	39.19
		20	24.79	28.32	2.28	10.0	96.6	26.88
		10	29.85	28.32	2.28	8.5	78.9	18.51
		5	32.90	28.32	2.28	6.9	61.1	12.26
19	沐浴沟村	100	4.57	16.00	1.10	11.2	140.3	94.98
		50	5.01	16.00	1.10	10.2	121.5	77.88
		20	5.82	16.00	1.10	8.8	96.5	56.04
		10	6.85	16.00	1.10	7.6	77.4	40.17
		5	7.73	16.00	1.10	6.1	58.2	26.86
20	庙儿坡村	100	14.47	25.54	2.19	10.7	128.1	54.66
		50	16.26	25.54	2.19	9.8	112.1	43.38
		20	19.31	25.54	2.19	8.5	90.8	29.84
		10	22.83	25.54	2.19	7.4	74.4	20.58
		5	25.06	25.54	2.19	6.1	57.8	13.57

续表 4-6-7

序号	计算单元名称	重现期 (a)	参数			主雨历时 (h)	主雨雨量 (mm)	净雨深 (mm)
			μ	S_r	K_s			
21	马首官庄村	100	13.81	27.37	2.01	13.6	142.7	57.35
		50	15.66	27.37	2.01	12.0	123.4	45.44
		20	18.73	27.37	2.01	9.9	98.2	31.20
		10	22.09	27.37	2.01	8.3	79.6	21.48
		5	23.55	27.37	2.01	6.7	61.1	14.17
22	刘峪村	100	6.50	22.25	1.50	17.5	196.6	109.91
		50	7.20	22.25	1.50	15.6	166.4	85.55
		20	8.48	22.25	1.50	12.9	126.6	56.20
		10	10.12	22.25	1.50	10.6	97.2	36.52
		5	11.66	22.25	1.50	8.1	68.7	21.61
23	辛安村	100	7.78	24.38	1.68	17.6	195.3	99.95
		50	8.64	24.38	1.68	15.7	165.2	76.97
		20	10.22	24.38	1.68	13.0	125.7	49.71
		10	12.21	24.38	1.68	10.7	96.5	31.79
		5	14.04	24.38	1.68	8.1	68.2	18.54
24	刘雅村	100	8.32	24.39	1.68	14.2	170.3	89.44
		50	9.31	24.39	1.68	12.7	144.7	69.35
		20	11.10	24.39	1.68	10.6	111.1	45.38
		10	13.29	24.39	1.68	8.8	86.3	29.44
		5	15.16	24.39	1.68	6.8	62.1	17.55

续表 4-6-7

序号	计算单元名称	重现期(a)	参数			主雨历时(h)	主雨雨量(mm)	净雨深(mm)
			μ	S_r	K_s			
25	涧西村	100	20.71	29.28	2.55	15.4	150.2	46.71
		50	23.47	29.28	2.55	13.7	130.3	36.59
		20	28.38	29.28	2.55	11.5	103.9	24.70
		10	34.43	29.28	2.55	9.6	84.0	16.78
		5	39.10	29.28	2.55	7.7	64.0	10.90
26	杏林村	100	13.79	27.95	2.17	11.1	133.1	55.56
		50	15.32	27.95	2.17	10.3	117.0	43.59
		20	17.80	27.95	2.17	9.2	95.1	29.29
		10	20.51	27.95	2.17	8.2	78.2	19.71
		5	21.98	27.95	2.17	6.9	60.7	12.62
27	西南董村	100	8.16	24.25	1.70	22.7	187.6	76.34
		50	9.33	24.25	1.70	19.0	156.8	59.36
		20	11.62	24.25	1.70	14.4	118.2	39.57
		10	14.68	24.25	1.70	11.2	91.1	26.52
		5	17.63	24.25	1.70	8.2	65.8	16.82
28	光马村	100	10.71	26.39	1.86	17.5	162.1	64.19
		50	12.16	26.39	1.86	15.5	139.1	49.95
		20	14.89	26.39	1.86	12.8	108.8	33.19
		10	18.50	26.39	1.86	10.5	86.1	22.04
		5	21.87	26.39	1.86	8.2	63.7	13.83

续表 4-6-7

序号	计算单元名称	重现期(a)	参数			主雨历时(h)	主雨雨量(mm)	净雨深(mm)
			μ	S_r	K_s			
29	武平村	100	11.04	26.59	1.87	17.0	159.5	63.14
		50	12.55	26.59	1.87	15.1	137.0	49.16
		20	15.32	26.59	1.87	12.3	107.2	32.86
		10	18.88	26.59	1.87	10.2	85.1	21.88
		5	22.01	26.59	1.87	8.0	63.2	13.74
30	符村	100	10.31	27.00	1.90	13.6	172.3	85.63
		50	11.60	27.00	1.90	12.3	146.6	65.82
		20	13.93	27.00	1.90	10.3	112.7	42.46
		10	16.77	27.00	1.90	8.6	87.6	27.19
		5	19.24	27.00	1.90	6.7	63.1	16.01
31	裴社村	100	7.53	22.26	1.50	10.6	153.4	94.01
		50	8.38	22.26	1.50	10.1	133.3	74.63
		20	9.91	22.26	1.50	9.2	106.1	50.45
		10	11.84	22.26	1.50	8.3	85.0	33.58
		5	13.49	22.26	1.50	7.0	63.3	20.52
32	西头村	100	8.23	23.35	1.60	10.8	152.5	89.12
		50	9.18	23.35	1.60	10.3	132.6	70.34
		20	10.88	23.35	1.60	9.3	105.5	47.13
		10	12.99	23.35	1.60	8.3	84.5	31.15
		5	14.75	23.35	1.60	7.0	63.0	18.92

续表 4-6-7

序号	计算单元名称	重现期（a）	参数			主雨历时（h）	主雨雨量（mm）	净雨深（mm）
			μ	S_r	K_s			
33	阳王村	100	7.27	23.50	1.61	17.8	192.8	100.07
		50	8.07	23.50	1.61	15.9	163.2	77.63
		20	9.53	23.50	1.61	13.0	124.5	50.83
		10	11.36	23.50	1.61	10.6	95.9	33.02
		5	12.97	23.50	1.61	8.1	68.3	19.68
34	杜庄村	100	9.22	24.67	1.71	10.7	151.1	84.58
		50	10.33	24.67	1.71	10.2	131.3	66.15
		20	12.32	24.67	1.71	9.3	104.5	43.68
		10	14.78	24.67	1.71	8.3	83.8	28.46
		5	16.87	24.67	1.71	7.0	62.4	17.06
35	东薛郭村	100	11.83	27.00	1.90	16.6	156.0	60.81
		50	13.51	27.00	1.90	14.7	134.1	47.12
		20	16.67	27.00	1.90	12.2	105.0	31.07
		10	20.80	27.00	1.90	10.1	83.1	20.45
		5	24.61	27.00	1.90	7.9	61.3	12.65
36	东陀村	100	11.55	27.00	1.90	16.3	153.1	59.24
		50	13.20	27.00	1.90	14.5	131.1	45.71
		20	16.31	27.00	1.90	11.9	102.2	29.97
		10	20.54	27.00	1.90	9.8	80.5	19.62
		5	24.79	27.00	1.90	7.5	59.1	12.08

续表 4-6-7

序号	计算单元名称	重现期(a)	参数			主雨历时(h)	主雨雨量(mm)	净雨深(mm)
			μ	S_r	K_s			
37	程官庄村	100	11.81	27.00	1.90	15.2	151.5	61.55
		50	13.48	27.00	1.90	13.6	130.5	47.78
		20	16.60	27.00	1.90	11.3	102.5	31.56
		10	20.70	27.00	1.90	9.5	81.5	20.83
		5	24.59	27.00	1.90	7.4	60.4	12.93
38	禅曲村	100	6.07	21.42	1.44	17.6	194.7	110.97
		50	6.72	21.42	1.44	15.6	164.9	87.04
		20	7.91	21.42	1.44	12.8	125.9	58.00
		10	9.41	21.42	1.44	10.5	97.1	38.32
		5	10.78	21.42	1.44	8.1	69.2	23.19
39	北张村	100	9.32	24.11	1.74	16.1	151.2	64.50
		50	10.54	24.11	1.74	14.3	130.2	50.76
		20	12.83	24.11	1.74	11.8	102.4	34.39
		10	15.83	24.11	1.74	9.7	81.6	23.32
		5	18.70	24.11	1.74	7.6	61.0	14.96
40	宁家坡村	100	10.84	23.22	2.00	18.6	169.3	66.79
		50	12.23	23.22	2.00	16.2	144.5	52.57
		20	14.82	23.22	2.00	13.0	112.1	35.68
		10	18.18	23.22	2.00	10.5	88.3	24.28
		5	21.19	23.22	2.00	8.1	65.3	15.61

续表 4-6-7

序号	计算单元名称	重现期(a)	参数			主雨历时(h)	主雨雨量(mm)	净雨深(mm)
			μ	S_r	K_s			
41	北董村	100	24.71	30.21	2.72	17.9	154.8	39.45
		50	28.12	30.21	2.72	15.7	132.6	30.66
		20	34.31	30.21	2.72	12.6	103.8	20.45
		10	41.98	30.21	2.72	10.3	82.5	13.72
		5	47.74	30.21	2.72	8.0	61.6	8.78
42	上庄村	100	6.63	22.37	1.51	17.4	196.0	109.22
		50	7.36	22.37	1.51	15.5	166.1	85.41
		20	8.70	22.37	1.51	12.7	126.8	56.65
		10	10.39	22.37	1.51	10.5	97.9	37.26
		5	11.92	22.37	1.51	8.0	69.9	22.45
43	三家店村	100	10.33	27.00	1.90	13.4	173.6	87.60
		50	11.64	27.00	1.90	12.1	147.7	67.42
		20	14.00	27.00	1.90	10.2	113.7	43.60
		10	16.90	27.00	1.90	8.5	88.4	27.96
		5	19.42	27.00	1.90	6.7	63.7	16.48
44	东南董村	100	11.89	27.00	1.90	15.4	155.7	64.38
		50	13.63	27.00	1.90	13.7	134.3	50.44
		20	16.92	27.00	1.90	11.4	106.0	33.96
		10	21.29	27.00	1.90	9.5	84.7	22.88
		5	25.52	27.00	1.90	7.4	63.5	14.62

表 4-6-8　新绛县防洪现状评价成果表

序号	行政区划名称	防洪能力(a)	极高危险区(小于 5 年一遇)		高危险区(5~20 年一遇)		危险区(大于 20 年一遇)	
			人口(人)	房屋(座)	人口(人)	房屋(座)	人口(人)	房屋(座)
1	向家庄村	<5	30	8	2	1	4	1
2	西庄坡村	<5	28	7	8	2		
3	西柳泉村	<5	17	3	11	2		
4	吴岭庄村	<5			7	2	5	2
5	西韩村	<5	359	43				
6	沐浴沟村	<5	33	7	6	2		
7	庙儿坡村	<5	3	1			4	1
8	马首官庄村	<5	214	41	18	4	5	1
9	刘峪村	<5	65	13	6	1		
10	涧西村	<5	27	6				
11	西南董村	<5	88	13	5	1		
12	符村	<5	102	24	31	5	12	3
13	杜庄村	<5	123	25	23	6	3	2

表 4-6-9　新绛县预警指标分析成果表

序号	行政区划名称	类别	致灾暴雨频率(%)	B_0	时段	预警指标(mm)		临界雨量(mm)	方法
						准备转移	立即转移		
1	赵村	雨量	2	0	0.5 h	39.0	56.0	56.0	同频率法
					1 h	56.0	70.0	70.0	
2	张家坡村	雨量	2	0	0.5 h	37.0	53.0	53.0	同频率法
					1 h	53.0	70.0	70.0	
3	张家庄村	雨量	2	0	0.5 h	38.0	55.0	55.0	同频率法
					1 h	55.0	66.0	66.0	
4	小聂村	雨量	3	0	0.5 h	20.0	29.0	29.0	同频率法
					1 h	29.0	39.0	39.0	
5	泽掌村	雨量	3	0	0.5 h	35.0	50.0	50.0	同频率法
					1 h	50.0	60.0	60.0	
					2 h	67.0	74.0	74.0	
6	向家庄村	雨量	<20	0	0.5 h	27.0	38.0	38.0	流域模型法
					1 h	38.0	44.0	44.0	
				0.3	0.5 h	25.0	36.0	36.0	
					1 h	36.0	41.0	41.0	
				0.6	0.5 h	22.0	32.0	32.0	
					1 h	32.0	35.0	35.0	

续表 4-6-9

序号	行政区划名称	类别	致灾暴雨频率(%)	B_0	时段	预警指标(mm)		临界雨量(mm)	方法
						准备转移	立即转移		
7	北苏村	雨量	2	0	0.5 h	35.0	50.0	50.0	同频率法
					1 h	50.0	66.0	66.0	
8	西庄坡村	雨量	<20	0	0.5 h	27.0	38.0	38.0	流域模型法
					1 h	38.0	47.0	47.0	
				0.3	0.5 h	27.0	38.0	38.0	
					1 h	38.0	41.0	41.0	
				0.6	0.5 h	24.0	34.0	34.0	
					1 h	34.0	34.0	34.0	
9	西庄村	雨量	2	0	0.5 h	33.0	47.0	47.0	同频率法
					1 h	47.0	59.0	59.0	
10	西柳泉村	雨量	<20	0	0.5 h	25.0	36.0	36.0	流域模型法
					1 h	36.0	41.0	41.0	
				0.3	0.5 h	23.0	33.0	33.0	
					1 h	33.0	37.0	37.0	
				0.6	0.5 h	21.0	30.0	30.0	
					1 h	30.0	33.0	33.0	

续表 4-6-9

序号	行政区划名称	类别	致灾暴雨频率(%)	B_0	时段	预警指标(mm)		临界雨量(mm)	方法
						准备转移	立即转移		
11	吴岭庄村	雨量	<20	0	0.5 h	29.0	41.0	41.0	流域模型法
					1 h	41.0	47.0	47.0	
				0.3	0.5 h	20.0	28.0	28.0	
					1 h	28.0	31.0	31.0	
				0.6	0.5 h	17.0	24.0	24.0	
					1 h	24.0	27.0	27.0	
12	苏阳村	雨量	2	0	0.5 h	36.0	51.0	51.0	同频率法
					1 h	51.0	68.0	68.0	
13	泉掌村	雨量	1	0	0.5 h	48.0	68.0	68.0	同频率法
					1 h	68.0	81.0	81.0	
14	西韩村	雨量	<20	0	0.5 h	25.0	36.0	36.0	流域模型法
					1 h	36.0	42.0	42.0	
				0.3	0.5 h	22.0	32.0	32.0	
					1 h	32.0	37.0	37.0	
				0.6	0.5 h	20.0	28.0	28.0	
					1 h	28.0	32.0	32.0	
15	乔沟头村	雨量	8	0	0.5 h	26.0	37.0	37.0	同频率法
					1 h	37.0	46.0	46.0	

续表 4-6-9

序号	行政区划名称	类别	致灾暴雨频率(%)	B_0	时段	预警指标(mm)		临界雨量(mm)	方法
						准备转移	立即转移		
16	大聂村	雨量	8	0	0.5 h	26.0	37.0	37.0	同频率法
					1 h	37.0	45.0	45.0	
17	北范庄村	雨量	13	0	0.5 h	24.0	35.0	35.0	同频率法
					1 h	35.0	43.0	43.0	
18	南范庄村	雨量	2	0	0.5 h	34.0	49.0	49.0	同频率法
					1 h	49.0	66.0	66.0	
19	沐浴沟村	雨量	<20	0	0.5 h	27.0	38.0	38.0	流域模型法
					1 h	38.0	40.0	40.0	
				0.3	0.5 h	20.0	29.0	29.0	
					1 h	29.0	34.0	34.0	
				0.6	0.5 h	20.0	29.0	29.0	
					1 h	29.0	34.0	34.0	
20	庙儿坡村	雨量	<20	0	0.5 h	26.0	38.0	38.0	流域模型法
					1 h	38.0	44.0	44.0	
				0.3	0.5 h	23.0	33.0	33.0	
					1 h	33.0	39.0	39.0	
				0.6	0.5 h	20.0	28.0	28.0	
					1 h	28.0	34.0	34.0	

续表 4-6-9

序号	行政区划名称	类别	致灾暴雨频率(%)	B_0	时段	预警指标(mm)		临界雨量(mm)	方法
						准备转移	立即转移		
21	马首官庄村	雨量	<20	0	0.5 h	27.0	38.0	38.0	流域模型法
					1 h	38.0	44.0	44.0	
				0.3	0.5 h	25.0	36.0	36.0	
					1 h	36.0	41.0	41.0	
				0.6	0.5 h	22.0	32.0	32.0	
					1 h	32.0	35.0	35.0	
22	刘峪村	雨量	<20	0	0.5 h	24.0	34.0	34.0	流域模型法
					1 h	34.0	39.0	39.0	
				0.3	0.5 h	23.0	33.0	33.0	
					1 h	33.0	35.0	35.0	
				0.6	0.5 h	21.0	31.0	31.0	
					1 h	31.0	32.0	32.0	
23	辛安村	雨量	3	0	0.5 h	37.0	53.0	53.0	同频率法
					1 h	53.0	70.0	70.0	
24	刘雅村	雨量	2	0	0.5 h	37.0	53.0	53.0	同频率法
					1 h	53.0	71.0	71.0	

续表 4-6-9

序号	行政区划名称	类别	致灾暴雨频率(%)	B_0	时段	预警指标(mm)		临界雨量(mm)	方法
						准备转移	立即转移		
25	涧西村	雨量	5	0	0.5 h	24.0	34.0	34.0	流域模型法
					1 h	34.0	37.0	37.0	
				0.3	0.5 h	21.0	30.0	30.0	
					1 h	30.0	37.0	37.0	
				0.6	0.5 h	18.0	25.0	25.0	
					1 h	25.0	30.0	30.0	
26	杏林村	雨量	2	0	0.5 h	35.0	50.0	50.0	同频率法
					1 h	50.0	67.0	67.0	
27	西南董村	雨量	<20	0	0.5 h	23.0	33.0	33.0	流域模型法
					1 h	33.0	39.0	39.0	
				0.3	0.5 h	21.0	30.0	30.0	
					1 h	30.0	33.0	33.0	
				0.6	0.5 h	18.0	26.0	26.0	
					1 h	26.0	29.0	29.0	
28	光马村	雨量	2	0	0.5 h	36.0	52.0	52.0	同频率法
					1 h	52.0	69.0	69.0	
29	武平村	雨量	9	0	0.5 h	24.0	35.0	35.0	同频率法
					1 h	35.0	43.0	43.0	

续表 4-6-9

序号	行政区划名称	类别	致灾暴雨频率(%)	B_0	时段	预警指标(mm)		临界雨量(mm)	方法
						准备转移	立即转移		
30	符村	雨量	<20	0	0.5 h	27.0	38.0	38.0	流域模型法
					1 h	38.0	41.0	41.0	
				0.3	0.5 h	24.0	34.0	34.0	
					1 h	34.0	37.0	37.0	
				0.6	0.5 h	22.0	32.0	32.0	
					1 h	32.0	34.0	34.0	
31	裴社村	雨量	2	0	0.5 h	37.0	53.0	53.0	同频率法
					1 h	53.0	70.0	70.0	
32	西头村	雨量	2	0	0.5 h	38.0	54.0	54.0	同频率法
					1 h	54.0	72.0	72.0	
33	阳王村	雨量	3	0	0.5 h	36.0	52.0	52.0	同频率法
					1 h	52.0	69.0	69.0	
34	杜庄村	雨量	<20	0	0.5 h	27.0	38.0	38.0	流域模型法
					1 h	38.0	45.0	45.0	
				0.3	0.5 h	24.0	34.0	34.0	
					1 h	34.0	40.0	40.0	
				0.6	0.5 h	21.0	30.0	30.0	
					1 h	30.0	35.0	35.0	

续表 4-6-9

序号	行政区划名称	类别	致灾暴雨频率(%)	B_0	时段	预警指标(mm)		临界雨量(mm)	方法
						准备转移	立即转移		
35	东薛郭村	雨量	4	0	0.5 h	26.0	37.0	37.0	同频率法
					1 h	37.0	44.0	44.0	
36	东陀村	雨量	5	0	0.5 h	25.0	36.0	36.0	同频率法
					1 h	36.0	48.0	48.0	
37	程官庄村	雨量	7	0	0.5 h	26.0	37.0	37.0	同频率法
					1 h	37.0	43.0	43.0	
38	禅曲村	雨量	2	0	0.5 h	37.0	53.0	53.0	同频率法
					1 h	53.0	71.0	71.0	
39	北张村	雨量	2	0	0.5 h	28.0	40.0	40.0	同频率法
					1 h	40.0	50.0	50.0	
40	宁家坡村	雨量	4	0	0.5 h	35.0	50.0	50.0	同频率法
					1 h	50.0	66.0	66.0	
41	北董村	雨量	2	0	0.5 h	38.0	55.0	55.0	同频率法
					1 h	55.0	66.0	66.0	
42	上庄村	雨量	14	0	0.5 h	23.0	33.0	33.0	同频率法
					1 h	33.0	39.0	39.0	
43	三家店村	雨量	2	0	0.5 h	36.0	52.0	52.0	同频率法
					1 h	52.0	69.0	69.0	
44	东南董村	雨量	5	0	0.5 h	28.0	40.0	40.0	同频率法
					1 h	40.0	53.0	53.0	

第7章 稷山县

7.1 稷山县基本情况概述

7.1.1 地理位置

稷山县位于汾河下游,山西省西南部,运城市北端。西邻河津,东靠新绛,南以稷王山和闻喜、万荣接壤,北依吕梁山尾脉与乡宁相连。地理坐标为:东经 110°48′18″~111°05′41″,北纬 35°22′48″~35°48′32″。东西宽 25 km,南北长 47.5 km,总面积 686.28 km^2。其中平原 369 km^2,丘陵 189 km^2,山地 128 km^2,分别占全县总面积的 53.7%、27.6%和 18.7%。耕地面积 57 万亩。汾河自东向西横穿县境中部,将全县分为汾南和汾北。稷山县地理位置示意图如图 4-7-1 所示。

7.1.2 社会经济

7.1.2.1 人口、耕地和农业情况

稷山辖区共 5 镇 2 乡,200 个行政村,259 个自然村。2009 年全县常住人口 343 852 人。其中,城镇人口 91 010 人,乡村人口 252 842 人。男性 175 476 人,女性 168 376 人。总面积 686.28 km^2,耕地面积 57 万亩,其中水地 32.415 万亩。

新中国成立以来,特别是近年来,稷山县委、政府始终把增加农民收入作为根本任务,农村经济飞速发展。1949 年,全县农村经济总收入 791 万元,2008 年达到 101 727 万元,1950~2008 年,年均增长 18.9%。2008 年全年粮食总播种面积 64.7 万亩,粮食生产突破 1.6 亿 kg,比 1949 年 0.19 亿 kg 提高 7.3 倍,1950~2008 年,平均增长 7.9%。

7.1.2.2 工业发展情况

稷山县底子薄、基础差,解放初期,稷山县工业企业廖廖无几,工业总产值仅仅只有 25 万元。经过 60 多年的洗礼,稷山工业经历了由传统的计划经济向现代化市场经济转轨的过程,通过招商引资、优化环境,发生了巨大变化。工业总产值由 1949 年的 25 万元,到 2001 年的 4.2 亿元,再增加到 2008 年的 53 亿元,呈万倍增长。2008 年稷山县工业上交税金占到全县财政收入的 70%以上,达到 3.8 亿元。2008 年稷山县规模以上工业增加值由 1993 年的 8 714 万元增加到 15.8 亿元。工业对 GDP 的贡献率达到 44.7%,对财政的贡献率达到 79.7%。

图 4-7-1　稷山县地理位置示意图

7.1.3 河流水系

汾河在稷山境内主要有四条支流汇入,分别为马壁峪河、晋家峪河、黄华峪河、三交河。稷山县河流基本情况见表 4-7-1。

表 4-7-1 稷山县主要河流基本情况

编号	河流名称	河流级别	上级河流名称	流域面积(km^2)	河长(km)	比降(‰)
1	汾河	1	黄河	850	61	0.29
2	马壁峪河	2	汾河	315	58.8	29
3	晋家峪河	2	汾河	78	26.5	47.9
4	黄华峪河	2	汾河	213	48	
5	佛峪河	3	马壁峪河	82	16.5	
6	三交河	2	汾河	133.1	25	

汾河发源于山西省宁武县境内管涔山脉南麓东寨镇北楼子山脚下的雷鸣寺泉,向南跨越晋中、临汾两大盆地,至新绛县境急转西行。在稷山县的稷峰镇武城村入境,流经稷峰、清河、蔡村 3 个乡镇 38 个村庄,从蔡村乡的底史村出境,进入河津境内。稷山县境内流程 61 km,平均年径流量 7.4 亿 m^3,主河槽宽 70~100 m,行洪区宽 300~500 m,平均纵坡 1/4 000,最大洪峰流量 3 320 m^3/s,发生于 1954 年 9 月。

马壁峪河属汾河一级支流,是一条季节性河流,发源于吕梁山南麓临汾市乡宁县的和乐村。峪口位于稷山县西社镇的铺头村,峪口以上控制流域面积 315 km^2,属土石山区,长度 58.8 km,平均宽度 8.25 km,平均坡度 29‰。峪口以下经 2 道分水口、4 条行洪涧流入汾河,稷山境内 2 条、新绛县境内 2 条,长度 56.6 km/4 条,干流经稷山县的范家庄、李老庄、下廉至下费桥西汇入汾河。河床多为砂砾石,稳定性较好。多年平均径流量 1 825 万 m^3,1967 年至今无清水流量,一般有水时间发生在汛期。该流域涉及稷山县的 2 个乡镇,20 个行政村,7 个自然村,耕地 6.5 万亩,人口 3.29 万人。

晋家峪河属汾河一级支流,是一条季节性河流,发源于吕梁山稷山县境内。峪口位于西社镇的山底村北,峪口建一水库——晋家峪水库。峪口以上控制流域面积 78 km^2,属土石山区,长度 26.5 km。峪口以下,洪水经 2 条行洪涧流入汾河,长度 29.2 km/2 条。多年平均径流量 198 万 m^3,清水流量 0.1~0.15 m^3/s。该流域涉及稷山县西社、稷峰 2 镇,13 个行政村,9 个自然村,耕地 1.2 万亩,人口 1.14 万人。

黄华峪河属汾河一级支流,是一条季节性河流,发源于吕梁山南麓的乡宁县境内。峪口位于稷山县化峪镇的王家窑村,峪口建一水库——黄华峪水库,水库控制流域面积 166 km^2,属土石山区,长度 26 km。峪口以下经 2 道分水口、4 条行洪涧流入汾河,长度 48 km/4 条。多年平均径流量 1 276 万 m^3,清水流量 0.2~0.22 m^3/s。该流域涉及化峪、稷峰 2 镇,17 个行政村,2 个自然村,耕地 3.2 万亩,人口 2.58 万人。

三交河属汾河一级支流,是一条季节性河流,发源于稷山县的稷王山,是稷山、闻喜两县的分界。流域面积 133.1 km^2,长度 25 km。流经上王尹、石佛沟、三交、武城等 10 个村庄,从武城村流入汾河。多年平均径流量 268 万 m^3,年均清水流量 22.07 万 m^3。涉及稷山县的 2 个乡镇,12 个行政村,2 个自然村,耕地 2.25 万亩,人口 1.26 万人。

7.1.4　水文气象

7.1.4.1　气候特点

稷山县属暖温带大陆性季风气候。春季干燥,雨水稀少,时冷时热;夏季多东南风,炎热,雨水增多,时有暴雨;秋季凉爽,多连阴雨;冬季多西北风,寒冷。总体为:冬冷春干,夏热秋凉,气候四季分明,光照充足,十年九旱,春旱频繁。

7.1.4.2　光照

全县年均日照 2 382 h,日照率为 54%。年均日照最长为 6 月,日均 8.19 h;最短为 2 月,日均为 5.1 h。

7.1.4.3　气温

全县年平均气温为 13 ℃左右。南、北平原及河槽均在 12~13.7 ℃,南、北两边山区、丘陵区在 10~12 ℃。陈家山林场年均气温 4.7 ℃。全年最冷为 1 月,日平均气温-2.9 ℃;从 4 月开始,气温回升极快;7 月气温为最高,日均 26.7 ℃;10 月大部分地区气温基本与 4 月相似。

7.1.4.4　地温

全县年平均地温为 13 ℃,最冷为 1 月,平均-2.7 ℃。最热为 6、7 月 2 个月,平均为 31.25 ℃。地面冻土一般自 11 月中旬始,到 12 月 27 日左右可深达 10 cm,解冻日期一般为次年 2 月 8 日左右,30 cm 深冻土一般于 1 月 13 日左右始,一般解冻日期为次年 2 月 11 日前后。

7.1.4.5　降水

降水冬春季较少,夏秋季较多,夏末秋初多为暴雨,秋末多是“连阴雨”。全县年平均降水量 483.3 mm,一般在 421.8~544.3 mm,年际之间差距很大,如 2003 年降水量为 720.3 mm,1997 年降水量仅为 260.3 mm。降水量年内分配也极不均匀,春季约占全县降水量的 22%,夏季占 48.6%~53.0%,秋季占 31%左右,冬季占 3%~4.4%。

7.1.4.6　降雪

稷山县降雪较少。20 世纪 50 年代和 60 年代降雪比较多,从 70 年代开始降雪量趋于减少,到 80 年代降雪更少,有的年份几乎无雪。1996 年至 2006 年,降雪最多的年份是 2006 年,全年累计降雪 14 d(次);最少的年份是 1999 年,全年只降了 1 d(次)雪。

7.1.4.7　冰雹

解放前无详细记载。解放后,稷山县境内共降冰雹 30 余次,一般时间不长,但来势较猛。

7.1.5　历史山洪灾害

稷山县境内易发山洪灾害的流域有马壁峪、晋家峪、黄华峪、佛峪、三交河、峨嵋岭 6 个流域。山洪及其诱发的泥石流、滑坡、崩塌等地质灾害常常毁坏村庄、耕地、山林,给人民生命财产安全带来直接威胁,冲毁交通线路和桥梁,破坏水利工程和通信设施,淹没农田,堵塞河道,淤高河床,污染环境,严重制约着区内经济社会的发展。

稷山县历史山洪灾害统计情况见表 4-7-2。

表 4-7-2　稷山县历史山洪灾害情况统计

序号	灾害发生时间	涉及地点		灾害描述
		乡镇、村	小流域	
1	1939 年 7 月	西社镇、稷峰镇 19 个行政村	马壁峪	冲地 3 200 亩,死亡 7 人,倒塌房屋 60 余间
2	1939 年	稷峰镇、化峪镇 17 个行政村,2 个自然村	晋家峪	冲毁农田 400 余亩
3	1958 年 8 月	西社镇、稷峰镇 19 个行政村	马壁峪	冲毁农田 1 000 余亩
4	1958 年 8 月	太阳乡、清河镇、稷峰镇 12 个行政村,2 个自然村	黄华峪	冲毁农田 2 000 余亩,倒塌房屋 100 余间
5	1967 年 8 月	西社镇、稷峰镇 19 个行政村	马壁峪	冲毁房屋 40 余间,农田 100 余亩
6	1971 年 8 月 20 日	翟店镇、太阳乡 33 个行政村	三交河	冲毁三交水库大坝,冲毁农田 5 000 余亩,树木 2 万余株,死亡 6 人
7	1977 年 3 月 29 日	翟店镇、太阳乡 33 个行政村	三交河	冲毁农田 2 500 亩
8	1977 年 7 月 29 日	太阳乡、清河镇、稷峰镇 12 个行政村,2 个自然村	峨嵋岭	峨嵋岭一带多处窑洞倒塌,杨家庄村高崖失稳崩塌,一死一伤
9	1980 年 8 月	西社镇、稷峰镇 19 个行政村	马壁峪	冲毁农田 300 亩,下游八一水库被冲垮

稷山县山洪及地质灾害主要由连续或短时强降雨诱发,受气象因素控制,多发在 7~9 月。其中:

(1)马壁峪流域:1939 年 7 月,上游暴雨历时 5 h,洪峰流量 140 m^3/s,冲地 3 200 亩,死亡 7 人,倒塌房屋 60 余间。1958 年 8 月,暴雨历时 3 h,洪峰流量 136 m^3/s,冲毁农田 1 000余亩。1967 年 8 月,暴雨历时 6 h,冲毁房屋 40 余间,农田 100 余亩。1980 年 8 月,暴雨历时 6 h,洪峰流量 120 m^3/s,冲毁农田 300 亩,下游八一水库被冲垮。

(2)晋家峪流域:1939 年,山区降暴雨,洪峰流量 115 m^3/s,冲毁农田 400 余亩。

(3)黄华峪流域:1958 年 8 月,黄华峪上游突降暴雨,洪峰流量达 1 580 m^3/s,冲毁农田2 000余亩,倒塌房屋 100 余间。

(4)三交河流域:1971 年 8 月 20 日,刘家坪、长岭、上王尹一带突降暴雨 120 mm,洪峰流量达 115 m^3/s,洪峰流量 722 万 m^3,冲毁三交水库大坝,冲毁农田 5 000 余亩,树木 2 万余株,死亡 6 人。1977 年 3 月 29 日,稷王山一带突降暴雨 3 h,雨量 110 mm,冲毁农田 2 500 亩。

(5)峨嵋岭流域:1977 年 7 月 29 日,稷王山、峨嵋岭一带突降暴雨,峨嵋岭一带多处窑洞倒塌,杨家庄村高崖失稳崩塌,一死一伤。

7.2　稷山县山洪灾害分析评价成果

7.2.1　分析评价名录确定

稷山县 56 个重点防治区名录见表 4-7-3。其中包括小流域名称及面积、主沟道长度及比降、产流地类、汇流地类。

7.2.2　设计暴雨成果表

稷山县的 56 个重点防治区都进行了设计暴雨的推求,设计暴雨计算成果表、设计暴雨时程分配表分别见表 4-7-4、表 4-7-5。

7.2.3　设计洪水成果表

稷山县的 56 个重点防治区都进行了设计洪水的推求,设计洪水成果表、设计净雨深计算成果表分别见表 4-7-6、表 4-7-7。

7.2.4　现状防洪能力成果

稷山县的 56 个重点防治区进行了现状防洪评价,评价结果为:防洪能力小于 5 年一遇的有 22 个,5～20 年一遇的有 6 个,大于 20 年一遇的有 28 个。其中,受河道水流影响的 35 个沿河村落中,现状防洪能力小于 5 年一遇的有 22 个,5～20 年一遇的有 5 个,大于 20 年一遇的有 8 个;受坡面流影响的 21 个村落中,重现期小于 5 年一遇的有 0 个,5～20 年一遇的有 1 个,大于 20 年一遇的有 20 个。

经统计,稷山县 56 个重点防治区中,处于各级危险区内的共有 408 户 2 272 人,其中位于极高危险区内的居民有 160 户 715 人,高危险区居民有 42 户 167 人,危险区居民有 206 户 1 390 人。其中,受河道洪水影响的 35 个沿河村落中,位于极高危险区内的居民有 160 户 715 人,高危险区居民 36 户 137 人,危险区居民有 37 户 160 人;受坡面流影响的 21 个村落中,位于高危险区内的居民有 6 户 30 人,危险区居民有 169 户 1 230 人。现状防洪能力成果见表 4-7-8。

7.2.5　预警指标分析成果

稷山县的 56 个重点防治区都进行了雨量预警指标的确定。稷山县预警指标分析成果表见表 4-7-9。

表 4-7-3　稷山县小流域基本信息汇总表

序号	小流域名称	行政区划名称	面积(km²)	主沟道长度(km)	主沟道比降(‰)	产流地类(km²)								汇流地类(km²)			
						耕种平地	变质岩灌丛山地	黄土丘陵沟壑	砂页岩森林山地	砂页岩土石山地	灰岩森林山地	灰岩灌丛山地	黄土丘陵阶地	森林山地	灌丛山地	黄土丘陵	草坡山地
1	南翟沟	翟店镇南翟村	6.76	3.96	31.64	3.91							2.85			6.76	
2	南小宁村沟	翟店镇南小宁村	14.28	2.91	23.78	10.43							3.84			14.28	
3	韩家庄沟	西社镇山底村山底	0.56	1.16	37.34		0.56								0.23		0.33
4		西社镇杨家庄	0.96	1.66	30.25		0.96								0.96		
5	沙沟	西社镇沙沟村	3.57	4.19	107.35		1.34				2.15	0.09		2.19	1.19		0.19
6	范家庄沟	西社镇张家庄村张家庄堡	14.16	4.54	18.48	3.07	8.72				2.15	0.22		2.19	6.24	2.96	2.78
7		西社镇张家庄村张家庄	15.44	8.59	18.36	4.33	8.74				2.15	0.22		2.19	6.24	4.21	2.81
8		西社镇铺头村铺头小河	243.91	10.23	18.21		2.52		66.27		158.09	17.02		224.68	15.01		4.21
9		西社镇铺头村铺头	249.94	11.65	18.16		7.94		66.27		158.31	17.42		224.94	20.09		4.90
10		西社镇范家庄村	251.16	13.55	18.03		8.92		65.40		159.23	17.37	0.24	225.37	20.47	0.23	5.09
11	李老庄沟	西社镇李老庄村	256.78	17.04	37.38	5.52	9.26		66.27		158.31	17.42		224.94	20.58	5.44	5.82
12		稷峰镇太杜村吴家窑	263.77	21.51	33.24	12.52	9.26		66.27		158.31	17.42		224.94	20.58	12.44	5.82

续表 4-7-3

序号	小流域名称	行政区划名称	面积(km²)	主沟道长度(km)	主沟道比降(‰)	产流地类(km²)								汇流地类(km²)			
						耕种平地	变质岩灌丛山地	黄土丘陵沟壑	砂页岩森林山地	砂页岩土石山地	灰岩森林山地	灰岩灌丛山地	黄土丘陵阶地	森林山地	灌丛山地	黄土丘陵	草坡山地
13	后涧头沟	西社镇马家沟村陈家山	0.67	1.02	81.01						0.67			0.67			
14		西社镇马家沟村庄头	3.79	3.53	56.20						3.79			3.79			
15		西社镇马家沟村中土地	19.48	4.77	79.08						19.48			19.48			
16		西社镇马家沟村马家沟	30.17	6.53	65.11		0.77				28.15	1.25		28.18	1.99		
17		西社镇马家沟村核桃园	32.56	6.86	65.01		1.32				29.94	1.29		29.86	2.70		
18		西社镇马家沟村后涧头	33.79	7.65	60.23		2.28				30.07	1.44		29.86	3.93		
19		西社镇马家沟村马跑泉	3.02	3.02	138.90						3.02			3.02			
20	麻古垛村沟	西社镇麻古垛村	1.02	1.23	128.89		1.02								1.02		
21	薛家庄沟	西社镇麻参坡村麻参坡	0.27	0.43	21.23	0.10	0.17									0.11	0.16
22	曹家庄沟	西社镇肖家庄村	0.96	2.09	72.50		0.96								0.19		0.77
23		西社镇曹家庄村曹家庄	4.34	5.55	75.13		2.45				1.89			2.66	1.13	0.01	0.54
24	柴家庄沟	西社镇柴家庄村	1.23	2.09	85.59		1.23								0.36		0.87
25	东里村沟	太阳乡西里村	8.29	8.16	18.06	5.78							2.51			8.29	
26		太阳乡修善村	2.07	1.70	22.96								2.07			2.07	
27		太阳乡东里村	8.06	4.29	11.03	8.06										8.06	
28	杨赵村沟	稷峰镇杨赵村杨赵	17.33	4.70	6.80	17.33										17.33	

续表 4-7-3

序号	小流域名称	行政区划名称	面积(km^2)	主沟道长度(km)	主沟道比降(‰)	产流地类(km^2)								汇流地类(km^2)			
						耕种平地	变质岩灌丛山地	黄土丘陵沟壑	砂页岩森林山地	砂页岩土石山地	灰岩森林山地	灰岩灌丛山地	黄土丘陵阶地	森林山地	灌丛山地	黄土丘陵	草坡山地
29	阳史沟	稷峰镇阳史村阳史	281.24	17.01	28.93	110.37	9.54	58.68		24.51	18.65	59.49		34.90	55.57	165.82	24.95
30		稷峰镇阳史村东阳史	281.72	17.60	27.10	109.85	9.54	57.68		22.26	23.67	58.72		34.38	55.98	166.16	25.20
31	武城村沟	稷峰镇武城村	53.88	7.37	27.09	43.41							10.47			53.88	
32	东渠沟	稷峰镇桐下村	46.96	9.32	9.06	25.45	19.08				1.86	0.57		2.09	12.81	25.32	6.74
33		稷峰镇涧东村	48.94	10.51	7.97	27.43	19.08				1.86	0.57		2.11	12.79	27.30	6.74
34		稷峰镇东渠村东渠	50.41	11.04	7.12	28.90	19.08				1.86	0.57		2.09	12.82	28.77	6.73
35	孙家城沟	稷峰镇孙家城村孙家城	6.88	2.40	13.45	6.88										6.88	
36	下迪村沟	稷峰镇上迪村	1.20	1.22	22.99		1.20									1.20	
37	宁家庄沟	化峪镇四合庄村宁家庄	0.78	2.30	71.05		0.72					0.06					0.78
38		化峪镇四合庄村白家庄	0.87	2.48	70.58	0.05	0.76					0.06					0.87
39	狼凹沟	化峪镇四合庄村狼凹沟	1.37	2.25	79.59	0.05	0.95					0.37			0.09		1.27
40	佛峪口村沟	化峪镇刘庄村刘家庄	2.57	1.18	72.27	0.24	0.63				0.11	1.59		0.16	0.50	0.20	1.70
41		化峪镇佛峪口村	0.30	0.51	52.77							0.30					0.30
42		化峪镇宁翟堡村	4.08	5.42	35.98	2.68	0.88					0.52				2.59	1.50
43	马家庄	化峪镇李马吴村马家庄	0.95	1.10	65.68	0.27	0.63					0.06			0.13	0.23	0.59
44	李家庄村沟	化峪镇李家庄村	1.98	3.02	110.88	0.21	1.68					0.09			0.81	0.18	0.99

续表 4-7-3

序号	小流域名称	行政区划名称	面积(km^2)	主沟道长度(km)	主沟道比降(‰)	产流地类(km^2)								汇流地类(km^2)			
						耕种平地	变质岩灌丛山地	黄土丘陵沟壑	砂页岩森林山地	砂页岩土石山地	灰岩森林山地	灰岩灌丛山地	黄土丘陵阶地	森林山地	灌丛山地	黄土丘陵	草坡山地
45	付家庄村沟	化峪镇上胡村	8.32	3.37	45.59	1.17	7.15								2.19	1.16	4.97
46		化峪镇付家庄村	10.62	4.93	33.35	3.01	7.61								2.66	2.97	4.99
47	化峪镇沟	化峪镇开西村开西	0.58	1.44	26.99	0.22	0.36									0.18	0.40
48		化峪镇化峪镇村	3.66	4.78	26.32	3.27	0.39									3.27	0.39
49		化峪镇化峪村	4.99	5.20	25.18	4.59	0.40									4.59	0.40
50		化峪镇南堡村	5.65	5.49	24.37	5.24	0.41									5.18	0.47
51	邢堡村沟	化峪镇开东村	0.56	1.13	26.66		0.56										0.56
52	下迪村沟	稷峰镇下迪村下迪	22.28	8.67	9.31	21.75	0.53									21.69	0.59
53		稷峰镇下迪村东下迪	22.44	8.80	9.28	22.02	0.42									21.96	0.48
54	小阳堡村沟	太阳乡小阳堡村	6.97	2.09	20.10	1.40							5.57			6.97	
55	东村沟	蔡村乡柴村村东村	2.01	2.00	8.52			2.01								2.01	
56	三交沟	清河镇三交村三交	18.27	7.50	26.80								18.27			18.27	

表 4-7-4　稷山县设计暴雨计算成果表

序号	行政区划名称	历时	均值 $\overline{H}$(mm)	变差系数 C_v	C_s/C_v	重现期雨量值 H_p(mm)				
						100 a($H_{1\%}$)	50 a($H_{2\%}$)	20 a($H_{5\%}$)	10 a($H_{10\%}$)	5 a($H_{20\%}$)
1	翟店镇南翟村	10 min	12.5	0.58	3.5	38.7	33.7	27.0	21.9	16.9
		60 min	28.3	0.61	3.5	91.7	79.3	62.9	50.6	38.4
		6 h	44.6	0.56	3.5	134.1	117.0	94.4	77.2	60.0
		24 h	72.3	0.53	3.5	207.5	182.1	148.4	122.6	96.6
		3 d	90.6	0.56	3.5	272.5	237.7	191.7	156.9	121.9
2	翟店镇南小宁村	10 min	12.5	0.57	3.5	38.2	33.2	26.7	21.8	16.8
		60 min	28.3	0.60	3.5	90.4	78.3	62.3	50.3	38.3
		6 h	44.3	0.56	3.5	133.2	116.2	93.7	76.7	59.6
		24 h	71.3	0.59	3.5	224.4	194.6	155.4	125.9	96.5
		3 d	89.7	0.56	3.5	269.8	235.4	189.8	155.3	120.7
3	西社镇山底村山底	10 min	12.6	0.53	3.5	36.2	31.7	25.9	21.4	16.8
		60 min	27.1	0.53	3.5	77.8	68.3	55.6	46.0	36.2
		6 h	43.8	0.52	3.5	123.7	108.8	89.0	73.8	58.4
		24 h	70.3	0.47	3.5	183.1	162.7	135.3	114.1	92.4
		3 d	78.7	0.52	3.5	222.4	195.5	159.8	132.6	104.9
4	西社镇杨家庄	10 min	12.6	0.54	3.5	36.7	32.2	26.1	21.5	16.9
		60 min	26.4	0.53	3.5	75.8	66.5	54.2	44.8	35.3
		6 h	43.7	0.54	3.5	126.4	110.8	90.2	74.4	58.5
		24 h	71.6	0.48	3.5	189.6	168.1	139.3	117.1	94.4
		3 d	78.7	0.52	3.5	222.4	195.5	159.8	132.6	104.9

续表 4-7-4

序号	行政区划名称	历时	均值 $\overline{H}$(mm)	变差系数 C_v	C_s/C_v	重现期雨量值 H_p(mm)				
						100 a($H_{1\%}$)	50 a($H_{2\%}$)	20 a($H_{5\%}$)	10 a($H_{10\%}$)	5 a($H_{20\%}$)
5	西社镇沙沟村	10 min	12.6	0.52	3.5	35.6	31.3	25.6	21.2	16.8
		60 min	27.3	0.52	3.5	77.1	67.8	55.4	46.0	36.4
		6 h	44.6	0.52	3.5	126.0	110.8	90.6	75.1	59.4
		24 h	72.3	0.47	3.5	188.3	167.3	139.1	117.4	95.0
		3 d	79.6	0.53	3.5	228.5	200.5	163.4	135.0	106.4
6	西社镇张家庄村张家庄堡	10 min	12.7	0.52	3.5	35.9	31.6	25.8	21.4	16.9
		60 min	27.5	0.52	3.5	77.7	68.3	55.9	46.3	36.7
		6 h	44.5	0.52	3.5	125.7	110.6	90.4	75.0	59.3
		24 h	73.6	0.46	3.5	188.5	167.8	140.1	118.6	96.4
		3 d	80.1	0.54	3.5	231.7	203.2	165.3	136.3	107.2
7	西社镇张家庄村张家庄	10 min	12.7	0.52	3.5	35.9	31.6	25.8	21.4	16.9
		60 min	27.6	0.52	3.5	78.0	68.6	56.1	46.5	36.8
		6 h	44.6	0.51	3.5	124.0	109.3	89.6	74.6	59.3
		24 h	73.8	0.49	3.5	198.7	175.8	145.2	121.6	97.6
		3 d	80.3	0.54	3.5	232.3	203.7	165.7	136.7	107.4
8	西社镇铺头村铺头小河	10 min	13.8	0.48	3.5	36.6	32.4	26.9	22.6	18.2
		60 min	28.4	0.47	3.5	74.0	65.7	54.7	46.1	37.3
		6 h	43.9	0.46	3.5	111.8	99.6	83.2	70.6	57.5
		24 h	72.2	0.43	3.5	175.6	157.4	132.7	113.5	93.6
		3 d	92.0	0.43	3.5	224.5	201.1	169.5	144.9	119.4

续表 4-7-4

序号	行政区划名称	历时	均值 $\overline{H}$(mm)	变差系数 C_v	C_s/C_v	重现期雨量值 H_p(mm)				
						100 a($H_{1\%}$)	50 a($H_{2\%}$)	20 a($H_{5\%}$)	10 a($H_{10\%}$)	5 a($H_{20\%}$)
9	西社镇铺头村铺头	10 min	13.8	0.48	3.5	36.6	32.4	26.9	22.6	18.2
		60 min	28.4	0.47	3.5	74.0	65.7	54.7	46.1	37.3
		6 h	43.9	0.46	3.5	111.8	99.6	83.2	70.6	57.5
		24 h	72.2	0.43	3.5	175.6	157.4	132.7	113.5	93.6
		3 d	92.0	0.43	3.5	224.5	201.1	169.5	144.9	119.4
10	西社镇范家庄村	10 min	13.8	0.48	3.5	36.6	32.4	26.9	22.6	18.2
		60 min	28.4	0.47	3.5	74.0	65.7	54.7	46.1	37.3
		6 h	43.9	0.46	3.5	111.8	99.6	83.2	70.6	57.5
		24 h	72.2	0.43	3.5	176.2	157.8	133.0	113.7	93.6
		3 d	92.0	0.43	3.5	224.5	201.1	169.5	144.9	119.4
11	西社镇李老庄村	10 min	13.8	0.49	3.5	36.9	32.7	27.0	22.7	18.2
		60 min	28.3	0.47	3.5	74.1	65.8	54.7	46.1	37.2
		6 h	30.9	0.46	3.5	112.7	100.4	83.9	71.1	57.9
		24 h	72.8	0.43	3.5	178.3	159.6	134.5	114.9	94.5
		3 d	92.3	0.44	3.5	226.6	202.8	170.8	145.8	119.9
12	稷峰镇太杜村吴家窑	10 min	13.8	0.49	3.5	36.9	32.7	27.0	22.7	18.2
		60 min	28.3	0.47	3.5	74.1	65.8	54.7	46.1	37.2
		6 h	30.9	0.46	3.5	112.7	100.4	83.9	71.1	57.9
		24 h	72.8	0.43	3.5	178.3	159.6	134.5	114.9	94.5
		3 d	92.3	0.44	3.5	226.6	202.8	170.8	145.8	119.9

续表 4-7-4

序号	行政区划名称	历时	均值 $\overline{H}$(mm)	变差系数 C_v	C_s/C_v	重现期雨量值 H_p(mm)				
						100 a($H_{1\%}$)	50 a($H_{2\%}$)	20 a($H_{5\%}$)	10 a($H_{10\%}$)	5 a($H_{20\%}$)
13	西社镇马家沟村陈家山	10 min	12.4	0.50	3.5	34.0	30.0	24.7	20.6	16.4
		60 min	28.3	0.50	3.5	77.7	68.6	56.4	47.1	37.5
		6 h	44.3	0.47	3.5	116.0	103.0	85.5	72.1	58.3
		24 h	72.3	0.44	3.5	179.9	160.8	135.0	114.9	94.2
		3 d	90.1	0.44	3.5	221.9	198.5	167.0	142.6	117.1
14	西社镇马家沟村庄头	10 min	12.4	0.50	3.5	34.0	30.0	24.7	20.6	16.4
		60 min	28.5	0.50	3.5	78.4	69.1	56.9	47.4	37.8
		6 h	44.4	0.48	3.5	116.6	103.5	85.9	72.4	58.4
		24 h	72.5	0.45	3.5	181.0	161.7	135.7	115.4	94.5
		3 d	90.2	0.44	3.5	221.8	198.5	167.0	142.6	117.2
15	西社镇马家沟村中土地	10 min	12.4	0.51	3.5	34.2	30.2	24.8	20.7	16.5
		60 min	28.3	0.50	3.5	77.4	68.4	56.3	47.0	37.5
		6 h	43.8	0.48	3.5	116.0	102.8	85.2	71.7	57.7
		24 h	72.3	0.45	3.5	180.5	161.2	135.3	115.1	94.2
		3 d	92.0	0.44	3.5	228.9	204.6	171.7	146.3	119.8
16	西社镇马家沟村马家沟	10 min	12.4	0.51	3.5	34.2	30.2	24.8	20.7	16.5
		60 min	28.3	0.50	3.5	77.4	68.4	56.3	47.0	37.5
		6 h	43.8	0.48	3.5	116.0	102.8	85.2	71.7	57.7
		24 h	72.3	0.45	3.5	180.5	161.2	135.3	115.1	94.2
		3 d	92.0	0.44	3.5	228.9	204.6	171.7	146.3	119.8

续表 4-7-4

序号	行政区划名称	历时	均值 $\overline{H}$(mm)	变差系数 C_v	C_s/C_v	重现期雨量值 H_p(mm)				
						100 a($H_{1\%}$)	50 a($H_{2\%}$)	20 a($H_{5\%}$)	10 a($H_{10\%}$)	5 a($H_{20\%}$)
17	西社镇马家沟村核桃园	10 min	12.4	0.51	3.5	34.2	30.2	24.8	20.7	16.5
		60 min	28.3	0.50	3.5	77.4	68.4	56.3	47.0	37.5
		6 h	43.8	0.48	3.5	116.0	102.8	85.2	71.7	57.7
		24 h	72.3	0.45	3.5	180.5	161.2	135.3	115.1	94.2
		3 d	92.0	0.44	3.5	228.9	204.6	171.7	146.3	119.8
18	西社镇马家沟村后涧头	10 min	12.4	0.51	3.5	34.2	30.2	24.8	20.7	16.5
		60 min	28.3	0.50	3.5	77.4	68.4	56.3	47.0	37.5
		6 h	43.8	0.48	3.5	116.0	102.8	85.2	71.7	57.7
		24 h	72.3	0.45	3.5	180.5	161.2	135.3	115.1	94.2
		3 d	92.0	0.44	3.5	228.9	204.6	171.7	146.3	119.8
19	西社镇马家沟村马跑泉	10 min	12.4	0.53	3.5	35.3	31.0	25.3	21.0	16.5
		60 min	27.9	0.51	3.5	77.6	68.4	56.1	46.7	37.1
		6 h	44.5	0.50	3.5	121.8	107.5	88.5	73.9	59.0
		24 h	72.0	0.46	3.5	184.4	164.2	137.0	116.0	94.3
		3 d	87.5	0.45	3.5	218.5	195.1	163.7	139.3	114.0
20	西社镇麻古垛村	10 min	12.4	0.54	3.5	36.2	31.7	25.7	21.2	16.6
		60 min	25.9	0.54	3.5	74.9	65.7	53.4	44.1	34.6
		6 h	44.5	0.53	3.5	126.7	111.3	90.9	75.2	59.4
		24 h	70.0	0.48	3.5	185.4	164.3	136.2	114.5	92.3
		3 d	79.0	0.47	3.5	205.7	182.8	152.0	128.3	103.8

续表 4-7-4

序号	行政区划名称	历时	均值 $\overline{H}$(mm)	变差系数 C_v	C_s/C_v	重现期雨量值 H_p(mm)				
						100 a($H_{1\%}$)	50 a($H_{2\%}$)	20 a($H_{5\%}$)	10 a($H_{10\%}$)	5 a($H_{20\%}$)
21	西社镇麻参坡村麻参坡	10 min	12.5	0.54	3.5	36.3	31.8	25.8	21.3	16.7
		60 min	25.5	0.55	3.5	74.9	65.6	53.2	43.7	34.2
		6 h	43.0	0.55	3.5	126.9	111.0	89.9	73.8	57.7
		24 h	68.0	0.50	3.5	186.0	164.3	135.2	112.9	90.2
		3 d	77.5	0.48	3.5	205.2	182.0	150.8	126.8	102.2
22	西社镇肖家庄村	10 min	12.5	0.54	3.5	36.2	31.7	25.8	21.2	16.7
		60 min	25.8	0.54	3.5	75.2	65.9	53.5	44.1	34.6
		6 h	43.5	0.54	3.5	127.4	111.6	90.5	74.5	58.3
		24 h	69.0	0.49	3.5	185.7	164.3	135.7	113.7	91.2
		3 d	78.5	0.47	3.5	204.4	181.6	151.1	127.5	103.2
23	西社镇曹家庄村曹家庄	10 min	12.5	0.54	3.5	36.0	31.6	25.7	21.2	16.7
		60 min	26.0	0.54	3.5	75.2	66.0	53.6	44.3	34.8
		6 h	44.0	0.54	3.5	127.9	112.1	91.1	75.1	58.9
		24 h	70.0	0.48	3.5	185.4	164.3	136.2	114.5	92.3
		3 d	80.0	0.49	3.5	213.6	189.2	156.5	131.4	105.6
24	西社镇柴家庄村	10 min	12.5	0.54	3.5	36.3	31.8	25.8	21.3	16.7
		60 min	25.5	0.55	3.5	74.9	65.6	53.2	43.7	34.2
		6 h	43.0	0.55	3.5	126.9	111.0	89.9	73.8	57.7
		24 h	68.0	0.50	3.5	186.0	164.3	135.2	112.9	90.2
		3 d	77.5	0.48	3.5	205.2	182.0	150.8	126.8	102.2

续表 4-7-4

序号	行政区划名称	历时	均值 $\overline{H}$(mm)	变差系数 C_v	C_s/C_v	重现期雨量值 H_p(mm)				
						100 a($H_{1\%}$)	50 a($H_{2\%}$)	20 a($H_{5\%}$)	10 a($H_{10\%}$)	5 a($H_{20\%}$)
25	太阳乡西里村	10 min	12.4	0.58	3.5	38.2	33.2	26.6	21.7	16.7
		60 min	27.6	0.60	3.5	88.1	76.3	60.7	49.0	37.4
		6 h	43.8	0.57	3.5	133.9	116.6	93.7	76.4	59.0
		24 h	71.0	0.58	3.5	220.1	191.3	153.3	124.5	95.9
		3 d	90.0	0.57	3.5	274.0	238.7	192.0	156.6	121.3
26	太阳乡修善村	10 min	12.4	0.58	3.5	38.2	33.2	26.6	21.7	16.7
		60 min	27.6	0.61	3.5	88.8	76.8	61.0	49.2	37.4
		6 h	43.8	0.57	3.5	133.9	116.6	93.7	76.4	59.0
		24 h	71.0	0.58	3.5	220.1	191.3	153.3	124.5	95.9
		3 d	90.5	0.57	3.5	275.5	240.0	193.1	157.5	121.9
27	太阳乡东里村	10 min	12.4	0.57	3.5	38.0	33.1	26.6	26.6	16.7
		60 min	27.0	0.60	3.5	86.2	74.7	59.4	59.4	36.6
		6 h	43.5	0.57	3.5	133.4	116.1	93.3	93.3	58.7
		24 h	70.5	0.58	3.5	217.9	189.4	151.9	151.9	95.2
		3 d	90.5	0.57	3.5	274.2	239.0	192.5	192.5	121.9
28	稷峰镇杨赵村杨赵	10 min	12.5	0.55	3.5	37.0	32.4	26.2	21.5	16.8
		60 min	24.9	0.54	3.5	72.6	63.6	51.6	42.5	33.3
		6 h	42.5	0.54	3.5	123.9	108.5	88.1	72.6	56.9
		24 h	67.5	0.48	3.5	178.7	158.5	131.3	110.4	89.0
		3 d	80.0	0.47	3.5	208.3	185.1	154.0	129.9	105.1

续表 4-7-4

序号	行政区划名称	历时	均值 $\bar{H}$(mm)	变差系数 C_v	C_s/C_v	重现期雨量值 H_p(mm)				
						100 a($H_{1\%}$)	50 a($H_{2\%}$)	20 a($H_{5\%}$)	10 a($H_{10\%}$)	5 a($H_{20\%}$)
29	稷峰镇阳史村阳史	10 min	13.9	0.53	3.5	39.7	34.9	28.4	23.6	18.6
		60 min	27.3	0.51	3.5	76.4	67.3	55.1	45.8	36.4
		6 h	44.9	0.52	3.5	127.3	111.9	91.4	75.8	59.9
		24 h	70.3	0.46	3.5	181.1	161.2	134.3	113.6	92.2
		3 d	80.0	0.46	3.5	203.5	181.3	151.5	128.5	104.6
30	稷峰镇阳史村东阳史	10 min	13.9	0.53	3.5	39.7	34.9	28.4	23.6	18.6
		60 min	27.3	0.51	3.5	76.4	67.3	55.1	45.8	36.4
		6 h	44.9	0.52	3.5	127.3	111.9	91.4	75.8	59.9
		24 h	70.3	0.46	3.5	181.1	161.2	134.3	113.6	92.2
		3 d	80.0	0.46	3.5	203.5	181.3	151.5	128.5	104.6
31	稷峰镇武城村	10 min	12.5	0.57	3.5	38.2	33.2	26.7	21.8	16.8
		60 min	25.0	0.57	3.5	76.3	66.5	53.4	43.6	33.7
		6 h	44.5	0.61	3.5	144.2	124.6	98.9	79.5	60.4
		24 h	64.5	0.57	3.5	196.9	171.5	137.9	112.4	86.9
		3 d	90.0	0.55	3.5	266.5	233.0	188.5	154.8	120.8
32	稷峰镇桐下村	10 min	12.5	0.53	3.5	35.9	31.5	25.7	21.2	16.7
		60 min	26.2	0.53	3.5	75.2	66.0	53.8	44.4	35.0
		6 h	45.0	0.52	3.5	127.1	111.8	91.4	75.8	60.0
		24 h	75.3	0.48	3.5	199.4	176.8	146.5	123.2	99.3
		3 d	80.5	0.46	3.5	206.2	183.6	153.2	129.7	105.4

续表 4-7-4

序号	行政区划名称	历时	均值 $\overline{H}$(mm)	变差系数 C_v	C_s/C_v	重现期雨量值 H_p(mm)				
						100 a($H_{1\%}$)	50 a($H_{2\%}$)	20 a($H_{5\%}$)	10 a($H_{10\%}$)	5 a($H_{20\%}$)
33	稷峰镇涧东村	10 min	12.5	0.53	3.5	35.9	31.5	25.7	21.2	16.7
		60 min	26.7	0.53	3.5	76.6	67.3	54.8	45.3	35.7
		6 h	45.0	0.52	3.5	127.1	111.8	91.4	75.8	60.0
		24 h	75.0	0.47	3.5	195.3	173.5	144.3	121.8	98.6
		3 d	82.0	0.45	3.5	206.5	184.2	154.3	131.1	107.1
34	稷峰镇东渠村东渠	10 min	12.5	0.52	3.5	35.3	31.1	25.4	21.1	16.7
		60 min	26.5	0.52	3.5	74.9	65.8	53.8	44.6	35.3
		6 h	45.0	0.52	3.5	127.1	111.8	91.4	75.8	60.0
		24 h	75.1	0.47	3.5	195.6	173.8	144.5	121.9	98.7
		3 d	82.1	0.45	3.5	206.7	184.5	154.5	131.2	107.2
35	稷峰镇孙家城村孙家城	10 min	12.5	0.52	3.5	35.3	31.1	25.4	21.1	16.7
		60 min	25.7	0.53	3.5	73.8	64.7	52.7	43.6	34.3
		6 h	45.0	0.54	3.5	131.2	114.9	93.3	76.9	60.3
		24 h	67.8	0.54	3.5	197.7	173.2	140.6	115.8	90.8
		3 d	80.0	0.47	3.5	208.3	185.1	154.0	129.9	105.1
36	稷峰镇上迪村	10 min	12.5	0.54	3.5	36.4	31.9	25.9	21.4	16.7
		60 min	24.0	0.55	3.5	71.1	62.1	50.3	41.3	32.2
		6 h	43.0	0.56	3.5	129.3	112.8	91.0	74.4	57.8
		24 h	65.3	0.52	3.5	184.5	162.2	132.6	110.0	87.0
		3 d	80.0	0.54	3.5	233.3	204.3	165.9	136.6	107.1

续表 4-7-4

序号	行政区划名称	历时	均值 $\overline{H}$(mm)	变差系数 C_v	C_s/C_v	重现期雨量值 H_p(mm)				
						100 a($H_{1\%}$)	50 a($H_{2\%}$)	20 a($H_{5\%}$)	10 a($H_{10\%}$)	5 a($H_{20\%}$)
37	化峪镇四合庄村宁家庄	10 min	12.5	0.55	3.5	37.0	32.4	26.2	21.5	16.8
		60 min	27.0	0.52	3.5	76.3	67.1	54.8	45.5	36.0
		6 h	44.6	0.52	3.5	126.0	110.8	90.6	75.1	59.4
		24 h	72.5	0.47	3.5	188.8	167.8	139.5	117.7	95.3
		3 d	80.0	0.46	3.5	204.9	182.4	152.2	128.9	104.8
38	化峪镇四合庄村白家庄	10 min	12.5	0.54	3.5	36.4	31.9	25.9	21.4	16.7
		60 min	27.1	0.52	3.5	76.6	67.3	55.0	45.6	36.1
		6 h	44.5	0.52	3.5	125.7	110.6	90.4	75.0	59.3
		24 h	72.5	0.46	3.5	185.7	165.3	138.0	116.8	95.0
		3 d	80.0	0.45	3.5	201.5	179.7	150.5	127.9	104.5
39	化峪镇四合庄村狼凹沟	10 min	12.5	0.55	3.5	37.0	32.4	26.2	21.5	16.8
		60 min	27.0	0.52	3.5	76.3	67.1	54.8	45.5	36.0
		6 h	44.6	0.52	3.5	126.0	110.8	90.6	75.1	59.4
		24 h	72.5	0.48	3.5	192.0	170.2	141.1	118.6	95.6
		3 d	80.0	0.45	3.5	201.5	179.7	150.5	127.9	104.5
40	化峪镇刘庄村刘家庄	10 min	12.5	0.47	3.5	32.6	28.9	24.1	20.3	16.4
		60 min	27.0	0.50	3.5	73.9	65.2	53.7	44.8	35.8
		6 h	44.5	0.51	3.5	123.7	109.0	89.4	74.4	59.2
		24 h	72.4	0.47	3.5	188.6	167.5	139.3	117.5	95.1
		3 d	80.0	0.44	3.5	198.0	177.1	148.8	126.9	104.1

续表 4-7-4

序号	行政区划名称	历时	均值 $\overline{H}$(mm)	变差系数 C_v	C_s/C_v	重现期雨量值 H_p(mm)				
						100 a($H_{1\%}$)	50 a($H_{2\%}$)	20 a($H_{5\%}$)	10 a($H_{10\%}$)	5 a($H_{20\%}$)
41	化峪镇佛峪口村	10 min	12.5	0.47	3.5	32.6	28.9	24.1	20.3	16.4
		60 min	27.0	0.50	3.5	73.9	65.2	53.7	44.8	35.8
		6 h	44.5	0.51	3.5	123.7	109.0	89.4	74.4	59.2
		24 h	72.4	0.47	3.5	188.6	167.5	139.3	117.5	95.1
		3 d	80.0	0.44	3.5	198.0	177.1	148.8	126.9	104.1
42	化峪镇宁翟堡村	10 min	12.5	0.53	3.5	35.9	31.5	25.7	21.2	16.7
		60 min	29.0	0.53	3.5	83.2	73.1	59.5	49.2	38.7
		6 h	45.0	0.53	3.5	129.2	113.4	92.4	76.3	60.1
		24 h	70.0	0.48	3.5	185.4	164.3	136.2	114.5	92.3
		3 d	80.0	0.46	3.5	204.9	182.4	152.2	128.9	104.8
43	化峪镇李马吴村马家庄	10 min	12.5	0.53	3.5	35.9	31.5	25.7	21.2	16.7
		60 min	29.0	0.53	3.5	83.2	73.1	59.5	49.2	38.7
		6 h	45.0	0.52	3.5	127.1	111.8	91.4	75.8	60.0
		24 h	71.0	0.47	3.5	184.9	164.3	136.6	115.3	93.3
		3 d	80.0	0.42	3.5	191.3	171.8	145.4	124.8	103.4
44	化峪镇李家庄村	10 min	12.5	0.53	3.5	35.9	31.5	25.7	21.2	16.7
		60 min	29.0	0.53	3.5	83.2	73.1	59.5	49.2	38.7
		6 h	45.0	0.53	3.5	129.2	113.4	92.4	76.3	60.1
		24 h	71.0	0.48	3.5	188.0	166.7	138.1	116.2	93.6
		3 d	80.0	0.46	3.5	204.9	182.4	152.2	128.9	104.8

续表 4-7-4

序号	行政区划名称	历时	均值 $\overline{H}$(mm)	变差系数 C_v	C_s/C_v	重现期雨量值 H_p(mm)				
						100 a($H_{1\%}$)	50 a($H_{2\%}$)	20 a($H_{5\%}$)	10 a($H_{10\%}$)	5 a($H_{20\%}$)
45	化峪镇上胡村	10 min	12.5	0.52	3.5	35.3	31.1	25.4	21.1	16.7
		60 min	27.2	0.52	3.5	76.8	67.6	55.2	45.8	36.3
		6 h	45.0	0.53	3.5	129.2	113.4	92.4	76.3	60.1
		24 h	73.0	0.53	3.5	209.5	183.9	149.8	123.8	97.5
		3 d	80.0	0.52	3.5	226.0	198.8	162.5	134.8	106.6
46	化峪镇付家庄村	10 min	12.5	0.53	3.5	35.9	31.5	25.7	21.2	16.7
		60 min	27.0	0.52	3.5	76.3	67.1	54.8	45.5	36.0
		6 h	44.0	0.53	3.5	126.3	110.8	90.3	74.6	58.8
		24 h	74.5	0.53	3.5	213.8	187.7	152.9	126.4	99.5
		3 d	80.0	0.52	3.5	226.0	198.8	162.5	134.8	106.6
47	化峪镇开西村开西	10 min	12.5	0.53	3.5	35.9	31.5	25.7	21.2	16.7
		60 min	26.8	0.52	3.5	75.7	66.6	54.4	45.1	35.7
		6 h	45.0	0.52	3.5	127.1	111.8	91.4	75.8	60.0
		24 h	70.2	0.47	3.5	182.8	162.4	135.1	114.0	92.3
		3 d	81.5	0.46	3.5	208.7	185.8	155.1	131.3	106.8
48	化峪镇化峪镇村	10 min	12.5	0.53	3.5	35.9	31.5	25.7	21.2	16.7
		60 min	27.7	0.53	3.5	79.5	69.8	56.9	47.0	37.0
		6 h	45.0	0.52	3.5	127.1	111.8	91.4	75.8	60.0
		24 h	70.0	0.54	3.5	204.1	178.8	145.2	119.6	93.8
		3 d	80.0	0.48	3.5	211.8	187.8	155.7	130.9	105.5

续表 4-7-4

序号	行政区划名称	历时	均值 $\overline{H}$(mm)	变差系数 C_v	C_s/C_v	重现期雨量值 H_p(mm)				
						100 a($H_{1\%}$)	50 a($H_{2\%}$)	20 a($H_{5\%}$)	10 a($H_{10\%}$)	5 a($H_{20\%}$)
49	化峪镇化峪村	10 min	12.5	0.52	3.5	35.3	31.1	25.4	21.1	16.7
		60 min	27.6	0.53	3.5	79.2	69.5	56.6	46.8	36.9
		6 h	45.0	0.50	3.5	123.1	108.7	89.5	74.7	59.7
		24 h	70.0	0.54	3.5	204.1	178.8	145.2	119.6	93.8
		3 d	80.0	0.48	3.5	211.8	187.8	155.7	130.9	105.5
50	化峪镇南堡村	10 min	12.5	0.53	3.5	35.9	31.5	25.7	21.2	16.7
		60 min	27.7	0.53	3.5	79.5	69.8	56.9	47.0	37.0
		6 h	45.0	0.53	3.5	129.2	113.4	92.4	76.3	60.1
		24 h	70.0	0.54	3.5	204.1	178.8	145.2	119.6	93.8
		3 d	80.0	0.48	3.5	211.8	187.8	155.7	130.9	105.5
51	化峪镇开东村	10 min	13.5	0.53	3.5	38.8	34.0	27.7	22.9	18.0
		60 min	26.1	0.53	3.5	74.9	65.8	53.6	44.3	34.9
		6 h	44.0	0.54	3.5	128.3	112.4	91.2	75.2	58.9
		24 h	69.5	0.49	3.5	187.1	165.5	136.7	114.6	91.9
		3 d	79.0	0.48	3.5	207.5	184.1	152.9	128.8	104.0
52	稷峰镇下迪村下迪	10 min	13.4	0.53	3.5	38.5	33.8	27.5	22.7	17.9
		60 min	26.0	0.50	3.5	71.1	62.8	51.7	43.2	34.5
		6 h	43.0	0.54	3.5	125.4	109.8	89.2	73.4	57.6
		24 h	68.0	0.50	3.5	186.0	164.3	135.2	112.9	90.2
		3 d	78.0	0.48	3.5	204.8	181.8	150.9	127.1	102.7

续表 4-7-4

序号	行政区划名称	历时	均值 $\overline{H}$(mm)	变差系数 C_v	C_s/C_v	重现期雨量值 H_p(mm)				
						100 a($H_{1\%}$)	50 a($H_{2\%}$)	20 a($H_{5\%}$)	10 a($H_{10\%}$)	5 a($H_{20\%}$)
53	稷峰镇下迪村东下迪	10 min	11.8	0.54	3.5	34.4	30.1	24.5	20.2	15.8
		60 min	26.0	0.51	3.5	71.7	63.3	52.0	43.3	34.5
		6 h	42.0	0.43	3.5	102.2	91.6	77.2	66.1	54.5
		24 h	67.0	0.50	3.5	183.3	161.9	133.2	111.2	88.8
		3 d	78.0	0.46	3.5	199.8	177.9	148.4	125.7	102.2
54	太阳乡小阳堡村	10 min	12.5	0.58	3.5	38.7	33.7	27.0	21.9	16.9
		60 min	28.3	0.63	3.5	94.4	81.3	64.1	51.2	38.5
		6 h	45.1	0.56	3.5	135.6	118.3	95.4	78.1	60.7
		24 h	73.0	0.57	3.5	221.2	192.8	155.3	126.8	98.3
		3 d	91.5	0.55	3.5	271.0	236.9	191.7	157.4	122.8
55	蔡村乡柴村村东村	10 min	12.5	0.58	3.5	36.4	31.6	25.4	20.7	16.0
		60 min	25.6	0.60	3.5	76.4	66.2	52.7	42.5	32.5
		6 h	44.0	0.60	3.5	137.4	119.2	95.1	76.9	58.9
		24 h	65.0	0.56	3.5	191.5	167.1	134.8	110.3	85.8
		3 d	85.0	0.55	3.5	249.3	218.0	176.5	145.0	113.3
56	清河镇三交村三交	10 min	12.4	0.58	3.5	33.8	29.4	23.6	19.2	14.8
		60 min	27.6	0.61	3.5	71.1	61.8	49.6	40.3	31.0
		6 h	43.8	0.57	3.5	134.4	116.9	93.9	76.4	59.0
		24 h	71.0	0.58	3.5	202.9	177.0	142.5	116.4	90.2
		3 d	90.5	0.57	3.5	268.7	234.3	188.7	154.2	119.6

表 4-7-5　稷山县设计暴雨时程分配表

序号	行政区划名称	时段长	时段序号	重现期时段雨量值(mm)				
				100 a($H_{1\%}$)	50 a($H_{2\%}$)	20 a($H_{5\%}$)	10 a($H_{10\%}$)	5 a($H_{20\%}$)
1	翟店镇南翟村	0.5 h	1	3.18	2.82	2.33	1.96	1.57
			2	3.43	3.04	2.51	2.10	1.68
			3	3.72	3.29	2.71	2.26	1.81
			4	6.48	5.69	4.62	3.81	2.99
			5	7.65	6.69	5.42	4.46	3.48
			6	18.12	15.73	12.58	10.21	7.84
			7	57.75	50.12	40.08	32.50	24.95
			8	12.21	10.63	8.55	6.97	5.39
			9	9.37	8.18	6.60	5.40	4.20
			10	5.64	4.95	4.04	3.34	2.63
			11	4.99	4.39	3.59	2.98	2.35
			12	4.48	3.95	3.24	2.69	2.13
2	翟店镇南小宁村	0.5 h	1	3.58	3.12	2.50	2.04	1.57
			2	3.83	3.33	2.67	2.18	1.68
			3	4.11	3.58	2.87	2.34	1.80
			4	6.71	5.85	4.70	3.83	2.96
			5	7.79	6.78	5.45	4.45	3.44
			6	17.28	15.05	12.12	9.90	7.68
			7	54.54	47.47	38.22	31.20	24.17
			8	11.95	10.41	8.38	6.84	5.30
			9	9.37	8.16	6.56	5.36	4.15
			10	5.92	5.16	4.14	3.38	2.61
			11	5.32	4.63	3.72	3.03	2.34
			12	4.83	4.21	3.38	2.75	2.12

续表 4-7-5

序号	行政区划名称	时段长	时段序号	重现期时段雨量值(mm)				
				100 a($H_{1\%}$)	50 a($H_{2\%}$)	20 a($H_{5\%}$)	10 a($H_{10\%}$)	5 a($H_{20\%}$)
3	西社镇山底村山底	0.5 h	1	2.84	2.54	2.14	1.83	1.50
			2	3.06	2.74	2.30	1.96	1.60
			3	3.32	2.96	2.48	2.11	1.72
			4	5.76	5.11	4.22	3.55	2.85
			5	6.80	6.01	4.96	4.15	3.32
			6	16.28	14.29	11.63	9.60	7.56
			7	55.25	48.46	39.43	32.55	25.60
			8	10.90	9.59	7.85	6.51	5.16
			9	8.34	7.36	6.04	5.04	4.01
			10	5.01	4.45	3.69	3.11	2.51
			11	4.44	3.95	3.28	2.77	2.24
			12	3.99	3.55	2.96	2.50	2.03
4	西社镇杨家庄	0.25 h	1	1.60	1.43	1.19	1.01	0.82
			2	1.66	1.48	1.23	1.04	0.85
			3	1.72	1.53	1.28	1.08	0.88
			4	1.79	1.59	1.33	1.12	0.91
			5	2.82	2.50	2.06	1.73	1.38
			6	3.03	2.68	2.21	1.85	1.48
			7	3.27	2.89	2.38	1.99	1.59
			8	3.56	3.14	2.58	2.15	1.72
			9	6.88	6.05	4.92	4.06	3.20
			10	12.70	11.11	9.00	7.39	5.77
			11	40.55	35.53	28.90	23.85	18.74
			12	8.78	7.70	6.25	5.15	4.04

续表 4-7-5

序号	行政区划名称	时段长	时段序号	重现期时段雨量值(mm)				
				100 a($H_{1\%}$)	50 a($H_{2\%}$)	20 a($H_{5\%}$)	10 a($H_{10\%}$)	5 a($H_{20\%}$)
4	西社镇杨家庄	0.25 h	13	5.73	5.04	4.11	3.40	2.69
			14	4.94	4.35	3.55	2.95	2.33
			15	4.36	3.84	3.15	2.62	2.08
			16	3.91	3.45	2.83	2.36	1.88
			17	2.65	2.34	1.94	1.62	1.30
			18	2.49	2.21	1.83	1.53	1.23
			19	2.36	2.09	1.73	1.45	1.17
			20	2.24	1.98	1.64	1.38	1.11
			21	2.13	1.89	1.57	1.32	1.06
			22	2.03	1.80	1.50	1.26	1.02
			23	1.94	1.73	1.44	1.21	0.98
			24	1.86	1.66	1.38	1.16	0.94
5	西社镇沙沟村	0.5 h	1	3.00	2.69	2.25	1.92	1.57
			2	3.23	2.88	2.41	2.05	1.67
			3	3.48	3.11	2.60	2.20	1.79
			4	5.93	5.25	4.34	3.64	2.93
			5	6.96	6.15	5.07	4.24	3.40
			6	16.19	14.22	11.59	9.59	7.57
			7	52.70	46.32	37.84	31.36	24.79
			8	10.98	9.67	7.91	6.57	5.22
			9	8.47	7.48	6.14	5.12	4.08
			10	5.18	4.60	3.81	3.20	2.58
			11	4.61	4.10	3.40	2.87	2.32
			12	4.16	3.70	3.08	2.60	2.11

续表 4-7-5

序号	行政区划名称	时段长	时段序号	重现期时段雨量值(mm)				
				100 a($H_{1\%}$)	50 a($H_{2\%}$)	20 a($H_{5\%}$)	10 a($H_{10\%}$)	5 a($H_{20\%}$)
6	西社镇张家庄村张家庄堡	0.5 h	1	2.99	2.69	2.27	1.94	1.60
			2	3.21	2.88	2.42	2.07	1.70
			3	3.46	3.10	2.60	2.22	1.82
			4	5.84	5.18	4.30	3.62	2.92
			5	6.84	6.05	5.00	4.20	3.37
			6	15.72	13.80	11.26	9.32	7.35
			7	50.37	44.29	36.20	30.01	23.74
			8	10.71	9.44	7.74	6.44	5.12
			9	8.30	7.33	6.04	5.04	4.03
			10	5.12	4.55	3.78	3.19	2.59
			11	4.56	4.06	3.39	2.87	2.33
			12	4.12	3.68	3.07	2.61	2.13
7	西社镇张家庄村张家庄	0.5 h	1	3.21	2.86	2.37	2.00	1.62
			2	3.43	3.04	2.53	2.13	1.72
			3	3.67	3.26	2.71	2.28	1.84
			4	5.96	5.28	4.36	3.66	2.94
			5	6.90	6.11	5.04	4.22	3.39
			6	15.27	13.47	11.06	9.21	7.34
			7	49.61	43.69	35.81	29.77	23.63
			8	10.56	9.33	7.68	6.41	5.12
			9	8.29	7.33	6.04	5.05	4.04
			10	5.27	4.67	3.86	3.24	2.61
			11	4.73	4.20	3.47	2.92	2.35
			12	4.31	3.82	3.17	2.66	2.15

续表 4-7-5

序号	行政区划名称	时段长	时段序号	重现期时段雨量值(mm)				
				100 a($H_{1\%}$)	50 a($H_{2\%}$)	20 a($H_{5\%}$)	10 a($H_{10\%}$)	5 a($H_{20\%}$)
8	西社镇铺头村铺头小河	0.5 h	1	2.64	2.39	2.05	1.78	1.50
			2	2.80	2.54	2.18	1.89	1.59
			3	2.99	2.71	2.32	2.01	1.69
			4	4.76	4.29	3.65	3.15	2.62
			5	5.49	4.93	4.19	3.61	3.00
			6	11.88	10.63	8.94	7.63	6.27
			7	39.04	34.74	28.98	24.53	19.94
			8	8.29	7.43	6.28	5.38	4.44
			9	6.55	5.88	4.98	4.28	3.55
			10	4.23	3.81	3.25	2.81	2.34
			11	3.82	3.44	2.94	2.54	2.13
			12	3.49	3.15	2.69	2.33	1.95
9	西社镇铺头村铺头	0.5 h	1	2.64	2.39	2.05	1.78	1.50
			2	2.80	2.53	2.18	1.89	1.59
			3	2.99	2.71	2.32	2.01	1.69
			4	4.76	4.29	3.65	3.15	2.62
			5	5.48	4.93	4.19	3.61	3.00
			6	11.87	10.62	8.93	7.62	6.26
			7	38.93	34.64	28.89	24.45	19.88
			8	8.28	7.43	6.27	5.38	4.44
			9	6.54	5.88	4.98	4.28	3.55
			10	4.23	3.81	3.25	2.81	2.34
			11	3.81	3.44	2.94	2.54	2.13
			12	3.49	3.15	2.69	2.33	1.95

续表 4-7-5

序号	行政区划名称	时段长	时段序号	重现期时段雨量值(mm)				
				100 a($H_{1\%}$)	50 a($H_{2\%}$)	20 a($H_{5\%}$)	10 a($H_{10\%}$)	5 a($H_{20\%}$)
10	西社镇范家庄村	0.5 h	1	2.65	2.39	2.06	1.79	1.50
			2	2.81	2.54	2.18	1.89	1.59
			3	3.00	2.71	2.32	2.02	1.69
			4	4.76	4.29	3.65	3.15	2.62
			5	5.49	4.94	4.19	3.61	3.00
			6	11.86	10.61	8.92	7.62	6.26
			7	38.90	34.62	28.88	24.44	19.87
			8	8.28	7.42	6.27	5.37	4.44
			9	6.54	5.88	4.98	4.28	3.54
			10	4.23	3.81	3.25	2.81	2.34
			11	3.82	3.45	2.94	2.55	2.13
			12	3.49	3.15	2.70	2.34	1.95
11	西社镇李老庄村	0.5 h	1	2.67	2.41	2.07	1.80	1.52
			2	2.83	2.56	2.20	1.91	1.61
			3	3.02	2.73	2.34	2.03	1.71
			4	4.76	4.29	3.66	3.16	2.63
			5	5.48	4.93	4.19	3.62	3.01
			6	11.77	10.54	8.89	7.60	6.26
			7	38.90	34.60	28.85	24.40	19.83
			8	8.24	7.39	6.26	5.37	4.44
			9	6.52	5.87	4.98	4.28	3.56
			10	4.24	3.82	3.26	2.82	2.36
			11	3.83	3.46	2.96	2.56	2.14
			12	3.51	3.17	2.71	2.35	1.97

续表 4-7-5

序号	行政区划名称	时段长	时段序号	重现期时段雨量值(mm)				
				100 a($H_{1\%}$)	50 a($H_{2\%}$)	20 a($H_{5\%}$)	10 a($H_{10\%}$)	5 a($H_{20\%}$)
12	稷峰镇太杜村吴家窑	0.5 h	1	2.67	2.41	2.07	1.80	1.52
			2	2.83	2.56	2.20	1.91	1.61
			3	3.02	2.73	2.34	2.03	1.71
			4	4.76	4.29	3.65	3.16	2.63
			5	5.47	4.93	4.19	3.61	3.01
			6	11.76	10.53	8.87	7.59	6.25
			7	38.80	34.51	28.77	24.33	19.77
			8	8.23	7.39	6.25	5.36	4.44
			9	6.52	5.86	4.97	4.28	3.55
			10	4.24	3.82	3.26	2.82	2.36
			11	3.83	3.46	2.95	2.56	2.14
			12	3.51	3.17	2.71	2.35	1.97
13	西社镇马家沟村陈家山	0.5 h	1	2.77	2.50	2.12	1.83	1.52
			2	2.99	2.69	2.28	1.96	1.63
			3	3.24	2.91	2.46	2.12	1.75
			4	5.61	5.01	4.20	3.58	2.93
			5	6.61	5.90	4.94	4.19	3.42
			6	15.75	13.97	11.56	9.72	7.82
			7	52.70	46.55	38.32	32.01	25.58
			8	10.57	9.40	7.81	6.59	5.34
			9	8.10	7.21	6.02	5.10	4.14
			10	4.88	4.37	3.67	3.13	2.57
			11	4.33	3.88	3.26	2.79	2.30
			12	3.89	3.49	2.94	2.52	2.08

续表 4-7-5

序号	行政区划名称	时段长	时段序号	重现期时段雨量值(mm)				
				100 a($H_{1\%}$)	50 a($H_{2\%}$)	20 a($H_{5\%}$)	10 a($H_{10\%}$)	5 a($H_{20\%}$)
14	西社镇马家沟村庄头	0.5 h	1	2.80	2.52	2.14	1.84	1.53
			2	3.01	2.71	2.30	1.97	1.64
			3	3.26	2.93	2.48	2.13	1.76
			4	5.62	5.02	4.21	3.58	2.93
			5	6.62	5.90	4.94	4.19	3.42
			6	15.61	13.82	11.46	9.63	7.75
			7	51.00	45.04	37.12	31.04	24.82
			8	10.52	9.35	7.78	6.56	5.31
			9	8.09	7.20	6.01	5.09	4.13
			10	4.90	4.38	3.68	3.14	2.58
			11	4.35	3.89	3.28	2.80	2.30
			12	3.91	3.51	2.96	2.53	2.09
15	西社镇马家沟村中土地	0.5 h	1	2.80	2.52	2.14	1.84	1.53
			2	3.00	2.70	2.29	1.97	1.64
			3	3.24	2.91	2.47	2.12	1.76
			4	5.48	4.90	4.11	3.50	2.87
			5	6.42	5.73	4.80	4.08	3.33
			6	14.80	13.13	10.89	9.16	7.39
			7	47.61	42.09	34.70	29.03	23.23
			8	10.08	8.96	7.46	6.30	5.11
			9	7.80	6.95	5.80	4.92	4.00
			10	4.80	4.30	3.61	3.08	2.53
			11	4.28	3.83	3.23	2.76	2.27
			12	3.86	3.46	2.92	2.50	2.07

续表 4-7-5

序号	行政区划名称	时段长	时段序号	重现期时段雨量值(mm)				
				100 a($H_{1\%}$)	50 a($H_{2\%}$)	20 a($H_{5\%}$)	10 a($H_{10\%}$)	5 a($H_{20\%}$)
16	西社镇马家沟村马家沟	0.5 h	1	2.79	2.52	2.14	1.84	1.53
			2	3.00	2.70	2.29	1.97	1.64
			3	3.23	2.91	2.46	2.12	1.76
			4	5.45	4.87	4.09	3.49	2.86
			5	6.37	5.69	4.77	4.05	3.31
			6	14.60	12.96	10.75	9.05	7.31
			7	46.46	41.07	33.88	28.35	22.71
			8	9.97	8.87	7.39	6.25	5.07
			9	7.73	6.89	5.76	4.88	3.98
			10	4.77	4.27	3.60	3.07	2.53
			11	4.25	3.81	3.22	2.75	2.27
			12	3.84	3.45	2.91	2.50	2.06
17	西社镇马家沟村核桃园	0.5 h	1	2.79	2.52	2.14	1.84	1.53
			2	3.00	2.70	2.29	1.97	1.64
			3	3.23	2.91	2.46	2.12	1.76
			4	5.44	4.86	4.09	3.48	2.86
			5	6.36	5.68	4.76	4.05	3.31
			6	14.57	12.92	10.72	9.03	7.29
			7	46.25	40.88	33.73	28.22	22.61
			8	9.95	8.85	7.37	6.23	5.06
			9	7.71	6.88	5.75	4.88	3.97
			10	4.77	4.27	3.59	3.07	2.52
			11	4.25	3.81	3.21	2.75	2.27
			12	3.84	3.45	2.91	2.50	2.06

续表 4-7-5

序号	行政区划名称	时段长	时段序号	重现期时段雨量值(mm)				
				100 a($H_{1\%}$)	50 a($H_{2\%}$)	20 a($H_{5\%}$)	10 a($H_{10\%}$)	5 a($H_{20\%}$)
18	西社镇马家沟村后涧头	0.5 h	1	2.79	2.52	2.14	1.84	1.53
			2	2.99	2.70	2.29	1.97	1.64
			3	3.23	2.90	2.46	2.12	1.76
			4	5.44	4.86	4.08	3.48	2.86
			5	6.36	5.68	4.76	4.05	3.31
			6	14.55	12.91	10.71	9.02	7.28
			7	46.14	40.79	33.65	28.16	22.56
			8	9.94	8.84	7.37	6.23	5.06
			9	7.71	6.87	5.74	4.87	3.97
			10	4.76	4.27	3.59	3.07	2.52
			11	4.25	3.81	3.21	2.75	2.27
			12	3.84	3.45	2.91	2.50	2.06
19	西社镇马家沟村马跑泉	0.5 h	1	2.89	2.59	2.19	1.87	1.54
			2	3.11	2.78	2.34	2.00	1.64
			3	3.36	3.01	2.53	2.16	1.77
			4	5.75	5.12	4.27	3.61	2.93
			5	6.76	6.01	5.00	4.22	3.42
			6	15.87	14.03	11.55	9.66	7.72
			7	52.51	46.22	37.84	31.42	24.91
			8	10.72	9.50	7.85	6.59	5.30
			9	8.25	7.32	6.07	5.11	4.13
			10	5.02	4.48	3.74	3.17	2.58
			11	4.46	3.98	3.33	2.83	2.31
			12	4.02	3.59	3.01	2.56	2.09

续表 4-7-5

序号	行政区划名称	时段长	时段序号	重现期时段雨量值(mm)				
				100 a($H_{1\%}$)	50 a($H_{2\%}$)	20 a($H_{5\%}$)	10 a($H_{10\%}$)	5 a($H_{20\%}$)
20	西社镇麻古垛村	0.5 h	1	2.97	2.65	2.22	1.88	1.54
			2	3.19	2.84	2.37	2.01	1.64
			3	3.44	3.06	2.56	2.16	1.76
			4	5.85	5.17	4.27	3.58	2.87
			5	6.86	6.06	4.99	4.17	3.33
			6	16.05	14.08	11.46	9.47	7.45
			7	54.10	47.39	38.49	31.72	24.88
			8	10.84	9.54	7.80	6.47	5.13
			9	8.36	7.37	6.05	5.04	4.01
			10	5.11	4.53	3.75	3.15	2.53
			11	4.55	4.04	3.35	2.82	2.27
			12	4.10	3.65	3.03	2.56	2.07
21	西社镇麻参坡村麻参坡	0.5 h	1	2.98	2.64	2.19	1.84	1.48
			2	3.20	2.83	2.34	1.97	1.58
			3	3.45	3.06	2.52	2.12	1.70
			4	5.88	5.17	4.22	3.50	2.77
			5	6.90	6.06	4.93	4.08	3.21
			6	16.19	14.12	11.38	9.30	7.22
			7	55.21	48.27	39.08	32.09	25.07
			8	10.92	9.55	7.73	6.34	4.95
			9	8.41	7.37	5.98	4.93	3.87
			10	5.13	4.52	3.70	3.08	2.44
			11	4.57	4.03	3.31	2.75	2.19
			12	4.12	3.64	2.99	2.50	1.99

续表 4-7-5

序号	行政区划名称	时段长	时段序号	重现期时段雨量值(mm)				
				100 a($H_{1\%}$)	50 a($H_{2\%}$)	20 a($H_{5\%}$)	10 a($H_{10\%}$)	5 a($H_{20\%}$)
22	西社镇肖家庄村	0.5 h	1	2.97	2.64	2.20	1.86	1.51
			2	3.19	2.84	2.36	1.99	1.61
			3	3.45	3.06	2.54	2.14	1.72
			4	5.88	5.18	4.25	3.53	2.81
			5	6.91	6.07	4.96	4.12	3.26
			6	16.19	14.14	11.42	9.36	7.29
			7	54.35	47.56	38.56	31.72	24.82
			8	10.93	9.57	7.77	6.40	5.01
			9	8.42	7.39	6.02	4.98	3.92
			10	5.14	4.53	3.73	3.11	2.48
			11	4.57	4.04	3.33	2.78	2.23
			12	4.12	3.65	3.01	2.52	2.02
23	西社镇曹家庄村曹家庄	0.5 h	1	2.97	2.65	2.22	1.88	1.54
			2	3.19	2.84	2.37	2.01	1.64
			3	3.45	3.07	2.56	2.16	1.75
			4	5.86	5.18	4.26	3.56	2.84
			5	6.87	6.06	4.97	4.14	3.29
			6	15.99	13.99	11.33	9.31	7.28
			7	52.41	45.92	37.31	30.74	24.13
			8	10.84	9.51	7.74	6.39	5.03
			9	8.36	7.36	6.01	4.99	3.95
			10	5.12	4.53	3.74	3.13	2.51
			11	4.56	4.04	3.34	2.81	2.26
			12	4.11	3.65	3.03	2.55	2.05

续表 4-7-5

序号	行政区划名称	时段长	时段序号	重现期时段雨量值(mm)				
				100 a($H_{1\%}$)	50 a($H_{2\%}$)	20 a($H_{5\%}$)	10 a($H_{10\%}$)	5 a($H_{20\%}$)
24	西社镇柴家庄村	0.5 h	1	2.98	2.65	2.20	1.85	1.49
			2	3.20	2.84	2.35	1.97	1.59
			3	3.45	3.06	2.53	2.12	1.70
			4	5.85	5.15	4.21	3.49	2.76
			5	6.86	6.02	4.91	4.06	3.20
			6	15.99	13.95	11.24	9.20	7.15
			7	54.00	47.23	38.26	31.44	24.57
			8	10.82	9.46	7.66	6.29	4.92
			9	8.35	7.32	5.94	4.90	3.85
			10	5.12	4.51	3.69	3.07	2.44
			11	4.56	4.02	3.30	2.75	2.19
			12	4.11	3.63	2.99	2.50	1.99
25	太阳乡西里村	0.5 h	1	3.54	3.09	2.48	2.03	1.57
			2	3.78	3.30	2.65	2.16	1.68
			3	4.06	3.54	2.85	2.32	1.80
			4	6.68	5.82	4.67	3.80	2.94
			5	7.77	6.76	5.42	4.42	3.41
			6	17.37	15.10	12.10	9.84	7.58
			7	55.48	48.25	38.72	31.52	24.32
			8	11.97	10.41	8.35	6.79	5.23
			9	9.36	8.14	6.53	5.32	4.10
			10	5.89	5.13	4.12	3.35	2.59
			11	5.28	4.60	3.69	3.01	2.33
			12	4.79	4.17	3.35	2.74	2.12

续表 4-7-5

序号	行政区划名称	时段长	时段序号	重现期时段雨量值(mm)				
				100 a($H_{1\%}$)	50 a($H_{2\%}$)	20 a($H_{5\%}$)	10 a($H_{10\%}$)	5 a($H_{20\%}$)
26	太阳乡修善村	0.5 h	1	3.54	3.08	2.48	2.02	1.56
			2	3.78	3.29	2.65	2.16	1.67
			3	4.07	3.54	2.85	2.32	1.80
			4	6.75	5.88	4.71	3.83	2.95
			5	7.87	6.85	5.49	4.46	3.44
			6	17.84	15.52	12.41	10.07	7.73
			7	57.96	50.43	40.40	32.83	25.28
			8	12.22	10.64	8.51	6.91	5.31
			9	9.51	8.28	6.63	5.39	4.14
			10	5.94	5.17	4.14	3.37	2.60
			11	5.31	4.62	3.71	3.02	2.33
			12	4.81	4.19	3.36	2.74	2.12
27	太阳乡东里村	0.25 h	1	1.85	1.61	1.30	1.30	0.82
			2	1.91	1.67	1.34	1.34	0.85
			3	1.98	1.73	1.39	1.39	0.88
			4	2.06	1.79	1.44	1.44	0.91
			5	3.19	2.78	2.23	2.23	1.40
			6	3.42	2.97	2.39	2.39	1.50
			7	3.68	3.20	2.57	2.57	1.61
			8	3.99	3.47	2.79	2.79	1.75
			9	7.55	6.56	5.25	5.25	3.28
			10	13.64	11.85	9.48	9.48	5.90
			11	41.35	35.99	28.91	28.91	18.19
			12	9.55	8.30	6.64	6.64	4.14

续表 4-7-5

序号	行政区划名称	时段长	时段序号	重现期时段雨量值(mm)				
				100 a($H_{1\%}$)	50 a($H_{2\%}$)	20 a($H_{5\%}$)	10 a($H_{10\%}$)	5 a($H_{20\%}$)
27	太阳乡东里村	0.25 h	13	6.32	5.49	4.40	4.40	2.75
			14	5.48	4.76	3.81	3.81	2.39
			15	4.86	4.22	3.38	3.38	2.12
			16	4.38	3.81	3.05	3.05	1.91
			17	3.00	2.61	2.10	2.10	1.32
			18	2.83	2.46	1.98	1.98	1.25
			19	2.68	2.33	1.88	1.88	1.18
			20	2.55	2.22	1.78	1.78	1.12
			21	2.43	2.12	1.70	1.70	1.07
			22	2.32	2.02	1.63	1.63	1.03
			23	2.23	1.94	1.56	1.56	0.98
			24	2.14	1.86	1.50	1.50	0.95
28	稷峰镇杨赵村杨赵	0.25 h	1	1.49	1.33	1.12	0.95	0.77
			2	1.55	1.38	1.15	0.98	0.80
			3	1.60	1.43	1.20	1.01	0.83
			4	1.66	1.48	1.24	1.05	0.85
			5	2.61	2.31	1.91	1.60	1.29
			6	2.80	2.47	2.05	1.71	1.37
			7	3.02	2.67	2.20	1.84	1.47
			8	3.28	2.90	2.39	1.99	1.59
			9	6.31	5.53	4.52	3.73	2.93
			10	11.61	10.13	8.24	6.74	5.25
			11	37.51	32.84	26.66	21.95	17.20
			12	8.04	7.03	5.73	4.71	3.69

续表 4-7-5

序号	行政区划名称	时段长	时段序号	重现期时段雨量值(mm)				
				100 a($H_{1\%}$)	50 a($H_{2\%}$)	20 a($H_{5\%}$)	10 a($H_{10\%}$)	5 a($H_{20\%}$)
28	稷峰镇杨赵村杨赵	0.25 h	13	5.26	4.61	3.78	3.13	2.47
			14	4.54	3.99	3.28	2.72	2.15
			15	4.01	3.53	2.90	2.41	1.92
			16	3.60	3.18	2.62	2.18	1.73
			17	2.45	2.17	1.80	1.51	1.21
			18	2.31	2.05	1.70	1.43	1.15
			19	2.18	1.94	1.61	1.36	1.09
			20	2.07	1.84	1.53	1.29	1.04
			21	1.97	1.76	1.46	1.23	1.00
			22	1.89	1.68	1.40	1.18	0.96
			23	1.81	1.61	1.34	1.13	0.92
			24	1.73	1.54	1.29	1.09	0.89
29	稷峰镇阳史村阳史	0.5 h	1	2.71	2.44	2.08	1.79	1.49
			2	2.89	2.60	2.21	1.90	1.58
			3	3.10	2.78	2.36	2.03	1.68
			4	5.01	4.48	3.76	3.20	2.61
			5	5.81	5.17	4.33	3.67	2.99
			6	12.78	11.30	9.34	7.83	6.28
			7	41.15	36.30	29.85	24.91	19.87
			8	8.86	7.86	6.53	5.50	4.44
			9	6.96	6.19	5.16	4.37	3.55
			10	4.43	3.96	3.34	2.85	2.33
			11	3.99	3.57	3.01	2.57	2.12
			12	3.63	3.26	2.75	2.36	1.94

续表 4-7-5

序号	行政区划名称	时段长	时段序号	重现期时段雨量值(mm)				
				100 a($H_{1\%}$)	50 a($H_{2\%}$)	20 a($H_{5\%}$)	10 a($H_{10\%}$)	5 a($H_{20\%}$)
30	稷峰镇阳史村东阳史	0.5 h	1	2.71	2.44	2.08	1.79	1.49
			2	2.89	2.60	2.21	1.90	1.58
			3	3.10	2.78	2.36	2.03	1.68
			4	5.01	4.48	3.76	3.20	2.61
			5	5.80	5.17	4.33	3.67	2.99
			6	12.78	11.30	9.33	7.83	6.28
			7	41.14	36.29	29.85	24.90	19.87
			8	8.86	7.86	6.53	5.50	4.44
			9	6.96	6.19	5.16	4.37	3.55
			10	4.43	3.96	3.34	2.85	2.33
			11	3.99	3.57	3.01	2.57	2.12
			12	3.63	3.26	2.75	2.36	1.94
31	稷峰镇武城村	0.25 h	1	1.70	1.48	1.20	0.98	0.76
			2	1.76	1.54	1.24	1.01	0.78
			3	1.83	1.59	1.28	1.05	0.81
			4	1.90	1.66	1.33	1.09	0.84
			5	2.98	2.59	2.08	1.69	1.30
			6	3.19	2.78	2.22	1.81	1.39
			7	3.44	3.00	2.40	1.95	1.50
			8	3.74	3.25	2.60	2.11	1.62
			9	7.09	6.16	4.91	3.98	3.05
			10	12.72	11.04	8.81	7.14	5.46
			11	35.99	31.41	25.36	20.75	16.13
			12	8.96	7.78	6.20	5.02	3.84

续表 4-7-5

序号	行政区划名称	时段长	时段序号	重现期时段雨量值(mm)				
				100 a($H_{1\%}$)	50 a($H_{2\%}$)	20 a($H_{5\%}$)	10 a($H_{10\%}$)	5 a($H_{20\%}$)
31	稷峰镇武城村	0.25 h	13	5.94	5.16	4.12	3.34	2.56
			14	5.15	4.47	3.57	2.90	2.22
			15	4.56	3.96	3.17	2.57	1.97
			16	4.11	3.57	2.85	2.32	1.78
			17	2.80	2.43	1.95	1.59	1.22
			18	2.64	2.29	1.84	1.50	1.16
			19	2.49	2.17	1.74	1.42	1.10
			20	2.37	2.06	1.66	1.35	1.04
			21	2.26	1.96	1.58	1.29	0.99
			22	2.15	1.88	1.51	1.23	0.95
			23	2.06	1.80	1.44	1.18	0.91
			24	1.98	1.72	1.38	1.13	0.88
32	稷峰镇桐下村	0.5 h	1	3.27	2.92	2.44	2.08	1.69
			2	3.47	3.10	2.59	2.20	1.79
			3	3.71	3.31	2.76	2.34	1.91
			4	5.91	5.24	4.34	3.65	2.94
			5	6.81	6.03	4.98	4.18	3.35
			6	14.65	12.90	10.55	8.76	6.95
			7	46.08	40.49	33.07	27.41	21.66
			8	10.26	9.06	7.43	6.20	4.94
			9	8.12	7.18	5.91	4.95	3.96
			10	5.25	4.66	3.86	3.26	2.63
			11	4.74	4.21	3.50	2.95	2.39
			12	4.33	3.85	3.21	2.71	2.20

续表 4-7-5

序号	行政区划名称	时段长	时段序号	重现期时段雨量值(mm)				
				100 a($H_{1\%}$)	50 a($H_{2\%}$)	20 a($H_{5\%}$)	10 a($H_{10\%}$)	5 a($H_{20\%}$)
33	稷峰镇涧东村	0.5 h	1	3.15	2.82	2.38	2.03	1.67
			2	3.36	3.01	2.53	2.16	1.77
			3	3.61	3.22	2.70	2.30	1.88
			4	5.86	5.21	4.32	3.64	2.94
			5	6.79	6.02	4.98	4.18	3.36
			6	14.95	13.16	10.75	8.92	7.06
			7	46.49	40.85	33.34	27.61	21.81
			8	10.38	9.16	7.52	6.27	5.00
			9	8.15	7.21	5.95	4.98	3.99
			10	5.18	4.61	3.83	3.24	2.62
			11	4.65	4.15	3.46	2.93	2.38
			12	4.24	3.78	3.16	2.68	2.18
34	稷峰镇东渠村东渠	0.5 h	1	3.19	2.86	2.40	2.05	1.68
			2	3.40	3.04	2.55	2.17	1.78
			3	3.64	3.25	2.72	2.32	1.89
			4	5.87	5.21	4.32	3.64	2.93
			5	6.79	6.01	4.97	4.18	3.36
			6	14.77	13.01	10.64	8.84	7.00
			7	45.60	40.14	32.86	27.29	21.65
			8	10.30	9.09	7.47	6.23	4.97
			9	8.12	7.18	5.92	4.96	3.97
			10	5.20	4.62	3.84	3.24	2.62
			11	4.68	4.17	3.47	2.93	2.38
			12	4.27	3.80	3.17	2.69	2.18

续表 4-7-5

序号	行政区划名称	时段长	时段序号	重现期时段雨量值(mm)				
				100 a($H_{1\%}$)	50 a($H_{2\%}$)	20 a($H_{5\%}$)	10 a($H_{10\%}$)	5 a($H_{20\%}$)
35	稷峰镇孙家城村孙家城	0.5 h	1	3.31	2.90	2.35	1.94	1.52
			2	3.54	3.10	2.51	2.07	1.62
			3	3.79	3.32	2.69	2.22	1.74
			4	6.19	5.42	4.40	3.62	2.84
			5	7.18	6.29	5.11	4.21	3.30
			6	15.93	13.97	11.35	9.36	7.35
			7	50.61	44.50	36.37	30.16	23.86
			8	11.02	9.66	7.84	6.46	5.07
			9	8.63	7.57	6.14	5.06	3.97
			10	5.47	4.79	3.88	3.20	2.50
			11	4.91	4.30	3.49	2.87	2.25
			12	4.46	3.91	3.17	2.61	2.04
36	稷峰镇上迪村	0.5 h	1	3.04	2.68	2.20	1.83	1.46
			2	3.25	2.86	2.35	1.95	1.55
			3	3.49	3.08	2.52	2.09	1.66
			4	5.80	5.08	4.12	3.39	2.66
			5	6.76	5.91	4.79	3.94	3.08
			6	15.46	13.46	10.81	8.81	6.81
			7	53.05	46.39	37.55	30.83	24.08
			8	10.53	9.19	7.41	6.05	4.70
			9	8.18	7.15	5.78	4.73	3.69
			10	5.09	4.47	3.63	3.00	2.36
			11	4.56	4.00	3.26	2.69	2.12
			12	4.13	3.63	2.96	2.45	1.94

续表 4-7-5

序号	行政区划名称	时段长	时段序号	重现期时段雨量值(mm)				
				100 a($H_{1\%}$)	50 a($H_{2\%}$)	20 a($H_{5\%}$)	10 a($H_{10\%}$)	5 a($H_{20\%}$)
37	化峪镇四合庄村宁家庄	0.5 h	1	3.01	2.69	2.26	1.93	1.58
			2	3.23	2.88	2.42	2.06	1.68
			3	3.48	3.11	2.60	2.21	1.80
			4	5.85	5.19	4.31	3.64	2.94
			5	6.84	6.07	5.03	4.23	3.41
			6	15.89	14.01	11.49	9.57	7.60
			7	55.06	48.26	39.22	32.35	25.40
			8	10.76	9.51	7.83	6.55	5.24
			9	8.31	7.36	6.09	5.10	4.10
			10	5.12	4.56	3.79	3.20	2.59
			11	4.57	4.07	3.39	2.87	2.33
			12	4.13	3.68	3.07	2.60	2.12
38	化峪镇四合庄村白家庄	0.5 h	1	3.09	2.75	2.30	1.95	1.59
			2	3.30	2.94	2.46	2.08	1.69
			3	3.55	3.16	2.64	2.23	1.81
			4	5.89	5.23	4.33	3.65	2.94
			5	6.87	6.09	5.04	4.23	3.41
			6	15.73	13.88	11.40	9.50	7.56
			7	54.37	47.68	38.78	32.00	25.16
			8	10.72	9.47	7.81	6.53	5.22
			9	8.32	7.37	6.08	5.10	4.09
			10	5.18	4.60	3.82	3.22	2.60
			11	4.63	4.12	3.42	2.89	2.33
			12	4.20	3.74	3.11	2.62	2.12

续表 4-7-5

序号	行政区划名称	时段长	时段序号	重现期时段雨量值(mm)				
				100 a($H_{1\%}$)	50 a($H_{2\%}$)	20 a($H_{5\%}$)	10 a($H_{10\%}$)	5 a($H_{20\%}$)
39	化峪镇四合庄村狼凹沟	0.25 h	1	1.55	1.39	1.17	1.00	0.82
			2	1.61	1.44	1.21	1.03	0.85
			3	1.67	1.49	1.26	1.07	0.88
			4	1.74	1.56	1.31	1.11	0.91
			5	2.81	2.50	2.07	1.75	1.42
			6	3.02	2.68	2.23	1.88	1.52
			7	3.27	2.90	2.41	2.03	1.63
			8	3.57	3.17	2.62	2.20	1.77
			9	7.07	6.22	5.10	4.24	3.36
			10	13.20	11.58	9.42	7.77	6.11
			11	41.62	36.49	29.68	24.50	19.26
			12	9.07	7.97	6.51	5.39	4.26
			13	5.85	5.16	4.24	3.53	2.81
			14	5.02	4.43	3.65	3.05	2.43
			15	4.41	3.90	3.22	2.69	2.16
			16	3.95	3.49	2.89	2.42	1.94
			17	2.62	2.33	1.94	1.64	1.33
			18	2.46	2.19	1.83	1.55	1.26
			19	2.32	2.07	1.73	1.46	1.19
			20	2.20	1.96	1.64	1.39	1.13
			21	2.09	1.86	1.56	1.32	1.08
			22	1.99	1.77	1.49	1.26	1.03
			23	1.90	1.69	1.42	1.21	0.99
			24	1.81	1.62	1.36	1.16	0.95

续表 4-7-5

序号	行政区划名称	时段长	时段序号	重现期时段雨量值(mm)				
				100 a($H_{1\%}$)	50 a($H_{2\%}$)	20 a($H_{5\%}$)	10 a($H_{10\%}$)	5 a($H_{20\%}$)
40	化峪镇刘庄村刘家庄	0.5 h	1	3.10	2.76	2.30	1.95	1.58
			2	3.33	2.96	2.47	2.08	1.69
			3	3.59	3.19	2.65	2.24	1.81
			4	6.08	5.37	4.42	3.69	2.94
			5	7.12	6.28	5.15	4.29	3.41
			6	16.28	14.29	11.63	9.60	7.56
			7	49.99	44.23	36.53	30.61	24.55
			8	11.14	9.79	7.99	6.61	5.22
			9	8.64	7.61	6.22	5.17	4.10
			10	5.33	4.71	3.88	3.25	2.60
			11	4.74	4.20	3.47	2.91	2.34
			12	4.28	3.80	3.14	2.64	2.13
41	化峪镇佛峪口村	0.5 h	1	3.09	2.75	2.30	1.94	1.58
			2	3.32	2.96	2.46	2.08	1.68
			3	3.59	3.19	2.65	2.23	1.81
			4	6.13	5.41	4.45	3.71	2.96
			5	7.20	6.34	5.20	4.32	3.43
			6	16.65	14.60	11.87	9.79	7.69
			7	51.87	45.87	37.85	31.68	25.38
			8	11.33	9.95	8.11	6.71	5.29
			9	8.76	7.70	6.30	5.22	4.14
			10	5.36	4.74	3.90	3.26	2.61
			11	4.77	4.22	3.48	2.92	2.34
			12	4.29	3.81	3.15	2.64	2.13

续表 4-7-5

序号	行政区划名称	时段长	时段序号	重现期时段雨量值(mm)				
				100 a($H_{1\%}$)	50 a($H_{2\%}$)	20 a($H_{5\%}$)	10 a($H_{10\%}$)	5 a($H_{20\%}$)
42	化峪镇宁翟堡村	0.25 h	1	1.50	1.34	1.12	0.95	0.77
			2	1.56	1.39	1.16	0.99	0.80
			3	1.63	1.46	1.21	1.03	0.84
			4	1.71	1.52	1.27	1.07	0.87
			5	2.91	2.57	2.12	1.77	1.42
			6	3.15	2.78	2.29	1.91	1.53
			7	3.44	3.03	2.49	2.08	1.66
			8	3.78	3.33	2.73	2.28	1.81
			9	7.71	6.76	5.50	4.54	3.57
			10	14.41	12.61	10.22	8.40	6.57
			11	40.52	35.58	29.03	24.01	18.95
			12	9.92	8.69	7.06	5.81	4.56
			13	6.34	5.57	4.54	3.76	2.96
			14	5.41	4.76	3.88	3.22	2.54
			15	4.72	4.16	3.40	2.82	2.24
			16	4.20	3.70	3.03	2.52	2.00
			17	2.70	2.39	1.97	1.65	1.32
			18	2.52	2.23	1.85	1.55	1.24
			19	2.36	2.10	1.73	1.46	1.17
			20	2.22	1.97	1.63	1.37	1.11
			21	2.10	1.86	1.55	1.30	1.05
			22	1.99	1.77	1.47	1.24	1.00
			23	1.89	1.68	1.39	1.18	0.95
			24	1.79	1.60	1.33	1.12	0.91

续表 4-7-5

序号	行政区划名称	时段长	时段序号	重现期时段雨量值(mm)				
				100 a($H_{1\%}$)	50 a($H_{2\%}$)	20 a($H_{5\%}$)	10 a($H_{10\%}$)	5 a($H_{20\%}$)
43	化峪镇李马吴村马家庄	0.5 h	1	2.80	2.50	2.11	1.80	1.48
			2	3.03	2.71	2.28	1.94	1.59
			3	3.31	2.96	2.48	2.11	1.72
			4	6.02	5.33	4.41	3.70	2.97
			5	7.17	6.34	5.22	4.37	3.50
			6	17.67	15.50	12.61	10.42	8.20
			7	56.55	49.61	40.38	33.34	26.23
			8	11.73	10.32	8.44	7.00	5.55
			9	8.88	7.84	6.43	5.36	4.27
			10	5.18	4.60	3.82	3.21	2.59
			11	4.55	4.05	3.36	2.84	2.30
			12	4.05	3.61	3.01	2.55	2.07
44	化峪镇李家庄村	0.25 h	1	1.53	1.36	1.14	0.97	0.79
			2	1.59	1.42	1.19	1.00	0.82
			3	1.67	1.48	1.24	1.05	0.85
			4	1.74	1.55	1.29	1.09	0.89
			5	2.95	2.60	2.14	1.79	1.43
			6	3.19	2.82	2.32	1.93	1.54
			7	3.47	3.06	2.52	2.10	1.67
			8	3.82	3.36	2.76	2.30	1.83
			9	7.76	6.80	5.53	4.56	3.59
			10	14.51	12.70	10.28	8.45	6.60
			11	41.35	36.30	29.60	24.47	19.30
			12	9.99	8.75	7.10	5.84	4.58

续表 4-7-5

序号	行政区划名称	时段长	时段序号	重现期时段雨量值(mm)				
				100 a($H_{1\%}$)	50 a($H_{2\%}$)	20 a($H_{5\%}$)	10 a($H_{10\%}$)	5 a($H_{20\%}$)
44	化峪镇李家庄村	0.25 h	13	6.39	5.61	4.57	3.78	2.98
			14	5.45	4.79	3.91	3.24	2.56
			15	4.76	4.19	3.43	2.84	2.25
			16	4.24	3.73	3.06	2.54	2.01
			17	2.74	2.42	2.00	1.67	1.34
			18	2.56	2.26	1.87	1.57	1.26
			19	2.40	2.12	1.76	1.48	1.19
			20	2.26	2.00	1.66	1.39	1.12
			21	2.13	1.89	1.57	1.32	1.06
			22	2.02	1.79	1.49	1.25	1.01
			23	1.92	1.71	1.42	1.19	0.97
			24	1.83	1.62	1.35	1.14	0.92
45	化峪镇上胡村	0.25 h	1	1.84	1.62	1.32	1.09	0.86
			2	1.90	1.67	1.36	1.12	0.88
			3	1.96	1.72	1.40	1.16	0.91
			4	2.03	1.79	1.45	1.20	0.95
			5	3.09	2.71	2.21	1.83	1.45
			6	3.30	2.90	2.36	1.96	1.54
			7	3.54	3.11	2.54	2.10	1.66
			8	3.83	3.36	2.74	2.27	1.79
			9	7.07	6.22	5.08	4.21	3.33
			10	12.57	11.06	9.04	7.51	5.95
			11	37.95	33.42	27.40	22.77	18.08
			12	8.88	7.81	6.38	5.30	4.19

续表 4-7-5

序号	行政区划名称	时段长	时段序号	重现期时段雨量值(mm)				
				100 a($H_{1\%}$)	50 a($H_{2\%}$)	20 a($H_{5\%}$)	10 a($H_{10\%}$)	5 a($H_{20\%}$)
45	化峪镇上胡村	0.25 h	13	5.95	5.23	4.27	3.54	2.80
			14	5.18	4.56	3.72	3.08	2.44
			15	4.62	4.06	3.31	2.74	2.17
			16	4.18	3.67	3.00	2.48	1.96
			17	2.91	2.56	2.09	1.73	1.36
			18	2.75	2.42	1.97	1.63	1.29
			19	2.62	2.30	1.87	1.55	1.22
			20	2.49	2.19	1.78	1.48	1.16
			21	2.38	2.09	1.71	1.41	1.11
			22	2.28	2.01	1.63	1.35	1.07
			23	2.19	1.93	1.57	1.30	1.02
			24	2.11	1.85	1.51	1.25	0.98
46	化峪镇付家庄村	0.25 h	1	1.88	1.65	1.34	1.11	0.88
			2	1.93	1.70	1.38	1.15	0.90
			3	1.99	1.75	1.43	1.18	0.93
			4	2.06	1.81	1.48	1.22	0.96
			5	3.05	2.68	2.19	1.82	1.44
			6	3.24	2.85	2.33	1.93	1.53
			7	3.46	3.05	2.49	2.07	1.64
			8	3.73	3.29	2.69	2.23	1.76
			9	6.73	5.93	4.86	4.04	3.21
			10	11.84	10.44	8.56	7.12	5.66
			11	37.82	33.26	27.20	22.54	17.84
			12	8.41	7.41	6.07	5.05	4.01

续表 4-7-5

序号	行政区划名称	时段长	时段序号	重现期时段雨量值(mm)				
				100 a($H_{1\%}$)	50 a($H_{2\%}$)	20 a($H_{5\%}$)	10 a($H_{10\%}$)	5 a($H_{20\%}$)
46	化峪镇付家庄村	0.25 h	13	5.70	5.02	4.11	3.42	2.71
			14	4.99	4.39	3.60	2.99	2.37
			15	4.46	3.93	3.22	2.67	2.12
			16	4.06	3.57	2.92	2.43	1.92
			17	2.88	2.53	2.07	1.72	1.36
			18	2.73	2.41	1.96	1.63	1.29
			19	2.61	2.29	1.87	1.55	1.22
			20	2.49	2.19	1.79	1.48	1.17
			21	2.39	2.10	1.71	1.42	1.12
			22	2.29	2.02	1.64	1.36	1.08
			23	2.21	1.94	1.58	1.31	1.03
			24	2.13	1.87	1.53	1.26	1.00
47	化峪镇开西村开西	0.5 h	1	2.89	2.58	2.17	1.85	1.51
			2	3.11	2.78	2.33	1.98	1.62
			3	3.37	3.01	2.52	2.14	1.74
			4	5.86	5.19	4.30	3.61	2.90
			5	6.91	6.12	5.04	4.23	3.39
			6	16.49	14.49	11.81	9.79	7.74
			7	54.85	48.14	39.24	32.44	25.57
			8	11.06	9.75	7.98	6.65	5.28
			9	8.47	7.48	6.15	5.14	4.10
			10	5.10	4.52	3.75	3.16	2.55
			11	4.51	4.01	3.34	2.82	2.28
			12	4.05	3.61	3.01	2.54	2.06

续表 4-7-5

序号	行政区划名称	时段长	时段序号	重现期时段雨量值(mm)				
				100 a($H_{1\%}$)	50 a($H_{2\%}$)	20 a($H_{5\%}$)	10 a($H_{10\%}$)	5 a($H_{20\%}$)
48	化峪镇化峪镇村	0.25 h	1	1.75	1.53	1.24	1.03	0.80
			2	1.81	1.59	1.29	1.06	0.83
			3	1.87	1.64	1.34	1.10	0.86
			4	1.94	1.71	1.39	1.14	0.90
			5	3.03	2.66	2.17	1.80	1.42
			6	3.24	2.85	2.33	1.93	1.52
			7	3.49	3.07	2.51	2.08	1.64
			8	3.79	3.34	2.72	2.26	1.79
			9	7.19	6.34	5.20	4.32	3.44
			10	13.05	11.50	9.44	7.86	6.26
			11	39.97	35.12	28.68	23.75	18.76
			12	9.12	8.04	6.59	5.49	4.36
			13	6.02	5.30	4.34	3.61	2.87
			14	5.21	4.59	3.75	3.12	2.47
			15	4.62	4.06	3.32	2.76	2.19
			16	4.16	3.66	2.99	2.48	1.97
			17	2.84	2.50	2.04	1.69	1.33
			18	2.68	2.36	1.92	1.59	1.25
			19	2.54	2.23	1.82	1.50	1.18
			20	2.41	2.12	1.73	1.43	1.12
			21	2.30	2.02	1.64	1.36	1.07
			22	2.20	1.93	1.57	1.30	1.02
			23	2.11	1.85	1.50	1.24	0.98
			24	2.02	1.77	1.44	1.19	0.94

续表 4-7-5

序号	行政区划名称	时段长	时段序号	重现期时段雨量值(mm)				
				100 a($H_{1\%}$)	50 a($H_{2\%}$)	20 a($H_{5\%}$)	10 a($H_{10\%}$)	5 a($H_{20\%}$)
49	化峪镇化峪村	0.25 h	1	1.74	1.53	1.24	1.03	0.81
			2	1.80	1.58	1.29	1.06	0.83
			3	1.86	1.64	1.33	1.10	0.87
			4	1.93	1.70	1.38	1.14	0.90
			5	2.97	2.62	2.14	1.78	1.41
			6	3.18	2.80	2.29	1.91	1.51
			7	3.42	3.01	2.47	2.06	1.63
			8	3.71	3.27	2.68	2.23	1.78
			9	6.96	6.15	5.07	4.25	3.40
			10	12.55	11.11	9.18	7.70	6.17
			11	38.97	34.31	28.11	23.35	18.53
			12	8.79	7.78	6.42	5.38	4.31
			13	5.83	5.16	4.25	3.55	2.84
			14	5.06	4.47	3.68	3.07	2.45
			15	4.49	3.97	3.26	2.72	2.17
			16	4.06	3.58	2.94	2.45	1.95
			17	2.80	2.46	2.01	1.67	1.32
			18	2.64	2.32	1.90	1.58	1.25
			19	2.51	2.20	1.80	1.49	1.18
			20	2.38	2.10	1.71	1.42	1.12
			21	2.28	2.00	1.63	1.35	1.07
			22	2.18	1.91	1.56	1.29	1.02
			23	2.09	1.83	1.50	1.24	0.98
			24	2.01	1.76	1.44	1.19	0.94

续表 4-7-5

序号	行政区划名称	时段长	时段序号	重现期时段雨量值(mm)				
				100 a($H_{1\%}$)	50 a($H_{2\%}$)	20 a($H_{5\%}$)	10 a($H_{10\%}$)	5 a($H_{20\%}$)
50	化峪镇南堡村	0.25 h	1	1.75	1.54	1.25	1.03	0.81
			2	1.81	1.59	1.29	1.06	0.83
			3	1.88	1.65	1.34	1.10	0.87
			4	1.95	1.71	1.39	1.15	0.90
			5	3.05	2.68	2.18	1.80	1.42
			6	3.27	2.87	2.34	1.93	1.52
			7	3.52	3.09	2.52	2.08	1.64
			8	3.83	3.36	2.74	2.27	1.79
			9	7.27	6.39	5.22	4.33	3.42
			10	13.15	11.58	9.47	7.86	6.22
			11	39.40	34.62	28.27	23.43	18.51
			12	9.21	8.10	6.62	5.49	4.35
			13	6.08	5.35	4.36	3.62	2.86
			14	5.26	4.63	3.77	3.13	2.47
			15	4.66	4.10	3.34	2.77	2.18
			16	4.20	3.69	3.01	2.49	1.96
			17	2.86	2.51	2.05	1.69	1.33
			18	2.70	2.37	1.93	1.59	1.25
			19	2.56	2.24	1.82	1.51	1.18
			20	2.43	2.13	1.73	1.43	1.12
			21	2.31	2.03	1.65	1.36	1.07
			22	2.21	1.94	1.58	1.30	1.02
			23	2.12	1.86	1.51	1.24	0.98
			24	2.03	1.78	1.45	1.19	0.94

续表 4-7-5

序号	行政区划名称	时段长	时段序号	重现期时段雨量值(mm)				
				100 a($H_{1\%}$)	50 a($H_{2\%}$)	20 a($H_{5\%}$)	10 a($H_{10\%}$)	5 a($H_{20\%}$)
51	化峪镇开东村	0.5 h	1	2.99	2.66	2.21	1.86	1.50
			2	3.20	2.84	2.35	1.98	1.60
			3	3.44	3.05	2.53	2.12	1.71
			4	5.71	5.04	4.14	3.45	2.74
			5	6.67	5.88	4.82	4.00	3.17
			6	15.42	13.52	10.99	9.02	7.03
			7	56.21	49.33	40.13	33.09	25.99
			8	10.44	9.18	7.48	6.17	4.84
			9	8.08	7.12	5.82	4.82	3.80
			10	5.02	4.43	3.65	3.04	2.43
			11	4.49	3.97	3.27	2.74	2.19
			12	4.07	3.60	2.97	2.49	2.00
52	稷峰镇下迪村下迪	0.5 h	1	3.04	2.69	2.21	1.85	1.48
			2	3.22	2.85	2.35	1.96	1.57
			3	3.44	3.04	2.51	2.10	1.68
			4	5.43	4.80	3.95	3.30	2.63
			5	6.26	5.53	4.55	3.80	3.03
			6	13.59	11.99	9.85	8.22	6.54
			7	48.59	42.79	35.07	29.17	23.15
			8	9.45	8.34	6.85	5.72	4.56
			9	7.46	6.59	5.42	4.53	3.61
			10	4.83	4.27	3.51	2.94	2.34
			11	4.37	3.86	3.18	2.66	2.12
			12	4.00	3.53	2.91	2.43	1.94

续表 4-7-5

序号	行政区划名称	时段长	时段序号	重现期时段雨量值(mm)				
				100 a($H_{1\%}$)	50 a($H_{2\%}$)	20 a($H_{5\%}$)	10 a($H_{10\%}$)	5 a($H_{20\%}$)
53	稷峰镇下迪村东下迪	0.5 h	1	2.89	2.57	2.14	1.80	1.46
			2	3.06	2.72	2.26	1.91	1.55
			3	3.24	2.89	2.41	2.04	1.66
			4	4.96	4.46	3.76	3.23	2.67
			5	5.67	5.10	4.32	3.71	3.08
			6	11.87	10.77	9.23	8.02	6.74
			7	43.83	38.86	32.15	26.99	21.70
			8	8.37	7.57	6.46	5.60	4.69
			9	6.69	6.03	5.13	4.43	3.69
			10	4.45	3.98	3.36	2.87	2.36
			11	4.05	3.62	3.04	2.59	2.13
			12	3.73	3.33	2.79	2.37	1.94
54	太阳乡小阳堡村	0.5 h	1	3.46	3.05	2.48	2.05	1.61
			2	3.72	3.27	2.65	2.19	1.72
			3	4.01	3.52	2.86	2.36	1.85
			4	6.81	5.94	4.79	3.92	3.04
			5	7.97	6.95	5.60	4.57	3.54
			6	18.36	15.91	12.74	10.33	7.91
			7	57.90	50.20	40.17	32.56	24.97
			8	12.52	10.87	8.72	7.09	5.46
			9	9.69	8.43	6.78	5.52	4.27
			10	5.95	5.20	4.20	3.44	2.68
			11	5.30	4.64	3.75	3.08	2.40
			12	4.79	4.19	3.39	2.79	2.18

续表 4-7-5

序号	行政区划名称	时段长	时段序号	重现期时段雨量值(mm)				
				100 a($H_{1\%}$)	50 a($H_{2\%}$)	20 a($H_{5\%}$)	10 a($H_{10\%}$)	5 a($H_{20\%}$)
55	蔡村乡柴村村东村	0.5 h	1	2.87	3.16	4.43	4.22	7.48
			2	3.08	5.53	5.21	9.89	25.00
			3	3.33	6.54	12.33	32.65	5.08
			4	3.62	15.60	40.36	6.68	3.93
			5	6.37	50.59	8.31	5.15	2.42
			6	7.53	10.47	6.38	3.13	2.16
			7	18.08	8.02	3.85	2.79	1.95
			8	58.35	4.81	3.42	2.51	1.78
			9	12.12	4.25	3.07	2.29	1.25
			10	9.26	3.81	2.79	1.59	1.18
			11	5.52	3.46	1.92	1.50	0.93
			12	4.88	2.36	1.81	1.17	0.89
56	清河镇三交村三交	0.5 h	1	2.81	3.06	4.63	4.38	7.46
			2	3.30	3.27	5.37	9.69	23.56
			3	3.51	3.51	11.92	30.59	5.17
			4	3.74	5.76	37.64	6.71	4.06
			5	4.02	6.69	8.24	5.26	2.58
			6	6.61	14.88	6.46	3.33	2.32
			7	7.67	46.95	4.08	2.99	2.11
			8	17.11	10.28	3.66	2.72	1.94
			9	54.02	8.04	3.33	2.50	1.40
			10	11.81	5.08	3.06	1.80	1.33
			11	9.24	4.55	2.20	1.71	1.07
			12	5.82	4.14	2.08	1.37	1.03

表 4-7-6　稷山县设计洪水成果表

序号	小流域名称	行政区划名称	洪水要素	重现期洪水要素值				
				100 a($Q_{1\%}$)	50 a($Q_{2\%}$)	20 a($Q_{5\%}$)	10 a($Q_{10\%}$)	5 a($Q_{20\%}$)
1	南翟沟	翟店镇南翟村	洪峰流量(m^3/s)	87	72.92	53.81	38.92	25.3
			洪量(万 m^3)	60	46	31	20	12
			涨洪历时(h)	2.00	2.00	1.00	1.00	0.50
			洪水历时(h)	4.50	4.00	3.00	2.75	2.25
2	南小宁村沟	翟店镇南小宁村	洪峰流量(m^3/s)	177	148.34	110.12	78.95	49.88
			洪量(万 m^3)	123	94	60	39	23
			涨洪历时(h)	2.00	2.00	1.00	1.00	0.50
			洪水历时(h)	5.00	4.00	2.50	2.50	2.25
3	韩家庄沟	西社镇山底村山底	洪峰流量(m^3/s)	14.2	12.2	10	8	5
			洪量(万 m^3)	6	5	3	2	2
			涨洪历时(h)	3.50	2.50	2.00	1.75	1.00
			洪水历时(h)	7.25	6.00	5.00	3.75	3.00
4		西社镇杨家庄	洪峰流量(m^3/s)	19.0	16.3	13.4	10.7	6.7
			洪量(万 m^3)	8	7	5	4	3
			涨洪历时(h)	3.50	2.50	2.00	1.75	1.00
			洪水历时(h)	7.25	6.00	5.00	3.75	3.00

续表 4-7-6

序号	小流域名称	行政区划名称	洪水要素	重现期洪水要素值				
				100 a($Q_{1\%}$)	50 a($Q_{2\%}$)	20 a($Q_{5\%}$)	10 a($Q_{10\%}$)	5 a($Q_{20\%}$)
5	沙沟	西社镇沙沟村	洪峰流量(m^3/s)	34.8	27.3	17.6	10.7	6
			洪量(万 m^3)	20	15	10	7	4
			涨洪历时(h)	1.00	1.00	0.50	0.50	0.50
			洪水历时(h)	5.75	5.75	5.75	6.25	7.25
6	范家庄沟	西社镇张家庄村张家庄堡	洪峰流量(m^3/s)	23.4	19.34	13.92	9.85	6.23
			洪量(万 m^3)	109	87	59	40	26
			涨洪历时(h)	2.00	2.00	1.00	1.00	0.50
			洪水历时(h)	5.75	6.00	5.00	5.25	4.75
7		西社镇张家庄村张家庄	洪峰流量(m^3/s)	25.5	20.9	14.78	10.36	6.38
			洪量(万 m^3)	120	94	64	43	27
			涨洪历时(h)	2.00	2.00	1.00	1.00	0.50
			洪水历时(h)	6.75	6.75	6.00	6.25	6.25
8		西社镇铺头村铺头小河	洪峰流量(m^3/s)	446	327	199	122	71.6
			洪量(万 m^3)	702	545	364	245	159
			涨洪历时(h)	1.50	1.50	1.50	1.50	2.00
			洪水历时(h)	12.50	13.25	14.25	15.75	17.25

续表 4-7-6

序号	小流域名称	行政区划名称	洪水要素	重现期洪水要素值				
				100 a($Q_{1\%}$)	50 a($Q_{2\%}$)	20 a($Q_{5\%}$)	10 a($Q_{10\%}$)	5 a($Q_{20\%}$)
9	范家庄沟	西社镇铺头村铺头	洪峰流量(m^3/s)	444	326	198	121	71.5
			洪量(万 m^3)	730	567	379	255	166
			涨洪历时(h)	1.50	1.50	1.50	1.50	2.00
			洪水历时(h)	12.75	13.75	15.25	16.25	18.25
10		西社镇范家庄村	洪峰流量(m^3/s)	417	304	184	114	66.9
			洪量(万 m^3)	734	570	381	257	167
			涨洪历时(h)	1.50	1.50	1.50	2.00	2.00
			洪水历时(h)	13.75	14.75	16.25	17.75	19.75
11	李老庄沟	西社镇李老庄村	洪峰流量(m^3/s)	422	310.29	190	116.48	68.46
			洪量(万 m^3)	764	593	397	268	174
			涨洪历时(h)	2.00	1.50	1.50	1.50	2.00
			洪水历时(h)	15.75	15.75	17.25	19.25	21.25
12		稷峰镇太杜村吴家窑	洪峰流量(m^3/s)	413	303	184	113	66.9
			洪量(万 m^3)	790	613	410	277	179
			涨洪历时(h)	2.00	2.00	1.50	2.00	2.00
			洪水历时(h)	17.25	17.75	19.25	21.25	23.25

续表 4-7-6

序号	小流域名称	行政区划名称	洪水要素	重现期洪水要素值				
				100 a($Q_{1\%}$)	50 a($Q_{2\%}$)	20 a($Q_{5\%}$)	10 a($Q_{10\%}$)	5 a($Q_{20\%}$)
13	后涧头沟	西社镇马家沟村陈家山	洪峰流量(m^3/s)	6	5	3	2	1
			洪量(万 m^3)	3	2	1	1	1
			涨洪历时(h)	0.75	0.50	0.50	0.50	0.50
			洪水历时(h)	4.50	4.25	4.75	5.25	5.75
14		西社镇马家沟村庄头	洪峰流量(m^3/s)	18.2	13.2	7.82	4.69	3
			洪量(万 m^3)	14	11	7	5	3
			涨洪历时(h)	1.00	0.50	0.50	0.50	0.50
			洪水历时(h)	7.75	7.75	8.75	9.25	10.75
15		西社镇马家沟村中土地	洪峰流量(m^3/s)	69.6	51.3	31.1	19.1	11
			洪量(万 m^3)	64	49	32	21	13
			涨洪历时(h)	0.75	1.00	1.00	1.00	1.00
			洪水历时(h)	8.50	8.75	9.75	10.25	11.25
16		西社镇马家沟村马家沟	洪峰流量(m^3/s)	96.9	71	42.8	26	14.9
			洪量(万 m^3)	100	76	50	33	21
			涨洪历时(h)	1.50	1.00	1.00	1.00	1.00
			洪水历时(h)	9.75	9.75	10.75	11.75	13.25

续表 4-7-6

序号	小流域名称	行政区划名称	洪水要素	重现期洪水要素值				
				100 a($Q_{1\%}$)	50 a($Q_{2\%}$)	20 a($Q_{5\%}$)	10 a($Q_{10\%}$)	5 a($Q_{20\%}$)
17	后涧头沟	西社镇马家沟村核桃园	洪峰流量(m^3/s)	104	76.5	46.1	28	16
			洪量(万 m^3)	108	83	55	36	23
			涨洪历时(h)	1.50	1.00	1.00	1.00	1.00
			洪水历时(h)	9.75	9.75	10.75	11.75	13.25
18		西社镇马家沟村后涧头	洪峰流量(m^3/s)	107	78.5	47.3	28.7	16.4
			洪量(万 m^3)	115	89	58	39	24
			涨洪历时(h)	1.50	1.00	1.00	1.00	1.00
			洪水历时(h)	10.25	10.25	11.25	12.25	13.75
19		西社镇马家沟村马跑泉	洪峰流量(m^3/s)	19.7	14.3	9	5	2.86
			洪量(万 m^3)	11	9	6	4	2
			涨洪历时(h)	1.50	0.50	0.50	0.50	0.50
			洪水历时(h)	6.50	6.25	6.75	7.75	8.25
20	麻古垛村沟	西社镇麻古垛村	洪峰流量(m^3/s)	8.8	7.55	5.85	4.53	3.4
			洪量(万 m^3)	11	9	6	4	3
			涨洪历时(h)	3.75	2.75	2.00	1.75	1.00
			洪水历时(h)	8.00	6.50	5.25	4.25	3.25

续表 4-7-6

序号	小流域名称	行政区划名称	洪水要素	重现期洪水要素值				
				100 a($Q_{1\%}$)	50 a($Q_{2\%}$)	20 a($Q_{5\%}$)	10 a($Q_{10\%}$)	5 a($Q_{20\%}$)
21	薛家庄沟	西社镇麻参坡村麻参坡	洪峰流量(m^3/s)	7.73	7	5	4	3
			洪量(万 m^3)	3	2	1	1	1
			涨洪历时(h)	2.00	2.00	1.50	1.00	1.00
			洪水历时(h)	5.25	4.50	3.00	2.25	2.00
22	曹家庄沟	西社镇肖家庄村	洪峰流量(m^3/s)	8.8	7.55	5.9	4.62	3.3
			洪量(万 m^3)	10	8	6	4	3
			涨洪历时(h)	3.75	2.75	2.00	1.75	1.00
			洪水历时(h)	8.00	6.25	5.00	3.75	3.00
23		西社镇曹家庄村曹家庄	洪峰流量(m^3/s)	40.8	32.3	21.8	13.7	8
			洪量(万 m^3)	29	22	15	10	6
			涨洪历时(h)	1.50	1.00	1.00	1.00	0.50
			洪水历时(h)	7.25	7.00	7.25	7.75	8.25
24	柴家庄沟	西社镇柴家庄村	洪峰流量(m^3/s)	12.1	10.37	8.08	6.27	4.5
			洪量(万 m^3)	13	10	7	5	3
			涨洪历时(h)	4.00	2.75	2.00	1.75	1.00
			洪水历时(h)	8.25	6.25	5.00	3.75	3.00

续表 4-7-6

序号	小流域名称	行政区划名称	洪水要素	重现期洪水要素值				
				100 a($Q_{1\%}$)	50 a($Q_{2\%}$)	20 a($Q_{5\%}$)	10 a($Q_{10\%}$)	5 a($Q_{20\%}$)
25	东里村沟	太阳乡西里村	洪峰流量(m^3/s)	89	73.5	53.5	37.25	22.25
			洪量(万 m^3)	72	55	36	23	14
			涨洪历时(h)	2.00	1.75	1.00	1.00	0.50
			洪水历时(h)	5.25	4.25	3.50	3.50	3.25
26		太阳乡修善村	洪峰流量(m^3/s)	29	24.7	18.87	14.28	9.73
			洪量(万 m^3)	22	17	12	8	5
			涨洪历时(h)	3.25	2.00	1.75	1.00	1.00
			洪水历时(h)	6.75	5.25	3.50	2.50	2.50
27		太阳乡东里村	洪峰流量(m^3/s)	84	69.48	50.24	49.07	21.12
			洪量(万 m^3)	64	49	31	29	11
			涨洪历时(h)	1.70	1.25	0.75	0.75	0.50
			洪水历时(h)	4.00	3.50	2.75	2.75	2.75
28	杨赵村沟	稷峰镇杨赵村杨赵	洪峰流量(m^3/s)	96	84.76	64.71	44.05	25.82
			洪量(万 m^3)	103	79	52	34	20
			涨洪历时(h)	1.25	0.75	0.75	0.50	0.25
			洪水历时(h)	3.50	2.75	2.75	2.75	2.75

续表 4-7-6

序号	小流域名称	行政区划名称	洪水要素	重现期洪水要素值				
				100 a($Q_{1\%}$)	50 a($Q_{2\%}$)	20 a($Q_{5\%}$)	10 a($Q_{10\%}$)	5 a($Q_{20\%}$)
29	阳史沟	稷峰镇阳史村阳史	洪峰流量(m^3/s)	2 030	1 610	1 050	643	363
			洪量(万 m^3)	1 336	1 035	686	456	287
			涨洪历时(h)	1.00	1.00	1.00	0.50	0.50
			洪水历时(h)	6.25	6.25	6.75	6.75	7.50
30		稷峰镇阳史村东阳史	洪峰流量(m^3/s)	1 970	1 560	1 010	614	345
			洪量(万 m^3)	1 317	1 020	675	448	282
			涨洪历时(h)	1.00	1.00	1.00	0.50	0.50
			洪水历时(h)	6.25	6.50	6.75	6.75	7.75
31	武城村沟	稷峰镇武城村	洪峰流量(m^3/s)	1 160	953	683	471	281
			洪量(万 m^3)	387	294	186	117	68
			涨洪历时(h)	1.50	1.25	0.75	0.50	0.50
			洪水历时(h)	4.25	3.75	2.50	2.75	3.25
32	东渠沟	稷峰镇桐下村	洪峰流量(m^3/s)	549	451	319	223	134
			洪量(万 m^3)	350	273	182	121	76
			涨洪历时(h)	2.00	2.00	1.00	1.00	1.00
			洪水历时(h)	7.00	6.50	5.50	6.00	6.00

续表 4-7-6

序号	小流域名称	行政区划名称	洪水要素	重现期洪水要素值				
				100 a($Q_{1\%}$)	50 a($Q_{2\%}$)	20 a($Q_{5\%}$)	10 a($Q_{10\%}$)	5 a($Q_{20\%}$)
33	东渠沟	稷峰镇涧东村	洪峰流量(m^3/s)	550	450	316	220	133
			洪量(万 m^3)	354	278	186	125	78
			涨洪历时(h)	2.00	2.00	1.00	1.00	0.50
			洪水历时(h)	6.50	6.50	5.50	5.50	5.80
34		稷峰镇东渠村东渠	洪峰流量(m^3/s)	457	361	238	142	78.7
			洪量(万 m^3)	259	199	130	85	52
			涨洪历时(h)	1.00	1.00	0.50	0.50	0.50
			洪水历时(h)	5.50	5.50	5.00	5.50	6.00
35	孙家城沟	稷峰镇孙家城村孙家城	洪峰流量(m^3/s)	42.3	35.62	26.21	19.12	11.19
			洪量(万 m^3)	48	37	24	15	9
			涨洪历时(h)	2.00	1.50	1.00	0.50	0.50
			洪水历时(h)	4.00	3.00	2.50	2.00	2.00
36	下迪村沟	稷峰镇上迪村	洪峰流量(m^3/s)	14	12.08	9.45	7.52	5.38
			洪量(万 m^3)	12	10	7	5	3
			涨洪历时(h)	4.00	3.50	2.00	2.00	1.00
			洪水历时(h)	8.50	7.00	5.00	4.00	2.50

续表 4-7-6

序号	小流域名称	行政区划名称	洪水要素	重现期洪水要素值				
				100 a($Q_{1\%}$)	50 a($Q_{2\%}$)	20 a($Q_{5\%}$)	10 a($Q_{10\%}$)	5 a($Q_{20\%}$)
37	宁家庄沟	化峪镇四合庄村宁家庄	洪峰流量(m^3/s)	13.6	11.69	9.18	7.2	5.28
			洪量(万 m^3)	8	6	4	3	2
			涨洪历时(h)	3.50	2.50	2.00	1.50	1.00
			洪水历时(h)	7.00	6.00	4.50	3.00	2.50
38		化峪镇四合庄村白家庄	洪峰流量(m^3/s)	15.3	13.12	10.25	8.02	5.84
			洪量(万 m^3)	8	7	5	3	2
			涨洪历时(h)	2.50	1.75	1.50	1.00	0.75
			洪水历时(h)	6.25	5.30	4.00	2.75	2.25
39	狼凹沟	化峪镇四合庄村狼凹沟	洪峰流量(m^3/s)	24.4	20.83	15.98	12.13	8.35
			洪量(万 m^3)	12	9	6	4	3
			涨洪历时(h)	2.00	2.00	1.00	1.00	1.00
			洪水历时(h)	5.00	4.00	3.00	2.50	2.50
40	佛峪口村沟	化峪镇刘庄村刘家庄	洪峰流量(m^3/s)	45.6	38.11	27.73	19.31	11.66
			洪量(万 m^3)	15	12	8	5	3
			涨洪历时(h)	1.00	1.00	1.00	0.50	0.50
			洪水历时(h)	2.50	2.50	2.50	2.00	2.00

续表 4-7-6

序号	小流域名称	行政区划名称	洪水要素	重现期洪水要素值				
				100 a($Q_{1\%}$)	50 a($Q_{2\%}$)	20 a($Q_{5\%}$)	10 a($Q_{10\%}$)	5 a($Q_{20\%}$)
41	佛峪口村沟	化峪镇佛峪口村	洪峰流量(m^3/s)	7	5.58	4	3	2
			洪量(万 m^3)	1	1	1	1	1
			涨洪历时(h)	1	1	0.5	0.5	0.5
			洪水历时(h)	2	2	1.5	1.5	1.5
42		化峪镇宁翟堡村	洪峰流量(m^3/s)	55	45.97	34.21	25.08	18.32
			洪量(万 m^3)	31	24	17	11	7
			涨洪历时(h)	2	1	0.75	0.75	0.25
			洪水历时(h)	4.25	3.5	2.75	2.75	2.25
43	马家庄	化峪镇李马吴村马家庄	洪峰流量(m^3/s)	16.7	14.35	11.11	8.64	6.35
			洪量(万 m^3)	9	7	5	3	2
			涨洪历时(h)	2.00	2.00	1.50	1.00	1.00
			洪水历时(h)	5.50	4.50	3.00	2.50	2.50
44	李家庄村沟	化峪镇李家庄村	洪峰流量(m^3/s)	34.7	29.57	22.83	17.57	12.57
			洪量(万 m^3)	20	16	12	8	5
			涨洪历时(h)	2.50	1.50	1.50	1.00	0.75
			洪水历时(h)	6.25	5.50	4.00	3.25	3.00

续表 4-7-6

序号	小流域名称	行政区划名称	洪水要素	重现期洪水要素值				
				100 a($Q_{1\%}$)	50 a($Q_{2\%}$)	20 a($Q_{5\%}$)	10 a($Q_{10\%}$)	5 a($Q_{20\%}$)
45	付家庄村沟	化峪镇上胡村	洪峰流量(m^3/s)	100	85.5	66	51	36.55
			洪量(万 m^3)	91	72	49	33	21
			涨洪历时(h)	5.00	3.50	1.75	1.50	0.75
			洪水历时(h)	10.00	8.00	5.50	4.00	3.00
46		化峪镇付家庄村	洪峰流量(m^3/s)	112	95	72.5	55	37.85
			洪量(万 m^3)	111	85	57	38	24
			涨洪历时(h)	5.00	3.00	1.50	1.00	0.75
			洪水历时(h)	10.00	7.25	5.00	3.50	3.50
47	化峪镇沟	化峪镇开西村开西	洪峰流量(m^3/s)	7.6	6.51	5.07	3.97	2.98
			洪量(万 m^3)	5	4	3	2	1
			涨洪历时(h)	2.30	2.00	1.50	1.00	1.00
			洪水历时(h)	5.60	4.50	3.00	2.50	2.50
48		化峪镇化峪镇村	洪峰流量(m^3/s)	47	39.55	29.51	21.53	15.33
			洪量(万 m^3)	28	22	14	9	6
			涨洪历时(h)	1.50	1.00	0.75	0.75	0.25
			洪水历时(h)	4.00	3.00	2.50	2.50	2.00

续表 4-7-6

序号	小流域名称	行政区划名称	洪水要素	重现期洪水要素值				
				100 a($Q_{1\%}$)	50 a($Q_{2\%}$)	20 a($Q_{5\%}$)	10 a($Q_{10\%}$)	5 a($Q_{20\%}$)
49	化峪镇沟	化峪镇化峪村	洪峰流量(m^3/s)	63	53	39.4	29.2	20.1
			洪量(万 m^3)	36	28	18	12	8
			涨洪历时(h)	1.75	1.00	0.75	0.25	0.25
			洪水历时(h)	3.75	3.00	2.50	2.00	2.00
50		化峪镇南堡村	洪峰流量(m^3/s)	71	59.58	44.09	38.43	22.19
			洪量(万 m^3)	42	33	22	14	9
			涨洪历时(h)	1.50	1.00	0.75	0.25	0.25
			洪水历时(h)	4.00	3.00	2.50	2.00	2.25
51	邢堡村沟	化峪镇开东村	洪峰流量(m^3/s)	7.6	6.57	5.2	3.92	2.94
			洪量(万 m^3)	6	5	3	2	2
			涨洪历时(h)	3.70	2.70	2.00	1.60	1.00
			洪水历时(h)	8.00	6.20	4.70	3.10	2.50
52	下迪村沟	稷峰镇下迪村下迪	洪峰流量(m^3/s)	235	192.27	134.01	87.4	50.5
			洪量(万 m^3)	132	101	66	44	27
			涨洪历时(h)	1.5	1	1	0.5	0.5
			洪水历时(h)	4	3.5	3.5	3.2	3.8

续表 4-7-6

序号	小流域名称	行政区划名称	洪水要素	重现期洪水要素值				
				100 a($Q_{1\%}$)	50 a($Q_{2\%}$)	20 a($Q_{5\%}$)	10 a($Q_{10\%}$)	5 a($Q_{20\%}$)
53	下迪村沟	稷峰镇下迪村东下迪	洪峰流量(m^3/s)	236	194.18	141.15	90.37	55.86
			洪量(万 m^3)	112	87	59	40	26
			涨洪历时(h)	1.5	1	0.5	0.5	0.5
			洪水历时(h)	4	3.5	3	3	3.5
54	小阳堡村沟	太阳乡小阳堡村	洪峰流量(m^3/s)	96	81.5	61.5	46	30.75
			洪量(万 m^3)	71	56	37	24	15
			涨洪历时(h)	2.5	2	1.5	1	1
			洪水历时(h)	6	5	3	2.5	2.5
55	东村沟	蔡村乡柴村村东村	洪峰流量(m^3/s)	24	20	15	12	8
			洪量(万 m^3)	21	17	11	7	4
			涨洪历时(h)	4	2.5	2	1.5	1
			洪水历时(h)	8.5	6.5	5	4	3.5
56	三交沟	清河镇三交村三交	洪峰流量(m^3/s)	274	231	173	127	83
			洪量(万 m^3)	187	145	95	62	37
			涨洪历时(h)	4.5	3.5	2	1.5	1
			洪水历时(h)	10.5	9	6.5	6	5.5

表 4-7-7 稷山县设计净雨深计算成果表

序号	计算单元名称	重现期(a)	参数			主雨历时(h)	主雨雨量(mm)	净雨深(mm)
			μ	S_r	K_s			
1	翟店镇南翟村	100	8.40	24.47	1.69	16.5	179.3	88.88
		50	9.39	24.47	1.69	14.9	153.6	69.14
		20	11.16	24.47	1.69	12.5	119.2	45.55
		10	13.36	24.47	1.69	10.5	93.4	29.76
		5	15.24	24.47	1.69	8.3	67.9	17.91
2	翟店镇南小宁村	100	8.38	25.38	1.77	22.6	203.3	86.27
		50	9.43	25.38	1.77	19.3	169.2	65.89
		20	11.45	25.38	1.77	14.7	125.8	42.41
		10	14.03	25.38	1.77	11.4	95.2	27.25
		5	16.42	25.38	1.77	8.3	66.7	16.21
3	西社镇山底村山底	100	4.20	16.00	1.10	15.0	160.5	103.65
		50	4.57	16.00	1.10	13.6	138.8	84.66
		20	5.23	16.00	1.10	11.5	109.7	60.60
		10	6.09	16.00	1.10	9.8	87.7	43.22
		5	6.82	16.00	1.10	7.8	65.5	28.73
4	西社镇杨家庄	100	5.33	19.41	1.30	18.0	170.7	93.66
		50	5.89	19.41	1.30	16.0	146.4	74.76
		20	6.92	19.41	1.30	13.2	114.2	51.50
		10	8.26	19.41	1.30	10.9	90.0	35.34
		5	9.50	19.41	1.30	8.5	66.2	22.59

续表 4-7-7

序号	计算单元名称	重现期(a)	参数			主雨历时(h)	主雨雨量(mm)	净雨深(mm)
			μ	S_r	K_s			
5	西社镇沙沟村	100	16.16	28.09	2.50	16.6	166.0	56.09
		50	17.98	28.09	2.50	14.9	143.2	43.33
		20	21.14	28.09	2.50	12.5	112.9	28.53
		10	25.02	28.09	2.50	10.5	90.0	18.85
		5	28.23	28.09	2.50	8.3	67.0	11.73
6	西社镇张家庄村张家庄堡	100	7.48	21.57	1.64	16.8	163.2	77.95
		50	8.26	21.57	1.64	15.3	141.2	61.76
		20	9.65	21.57	1.64	12.9	111.7	42.15
		10	11.38	21.57	1.64	10.9	89.2	28.70
		5	12.84	21.57	1.64	8.7	66.6	18.31
7	西社镇张家庄村张家庄	100	7.32	22.00	1.66	20.5	178.0	78.31
		50	8.12	22.00	1.66	17.9	151.5	61.58
		20	9.60	22.00	1.66	14.4	117.1	41.63
		10	11.48	22.00	1.66	11.6	91.9	28.18
		5	13.14	22.00	1.66	8.9	67.3	17.92
8	西社镇铺头村铺头小河	100	22.18	31.55	2.79	17.0	135.7	29.06
		50	24.63	31.55	2.79	15.1	117.3	22.53
		20	28.84	31.55	2.79	12.4	93.4	15.05
		10	33.94	31.55	2.79	10.4	75.4	10.15
		5	37.65	31.55	2.79	8.2	57.3	6.59

续表 4-7-7

序号	计算单元名称	重现期(a)	参数			主雨历时(h)	主雨雨量(mm)	净雨深(mm)
			μ	S_r	K_s			
9	西社镇铺头村铺头	100	21.48	31.22	2.76	17.0	135.5	29.52
		50	23.85	31.22	2.76	15.1	117.1	22.89
		20	27.93	31.22	2.76	12.4	93.3	15.30
		10	32.84	31.22	2.76	10.4	75.3	10.32
		5	36.43	31.22	2.76	8.2	57.3	6.70
10	西社镇范家庄村	100	21.41	31.19	2.76	17.2	136.2	29.53
		50	23.79	31.19	2.76	15.2	117.6	22.91
		20	27.89	31.19	2.76	12.5	93.6	15.31
		10	32.82	31.19	2.76	10.4	75.4	10.33
		5	36.43	31.19	2.76	8.2	57.3	6.70
11	西社镇李老庄村	100	21.04	31.05	2.73	17.7	137.9	29.77
		50	23.39	31.05	2.73	15.6	119.0	23.12
		20	27.38	31.05	2.73	12.8	94.5	15.48
		10	32.20	31.05	2.73	10.6	76.1	10.45
		5	35.56	31.05	2.73	8.3	57.8	6.80
12	稷峰镇太杜村吴家窑	100	20.68	30.94	2.71	17.7	137.7	29.98
		50	22.99	30.94	2.71	15.6	118.8	23.27
		20	26.94	30.94	2.71	12.8	94.4	15.57
		10	31.66	30.94	2.71	10.6	76.0	10.52
		5	34.98	30.94	2.71	8.3	57.7	6.84

续表 4-7-7

序号	计算单元名称	重现期(a)	参数			主雨历时(h)	主雨雨量(mm)	净雨深(mm)
			μ	S_r	K_s			
13	西社镇马家沟村陈家山	100	31.79	35.50	3.35	14.7	154.4	37.73
		50	35.12	35.50	3.35	13.3	134.4	29.01
		20	40.52	35.50	3.35	11.4	107.7	19.06
		10	46.52	35.50	3.35	9.7	87.4	12.66
		5	50.14	35.50	3.35	7.9	66.8	8.03
14	西社镇马家沟村庄头	100	30.92	35.50	3.35	15.0	153.6	36.58
		50	34.06	35.50	3.35	13.6	133.7	28.06
		20	39.03	35.50	3.35	11.5	107.0	18.44
		10	44.60	35.50	3.35	9.8	86.7	12.23
		5	47.88	35.50	3.35	8.0	66.2	7.74
15	西社镇马家沟村中土地	100	30.65	35.50	3.35	15.6	150.2	32.97
		50	33.60	35.50	3.35	14.0	130.5	25.29
		20	38.40	35.50	3.35	11.8	104.1	16.56
		10	43.76	35.50	3.35	10.0	84.1	10.96
		5	46.97	35.50	3.35	8.1	63.9	6.93
16	西社镇马家沟村马家沟	100	28.80	34.79	3.27	15.7	148.8	33.05
		50	31.53	34.79	3.27	14.1	129.2	25.35
		20	35.96	34.79	3.27	11.9	103.1	16.63
		10	40.90	34.79	3.27	10.1	83.2	11.01
		5	43.83	34.79	3.27	8.1	63.3	6.97

续表 4-7-7

序号	计算单元名称	重现期(a)	参数			主雨历时(h)	主雨雨量(mm)	净雨深(mm)
			μ	S_r	K_s			
17	西社镇马家沟村核桃园	100	28.11	34.51	3.24	15.7	148.5	33.32
		50	30.79	34.51	3.24	14.1	128.9	25.57
		20	35.11	34.51	3.24	11.9	102.9	16.78
		10	39.95	34.51	3.24	10.1	83.1	11.11
		5	42.80	34.51	3.24	8.1	63.2	7.03
18	西社镇马家沟村后涧头	100	26.96	33.97	3.18	15.7	148.3	34.12
		50	29.53	33.97	3.18	14.1	128.8	26.20
		20	33.71	33.97	3.18	11.9	102.8	17.22
		10	38.39	33.97	3.18	10.1	83.0	11.41
		5	41.16	33.97	3.18	8.1	63.1	7.23
19	西社镇马家沟村马跑泉	100	31.22	35.50	3.35	15.8	160.1	38.01
		50	34.40	35.50	3.35	14.2	138.5	29.06
		20	39.61	35.50	3.35	11.9	109.9	18.91
		10	45.44	35.50	3.35	10.1	88.2	12.41
		5	48.94	35.50	3.35	8.1	66.5	7.74
20	西社镇麻古垛村	100	4.09	16.00	1.10	16.5	166.0	104.85
		50	4.45	16.00	1.10	14.8	142.8	85.18
		20	5.10	16.00	1.10	12.4	112.0	60.48
		10	5.94	16.00	1.10	10.3	88.8	42.81
		5	6.67	16.00	1.10	8.1	65.8	28.19

续表 4-7-7

序号	计算单元名称	重现期(a)	参数			主雨历时(h)	主雨雨量(mm)	净雨深(mm)
			μ	S_r	K_s			
21	西社镇麻参坡村麻参坡	100	5.96	19.99	1.39	16.6	167.7	92.01
		50	6.62	19.99	1.39	14.8	143.5	72.97
		20	7.86	19.99	1.39	12.2	111.4	49.75
		10	9.49	19.99	1.39	10.1	87.4	33.74
		5	11.06	19.99	1.39	7.8	63.8	21.24
22	西社镇肖家庄村	100	4.09	16.00	1.10	16.4	166.4	105.49
		50	4.45	16.00	1.10	14.7	142.7	85.40
		20	5.12	16.00	1.10	12.3	111.4	60.21
		10	5.99	16.00	1.10	10.2	87.8	42.26
		5	6.79	16.00	1.10	8.0	64.5	27.49
23	西社镇曹家庄村曹家庄	100	11.30	24.50	2.08	16.5	164.2	66.47
		50	12.57	24.50	2.08	14.8	141.3	51.67
		20	14.86	24.50	2.08	12.4	110.7	34.24
		10	17.72	24.50	2.08	10.4	87.7	22.67
		5	20.26	24.50	2.08	8.2	64.7	14.04
24	西社镇柴家庄村	100	4.07	16.00	1.10	16.8	167.0	105.03
		50	4.44	16.00	1.10	15.0	142.7	84.71
		20	5.12	16.00	1.10	12.3	110.8	59.38
		10	6.01	16.00	1.10	10.2	86.8	41.43
		5	6.87	16.00	1.10	7.8	63.3	26.76

续表 4-7-7

序号	计算单元名称	重现期(a)	参数			主雨历时(h)	主雨雨量(mm)	净雨深(mm)
			μ	S_r	K_s			
25	太阳乡西里村	100	8.34	25.18	1.75	21.9	200.9	87.27
		50	9.39	25.18	1.75	18.8	167.8	66.75
		20	11.39	25.18	1.75	14.6	125.4	42.95
		10	13.98	25.18	1.75	11.4	95.1	27.54
		5	16.48	25.18	1.75	8.3	66.7	16.29
26	太阳乡修善村	100	5.69	21.00	1.40	21.3	202.3	107.89
		50	6.36	21.00	1.40	18.2	168.9	84.08
		20	7.62	21.00	1.40	14.2	126.7	55.65
		10	9.28	21.00	1.40	11.3	96.3	36.65
		5	10.94	21.00	1.40	8.3	67.7	22.19
27	太阳乡东里村	100	9.80	27.00	1.90	22.2	200.4	79.24
		50	11.08	27.00	1.90	19.0	167.1	60.18
		20	13.52	27.00	1.90	14.7	124.7	38.27
		10	14.75	27.00	1.90	14.7	124.7	36.38
		5	19.84	27.00	1.90	8.4	66.0	14.18
28	稷峰镇杨赵村杨赵	100	11.18	27.00	1.90	17.0	155.8	59.25
		50	12.66	27.00	1.90	15.1	133.5	45.57
		20	15.38	27.00	1.90	12.4	103.8	29.82
		10	18.94	27.00	1.90	10.2	81.8	19.38
		5	22.30	27.00	1.90	7.9	59.9	11.80

续表 4-7-7

序号	计算单元名称	重现期(a)	参数			主雨历时(h)	主雨雨量(mm)	净雨深(mm)
			μ	S_r	K_s			
29	稷峰镇阳史村阳史	100	11.24	25.77	2.00	16.8	140.8	47.50
		50	12.53	25.77	2.00	14.9	121.3	36.79
		20	14.80	25.77	2.00	12.4	95.7	24.40
		10	17.63	25.77	2.00	10.3	76.3	16.21
		5	20.01	25.77	2.00	8.0	56.9	10.19
30	稷峰镇阳史村东阳史	100	11.56	26.01	2.03	16.8	140.8	46.76
		50	12.88	26.01	2.03	14.9	121.3	36.19
		20	15.21	26.01	2.03	12.4	95.7	23.98
		10	18.12	26.01	2.03	10.3	76.3	15.92
		5	20.56	26.01	2.03	8.0	56.9	10.00
31	稷峰镇武城村	100	9.08	25.83	1.80	19.0	174.8	71.86
		50	10.23	25.83	1.80	16.5	146.3	54.49
		20	12.38	25.83	1.80	13.0	109.8	34.49
		10	15.18	25.83	1.80	10.3	83.4	21.73
		5	17.98	25.83	1.80	7.5	58.4	12.60
32	稷峰镇桐下村	100	7.16	22.91	1.64	22.2	180.0	74.44
		50	7.91	22.91	1.64	19.5	153.4	58.11
		20	9.28	22.91	1.64	15.8	118.8	38.76
		10	11.02	22.91	1.64	12.9	93.1	25.84
		5	12.61	22.91	1.64	9.8	67.8	16.10

续表 4-7-7

序号	计算单元名称	重现期(a)	参数			主雨历时(h)	主雨雨量(mm)	净雨深(mm)
			μ	S_r	K_s			
33	稷峰镇涧东村	100	7.53	23.08	1.65	19.7	170.0	72.94
		50	8.31	23.08	1.65	17.5	146.1	57.17
		20	9.70	23.08	1.65	14.6	114.6	38.34
		10	11.43	23.08	1.65	12.1	90.7	25.67
		5	12.91	23.08	1.65	9.4	66.9	16.09
34	稷峰镇东渠村东渠	100	13.61	28.51	2.32	20.5	172.5	51.71
		50	15.03	28.51	2.32	18.2	148.0	39.75
		20	17.56	28.51	2.32	15.0	115.6	25.95
		10	20.70	28.51	2.32	12.4	91.2	17.00
		5	23.50	28.51	2.32	9.5	67.1	10.47
35	稷峰镇孙家城村孙家城	100	10.00	27.00	1.90	20.8	183.6	70.07
		50	11.32	27.00	1.90	17.7	154.0	53.68
		20	13.84	27.00	1.90	13.8	116.3	34.80
		10	17.10	27.00	1.90	10.8	89.3	22.61
		5	20.19	27.00	1.90	8.0	63.9	13.80
36	稷峰镇上迪村	100	3.99	16.00	1.10	18.2	170.2	104.44
		50	4.36	16.00	1.10	15.9	144.1	83.50
		20	5.07	16.00	1.10	12.7	110.1	57.69
		10	5.57	16.00	1.10	10.3	85.1	41.26
		5	7.03	16.00	1.10	7.7	61.0	25.25

续表 4-7-7

序号	计算单元名称	重现期(a)	参数			主雨历时(h)	主雨雨量(mm)	净雨深(mm)
			μ	S_r	K_s			
37	化峪镇四合庄村宁家庄	100	4.71	17.13	1.24	17.4	170.3	100.39
		50	5.15	17.13	1.24	15.5	146.4	81.27
		20	5.95	17.13	1.24	12.8	115.0	57.45
		10	6.97	17.13	1.24	10.7	91.4	40.54
		5	7.82	17.13	1.24	8.4	68.0	26.74
38	化峪镇四合庄村白家庄	100	5.00	17.61	1.27	16.1	165.0	97.56
		50	5.47	17.61	1.27	14.6	142.7	79.08
		20	6.31	17.61	1.27	12.3	113.0	55.92
		10	7.37	17.61	1.27	10.4	90.4	39.42
		5	8.25	17.61	1.27	8.3	67.7	25.96
39	化峪镇四合庄村狼凹沟	100	6.95	20.30	1.61	18.6	174.7	85.09
		50	7.70	20.30	1.61	16.4	149.4	67.65
		20	9.04	20.30	1.61	13.3	116.4	46.51
		10	10.72	20.30	1.61	11.0	92.0	31.98
		5	12.12	20.30	1.61	8.5	68.0	20.61
40	化峪镇刘庄村刘家庄	100	13.86	26.80	2.38	17.1	167.5	58.59
		50	15.38	26.80	2.38	15.4	144.5	45.41
		20	18.11	26.80	2.38	12.9	113.7	30.06
		10	21.57	26.80	2.38	10.8	90.5	19.99
		5	24.91	26.80	2.38	8.5	67.3	12.55

续表 4-7-7

序号	计算单元名称	重现期(a)	参数			主雨历时(h)	主雨雨量(mm)	净雨深(mm)
			μ	S_r	K_s			
41	化峪镇佛峪口村	100	20.51	30.50	2.90	16.8	168.9	49.13
		50	22.79	30.50	2.90	15.1	145.7	37.69
		20	26.86	30.50	2.90	12.7	114.9	24.62
		10	32.03	30.50	2.90	10.7	91.6	16.21
		5	37.17	30.50	2.90	8.4	68.2	10.09
42	化峪镇宁翟堡村	100	9.96	25.08	1.86	13.5	158.8	76.90
		50	11.11	25.08	1.86	12.4	137.6	60.43
		20	13.13	25.08	1.86	10.6	109.2	40.65
		10	15.54	25.08	1.86	9.2	87.6	27.25
		5	17.36	25.08	1.86	7.4	65.8	17.12
43	化峪镇李马吴村马家庄	100	6.40	20.00	1.44	13.4	159.6	93.57
		50	7.05	20.00	1.44	12.3	138.6	75.47
		20	8.22	20.00	1.44	10.7	110.5	52.84
		10	9.65	20.00	1.44	9.2	88.9	36.84
		5	10.75	20.00	1.44	7.6	67.2	23.98
44	化峪镇李家庄村	100	5.13	17.80	1.26	14.0	162.5	101.86
		50	5.61	17.80	1.26	12.8	140.7	82.73
		20	6.47	17.80	1.26	11.0	111.6	58.61
		10	7.54	17.80	1.26	9.4	89.4	41.32
		5	8.40	17.80	1.26	7.6	67.0	27.14

续表 4-7-7

序号	计算单元名称	重现期(a)	参数			主雨历时(h)	主雨雨量(mm)	净雨深(mm)
			μ	S_r	K_s			
45	化峪镇上胡村	100	4.22	17.55	1.21	24.0	199.3	109.91
		50	4.64	17.55	1.21	20.4	166.7	86.83
		20	5.43	17.55	1.21	15.6	125.3	59.21
		10	6.47	17.55	1.21	12.2	96.0	40.53
		5	7.50	17.55	1.21	8.9	68.6	25.91
46	化峪镇付家庄村	100	4.53	19.12	1.33	24.0	201.8	105.10
		50	5.12	19.12	1.33	23.5	176.2	80.87
		20	6.09	19.12	1.33	17.5	130.2	53.93
		10	7.39	19.12	1.33	13.3	98.4	36.17
		5	8.74	19.12	1.33	9.5	69.3	22.69
47	化峪镇开西村开西	100	6.15	20.15	1.40	15.2	162.2	90.57
		50	6.81	20.15	1.40	13.8	140.2	72.67
		20	8.00	20.15	1.40	11.6	110.8	50.53
		10	9.49	20.15	1.40	9.8	88.6	35.05
		5	10.73	20.15	1.40	7.9	66.3	22.74
48	化峪镇化峪镇村	100	9.18	25.82	1.81	20.6	186.9	76.64
		50	10.39	25.82	1.81	17.6	156.8	59.36
		20	12.63	25.82	1.81	13.6	118.9	39.22
		10	15.43	25.82	1.81	10.7	91.9	26.00
		5	17.79	25.82	1.81	8.0	66.5	16.24

续表 4-7-7

序号	计算单元名称	重现期(a)	参数			主雨历时(h)	主雨雨量(mm)	净雨深(mm)
			μ	S_r	K_s			
49	化峪镇化峪村	100	9.32	26.12	1.84	21.6	187.0	73.02
		50	10.58	26.12	1.84	18.1	156.3	56.52
		20	12.92	26.12	1.84	13.9	118.1	37.39
		10	15.81	26.12	1.84	10.8	91.2	24.87
		5	18.22	26.12	1.84	8.0	66.1	15.65
50	化峪镇南堡村	100	9.43	26.20	1.84	20.3	186.0	75.71
		50	10.66	26.20	1.84	17.4	156.3	58.49
		20	12.92	26.20	1.84	13.5	118.6	38.46
		10	15.76	26.20	1.84	10.7	91.7	25.35
		5	18.19	26.20	1.84	8.0	66.2	15.71
51	化峪镇开东村	100	4.01	16.00	1.10	18.0	171.6	106.27
		50	4.39	16.00	1.10	15.8	146.4	85.92
		20	5.10	16.00	1.10	12.8	113.4	60.53
		10	6.04	16.00	1.10	10.5	88.9	42.48
		5	6.97	16.00	1.10	8.0	65.0	27.73
52	稷峰镇下迪村下迪	100	10.36	26.74	1.88	21.4	171.6	59.70
		50	11.92	26.74	1.88	18.1	143.9	45.87
		20	15.01	26.74	1.88	13.9	108.8	29.94
		10	19.18	26.74	1.88	10.8	83.8	19.65
		5	23.48	26.74	1.88	7.9	60.3	12.16

续表 4-7-7

序号	计算单元名称	重现期(a)	参数			主雨历时(h)	主雨雨量(mm)	净雨深(mm)
			μ	S_r	K_s			
53	稷峰镇下迪村东下迪	100	10.38	26.79	1.88	22.4	162.8	50.49
		50	12.09	26.79	1.88	18.2	134.8	39.20
		20	15.11	26.79	1.88	13.4	101.6	26.28
		10	18.48	26.79	1.88	10.3	79.0	17.84
		5	20.34	26.79	1.88	7.6	58.5	11.70
54	太阳乡小阳堡村	100	6.52	22.20	1.50	19.3	195.2	102.47
		50	7.24	22.20	1.50	17.1	165.5	79.95
		20	8.60	22.20	1.50	13.8	126.1	53.02
		10	10.33	22.20	1.50	11.3	97.2	34.87
		5	11.90	22.20	1.50	8.6	69.4	21.02
55	蔡村乡柴村村东村	100	5.56	20.00	1.30	15.7	175.0	104.46
		50	6.17	20.00	1.30	14.0	148.4	82.29
		20	7.34	20.00	1.30	11.5	113.5	55.17
		10	8.89	20.00	1.30	9.5	87.5	36.59
		5	10.43	20.00	1.30	7.3	62.3	22.17
56	清河镇三交村三交	100	5.64	21.00	1.40	21.7	197.4	102.09
		50	6.28	21.00	1.40	18.6	165.0	79.26
		20	7.49	21.00	1.40	14.5	123.5	52.14
		10	9.08	21.00	1.40	11.4	93.8	34.12
		5	10.64	21.00	1.40	8.4	65.8	20.51

表 4-7-8　稷山县现状防洪能力评价成果表

序号	行政区划名称	防洪能力(a)	极高危险区(小于5年一遇)		高危险区(5~20年一遇)		危险区(大于20年一遇)	
			人口(人)	房屋(座)	人口(人)	房屋(座)	人口(人)	房屋(座)
1	翟店镇南翟村	<5	28	12				
2	西社镇铺头村铺头小河	56					10	2
3	西社镇铺头村铺头	<5	10	2			50	12
4	西社镇范家庄村	<5	21	6				
5	西社镇李老庄村	82					5	1
6	稷峰镇太杜村吴家窑	92					8	1
7	西社镇马家沟村陈家山	81					3	1
8	西社镇马家沟村中土地	<5	6	2	7	2	2	1
9	西社镇马家沟村马家沟	<5	11	2	8	3	2	1
10	西社镇马家沟村后涧头	6.3			18	4	12	2
11	西社镇马家沟村马跑泉	93					4	1
12	西社镇麻古垛村	<5	2	1	17	5		
13	西社镇肖家庄村	<5	12	3				
14	西社镇曹家庄村曹家庄	<5	5	1				
15	西社镇柴家庄村	<5	87	17	6	1	9	2
16	稷峰镇杨赵村杨赵	<5	40	10				
17	稷峰镇阳史村阳史	10.5			12	3	7	2
18	稷峰镇阳史村东阳史	9.6			18	6	13	4
19	稷峰镇武城村	<5	33	6				
20	稷峰镇桐下村	<5	46	8				
21	稷峰镇涧东村	6.7			14	4		
22	稷峰镇东渠村东渠	<5	40	10				
23	稷峰镇孙家城村孙家城	<5	12	4			8	3
24	稷峰镇上迪村	<5	21	6	3	1		
25	化峪镇佛峪口村	<5	4	2	5	1		
26	化峪镇李家庄村	<5	5	1				
27	化峪镇付家庄村	<5	73	16	4	1	8	2
28	化峪镇开西村开西	6.3	12	3	5	1		
29	化峪镇化峪镇村	<5	90	18				
30	化峪镇化峪村	35			4	1		
31	化峪镇南堡村	<5	25	5	5	1	6	1
32	化峪镇开东村	<5	46	9			4	1
33	稷峰镇下迪村下迪	<5	86	16	7	1		
34	稷峰镇下迪村东下迪	20			4	1	4	1
35	太阳乡小阳堡村	71.5					5	1

表 4-7-9　稷山县预警指标分析成果表

序号	行政区划名称	致灾暴雨频率(%)	类别	B_0	时段	预警指标(mm)		临界雨量(mm)	方法
						准备转移	立即转移		
1	翟店镇南翟村	<20	雨量	0	0.5 h	26.0	37.0	37.0	流域模型法
					1 h	37.0	43.0	43.0	
				0.3	0.5 h	24.0	35.0	35.0	
					1 h	35.0	41.0	41.0	
				0.6	0.5 h	23.0	32.0	32.0	
					1 h	32.0	36.0	36.0	
2	翟店镇南小宁村	3	雨量	0	0.5 h	34.0	49.0	49.0	同频率法
					1 h	49.0	65.0	65.0	
3	西社镇山底村山底	2	雨量	0	0.5 h	35.0	50.0	50.0	同频率法
					1 h	50.0	67.0	67.0	
4	西社镇杨家庄	2	雨量	0	0.5 h	33.0	47.0	47.0	同频率法
					1 h	47.0	63.0	63.0	
5	西社镇沙沟村	2	雨量	0	0.5 h	35.0	50.0	50.0	同频率法
					1 h	50.0	67.0	67.0	
6	西社镇张家庄村张家庄堡	7	雨量	0	0.5 h	34.0	48.0	48.0	同频率法
					1 h	48.0	62.0	62.0	
7	西社镇张家庄村张家庄	2	雨量	0	0.5 h	45.0	65.0	65.0	同频率法
					1 h	65.0	80.0	80.0	

续表 4-7-9

序号	行政区划名称	致灾暴雨频率(%)	类别	B_0	时段	预警指标(mm)		临界雨量(mm)	方法
						准备转移	立即转移		
8	西社镇铺头村铺头小河	2	雨量	0	0.5 h	33.0	48.0	48.0	流域模型法
					1 h	48.0	58.0	58.0	
					2 h	66.0	73.0	73.0	
				0.3	0.5 h	29.0	42.0	42.0	
					1 h	42.0	51.0	51.0	
					2 h	57.0	63.0	63.0	
				0.6	0.5 h	25.0	35.0	35.0	
					1 h	35.0	42.0	42.0	
					2 h	47.0	53.0	53.0	
9	西社镇铺头村铺头	<20	雨量	0	0.5 h	30.0	42.0	42.0	流域模型法
					1 h	42.0	48.0	48.0	
					2 h	53.0	57.0	57.0	
				0.3	0.5 h	27.0	39.0	39.0	
					1 h	39.0	44.0	44.0	
					2 h	48.0	51.0	51.0	
				0.6	0.5 h	24.0	34.0	34.0	
					1 h	34.0	39.0	39.0	
					2 h	42.0	45.0	45.0	

续表 4-7-9

序号	行政区划名称	致灾暴雨频率(%)	类别	B_0	时段	预警指标(mm)		临界雨量(mm)	方法
						准备转移	立即转移		
10	西社镇范家庄村	<20	雨量	0	0.5 h	28.0	40.0	40.0	流域模型法
					1 h	40.0	47.0	47.0	
					2 h	52.0	56.0	56.0	
					3 h	60.0	63.0	63.0	
				0.3	0.5 h	25.0	36.0	36.0	
					1 h	36.0	42.0	42.0	
					2 h	47.0	50.0	50.0	
					3 h	54.0	57.0	57.0	
				0.6	0.5 h	22.0	32.0	32.0	
					1 h	32.0	36.0	36.0	
					2 h	40.0	43.0	43.0	
					3 h	46.0	48.0	48.0	
11	西社镇李老庄村	1	雨量	0	0.5 h	36.0	52.0	52.0	流域模型法
					1 h	52.0	63.0	63.0	
					2 h	71.0	79.0	79.0	
				0.3	0.5 h	32.0	46.0	46.0	
					1 h	46.0	55.0	55.0	
					2 h	62.0	68.0	68.0	

续表 4-7-9

序号	行政区划名称	致灾暴雨频率(%)	类别	B_0	时段	预警指标(mm)		临界雨量(mm)	方法
						准备转移	立即转移		
11	西社镇李老庄村	1	雨量	0.6	0.5 h	28.0	39.0	39.0	流域模型法
					1 h	39.0	46.0	46.0	
					2 h	52.0	57.0	57.0	
12	稷峰镇太杜村吴家窑	1	雨量	0	0.5 h	37.0	53.0	53.0	流域模型法
					1 h	53.0	64.0	64.0	
					2 h	72.0	80.0	80.0	
					3 h	87.0	93.0	93.0	
				0.3	0.5 h	33.0	47.0	47.0	
					1 h	47.0	56.0	56.0	
					2 h	63.0	69.0	69.0	
					3 h	75.0	81.0	81.0	
				0.6	0.5 h	29.0	41.0	41.0	
					1 h	41.0	47.0	47.0	
					2 h	53.0	58.0	58.0	
					3 h	63.0	68.0	68.0	
13	西社镇马家沟村陈家山	1	雨量	0	0.5 h	46.0	66.0	66.0	流域模型法
					1 h	66.0	89.0	89.0	
				0.3	0.5 h	40.0	57.0	57.0	
					1 h	57.0	71.0	71.0	

续表 4-7-9

序号	行政区划名称	致灾暴雨频率(%)	类别	B_0	时段	预警指标(mm)		临界雨量(mm)	方法
						准备转移	立即转移		
13	西社镇马家沟村陈家山	1	雨量	0.6	0.5 h	33.0	47.0	47.0	流域模型法
					1 h	47.0	62.0	62.0	
14	西社镇马家沟村庄头	2	雨量	0	0.5 h	37.0	53.0	53.0	同频率法
					1 h	53.0	70.0	70.0	
15	西社镇马家沟村中土地	<20	雨量	0	0.5 h	27.0	38.0	38.0	流域模型法
					1 h	38.0	44.0	44.0	
				0.3	0.5 h	23.0	34.0	34.0	
					1 h	34.0	39.0	39.0	
				0.6	0.5 h	22.0	31.0	31.0	
					1 h	31.0	35.0	35.0	
16	西社镇马家沟村马家沟	<20	雨量	0	0.5 h	26.0	37.0	37.0	流域模型法
					1 h	37.0	42.0	42.0	
				0.3	0.5 h	22.0	32.0	32.0	
					1 h	32.0	37.0	37.0	
				0.6	0.5 h	20.0	28.0	28.0	
					1 h	28.0	33.0	33.0	
17	西社镇马家沟村核桃园	2	雨量	0	0.5 h	35.0	50.0	50.0	同频率法
					1 h	50.0	66.0	66.0	

续表 4-7-9

序号	行政区划名称	致灾暴雨频率(%)	类别	B_0	时段	预警指标(mm)		临界雨量(mm)	方法
						准备转移	立即转移		
18	西社镇马家沟村后涧头	16	雨量	0	0.5 h	21.0	31.0	31.0	流域模型法
					1 h	31.0	39.0	39.0	
				0.3	0.5 h	18.0	26.0	26.0	
					1 h	26.0	33.0	33.0	
				0.6	0.5 h	14.0	21.0	21.0	
					1 h	21.0	26.0	26.0	
19	西社镇马家沟村马跑泉	1	雨量	0	0.5 h	46.0	66.0	66.0	流域模型法
					1 h	66.0	80.0	80.0	
				0.3	0.5 h	40.0	57.0	57.0	
					1 h	57.0	71.0	71.0	
				0.6	0.5 h	36.0	52.0	52.0	
					1 h	52.0	62.0	62.0	
20	西社镇麻古垛村	<20	雨量	0	0.5 h	23.0	33.0	33.0	流域模型法
					1 h	33.0	45.0	45.0	
				0.3	0.5 h	20.0	28.0	28.0	
					1 h	28.0	45.0	45.0	
				0.6	0.5 h	17.0	24.0	24.0	
					1 h	24.0	36.0	36.0	

续表 4-7-9

序号	行政区划名称	致灾暴雨频率(%)	类别	B_0	时段	预警指标(mm)		临界雨量(mm)	方法
						准备转移	立即转移		
21	西社镇麻参坡村麻参坡	2	雨量	0	0.5 h	36.0	51.0	51.0	同频率法
					1 h	51.0	68.0	68.0	
22	西社镇肖家庄村	<20	雨量	0	0.5 h	27.0	38.0	38.0	流域模型法
					1 h	38.0	47.0	47.0	
				0.3	0.5 h	27.0	38.0	38.0	
					1 h	38.0	44.0	44.0	
				0.6	0.5 h	24.0	34.0	34.0	
					1 h	34.0	41.0	41.0	
23	西社镇曹家庄村曹家庄	<20	雨量	0	0.5 h	26.0	37.0	37.0	流域模型法
					1 h	37.0	45.0	45.0	
				0.3	0.5 h	26.0	37.0	37.0	
					1 h	37.0	41.0	41.0	
				0.6	0.5 h	23.0	32.0	32.0	
					1 h	32.0	35.0	35.0	

续表 4-7-9

序号	行政区划名称	致灾暴雨频率(%)	类别	B_0	时段	预警指标(mm)		临界雨量(mm)	方法
						准备转移	立即转移		
24	西社镇柴家庄村	<20	雨量	0	0.5 h	27.0	38.0	38.0	流域模型法
					1 h	38.0	44.0	44.0	
				0.3	0.5 h	25.0	35.0	35.0	
					1 h	35.0	41.0	41.0	
				0.6	0.5 h	24.0	34.0	34.0	
					1 h	34.0	37.0	37.0	
25	太阳乡西里村	3	雨量	0	0.5 h	34.0	48.0	48.0	同频率法
					1 h	48.0	64.0	64.0	
26	太阳乡修善村	2	雨量	0	0.5 h	34.0	49.0	49.0	同频率法
					1 h	49.0	65.0	65.0	
27	太阳乡东里村	3	雨量	0	0.5 h	33.0	47.0	47.0	同频率法
					1 h	47.0	63.0	63.0	
28	稷峰镇杨赵村杨赵	<20	雨量	0	0.5 h	26.0	37.0	37.0	流域模型法
					1 h	37.0	41.0	41.0	
				0.3	0.5 h	24.0	34.0	34.0	
					1 h	34.0	37.0	37.0	
				0.6	0.5 h	21.0	30.0	30.0	
					1 h	30.0	34.0	34.0	

续表 4-7-9

序号	行政区划名称	致灾暴雨频率(%)	类别	B_0	时段	预警指标(mm)		临界雨量(mm)	方法
						准备转移	立即转移		
29	稷峰镇阳史村阳史	10	雨量	0	0.5 h	25.0	36.0	36.0	流域模型法
					1 h	36.0	44.0	44.0	
				0.3	0.5 h	22.0	31.0	31.0	
					1 h	31.0	38.0	38.0	
				0.6	0.5 h	18.0	26.0	26.0	
					1 h	26.0	31.0	31.0	
30	稷峰镇阳史村东阳史	10	雨量	0	0.5 h	25.0	35.0	35.0	流域模型法
					1 h	35.0	43.0	43.0	
				0.3	0.5 h	21.0	30.0	30.0	
					1 h	30.0	37.0	37.0	
				0.6	0.5 h	18.0	25.0	25.0	
					1 h	25.0	30.0	30.0	
31	稷峰镇武城村	<20	雨量	0	0.5 h	26.0	37.0	37.0	流域模型法
					1 h	37.0	41.0	41.0	
				0.3	0.5 h	24.0	34.0	34.0	
					1 h	34.0	38.0	38.0	
				0.6	0.5 h	21.0	30.0	30.0	
					1 h	30.0	33.0	33.0	

续表 4-7-9

序号	行政区划名称	致灾暴雨频率(%)	类别	B_0	时段	预警指标(mm)		临界雨量(mm)	方法
						准备转移	立即转移		
32	稷峰镇桐下村	<20	雨量	0	0.5 h	26.0	37.0	37.0	流域模型法
					1 h	37.0	43.0	43.0	
				0.3	0.5 h	24.0	34.0	34.0	
					1 h	34.0	39.0	39.0	
				0.6	0.5 h	21.0	30.0	30.0	
					1 h	30.0	34.0	34.0	
33	稷峰镇涧东村	15	雨量	0	0.5 h	26.0	38.0	38.0	流域模型法
					1 h	38.0	45.0	45.0	
				0.3	0.5 h	23.0	33.0	33.0	
					1 h	33.0	39.0	39.0	
				0.6	0.5 h	20.0	28.0	28.0	
					1 h	28.0	33.0	33.0	
34	稷峰镇东渠村东渠	<20	雨量	0	0.5 h	26.0	38.0	38.0	流域模型法
					1 h	38.0	42.0	42.0	
				0.3	0.5 h	24.0	35.0	35.0	
					1 h	35.0	39.0	39.0	
				0.6	0.5 h	22.0	31.0	31.0	
					1 h	31.0	34.0	34.0	

续表 4-7-9

序号	行政区划名称	致灾暴雨频率(%)	类别	B_0	时段	预警指标(mm)		临界雨量(mm)	方法
						准备转移	立即转移		
35	稷峰镇孙家城村孙家城	<20	雨量	0	0.5 h	26.0	37.0	37.0	流域模型法
					1 h	37.0	44.0	44.0	
				0.3	0.5 h	23.0	33.0	33.0	
					1 h	33.0	39.0	39.0	
				0.6	0.5 h	19.0	28.0	28.0	
					1 h	28.0	34.0	34.0	
36	稷峰镇上迪村	<20	雨量	0	0.5 h	27.0	38.0	38.0	流域模型法
					1 h	38.0	41.0	41.0	
				0.3	0.5 h	24.0	34.0	34.0	
					1 h	34.0	38.0	38.0	
				0.6	0.5 h	22.0	32.0	32.0	
					1 h	32.0	34.0	34.0	
37	化峪镇四合庄村宁家庄	3	雨量	0	0.5 h	30.0	44.0	44.0	同频率法
					1 h	44.0	58.0	58.0	
38	化峪镇四合庄村白家庄	2	雨量	0	0.5 h	33.0	47.0	47.0	同频率法
					1 h	47.0	63.0	63.0	
39	化峪镇四合庄村狼凹沟	2	雨量	0	0.5 h	32.0	46.0	46.0	同频率法
					1 h	46.0	61.0	61.0	

续表 4-7-9

序号	行政区划名称	致灾暴雨频率(%)	类别	B_0	时段	预警指标(mm)		临界雨量(mm)	方法
						准备转移	立即转移		
40	化峪镇刘庄村刘家庄	2	雨量	0	0.5 h	34.0	48.0	48.0	同频率法
					1 h	48.0	64.0	64.0	
41	化峪镇佛峪口村	<20	雨量	0	0.5 h	28.0	39.0	39.0	流域模型法
					1 h	39.0	48.0	48.0	
				0.3	0.5 h	26.0	37.0	37.0	
					1 h	37.0	46.0	46.0	
				0.6	0.5 h	24.0	34.0	34.0	
					1 h	34.0	42.0	42.0	
42	化峪镇宁翟堡村	2	雨量	0	0.5 h	36.0	51.0	51.0	同频率法
					1 h	51.0	68.0	68.0	
43	化峪镇李马吴村马家庄	2	雨量	0	0.5 h	37.0	53.0	53.0	同频率法
					1 h	53.0	71.0	71.0	
44	化峪镇李家庄村	<20	雨量	0	0.5 h	26.0	37.0	37.0	流域模型法
					1 h	37.0	46.0	46.0	
				0.3	0.5 h	23.0	32.0	32.0	
					1 h	32.0	41.0	41.0	
				0.6	0.5 h	21.0	30.0	30.0	
					1 h	30.0	38.0	38.0	

续表 4-7-9

序号	行政区划名称	致灾暴雨频率(%)	类别	B_0	时段	预警指标(mm)		临界雨量(mm)	方法
						准备转移	立即转移		
45	化峪镇上胡村	2	雨量	0	0.5 h	36.0	52.0	52.0	同频率法
					1 h	52.0	69.0	69.0	
46	化峪镇付家庄村	<20	雨量	0	0.5 h	27.0	39.0	39.0	流域模型法
					1 h	39.0	43.0	43.0	
				0.3	0.5 h	25.0	36.0	36.0	
					1 h	36.0	39.0	39.0	
				0.6	0.5 h	23.0	33.0	33.0	
					1 h	33.0	35.0	35.0	
47	化峪镇开西村开西	16	雨量	0	0.5 h	26.0	38.0	38.0	流域模型法
					1 h	38.0	41.0	41.0	
				0.3	0.5 h	23.0	32.0	32.0	
					1 h	32.0	37.0	37.0	
				0.6	0.5 h	18.0	26.0	26.0	
					1 h	26.0	32.0	32.0	

续表 4-7-9

序号	行政区划名称	致灾暴雨频率(%)	类别	B_0	时段	预警指标(mm)		临界雨量(mm)	方法
						准备转移	立即转移		
48	化峪镇化峪镇村	<20	雨量	0	0.5 h	26.0	37.0	37.0	流域模型法
					1 h	37.0	40.0	40.0	
				0.3	0.5 h	23.0	33.0	33.0	
					1 h	33.0	36.0	36.0	
				0.6	0.5 h	21.0	31.0	31.0	
					1 h	31.0	33.0	33.0	
49	化峪镇化峪村	3	雨量	0	0.5 h	46.0	65.0	65.0	流域模型法
					1 h	65.0	86.0	86.0	
				0.3	0.5 h	43.0	61.0	61.0	
					1 h	61.0	79.0	79.0	
				0.6	0.5 h	38.0	55.0	55.0	
					1 h	55.0	73.0	73.0	
50	化峪镇南堡村	<20	雨量	0	0.5 h	23.0	32.0	32.0	流域模型法
					1 h	32.0	39.0	39.0	
				0.3	0.5 h	19.0	28.0	28.0	
					1 h	28.0	34.0	34.0	
				0.6	0.5 h	15.0	22.0	22.0	
					1 h	22.0	29.0	29.0	

续表 4-7-9

序号	行政区划名称	致灾暴雨频率(%)	类别	B_0	时段	预警指标(mm)		临界雨量(mm)	方法
						准备转移	立即转移		
51	化峪镇开东村	<20	雨量	0	0.5 h	34.0	49.0	49.0	流域模型法
					1 h	49.0	64.0	64.0	
				0.3	0.5 h	30.0	43.0	43.0	
					1 h	43.0	55.0	55.0	
				0.6	0.5 h	30.0	43.0	43.0	
					1 h	43.0	55.0	55.0	
52	稷峰镇下迪村下迪	<20	雨量	0	0.5 h	27.0	39.0	39.0	流域模型法
					1 h	39.0	43.0	43.0	
				0.3	0.5 h	26.0	37.0	37.0	
					1 h	37.0	39.0	39.0	
				0.6	0.5 h	23.0	33.0	33.0	
					1 h	33.0	36.0	36.0	
53	稷峰镇下迪村东下迪	5	雨量	0	0.5 h	33.0	47.0	47.0	流域模型法
					1 h	47.0	58.0	58.0	
				0.3	0.5 h	29.0	41.0	41.0	
					1 h	41.0	51.0	51.0	
				0.6	0.5 h	25.0	36.0	36.0	
					1 h	36.0	45.0	45.0	

续表 4-7-9

序号	行政区划名称	致灾暴雨频率(%)	类别	B_0	时段	预警指标(mm)		临界雨量(mm)	方法
						准备转移	立即转移		
54	太阳乡小阳堡村	1	雨量	0	0.5 h	35.0	50.0	50.0	流域模型法
					1 h	50.0	75.0	75.0	
				0.3	0.5 h	32.0	45.0	45.0	
					1 h	45.0	68.0	68.0	
				0.6	0.5 h	29.0	41.0	41.0	
					1 h	41.0	64.0	64.0	
55	蔡村乡柴村村东村	2	雨量	0	0.5 h	34.0	49.0	49.0	同频率法
					1 h	49.0	65.0	65.0	
56	清河镇三交村三交	2	雨量	0	0.5 h	33.0	47.0	47.0	同频率法
					1 h	47.0	63.0	63.0	

第8章　芮城县

8.1　芮城县基本情况概述

8.1.1　地理位置

芮城县位于秦、晋、豫三省交界处,北靠中条山,西、南两面有黄河环流,与秦、豫两省隔河相望,称为山西的南大门。地理位置在东经 110°14′30″~105°57′34″,北纬 34°35′16″~34°50′20″。西南两面以黄河为界,与陕西省大荔、潼关和河南省灵宝为邻;北以中条山为界,和运城市毗连;东以浢水涧为界,与平陆县接壤。芮城县地理位置示意图见图 4-8-1。

8.1.2　社会经济

芮城县共辖 7 个镇、3 个乡(陌南镇、西陌镇、东垆乡、南卫乡、古魏镇、学张乡、大王镇、永乐镇、阳城镇、风陵渡镇),170 个行政村,660 个自然村,总人口 39 万人(2014 年)。其中,农业人口 34.38 万人,总耕地面积 63 万亩。

全县土地肥沃,气候温和,物产丰富,农作物主要是小麦、棉花、苹果、大棚菜等,探明的矿产资源有磷矿石、石灰石、紫砂石、铜、金等 20 余种。

县内生产总值完成 73.65 亿元(2014 年),可比增长 9.1%;财政总收入完成 5.13 亿元,同比增长 19.2%;公共财政预算收入完成 1.86 亿元,同比增长 6%;规模以上工业增加值完成 14.4 亿元,可比增长 14.5%;固定资产投资总额完成 51.5 亿元,同比增长 27.9%;社会消费品零售总额完成 24.2 亿元,同比增长 14.6%;城镇居民人均可支配收入完成 20 969元,同比增长 11.3%;农民人均纯收入完成 7 667 元,同比增长 12.6%;外贸进出口总额完成 1 049 万美元,同比增长 16.3%。

8.1.3　河流水系

境内主要河流有 14 条:安家涧、田峪涧、阳祖涧、东焦涧、江口涧、饮马泉涧、里庄涧、永乐涧、黑龙涧、白龙涧、葡萄涧、恭水涧、洪沟涧、浢水涧,均属黄河一级支流。

安家涧发源于风陵渡镇的官道和席家凹村,由北向南流经七里、安家村,向西南流经姚源、小侯、阳贤等村,至匼河新堡子村西注入黄河,全长 12.7 km,比降 49.6‰。流域面积 58.90 km^2(其中山地 12.22 km^2,丘陵 46.68 km^2),年洪水径流量平水年为 35.9 万 m^3,干旱年为 11.9 万 m^3,年输沙量为 16.4 万 m^3。

图 4-8-1　芮城县地理位置示意图

田峪涧发源于风陵渡镇田峪涧峪，由北而南流经田峪涧、瑶上、西庆、王范、王坪、上原村、三里、谢家坡、侯丰、东太阳、北基等村，至涧口村南注入黄河，全长 18 km，比降66.5‰。流域面积 69.66 km^2(其中山地 5.40 km^2，丘陵 64.26 km^2)，年洪水径流量平水年为 37.9 万 m^3，干旱年为 11.1 万 m^3，年输沙量为 21.7 万 m^3。

阳祖涧发源于阳城镇杨家峪峡石崖，由北而南流经翟家、阳祖、阳峰、西焦咀村，入风陵渡镇流经三焦、北曲等村，至高崖头村南注入黄河，全长 17.5 km，比降 58.4‰。流域面积 49.40 km^2(其中山地 4.40 km^2，丘陵 45.00 km^2)，年洪水径流量平水年为 27.2 万 m^3，干旱年为 8.1 万 m^3，年输沙量为 15.2 万 m^3。

东焦涧发源于阳城镇永胜村，由北而南流经北上庄、东焦、尧村、西任、沟西村，入风陵渡镇流经汉渡村，至北节义村南注入黄河，全长 14.5 km，比降 49.8‰。流域面积 19.14 km^2(全为丘陵地)，年洪水径流量平水年为 9.7 万 m^3，干旱年为 2.5 万 m^3，年输沙量为 6.3 万 m^3。

江口涧发源于阳城镇杨家峪、柿树峪，由北而南流经江口、常村、阳城、东风、东任、张家桥、侯家、新村，至东晓村南注入黄河，全长 19 km，比降 62.1‰。流域面积 32.70 km^2(其中山地 15.56 km^2，丘陵 17.14 km^2)，年洪水径流量平水年为 24.4 万 m^3，干旱年为 9.6 万 m^3，年输沙量为 6.9 万 m^3。

饮马泉涧发源于阳城镇姚坪村，由北而南流经铧村、东庄、料场、北云村，入永乐镇经历山村，至晓里村东南注入黄河，全长 14.3 km，比降 50.6‰。流域面积 20.84 km^2(其中山地2.10 km^2，丘陵 18.74 km^2)，年洪水径流量平水年为 11.6 万 m^3，干旱年为 3.5 万 m^3，年输沙量为 6.4 万 m^3。

里庄涧发源于阳城镇王莽坪，由北而南流经西卓头、甘草原、胡营、李庄、南杜庄村，入永乐镇经见帝、杨涧村，至原村南注入黄河，全长 17.5 km，比降 72.7‰。流域面积 62.41 km^2(其中山地 13.79 km^2，丘陵 48.62 km^2)，年洪水径流量平水年为 38.5 万 m^3，干旱年为 13 万 m^3，年输沙量为 17.1 万 m^3。

永乐涧发源于阳城镇九峰山下大庵村，由北而南流经东尧、柏树、营子村，沿阳城镇与大王镇分界线而下，经韩王庄、观后、孙家涧、西南、王家涧、封家涧村，入永乐镇经古垛村南注入黄河，全长 18.5 km，比降 59.9‰。流域面积 43.16 km^2(其中山地 8.52 km^2，丘陵 34.64 km^2)，年洪水径流量平水年为 26.1 万 m^3，干旱年为 8.6 万 m^3，年输沙量为 12.1 万 m^3。

黑龙涧发源于大王镇南辿峪方山下，由北而南流经南辿、李家窑、鲁庄、蔡坊、小阳庄、张村、李家涧至双磨村，由磨涧北玉泉涧汇入，南流入永乐镇经东、西营村，至彩霞村南注入黄河，全长 23 km，比降 70.3‰。流域面积 65.07 km^2(其中山地 21.07 km^2，丘陵 44.00 km^2)，年洪水径流量平水年为 43.5 万 m^3，干旱年为 15.8 万 m^3，年输沙量为 16.2 万 m^3。

白龙涧发源于大王镇前坪峪方山下寺上村，由北而南流经前后坪、斜坡、太平庄、大王庄、新兴村、陈常、许家弯村，至永乐镇原头村南注入黄河，全长 23 km，比降 70.3‰。流域面积 43.90 km^2(其中山地 14.10 km^2，丘陵 29.80 km^2)，年洪水径流量平水年为 29.3 万 m^3，干旱年为 10.6 万 m^3，年输沙量为 10.9 万 m^3。

葡萄涧发源于椒沟村，上游为大王镇与学张乡，下游为永乐镇与古魏镇的分界线，由北而南流经下段、阳仕、韩张、郑沟、关家磨、李家湾村，至北礼教村南注入黄河，全长 17.5 km，比降 47.1‰。流域面积 426.78 km^2(其中山地 61.23 km^2，丘陵 248.55 km^2，平原117.00

km^2),年洪水径流量平水年为 187.4 万 m^3,干旱年为 61.8 万 m^3,年输沙量为 86.9 万 m^3。

恭水涧发源于西陌镇老池沟九龙泉,上游为西陌镇与陌南镇,下游为东垆乡与陌南镇的分界线,由北而南流经寺里、坡头、义和、朱吕、三十里铺、杏林庄、刘堡、阴家弯、窑头等村,至东西关村南注入黄河,全长 16.9 km,比降 39.6‰。流域面积 67.61 km^2(其中山地 16.58 km^2,丘陵 51.03 km^2),年洪水径流量平水年为 42.5 万 m^3,干旱年为 14.6 万 m^3,年输沙量为 18.2 万 m^3。

洪沟涧发源于陌南镇后滑村,由北而南流经庙后、窑上、平王、西桥、七坪村,至枣树巷村南注入黄河,全长 17 km,比降 54.1‰。流域面积 35.01 km^2(其中山地 3.41 km^2,丘陵 31.60 km^2),年洪水径流量平水年为 19.4 万 m^3,干旱年为 5.8 万 m^3,年输沙量为 10.7 万 m^3。

洹水涧主要源流有三支:东支流发源于平陆县石槽沟村,中支流发源于平陆县青家山和西庄村,东、中支流于铁家磨村汇流;西支流发源于芮城县陌南镇桃沟村,汇流于小沟南村,为芮城县与平陆县分界线。西支流由发源地南流经马壁、张家滑,折向东流经大、小沟南村,南下至前沟于平陆县洪阳村南注入黄河,全长 12.5 km,比降 25.6‰。县内流域面积 53.19 km^2(其中山地 8.62 km^2,丘陵 44.57 km^2),年洪水径流量平水年为 31.2 万 m^3,干旱年为 10 万 m^3,年输沙量为 15.4 万 m^3。

芮城县重点河流基本情况见表 4-8-1。

表 4-8-1 芮城县重点河流基本情况

序号	小流域名称	上级河流	流域面积(km^2)	河长(km)	河道比降(‰)	河源位置	河口位置
1	安家涧	黄河	58.9	12.7	49.6	风陵渡席家凹村	匼河村
2	田峪涧	黄河	69.66	18	66.5	风陵渡中瑶村	涧口村
3	阳祖涧	黄河	49.4	17.5	58.4	阳城镇杨家峪峡石崖	高崖头村
4	东焦涧	黄河	19.14	14.5	49.8	阳城镇永胜村	风陵渡北节义村
5	江口涧	黄河	32.7	19	62.1	阳城镇杨家峪	阳城镇东晓村
6	饮马泉涧	黄河	20.84	14.3	50.6	阳城镇姚坪村	风陵渡镇晓里村
7	里庄涧	黄河	62.41	17.5	72.7	阳城镇王莽坪村	永乐镇原村
8	永乐涧	黄河	43.16	18.5	59.9	阳城镇九峰山	永乐镇古垛村
9	黑龙涧	黄河	65.07	23	70.3	大王镇方山	永乐镇彩霞村
10	白龙涧	黄河	43.90	23	70.3	大王镇寺上村	永乐镇原头村
11	葡萄涧	黄河	426.78	17.5	47.1	椒沟村	古魏镇
12	恭水涧	黄河	67.61	16.9	39.6	西陌镇九龙泉	陌南镇关村
13	洪沟涧	黄河	35.01	17	54.1	陌南镇后滑村	陌南镇枣树巷
14	洹水涧	黄河	53.19	12.5	25.6	陌南镇桃沟村	平陆县洪阳村
15	神西沟	葡萄河	21.8	14.2	44	石板沟	麻园

续表 4-8-1

序号	小流域名称	上级河流	流域面积（km^2）	河长（km）	河道比降（‰）	河源位置	河口位置
16	学张沟	葡萄河	10.2	9	47	勺山村	阳院
17	水峪涧	葡萄河	27	15	46	水峪	西垆沟
18	王夭沟	葡萄河	21.2	12.6	53	柳树斜	西垆沟
19	洪源沟	葡萄河	25.7	14.2	46	西山底	西垆沟
20	石湖沟	葡萄河	18	14	42	龙头村	西垆沟
21	禹门口	葡萄河	27.5	18.3	49	涧沟村	西垆沟
22	核桃沟	葡萄河	18.8	16.5	37	卜吉掌	西垆沟

8.1.4　水文气象

芮城县属暖温带半干旱大陆性季风气候，四季分明，雨热同季，夏季高温多雨。多年平均气温 12.8 ℃，平均最高气温 18.9 ℃，平均最低气温 7.6 ℃，年均日照时数为 2 366.2 h，平均积温 4 223.1 ℃，历年平均风速 3 m/s，最大风速 20 m/s。多年平均蒸发量 2 099.8 mm（蒸发皿口径 20 cm）；多年平均雾日 3.8 d；无霜期平均为 203.6 d。多年平均降水量 530 mm，最大年降水量 772.6 mm，最小年降水量 396.0 mm，一日最大降水量 124.3 mm。

一年之中，平均降水量≥5 mm 的日数为 28.7 d；≥10 mm 的日数为 15.9 d；≥25 mm 的日数为 4.6 d，出现在 4~11 月；≥50 mm 的暴雨，平均每年 0.6 d，出现在 5~9 月；≥100 mm 的特大暴雨出现过 1 次，即 1972 年 9 月 1 日，降水量达到 124.3 mm。每次暴雨，由于急雨骤降，地表来不及渗透吸收，形成洪水，给工农业生产和人民生活造成严重损失。

8.1.5　历史山洪灾害

根据历史记载，1947 年，南卫地区降暴雨，闫家庄一带遭灾。

1949 年 7 月 3 日，南卫地区暴雨成灾，书院村一带村内积水深 60 cm，冲淹窑院，死亡 2 人。

1954 年 8 月 8 日降暴雨，低凹处积水深 1 m，三坑、韩张、城关、杨家、西陌、上庄等 20 个公社受灾，淹塌房窑 249 间，死亡 9 人。棉秋作物受灾面积 2 933 hm^2。

1957 年 7 月 15 日，连降大雨数次，降水 247.6 mm。芮城棉秋作物受灾面积 5 067 hm^2，成灾面积 1 307 hm^2，其中绝收面积 393 hm^2；塌损房窑 1 761 间，水淹饲养场 64 座、仓库 51 座，损失粮食 29.6 t；冲毁水土保持土坝 76 条，公路桥 2 处；死亡 9 人，压死牲口 29 头。

1958 年 7 月 14 日降暴雨，芮城冲毁棉秋作物面积 7 333 hm^2，倒塌房窑 430 间，压死 3 人，牲口 12 头。

1982 年 7 月 29 日至 8 月 13 日，岭底、陌南、西陌等 17 个公社连续降 3 次暴雨，降水 380 mm，淹没损失粮食 92.5 t，深井 6 眼，冲毁棉秋作物面积 2 800 hm^2，水淹房窑 1 184

间,倒塌房窑 103 间,死亡 6 人。

1983 年 9 月阴雨 20 d,10 月上、中旬阴雨 16 d,共降水 308 mm,全县 5 158 户居民受灾,倒塌房窑 3 081 间,压死 21 人,牲口 236 头,秋收农作物因涝成灾,12 067 hm^2 棉花减产 5.6 成。

2003 年 9 月,水峪涧流域连降暴雨,山洪暴发,坑头水库发生险情,西关、东关及造纸厂等单位受淹。

2007 年,安家涧流域突降暴雨,姚源水库发生险情,下游村庄撤离群众 500 余人。

2009 年 7 月,东垆乡沿河一带遭遇暴雨,坑南、牛皋、许坡等村冲毁房屋 1 000 余间。

2011 年 9 月,全县连降大雨,倒塌房屋 5 700 余间,农作物受灾 8 万亩,受灾人口 9.2 万人。

8.2 芮城县山洪灾害分析评价成果

8.2.1 分析评价名录确定

芮城县 37 个重点防治区名录见表 4-8-2。其中包括小流域面积、主沟道长度及比降、产流地类、汇流地类。

8.2.2 设计暴雨成果表

芮城县的 37 个重点防治区都进行了设计暴雨的推求,设计暴雨计算成果表、设计暴雨时程分配表分别见表 4-8-3、表 4-8-4。

8.2.3 设计洪水成果表

芮城县的 37 个重点防治区都进行了设计洪水的推求,设计洪水成果表、设计净雨深计算成果表分别见表 4-8-5、表 4-8-6。

8.2.4 现状防洪能力成果

芮城县的 37 个重点防治区中,有 13 个受河道洪水的影响,防洪能力均小于 5 年一遇划定了 13 个沿河村落的危险区等级,极高危险区内有 94 户 410 人,高危险区内有 17 户 68 人,危险区内有 9 户 31 人。受坡面汇流影响的有 24 个村落,重现期小于 5 年一遇的有 7 个,5~20 年一遇的有 7 个,大于 20 年的有 10 个。划定了 24 个沿河村落的危险区等级,极高危险区内有 13 户 57 人,高危险区内有 90 户 400 人,危险区内有 88 户 371 人。现状防洪能力成果见表 4-8-7。

8.2.5 预警指标分析成果

芮城县的 37 个重点防治区都进行了雨量预警指标的确定。芮城县预警指标分析成果表见表 4-8-8。

表 4-8-2 芮城县 37 个重点防治区基本信息汇总表

序号	行政区划名称	面积(km²)	主沟道长度(km)	主沟道比降(‰)	产流地类(km²)						汇流地类(km²)		
					变质岩森林山地	变质岩灌丛山地	耕种平地	黄土丘陵阶地	灰岩森林山地	灰岩灌丛山地	森林山地	灌丛山地	黄土丘陵
1	大王镇新兴村新兴	25.51	14.18	42.10	9.58	6.49		9.44			9.96	6.20	9.36
2	大王镇樊庄村高庄	27.74	16.13	35.68	9.58	6.49		11.66			9.96	6.20	11.58
3	永乐镇新村村严门	37.55	21.39	29.63	9.58	6.49		21.48			9.96	6.20	21.39
4	西陌镇夹沟村新庄	2.27	3.05	45.57				2.22		0.04		0.10	2.17
5	东垆乡西南村西南	1.93	2.31	24.49			1.93						1.93
6	大王镇南辿村泉沟	19.24	4.95	73.33	13.37	5.87					13.83	5.41	
7	大王镇李涧村双磨	61.53	19.61	32.98	22.95	16.32		22.27			23.79	15.60	22.15
8	永乐镇永乐村彩霞	63.53	22.12	30.14	22.95	16.32	1.17	23.09			23.79	15.60	24.15
9	永乐镇永乐村原头	63.98	22.71	29.38	22.95	16.32	1.62	23.09			23.79	15.59	24.60
10	西陌镇石湖村石湖	7.82	6.99	35.55				4.77	2.68	0.36	2.94	0.38	4.51
11	学张乡三坑村三坑	5.47	5.36	50.29		4.13		1.34				4.23	1.24
12	学张乡学张村学张	10.35	9.21	16.62		4.13	0.38	5.83				4.23	6.12
13	古魏镇王夭村阴夭	3.36	3.31	53.10				1.69		1.67		1.94	1.42
14	南卫乡东山底村	1.17	1.16	94.39				0.99		0.18		0.18	0.99
15	阳城镇永丰村石道	14.00	9.43	20.65	3.76	3.85		6.39			3.95	3.89	6.16
16	阳城镇北里村北里	18.74	2.80	19.21	3.27	5.21		10.26			3.52	5.16	10.06
17	阳城镇杜庄村南杜庄	43.94	6.79	18.54	7.02	9.07		27.85			7.46	9.06	27.42
18	永乐镇杨涧村杨涧	49.82	10.41	17.32	7.02	9.07		33.74			7.46	9.06	33.31

续表 4-8-2

序号	行政区划名称	面积(km^2)	主沟道长度(km)	主沟道比降(‰)	产流地类(km^2)						汇流地类(km^2)		
					变质岩森林山地	变质岩灌丛山地	耕种平地	黄土丘陵阶地	灰岩森林山地	灰岩灌丛山地	森林山地	灌丛山地	黄土丘陵
19	东垆乡许坡村许坡	0.60	1.58	88.93			0.60						0.60
20	东垆乡许坡村三甲坡	0.99	2.20	62.07			0.99						0.99
21	古魏镇坑头村坑头	26.16	12.03	41.64	0.41	5.83	0.42	9.51	4.14	5.86	5.18	11.30	9.68
22	古魏镇令花村西张	27.92	13.71	36.11	0.41	5.83	2.18	9.51	4.14	5.86	5.18	11.30	11.44
23	东垆乡坑南村	10.94	8.35	30.77			10.86	0.08					10.94
24	东垆乡崔家村崔家	3.18	1.88	43.05			3.18						3.18
25	风陵渡镇匼河村西城	34.19	8.18	15.01	0.11	10.62	1.00	22.46			0.13	11.90	22.16
26	西陌镇柏社村西滑	5.30	4.44	32.07			0.20	4.03	0.39	0.68	0.43	0.60	4.26
27	西陌镇柏社村核桃沟	9.48	4.83	27.98			0.71	7.71	0.39	0.68	0.43	0.60	8.44
28	阳城镇孙涧村后涧	26.62	15.78	54.81	1.22	5.80		19.61			1.35	5.90	19.37
29	阳城镇孙涧村王涧	26.80	17.27	37.57	1.22	5.80		19.78			1.35	5.90	19.55
30	阳城镇孙涧村封涧	28.82	18.69	30.96	1.22	5.80		21.80			1.35	5.90	21.57
31	西陌镇西陌村东陌	11.23	8.94	42.95			0.40	7.42	0.37	3.05	0.50	3.03	7.71
32	风陵渡镇北曲村新兴	13.78	14.67	34.82	3.66	1.72	0.00	8.40			3.92	1.60	8.26
33	西陌镇柏社村柏社	4.57	3.96	31.09			2.34	2.23					4.57
34	东垆乡许坡村桃红坡	0.60	0.80	92.83			0.38						0.38
35	东垆乡牛皋村牛皋	0.58	1.80	76.82			0.81						0.81
36	风陵渡镇东章村	8.43	7.60	28.69				5.78					5.78
37	学张乡水峪村后峪	9.62	2.30	67.63	8.38						8.38		

表 4-8-3　芮城县设计暴雨计算成果表

序号	行政区划名称	历时	均值 $\overline{H}$(mm)	变差系数 C_v	C_s/C_v	重现期雨量值 H_p(mm)				
						100 a($H_{1\%}$)	50 a($H_{2\%}$)	20 a($H_{5\%}$)	10 a($H_{10\%}$)	5 a($H_{20\%}$)
1	大王镇新兴村新兴	10 min	14.80	0.55	3.50	44.03	38.47	31.10	25.50	19.88
		60 min	30.40	0.53	3.50	87.26	76.58	62.39	51.57	40.62
		6 h	44.70	0.54	3.50	130.33	114.16	92.69	76.35	59.87
		24 h	60.20	0.49	3.50	162.05	143.38	118.42	99.22	79.59
		3 d	75.60	0.47	3.50	196.89	174.93	145.49	122.74	99.35
2	大王镇樊庄村高庄	10 min	14.90	0.56	3.50	44.53	38.89	31.40	25.73	20.03
		60 min	30.50	0.53	3.50	87.55	76.84	62.60	51.74	40.75
		6 h	44.80	0.54	3.50	130.62	114.42	92.90	76.52	60.00
		24 h	60.30	0.49	3.50	162.32	143.62	118.62	99.39	79.72
		3 d	75.70	0.47	3.50	197.15	175.16	145.68	122.90	99.48
3	永乐镇新村村严门	10 min	15.10	0.56	3.50	45.41	39.62	31.95	26.14	20.31
		60 min	30.70	0.53	3.50	88.12	77.34	63.01	52.08	41.02
		6 h	45.00	0.54	3.50	131.21	114.93	93.32	76.86	60.27
		24 h	59.80	0.52	3.50	168.95	148.58	121.46	100.73	79.70
		3 d	77.20	0.47	3.50	201.06	178.64	148.56	125.34	101.45

续表 4-8-3

序号	行政区划名称	历时	均值 $\overline{H}$(mm)	变差系数 C_v	C_s/C_v	重现期雨量值 H_p(mm)				
						100 a($H_{1\%}$)	50 a($H_{2\%}$)	20 a($H_{5\%}$)	10 a($H_{10\%}$)	5 a($H_{20\%}$)
4	西陌镇夹沟村新庄	10 min	14.40	0.50	3.50	39.59	34.94	28.73	23.96	19.11
		60 min	30.60	0.53	3.50	87.83	77.09	62.80	51.91	40.89
		6 h	49.80	0.57	3.50	152.06	132.42	106.44	86.79	67.12
		24 h	70.80	0.50	3.50	192.77	170.32	140.33	117.30	93.79
		3 d	94.80	0.50	3.50	258.53	228.38	188.10	157.18	125.61
5	东垆乡西南村西南	10 min	15.20	0.55	3.50	45.15	39.46	31.91	26.18	20.41
		60 min	31.30	0.55	3.50	92.83	81.14	65.64	53.86	42.02
		6 h	46.30	0.54	3.50	135.00	118.25	96.01	79.08	62.01
		24 h	61.20	0.53	3.50	175.67	154.18	125.61	103.82	81.77
		3 d	88.70	0.52	3.50	249.01	219.16	179.40	148.99	118.10
6	大王镇南辿村泉沟	10 min	14.20	0.54	3.50	41.40	36.27	29.45	24.25	19.02
		60 min	29.70	0.52	3.50	83.91	73.79	60.32	50.03	39.58
		6 h	44.70	0.54	3.50	130.33	114.16	92.69	76.35	59.87
		24 h	63.20	0.49	3.50	170.12	150.53	124.32	104.17	83.55
		3 d	76.20	0.47	3.50	198.45	176.32	146.64	123.72	100.13

续表 4-8-3

序号	行政区划名称	历时	均值 $\overline{H}$(mm)	变差系数 C_v	C_s/C_v	重现期雨量值 H_p(mm)				
						100 a($H_{1\%}$)	50 a($H_{2\%}$)	20 a($H_{5\%}$)	10 a($H_{10\%}$)	5 a($H_{20\%}$)
7	大王镇李涧村双磨	10 min	14.70	0.55	3.50	43.53	38.06	30.80	25.28	19.73
		60 min	29.80	0.52	3.50	84.19	74.04	60.53	50.20	39.72
		6 h	44.70	0.54	3.50	130.33	114.16	92.69	76.35	59.87
		24 h	60.20	0.50	3.50	164.71	145.44	119.70	99.96	79.81
		3 d	75.30	0.47	3.50	196.11	174.24	144.91	122.26	98.95
8	永乐镇永乐村彩霞	10 min	14.80	0.55	3.50	44.03	38.47	31.10	25.50	19.88
		60 min	30.40	0.53	3.50	87.26	76.58	62.39	51.57	40.62
		6 h	44.80	0.54	3.50	130.62	114.42	92.90	76.52	60.00
		24 h	60.10	0.50	3.50	164.43	145.19	119.51	99.79	79.68
		3 d	75.40	0.47	3.50	196.37	174.47	145.10	122.42	99.08
9	永乐镇永乐村原头	10 min	14.80	0.55	3.50	44.03	38.47	31.10	25.50	19.88
		60 min	30.40	0.53	3.50	87.26	76.58	62.39	51.57	40.62
		6 h	44.80	0.54	3.50	130.62	114.42	92.90	76.52	60.00
		24 h	60.10	0.50	3.50	164.43	145.19	119.51	99.79	79.68
		3 d	75.40	0.47	3.50	196.37	174.47	145.10	122.42	99.08

续表 4-8-3

序号	行政区划名称	历时	均值 $\overline{H}$(mm)	变差系数 C_v	C_s/C_v	重现期雨量值 H_p(mm)				
						100 a($H_{1\%}$)	50 a($H_{2\%}$)	20 a($H_{5\%}$)	10 a($H_{10\%}$)	5 a($H_{20\%}$)
10	西陌镇石湖村 石湖	10 min	14.40	0.52	3.50	40.68	35.78	29.25	24.26	19.19
		60 min	30.30	0.52	3.50	85.61	75.28	61.54	51.04	40.38
		6 h	49.50	0.56	3.50	148.86	129.88	104.75	85.70	66.59
		24 h	69.80	0.51	3.50	194.08	171.02	140.28	116.74	92.79
		3 d	91.30	0.49	3.50	245.76	217.45	179.60	150.48	120.70
11	学张乡三坑村 三坑	10 min	14.60	0.53	3.50	41.91	36.78	29.97	24.77	19.51
		60 min	30.50	0.54	3.50	88.24	77.37	62.92	51.92	40.80
		6 h	47.00	0.57	3.50	143.51	124.97	100.46	81.91	63.35
		24 h	65.00	0.51	3.50	180.73	159.26	130.64	108.71	86.41
		3 d	90.00	0.47	3.50	234.39	208.25	173.20	146.12	118.27
12	学张乡学张村 学张	10 min	14.60	0.54	3.50	42.24	37.03	30.12	24.85	19.53
		60 min	30.50	0.54	3.50	88.24	77.37	62.92	51.92	40.80
		6 h	47.00	0.57	3.50	143.51	124.97	100.46	81.91	63.35
		24 h	65.00	0.51	3.50	180.73	159.26	130.64	108.71	86.41
		3 d	90.00	0.47	3.50	234.39	208.25	173.20	146.12	118.27

续表 4-8-3

序号	行政区划名称	历时	均值 $\overline{H}$(mm)	变差系数 C_v	C_s/C_v	重现期雨量值 H_p(mm)				
						100 a($H_{1\%}$)	50 a($H_{2\%}$)	20 a($H_{5\%}$)	10 a($H_{10\%}$)	5 a($H_{20\%}$)
13	古魏镇王天村阴天	10 min	14.50	0.53	3.50	41.62	36.53	29.76	24.60	19.37
		60 min	30.30	0.53	3.50	86.97	76.33	62.19	51.40	40.48
		6 h	49.00	0.58	3.50	151.90	132.02	105.77	85.95	66.17
		24 h	71.00	0.51	3.50	197.42	173.96	142.69	118.75	94.39
		3 d	93.00	0.48	3.50	244.23	216.77	179.96	151.57	122.40
14	南卫乡东山底村	10 min	15.1	0.53	3.50	20.2	40.7	63.4	92.8	125.2
		60 min	30.5	0.52	3.50	155.4	116.2	81.9	51.4	25.6
		6 h	47.0	0.57	3.50	31.0	61.9	100.5	139.2	184.8
		24 h	70.0	0.50	3.50	38.0	75.8	125.0	169.1	223.0
		3 d	95.0	0.48	3.50	41.62	36.53	29.76	24.60	19.37
15	阳城镇永丰村石道	10 min	14.50	0.56	3.50	43.61	38.05	30.68	25.10	19.50
		60 min	30.10	0.53	3.50	86.40	75.83	61.78	51.06	40.22
		6 h	42.00	0.45	3.50	105.76	94.37	79.03	67.14	54.84
		24 h	63.00	0.47	3.50	164.08	145.78	121.24	102.29	82.79
		3 d	75.00	0.46	3.50	192.08	171.02	142.73	120.83	98.25

续表 4-8-3

序号	行政区划名称	历时	均值 $\overline{H}$(mm)	变差系数 C_v	C_s/C_v	重现期雨量值 H_p(mm)				
						100 a($H_{1\%}$)	50 a($H_{2\%}$)	20 a($H_{5\%}$)	10 a($H_{10\%}$)	5 a($H_{20\%}$)
16	阳城镇北里村北里	10 min	14.50	0.56	3.50	43.61	38.05	30.68	25.10	19.50
		60 min	30.10	0.53	3.50	86.40	75.83	61.78	51.06	40.22
		6 h	42.00	0.45	3.50	105.76	94.37	79.03	67.14	54.84
		24 h	63.00	0.47	3.50	164.08	145.78	121.24	102.29	82.79
		3 d	75.00	0.46	3.50	192.08	171.02	142.73	120.83	98.25
17	阳城镇杜庄村南杜庄	10 min	14.60	0.56	3.50	43.91	38.31	30.90	25.28	19.64
		60 min	30.10	0.53	3.50	86.40	75.83	61.78	51.06	40.22
		6 h	42.00	0.45	3.50	105.76	94.37	79.03	67.14	54.84
		24 h	63.00	0.47	3.50	164.08	145.78	121.24	102.29	82.79
		3 d	75.00	0.46	3.50	192.08	171.02	142.73	120.83	98.25
18	永乐镇杨涧村杨涧	10 min	14.00	0.56	3.50	42.10	36.73	29.63	24.24	18.83
		60 min	29.00	0.52	3.50	81.93	72.05	58.90	48.85	38.65
		6 h	43.00	0.53	3.50	123.43	108.33	88.25	72.94	57.45
		24 h	60.50	0.48	3.50	160.20	142.04	117.72	98.97	79.75
		3 d	73.50	0.47	3.50	189.83	168.84	140.66	118.88	96.43

续表 4-8-3

序号	行政区划名称	历时	均值 $\overline{H}$(mm)	变差系数 C_v	C_s/C_v	重现期雨量值 H_p(mm)				
						100 a($H_{1\%}$)	50 a($H_{2\%}$)	20 a($H_{5\%}$)	10 a($H_{10\%}$)	5 a($H_{20\%}$)
19	东垆乡许坡村许坡	10 min	14.60	0.54	3.50	42.24	37.03	30.12	24.85	19.53
		60 min	30.50	0.54	3.50	88.24	77.37	62.92	51.92	40.80
		6 h	47.00	0.57	3.50	143.51	124.97	100.46	81.91	63.35
		24 h	65.00	0.51	3.50	180.73	159.26	130.64	108.71	86.41
		3 d	90.00	0.47	3.50	234.39	208.25	173.20	146.12	118.27
20	东垆乡许坡村三甲坡	10 min	14.80	0.56	3.50	44.51	38.83	31.32	25.62	19.91
		60 min	30.50	0.55	3.50	90.32	78.96	63.90	52.45	40.94
		6 h	47.50	0.54	3.50	138.50	121.31	98.50	81.13	63.62
		24 h	59.00	0.52	3.50	166.69	146.59	119.84	99.38	78.64
		3 d	87.80	0.51	3.50	242.17	213.62	175.52	146.31	116.56
21	古魏镇坑头村坑头	10 min	14.30	0.53	3.50	41.05	36.03	29.35	24.26	24.26
		60 min	30.10	0.53	3.50	85.72	75.31	61.46	50.88	50.88
		6 h	49.00	0.57	3.50	149.62	130.29	104.73	85.39	85.39
		24 h	67.50	0.50	3.50	185.28	163.53	134.51	112.24	112.24
		3 d	89.80	0.49	3.50	239.75	212.35	175.69	147.46	147.46

续表 4-8-3

序号	行政区划名称	历时	均值 $\overline{H}$(mm)	变差系数 C_v	C_s/C_v	重现期雨量值 H_p(mm)				
						100 a($H_{1\%}$)	50 a($H_{2\%}$)	20 a($H_{5\%}$)	10 a($H_{10\%}$)	5 a($H_{20\%}$)
22	古魏镇令花村西张	10 min	14.35	0.54	3.50	41.51	36.40	29.60	24.43	19.20
		60 min	30.15	0.53	3.50	86.54	75.95	61.88	51.14	40.28
		6 h	48.50	0.57	3.50	146.97	128.11	103.15	84.25	65.31
		24 h	66.80	0.51	3.50	184.84	162.98	133.83	111.48	88.73
		3 d	89.30	0.49	3.50	240.38	212.69	175.66	147.19	118.06
23	东垆乡坑南村	10 min	14.80	0.55	3.50	43.83	38.31	31.01	25.45	19.87
		60 min	30.50	0.55	3.50	90.32	78.96	63.90	52.45	40.94
		6 h	48.00	0.54	3.50	139.96	122.59	99.54	81.99	64.29
		24 h	60.00	0.52	3.50	168.17	148.04	121.23	100.71	79.87
		3 d	89.00	0.51	3.50	245.48	216.54	177.92	148.31	118.16
24	东垆乡崔家村崔家	10 min	14.80	0.55	3.50	43.96	38.42	31.07	25.49	19.87
		60 min	30.50	0.55	3.50	90.32	78.96	63.90	52.45	40.94
		6 h	48.00	0.54	3.50	139.52	122.26	99.33	81.88	64.26
		24 h	60.00	0.52	3.50	168.17	148.04	121.23	100.71	79.87
		3 d	88.90	0.51	3.50	245.21	216.29	177.72	148.15	118.02

续表 4-8-3

序号	行政区划名称	历时	均值 $\overline{H}$(mm)	变差系数 C_v	C_s/C_v	重现期雨量值 H_p(mm)				
						100 a($H_{1\%}$)	50 a($H_{2\%}$)	20 a($H_{5\%}$)	10 a($H_{10\%}$)	5 a($H_{20\%}$)
25	风陵渡镇匼河村西城	10 min	14.20	0.56	3.50	42.70	37.26	30.05	24.58	19.10
		60 min	29.50	0.55	3.50	86.69	75.86	61.49	50.56	39.55
		6 h	42.00	0.53	3.50	119.61	105.08	85.75	71.00	56.05
		24 h	58.00	0.50	3.50	158.69	140.12	115.33	96.30	76.89
		3 d	74.50	0.47	3.50	192.41	171.13	142.57	120.49	97.75
26	西陌镇柏社村西滑	10 min	14.20	0.51	3.50	39.48	34.79	28.54	23.75	18.88
		60 min	30.50	0.53	3.50	87.55	76.84	62.60	51.74	40.75
		6 h	50.00	0.56	3.50	150.36	131.19	105.81	86.56	67.26
		24 h	73.00	0.51	3.50	202.98	178.86	146.71	122.09	97.04
		3 d	95.00	0.48	3.50	251.55	223.04	184.85	155.41	125.22
27	西陌镇柏社村核桃沟	10 min	14.20	0.52	3.50	40.12	35.28	28.84	23.92	18.93
		60 min	31.00	0.54	3.50	89.68	78.63	63.95	52.77	41.47
		6 h	50.00	0.57	3.50	151.52	132.07	106.34	86.85	67.33
		24 h	73.20	0.51	3.50	203.53	179.35	147.12	122.43	97.31
		3 d	95.00	0.48	3.50	251.55	223.04	184.85	155.41	125.22

续表 4-8-3

序号	行政区划名称	历时	均值 $\overline{H}$(mm)	变差系数 C_v	C_s/C_v	重现期雨量值 H_p(mm)				
						100 a($H_{1\%}$)	50 a($H_{2\%}$)	20 a($H_{5\%}$)	10 a($H_{10\%}$)	5 a($H_{20\%}$)
28	阳城镇孙涧村后涧	10 min	14.50	0.57	3.50	44.28	38.56	30.99	25.27	19.54
		60 min	31.00	0.53	3.50	88.98	78.10	63.62	52.59	41.42
		6 h	44.00	0.54	3.50	128.29	112.37	91.24	75.16	58.93
		24 h	60.00	0.50	3.50	164.16	144.95	119.31	99.62	79.55
		3 d	75.00	0.48	3.50	198.60	176.08	145.93	122.70	98.86
29	阳城镇孙涧村王涧	10 min	14.50	0.57	3.50	44.28	38.56	30.99	25.27	19.54
		60 min	31.00	0.53	3.50	88.98	78.10	63.62	52.59	41.42
		6 h	44.00	0.54	3.50	128.29	112.37	91.24	75.16	58.93
		24 h	60.00	0.50	3.50	164.16	144.95	119.31	99.62	79.55
		3 d	75.00	0.48	3.50	198.60	176.08	145.93	122.70	98.86
30	阳城镇孙涧村封涧	10 min	14.50	0.58	3.50	44.95	39.07	31.30	25.43	19.58
		60 min	31.50	0.54	3.50	91.13	79.90	64.99	53.62	42.14
		6 h	44.00	0.54	3.50	127.29	111.61	90.77	74.90	58.86
		24 h	60.20	0.50	3.50	164.71	145.44	119.70	99.96	79.81
		3 d	75.00	0.49	3.50	200.24	177.35	146.73	123.16	99.01

续表 4-8-3

序号	行政区划名称	历时	均值 $\overline{H}$(mm)	变差系数 C_v	C_s/C_v	重现期雨量值 H_p(mm)				
						100 a($H_{1\%}$)	50 a($H_{2\%}$)	20 a($H_{5\%}$)	10 a($H_{10\%}$)	5 a($H_{20\%}$)
31	西陌镇西陌村东陌	10 min	14.30	0.53	3.50	41.05	36.03	29.35	24.26	19.11
		60 min	31.20	0.54	3.50	90.97	79.68	64.70	53.29	41.79
		6 h	50.50	0.56	3.50	151.87	132.50	106.87	87.43	67.93
		24 h	73.50	0.52	3.50	207.66	182.62	149.29	123.81	97.96
		3 d	95.50	0.49	3.50	257.07	227.46	187.86	157.40	126.25
32	风陵渡镇北曲村新兴	10 min	14.20	0.57	3.50	43.36	37.76	30.35	24.75	19.14
		60 min	29.50	0.55	3.50	86.69	75.86	61.49	50.56	39.55
		6 h	43.00	0.53	3.50	123.43	108.33	88.25	72.94	57.45
		24 h	57.00	0.48	3.50	150.93	133.82	110.91	93.25	75.13
		3 d	74.40	0.47	3.50	193.77	172.16	143.18	120.79	97.77
33	西陌镇柏社村柏社	10 min	14.50	0.53	3.50	41.29	36.28	29.61	24.51	19.35
		60 min	30.50	0.53	3.50	87.55	76.84	62.60	51.74	40.75
		6 h	48.00	0.55	3.50	142.15	124.26	100.56	82.55	64.43
		24 h	68.00	0.51	3.50	189.07	166.61	136.67	113.73	90.40
		3 d	90.00	0.50	3.50	246.24	217.43	178.96	149.44	119.32

续表 4-8-3

序号	行政区划名称	历时	均值 $\overline{H}$(mm)	变差系数 C_v	C_s/C_v	重现期雨量值 H_p(mm)				
						100 a($H_{1\%}$)	50 a($H_{2\%}$)	20 a($H_{5\%}$)	10 a($H_{10\%}$)	5 a($H_{20\%}$)
34	东垆乡许坡村桃红坡	10 min	14.80	0.55	3.50	66.06	60.12	52.24	46.27	40.32
		60 min	30.50	0.55	3.50	121.35	110.69	96.56	85.85	75.14
		6 h	48.00	0.54	3.50	188.44	172.15	150.54	134.16	117.75
		24 h	60.00	0.52	3.50	232.52	212.50	185.96	165.80	145.63
		3 d	88.90	0.51	3.50	343.78	314.49	275.63	246.13	216.51
35	东垆乡牛皋村牛皋	10 min	14.80	0.55	3.50	65.25	59.39	51.60	45.73	39.82
		60 min	30.50	0.55	3.50	120.14	109.60	95.61	85.03	74.41
		6 h	48.00	0.54	3.50	187.19	171.02	149.56	133.32	117.02
		24 h	60.00	0.52	3.50	231.78	211.85	185.40	165.34	145.22
		3 d	88.90	0.51	3.50	343.04	313.84	275.07	245.66	216.12

续表 4-8-3

序号	行政区划名称	历时	均值 $\overline{H}$(mm)	变差系数 C_v	C_s/C_v	重现期雨量值 H_p(mm)				
						100 a($H_{1\%}$)	50 a($H_{2\%}$)	20 a($H_{5\%}$)	10 a($H_{10\%}$)	5 a($H_{20\%}$)
36	风陵渡镇东章村	10 min	14.10	0.56	3.50	42.30	36.86	29.65	24.18	18.70
		60 min	29.40	0.55	3.50	86.29	75.46	61.09	50.16	39.15
		6 h	41.90	0.53	3.50	119.21	104.68	85.35	70.60	55.65
		24 h	57.90	0.50	3.50	158.29	139.72	114.93	95.90	76.49
		3 d	74.40	0.47	3.50	192.01	170.73	142.17	120.09	97.35
37	学张乡水峪村后峪	10 min	14.10	0.54	3.50	41.00	35.87	29.05	23.85	18.62
		60 min	29.60	0.52	3.50	83.51	73.39	59.92	49.63	39.18
		6 h	44.60	0.54	3.50	129.93	113.76	92.29	75.95	59.47
		24 h	63.10	0.49	3.50	169.72	150.13	123.92	103.77	83.15
		3 d	76.10	0.47	3.50	198.05	175.92	146.24	123.32	99.73

表 4-8-4　芮城县设计暴雨时程分配表

序号	行政区划名称	时段长	时段序号	重现期时段雨量值(mm)				
				100 a($H_{1\%}$)	50 a($H_{2\%}$)	20 a($H_{5\%}$)	10 a($H_{10\%}$)	5 a($H_{20\%}$)
1	大王镇新兴村新兴	0.5 h	1	2.10	1.88	1.58	1.34	1.10
			2	2.31	2.06	1.73	1.47	1.20
			3	2.55	2.27	1.90	1.61	1.31
			4	4.94	4.38	3.62	3.05	2.45
			5	5.99	5.31	4.38	3.67	2.94
			6	16.07	14.14	11.54	9.59	7.57
			7	57.87	50.70	41.20	33.98	26.67
			8	10.28	9.06	7.43	6.20	4.92
			9	7.58	6.70	5.51	4.61	3.68
			10	4.19	3.72	3.09	2.60	2.10
			11	3.62	3.22	2.68	2.26	1.83
			12	3.19	2.84	2.36	2.00	1.62
2	大王镇樊庄村高庄	0.5 h	1	2.10	1.88	1.58	1.35	1.10
			2	2.31	2.06	1.73	1.47	1.20
			3	2.54	2.27	1.90	1.61	1.31
			4	4.92	4.36	3.61	3.04	2.44
			5	5.96	5.28	4.36	3.66	2.94
			6	15.96	14.05	11.48	9.55	7.56
			7	57.95	50.78	41.23	34.01	26.68
			8	10.21	9.01	7.39	6.18	4.91
			9	7.54	6.66	5.49	4.60	3.67
			10	4.17	3.71	3.08	2.59	2.09
			11	3.61	3.21	2.67	2.26	1.83
			12	3.18	2.83	2.36	2.00	1.62

续表 4-8-4

序号	行政区划名称	时段长	时段序号	重现期时段雨量值(mm)				
				100 a($H_{1\%}$)	50 a($H_{2\%}$)	20 a($H_{5\%}$)	10 a($H_{10\%}$)	5 a($H_{20\%}$)
3	永乐镇新村村严门	0.5 h	1	2.26	2.00	1.64	1.37	1.10
			2	2.46	2.17	1.79	1.50	1.20
			3	2.69	2.38	1.96	1.64	1.31
			4	5.00	4.42	3.64	3.05	2.43
			5	6.01	5.31	4.38	3.66	2.92
			6	15.59	13.76	11.31	9.43	7.50
			7	57.26	50.21	40.86	33.71	26.48
			8	10.09	8.91	7.33	6.12	4.88
			9	7.52	6.65	5.48	4.57	3.65
			10	4.28	3.79	3.12	2.61	2.08
			11	3.74	3.31	2.72	2.28	1.82
			12	3.31	2.93	2.41	2.02	1.61
4	西陌镇夹沟村新庄	0.5 h	1	2.90	2.57	2.13	1.79	1.44
			2	3.18	2.82	2.33	1.95	1.56
			3	3.51	3.10	2.55	2.13	1.70
			4	6.73	5.88	4.75	3.90	3.04
			5	8.11	7.07	5.70	4.66	3.61
			6	20.58	17.85	14.24	11.54	8.83
			7	62.00	54.43	44.36	36.71	28.91
			8	13.56	11.77	9.41	7.65	5.87
			9	10.16	8.84	7.09	5.78	4.46
			10	5.73	5.02	4.07	3.35	2.63
			11	4.98	4.37	3.56	2.94	2.31
			12	4.38	3.86	3.15	2.61	2.07

续表 4-8-4

序号	行政区划名称	时段长	时段序号	重现期时段雨量值(mm)				
				100 a($H_{1\%}$)	50 a($H_{2\%}$)	20 a($H_{5\%}$)	10 a($H_{10\%}$)	5 a($H_{20\%}$)
5	东垆乡西南村西南	0.5 h	1	2.28	2.01	1.65	1.37	1.09
			2	2.50	2.21	1.81	1.50	1.20
			3	2.77	2.44	2.00	1.66	1.32
			4	5.41	4.76	3.88	3.22	2.54
			5	6.58	5.78	4.72	3.90	3.08
			6	17.86	15.65	12.73	10.49	8.22
			7	66.13	57.84	46.87	38.52	30.11
			8	11.36	9.96	8.11	6.70	5.26
			9	8.35	7.33	5.97	4.94	3.88
			10	4.58	4.03	3.29	2.73	2.16
			11	3.96	3.48	2.85	2.36	1.87
			12	3.47	3.06	2.50	2.08	1.65
6	大王镇南辿村泉沟	0.5 h	1	2.39	2.13	1.78	1.50	1.22
			2	2.60	2.31	1.93	1.63	1.32
			3	2.85	2.53	2.11	1.78	1.44
			4	5.28	4.67	3.85	3.22	2.58
			5	6.34	5.60	4.60	3.84	3.07
			6	16.19	14.23	11.60	9.60	7.57
			7	55.94	49.08	39.99	33.06	26.05
			8	10.56	9.30	7.61	6.32	5.01
			9	7.91	6.98	5.72	4.77	3.79
			10	4.52	4.01	3.31	2.78	2.23
			11	3.95	3.50	2.90	2.44	1.96
			12	3.50	3.11	2.58	2.17	1.75

续表 4-8-4

序号	行政区划名称	时段长	时段序号	重现期时段雨量值(mm)				
				100 a($H_{1\%}$)	50 a($H_{2\%}$)	20 a($H_{5\%}$)	10 a($H_{10\%}$)	5 a($H_{20\%}$)
7	大王镇李涧村双磨	0.5 h	1	2.24	2.00	1.66	1.40	1.14
			2	2.44	2.17	1.81	1.52	1.23
			3	2.67	2.37	1.97	1.67	1.35
			4	4.93	4.37	3.62	3.04	2.44
			5	5.91	5.24	4.33	3.63	2.91
			6	15.13	13.34	10.95	9.13	7.27
			7	53.30	46.80	38.16	31.57	24.91
			8	9.86	8.71	7.17	5.99	4.79
			9	7.38	6.53	5.39	4.51	3.61
			10	4.23	3.75	3.11	2.61	2.10
			11	3.70	3.28	2.72	2.29	1.85
			12	3.28	2.91	2.42	2.04	1.64
8	永乐镇永乐村彩霞	0.5 h	1	2.17	1.94	1.62	1.37	1.12
			2	2.37	2.11	1.76	1.49	1.22
			3	2.61	2.32	1.94	1.64	1.33
			4	4.95	4.39	3.63	3.04	2.44
			5	5.97	5.28	4.36	3.65	2.92
			6	15.58	13.73	11.23	9.32	7.39
			7	54.39	47.70	38.81	32.04	25.20
			8	10.08	8.90	7.30	6.08	4.84
			9	7.50	6.63	5.46	4.56	3.64
			10	4.22	3.74	3.10	2.61	2.10
			11	3.67	3.26	2.70	2.28	1.84
			12	3.24	2.88	2.39	2.02	1.63

续表 4-8-4

序号	行政区划名称	时段长	时段序号	重现期时段雨量值(mm)				
				100 a($H_{1\%}$)	50 a($H_{2\%}$)	20 a($H_{5\%}$)	10 a($H_{10\%}$)	5 a($H_{20\%}$)
9	永乐镇永乐村原头	0.5 h	1	2.17	1.94	1.62	1.37	1.12
			2	2.37	2.11	1.77	1.50	1.22
			3	2.61	2.32	1.94	1.64	1.33
			4	4.95	4.39	3.63	3.04	2.44
			5	5.97	5.28	4.36	3.65	2.92
			6	15.57	13.72	11.22	9.32	7.39
			7	54.36	47.67	38.80	32.02	25.19
			8	10.08	8.90	7.30	6.08	4.84
			9	7.50	6.63	5.45	4.56	3.64
			10	4.22	3.74	3.10	2.61	2.10
			11	3.67	3.26	2.70	2.28	1.84
			12	3.24	2.88	2.39	2.02	1.63
10	西陌镇石湖村石湖	0.5 h	1	2.98	2.63	2.16	1.80	1.44
			2	3.24	2.86	2.34	1.95	1.55
			3	3.54	3.12	2.56	2.13	1.69
			4	6.44	5.65	4.59	3.79	2.98
			5	7.68	6.73	5.46	4.50	3.53
			6	18.89	16.51	13.32	10.92	8.51
			7	59.29	52.10	42.51	35.20	27.81
			8	12.56	10.98	8.88	7.29	5.69
			9	9.52	8.33	6.74	5.54	4.34
			10	5.55	4.87	3.97	3.28	2.58
			11	4.87	4.28	3.49	2.89	2.28
			12	4.33	3.81	3.11	2.58	2.04

续表 4-8-4

序号	行政区划名称	时段长	时段序号	重现期时段雨量值(mm)				
				100 a($H_{1\%}$)	50 a($H_{2\%}$)	20 a($H_{5\%}$)	10 a($H_{10\%}$)	5 a($H_{20\%}$)
11	学张乡三坑村三坑	0.5 h	1	2.56	2.27	1.87	1.57	1.26
			2	2.80	2.48	2.04	1.71	1.36
			3	3.10	2.73	2.24	1.87	1.49
			4	5.97	5.23	4.24	3.49	2.73
			5	7.22	6.31	5.11	4.19	3.27
			6	18.81	16.38	13.16	10.71	8.25
			7	61.66	54.02	43.90	36.15	28.35
			8	12.21	10.65	8.58	7.00	5.41
			9	9.08	7.93	6.40	5.24	4.07
			10	5.07	4.45	3.62	2.99	2.35
			11	4.40	3.87	3.15	2.61	2.06
			12	3.87	3.41	2.78	2.31	1.83
12	学张乡学张村学张	0.5 h	1	2.56	2.27	1.88	1.57	1.26
			2	2.81	2.49	2.05	1.71	1.37
			3	3.09	2.74	2.25	1.88	1.50
			4	5.91	5.19	4.21	3.48	2.73
			5	7.14	6.25	5.06	4.17	3.26
			6	18.46	16.08	12.93	10.56	8.16
			7	60.40	52.90	42.96	35.41	27.75
			8	12.02	10.49	8.45	6.92	5.37
			9	8.96	7.83	6.33	5.20	4.05
			10	5.04	4.42	3.60	2.98	2.35
			11	4.37	3.85	3.14	2.60	2.06
			12	3.85	3.40	2.78	2.31	1.83

续表 4-8-4

序号	行政区划名称	时段长	时段序号	重现期时段雨量值(mm)				
				100 a($H_{1\%}$)	50 a($H_{2\%}$)	20 a($H_{5\%}$)	10 a($H_{10\%}$)	5 a($H_{20\%}$)
13	古魏镇王夭村阴天	0.25 h	1	1.61	1.42	1.17	0.97	0.77
			2	1.68	1.48	1.21	1.01	0.80
			3	1.76	1.55	1.27	1.05	0.84
			4	1.84	1.62	1.33	1.10	0.87
			5	3.16	2.76	2.24	1.84	1.44
			6	3.42	3.00	2.42	1.99	1.55
			7	3.74	3.27	2.64	2.17	1.69
			8	4.12	3.60	2.90	2.38	1.85
			9	8.50	7.39	5.92	4.82	3.71
			10	16.05	13.96	11.17	9.09	6.97
			11	46.11	40.50	33.04	27.34	21.56
			12	10.99	9.55	7.64	6.22	4.77
			13	6.97	6.07	4.87	3.97	3.06
			14	5.93	5.17	4.15	3.39	2.61
			15	5.17	4.51	3.62	2.96	2.29
			16	4.58	4.00	3.22	2.64	2.04
			17	2.93	2.57	2.08	1.71	1.34
			18	2.73	2.39	1.94	1.60	1.26
			19	2.56	2.24	1.82	1.50	1.18
			20	2.40	2.11	1.72	1.42	1.12
			21	2.27	1.99	1.62	1.34	1.06
			22	2.14	1.88	1.54	1.27	1.00
			23	2.03	1.79	1.46	1.21	0.96
			24	1.93	1.70	1.39	1.15	0.91

续表 4-8-4

序号	行政区划名称	时段长	时段序号	重现期时段雨量值(mm)				
				100 a($H_{1\%}$)	50 a($H_{2\%}$)	20 a($H_{5\%}$)	10 a($H_{10\%}$)	5 a($H_{20\%}$)
14	南卫乡东山底村	0.5 h	1	2.85	2.53	2.08	2.08	1.40
			2	3.09	2.73	2.25	2.25	1.51
			3	3.36	2.98	2.45	2.45	1.63
			4	6.06	5.32	4.34	4.34	2.81
			5	7.23	6.33	5.15	5.15	3.32
			6	18.06	15.74	12.70	12.70	7.99
			7	63.80	55.91	45.51	45.51	29.43
			8	11.87	10.36	8.39	8.39	5.32
			9	8.96	7.84	6.36	6.36	4.07
			10	5.23	4.60	3.75	3.75	2.45
			11	4.59	4.05	3.31	3.31	2.17
			12	4.10	3.61	2.96	2.96	1.95
15	阳城镇永丰村石道	0.5 h	1	2.17	1.95	1.65	1.42	1.18
			2	2.33	2.09	1.78	1.53	1.27
			3	2.51	2.26	1.92	1.65	1.37
			4	4.30	3.88	3.30	2.85	2.38
			5	5.07	4.57	3.90	3.37	2.81
			6	12.45	11.22	9.55	8.24	6.84
			7	55.20	48.59	39.79	33.05	26.19
			8	8.19	7.39	6.29	5.44	4.53
			9	6.23	5.62	4.79	4.14	3.45
			10	3.75	3.38	2.87	2.48	2.07
			11	3.33	3.00	2.55	2.20	1.83
			12	3.00	2.70	2.30	1.98	1.65

续表 4-8-4

序号	行政区划名称	时段长	时段序号	重现期时段雨量值(mm)				
				100 a($H_{1\%}$)	50 a($H_{2\%}$)	20 a($H_{5\%}$)	10 a($H_{10\%}$)	5 a($H_{20\%}$)
16	阳城镇北里村北里	0.5 h	1	2.17	1.95	1.66	1.42	1.18
			2	2.33	2.10	1.78	1.53	1.27
			3	2.51	2.26	1.92	1.65	1.38
			4	4.29	3.87	3.30	2.85	2.38
			5	5.06	4.56	3.89	3.36	2.80
			6	12.37	11.16	9.49	8.19	6.80
			7	54.42	47.92	39.25	32.60	25.85
			8	8.15	7.36	6.27	5.42	4.51
			9	6.20	5.60	4.77	4.13	3.44
			10	3.74	3.37	2.87	2.48	2.07
			11	3.33	3.00	2.55	2.20	1.83
			12	3.00	2.70	2.30	1.98	1.65
17	阳城镇杜庄村南杜庄	0.25 h	1	1.14	1.03	0.88	0.75	0.63
			2	1.18	1.07	0.91	0.78	0.65
			3	1.23	1.11	0.94	0.81	0.68
			4	1.28	1.15	0.98	0.85	0.70
			5	2.04	1.84	1.57	1.36	1.14
			6	2.20	1.99	1.69	1.46	1.22
			7	2.38	2.15	1.83	1.59	1.33
			8	2.60	2.35	2.00	1.74	1.45
			9	5.23	4.72	4.02	3.48	2.90
			10	10.17	9.15	7.75	6.67	5.52
			11	41.72	36.56	29.71	24.48	19.21
			12	6.80	6.14	5.21	4.50	3.74

续表 4-8-4

序号	行政区划名称	时段长	时段序号	重现期时段雨量值(mm)				
				100 a($H_{1\%}$)	50 a($H_{2\%}$)	20 a($H_{5\%}$)	10 a($H_{10\%}$)	5 a($H_{20\%}$)
17	阳城镇杜庄村南杜庄	0.25 h	13	4.30	3.88	3.31	2.86	2.39
			14	3.67	3.32	2.83	2.45	2.04
			15	3.22	2.91	2.48	2.15	1.79
			16	2.88	2.60	2.21	1.92	1.60
			17	1.91	1.72	1.47	1.27	1.06
			18	1.80	1.62	1.38	1.19	1.00
			19	1.70	1.53	1.30	1.13	0.94
			20	1.61	1.45	1.23	1.07	0.89
			21	1.53	1.38	1.17	1.01	0.84
			22	1.46	1.31	1.12	0.96	0.80
			23	1.39	1.25	1.07	0.92	0.77
			24	1.33	1.20	1.02	0.88	0.73
18	永乐镇杨涧村杨涧	0.5 h	1	2.18	1.95	1.64	1.41	1.16
			2	2.36	2.12	1.78	1.52	1.25
			3	2.59	2.31	1.94	1.66	1.36
			4	4.75	4.23	3.53	2.98	2.42
			5	5.69	5.06	4.21	3.55	2.87
			6	14.52	12.84	10.57	8.83	7.05
			7	52.21	45.81	37.26	30.76	24.20
			8	9.46	8.39	6.93	5.82	4.67
			9	7.09	6.30	5.22	4.40	3.55
			10	4.08	3.63	3.03	2.57	2.09
			11	3.57	3.18	2.66	2.26	1.85
			12	3.17	2.83	2.37	2.02	1.65

续表 4-8-4

序号	行政区划名称	时段长	时段序号	重现期时段雨量值(mm)				
				100 a($H_{1\%}$)	50 a($H_{2\%}$)	20 a($H_{5\%}$)	10 a($H_{10\%}$)	5 a($H_{20\%}$)
19	东垆乡许坡村许坡	0.5 h	1	2.52	2.23	1.84	1.54	1.24
			2	2.77	2.45	2.02	1.69	1.35
			3	3.06	2.71	2.22	1.85	1.48
			4	5.98	5.24	4.25	3.50	2.74
			5	7.26	6.35	5.14	4.22	3.29
			6	19.25	16.75	13.46	10.95	8.43
			7	65.07	56.95	46.19	37.99	29.70
			8	12.40	10.81	8.70	7.10	5.49
			9	9.17	8.01	6.46	5.29	4.11
			10	5.07	4.45	3.62	2.99	2.35
			11	4.38	3.85	3.14	2.60	2.05
			12	3.85	3.38	2.77	2.30	1.82
20	东垆乡许坡村三甲坡	0.5 h	1	2.08	1.85	1.53	1.28	1.03
			2	2.31	2.05	1.69	1.42	1.14
			3	2.58	2.29	1.89	1.58	1.26
			4	5.34	4.70	3.86	3.20	2.55
			5	6.57	5.78	4.73	3.93	3.11
			6	18.51	16.22	13.19	10.88	8.55
			7	66.76	58.32	47.17	38.70	30.18
			8	11.62	10.21	8.32	6.88	5.43
			9	8.43	7.42	6.06	5.02	3.97
			10	4.46	3.94	3.23	2.69	2.14
			11	3.81	3.37	2.77	2.31	1.84
			12	3.31	2.93	2.41	2.01	1.60

续表 4-8-4

序号	行政区划名称	时段长	时段序号	重现期时段雨量值(mm)				
				100 a($H_{1\%}$)	50 a($H_{2\%}$)	20 a($H_{5\%}$)	10 a($H_{10\%}$)	5 a($H_{20\%}$)
21	古魏镇坑头村坑头	0.5 h	1	2.76	2.45	2.03	1.71	1.71
			2	3.01	2.67	2.21	1.85	1.85
			3	3.31	2.93	2.42	2.02	2.02
			4	6.18	5.43	4.43	3.66	3.66
			5	7.41	6.50	5.28	4.36	4.36
			6	18.49	16.14	13.02	10.66	10.66
			7	56.62	49.70	40.48	33.45	33.45
			8	12.24	10.70	8.66	7.10	7.10
			9	9.23	8.08	6.55	5.39	5.39
			10	5.29	4.66	3.81	3.16	3.16
			11	4.62	4.07	3.33	2.77	2.77
			12	4.09	3.61	2.96	2.47	2.47
22	古魏镇令花村西张	0.5 h	1	2.73	2.42	2.00	1.68	1.35
			2	2.97	2.63	2.17	1.82	1.46
			3	3.26	2.89	2.38	1.99	1.59
			4	6.07	5.33	4.35	3.60	2.84
			5	7.27	6.38	5.19	4.28	3.37
			6	18.18	15.88	12.82	10.50	8.20
			7	56.72	49.74	40.48	33.40	26.29
			8	12.01	10.51	8.51	6.99	5.47
			9	9.05	7.93	6.44	5.30	4.16
			10	5.20	4.58	3.74	3.10	2.46
			11	4.54	4.00	3.28	2.73	2.16
			12	4.03	3.55	2.91	2.43	1.93

续表 4-8-4

序号	行政区划名称	时段长	时段序号	重现期时段雨量值(mm)				
				100 a($H_{1\%}$)	50 a($H_{2\%}$)	20 a($H_{5\%}$)	10 a($H_{10\%}$)	5 a($H_{20\%}$)
23	东垆乡坑南村	0.25 h	1	1.17	1.04	0.86	0.73	0.58
			2	1.24	1.10	0.91	0.76	0.61
			3	1.31	1.16	0.96	0.80	0.65
			4	1.38	1.22	1.01	0.85	0.68
			5	2.59	2.29	1.87	1.56	1.24
			6	2.85	2.51	2.05	1.71	1.35
			7	3.15	2.77	2.27	1.88	1.49
			8	3.51	3.09	2.52	2.09	1.66
			9	7.84	6.87	5.59	4.61	3.62
			10	15.56	13.62	11.04	9.07	7.10
			11	46.45	40.67	32.99	27.12	21.24
			12	10.37	9.08	7.37	6.07	4.76
			13	6.31	5.54	4.51	3.72	2.93
			14	5.28	4.64	3.78	3.12	2.46
			15	4.53	3.98	3.25	2.69	2.12
			16	3.96	3.48	2.84	2.36	1.86
			17	2.38	2.10	1.72	1.43	1.14
			18	2.19	1.94	1.59	1.33	1.06
			19	2.03	1.79	1.47	1.23	0.98
			20	1.89	1.67	1.37	1.15	0.92
			21	1.77	1.56	1.28	1.07	0.86
			22	1.65	1.46	1.20	1.01	0.81
			23	1.55	1.37	1.13	0.95	0.76
			24	1.46	1.29	1.07	0.90	0.72

续表 4-8-4

序号	行政区划名称	时段长	时段序号	重现期时段雨量值(mm)				
				100 a($H_{1\%}$)	50 a($H_{2\%}$)	20 a($H_{5\%}$)	10 a($H_{10\%}$)	5 a($H_{20\%}$)
24	东垆乡崔家村崔家	0.5 h	1	2.15	1.91	1.58	1.33	1.07
			2	2.38	2.11	1.75	1.47	1.18
			3	2.66	2.36	1.95	1.63	1.31
			4	5.44	4.80	3.93	3.27	2.60
			5	6.67	5.88	4.81	3.99	3.16
			6	18.52	16.23	13.18	10.86	8.52
			7	64.78	56.64	45.88	37.71	29.47
			8	11.72	10.29	8.37	6.92	5.45
			9	8.54	7.51	6.13	5.08	4.01
			10	4.56	4.03	3.30	2.75	2.19
			11	3.90	3.45	2.84	2.37	1.89
			12	3.39	3.00	2.47	2.07	1.65
25	风陵渡镇匼河村西城	0.5 h	1	2.04	1.83	1.53	1.30	1.06
			2	2.23	1.99	1.67	1.42	1.15
			3	2.45	2.19	1.83	1.55	1.26
			4	4.64	4.12	3.41	2.87	2.32
			5	5.59	4.96	4.11	3.45	2.77
			6	14.77	13.01	10.68	8.89	7.07
			7	54.75	47.95	38.93	32.04	25.13
			8	9.49	8.38	6.90	5.77	4.61
			9	7.04	6.23	5.14	4.31	3.46
			10	3.95	3.51	2.92	2.46	1.99
			11	3.44	3.06	2.55	2.15	1.74
			12	3.04	2.71	2.26	1.91	1.55

续表 4-8-4

序号	行政区划名称	时段长	时段序号	重现期时段雨量值(mm)				
				100 a($H_{1\%}$)	50 a($H_{2\%}$)	20 a($H_{5\%}$)	10 a($H_{10\%}$)	5 a($H_{20\%}$)
26	西陌镇柏社村西滑	0.25 h	1	1.69	1.49	1.22	1.02	0.81
			2	1.76	1.55	1.27	1.06	0.84
			3	1.84	1.62	1.33	1.11	0.88
			4	1.93	1.70	1.39	1.16	0.92
			5	3.29	2.88	2.33	1.92	1.50
			6	3.56	3.11	2.52	2.07	1.62
			7	3.88	3.39	2.74	2.25	1.76
			8	4.27	3.73	3.01	2.47	1.92
			9	8.67	7.55	6.06	4.94	3.82
			10	16.09	14.01	11.25	9.17	7.08
			11	43.73	38.52	31.60	26.29	20.89
			12	11.14	9.69	7.78	6.34	4.89
			13	7.15	6.23	5.00	4.08	3.16
			14	6.10	5.32	4.28	3.49	2.71
			15	5.33	4.65	3.75	3.06	2.38
			16	4.74	4.14	3.34	2.73	2.12
			17	3.05	2.67	2.17	1.79	1.40
			18	2.85	2.50	2.03	1.67	1.31
			19	2.67	2.34	1.90	1.57	1.24
			20	2.51	2.20	1.79	1.48	1.17
			21	2.37	2.08	1.70	1.40	1.11
			22	2.24	1.97	1.61	1.33	1.05
			23	2.13	1.87	1.53	1.27	1.00
			24	2.02	1.78	1.46	1.21	0.96

续表 4-8-4

序号	行政区划名称	时段长	时段序号	重现期时段雨量值(mm)				
				100 a($H_{1\%}$)	50 a($H_{2\%}$)	20 a($H_{5\%}$)	10 a($H_{10\%}$)	5 a($H_{20\%}$)
27	西陌镇柏社村核桃沟	0.25 h	1	1.67	1.48	1.22	1.02	0.81
			2	1.75	1.54	1.27	1.06	0.84
			3	1.83	1.61	1.32	1.10	0.88
			4	1.92	1.69	1.39	1.15	0.92
			5	3.29	2.88	2.33	1.92	1.50
			6	3.56	3.12	2.52	2.08	1.62
			7	3.89	3.40	2.75	2.26	1.76
			8	4.27	3.74	3.02	2.47	1.93
			9	8.71	7.58	6.09	4.96	3.83
			10	16.16	14.07	11.29	9.20	7.10
			11	43.52	38.29	31.31	25.98	20.57
			12	11.19	9.74	7.81	6.36	4.91
			13	7.18	6.25	5.03	4.10	3.17
			14	6.13	5.34	4.30	3.51	2.72
			15	5.35	4.67	3.76	3.07	2.39
			16	4.75	4.15	3.35	2.74	2.13
			17	3.05	2.67	2.17	1.79	1.40
			18	2.84	2.49	2.03	1.67	1.32
			19	2.66	2.34	1.90	1.57	1.24
			20	2.50	2.20	1.79	1.48	1.17
			21	2.36	2.08	1.69	1.40	1.11
			22	2.23	1.96	1.60	1.33	1.05
			23	2.12	1.86	1.52	1.27	1.00
			24	2.01	1.77	1.45	1.21	0.96

续表 4-8-4

序号	行政区划名称	时段长	时段序号	重现期时段雨量值(mm)				
				100 a($H_{1\%}$)	50 a($H_{2\%}$)	20 a($H_{5\%}$)	10 a($H_{10\%}$)	5 a($H_{20\%}$)
28	阳城镇孙涧村后涧	0.5 h	1	2.12	1.89	1.58	1.34	1.09
			2	2.32	2.07	1.73	1.46	1.19
			3	2.56	2.28	1.90	1.61	1.30
			4	4.93	4.37	3.62	3.04	2.45
			5	5.98	5.29	4.38	3.67	2.95
			6	15.95	14.06	11.53	9.60	7.63
			7	58.03	50.77	41.17	33.85	26.50
			8	10.22	9.03	7.43	6.20	4.95
			9	7.55	6.68	5.51	4.61	3.70
			10	4.19	3.72	3.08	2.60	2.09
			11	3.63	3.22	2.68	2.26	1.82
			12	3.19	2.84	2.36	1.99	1.61
29	阳城镇孙涧村王涧	0.5 h	1	2.12	1.89	1.58	1.34	1.09
			2	2.32	2.07	1.73	1.46	1.19
			3	2.56	2.28	1.90	1.61	1.30
			4	4.93	4.37	3.62	3.04	2.45
			5	5.97	5.29	4.38	3.67	2.95
			6	15.95	14.06	11.53	9.60	7.63
			7	58.01	50.75	41.15	33.84	26.49
			8	10.21	9.02	7.43	6.20	4.95
			9	7.55	6.68	5.51	4.61	3.70
			10	4.19	3.72	3.08	2.60	2.09
			11	3.63	3.22	2.68	2.26	1.82
			12	3.19	2.84	2.36	1.99	1.61

续表 4-8-4

序号	行政区划名称	时段长	时段序号	重现期时段雨量值(mm)				
				100 a($H_{1\%}$)	50 a($H_{2\%}$)	20 a($H_{5\%}$)	10 a($H_{10\%}$)	5 a($H_{20\%}$)
30	阳城镇孙涧村封涧	0.5 h	1	2.09	1.87	1.56	1.33	1.08
			2	2.29	2.04	1.71	1.45	1.18
			3	2.53	2.25	1.88	1.60	1.30
			4	4.88	4.34	3.61	3.04	2.46
			5	5.92	5.26	4.36	3.67	2.96
			6	15.90	14.03	11.54	9.63	7.69
			7	58.56	51.18	41.43	34.02	26.57
			8	10.15	8.99	7.42	6.22	4.99
			9	7.49	6.64	5.49	4.62	3.72
			10	4.14	3.69	3.07	2.59	2.10
			11	3.59	3.19	2.66	2.25	1.83
			12	3.16	2.81	2.34	1.99	1.61
31	西陌镇西陌村东陌	0.5 h	1	3.21	2.84	2.33	1.94	1.54
			2	3.49	3.08	2.52	2.10	1.66
			3	3.81	3.35	2.74	2.28	1.81
			4	6.86	6.01	4.88	4.02	3.15
			5	8.15	7.14	5.78	4.75	3.71
			6	19.72	17.20	13.85	11.32	8.78
			7	60.08	52.66	42.81	35.31	27.73
			8	13.21	11.54	9.30	7.62	5.92
			9	10.06	8.79	7.10	5.83	4.55
			10	5.92	5.19	4.22	3.48	2.74
			11	5.21	4.57	3.72	3.08	2.42
			12	4.64	4.08	3.33	2.76	2.17

续表 4-8-4

序号	行政区划名称	时段长	时段序号	重现期时段雨量值(mm)				
				100 a($H_{1\%}$)	50 a($H_{2\%}$)	20 a($H_{5\%}$)	10 a($H_{10\%}$)	5 a($H_{20\%}$)
32	风陵渡镇北曲村新兴	0.5 h	1	1.82	1.64	1.40	1.21	1.00
			2	2.02	1.81	1.54	1.32	1.10
			3	2.24	2.02	1.71	1.46	1.21
			4	4.56	4.07	3.39	2.87	2.33
			5	5.60	4.98	4.13	3.49	2.82
			6	15.72	13.86	11.32	9.43	7.48
			7	58.85	51.44	41.58	34.13	26.63
			8	9.87	8.73	7.18	6.01	4.81
			9	7.17	6.36	5.26	4.42	3.56
			10	3.83	3.42	2.86	2.43	1.98
			11	3.28	2.93	2.46	2.10	1.72
			12	2.86	2.56	2.15	1.84	1.51
33	西陌镇柏社村柏社	0.25 h	1	1.48	1.31	1.08	0.90	0.72
			2	1.55	1.37	1.13	0.94	0.75
			3	1.62	1.43	1.18	0.98	0.78
			4	1.70	1.50	1.23	1.03	0.82
			5	2.95	2.59	2.11	1.74	1.37
			6	3.20	2.81	2.29	1.89	1.49
			7	3.50	3.07	2.50	2.06	1.62
			8	3.86	3.39	2.75	2.27	1.78
			9	8.07	7.05	5.70	4.67	3.64
			10	15.41	13.47	10.87	8.91	6.93
			11	45.51	39.98	32.67	27.08	21.40
			12	10.48	9.16	7.39	6.06	4.71

续表 4-8-4

序号	行政区划名称	时段长	时段序号	重现期时段雨量值(mm)				
				100 a($H_{1\%}$)	50 a($H_{2\%}$)	20 a($H_{5\%}$)	10 a($H_{10\%}$)	5 a($H_{20\%}$)
33	西陌镇柏社村柏社	0.25 h	13	6.60	5.77	4.67	3.83	2.99
			14	5.60	4.90	3.96	3.26	2.55
			15	4.87	4.26	3.45	2.84	2.22
			16	4.31	3.77	3.06	2.52	1.98
			17	2.73	2.40	1.96	1.62	1.28
			18	2.54	2.24	1.82	1.51	1.19
			19	2.38	2.09	1.71	1.42	1.12
			20	2.23	1.97	1.61	1.33	1.06
			21	2.10	1.85	1.52	1.26	1.00
			22	1.99	1.75	1.43	1.19	0.95
			23	1.88	1.66	1.36	1.13	0.90
			24	1.79	1.58	1.29	1.08	0.86
34	东垆乡许坡村桃红坡	0.5 h	1	6.95	6.37	6.82	16.96	14.93
			2	8.47	7.76	18.97	68.90	60.21
			3	23.63	21.63	77.59	10.65	9.38
			4	97.73	89.07	11.90	7.77	6.85
			5	14.80	13.56	8.69	4.23	3.73
			6	10.80	9.89	4.73	3.65	3.22
			7	5.87	5.38	4.08	3.20	2.82
			8	5.06	4.64	3.58	2.84	2.51
			9	4.44	4.07	3.18	1.78	1.57
			10	3.94	3.61	1.99	1.64	1.45
			11	2.47	2.26	1.84	1.18	1.04
			12	2.28	2.09	1.32	1.11	0.98

续表 4-8-4

序号	行政区划名称	时段长	时段序号	重现期时段雨量值(mm)				
				100 a($H_{1\%}$)	50 a($H_{2\%}$)	20 a($H_{5\%}$)	10 a($H_{10\%}$)	5 a($H_{20\%}$)
35	东垆乡牛皋村牛皋	0.5 h	1	6.95	6.36	6.81	16.86	14.86
			2	8.46	7.75	18.86	68.17	59.55
			3	23.49	21.50	76.75	10.61	9.35
			4	96.65	88.10	11.85	7.75	6.84
			5	14.74	13.50	8.66	4.23	3.74
			6	10.77	9.86	4.73	3.66	3.23
			7	5.87	5.38	4.08	3.21	2.83
			8	5.07	4.65	3.58	2.85	2.52
			9	4.45	4.08	3.19	1.79	1.58
			10	3.96	3.63	2.00	1.66	1.46
			11	2.48	2.27	1.85	1.19	1.05
			12	2.30	2.11	1.33	1.12	0.99
36	风陵渡镇东章村	0.5 h	1	2.04	1.83	1.53	1.30	1.06
			2	2.23	1.99	1.67	1.42	1.15
			3	2.45	2.19	1.83	1.55	1.26
			4	4.64	4.12	3.41	2.87	2.32
			5	5.59	4.96	4.11	3.45	2.77
			6	14.77	13.01	10.68	8.89	7.07
			7	54.75	47.95	38.93	32.04	25.13
			8	9.49	8.38	6.90	5.77	4.61
			9	7.04	6.23	5.14	4.31	3.46
			10	3.95	3.51	2.92	2.46	1.99
			11	3.44	3.06	2.55	2.15	1.74
			12	3.04	2.71	2.26	1.91	1.55

续表 4-8-4

序号	行政区划名称	时段长	时段序号	重现期时段雨量值(mm)				
				100 a($H_{1\%}$)	50 a($H_{2\%}$)	20 a($H_{5\%}$)	10 a($H_{10\%}$)	5 a($H_{20\%}$)
37	学张乡水峪村后峪	0.5 h	1	2.39	2.13	1.78	1.50	1.22
			2	2.60	2.31	1.93	1.63	1.32
			3	2.85	2.53	2.11	1.78	1.44
			4	5.28	4.67	3.85	3.22	2.58
			5	6.34	5.60	4.60	3.84	3.07
			6	16.19	14.23	11.60	9.60	7.57
			7	55.94	49.08	39.99	33.06	26.05
			8	10.56	9.30	7.61	6.32	5.01
			9	7.91	6.98	5.72	4.77	3.79
			10	4.52	4.01	3.31	2.78	2.23
			11	3.95	3.50	2.90	2.44	1.96
			12	3.50	3.11	2.58	2.17	1.75

表 4-8-5　芮城县设计洪水成果表

序号	小流域名称	行政区划名称	洪水要素	重现期洪水要素值				
				100 a($Q_{1\%}$)	50 a($Q_{2\%}$)	20 a($Q_{5\%}$)	10 a($Q_{10\%}$)	5 a($Q_{20\%}$)
1	新兴沟	大王镇新兴村新兴	洪峰流量(m^3/s)	240	195	137	96.4	59.5
			洪量(万 m^3)	213	173	122	86	56
			涨洪历时(h)	2	0.7	0.9	0.9	0.9
			洪水历时(h)	9.5	9.4	9.4	9.4	10.6
2		大王镇樊庄村高庄	洪峰流量(m^3/s)	254	207	145	102	63
			洪量(万 m^3)	231	187	132	93	61
			涨洪历时(h)	0.9	1.5	0.9	0.9	0.9
			洪水历时(h)	9.5	9.8	9.4	9.4	9.4
3		永乐镇新村村严门	洪峰流量(m^3/s)	357	290	205	144	88.3
			洪量(万 m^3)	310	249	175	122	80
			涨洪历时(h)	1.8	1.7	0.9	0.9	0.9
			洪水历时(h)	9.6	9.2	9.2	9.4	10.2
4	新庄沟	西陌镇夹沟村新庄	洪峰流量(m^3/s)	36	30.9	23.9	18.4	13
			洪量(万 m^3)	44	20	14	9	6
			涨洪历时(h)	2	1.9	1.7	0.9	0.9
			洪水历时(h)	5.4	4.6	3.6	2.6	2.6

续表 4-8-5

序号	小流域名称	行政区划名称	洪水要素	重现期洪水要素值				
				100 a($Q_{1\%}$)	50 a($Q_{2\%}$)	20 a($Q_{5\%}$)	10 a($Q_{10\%}$)	5 a($Q_{20\%}$)
5	西南沟	东护乡西南村西南	洪峰流量(m^3/s)	28	23.5	17.3	12.2	7.7
			洪量(万 m^3)	15	12	8	6	4
			涨洪历时(h)	1	1	0.9	0.8	0.5
			洪水历时(h)	2.7	2.5	2.5	2.4	2.2
6	双磨沟	大王镇南辿村泉沟	洪峰流量(m^3/s)	195	159	112	78.4	48.5
			洪量(万 m^3)	164	132	93	65	42
			涨洪历时(h)	1.9	0.9	1	0.9	0.9
			洪水历时(h)	8.6	8.6	8.3	8.3	8.5
7		大王镇李涧村双磨	洪峰流量(m^3/s)	442	359	248	168	103
			洪量(万 m^3)	481	388	271	189	124
			涨洪历时(h)	2.4	2.2	1.4	1.4	1.4
			洪水历时(h)	10.4	11.4	10.4	10.6	11.6
8		永乐镇永乐村彩霞	洪峰流量(m^3/s)	423	366	253	170	104
			洪量(万 m^3)	505	407	285	199	130
			涨洪历时(h)	2.3	2.2	1.5	1.4	1.4
			洪水历时(h)	11.3	11.2	10.8	11.4	12.5

续表 4-8-5

序号	小流域名称	行政区划名称	洪水要素	重现期洪水要素值				
				100 a($Q_{1\%}$)	50 a($Q_{2\%}$)	20 a($Q_{5\%}$)	10 a($Q_{10\%}$)	5 a($Q_{20\%}$)
9	双磨沟	永乐镇永乐村原头	洪峰流量(m^3/s)	425	347	237	157	97
			洪量(万 m^3)	508	409	287	200	130
			涨洪历时(h)	2.3	2.2	1.5	1.4	1.4
			洪水历时(h)	11.5	12.2	11.5	11.4	12.4
10	石湖沟	西陌镇石湖村石湖	洪峰流量(m^3/s)	108	86.8	60.3	39.4	22.9
			洪量(万 m^3)	61	48	32	21	13
			涨洪历时(h)	1.5	1	0.9	0.9	0.5
			洪水历时(h)	6.2	6.2	6.4	6.4	6.2
11	三坑沟	学张乡三坑村三坑	洪峰流量(m^3/s)	77	64.9	49	36.6	25.1
			洪量(万 m^3)	59	48	34	24	16
			涨洪历时(h)	1.7	1.9	1.8	1.3	0.9
			洪水历时(h)	7.2	6.4	6.1	5.8	5.2
12		学张乡学张村学张	洪峰流量(m^3/s)	140	117	87	63.72	42.38
			洪量(万 m^3)	104	84	59	41	27
			涨洪历时(h)	1.9	1.9	1.5	0.9	0.9
			洪水历时(h)	6.4	6.4	6	5.4	5.6

续表 4-8-5

序号	小流域名称	行政区划名称	洪水要素	重现期洪水要素值				
				100 a($Q_{1\%}$)	50 a($Q_{2\%}$)	20 a($Q_{5\%}$)	10 a($Q_{10\%}$)	5 a($Q_{20\%}$)
13	庙底沟	古魏镇王夭村阴夭	洪峰流量(m^3/s)	66.3	54.7	39.7	27.9	17.4
			洪量(万 m^3)	28	22	15	10	6
			涨洪历时(h)	1.5	0.75	0.75	0.5	0.5
			洪水历时(h)	4.25	3.5	3.5	3.25	3.5
14	庙底沟支流	南卫乡东山底村	洪峰流量(m^3/s)	23.9	20.4	15.6	11.8	8.1
			洪量(万 m^3)	11	9	6	4	3
			涨洪历时(h)	2	2	1	1	0.25
			洪水历时(h)	4.75	3.75	2.75	2.25	2
15	杨涧沟	阳城镇永丰村石道	洪峰流量(m^3/s)	144	118	85.4	60.5	38.6
			洪量(万 m^3)	100	81	58	42	29
			涨洪历时(h)	1.7	1.3	0.9	0.9	0.8
			洪水历时(h)	8	7	7.4	7.4	7.5
16		阳城镇北里村北里	洪峰流量(m^3/s)	264	222	165	121	79.9
			洪量(万 m^3)	133	108	77	55	38
			涨洪历时(h)	1.7	1.5	0.9	0.9	0.8
			洪水历时(h)	5	4.8	4	4.2	4.5

续表 4-8-5

序号	小流域名称	行政区划名称	洪水要素	重现期洪水要素值				
				100 a($Q_{1\%}$)	50 a($Q_{2\%}$)	20 a($Q_{5\%}$)	10 a($Q_{10\%}$)	5 a($Q_{20\%}$)
17	杨涧沟	阳城镇杜庄村南杜庄	洪峰流量(m^3/s)	570	469	341	244	160
			洪量(万 m^3)	293	238	169	121	82
			涨洪历时(h)	1.5	1	0.75	0.75	0.5
			洪水历时(h)	5.5	5.75	5.5	5.5	5.25
18		永乐镇杨涧村杨涧	洪峰流量(m^3/s)	620	509	365	259	161
			洪量(万 m^3)	370	298	208	145	95
			涨洪历时(h)	1.9	1.6	0.9	0.9	0.8
			洪水历时(h)	6.6	6.3	6.3	6.4	6.4
19	许坡沟	东垆乡许坡村许坡	洪峰流量(m^3/s)	10.2	8.6	6.4	4.6	2.9
			洪量(万 m^3)	5	4	3	2	1
			涨洪历时(h)	1.5	0.9	0.9	1	0.5
			洪水历时(h)	3	2.5	2.4	2.4	2
20		东垆乡许坡村三甲坡	洪峰流量(m^3/s)	17	14.3	10.6	7.6	4.8
			洪量(万 m^3)	8	6	4	3	2
			涨洪历时(h)	1	0.9	0.9	0.8	0.5
			洪水历时(h)	2.5	2.4	2.4	2.3	2

续表 4-8-5

序号	小流域名称	行政区划名称	洪水要素	重现期洪水要素值				
				100 a($Q_{1\%}$)	50 a($Q_{2\%}$)	20 a($Q_{5\%}$)	10 a($Q_{10\%}$)	5 a($Q_{20\%}$)
21	坑头沟	古魏镇坑头村坑头	洪峰流量(m^3/s)	291	233	161	106	60.4
			洪量(万 m^3)	206	162	109	73	45
			涨洪历时(h)	1.7	1.3	0.9	0.9	0.7
			洪水历时(h)	7.2	7	7.4	7.4	8.2
22		古魏镇令花村西张	洪峰流量(m^3/s)	299	238	163	108	60.8
			洪量(万 m^3)	215	168	113	75	47
			涨洪历时(h)	1.75	1	1	0.5	0.5
			洪水历时(h)	7	6.25	6.75	6.75	7.75
23	坑南沟	东垆乡坑南村	洪峰流量(m^3/s)	145	120	88	72	41.7
			洪量(万 m^3)	85	67	45	30	19
			涨洪历时(h)	1	0.75	0.75	0.25	0.25
			洪水历时(h)	3	2.75	2.75	2.25	2.5
24		东垆乡崔家村崔家	洪峰流量(m^3/s)	43	36.1	26.8	20.1	12.4
			洪量(万 m^3)	25	20	14	9	6
			涨洪历时(h)	1	1	1	0.5	0.5
			洪水历时(h)	2.5	2.25	2.25	1.75	1.75

续表 4-8-5

序号	小流域名称	行政区划名称	洪水要素	重现期洪水要素值				
				100 a($Q_{1\%}$)	50 a($Q_{2\%}$)	20 a($Q_{5\%}$)	10 a($Q_{10\%}$)	5 a($Q_{20\%}$)
25	匼河沟	风陵渡镇匼河村西城	洪峰流量(m^3/s)	546	453	331	238	155
			洪量(万 m^3)	263	212	149	104	68
			涨洪历时(h)	1.5	1.5	1	1	0.5
			洪水历时(h)	4.75	4.75	4.25	4.75	4.25
26	核桃沟	西陌镇柏社村西滑	洪峰流量(m^3/s)	78	66	49.2	36.5	28.1
			洪量(万 m^3)	50	40	27	18	11
			涨洪历时(h)	1.7	1.7	1	0.75	0.25
			洪水历时(h)	4.7	4.2	3	3	2.5
27		西陌镇柏社村核桃沟	洪峰流量(m^3/s)	133	112	85	63	43.3
			洪量(万 m^3)	94	75	51	34	22
			涨洪历时(h)	1.7	1.7	1	0.75	0.75
			洪水历时(h)	4.95	4.2	3.25	3	3
28	封建沟	阳城镇孙涧村后涧	洪峰流量(m^3/s)	443	368	270	196	132
			洪量(万 m^3)	221	180	127	89	58
			涨洪历时(h)	2	1.75	1	1	0.5
			洪水历时(h)	5.5	5.5	4.75	4.75	4.75

续表 4-8-5

序号	小流域名称	行政区划名称	洪水要素	重现期洪水要素值				
				100 a($Q_{1\%}$)	50 a($Q_{2\%}$)	20 a($Q_{5\%}$)	10 a($Q_{10\%}$)	5 a($Q_{20\%}$)
29	封建沟	阳城镇孙涧村王涧	洪峰流量(m^3/s)	417	346	252	182	121
			洪量(万 m^3)	223	180	128	89	59
			涨洪历时(h)	2	1.75	1	1	0.5
			洪水历时(h)	6	5.75	5.25	5.25	5.25
30		阳城镇孙涧村封涧	洪峰流量(m^3/s)	439	363	264	191	127
			洪量(万 m^3)	239	194	137	96	64
			涨洪历时(h)	2	1.5	1	1	0.5
			洪水历时(h)	6	5.5	5.25	5.25	5.25
31	东陌沟	西陌镇西陌村东陌	洪峰流量(m^3/s)	177	146	106	75.3	47.6
			洪量(万 m^3)	102	80	54	36	23
			涨洪历时(h)	2	1.75	1	1	0.5
			洪水历时(h)	5	4.75	4	4.25	4.25
32	北曲沟	风陵渡镇北曲村新兴	洪峰流量(m^3/s)	143	113	74.1	45.9	26.2
			洪量(万 m^3)	87	69	46	31	20
			涨洪历时(h)	1	1	0.5	0.5	0.5
			洪水历时(h)	6.25	6.75	6.75	7.25	7.75

续表 4-8-5

序号	小流域名称	行政区划名称	洪水要素	重现期洪水要素值				
				100 a($Q_{1\%}$)	50 a($Q_{2\%}$)	20 a($Q_{5\%}$)	10 a($Q_{10\%}$)	5 a($Q_{20\%}$)
33	柏社沟	西陌镇柏社村柏社	洪峰流量(m^3/s)	64	54	41.3	31.1	24.1
			洪量(万 m^3)	41	32	22	15	9
			涨洪历时(h)	1.75	1.5	0.75	0.75	0.25
			洪水历时(h)	4	3.25	2.25	2.25	1.75
34	桃红坡沟	东垆乡许坡村桃红坡	洪峰流量(m^3/s)	7	6	5.2	4.5	3.8
			洪量(万 m^3)	5	4	3	3	2
			涨洪历时(h)	2	2	1.5	1	1
			洪水历时(h)	3.5	3	2.5	2	1.5
35	牛皋沟	东垆乡牛皋村牛皋	洪峰流量(m^3/s)	14	12	10.5	9	7.6
			洪量(万 m^3)	10	9	7	6	5
			涨洪历时(h)	2	2	1.5	1	1
			洪水历时(h)	3.5	3.5	3	2	2
36	东章沟	风陵渡镇东章村	洪峰流量(m^3/s)	118	98	72	51	33
			洪量(万 m^3)	57	46	32	22	15
			涨洪历时(h)	1.5	1.5	1	1	0.5
			洪水历时(h)	4.75	4.75	4.25	4.75	4.25
37	坑头沟	学张乡水峪村后峪	洪峰流量(m^3/s)	145	118	83.3	58.3	36.1
			洪量(万 m^3)	122	98	69	48	31
			涨洪历时(h)	1.9	0.9	1	0.9	0.9
			洪水历时(h)	8.6	8.6	8.3	8.3	8.5

表 4-8-6　芮城县设计净雨深计算成果表

序号	计算单元名称	重现期(a)	参数			主雨历时(h)	主雨雨量(mm)	净雨深(mm)
			μ	S_r	K_s			
1	大王镇新兴村新兴	100	6.73	20.10	1.34	9.8	133.8	83.64
		50	7.53	20.10	1.34	8.9	116.1	67.73
		20	9.00	20.10	1.34	7.7	92.5	47.74
		10	10.82	20.10	1.34	6.7	74.6	33.55
		5	12.25	20.10	1.34	5.5	56.6	22.01
2	大王镇樊庄村高庄	100	6.78	20.17	1.35	9.8	133.7	83.21
		50	7.60	20.17	1.35	9.0	116.0	67.38
		20	9.09	20.17	1.35	7.8	92.4	47.46
		10	10.93	20.17	1.35	6.7	74.6	33.36
		5	12.37	20.17	1.35	5.5	56.5	21.89
3	永乐镇新村村严门	100	6.77	20.39	1.36	10.9	137.6	82.44
		50	7.63	20.39	1.36	9.7	118.5	66.44
		20	9.20	20.39	1.36	8.1	93.4	46.61
		10	11.15	20.39	1.36	6.8	74.7	32.57
		5	12.68	20.39	1.36	5.5	56.1	21.36
4	西陌镇夹沟村新庄	100	6.54	21.18	1.43	12.5	171.8	107.72
		50	7.23	21.18	1.43	11.6	148.8	86.57
		20	8.50	21.18	1.43	10.2	117.9	60.08
		10	10.13	21.18	1.43	8.8	94.2	41.43
		5	11.60	21.18	1.43	7.2	70.3	26.41

续表 4-8-6

序号	计算单元名称	重现期(a)	参数			主雨历时(h)	主雨雨量(mm)	净雨深(mm)
			μ	S_r	K_s			
5	东垆乡西南村西南	100	12.08	27.00	1.90	10.4	151.1	80.08
		50	13.84	27.00	1.90	9.4	130.3	63.17
		20	17.02	27.00	1.90	8.0	102.7	42.78
		10	20.91	27.00	1.90	6.8	82.1	28.82
		5	23.97	27.00	1.90	5.5	61.6	18.17
6	大王镇南辿村泉沟	100	6.44	20.17	1.34	11.4	141.6	85.24
		50	7.20	20.17	1.34	10.3	122.5	68.69
		20	8.58	20.17	1.34	8.8	97.1	48.07
		10	10.33	20.17	1.34	7.5	77.8	33.50
		5	11.75	20.17	1.34	6.1	58.6	21.87
7	大王镇李涧村双磨	100	6.56	20.05	1.34	10.9	132.2	78.25
		50	7.36	20.05	1.34	9.8	114.2	63.00
		20	8.81	20.05	1.34	8.3	90.5	44.10
		10	10.62	20.05	1.34	7.0	72.6	30.77
		5	12.02	20.05	1.34	5.7	54.8	20.19
8	永乐镇永乐村彩霞	100	6.71	20.19	1.35	10.2	131.7	79.51
		50	7.52	20.19	1.35	9.3	114.0	64.12
		20	8.98	20.19	1.35	8.0	90.5	44.91
		10	10.79	20.19	1.35	6.8	72.8	31.28
		5	12.18	20.19	1.35	5.6	55.0	20.43

续表 4-8-6

序号	计算单元名称	重现期(a)	参数			主雨历时(h)	主雨雨量(mm)	净雨深(mm)
			μ	S_r	K_s			
9	永乐镇永乐村原头	100	6.74	20.24	1.35	10.2	131.6	79.35
		50	7.56	20.24	1.35	9.3	113.9	63.97
		20	9.02	20.24	1.35	8.0	90.5	44.78
		10	10.84	20.24	1.35	6.8	72.8	31.18
		5	12.24	20.24	1.35	5.6	55.0	20.36
10	西陌镇石湖村石湖	100	12.06	26.42	2.14	14.1	170.9	78.21
		50	13.51	26.42	2.14	12.7	147.1	61.05
		20	16.10	26.42	2.14	10.8	115.6	40.61
		10	19.26	26.42	2.14	9.1	91.8	27.01
		5	21.90	26.42	2.14	7.2	68.2	16.87
11	学张乡三坑村三坑	100	4.96	17.22	1.17	11.4	157.2	107.98
		50	5.44	17.22	1.17	10.4	135.7	88.13
		20	6.33	17.22	1.17	9.0	107.0	62.93
		10	7.47	17.22	1.17	7.7	85.3	44.63
		5	8.48	17.22	1.17	6.3	63.5	29.34
12	学张乡学张村学张	100	5.84	19.23	1.30	11.5	155.6	100.56
		50	6.47	19.23	1.30	10.6	134.3	81.31
		20	7.62	19.23	1.30	9.1	105.9	57.09
		10	9.11	19.23	1.30	7.8	84.4	39.88
		5	10.41	19.23	1.30	6.3	62.9	25.81

续表 4-8-6

序号	计算单元名称	重现期(a)	参数			主雨历时(h)	主雨雨量(mm)	净雨深(mm)
			μ	S_r	K_s			
13	古魏镇王夭村阴夭	100	11.83	25.72	2.15	14.1	176.3	83.25
		50	13.26	25.72	2.15	12.9	151.7	64.91
		20	15.86	25.72	2.15	11.0	119.0	43.01
		10	19.04	25.72	2.15	9.3	94.3	28.53
		5	22.00	25.72	2.15	7.4	69.6	17.53
14	南卫乡东山底村	100	8.06	22.47	1.63	14.1	170.5	93.66
		50	9.07	22.47	1.63	12.8	146.8	74.42
		20	10.96	22.47	1.63	10.7	115.1	51.05
		10	13.46	22.47	1.63	9.0	91.1	34.72
		5	15.87	22.47	1.63	9.0	91.1	34.72
15	阳城镇永丰村石道	100	6.78	19.89	1.33	11.9	128.4	71.47
		50	7.72	19.89	1.33	10.5	111.2	58.18
		20	9.42	19.89	1.33	8.6	88.8	41.69
		10	11.49	19.89	1.33	7.2	72.1	29.90
		5	12.85	19.89	1.33	5.9	55.5	20.42
16	阳城镇北里村北里	100	6.70	19.79	1.33	11.9	127.6	70.82
		50	7.63	19.79	1.33	10.5	110.5	57.63
		20	9.30	19.79	1.33	8.7	88.2	41.27
		10	11.32	19.79	1.33	7.3	71.6	29.59
		5	12.65	19.79	1.33	5.9	55.2	20.21

续表 4-8-6

序号	计算单元名称	重现期(a)	参数			主雨历时(h)	主雨雨量(mm)	净雨深(mm)
			μ	S_r	K_s			
17	阳城镇杜庄村南杜庄	100	6.90	20.13	1.35	12.1	124.8	66.78
		50	7.87	20.13	1.35	10.6	108.0	54.14
		20	9.60	20.13	1.35	8.8	86.2	38.52
		10	11.69	20.13	1.35	7.3	69.9	27.48
		5	13.04	20.13	1.35	5.9	53.8	18.69
18	永乐镇杨涧村杨涧	100	6.78	20.23	1.35	10.7	127.9	74.25
		50	7.61	20.23	1.35	9.7	110.9	59.81
		20	9.10	20.23	1.35	8.2	88.2	41.79
		10	10.94	20.23	1.35	7.1	71.0	29.07
		5	12.32	20.23	1.35	5.8	53.9	19.02
19	东垆乡许坡村许坡	100	11.31	27.00	1.90	11.1	160.2	85.22
		50	12.88	27.00	1.90	10.2	138.3	66.89
		20	15.72	27.00	1.90	8.8	109.1	44.83
		10	19.32	27.00	1.90	7.6	87.0	29.81
		5	22.48	27.00	1.90	6.2	64.9	18.46
20	东垆乡许坡村三甲坡	100	11.98	27.00	1.90	9.2	147.1	81.95
		50	13.65	27.00	1.90	8.5	127.4	64.90
		20	16.62	27.00	1.90	7.3	101.2	44.13
		10	20.18	27.00	1.90	6.4	81.4	29.80
		5	22.70	27.00	1.90	5.3	61.6	18.83

续表 4-8-6

序号	计算单元名称	重现期(a)	参数			主雨历时(h)	主雨雨量(mm)	净雨深(mm)
			μ	S_r	K_s			
21	古魏镇坑头村坑头	100	10.49	24.42	1.99	12.5	158.7	78.83
		50	11.69	24.42	1.99	11.5	137.2	61.89
		20	13.81	24.42	1.99	9.9	108.4	41.51
		10	16.37	24.42	1.99	8.5	86.5	27.74
		5	16.37	24.42	1.99	8.5	86.5	27.74
22	古魏镇令花村西张	100	10.63	24.58	1.98	12.5	157.3	77.47
		50	11.87	24.58	1.98	11.4	135.7	60.78
		20	14.08	24.58	1.98	9.8	107.0	40.72
		10	16.73	24.58	1.98	8.4	85.4	27.18
		5	18.82	24.58	1.98	6.8	63.7	17.02
23	东垆乡坑南村	100	11.72	26.95	1.90	9.6	144.6	77.66
		50	13.31	26.95	1.90	8.8	125.2	61.26
		20	16.12	26.95	1.90	7.7	99.5	41.34
		10	19.45	26.95	1.90	6.7	80.0	27.72
		5	21.83	26.95	1.90	5.5	60.5	17.43
24	东垆乡崔家村崔家	100	11.82	27.00	1.90	9.4	147.1	80.67
		50	13.44	27.00	1.90	8.7	127.5	63.79
		20	16.32	27.00	1.90	7.6	101.3	43.22
		10	19.77	27.00	1.90	6.6	81.5	29.11
		5	22.24	27.00	1.90	5.5	61.7	18.36

续表 4-8-6

序号	计算单元名称	重现期(a)	参数			主雨历时(h)	主雨雨量(mm)	净雨深(mm)
			μ	S_r	K_s			
25	风陵渡镇匼河村西城	100	6.62	19.63	1.32	9.8	126.4	77.19
		50	7.44	19.63	1.32	8.9	109.4	62.33
		20	8.93	19.63	1.32	7.6	86.9	43.81
		10	10.78	19.63	1.32	6.5	69.8	30.61
		5	12.21	19.63	1.32	5.3	52.8	20.07
26	西陌镇柏社村西滑	100	8.44	23.51	1.75	14.8	180.0	95.67
		50	9.39	23.51	1.75	13.5	155.1	75.54
		20	11.11	23.51	1.75	11.5	121.9	51.10
		10	13.26	23.51	1.75	9.8	96.8	34.42
		5	15.18	23.51	1.75	7.8	71.7	21.59
27	西陌镇柏社村核桃沟	100	7.59	22.72	1.62	14.4	178.5	99.82
		50	8.43	22.72	1.62	13.2	154.0	79.21
		20	9.93	22.72	1.62	11.3	121.2	53.92
		10	11.81	22.72	1.62	9.7	96.3	36.51
		5	13.45	22.72	1.62	7.8	71.4	22.97
28	阳城镇孙涧村后涧	100	6.66	19.96	1.34	9.9	134.4	83.86
		50	7.46	19.96	1.34	9.0	116.3	67.89
		20	8.90	19.96	1.34	7.7	92.4	47.91
		10	10.68	19.96	1.34	6.7	74.4	33.63
		5	12.01	19.96	1.34	5.5	56.4	22.13

续表 4-8-6

序号	计算单元名称	重现期(a)	参数			主雨历时(h)	主雨雨量(mm)	净雨深(mm)
			μ	S_r	K_s			
29	阳城镇孙涧村王涧	100	6.66	19.96	1.34	9.9	134.3	83.81
		50	7.46	19.96	1.34	9.0	116.3	67.86
		20	8.91	19.96	1.34	7.7	92.4	47.88
		10	10.69	19.96	1.34	6.7	74.4	33.61
		5	12.01	19.96	1.34	5.5	56.4	22.11
30	阳城镇孙涧村封涧	100	6.74	20.04	1.34	9.8	133.9	83.68
		50	7.55	20.04	1.34	8.9	116.0	67.81
		20	9.01	20.04	1.34	7.7	92.3	47.93
		10	10.78	20.04	1.34	6.6	74.4	33.70
		5	12.05	20.04	1.34	5.5	56.5	22.22
31	西陌镇西陌村东陌	100	9.39	24.27	1.89	15.2	182.2	91.69
		50	10.45	24.27	1.89	13.8	156.7	72.07
		20	12.33	24.27	1.89	11.7	122.8	48.41
		10	14.64	24.27	1.89	9.9	97.2	32.45
		5	16.58	24.27	1.89	7.9	71.9	20.25
32	风陵渡镇北曲村新兴	100	14.07	26.04	2.11	8.4	126.0	63.66
		50	15.97	26.04	2.11	7.8	109.7	50.17
		20	19.32	26.04	2.11	6.9	87.9	33.72
		10	23.10	26.04	2.11	6.1	71.3	22.65
		5	25.52	26.04	2.11	5.1	54.4	14.27

续表 4-8-6

序号	计算单元名称	重现期(a)	参数			主雨历时(h)	主雨雨量(mm)	净雨深(mm)
			μ	S_r	K_s			
33	西陌镇柏社村柏社	100	8.60	24.07	1.66	13.0	164.7	89.81
		50	9.69	24.07	1.66	11.8	141.9	71.17
		20	11.67	24.07	1.66	10.0	111.7	48.44
		10	14.16	24.07	1.66	8.5	89.0	32.84
		5	16.32	24.07	1.66	6.8	66.3	20.81
34	东垆乡许坡村桃红坡	100	11.03	27.00	1.90	12.7	214.4	129.64
		50	12.32	27.00	1.90	11.9	193.9	111.38
		20	14.46	27.00	1.90	10.7	166.9	88.26
		10	16.93	27.00	1.90	9.8	146.5	71.14
		5	18.18	27.00	1.90	8.8	126.4	57.53
35	东垆乡牛皋村牛皋	100	11.03	27.00	1.90	12.8	213.6	128.34
		50	12.32	27.00	1.90	12.0	193.2	110.19
		20	14.46	27.00	1.90	10.8	166.2	87.24
		10	16.93	27.00	1.90	9.8	146.0	70.28
		5	18.16	27.00	1.90	8.8	125.9	56.81

续表 4-8-6

序号	计算单元名称	重现期(a)	参数			主雨历时(h)	主雨雨量(mm)	净雨深(mm)
			μ	S_r	K_s			
36	风陵渡镇东章村	100	6.62	19.63	1.32	9.8	126.4	77.19
		50	7.44	19.63	1.32	8.9	109.4	62.33
		20	8.93	19.63	1.32	7.6	86.9	43.81
		10	10.78	19.63	1.32	6.5	69.8	30.61
		5	12.21	19.63	1.32	5.3	52.8	20.07
37	学张乡水峪村后峪	100	6.44	20.17	1.34	11.4	141.6	85.24
		50	7.20	20.17	1.34	10.3	122.5	68.69
		20	8.58	20.17	1.34	8.8	97.1	48.07
		10	10.33	20.17	1.34	7.5	77.8	33.50
		5	11.75	20.17	1.34	6.1	58.6	21.87

表 4-8-7　芮城县防洪现状评价成果表

序号	行政区划名称	防洪能力（a）	极高危险区（小于 5 年一遇）		高危险区（5~20 年一遇）		危险区（大于 20 年一遇）	
			人口（人）	房屋（座）	人口（人）	房屋（座）	人口（人）	房屋（座）
1	大王镇樊庄村高庄	<5	19	5	7	2		
2	大王镇李涧村双磨	<5	20	5	28	5		
3	永乐镇永乐村彩霞	<5	63	13				
4	永乐镇永乐村原头	<5	22	6				
5	古魏镇王夭村阴夭	<5	82	17	2	1		
6	阳城镇杜庄村南杜庄	<5	47	13	2	1		
7	永乐镇杨涧村杨涧	<5	58	11	8	2		
8	古魏镇令花村西张	<5	4	1	8	2	12	3
9	西陌镇柏社村核桃沟	<5	14	5	13	4	7	3
10	阳城镇孙涧村后涧	<5	4	1				
11	阳城镇孙涧村封涧	<5	43	7				
12	西陌镇西陌村东陌	<5	2	1			12	3
13	西陌镇柏社村柏社	<5	32	9				

表 4-8-8　芮城县预警指标分析成果表

序号	行政区划名称	类别	致灾暴雨频率(%)	B_0	时段	预警指标(mm)		临界雨量(mm)	方法
						准备转移	立即转移		
1	大王镇新兴村新兴	雨量	20	0	0.5 h	24.0	34.0	34.0	同频率法
					1 h	34.0	38.0	38.0	
2	大王镇樊庄村高庄	雨量	<20	0	0.5 h	26.0	37.0	37.0	流域模型法
					1 h	37.0	41.0	41.0	
				0.3	0.5 h	24.0	34.0	34.0	
					1 h	34.0	38.0	38.0	
				0.6	0.5 h	21.0	31.0	31.0	
					1 h	31.0	34.0	34.0	
3	永乐镇新村村严门	雨量	6	0	0.5 h	33.0	47.0	47.0	同频率法
					1 h	47.0	62.0	62.0	
4	西陌镇夹沟村新庄	雨量	5	0	0.5 h	28.0	40.0	40.0	同频率法
					1 h	40.0	62.0	62.0	
5	东垆乡西南村西南	雨量	<20	0	0.5 h	21.0	30.0	30.0	流域模型法
					1 h	30.0	39.0	39.0	
				0.3	0.5 h	21.0	30.0	30.0	
					1 h	30.0	38.0	38.0	
				0.6	0.5 h	21.0	30.0	30.0	
					1 h	30.0	38.0	38.0	

续表 4-8-8

序号	行政区划名称	类别	致灾暴雨频率(%)	B_0	时段	预警指标(mm)		临界雨量(mm)	方法
						准备转移	立即转移		
6	大王镇南辿村泉沟	雨量	10	0	0.5 h	30.0	43.0	43.0	同频率法
					1 h	43.0	50.0	50.0	
7	大王镇李涧村双磨	雨量	<20	0	0.5 h	26.0	37.0	37.0	流域模型法
					1 h	37.0	44.0	44.0	
				0.3	0.5 h	24.0	34.0	34.0	
					1 h	34.0	39.0	39.0	
				0.6	0.5 h	21.0	30.0	30.0	
					1 h	30.0	34.0	34.0	
8	永乐镇永乐村彩霞	雨量	<20	0	0.5 h	25.0	35.0	35.0	流域模型法
					1 h	35.0	40.0	40.0	
				0.3	0.5 h	23.0	33.0	33.0	
					1 h	33.0	37.0	37.0	
				0.6	0.5 h	20.0	29.0	29.0	
					1 h	29.0	32.0	32.0	
9	永乐镇永乐村原头	雨量	<20	0	0.5 h	24.0	35.0	35.0	流域模型法
					1 h	35.0	40.0	40.0	
					2 h	44.0	47.0	47.0	

续表 4-8-8

序号	行政区划名称	类别	致灾暴雨频率(%)	B_0	时段	预警指标(mm)		临界雨量(mm)	方法
						准备转移	立即转移		
9	永乐镇永乐村原头	雨量	<20	0.3	0.5 h	22.0	32.0	32.0	流域模型法
					1 h	32.0	36.0	36.0	
					2 h	39.0	42.0	42.0	
				0.6	0.5 h	20.0	28.0	28.0	
					1 h	28.0	32.0	32.0	
					2 h	35.0	37.0	37.0	
10	西陌镇石湖村石湖	雨量	5	0	0.5 h	33.0	47.0	47.0	同频率法
					1 h	47.0	63.0	63.0	
11	学张乡三坑村三坑	雨量	1	0	0.5 h	46.0	66.0	66.0	同频率法
					1 h	66.0	86.0	86.0	
12	学张乡学张村学张	雨量	6	0	0.5 h	32.0	46.0	46.0	同频率法
					1 h	46.0	61.0	61.0	
13	古魏镇王夭村阴夭	雨量	<20	0	0.5 h	23.0	33.0	33.0	流域模型法
					1 h	33.0	41.0	41.0	
				0.3	0.5 h	21.0	31.0	31.0	
					1 h	31.0	36.0	36.0	
				0.6	0.5 h	18.0	26.0	26.0	
					1 h	26.0	32.0	32.0	

续表 4-8-8

序号	行政区划名称	类别	致灾暴雨频率(%)	B_0	时段	预警指标(mm)		临界雨量(mm)	方法
						准备转移	立即转移		
14	南卫乡东山底村	雨量	6	0	0.5 h	31.0	45.0	45.0	同频率法
					1 h	45.0	71.0	71.0	
15	阳城镇永丰村石道	雨量	20	0	0.5 h	18.0	25.0	25.0	同频率法
					1 h	25.0	29.0	29.0	
16	阳城镇北里村北里	雨量	20	0	0.5 h	17.0	24.0	24.0	同频率法
					1 h	24.0	25.0	25.0	
17	阳城镇杜庄村南杜庄	雨量	<20	0	0.5 h	24.0	34.0	34.0	流域模型法
					1 h	34.0	38.0	38.0	
				0.3	0.5 h	22.0	31.0	31.0	
					1 h	31.0	35.0	35.0	
				0.6	0.5 h	20.0	28.0	28.0	
					1 h	28.0	31.0	31.0	
18	永乐镇杨涧村杨涧	雨量	<20	0	0.5 h	26.0	38.0	38.0	流域模型法
					1 h	38.0	44.0	44.0	
				0.3	0.5 h	24.0	34.0	34.0	
					1 h	34.0	39.0	39.0	
				0.6	0.5 h	22.0	31.0	31.0	
					1 h	31.0	35.0	35.0	

续表 4-8-8

序号	行政区划名称	类别	致灾暴雨频率(%)	B_0	时段	预警指标(mm)		临界雨量(mm)	方法
						准备转移	立即转移		
19	东垆乡许坡村许坡	雨量	5	0	0.5 h	36.0	52.0	52.0	同频率法
					1 h	52.0	89.0	89.0	
20	东垆乡许坡村三甲坡	雨量	10	0	0.5 h	30.0	43.0	43.0	同频率法
					1 h	43.0	62.0	62.0	
21	古魏镇坑头村坑头	雨量	2	0	0.5 h	40.0	58.0	58.0	同频率法
					1 h	58.0	77.0	77.0	
22	古魏镇令花村西张	雨量	<20	0	0.5 h	24.0	34.0	34.0	流域模型法
					1 h	34.0	43.0	43.0	
				0.3	0.5 h	21.0	30.0	30.0	
					1 h	30.0	37.0	37.0	
				0.6	0.5 h	17.0	25.0	25.0	
					1 h	25.0	31.0	31.0	
23	东垆乡坑南村	雨量	20	0	0.5 h	21.0	29.0	29.0	同频率法
					1 h	29.0	35.0	35.0	
24	东垆乡崔家村崔家	雨量	3	0	0.5 h	31.0	44.0	44.0	同频率法
					1 h	44.0	69.0	69.0	
25	风陵渡镇匼河村西城	雨量	20	0	0.5 h	26.0	37.0	37.0	同频率法
					1 h	37.0	43.0	43.0	

续表 4-8-8

序号	行政区划名称	类别	致灾暴雨频率(%)	B_0	时段	预警指标(mm)		临界雨量(mm)	方法
						准备转移	立即转移		
26	西陌镇柏社村西滑	雨量	2	0	0.5 h	37.0	53.0	53.0	同频率法
					1 h	53.0	77.0	77.0	
27	西陌镇柏社村核桃沟	雨量	<20	0	0.5 h	26.0	37.0	37.0	流域模型法
					1 h	37.0	49.0	49.0	
				0.3	0.5 h	23.0	33.0	33.0	
					1 h	33.0	44.0	44.0	
				0.6	0.5 h	20.0	28.0	28.0	
					1 h	28.0	38.0	38.0	
28	阳城镇孙涧村后涧	雨量	<20	0	0.5 h	26.0	37.0	37.0	流域模型法
					1 h	37.0	44.0	44.0	
				0.3	0.5 h	23.0	33.0	33.0	
					1 h	33.0	39.0	39.0	
				0.6	0.5 h	20.0	29.0	29.0	
					1 h	29.0	34.0	34.0	
29	阳城镇孙涧村王涧	雨量	20	0	0.5 h	26.0	36.0	36.0	同频率法
					1 h	36.0	43.0	43.0	

续表 4-8-8

序号	行政区划名称	类别	致灾暴雨频率(%)	B_0	时段	预警指标(mm)		临界雨量(mm)	方法
						准备转移	立即转移		
30	阳城镇孙涧村封涧	雨量	<20	0	0.5 h	24.0	35.0	35.0	流域模型法
					1 h	35.0	42.0	42.0	
				0.3	0.5 h	22.0	31.0	31.0	
					1 h	31.0	37.0	37.0	
				0.6	0.5 h	19.0	28.0	28.0	
					1 h	28.0	32.0	32.0	
31	西陌镇西陌村东陌	雨量	<20	0	0.5 h	25.0	35.0	35.0	流域模型法
					1 h	35.0	48.0	48.0	
				0.3	0.5 h	21.0	31.0	31.0	
					1 h	31.0	41.0	41.0	
				0.6	0.5 h	18.0	26.0	26.0	
					1 h	26.0	35.0	35.0	
32	风陵渡镇北曲村新兴	雨量	2	0	0.5 h	41.0	59.0	59.0	同频率法
					1 h	59.0	78.0	78.0	

续表 4-8-8

序号	行政区划名称	类别	致灾暴雨频率(%)	B_0	时段	预警指标(mm)		临界雨量(mm)	方法
						准备转移	立即转移		
33	西陌镇柏社村柏社	雨量	<20	0	0.5 h	24.0	34.0	34.0	流域模型法
					1 h	34.0	42.0	42.0	
				0.3	0.5 h	22.0	32.0	32.0	
					1 h	32.0	38.0	38.0	
				0.6	0.5 h	21.0	29.0	29.0	
					1 h	29.0	33.0	33.0	
34	东垆乡许坡村桃红坡	雨量	2	0	0.5 h	50.0	72.0	72.0	同频率法
					1 h	72.0	96.0	96.0	
35	东垆乡牛皋村牛皋	雨量	2	0	0.5 h	49.0	71.0	71.0	同频率法
					1 h	71.0	94.0	94.0	
36	风陵渡镇东章村	雨量	<20	0	0.5 h	20.7	29.6	29.6	同频率法
					1 h	29.6	39.0	39.0	
37	学张乡水峪村后峪	雨量	4	0	0.5 h	32.0	45.8	45.8	同频率法
					1 h	45.8	61.0	61.0	

第9章 临猗县

9.1 临猗县基本情况概述

9.1.1 地理位置

临猗县位于山西省西南部,运城盆地北沿,地理坐标为东经 110°17′30.7″~110°54′309″,北纬 34°53′52.9″~35°18′47.6″。东西宽 55 km,南北长 33 km,总面积 1 339.32 km^2,南踞涑水,北枕峨嵋岭,西以黄河为界,与陕西省合阳县隔河相望,东临盐湖区,南靠永济市,北与万荣县接壤。临猗县地理位置示意图如图 4-9-1 所示。

9.1.2 社会经济

全县国土总面积 1 339.32 km^2,其中耕地面积耕地 150 万亩。辖 9 镇 5 乡 2 区,375 个行政村,550 个自然村,总人口 54 万人(2014 年)。其中:农业人口 39.96 万人,非农人口 14.04 万人。2008 年全县生产总值 108 亿元,其中:第一产业 39.5 亿元,第二产业 34.3 亿元,第三产业 34.2 亿元。农业总产值 35.3 亿元,农民人均纯收入 2 000 元。

9.1.3 河流水系

临猗县境内有两条河流,即黄河与涑水河。临猗县主要河流基本情况见表 4-9-1。

表 4-9-1 临猗县主要河流基本情况表

序号	河流名称	流域面积(km^2)	河长(km)	河道比降(‰)	河源位置	河口位置
1	涑水河	985.44	68.18	0.4	南岳	
2	黄河	353.84	29.5	0.5	南樊村	

涑水河:在临猗县自东北向西南流过,流经楚侯、猗氏、牛杜、嵋阳、庙上、七级 6 个乡镇,35 个行政村,流域面积 985.44 km^2,全长 68.18 km,该河多年枯竭,已成为全县主要排污及泄洪道。

黄河:黄河干流从临猗县西边缘呈南北方向流过,北从孙吉镇南樊村流入,南由东张镇境内西仪村流出,流经孙吉、角杯、东张 3 个乡镇,24 个自然村,全程 29.5 km,流域面积

图 4-9-1 临猗县地理位置示意图

353.84 km^2。据龙门站观测,多年平均流量为 1 951.2 m^3/s,是本县的主要客水资源。

9.1.4 水文气象

临猗属暖温带大陆性气候,四季分明,冬长夏短,温差较大,春秋气候温和,冬春干旱,夏季炎热多雨,雨量比较集中,秋季凉爽,常有连绵阴雨,并有霜冻、冰雹、暴雨、大风等灾害性天气发生,是本地重要气象特征之一。

历年平均气温 13.9 ℃,最高气温在 7、8 月,月平均气温 26 ~ 27 ℃,12 月至次年 1 月气温最低,平均为 0.4 ℃,极端高温达 42.8 ℃,极端低温 -18.5 ℃。

1991 ~2005 年,全县平均日照时数为 2 105.9 h,较 1957 ~ 1990 年的 2 353.0 h 少 247.1 h 时,平均日照时数在逐年变小。每年 8 月份日照时数最长,平均每天 8 ~8.5 h,3 月日照时数最短,平均每天 4 ~6 h,无霜期平均 236 d。

多年平均降雨量为 484.2 mm,最大年降雨量 849.9 mm,最小年降雨量 276.5 mm,全年降雨量多集中在 6 ~9 月,占全年的 60% ~70%。夏季遇到强降雨或连阴雨,极易可能形成山洪灾害。

9.1.5 历史山洪灾害

临猗县山洪灾害涉及范围相对较少,山洪及其诱发的泥石流、滑坡等地质灾害常常毁坏耕地、山林,损毁房屋,压死牲畜家禽,给人民生命财产安全带来直接威胁,严重制约着区内经济社会的发展。临猗县历史山洪灾害统计情况见表 4-9-2。据统计,从 1949 年至 2011 年的 62 年中,共出现暴雨 45 次,历史上最大的洪水为 320 m^3/s,直接经济损失为 13.2 亿元。

主要山洪灾害有:

1949 年,秋雨连绵 40 余 d,孤峰山洪水形成径流,北景、大阎、闫家庄等乡镇墙房倒塌,有压死众人者,麦种不上。

1953 年 7 月 29 日至 8 月 1 日大雨,嵋阳镇令狐村、陈范村、西陈翟村等 13 个自然村遭洪水灾害。嵋阳镇洪水穿街而过,沿街房屋多倒塌,东关小堡损失尤甚,压死耕牛 2 头。令狐村连遭 3 次大水,70% 多的院落被冲倒,压死老年男女各 1 名,轻伤 30 余人。压伤大牲畜 4 头,鸡羊多只。

1956 年 6 月 14 日、16 日,闫家庄、大阎、三管等 20 个自然村发生雹灾,风大雨猛,平地起水尺余,冲毁大路 20 余条,小麦、棉花、玉米被冲、被淹。

1956 年 7 月,连续强降雨,洪水经城关、李汉等乡镇流入涑水河,造成涑水河决口 4 次,永兴庄、南岳各 1 次,高头村 2 次。水流 40 余 d,经猗氏南滩到东西水南一带,秋田无法收,红薯窖进水。

1956 年,因雨过多,山上洪水下泄,涑水河水涨,安邑段 2 处决口,8 月 18 日下午流入临猗县马营,淹没良田 5 000 余亩。

1957 年、1970 年,双巍山地区普降大到暴雨,洪水形成径流,致使三圣庄、霍村、亭东庄,泉杜村不同程度受淹,房屋倒塌数间,庄稼被淹千余亩。

1973 年 8 月上旬,临晋镇及上游普降暴雨,所属坑西沟形成洪水,造成临晋镇樊家卓房屋倒塌40余间,淹没耕地600余亩,房屋倒塌压死1人。

1981年秋雨绵绵,降雨量平均为205.3 mm,多年少有,全县共倒塌房屋2 329余间,窑洞86孔,压死学生2人,压伤2人,冲毁良田130余亩,冲毁公路桥梁4座,中断孙吉与南赵、临晋至孙吉、嵋阳至卓里交通3 d。受灾人口达到万余人。

1982年8月,临猗县遭遇持续强降雨,临晋镇上游耽子沟洪水下泄,致使临晋镇房屋倒塌5间,受灾人口达500余人,700亩耕地受淹,秋粮大部减产。

1982年8月初,临猗县遭遇强降雨。嵋阳张家营沟、县城里寺沟、葫芦沟洪水下泄,在张家营沟及里寺东沟形成2 m多积水,上面漂浮着从上游冲下来的西瓜、苹果等农作物。孤峰山洪水沿罗村滩冲下来,淹没北景、城关、三管等大部分耕地,达万余亩,秋粮减产,大部农作物绝收。

1983年7月28日下暴雨,杨范、元上、南赵、大阎、孙吉、北景等地沟坡洪水下泄,淹没耕地6 130亩,致使庄稼颗粒无收,房屋倒塌甚多。

1985年7月下旬,孤峰山下暴雨,大阎乡罗村被淹,倒塌房屋百余间,耕地万余亩颗粒无收。

1989年8月6日,持续强降雨造成泉杜沟形成洪水,致使临晋镇北月村房屋倒塌8家42间,淹没耕地200余亩,韩家卓房屋倒塌5家14间,受灾人口达200余人。

1990年7月,1995年7月,2010年8月,2011年9月,2012年7月,受强降雨影响,临晋镇坑西村上游正北沟经常形成洪水,房屋经常进水造成倒塌,累计倒塌房屋70间,受灾人口达200余人,耕地经常受淹,群众损失惨重。

1991年8月,三管镇辛庄沟上游普降暴雨,洪水沿沟而下,影响城关高家垛村4、5户房屋倒塌,耕地500余亩受淹。

1991年8月30日下暴雨,县城2 h降雨量达96 mm,里寺沟沟形成洪水,由于洪水强度大,县城红旗渠多处决口,原看守所、西关小学、酱味食品厂、菜市口一带居民区全部被淹,县城北环路全友一带一木器厂全部被淹,积水达50 cm,造成秋粮减产。

2010年8月11日降雨达88.1 mm,涑水河庙上胥村、山东庄发生管涌,临猗县东张、牛杜、角杯、庙上、临晋5个乡(镇、区)遭受洪涝损失,全县受灾水利设施毁坏3处,公路中断7条,农作物受灾983亩,成灾823亩,绝收160亩,损坏房屋216间,共造成农业直接经济损失130万元,共计经济损失153.2万元。

2011年9月极端天气频发,全月阴雨天气达18 d,降雨量达287.3 mm,是常年月降雨量71.6 mm的4倍,仅9月12日降雨量就达66.0 mm,持续强降雨过程,临猗县14个乡(镇)均遭受洪涝损失,据民政部门最终统计,全县受灾人口200 321人,农作物受灾面积55万亩,成灾52.6万亩,倒塌房屋5 880间,损坏房屋7 535间,共造成直接经济损失43 010万元。水利设施水毁直接损失358万元,据住建部门提供,县城居民直接经济损失3万元。据交通部门提供,降雨造成公路路基毁坏9.6 km,路面毁坏11 km,直接经济损失270万元。2011年持续高强度降雨共造成临猗县直接经济损失43 641万元。

表 4-9-2　临猗县历史山洪灾害情况统计表

序号	灾害发生时间 (年-月-日)	涉及地点	灾害描述
1	1953-07-29	嵋阳镇令狐村	压伤大牲畜 4 头,鸡羊多只,死亡 2 人,损毁房屋 70 间
2	1973-08-01	临晋镇坑西沟	淹没耕地 600 余亩,死亡 1 人,损毁房屋 40 间
3	1981	临猗县	冲毁良田 130 余亩,冲毁公路桥梁 4 座,死亡 2 人,损毁房屋 2 329 间
4	1982	临晋镇耽子沟	受灾人口 500 余人,淹没耕地 700 余亩,损毁房屋 5 间
5	1989-08-06	临晋镇北月村	淹没耕地 200 余亩,损毁房屋 42 间
6	1989-08-06	临晋镇韩家卓	受灾人口 200 余人,损毁房屋 14 间
7	1990 ~ 2012	临晋镇坑西村	受灾人口 200 余人,损毁房屋 70 间
8	1991-08-01	三管镇辛庄沟	耕地 500 余亩受灾,损毁房屋 5 间
9	2009-11-01	临猗县	降雨量 287 mm,损毁房屋 7 535 间,直接经济损失 43 641 万元
10	2010-08-11	临猗县	水利设施毁坏 3 处,公路中断 7 条,农作物受灾 983 亩,损毁房屋 216 间,直接经济损失 130 万元
11	2011-09-13	临猗县夹马口村 刘家崖坡顶边	沿路边房屋旁道路冲出 10 m 深沟,直接经济损失 5 万元
12	2011-09-13	西仪村西沟崖边	沿沟崖房屋边道路冲毁至沟底 60 余 m,排水设施损毁,直接经济损失 10 万元

9.2　临猗县山洪灾害分析评价成果

9.2.1　分析评价名录确定

临猗县 35 个重点防治区名录见表 4-9-3。其中包括临猗县小流域名称及面积、主沟道长度及比降、产流地类、汇流地类。

9.2.2　设计暴雨成果表

临猗县的 35 个重点防治区都进行了设计暴雨的推求,设计暴雨计算成果表、设计暴雨时程分配表分别见表 4-9-4、表 4-9-5。

9.2.3　设计洪水成果表

临猗县的 35 个重点防治区都进行了设计洪水的推求,设计洪水成果表、设计净雨深计算成果表分别见表 4-9-6、表 4-9-7。

9.2.4　现状防洪能力成果

临猗县受坡面汇流影响的有 35 个村落,重现期小于 5 年一遇的有 0 个,5 ~ 20 年一遇的有 2 个,大于 20 年一遇的有 33 个。极高危险区内没有居民,高危险区内有 12 户 51 人,危险区内有 198 户 683 人。

9.2.5　预警指标分析成果

临猗县的 35 个重点防治区都进行了雨量预警指标的确定。临猗县预警指标分析成果表见表 4-9-8。

表 4-9-3　临猗县小流域基本信息汇总表

序号	小流域名称	行政区划名称	面积（km^2）	主沟道长度（km）	主沟道比降（‰）	产流地类（km^2）			汇流地类（km^2）		
						变质岩灌丛山地	耕种平地	黄土丘陵阶地	黄土丘陵	森林山地	草坡山地
1	寺后沟	东里寺	22.33	1.87	20.36		22.33		22.33		
2		令狐村	18.86	2.94	19.07		18.86		18.86		
3		上朝	19.70	4.33	15.24		19.70		19.70		
4		泉杜	16.42	1.51	22.50		16.42		16.42		
5		泉杜庄	16.97	1.88	20.17		16.97		16.97		
6		北月	20.01	3.01	15.29		20.01		20.01		
7		东月	21.47	3.76	13.29		21.47		21.47		
8		许运	18.44	2.90	19.30		18.44		18.44		
9		西代	19.08	4.02	16.16		19.08		19.08		
10		周家窑村	23.89	4.34	14.29		23.89		23.89		
11		西窑里村	24.31	5.10	13.92		24.31		24.31		
12		坑西	7.85	0.34	14.93		7.85		7.85		
13	张家营沟	陈范屯	124.21	18.23	10.69	1.10	119.17	3.94	123.16	0.32	0.72
14		毛家沟	124.23	11.99	11.59	1.08	119.21	3.95	123.20	1.02	0.01
15		下陈	142.38	13.07	9.49		142.39		142.39		
16		张家营	143.72	13.16	9.49		143.72		143.72		
17		嵋阳村	147.20	16.21	9.62		147.20		147.20		

续表 4-9-3

序号	小流域名称	行政区划名称	面积 (km^2)	主沟道长度 (km)	主沟道比降 (‰)	产流地类(km^2)			汇流地类(km^2)		
						变质岩灌丛山地	耕种平地	黄土丘陵阶地	黄土丘陵	森林山地	草坡山地
18	左家庄沟	左家庄村	104.64	11.68	4.28		104.64		104.64		
19	朱家庄沟	朱家庄	147.73	10.56	5.49	3.06	132.55	12.12	144.40	2.44	0.89
20	小杨村沟	小杨村	10.40	2.78	33.78		10.40		10.40		
21	西张岳沟	西张岳村	3.55	2.43	36.69		3.55		3.55		
22	西任上沟	西任上	8.52	2.88	27.42		8.52		8.52		
23	卫家屯沟	卫家屯	13.40	5.75	17.40		13.40		13.40		
24	卫村沟	卫村庄	7.43	3.55	24.23		7.43		7.43		
25	牛村沟	牛村	13.95	1.76	12.53		13.95		13.95		
26	泥坡沟	泥坡村	91.47	9.77	4.91		91.47		91.47		
27	南赵沟	南赵村	4.54	1.99	53.82		4.54		4.54		
28	马家窑沟	马家窑村	4.13	2.88	202.36		4.13		4.13		
29	罗村沟	罗村	23.10	4.47	23.03		23.01	0.09	23.10		
30	柳村沟	柳村	8.37	2.15	2.32		8.37		8.37		
31	宏土沟	宏土村	12.42	2.41	9.95		12.42		12.42		
32	阁头庄沟	阁头庄	5.84	2.63	25.84		5.84		5.84		
33	高家垛沟	高家垛	7.58	2.50	32.81		7.58		7.58		
34	大杨沟	大杨村	9.76	3.25	31.37		9.76		9.76		
35	安昌沟	安昌	14.63	2.69	10.77		14.63		14.63		

表 4-9-4　临猗县设计暴雨计算成果表

序号	行政区划名称	历时	均值 $\overline{H}$ (mm)	变差系数 C_v	C_s/C_v	重现期雨量值 H_p(mm)				
						100 a($H_{1\%}$)	50 a($H_{2\%}$)	20 a($H_{5\%}$)	10 a($H_{10\%}$)	5 a($H_{20\%}$)
1	东里寺	10 min	11.9	0.61	3.5	38.6	33.3	26.4	21.3	16.2
		60 min	25.9	0.60	3.5	82.7	71.6	57.0	46.0	35.1
		6 h	39.7	0.50	3.5	108.6	95.9	78.9	65.9	52.6
		24 h	58.6	0.50	3.5	160.3	141.6	116.5	97.3	77.7
		3 d	74.6	0.47	3.5	194.3	172.6	143.6	121.1	98.0
2	令狐村	10 min	12.1	0.59	3.5	38.1	33.0	26.4	21.4	16.4
		60 min	25.8	0.59	3.5	81.2	70.4	56.2	45.5	34.9
		6 h	39.8	0.50	3.5	108.2	95.6	78.8	65.9	52.7
		24 h	58.7	0.49	3.5	158.0	139.8	115.5	96.8	77.6
		3 d	74.5	0.47	3.5	194.0	172.4	143.4	121.0	97.9
3	上朝	10 min	12.0	0.60	3.5	38.3	33.2	26.4	21.3	16.3
		60 min	25.9	0.60	3.5	82.7	71.6	57.0	46.0	35.1
		6 h	39.6	0.50	3.5	108.0	95.4	78.6	65.7	52.5
		24 h	58.7	0.49	3.5	158.0	139.8	115.5	96.8	77.6
		3 d	74.6	0.47	3.5	194.3	172.6	143.6	121.1	98.0
4	泉杜	10 min	10.4	0.57	3.5	31.8	27.7	22.2	18.1	14.0
		60 min	25.7	0.57	3.5	78.5	68.3	54.9	44.8	34.6
		6 h	38.2	0.48	3.5	101.2	89.7	74.3	62.5	50.4
		24 h	56.2	0.50	3.5	153.8	135.8	111.8	93.3	74.5
		3 d	72.3	0.45	3.5	180.5	161.2	135.3	115.1	94.2

续表 4-9-4

序号	行政区划名称	历时	均值 $\overline{H}$ (mm)	变差系数 C_v	C_s/C_v	重现期雨量值 H_p (mm)				
						100 a($H_{1\%}$)	50 a($H_{2\%}$)	20 a($H_{5\%}$)	10 a($H_{10\%}$)	5 a($H_{20\%}$)
5	泉杜庄	10 min	10.6	0.57	3.5	32.4	28.2	22.7	18.5	14.3
		60 min	25.6	0.57	3.5	78.2	68.1	54.7	44.6	34.5
		6 h	38.3	0.48	3.5	101.4	89.9	74.5	62.7	50.5
		24 h	56.2	0.50	3.5	153.8	135.8	111.8	93.3	74.5
		3 d	72.3	0.45	3.5	180.5	161.2	135.3	115.1	94.2
6	北月	10 min	10.6	0.57	3.5	32.4	28.2	22.7	18.5	14.3
		60 min	25.6	0.57	3.5	78.2	68.1	54.7	44.6	34.5
		6 h	38.3	0.48	3.5	101.4	89.9	74.5	62.7	50.5
		24 h	56.3	0.50	3.5	154.0	136.0	111.9	93.5	74.6
		3 d	72.3	0.45	3.5	180.5	161.2	135.3	115.1	94.2
7	东月	10 min	10.5	0.57	3.5	32.1	27.9	22.4	18.3	14.2
		60 min	25.6	0.57	3.5	78.2	68.1	54.7	44.6	34.5
		6 h	38.3	0.48	3.5	101.4	89.9	74.5	62.7	50.5
		24 h	56.3	0.50	3.5	154.0	136.0	111.9	93.5	74.6
		3 d	72.3	0.45	3.5	180.5	161.2	135.3	115.1	94.2
8	许运	10 min	11.2	0.58	3.5	34.7	30.2	24.2	19.6	15.1
		60 min	26.1	0.57	3.5	79.7	69.4	55.8	45.5	35.2
		6 h	38.6	0.50	3.5	105.6	93.3	76.8	64.1	51.2
		24 h	55.7	0.49	3.5	149.9	132.7	109.6	91.8	73.6
		3 d	72.5	0.45	3.5	182.6	162.9	136.4	115.9	94.7

续表 4-9-4

序号	行政区划名称	历时	均值 $\overline{H}$ (mm)	变差系数 C_v	C_s/C_v	重现期雨量值 H_p(mm)				
						100 a($H_{1\%}$)	50 a($H_{2\%}$)	20 a($H_{5\%}$)	10 a($H_{10\%}$)	5 a($H_{20\%}$)
9	西代	10 min	11.2	0.58	3.5	34.7	30.2	24.2	19.6	15.1
		60 min	26.1	0.57	3.5	79.7	69.4	55.8	45.5	35.2
		6 h	38.6	0.50	3.5	105.6	93.3	76.8	64.1	51.2
		24 h	55.7	0.49	3.5	149.9	132.7	109.6	91.8	73.6
		3 d	72.5	0.45	3.5	182.6	162.9	136.4	115.9	94.7
10	周家窑村	10 min	12.0	0.56	3.5	36.0	31.4	25.4	20.8	16.1
		60 min	27.1	0.58	3.5	84.0	73.0	58.5	47.5	36.6
		6 h	39.6	0.57	3.5	120.9	105.3	84.6	69.0	53.4
		24 h	58.8	0.52	3.5	166.1	146.1	119.4	99.0	78.4
		3 d	74.9	0.47	3.5	195.1	173.3	144.1	121.6	98.4
11	西窑里村	10 min	12.0	0.59	3.5	37.8	32.8	26.2	21.2	16.2
		60 min	27.1	0.58	3.5	84.0	73.0	58.5	47.5	36.6
		6 h	39.6	0.57	3.5	120.9	105.3	84.6	69.0	53.4
		24 h	58.8	0.52	3.5	166.1	146.1	119.4	99.0	78.4
		3 d	74.9	0.47	3.5	195.1	173.3	144.1	121.6	98.4
12	坑西	10 min	10.6	0.59	3.5	33.2	28.8	23.0	18.7	14.3
		60 min	26.2	0.57	3.5	80.0	69.7	56.0	45.7	35.3
		6 h	38.2	0.51	3.5	106.2	93.6	76.8	63.9	50.8
		24 h	57.6	0.50	3.5	158.1	139.5	114.8	95.8	76.4
		3 d	72.3	0.45	3.5	182.7	162.9	136.4	115.8	94.5

续表 4-9-4

序号	行政区划名称	历时	均值 $\overline{H}$ (mm)	变差系数 C_v	C_s/C_v	重现期雨量值 H_p (mm)				
						100 a($H_{1\%}$)	50 a($H_{2\%}$)	20 a($H_{5\%}$)	10 a($H_{10\%}$)	5 a($H_{20\%}$)
13	陈范屯	10 min	12.1	0.61	3.5	39.2	33.9	26.9	21.6	16.4
		60 min	28.1	0.61	3.5	90.6	78.4	62.2	50.1	38.1
		6 h	42.2	0.56	3.5	125.9	110.0	88.9	72.8	56.7
		24 h	62.2	0.55	3.5	185.1	161.7	130.7	107.2	83.5
		3 d	79.3	0.48	3.5	209.3	185.6	154.0	129.5	104.5
14	毛家沟	10 min	12.1	0.61	3.5	39.2	33.9	26.9	21.6	16.4
		60 min	28.1	0.61	3.5	90.6	78.4	62.2	50.1	38.1
		6 h	42.2	0.56	3.5	125.9	110.0	88.9	72.8	56.7
		24 h	62.2	0.55	3.5	185.1	161.7	130.7	107.2	83.5
		3 d	79.3	0.48	3.5	209.3	185.6	154.0	129.5	104.5
15	下陈	10 min	12.1	0.60	3.5	38.6	33.4	26.6	21.5	16.4
		60 min	27.1	0.60	3.5	86.3	74.7	59.5	48.1	36.7
		6 h	41.0	0.56	3.5	122.4	106.9	86.3	70.7	55.1
		24 h	60.0	0.54	3.5	174.9	153.2	124.4	102.5	80.4
		3 d	77.0	0.47	3.5	200.5	178.2	148.2	125.0	101.2
16	张家营	10 min	12.1	0.60	3.5	38.6	33.4	26.6	21.5	16.4
		60 min	27.1	0.60	3.5	86.3	74.7	59.5	48.1	36.7
		6 h	41.0	0.56	3.5	122.4	106.9	86.3	70.7	55.1
		24 h	60.0	0.54	3.5	174.9	153.2	124.4	102.5	80.4
		3 d	77.0	0.47	3.5	200.5	178.2	148.2	125.0	101.2

续表 4-9-4

序号	行政区划名称	历时	均值 $\overline{H}$ (mm)	变差系数 C_v	C_s/C_v	重现期雨量值 H_p(mm)				
						100 a($H_{1\%}$)	50 a($H_{2\%}$)	20 a($H_{5\%}$)	10 a($H_{10\%}$)	5 a($H_{20\%}$)
17	嵋阳村	10 min	12.1	0.60	3.5	38.5	33.4	26.6	21.4	16.4
		60 min	27.1	0.60	3.5	86.1	74.6	59.4	48.0	36.7
		6 h	41.0	0.55	3.5	122.0	106.6	86.1	70.6	55.0
		24 h	60.0	0.54	3.5	174.4	152.8	124.2	102.3	80.3
		3 d	77.0	0.47	3.5	200.5	178.2	148.2	125.0	101.2
18	左家庄村	10 min	12.1	0.60	3.5	38.6	33.5	26.6	21.5	16.4
		60 min	27.6	0.60	3.5	87.5	75.8	60.5	48.9	37.4
		6 h	41.5	0.56	3.5	123.8	108.2	87.4	71.6	55.8
		24 h	61.3	0.55	3.5	181.5	158.7	128.4	105.4	82.3
		3 d	77.3	0.47	3.5	202.3	179.6	149.3	125.8	101.7
19	朱家庄	10 min	12.1	0.62	3.5	39.5	34.1	27.0	21.7	16.4
		60 min	27.8	0.61	3.5	90.5	78.2	61.9	49.8	37.7
		6 h	42.5	0.54	3.5	123.5	108.2	88.0	72.5	56.9
		24 h	61.0	0.52	3.5	172.3	151.6	123.9	102.8	81.3
		3 d	79.0	0.48	3.5	208.5	184.9	153.4	129.0	104.1
20	小杨村	10 min	12.2	0.60	3.5	39.0	33.7	26.8	21.6	16.5
		60 min	27.4	0.59	3.5	86.0	74.6	59.6	48.3	37.1
		6 h	42.1	0.57	3.5	127.6	111.2	89.5	73.1	56.7
		24 h	63.0	0.56	3.5	188.0	164.2	132.7	108.7	84.7
		3 d	77.5	0.49	3.5	208.6	184.6	152.5	127.7	102.5

续表 4-9-4

序号	行政区划名称	历时	均值 $\overline{H}$ (mm)	变差系数 C_v	C_s/C_v	重现期雨量值 H_p(mm)				
						100 a($H_{1\%}$)	50 a($H_{2\%}$)	20 a($H_{5\%}$)	10 a($H_{10\%}$)	5 a($H_{20\%}$)
21	西张岳村	10 min	10.8	0.59	3.5	34.0	29.5	23.5	19.1	14.6
		60 min	25.0	0.57	3.5	76.3	66.5	53.4	43.6	33.7
		6 h	41.5	0.46	3.5	106.3	94.6	79.0	66.9	54.4
		24 h	56.0	0.47	3.5	145.8	129.6	107.8	90.9	73.6
		3 d	72.5	0.47	3.5	188.8	167.8	139.5	117.7	95.3
22	西任上	10 min	10.1	0.56	3.5	30.4	26.5	21.4	17.5	13.6
		60 min	26.0	0.58	3.5	80.6	70.1	56.1	45.6	35.1
		6 h	38.0	0.48	3.5	100.6	89.2	73.9	62.2	50.1
		24 h	55.0	0.47	3.5	143.2	127.3	105.8	89.3	72.3
		3 d	73.0	0.45	3.5	183.8	164.0	137.4	116.7	95.3
23	卫家屯	10 min	10.4	0.57	3.5	31.8	27.7	22.2	18.1	14.0
		60 min	26.0	0.58	3.5	80.6	70.1	56.1	45.6	35.1
		6 h	39.0	0.49	3.5	105.0	92.9	76.7	64.3	51.6
		24 h	55.0	0.48	3.5	145.6	129.1	107.0	90.0	72.5
		3 d	73.0	0.45	3.5	183.8	164.0	137.4	116.7	95.3
24	卫村庄	10 min	11.5	0.59	3.5	36.2	31.4	25.1	20.3	15.6
		60 min	26.0	0.58	3.5	80.0	69.6	55.8	45.5	35.1
		6 h	39.0	0.50	3.5	106.7	94.2	77.5	64.8	51.7
		24 h	58.0	0.48	3.5	153.6	136.2	112.9	94.9	76.5
		3 d	74.0	0.46	3.5	189.5	168.7	140.8	119.2	96.9

续表 4-9-4

序号	行政区划名称	历时	均值 $\overline{H}$ (mm)	变差系数 C_v	C_s/C_v	重现期雨量值 H_p(mm)				
						100 a($H_{1\%}$)	50 a($H_{2\%}$)	20 a($H_{5\%}$)	10 a($H_{10\%}$)	5 a($H_{20\%}$)
25	牛村	10 min	12.1	0.57	3.5	36.9	32.2	25.9	21.1	16.3
		60 min	26.5	0.56	3.5	79.7	69.5	56.1	45.9	35.6
		6 h	41.0	0.58	3.5	127.1	110.5	88.5	71.9	55.4
		24 h	61.5	0.51	3.5	171.0	150.7	123.6	102.9	81.8
		3 d	75.0	0.47	3.5	195.3	173.5	144.3	121.8	98.6
26	泥坡村	10 min	12.1	0.60	3.5	38.6	33.5	26.6	21.5	16.4
		60 min	28.0	0.60	3.5	89.4	77.4	61.6	49.7	37.9
		6 h	42.5	0.56	3.5	127.8	111.5	89.9	73.6	57.2
		24 h	61.0	0.55	3.5	180.6	157.9	127.8	104.9	81.9
		3 d	78.0	0.58	3.5	241.8	210.2	168.4	136.8	105.3
27	南赵村	10 min	12.1	0.57	3.5	36.9	32.2	25.9	21.1	16.3
		60 min	26.5	0.56	3.5	79.7	69.5	56.1	45.9	35.6
		6 h	41.0	0.58	3.5	127.1	110.5	88.5	71.9	55.4
		24 h	61.5	0.51	3.5	171.0	150.7	123.6	102.9	81.8
		3 d	75.0	0.47	3.5	195.3	173.5	144.3	121.8	98.6
28	马家窑村	10 min	12.1	0.62	3.5	39.8	34.3	27.1	21.8	16.4
		60 min	28.5	0.62	3.5	93.7	80.8	63.9	51.2	38.7
		6 h	44.0	0.55	3.5	130.3	113.9	92.2	75.7	59.1
		24 h	63.0	0.55	3.5	186.6	163.1	132.0	108.3	84.6
		3 d	83.0	0.49	3.5	223.4	197.7	163.3	136.8	109.7

续表 4-9-4

序号	行政区划名称	历时	均值 $\overline{H}$ (mm)	变差系数 C_v	C_s/C_v	重现期雨量值 H_p(mm)				
						100 a($H_{1\%}$)	50 a($H_{2\%}$)	20 a($H_{5\%}$)	10 a($H_{10\%}$)	5 a($H_{20\%}$)
29	罗村	10 min	12.1	0.62	3.5	39.8	34.3	27.1	21.8	16.4
		60 min	28.5	0.62	3.5	93.7	80.8	63.9	51.2	38.7
		6 h	44.0	0.55	3.5	130.3	113.9	92.2	75.7	59.1
		24 h	63.0	0.55	3.5	186.6	163.1	132.0	108.3	84.6
		3 d	83.0	0.49	3.5	223.4	197.7	163.3	136.8	109.7
30	柳村	10 min	12.0	0.60	3.5	38.3	33.2	26.4	21.3	16.3
		60 min	27.0	0.60	3.5	86.2	74.7	59.4	48.0	36.6
		6 h	40.0	0.55	3.5	118.5	103.6	83.8	68.8	53.7
		24 h	59.0	0.57	3.5	180.2	156.9	126.1	102.8	79.5
		3 d	75.0	0.47	3.5	195.3	173.5	144.3	121.8	98.6
31	宏土村	10 min	12.0	0.56	3.5	36.1	31.5	25.4	20.8	16.1
		60 min	27.0	0.57	3.5	82.4	71.8	57.7	47.1	36.4
		6 h	40.0	0.55	3.5	118.5	103.6	83.8	68.8	53.7
		24 h	59.0	0.52	3.5	166.7	146.6	119.8	99.4	78.6
		3 d	74.0	0.46	3.5	189.5	168.7	140.8	119.2	96.9
32	阁头庄	10 min	11.5	0.59	3.5	36.2	31.4	25.1	20.3	15.6
		60 min	26.0	0.58	3.5	80.6	70.1	56.1	45.6	35.1
		6 h	39.0	0.50	3.5	106.7	94.2	77.5	64.8	51.7
		24 h	58.0	0.48	3.5	153.6	136.2	112.9	94.9	76.5
		3 d	74.0	0.46	3.5	189.5	168.7	140.8	119.2	96.9

续表 4-9-4

序号	行政区划名称	历时	均值 $\overline{H}$ (mm)	变差系数 C_v	C_s/C_v	重现期雨量值 H_p(mm)				
						100 a($H_{1\%}$)	50 a($H_{2\%}$)	20 a($H_{5\%}$)	10 a($H_{10\%}$)	5 a($H_{20\%}$)
33	高家垛	10 min	12.0	0.61	3.5	38.9	33.6	26.7	21.4	16.3
		60 min	26.5	0.61	3.5	85.9	74.2	58.9	47.4	36.0
		6 h	40.0	0.50	3.5	109.4	96.6	79.5	66.4	53.0
		24 h	59.0	0.50	3.5	161.4	142.5	117.3	98.0	78.2
		3 d	75.0	0.48	3.5	198.6	176.1	145.9	122.7	98.9
34	大杨村	10 min	12.0	0.61	3.5	38.9	33.6	26.7	21.4	16.3
		60 min	26.5	0.60	3.5	84.6	73.3	58.3	47.1	35.9
		6 h	40.0	0.50	3.5	109.4	96.6	79.5	66.4	53.0
		24 h	59.0	0.50	3.5	161.4	142.5	117.3	98.0	78.2
		3 d	75.0	0.47	3.5	195.3	173.5	144.3	121.8	98.6
35	安昌	10 min	12.1	0.56	3.5	36.4	31.7	25.6	20.9	16.3
		60 min	27.0	0.56	3.5	81.2	70.8	57.1	46.7	36.3
		6 h	41.0	0.56	3.5	123.3	107.6	86.8	71.0	55.2
		24 h	61.0	0.50	3.5	166.9	147.4	121.3	101.3	80.9
		3 d	76.0	0.48	3.5	201.2	178.4	147.9	124.3	100.2

表 4-9-5　临猗县设计暴雨时程分配表

序号	行政区划名称	时段长	时段序号	重现期时段雨量值 H_p (mm)				
				100 a($H_{1\%}$)	50 a($H_{2\%}$)	20 a($H_{5\%}$)	10 a($H_{10\%}$)	5 a($H_{20\%}$)
1	东里寺	0.5 h	1	2.18	1.96	1.66	1.43	1.18
			2	2.36	2.12	1.79	1.54	1.27
			3	2.57	2.31	1.95	1.67	1.38
			4	4.60	4.11	3.44	2.93	2.39
			5	5.47	4.88	4.08	3.47	2.82
			6	13.71	12.14	10.03	8.41	6.73
			7	50.97	44.33	35.57	28.93	22.30
			8	8.98	7.98	6.64	5.60	4.52
			9	6.78	6.04	5.04	4.27	3.46
			10	3.97	3.55	2.98	2.54	2.08
			11	3.49	3.13	2.63	2.25	1.84
			12	3.12	2.80	2.36	2.01	1.66
2	令狐村	0.5 h	1	2.16	1.94	1.65	1.42	1.18
			2	2.33	2.10	1.78	1.53	1.27
			3	2.54	2.28	1.93	1.66	1.37
			4	4.57	4.08	3.42	2.91	2.38
			5	5.44	4.86	4.06	3.44	2.80
			6	13.69	12.12	9.99	8.36	6.68
			7	50.84	44.32	35.68	29.13	22.57
			8	8.96	7.96	6.60	5.56	4.48
			9	6.75	6.01	5.01	4.24	3.43
			10	3.94	3.52	2.96	2.53	2.07
			11	3.46	3.10	2.61	2.23	1.83
			12	3.09	2.77	2.34	2.00	1.65

续表 4-9-5

序号	行政区划名称	时段长	时段序号	重现期时段雨量值 H_p(mm)				
				100 a($H_{1\%}$)	50 a($H_{2\%}$)	20 a($H_{5\%}$)	10 a($H_{10\%}$)	5 a($H_{20\%}$)
3	上朝	0.25 h	1	1.13	1.02	0.87	0.75	0.62
			2	1.18	1.06	0.90	0.78	0.65
			3	1.23	1.11	0.94	0.81	0.67
			4	1.29	1.16	0.98	0.84	0.70
			5	2.19	1.95	1.64	1.40	1.15
			6	2.37	2.12	1.78	1.51	1.23
			7	2.59	2.31	1.93	1.64	1.34
			8	2.85	2.54	2.13	1.80	1.47
			9	5.97	5.29	4.37	3.66	2.93
			10	11.68	10.27	8.40	6.96	5.50
			11	39.54	34.29	27.39	22.17	16.99
			12	7.81	6.90	5.67	4.73	3.77
			13	4.87	4.32	3.58	3.01	2.42
			14	4.13	3.67	3.05	2.57	2.07
			15	3.59	3.19	2.66	2.25	1.82
			16	3.17	2.83	2.36	2.00	1.62
			17	2.03	1.82	1.53	1.30	1.07
			18	1.89	1.70	1.43	1.22	1.00
			19	1.77	1.59	1.34	1.15	0.94
			20	1.67	1.50	1.26	1.08	0.89
			21	1.57	1.41	1.19	1.02	0.84
			22	1.49	1.34	1.13	0.97	0.80
			23	1.42	1.27	1.08	0.93	0.77
			24	1.35	1.21	1.03	0.88	0.73

续表 4-9-5

序号	行政区划名称	时段长	时段序号	重现期时段雨量值 H_p(mm)				
				100 a($H_{1\%}$)	50 a($H_{2\%}$)	20 a($H_{5\%}$)	10 a($H_{10\%}$)	5 a($H_{20\%}$)
4	泉杜	0.5 h	1	2.16	1.93	1.62	1.38	1.13
			2	2.35	2.10	1.76	1.50	1.23
			3	2.57	2.30	1.93	1.64	1.34
			4	4.69	4.19	3.51	2.98	2.44
			5	5.60	5.00	4.18	3.55	2.90
			6	13.97	12.39	10.30	8.69	7.02
			7	45.72	40.02	32.51	26.79	20.99
			8	9.22	8.20	6.84	5.80	4.70
			9	6.96	6.20	5.18	4.40	3.58
			10	4.04	3.60	3.02	2.57	2.10
			11	3.54	3.16	2.65	2.25	1.84
			12	3.14	2.81	2.36	2.01	1.64
5	泉杜庄	0.5 h	1	2.16	1.93	1.62	1.38	1.13
			2	2.34	2.09	1.76	1.50	1.23
			3	2.56	2.29	1.92	1.63	1.34
			4	4.65	4.15	3.48	2.96	2.41
			5	5.54	4.95	4.14	3.52	2.87
			6	13.78	12.26	10.19	8.60	6.94
			7	45.99	40.30	32.73	26.96	21.13
			8	9.10	8.11	6.77	5.73	4.65
			9	6.87	6.13	5.13	4.35	3.54
			10	4.00	3.58	3.00	2.55	2.08
			11	3.51	3.14	2.63	2.24	1.83
			12	3.13	2.79	2.34	1.99	1.63

续表 4-9-5

序号	行政区划名称	时段长	时段序号	重现期时段雨量值 H_p(mm)				
				100 a($H_{1\%}$)	50 a($H_{2\%}$)	20 a($H_{5\%}$)	10 a($H_{10\%}$)	5 a($H_{20\%}$)
6	北月	0.5 h	1	2.16	1.94	1.63	1.38	1.13
			2	2.35	2.10	1.76	1.50	1.23
			3	2.56	2.29	1.92	1.64	1.34
			4	4.65	4.15	3.48	2.95	2.41
			5	5.54	4.94	4.14	3.51	2.87
			6	13.76	12.20	10.14	8.56	6.91
			7	45.65	39.95	32.45	26.74	20.96
			8	9.09	8.08	6.74	5.71	4.64
			9	6.87	6.12	5.12	4.34	3.53
			10	4.00	3.58	3.00	2.55	2.08
			11	3.51	3.14	2.63	2.24	1.83
			12	3.13	2.80	2.35	2.00	1.64
7	东月	0.5 h	1	2.17	1.94	1.63	1.39	1.14
			2	2.36	2.11	1.77	1.51	1.23
			3	2.57	2.30	1.93	1.64	1.35
			4	4.66	4.17	3.49	2.97	2.42
			5	5.56	4.96	4.16	3.53	2.88
			6	13.77	12.24	10.18	8.58	6.93
			7	45.23	39.63	32.20	26.52	20.79
			8	9.11	8.12	6.78	5.74	4.66
			9	6.89	6.15	5.14	4.36	3.55
			10	4.02	3.59	3.01	2.56	2.09
			11	3.53	3.15	2.64	2.25	1.84
			12	3.14	2.81	2.36	2.01	1.64

续表 4-9-5

序号	行政区划名称	时段长	时段序号	重现期时段雨量值 H_p(mm)				
				100 a($H_{1\%}$)	50 a($H_{2\%}$)	20 a($H_{5\%}$)	10 a($H_{10\%}$)	5 a($H_{20\%}$)
8	许运	0.5 h	1	2.02	1.81	1.53	1.32	1.09
			2	2.20	1.98	1.67	1.43	1.18
			3	2.42	2.17	1.83	1.57	1.29
			4	4.56	4.07	3.40	2.89	2.36
			5	5.48	4.89	4.08	3.46	2.81
			6	14.16	12.54	10.34	8.66	6.93
			7	48.52	42.39	34.25	28.08	21.88
			8	9.21	8.18	6.78	5.71	4.60
			9	6.87	6.12	5.09	4.30	3.48
			10	3.89	3.48	2.92	2.48	2.03
			11	3.39	3.03	2.55	2.17	1.78
			12	3.00	2.68	2.26	1.93	1.58
9	西代	0.5 h	1	2.02	1.81	1.53	1.32	1.09
			2	2.20	1.98	1.67	1.43	1.18
			3	2.42	2.17	1.83	1.57	1.29
			4	4.56	4.07	3.40	2.89	2.36
			5	5.48	4.89	4.08	3.46	2.81
			6	14.16	12.53	10.33	8.65	6.93
			7	48.45	42.32	34.19	28.04	21.84
			8	9.21	8.17	6.78	5.71	4.60
			9	6.87	6.11	5.09	4.30	3.48
			10	3.89	3.48	2.92	2.48	2.03
			11	3.39	3.03	2.55	2.17	1.78
			12	3.00	2.68	2.26	1.93	1.58

续表 4-9-5

序号	行政区划名称	时段长	时段序号	重现期时段雨量值 H_p(mm)				
				100 a($H_{1\%}$)	50 a($H_{2\%}$)	20 a($H_{5\%}$)	10 a($H_{10\%}$)	5 a($H_{20\%}$)
10	周家窑村	0.25 h	1	1.25	1.11	0.92	0.77	0.62
			2	1.31	1.16	0.96	0.81	0.65
			3	1.37	1.21	1.00	0.84	0.67
			4	1.44	1.28	1.05	0.88	0.71
			5	2.55	2.24	1.82	1.50	1.18
			6	2.77	2.43	1.97	1.63	1.27
			7	3.04	2.66	2.16	1.77	1.39
			8	3.36	2.94	2.38	1.95	1.52
			9	7.08	6.15	4.92	4.00	3.08
			10	13.45	11.68	9.31	7.53	5.76
			11	37.64	32.86	26.53	21.72	16.90
			12	9.19	7.98	6.37	5.16	3.96
			13	5.78	5.04	4.04	3.29	2.54
			14	4.90	4.27	3.43	2.80	2.17
			15	4.25	3.71	2.99	2.44	1.89
			16	3.76	3.28	2.65	2.17	1.69
			17	2.36	2.07	1.69	1.39	1.10
			18	2.19	1.92	1.57	1.30	1.03
			19	2.04	1.80	1.47	1.22	0.96
			20	1.91	1.68	1.38	1.15	0.91
			21	1.80	1.59	1.30	1.08	0.86
			22	1.70	1.50	1.23	1.02	0.81
			23	1.60	1.41	1.16	0.97	0.77
			24	1.52	1.34	1.11	0.92	0.74

续表 4-9-5

序号	行政区划名称	时段长	时段序号	重现期时段雨量值 H_p(mm)				
				100 a($H_{1\%}$)	50 a($H_{2\%}$)	20 a($H_{5\%}$)	10 a($H_{10\%}$)	5 a($H_{20\%}$)
11	西窑里村	0.25 h	1	1.24	1.10	0.91	0.77	0.62
			2	1.29	1.15	0.95	0.80	0.65
			3	1.35	1.20	1.00	0.84	0.67
			4	1.42	1.26	1.04	0.88	0.70
			5	2.48	2.19	1.79	1.48	1.17
			6	2.70	2.37	1.94	1.61	1.27
			7	2.96	2.60	2.12	1.75	1.38
			8	3.26	2.87	2.33	1.93	1.52
			9	6.87	5.99	4.83	3.95	3.06
			10	13.19	11.46	9.18	7.46	5.74
			11	38.93	33.83	27.10	22.02	16.95
			12	8.94	7.79	6.26	5.10	3.94
			13	5.61	4.90	3.96	3.24	2.52
			14	4.75	4.16	3.36	2.76	2.16
			15	4.12	3.61	2.93	2.41	1.89
			16	3.64	3.19	2.60	2.14	1.68
			17	2.30	2.02	1.66	1.38	1.09
			18	2.14	1.88	1.55	1.29	1.02
			19	2.00	1.76	1.45	1.21	0.96
			20	1.87	1.65	1.36	1.14	0.91
			21	1.76	1.56	1.28	1.07	0.86
			22	1.66	1.47	1.21	1.02	0.81
			23	1.57	1.39	1.15	0.96	0.77
			24	1.49	1.32	1.09	0.92	0.74

续表 4-9-5

序号	行政区划名称	时段长	时段序号	重现期时段雨量值 H_p(mm)				
				100 a($H_{1\%}$)	50 a($H_{2\%}$)	20 a($H_{5\%}$)	10 a($H_{10\%}$)	5 a($H_{20\%}$)
12	坑西	0.5 h	1	2.22	1.99	1.67	1.42	1.16
			2	2.42	2.16	1.81	1.54	1.25
			3	2.65	2.36	1.98	1.68	1.37
			4	4.89	4.35	3.62	3.05	2.47
			5	5.85	5.20	4.32	3.64	2.94
			6	14.75	13.04	10.71	8.95	7.15
			7	49.06	42.82	34.52	28.25	21.96
			8	9.69	8.59	7.09	5.95	4.78
			9	7.29	6.47	5.36	4.51	3.63
			10	4.19	3.73	3.11	2.63	2.13
			11	3.67	3.27	2.73	2.31	1.88
			12	3.26	2.90	2.42	2.05	1.67
13	陈范屯	0.5 h	1	2.64	2.33	1.92	1.61	1.29
			2	2.85	2.52	2.08	1.74	1.39
			3	3.10	2.74	2.26	1.88	1.51
			4	5.48	4.83	3.96	3.29	2.61
			5	6.48	5.71	4.67	3.88	3.07
			6	15.49	13.57	11.01	9.07	7.11
			7	48.15	41.82	33.47	27.17	20.88
			8	10.41	9.14	7.45	6.16	4.85
			9	7.96	7.00	5.72	4.74	3.74
			10	4.75	4.19	3.44	2.86	2.27
			11	4.19	3.70	3.04	2.53	2.01
			12	3.75	3.31	2.72	2.27	1.81

续表 4-9-5

序号	行政区划名称	时段长	时段序号	重现期时段雨量值 H_p(mm)				
				100 a($H_{1\%}$)	50 a($H_{2\%}$)	20 a($H_{5\%}$)	10 a($H_{10\%}$)	5 a($H_{20\%}$)
14	毛家沟	0.5 h	1	2.64	2.33	1.92	1.61	1.29
			2	2.85	2.52	2.08	1.74	1.39
			3	3.10	2.74	2.26	1.88	1.51
			4	5.48	4.83	3.96	3.29	2.61
			5	6.48	5.71	4.67	3.88	3.07
			6	15.49	13.57	11.01	9.07	7.11
			7	48.15	41.82	33.47	27.16	20.88
			8	10.41	9.14	7.45	6.16	4.85
			9	7.96	7.00	5.72	4.74	3.74
			10	4.75	4.19	3.44	2.86	2.27
			11	4.19	3.70	3.04	2.53	2.01
			12	3.75	3.31	2.72	2.27	1.81
15	下陈	0.5 h	1	2.47	2.19	1.82	1.53	1.23
			2	2.67	2.37	1.96	1.65	1.33
			3	2.91	2.58	2.13	1.79	1.44
			4	5.16	4.56	3.74	3.12	2.48
			5	6.12	5.39	4.42	3.67	2.91
			6	14.72	12.90	10.47	8.62	6.75
			7	46.26	40.23	32.27	26.24	20.23
			8	9.87	8.67	7.06	5.84	4.60
			9	7.53	6.63	5.42	4.49	3.55
			10	4.47	3.95	3.25	2.71	2.16
			11	3.94	3.49	2.87	2.40	1.92
			12	3.53	3.12	2.57	2.16	1.73

续表 4-9-5

序号	行政区划名称	时段长	时段序号	重现期时段雨量值 H_p(mm)				
				100 a($H_{1\%}$)	50 a($H_{2\%}$)	20 a($H_{5\%}$)	10 a($H_{10\%}$)	5 a($H_{20\%}$)
16	张家营	0.5 h	1	2.47	2.19	1.82	1.53	1.23
			2	2.67	2.37	1.96	1.65	1.33
			3	2.91	2.58	2.13	1.79	1.44
			4	5.16	4.56	3.74	3.12	2.48
			5	6.12	5.39	4.42	3.67	2.91
			6	14.71	12.90	10.46	8.62	6.75
			7	46.22	40.19	32.24	26.21	20.21
			8	9.86	8.67	7.06	5.84	4.60
			9	7.53	6.63	5.42	4.49	3.55
			10	4.47	3.95	3.25	2.71	2.16
			11	3.94	3.48	2.87	2.40	1.92
			12	3.53	3.12	2.57	2.16	1.73
17	嵋阳村	0.5 h	1	2.46	2.18	1.81	1.53	1.23
			2	2.66	2.36	1.96	1.65	1.33
			3	2.89	2.57	2.13	1.79	1.44
			4	5.14	4.54	3.73	3.11	2.48
			5	6.09	5.37	4.40	3.66	2.91
			6	14.64	12.84	10.42	8.59	6.73
			7	46.03	40.04	32.12	26.12	20.14
			8	9.82	8.63	7.03	5.82	4.59
			9	7.49	6.60	5.40	4.48	3.54
			10	4.45	3.93	3.24	2.70	2.16
			11	3.92	3.47	2.86	2.40	1.92
			12	3.51	3.11	2.57	2.15	1.72

续表 4-9-5

序号	行政区划名称	时段长	时段序号	重现期时段雨量值 H_p（mm）				
				100 a（$H_{1\%}$）	50 a（$H_{2\%}$）	20 a（$H_{5\%}$）	10 a（$H_{10\%}$）	5 a（$H_{20\%}$）
18	左家庄村	0.5 h	1	2.61	2.31	1.90	1.59	1.27
			2	2.82	2.49	2.05	1.71	1.36
			3	3.06	2.70	2.22	1.85	1.48
			4	5.38	4.74	3.88	3.22	2.56
			5	6.36	5.60	4.58	3.80	3.01
			6	15.15	13.30	10.80	8.90	6.98
			7	47.82	41.61	33.40	27.17	20.96
			8	10.19	8.96	7.30	6.03	4.75
			9	7.80	6.86	5.60	4.64	3.67
			10	4.67	4.11	3.37	2.81	2.23
			11	4.13	3.64	2.99	2.49	1.98
			12	3.70	3.26	2.68	2.23	1.78
19	朱家庄	0.5 h	1	2.34	2.10	1.77	1.51	1.24
			2	2.55	2.28	1.92	1.64	1.34
			3	2.79	2.50	2.10	1.78	1.46
			4	5.14	4.56	3.78	3.18	2.57
			5	6.14	5.44	4.50	3.77	3.03
			6	15.23	13.35	10.89	9.00	7.08
			7	47.70	41.39	33.10	26.83	20.59
			8	10.09	8.89	7.30	6.07	4.82
			9	7.63	6.73	5.55	4.64	3.71
			10	4.41	3.92	3.27	2.76	2.23
			11	3.86	3.44	2.87	2.43	1.97
			12	3.43	3.06	2.56	2.17	1.77

续表 4-9-5

序号	行政区划名称	时段长	时段序号	重现期时段雨量值 H_p(mm)				
				100 a($H_{1\%}$)	50 a($H_{2\%}$)	20 a($H_{5\%}$)	10 a($H_{10\%}$)	5 a($H_{20\%}$)
20	小杨村	0.5 h	1	2.13	1.92	1.63	1.40	1.17
			2	2.32	2.09	1.77	1.52	1.26
			3	2.56	2.30	1.94	1.66	1.38
			4	4.83	4.30	3.59	3.03	2.45
			5	5.82	5.17	4.29	3.61	2.91
			6	15.09	13.29	10.86	8.99	7.10
			7	51.87	45.25	36.47	29.80	23.11
			8	9.79	8.66	7.12	5.94	4.73
			9	7.30	6.47	5.35	4.48	3.59
			10	4.12	3.68	3.07	2.61	2.12
			11	3.59	3.21	2.69	2.29	1.87
			12	3.17	2.84	2.39	2.04	1.67
21	西张岳村	0.5 h	1	1.96	1.77	1.52	1.32	1.11
			2	2.15	1.94	1.66	1.44	1.21
			3	2.37	2.14	1.83	1.59	1.33
			4	4.57	4.12	3.50	3.02	2.51
			5	5.54	4.98	4.23	3.63	3.01
			6	14.64	13.06	10.94	9.27	7.54
			7	50.73	44.33	35.84	29.38	22.88
			8	9.43	8.45	7.12	6.08	4.99
			9	6.98	6.27	5.31	4.55	3.75
			10	3.88	3.50	2.98	2.57	2.15
			11	3.36	3.04	2.59	2.24	1.87
			12	2.96	2.67	2.28	1.98	1.65

续表 4-9-5

序号	行政区划名称	时段长	时段序号	重现期时段雨量值 H_p(mm)				
				100 a($H_{1\%}$)	50 a($H_{2\%}$)	20 a($H_{5\%}$)	10 a($H_{10\%}$)	5 a($H_{20\%}$)
22	西任上	0.5 h	1	1.89	1.72	1.47	1.27	1.07
			2	2.09	1.89	1.61	1.40	1.17
			3	2.32	2.10	1.79	1.55	1.29
			4	4.64	4.15	3.49	2.98	2.44
			5	5.65	5.04	4.23	3.59	2.93
			6	14.94	13.21	10.91	9.13	7.31
			7	46.88	41.03	33.28	27.37	21.41
			8	9.67	8.59	7.14	6.01	4.85
			9	7.15	6.37	5.32	4.50	3.66
			10	3.91	3.51	2.96	2.53	2.09
			11	3.37	3.03	2.56	2.20	1.82
			12	2.94	2.65	2.25	1.93	1.60
23	卫家屯	0.25 h	1	1.04	0.94	0.80	0.69	0.57
			2	1.09	0.99	0.84	0.72	0.60
			3	1.15	1.04	0.88	0.76	0.63
			4	1.22	1.10	0.93	0.80	0.66
			5	2.25	2.01	1.69	1.44	1.18
			6	2.47	2.20	1.84	1.57	1.28
			7	2.72	2.43	2.03	1.72	1.40
			8	3.02	2.69	2.25	1.91	1.55
			9	6.57	5.81	4.80	4.02	3.22
			10	12.67	11.14	9.11	7.56	5.99
			11	34.93	30.45	24.54	20.06	15.55
			12	8.59	7.58	6.23	5.20	4.14

续表 4-9-5

序号	行政区划名称	时段长	时段序号	重现期时段雨量值 H_p(mm)				
				100 a($H_{1\%}$)	50 a($H_{2\%}$)	20 a($H_{5\%}$)	10 a($H_{10\%}$)	5 a($H_{20\%}$)
23	卫家屯	0.25 h	13	5.33	4.73	3.91	3.29	2.64
			14	4.49	3.98	3.30	2.78	2.25
			15	3.87	3.44	2.86	2.41	1.95
			16	3.40	3.02	2.52	2.13	1.73
			17	2.07	1.85	1.56	1.33	1.09
			18	1.91	1.71	1.44	1.23	1.01
			19	1.78	1.59	1.34	1.15	0.94
			20	1.66	1.49	1.25	1.07	0.88
			21	1.55	1.39	1.17	1.01	0.83
			22	1.45	1.30	1.10	0.95	0.78
			23	1.37	1.23	1.04	0.89	0.74
			24	1.29	1.16	0.98	0.84	0.70
24	卫村庄	0.5 h	1	2.08	1.87	1.59	1.38	1.15
			2	2.26	2.04	1.73	1.49	1.24
			3	2.47	2.23	1.89	1.63	1.35
			4	4.58	4.10	3.44	2.93	2.40
			5	5.50	4.91	4.11	3.49	2.85
			6	14.19	12.56	10.36	8.66	6.93
			7	51.49	44.89	36.15	29.53	22.90
			8	9.21	8.18	6.79	5.72	4.61
			9	6.88	6.13	5.11	4.32	3.51
			10	3.93	3.52	2.96	2.53	2.08
			11	3.43	3.08	2.60	2.22	1.83
			12	3.04	2.73	2.31	1.98	1.64

续表 4-9-5

序号	行政区划名称	时段长	时段序号	重现期时段雨量值 H_p(mm)				
				100 a($H_{1\%}$)	50 a($H_{2\%}$)	20 a($H_{5\%}$)	10 a($H_{10\%}$)	5 a($H_{20\%}$)
25	牛村	0.5 h	1	2.53	2.25	1.87	1.57	1.27
			2	2.75	2.44	2.02	1.70	1.37
			3	3.00	2.66	2.20	1.84	1.48
			4	5.51	4.84	3.94	3.26	2.56
			5	6.58	5.77	4.68	3.85	3.02
			6	16.37	14.23	11.40	9.27	7.14
			7	52.51	45.74	36.79	30.00	23.22
			8	10.83	9.44	7.60	6.21	4.81
			9	8.17	7.15	5.77	4.74	3.69
			10	4.74	4.17	3.40	2.82	2.23
			11	4.15	3.66	3.00	2.49	1.98
			12	3.69	3.26	2.68	2.23	1.78
26	泥坡村	0.5 h	1	1.94	1.72	1.42	1.19	0.96
			2	2.07	1.83	1.51	1.27	1.02
			3	2.22	1.96	1.62	1.35	1.08
			4	2.38	2.11	1.74	1.45	1.16
			5	2.57	2.27	1.87	1.57	1.25
			6	8.16	7.17	5.83	4.82	3.79
			7	10.74	9.43	7.65	6.31	4.94
			8	49.37	42.92	34.39	27.94	21.51
			9	16.08	14.09	11.40	9.36	7.30
			10	6.60	5.80	4.73	3.92	3.09
			11	5.54	4.88	3.99	3.30	2.61
			12	4.78	4.21	3.44	2.86	2.26

续表 4-9-5

序号	行政区划名称	时段长	时段序号	重现期时段雨量值 H_p(mm)				
				100 a($H_{1\%}$)	50 a($H_{2\%}$)	20 a($H_{5\%}$)	10 a($H_{10\%}$)	5 a($H_{20\%}$)
27	南赵村	0.5 h	1	2.51	2.23	1.86	1.56	1.26
			2	2.74	2.43	2.01	1.69	1.36
			3	3.00	2.66	2.19	1.84	1.47
			4	5.56	4.88	3.97	3.27	2.57
			5	6.66	5.83	4.72	3.88	3.04
			6	16.77	14.57	11.66	9.47	7.28
			7	54.83	47.74	38.35	31.25	24.16
			8	11.03	9.61	7.72	6.30	4.87
			9	8.29	7.25	5.85	4.79	3.73
			10	4.77	4.19	3.42	2.83	2.23
			11	4.17	3.67	3.00	2.50	1.98
			12	3.69	3.26	2.68	2.23	1.77
28	马家窑村	0.5 h	1	2.62	2.32	1.91	1.60	1.28
			2	2.86	2.53	2.08	1.74	1.39
			3	3.14	2.78	2.28	1.91	1.52
			4	5.91	5.21	4.26	3.53	2.79
			5	7.11	6.25	5.10	4.23	3.33
			6	18.22	15.93	12.88	10.56	8.23
			7	60.29	52.19	41.52	33.49	25.52
			8	11.90	10.43	8.47	6.98	5.47
			9	8.90	7.81	6.37	5.26	4.14
			10	5.05	4.45	3.64	3.03	2.40
			11	4.40	3.88	3.18	2.65	2.10
			12	3.89	3.43	2.82	2.35	1.87

续表 4-9-5

序号	行政区划名称	时段长	时段序号	重现期时段雨量值 H_p(mm)				
				100 a($H_{1\%}$)	50 a($H_{2\%}$)	20 a($H_{5\%}$)	10 a($H_{10\%}$)	5 a($H_{20\%}$)
29	罗村	0.5 h	1	2.64	2.34	1.93	1.61	1.29
			2	2.87	2.54	2.10	1.75	1.40
			3	3.15	2.79	2.29	1.92	1.53
			4	5.84	5.14	4.21	3.50	2.77
			5	6.99	6.15	5.02	4.17	3.30
			6	17.52	15.32	12.41	10.20	7.97
			7	56.15	48.64	38.74	31.30	23.90
			8	11.55	10.13	8.24	6.80	5.34
			9	8.70	7.64	6.23	5.16	4.07
			10	5.00	4.41	3.62	3.01	2.39
			11	4.37	3.86	3.17	2.64	2.10
			12	3.88	3.43	2.82	2.35	1.87
30	柳村	0.25 h	1	1.38	1.21	0.98	0.81	0.63
			2	1.43	1.26	1.02	0.84	0.66
			3	1.49	1.31	1.06	0.87	0.68
			4	1.56	1.37	1.11	0.91	0.72
			5	2.59	2.27	1.85	1.52	1.19
			6	2.80	2.45	1.99	1.64	1.29
			7	3.04	2.67	2.17	1.79	1.41
			8	3.34	2.93	2.38	1.96	1.54
			9	6.80	5.96	4.85	3.99	3.13
			10	12.98	11.35	9.20	7.56	5.91
			11	41.63	36.10	28.83	23.33	17.87
			12	8.81	7.72	6.27	5.16	4.04

续表 4-9-5

序号	行政区划名称	时段长	时段序号	重现期时段雨量值 H_p(mm)				
				100 a($H_{1\%}$)	50 a($H_{2\%}$)	20 a($H_{5\%}$)	10 a($H_{10\%}$)	5 a($H_{20\%}$)
30	柳村	0.25 h	13	5.59	4.90	3.98	3.28	2.58
			14	4.77	4.18	3.40	2.80	2.20
			15	4.16	3.65	2.97	2.45	1.92
			16	3.71	3.25	2.64	2.18	1.71
			17	2.41	2.11	1.72	1.42	1.11
			18	2.26	1.98	1.61	1.32	1.04
			19	2.12	1.86	1.51	1.24	0.98
			20	2.00	1.75	1.42	1.17	0.92
			21	1.89	1.66	1.35	1.11	0.87
			22	1.80	1.58	1.28	1.05	0.83
			23	1.71	1.50	1.22	1.00	0.79
			24	1.63	1.43	1.16	0.96	0.75
31	宏土村	0.5 h	1	2.37	2.10	1.74	1.46	1.18
			2	2.58	2.29	1.89	1.59	1.27
			3	2.83	2.51	2.07	1.73	1.39
			4	5.26	4.63	3.78	3.13	2.47
			5	6.30	5.54	4.51	3.73	2.94
			6	15.93	13.90	11.22	9.19	7.15
			7	52.08	45.44	36.68	30.02	23.34
			8	10.46	9.15	7.41	6.09	4.76
			9	7.86	6.89	5.60	4.61	3.62
			10	4.51	3.97	3.25	2.70	2.14
			11	3.94	3.47	2.85	2.37	1.88
			12	3.49	3.08	2.53	2.11	1.68

续表 4-9-5

序号	行政区划名称	时段长	时段序号	重现期时段雨量值 H_p(mm)				
				100 a($H_{1\%}$)	50 a($H_{2\%}$)	20 a($H_{5\%}$)	10 a($H_{10\%}$)	5 a($H_{20\%}$)
32	阎头庄	0.5 h	1	2.06	1.86	1.59	1.37	1.14
			2	2.25	2.03	1.72	1.49	1.24
			3	2.46	2.22	1.88	1.62	1.35
			4	4.60	4.11	3.45	2.94	2.40
			5	5.53	4.93	4.12	3.50	2.85
			6	14.35	12.68	10.43	8.72	6.96
			7	52.09	45.38	36.52	29.80	23.09
			8	9.28	8.24	6.83	5.75	4.63
			9	6.92	6.16	5.13	4.34	3.52
			10	3.93	3.52	2.96	2.53	2.08
			11	3.43	3.08	2.60	2.22	1.83
			12	3.04	2.73	2.31	1.98	1.63
33	高家垛	0.5 h	1	2.15	1.93	1.64	1.41	1.17
			2	2.33	2.09	1.77	1.52	1.26
			3	2.55	2.29	1.93	1.66	1.37
			4	4.67	4.18	3.50	2.98	2.43
			5	5.60	5.00	4.18	3.54	2.88
			6	14.43	12.79	10.53	8.80	7.02
			7	54.55	47.43	37.97	30.82	23.68
			8	9.35	8.32	6.89	5.80	4.67
			9	6.99	6.23	5.19	4.39	3.55
			10	4.01	3.59	3.02	2.57	2.10
			11	3.51	3.15	2.65	2.26	1.86
			12	3.12	2.80	2.36	2.02	1.66

续表 4-9-5

序号	行政区划名称	时段长	时段序号	重现期时段雨量值 H_p(mm)				
				100 a($H_{1\%}$)	50 a($H_{2\%}$)	20 a($H_{5\%}$)	10 a($H_{10\%}$)	5 a($H_{20\%}$)
34	大杨村	0.5 h	1	2.17	1.95	1.65	1.41	1.17
			2	2.35	2.11	1.78	1.53	1.26
			3	2.57	2.30	1.94	1.67	1.37
			4	4.66	4.17	3.49	2.97	2.43
			5	5.57	4.98	4.16	3.53	2.87
			6	14.23	12.62	10.41	8.72	6.98
			7	53.73	46.73	37.46	30.46	23.46
			8	9.25	8.23	6.83	5.76	4.65
			9	6.94	6.19	5.16	4.36	3.54
			10	4.01	3.59	3.01	2.57	2.10
			11	3.52	3.15	2.65	2.26	1.85
			12	3.13	2.81	2.36	2.02	1.66
35	安昌	0.5 h	1	2.40	2.14	1.79	1.52	1.23
			2	2.62	2.33	1.94	1.64	1.33
			3	2.87	2.56	2.12	1.79	1.45
			4	5.38	4.74	3.88	3.22	2.55
			5	6.46	5.67	4.62	3.83	3.02
			6	16.32	14.23	11.44	9.34	7.24
			7	52.20	45.54	36.72	30.04	23.34
			8	10.73	9.38	7.58	6.22	4.85
			9	8.06	7.06	5.73	4.73	3.71
			10	4.60	4.06	3.33	2.78	2.21
			11	4.01	3.55	2.92	2.45	1.95
			12	3.55	3.15	2.60	2.18	1.75

表 4-9-6　临猗县设计洪水成果表

序号	小流域名称	行政区划名称	洪水要素	重现期洪水要素值				
				100 a($Q_{1\%}$)	50 a($Q_{2\%}$)	20 a($Q_{5\%}$)	10 a($Q_{10\%}$)	5 a($Q_{20\%}$)
1	寺后沟	东里寺	洪峰流量(m^3/s)	124	101.5	71	47.25	28
			洪量(万 m^3)	121	94	62	41	25
			涨洪历时(h)	1	1	1	0.5	0.5
			洪水历时(h)	2.5	2.4	2.5	2	2
2		令狐村	洪峰流量(m^3/s)	103	83.41	56.93	36.54	21.39
			洪量(万 m^3)	99	76	50	33	20
			涨洪历时(h)	1	1	1	0.5	0.5
			洪水历时(h)	2.5	2.5	2.5	2.1	2.5
3		上朝	洪峰流量(m^3/s)	95.4	77.58	53.88	36.05	21.27
			洪量(万 m^3)	107	83	55	36	22
			涨洪历时(h)	0.75	0.75	0.5	0.5	0.5
			洪水历时(h)	2.5	2.5	2.25	2.5	2.5
4		泉杜	洪峰流量(m^3/s)	83	68.5	49.25	34	20.9
			洪量(万 m^3)	84	65	43	29	18
			涨洪历时(h)	1	1	1	0.7	0.5
			洪水历时(h)	2.5	2.4	2.4	2.3	2

续表 4-9-6

序号	小流域名称	行政区划名称	洪水要素	重现期洪水要素值				
				100 a($Q_{1\%}$)	50 a($Q_{2\%}$)	20 a($Q_{5\%}$)	10 a($Q_{10\%}$)	5 a($Q_{20\%}$)
5	寺后沟	泉杜庄	洪峰流量(m^3/s)	86	71.15	50.68	34.55	21.12
			洪量(万 m^3)	86	67	45	30	19
			涨洪历时(h)	1	1	1	0.5	0.5
			洪水历时(h)	2.5	2.5	2.5	2	2
6		北月	洪峰流量(m^3/s)	92	75.25	53	35.75	21.52
			洪量(万 m^3)	101	78	52	35	22
			涨洪历时(h)	1	1	1	0.5	0.5
			洪水历时(h)	2.5	2.5	2.7	2.3	2.7
7		东月	洪峰流量(m^3/s)	97	79.41	55.61	37.25	22.32
			洪量(万 m^3)	108	84	56	37	23
			涨洪历时(h)	1	1	1	0.5	0.5
			洪水历时(h)	3	3	3	3	2.9
8		许运	洪峰流量(m^3/s)	100	81.84	57.45	38.48	22.95
			洪量(万 m^3)	98	76	51	33	21
			涨洪历时(h)	1	1	1	0.5	0.5
			洪水历时(h)	2.5	2.5	2.5	2.2	2.2

续表 4-9-6

序号	小流域名称	行政区划名称	洪水要素	重现期洪水要素值				
				100 a($Q_{1\%}$)	50 a($Q_{2\%}$)	20 a($Q_{5\%}$)	10 a($Q_{10\%}$)	5 a($Q_{20\%}$)
9	寺后沟	西代	洪峰流量(m^3/s)	97	79.22	54.97	36.38	21.61
			洪量(万 m^3)	101	79	52	34	21
			涨洪历时(h)	1	1	1	0.5	0.5
			洪水历时(h)	3	3	3	3	2.9
10		周家窑村	洪峰流量(m^3/s)	141	135.19	95.94	65.41	38.67
			洪量(万 m^3)	152	116	75	48	28
			涨洪历时(h)	1	0.75	0.75	0.5	0.5
			洪水历时(h)	3	2.55	2.5	2.3	2.75
11		西窑里村	洪峰流量(m^3/s)	142	115.91	81.29	54.69	31.86
			洪量(万 m^3)	152	117	76	48	29
			涨洪历时(h)	0.75	0.75	0.75	0.5	0.5
			洪水历时(h)	2.75	2.75	2.75	2.25	2.75
12		坑西	洪峰流量(m^3/s)	44	36.63	26.64	18.74	11.65
			洪量(万 m^3)	44	34	23	15	9
			涨洪历时(h)	1	1	1	1	0.5
			洪水历时(h)	2.5	2	2	2	1

续表 4-9-6

序号	小流域名称	行政区划名称	洪水要素	重现期洪水要素值				
				100 a($Q_{1\%}$)	50 a($Q_{2\%}$)	20 a($Q_{5\%}$)	10 a($Q_{10\%}$)	5 a($Q_{20\%}$)
13	张家营沟	陈范屯	洪峰流量(m^3/s)	830	660	445.5	280	154.5
			洪量(万 m^3)	760	583	376	241	144
			涨洪历时(h)	1.5	1	1	0.8	0.5
			洪水历时(h)	5	4.5	4.5	4.5	4.8
14		毛家沟	洪峰流量(m^3/s)	830	664.89	450.7	288.27	160.65
			洪量(万 m^3)	760	583	377	242	144
			涨洪历时(h)	1.5	1	1	1	0.5
			洪水历时(h)	5	4.5	4.5	4.5	4
15		下陈	洪峰流量(m^3/s)	970	775	515	320	175
			洪量(万 m^3)	792	606	389	249	148
			涨洪历时(h)	1	1	1	1	0.5
			洪水历时(h)	4.5	4.5	4.5	4.5	4.2
16		张家营	洪峰流量(m^3/s)	900	720	480	296.77	162.46
			洪量(万 m^3)	799	611	393	251	149
			涨洪历时(h)	1	1	1	1	0.5
			洪水历时(h)	4.5	4.5	4.5	4.5	4.2

续表 4-9-6

序号	小流域名称	行政区划名称	洪水要素	重现期洪水要素值				
				100 a($Q_{1\%}$)	50 a($Q_{2\%}$)	20 a($Q_{5\%}$)	10 a($Q_{10\%}$)	5 a($Q_{20\%}$)
17	张家营沟	嵋阳村	洪峰流量(m^3/s)	699	556.96	367.82	226.52	123.35
			洪量(万 m^3)	812	621	399	255	152
			涨洪历时(h)	1	1	1	0.5	0.5
			洪水历时(h)	4.5	4.5	4.5	4.5	4.5
18	左家庄沟	左家庄村	洪峰流量(m^3/s)	750	597.9	400.17	249.65	136.89
			洪量(万 m^3)	617	473	305	196	117
			涨洪历时(h)	1.5	1	1	1	0.5
			洪水历时(h)	5	4.5	4.5	4.5	4.5
19	朱家庄沟	朱家庄	洪峰流量(m^3/s)	1 230	982.79	663.24	420.85	235.15
			洪量(万 m^3)	874	674	440	285	171
			涨洪历时(h)	1.3	1	1	1	0.5
			洪水历时(h)	4.3	4	4.5	4.5	4.5
20	小杨村沟	小杨村	洪峰流量(m^3/s)	53.2	44.03	33.48	21.3	12.57
			洪量(万 m^3)	61	48	31	21	13
			涨洪历时(h)	1	1	0.5	0.5	0.5
			洪水历时(h)	2.5	2.5	2	2	2

续表 4-9-6

序号	小流域名称	行政区划名称	洪水要素	重现期洪水要素值				
				100 a($Q_{1\%}$)	50 a($Q_{2\%}$)	20 a($Q_{5\%}$)	10 a($Q_{10\%}$)	5 a($Q_{20\%}$)
21	西张岳村	西张岳沟	洪峰流量(m^3/s)	18.3	15.13	10.89	7.7	4.74
			洪量(万 m^3)	20	16	11	7	5
			涨洪历时(h)	1	1	1	0.5	0.5
			洪水历时(h)	2.5	2.5	2.5	2	2
22	西任上	西任上沟	洪峰流量(m^3/s)	48	39.66	28.4	19.98	11.96
			洪量(万 m^3)	46	36	24	16	10
			涨洪历时(h)	1	1	1	0.5	0.5
			洪水历时(h)	2.5	2.5	2.5	2.2	2.2
23	卫家屯沟	卫家屯	洪峰流量(m^3/s)	64	52.32	37.14	28.73	16.56
			洪量(万 m^3)	74	58	38	25	16
			涨洪历时(h)	0.75	0.75	0.75	0.5	0.5
			洪水历时(h)	2.55	2.75	2.75	2.5	2.5
24	卫村沟	卫村庄	洪峰流量(m^3/s)	41	33.38	24.49	15.59	9.25
			洪量(万 m^3)	41	32	21	14	9
			涨洪历时(h)	1	1	0.5	0.5	0.5
			洪水历时(h)	2.5	2.5	2	2	2.5

续表 4-9-6

序号	小流域名称	行政区划名称	洪水要素	重现期洪水要素值				
				100 a($Q_{1\%}$)	50 a($Q_{2\%}$)	20 a($Q_{5\%}$)	10 a($Q_{10\%}$)	5 a($Q_{20\%}$)
25	牛村沟	牛村	洪峰流量(m^3/s)	60.5	50.14	35.89	24.98	14.3
			洪量(万 m^3)	92	70	45	29	17
			涨洪历时(h)	1.5	1	1	0.5	0.5
			洪水历时(h)	3	2.5	2.5	2	2
26	泥坡沟	泥坡村	洪峰流量(m^3/s)	665	530	355	249.5	135.5
			洪量(万 m^3)	574	441	284	183	108
			涨洪历时(h)	1.5	1.5	0.5	0.5	0.5
			洪水历时(h)	4.5	4.5	4	3.5	4
27	南赵沟	南赵村	洪峰流量(m^3/s)	21	17.4	12.58	8.87	5.13
			洪量(万 m^3)	31	24	16	10	6
			涨洪历时(h)	1.5	1	1	0.5	0.5
			洪水历时(h)	3	2.5	2.5	2	2
28	马家窑沟	马家窑村	洪峰流量(m^3/s)	48.3	40.13	29.19	21.84	12.8
			洪量(万 m^3)	32	25	17	11	6
			涨洪历时(h)	1.5	1	1	0.5	0.5
			洪水历时(h)	3	2.5	2.5	2	2

续表 4-9-6

序号	小流域名称	行政区划名称	洪水要素	重现期洪水要素值				
				100 a($Q_{1\%}$)	50 a($Q_{2\%}$)	20 a($Q_{5\%}$)	10 a($Q_{10\%}$)	5 a($Q_{20\%}$)
29	罗沟	罗村	洪峰流量(m^3/s)	198	162.73	115.71	83.39	47.39
			洪量(万 m^3)	168	131	85	55	33
			涨洪历时(h)	1.5	1	1	0.5	0.5
			洪水历时(h)	3.5	3	2.7	2.5	2.5
30	柳村沟	柳村	洪峰流量(m^3/s)	55.5	45.5	32	23.6	13.08
			洪量(万 m^3)	54	42	27	18	11
			涨洪历时(h)	1	0.75	0.75	0.25	0.25
			洪水历时(h)	2.75	2.25	2.5	2	2
31	宏土沟	宏土村	洪峰流量(m^3/s)	79	65.16	46.42	31.72	18.28
			洪量(万 m^3)	78	60	39	26	15
			涨洪历时(h)	1	1	1	0.5	0.5
			洪水历时(h)	2.5	2.5	2.5	2	2
32	阁头庄沟	阁头庄	洪峰流量(m^3/s)	35	28.76	21.27	13.59	8.09
			洪量(万 m^3)	33	26	17	11	7
			涨洪历时(h)	1	1	0.5	0.5	0.5
			洪水历时(h)	2.5	2.5	2	2	2

续表 4-9-6

序号	小流域名称	行政区划名称	洪水要素	重现期洪水要素值				
				100 a($Q_{1\%}$)	50 a($Q_{2\%}$)	20 a($Q_{5\%}$)	10 a($Q_{10\%}$)	5 a($Q_{20\%}$)
33	高家垛沟	高家垛	洪峰流量(m^3/s)	39	32.07	23.62	15.06	8.93
			洪量(万 m^3)	45	35	23	15	9
			涨洪历时(h)	1	1	0.5	0.5	0.5
			洪水历时(h)	2.5	2.5	2	2	2
34	大杨沟	大杨村	洪峰流量(m^3/s)	50	40.91	29.77	19.05	11.27
			洪量(万 m^3)	56	44	29	19	12
			涨洪历时(h)	1	1	0.5	0.5	0.5
			洪水历时(h)	2.5	2.5	2	2	2
35	安昌沟	安昌	洪峰流量(m^3/s)	64	52.87	37.57	26.04	14.91
			洪量(万 m^3)	94	73	47	31	18
			涨洪历时(h)	1	1	1	0.5	0.5
			洪水历时(h)	3	2.5	2.5	2	2

表 4-9-7　临猗县设计净雨深计算成果表

序号	行政区划名称	重现期(a)	参数			主雨历时(h)	主雨雨量(mm)	净雨深(mm)
			μ	S_r	K_s			
1	东里寺	100	13.15	27.00	1.90	11.1	125.8	54.26
		50	14.97	27.00	1.90	10.0	108.6	42.11
		20	18.01	27.00	1.90	8.5	85.8	27.79
		10	21.39	27.00	1.90	7.2	68.7	18.24
		5	23.09	27.00	1.90	5.9	51.6	11.24
2	令狐村	100	14.22	29.00	1.90	10.9	124.6	52.24
		50	16.30	29.00	1.90	9.9	107.8	40.38
		20	19.86	29.00	1.90	8.4	85.5	26.43
		10	23.90	29.00	1.90	7.2	68.6	17.23
		5	26.16	29.00	1.90	5.8	51.6	10.58
3	上朝	100	13.21	27.00	1.90	10.7	124.1	54.48
		50	15.05	27.00	1.90	9.7	107.4	42.29
		20	18.16	27.00	1.90	8.3	85.3	27.89
		10	21.67	27.00	1.90	7.1	68.5	18.30
		5	23.58	27.00	1.90	5.8	51.6	11.27
4	泉杜	100	12.36	27.00	1.90	10.6	119.8	51.14
		50	13.90	27.00	1.90	9.5	103.7	39.76
		20	16.37	27.00	1.90	8.1	82.4	26.44
		10	18.98	27.00	1.90	6.9	66.4	17.55
		5	20.09	27.00	1.90	5.6	50.4	11.00

续表 4-9-7

序号	行政区划名称	重现期(a)	参数			主雨历时(h)	主雨雨量(mm)	净雨深(mm)
			μ	S_r	K_s			
5	泉杜庄	100	12.50	27.00	1.90	10.7	119.8	50.74
		50	14.08	27.00	1.90	9.6	103.6	39.56
		20	16.64	27.00	1.90	8.1	82.2	26.29
		10	19.37	27.00	1.90	6.9	66.2	17.44
		5	20.58	27.00	1.90	5.6	50.2	10.94
6	北月	100	12.47	27.00	1.90	10.7	119.5	50.43
		50	14.05	27.00	1.90	9.6	103.4	39.17
		20	16.59	27.00	1.90	8.1	82.0	26.02
		10	19.30	27.00	1.90	6.9	66.0	17.26
		5	20.50	27.00	1.90	5.6	50.1	10.82
7	东月	100	12.40	27.00	1.90	10.7	119.4	50.21
		50	13.94	27.00	1.90	9.6	103.2	39.08
		20	16.42	27.00	1.90	8.1	82.0	25.97
		10	19.06	27.00	1.90	6.9	66.0	17.20
		5	20.18	27.00	1.90	5.7	50.1	10.78
8	许运	100	12.79	27.00	1.90	9.7	118.2	53.20
		50	14.46	27.00	1.90	8.8	102.6	41.43
		20	17.22	27.00	1.90	7.6	81.7	27.42
		10	20.23	27.00	1.90	6.6	65.9	18.08
		5	21.70	27.00	1.90	5.4	50.0	11.24

续表 4-9-7

序号	行政区划名称	重现期（a）	参数			主雨历时（h）	主雨雨量（mm）	净雨深（mm）
			μ	S_r	K_s			
9	西代	100	12.79	27.00	1.90	9.7	118.1	53.14
		50	14.46	27.00	1.90	8.8	102.5	41.35
		20	17.21	27.00	1.90	7.6	81.6	27.36
		10	20.21	27.00	1.90	6.6	65.8	18.04
		5	21.68	27.00	1.90	5.4	50.0	11.21
10	周家窑村	100	11.61	27.00	1.90	10.8	134.9	63.43
		50	13.14	27.00	1.90	9.9	116.0	48.74
		20	15.88	27.00	1.90	8.5	90.8	31.38
		10	19.19	27.00	1.90	7.3	71.8	20.07
		5	21.90	27.00	1.90	5.8	52.8	11.91
11	西窑里村	100	11.91	27.00	1.90	11.0	134.6	62.54
		50	13.52	27.00	1.90	10.0	115.7	48.08
		20	16.33	27.00	1.90	8.5	90.5	31.07
		10	19.66	27.00	1.90	7.3	71.6	19.94
		5	22.09	27.00	1.90	5.8	52.7	11.88
12	坑西	100	12.24	27.00	1.90	10.7	126.6	56.36
		50	13.80	27.00	1.90	9.7	109.4	43.79
		20	16.39	27.00	1.90	8.3	86.5	28.85
		10	19.21	27.00	1.90	7.1	69.3	18.97
		5	20.60	27.00	1.90	5.8	52.2	11.73

续表 4-9-7

序号	行政区划名称	重现期(a)	参数			主雨历时(h)	主雨雨量(mm)	净雨深(mm)
			μ	S_r	K_s			
13	陈范屯	100	10.96	26.73	1.88	13.3	142.4	61.20
		50	12.30	26.73	1.88	11.8	121.5	46.94
		20	14.56	26.73	1.88	9.8	94.2	30.30
		10	17.10	26.73	1.88	8.2	74.0	19.44
		5	18.60	26.73	1.88	6.5	54.1	11.58
14	毛家沟	100	10.95	26.71	1.88	13.3	142.4	61.21
		50	12.30	26.71	1.88	11.8	121.5	46.95
		20	14.55	26.71	1.88	9.8	94.2	30.31
		10	17.09	26.71	1.88	8.2	74.0	19.45
		5	18.59	26.71	1.88	6.5	54.1	11.58
15	下陈	100	11.56	27.00	1.90	12.4	132.9	55.62
		50	13.01	27.00	1.90	11.1	113.7	42.55
		20	15.45	27.00	1.90	9.3	88.5	27.34
		10	18.21	27.00	1.90	7.8	69.6	17.47
		5	19.93	27.00	1.90	6.1	51.0	10.38
16	张家营	100	11.56	27.00	1.90	12.4	132.9	55.56
		50	13.01	27.00	1.90	11.1	113.6	42.50
		20	15.44	27.00	1.90	9.3	88.4	27.31
		10	18.20	27.00	1.90	7.8	69.6	17.45
		5	19.92	27.00	1.90	6.1	51.0	10.37

续表 4-9-7

序号	行政区划名称	重现期(a)	参数			主雨历时(h)	主雨雨量(mm)	净雨深(mm)
			μ	S_r	K_s			
17	帽阳村	100	11.59	27.00	1.90	12.4	132.2	55.14
		50	13.03	27.00	1.90	11.1	113.1	42.19
		20	15.47	27.00	1.90	9.2	88.1	27.12
		10	18.22	27.00	1.90	7.8	69.4	17.33
		5	19.91	27.00	1.90	6.1	50.9	10.30
18	左家庄村	100	11.33	27.00	1.90	13.4	141.0	59.01
		50	12.75	27.00	1.90	11.8	120.1	45.24
		20	15.19	27.00	1.90	9.7	93.0	29.17
		10	17.96	27.00	1.90	8.1	72.9	18.70
		5	19.70	27.00	1.90	6.3	53.2	11.16
19	朱家庄	100	11.05	26.28	1.84	11.2	130.0	59.17
		50	12.37	26.28	1.84	10.2	112.2	45.64
		20	14.51	26.28	1.84	8.8	88.6	29.80
		10	16.82	26.28	1.84	7.6	70.7	19.28
		5	17.97	26.28	1.84	6.2	52.7	11.60
20	小杨村	100	12.48	27.00	1.90	10.1	126.8	59.10
		50	14.13	27.00	1.90	9.3	110.1	46.03
		20	16.94	27.00	1.90	8.1	87.7	30.39
		10	20.17	27.00	1.90	7.0	70.6	19.92
		5	22.17	27.00	1.90	5.8	53.2	12.23

续表 4-9-7

序号	行政区划名称	重现期(a)	参数			主雨历时(h)	主雨雨量(mm)	净雨深(mm)
			μ	S_r	K_s			
21	西张岳村	100	12.82	27.00	1.90	9.2	119.5	56.17
		50	14.39	27.00	1.90	8.5	104.5	44.26
		20	16.84	27.00	1.90	7.4	84.4	29.94
		10	19.37	27.00	1.90	6.6	69.0	20.13
		5	20.15	27.00	1.90	5.6	53.4	12.81
22	西任上	100	12.30	27.00	1.90	8.7	114.6	54.05
		50	13.77	27.00	1.90	8.1	100.2	42.21
		20	16.10	27.00	1.90	7.2	80.8	28.12
		10	18.56	27.00	1.90	6.4	65.8	18.62
		5	19.60	27.00	1.90	5.4	50.6	11.61
23	卫家屯	100	12.21	27.00	1.90	8.8	116.9	55.46
		50	13.68	27.00	1.90	8.2	102.0	43.26
		20	16.03	27.00	1.90	7.3	81.9	28.70
		10	18.49	27.00	1.90	6.4	66.6	18.96
		5	19.52	27.00	1.90	5.4	51.0	11.78
24	卫村庄	100	13.05	27.00	1.90	10.1	123.2	55.74
		50	14.82	27.00	1.90	9.2	106.9	43.45
		20	17.79	27.00	1.90	8.0	85.2	28.82
		10	21.12	27.00	1.90	6.9	68.7	19.02
		5	22.85	27.00	1.90	5.7	52.1	11.82

续表 4-9-7

序号	行政区划名称	重现期（a）	参数			主雨历时（h）	主雨雨量（mm）	净雨深（mm）
			μ	S_r	K_s			
25	牛村	100	11.46	27.00	1.90	12.1	143.3	65.84
		50	12.97	27.00	1.90	11.0	123.2	50.61
		20	15.67	27.00	1.90	9.4	96.3	32.71
		10	18.97	27.00	1.90	8.0	76.0	21.01
		5	21.71	27.00	1.90	6.3	55.8	12.52
26	泥坡村	100	11.22	27.00	1.90	12.4	141.5	62.96
		50	12.60	27.00	1.90	11.1	121.0	48.40
		20	14.92	27.00	1.90	9.3	94.2	31.26
		10	17.53	27.00	1.90	7.9	74.1	20.06
		5	19.13	27.00	1.90	6.3	54.4	11.95
27	南赵村	100	11.52	27.00	1.90	11.9	145.9	68.83
		50	13.07	27.00	1.90	10.8	125.4	53.03
		20	15.85	27.00	1.90	9.3	98.1	34.37
		10	19.29	27.00	1.90	7.9	77.4	22.13
		5	22.19	27.00	1.90	6.3	56.8	13.22
28	马家窑村	100	11.29	27.00	1.90	12.0	157.2	78.51
		50	12.73	27.00	1.90	10.9	134.8	61.00
		20	15.20	27.00	1.90	9.2	105.3	40.11
		10	18.00	27.00	1.90	7.9	83.2	26.13
		5	19.68	27.00	1.90	6.4	61.4	15.75

续表 4-9-7

序号	行政区划名称	重现期(a)	参数			主雨历时(h)	主雨雨量(mm)	净雨深(mm)
			μ	S_r	K_s			
29	罗村	100	11.19	26.98	1.90	12.3	152.7	73.18
		50	12.59	26.98	1.90	11.2	131.0	56.64
		20	14.93	26.98	1.90	9.4	102.2	37.04
		10	17.55	26.98	1.90	8.0	80.7	24.04
		5	19.04	26.98	1.90	6.5	59.5	14.44
30	柳村	100	11.82	27.00	1.90	13.4	148.6	65.30
		50	13.50	27.00	1.90	11.7	125.9	50.24
		20	16.50	27.00	1.90	9.4	96.5	32.67
		10	20.06	27.00	1.90	7.7	75.1	21.13
		5	22.51	27.00	1.90	5.9	54.6	12.74
31	宏土村	100	11.80	27.00	1.90	11.2	136.6	63.16
		50	13.39	27.00	1.90	10.2	117.4	48.73
		20	16.20	27.00	1.90	8.6	91.9	31.77
		10	19.58	27.00	1.90	7.3	72.8	20.59
		5	22.14	27.00	1.90	5.9	53.8	12.46
32	阁头庄	100	13.03	27.00	1.90	10.0	123.6	56.64
		50	14.81	27.00	1.90	9.2	107.3	44.12
		20	17.80	27.00	1.90	7.9	85.5	29.25
		10	21.15	27.00	1.90	6.9	69.0	19.29
		5	22.93	27.00	1.90	5.7	52.3	11.96

续表 4-9-7

序号	行政区划名称	重现期(a)	参数			主雨历时(h)	主雨雨量(mm)	净雨深(mm)
			μ	S_r	K_s			
33	高家垛	100	13.13	27.00	1.90	10.6	129.1	59.11
		50	14.95	27.00	1.90	9.6	111.7	46.15
		20	18.05	27.00	1.90	8.2	88.6	30.55
		10	21.50	27.00	1.90	7.1	71.1	20.11
		5	23.32	27.00	1.90	5.8	53.5	12.39
34	大杨村	100	13.14	27.00	1.90	10.8	128.8	57.93
		50	14.96	27.00	1.90	9.8	111.3	45.20
		20	18.06	27.00	1.90	8.3	88.2	29.93
		10	21.49	27.00	1.90	7.1	70.7	19.75
		5	23.26	27.00	1.90	5.8	53.2	12.21
35	安昌	100	11.61	27.00	1.90	11.2	138.2	64.74
		50	13.13	27.00	1.90	10.3	119.3	49.98
		20	15.80	27.00	1.90	8.9	93.9	32.54
		10	19.01	27.00	1.90	7.6	74.7	21.06
		5	21.50	27.00	1.90	6.2	55.4	12.70

表 4-9-8　临猗县预警指标分析成果表

序号	行政区划名称	致灾暴雨频率(%)	类别	时段	预警指标(mm)		临界雨量(mm)	方法
					准备转移	立即转移		
1	东里寺	2	雨量	0.5 h	37.0	53.0	53.0	同频率法
				1 h	53.0	71.0	71.0	
2	令狐村	2	雨量	0.5 h	36.0	52.0	52.0	同频率法
				1 h	52.0	69.0	69.0	
3	上朝	2	雨量	0.5 h	37.0	53.0	53.0	同频率法
				1 h	53.0	70.0	70.0	
4	泉杜	2	雨量	0.5 h	35.0	50.0	50.0	同频率法
				1 h	50.0	67.0	67.0	
5	泉杜庄	2	雨量	0.5 h	35.0	51.0	51.0	同频率法
				1 h	51.0	67.0	67.0	
6	北月	2	雨量	0.5 h	35.0	50.0	50.0	同频率法
				1 h	50.0	67.0	67.0	
7	东月	2	雨量	0.5 h	35.0	50.0	50.0	同频率法
				1 h	50.0	67.0	67.0	
8	许运	2	雨量	0.5 h	37.0	52.0	52.0	同频率法
				1 h	52.0	70.0	70.0	
9	西代	2	雨量	0.5 h	37.0	53.0	53.0	同频率法
				1 h	53.0	70.0	70.0	

续表 4-9-8

序号	行政区划名称	致灾暴雨频率（%）	类别	时段	预警指标(mm)		临界雨量（mm）	方法
					准备转移	立即转移		
10	周家窑村	2	雨量	0.5 h	37.0	53.0	53.0	同频率法
				1 h	53.0	71.0	71.0	
11	西窑里村	2	雨量	0.5 h	38.0	54.0	54.0	同频率法
				1 h	54.0	72.0	72.0	
12	坑西	6	雨量	0.5 h	28.0	41.0	41.0	同频率法
				1 h	41.0	54.0	54.0	
13	陈范屯	2	雨量	0.5 h	38.0	55.0	55.0	同频率法
				1 h	55.0	73.0	73.0	
14	毛家沟	2	雨量	0.5 h	39.0	56.0	56.0	同频率法
				1 h	56.0	74.0	74.0	
15	下陈	2	雨量	0.5 h	38.0	54.0	54.0	同频率法
				1 h	54.0	73.0	73.0	
16	张家营	5	雨量	0.5 h	31.0	44.0	44.0	同频率法
				1 h	44.0	59.0	59.0	
17	嵋阳村	2	雨量	0.5 h	38.0	54.0	54.0	同频率法
				1 h	54.0	72.0	72.0	
18	左家庄村	2	雨量	0.5 h	39.0	56.0	56.0	同频率法
				1 h	56.0	75.0	75.0	

续表 4-9-8

序号	行政区划名称	致灾暴雨频率(%)	类别	时段	预警指标(mm)		临界雨量(mm)	方法
					准备转移	立即转移		
19	朱家庄	2	雨量	0.5 h	38.0	55.0	55.0	同频率法
				1 h	55.0	73.0	73.0	
20	小杨村	2	雨量	0.5 h	39.0	56.0	56.0	同频率法
				1 h	56.0	75.0	75.0	
21	西张岳村	2	雨量	0.5 h	37.0	53.0	53.0	同频率法
				1 h	53.0	70.0	70.0	
22	西任上	2	雨量	0.5 h	37.0	53.0	53.0	同频率法
				1 h	53.0	71.0	71.0	
23	卫家屯	2	雨量	0.5 h	37.0	53.0	53.0	同频率法
				1 h	53.0	71.0	71.0	
24	卫村庄	2	雨量	0.5 h	35.0	50.0	50.0	同频率法
				1 h	50.0	67.0	67.0	
25	牛村	2	雨量	0.5 h	36.0	52.0	52.0	同频率法
				1 h	52.0	69.0	69.0	
26	泥坡村	2	雨量	0.5 h	37.0	53.0	53.0	同频率法
				1 h	53.0	70.0	70.0	
27	南赵村	2	雨量	0.5 h	38.0	55.0	55.0	同频率法
				1 h	55.0	73.0	73.0	

续表 4-9-8

序号	行政区划名称	致灾暴雨频率（%）	类别	时段	预警指标（mm）		临界雨量（mm）	方法
					准备转移	立即转移		
28	马家窑村	2	雨量	0.5 h	44.0	62.0	62.0	同频率法
				1 h	62.0	83.0	83.0	
29	罗村	2	雨量	0.5 h	43.0	62.0	62.0	同频率法
				1 h	62.0	83.0	83.0	
30	柳村	2	雨量	0.5 h	40.0	57.0	57.0	同频率法
				1 h	57.0	76.0	76.0	
31	宏土村	2	雨量	0.5 h	38.0	54.0	54.0	同频率法
				1 h	54.0	72.0	72.0	
32	阁头庄	2	雨量	0.5 h	37.0	52.0	52.0	同频率法
				1 h	52.0	70.0	70.0	
33	高家垛	2	雨量	0.5 h	38.0	54.0	54.0	同频率法
				1 h	54.0	72.0	72.0	
34	大杨村	2	雨量	0.5 h	37.0	53.0	53.0	同频率法
				1 h	53.0	71.0	71.0	
35	安昌	2	雨量	0.5 h	38.0	54.0	54.0	同频率法
				1 h	54.0	72.0	72.0	

第10章 万荣县

10.1 万荣县基本情况概述

10.1.1 地理位置

万荣县位于山西省西南,运城市西北部。地理坐标:东经110°25′52″~110°59′40″,北纬35°13′45″~35°31′40″。东有稷王山与闻喜、运城毗连,西隔黄河与陕西韩城相望,南同临猗接壤,北与万荣、河津为邻,东西长47 km,南北宽35 km,总面积1 081.5 km^2。总耕地102万亩,其中水地48万亩。万荣县地理位置示意图见图4-10-1。

10.1.2 社会经济

万荣县共辖14个乡(镇)(解店镇、皇甫乡、汉薛镇、西村乡、南张乡、裴庄乡、荣河镇、光华乡、贾村乡、通化镇、高村乡、万泉乡、王显乡、里望乡),281个行政村,87个自然村,总人口44.2万人(2014年)。

10.1.2.1 人口、耕地和农业情况

全县总人口44.2万人,其中农业人口40.4万人,城镇人口3.8万人,全县共有耕地面积102万亩。全县农业经济收入262 610万元,农村经济纯收入169 650万元,农民人均纯收入4 093元。

10.1.2.2 工业发展情况

全县规模以上工业企业完成总产值227 754万元,工业增加值63 234万元,工业销售产值完成197 549万元。

10.1.3 河流水系

万荣县境内的一级河流是黄河和汾河,黄河万荣段位于黄河小北干流中上段(黄淤59~95断面),河段长29 km,河床上宽下窄,形似漏斗,最宽处10.5 km(黄淤65断面),最窄处4.5 km(黄淤59断面),平均宽7.8 km,沿河有甲店、庙前、城南3个节点,4个弯道,最突出的是庙前节点,庙前以上20 km岸为高垣,一般高出滩面100多m。庙前以下9 km岸为低垣,一般高出滩面10~20 m。

黄河由河谷不足百米的古龙门跃出,尤似脱缰之马,骤然扩宽10多km,向偏东方向,经清涧、西界(大小石咀)流入万荣县许家崖、西范、孙石、甲店,经庙前流向北赵湾。河床

图 4-10-1　万荣县地理位置示意图

受禹门、庙前天然节点影响,平面形态由河津的窄变宽发展到万荣宽变窄的耦状河段,河道为切入黄土台垣的游荡性河道,河床宽浅,水流散乱多变,沙洲浅滩密布,主槽不断迁徙位移,主流摆幅为4~10 km。河道弯曲系数1.00~1.14,曲率半径2~5 km,河道比降为0.4‰,宽深比为40~52,稳定系数为0.34,滩漕高差1~2 m。由于黄河泥沙多,善淤积,摆动频,群众对河势总结为“三十年河东,三十年河西”。这种说法虽无从考证,但从河道灾害记载、流势变化来看,这种规律的确存在。黄河在万荣段的流路,随着水沙等自然条件的变化,而在不断发生改变。

汾河,从河津西梁流入万荣县境内,流经裴庄、光华、荣河3个乡镇32个自然村,在庙前村北汇入黄河,境内流程29 km,年平均流量为51.9 m^3/s,最大为3 320 m^3/s,最小为0.003 m^3/s,径流量年平均14.5亿 m^3,最大为33.56亿 m^3,最小为4.879 2亿 m^3。含沙量最大为286 kg/m^3,最小为0.2 kg/m^3,年输沙量5 630 t。

万荣县主要河流基本情况见表4-10-1。

表4-10-1 万荣县主要河流基本情况表

编号	河流名称	河流级别	上级河流名称	流域面积(km^2)	河长(km)	比降(‰)
一	黄河流域					
1	万荣黄河段	1	—	562	29	0.4
二	汾河流域					
1	万荣汾河段	1	—	532	29	

10.1.4 水文气象

万荣县地处暖温带,属半干旱大陆气候,四季分明,春季干旱多风,夏季炎热少雨,常有不同程度的伏旱。秋季多连阴雨,冬季寒冷多风。

年平均气温11.8 ℃,最低为1971年1月22日的-24.6 ℃,最高为1966年6月21日的41.5 ℃,一般11月中旬开始降至0 ℃以下,次年2月回升到0 ℃以上。年平均降雨量542.3 mm,多集中在7~9月,年际差额较大,最多为1958年的979.9 mm,最少为1977年的348.9 mm。日降雨量最多为1971年8月21日的125.5 mm,连续降雨最长时间为11 d,245.3 mm。最大降雪为1971年1月19日的17 cm。区域内地形复杂,降雨集中,山洪具有历时短、强度大的特点,因此极易形成山洪灾害。

10.1.5 历史山洪灾害

万荣县山洪及其诱发的泥石流、滑坡、崩塌等地质灾害常常毁坏村庄、耕地、山林,给人民生命财产安全带来直接威胁,冲毁交通线路和桥梁,破坏水利工程和通信设施,淹没农田,堵塞河道,淤高河床,污染环境,严重制约着区内经济社会的发展。万荣县历史山洪灾害情况统计见表4-10-2。

表 4-10-2　万荣县历史山洪灾害情况统计表

序号	灾害发生时间(年-月-日)	灾害发生地点	所属小流域名称	所属小流域代码	死亡人数(人)	失踪人数(人)	损毁房屋(间)	转移人数(人)	直接经济损失(万元)	灾害描述
1	1979-08-08	汉薛镇	杨李沟流域	WDA76001211hAC00	0	0	500	0	800	受灾农田 3 000 亩
2	1979-08-08	皇甫乡	漫峪口流域	WDA76001211hAA00	0	0	300	0	500	受灾农田 6 190 亩
3	1998-08-08	里望乡	太赵沟流域	WDB00001058d0000	0	0	20	0	500	冲毁农田 3 000 亩，房屋进水 30 户
4	1998-09-01	皇甫乡	漫峪口流域	WDA76001221hA000	1	0	40	0	60	发生泥石流，4 户居民房屋倒塌
5	2000-08-01	荣河镇	百峪沟流域	WDB00001061L0000	0	0	500	0	1 000	受灾农田 2 300 亩
6	2003-08-08	汉薛镇	杨李沟流域	WDA76001221aA000	0	0	2	0	15	发生滑坡，滑落体积 100 m^3
7	2006-08-08	里望乡	太赵沟流域	WDB00001051dH000	0	0	400	0	800	
8	2011-08-18	里望乡	太赵沟流域	WDB00001051dH000	0	0	0	0	300	冲毁农田 5 000 亩，房屋进水 50 户

10.2　万荣县山洪灾害分析评价成果

10.2.1　分析评价名录确定

万荣县 13 个重点防治区名录见表 4-10-3。其中包括小流域名称及面积、主沟道长度及比降、产流地类、汇流地类。

10.2.2　设计暴雨成果表

万荣县的 13 个重点防治区都进行了设计暴雨的推求,设计暴雨计算成果表、设计暴雨时程分配表分别见表 4-10-4、表 4-10-5。

10.2.3　设计洪水成果表

万荣县的 13 个重点防治区都进行了设计洪水的推求,设计洪水成果表、设计净雨深计算成果表分别见表 4-10-6、表 4-10-7。

10.2.4　现状防洪能力成果

万荣县的 13 个分析评价对象中,有 4 个受河道洪水的影响,其中防洪能力小于 5 年一遇的有 2 个,5 ~ 20 年一遇的有 0 个,20 ~ 50 年一遇的有 1 个,50 ~ 100 年一遇的有 1 个。划定了 4 个沿河村落的危险区等级,极高危险区内有 15 户 74 人,高危险区内有 0 户 0 人,危险区内有 4 户 11 人。受坡面汇流影响的有 9 个村落,均为重现期大于等于 20 年,划定了 9 个沿河村落的危险区等级,极高及高危险区内没有居民,危险区内有 18 户 81 人。万荣县现状防洪能力评价成果见表 4-10-8。

表 4-10-8　万荣县现状防洪能力评价成果表

序号	行政区划名称	防洪能力(a)	极高危险区(小于 5 年一遇)		高危险区(5 ~ 20 年一遇)		危险区(大于 20 年一遇)	
			人口(人)	房屋(座)	人口(人)	房屋(座)	人口(人)	房屋(座)
1	南张乡王家村	<5	36	6			2	2
2	里望乡东平原村	<5	38	9				
3	解店镇南牛池村	78.5					4	1
4	解店镇芦邑村	38					5	1

10.2.5　预警指标分析成果

万荣县的 13 个重点防治区都进行了雨量预警指标的确定。万荣县预警指标分析成果表见表 4-10-9。

表 4-10-3　万荣县小流域基本信息汇总表

序号	小流域名称	行政区划名称	面积(km^2)	主沟道长度(km)	主沟道比降(‰)	产流地类(km^2)			汇流地类(km^2)		
						变质岩灌丛山地	耕种平地	黄土丘陵阶地	灌丛山地	黄土丘陵	森林山地
1	王显村沟	王显村	56.80	7.05	6.81		56.80			56.80	
2	谢村沟	谢村	5.96	2.98	35.27		5.96			5.96	
3	王家村沟	王家村	41.99	10.73	29.63	2.55	33.92	5.53	1.96	39.79	0.24
4	南阳村沟	南阳村	0.23	0.54	3.71		0.23			0.23	
5	东平原沟	东平原村	2.98	2.33	46.40		2.98			2.98	
6	南张户村沟	南张户村	18.19	1.66	12.06		16.86	1.33		18.19	
7	南牛池沟	南牛池村	21.48	7.91	22.36		7.94	13.54		21.48	
8	芦邑沟	芦邑村	10.69	7.20	24.53	1.59	4.77	4.33	1.04	9.22	0.42
9	漫峪口沟	漫峪口村	65.39	11.02	16.43	0.03	59.69	5.67		65.39	
10	高家沟	高家村	17.93	1.64	34.69		17.80	0.13		17.93	
11	乔村沟	乔村	4.91	0.70	24.22		4.91			4.91	
12	闫景村沟	闫景村	10.79	2.92	6.50		10.72	0.08		10.79	
13	潘朝村沟	潘朝村	42.44	3.17	7.25	1.09	38.90	2.46	0.73	41.42	0.29

表 4-10-4　万荣县设计暴雨计算成果表

序号	行政区划名称	历时	均值 $\overline{H}$ (mm)	变差系数 C_v	C_s/C_v	重现期雨量值 H_p(mm)				
						100 a($H_{1\%}$)	50 a($H_{2\%}$)	20 a($H_{5\%}$)	10 a($H_{10\%}$)	5 a($H_{20\%}$)
1	王显村	10 min	12.5	0.6	3.5	39.9	34.6	27.5	22.2	16.9
		60 min	28.3	0.59	3.5	89.0	77.2	61.7	50.0	38.3
		6 h	46.8	0.57	3.5	142.9	124.4	100.0	81.6	63.1
		24 h	65.1	0.56	3.5	195.8	170.8	137.8	112.7	87.6
		3 d	81	0.48	3.5	214.5	190.2	157.6	132.5	106.8
2	谢村	10 min	12.6	0.54	3.5	36.7	32.2	26.1	21.5	16.9
		60 min	27.8	0.567	3.5	84.5	73.6	59.2	48.4	37.4
		6 h	48.3	0.53	3.5	138.6	121.7	99.1	81.9	64.5
		24 h	65.2	0.59	3.5	205.2	178.0	142.1	115.1	88.2
		3 d	80.2	0.492	3.5	216.6	191.6	158.1	132.4	106.1
3	王家村	10 min	12.8	0.6	3.5	40.9	35.4	28.2	22.7	17.3
		60 min	28.7	0.64	3.5	97.1	83.5	65.6	52.2	39.1
		6 h	48.5	0.55	3.5	143.6	125.6	101.6	83.4	65.1
		24 h	69.3	0.57	3.5	211.6	184.3	148.1	120.8	93.4
		3 d	88.6	0.5	3.5	242.4	214.0	176.2	147.1	117.5
4	南阳村	10 min	12.7	0.544	3.5	37.3	32.6	26.4	21.8	17.0
		60 min	27.6	0.575	3.5	84.9	73.9	59.3	48.3	37.2
		6 h	50.4	0.57	3.5	153.9	134.0	107.7	87.8	67.9
		24 h	70.1	0.59	3.5	220.6	191.3	152.8	123.7	94.8
		3 d	85	0.54	3.5	247.8	217.1	176.3	145.2	113.8
5	东平原村	10 min	12.8	0.575	3.5	39.4	34.3	27.5	22.4	17.3
		60 min	28.5	0.6	3.5	91.0	78.8	62.7	50.6	38.6
		6 h	44.8	0.57	3.5	136.8	119.1	95.8	78.1	60.4

续表 4-10-4

序号	行政区划名称	历时	均值 $\overline{H}$ (mm)	变差系数 C_v	C_s/C_v	重现期雨量值 H_p(mm)				
						100 a($H_{1\%}$)	50 a($H_{2\%}$)	20 a($H_{5\%}$)	10 a($H_{10\%}$)	5 a($H_{20\%}$)
5	东平原村	24 h	72	0.6	3.5	229.9	199.1	158.5	127.9	97.6
		3 d	90.5	0.56	3.5	247.6	218.6	180.0	150.3	120.0
6	南张户村	10 min	13	0.58	3.5	40.3	35.0	28.1	22.8	17.6
		60 min	28.5	0.61	3.5	92.4	79.8	63.3	50.9	38.7
		6 h	45	0.56	3.5	135.3	118.1	95.2	77.9	60.5
		24 h	72	0.58	3.5	223.2	194.0	155.4	126.3	97.2
		3 d	92	0.55	3.5	272.4	238.2	192.7	158.2	123.5
7	南牛池村	10 min	12.5	0.6	3.5	39.9	34.6	27.5	22.2	16.9
		60 min	29	0.625	3.5	96.1	82.8	65.3	52.3	39.4
		6 h	47	0.55	3.5	139.2	121.7	98.5	80.8	63.1
		24 h	70	0.55	3.5	207.3	181.2	146.6	120.4	94.0
		3 d	90	0.5	3.5	246.2	217.4	179.0	149.4	119.3
8	芦邑村	10 min	13	0.6	3.5	41.5	35.9	28.6	23.1	17.6
		60 min	29	0.62	3.5	95.4	82.3	65.0	52.1	39.4
		6 h	47.5	0.56	3.5	142.8	124.6	100.5	82.2	63.9
		24 h	71	0.575	3.5	218.4	190.0	152.5	124.1	95.8
		3 d	92	0.52	3.5	259.9	228.6	186.9	155.0	122.6
9	漫峪口村	10 min	12.8	0.62	3.5	42.1	36.3	28.7	23.0	17.4
		60 min	28.8	0.625	3.5	95.4	82.2	64.9	51.9	39.2
		6 h	46.5	0.55	3.5	137.7	120.4	97.4	80.0	62.4

续表 4-10-4

序号	行政区划名称	历时	均值 $\overline{H}$ (mm)	变差系数 C_v	C_s/C_v	重现期雨量值 H_p(mm)				
						100 a($H_{1\%}$)	50 a($H_{2\%}$)	20 a($H_{5\%}$)	10 a($H_{10\%}$)	5 a($H_{20\%}$)
9	漫峪口村	24 h	68	0.55	3.5	201.4	176.0	142.5	116.9	91.3
		3 d	88.5	0.49	3.5	238.2	210.8	174.1	145.9	117.0
10	高家村	10 min	12.1	0.62	3.5	39.8	34.3	27.1	21.8	16.4
		60 min	28.2	0.63	3.5	94.1	81.0	63.8	51.0	38.4
		6 h	45	0.53	3.5	129.2	113.4	92.4	76.3	60.1
		24 h	65	0.54	3.5	189.5	166.0	134.8	111.0	87.1
		3 d	84	0.48	3.5	222.4	197.2	163.4	137.4	110.7
11	乔村	10 min	12.15	0.56	3.5	36.5	31.9	25.7	21.0	16.3
		60 min	28.15	0.58	3.5	87.3	75.8	60.8	49.4	38.0
		6 h	45	0.57	3.5	137.4	119.7	96.2	78.4	60.7
		24 h	71	0.61	3.5	230.1	198.8	157.7	126.9	96.4
		3 d	86	0.56	3.5	258.6	225.7	182.0	148.9	115.7
12	闫景村	10 min	12.1	0.61	3.5	39.2	33.9	26.9	21.6	16.4
		60 min	28.5	0.62	3.5	93.7	80.8	63.9	51.2	38.7
		6 h	45	0.56	3.5	135.3	118.1	95.2	77.9	60.5
		24 h	65	0.56	3.5	195.5	170.6	137.6	112.5	87.4
		3 d	85	0.485	3.5	226.9	201.0	166.3	139.6	112.2
13	潘朝村	10 min	12.3	0.61	3.5	39.9	34.4	27.3	22.0	16.7
		60 min	28.2	0.605	3.5	90.7	78.5	62.4	50.2	38.2
		6 h	45	0.56	3.5	135.3	118.1	95.2	77.9	60.5
		24 h	67.5	0.57	3.5	206.1	179.5	144.3	117.6	91.0
		3 d	87	0.5	3.5	238.0	210.2	173.0	144.5	115.3

表 4-10-5　万荣县设计暴雨时程分配表

序号	行政区划名称	时段长	时段序号	重现期时段雨量值(mm)				
				100 a($H_{1\%}$)	50 a($H_{2\%}$)	20 a($H_{5\%}$)	10 a($H_{10\%}$)	5 a($H_{20\%}$)
1	王显村	0.5 h	1	2.95	2.60	2.12	1.75	1.38
			2	3.20	2.81	2.29	1.90	1.50
			3	3.49	3.07	2.50	2.07	1.63
			4	6.26	5.49	4.46	3.68	2.89
			5	7.43	6.51	5.28	4.35	3.41
			6	17.80	15.55	12.56	10.29	8.01
			7	53.11	46.15	36.99	30.05	23.14
			8	11.98	10.48	8.48	6.97	5.44
			9	9.15	8.01	6.49	5.34	4.18
			10	5.41	4.75	3.86	3.19	2.50
			11	4.76	4.18	3.40	2.81	2.21
			12	4.25	3.73	3.04	2.51	1.98
2	谢村	0.5 h	1	3.29	2.86	2.27	1.84	1.40
			2	3.55	3.08	2.46	1.99	1.52
			3	3.85	3.34	2.67	2.16	1.66
			4	6.68	5.83	4.70	3.84	2.98
			5	7.86	6.87	5.55	4.55	3.54
			6	18.36	16.11	13.11	10.83	8.52
			7	55.53	48.69	39.60	32.66	25.66
			8	12.47	10.92	8.87	7.30	5.72
			9	9.60	8.40	6.80	5.59	4.36
			10	5.82	5.07	4.08	3.33	2.57
			11	5.15	4.49	3.60	2.93	2.26
			12	4.63	4.03	3.23	2.62	2.02

续表 4-10-5

序号	行政区划名称	时段长	时段序号	重现期时段雨量值(mm)				
				100 a($H_{1\%}$)	50 a($H_{2\%}$)	20 a($H_{5\%}$)	10 a($H_{10\%}$)	5 a($H_{20\%}$)
3	王家村	0.25 h	1	1.69	1.48	1.21	1.01	0.80
			2	1.76	1.55	1.26	1.05	0.83
			3	1.83	1.61	1.32	1.09	0.86
			4	1.92	1.68	1.37	1.14	0.90
			5	3.19	2.80	2.27	1.87	1.47
			6	3.45	3.02	2.45	2.02	1.58
			7	3.75	3.29	2.66	2.19	1.71
			8	4.11	3.60	2.92	2.40	1.87
			9	8.20	7.16	5.76	4.71	3.64
			10	15.07	13.12	10.52	8.55	6.57
			11	41.16	35.66	28.40	22.93	17.50
			12	10.48	9.14	7.35	5.99	4.62
			13	6.79	5.93	4.78	3.91	3.03
			14	5.82	5.09	4.11	3.36	2.61
			15	5.10	4.46	3.61	2.96	2.30
			16	4.55	3.98	3.22	2.65	2.06
			17	2.97	2.61	2.12	1.75	1.37
			18	2.78	2.44	1.99	1.64	1.28
			19	2.61	2.29	1.87	1.54	1.21
			20	2.47	2.16	1.76	1.46	1.14
			21	2.33	2.05	1.67	1.38	1.08
			22	2.21	1.94	1.58	1.31	1.03
			23	2.10	1.85	1.51	1.25	0.98
			24	2.01	1.76	1.44	1.19	0.94

续表 4-10-5

序号	行政区划名称	时段长	时段序号	重现期时段雨量值(mm)				
				100 a($H_{1\%}$)	50 a($H_{2\%}$)	20 a($H_{5\%}$)	10 a($H_{10\%}$)	5 a($H_{20\%}$)
4	南阳村	0.5 h	1	3.69	3.19	2.54	2.05	1.56
			2	3.98	3.45	2.74	2.21	1.69
			3	4.32	3.74	2.98	2.40	1.83
			4	7.55	6.55	5.22	4.21	3.22
			5	8.90	7.72	6.16	4.97	3.81
			6	20.75	18.03	14.44	11.70	9.00
			7	60.89	53.16	42.94	35.15	27.35
			8	14.12	12.26	9.80	7.93	6.08
			9	10.88	9.44	7.53	6.09	4.67
			10	6.57	5.69	4.53	3.66	2.80
			11	5.81	5.04	4.01	3.24	2.47
			12	5.21	4.52	3.60	2.90	2.22
5	东平原村	0.5 h	1	3.71	3.22	2.56	2.07	1.58
			2	3.96	3.43	2.74	2.21	1.69
			3	4.25	3.69	2.94	2.38	1.82
			4	6.95	6.03	4.82	3.91	3.00
			5	8.06	7.00	5.60	4.55	3.49
			6	18.01	15.65	12.55	10.23	7.89
			7	58.91	51.22	41.11	33.49	25.86
			8	12.41	10.78	8.64	7.03	5.41
			9	9.70	8.43	6.75	5.48	4.22
			10	6.13	5.32	4.25	3.44	2.64
			11	5.50	4.77	3.81	3.09	2.37
			12	5.00	4.34	3.46	2.80	2.15

续表 4-10-5

序号	行政区划名称	时段长	时段序号	重现期时段雨量值(mm)				
				100 a($H_{1\%}$)	50 a($H_{2\%}$)	20 a($H_{5\%}$)	10 a($H_{10\%}$)	5 a($H_{20\%}$)
6	南张户村	0.5 h	1	3.51	3.07	2.48	2.03	1.58
			2	3.75	3.28	2.64	2.17	1.68
			3	4.03	3.52	2.84	2.32	1.81
			4	6.60	5.77	4.65	3.80	2.95
			5	7.67	6.70	5.40	4.41	3.42
			6	17.17	15.00	12.06	9.84	7.61
			7	55.88	48.66	39.06	31.78	24.51
			8	11.82	10.33	8.31	6.79	5.26
			9	9.24	8.07	6.50	5.31	4.12
			10	5.82	5.09	4.10	3.35	2.60
			11	5.22	4.56	3.68	3.01	2.34
			12	4.74	4.14	3.34	2.73	2.13
7	南牛池村	0.5 h	1	3.11	2.75	2.26	1.89	1.51
			2	3.36	2.97	2.44	2.04	1.63
			3	3.67	3.24	2.66	2.21	1.76
			4	6.55	5.75	4.68	3.87	3.05
			5	7.76	6.81	5.54	4.57	3.58
			6	18.66	16.28	13.12	10.72	8.30
			7	57.29	49.69	39.69	32.11	24.59
			8	12.53	10.96	8.86	7.27	5.66
			9	9.56	8.37	6.79	5.59	4.37
			10	5.66	4.98	4.06	3.37	2.66
			11	4.99	4.39	3.59	2.98	2.36
			12	4.46	3.93	3.21	2.67	2.12

续表 4-10-5

序号	行政区划名称	时段长	时段序号	重现期时段雨量值(mm)				
				100 a($H_{1\%}$)	50 a($H_{2\%}$)	20 a($H_{5\%}$)	10 a($H_{10\%}$)	5 a($H_{20\%}$)
8	芦邑村	0.5 h	1	3.37	2.95	2.39	1.97	1.54
			2	3.63	3.17	2.57	2.12	1.66
			3	3.93	3.44	2.79	2.29	1.79
			4	6.78	5.93	4.79	3.93	3.06
			5	7.98	6.98	5.63	4.62	3.59
			6	18.77	16.37	13.16	10.74	8.31
			7	60.11	52.16	41.63	33.70	25.81
			8	12.68	11.07	8.92	7.29	5.65
			9	9.75	8.52	6.87	5.63	4.37
			10	5.91	5.17	4.18	3.43	2.67
			11	5.24	4.58	3.71	3.05	2.38
			12	4.71	4.12	3.34	2.74	2.14
9	漫峪口村	0.5 h	1	2.94	2.60	2.15	1.81	1.45
			2	3.18	2.81	2.32	1.95	1.56
			3	3.45	3.05	2.52	2.11	1.69
			4	6.09	5.37	4.40	3.66	2.90
			5	7.20	6.34	5.18	4.30	3.40
			6	17.22	15.08	12.21	10.03	7.83
			7	54.44	47.17	37.60	30.37	23.20
			8	11.57	10.15	8.26	6.82	5.35
			9	8.84	7.78	6.34	5.25	4.14
			10	5.28	4.66	3.82	3.18	2.53
			11	4.66	4.12	3.38	2.82	2.25
			12	4.18	3.69	3.04	2.54	2.02

续表 4-10-5

序号	行政区划名称	时段长	时段序号	重现期时段雨量值(mm)				
				100 a($H_{1\%}$)	50 a($H_{2\%}$)	20 a($H_{5\%}$)	10 a($H_{10\%}$)	5 a($H_{20\%}$)
10	高家村	0.25 h	1	1.44	1.28	1.06	0.89	0.72
			2	1.50	1.33	1.11	0.93	0.75
			3	1.57	1.39	1.15	0.97	0.78
			4	1.64	1.46	1.21	1.02	0.82
			5	2.82	2.49	2.05	1.72	1.37
			6	3.05	2.70	2.22	1.86	1.48
			7	3.33	2.94	2.42	2.02	1.61
			8	3.67	3.24	2.66	2.22	1.77
			9	7.59	6.67	5.43	4.49	3.53
			10	14.41	12.59	10.18	8.35	6.50
			11	42.26	36.51	28.95	23.26	17.64
			12	9.84	8.62	7.00	5.77	4.52
			13	6.23	5.47	4.47	3.71	2.92
			14	5.29	4.66	3.81	3.17	2.51
			15	4.61	4.06	3.33	2.77	2.20
			16	4.09	3.60	2.96	2.46	1.96
			17	2.61	2.31	1.91	1.60	1.28
			18	2.43	2.16	1.78	1.49	1.19
			19	2.28	2.02	1.67	1.40	1.12
			20	2.14	1.90	1.57	1.32	1.06
			21	2.02	1.79	1.48	1.24	1.00
			22	1.91	1.70	1.40	1.18	0.95
			23	1.81	1.61	1.33	1.12	0.90
			24	1.72	1.53	1.27	1.07	0.86

续表 4-10-5

序号	行政区划名称	时段长	时段序号	重现期时段雨量值(mm)				
				100 a($H_{1\%}$)	50 a($H_{2\%}$)	20 a($H_{5\%}$)	10 a($H_{10\%}$)	5 a($H_{20\%}$)
11	乔村	0.5 h	1	3.82	3.30	2.61	2.09	1.58
			2	4.08	3.52	2.79	2.24	1.69
			3	4.37	3.78	2.99	2.41	1.82
			4	7.13	6.19	4.93	3.99	3.06
			5	8.26	7.18	5.73	4.65	3.57
			6	18.16	15.84	12.74	10.41	8.07
			7	55.32	48.29	38.99	31.93	24.85
			8	12.62	10.99	8.81	7.18	5.55
			9	9.92	8.63	6.90	5.61	4.32
			10	6.30	5.46	4.34	3.51	2.68
			11	5.65	4.90	3.89	3.14	2.39
			12	5.14	4.45	3.53	2.85	2.17
12	闫景村	0.25 h	1	1.52	1.34	1.10	0.91	0.72
			2	1.59	1.40	1.15	0.95	0.75
			3	1.67	1.46	1.20	0.99	0.79
			4	1.75	1.53	1.25	1.04	0.82
			5	3.01	2.64	2.15	1.77	1.39
			6	3.26	2.86	2.32	1.92	1.50
			7	3.56	3.12	2.54	2.09	1.64
			8	3.92	3.44	2.79	2.30	1.80
			9	8.09	7.07	5.70	4.66	3.62
			10	15.23	13.28	10.65	8.67	6.68
			11	42.93	37.16	29.51	23.78	18.10
			12	10.45	9.13	7.34	5.99	4.64

续表 4-10-5

序号	行政区划名称	时段长	时段序号	重现期时段雨量值(mm)				
				100 a($H_{1\%}$)	50 a($H_{2\%}$)	20 a($H_{5\%}$)	10 a($H_{10\%}$)	5 a($H_{20\%}$)
12	闫景村	0.25 h	13	6.64	5.81	4.69	3.85	2.99
			14	5.65	4.95	4.00	3.28	2.56
			15	4.93	4.32	3.49	2.87	2.24
			16	4.37	3.83	3.10	2.55	1.99
			17	2.79	2.45	1.99	1.64	1.29
			18	2.60	2.28	1.86	1.53	1.21
			19	2.43	2.14	1.74	1.44	1.13
			20	2.28	2.01	1.64	1.35	1.07
			21	2.15	1.89	1.54	1.28	1.01
			22	2.04	1.79	1.46	1.21	0.95
			23	1.93	1.70	1.38	1.15	0.91
			24	1.83	1.61	1.32	1.09	0.86
13	潘朝村	0.5 h	1	3.15	2.76	2.25	1.85	1.46
			2	3.38	2.97	2.41	1.99	1.57
			3	3.66	3.21	2.61	2.16	1.69
			4	6.25	5.48	4.46	3.68	2.89
			5	7.33	6.43	5.23	4.31	3.38
			6	16.99	14.87	12.05	9.90	7.74
			7	53.28	46.26	37.00	30.01	23.03
			8	11.56	10.13	8.22	6.77	5.30
			9	8.93	7.83	6.36	5.24	4.11
			10	5.46	4.79	3.89	3.21	2.52
			11	4.85	4.26	3.46	2.86	2.25
			12	4.37	3.84	3.12	2.58	2.02

表 4-10-6 万荣县设计洪水成果表

序号	行政区划名称	小流域名称	洪水要素	重现期洪水要素值				
				100 a($Q_{1\%}$)	50 a($Q_{2\%}$)	20 a($Q_{5\%}$)	10 a($Q_{10\%}$)	5 a($Q_{20\%}$)
1	王显村	王显村沟	洪峰流量(m^3/s)	401	327.32	230.31	164.03	90.72
			洪量(万 m^3)	420	323	210	135	81
			涨洪历时(h)	2	1.2	1	0.5	0.5
			洪水历时(h)	4.5	3.7	3.4	2.8	3.2
2	谢村	谢村沟	洪峰流量(m^3/s)	50	41.95	31.17	22.48	14.56
			洪量(万 m^3)	48	37	24	16	10
			涨洪历时(h)	2	1.5	1	1	0.5
			洪水历时(h)	4	3	2.5	2.5	2
3	王家村	王家村沟	洪峰流量(m^3/s)	371	304.28	216.25	151.54	104.11
			洪量(万 m^3)	358	278	182	118	71
			涨洪历时(h)	1.5	1.5	0.75	0.75	0.5
			洪水历时(h)	4.25	4	3.25	3.25	3
4	南阳村	南阳村沟	洪峰流量(m^3/s)	7	6	4	3.3	2
			洪量(万 m^3)	2	2	1	1	0
			涨洪历时(h)	2	2	1	1	0.5
			洪水历时(h)	4.5	3.5	2.5	2	1.5
5	东平原村	东平原沟	洪峰流量(m^3/s)	28	23.46	17.28	12.26	7.48
			洪量(万 m^3)	26	20	13	8	5

续表 4-10-6

序号	行政区划名称	小流域名称	洪水要素	重现期洪水要素值				
				100 a($Q_{1\%}$)	50 a($Q_{2\%}$)	20 a($Q_{5\%}$)	10 a($Q_{10\%}$)	5 a($Q_{20\%}$)
5	东平原村	东平原沟	涨洪历时(h)	2	1.5	1	1	0.5
			洪水历时(h)	4.5	3	2.5	2.5	2
6	南张户村	南张户村沟	洪峰流量(m^3/s)	198	165.07	120.32	84.01	49.82
			洪量(万 m^3)	144	110	70	44	26
			涨洪历时(h)	2	1.5	1	1	0.5
			洪水历时(h)	4	3	2.5	2.5	2
7	南牛池村	南牛池沟	洪峰流量(m^3/s)	250	208.42	153.14	110.55	70.99
			洪量(万 m^3)	201	158	106	70	43
			涨洪历时(h)	2	2	1.5	1	1
			洪水历时(h)	5.5	4.5	3.5	3.5	3.5
8	芦邑村	芦邑沟	洪峰流量(m^3/s)	111	92.27	67.44	48.24	30.44
			洪量(万 m^3)	107	84	56	37	22
			涨洪历时(h)	2	1.9	1.3	0.9	0.9
			洪水历时(h)	5.7	5.2	4.6	4.2	4.3
9	漫峪口村	漫峪口沟	洪峰流量(m^3/s)	820	667.24	467.53	313.45	182.52
			洪量(万 m^3)	487	377	246	159	96
			涨洪历时(h)	1.7	1.2	0.9	0.9	0.5
			洪水历时(h)	4.4	3.9	3.7	3.6	3.8

续表 4-10-6

序号	行政区划名称	小流域名称	洪水要素	重现期洪水要素值				
				100 a($Q_{1\%}$)	50 a($Q_{2\%}$)	20 a($Q_{5\%}$)	10 a($Q_{10\%}$)	5 a($Q_{20\%}$)
10	高家村	高家沟	洪峰流量(m^3/s)	224	186.19	136.25	121.27	69.55
			洪量(万 m^3)	131	102	67	44	27
			涨洪历时(h)	1	0.75	0.75	0.25	0.25
			洪水历时(h)	2.75	2.25	1.75	1.25	1.5
11	乔村	乔村沟	洪峰流量(m^3/s)	42	35.47	26.57	19.38	12.44
			洪量(万 m^3)	43	32	21	13	8
			涨洪历时(h)	2	1.9	0.9	0.9	0.5
			洪水历时(h)	4.7	3.4	2	2	1.5
12	闫景村	闫景村沟	洪峰流量(m^3/s)	105	86.61	62.2	53.5	29.39
			洪量(万 m^3)	86	66	43	28	17
			涨洪历时(h)	1.5	0.75	0.75	0.25	0.25
			洪水历时(h)	3.6	2.75	2.5	1.85	1.15
13	潘朝村	潘朝村沟	洪峰流量(m^3/s)	434	358.24	256.75	176.31	106.16
			洪量(万 m^3)	318	245	158	102	61
			涨洪历时(h)	0.9	1.3	0.9	0.9	0.5
			洪水历时(h)	3.9	3.3	2.7	2.6	2.3

表 4-10-7　万荣县设计净雨深计算成果表

序号	行政区划名称	重现期(a)	参数			主雨历时(h)	主雨雨量(mm)	净雨深(mm)
			μ	S_r	K_s			
1	王显村	100	10.55	27.00	1.90	14.2	162.2	74.22
		50	11.81	27.00	1.90	12.7	138.3	57.17
		20	13.95	27.00	1.90	10.5	107.1	37.13
		10	16.38	27.00	1.90	8.8	83.9	23.97
		5	17.93	27.00	1.90	7.0	61.2	14.34
2	谢村	100	10.15	27.00	1.90	17.0	181.8	80.90
		50	11.44	27.00	1.90	14.7	153.0	62.56
		20	13.75	27.00	1.90	11.5	116.4	41.12
		10	16.48	27.00	1.90	9.2	90.2	27.04
		5	18.53	27.00	1.90	7.0	65.4	16.65
3	王家村	100	9.16	25.54	1.79	15.6	176.5	85.90
		50	10.22	25.54	1.79	14.0	150.5	66.63
		20	12.06	25.54	1.79	11.6	116.3	43.65
		10	14.19	25.54	1.79	9.7	90.9	28.34
		5	15.69	25.54	1.79	7.7	66.0	16.92

续表 4-10-7

序号	行政区划名称	重现期（a）	参数			主雨历时（h）	主雨雨量（mm）	净雨深（mm）
			μ	S_r	K_s			
4	南阳村	100	9.66	27.00	1.90	18.4	206.1	97.24
		50	10.84	27.00	1.90	16.1	173.6	74.90
		20	12.98	27.00	1.90	12.9	131.8	48.76
		10	15.65	27.00	1.90	10.4	101.5	31.56
		5	17.95	27.00	1.90	7.9	72.6	18.95
5	东平原村	100	9.64	27.00	1.90	23.8	216.2	87.28
		50	10.94	27.00	1.90	20.0	179.0	66.33
		20	13.43	27.00	1.90	15.2	132.2	42.35
		10	16.68	27.00	1.90	11.7	99.4	27.04
		5	19.79	27.00	1.90	8.4	69.2	15.97
6	南张户村	100	10.03	28.41	1.86	22.1	200.8	79.34
		50	11.41	28.41	1.86	18.8	167.4	60.37
		20	14.00	28.41	1.86	14.6	125.4	38.46
		10	17.31	28.41	1.86	11.5	95.4	24.41
		5	20.35	28.41	1.86	8.4	67.2	14.35

续表 4-10-7

序号	行政区划名称	重现期(a)	参数			主雨历时(h)	主雨雨量(mm)	净雨深(mm)
			μ	S_r	K_s			
7	南牛池村	100	7.57	23.22	1.58	15.1	174.3	93.64
		50	8.42	23.22	1.58	13.6	149.1	73.57
		20	9.91	23.22	1.58	11.4	115.9	49.23
		10	11.69	23.22	1.58	9.6	91.1	32.63
		5	12.97	23.22	1.58	7.7	66.7	19.92
8	芦邑村	100	7.23	22.94	1.58	17.9	191.6	100.45
		50	8.08	22.94	1.58	15.7	162.0	78.59
		20	9.62	22.94	1.58	12.7	123.7	52.25
		10	11.53	22.94	1.58	10.3	95.7	34.53
		5	13.10	22.94	1.58	7.9	68.8	21.02
9	漫峪口村	100	10.32	26.47	1.86	14.9	163.7	74.54
		50	11.56	26.47	1.86	13.3	139.9	57.63
		20	13.65	26.47	1.86	11.1	108.7	37.61
		10	16.03	26.47	1.86	9.3	85.4	24.37
		5	17.49	26.47	1.86	7.4	62.5	14.61

续表 4-10-7

序号	行政区划名称	重现期(a)	参数			主雨历时(h)	主雨雨量(mm)	净雨深(mm)
			μ	S_r	K_s			
10	高家村	100	11.17	26.96	1.90	12.9	155.7	73.70
		50	12.54	26.96	1.90	11.7	133.9	57.23
		20	14.82	26.96	1.90	9.9	104.9	37.64
		10	17.34	26.96	1.90	8.4	83.1	24.59
		5	18.71	26.96	1.90	6.8	61.6	14.88
11	乔村	100	9.22	27.00	1.90	24.0	216.9	87.15
		50	10.49	27.00	1.90	20.2	179.1	65.87
		20	12.78	27.00	1.90	15.2	131.5	41.90
		10	15.67	27.00	1.90	11.6	98.6	26.72
		5	18.31	27.00	1.90	8.3	68.6	15.82
12	闫景村	100	10.77	26.96	1.90	13.4	164.6	79.84
		50	12.10	26.96	1.90	12.0	140.6	61.87
		20	14.37	26.96	1.90	10.1	109.2	40.37
		10	16.98	26.96	1.90	8.5	85.8	26.13
		5	18.66	26.96	1.90	6.8	62.8	15.60
13	潘朝村	100	9.90	26.37	1.85	17.1	173.3	75.19
		50	11.11	26.37	1.85	14.9	146.4	57.80
		20	13.24	26.37	1.85	12.0	111.7	37.47
		10	15.73	26.37	1.85	9.7	86.5	24.18
		5	17.43	26.37	1.85	7.4	62.3	14.45

表 4-10-9　万荣县预警指标分析成果表

序号	行政区划名称	致灾暴雨频率(%)	类别	B_0	时段	预警指标(mm)		临界雨量(mm)	方法
						准备转移	立即转移		
1	王显村	3	雨量	0	0.5 h	35.0	50.0	50.0	同频率法
					1 h	50.0	67.0	67.0	
2	谢村	4	雨量	0	0.5 h	32.0	46.0	46.0	同频率法
					1 h	46.0	61.0	61.0	
3	王家村	<20	雨量	0	0.5 h	24.0	35.0	35.0	流域模型法
					1 h	35.0	48.0	48.0	
				0.3	0.5 h	21.0	30.0	30.0	
					1 h	30.0	41.0	41.0	
				0.6	0.5 h	17.0	25.0	25.0	
					1 h	25.0	35.0	35.0	
4	南阳村	2	雨量	0	0.5 h	35.0	50.0	50.0	同频率法
					1 h	50.0	66.0	66.0	
5	东平原村	<20	雨量	0	0.5 h	23.0	34.0	34.0	流域模型法
					1 h	34.0	39.0	39.0	
				0.3	0.5 h	22.0	31.0	31.0	
					1 h	31.0	35.0	35.0	
				0.6	0.5 h	20.0	29.0	29.0	
					1 h	29.0	33.0	33.0	

续表 4-10-9

序号	行政区划名称	致灾暴雨频率(%)	类别	B_0	时段	预警指标(mm)		临界雨量(mm)	方法
						准备转移	立即转移		
6	南张户村	2	雨量	0	0.5 h	43.0	61.0	61.0	同频率法
					1 h	61.0	81.0	81.0	
7	南牛池村	1	雨量	0	0.5 h	35.0	50.0	50.0	流域模型法
					1 h	50.0	85.0	85.0	
				0.3	0.5 h	32.0	45.0	45.0	
					1 h	45.0	79.0	79.0	
				0.6	0.5 h	28.0	40.0	40.0	
					1 h	40.0	72.0	72.0	
8	芦邑村	3	雨量	0	0.5 h	40.0	57.0	57.0	流域模型法
					1 h	57.0	85.0	85.0	
				0.3	0.5 h	36.0	52.0	52.0	
					1 h	52.0	78.0	78.0	
				0.6	0.5 h	33.0	47.0	47.0	
					1 h	47.0	71.0	71.0	

续表 4-10-9

序号	行政区划名称	致灾暴雨频率(%)	类别	B_0	时段	预警指标(mm)		临界雨量(mm)	方法
						准备转移	立即转移		
9	漫峪口村	2	雨量	0	0.5 h	37.0	53.0	53.0	同频率法
					1 h	53.0	71.0	71.0	
10	高家村	2	雨量	0	0.5 h	43.0	62.0	62.0	同频率法
					1 h	62.0	82.0	82.0	
11	乔村	3	雨量	0	0.5 h	34.0	48.0	48.0	同频率法
					1 h	48.0	64.0	64.0	
12	闫景村	2	雨量	0	0.5 h	44.0	62.0	62.0	同频率法
					1 h	62.0	83.0	83.0	
13	潘朝村	4	雨量	0	0.5 h	33.0	47.0	47.0	同频率法
					1 h	47.0	63.0	63.0	

第11章 垣曲县

11.1 垣曲县基本情况概述

11.1.1 地理位置

垣曲县位于山西省南端,黄河北岸,地理坐标为:东经 111°30′~112°05′,北纬 34°59′~35°26′,东接河南省济源市,东北与阳城、沁水县毗连,北、西北与绛县毗邻;西接闻喜县,西南与夏县相连;南隔黄河与河南省新安、渑池县相望。极点直线距离东西 65 km,南北 48 km,总面积 1 620 km^2,其中山区面积 1 170 km^2,占总面积的 72.22%,黄土台原区、丘陵区 404.7 km^2,占总面积的 25%,洪积、平原区 39 km^2,占总面积的 2.4%。垣曲县地理位置示意图如图 4-11-1 所示。

11.1.2 社会经济

垣曲县共辖 5 镇 6 乡(新城镇、毛家湾镇、王茅镇、古城镇、历山镇、皋落乡、长直乡、华峰乡、英言乡、蒲掌乡、解峪乡),188 个行政村,总人口 23.66 万人(2013 年)。

垣曲县以畜牧、养殖、种植、旅游为主要产业,依托东济高速公路等交通干线的建设和城市发展,打造美丽舜乡生态文化大县和旅游强县。农业上以“畜、桑、烟、果、椒、蜂”六大支柱产业发展壮大,工业上培育了国泰矿业、五龙集团、刚玉陶粒等骨干企业,形成了以煤、铁、铜等矿产品深加工为主的工业园区;依托生态资源,旅游业重点发展了“历山旅游区、望仙旅游区、黄河小浪底古城旅游区”三大景区休闲经济。土特产深加工发展了山里红食品有限公司、康源蜂业、沐风香菇酱等种植加工一条龙产业,形成了生态环境—旅游—土特产深加工—旅游产品的循环链,重点发展农副产品绿色产业和循环经济。

迄今探明垣曲县可供开采的矿藏达 46 种之多,列山西之冠,其中铜的储量达 270 万 t,居全国第三,是全国五大铜基地之一。

2014 年,全县地区生产总值完成 477 443 万元,比 2013 年增长 11.2%;规模以上工业增加值比 2013 年增长 20.24%;固定资产投资完成 520 300 万元,比 2013 年增长 27.9%;社会消费品零售总额完成 207 234.3 万元,比 2013 年增长 15.5%;城镇居民人均可支配收入达到 20 266 元,比 2013 年增长 8.7%;农村居民人均可支配收入达到 5 342 元,比 2013 年增长 10.8%;公共财政预算收入完成 20 697 万元,比 2013 年增长 44.38%。

全县农作物播种面积 456 540 亩,其中,粮食种植面积 406 581 亩,以小麦和玉米为主。全县造林面积 3.75 万亩。规模以上工业 14 个,全年在建固定资产投资项目 92 个。

图 4-11-1　垣曲县地理位置示意图

11.1.3 河流水系

境内主要河流有5条:亳清河、闫家河、西阳河、板涧河、五福涧河均属黄河一级支流。亳清河全长48 km,流域面积570 km^2;闫家河全长46 km,流域面积26 km^2;西阳河全长20 km,流域面积156 km^2;板涧河全长58 km,流域面积338 km^2;五福涧河全长40 km,流域面积180 km^2。垣曲县河流基本情况见表4-11-1。

表4-11-1 垣曲县主要河流基本情况表

编号	河流名称	河流级别	上级河流名称	流域面积(km^2)	河长(km)	比降(‰)
1	五福涧河	1	黄河	180	40	21.2
2	亳清河	1	黄河	570	48	11
3	板涧河	1	黄河	338	58	12.4
4	西阳河	1	黄河	156	20	30.1
5	闫家河	1	黄河	26	46	40
6	沙金河	2	亳清河	49.8	19	26.2
7	杜村河	2	亳清河	96.2	24	24.2
8	干涧河	2	亳清河	76	23	30
9	塬河沟	2	亳清河	25	12	30
10	原峪河	2	亳清河	33	36	30
11	口头河	2	亳清河	25	47	30
12	沇西河	2	亳清河	558	58	15.6
13	滋峪河	3	沇西河	69	38	40
14	白家河	3	沇西河	35.2	14	28.1
15	刘村河	3	沇西河	32	29	40
16	绛道沟河	3	沇西河	45	38	60

11.1.3.1 亳清河

亳清河俗称清河、南河,发源于绛县横岭关山下,经闻喜的马家窑入垣曲境,流经十八河、清源、皋落、长直、王茅直古城注入黄河。全长48 km,流域面积570 km^2,垣曲境内流程40 km,流域面积500 km^2.。流入亳清河的主要支流有7条,除沇西河外,其他有:

(1)塬河沟,发源于麻姑山南,流经马村、陈堡、白水、亳城入亳清河,全长12 km,流域面积25 km^2。

(2)沙金河,发源于闻喜石窑,经槐南白、青廉入亳清河,长19 km,流域面积49.8 km^2。

(3)原峪河,发源于皋落墨山底,经长直西坡汇入黄河,全长36 km,流域面积33 km^2。

(4)口头河,发源于皋落乡葫芦沟,经沙宝河、西河、岭回到口头入亳清河,全长47 km,流域面积25 km^2。

(5)干涧河,发源于民兴悬泉山,经贾家山、涧溪、杜村至王茅尧汉入亳清河,全长23 km,流域面积76 km^2。

(6)杜村河,全长24 km,流域面积96.2 km^2。

11.1.3.2 沇西河

沇西河俗称东河,发源于翼城县的大河村母鸡沟,入垣曲经同善、谭家至古城注入黄河,河流长度58 km,流域面积558 km^2,垣曲境内流程44 km,流域面积435 km^2。

流入沇西河的支流有四条：

(1)绛道沟河,发源于东贯小岭李坝沟,经同善绛道村入沇西河,全长38 km,流域面积45 km^2。

(2)滋峪河,发源于锯齿山下三里腰,经三里河、常家坪入沇西河,全长38 km,流域面积69 km^2。

(3)白家河,发源于立步寺,经马家庄、南坡到峪子村入沇西河,全长14 km,流域面积35.2 km^2。

(4)刘村河,发源于岭子上杜家沟,经牛家河、薛家堡、刘村、朱家湾入沇西河,全长29 km,流域面积32 km^2。

闫家河是发源于英言关庙的一条支流,直接汇入黄河,全长46 km,流域面积26 km^2。

11.1.3.3 西阳河

西阳河发源于沁水下川,入垣曲经五里坡、河底河、西阳、窑头至马湾入黄河,河流长度20 km,流域面积156 km^2,垣曲境内46 km,流域面积255 km^2。

11.1.3.4 板涧河

板涧河发源于闻喜县石门乡上阴,入垣曲境经毛家湾、解峪入黄河,河流长度69 km,流域面积330 km^2,垣曲境内流程43 km,流域面积288 km^2。

11.1.3.5 五福涧河

五福涧河发源于夏县曹家庄乡东西交口一带,由西北向东南流经曹家庄、温峪、架桑进入垣曲县境内,再流经毛家湾、解峪,在安窝乡汇入黄河。河流全长63 km,流域面积190.2 km^2,垣曲境内流程18.8 km,流域面积66 km^2。

11.1.4 水文气象

垣曲县属暖温带半干旱、半湿润大陆性气候,四季分明,春季干旱多风,夏季雨量集中,冬季少雪干燥。境内地势落差较大,小气候差异明显。全县年均日照2 062.2 h,日照百分率50%,最高为12月,日照百分率56%,最低为4月和7月,日照百分率46%。全县年均气温13.5 ℃,年积温4 900 ℃,年均无霜期236 d,10 ℃以上有效积温4 281 ℃。由于海拔高低悬殊,最高与最低处温差4~5 ℃。同区域的不同地形、地貌及地表植被形成三个温度带:①河槽区,气温高于全县平均温度;②丘陵平原区,气温属全县水平,比河槽区低2 ℃左右;③以南北两山为主的山区,温度较低,昼夜温差大,无霜期较长。全县年均降水85 d左右,降水量596.5 mm,按地理分布:南北两山约600 mm,丘陵区约500 mm,河槽约400 mm。冬春季降水较少,夏秋季较多,降水一般集中在5~9月,强度大,时间长,易形成洪涝灾害。

11.1.5 历史山洪灾害

垣曲县洪水主要是由降雨形成的,由于该县境内沟道相对高差大,河谷坡度陡峻,汛期降雨相对集中,雨量大,山洪具有突发性,水量集中,流速大,冲刷破坏力强,水流中挟带泥沙甚至石块,常造成局部性洪灾,导致人员伤亡,毁坏房屋、田地、道路和桥梁,甚至可能导致水坝、山塘溃决,对人民生命财产造成严重危害。垣曲县历史山洪灾害统计情况见表4-11-2。

表 4-11-2　垣曲县历史山洪灾害情况统计表

序号	灾害发生时间(年-月-日)	灾害发生地点	过程降雨量(mm)	死亡人数(人)	失踪人数(人)	损毁房屋(间)	转移人数(人)	直接经济损失(万元)	灾害描述
1	1958-07-14～07-20	老县城(古城)	496.6	31	0	6 575		1 111.1	16、17 日洪水大发,平地水深 1 m,亳清河流量 4 420 m^3/s
2	1977-07-04～08-06	古城、谭家、英言、蒲掌		4		971			冲毁水库 4 座,冲毁土地 1.8 万亩
3	1979-07-30 凌晨	长直、皋落、同善	150.0						山洪暴发、河水猛涨
4	1980-07-30	同善、皋落、长直	150.0						冲毁淤地坝 227 条、河坝 9 870 m,大口机井、水池、电灌站等设施多处
5	1984-06-05～06	华峰	115.7						华峰 2 h 降雨 115.7 mm,毁河坝 1 500 m
6	1988-08-01～23	全县	203.6	6		1 004			全县平均降雨量 203.6 mm
7	1989-07-16	历山	100.0			33			损坏房屋 210 间,公路多处被冲断
8	1990-08-26	窑头	200.0			492		70	冲毁道路 15 km、渠道 4 000 m、桥梁 5 座
9	1996-07-31	全县	235.0	12		4 700		96 800	冲毁河坝 40 400 m,其中护城坝 5 200 m,涵洞 223 座,水利设施 153 处,省干线公路和县级主干公路被冲 18 处 23 km
10	2007-07-29～30	全县	303.4	4		2 757		120 000	局部地区降雨量达 384.7 mm,县境内五条河流洪水猛涨,穿越县城的亳清河洪峰流量高达 1 040 m^3/s。48 个村通信中断,城市供水系统全部瘫痪
11	2013-07-09～10	历山、英言、蒲掌	126.9			78	117	8 000	全县河流水位普遍大幅上涨

11.2　垣曲县山洪灾害分析评价成果

11.2.1　分析评价名录确定

垣曲县49个重点防治区名录见表4-11-3。其中包括小流域名称及面积、主沟道长度及比降、产流地类、汇流地类。

11.2.2　设计暴雨成果表

垣曲县的49个重点防治区都进行了设计暴雨的推求,设计暴雨计算成果表、设计暴雨时程分配表分别见表4-11-4、表4-11-5。

11.2.3　设计洪水成果表

垣曲县的49个重点防治区都进行了设计洪水的推求,设计洪水成果表、设计净雨深计算成果表分别见表4-11-6、表4-11-7。

11.2.4　现状防洪能力成果

垣曲县的49个分析评价对象中,受河道洪水影响的有25个,受坡面水流影响的有24个。25个受河道洪水影响的评价对象中,最低防洪标准为4.9年一遇,最高防洪标准为35年一遇,防洪能力小于5年一遇洪水的有10个;5~20年一遇的有10个;大于20年一遇的有5个。处于各级危险区内的共有212户1 326人,其中极高危险区内居民有37户602人,高危险区内居民有34户384人,危险区内居民有81户340人。对于受坡面水流影响的24个评价对象,通过现场走访和询问受灾情况,估算暴雨致灾频率,换算成重现期。24个分析评价对象中,重现期5~20年一遇的有8个,大于20年一遇的有16个。通过实地调查,确定了危险区范围,高危险区内的人口有61人,危险区内人口有504人。垣曲县现状防洪能力评价成果见表4-11-8。

11.2.5　预警指标分析成果

垣曲县的49个重点防治区都进行了雨量预警指标的确定。垣曲县预警指标分析成果表见表4-11-9。

表 4-11-3　垣曲县小流域基本信息汇总表

序号	小流域名称	行政区划名称	面积(km^2)	主沟道长度(km)	主沟道比降(‰)	产流地类(km^2)			汇流地类(km^2)		
						变质岩森林山地	变质岩灌丛山地	黄土丘陵沟壑	森林山地	灌丛山地	黄土丘陵
1	板涧河支流	河东、河西(毛家湾)	45.03	12.34	20.15	27.77	17.26		27.77	17.26	
2	板涧河	东店	113.79	15.15	17.48	60.33	53.46		60.33	53.46	
3		担东、担西	123.09	16.61	16.40	63.74	59.36		63.74	59.36	
4		朱东、朱西、栗沟	126.61	19.60	14.40	64.32	62.29		64.32	62.29	
5	亳清河支流	上前	5.88	6.83	61.95	5.32	0.22	0.35	5.32	0.22	0.35
6	沙金河	槐南白村	25.49	5.31	21.00	16.74	6.78	1.97	16.74	6.78	1.97
7		沙眼	2.89	6.16	19.54	16.74	7.61	4.03	16.74	7.61	4.03
8		上南才村	2.29	8.49	16.87	16.74	7.61	6.32	16.74	7.61	6.32
9		前村、后村	16.26	7.74	17.55	0.77	2.68	12.80	0.77	2.68	12.80
10		上长涧	3.69	2.33	22.86	0.70	2.70	7.89	0.70	2.70	7.89
11		桐花沟	4.15	3.50	18.01	0.70	2.70	12.04	0.70	2.70	12.04
12		前河	8.16	5.64	16.62	0.70	9.03	14.69	0.70	9.03	14.69
13	梁家沟	梁家沟	2.74	4.42	15.00		0.52	2.22		0.52	2.22
14	口头河	寺后	16.15	5.28	22.97	7.75		8.40	2.01	5.74	8.40
15		河东、河西(下回)	17.04	33.19	21.53	7.75		9.29	2.01	5.74	9.29

续表 4-11-3

序号	小流域名称	行政区划名称	面积(km^2)	主沟道长度(km)	主沟道比降(‰)	产流地类(km^2)			汇流地类(km^2)		
						变质岩森林山地	变质岩灌丛山地	黄土丘陵沟壑	森林山地	灌丛山地	黄土丘陵
16	口头河	下河	17.99	9.24	20.89	1.76	5.86	10.69	1.76	5.86	10.69
17		口头	19.39	8.89	18.70	7.75		11.64	2.01	5.74	11.64
18	桌子沟	后条	3.12	5.57	32.56			3.12			3.12
19		原峪	5.76	7.01	28.14			5.76			5.76
20	原峪河	西坡	23.14	9.92	15.66	0.52	1.56	21.06	0.52	1.56	21.06
21	黑峪沟	黑峪	6.17	4.33	22.55		0.44	5.73		0.44	5.73
22		麦秸沟	7.81	5.81	20.56		0.44	7.37		0.44	7.37
23	亳清河支流	东前、东后	3.06	12.50	12.52			3.06			3.06
24	干涧河	硖北、硖南	67.00	18.36	26.31	43.23	15.73	8.04	43.23	15.73	8.04
25		杜村	18.35	19.31	20.91	42.72	17.50	19.32	42.72	17.50	19.32
26		永兴	11.57	20.50	20.64	42.72	19.57	28.82	42.72	19.57	28.82
27	川沟	川沟	3.14	4.11	32.94			3.14			3.14
28	鹅沟	鹅沟	1.44	1.08	92.20	0.27			0.27		

续表 4-11-3

序号	小流域名称	行政区划名称	面积（km^2）	主沟道长度（km）	主沟道比降（‰）	产流地类（km^2）			汇流地类（km^2）		
						变质岩森林山地	变质岩灌丛山地	黄土丘陵沟壑	森林山地	灌丛山地	黄土丘陵
29	望仙沟	窑庄	10.84	4.86	43.98	10.84			10.84		
30	绛道沟	绛道沟	8.71	5.73	43.54	6.59	1.38	0.74	6.70	1.35	0.66
31		庙后	7.85	5.08	45.84	6.59	1.26		6.70	1.15	
32		前沟	9.40	6.61	41.30	6.59	1.38	1.43	6.70	1.56	1.35
33	刘村河	刘村	21.74	9.53	31.00	3.65	3.75	14.34	3.65	3.75	14.34
34	佛云沟	硖口	4.66	4.06	41.24	0.40	1.11	3.15	0.40	1.11	3.15
35	柏沟	柏沟	4.21	5.21	40.57		0.92	3.29		0.92	3.29
36	柴家沟	柴家沟	0.42	1.62	48.26			0.42			0.42
37	西阳河支流	白寺沟	30.71	8.09	89.77	30.71			30.71		
38		前马渠	17.92	3.23	89.18	17.92			17.92		
39	西哄沟	西哄	0.91	1.20	110.37	0.91			0.91		
40	西阳河支流	扶家河	25.88	5.97	46.82	25.88			25.14	0.74	
41	西阳河	李家河	144.65	17.53	43.59	144.65			135.42	9.23	

表 4-11-4 垣曲县设计暴雨计算成果表

序号	行政区划名称	历时	均值 $\overline{H}$ (mm)	变差系数 C_v	C_s/C_v	重现期雨量值 H_p(mm)				
						100 a($H_{1\%}$)	50 a($H_{2\%}$)	20 a($H_{5\%}$)	10 a($H_{10\%}$)	5 a($H_{20\%}$)
1	河东 河西 (毛家湾)	10 min	14.9	0.46	3.5	38.0	33.9	28.3	23.9	19.5
		60 min	31.8	0.56	3.5	95.6	83.4	67.3	55.1	42.8
		6 h	54.0	0.57	3.5	164.9	143.6	115.4	94.1	72.8
		24 h	81.0	0.57	3.5	247.3	215.4	173.1	141.2	109.2
		3 d	102.0	0.53	3.5	292.8	257.0	209.3	173.0	136.3
2	东店	10 min	15.0	0.47	3.5	39.1	34.7	28.9	24.4	19.7
		60 min	32.1	0.56	3.5	96.5	84.2	67.9	55.6	43.2
		6 h	55.1	0.58	3.5	170.8	148.5	118.9	96.6	74.4
		24 h	82.0	0.58	3.5	254.2	220.9	177.0	143.8	110.7
		3 d	102.8	0.54	3.5	300.3	263.1	213.6	175.9	137.9
3	担东 担西	10 min	15.1	0.47	3.5	39.4	35.0	29.1	24.6	19.9
		60 min	32.2	0.56	3.5	96.8	84.5	68.1	55.7	43.3
		6 h	56.0	0.59	3.5	176.2	152.9	122.1	98.9	75.8
		24 h	82.5	0.58	3.5	255.7	222.3	178.1	144.7	111.4
		3 d	103.0	0.54	3.5	300.3	263.1	213.6	175.9	137.9

续表 4-11-4

序号	行政区划名称	历时	均值 $\overline{H}$ (mm)	变差系数 C_v	C_s/C_v	重现期雨量值 H_p(mm)				
						100 a($H_{1\%}$)	50 a($H_{2\%}$)	20 a($H_{5\%}$)	10 a($H_{10\%}$)	5 a($H_{20\%}$)
4	朱东 朱西 栗沟	10 min	15.2	0.47	3.5	39.6	35.2	29.3	24.7	20.0
		60 min	32.5	0.56	3.5	97.7	85.3	68.8	56.3	43.7
		6 h	57.0	0.60	3.5	182.0	157.6	125.4	101.2	77.2
		24 h	83.0	0.60	3.5	265.1	229.5	182.7	147.4	112.5
		3 d	102.0	0.55	3.5	302.1	264.1	213.7	175.4	136.9
5	上前	10 min	14.8	0.53	3.5	42.5	37.3	30.4	25.1	19.8
		60 min	31.3	0.57	3.5	95.6	83.2	66.9	54.5	42.2
		6 h	54.0	0.62	3.5	176.3	152.2	120.5	96.8	73.3
		24 h	81.0	0.61	3.5	262.5	226.9	180.0	144.8	109.9
		3 d	102.0	0.58	3.5	316.2	274.8	220.2	178.9	137.7
6	槐南白村	10 min	15.0	0.49	3.5	33.8	29.9	24.8	20.8	16.8
		60 min	30.3	0.57	3.5	80.2	70.1	56.5	46.3	36.0
		6 h	56.0	0.61	3.5	164.8	142.8	113.6	91.7	70.0
		24 h	83.0	0.61	3.5	256.4	222.2	176.8	142.7	108.9
		3 d	103.0	0.56	3.5	297.4	260.1	210.7	173.2	135.3

续表 4-11-4

序号	行政区划名称	历时	均值 $\overline{H}$ (mm)	变差系数 C_v	C_s/C_v	重现期雨量值 H_p(mm)				
						100 a($H_{1\%}$)	50 a($H_{2\%}$)	20 a($H_{5\%}$)	10 a($H_{10\%}$)	5 a($H_{20\%}$)
7	沙眼	10 min	15.0	0.49	3.5	33.5	29.7	24.6	20.7	16.7
		60 min	30.3	0.57	3.5	79.8	69.7	56.2	46.0	35.8
		6 h	56.0	0.61	3.5	164.2	142.2	113.2	91.4	69.7
		24 h	83.0	0.61	3.5	255.9	221.7	176.4	142.4	108.7
		3 d	103.0	0.56	3.5	296.9	259.7	210.4	172.9	135.2
8	上南才村	10 min	15.0	0.49	3.5	33.3	29.5	24.5	20.6	16.6
		60 min	30.3	0.57	3.5	79.5	69.4	56.0	45.9	35.7
		6 h	56.0	0.61	3.5	163.8	141.8	112.9	91.2	69.6
		24 h	83.0	0.61	3.5	255.5	221.2	176.2	142.2	108.6
		3 d	103.0	0.56	3.5	296.5	259.4	210.2	172.8	135.0
9	前村 后村	10 min	15.2	0.48	3.5	34.9	31.0	25.8	21.7	17.5
		60 min	33.0	0.57	3.5	87.2	76.1	61.4	50.3	39.1
		6 h	58.0	0.62	3.5	179.2	154.9	122.9	99.0	75.2
		24 h	85.0	0.62	3.5	266.1	230.2	182.5	146.7	111.3
		3 d	101.0	0.56	3.5	295.7	258.4	208.8	171.2	133.4

续表 4-11-4

序号	行政区划名称	历时	均值 $\overline{H}$（mm）	变差系数 C_v	C_s/C_v	重现期雨量值 H_p（mm）				
						100 a（$H_{1\%}$）	50 a（$H_{2\%}$）	20 a（$H_{5\%}$）	10 a（$H_{10\%}$）	5 a（$H_{20\%}$）
10	上长涧	10 min	15.0	0.49	3.5	35.4	31.4	26.0	21.8	17.6
		60 min	30.3	0.57	3.5	83.3	72.6	58.6	47.9	37.2
		6 h	56.0	0.61	3.5	169.0	146.3	116.3	93.7	71.4
		24 h	83.0	0.61	3.5	260.3	225.3	179.1	144.4	110.0
		3 d	103.0	0.56	3.5	300.6	262.8	212.6	174.6	136.3
11	桐花沟	10 min	15.0	0.49	3.5	34.8	30.8	25.5	21.5	17.3
		60 min	30.3	0.57	3.5	82.2	71.7	57.9	47.3	36.7
		6 h	56.0	0.61	3.5	167.6	145.0	115.4	93.0	70.9
		24 h	83.0	0.61	3.5	259.0	224.2	178.3	143.8	109.6
		3 d	103.0	0.56	3.5	299.5	261.9	212.0	174.1	135.9
12	前河	10 min	15.0	0.49	3.5	33.9	30.0	24.9	20.9	16.8
		60 min	30.3	0.57	3.5	80.4	70.2	56.7	46.4	36.0
		6 h	56.0	0.61	3.5	165.0	142.9	113.8	91.8	70.0
		24 h	83.0	0.61	3.5	256.6	222.3	177.0	142.8	109.0
		3 d	103.0	0.56	3.5	297.6	260.3	210.8	173.3	135.4

续表 4-11-4

序号	行政区划名称	历时	均值 $\overline{H}$ (mm)	变差系数 C_v	C_s/C_v	重现期雨量值 H_p (mm)				
						100 a($H_{1\%}$)	50 a($H_{2\%}$)	20 a($H_{5\%}$)	10 a($H_{10\%}$)	5 a($H_{20\%}$)
13	梁家沟	10 min	15.1	0.51	3.5	42.0	37.0	30.3	25.3	20.1
		60 min	32.2	0.57	3.5	98.3	85.6	68.8	56.1	43.4
		6 h	56.5	0.62	3.5	184.4	159.2	126.1	101.3	76.7
		24 h	82.5	0.66	3.5	285.1	244.4	191.1	151.4	112.6
		3 d	102.0	0.58	3.5	314.3	273.4	219.3	178.5	137.6
14	寺后	10 min	15.4	0.51	3.5	37.0	32.7	26.9	22.4	17.9
		60 min	32.6	0.57	3.5	87.1	76.0	61.3	50.1	38.9
		6 h	57.5	0.62	3.5	177.8	153.5	121.6	97.7	74.0
		24 h	83.0	0.66	3.5	276.2	237.0	185.4	147.1	109.5
		3 d	100.0	0.58	3.5	301.9	262.7	210.9	171.7	132.6
15	河东 河西 (下回)	10 min	15.4	0.51	3.5	37.0	32.7	26.9	22.4	17.9
		60 min	32.6	0.57	3.5	87.1	76.0	61.3	50.1	38.9
		6 h	57.5	0.62	3.5	177.8	153.5	121.6	97.7	74.0
		24 h	83.0	0.66	3.5	276.2	237.0	185.4	147.1	109.5
		3 d	100.0	0.58	3.5	301.9	262.7	210.9	171.7	132.6

续表 4-11-4

序号	行政区划名称	历时	均值 $\overline{H}$ (mm)	变差系数 C_v	C_s/C_v	重现期雨量值 H_p(mm)				
						100 a($H_{1\%}$)	50 a($H_{2\%}$)	20 a($H_{5\%}$)	10 a($H_{10\%}$)	5 a($H_{20\%}$)
16	下河	10 min	15.4	0.51	3.5	42.8	37.7	31.0	25.8	20.5
		60 min	32.6	0.57	3.5	99.5	86.7	69.7	56.8	43.9
		6 h	57.5	0.62	3.5	189.9	163.7	129.3	103.6	78.2
		24 h	83.0	0.66	3.5	288.9	247.3	193.1	152.7	113.3
		3 d	100.0	0.58	3.5	310.0	269.4	215.9	175.4	135.0
17	口头	10 min	15.4	0.51	3.5	36.6	32.3	26.6	22.2	17.7
		60 min	32.6	0.57	3.5	86.4	75.4	60.8	49.7	38.7
		6 h	57.5	0.62	3.5	176.8	152.7	121.0	97.2	73.7
		24 h	83.0	0.66	3.5	275.3	236.2	184.9	146.7	109.3
		3 d	100.0	0.58	3.5	301.1	262.1	210.4	171.4	132.4
18	后条	10 min	15.5	0.52	3.5	43.4	38.2	31.3	26.0	20.6
		60 min	32.7	0.58	3.5	100.6	87.5	70.2	57.2	44.1
		6 h	57.5	0.63	3.5	190.4	164.1	129.6	103.7	78.2
		24 h	82.5	0.66	3.5	287.1	245.9	191.9	151.8	112.6
		3 d	98.0	0.59	3.5	307.9	267.2	213.4	172.9	132.6

续表 4-11-4

序号	行政区划名称	历时	均值 $\overline{H}$ (mm)	变差系数 C_v	C_s/C_v	重现期雨量值 H_p(mm)				
						100 a($H_{1\%}$)	50 a($H_{2\%}$)	20 a($H_{5\%}$)	10 a($H_{10\%}$)	5 a($H_{20\%}$)
19	原峪	10 min	15.6	0.51	3.5	43.4	38.2	31.4	26.1	20.7
		60 min	32.8	0.58	3.5	100.9	87.8	70.5	57.3	44.3
		6 h	58.0	0.63	3.5	192.1	165.5	130.7	104.6	78.9
		24 h	83.0	0.66	3.5	288.9	247.3	193.1	152.7	113.3
		3 d	97.5	0.59	3.5	306.3	265.8	212.3	172.0	131.9
20	西坡	10 min	15.7	0.51	3.5	43.5	38.3	31.5	26.2	20.8
		60 min	32.8	0.57	3.5	100.2	87.2	70.1	57.2	44.2
		6 h	58.5	0.63	3.5	193.8	167.0	131.8	105.5	79.6
		24 h	83.2	0.66	3.5	289.6	247.9	193.5	153.1	113.6
		3 d	97.0	0.59	3.5	304.3	264.1	211.0	171.0	131.2
21	黑峪	10 min	15.7	0.52	3.5	43.9	38.6	31.6	26.3	20.8
		60 min	32.5	0.58	3.5	100.0	87.0	69.8	56.8	43.8
		6 h	57.5	0.63	3.5	191.3	164.7	129.9	103.9	78.2
		24 h	82.5	0.67	3.5	291.1	248.8	193.6	152.6	112.7
		3 d	97.2	0.60	3.5	310.4	268.8	213.9	172.7	131.7

续表 4-11-4

序号	行政区划名称	历时	均值 $\overline{H}$ (mm)	变差系数 C_v	C_s/C_v	重现期雨量值 H_p (mm)				
						100 a($H_{1\%}$)	50 a($H_{2\%}$)	20 a($H_{5\%}$)	10 a($H_{10\%}$)	5 a($H_{20\%}$)
22	麦秸沟	10 min	15.7	0.51	3.5	43.5	38.3	31.5	26.2	20.8
		60 min	32.6	0.57	3.5	99.8	86.9	69.8	56.9	44.0
		6 h	58.0	0.63	3.5	192.7	166.0	130.9	104.7	78.9
		24 h	82.8	0.67	3.5	292.2	249.7	194.3	153.2	113.2
		3 d	97.0	0.60	3.5	309.8	268.2	213.5	172.3	131.4
23	东前 东后	10 min	15.7	0.52	3.5	44.0	38.7	31.7	26.4	20.9
		60 min	32.9	0.57	3.5	100.6	87.6	70.4	57.4	44.4
		6 h	58.5	0.63	3.5	194.6	167.6	132.2	105.7	79.6
		24 h	82.3	0.67	3.5	290.4	248.2	193.1	152.3	112.5
		3 d	95.0	0.60	3.5	303.4	262.7	209.1	168.7	128.7
24	硖北 硖南	10 min	15.7	0.52	3.5	44.4	39.0	31.9	26.4	20.9
		60 min	32.7	0.58	3.5	101.4	88.1	70.6	57.4	44.2
		6 h	57.0	0.64	3.5	191.5	164.7	129.6	103.4	77.6
		24 h	81.0	0.67	3.5	285.8	244.3	190.1	149.9	110.7
		3 d	95.0	0.61	3.5	307.9	266.1	211.1	169.8	128.9

续表 4-11-4

序号	行政区划名称	历时	均值 $\overline{H}$ (mm)	变差系数 C_v	C_s/C_v	重现期雨量值 H_p(mm)				
						100 a($H_{1\%}$)	50 a($H_{2\%}$)	20 a($H_{5\%}$)	10 a($H_{10\%}$)	5 a($H_{20\%}$)
25	杜村	10 min	15.1	0.54	3.5	33.6	29.5	24.1	19.9	15.7
		60 min	31.9	0.58	3.5	79.7	69.4	55.7	45.4	35.1
		6 h	56.8	0.63	3.5	164.4	142.3	113.0	91.0	69.2
		24 h	83.0	0.64	3.5	258.9	223.3	176.3	141.1	106.4
		3 d	100.5	0.61	3.5	307.7	266.6	212.6	171.9	131.4
26	永兴	10 min	15.1	0.54	3.5	33.2	29.1	23.8	19.7	15.5
		60 min	31.9	0.58	3.5	78.8	68.7	55.2	45.0	34.8
		6 h	56.8	0.63	3.5	163.3	141.3	112.2	90.4	68.8
		24 h	83.0	0.64	3.5	257.8	222.2	175.5	140.6	106.0
		3 d	100.5	0.61	3.5	306.6	265.7	212.0	171.4	131.0
27	川沟	10 min	16.4	0.54	3.5	47.8	41.9	34.0	28.0	22.0
		60 min	33.8	0.56	3.5	101.6	88.7	71.5	58.5	45.5
		6 h	49.0	0.64	3.5	165.8	142.5	111.9	89.1	66.8
		24 h	71.0	0.64	3.5	240.3	206.5	162.2	129.2	96.7
		3 d	82.0	0.61	3.5	265.7	229.7	182.2	146.6	111.3

续表 4-11-4

序号	行政区划名称	历时	均值 $\overline{H}$ (mm)	变差系数 C_v	C_s/C_v	重现期雨量值 H_p(mm)				
						100 a($H_{1\%}$)	50 a($H_{2\%}$)	20 a($H_{5\%}$)	10 a($H_{10\%}$)	5 a($H_{20\%}$)
28	鹅沟	10 min	15.0	0.56	3.5	45.1	39.4	31.7	24.6	19.2
		60 min	31.2	0.59	3.5	98.2	85.2	68.0	52.7	40.1
		6 h	55.0	0.63	3.5	183.5	158.0	124.5	96.5	73.4
		24 h	80.0	0.55	3.5	236.9	207.1	167.6	136.1	105.9
		3 d	105.0	0.61	3.5	340.3	294.1	233.3	186.4	141.6
29	窑庄	10 min	14.9	0.56	3.5	44.5	38.8	31.4	25.7	20.0
		60 min	31.3	0.60	3.5	99.2	86.0	68.6	55.4	42.4
		6 h	54.8	0.64	3.5	185.4	159.4	125.2	99.7	74.7
		24 h	79.0	0.56	3.5	237.6	207.3	167.2	136.8	106.3
		3 d	102.0	0.61	3.5	330.6	285.7	226.6	182.3	138.4
30	绛道沟	10 min	15.2	0.55	3.5	40.0	35.0	28.4	23.4	18.3
		60 min	31.5	0.60	3.5	91.1	79.0	63.0	50.9	39.0
		6 h	56.0	0.64	3.5	178.3	153.6	121.0	96.6	72.7
		24 h	80.0	0.65	3.5	266.3	228.7	179.3	142.5	106.5
		3 d	100.0	0.62	3.5	322.4	278.4	220.4	177.0	134.0

续表 4-11-4

序号	行政区划名称	历时	均值 $\overline{H}$ (mm)	变差系数 C_v	C_s/C_v	重现期雨量值 H_p(mm)				
						100 a($H_{1\%}$)	50 a($H_{2\%}$)	20 a($H_{5\%}$)	10 a($H_{10\%}$)	5 a($H_{20\%}$)
31	庙后	10 min	15.2	0.55	3.5	40.2	35.2	28.5	23.5	18.4
		60 min	31.5	0.60	3.5	91.5	79.3	63.2	51.1	39.1
		6 h	56.0	0.64	3.5	178.8	153.9	121.2	96.8	72.8
		24 h	80.0	0.65	3.5	266.7	229.0	179.5	142.7	106.6
		3 d	100.0	0.62	3.5	322.7	278.6	220.6	177.1	134.1
32	前沟	10 min	15.2	0.55	3.5	39.9	34.9	28.3	23.3	18.3
		60 min	31.5	0.60	3.5	90.9	78.8	62.8	50.8	38.9
		6 h	56.0	0.64	3.5	178.0	153.3	120.7	96.5	72.6
		24 h	80.0	0.65	3.5	266.0	228.5	179.1	142.4	106.4
		3 d	100.0	0.62	3.5	322.1	278.2	220.3	176.9	134.0
33	刘村	10 min	15.4	0.54	3.5	38.0	33.3	27.1	22.4	17.7
		60 min	32.0	0.59	3.5	88.0	76.5	61.2	49.7	38.3
		6 h	57.0	0.64	3.5	176.4	152.0	119.8	95.8	72.2
		24 h	80.0	0.67	3.5	269.8	231.1	180.3	142.6	105.7
		3 d	96.0	0.62	3.5	306.1	264.5	209.6	168.5	127.8

续表 4-11-4

序号	行政区划名称	历时	均值 $\overline{H}$ (mm)	变差系数 C_v	C_s/C_v	重现期雨量值 H_p(mm)				
						100 a($H_{1\%}$)	50 a($H_{2\%}$)	20 a($H_{5\%}$)	10 a($H_{10\%}$)	5 a($H_{20\%}$)
34	硖口	10 min	16.0	0.55	3.5	47.4	41.4	33.5	27.5	21.5
		60 min	32.4	0.58	3.5	100.4	87.3	69.9	56.8	43.8
		6 h	54.0	0.67	3.5	190.6	162.9	126.7	99.9	73.8
		24 h	73.0	0.68	3.5	261.2	222.8	172.8	135.8	99.8
		3 d	90.0	0.63	3.5	300.2	258.5	203.7	162.8	122.5
35	柏沟	10 min	16.0	0.55	3.5	47.0	41.1	33.3	27.4	21.5
		60 min	32.8	0.57	3.5	100.2	87.2	70.1	57.2	44.2
		6 h	53.0	0.66	3.5	184.5	157.9	123.3	97.5	72.4
		24 h	73.0	0.68	3.5	261.2	222.8	172.8	135.8	99.8
		3 d	87.0	0.63	3.5	290.2	249.9	196.9	157.4	118.4
36	柴家沟	10 min	16.2	0.55	3.5	48.0	41.9	33.9	27.9	21.7
		60 min	33.0	0.57	3.5	100.8	87.7	70.5	57.5	44.5
		6 h	51.0	0.67	3.5	180.0	153.8	119.7	94.4	69.7
		24 h	72.0	0.68	3.5	257.6	219.8	170.5	133.9	98.5
		3 d	85.0	0.63	3.5	283.6	244.1	192.4	153.7	115.7

续表 4-11-4

序号	行政区划名称	历时	均值 $\overline{H}$ (mm)	变差系数 C_v	C_s/C_v	重现期雨量值 H_p(mm)				
						100 a($H_{1\%}$)	50 a($H_{2\%}$)	20 a($H_{5\%}$)	10 a($H_{10\%}$)	5 a($H_{20\%}$)
37	白寺沟	10 min	14.7	0.58	3.5	37.6	32.8	26.4	21.6	16.7
		60 min	31.0	0.62	3.5	87.9	75.7	59.8	47.8	36.1
		6 h	52.0	0.69	3.5	169.7	145.3	113.5	89.8	66.7
		24 h	73.0	0.66	3.5	241.4	206.9	161.7	128.1	95.2
		3 d	105.0	0.65	3.5	347.6	298.7	234.6	186.7	139.8
38	前马渠	10 min	14.7	0.58	3.5	38.9	33.9	27.3	22.3	17.3
		60 min	31.0	0.62	3.5	90.3	77.8	61.4	49.1	37.0
		6 h	52.0	0.69	3.5	172.8	147.9	115.4	91.3	67.7
		24 h	73.0	0.66	3.5	244.1	209.2	163.3	129.2	95.9
		3 d	105.0	0.65	3.5	350.4	301.0	236.2	187.9	140.5
39	西哄	10 min	14.8	0.58	3.5	43.8	38.1	30.7	25.0	19.4
		60 min	31.5	0.61	3.5	97.5	84.0	66.1	52.7	39.6
		6 h	50.0	0.70	3.5	179.7	153.8	119.6	94.3	69.6
		24 h	72.0	0.66	3.5	247.5	211.6	164.7	129.9	96.0
		3 d	102.0	0.62	3.5	333.2	287.5	227.4	182.4	137.9

续表 4-11-4

序号	行政区划名称	历时	均值 $\overline{H}$ (mm)	变差系数 C_v	C_s/C_v	重现期雨量值 H_p(mm)				
						100 a($H_{1\%}$)	50 a($H_{2\%}$)	20 a($H_{5\%}$)	10 a($H_{10\%}$)	5 a($H_{20\%}$)
40	扶家河	10 min	14.7	0.58	3.5	38.0	33.1	26.7	21.8	16.9
		60 min	31.0	0.62	3.5	88.6	76.4	60.3	48.2	36.4
		6 h	52.0	0.69	3.5	170.6	146.2	114.1	90.3	67.1
		24 h	73.0	0.66	3.5	242.3	207.7	162.3	128.5	95.4
		3 d	105.0	0.65	3.5	348.6	299.5	235.1	187.1	140.0
41	李家河	10 min	16.0	0.57	3.5	32.7	28.6	23.1	18.9	14.7
		60 min	31.8	0.58	3.5	78.7	67.9	53.8	43.1	32.6
		6 h	52.0	0.71	3.5	156.8	134.7	105.5	83.8	62.5
		24 h	73.0	0.67	3.5	229.7	197.3	154.9	123.1	92.0
		3 d	97.0	0.65	3.5	332.4	286.1	225.7	180.3	135.6

表 4-11-5　垣曲县设计暴雨时程分配表

序号	行政区划名称	时段长	时段序号	重现期时段雨量值(mm)				
				100 a($H_{1\%}$)	50 a($H_{2\%}$)	20 a($H_{5\%}$)	10 a($H_{10\%}$)	5 a($H_{20\%}$)
1	河东、河西(毛家湾)	0.5 h	1	4.1	10.0	7.9	8.2	6.2
			2	11.6	12.8	10.2	33.2	26.4
			3	14.8	48.5	39.8	11.8	8.9
			4	55.0	18.3	14.6	5.3	4.0
			5	21.2	8.3	6.6	4.5	3.5
			6	9.6	7.1	5.6	4.0	3.0
			7	8.2	6.2	4.9	3.6	2.7
			8	7.2	5.5	4.4	3.2	2.5
			9	6.4	5.0	4.0	2.9	2.3
			10	5.8	4.6	3.6	2.7	2.1
			11	5.3	4.2	3.3	2.5	1.9
			12	4.8	3.9	3.1	1.7	1.3
2	东店	0.5 h	1	11.5	3.7	7.9	6.3	4.8
			2	14.6	9.9	10.0	8.1	6.1
			3	52.1	12.6	37.7	31.4	25.0
			4	20.7	46.0	14.3	11.5	8.8
			5	9.6	17.9	6.6	5.3	4.0
			6	8.2	8.3	5.6	4.6	3.5
			7	7.2	7.1	5.0	4.0	3.1
			8	6.5	6.3	4.4	3.6	2.7
			9	5.8	5.6	4.0	3.3	2.5
			10	5.3	5.1	3.7	3.0	2.3
			11	4.9	4.6	3.4	2.8	2.1
			12	4.5	4.3	3.2	2.6	2.0

续表 4-11-5

序号	行政区划名称	时段长	时段序号	重现期时段雨量值(mm)				
				100 a($H_{1\%}$)	50 a($H_{2\%}$)	20 a($H_{5\%}$)	10 a($H_{10\%}$)	5 a($H_{20\%}$)
3	担东、担西	0.5 h	1	4.3	3.7	8.0	2.4	4.9
			2	11.7	10.1	10.2	6.4	6.2
			3	14.9	12.9	37.9	8.2	25.0
			4	52.5	46.2	14.5	31.5	8.8
			5	21.1	18.3	6.7	11.7	4.1
			6	9.8	8.4	5.7	5.4	3.5
			7	8.4	7.2	5.0	4.6	3.1
			8	7.4	6.4	4.5	4.1	2.8
			9	6.6	5.7	4.1	3.6	2.5
			10	5.9	5.1	3.7	3.3	2.3
			11	5.4	4.7	3.4	3.0	2.1
			12	5.0	4.3	3.2	2.8	2.0
4	朱东、朱西、栗沟	0.5 h	1	4.5	3.9	3.1	2.5	1.9
			2	12.1	10.5	8.2	6.6	5.0
			3	15.4	13.3	10.5	8.4	6.3
			4	52.8	46.5	38.1	31.7	25.2
			5	21.6	18.7	14.8	11.9	9.0
			6	10.1	8.7	6.9	5.5	4.1
			7	8.7	7.5	5.9	4.7	3.6
			8	7.7	6.6	5.2	4.2	3.1
			9	6.8	5.9	4.7	3.7	2.8
			10	6.2	5.3	4.2	3.4	2.6
			11	5.7	4.9	3.9	3.1	2.3
			12	5.2	4.5	3.6	2.9	2.2

续表 4-11-5

序号	行政区划名称	时段长	时段序号	重现期时段雨量值(mm)				
				100 a($H_{1\%}$)	50 a($H_{2\%}$)	20 a($H_{5\%}$)	10 a($H_{10\%}$)	5 a($H_{20\%}$)
5	上前	0.5 h	1	4.5	3.9	8.2	2.4	4.9
			2	12.1	10.5	10.5	6.6	6.3
			3	15.5	13.4	45.5	8.4	29.0
			4	64.4	56.2	15.2	37.3	9.2
			5	22.3	19.3	6.8	12.2	4.1
			6	10.1	8.7	5.9	5.4	3.5
			7	8.7	7.4	5.1	4.7	3.1
			8	7.6	6.5	4.6	4.1	2.8
			9	6.8	5.9	4.2	3.7	2.5
			10	6.2	5.3	3.8	3.3	2.3
			11	5.6	4.9	3.5	3.0	2.1
			12	5.2	4.5	3.3	2.8	2.0
6	槐南白村	0.5 h	1	4.7	4.1	3.2	2.6	1.9
			2	12.3	10.5	8.3	6.6	4.9
			3	15.5	13.3	10.4	8.3	6.2
			4	58.3	51.2	41.7	34.4	27.1
			5	21.9	18.9	14.9	11.9	8.9
			6	10.3	8.8	6.9	5.5	4.1
			7	8.9	7.6	6.0	4.8	3.6
			8	7.8	6.7	5.3	4.2	3.1
			9	7.0	6.1	4.8	3.8	2.8
			10	6.4	5.5	4.3	3.4	2.6
			11	5.9	5.1	4.0	3.2	2.4
			12	5.4	4.7	3.7	2.9	2.2

续表 4-11-5

序号	行政区划名称	时段长	时段序号	重现期时段雨量值(mm)				
				100 a($H_{1\%}$)	50 a($H_{2\%}$)	20 a($H_{5\%}$)	10 a($H_{10\%}$)	5 a($H_{20\%}$)
7	沙眼	0.5 h	1	4.7	4.1	3.2	2.6	1.9
			2	12.2	10.5	8.2	6.6	4.9
			3	15.4	13.3	10.4	8.3	6.2
			4	58.0	50.9	41.4	34.2	26.9
			5	21.8	18.8	14.8	11.8	8.9
			6	10.2	8.8	6.9	5.5	4.1
			7	8.9	7.6	6.0	4.7	3.5
			8	7.8	6.7	5.3	4.2	3.1
			9	7.0	6.1	4.7	3.8	2.8
			10	6.4	5.5	4.3	3.4	2.6
			11	5.9	5.1	4.0	3.2	2.4
			12	5.4	4.7	3.7	2.9	2.2
8	上南才村	0.5 h	1	4.7	4.1	3.2	2.6	1.9
			2	12.2	10.5	8.2	6.5	4.9
			3	15.4	13.2	10.4	8.3	6.2
			4	57.7	50.6	41.2	34.1	26.8
			5	21.8	18.7	14.8	11.8	8.8
			6	10.2	8.8	6.9	5.5	4.1
			7	8.8	7.6	6.0	4.7	3.5
			8	7.8	6.7	5.3	4.2	3.1
			9	7.0	6.0	4.7	3.8	2.8
			10	6.4	5.5	4.3	3.4	2.6
			11	5.9	5.0	4.0	3.2	2.4
			12	5.4	4.7	3.7	2.9	2.2

续表 4-11-5

序号	行政区划名称	时段长	时段序号	重现期时段雨量值(mm)				
				100 a($H_{1\%}$)	50 a($H_{2\%}$)	20 a($H_{5\%}$)	10 a($H_{10\%}$)	5 a($H_{20\%}$)
9	前村、后村	0.5 h	1	13.6	11.7	3.3	2.6	5.3
			2	17.4	14.9	9.1	7.2	6.9
			3	62.5	54.9	11.6	9.2	29.1
			4	24.7	21.2	44.7	37.0	9.9
			5	11.3	9.7	16.7	13.3	4.4
			6	9.7	8.3	7.5	6.0	3.8
			7	8.5	7.3	6.5	5.1	3.3
			8	7.6	6.5	5.7	4.5	3.0
			9	6.8	5.8	5.0	4.0	2.7
			10	6.2	5.3	4.6	3.6	2.4
			11	5.7	4.9	4.2	3.3	2.2
			12	5.3	4.5	3.8	3.0	2.1
10	上长涧	0.5 h	1	4.8	4.1	3.2	2.6	1.9
			2	12.5	10.7	8.4	6.7	5.0
			3	15.8	13.6	10.6	8.5	6.3
			4	60.8	53.3	43.4	35.8	28.1
			5	22.5	19.3	15.2	12.1	9.1
			6	10.4	8.9	7.0	5.6	4.1
			7	9.0	7.7	6.0	4.8	3.6
			8	7.9	6.8	5.3	4.2	3.2
			9	7.1	6.1	4.8	3.8	2.8
			10	6.5	5.6	4.4	3.5	2.6
			11	5.9	5.1	4.0	3.2	2.4
			12	5.5	4.7	3.7	2.9	2.2

续表 4-11-5

序号	行政区划名称	时段长	时段序号	重现期时段雨量值(mm)				
				100 a($H_{1\%}$)	50 a($H_{2\%}$)	20 a($H_{5\%}$)	10 a($H_{10\%}$)	5 a($H_{20\%}$)
11	桐花沟	0.5 h	1	4.8	4.1	3.2	2.6	1.9
			2	12.4	10.6	8.3	6.6	4.9
			3	15.7	13.5	10.6	8.4	6.3
			4	59.9	52.6	42.8	35.3	27.8
			5	22.3	19.2	15.1	12.0	9.0
			6	10.4	8.9	7.0	5.5	4.1
			7	9.0	7.7	6.0	4.8	3.6
			8	7.9	6.8	5.3	4.2	3.2
			9	7.1	6.1	4.8	3.8	2.8
			10	6.4	5.5	4.3	3.5	2.6
			11	5.9	5.1	4.0	3.2	2.4
			12	5.5	4.7	3.7	2.9	2.2
12	前河	0.5 h	1	6.4	5.5	4.3	3.5	2.6
			2	7.2	6.2	4.9	3.9	2.9
			3	8.3	7.1	5.6	4.4	3.3
			4	12.2	10.5	8.3	6.6	5.0
			5	41.7	36.8	30.3	25.3	20.2
			6	16.8	14.5	11.5	9.3	7.0
			7	9.8	8.4	6.6	5.3	3.9
			8	5.3	4.6	3.6	2.9	2.1
			9	4.9	4.2	3.3	2.6	2.0
			10	4.6	3.9	3.1	2.5	1.8
			11	4.3	3.7	2.9	2.3	1.7
			12	4.0	3.5	2.7	2.2	1.6

续表 4-11-5

序号	行政区划名称	时段长	时段序号	重现期时段雨量值(mm)				
				100 a($H_{1\%}$)	50 a($H_{2\%}$)	20 a($H_{5\%}$)	10 a($H_{10\%}$)	5 a($H_{20\%}$)
13	梁家沟	0.5 h	1	5.0	4.3	3.3	2.6	5.2
			2	13.2	11.3	8.9	7.0	6.7
			3	16.8	14.4	11.3	9.0	30.5
			4	66.5	58.2	47.3	38.9	9.8
			5	23.9	20.6	16.3	13.0	4.3
			6	11.0	9.4	7.3	5.8	3.7
			7	9.5	8.1	6.3	5.0	3.2
			8	8.4	7.2	5.6	4.4	2.9
			9	7.5	6.4	5.0	3.9	2.6
			10	6.8	5.8	4.5	3.5	2.4
			11	6.3	5.3	4.1	3.2	2.2
			12	5.8	4.9	3.8	3.0	2.0
14	寺后	0.5 h	1	5.1	4.3	3.3	2.6	1.9
			2	12.9	11.1	8.7	7.0	5.2
			3	16.3	14.0	11.1	8.9	6.7
			4	64.0	56.0	45.5	37.4	29.3
			5	23.1	20.0	15.9	12.8	9.7
			6	10.8	9.3	7.3	5.8	4.3
			7	9.3	8.0	6.3	5.0	3.7
			8	8.3	7.1	5.5	4.4	3.2
			9	7.4	6.4	5.0	3.9	2.9
			10	6.8	5.8	4.5	3.5	2.6
			11	6.2	5.3	4.1	3.2	2.4
			12	5.8	4.9	3.8	3.0	2.2

续表 4-11-5

序号	行政区划名称	时段长	时段序号	重现期时段雨量值(mm)				
				100 a($H_{1\%}$)	50 a($H_{2\%}$)	20 a($H_{5\%}$)	10 a($H_{10\%}$)	5 a($H_{20\%}$)
15	河东、河西(下回)	0.5 h	1	5.1	4.3	3.3	2.6	1.9
			2	12.9	11.1	8.7	7.0	5.2
			3	16.3	14.0	11.1	8.9	6.7
			4	64.0	56.0	45.5	37.4	29.3
			5	23.1	20.0	15.9	12.8	9.7
			6	10.8	9.3	7.3	5.8	4.3
			7	9.3	8.0	6.3	5.0	3.7
			8	8.3	7.1	5.5	4.4	3.2
			9	7.4	6.4	5.0	3.9	2.9
			10	6.8	5.8	4.5	3.5	2.6
			11	6.2	5.3	4.1	3.2	2.4
			12	5.8	4.9	3.8	3.0	2.2
16	下河	0.5 h	1	5.1	4.3	3.3	7.0	5.2
			2	13.1	11.2	8.8	8.9	6.6
			3	16.6	14.2	11.2	37.1	29.1
			4	63.2	55.3	45.0	12.8	9.7
			5	23.5	20.2	16.0	5.8	4.3
			6	11.0	9.4	7.3	5.0	3.7
			7	9.5	8.1	6.3	4.4	3.2
			8	8.4	7.2	5.6	3.9	2.9
			9	7.5	6.4	5.0	3.5	2.6
			10	6.9	5.8	4.5	3.2	2.4
			11	6.3	5.4	4.1	3.0	2.2
			12	5.8	5.0	3.8	2.8	2.0

续表 4-11-5

序号	行政区划名称	时段长	时段序号	重现期时段雨量值（mm）				
				100 a（$H_{1\%}$）	50 a（$H_{2\%}$）	20 a（$H_{5\%}$）	10 a（$H_{10\%}$）	5 a（$H_{20\%}$）
17	口头	0.5 h	1	5.1	4.3	3.3	2.6	1.9
			2	13.1	11.2	8.8	7.0	5.2
			3	16.5	14.2	11.2	8.9	6.6
			4	63.0	55.2	44.8	37.0	29.0
			5	23.4	20.2	16.0	12.8	9.6
			6	11.0	9.4	7.3	5.8	4.3
			7	9.5	8.1	6.3	5.0	3.7
			8	8.4	7.2	5.6	4.4	3.2
			9	7.5	6.4	5.0	3.9	2.9
			10	6.9	5.8	4.5	3.5	2.6
			11	6.3	5.4	4.1	3.2	2.4
			12	5.8	5.0	3.8	3.0	2.2
18	后条	0.5 h	1	6.4	5.5	4.3	3.4	2.5
			2	7.1	6.1	4.7	3.7	2.8
			3	8.0	6.8	5.3	4.2	3.1
			4	9.2	7.9	6.2	4.9	3.6
			5	13.7	11.8	9.3	7.4	5.6
			6	49.3	43.3	35.3	29.3	23.1
			7	19.1	16.5	13.1	10.6	8.0
			8	10.9	9.4	7.4	5.9	4.4
			9	5.8	5.0	3.9	3.1	2.3
			10	5.4	4.6	3.6	2.8	2.1
			11	5.0	4.3	3.3	2.6	1.9
			12	4.7	4.0	3.1	2.4	1.8

续表 4-11-5

序号	行政区划名称	时段长	时段序号	重现期时段雨量值(mm)				
				100 a($H_{1\%}$)	50 a($H_{2\%}$)	20 a($H_{5\%}$)	10 a($H_{10\%}$)	5 a($H_{20\%}$)
19	原峪	0.5 h	1	6.4	5.5	4.3	3.4	2.5
			2	7.1	6.1	4.7	3.7	2.8
			3	8.0	6.9	5.4	4.2	3.1
			4	9.2	7.9	6.2	4.9	3.6
			5	13.6	11.8	9.3	7.4	5.6
			6	48.3	42.4	34.7	28.8	22.8
			7	19.0	16.5	13.1	10.5	8.0
			8	10.9	9.4	7.4	5.9	4.4
			9	5.9	5.0	3.9	3.1	2.3
			10	5.4	4.6	3.6	2.8	2.1
			11	5.0	4.3	3.3	2.6	1.9
			12	4.7	4.0	3.1	2.4	1.8
20	西坡	0.5 h	1	5.1	4.3	3.3	7.0	5.2
			2	13.2	11.3	8.8	8.9	6.7
			3	16.7	14.3	11.2	37.1	29.2
			4	63.2	55.4	45.0	12.9	9.7
			5	23.6	20.4	16.1	5.8	4.3
			6	11.0	9.4	7.4	5.0	3.7
			7	9.5	8.1	6.3	4.4	3.2
			8	8.4	7.2	5.6	3.9	2.9
			9	7.6	6.5	5.0	3.6	2.6
			10	6.9	5.9	4.5	3.3	2.4
			11	6.3	5.4	4.2	3.0	2.2
			12	5.8	5.0	3.8	2.8	2.0

续表 4-11-5

序号	行政区划名称	时段长	时段序号	重现期时段雨量值(mm)				
				100 a($H_{1\%}$)	50 a($H_{2\%}$)	20 a($H_{5\%}$)	10 a($H_{10\%}$)	5 a($H_{20\%}$)
21	黑峪	0.5 h	1	6.3	5.4	4.2	3.3	2.4
			2	7.0	6.0	4.7	3.7	2.7
			3	7.9	6.7	5.3	4.2	3.1
			4	9.0	7.7	6.1	4.8	3.6
			5	13.3	11.5	9.1	7.3	5.5
			6	48.4	42.5	34.7	28.8	22.8
			7	18.6	16.1	12.8	10.3	7.8
			8	10.7	9.2	7.2	5.7	4.3
			9	5.8	4.9	3.8	3.0	2.2
			10	5.3	4.6	3.5	2.8	2.0
			11	5.0	4.2	3.3	2.6	1.9
			12	4.6	4.0	3.1	2.4	1.8
22	麦秸沟	0.5 h	1	6.4	5.4	4.2	3.3	2.5
			2	7.0	6.0	4.7	3.7	2.7
			3	7.9	6.8	5.3	4.2	3.1
			4	9.1	7.8	6.1	4.8	3.6
			5	13.4	11.5	9.1	7.3	5.5
			6	47.6	41.9	34.3	28.5	22.5
			7	18.6	16.1	12.8	10.3	7.9
			8	10.7	9.2	7.3	5.8	4.3
			9	5.8	5.0	3.9	3.0	2.2
			10	5.4	4.6	3.6	2.8	2.1
			11	5.0	4.3	3.3	2.6	1.9
			12	4.7	4.0	3.1	2.4	1.8

续表 4-11-5

序号	行政区划名称	时段长	时段序号	重现期时段雨量值(mm)				
				100 a($H_{1\%}$)	50 a($H_{2\%}$)	20 a($H_{5\%}$)	10 a($H_{10\%}$)	5 a($H_{20\%}$)
23	东前、东后	0.5 h	1	6.5	5.5	4.3	3.4	2.5
			2	7.2	6.1	4.8	3.8	2.8
			3	8.1	6.9	5.4	4.3	3.2
			4	9.3	8.0	6.2	5.0	3.7
			5	13.8	11.9	9.4	7.5	5.7
			6	49.8	43.7	35.7	29.6	23.4
			7	19.3	16.7	13.3	10.7	8.2
			8	11.0	9.5	7.5	5.9	4.4
			9	5.9	5.0	3.9	3.1	2.3
			10	5.4	4.6	3.6	2.8	2.1
			11	5.1	4.3	3.3	2.6	1.9
			12	4.7	4.0	3.1	2.4	1.8
24	硖北、硖南	0.5 h	1	12.6	10.8	3.2	2.5	4.9
			2	15.9	13.6	8.4	6.7	6.3
			3	59.7	52.2	10.7	8.5	27.3
			4	22.4	19.3	42.4	34.8	9.2
			5	10.5	9.0	15.3	12.2	4.1
			6	9.1	7.8	7.0	5.5	3.5
			7	8.1	6.9	6.1	4.8	3.1
			8	7.3	6.2	5.3	4.2	2.8
			9	6.6	5.6	4.8	3.8	2.5
			10	6.1	5.2	4.4	3.4	2.3
			11	5.6	4.8	4.0	3.1	2.1
			12	5.2	4.5	3.7	2.9	2.0

续表 4-11-5

序号	行政区划名称	时段长	时段序号	重现期时段雨量值(mm)				
				100 a($H_{1\%}$)	50 a($H_{2\%}$)	20 a($H_{5\%}$)	10 a($H_{10\%}$)	5 a($H_{20\%}$)
25	杜村	0.5 h	1	4.8	4.1	3.2	2.6	1.9
			2	12.2	10.5	8.3	6.6	5.0
			3	15.4	13.3	10.5	8.4	6.3
			4	57.9	50.6	40.9	33.5	26.1
			5	21.7	18.8	14.8	11.9	9.0
			6	10.3	8.8	6.9	5.5	4.1
			7	8.9	7.6	6.0	4.8	3.6
			8	7.9	6.8	5.3	4.2	3.2
			9	7.1	6.1	4.8	3.8	2.8
			10	6.5	5.6	4.3	3.5	2.6
			11	5.9	5.1	4.0	3.2	2.4
			12	5.5	4.7	3.7	2.9	2.2
26	永兴	0.5 h	1	4.8	4.1	3.2	2.6	1.9
			2	12.2	10.5	8.2	6.6	4.9
			3	15.3	13.2	10.4	8.3	6.3
			4	57.3	50.0	40.4	33.2	25.8
			5	21.6	18.6	14.7	11.8	9.0
			6	10.2	8.8	6.9	5.5	4.1
			7	8.9	7.6	6.0	4.8	3.6
			8	7.9	6.7	5.3	4.2	3.1
			9	7.1	6.1	4.8	3.8	2.8
			10	6.4	5.5	4.3	3.4	2.6
			11	5.9	5.1	4.0	3.2	2.4
			12	5.5	4.7	3.7	2.9	2.2

续表 4-11-5

序号	行政区划名称	时段长	时段序号	重现期时段雨量值(mm)				
				100 a($H_{1\%}$)	50 a($H_{2\%}$)	20 a($H_{5\%}$)	10 a($H_{10\%}$)	5 a($H_{20\%}$)
27	川沟	0.5 h	1	5.2	4.4	3.4	2.7	2.0
			2	5.8	5.0	3.9	3.1	2.3
			3	6.6	5.7	4.4	3.5	2.6
			4	7.7	6.6	5.2	4.1	3.1
			5	11.9	10.3	8.1	6.5	4.9
			6	53.2	46.6	37.8	31.2	24.4
			7	17.4	15.0	11.9	9.6	7.2
			8	9.3	8.0	6.3	5.0	3.7
			9	4.7	4.0	3.1	2.5	1.8
			10	4.3	3.7	2.8	2.2	1.7
			11	3.9	3.4	2.6	2.1	1.5
			12	3.7	3.1	2.4	1.9	1.4
28	鹅沟	0.5 h	1	6.0	5.1	4.0	3.2	2.4
			2	6.7	5.8	4.5	3.6	2.7
			3	7.7	6.6	5.1	4.1	3.0
			4	8.9	7.7	6.0	4.7	3.5
			5	13.8	11.8	9.2	7.3	5.5
			6	52.5	45.8	36.9	30.2	23.4
			7	19.8	17.0	13.3	10.5	7.9
			8	10.8	9.3	7.2	5.7	4.3
			9	5.4	4.6	3.6	2.9	2.2
			10	4.9	4.2	3.3	2.6	2.0
			11	4.5	3.9	3.1	2.4	1.8
			12	4.2	3.6	2.8	2.3	1.7

续表 4-11-5

序号	行政区划名称	时段长	时段序号	重现期时段雨量值(mm)				
				100 a($H_{1\%}$)	50 a($H_{2\%}$)	20 a($H_{5\%}$)	10 a($H_{10\%}$)	5 a($H_{20\%}$)
29	窑庄	0.5 h	1	3.8	10.5	2.7	6.6	4.9
			2	12.3	13.8	8.3	8.5	6.4
			3	16.1	58.1	10.8	37.7	28.9
			4	66.9	20.4	46.5	12.6	9.3
			5	23.8	8.6	15.9	5.4	4.0
			6	9.9	7.2	6.7	4.6	3.4
			7	8.4	6.2	5.7	4.0	3.0
			8	7.2	5.5	4.9	3.5	2.7
			9	6.3	4.9	4.3	3.2	2.4
			10	5.6	4.4	3.9	2.9	2.2
			11	5.0	4.0	3.5	2.6	2.0
			12	4.6	3.6	3.2	2.4	1.9
30	绛道沟	0.5 h	1	4.7	4.0	3.1	2.5	1.8
			2	12.9	11.0	8.6	6.8	5.0
			3	16.5	14.1	11.0	8.7	6.4
			4	67.4	58.6	47.0	38.3	29.5
			5	23.7	20.4	15.9	12.7	9.4
			6	10.7	9.1	7.1	5.6	4.1
			7	9.1	7.8	6.1	4.8	3.5
			8	8.0	6.9	5.3	4.2	3.1
			9	7.2	6.1	4.8	3.7	2.8
			10	6.5	5.5	4.3	3.4	2.5
			11	5.9	5.1	3.9	3.1	2.3
			12	5.5	4.7	3.6	2.8	2.1

续表 4-11-5

序号	行政区划名称	时段长	时段序号	重现期时段雨量值(mm)				
				100 a($H_{1\%}$)	50 a($H_{2\%}$)	20 a($H_{5\%}$)	10 a($H_{10\%}$)	5 a($H_{20\%}$)
31	庙后	0.5 h	1	4.7	4.0	3.1	2.5	1.8
			2	12.9	11.0	8.6	6.8	5.0
			3	16.5	14.1	11.0	8.7	6.5
			4	67.7	58.8	47.2	38.4	29.6
			5	23.8	20.4	16.0	12.7	9.5
			6	10.7	9.1	7.1	5.6	4.1
			7	9.2	7.8	6.1	4.8	3.5
			8	8.0	6.9	5.3	4.2	3.1
			9	7.2	6.1	4.8	3.7	2.8
			10	6.5	5.5	4.3	3.4	2.5
			11	5.9	5.1	3.9	3.1	2.3
			12	5.5	4.7	3.6	2.8	2.1
32	前沟	0.5 h	1	4.7	4.0	3.1	2.5	1.8
			2	12.8	11.0	8.6	6.8	5.0
			3	16.4	14.1	11.0	8.7	6.4
			4	67.2	58.5	46.9	38.2	29.4
			5	23.7	20.3	15.9	12.6	9.4
			6	10.6	9.1	7.1	5.6	4.1
			7	9.1	7.8	6.1	4.8	3.5
			8	8.0	6.9	5.3	4.2	3.1
			9	7.2	6.1	4.7	3.7	2.8
			10	6.5	5.5	4.3	3.4	2.5
			11	5.9	5.1	3.9	3.1	2.3
			12	5.5	4.7	3.6	2.8	2.1

续表 4-11-5

序号	行政区划名称	时段长	时段序号	重现期时段雨量值(mm)				
				100 a($H_{1\%}$)	50 a($H_{2\%}$)	20 a($H_{5\%}$)	10 a($H_{10\%}$)	5 a($H_{20\%}$)
33	刘村	0.5 h	1	6.1	5.2	4.1	3.6	2.6
			2	6.8	5.8	4.5	4.0	3.0
			3	7.6	6.5	5.1	4.7	3.5
			4	8.8	7.5	5.9	7.0	5.3
			5	13.0	11.2	8.8	27.2	21.3
			6	46.5	40.7	33.0	10.0	7.5
			7	18.1	15.7	12.4	5.6	4.2
			8	10.4	8.9	7.0	2.9	2.2
			9	5.6	4.8	3.7	2.7	2.0
			10	5.2	4.4	3.4	2.5	1.8
			11	4.8	4.1	3.2	2.3	1.7
			12	4.5	3.8	3.0	2.2	1.6
34	硖口	0.5 h	1	5.9	5.0	3.9	3.0	2.2
			2	6.6	5.6	4.3	3.4	2.5
			3	7.5	6.4	4.9	3.9	2.8
			4	8.7	7.4	5.8	4.5	3.3
			5	13.2	11.4	8.9	7.1	5.3
			6	51.9	45.4	36.7	30.2	23.5
			7	18.9	16.3	12.8	10.2	7.7
			8	10.4	8.9	7.0	5.5	4.1
			9	5.4	4.6	3.5	2.7	2.0
			10	4.9	4.2	3.2	2.5	1.8
			11	4.5	3.8	3.0	2.3	1.7
			12	4.2	3.6	2.7	2.1	1.5

续表 4-11-5

序号	行政区划名称	时段长	时段序号	重现期时段雨量值(mm)				
				100 a($H_{1\%}$)	50 a($H_{2\%}$)	20 a($H_{5\%}$)	10 a($H_{10\%}$)	5 a($H_{20\%}$)
35	柏沟	0.5 h	1	5.8	4.9	3.8	3.0	2.2
			2	6.4	5.5	4.3	3.4	2.5
			3	7.3	6.2	4.9	3.8	2.8
			4	8.5	7.2	5.7	4.5	3.3
			5	12.9	11.1	8.7	6.9	5.2
			6	51.8	45.3	36.8	30.2	23.7
			7	18.4	15.9	12.6	10.1	7.7
			8	10.1	8.7	6.8	5.4	4.0
			9	5.2	4.5	3.5	2.7	2.0
			10	4.8	4.1	3.2	2.5	1.8
			11	4.5	3.8	2.9	2.3	1.7
			12	4.1	3.5	2.7	2.1	1.5
36	柴家沟	0.5 h	1	5.7	4.8	3.7	2.9	2.1
			2	6.3	5.4	4.2	3.3	2.4
			3	7.2	6.2	4.8	3.7	2.7
			4	8.4	7.2	5.6	4.4	3.2
			5	12.9	11.1	8.7	6.9	5.1
			6	55.4	48.5	39.2	32.2	25.1
			7	18.7	16.1	12.7	10.1	7.6
			8	10.1	8.7	6.8	5.3	3.9
			9	5.2	4.4	3.4	2.6	1.9
			10	4.7	4.0	3.1	2.4	1.7
			11	4.4	3.7	2.8	2.2	1.6
			12	4.0	3.4	2.6	2.0	1.5

续表 4-11-5

序号	行政区划名称	时段长	时段序号	重现期时段雨量值(mm)				
				100 a($H_{1\%}$)	50 a($H_{2\%}$)	20 a($H_{5\%}$)	10 a($H_{10\%}$)	5 a($H_{20\%}$)
37	白寺沟	0.5 h	1	4.2	3.6	2.8	2.2	1.6
			2	12.3	10.5	8.1	6.3	4.6
			3	16.0	13.6	10.5	8.2	6.0
			4	64.6	55.9	44.4	35.8	27.3
			5	23.3	19.8	15.4	12.0	8.8
			6	10.1	8.6	6.6	5.2	3.8
			7	8.6	7.3	5.6	4.4	3.2
			8	7.5	6.4	4.9	3.8	2.8
			9	6.6	5.6	4.3	3.4	2.5
			10	5.9	5.0	3.9	3.0	2.2
			11	5.4	4.6	3.5	2.8	2.0
			12	4.9	4.2	3.2	2.5	1.9
38	前马渠	0.5 h	1	4.2	3.6	2.8	2.2	1.6
			2	12.5	10.6	8.2	6.4	4.6
			3	16.2	13.8	10.6	8.3	6.0
			4	66.6	57.6	45.7	36.8	28.0
			5	23.7	20.2	15.6	12.2	8.9
			6	10.2	8.7	6.7	5.2	3.8
			7	8.7	7.4	5.7	4.4	3.2
			8	7.5	6.4	4.9	3.8	2.8
			9	6.6	5.7	4.4	3.4	2.5
			10	6.0	5.1	3.9	3.1	2.2
			11	5.4	4.6	3.5	2.8	2.0
			12	4.9	4.2	3.2	2.5	1.8

续表 4-11-5

序号	行政区划名称	时段长	时段序号	重现期时段雨量值(mm)				
				100 a($H_{1\%}$)	50 a($H_{2\%}$)	20 a($H_{5\%}$)	10 a($H_{10\%}$)	5 a($H_{20\%}$)
39	西哄	0.5 h	1	5.9	5.0	3.9	3.0	2.2
			2	6.7	5.7	4.3	3.4	2.4
			3	7.6	6.5	4.9	3.8	2.8
			4	8.9	7.5	5.8	4.5	3.2
			5	13.7	11.7	9.0	7.0	5.1
			6	53.3	46.2	37.0	30.0	23.0
			7	19.8	16.9	13.1	10.2	7.5
			8	10.7	9.1	7.0	5.5	3.9
			9	5.3	4.5	3.5	2.7	1.9
			10	4.9	4.1	3.2	2.5	1.8
			11	4.5	3.8	2.9	2.3	1.6
			12	4.1	3.5	2.7	2.1	1.5
40	扶家河	0.5 h	1	4.2	3.6	2.8	2.2	1.6
			2	12.4	10.5	8.1	6.3	4.6
			3	16.0	13.6	10.5	8.2	6.0
			4	65.2	56.4	44.9	36.1	27.5
			5	23.4	20.0	15.4	12.1	8.9
			6	10.1	8.6	6.6	5.2	3.8
			7	8.6	7.3	5.6	4.4	3.2
			8	7.5	6.4	4.9	3.8	2.8
			9	6.6	5.6	4.3	3.4	2.5
			10	5.9	5.1	3.9	3.0	2.2
			11	5.4	4.6	3.5	2.8	2.0
			12	4.9	4.2	3.2	2.5	1.9

续表 4-11-5

序号	行政区划名称	时段长	时段序号	重现期时段雨量值(mm)				
				100 a($H_{1\%}$)	50 a($H_{2\%}$)	20 a($H_{5\%}$)	10 a($H_{10\%}$)	5 a($H_{20\%}$)
41	李家河	0.5 h	1	4.1	3.5	2.7	2.2	1.6
			2	11.6	9.9	7.7	6.0	4.4
			3	14.9	12.7	9.9	7.8	5.7
			4	57.2	49.6	39.5	31.9	24.4
			5	21.5	18.4	14.3	11.2	8.3
			6	9.6	8.2	6.4	5.0	3.7
			7	8.2	7.0	5.4	4.3	3.1
			8	7.2	6.1	4.8	3.7	2.7
			9	6.4	5.4	4.2	3.3	2.4
			10	5.7	4.9	3.8	3.0	2.2
			11	5.2	4.5	3.5	2.7	2.0
			12	4.8	4.1	3.2	2.5	1.8

表 4-11-6　垣曲县设计洪水成果表

序号	小流域名称	行政区划名称	洪水要素	重现期洪水要素值				
				100 a($Q_{1\%}$)	50 a($Q_{2\%}$)	20 a($Q_{5\%}$)	10 a($Q_{10\%}$)	5 a($Q_{20\%}$)
1	板涧河支流	河东(毛家湾)	洪峰流量(m^3/s)	442	364	263	188	116
			洪量(万 m^3)	593	470	319	215	133
			涨洪历时(h)	5	4.3	2	2	2
			洪水历时(h)	16.7	17.5	17.7	12.3	12.3
2		河西(毛家湾)	洪峰流量(m^3/s)	442	364	263	188	116
			洪量(万 m^3)	593	470	319	215	133
			涨洪历时(h)	5	4.3	2	2	2
			洪水历时(h)	16.7	17.5	17.7	12.3	12.3
3	板涧河	东店	洪峰流量(m^3/s)	1 021	838	598	428	265
			洪量(万 m^3)	1 508	1 192	807	542	334
			涨洪历时(h)	4.25	3.25	2	2	2
			洪水历时(h)	17.45	15	14.3	14.3	13.75
4		担东	洪峰流量(m^3/s)	1 084	886	630	449	278
			洪量(万 m^3)	1 662	1 316	891	598	367
			涨洪历时(h)	5	4.25	2	2	2
			洪水历时(h)	17.2	15	13.75	13.75	14.75
5		担西	洪峰流量(m^3/s)	1 084	886	630	449	278
			洪量(万 m^3)	1 662	1 316	891	598	367

续表 4-11-6

序号	小流域名称	行政区划名称	洪水要素	重现期洪水要素值				
				100 a($Q_{1\%}$)	50 a($Q_{2\%}$)	20 a($Q_{5\%}$)	10 a($Q_{10\%}$)	5 a($Q_{20\%}$)
5	板涧河	担西	涨洪历时(h)	5	4.25	2	2	2
			洪水历时(h)	17.2	15	13.75	13.75	14.75
6		朱东	洪峰流量(m^3/s)	1 100	902	645	389	281
			洪量(万 m^3)	1 791	1 415	954	638	389
			涨洪历时(h)	5	4.6	2.7	2.5	2.3
			洪水历时(h)	16.8	16	13	12.9	13.7
7		朱西	洪峰流量(m^3/s)	1 100	902	645	389	281
			洪量(万 m^3)	1 791	1 415	954	638	389
			涨洪历时(h)	5	4.6	2.7	2.5	2.3
			洪水历时(h)	16.8	16	13	12.9	13.7
8		栗沟	洪峰流量(m^3/s)	1 100	902	645	389	281
			洪量(万 m^3)	1 791	1 415	954	638	389
			涨洪历时(h)	5	4.6	2.7	2.5	2.3
			洪水历时(h)	16.8	16	13	12.9	13.7
9	亳清河支流	上前	洪峰流量(m^3/s)	78.6	64.8	47	33.2	19.9
			洪量(万 m^3)	86	66	44	29	17
			涨洪历时(h)	4.25	2.25	2	2	1.5
			洪水历时(h)	18	11	9.25	10.25	8.75

续表 4-11-6

序号	小流域名称	行政区划名称	洪水要素	重现期洪水要素值				
				100 a($Q_{1\%}$)	50 a($Q_{2\%}$)	20 a($Q_{5\%}$)	10 a($Q_{10\%}$)	5 a($Q_{20\%}$)
10	沙金河	槐南白村	洪峰流量(m^3/s)	353	295	217	158	99.7
			洪量(万 m^3)	394	304	198	130	77
			涨洪历时(h)	5	4.5	2	2.1	2
			洪水历时(h)	14.5	11	8.5	7.2	7
11		沙眼	洪峰流量(m^3/s)	388	324	239	174	110
			洪量(万 m^3)	439	339	221	145	86
			涨洪历时(h)	5	4.8	2	2	2
			洪水历时(h)	14.5	11	8.5	7.5	7.2
12		上南才村	洪峰流量(m^3/s)	398	331	242	175	110
			洪量(万 m^3)	474	365	239	156	93
			涨洪历时(h)	5	4.5	2	2	2
			洪水历时(h)	14.5	12	8.5	7.5	8.3
13		前村	洪峰流量(m^3/s)	332	281	213	161	110
			洪量(万 m^3)	274	216	145	97	59
			涨洪历时(h)	4.3	4	1.5	1.5	1.5
			洪水历时(h)	10.3	10	7.5	6	6.5
14		后村	洪峰流量(m^3/s)	332	281	213	161	110
			洪量(万 m^3)	274	216	145	97	59

续表 4-11-6

序号	小流域名称	行政区划名称	洪水要素	重现期洪水要素值				
				100 a($Q_{1\%}$)	50 a($Q_{2\%}$)	20 a($Q_{5\%}$)	10 a($Q_{10\%}$)	5 a($Q_{20\%}$)
14	沙金河	后村	涨洪历时(h)	4.3	4	1.5	1.5	1.5
			洪水历时(h)	10.3	10	7.5	6	6.5
15		上长涧	洪峰流量(m^3/s)	275	235	181	139	97.4
			洪量(万 m^3)	185	144	95	63	38
			涨洪历时(h)	4.6	4	2.7	1.5	1.5
			洪水历时(h)	10.8	10	6.7	5.5	4.5
16		桐花沟	洪峰流量(m^3/s)	355	302	231	177	123
			洪量(万 m^3)	250	194	128	84	51
			涨洪历时(h)	4.5	4.3	1.5	1.5	2.5
			洪水历时(h)	13	10.3	7	5.5	4.5
17		前河	洪峰流量(m^3/s)	452	383	290	219	148
			洪量(万 m^3)	398	310	206	136	82
			涨洪历时(h)	5	4.5	1.75	2.1	2
			洪水历时(h)	12	11	8.75	6.7	6.5
18	梁家沟	梁家沟	洪峰流量(m^3/s)	76.8	65.7	50.8	39.3	27.7
			洪量(万 m^3)	50	38	25	17	10
			涨洪历时(h)	7.75	4.5	3.25	1.5	1.5
			洪水历时(h)	17.5	13.75	10	5.75	4.75

续表 4-11-6

序号	小流域名称	行政区划名称	洪水要素	重现期洪水要素值				
				100 a($Q_{1\%}$)	50 a($Q_{2\%}$)	20 a($Q_{5\%}$)	10 a($Q_{10\%}$)	5 a($Q_{20\%}$)
19	口头河	寺后	洪峰流量(m^3/s)	325	273	204	151	99.2
			洪量(万 m^3)	277	211	136	88	52
			涨洪历时(h)	4.5	4.2	1.5	1.4	1.3
			洪水历时(h)	13.7	10.6	7.1	6	6
20		河东(下回)	洪峰流量(m^3/s)	325	273	204	151	99.2
			洪量(万 m^3)	277	211	136	88	52
			涨洪历时(h)	4.5	4.2	1.5	1.4	1.3
			洪水历时(h)	13.7	10.6	7.1	6	6
21		河西(下回)	洪峰流量(m^3/s)	325	273	204	151	99.2
			洪量(万 m^3)	277	211	136	88	52
			涨洪历时(h)	4.5	4.2	1.5	1.4	1.3
			洪水历时(h)	13.7	10.6	7.1	6	6
22		下河	洪峰流量(m^3/s)	343	288	216	161	108
			洪量(万 m^3)	330	255	166	109	66
			涨洪历时(h)	7.5	4.25	2.75	1.5	1.5
			洪水历时(h)	17.25	13.5	9	6.5	6.75
23		口头	洪峰流量(m^3/s)	360	301	223	165	107.1
			洪量(万 m^3)	332	254	163	106	63

续表 4-11-6

序号	小流域名称	行政区划名称	洪水要素	重现期洪水要素值				
				100 a($Q_{1\%}$)	50 a($Q_{2\%}$)	20 a($Q_{5\%}$)	10 a($Q_{10\%}$)	5 a($Q_{20\%}$)
23	口头河	口头	涨洪历时(h)	7.3	4.3	1.6	1.5	1.4
			洪水历时(h)	14.5	11	7.7	7.3	7
24	桌子沟	后条	洪峰流量(m^3/s)	111	95.3	74.1	57.7	41.2
			洪量(万 m^3)	56	43	28	19	11
			涨洪历时(h)	4.5	4.25	1.5	1.5	1.45
			洪水历时(h)	10.25	9.5	6.25	4.25	3.45
25		原峪	洪峰流量(m^3/s)	190	163	126	97.7	69.4
			洪量(万 m^3)	104	80	52	34	21
			涨洪历时(h)	4.5	4.25	1.5	1.5	1.45
			洪水历时(h)	10.5	9.75	6.75	4.5	3.75
26	原峪河	西坡	洪峰流量(m^3/s)	541	459	350	266	183
			洪量(万 m^3)	410	315	205	134	80
			涨洪历时(h)	7.5	4.25	1.75	1.5	1.5
			洪水历时(h)	16	10.5	6.5	5.25	4.5
27	黑峪沟	黑峪	洪峰流量(m^3/s)	212	181	141	109	77.7
			洪量(万 m^3)	114	87	56	37	22
			涨洪历时(h)	4.5	4.25	1.75	1.5	1.45
			洪水历时(h)	10.5	10	6.5	4.5	3.45

续表 4-11-6

序号	小流域名称	行政区划名称	洪水要素	重现期洪水要素值				
				100 a($Q_{1\%}$)	50 a($Q_{2\%}$)	20 a($Q_{5\%}$)	10 a($Q_{10\%}$)	5 a($Q_{20\%}$)
28	黑峪沟	麦秸沟	洪峰流量(m^3/s)	249	213	164	127	90
			洪量(万 m^3)	144	111	71	47	28
			涨洪历时(h)	4.75	4.25	1.5	1.5	1.45
			洪水历时(h)	10.75	10	6.5	4.5	3.75
29	亳清河支流	东前	洪峰流量(m^3/s)	86.3	73.3	56	42.8	29.6
			洪量(万 m^3)	57	43	28	19	11
			涨洪历时(h)	4.45	4.25	1.5	1.5	1.45
			洪水历时(h)	10.6	10.25	6.5	5.25	4.75
30		东后	洪峰流量(m^3/s)	86.3	73.3	56	42.8	29.6
			洪量(万 m^3)	57	43	28	19	11
			涨洪历时(h)	4.45	4.25	1.5	1.5	1.45
			洪水历时(h)	10.6	10.25	6.5	5.25	4.75
31	干涧河	硖北	洪峰流量(m^3/s)	684	555	387	271	159
			洪量(万 m^3)	1 084	824	529	341	201
			涨洪历时(h)	6.75	4.5	1.5	1.5	1.25
			洪水历时(h)	18.75	15	12	11.5	12
32		硖南	洪峰流量(m^3/s)	684	555	387	271	159
			洪量(万 m^3)	1 084	824	529	341	201

续表 4-11-6

序号	小流域名称	行政区划名称	洪水要素	重现期洪水要素值				
				100 a($Q_{1\%}$)	50 a($Q_{2\%}$)	20 a($Q_{5\%}$)	10 a($Q_{10\%}$)	5 a($Q_{20\%}$)
32	干涧河	硖南	涨洪历时(h)	6.75	4.5	1.5	1.5	1.25
			洪水历时(h)	18.75	15	12	11.5	12
33		杜村	洪峰流量(m^3/s)	1 171.8	971.7	718.7	525.3	334
			洪量(万 m^3)	1 252.6	959.5	618.7	401.4	237.1
			涨洪历时(h)	4.5	4	2	2	2
			洪水历时(h)	14.3	11	8	6.5	6.3
34		永兴	洪峰流量(m^3/s)	1 322	1 094	810	592	377
			洪量(万 m^3)	1 430	1 095	706	458	271
			涨洪历时(h)	4.5	4	2	2	2
			洪水历时(h)	14.5	11	7.5	6.5	6.5
35	川沟	川沟	洪峰流量(m^3/s)	125	107	82.6	63.5	44.5
			洪量(万 m^3)	43	34	23	15	9
			涨洪历时(h)	2.45	1.5	1.5	1.45	0.75
			洪水历时(h)	7.25	6	4	3.5	2.5
36	鹅沟	鹅沟	洪峰流量(m^3/s)	28.5	23.6	17.2	12.3	7.6
			洪量(万 m^3)	20	16	11	7	4
			涨洪历时(h)	2.1	2	2.1	2	1.2
			洪水历时(h)	7.6	7.5	6.7	6.5	6

续表 4-11-6

序号	小流域名称	行政区划名称	洪水要素	重现期洪水要素值				
				100 a($Q_{1\%}$)	50 a($Q_{2\%}$)	20 a($Q_{5\%}$)	10 a($Q_{10\%}$)	5 a($Q_{20\%}$)
37	望仙沟	窑庄	洪峰流量(m^3/s)	153	126	90	62.3	36.5
			洪量(万 m^3)	146	115	77	51	31
			涨洪历时(h)	2.75	2	2	2	1.5
			洪水历时(h)	8.75	8.5	7.75	7.75	8
38	绛道沟	绛道沟	洪峰流量(m^3/s)	116	95.3	68.1	48	28.5
			洪量(万 m^3)	141	108	71	46	27
			涨洪历时(h)	4.7	3.6	2.1	2	1.5
			洪水历时(h)	14	11.4	9.7	9.5	9
39		庙后	洪峰流量(m^3/s)	48.9	38.2	25.3	16.1	8.6
			洪量(万 m^3)	126	97	63	41	24
			涨洪历时(h)	6	5	3.3	3.2	3
			洪水历时(h)	21	20	9.3	20.3	22.3
40		前沟	洪峰流量(m^3/s)	124	101	72.5	51	30.3
			洪量(万 m^3)	152	117	76	50	29
			涨洪历时(h)	4.5	3.5	2.1	2	1.5
			洪水历时(h)	14	11	9.6	9.5	9
41	刘村河	刘村	洪峰流量(m^3/s)	395	330	244	179	116
			洪量(万 m^3)	372	285	185	121	72

续表 4-11-6

序号	小流域名称	行政区划名称	洪水要素	重现期洪水要素值				
				100 a($Q_{1\%}$)	50 a($Q_{2\%}$)	20 a($Q_{5\%}$)	10 a($Q_{10\%}$)	5 a($Q_{20\%}$)
41	刘村河	刘村	涨洪历时(h)	4.8	4.4	2	2	1.5
			洪水历时(h)	11.75	10.25	7.5	6.5	6.3
42	佛云沟	硖口	洪峰流量(m^3/s)	148	125	95.1	72	49
			洪量(万 m^3)	75	58	39	26	15
			涨洪历时(h)	4.25	2.75	1.5	1.5	1
			洪水历时(h)	10	7.75	5.5	4	3.5
43	柏沟	柏沟	洪峰流量(m^3/s)	140	119	91.2	69.6	48.1
			洪量(万 m^3)	67	52	35	23	14
			涨洪历时(h)	4.25	2.8	1.5	1.5	1
			洪水历时(h)	10	7.8	6.5	4	3.5
44	柴家沟	柴家沟	洪峰流量(m^3/s)	20.7	17.8	13.9	10.9	7.8
			洪量(万 m^3)	7	5	3	2	1
			涨洪历时(h)	3.3	1.6	1.5	1.45	0.75
			洪水历时(h)	8.25	6.25	4.25	2.75	2
45	西阳河支流	白寺沟	洪峰流量(m^3/s)	336	269	186	122	65.2
			洪量(万 m^3)	423	326	211	134	77
			涨洪历时(h)	3.6	2	2	1	1
			洪水历时(h)	13.5	11.5	12.8	12.9	13

续表 4-11-6

序号	小流域名称	行政区划名称	洪水要素	重现期洪水要素值				
				100 a($Q_{1\%}$)	50 a($Q_{2\%}$)	20 a($Q_{5\%}$)	10 a($Q_{10\%}$)	5 a($Q_{20\%}$)
46	西阳河支流	前马渠	洪峰流量(m^3/s)	258	210	149	100	55.9
			洪量(万 m^3)	252	195	126	80.6	46
			涨洪历时(h)	5	2	2	2	1
			洪水历时(h)	15	10	11	10	10
47	西哄沟	西哄	洪峰流量(m^3/s)	23.9	19.8	14.4	10.2	6.28
			洪量(万 m^3)	13	10	7	4	3
			涨洪历时(h)	2.25	1.5	1.5	1.45	0.5
			洪水历时(h)	7.5	6.25	5	4.5	4
48	西阳河支流	扶家河	洪峰流量(m^3/s)	297	239	165	109	58.3
			洪量(万 m^3)	359	277	179	114	66
			涨洪历时(h)	3.5	2	2	1.9	2
			洪水历时(h)	12.3	10.7	10.6	10.4	10.6
49	西阳河	李家河	洪峰流量(m^3/s)	998	782	523	325	165
			洪量(万 m^3)	1 810	1 389	889	561	317
			涨洪历时(h)	4.8	2.4	2.3	2.1	2
			洪水历时(h)	22	17.1	17.2	17	16.2

表 4-11-7　垣曲县设计净雨深计算成果表

序号	小流域名称	计算单元名称	重现期(a)	参数			主雨历时(h)	主雨雨量(mm)	净雨深(mm)
				μ	S_r	K_s			
1	板涧河支流	河东 河西 (毛家湾)	100	4.96	19.70	1.32	21.0	220.9	131.8
			50	5.40	19.70	1.32	18.8	187.8	104.4
			20	6.21	19.70	1.32	15.6	144.2	70.9
			10	7.29	19.70	1.32	12.8	111.6	47.8
			5	8.38	19.70	1.32	9.8	79.7	29.6
2	板涧河	东店	100	4.69	19.18	1.29	22.3	223.7	132.5
			50	5.09	19.18	1.29	19.9	189.7	104.8
			20	5.83	19.18	1.29	16.4	145.0	70.9
			10	6.78	19.18	1.29	13.4	111.7	47.6
			5	7.76	19.18	1.29	10.0	79.2	29.3
3		担东 担西	100	4.68	19.11	1.28	21.8	224.2	135.0
			50	5.07	19.11	1.28	19.6	190.7	106.9
			20	5.79	19.11	1.28	16.3	146.1	72.4
			10	6.72	19.11	1.28	13.4	112.7	48.6
			5	7.66	19.11	1.28	10.1	80.0	29.8
4		朱东 朱西 栗沟	100	4.58	19.05	1.28	23.2	236.2	142.5
			50	4.96	19.05	1.28	20.6	199.3	112.3
			20	5.67	19.05	1.28	16.9	151.4	75.6
			10	6.59	19.05	1.28	13.7	115.7	50.5
			5	7.55	19.05	1.28	10.2	81.3	30.7

续表 4-11-7

序号	小流域名称	计算单元名称	重现期(a)	参数			主雨历时(h)	主雨雨量(mm)	净雨深(mm)
				μ	S_r	K_s			
5	亳清河支流	上前	100	5.30	21.66	1.43	24.0	254.6	146.8
			50	6.01	21.66	1.43	22.6	216.7	112.8
			20	7.11	21.66	1.43	17.6	160.8	74.3
			10	8.60	21.66	1.43	13.7	120.9	48.7
			5	10.24	21.66	1.43	9.9	83.6	29.3
6	沙金河	槐南白村	100	4.59	20.25	1.35	24.0	256.4	154.56
			50	5.11	20.25	1.35	24.0	222.2	119.16
			20	6.00	20.25	1.35	19.7	167.0	77.85
			10	7.13	20.25	1.35	15.4	125.0	50.89
			5	8.43	20.25	1.35	11.0	85.7	30.27
7		沙眼	100	4.54	20.11	1.33	24.0	255.9	154.81
			50	5.04	20.11	1.33	24.0	221.7	119.39
			20	5.91	20.11	1.33	19.8	166.7	78.01
			10	7.02	20.11	1.33	15.5	124.8	51.06
			5	8.29	20.11	1.33	11.1	85.5	30.36
8		上南才村	100	4.53	20.10	1.33	24.0	255.5	154.51
			50	5.03	20.10	1.33	24.0	221.2	119.02
			20	5.90	20.10	1.33	19.8	166.6	77.89
			10	6.99	20.10	1.33	15.5	124.6	50.93
			5	8.26	20.10	1.33	11.1	85.4	30.27

续表 4-11-7

序号	小流域名称	计算单元名称	重现期(a)	参数			主雨历时(h)	主雨雨量(mm)	净雨深(mm)
				μ	S_r	K_s			
9	沙金河	前村	100	4.55	19.44	1.27	24.0	266.1	168.71
			50	4.95	19.44	1.27	21.6	224.5	133.02
			20	5.70	19.44	1.27	17.5	168.7	89.40
			10	6.70	19.44	1.27	14.0	127.7	59.69
			5	7.79	19.44	1.27	10.3	88.8	36.27
10		上长涧	100	4.25	19.17	1.26	24.0	260.3	164.08
			50	4.70	19.17	1.26	24.0	225.3	127.48
			20	5.46	19.17	1.26	19.5	168.8	84.50
			10	6.46	19.17	1.26	15.3	126.6	55.82
			5	7.62	19.17	1.26	10.9	86.8	33.54
11		桐花沟	100	4.29	19.39	1.27	24.0	259.0	161.92
			50	4.75	19.39	1.27	24.0	224.2	125.59
			20	5.53	19.39	1.27	19.6	168.2	82.99
			10	6.55	19.39	1.27	15.3	126.0	54.65
			5	7.73	19.39	1.27	11.0	86.4	32.76
12		前河	100	4.08	18.58	1.23	24.0	256.6	162.90
			50	4.47	18.58	1.23	24.0	222.3	127.02
			20	5.18	18.58	1.23	19.7	167.2	84.23
			10	6.09	18.58	1.23	15.4	125.1	55.67
			5	7.14	18.58	1.23	11.0	85.7	33.47

续表 4-11-7

序号	小流域名称	计算单元名称	重现期(a)	参数			主雨历时(h)	主雨雨量(mm)	净雨深(mm)
				μ	S_r	K_s			
13	梁家沟	梁家沟	100	4.18	19.24	1.26	24.0	277.8	181.1
			50	4.65	19.24	1.26	24.0	238.3	139.9
			20	5.53	19.24	1.26	19.1	175.5	91.7
			10	6.66	19.24	1.26	14.3	129.2	60.6
			5	7.96	19.24	1.26	9.9	87.6	36.7
14	口头河	寺后	100	4.62	20.96	1.37	24.0	276.2	171.48
			50	5.20	20.96	1.37	24.0	237.0	130.80
			20	6.31	20.96	1.37	19.5	175.3	83.99
			10	7.64	20.96	1.37	14.7	128.6	54.55
			5	9.19	20.96	1.37	10.1	86.8	32.42
15		河东河西(下回)	100	4.62	20.96	1.37	24.0	276.2	171.48
			50	5.20	20.96	1.37	24.0	237.0	130.80
			20	6.31	20.96	1.37	19.5	175.3	83.99
			10	7.64	20.96	1.37	14.7	128.6	54.55
			5	9.19	20.96	1.37	10.1	86.8	32.42
16		下河	100	4.09	18.91	1.25	24.0	275.6	180.1
			50	4.49	18.91	1.25	24.0	236.5	139.2
			20	5.34	18.91	1.25	19.6	175.0	90.7
			10	6.40	18.91	1.25	14.7	128.4	59.6
			5	7.62	18.91	1.25	10.1	86.6	35.8

续表 4-11-7

序号	小流域名称	计算单元名称	重现期(a)	参数			主雨历时(h)	主雨雨量(mm)	净雨深(mm)
				μ	S_r	K_s			
17	口头河	口头	100	4.57	20.80	1.36	24.0	275.3	171.39
			50	5.13	20.80	1.36	24.0	236.2	130.85
			20	6.20	20.80	1.36	19.6	174.8	84.04
			10	7.51	20.80	1.36	14.7	128.3	54.58
			5	9.02	20.80	1.36	10.1	86.5	32.44
18	桌子沟	后条	100	4.41	20.00	1.30	24.0	280.4	180.5
			50	4.97	20.00	1.30	24.0	240.3	138.8
			20	5.91	20.00	1.30	18.5	175.7	91.1
			10	7.15	20.00	1.30	14.0	129.5	60.0
			5	8.57	20.00	1.30	9.8	87.9	36.1
19		原峪	100 年	4.39	20.00	1.30	24.0	280.5	180.7
			50	4.94	20.00	1.30	24.0	240.5	138.9
			20	5.87	20.00	1.30	18.7	176.3	91.0
			10	7.09	20.00	1.30	14.3	130.1	59.8
			5	8.49	20.00	1.30	9.9	88.2	35.9
20	原峪河	西坡	100	4.28	19.77	1.29	24.0	275.9	177.0
			50	4.76	19.77	1.29	24.0	236.8	136.2
			20	5.68	19.77	1.29	19.5	175.1	88.4
			10	6.84	19.77	1.29	14.7	128.7	57.9
			5	8.16	19.77	1.29	10.1	86.9	34.7

续表 4-11-7

序号	小流域名称	计算单元名称	重现期(a)	参数			主雨历时(h)	主雨雨量(mm)	净雨深(mm)
				μ	S_r	K_s			
21	黑峪沟	黑峪	100	4.24	19.72	1.29	24.0	282.7	184.0
			50	4.70	19.72	1.29	24.0	242.0	141.5
			20	5.67	19.72	1.29	19.7	178.8	91.3
			10	6.89	19.72	1.29	14.6	130.3	59.7
			5	8.33	19.72	1.29	10.0	87.4	35.7
22		麦秸沟	100	4.25	19.78	1.29	24.0	283.2	184.2
			50	4.71	19.78	1.29	24.0	242.4	141.6
			20	5.68	19.78	1.29	19.7	179.1	91.4
			10	6.89	19.78	1.29	14.7	130.8	59.8
			5	8.30	19.78	1.29	10.0	87.8	35.7
23	亳清河支流	东前 东后	100	4.37	20.00	1.30	24.0	284.8	184.9
			50	4.92	20.00	1.30	24.0	243.6	141.9
			20	5.89	20.00	1.30	18.7	177.9	92.7
			10	7.15	20.00	1.30	14.0	130.6	61.0
			5	8.60	20.00	1.30	9.7	88.3	36.8
24	干涧河	硖北 硖南	100	4.54	20.35	1.35	24.0	264.2	161.8
			50	5.11	20.35	1.35	24.0	226.6	122.9
			20	6.12	20.35	1.35	18.9	165.9	78.9
			10	7.39	20.35	1.35	14.2	121.4	50.9
			5	8.86	20.35	1.35	9.8	81.5	30.0

续表 4-11-7

序号	小流域名称	计算单元名称	重现期(a)	参数			主雨历时(h)	主雨雨量(mm)	净雨深(mm)
				μ	S_r	K_s			
25	干涧河	杜村	100	4.47	20.19	1.34	24.0	258.9	157.50
			50	4.99	20.19	1.34	24.0	223.3	120.65
			20	5.93	20.19	1.34	19.7	166.5	77.79
			10	7.07	20.19	1.34	15.0	122.9	50.47
			5	8.33	20.19	1.34	10.5	83.3	29.81
26		永兴	100	4.43	20.08	1.33	24.0	257.8	156.98
			50	4.93	20.08	1.33	24.0	222.2	120.15
			20	5.85	20.08	1.33	19.8	165.8	77.54
			10	6.97	20.08	1.33	15.1	122.4	50.30
			5	8.21	20.08	1.33	10.5	82.9	29.70
27	川沟	川沟	100	5.15	20.00	1.30	20.0	223.6	137.6
			50	5.77	20.00	1.30	16.9	185.0	107.8
			20	7.02	20.00	1.30	12.9	136.6	72.2
			10	8.78	20.00	1.30	9.9	102.5	48.3
			5	10.79	20.00	1.30	7.1	71.1	29.8
28	鹅沟	鹅沟	100	6.21	22.00	1.45	16.7	221.1	138.34
			50	6.84	22.00	1.45	15.5	189.6	109.74
			20	8.00	22.00	1.45	13.5	147.3	74.20
			10	9.51	22.00	1.45	11.6	115.2	49.55
			5	10.98	22.00	1.45	9.2	83.0	30.06

续表 4-11-7

序号	小流域名称	计算单元名称	重现期(a)	参数			主雨历时(h)	主雨雨量(mm)	净雨深(mm)
				μ	S_r	K_s			
29	望仙沟	窑庄	100	6.18	22.00	1.45	16.6	216.8	134.6
			50	6.79	22.00	1.45	15.4	185.7	106.4
			20	7.92	22.00	1.45	13.4	143.9	71.4
			10	9.39	22.00	1.45	11.5	112.1	47.3
			5	10.81	22.00	1.45	9.1	80.5	28.4
30	绛道沟	绛道沟	100	4.97	20.88	1.38	24.0	266.3	161.48
			50	5.63	20.88	1.38	22.6	225.4	123.85
			20	6.65	20.88	1.38	17.5	165.3	81.06
			10	8.05	20.88	1.38	13.5	122.7	52.79
			5	9.61	20.88	1.38	9.6	83.5	31.24
31		庙后	100	5.04	21.04	1.39	24.0	266.7	161.02
			50	5.71	21.04	1.39	22.6	225.6	123.40
			20	6.76	21.04	1.39	17.4	165.5	80.74
			10	8.18	21.04	1.39	13.5	122.9	52.55
			5	9.78	21.04	1.39	9.6	83.7	31.08
32		前沟	100	4.94	20.81	1.38	24.0	266.0	161.60
			50	5.59	20.81	1.38	22.7	225.3	123.96
			20	6.60	20.81	1.38	17.5	165.2	81.13
			10	7.99	20.81	1.38	13.5	122.6	52.85
			5	9.54	20.81	1.38	9.6	83.4	31.27
33	刘村河	刘村	100	4.36	19.65	1.29	24.0	269.8	171.21
			50	4.91	19.65	1.29	24.0	231.1	130.94

续表 4-11-7

序号	小流域名称	计算单元名称	重现期(a)	参数			主雨历时(h)	主雨雨量(mm)	净雨深(mm)
				μ	S_r	K_s			
33	刘村河	刘村	20	5.81	19.65	1.29	18.3	167.7	85.32
			10	7.02	19.65	1.29	13.8	123.1	55.65
			5	8.39	19.65	1.29	9.5	82.9	33.07
34	佛云沟	硖口	100	4.64	19.22	1.27	23.0	254.7	161.3
			50	5.14	19.22	1.27	19.3	208.9	125.6
			20	6.15	19.22	1.27	14.6	151.8	83.1
			10	7.55	19.22	1.27	11.0	112.1	54.9
			5	9.15	19.22	1.27	7.7	76.2	33.2
35	柏沟	柏沟	100	4.55	19.13	1.26	24.0	256.0	160.1
			50	5.07	19.13	1.26	20.0	209.1	124.4
			20	6.09	19.13	1.26	14.8	151.1	82.2
			10	7.50	19.13	1.26	11.1	111.3	54.4
			5	9.14	19.13	1.26	7.7	75.7	33.2
36	柴家沟	柴家沟	100	4.92	20.00	1.30	23.1	252.9	156.5
			50	5.51	20.00	1.30	19.1	206.4	121.5
			20	6.71	20.00	1.30	14.2	149.4	80.1
			10	8.40	20.00	1.30	10.6	110.0	52.9
			5	10.41	20.00	1.30	7.3	74.7	32.1
37	西阳河支流	白寺沟	100	5.92	22.00	1.45	19.95	232.32	137.68
			50	6.57	22.00	1.45	17.57	193.53	106.22
			20	7.81	22.00	1.45	14.06	143.30	68.62

续表 4-11-7

序号	小流域名称	计算单元名称	重现期（a）	参数			主雨历时（h）	主雨雨量（mm）	净雨深（mm）
				μ	S_r	K_s			
37	西阳河支流	白寺沟	10	9.50	22.00	1.45	11.17	106.90	43.76
			5	11.36	22.00	1.45	8.13	72.78	25.11
38		前马渠	100	5.94	22.00	1.45	19.74	234.62	140.64
			50	6.59	22.00	1.45	17.40	195.54	108.72
			20	7.85	22.00	1.45	13.93	144.83	70.42
			10	9.57	22.00	1.45	11.09	108.09	45.00
			5	11.46	22.00	1.45	8.07	73.64	25.91
39	西哄沟	西哄	100	6.05	22.00	1.45	18.7	236.1	145.9
			50	6.75	22.00	1.45	16.3	196.5	113.3
			20	8.12	22.00	1.45	13.1	145.5	73.8
			10	10.03	22.00	1.45	10.4	108.7	47.5
			5	12.23	22.00	1.45	7.6	74.1	27.5
40	西阳河支流	扶家河	100	5.93	22.00	1.45	19.94	233.24	138.61
			50	6.57	22.00	1.45	17.52	194.23	107.06
			20	7.83	22.00	1.45	14.01	143.82	69.23
			10	9.52	22.00	1.45	11.14	107.31	44.18
			5	11.39	22.00	1.45	8.11	73.08	25.38
41	西阳河	李家河	100	5.87	22.00	1.45	20.74	222.18	125.18
			50	6.49	22.00	1.45	18.13	184.71	96.03
			20	7.67	22.00	1.45	14.46	136.66	61.44
			10	9.26	22.00	1.45	11.44	101.75	38.78
			5	10.98	22.00	1.45	8.27	68.98	21.95

表4-11-8　垣曲县现状防洪能力评价成果表

序号	行政区划名称	防洪能力(a)	极高危险区(小于5年一遇)		高危险区(5~20年一遇)		危险区(大于20年一遇)	
			人口(人)	户数(户)	人口(人)	户数(户)	人口(人)	户数(户)
1	河东(毛家湾)	7.9			8	2	15	4
2	河西(毛家湾)	4.9	7	2	12	3		
3	东店	29					13	2
4	担西	5.1			25	6	34	8
5	朱东	21.5					33	6
6	朱西	18			21	4	51	11
7	栗沟	18			10	2		
8	上前	4.9	7	1				
9	梁家沟	4.9	4	2	3	1		
10	下河	16.5					5	1
11	后条	5.9			15	3		
12	原峪	4.9	18	5	2	1	7	2
13	西坡	20.1			13	3	41	8
14	黑峪	21					3	1
15	麦秸沟	5.5			11	2	6	1
16	东前	4.9	3	1	15	3	21	5
17	东后	5.1			6	1	3	1
18	硖北	19.7			6	1		
19	硖南	4.9	15	1				
20	川沟	8.6			2	1		
21	窑庄	35					20	5
22	硖口	4.9	53	13	226	59	69	22
23	柏沟	4.9	457	3	4	1	15	3
24	柴家沟	4.9	35	8	5	1	4	1
25	西哄	4.9	3	1				

表 4-11-9　垣曲县预警指标分析成果表

序号	行政区划名称	类别	致灾频率(%)	B_0	时段	预警指标(mm)		临界雨量(mm)	方法
						准备转移	立即转移		
1	河东(毛家湾)	雨量	12.7	0	0.5 h	42.9	61.3	61.3	流域模型法
					1 h	61.3	71.1	71.1	
					2 h	77.0	82.9	82.9	
				0.3	0.5 h	40.0	57.2	57.2	
					1 h	57.2	65.0	65.0	
					2 h	70.2	74.8	74.8	
				0.6	0.5 h	37.2	53.1	53.1	
					1 h	53.1	58.8	58.8	
					2 h	63.0	66.6	66.6	
2	河西(毛家湾)	雨量	20.4	0	0.5 h	32.2	45.9	45.9	流域模型法
					1 h	45.9	53.9	53.9	
					2 h	59.9	64.8	64.8	
				0.3	0.5 h	29.3	41.9	41.9	
					1 h	41.9	48.4	48.4	
					2 h	53.1	57.6	57.6	
				0.6	0.5 h	26.3	37.5	37.5	
					1 h	37.5	42.3	42.3	
					2 h	46.2	49.4	49.4	

续表 4-11-9

序号	行政区划名称	类别	致灾频率(%)	B_0	时段	预警指标(mm)		临界雨量(mm)	方法
						准备转移	立即转移		
3	东店	雨量	3.4	0	0.5 h	62.6	89.4	89.4	流域模型法
					1 h	89.4	99.6	99.6	
					2 h	108.1	114.4	114.4	
				0.3	0.5 h	59.7	85.3	85.3	
					1 h	85.3	93.9	93.9	
					2 h	100.9	106.5	106.5	
				0.6	0.5 h	56.9	81.3	81.3	
					1 h	81.3	88.3	88.3	
					2 h	94.2	98.2	98.2	
4	担东	雨量	10	0	0.5 h	31.2	44.6	44.6	同频率法
					1 h	39.0	55.7	55.7	
					2 h	46.8	66.8	66.8	
5	担西	雨量	19.6	0	0.5 h	34.8	49.7	49.7	流域模型法
					1 h	49.7	56.7	56.7	
					2 h	62.3	67.9	67.9	
				0.3	0.5 h	31.9	45.6	45.6	
					1 h	45.6	51.2	51.2	
					2 h	55.7	60.4	60.4	

续表 4-11-9

序号	行政区划名称	类别	致灾频率(%)	B_0	时段	预警指标(mm)		临界雨量(mm)	方法
						准备转移	立即转移		
5	担西	雨量	19.6	0.6	0.5 h	29.2	41.7	41.7	流域模型法
					1 h	41.7	45.5	45.5	
					2 h	48.8	52.6	52.6	
6	朱东	雨量	4.7	0	0.5 h	61.3	87.5	87.5	流域模型法
					1 h	87.5	95.5	95.5	
					2 h	102.6	109.5	109.5	
					3 h	115.7	125.6	125.6	
				0.3	0.5 h	58.5	83.6	83.6	
					1 h	83.6	89.8	89.8	
					2 h	95.9	101.7	101.7	
					3 h	107.0	116.1	116.1	
				0.6	0.5 h	55.7	79.5	79.5	
					1 h	79.5	84.0	84.0	
					2 h	88.7	93.9	93.9	
					3 h	98.4	106.3	106.3	
7	朱西	雨量	5.6	0	0.5 h	58.2	83.1	83.1	流域模型法
					1 h	83.1	90.7	90.7	
					2 h	97.8	104.3	104.3	
					3 h	110.4	119.8	119.8	

续表 4-11-9

序号	行政区划名称	类别	致灾频率(%)	B_0	时段	预警指标(mm)		临界雨量(mm)	方法
						准备转移	立即转移		
7	朱西	雨量	5.6	0.3	0.5 h	55.3	79.1	79.1	流域模型法
					1 h	79.1	85.0	85.0	
					2 h	90.9	96.5	96.5	
					3 h	101.8	110.5	110.5	
				0.6	0.5 h	52.5	75.0	75.0	
					1 h	75.0	79.2	79.2	
					2 h	83.7	88.7	88.7	
					3 h	93.2	100.4	100.4	
8	栗沟	雨量	5.6	0	0.5 h	58.2	83.1	83.1	流域模型法
					1 h	83.1	90.7	90.7	
					2 h	97.8	104.3	104.3	
					3 h	110.4	119.8	119.8	
				0.3	0.5 h	55.3	79.1	79.1	
					1 h	79.1	85.0	85.0	
					2 h	90.9	96.5	96.5	
					3 h	101.8	110.5	110.5	
				0.6	0.5 h	52.5	75.0	75.0	
					1 h	75.0	79.2	79.2	
					2 h	83.7	88.7	88.7	
					3 h	93.2	100.4	100.4	

续表 4-11-9

序号	行政区划名称	类别	致灾频率(%)	B_0	时段	预警指标(mm)		临界雨量(mm)	方法
						准备转移	立即转移		
9	上前	雨量	20.4	0	0.5 h	16.6	23.8	23.8	流域模型法
					1 h	23.8	30.6	30.6	
				0.3	0.5 h	14.0	20.0	20.0	
					1 h	20.0	27.0	27.0	
				0.6	0.5 h	11.4	16.3	16.3	
					1 h	16.3	23.3	23.3	
10	槐南白村	雨量	2	0	0.5 h	39.3	56.1	56.1	同频率法
					1 h	49.1	70.1	70.1	
11	沙眼	雨量	2	0	0.5 h	39.0	55.8	55.8	同频率法
					1 h	48.8	69.7	69.7	
12	上南才村	雨量	2	0	0.5 h	38.9	55.5	55.5	同频率法
					1 h	48.6	69.4	69.4	
13	前村	雨量	3.5	0	0.5 h	36.8	52.6	52.6	同频率法
					1 h	46.1	65.8	65.8	
14	后村	雨量	3.4	0	0.5 h	37.0	52.9	52.9	同频率法
					1 h	46.3	66.1	66.1	
15	上长涧	雨量	4	0	0.5 h	34.2	48.8	48.8	同频率法
					1 h	42.7	61.0	61.0	

续表 4-11-9

序号	行政区划名称	类别	致灾频率(%)	B_0	时段	预警指标(mm)		临界雨量(mm)	方法
						准备转移	立即转移		
16	桐花沟	雨量	4.5	0	0.5 h	33.2	47.4	47.4	同频率法
					1 h	41.4	59.2	59.2	
17	前河	雨量	3	0	0.5 h	34.8	49.7	49.7	同频率法
					1 h	43.5	62.1	62.1	
18	梁家沟	雨量	8	0	0.5 h	21.0	30.0	30.0	流域模型法
19	寺后	雨量	4.5	0	0.5 h	35.2	50.2	50.2	同频率法
					1 h	44.0	62.8	62.8	
20	河东(下回)	雨量	6.5	0	0.5 h	32.5	46.4	46.4	同频率法
					1 h	40.6	58.0	58.0	
21	河西(下回)	雨量	6.8	0	0.5 h	32.1	45.8	45.8	同频率法
					1 h	40.1	57.3	57.3	
22	下河	雨量	18.2	0	0.5 h	26.4	37.7	37.7	流域模型法
23	口头	雨量	2.3	0	0.5 h	38.5	55.0	55.0	同频率法
					1 h	48.1	68.7	68.7	
24	后条	雨量	20.4	0	0.5 h	29.8	42.5	42.5	流域模型法
25	原峪	雨量	19.6	0	0.5 h	21.9	31.3	31.3	流域模型法
26	西坡	雨量	5.1	0	0.5 h	31.5	45.0	45.0	流域模型法
27	黑峪	雨量	20.4	0	0.5 h	29.3	41.9	41.9	流域模型法

续表 4-11-9

序号	行政区划名称	类别	致灾频率(%)	B_0	时段	预警指标(mm)		临界雨量(mm)	方法
						准备转移	立即转移		
28	麦秸沟	雨量	11.6	0	0.5 h	20.1	28.8	28.8	流域模型法
29	东前	雨量	20.4	0	0.5 h	31.5	45.0	45.0	流域模型法
					1 h	45.0	66.2	66.2	
				0.3	0.5 h	29.8	42.5	42.5	
					1 h	42.5	61.3	61.3	
				0.6	0.5 h	26.3	37.5	37.5	
					1 h	37.5	56.4	56.4	
30	东后	雨量	6.1	0	0.5 h	33.3	47.5	47.5	流域模型法
					1 h	47.5	68.6	68.6	
				0.3	0.5 h	29.8	42.5	42.5	
					1 h	42.5	63.7	63.7	
				0.6	0.5 h	26.3	37.5	37.5	
					1 h	37.5	58.8	58.8	
31	硖北	雨量	16.9	0	0.5 h	61.7	88.1	88.1	流域模型法
					1 h	88.1	99.5	99.5	
					2 h	106.1	113.1	113.1	
					3 h	121.2	132.2	132.2	

续表 4-11-9

序号	行政区划名称	类别	致灾频率(%)	B_0	时段	预警指标(mm)		临界雨量(mm)	方法
						准备转移	立即转移		
31	硖北	雨量	16.9	0.3	0.5 h	58.6	83.8	83.8	流域模型法
					1 h	83.8	93.2	93.2	
					2 h	98.7	104.5	104.5	
					3 h	111.9	123.0	123.0	
				0.6	0.5 h	55.6	79.4	79.4	
					1 h	79.4	87.3	87.3	
					2 h	91.4	96.4	96.4	
					3 h	102.7	112.9	112.9	
32	硖南	雨量	20.4	0	0.5 h	34.6	49.4	49.4	流域模型法
					1 h	49.4	57.3	57.3	
					2 h	63.8	69.0	69.0	
					3 h	73.6	79.3	79.3	
				0.3	0.5 h	31.5	45.0	45.0	
					1 h	45.0	51.5	51.5	
					2 h	56.7	61.3	61.3	
					3 h	65.3	70.9	70.9	
				0.6	0.5 h	28.4	40.6	40.6	
					1 h	40.6	45.4	45.4	
					2 h	49.5	53.2	53.2	
					3 h	56.3	61.6	61.6	

续表 4-11-9

序号	行政区划名称	类别	致灾频率(%)	B_0	时段	预警指标(mm)		临界雨量(mm)	方法
						准备转移	立即转移		
33	杜村	雨量	7.1	0	0.5 h	28.8	41.1	41.1	同频率法
					1 h	36.0	51.4	51.4	
					2 h	43.2	61.7	61.7	
34	永兴	雨量	3.8	0	0.5 h	32.7	46.7	46.7	同频率法
					1 h	40.9	58.4	58.4	
					2 h	49.1	70.1	70.1	
35	川沟	雨量	2.9	0	0.5 h	35.0	50.0	50.0	流域模型法
36	鹅沟	雨量	5	0	0.5 h	38.1	54.4	54.4	同频率法
					1 h	47.6	68.0	68.0	
37	窑庄	雨量	4.9	0	0.5 h	29.1	41.6	41.6	流域模型法
					1 h	41.6	59.4	59.4	
				0.3	0.5 h	26.0	37.2	37.2	
					1 h	37.2	53.9	53.9	
				0.6	0.5 h	22.8	32.5	32.5	
					1 h	32.5	49.0	49.0	
38	绛道沟	雨量	5.5	0	0.5 h	34.6	49.4	49.4	同频率法
					1 h	43.3	61.8	61.8	

续表 4-11-9

序号	行政区划名称	类别	致灾频率(%)	B_0	时段	预警指标(mm)		临界雨量(mm)	方法
						准备转移	立即转移		
39	庙后	雨量	4.5	0	0.5 h	36.2	51.7	51.7	同频率法
					1 h	45.2	64.6	64.6	
40	前沟	雨量	6.8	0	0.5 h	32.8	46.8	46.8	同频率法
					1 h	41.0	58.5	58.5	
41	刘村	雨量	2.5	0	0.5 h	38.5	55.0	55.0	同频率法
					1 h	48.2	68.8	68.8	
42	硖口	雨量	2.6	0	0. 5 h	20.6	29.4	29.4	流域模型法
43	柏沟	雨量	20.4	0	0.5 h	23.8	34.3	34.3	流域模型法
44	柴家沟	雨量	20.4	0	0.5 h	21.0	30.0	30.0	流域模型法
45	白寺沟	雨量	4	0	0.5 h	35.3	50.4	50.4	同频率法
					1 h	44.1	63.0	63.0	
46	前马渠	雨量	12	0	0.5 h	26.1	37.3	37.3	同频率法
					1 h	32.6	46.6	46.6	
47	西哄	雨量	20.4	0	0.5 h	26.3	37.5	37.5	流域模型法
48	扶家河	雨量	2	0	0.5 h	42.8	61.1	61.1	同频率法
					1 h	53.5	76.4	76.4	
49	李家河	雨量	2	0	0.5 h	38.0	54.3	54.3	同频率法
					1 h	47.5	67.9	67.9	

第12章 平陆县

12.1 平陆县基本情况概述

12.1.1 地理位置

平陆县位于山西省最南端,东经 110°52′47″~110°37′42″,北纬 34°41′20″~35°00′59″。北依中条山,南临黄河,西临芮城,北和东北隔山与盐湖区和夏县接壤,南和东南隔河与河南陕县、灵宝、渑池三县(市)相对。平陆县地理位置示意图如图 4-12-1 所示。

12.1.2 社会经济

全县国土总面积 1 173.5 km^2,其中耕地面积 43 万亩。辖 6 镇 4 乡,228 个行政村和 4 个社区,881 个自然村,总人口 25.6 万人(2014 年)。其中:农业人口 19.65 万人,非农人口 5.95 万人。2008 年全县生产总值 15.13 亿元,其中:第一产业 2.0 亿元,第二产业 7.96 亿元,第三产业 5.17 亿元,人均总产值 5 929 元。农业总产值 2.80 亿元,农民人均纯收入 1 230 元。

12.1.3 河流水系

境内沟道多呈 V 字形,以南北和西北、东南发育,沟深多达 100 m,据统计 500 m 以上的冲沟共 3 195 条,其中主沟 75 条、支沟 1 281 条、毛沟 1 839 条,每平方千米有冲沟 2.7 条,素有“平陆不平沟三千”之称,长度超过 20 km 的沟道有南侯沟、张峪沟、五龙涧、郑沟、红旗沟、八政河、柳林河、曹河、王家河。

该县属黄河水系,黄河绕县境南部,流经常乐、张村、圣人涧、三门、坡底、曹川 6 个乡镇,过境长度 85.3 km。另有主干溪涧 17 条,属黄河一级支流,均发源于中条山,由北向南流入黄河。平陆县主要河流基本情况见表 4-12-1。

南侯沟:发源于常乐镇苏家沟村,由南侯沟、坑底沟、窑头沟、苏沟 4 条支沟组成,流经洪池、常乐两乡镇,于常乐镇前沟村庄上汇入黄河。流域面积 178.9 km^2,全长 17.5 km,平均纵坡 31.9‰。

圪塔涧:发源于常乐镇苏家沟村牛家庄,流经常乐镇石穴、磨沟、刘卫庄、上卓、广德、北留、石埝、浑里、圪塔 9 个村,于圪塔村南汇入黄河。流域面积 28.58 km^2,全长 13.77 km,平均纵坡 21.4‰。

图 4-12-1　平陆县地理位置示意图

表 4-12-1　平陆县主要河流基本情况表

序号	河流名称	流域面积 (km²)	河长 (km)	河道比降 (‰)	河源位置	河口位置
1	南侯沟	178.90	17.50	31.9	常乐苏家沟	常乐庄上
2	圪塔涧	28.58	13.77	21.4	牛家庄	圪塔
3	张峪涧	41.01	17.36	19.4	张村常家崖	张村张峪
4	五龙涧	64.83	16.29	23.5	杜马庙坡	张村大涧北
5	郑沟	61.00	18.05	33.2	杜马武家沟	圣人涧盘南
6	划沟	28.83	15.24	25.7	部官阳朝	圣人涧辛庄
7	红旗沟	38.76	19.85	17.3	部官韭菜园	圣人涧辛庄
8	八政河	159.80	27.85	17.7	张店谭峪	圣人涧涧东
9	后河沟	43.90	14.59	29.3	庙凹	西延
10	计王河	35.20	12.48	19.8	三门狮沟	三门黄堆
11	柳林河	80.82	25.60	31.8	圣人涧黄庄	三门杜家庄
12	畔沟涧	25.60	12.28	41.9	坡底锥子山	坡底高庄
13	坡底河	24.50	7.95	33.0	坡底锥子山	东底
14	马泉沟	36.84	16.28	29.0	圣人涧黄庄	坡底相坪
15	郑家沟	34.42	10.88	26.7	曹川庙凹	曹川东阳
16	曹河	158.50	34.80	22.5	夏县牛家沟	平陆南沟
17	王家河	37.51	13.63	19.8	夏县泗交镇	老鸦石

张峪涧:发源于张村镇常家崖,流经常乐、张村两乡镇,于张村镇张峪村南汇入黄河。流域面积 41.01 km²,全长 17.36 km,平均纵坡 19.4‰。

五龙涧:发源于杜马乡柳沟村庙坡,由韩村沟、柳沟 2 条支沟组成,流经杜马、张村两乡镇,于张村镇大涧北村南汇入黄河。流域面积 64.83 km²,全长 16.29 km,平均纵坡 23.5‰。

郑沟:发源于杜马乡武家沟,由转村沟、柏板沟、郑沟 3 条支沟组成,流经杜马、部官、圣人涧三乡镇,于圣人涧镇盘南村南汇入黄河。流域面积 61.00 km²,全长 18.05 km,平均纵坡 33.2‰。

划沟:发源于部官乡阳朝村,流经部官、圣人涧两乡镇的西祁、曹坡、计都、东韩窑、西韩窑、下村、辛庄 7 个村,于圣人涧镇辛庄村南汇入黄河。流域面积 28.83 km²,全长 15.24 km,平均纵坡 25.7‰。

红旗沟:发源于部官乡上牛村韭菜园,流经部官、圣人涧两乡镇的西祁、曹坡、计都、东韩窑、西韩窑、下村、辛庄 7 个村,于圣人涧镇辛庄村南汇入黄河。流域面积 38.76 km²,全长 19.85 km,平均纵坡 17.3‰。

八政河:发源于张店镇枣园村谭峪,由猪昌河、古城沟、王沟 3 条支沟组成,流经张店、部官、圣人涧三乡镇,于圣人涧镇涧东村南汇入黄河。流域面积 159.80 km²,全长 27.85 km,平均纵坡 17.7‰。

后河沟:发源于圣人涧镇庙凹村,由后河沟、狮沟 2 条支沟组成,流经圣人涧、三门两乡镇的庙凹、狮沟、坑东、高家咀、计王、古王、寺坪、西延 8 个村,于圣人涧镇西延村南汇入黄河。流域面积 43.9 km^2,全长 14.59 km,平均纵坡 29.3‰。

计王河:发源于三门镇狮沟村,由狮沟、将勿 2 条支沟组成,流经三门镇的狮沟、东中、马村、大咀、禹庙、将勿 6 个村,于三门镇将勿村黄堆汇入黄河。流域面积 35.2 km^2,全长 12.48 km,平均纵坡 19.8‰。

柳林河:发源于圣人涧镇黄庄村,流经圣人涧、三门两乡镇的黄庄、狮沟、望原、刘庄、岳庄、徐滹沱 6 个村,于三门镇徐滹沱村杜家庄南汇入黄河。流域面积 80.82 km^2,全长 25.6 km,平均纵坡 31.8‰。

畔沟涧:发源于坡底乡锥子山,流经三门、坡底两乡镇的望原、桐垣、七湾 3 个村,于坡底乡七湾村高庄南汇入黄河。流域面积 25.6 km^2,全长 12.28 km,平均纵坡 41.9‰。

坡底河:发源于坡底乡锥子山,流经坡底乡的坡底、崖底、向阳 3 个村,于向阳村东底汇入黄河。流域面积 24.50 km^2,全长 7.95 km,平均纵坡 33.0‰。

马泉沟:发源于圣人涧镇黄庄,流经坡底乡的后窑、郭垣、向阳、尖坪 4 个村,于尖坪村相坪汇入黄河。流域面积 36.84 km^2,全长 16.28 km,平均纵坡 29.0‰。

郑家沟:发源于曹川镇陡泉村庙凹,流经坡底、曹川两乡镇的陡泉、马河、东沟、碾道、任岭、郑场 6 个村,于曹川镇郑场村东阳汇入黄河。流域面积 34.42 km^2,全长 10.88 km,平均纵坡 26.7‰。

曹河:发源于夏县泗交镇牛家沟,流经夏县泗交、平陆曹川两乡镇,平陆境内流经曹川镇的坡头、下涧、曹河、下坪、垣坪 5 个村,于曹川镇垣坪村南沟汇入黄河。平陆境内流域面积 158.5 km^2,全长 34.8 km,平均纵坡 22.5‰。

王家河:发源于夏县泗交镇,流经夏县泗交、平陆曹川两乡镇,平陆境内流经曹川镇的上坪、马坪、垣坪 3 个村,于曹川镇垣坪村南老鸦石汇入黄河。平陆境内流域面积 37.51 km^2,全长 13.63 km,平均纵坡 19.8‰。

12.1.4　水文气象

平陆在全国气候区划上是北温带亚湿润气候区中的渭河气候区,属暖温带大陆性气候,四季分明,光照充分,年平均日照 2 272 h,平均气温 13.8 ℃,极端最高气温 41.3 ℃,最低气温 -13.8 ℃,沿河和沿山平均温差 3 ~5 ℃,无霜期 238 d。多年平均降雨量 551.3 mm,最多年降雨 1 061.3 mm,最少年降雨 341.1 mm,年内分配不均匀,多集中在汛期,占全年降雨量的 64.7%。

12.1.5　历史山洪灾害

平陆县山洪灾害几乎遍及全县,山洪及其诱发的泥石流、滑坡、崩塌等地质灾害常常毁坏村庄、耕地、山林,给人民生命财产安全带来直接威胁,冲毁交通线路和桥梁,破坏水利工程和通信设施,淹没农田,堵塞河道,淤高河床,污染环境,严重制约着区内经济社会的发展。平陆县历史山洪灾害统计情况见表 4-12-2。

平陆县山洪及地质灾害主要由连续或短时强降雨诱发,受气象因素控制,多发在 7 ~9 月。新中国成立以来,洪涝灾害年年发生,平均 3 年有一次较大灾害。其中:

表 4-12-2　平陆县历史山洪灾害情况统计表

序号	灾害发生时间(年-月-日)	涉及地点		灾害描述
		乡镇、村	小流域	
1	1960-07-05 ~ 07-15	张村镇、圣人涧镇、张店镇	五龙涧、八政河	两次暴雨,洪水成灾,塌淹死亡 13 人,塌窑 314 孔,淹没仓库 62 座,损失粮食 3.7 万 kg,冲毁农田、物资甚多
2	1966-06-25	常乐镇顺头村	圪塔涧	暴雨 2 ~ 3 h,淹没居民 13 户,冲毁窑院 5 座,第四生产队牲口因圈设倒塌全部死亡
3	1971-06-07	圣人涧镇圣人涧村、寨头村	红旗沟	下午 6 时突降暴雨,洪水冲毁农田 500 亩,冲走小麦 5 万余 kg
4	1974-08-06 ~ 08-08	洪池、西侯、常乐、留史、张村五乡镇	南侯沟、圪塔涧张峪涧、五龙涧	两次暴雨,洪水冲毁农田 2 000 亩,损失粮食 38 万 kg,冲毁水库 6 座,沟坝地 500 亩
5	1976-08-20	城关、部官、杜马、张村	划沟、盘南涧、五龙涧	17 ~ 18 时降雨 100 mm,韩村水库被冲,206 户房屋和仓库进水,死亡 1 人,冲毁土地 4 400 亩
6	1982-07-29	张村镇	五龙涧	山洪暴发,冲毁土地 4 200 亩,淤地坝 15 座,公路桥 1 座,损失粮食 2.8 万 kg,倒塌房屋 8 间,死亡 4 人,伤 2 人
7	1985-07-28	部官、张店、城关、杜马等乡镇	八政河、红旗沟 郑沟	洪水冲毁房窑 135 间(孔),造成危房危窑 470 间(孔),冲毁土地 1 500 亩
8	1986-07-17	三门镇	计王河	40 min 降水 100 mm,冲毁沟坝 2 座,损失耕地 2 000 亩,死亡 1 人,18 户受灾
9	1989-08-11	部官、张村、留史、杜马等乡镇	郑沟、五龙涧、张峪涧	下午 5 时 30 分至 6 时 20 分,遭暴雨洪水,总损失 500 万元
10	1992-07-10	张店镇后滩、张郭等 10 村	八政河	历时 25 min,降雨达 63.7 mm,遭暴雨洪水袭击,215 户房屋进水,倒塌房屋 83 间,损失达 580 万元
11	2007-07-29	曹川镇下涧、曹河等村	曹河	洪水冲毁河堤 5 km,冲毁土地 1 500 亩

1960 年 7 月 5 ~ 15 日,五龙涧、八政河两次暴雨,张村镇、圣人涧镇、张店镇塌淹死亡 13 人,塌窑 314 孔,淹没仓库 62 座,损失粮食 3.7 万 kg,冲毁农田、物资甚多。

1966 年 6 月 25 日,圪塔涧暴雨 2 ~ 3 h,常乐镇顺头村淹没居民 13 户,冲毁窑院 5 座,第四生产队牲口因圈舍倒塌全部死亡。

1971 年 6 月 7 日,红旗沟下午 6 时突降暴雨,圣人涧镇圣人涧村、寨头村洪水冲毁农田 500 亩,冲走小麦 5 万余 kg。

1974 年 8 月 6 ~ 8 日,南侯沟、圪塔涧、张峪涧、五龙涧两次暴雨,洪池、西侯、常乐、留史、张村五乡镇洪水冲毁农田 2 000 亩,损失粮食 38 万 kg,冲毁水库 6 座,沟坝地 500 亩。

1976 年 8 月 20 日,划沟、盘南涧、五龙涧 17 时至 18 时降雨 100 mm,韩村水库被冲,206 户房屋和仓库进水,死亡 1 人,冲毁土地 4 400 亩。

1982 年 7 月 29 日,五龙涧山洪暴发,冲毁土地 4 200 亩,淤地坝 15 座,公路桥 1 座,损失粮食 2.8 万 kg,倒塌房屋 8 间,死亡 4 人,伤 2 人。

1986 年 7 月 17 日,计王河 40 min 降水 100 mm,冲毁沟坝 2 座,损失耕地 2 000 亩,死亡 1 人,18 户受灾。

1989 年 8 月 11 日,郑沟、五龙涧、张峪涧下午 5 时 30 分至 6 时 20 分,遭暴雨洪水,总损失 500 万元。

1992 年 7 月 10 日,八政河历时 25 min,降雨达 63.7 mm,遭暴雨洪水袭击,215 户房屋进水,倒塌房屋 83 间,损失达 580 万元。

2007 年 7 月 29 日,曹河洪水冲毁河堤 5 km,冲毁土地 1 500 亩。

12.2　平陆县山洪灾害分析评价成果

12.2.1　分析评价名录确定

平陆县 88 个重点防治区名录见表 4-12-3。其中包括小流域名称及面积、主沟道长度及比降、产流地类、汇流地类。

12.2.2　设计暴雨成果表

平陆县的 88 个重点防治区都进行了设计暴雨的推求,设计暴雨计算成果表、设计暴雨时程分配表分别见表 4-12-4、表 4-12-5。

12.2.3　设计洪水成果表

平陆县的 88 个重点防治区都进行了设计洪水的推求,设计洪水成果表、设计净雨深计算成果表分别见表 4-12-6、表 4-12-7。

表 4-12-3　平陆县小流域基本信息汇总表

序号	小流域名称	行政区划名称	面积(km^2)	主沟道长度(km)	主沟道比降(‰)	产流地类(km^2)				汇流地类(km^2)		
						变质岩森林山地	黄土丘陵阶地	砂页岩灌丛山地	灰岩灌丛山地	森林山地	灌丛山地	黄土丘陵
1	南侯沟	洪池乡洞上	0.58	0.93	35.20		0.26		0.33	0.58		
2		洪池乡桃花岔	3.45	1.14	57.17		0.86		0.17			1.02
3		洪池乡北坡村	10.93	3.86	36.42		7.28		3.66	1.49	2.27	7.17
4		常乐镇西堡	1.58	2.14	69.16		1.58					1.58
5		常乐镇前沟村后沟	75.61	15.58	25.05	5.80	62.51		7.31	10.82	2.31	62.48
6		洪池乡乔南沟	77.23	10.67	20.04	1.09	68.42		7.73		9.24	68.00
7		常乐镇前沟村前沟	156.51	16.95	24.71	6.91	134.49		15.11	11.60	11.37	133.55
8	圪塔涧	常乐镇磨沟	13.02	4.01	43.86	3.06	9.96				3.06	9.96
9		常乐镇浑涧底	20.62	10.42	21.37		20.62					20.62
10	张峪涧	常乐镇吕沟	6.95	2.97	39.59	4.28	2.67			2.96	1.18	2.81
11		常乐镇李皮沟	39.27	22.03	12.11	4.21	35.06			2.95	1.52	34.81
12		常乐镇张沟	26.59	8.79	28.77	4.13	22.46			2.88	1.53	22.18
13		常乐镇后片	33.19	12.11	23.83	4.20	28.99			3.00	1.36	28.83
14		常乐镇柏树崖	34.52	12.78	23.27	4.44	30.08			2.96	1.55	30.02
15		常乐镇前磨	36.34	14.14	21.58	4.09	32.25			2.87	1.67	31.80
16		张村镇烟沟	38.46	21.82	20.17	4.29	34.18			2.94	1.47	34.05
17		张村镇后村	39.73	22.23	20.53	4.31	35.42			2.98	1.52	35.22
18		张村镇东村	39.73	22.23	19.44	4.31	35.42			2.98	1.52	35.22

续表 4-12-3

序号	小流域名称	行政区划名称	面积（km^2）	主沟道长度（km）	主沟道比降（‰）	产流地类（km^2）				汇流地类（km^2）		
						变质岩森林山地	黄土丘陵阶地	砂页岩灌丛山地	灰岩灌丛山地	森林山地	灌丛山地	黄土丘陵
19	五龙涧	杜马乡庙坡	7.32	2.55	43.97	7.32				5.49	1.74	0.09
20		杜马乡黑家沟	1.04	1.49	26.80		1.04					1.04
21		杜马乡榆树岭	18.46	8.81	33.70	7.77	10.69			5.33	2.82	10.31
22		杜马乡王门坡	15.74	2.99	61.77	5.98	9.76					15.74
23		杜马乡胡家坡	21.14	5.91	69.69	5.91	15.23			3.80	2.44	14.89
24		张村镇花园村	2.57	3.37	36.50		2.57					2.57
25		张村镇大涧北	62.33	11.57	23.52	13.91	48.42			9.20	5.94	47.19
26	郑沟	杜马乡安头	0.52	0.60	44.83	0.52				0.52		
27		部官乡后郑沟	2.69	1.91	26.41		2.69					2.69
28		杜马乡堡里	2.36	3.80	53.59		2.36					2.36
29		部官乡董庄	55.05	14.31	21.36	16.26	38.79			16.28		38.77
30		部官乡董庄村张庄	55.95	14.90	20.87	16.46	39.49			10.52	6.19	39.24
31		张村镇后沟村后沟	0.55	1.27	25.70		0.55					0.55
32	红旗沟	圣人涧镇油坊沟	31.33	12.17	18.02	8.95	22.38			7.50	1.66	22.17
33		圣人涧镇高家崖	34.22	13.25	17.64	8.81	25.41			7.48	1.74	25.00
34		圣人涧镇风泉口	35.68	15.05	17.31	8.82	26.86			7.49	1.77	26.42
35	八政河	张店镇马沟	1.46	1.69	38.40	1.03	0.43				1.46	
36		张店镇李铁沟	5.43	3.75	5.86	3.05	2.37				3.07	2.35

续表 4-12-3

序号	小流域名称	行政区划名称	面积（km^2）	主沟道长度（km）	主沟道比降（‰）	产流地类（km^2）				汇流地类（km^2）		
						变质岩森林山地	黄土丘陵阶地	砂页岩灌丛山地	灰岩灌丛山地	森林山地	灌丛山地	黄土丘陵
37	八政河	张店镇水磨沟	6.78	5.52	20.29		6.78					6.78
38		张店镇郭家庄	18.42	1.53	7.65	3.06	15.36			0.28	2.80	15.33
39		圣人涧镇杨庄	72.39	15.23	22.23	9.07	63.32			3.45	5.67	63.27
40		圣人涧镇王沟村王沟	43.42	9.43	33.63	20.17	23.25			8.72	11.16	23.54
41		张店镇南坡	22.51	7.59	30.04	5.23	17.28			1.85	2.51	18.16
42		圣人涧镇八政	159.03	20.59	17.71	34.77	124.26			14.92	18.57	125.55
43		圣人涧镇车坡	161.82	21.54	17.28	34.30	127.52			12.13	16.89	132.80
44		圣人涧镇西坡	163.48	23.56	16.98	35.96	127.52			35.96		127.52
45	高家滩	圣人涧镇董家庄	0.84	1.10	12.80		0.84					0.84
46		圣人涧镇后河	27.47	11.14	35.37	6.41	21.06			1.67	6.04	19.76
47		圣人涧镇前河	1.04	1.95	33.03		1.04					1.04
48		圣人涧镇高家滩	27.47	11.14	29.28	6.41	21.06			1.67	6.04	19.76
49	计王河	三门镇狮沟	2.22	2.13	106.58	2.22					2.22	
50		三门镇上三门	1.83	2.24	19.30		1.83					1.83
51		三门镇下三门	2.39	2.56	19.30		2.39					2.39
52	柳林河	三门镇柳林	63.02	15.87	36.00	52.70	10.32			52.12		10.90
53		三门镇刘庄村刘庄	68.79	17.16	34.14	52.87	15.92			52.18		16.61
54		三门镇刘庄村张庄	71.54	18.11	33.19	52.63	18.90			51.83		19.71

续表 4-12-3

序号	小流域名称	行政区划名称	面积(km^2)	主沟道长度(km)	主沟道比降(‰)	产流地类(km^2)				汇流地类(km^2)		
						变质岩森林山地	黄土丘陵阶地	砂页岩灌丛山地	灰岩灌丛山地	森林山地	灌丛山地	黄土丘陵
55	柳林河	三门镇岳庄	73.06	19.39	31.78	52.19	20.86			52.16		20.90
56		三门镇宋家岭	0.14	0.24	29.64		0.14					0.14
57	畔沟涧	坡底乡周头岭	8.66	3.32	51.54	5.06	3.61			5.14		3.53
58		坡底乡后畔沟	9.12	4.30	50.95	5.05	4.07			5.01		4.11
59		坡底乡庙后	0.11	0.48	109.76		0.11					0.11
60		坡底乡西寨	7.56	5.46	38.30		7.56					7.56
61	坡底河	坡底乡前庄	22.74	6.63	32.77	1.16	21.58					22.74
62	马泉沟	坡底乡后窑村前沟	14.97	6.90	38.13	12.24	2.73			12.24		2.73
63		坡底乡向阳村王沟	29.98	11.32	33.63	12.24	17.74			12.24		17.74
64	郑家沟	曹川镇杨家沟	4.09	0.41	31.43		4.09					4.09
65		曹川镇宋家河	7.83	1.79	27.07		7.83					7.83
66		曹川镇朱家滩	13.97	5.90	25.60		13.97				13.97	
67		曹川镇郑沟	20.95	6.26	26.66		20.95					20.95
68	曹河	曹川镇任滹沱	1.43	1.14	36.68		1.43					1.43
69		曹川镇胡树洼	4.38	4.69	42.22		3.21	1.17			0.95	3.43
70		曹川镇峪口	22.69	12.51	34.60	22.69				20.49	2.10	0.10
71		曹川镇下涧	99.46	20.54	31.01	87.25	6.20		6.01	81.94	11.62	5.89
72		曹川镇马圪塔	108.94	22.64	28.93	88.21	12.18	1.08	7.47	83.23	13.39	12.32

续表 4-12-3

序号	小流域名称	行政区划名称	面积(km²)	主沟道长度(km)	主沟道比降(‰)	产流地类(km²)				汇流地类(km²)		
						变质岩森林山地	黄土丘陵阶地	砂页岩灌丛山地	灰岩灌丛山地	森林山地	灌丛山地	黄土丘陵
73	曹河	曹川镇赵岭	111.54	22.79	28.05	88.17	14.79	1.25	7.32	83.30	13.81	14.43
74		曹川镇曹河	120.13	25.87	26.42	88.50	18.96	3.50	9.17	83.22	17.19	19.73
75		曹川镇曹河村刘庄	122.08	26.63	26.10	88.26	20.37	4.43	9.03			122.08
76		曹川镇王家坡	122.81	27.12	25.34	87.74	20.96	5.18	8.94	82.96	18.45	21.40
77		曹川镇郝家庄	123.26	27.54	25.07	88.39	20.85	4.92	9.11	82.87	19.58	20.82
78		曹川镇靳家底	1.82	2.99	23.97			1.82			1.82	
79		曹川镇柏崖底	138.30	31.20	23.24	88.27	22.54	18.46	9.02	83.34	32.45	22.51
80		曹川镇焦家川	140.54	31.83	43.57	88.27	24.79	18.46	9.02	88.27	27.48	24.79
81		曹川镇后姚坪	142.16	33.08	22.83	88.15	23.22	21.70	9.08	83.32	36.31	22.53
82		曹川镇前姚坪	142.63	33.39	22.47	88.55	22.93	22.32	8.83	82.84	36.99	22.79
83		曹川镇南沟	145.12	39.74	20.73	87.70	23.51	24.81	9.10	83.04	39.29	22.79
84		曹川镇南庄	17.60	7.52	31.80	11.13		0.59	5.88	10.98	6.51	0.11
85		曹川镇田滹沱	21.66	8.29	31.78	11.20		0.80	9.66	11.04	10.52	0.10
86		曹川镇牛家后	32.57	10.49	31.55	11.17		4.90	16.50	11.17	21.40	
87		曹川镇矿窑	33.87	10.62	29.81	11.11		5.20	17.56	11.11	22.76	
88		曹川镇石家	35.17	10.89	27.21	11.58		16.77	6.82	11.58	23.59	

表 4-12-4　平陆县设计暴雨计算成果表

序号	行政区划名称	历时	均值 $\overline{H}$ (mm)	变差系数 C_v	C_s/C_v	重现期雨量值 H_p(mm)				
						100 a($H_{1\%}$)	50 a($H_{2\%}$)	20 a($H_{5\%}$)	10 a($H_{10\%}$)	5 a($H_{20\%}$)
1	洞上	10 min	14.5	0.56	3.5	43.6	38.0	30.7	25.1	19.5
		60 min	30.0	0.58	3.5	93.0	80.8	64.8	52.6	40.5
		6 h	55.0	0.60	3.5	175.6	152.1	121.0	97.7	74.5
		24 h	78.0	0.50	3.5	213.4	188.4	155.1	129.5	103.4
		3 d	98.0	0.48	3.5	259.5	230.1	190.7	160.3	129.2
2	桃花岔	10 min	14.3	0.50	3.5	39.0	34.4	28.3	23.7	18.9
		60 min	29.0	0.55	3.5	85.9	75.1	60.8	49.9	38.9
		6 h	50.5	0.57	3.5	154.2	134.3	107.9	88.0	68.1
		24 h	71.0	0.51	3.5	197.4	174.0	142.7	118.7	94.4
		3 d	95.0	0.49	3.5	255.7	226.3	186.9	156.6	125.6
3	北坡村	10 min	14.6	0.48	3.5	38.7	34.3	28.4	23.9	19.2
		60 min	30.5	0.53	3.5	87.5	76.8	62.6	51.7	40.8
		6 h	52.0	0.57	3.5	158.8	138.3	111.1	90.6	70.1
		24 h	74.0	0.51	3.5	205.8	181.3	148.7	123.8	98.4
		3 d	95.0	0.46	3.5	243.3	216.6	180.8	153.1	124.4
4	西堡	10 min	13.5	0.52	3.5	38.1	33.5	27.4	22.7	18.0
		60 min	30.5	0.57	3.5	93.1	81.1	65.2	53.2	41.1
		6 h	49.1	0.55	3.5	145.4	127.1	102.9	84.4	65.9
		24 h	74.0	0.51	3.5	205.8	181.3	148.7	123.8	98.4
		3 d	91.5	0.53	3.5	262.6	230.5	187.8	155.2	122.3

续表 4-12-4

序号	行政区划名称	历时	均值 $\overline{H}$ (mm)	变差系数 C_v	C_s/C_v	重现期雨量值 H_p (mm) 100 a($H_{1\%}$)	50 a($H_{2\%}$)	20 a($H_{5\%}$)	10 a($H_{10\%}$)	5 a($H_{20\%}$)
5	前沟村后沟	10 min	14.5	0.51	3.5	40.3	35.5	29.1	24.3	19.3
		60 min	31.5	0.54	3.5	91.8	80.5	65.3	53.8	42.2
		6 h	50.0	0.58	3.5	155.0	134.7	107.9	87.7	67.5
		24 h	73.0	0.51	3.5	203.0	178.9	146.7	122.1	97.0
		3 d	95.0	0.51	3.5	264.1	232.8	190.9	158.9	126.3
6	乔南沟	10 min	15.2	0.53	3.5	43.6	38.3	31.2	25.8	20.3
		60 min	30.9	0.54	3.5	90.1	78.9	64.1	52.8	41.4
		6 h	45.0	0.55	3.5	133.3	116.5	94.3	77.4	60.4
		24 h	67.0	0.53	3.5	192.3	168.8	137.5	113.7	89.5
		3 d	91.5	0.51	3.5	254.4	224.2	183.9	153.0	121.6
7	前沟村前沟	10 min	15.0	0.52	3.5	42.4	37.3	30.5	25.3	20.0
		60 min	30.2	0.55	3.5	89.4	78.2	63.3	51.9	40.5
		6 h	49.0	0.60	3.5	156.5	135.5	107.8	87.0	66.4
		24 h	69.0	0.54	3.5	201.2	176.2	143.1	117.9	92.4
		3 d	93.0	0.52	3.5	262.8	231.1	188.9	156.7	124.0
8	磨沟	10 min	14.3	0.51	3.5	41.0	36.0	29.3	24.3	19.1
		60 min	30.8	0.55	3.5	91.2	79.7	64.5	53.0	41.3
		6 h	50.0	0.58	3.5	155.0	134.7	107.9	87.7	67.5
		24 h	72.5	0.51	3.5	201.6	177.6	145.7	121.3	96.4
		3 d	91.6	0.50	3.5	250.6	221.3	182.1	152.1	121.4

续表 4-12-4

序号	行政区划名称	历时	均值 $\overline{H}$ (mm)	变差系数 C_v	C_s/C_v	重现期雨量值 H_p(mm)				
						100 a($H_{1\%}$)	50 a($H_{2\%}$)	20 a($H_{5\%}$)	10 a($H_{10\%}$)	5 a($H_{20\%}$)
9	浑涧底	10 min	15.0	0.53	3.5	43.1	37.8	30.8	30.8	20.0
		60 min	31.0	0.56	3.5	93.2	81.3	65.6	65.6	41.7
		6 h	46.0	0.55	3.5	136.2	119.1	96.4	96.4	61.7
		24 h	69.0	0.52	3.5	194.9	171.4	140.1	140.1	92.0
		3 d	93.0	0.51	3.5	258.6	227.9	186.9	186.9	123.6
10	吕沟	10 min	15.0	0.52	3.5	42.4	37.3	30.5	25.3	20.0
		60 min	30.2	0.55	3.5	89.4	78.2	63.3	51.9	40.5
		6 h	50.0	0.57	3.5	152.7	132.9	106.9	87.1	67.4
		24 h	71.0	0.51	3.5	197.4	174.0	142.7	118.7	94.4
		3 d	94.0	0.50	3.5	257.2	227.1	186.9	156.1	124.6
11	李皮沟	10 min	14.1	0.52	3.5	39.8	35.0	28.6	23.8	18.8
		60 min	30.6	0.53	3.5	87.8	77.1	62.8	51.9	40.9
		6 h	49.7	0.56	3.5	149.5	130.4	105.2	86.0	66.9
		24 h	72.0	0.52	3.5	203.4	178.9	146.2	121.3	96.0
		3 d	92.3	0.51	3.5	256.6	226.2	185.5	154.4	122.7
12	张沟	10 min	14.0	0.52	3.5	39.6	34.8	28.4	23.6	18.7
		60 min	30.1	0.54	3.5	87.8	76.9	62.4	51.4	40.3
		6 h	49.5	0.54	3.5	144.3	126.4	102.6	84.6	66.3
		24 h	71.8	0.53	3.5	206.1	180.9	147.4	121.8	95.9
		3 d	92.4	0.52	3.5	261.1	229.6	187.7	155.6	123.2

续表 4-12-4

序号	行政区划名称	历时	均值 $\overline{H}$ (mm)	变差系数 C_v	C_s/C_v	重现期雨量值 H_p(mm)				
						100 a($H_{1\%}$)	50 a($H_{2\%}$)	20 a($H_{5\%}$)	10 a($H_{10\%}$)	5 a($H_{20\%}$)
13	后片	10 min	15.1	0.53	3.5	43.3	38.0	31.0	25.6	20.2
		60 min	30.7	0.55	3.5	90.9	79.5	64.3	52.8	41.2
		6 h	47.0	0.57	3.5	143.5	125.0	100.5	81.9	63.4
		24 h	69.0	0.52	3.5	194.9	171.4	140.1	116.2	92.0
		3 d	92.0	0.51	3.5	255.8	225.4	184.9	153.9	122.3
14	柏树崖	10 min	15.2	0.53	3.5	43.6	38.3	31.2	25.8	20.3
		60 min	31.0	0.57	3.5	94.7	82.4	66.3	54.0	41.8
		6 h	45.0	0.55	3.5	133.3	116.5	94.3	77.4	60.4
		24 h	71.5	0.46	3.5	183.1	163.0	136.1	115.2	93.7
		3 d	95.0	0.53	3.5	272.7	239.3	195.0	161.2	126.9
15	前磨	10 min	15.0	0.53	3.5	43.1	37.8	30.8	25.4	20.0
		60 min	30.8	0.57	3.5	94.0	81.9	65.8	53.7	41.5
		6 h	48.0	0.57	3.5	146.6	127.6	102.6	83.7	64.7
		24 h	70.0	0.52	3.5	197.8	173.9	142.2	117.9	93.3
		3 d	95.0	0.51	3.5	264.1	232.8	190.9	158.9	126.3
16	烟沟	10 min	16.0	0.57	3.5	48.9	42.5	34.2	27.9	21.6
		60 min	32.0	0.57	3.5	97.7	85.1	68.4	55.8	43.1
		6 h	47.0	0.56	3.5	141.3	123.3	99.5	81.4	63.2
		24 h	71.0	0.56	3.5	213.5	186.3	150.2	122.9	95.5
		3 d	89.0	0.56	3.5	267.6	233.5	188.3	154.1	119.7

续表 4-12-4

序号	行政区划名称	历时	均值 $\overline{H}$ (mm)	变差系数 C_v	C_s/C_v	重现期雨量值 H_p(mm)				
						100 a($H_{1\%}$)	50 a($H_{2\%}$)	20 a($H_{5\%}$)	10 a($H_{10\%}$)	5 a($H_{20\%}$)
17	后村	10 min	14.9	0.52	3.5	42.1	37.0	30.3	25.1	19.9
		60 min	30.8	0.56	3.5	92.6	80.8	65.2	53.3	41.4
		6 h	49.5	0.56	3.5	148.9	129.9	104.8	85.7	66.6
		24 h	69.5	0.51	3.5	193.2	170.3	139.7	116.2	92.4
		3 d	93.0	0.51	3.5	258.6	227.9	186.9	155.5	123.6
18	东村	10 min	15.0	0.52	3.5	42.4	37.3	30.5	25.3	20.0
		60 min	30.5	0.54	3.5	88.9	77.9	63.2	52.1	40.8
		6 h	48.0	0.58	3.5	148.8	129.3	103.6	84.2	64.8
		24 h	70.0	0.55	3.5	207.3	181.2	146.6	120.4	94.0
		3 d	91.0	0.53	3.5	261.2	229.3	186.8	154.4	121.6
19	庙坡	10 min	14.8	0.50	3.5	40.5	35.8	29.4	24.6	19.6
		60 min	30.7	0.54	3.5	89.5	78.4	63.7	52.4	41.1
		6 h	50.0	0.55	3.5	148.1	129.4	104.7	86.0	67.1
		24 h	69.0	0.50	3.5	188.8	166.7	137.2	114.6	91.5
		3 d	92.0	0.49	3.5	247.6	219.1	181.0	151.6	121.6
20	黑家沟	10 min	14.3	0.56	3.5	43.0	37.5	30.3	24.8	19.2
		60 min	30.5	0.52	3.5	86.2	75.8	61.9	51.4	40.7
		6 h	53.0	0.55	3.5	157.0	137.2	111.0	91.1	71.1
		24 h	68.0	0.51	3.5	189.1	166.6	136.7	113.7	90.4
		3 d	82.0	0.50	3.5	224.4	198.1	163.1	136.2	108.7

续表 4-12-4

序号	行政区划名称	历时	均值 $\overline{H}$ (mm)	变差系数 C_v	C_s/C_v	重现期雨量值 H_p(mm)				
						100 a($H_{1\%}$)	50 a($H_{2\%}$)	20 a($H_{5\%}$)	10 a($H_{10\%}$)	5 a($H_{20\%}$)
21	榆树岭	10 min	15.0	0.53	3.5	43.1	37.8	30.8	25.5	20.1
		60 min	30.1	0.56	3.5	90.5	78.9	63.7	52.1	40.5
		6 h	48.7	0.54	3.5	142.0	124.4	101.0	83.2	65.2
		24 h	69.3	0.53	3.5	198.9	174.6	142.2	117.6	92.6
		3 d	93.8	0.53	3.5	269.2	236.3	192.5	159.1	125.3
22	王门坡	10 min	15.7	0.49	3.5	42.3	37.4	30.9	25.9	20.8
		60 min	30.1	0.55	3.5	89.1	77.9	63.1	51.8	40.4
		6 h	54.0	0.55	3.5	159.9	139.8	113.1	92.9	72.5
		24 h	70.0	0.50	3.5	191.5	169.1	139.2	116.2	92.8
		3 d	92.0	0.50	3.5	251.7	222.3	182.9	152.8	122.0
23	胡家坡	10 min	14.8	0.52	3.5	41.8	36.8	30.1	24.9	19.7
		60 min	30.6	0.54	3.5	89.2	78.2	63.5	52.3	41.0
		6 h	49.0	0.58	3.5	151.9	132.0	105.8	85.9	66.2
		24 h	70.0	0.51	3.5	194.6	171.5	140.7	117.1	93.1
		3 d	92.0	0.50	3.5	251.7	222.3	182.9	152.8	122.0
24	花园村	10 min	15.5	0.54	3.5	45.2	39.6	32.1	26.5	20.8
		60 min	31.0	0.56	3.5	93.2	81.3	65.6	53.7	41.7
		6 h	47.5	0.55	3.5	140.7	123.0	99.5	81.7	63.8
		24 h	65.5	0.52	3.5	185.1	162.7	133.0	110.3	87.3
		3 d	92.0	0.53	3.5	264.1	231.8	188.8	156.1	122.9

续表 4-12-4

序号	行政区划名称	历时	均值 $\overline{H}$ (mm)	变差系数 C_v	C_s/C_v	重现期雨量值 H_p(mm)				
						100 a($H_{1\%}$)	50 a($H_{2\%}$)	20 a($H_{5\%}$)	10 a($H_{10\%}$)	5 a($H_{20\%}$)
25	大涧北	10 min	15.3	0.51	3.5	42.5	37.5	30.7	25.6	20.3
		60 min	31.2	0.56	3.5	93.8	81.9	66.0	54.0	42.0
		6 h	31.2	0.56	3.5	159.7	139.1	111.8	91.1	70.5
		24 h	70.0	0.53	3.5	200.9	176.3	143.7	118.7	93.5
		3 d	92.0	0.51	3.5	255.8	225.4	184.9	153.9	122.3
26	安头	10 min	16.9	0.45	3.5	42.6	38.0	31.8	27.0	22.1
		60 min	30.8	0.53	3.5	88.4	77.6	63.2	52.2	41.2
		6 h	52.0	0.54	3.5	151.6	132.8	107.8	88.8	69.6
		24 h	68.0	0.48	3.5	180.1	159.6	132.3	111.2	89.6
		3 d	88.0	0.48	3.5	233.0	206.6	171.2	144.0	116.0
27	后郑沟	10 min	13.7	0.58	3.5	42.5	36.9	29.6	24.0	18.5
		60 min	30.3	0.57	3.5	92.5	80.6	64.8	52.8	40.8
		6 h	49.5	0.52	3.5	139.9	123.0	100.5	83.4	66.0
		24 h	62.0	0.53	3.5	178.0	156.2	127.2	105.2	82.8
		3 d	92.0	0.52	3.5	259.9	228.6	186.9	155.0	122.6
28	堡里	10 min	14.7	0.55	3.5	43.5	38.1	30.8	25.3	19.7
		60 min	31.0	0.56	3.5	93.2	81.3	65.6	53.7	41.7
		6 h	49.0	0.58	3.5	151.9	132.0	105.8	85.9	66.2
		24 h	66.0	0.52	3.5	186.5	164.0	134.1	111.2	88.0
		3 d	91.0	0.51	3.5	253.0	223.0	182.9	152.2	121.0

续表 4-12-4

序号	行政区划名称	历时	均值 $\overline{H}$ (mm)	变差系数 C_v	C_s/C_v	重现期雨量值 H_p(mm)				
						100 a($H_{1\%}$)	50 a($H_{2\%}$)	20 a($H_{5\%}$)	10 a($H_{10\%}$)	5 a($H_{20\%}$)
29	董庄村	10 min	15.0	0.53	3.5	43.1	37.8	30.8	25.4	20.0
		60 min	30.9	0.58	3.5	95.8	83.3	66.7	54.2	41.7
		6 h	47.0	0.57	3.5	143.5	125.0	100.5	81.9	63.4
		24 h	71.0	0.52	3.5	200.6	176.4	144.2	119.6	94.6
		3 d	96.0	0.51	3.5	266.9	235.2	192.9	160.6	127.6
30	董庄村张庄	10 min	16.1	0.57	3.5	49.2	42.8	34.4	28.1	21.7
		60 min	31.3	0.56	3.5	94.6	82.5	66.4	54.3	42.1
		6 h	50.8	0.53	3.5	145.8	128.0	104.3	86.2	67.9
		24 h	68.3	0.53	3.5	196.0	172.1	140.2	115.9	91.3
		3 d	92.0	0.53	3.5	264.1	231.8	188.8	156.1	122.9
31	后沟村后沟	10 min	15.7	0.54	3.5	45.8	40.1	32.6	26.8	21.0
		60 min	27.5	0.58	3.5	85.2	74.1	59.4	48.2	37.1
		6 h	48.5	0.53	3.5	139.2	122.2	99.5	82.3	64.8
		24 h	63.0	0.52	3.5	178.0	156.5	128.0	106.1	84.0
		3 d	91.7	0.48	3.5	242.8	215.3	178.4	150.0	120.9
32	油坊沟	10 min	15.3	0.56	3.5	46.0	40.1	32.4	26.5	20.6
		60 min	31.0	0.58	3.5	96.1	83.5	66.9	54.4	41.9
		6 h	50.2	0.57	3.5	153.3	133.5	107.3	87.5	67.7
		24 h	65.2	0.53	3.5	187.1	164.3	133.8	110.6	87.1
		3 d	85.5	0.51	3.5	237.7	209.5	171.8	143.0	113.7

续表 4-12-4

序号	行政区划名称	历时	均值 $\overline{H}$ (mm)	变差系数 C_v	C_s/C_v	重现期雨量值 H_p(mm)				
						100 a($H_{1\%}$)	50 a($H_{2\%}$)	20 a($H_{5\%}$)	10 a($H_{10\%}$)	5 a($H_{20\%}$)
33	高家崖	10 min	15.6	0.52	3.5	44.1	38.8	31.7	26.3	20.8
		60 min	31.8	0.57	3.5	97.1	84.6	68.0	55.4	42.9
		6 h	49.0	0.56	3.5	147.4	128.6	103.7	84.8	65.9
		24 h	64.5	0.57	3.5	196.9	171.5	137.9	112.4	86.9
		3 d	93.0	0.52	3.5	262.8	231.1	188.9	156.7	124.0
34	风泉口	10 min	15.2	0.54	3.5	44.3	38.8	31.5	26.0	20.4
		60 min	31.2	0.57	3.5	95.3	83.0	66.7	54.4	42.1
		6 h	49.0	0.57	3.5	149.6	130.3	104.7	85.4	66.0
		24 h	65.0	0.53	3.5	186.6	163.8	133.4	110.3	86.8
		3 d	92.0	0.52	3.5	259.9	228.6	186.9	155.0	122.6
35	马沟	10 min	15.0	0.53	3.5	43.1	37.8	30.8	25.4	20.0
		60 min	30.5	0.54	3.5	88.9	77.9	63.2	52.1	40.8
		6 h	44.0	0.53	3.5	126.3	110.8	90.3	74.6	58.8
		24 h	61.0	0.52	3.5	172.3	151.6	123.9	102.8	81.3
		3 d	91.0	0.47	3.5	237.0	210.6	175.1	147.7	119.6
36	李铁沟	10 min	14.1	0.52	3.5	39.8	35.0	28.6	23.8	19.3
		60 min	30.6	0.53	3.5	87.8	77.1	62.8	51.9	40.9
		6 h	49.7	0.56	3.5	149.5	130.4	105.2	86.0	64.0
		24 h	72.0	0.52	3.5	203.4	178.9	146.2	121.3	89.1
		3 d	92.3	0.51	3.5	256.6	226.2	185.5	154.4	115.0

续表 4-12-4

序号	行政区划名称	历时	均值 $\overline{H}$ (mm)	变差系数 C_v	C_s/C_v	重现期雨量值 H_p(mm)				
						100 a($H_{1\%}$)	50 a($H_{2\%}$)	20 a($H_{5\%}$)	10 a($H_{10\%}$)	5 a($H_{20\%}$)
37	水磨沟	10 min	15.0	0.55	3.5	44.4	38.8	31.4	25.8	20.1
		60 min	31.0	0.56	3.5	93.2	81.3	65.6	53.7	41.7
		6 h	49.0	0.57	3.5	149.6	130.3	104.7	85.4	66.0
		24 h	69.0	0.52	3.5	194.9	171.4	140.1	116.2	92.0
		3 d	90.0	0.50	3.5	246.2	217.4	179.0	149.4	119.3
38	郭家庄	10 min	16.1	0.49	3.5	43.2	38.2	31.6	26.5	21.3
		60 min	29.8	0.50	3.5	81.7	72.1	59.3	49.5	39.5
		6 h	46.0	0.57	3.5	140.5	122.3	98.3	80.2	62.0
		24 h	64.0	0.53	3.5	184.1	161.5	131.5	108.7	85.6
		3 d	83.7	0.50	3.5	225.6	199.6	164.8	138.0	110.7
39	杨庄	10 min	15.4	0.55	3.5	45.6	39.9	32.3	26.5	20.7
		60 min	30.9	0.57	3.5	94.4	82.2	66.0	53.8	41.6
		6 h	45.9	0.54	3.5	133.8	117.2	95.2	78.4	61.5
		24 h	67.5	0.53	3.5	193.8	170.0	138.5	114.5	90.2
		3 d	85.2	0.52	3.5	240.7	211.7	173.1	143.5	113.6
40	王沟村王沟	10 min	15.5	0.55	3.5	45.9	40.1	32.5	26.7	20.8
		60 min	31.0	0.56	3.5	93.2	81.3	65.6	53.7	41.7
		6 h	49.0	0.53	3.5	140.6	123.4	100.6	83.1	65.5
		24 h	68.0	0.52	3.5	192.1	169.0	138.1	114.5	90.6
		3 d	91.0	0.51	3.5	253.0	223.0	182.9	152.2	121.0

续表 4-12-4

序号	行政区划名称	历时	均值 $\overline{H}$ (mm)	变差系数 C_v	C_s/C_v	重现期雨量值 H_p (mm)				
						100 a($H_{1\%}$)	50 a($H_{2\%}$)	20 a($H_{5\%}$)	10 a($H_{10\%}$)	5 a($H_{20\%}$)
41	南坡	10 min	14.9	0.52	3.5	42.1	37.0	30.3	25.1	19.9
		60 min	30.8	0.57	3.5	94.0	81.9	65.8	53.7	41.5
		6 h	47.0	0.55	3.5	139.2	121.7	98.5	80.8	63.1
		24 h	62.0	0.52	3.5	175.2	154.0	125.9	104.4	82.6
		3 d	91.0	0.50	3.5	249.0	219.8	180.9	151.1	120.6
42	八政	10 min	15.0	0.52	3.5	42.4	37.3	30.5	25.3	20.0
		60 min	31.0	0.57	3.5	94.7	82.4	66.3	54.0	41.8
		6 h	45.0	0.56	3.5	135.3	118.1	95.2	77.9	60.5
		24 h	71.0	0.52	3.5	200.6	176.4	144.2	119.6	94.6
		3 d	93.0	0.53	3.5	266.9	234.3	190.9	157.8	124.3
43	车坡	10 min	14.8	0.50	3.5	40.5	35.8	29.4	24.6	19.6
		60 min	31.0	0.57	3.5	94.7	82.4	66.3	54.0	41.8
		6 h	45.0	0.56	3.5	135.3	118.1	95.2	77.9	60.5
		24 h	70.0	0.52	3.5	197.8	173.9	142.2	117.9	93.3
		3 d	90.0	0.52	3.5	254.3	223.6	182.8	151.6	120.0
44	西坡	10 min	14.5	0.51	3.5	40.3	35.5	29.1	24.3	19.3
		60 min	30.7	0.56	3.5	92.3	80.6	65.0	53.2	41.3
		6 h	49.3	0.60	3.5	157.4	136.3	108.5	87.6	66.8
		24 h	74.5	0.51	3.5	207.1	182.5	149.7	124.6	99.0
		3 d	91.7	0.52	3.5	259.1	227.8	186.3	154.5	122.2

续表 4-12-4

序号	行政区划名称	历时	均值 $\overline{H}$ (mm)	变差系数 C_v	C_s/C_v	重现期雨量值 H_p(mm)				
						100 a($H_{1\%}$)	50 a($H_{2\%}$)	20 a($H_{5\%}$)	10 a($H_{10\%}$)	5 a($H_{20\%}$)
45	董家庄	10 min	16.1	0.57	3.5	49.2	42.8	34.4	28.1	21.7
		60 min	31.5	0.56	3.5	94.7	82.7	66.7	54.5	42.4
		6 h	50.0	0.53	3.5	143.5	126.0	102.6	84.8	66.8
		24 h	65.5	0.52	3.5	185.1	162.7	133.0	110.3	87.3
		3 d	91.8	0.47	3.5	239.1	212.4	176.7	149.0	120.6
46	后河	10 min	16.0	0.57	3.5	48.9	42.5	34.2	27.9	21.6
		60 min	31.5	0.55	3.5	93.3	81.5	66.0	54.2	42.3
		6 h	51.0	0.52	3.5	144.1	126.7	103.6	85.9	68.0
		24 h	67.0	0.52	3.5	189.3	166.5	136.1	112.9	89.3
		3 d	92.0	0.52	3.5	259.9	228.6	186.9	155.0	122.6
47	前河	10 min	16.0	0.57	3.5	48.9	42.5	34.2	27.9	21.6
		60 min	31.2	0.56	3.5	93.8	81.9	66.0	54.0	42.0
		6 h	48.0	0.51	3.5	133.5	117.6	96.5	80.3	63.8
		24 h	61.0	0.51	3.5	169.6	149.5	122.6	102.0	81.1
		3 d	90.0	0.49	3.5	242.3	214.4	177.0	148.3	119.0
48	高家滩	10 min	15.8	0.60	3.5	50.5	43.7	34.8	28.1	21.4
		60 min	31.3	0.50	3.5	85.6	75.6	62.2	52.0	41.5
		6 h	47.0	0.52	3.5	132.8	116.8	95.5	79.2	62.6
		24 h	67.0	0.53	3.5	192.3	168.8	137.5	113.7	89.5
		3 d	95.0	0.51	3.5	264.1	232.8	190.9	158.9	126.3

续表 4-12-4

序号	行政区划名称	历时	均值 $\overline{H}$ (mm)	变差系数 C_v	C_s/C_v	重现期雨量值 H_p (mm)				
						100 a($H_{1\%}$)	50 a($H_{2\%}$)	20 a($H_{5\%}$)	10 a($H_{10\%}$)	5 a($H_{20\%}$)
49	狮沟	10 min	16.0	0.57	3.5	48.9	42.5	34.2	27.9	21.6
		60 min	31.5	0.57	3.5	96.2	83.8	67.3	54.9	42.5
		6 h	50.8	0.54	3.5	148.1	129.7	105.3	86.8	68.0
		24 h	69.5	0.54	3.5	202.6	177.5	144.1	118.7	93.1
		3 d	90.5	0.52	3.5	255.7	224.9	183.8	152.4	120.6
50	上三门	10 min	16.2	0.57	3.5	49.5	43.1	34.6	28.2	21.8
		60 min	31.7	0.56	3.5	95.3	83.2	67.1	54.9	42.6
		6 h	44.5	0.51	3.5	123.7	109.0	89.4	74.4	59.2
		24 h	61.0	0.56	3.5	183.4	160.1	129.1	105.6	82.1
		3 d	89.5	0.47	3.5	233.1	207.1	172.2	145.3	117.6
51	下三门	10 min	16.3	0.58	3.5	50.5	43.9	35.2	28.6	22.0
		60 min	31.8	0.56	3.5	95.6	83.4	67.3	55.1	42.8
		6 h	44.7	0.52	3.5	126.3	111.1	90.8	75.3	59.6
		24 h	61.5	0.57	3.5	187.8	163.5	131.4	107.2	82.9
		3 d	89.0	0.48	3.5	235.7	208.9	173.2	145.6	117.3
52	柳林	10 min	15.5	0.56	3.5	46.6	40.7	32.8	26.8	20.9
		60 min	31.0	0.56	3.5	93.2	81.3	65.6	53.7	41.7
		6 h	50.0	0.52	3.5	141.3	124.2	101.6	84.2	66.6
		24 h	68.0	0.54	3.5	198.3	173.7	141.0	116.2	91.1
		3 d	91.0	0.52	3.5	257.1	226.1	184.8	153.3	121.3

续表 4-12-4

序号	行政区划名称	历时	均值 $\overline{H}$ (mm)	变差系数 C_v	C_s/C_v	重现期雨量值 H_p(mm)				
						100 a($H_{1\%}$)	50 a($H_{2\%}$)	20 a($H_{5\%}$)	10 a($H_{10\%}$)	5 a($H_{20\%}$)
53	刘庄村刘庄	10 min	15.0	0.58	3.5	46.5	40.4	32.4	26.3	20.3
		60 min	31.8	0.58	3.5	98.6	85.7	68.6	55.8	42.9
		6 h	48.5	0.51	3.5	134.9	118.8	97.5	81.1	64.5
		24 h	68.0	0.53	3.5	195.2	171.3	139.6	115.4	90.9
		3 d	92.0	0.53	3.5	264.1	231.8	188.8	156.1	122.9
54	刘庄村张庄	10 min	15.2	0.55	3.5	45.0	39.4	31.8	26.1	20.4
		60 min	32.0	0.55	3.5	94.8	82.8	67.0	55.0	43.0
		6 h	47.0	0.55	3.5	139.2	121.7	98.5	80.8	63.1
		24 h	66.0	0.55	3.5	195.5	170.9	138.3	113.5	88.6
		3 d	91.0	0.52	3.5	257.1	226.1	184.8	153.3	121.3
55	岳庄	10 min	16.3	0.56	3.5	49.0	42.8	34.5	28.2	21.9
		60 min	31.6	0.57	3.5	96.5	84.0	67.5	55.1	42.6
		6 h	51.2	0.53	3.5	147.0	129.0	105.1	86.9	68.4
		24 h	68.9	0.53	3.5	197.8	173.6	141.4	116.9	92.1
		3 d	93.5	0.52	3.5	264.2	232.3	189.9	157.5	124.6
56	宋家岭	10 min	17.0	0.60	3.5	54.3	47.0	37.4	30.2	23.0
		60 min	31.9	0.58	3.5	98.9	85.9	68.9	56.0	43.1
		6 h	49.0	0.52	3.5	138.4	121.7	99.5	82.5	65.3
		24 h	68.0	0.55	3.5	201.4	176.0	142.5	116.9	91.3
		3 d	91.0	0.53	3.5	261.2	229.3	186.8	154.4	121.6

续表 4-12-4

序号	行政区划名称	历时	均值 $\overline{H}$ (mm)	变差系数 C_v	C_s/C_v	重现期雨量值 H_p(mm)				
						100 a($H_{1\%}$)	50 a($H_{2\%}$)	20 a($H_{5\%}$)	10 a($H_{10\%}$)	5 a($H_{20\%}$)
57	周头岭	10 min	16.3	0.57	3.5	49.7	43.3	34.8	28.4	21.9
		60 min	31.6	0.57	3.5	96.5	84.0	67.5	55.1	42.6
		6 h	50.7	0.53	3.5	145.5	127.7	104.1	86.0	67.7
		24 h	68.8	0.54	3.5	200.6	175.7	142.7	117.5	92.1
		3 d	91.2	0.52	3.5	257.7	226.6	185.2	153.6	121.6
58	后畔沟	10 min	16.5	0.57	3.5	50.4	43.9	35.3	28.8	22.2
		60 min	32.3	0.60	3.5	103.2	89.3	71.1	57.4	43.8
		6 h	52.5	0.52	3.5	148.3	130.4	106.6	88.4	70.0
		24 h	70.0	0.52	3.5	197.8	173.9	142.2	117.9	93.3
		3 d	93.0	0.52	3.5	262.8	231.1	188.9	156.7	124.0
59	庙后	10 min	16.5	0.58	3.5	51.1	44.5	44.5	28.9	22.3
		60 min	31.8	0.57	3.5	97.1	84.6	84.6	55.4	42.9
		6 h	52.0	0.53	3.5	149.3	131.0	131.0	88.2	69.5
		24 h	70.0	0.54	3.5	204.1	178.8	178.8	119.6	93.8
		3 d	91.0	0.53	3.5	261.2	229.3	229.3	154.4	121.6
60	西寨	10 min	17.0	0.59	3.5	53.5	46.4	37.1	30.0	23.0
		60 min	32.0	0.57	3.5	97.7	85.1	68.4	55.8	43.1
		6 h	52.0	0.52	3.5	146.9	129.2	105.6	87.6	69.3
		24 h	69.0	0.52	3.5	194.9	171.4	140.1	116.2	92.0
		3 d	89.0	0.53	3.5	255.5	224.2	182.7	151.0	118.9

续表 4-12-4

序号	行政区划名称	历时	均值 $\overline{H}$ (mm)	变差系数 C_v	C_s/C_v	重现期雨量值 H_p(mm)				
						100 a($H_{1\%}$)	50 a($H_{2\%}$)	20 a($H_{5\%}$)	10 a($H_{10\%}$)	5 a($H_{20\%}$)
61	前庄	10 min	17.0	0.59	3.5	53.1	46.1	36.9	29.9	23.0
		60 min	32.3	0.58	3.5	100.1	87.0	69.7	56.7	43.6
		6 h	51.0	0.54	3.5	148.7	130.3	105.8	87.1	68.3
		24 h	69.3	0.55	3.5	205.2	179.4	145.2	119.2	93.0
		3 d	89.2	0.53	3.5	254.0	223.2	182.1	150.8	119.0
62	后窑村前沟	10 min	16.3	0.60	3.5	52.1	45.1	35.9	29.0	22.1
		60 min	32.0	0.60	3.5	102.2	88.5	70.4	56.8	43.4
		6 h	52.0	0.51	3.5	144.6	127.4	104.5	87.0	69.1
		24 h	71.0	0.54	3.5	207.0	181.3	147.2	121.3	95.1
		3 d	90.0	0.52	3.5	254.3	223.6	182.8	151.6	120.0
63	向阳村王沟	10 min	16.5	0.59	3.5	51.9	45.0	36.0	29.1	22.3
		60 min	32.7	0.59	3.5	102.9	89.3	71.3	57.7	44.2
		6 h	52.0	0.57	3.5	158.8	138.3	111.1	90.6	70.1
		24 h	68.0	0.56	3.5	204.5	178.4	143.9	117.7	91.5
		3 d	89.5	0.49	3.5	240.9	213.2	176.1	147.5	118.3
64	杨家沟	10 min	16.2	0.57	3.5	49.5	43.1	34.6	28.2	21.8
		60 min	32.0	0.57	3.5	97.7	85.1	68.4	55.8	43.1
		6 h	51.6	0.52	3.5	145.8	128.2	104.8	86.9	68.8
		24 h	67.0	0.52	3.5	189.3	166.5	136.1	112.9	89.3
		3 d	89.0	0.49	3.5	239.6	212.0	175.1	146.7	117.7

续表 4-12-4

序号	行政区划名称	历时	均值 $\overline{H}$ (mm)	变差系数 C_v	C_s/C_v	重现期雨量值 H_p(mm)				
						100 a($H_{1\%}$)	50 a($H_{2\%}$)	20 a($H_{5\%}$)	10 a($H_{10\%}$)	5 a($H_{20\%}$)
65	宋家河	10 min	17.0	0.59	3.5	53.5	46.4	37.1	30.0	23.0
		60 min	33.0	0.58	3.5	102.3	88.9	71.2	57.9	44.6
		6 h	51.0	0.52	3.5	144.1	126.7	103.6	85.9	68.0
		24 h	73.0	0.56	3.5	219.5	191.5	154.5	126.4	98.2
		3 d	89.0	0.53	3.5	255.5	224.2	182.7	151.0	118.9
66	朱家滩	10 min	16.3	0.58	3.5	50.5	43.9	35.2	28.6	22.0
		60 min	32.9	0.56	3.5	98.9	86.3	69.6	57.0	44.3
		6 h	50.3	0.57	3.5	153.6	133.7	107.5	87.7	67.8
		24 h	71.3	0.56	3.5	214.4	187.1	150.9	123.4	95.9
		3 d	88.3	0.53	3.5	253.5	222.4	181.2	149.8	118.0
67	郑沟	10 min	15.1	0.57	3.5	46.0	40.1	32.2	26.3	20.3
		60 min	33.1	0.57	3.5	101.1	88.0	70.7	57.7	44.6
		6 h	51.0	0.54	3.5	148.7	130.3	105.8	87.1	68.3
		24 h	71.2	0.56	3.5	212.8	185.8	150.1	122.9	95.7
		3 d	87.3	0.53	3.5	250.6	219.9	179.2	148.1	116.6
68	任滹沱	10 min	17.4	0.58	3.5	53.9	46.9	37.6	30.5	23.5
		60 min	34.0	0.58	3.5	105.4	91.6	73.4	59.6	45.9
		6 h	48.0	0.55	3.5	142.1	124.3	100.6	82.5	64.4
		24 h	71.0	0.57	3.5	216.8	188.8	151.8	123.7	95.7
		3 d	87.2	0.54	3.5	254.3	222.7	180.8	148.9	116.8

续表 4-12-4

序号	行政区划名称	历时	均值 $\overline{H}$ (mm)	变差系数 C_v	C_s/C_v	重现期雨量值 H_p(mm)				
						100 a($H_{1\%}$)	50 a($H_{2\%}$)	20 a($H_{5\%}$)	10 a($H_{10\%}$)	5 a($H_{20\%}$)
69	胡树洼	10 min	16.6	0.56	3.5	49.9	43.6	35.1	28.7	22.3
		60 min	34.2	0.57	3.5	104.4	90.9	73.1	59.6	46.1
		6 h	49.0	0.55	3.5	145.1	126.9	102.7	84.3	65.8
		24 h	72.0	0.57	3.5	219.9	191.4	153.9	125.5	97.0
		3 d	87.0	0.53	3.5	249.7	219.2	178.6	147.6	116.2
70	峪口	10 min	16.1	0.57	3.5	49.5	36.7	34.6	28.2	21.8
		60 min	32.6	0.57	3.5	99.5	73.0	69.7	56.8	43.9
		6 h	52.7	0.54	3.5	153.9	128.0	109.4	90.1	70.6
		24 h	72.5	0.56	3.5	217.0	179.3	153.0	125.3	97.5
		3 d	90.8	0.54	3.5	263.1	225.1	187.5	154.7	121.5
71	下涧	10 min	16.1	0.56	3.5	48.4	42.2	34.1	27.9	21.7
		60 min	31.9	0.57	3.5	97.4	84.8	68.2	55.6	43.0
		6 h	52.0	0.54	3.5	151.6	132.8	107.8	88.8	69.6
		24 h	71.0	0.54	3.5	207.0	181.3	147.2	121.3	95.1
		3 d	91.0	0.52	3.5	257.1	226.1	184.8	153.3	121.3
72	马圪塔	10 min	16.1	0.60	3.5	51.4	44.5	35.4	28.6	21.8
		60 min	32.0	0.57	3.5	97.7	85.1	68.4	55.8	43.1
		6 h	53.0	0.53	3.5	152.1	133.5	108.8	89.9	70.8
		24 h	73.0	0.52	3.5	206.2	181.4	148.3	123.0	97.3
		3 d	91.0	0.53	3.5	261.2	229.3	186.8	154.4	121.6

续表 4-12-4

序号	行政区划名称	历时	均值 $\overline{H}$ (mm)	变差系数 C_v	C_s/C_v	重现期雨量值 H_p(mm)				
						100 a($H_{1\%}$)	50 a($H_{2\%}$)	20 a($H_{5\%}$)	10 a($H_{10\%}$)	5 a($H_{20\%}$)
73	赵岭 1	10 min	16.1	0.58	3.5	49.9	43.4	34.8	28.2	21.7
		60 min	32.0	0.57	3.5	97.7	85.1	68.4	55.8	43.1
		6 h	53.0	0.54	3.5	154.5	135.4	109.9	90.5	71.0
		24 h	72.0	0.54	3.5	209.9	183.9	149.3	123.0	96.4
		3 d	93.0	0.52	3.5	262.8	231.1	188.9	156.7	124.0
	赵岭 2	10 min	16.0	0.59	3.5	50.3	43.7	34.9	28.2	21.6
		60 min	30.5	0.57	3.5	93.1	81.1	65.2	53.2	41.1
		6 h	52.0	0.53	3.5	149.3	131.0	106.7	88.2	69.5
		24 h	72.0	0.51	3.5	200.2	176.4	144.7	120.4	95.7
		3 d	92.0	0.52	3.5	259.9	228.6	186.9	155.0	122.6
74	曹河	10 min	16.3	0.60	3.5	52.1	45.1	35.9	29.0	22.1
		60 min	32.0	0.60	3.5	102.2	88.5	70.4	56.8	43.4
		6 h	52.5	0.50	3.5	143.6	126.8	104.4	87.2	69.6
		24 h	72.0	0.53	3.5	206.7	181.4	147.8	122.1	96.2
		3 d	92.5	0.52	3.5	261.3	229.8	187.9	155.8	123.3
75	曹河村刘庄	10 min	17.0	0.57	3.5	51.9	45.2	36.3	29.6	22.9
		60 min	34.0	0.58	3.5	105.4	91.6	73.4	59.6	45.9
		6 h	51.0	0.56	3.5	153.4	133.8	107.9	88.3	68.6
		24 h	71.0	0.56	3.5	213.5	186.3	150.2	122.9	95.5
		3 d	87.0	0.53	3.5	249.7	219.2	178.6	147.6	116.2

续表 4-12-4

序号	行政区划名称	历时	均值 $\overline{H}$ (mm)	变差系数 C_v	C_s/C_v	重现期雨量值 H_p(mm)				
						100 a($H_{1\%}$)	50 a($H_{2\%}$)	20 a($H_{5\%}$)	10 a($H_{10\%}$)	5 a($H_{20\%}$)
76	王家坡	10 min	16.1	0.57	3.5	49.2	42.8	34.4	28.1	21.7
		60 min	32.0	0.57	3.5	97.7	85.1	68.4	55.8	43.1
		6 h	53.0	0.54	3.5	154.5	135.4	109.9	90.5	71.0
		24 h	73.0	0.55	3.5	216.2	189.0	152.9	125.5	98.0
		3 d	91.0	0.52	3.5	257.1	226.1	184.8	153.3	121.3
77	郝家庄	10 min	16.2	0.60	3.5	51.7	44.8	35.7	28.8	22.0
		60 min	32.1	0.53	3.5	92.1	80.9	65.9	54.5	42.9
		6 h	52.8	0.53	3.5	151.6	133.1	108.4	89.6	70.6
		24 h	68.2	0.57	3.5	208.2	181.3	145.8	118.9	91.9
		3 d	93.0	0.51	3.5	258.6	227.9	186.9	155.5	123.6
78	靳家底	10 min	16.2	0.56	3.5	48.7	42.5	34.3	28.0	21.8
		60 min	34.0	0.57	3.5	103.8	90.4	72.7	59.3	45.8
		6 h	52.0	0.56	3.5	156.4	136.4	110.0	90.0	69.9
		24 h	73.0	0.57	3.5	222.9	194.1	156.0	127.2	98.4
		3 d	88.0	0.49	3.5	236.9	209.6	173.1	145.0	116.3
79	柏崖底 1(峪口)	10 min	16.1	0.58	3.5	49.9	43.4	34.8	28.2	21.7
		60 min	32.0	0.57	3.5	97.7	85.1	68.4	55.8	43.1
		6 h	53.0	0.54	3.5	154.5	135.4	109.9	90.5	71.0
		24 h	72.0	0.54	3.5	209.9	183.9	149.3	123.0	96.4
		3 d	93.0	0.52	3.5	262.8	231.1	188.9	156.7	124.0

续表 4-12-4

序号	行政区划名称	历时	均值 $\overline{H}$ (mm)	变差系数 C_v	C_s/C_v	重现期雨量值 H_p(mm)				
						100 a($H_{1\%}$)	50 a($H_{2\%}$)	20 a($H_{5\%}$)	10 a($H_{10\%}$)	5 a($H_{20\%}$)
79	柏崖底2(曹河)	10 min	17.3	0.57	3.5	52.8	46.0	37.0	30.1	23.3
		60 min	35.2	0.59	3.5	110.8	96.1	76.7	62.1	47.6
		6 h	50.0	0.56	3.5	150.4	131.2	105.8	86.6	67.3
		24 h	73.0	0.56	3.5	219.5	191.5	154.5	126.4	98.2
		3 d	87.0	0.53	3.5	249.7	219.2	178.6	147.6	116.2
80	焦家川	10 min	16.4	0.58	3.5	50.8	44.2	35.4	28.8	22.1
		60 min	34.3	0.78	3.5	139.8	117.2	88.1	66.9	47.0
		6 h	48.0	0.57	3.5	146.6	127.6	102.6	83.7	64.7
		24 h	72.0	0.57	3.5	219.9	191.4	153.9	125.5	97.0
		3 d	86.0	0.53	3.5	246.9	216.7	176.5	145.9	114.9
81	后姚坪	10 min	16.2	0.56	3.5	48.7	42.5	34.3	28.0	21.8
		60 min	32.0	0.56	3.5	96.2	84.0	67.7	55.4	43.0
		6 h	52.5	0.54	3.5	153.1	134.1	108.9	89.7	70.3
		24 h	72.0	0.55	3.5	213.2	186.4	150.8	123.8	96.6
		3 d	91.0	0.53	3.5	261.2	229.3	186.8	154.4	121.6
82	前姚坪	10 min	16.2	0.58	3.5	50.2	43.6	35.0	28.4	21.9
		60 min	32.0	0.58	3.5	99.2	86.2	69.1	56.1	43.2
		6 h	52.0	0.54	3.5	151.6	132.8	107.8	88.8	69.6
		24 h	72.0	0.54	3.5	209.9	183.9	149.3	123.0	96.4
		3 d	94.0	0.52	3.5	265.6	233.6	190.9	158.3	125.3

续表 4-12-4

序号	行政区划名称	历时	均值 $\overline{H}$ (mm)	变差系数 C_v	C_s/C_v	重现期雨量值 H_p(mm)				
						100 a($H_{1\%}$)	50 a($H_{2\%}$)	20 a($H_{5\%}$)	10 a($H_{10\%}$)	5 a($H_{20\%}$)
83	南沟 1(下秦涧)	10 min	16.0	0.59	3.5	50.3	43.7	34.9	28.2	21.6
		60 min	30.5	0.57	3.5	93.1	81.1	65.2	53.2	41.1
		6 h	52.0	0.53	3.5	149.3	131.0	106.7	88.2	69.5
		24 h	72.0	0.51	3.5	200.2	176.4	144.7	120.4	95.7
		3 d	92.0	0.52	3.5	259.9	228.6	186.9	155.0	122.6
	南沟 2(曹河)	10 min	17.3	0.57	3.5	52.8	46.0	37.0	30.1	23.3
		60 min	35.2	0.59	3.5	110.8	96.1	76.7	62.1	47.6
		6 h	50.0	0.56	3.5	150.4	131.2	105.8	86.6	67.3
		24 h	73.0	0.56	3.5	219.5	191.5	154.5	126.4	98.2
		3 d	87.0	0.53	3.5	249.7	219.2	178.6	147.6	116.2
84	南庄	10 min	16.2	0.57	3.5	49.5	43.1	34.6	28.2	21.8
		60 min	33.0	0.57	3.5	100.8	87.7	70.5	57.5	44.5
		6 h	52.5	0.54	3.5	153.1	134.1	108.9	89.7	70.3
		24 h	73.0	0.56	3.5	219.5	191.5	154.5	126.4	98.2
		3 d	91.0	0.53	3.5	261.2	229.3	186.8	154.4	121.6
85	田滹沱	10 min	16.2	0.56	3.5	48.7	42.5	34.3	28.0	21.8
		60 min	33.8	0.57	3.5	103.2	89.9	72.2	58.9	45.6
		6 h	52.5	0.49	3.5	141.3	125.0	103.3	86.5	69.4
		24 h	73.0	0.56	3.5	219.5	191.5	154.5	126.4	98.2
		3 d	90.0	0.47	3.5	234.4	208.3	173.2	146.1	118.3

续表 4-12-4

序号	行政区划名称	历时	均值 $\overline{H}$ (mm)	变差系数 C_v	C_s/C_v	重现期雨量值 H_p(mm)				
						100 a($H_{1\%}$)	50 a($H_{2\%}$)	20 a($H_{5\%}$)	10 a($H_{10\%}$)	5 a($H_{20\%}$)
86	牛家后	10 min	16.7	0.58	3.5	51.8	45.0	36.0	29.3	22.6
		60 min	34.5	0.57	3.5	105.3	91.7	73.7	60.1	46.5
		6 h	54.0	0.56	3.5	162.4	141.7	114.3	93.5	72.6
		24 h	73.0	0.53	3.5	209.5	183.9	149.8	123.8	97.5
		3 d	89.0	0.53	3.5	255.5	224.2	182.7	151.0	118.9
87	矿窑	10 min	16.1	0.57	3.5	49.2	42.8	34.4	28.1	21.7
		60 min	34.0	0.58	3.5	105.4	91.6	73.4	59.6	45.9
		6 h	51.0	0.56	3.5	153.4	133.8	107.9	88.3	68.6
		24 h	73.0	0.57	3.5	222.9	194.1	156.0	127.2	98.4
		3 d	91.0	0.49	3.5	245.0	216.7	179.0	150.0	120.3
88	石家	10 min	16.3	0.56	3.5	52.1	45.3	36.3	29.5	22.7
		60 min	34.2	0.58	3.5	105.4	91.6	73.4	59.6	45.9
		6 h	52.0	0.57	3.5	158.8	138.3	111.1	90.6	70.1
		24 h	73.0	0.57	3.5	227.5	197.8	158.5	128.8	99.2
		3 d	88.0	0.53	3.5	262.4	229.9	186.6	153.7	120.5

表 4-12-5　平陆县设计暴雨时程分配表

序号	行政区划名称	时段长	时段序号	重现期时段雨量值(mm)				
				100 a($H_{1\%}$)	50 a($H_{2\%}$)	20 a($H_{5\%}$)	10 a($H_{10\%}$)	5 a($H_{20\%}$)
1	洞上	0.5 h	1	3.30	2.95	2.46	2.09	1.70
			2	3.62	3.22	2.68	2.26	1.83
			3	3.99	3.54	2.93	2.47	1.98
			4	7.63	6.66	5.38	4.40	3.42
			5	9.18	7.99	6.41	5.22	4.03
			6	23.21	19.98	15.76	12.58	9.47
			7	69.49	60.36	48.32	39.21	30.12
			8	15.32	13.23	10.49	8.43	6.40
			9	11.49	9.96	7.95	6.43	4.92
			10	6.50	5.70	4.62	3.81	2.98
			11	5.65	4.96	4.05	3.35	2.65
			12	4.98	4.39	3.60	3.00	2.38
2	桃花岔	0.25 h	1	1.64	1.45	1.19	0.99	0.79
			2	1.71	1.51	1.24	1.04	0.82
			3	1.80	1.58	1.30	1.08	0.86
			4	1.89	1.66	1.36	1.13	0.90
			5	3.32	2.89	2.33	1.90	1.48
			6	3.61	3.14	2.52	2.06	1.59
			7	3.95	3.44	2.75	2.24	1.73
			8	4.36	3.79	3.03	2.46	1.89
			9	9.06	7.83	6.21	5.00	3.80
			10	16.93	14.64	11.64	9.37	7.11
			11	45.11	39.73	32.58	27.10	21.53
			12	11.68	10.09	8.01	6.44	4.88

续表 4-12-5

序号	行政区划名称	时段长	时段序号	重现期时段雨量值(mm)				
				100 a($H_{1\%}$)	50 a($H_{2\%}$)	20 a($H_{5\%}$)	10 a($H_{10\%}$)	5 a($H_{20\%}$)
2	桃花岔	0.25 h	13	7.43	6.43	5.11	4.12	3.13
			14	6.32	5.47	4.35	3.51	2.68
			15	5.50	4.76	3.80	3.07	2.35
			16	4.87	4.22	3.37	2.73	2.10
			17	3.07	2.68	2.16	1.77	1.38
			18	2.86	2.49	2.02	1.65	1.29
			19	2.67	2.33	1.89	1.55	1.21
			20	2.50	2.19	1.77	1.46	1.14
			21	2.35	2.06	1.67	1.38	1.08
			22	2.22	1.95	1.58	1.31	1.03
			23	2.10	1.84	1.50	1.24	0.98
			24	1.99	1.75	1.43	1.18	0.94
3	北坡村	0.5 h	1	3.28	2.90	2.38	1.98	1.58
			2	3.58	3.15	2.58	2.14	1.70
			3	3.92	3.45	2.81	2.33	1.84
			4	7.21	6.28	5.05	4.12	3.19
			5	8.59	7.47	5.99	4.87	3.75
			6	20.70	17.95	14.31	11.56	8.82
			7	58.36	51.38	42.11	34.99	27.75
			8	13.95	12.09	9.65	7.81	5.97
			9	10.62	9.22	7.37	5.98	4.59
			10	6.20	5.41	4.36	3.57	2.78
			11	5.43	4.75	3.84	3.15	2.46
			12	4.82	4.22	3.43	2.82	2.21

续表 4-12-5

序号	行政区划名称	时段长	时段序号	重现期时段雨量值(mm)				
				100 a($H_{1\%}$)	50 a($H_{2\%}$)	20 a($H_{5\%}$)	10 a($H_{10\%}$)	5 a($H_{20\%}$)
4	西堡	0.25 h	1	1.67	1.48	1.23	1.03	0.83
			2	1.75	1.55	1.28	1.07	0.86
			3	1.83	1.62	1.34	1.12	0.89
			4	1.93	1.70	1.40	1.17	0.93
			5	3.36	2.94	2.39	1.96	1.54
			6	3.65	3.19	2.58	2.12	1.66
			7	3.99	3.49	2.82	2.31	1.80
			8	4.40	3.84	3.10	2.54	1.97
			9	9.08	7.88	6.30	5.11	3.92
			10	16.90	14.66	11.71	9.48	7.26
			11	44.87	39.36	32.05	26.49	20.86
			12	11.69	10.14	8.10	6.56	5.02
			13	7.46	6.49	5.19	4.22	3.25
			14	6.35	5.53	4.43	3.61	2.78
			15	5.53	4.82	3.87	3.16	2.44
			16	4.90	4.28	3.44	2.81	2.18
			17	3.11	2.73	2.22	1.83	1.43
			18	2.90	2.54	2.07	1.71	1.34
			19	2.71	2.38	1.94	1.60	1.26
			20	2.54	2.23	1.82	1.51	1.19
			21	2.39	2.10	1.72	1.43	1.13
			22	2.26	1.99	1.63	1.35	1.07
			23	2.13	1.88	1.54	1.29	1.02
			24	2.03	1.79	1.47	1.22	0.98

续表 4-12-5

序号	行政区划名称	时段长	时段序号	重现期时段雨量值(mm)				
				100 a($H_{1\%}$)	50 a($H_{2\%}$)	20 a($H_{5\%}$)	10 a($H_{10\%}$)	5 a($H_{20\%}$)
5	前沟村后沟	0.5 h	1	3.09	2.74	2.27	1.90	1.53
			2	3.37	2.98	2.46	2.06	1.64
			3	3.69	3.26	2.68	2.23	1.78
			4	6.75	5.90	4.77	3.92	3.06
			5	8.04	7.01	5.65	4.62	3.59
			6	19.26	16.72	13.36	10.83	8.31
			7	53.76	47.19	38.48	31.81	25.08
			8	13.01	11.31	9.05	7.36	5.66
			9	9.92	8.64	6.94	5.66	4.38
			10	5.81	5.09	4.13	3.40	2.67
			11	5.10	4.47	3.64	3.01	2.37
			12	4.53	3.98	3.25	2.70	2.13
6	乔南沟	0.25 h	1	1.47	1.30	1.06	0.89	0.70
			2	1.53	1.35	1.10	0.92	0.73
			3	1.59	1.40	1.15	0.96	0.76
			4	1.66	1.46	1.20	0.99	0.79
			5	2.69	2.36	1.93	1.60	1.26
			6	2.90	2.55	2.07	1.72	1.35
			7	3.14	2.76	2.25	1.86	1.46
			8	3.44	3.02	2.46	2.03	1.60
			9	6.83	5.99	4.86	4.00	3.13
			10	12.81	11.21	9.09	7.47	5.85
			11	40.33	35.45	28.99	24.02	19.01
			12	8.78	7.69	6.23	5.13	4.02

续表 4-12-5

序号	行政区划名称	时段长	时段序号	重现期时段雨量值(mm)				
				100 a($H_{1\%}$)	50 a($H_{2\%}$)	20 a($H_{5\%}$)	10 a($H_{10\%}$)	5 a($H_{20\%}$)
6	乔南沟	0.25 h	13	5.65	4.95	4.02	3.31	2.60
			14	4.84	4.24	3.45	2.84	2.23
			15	4.25	3.73	3.03	2.50	1.97
			16	3.80	3.33	2.71	2.24	1.76
			17	2.51	2.21	1.80	1.49	1.18
			18	2.36	2.07	1.69	1.40	1.11
			19	2.22	1.95	1.60	1.32	1.05
			20	2.10	1.85	1.51	1.25	0.99
			21	1.99	1.75	1.43	1.19	0.94
			22	1.90	1.67	1.37	1.13	0.90
			23	1.81	1.59	1.30	1.08	0.86
			24	1.73	1.52	1.25	1.04	0.82
7	前沟村前沟	0.5 h	1	3.05	2.68	2.19	1.82	1.44
			2	3.30	2.90	2.37	1.96	1.55
			3	3.59	3.15	2.57	2.12	1.67
			4	6.38	5.56	4.47	3.65	2.82
			5	7.54	6.56	5.26	4.28	3.30
			6	17.74	15.37	12.26	9.91	7.57
			7	50.91	44.63	36.32	29.96	23.55
			8	12.05	10.45	8.34	6.75	5.17
			9	9.25	8.03	6.43	5.22	4.01
			10	5.53	4.82	3.89	3.18	2.47
			11	4.88	4.26	3.45	2.83	2.20
			12	4.36	3.82	3.09	2.54	1.99

续表 4-12-5

序号	行政区划名称	时段长	时段序号	重现期时段雨量值(mm)				
				100 a($H_{1\%}$)	50 a($H_{2\%}$)	20 a($H_{5\%}$)	10 a($H_{10\%}$)	5 a($H_{20\%}$)
8	磨沟	0.25 h	1	1.64	1.45	1.19	1.00	0.80
			2	1.71	1.51	1.25	1.04	0.83
			3	1.79	1.58	1.30	1.09	0.87
			4	1.88	1.66	1.36	1.14	0.90
			5	3.28	2.87	2.32	1.91	1.49
			6	3.56	3.12	2.51	2.06	1.61
			7	3.90	3.40	2.74	2.24	1.74
			8	4.30	3.75	3.01	2.46	1.91
			9	8.85	7.69	6.13	4.96	3.80
			10	16.48	14.32	11.40	9.21	7.03
			11	43.83	38.49	31.35	25.92	20.42
			12	11.40	9.90	7.88	6.37	4.86
			13	7.28	6.33	5.05	4.09	3.14
			14	6.20	5.39	4.31	3.50	2.69
			15	5.40	4.70	3.77	3.06	2.36
			16	4.78	4.17	3.35	2.73	2.11
			17	3.04	2.66	2.16	1.77	1.39
			18	2.83	2.48	2.01	1.66	1.30
			19	2.64	2.32	1.89	1.56	1.22
			20	2.48	2.18	1.77	1.47	1.16
			21	2.33	2.05	1.67	1.39	1.09
			22	2.20	1.94	1.58	1.31	1.04
			23	2.09	1.84	1.50	1.25	0.99
			24	1.98	1.74	1.43	1.19	0.95

续表 4-12-5

序号	行政区划名称	时段长	时段序号	重现期时段雨量值(mm)				
				100 a($H_{1\%}$)	50 a($H_{2\%}$)	20 a($H_{5\%}$)	10 a($H_{10\%}$)	5 a($H_{20\%}$)
9	浑涧底	0.5 h	1	2.82	2.50	2.06	1.73	1.38
			2	3.05	2.70	2.22	1.86	1.49
			3	3.32	2.93	2.41	2.01	1.61
			4	5.94	5.21	4.23	3.50	2.75
			5	7.05	6.18	5.01	4.13	3.23
			6	17.35	15.12	12.15	9.92	7.68
			7	58.80	51.49	41.81	34.43	26.99
			8	11.49	10.03	8.09	6.62	5.15
			9	8.71	7.62	6.16	5.06	3.95
			10	5.13	4.51	3.67	3.04	2.40
			11	4.51	3.97	3.25	2.69	2.13
			12	4.03	3.55	2.91	2.42	1.92
10	吕沟	0.5 h	1	2.97	2.63	2.18	1.83	1.47
			2	3.24	2.86	2.36	1.97	1.58
			3	3.55	3.13	2.57	2.15	1.71
			4	6.56	5.73	4.63	3.80	2.97
			5	7.85	6.85	5.51	4.51	3.50
			6	19.59	16.99	13.53	10.94	8.37
			7	62.08	54.35	44.10	36.31	28.45
			8	12.94	11.25	8.99	7.29	5.60
			9	9.76	8.50	6.82	5.55	4.29
			10	5.63	4.93	4.00	3.29	2.58
			11	4.92	4.32	3.52	2.90	2.29
			12	4.36	3.84	3.14	2.60	2.06

续表 4-12-5

序号	行政区划名称	时段长	时段序号	重现期时段雨量值(mm)				
				100 a($H_{1\%}$)	50 a($H_{2\%}$)	20 a($H_{5\%}$)	10 a($H_{10\%}$)	5 a($H_{20\%}$)
11	李皮沟	0.5 h	1	3.18	2.80	2.30	1.92	1.52
			2	3.44	3.03	2.48	2.07	1.64
			3	3.74	3.29	2.70	2.24	1.78
			4	6.63	5.81	4.72	3.90	3.06
			5	7.85	6.87	5.57	4.59	3.59
			6	18.54	16.20	13.08	10.72	8.35
			7	54.52	47.89	39.10	32.38	25.58
			8	12.55	10.97	8.87	7.28	5.68
			9	9.63	8.42	6.82	5.61	4.38
			10	5.75	5.04	4.10	3.39	2.67
			11	5.07	4.45	3.63	3.00	2.37
			12	4.54	3.99	3.26	2.70	2.13
12	张沟	0.25 h	1	1.71	1.50	1.23	1.02	0.81
			2	1.78	1.56	1.28	1.06	0.84
			3	1.85	1.63	1.33	1.10	0.87
			4	1.93	1.70	1.39	1.15	0.91
			5	3.17	2.78	2.26	1.87	1.47
			6	3.41	3.00	2.44	2.01	1.58
			7	3.70	3.25	2.64	2.18	1.71
			8	4.05	3.55	2.89	2.38	1.87
			9	7.97	6.99	5.67	4.67	3.65
			10	14.58	12.78	10.37	8.54	6.69
			11	40.44	35.58	29.13	24.19	19.18
			12	10.17	8.91	7.22	5.95	4.66

续表 4-12-5

序号	行政区划名称	时段长	时段序号	重现期时段雨量值（mm）				
				100 a（$H_{1\%}$）	50 a（$H_{2\%}$）	20 a（$H_{5\%}$）	10 a（$H_{10\%}$）	5 a（$H_{20\%}$）
12	张沟	0.25 h	13	6.62	5.80	4.71	3.88	3.04
			14	5.69	4.99	4.05	3.33	2.61
			15	5.00	4.38	3.56	2.93	2.30
			16	4.47	3.92	3.18	2.63	2.06
			17	2.96	2.59	2.11	1.74	1.37
			18	2.77	2.43	1.98	1.64	1.29
			19	2.61	2.29	1.87	1.54	1.22
			20	2.46	2.16	1.76	1.46	1.15
			21	2.34	2.05	1.67	1.38	1.09
			22	2.22	1.95	1.59	1.32	1.04
			23	2.11	1.86	1.52	1.26	0.99
			24	2.02	1.78	1.45	1.20	0.95
13	后片	0.5 h	1	2.87	2.54	2.09	1.75	1.40
			2	3.11	2.74	2.26	1.88	1.50
			3	3.39	2.99	2.45	2.04	1.62
			4	6.07	5.32	4.31	3.55	2.78
			5	7.22	6.31	5.10	4.18	3.26
			6	17.68	15.36	12.30	10.00	7.70
			7	57.68	50.50	41.00	33.76	26.46
			8	11.75	10.23	8.22	6.70	5.18
			9	8.92	7.78	6.27	5.13	3.98
			10	5.25	4.60	3.74	3.08	2.42
			11	4.62	4.05	3.30	2.73	2.15
			12	4.12	3.62	2.96	2.45	1.94

续表 4-12-5

序号	行政区划名称	时段长	时段序号	重现期时段雨量值(mm)				
				100 a($H_{1\%}$)	50 a($H_{2\%}$)	20 a($H_{5\%}$)	10 a($H_{10\%}$)	5 a($H_{20\%}$)
14	柏树崖	0.5 h	1	2.50	2.27	1.95	1.69	1.42
			2	2.73	2.46	2.10	1.82	1.52
			3	2.99	2.69	2.29	1.97	1.63
			4	5.55	4.91	4.05	3.39	2.71
			5	6.66	5.87	4.80	3.99	3.16
			6	17.00	14.74	11.76	9.52	7.29
			7	57.93	50.61	40.92	33.55	26.16
			8	11.10	9.68	7.80	6.37	4.95
			9	8.32	7.29	5.92	4.88	3.83
			10	4.76	4.22	3.50	2.95	2.38
			11	4.15	3.70	3.09	2.62	2.13
			12	3.68	3.29	2.77	2.36	1.93
15	前磨	0.5 h	1	2.89	2.56	2.12	1.78	1.43
			2	3.14	2.78	2.29	1.92	1.54
			3	3.44	3.03	2.50	2.08	1.66
			4	6.28	5.50	4.45	3.65	2.85
			5	7.50	6.55	5.28	4.32	3.36
			6	18.51	16.06	12.80	10.35	7.91
			7	58.19	50.86	41.18	33.81	26.40
			8	12.29	10.68	8.54	6.94	5.33
			9	9.30	8.10	6.50	5.30	4.10
			10	5.41	4.74	3.85	3.17	2.49
			11	4.74	4.16	3.39	2.80	2.21
			12	4.21	3.71	3.03	2.51	1.99

续表 4-12-5

序号	行政区划名称	时段长	时段序号	重现期时段雨量值(mm)				
				100 a($H_{1\%}$)	50 a($H_{2\%}$)	20 a($H_{5\%}$)	10 a($H_{10\%}$)	5 a($H_{20\%}$)
16	烟沟	0.5 h	1	2.50	2.19	1.77	1.46	1.15
			2	2.63	2.30	1.87	1.54	1.21
			3	2.78	2.43	1.97	1.63	1.27
			4	2.94	2.58	2.09	1.72	1.35
			5	3.13	2.74	2.23	1.83	1.44
			6	8.57	7.51	6.08	5.01	3.92
			7	11.09	9.72	7.88	6.48	5.07
			8	60.73	53.03	42.82	35.06	27.29
			9	16.45	14.40	11.67	9.59	7.50
			10	7.05	6.18	5.01	4.12	3.23
			11	6.03	5.28	4.28	3.53	2.76
			12	5.29	4.63	3.76	3.09	2.42
17	后村	0.5 h	1	2.82	2.50	2.08	1.75	1.42
			2	3.07	2.73	2.26	1.90	1.53
			3	3.38	2.99	2.47	2.07	1.66
			4	6.33	5.54	4.50	3.71	2.91
			5	7.59	6.63	5.36	4.40	3.43
			6	18.93	16.44	13.15	10.67	8.20
			7	57.41	50.30	40.87	33.67	26.42
			8	12.54	10.91	8.76	7.13	5.51
			9	9.45	8.24	6.64	5.43	4.21
			10	5.42	4.76	3.87	3.20	2.52
			11	4.72	4.16	3.40	2.82	2.23
			12	4.18	3.69	3.02	2.52	2.00

续表 4-12-5

序号	行政区划名称	时段长	时段序号	重现期时段雨量值(mm)				
				100 a($H_{1\%}$)	50 a($H_{2\%}$)	20 a($H_{5\%}$)	10 a($H_{10\%}$)	5 a($H_{20\%}$)
18	东村	0.5 h	1	3.22	2.82	2.28	1.87	1.46
			2	3.46	3.03	2.45	2.01	1.57
			3	3.75	3.28	2.65	2.17	1.69
			4	6.48	5.65	4.54	3.70	2.86
			5	7.63	6.64	5.33	4.34	3.35
			6	17.86	15.53	12.45	10.12	7.80
			7	55.98	49.12	40.02	33.08	26.06
			8	12.10	10.52	8.43	6.86	5.28
			9	9.31	8.10	6.50	5.29	4.08
			10	5.65	4.92	3.96	3.23	2.50
			11	5.01	4.37	3.52	2.88	2.23
			12	4.50	3.93	3.17	2.59	2.01
19	庙坡	0.5 h	1	2.76	2.45	2.03	1.71	1.38
			2	3.03	2.68	2.22	1.86	1.50
			3	3.34	2.96	2.44	2.04	1.64
			4	6.43	5.63	4.57	3.76	2.95
			5	7.76	6.78	5.48	4.50	3.51
			6	19.83	17.24	13.82	11.24	8.64
			7	60.73	53.38	43.56	36.07	28.48
			8	13.02	11.33	9.10	7.42	5.73
			9	9.73	8.49	6.84	5.59	4.34
			10	5.47	4.80	3.91	3.23	2.54
			11	4.75	4.18	3.41	2.83	2.24
			12	4.18	3.68	3.02	2.51	1.99

续表 4-12-5

序号	行政区划名称	时段长	时段序号	重现期时段雨量值(mm)				
				100 a($H_{1\%}$)	50 a($H_{2\%}$)	20 a($H_{5\%}$)	10 a($H_{10\%}$)	5 a($H_{20\%}$)
20	黑家沟	0.25 h	1	1.50	1.32	1.09	0.91	0.73
			2	1.57	1.39	1.14	0.95	0.76
			3	1.65	1.45	1.20	1.00	0.80
			4	1.73	1.53	1.26	1.05	0.84
			5	3.08	2.72	2.23	1.86	1.48
			6	3.35	2.96	2.43	2.02	1.61
			7	3.68	3.24	2.66	2.22	1.76
			8	4.07	3.59	2.95	2.45	1.95
			9	8.67	7.63	6.24	5.18	4.10
			10	16.70	14.67	11.97	9.91	7.82
			11	48.52	42.47	34.40	28.28	22.12
			12	11.31	9.95	8.13	6.74	5.33
			13	7.06	6.22	5.09	4.23	3.35
			14	5.97	5.26	4.31	3.58	2.84
			15	5.17	4.55	3.73	3.10	2.46
			16	4.56	4.02	3.29	2.74	2.18
			17	2.84	2.51	2.06	1.72	1.37
			18	2.64	2.33	1.91	1.59	1.27
			19	2.46	2.17	1.78	1.49	1.19
			20	2.30	2.03	1.67	1.39	1.11
			21	2.16	1.91	1.57	1.31	1.04
			22	2.04	1.80	1.48	1.23	0.98
			23	1.92	1.70	1.40	1.17	0.93
			24	1.82	1.61	1.32	1.11	0.88

续表 4-12-5

序号	行政区划名称	时段长	时段序号	重现期时段雨量值(mm)				
				100 a($H_{1\%}$)	50 a($H_{2\%}$)	20 a($H_{5\%}$)	10 a($H_{10\%}$)	5 a($H_{20\%}$)
21	榆树岭	0.5 h	1	2.97	2.62	2.15	1.79	1.43
			2	3.21	2.83	2.32	1.93	1.53
			3	3.49	3.07	2.52	2.09	1.66
			4	6.16	5.41	4.40	3.63	2.85
			5	7.30	6.40	5.19	4.28	3.36
			6	17.68	15.45	12.47	10.22	7.96
			7	58.98	51.69	42.02	34.64	27.22
			8	11.79	10.31	8.34	6.85	5.35
			9	8.98	7.86	6.37	5.24	4.10
			10	5.34	4.69	3.82	3.16	2.49
			11	4.71	4.14	3.38	2.80	2.21
			12	4.22	3.71	3.03	2.51	1.99
22	王门坡	0.5 h	1	2.85	2.53	2.11	1.78	1.44
			2	3.12	2.77	2.30	1.93	1.56
			3	3.45	3.05	2.52	2.11	1.70
			4	6.62	5.79	4.68	3.84	3.00
			5	7.97	6.96	5.60	4.58	3.56
			6	20.22	17.53	13.97	11.30	8.64
			7	60.69	53.33	43.55	36.07	28.50
			8	13.33	11.57	9.24	7.50	5.76
			9	9.99	8.69	6.97	5.68	4.38
			10	5.63	4.94	4.01	3.31	2.60
			11	4.89	4.30	3.50	2.90	2.29
			12	4.31	3.79	3.11	2.59	2.05

续表 4-12-5

序号	行政区划名称	时段长	时段序号	重现期时段雨量值(mm)				
				100 a($H_{1\%}$)	50 a($H_{2\%}$)	20 a($H_{5\%}$)	10 a($H_{10\%}$)	5 a($H_{20\%}$)
23	胡家坡	0.25 h	1	1.56	1.38	1.13	0.95	0.76
			2	1.63	1.44	1.18	0.99	0.79
			3	1.70	1.50	1.24	1.03	0.82
			4	1.79	1.58	1.29	1.08	0.86
			5	3.10	2.71	2.19	1.80	1.41
			6	3.36	2.94	2.37	1.95	1.52
			7	3.67	3.21	2.59	2.12	1.65
			8	4.05	3.53	2.84	2.33	1.80
			9	8.36	7.26	5.79	4.71	3.60
			10	15.67	13.60	10.85	8.81	6.73
			11	43.04	37.86	30.99	25.70	20.35
			12	10.79	9.36	7.46	6.06	4.63
			13	6.87	5.96	4.77	3.88	2.98
			14	5.84	5.08	4.07	3.31	2.55
			15	5.09	4.43	3.55	2.90	2.23
			16	4.51	3.93	3.16	2.58	1.99
			17	2.87	2.51	2.04	1.68	1.31
			18	2.67	2.34	1.90	1.57	1.23
			19	2.50	2.19	1.78	1.47	1.16
			20	2.35	2.06	1.68	1.39	1.09
			21	2.21	1.94	1.58	1.31	1.03
			22	2.09	1.84	1.50	1.24	0.98
			23	1.98	1.74	1.42	1.18	0.94
			24	1.88	1.66	1.36	1.13	0.89

续表 4-12-5

序号	行政区划名称	时段长	时段序号	重现期时段雨量值(mm)				
				100 a($H_{1\%}$)	50 a($H_{2\%}$)	20 a($H_{5\%}$)	10 a($H_{10\%}$)	5 a($H_{20\%}$)
24	花园村	0.5 h	1	2.52	2.23	1.85	1.55	1.24
			2	2.76	2.44	2.01	1.68	1.35
			3	3.04	2.68	2.21	1.84	1.47
			4	5.79	5.08	4.13	3.41	2.68
			5	6.99	6.13	4.97	4.09	3.20
			6	18.45	16.08	12.92	10.54	8.16
			7	66.11	57.80	46.78	38.42	29.99
			8	11.87	10.37	8.36	6.84	5.32
			9	8.81	7.70	6.23	5.11	3.99
			10	4.93	4.33	3.53	2.92	2.30
			11	4.28	3.77	3.08	2.55	2.02
			12	3.77	3.33	2.72	2.27	1.80
25	大涧北	0.5 h	1	2.99	2.64	2.17	1.81	1.44
			2	3.27	2.88	2.36	1.97	1.56
			3	3.60	3.16	2.59	2.15	1.70
			4	6.73	5.87	4.73	3.87	3.00
			5	8.06	7.02	5.64	4.60	3.56
			6	19.81	17.19	13.71	11.10	8.50
			7	56.91	49.92	40.64	33.56	26.40
			8	13.24	11.49	9.18	7.45	5.71
			9	10.02	8.71	6.98	5.67	4.37
			10	5.77	5.04	4.07	3.34	2.60
			11	5.03	4.41	3.57	2.94	2.30
			12	4.45	3.90	3.17	2.62	2.06

续表 4-12-5

序号	行政区划名称	时段长	时段序号	重现期时段雨量值(mm)				
				100 a($H_{1\%}$)	50 a($H_{2\%}$)	20 a($H_{5\%}$)	10 a($H_{10\%}$)	5 a($H_{20\%}$)
26	安头	0.5 h	1	2.54	2.27	1.90	1.62	1.32
			2	2.80	2.49	2.08	1.76	1.43
			3	3.10	2.76	2.29	1.93	1.56
			4	6.13	5.36	4.33	3.55	2.78
			5	7.45	6.49	5.22	4.26	3.30
			6	19.63	16.98	13.48	10.85	8.24
			7	62.38	55.09	45.36	37.87	30.23
			8	12.72	11.01	8.77	7.08	5.41
			9	9.42	8.18	6.54	5.31	4.09
			10	5.19	4.55	3.69	3.05	2.40
			11	4.47	3.93	3.21	2.67	2.11
			12	3.92	3.46	2.84	2.37	1.89
27	后郑沟	0.25 h	1	1.28	1.13	0.93	0.78	0.63
			2	1.35	1.19	0.98	0.82	0.66
			3	1.42	1.25	1.04	0.87	0.70
			4	1.50	1.33	1.09	0.92	0.73
			5	2.78	2.46	2.03	1.70	1.36
			6	3.05	2.70	2.22	1.86	1.48
			7	3.37	2.98	2.45	2.05	1.64
			8	3.75	3.31	2.73	2.28	1.82
			9	8.29	7.31	5.99	4.99	3.95
			10	16.32	14.34	11.70	9.69	7.62
			11	48.04	41.81	33.58	27.34	21.12
			12	10.92	9.62	7.87	6.54	5.17

续表 4-12-5

序号	行政区划名称	时段长	时段序号	重现期时段雨量值(mm)				
				100 a($H_{1\%}$)	50 a($H_{2\%}$)	20 a($H_{5\%}$)	10 a($H_{10\%}$)	5 a($H_{20\%}$)
27	后郑沟	0.25 h	13	6.69	5.90	4.85	4.04	3.21
			14	5.61	4.95	4.07	3.40	2.70
			15	4.82	4.26	3.50	2.92	2.33
			16	4.22	3.73	3.07	2.56	2.04
			17	2.56	2.26	1.86	1.56	1.25
			18	2.36	2.09	1.72	1.44	1.15
			19	2.19	1.94	1.60	1.34	1.07
			20	2.04	1.80	1.49	1.25	1.00
			21	1.91	1.69	1.39	1.16	0.93
			22	1.79	1.58	1.30	1.09	0.88
			23	1.68	1.49	1.23	1.03	0.82
			24	1.58	1.40	1.16	0.97	0.78
28	堡里	0.25 h	1	1.39	1.23	1.01	0.85	0.68
			2	1.46	1.29	1.06	0.89	0.71
			3	1.54	1.36	1.12	0.93	0.74
			4	1.62	1.43	1.18	0.98	0.78
			5	3.01	2.64	2.13	1.75	1.37
			6	3.30	2.88	2.33	1.91	1.49
			7	3.64	3.18	2.56	2.10	1.63
			8	4.05	3.53	2.84	2.32	1.80
			9	8.88	7.71	6.15	4.98	3.82
			10	17.30	15.00	11.95	9.66	7.40
			11	49.19	43.01	34.81	28.57	22.31
			12	11.66	10.11	8.06	6.52	4.99

续表 4-12-5

序号	行政区划名称	时段长	时段序号	重现期时段雨量值(mm)				
				100 a($H_{1\%}$)	50 a($H_{2\%}$)	20 a($H_{5\%}$)	10 a($H_{10\%}$)	5 a($H_{20\%}$)
28	堡里	0.25 h	13	7.19	6.25	4.99	4.05	3.12
			14	6.04	5.25	4.20	3.42	2.63
			15	5.20	4.52	3.63	2.95	2.28
			16	4.56	3.97	3.19	2.60	2.01
			17	2.77	2.42	1.96	1.62	1.26
			18	2.56	2.24	1.82	1.50	1.18
			19	2.37	2.08	1.69	1.40	1.10
			20	2.21	1.94	1.58	1.31	1.03
			21	2.07	1.82	1.48	1.23	0.97
			22	1.94	1.70	1.39	1.15	0.91
			23	1.82	1.60	1.31	1.09	0.86
			24	1.72	1.51	1.24	1.03	0.82
29	董庄	0.5 h	1	2.92	2.59	2.15	1.81	1.46
			2	3.16	2.80	2.32	1.95	1.56
			3	3.45	3.05	2.52	2.10	1.68
			4	6.22	5.44	4.40	3.62	2.83
			5	7.39	6.45	5.20	4.26	3.31
			6	18.01	15.60	12.41	10.02	7.64
			7	56.54	49.41	39.96	32.78	25.56
			8	12.02	10.43	8.34	6.76	5.19
			9	9.13	7.95	6.38	5.20	4.02
			10	5.37	4.71	3.83	3.16	2.48
			11	4.72	4.15	3.38	2.80	2.21
			12	4.21	3.71	3.03	2.52	2.00

续表 4-12-5

序号	行政区划名称	时段长	时段序号	重现期时段雨量值(mm)				
				100 a($H_{1\%}$)	50 a($H_{2\%}$)	20 a($H_{5\%}$)	10 a($H_{10\%}$)	5 a($H_{20\%}$)
30	董庄村张庄	0.5 h	1	2.78	2.46	2.04	1.71	1.37
			2	3.00	2.66	2.20	1.84	1.47
			3	3.26	2.88	2.38	2.00	1.60
			4	5.74	5.07	4.17	3.49	2.79
			5	6.81	6.01	4.94	4.12	3.29
			6	16.71	14.70	12.00	9.97	7.92
			7	59.88	52.35	42.35	34.77	27.17
			8	11.05	9.74	7.98	6.64	5.29
			9	8.39	7.40	6.07	5.07	4.04
			10	4.98	4.40	3.62	3.03	2.42
			11	4.39	3.88	3.20	2.68	2.14
			12	3.93	3.48	2.87	2.40	1.92
31	后沟村后沟	0.25 h	1	1.32	1.18	0.98	0.82	0.66
			2	1.38	1.23	1.02	0.85	0.69
			3	1.45	1.28	1.06	0.89	0.71
			4	1.51	1.34	1.11	0.93	0.75
			5	2.61	2.30	1.87	1.55	1.22
			6	2.84	2.49	2.03	1.68	1.32
			7	3.11	2.72	2.22	1.83	1.44
			8	3.43	3.01	2.44	2.01	1.58
			9	7.33	6.38	5.13	4.18	3.23
			10	14.58	12.65	10.12	8.20	6.29
			11	51.28	44.83	36.29	29.79	23.26
			12	9.66	8.39	6.73	5.47	4.21

续表 4-12-5

序号	行政区划名称	时段长	时段序号	重现期时段雨量值(mm)				
				100 a($H_{1\%}$)	50 a($H_{2\%}$)	20 a($H_{5\%}$)	10 a($H_{10\%}$)	5 a($H_{20\%}$)
31	后沟村后沟	0.25 h	13	5.95	5.18	4.18	3.41	2.64
			14	5.02	4.38	3.53	2.89	2.25
			15	4.34	3.80	3.07	2.52	1.96
			16	3.83	3.35	2.72	2.23	1.75
			17	2.42	2.13	1.74	1.44	1.14
			18	2.25	1.98	1.62	1.35	1.07
			19	2.11	1.86	1.52	1.27	1.01
			20	1.98	1.75	1.43	1.19	0.95
			21	1.87	1.65	1.35	1.13	0.90
			22	1.76	1.56	1.28	1.07	0.86
			23	1.67	1.48	1.22	1.02	0.82
			24	1.59	1.41	1.16	0.97	0.78
32	油坊沟	0.5 h	1	2.56	2.27	1.88	1.58	1.27
			2	2.82	2.49	2.06	1.73	1.38
			3	3.12	2.75	2.27	1.90	1.51
			4	6.09	5.33	4.33	3.56	2.79
			5	7.38	6.45	5.22	4.28	3.34
			6	19.34	16.80	13.45	10.92	8.40
			7	62.27	54.27	43.70	35.68	27.67
			8	12.54	10.92	8.77	7.15	5.52
			9	9.31	8.12	6.54	5.35	4.16
			10	5.16	4.53	3.69	3.05	2.40
			11	4.46	3.92	3.20	2.65	2.10
			12	3.91	3.45	2.82	2.35	1.86

续表 4-12-5

序号	行政区划名称	时段长	时段序号	重现期时段雨量值(mm)				
				100 a($H_{1\%}$)	50 a($H_{2\%}$)	20 a($H_{5\%}$)	10 a($H_{10\%}$)	5 a($H_{20\%}$)
33	高家崖	0.5 h	1	2.80	2.45	1.97	1.61	1.24
			2	3.06	2.67	2.14	1.75	1.35
			3	3.36	2.93	2.35	1.92	1.48
			4	6.27	5.45	4.37	3.55	2.74
			5	7.52	6.54	5.24	4.26	3.28
			6	18.93	16.46	13.20	10.74	8.29
			7	60.02	52.61	42.81	35.33	27.77
			8	12.47	10.84	8.68	7.06	5.44
			9	9.37	8.15	6.53	5.30	4.09
			10	5.37	4.67	3.74	3.05	2.35
			11	4.68	4.08	3.27	2.66	2.05
			12	4.15	3.61	2.90	2.36	1.82
34	凤泉口	0.5 h	1	2.58	2.28	1.88	1.57	1.26
			2	2.83	2.50	2.06	1.72	1.37
			3	3.13	2.76	2.27	1.89	1.50
			4	6.09	5.33	4.31	3.54	2.76
			5	7.37	6.44	5.19	4.25	3.30
			6	19.15	16.63	13.30	10.79	8.25
			7	60.24	52.64	42.59	34.93	27.22
			8	12.48	10.85	8.70	7.08	5.44
			9	9.29	8.09	6.50	5.31	4.10
			10	5.17	4.53	3.67	3.03	2.37
			11	4.47	3.93	3.19	2.64	2.07
			12	3.93	3.45	2.82	2.33	1.84

续表 4-12-5

序号	行政区划名称	时段长	时段序号	重现期时段雨量值(mm)				
				100 a($H_{1\%}$)	50 a($H_{2\%}$)	20 a($H_{5\%}$)	10 a($H_{10\%}$)	5 a($H_{20\%}$)
35	马沟	0.25 h	1	1.22	1.08	0.89	0.74	0.59
			2	1.28	1.13	0.93	0.77	0.61
			3	1.34	1.18	0.97	0.81	0.64
			4	1.41	1.24	1.02	0.85	0.67
			5	2.49	2.19	1.79	1.48	1.17
			6	2.71	2.38	1.94	1.61	1.27
			7	2.97	2.61	2.13	1.77	1.40
			8	3.30	2.90	2.36	1.95	1.54
			9	7.16	6.28	5.10	4.21	3.31
			10	14.29	12.53	10.17	8.38	6.58
			11	48.64	42.69	34.79	28.76	22.65
			12	9.45	8.29	6.73	5.55	4.36
			13	5.78	5.08	4.13	3.41	2.68
			14	4.86	4.27	3.47	2.87	2.26
			15	4.20	3.69	3.00	2.48	1.96
			16	3.69	3.24	2.64	2.19	1.73
			17	2.30	2.02	1.65	1.37	1.08
			18	2.13	1.88	1.53	1.27	1.01
			19	1.99	1.75	1.43	1.19	0.94
			20	1.86	1.64	1.34	1.12	0.89
			21	1.75	1.54	1.26	1.05	0.83
			22	1.65	1.46	1.19	0.99	0.79
			23	1.56	1.38	1.13	0.94	0.75
			24	1.48	1.31	1.07	0.89	0.71

续表 4-12-5

序号	行政区划名称	时段长	时段序号	重现期时段雨量值(mm)				
				100 a($H_{1\%}$)	50 a($H_{2\%}$)	20 a($H_{5\%}$)	10 a($H_{10\%}$)	5 a($H_{20\%}$)
36	李铁沟	0.5 h	1	2.67	2.37	1.96	1.65	1.32
			2	2.92	2.58	2.13	1.79	1.43
			3	3.20	2.83	2.34	1.96	1.57
			4	6.00	5.28	4.31	3.58	2.83
			5	7.21	6.33	5.16	4.27	3.37
			6	18.35	16.07	13.01	10.70	8.36
			7	60.06	52.79	43.10	35.70	28.20
			8	12.02	10.54	8.55	7.04	5.52
			9	9.01	7.91	6.43	5.31	4.17
			10	5.13	4.52	3.70	3.07	2.44
			11	4.48	3.95	3.24	2.69	2.14
			12	3.96	3.49	2.87	2.40	1.91
37	水磨沟	0.25 h	1	1.50	1.33	1.09	0.92	0.73
			2	1.57	1.39	1.14	0.95	0.76
			3	1.64	1.45	1.19	1.00	0.80
			4	1.72	1.52	1.25	1.04	0.83
			5	3.01	2.64	2.14	1.77	1.39
			6	3.27	2.87	2.32	1.91	1.50
			7	3.58	3.13	2.54	2.09	1.63
			8	3.96	3.46	2.80	2.29	1.79
			9	8.32	7.23	5.80	4.72	3.64
			10	15.93	13.83	11.06	8.98	6.90
			11	46.76	40.92	33.15	27.23	21.30
			12	10.82	9.40	7.52	6.11	4.70

续表 4-12-5

序号	行政区划名称	时段长	时段序号	重现期时段雨量值(mm)				
				100 a($H_{1\%}$)	50 a($H_{2\%}$)	20 a($H_{5\%}$)	10 a($H_{10\%}$)	5 a($H_{20\%}$)
37	水磨沟	0.25 h	13	6.79	5.91	4.75	3.87	2.99
			14	5.75	5.01	4.03	3.29	2.55
			15	5.00	4.36	3.51	2.87	2.23
			16	4.42	3.86	3.11	2.55	1.98
			17	2.79	2.44	1.99	1.64	1.29
			18	2.59	2.28	1.85	1.53	1.21
			19	2.42	2.13	1.74	1.44	1.13
			20	2.27	2.00	1.63	1.35	1.07
			21	2.14	1.88	1.54	1.28	1.01
			22	2.02	1.78	1.46	1.21	0.96
			23	1.91	1.68	1.38	1.15	0.91
			24	1.81	1.60	1.31	1.09	0.87
38	郭家庄	0.5 h	1	2.78	2.44	1.97	1.62	1.26
			2	3.00	2.62	2.12	1.74	1.36
			3	3.25	2.84	2.29	1.88	1.46
			4	5.66	4.94	3.97	3.25	2.52
			5	6.69	5.83	4.69	3.83	2.96
			6	16.15	14.09	11.34	9.26	7.16
			7	56.70	50.08	41.22	34.42	27.48
			8	10.76	9.39	7.54	6.16	4.76
			9	8.21	7.16	5.76	4.70	3.63
			10	4.92	4.29	3.46	2.83	2.19
			11	4.35	3.80	3.06	2.51	1.95
			12	3.91	3.41	2.75	2.25	1.75

续表 4-12-5

序号	行政区划名称	时段长	时段序号	重现期时段雨量值(mm)				
				100 a($H_{1\%}$)	50 a($H_{2\%}$)	20 a($H_{5\%}$)	10 a($H_{10\%}$)	5 a($H_{20\%}$)
39	杨庄	0.5 h	1	2.74	2.43	2.00	1.68	1.35
			2	2.95	2.61	2.15	1.80	1.45
			3	3.20	2.83	2.33	1.95	1.56
			4	5.56	4.89	4.01	3.33	2.64
			5	6.56	5.77	4.72	3.91	3.09
			6	15.81	13.85	11.24	9.25	7.25
			7	55.49	48.56	39.37	32.38	25.34
			8	10.54	9.25	7.53	6.22	4.89
			9	8.05	7.08	5.77	4.78	3.77
			10	4.83	4.26	3.49	2.91	2.31
			11	4.28	3.77	3.10	2.58	2.06
			12	3.84	3.39	2.79	2.33	1.86
40	王沟村王沟	0.5 h	1	2.73	2.42	2.01	1.69	1.36
			2	2.95	2.62	2.17	1.82	1.46
			3	3.22	2.85	2.36	1.98	1.59
			4	5.75	5.08	4.17	3.48	2.77
			5	6.84	6.03	4.94	4.12	3.27
			6	16.89	14.83	12.08	9.99	7.87
			7	58.47	51.20	41.56	34.22	26.82
			8	11.16	9.82	8.02	6.65	5.26
			9	8.45	7.44	6.09	5.07	4.02
			10	4.97	4.39	3.61	3.02	2.41
			11	4.37	3.87	3.19	2.66	2.13
			12	3.91	3.46	2.85	2.39	1.91

续表 4-12-5

序号	行政区划名称	时段长	时段序号	重现期时段雨量值(mm)				
				100 a($H_{1\%}$)	50 a($H_{2\%}$)	20 a($H_{5\%}$)	10 a($H_{10\%}$)	5 a($H_{20\%}$)
41	南坡	0.5 h	1	2.32	2.06	1.71	1.44	1.16
			2	2.57	2.27	1.88	1.58	1.27
			3	2.86	2.53	2.08	1.74	1.39
			4	5.74	5.03	4.07	3.35	2.62
			5	7.00	6.12	4.94	4.05	3.16
			6	18.68	16.24	13.00	10.56	8.13
			7	59.51	52.13	42.33	34.87	27.35
			8	12.05	10.49	8.41	6.85	5.29
			9	8.88	7.75	6.24	5.10	3.95
			10	4.84	4.24	3.45	2.85	2.24
			11	4.16	3.65	2.98	2.47	1.95
			12	3.63	3.20	2.62	2.17	1.72
42	八政	1 h	1	5.60	4.97	4.14	3.49	2.82
			2	6.49	5.75	4.76	3.99	3.21
			3	12.66	11.10	9.02	7.43	5.83
			4	65.98	57.74	46.79	38.44	30.06
			5	19.19	16.74	13.50	11.04	8.58
			6	9.57	8.42	6.89	5.72	4.53
43	车坡	0.5 h	1	2.86	2.53	2.10	1.77	1.43
			2	3.09	2.73	2.26	1.90	1.52
			3	3.35	2.96	2.45	2.05	1.64
			4	5.90	5.17	4.19	3.45	2.70
			5	6.97	6.09	4.92	4.04	3.14

续表 4-12-5

序号	行政区划名称	时段长	时段序号	重现期时段雨量值(mm)				
				100 a($H_{1\%}$)	50 a($H_{2\%}$)	20 a($H_{5\%}$)	10 a($H_{10\%}$)	5 a($H_{20\%}$)
43	车坡	0.5 h	6	16.43	14.28	11.40	9.24	7.08
			7	49.03	43.07	35.12	29.06	22.92
			8	11.13	9.69	7.76	6.31	4.86
			9	8.54	7.45	5.99	4.90	3.79
			10	5.12	4.50	3.66	3.02	2.38
			11	4.53	3.98	3.25	2.70	2.13
			12	4.06	3.57	2.93	2.44	1.93
44	西坡	0.5 h	1	3.19	2.83	2.35	1.97	1.59
			2	3.47	3.07	2.53	2.12	1.70
			3	3.80	3.35	2.75	2.30	1.83
			4	6.92	6.02	4.84	3.95	3.05
			5	8.23	7.14	5.71	4.63	3.56
			6	19.57	16.87	13.32	10.67	8.04
			7	54.13	47.39	38.45	31.63	24.76
			8	13.26	11.45	9.07	7.29	5.53
			9	10.14	8.78	6.98	5.64	4.31
			10	5.97	5.21	4.20	3.44	2.68
			11	5.23	4.58	3.72	3.06	2.40
			12	4.66	4.09	3.33	2.75	2.17

续表 4-12-5

序号	行政区划名称	时段长	时段序号	重现期时段雨量值(mm)				
				100 a($H_{1\%}$)	50 a($H_{2\%}$)	20 a($H_{5\%}$)	10 a($H_{10\%}$)	5 a($H_{20\%}$)
45	董家庄	0.25 h	1	1.30	1.16	0.96	0.80	0.65
			2	1.37	1.21	1.00	0.84	0.68
			3	1.43	1.27	1.05	0.88	0.71
			4	1.50	1.33	1.10	0.92	0.74
			5	2.67	2.36	1.94	1.62	1.29
			6	2.91	2.57	2.12	1.77	1.41
			7	3.20	2.82	2.32	1.94	1.54
			8	3.55	3.13	2.57	2.14	1.71
			9	7.78	6.84	5.59	4.63	3.66
			10	15.70	13.77	11.20	9.24	7.26
			11	55.24	48.15	38.77	31.66	24.55
			12	10.31	9.06	7.39	6.12	4.82
			13	6.27	5.52	4.52	3.75	2.97
			14	5.26	4.63	3.80	3.16	2.50
			15	4.53	3.99	3.28	2.73	2.17
			16	3.98	3.51	2.88	2.40	1.91
			17	2.46	2.18	1.79	1.50	1.20
			18	2.29	2.02	1.67	1.39	1.11
			19	2.13	1.89	1.55	1.30	1.04
			20	2.00	1.77	1.46	1.22	0.98
			21	1.87	1.66	1.37	1.15	0.92
			22	1.77	1.56	1.29	1.08	0.87
			23	1.67	1.48	1.22	1.02	0.82
			24	1.58	1.40	1.16	0.97	0.78

续表 4-12-5

序号	行政区划名称	时段长	时段序号	重现期时段雨量值(mm)				
				100 a($H_{1\%}$)	50 a($H_{2\%}$)	20 a($H_{5\%}$)	10 a($H_{10\%}$)	5 a($H_{20\%}$)
46	后河	0.5 h	1	2.64	2.34	1.93	1.62	1.30
			2	2.86	2.53	2.09	1.76	1.41
			3	3.12	2.76	2.28	1.92	1.54
			4	5.63	4.99	4.12	3.46	2.78
			5	6.72	5.95	4.92	4.12	3.31
			6	17.01	15.03	12.38	10.36	8.27
			7	63.51	55.57	45.05	37.05	28.99
			8	11.10	9.82	8.11	6.79	5.44
			9	8.35	7.39	6.10	5.12	4.11
			10	4.85	4.30	3.55	2.98	2.40
			11	4.26	3.77	3.12	2.62	2.10
			12	3.80	3.36	2.78	2.33	1.88
47	前河	0.25 h	1	1.11	0.99	0.82	0.70	0.57
			2	1.16	1.04	0.87	0.73	0.60
			3	1.22	1.09	0.91	0.77	0.63
			4	1.29	1.15	0.96	0.81	0.66
			5	2.37	2.10	1.74	1.47	1.19
			6	2.59	2.30	1.91	1.61	1.30
			7	2.86	2.54	2.11	1.77	1.43
			8	3.19	2.83	2.34	1.97	1.59
			9	7.24	6.39	5.26	4.40	3.51
			10	14.97	13.17	10.78	8.96	7.10
			11	54.69	47.68	38.39	31.37	24.32
			12	9.70	8.55	7.03	5.86	4.67

续表 4-12-5

序号	行政区划名称	时段长	时段序号	重现期时段雨量值(mm)				
				100 a($H_{1\%}$)	50 a($H_{2\%}$)	20 a($H_{5\%}$)	10 a($H_{10\%}$)	5 a($H_{20\%}$)
47	前河	0.25 h	13	5.78	5.11	4.22	3.53	2.83
			14	4.82	4.26	3.52	2.95	2.37
			15	4.12	3.65	3.02	2.53	2.03
			16	3.60	3.19	2.64	2.22	1.78
			17	2.17	1.93	1.60	1.35	1.09
			18	2.01	1.79	1.48	1.25	1.01
			19	1.87	1.66	1.38	1.16	0.94
			20	1.74	1.55	1.29	1.09	0.88
			21	1.63	1.45	1.21	1.02	0.83
			22	1.53	1.36	1.13	0.96	0.78
			23	1.44	1.28	1.07	0.90	0.73
			24	1.36	1.21	1.01	0.85	0.69
48	高家滩	0.5 h	1	2.85	2.50	2.04	1.68	1.33
			2	3.02	2.66	2.17	1.80	1.42
			3	3.23	2.85	2.33	1.93	1.54
			4	5.18	4.60	3.83	3.24	2.62
			5	6.00	5.34	4.46	3.79	3.09
			6	13.52	12.16	10.30	8.91	7.36
			7	58.01	50.93	41.51	34.36	27.06
			8	9.22	8.26	6.96	5.98	4.92
			9	7.20	6.44	5.39	4.61	3.77
			10	4.59	4.07	3.37	2.84	2.29
			11	4.13	3.66	3.02	2.53	2.04
			12	3.77	3.33	2.74	2.29	1.83

续表 4-12-5

序号	行政区划名称	时段长	时段序号	重现期时段雨量值(mm)				
				100 a($H_{1\%}$)	50 a($H_{2\%}$)	20 a($H_{5\%}$)	10 a($H_{10\%}$)	5 a($H_{20\%}$)
49	狮沟	0.25 h	1	1.53	1.35	1.10	0.92	0.73
			2	1.59	1.40	1.15	0.95	0.76
			3	1.66	1.46	1.20	1.00	0.79
			4	1.74	1.53	1.25	1.04	0.82
			5	2.95	2.59	2.11	1.75	1.38
			6	3.19	2.81	2.29	1.89	1.49
			7	3.49	3.06	2.50	2.06	1.63
			8	3.84	3.37	2.75	2.27	1.79
			9	8.03	7.04	5.72	4.71	3.69
			10	15.71	13.76	11.15	9.14	7.13
			11	53.92	46.97	37.82	30.88	23.93
			12	10.50	9.21	7.47	6.14	4.80
			13	6.55	5.75	4.67	3.85	3.02
			14	5.55	4.87	3.96	3.27	2.57
			15	4.82	4.24	3.45	2.84	2.24
			16	4.27	3.75	3.06	2.52	1.99
			17	2.74	2.41	1.96	1.63	1.28
			18	2.55	2.25	1.83	1.52	1.20
			19	2.39	2.11	1.72	1.43	1.13
			20	2.25	1.98	1.62	1.34	1.06
			21	2.13	1.87	1.53	1.27	1.00
			22	2.02	1.77	1.45	1.20	0.95
			23	1.92	1.69	1.38	1.14	0.91
			24	1.82	1.60	1.31	1.09	0.86

续表 4-12-5

序号	行政区划名称	时段长	时段序号	重现期时段雨量值(mm)				
				100 a($H_{1\%}$)	50 a($H_{2\%}$)	20 a($H_{5\%}$)	10 a($H_{10\%}$)	5 a($H_{20\%}$)
50	上三门	0.25 h	1	1.27	1.11	0.90	0.74	0.57
			2	1.32	1.16	0.94	0.77	0.60
			3	1.38	1.20	0.98	0.80	0.63
			4	1.44	1.26	1.02	0.84	0.66
			5	2.38	2.10	1.72	1.42	1.13
			6	2.58	2.27	1.86	1.55	1.23
			7	2.81	2.47	2.03	1.69	1.34
			8	3.08	2.72	2.24	1.86	1.48
			9	6.45	5.72	4.74	3.98	3.19
			10	12.91	11.47	9.52	8.00	6.43
			11	54.28	47.36	38.21	31.26	24.28
			12	8.49	7.54	6.26	5.25	4.22
			13	5.25	4.65	3.85	3.22	2.58
			14	4.44	3.93	3.25	2.72	2.17
			15	3.87	3.42	2.82	2.35	1.88
			16	3.43	3.03	2.49	2.08	1.66
			17	2.22	1.95	1.59	1.32	1.05
			18	2.07	1.82	1.49	1.23	0.97
			19	1.95	1.71	1.40	1.15	0.91
			20	1.84	1.61	1.32	1.09	0.86
			21	1.74	1.53	1.24	1.03	0.81
			22	1.65	1.45	1.18	0.97	0.76
			23	1.57	1.38	1.12	0.92	0.72
			24	1.50	1.32	1.07	0.88	0.69

续表 4-12-5

序号	行政区划名称	时段长	时段序号	重现期时段雨量值(mm)				
				100 a($H_{1\%}$)	50 a($H_{2\%}$)	20 a($H_{5\%}$)	10 a($H_{10\%}$)	5 a($H_{20\%}$)
51	下三门	0.25 h	1	1.32	1.15	0.93	0.76	0.58
			2	1.37	1.20	0.96	0.79	0.61
			3	1.43	1.25	1.00	0.82	0.64
			4	1.49	1.30	1.05	0.86	0.67
			5	2.43	2.14	1.75	1.44	1.14
			6	2.63	2.31	1.89	1.56	1.24
			7	2.86	2.52	2.06	1.71	1.35
			8	3.13	2.76	2.26	1.88	1.49
			9	6.48	5.74	4.75	3.98	3.20
			10	12.87	11.44	9.49	7.97	6.42
			11	54.83	47.77	38.45	31.37	24.29
			12	8.50	7.55	6.25	5.25	4.23
			13	5.28	4.68	3.86	3.23	2.59
			14	4.49	3.97	3.27	2.73	2.18
			15	3.91	3.46	2.84	2.37	1.89
			16	3.48	3.07	2.52	2.10	1.67
			17	2.27	1.99	1.62	1.34	1.06
			18	2.13	1.87	1.52	1.25	0.98
			19	2.00	1.76	1.43	1.17	0.92
			20	1.89	1.66	1.34	1.11	0.87
			21	1.79	1.57	1.27	1.04	0.82
			22	1.71	1.49	1.21	0.99	0.77
			23	1.63	1.42	1.15	0.94	0.73
			24	1.55	1.36	1.10	0.90	0.70

续表 4-12-5

序号	行政区划名称	时段长	时段序号	重现期时段雨量值(mm)				
				100 a($H_{1\%}$)	50 a($H_{2\%}$)	20 a($H_{5\%}$)	10 a($H_{10\%}$)	5 a($H_{20\%}$)
52	柳林	0.5 h	1	7.21	6.33	5.16	4.27	3.37
			2	18.35	16.07	13.01	10.70	8.36
			3	60.06	52.79	43.10	35.70	28.20
			4	12.02	10.54	8.55	7.04	5.52
			5	9.01	7.91	6.43	5.31	4.17
			6	5.13	4.52	3.70	3.07	2.44
			7	4.48	3.95	3.24	2.69	2.14
			8	3.96	3.49	2.87	2.40	1.91
			9	3.54	3.13	2.58	2.15	1.72
			10	2.28	2.03	1.68	1.42	1.14
			11	2.12	1.89	1.57	1.32	1.07
			12	1.55	1.38	1.16	0.99	0.81
53	刘庄村刘庄	0.5 h	1	2.70	2.40	1.99	1.67	1.35
			2	8.19	7.26	6.01	5.05	4.06
			3	10.79	9.56	7.90	6.63	5.32
			4	57.27	50.04	40.49	33.21	25.90
			5	16.30	14.41	11.89	9.94	7.95
			6	6.64	5.89	4.88	4.11	3.30
			7	5.60	4.97	4.12	3.47	2.79
			8	4.85	4.30	3.57	3.00	2.42
			9	4.28	3.80	3.15	2.65	2.14
			10	3.83	3.40	2.82	2.38	1.92
			11	3.47	3.08	2.55	2.15	1.74
			12	3.17	2.81	2.33	1.96	1.59

续表 4-12-5

序号	行政区划名称	时段长	时段序号	重现期时段雨量值(mm)				
				100 a($H_{1\%}$)	50 a($H_{2\%}$)	20 a($H_{5\%}$)	10 a($H_{10\%}$)	5 a($H_{20\%}$)
54	刘庄村张庄	0.5 h	1	2.79	2.45	1.99	1.64	1.29
			2	8.47	7.43	6.05	5.00	3.94
			3	11.13	9.77	7.95	6.57	5.17
			4	55.95	49.04	39.87	32.88	25.83
			5	16.72	14.67	11.94	9.87	7.77
			6	6.87	6.03	4.91	4.06	3.20
			7	5.80	5.09	4.14	3.43	2.70
			8	5.02	4.41	3.59	2.97	2.33
			9	4.43	3.89	3.17	2.62	2.06
			10	3.96	3.48	2.83	2.34	1.84
			11	3.59	3.15	2.56	2.12	1.67
			12	3.27	2.87	2.34	1.93	1.52
55	岳庄	0.5 h	1	2.79	2.47	2.04	1.72	1.38
			2	8.51	7.50	6.15	5.11	4.05
			3	11.22	9.88	8.09	6.69	5.30
			4	59.19	51.79	41.96	34.45	26.93
			5	16.96	14.90	12.16	10.03	7.92
			6	6.90	6.09	5.00	4.16	3.30
			7	5.81	5.13	4.22	3.52	2.80
			8	5.03	4.44	3.66	3.05	2.44
			9	4.43	3.92	3.23	2.70	2.16
			10	3.97	3.51	2.89	2.42	1.94
			11	3.59	3.18	2.62	2.20	1.76
			12	3.27	2.90	2.39	2.01	1.61

续表 4-12-5

序号	行政区划名称	时段长	时段序号	重现期时段雨量值(mm)				
				100 a($H_{1\%}$)	50 a($H_{2\%}$)	20 a($H_{5\%}$)	10 a($H_{10\%}$)	5 a($H_{20\%}$)
56	宋家岭	无						
57	周头岭	0.25 h	1	4.10	3.61	2.96	2.45	1.94
			2	4.62	4.07	3.33	2.76	2.18
			3	5.31	4.67	3.82	3.16	2.50
			4	6.25	5.50	4.49	3.71	2.94
			5	9.98	8.78	7.16	5.91	4.66
			6	52.12	45.47	36.65	29.93	23.23
			7	14.91	13.09	10.67	8.78	6.91
			8	7.65	6.73	5.50	4.54	3.59
			9	3.69	3.25	2.66	2.20	1.75
			10	3.36	2.96	2.42	2.01	1.59
			11	3.08	2.71	2.22	1.84	1.46
			12	2.85	2.51	2.05	1.71	1.35
			13	2.65	2.33	1.91	1.59	1.26
			14	2.48	2.18	1.79	1.48	1.18
			15	2.32	2.05	1.68	1.39	1.11
			16	2.19	1.93	1.58	1.31	1.04
			17	2.07	1.83	1.50	1.24	0.99
			18	1.97	1.73	1.42	1.18	0.94
			19	1.87	1.65	1.35	1.12	0.89
			20	1.78	1.57	1.29	1.07	0.85
			21	1.70	1.50	1.23	1.02	0.81
			22	1.63	1.44	1.18	0.98	0.78
			23	1.56	1.38	1.13	0.94	0.75
			24	1.50	1.33	1.09	0.90	0.72

续表 4-12-5

序号	行政区划名称	时段长	时段序号	重现期时段雨量值(mm)				
				100 a($H_{1\%}$)	50 a($H_{2\%}$)	20 a($H_{5\%}$)	10 a($H_{10\%}$)	5 a($H_{20\%}$)
58	后畔沟	0.25 h	1	4.23	3.74	3.06	2.54	2.01
			2	4.81	4.24	3.47	2.87	2.27
			3	5.56	4.90	4.00	3.30	2.60
			4	6.61	5.82	4.74	3.90	3.07
			5	10.74	9.44	7.65	6.25	4.89
			6	53.20	46.66	37.50	30.33	23.61
			7	16.16	14.19	11.46	9.31	7.25
			8	8.16	7.18	5.84	4.78	3.75
			9	3.78	3.34	2.74	2.28	1.81
			10	3.41	3.02	2.48	2.06	1.64
			11	3.11	2.75	2.27	1.89	1.51
			12	2.86	2.53	2.08	1.74	1.39
			13	2.64	2.34	1.93	1.61	1.29
			14	2.45	2.17	1.79	1.50	1.20
			15	2.29	2.03	1.68	1.41	1.13
			16	2.14	1.90	1.57	1.32	1.06
			17	2.01	1.79	1.48	1.25	1.00
			18	1.90	1.69	1.40	1.18	0.95
			19	1.80	1.60	1.33	1.12	0.90
			20	1.70	1.51	1.26	1.06	0.86
			21	1.62	1.44	1.20	1.01	0.82
			22	1.54	1.37	1.14	0.97	0.79
			23	1.47	1.31	1.09	0.93	0.75
			24	1.41	1.25	1.05	0.89	0.72
59	庙后	无						

续表 4-12-5

序号	行政区划名称	时段长	时段序号	重现期时段雨量值(mm)				
				100 a($H_{1\%}$)	50 a($H_{2\%}$)	20 a($H_{5\%}$)	10 a($H_{10\%}$)	5 a($H_{20\%}$)
60	西寨	0.5 h	1	2.66	2.36	1.97	1.66	1.34
			2	8.26	7.32	6.05	5.08	4.08
			3	10.99	9.73	8.03	6.73	5.39
			4	69.00	60.16	48.47	39.61	30.72
			5	16.92	14.96	12.30	10.28	8.20
			6	6.66	5.90	4.88	4.10	3.30
			7	5.59	4.96	4.11	3.45	2.78
			8	4.82	4.28	3.55	2.98	2.41
			9	4.24	3.77	3.12	2.63	2.12
			10	3.79	3.37	2.79	2.35	1.90
			11	3.43	3.04	2.53	2.13	1.72
			12	3.13	2.78	2.31	1.94	1.57
61	前庄	0.5 h	1	2.87	2.53	2.07	1.72	1.36
			2	8.58	7.56	6.17	5.11	4.04
			3	11.32	9.97	8.13	6.72	5.32
			4	67.01	58.42	47.03	38.37	29.76
			5	17.21	15.14	12.32	10.17	8.03
			6	6.96	6.13	5.01	4.15	3.28
			7	5.88	5.18	4.23	3.51	2.78
			8	5.10	4.49	3.67	3.05	2.41
			9	4.51	3.97	3.25	2.69	2.13
			10	4.04	3.56	2.91	2.42	1.91
			11	3.67	3.23	2.64	2.20	1.74
			12	3.36	2.95	2.42	2.01	1.59

续表 4-12-5

序号	行政区划名称	时段长	时段序号	重现期时段雨量值(mm)				
				100 a($H_{1\%}$)	50 a($H_{2\%}$)	20 a($H_{5\%}$)	10 a($H_{10\%}$)	5 a($H_{20\%}$)
62	后窑村前沟	无						
63	向阳村王沟	0.25 h	1	4.39	3.84	3.10	2.55	1.99
			2	4.97	4.34	3.51	2.88	2.24
			3	5.73	5.00	4.04	3.31	2.58
			4	6.77	5.91	4.77	3.90	3.04
			5	10.88	9.49	7.63	6.23	4.83
			6	51.34	44.60	35.75	29.02	22.35
			7	16.20	14.11	11.33	9.24	7.15
			8	8.32	7.26	5.84	4.78	3.71
			9	3.93	3.44	2.78	2.28	1.78
			10	3.56	3.11	2.52	2.07	1.62
			11	3.25	2.85	2.30	1.90	1.48
			12	2.99	2.62	2.12	1.75	1.37
			13	2.77	2.43	1.97	1.62	1.27
			14	2.58	2.26	1.83	1.51	1.18
			15	2.41	2.11	1.71	1.41	1.11
			16	2.26	1.98	1.61	1.33	1.04
			17	2.13	1.87	1.52	1.25	0.98
			18	2.01	1.77	1.43	1.19	0.93
			19	1.91	1.67	1.36	1.12	0.88
			20	1.81	1.59	1.29	1.07	0.84
			21	1.72	1.51	1.23	1.02	0.80
			22	1.64	1.44	1.18	0.97	0.77
			23	1.57	1.38	1.12	0.93	0.73
			24	1.50	1.32	1.08	0.89	0.70

续表 4-12-5

序号	行政区划名称	时段长	时段序号	重现期时段雨量值(mm)				
				100 a($H_{1\%}$)	50 a($H_{2\%}$)	20 a($H_{5\%}$)	10 a($H_{10\%}$)	5 a($H_{20\%}$)
64	杨家沟	0.25 h	1	4.09	3.61	2.96	2.47	1.97
			2	4.66	4.10	3.37	2.81	2.24
			3	5.40	4.75	3.89	3.24	2.58
			4	6.43	5.65	4.63	3.85	3.05
			5	10.51	9.22	7.52	6.23	4.93
			6	53.80	46.88	37.76	30.82	23.90
			7	15.91	13.92	11.33	9.36	7.37
			8	7.96	6.99	5.71	4.74	3.76
			9	3.65	3.22	2.65	2.21	1.77
			10	3.29	2.91	2.39	2.00	1.60
			11	3.00	2.65	2.18	1.82	1.46
			12	2.75	2.43	2.00	1.68	1.34
			13	2.54	2.25	1.85	1.55	1.24
			14	2.36	2.08	1.72	1.44	1.16
			15	2.20	1.95	1.60	1.35	1.08
			16	2.06	1.82	1.50	1.26	1.01
			17	1.93	1.71	1.41	1.19	0.95
			18	1.82	1.62	1.33	1.12	0.90
			19	1.72	1.53	1.26	1.06	0.85
			20	1.63	1.45	1.20	1.01	0.81
			21	1.55	1.38	1.14	0.96	0.77
			22	1.47	1.31	1.08	0.91	0.74
			23	1.41	1.25	1.04	0.87	0.70
			24	1.34	1.20	0.99	0.83	0.67

续表 4-12-5

序号	行政区划名称	时段长	时段序号	重现期时段雨量值(mm)				
				100 a($H_{1\%}$)	50 a($H_{2\%}$)	20 a($H_{5\%}$)	10 a($H_{10\%}$)	5 a($H_{20\%}$)
65	宋家河	0.25 h	1	1.57	1.36	1.09	0.89	0.68
			2	1.61	1.40	1.12	0.92	0.70
			3	1.66	1.45	1.16	0.94	0.73
			4	1.71	1.49	1.20	0.98	0.75
			5	2.41	2.10	1.70	1.40	1.09
			6	2.52	2.21	1.79	1.47	1.14
			7	2.66	2.33	1.88	1.55	1.21
			8	2.80	2.46	1.99	1.64	1.28
			9	2.97	2.60	2.11	1.74	1.36
			10	3.16	2.77	2.25	1.86	1.46
			11	8.65	7.64	6.28	5.24	4.17
			12	11.25	9.94	8.18	6.84	5.46
			13	69.91	60.99	49.18	40.23	31.23
			14	16.83	14.88	12.27	10.26	8.21
			15	7.11	6.27	5.14	4.29	3.41
			16	6.07	5.35	4.38	3.65	2.89
			17	5.32	4.69	3.83	3.19	2.52
			18	4.75	4.18	3.42	2.83	2.24
			19	4.30	3.78	3.09	2.56	2.02
			20	3.94	3.46	2.82	2.33	1.84
			21	3.63	3.19	2.60	2.15	1.69
			22	3.38	2.97	2.41	1.99	1.56
			23	2.30	2.01	1.62	1.33	1.04
			24	2.20	1.92	1.55	1.27	0.99

续表 4-12-5

序号	行政区划名称	时段长	时段序号	重现期时段雨量值(mm)				
				100 a($H_{1\%}$)	50 a($H_{2\%}$)	20 a($H_{5\%}$)	10 a($H_{10\%}$)	5 a($H_{20\%}$)
66	朱家滩	0.5 h	1	3.14	2.75	2.22	1.82	1.42
			2	9.29	8.13	6.58	5.41	4.23
			3	12.20	10.68	8.65	7.11	5.56
			4	67.25	58.66	47.27	38.63	29.98
			5	18.39	16.10	13.03	10.72	8.38
			6	7.55	6.61	5.35	4.40	3.44
			7	6.39	5.59	4.53	3.72	2.91
			8	5.55	4.86	3.93	3.23	2.52
			9	4.91	4.30	3.48	2.86	2.23
			10	4.41	3.86	3.12	2.56	2.00
			11	4.00	3.50	2.83	2.32	1.81
			12	3.67	3.21	2.59	2.13	1.66
67	郑沟	0.5 h	1	3.10	2.72	2.21	1.82	1.43
			2	9.61	8.44	6.88	5.69	4.49
			3	12.66	11.13	9.07	7.51	5.92
			4	63.41	55.40	44.79	36.73	28.63
			5	19.08	16.76	13.66	11.30	8.91
			6	7.78	6.83	5.57	4.61	3.63
			7	6.54	5.75	4.68	3.87	3.05
			8	5.65	4.96	4.04	3.34	2.63
			9	4.98	4.37	3.56	2.94	2.31
			10	4.44	3.90	3.17	2.62	2.06
			11	4.01	3.52	2.86	2.36	1.86
			12	3.65	3.21	2.61	2.15	1.69

续表 4-12-5

序号	行政区划名称	时段长	时段序号	重现期时段雨量值(mm)				
				100 a($H_{1\%}$)	50 a($H_{2\%}$)	20 a($H_{5\%}$)	10 a($H_{10\%}$)	5 a($H_{20\%}$)
68	任滹沱	0.25 h	1	4.08	3.57	2.90	2.38	1.86
			2	4.58	4.01	3.25	2.68	2.10
			3	5.24	4.59	3.72	3.06	2.40
			4	6.14	5.38	4.37	3.60	2.82
			5	9.78	8.57	6.96	5.74	4.51
			6	59.68	51.92	41.68	33.93	26.19
			7	14.67	12.86	10.45	8.61	6.76
			8	7.50	6.57	5.34	4.40	3.45
			9	3.69	3.23	2.62	2.15	1.68
			10	3.37	2.95	2.39	1.96	1.53
			11	3.10	2.72	2.20	1.81	1.41
			12	2.88	2.52	2.04	1.67	1.31
			13	2.69	2.35	1.90	1.56	1.22
			14	2.52	2.21	1.78	1.46	1.14
			15	2.38	2.08	1.68	1.38	1.08
			16	2.25	1.97	1.59	1.30	1.02
			17	2.14	1.87	1.51	1.24	0.96
			18	2.03	1.78	1.44	1.18	0.92
			19	1.94	1.70	1.37	1.12	0.87
			20	1.86	1.62	1.31	1.07	0.83
			21	1.78	1.56	1.25	1.03	0.80
			22	1.71	1.49	1.20	0.99	0.77
			23	1.65	1.44	1.16	0.95	0.74
			24	1.59	1.39	1.12	0.91	0.71

续表 4-12-5

序号	行政区划名称	时段长	时段序号	重现期时段雨量值(mm)				
				100 a($H_{1\%}$)	50 a($H_{2\%}$)	20 a($H_{5\%}$)	10 a($H_{10\%}$)	5 a($H_{20\%}$)
69	胡树洼	0.25 h	1	4.37	3.82	3.08	2.53	1.97
			2	4.91	4.29	3.47	2.85	2.22
			3	5.61	4.90	3.97	3.26	2.54
			4	6.58	5.75	4.65	3.82	2.99
			5	10.42	9.10	7.37	6.06	4.75
			6	54.58	47.64	38.49	31.53	24.55
			7	15.46	13.52	10.95	9.01	7.06
			8	8.02	7.01	5.67	4.66	3.65
			9	3.95	3.45	2.78	2.28	1.78
			10	3.60	3.14	2.54	2.08	1.62
			11	3.31	2.89	2.34	1.91	1.49
			12	3.07	2.68	2.16	1.77	1.38
			13	2.86	2.50	2.02	1.65	1.28
			14	2.68	2.34	1.89	1.55	1.20
			15	2.53	2.20	1.78	1.45	1.13
			16	2.39	2.08	1.68	1.37	1.07
			17	2.26	1.97	1.59	1.30	1.01
			18	2.15	1.88	1.51	1.24	0.96
			19	2.05	1.79	1.44	1.18	0.91
			20	1.96	1.71	1.38	1.12	0.87
			21	1.87	1.64	1.32	1.08	0.83
			22	1.80	1.57	1.26	1.03	0.80
			23	1.73	1.51	1.21	0.99	0.77
			24	1.66	1.45	1.17	0.95	0.74

续表 4-12-5

序号	行政区划名称	时段长	时段序号	重现期时段雨量值(mm)				
				100 a($H_{1\%}$)	50 a($H_{2\%}$)	20 a($H_{5\%}$)	10 a($H_{10\%}$)	5 a($H_{20\%}$)
70	峪口	0.5 h	1	3.20	2.81	2.28	1.88	1.48
			2	9.42	8.28	6.75	5.58	4.40
			3	12.34	10.84	8.84	7.32	5.77
			4	65.14	56.89	45.97	37.67	29.34
			5	18.51	16.26	13.26	10.97	8.65
			6	7.67	6.74	5.49	4.55	3.58
			7	6.50	5.71	4.65	3.85	3.03
			8	5.65	4.96	4.04	3.34	2.63
			9	5.00	4.39	3.58	2.95	2.32
			10	4.49	3.94	3.21	2.65	2.08
			11	4.08	3.58	2.91	2.40	1.89
			12	3.74	3.28	2.67	2.20	1.73
71	下涧	0.25 h	1	4.19	3.68	3.01	2.50	1.97
			2	4.70	4.13	3.37	2.80	2.20
			3	5.36	4.71	3.84	3.18	2.51
			4	6.26	5.50	4.49	3.71	2.92
			5	9.77	8.57	6.97	5.76	4.51
			6	43.50	38.01	30.77	25.27	19.72
			7	14.25	12.48	10.14	8.36	6.54
			8	7.59	6.66	5.43	4.49	3.52
			9	3.78	3.33	2.72	2.26	1.79
			10	3.45	3.04	2.49	2.07	1.63
			11	3.18	2.80	2.29	1.90	1.51
			12	2.95	2.59	2.13	1.77	1.40

续表 4-12-5

序号	行政区划名称	时段长	时段序号	重现期时段雨量值(mm)				
				100 a($H_{1\%}$)	50 a($H_{2\%}$)	20 a($H_{5\%}$)	10 a($H_{10\%}$)	5 a($H_{20\%}$)
71	下涧	0.25 h	13	2.75	2.42	1.98	1.65	1.31
			14	2.57	2.27	1.86	1.55	1.23
			15	2.42	2.13	1.75	1.46	1.16
			16	2.29	2.01	1.65	1.38	1.09
			17	2.16	1.91	1.57	1.31	1.04
			18	2.06	1.81	1.49	1.24	0.99
			19	1.96	1.73	1.42	1.18	0.94
			20	1.87	1.65	1.36	1.13	0.90
			21	1.79	1.58	1.30	1.08	0.86
			22	1.71	1.51	1.24	1.04	0.83
			23	1.65	1.45	1.20	1.00	0.80
			24	1.58	1.40	1.15	0.96	0.77
72	马圪塔	1 h	1	5.70	5.07	4.24	3.59	2.91
			2	19.70	17.47	14.42	12.09	9.72
			3	75.60	66.10	53.44	43.88	34.30
			4	12.89	11.45	9.49	7.99	6.45
			5	9.72	8.64	7.19	6.06	4.90
			6	7.85	6.98	5.82	4.92	3.98
73	赵岭	0.5 h	1	2.96	2.63	2.19	1.85	1.50
			2	8.46	7.49	6.17	5.17	4.13
			3	11.02	9.74	8.01	6.69	5.33
			4	57.33	50.05	40.41	33.07	25.71
			5	16.43	14.49	11.88	9.88	7.84
			6	6.92	6.13	5.06	4.25	3.40

续表 4-12-5

序号	行政区划名称	时段长	时段序号	重现期时段雨量值(mm)				
				100 a($H_{1\%}$)	50 a($H_{2\%}$)	20 a($H_{5\%}$)	10 a($H_{10\%}$)	5 a($H_{20\%}$)
73	赵岭	0.5 h	7	5.89	5.22	4.31	3.62	2.91
			8	5.13	4.55	3.77	3.17	2.55
			9	4.56	4.05	3.35	2.82	2.27
			10	4.11	3.65	3.02	2.55	2.06
			11	3.74	3.32	2.76	2.32	1.88
			12	3.44	3.05	2.54	2.14	1.73
74	曹河	1 h	1	5.54	4.93	4.13	3.50	2.85
			2	18.89	16.79	13.95	11.76	9.49
			3	74.79	65.44	53.03	43.56	34.01
			4	12.38	11.02	9.19	7.77	6.29
			5	9.37	8.34	6.96	5.89	4.79
			6	7.58	6.76	5.64	4.78	3.89
75	曹河村刘庄	0.5 h	1	2.98	2.62	2.14	1.77	1.40
			2	8.92	7.82	6.35	5.23	4.10
			3	11.71	10.26	8.32	6.85	5.36
			4	60.31	52.64	42.51	34.80	27.08
			5	17.59	15.39	12.46	10.24	8.00
			6	7.25	6.36	5.17	4.26	3.35
			7	6.13	5.38	4.37	3.61	2.84
			8	5.32	4.67	3.80	3.14	2.47
			9	4.70	4.13	3.36	2.78	2.19
			10	4.21	3.70	3.02	2.49	1.96
			11	3.82	3.35	2.74	2.26	1.78
			12	3.49	3.07	2.50	2.07	1.64

续表 4-12-5

序号	行政区划名称	时段长	时段序号	重现期时段雨量值(mm)				
				100 a($H_{1\%}$)	50 a($H_{2\%}$)	20 a($H_{5\%}$)	10 a($H_{10\%}$)	5 a($H_{20\%}$)
76	王家坡	0.5 h	1	3.19	2.81	2.31	1.92	1.52
			2	8.98	7.90	6.47	5.38	4.25
			3	11.63	10.24	8.38	6.96	5.50
			4	57.00	49.84	40.36	33.15	25.87
			5	17.18	15.11	12.35	10.24	8.07
			6	7.37	6.49	5.32	4.42	3.50
			7	6.28	5.54	4.54	3.77	2.99
			8	5.49	4.84	3.97	3.30	2.61
			9	4.89	4.31	3.53	2.94	2.33
			10	4.41	3.89	3.19	2.65	2.10
			11	4.02	3.54	2.91	2.42	1.92
			12	3.70	3.26	2.67	2.22	1.76
77	郝家庄	1 h	1	6.00	5.23	4.22	3.45	2.67
			2	18.69	16.63	13.86	11.73	9.53
			3	72.00	63.36	51.88	43.09	34.15
			4	12.58	11.14	9.20	7.72	6.21
			5	9.71	8.56	7.02	5.85	4.65
			6	7.99	7.02	5.72	4.73	3.73

续表 4-12-5

序号	行政区划名称	时段长	时段序号	重现期时段雨量值(mm)				
				100 a($H_{1\%}$)	50 a($H_{2\%}$)	20 a($H_{5\%}$)	10 a($H_{10\%}$)	5 a($H_{20\%}$)
78	靳家底	0.5 h	1	3.25	2.83	2.83	1.86	1.43
			2	10.22	8.91	8.91	5.87	4.55
			3	13.53	11.81	11.81	7.78	6.04
			4	72.29	63.10	63.10	41.69	32.42
			5	20.58	17.96	17.96	11.85	9.20
			6	8.24	7.19	7.19	4.73	3.67
			7	6.92	6.03	6.03	3.97	3.07
			8	5.97	5.20	5.20	3.42	2.65
			9	5.24	4.57	4.57	3.00	2.32
			10	4.68	4.08	4.08	2.67	2.07
			11	4.22	3.68	3.68	2.41	1.87
			12	3.84	3.35	3.35	2.19	1.70
79	柏崖底	0.5 h	1	3.03	2.67	2.20	1.84	1.46
			2	8.85	7.78	6.36	5.27	4.17
			3	11.56	10.16	8.29	6.86	5.41
			4	58.51	51.07	41.25	33.78	26.29
			5	17.25	15.14	12.32	10.18	8.01
			6	7.22	6.36	5.20	4.32	3.42
			7	6.12	5.39	4.42	3.67	2.91
			8	5.33	4.69	3.85	3.20	2.54
			9	4.72	4.16	3.41	2.84	2.26
			10	4.24	3.74	3.07	2.56	2.03
			11	3.85	3.40	2.79	2.33	1.85
			12	3.53	3.12	2.56	2.14	1.70

续表 4-12-5

序号	行政区划名称	时段长	时段序号	重现期时段雨量值(mm)				
				100 a($H_{1\%}$)	50 a($H_{2\%}$)	20 a($H_{5\%}$)	10 a($H_{10\%}$)	5 a($H_{20\%}$)
80	焦家川	0.5 h	1	2.63	2.34	1.96	1.67	1.37
			2	10.24	8.87	7.01	5.61	4.20
			3	14.03	12.11	9.50	7.54	5.56
			4	79.64	68.83	54.26	43.30	32.33
			5	22.19	19.10	14.85	11.68	8.48
			6	8.02	6.96	5.54	4.47	3.39
			7	6.55	5.70	4.57	3.72	2.86
			8	5.50	4.81	3.88	3.18	2.47
			9	4.72	4.13	3.36	2.77	2.18
			10	4.12	3.61	2.96	2.45	1.95
			11	3.63	3.20	2.63	2.20	1.76
			12	3.24	2.86	2.37	1.99	1.61
81	后姚坪	0.5 h	1	3.14	2.77	2.27	1.88	1.49
			2	8.80	7.75	6.34	5.27	4.17
			3	11.40	10.04	8.21	6.83	5.39
			4	55.57	48.68	39.53	32.58	25.53
			5	16.82	14.80	12.10	10.05	7.93
			6	7.24	6.37	5.22	4.34	3.43
			7	6.17	5.44	4.45	3.70	2.93
			8	5.40	4.75	3.89	3.24	2.56
			9	4.81	4.23	3.47	2.88	2.28
			10	4.34	3.82	3.13	2.60	2.06
			11	3.96	3.48	2.85	2.37	1.88
			12	3.64	3.20	2.62	2.18	1.73

续表 4-12-5

序号	行政区划名称	时段长	时段序号	重现期时段雨量值(mm)				
				100 a($H_{1\%}$)	50 a($H_{2\%}$)	20 a($H_{5\%}$)	10 a($H_{10\%}$)	5 a($H_{20\%}$)
82	前姚坪	0.5 h	1	3.01	2.66	2.20	1.85	1.48
			2	8.67	7.64	6.26	5.21	4.14
			3	11.29	9.94	8.14	6.76	5.36
			4	57.00	49.75	40.16	32.87	25.56
			5	16.81	14.77	12.05	9.98	7.89
			6	7.09	6.25	5.13	4.28	3.41
			7	6.02	5.31	4.37	3.65	2.91
			8	5.25	4.63	3.81	3.19	2.54
			9	4.66	4.11	3.39	2.83	2.26
			10	4.19	3.70	3.05	2.56	2.04
			11	3.81	3.37	2.78	2.33	1.86
			12	3.50	3.09	2.56	2.14	1.71
83	南沟	0.5 h	1	2.93	2.60	2.16	1.82	1.48
			2	8.44	7.44	6.11	5.10	4.06
			3	11.01	9.70	7.94	6.60	5.24
			4	57.40	50.07	40.39	33.03	25.67
			5	16.44	14.45	11.79	9.76	7.71
			6	6.90	6.09	5.01	4.19	3.34
			7	5.86	5.18	4.27	3.57	2.86
			8	5.10	4.52	3.73	3.13	2.51
			9	4.53	4.01	3.32	2.79	2.24
			10	4.08	3.61	2.99	2.51	2.02
			11	3.71	3.29	2.73	2.29	1.85
			12	3.40	3.02	2.51	2.11	1.70

续表 4-12-5

序号	行政区划名称	时段长	时段序号	重现期时段雨量值(mm)				
				100 a($H_{1\%}$)	50 a($H_{2\%}$)	20 a($H_{5\%}$)	10 a($H_{10\%}$)	5 a($H_{20\%}$)
84	南庄	0.5 h	1	3.24	2.84	2.30	1.89	1.48
			2	9.50	8.34	6.79	5.62	4.43
			3	12.44	10.93	8.91	7.37	5.81
			4	66.14	57.78	46.72	38.30	29.85
			5	18.66	16.40	13.36	11.05	8.72
			6	7.74	6.80	5.53	4.57	3.60
			7	6.56	5.76	4.68	3.87	3.04
			8	5.70	5.00	4.07	3.36	2.64
			9	5.05	4.43	3.60	2.97	2.33
			10	4.54	3.98	3.23	2.66	2.09
			11	4.12	3.61	2.93	2.42	1.89
			12	3.78	3.31	2.69	2.21	1.73
85	田澽沱	0.5 h	1	3.18	2.79	2.26	1.86	1.46
			2	8.95	7.93	6.56	5.51	4.42
			3	11.65	10.35	8.58	7.22	5.81
			4	63.96	56.15	45.74	37.78	29.73
			5	17.39	15.46	12.84	10.83	8.74
			6	7.34	6.49	5.36	4.48	3.59
			7	6.25	5.52	4.54	3.80	3.03
			8	5.46	4.82	3.96	3.30	2.62
			9	4.86	4.28	3.51	2.92	2.32
			10	4.39	3.86	3.16	2.62	2.07
			11	4.00	3.52	2.87	2.38	1.88
			12	3.68	3.23	2.63	2.18	1.72

续表 4-12-5

序号	行政区划名称	时段长	时段序号	重现期时段雨量值(mm)				
				100 a($H_{1\%}$)	50 a($H_{2\%}$)	20 a($H_{5\%}$)	10 a($H_{10\%}$)	5 a($H_{20\%}$)
86	牛家后	0.5 h	1	2.90	2.57	2.12	1.78	1.43
			2	9.79	8.59	6.99	5.78	4.54
			3	13.10	11.48	9.32	7.68	6.02
			4	68.90	60.01	48.29	39.43	30.54
			5	20.12	17.60	14.23	11.69	9.12
			6	7.82	6.88	5.61	4.64	3.66
			7	6.51	5.73	4.68	3.88	3.07
			8	5.56	4.90	4.01	3.33	2.64
			9	4.85	4.28	3.51	2.92	2.32
			10	4.29	3.79	3.11	2.59	2.07
			11	3.84	3.39	2.79	2.33	1.86
			12	3.47	3.07	2.53	2.11	1.69
87	矿窑	0.5 h	1	3.25	2.83	2.28	1.86	1.43
			2	10.22	8.91	7.18	5.87	4.55
			3	13.53	11.81	9.52	7.78	6.04
			4	72.29	63.10	50.93	41.69	32.42
			5	20.58	17.96	14.48	11.85	9.20
			6	8.24	7.19	5.79	4.73	3.67
			7	6.92	6.03	4.86	3.97	3.07
			8	5.97	5.20	4.18	3.42	2.65
			9	5.24	4.57	3.68	3.00	2.32
			10	4.68	4.08	3.28	2.67	2.07
			11	4.22	3.68	2.96	2.41	1.87
			12	3.84	3.35	2.69	2.19	1.70

续表 4-12-5

序号	行政区划名称	时段长	时段序号	重现期时段雨量值(mm)				
				100 a($H_{1\%}$)	50 a($H_{2\%}$)	20 a($H_{5\%}$)	10 a($H_{10\%}$)	5 a($H_{20\%}$)
88	石家	0.5 h	1	3.32	2.89	2.32	1.89	1.46
			2	9.92	8.65	6.97	5.69	4.42
			3	13.04	11.38	9.17	7.50	5.82
			4	72.17	62.84	50.52	41.19	31.85
			5	19.71	17.20	13.86	11.34	8.81
			6	8.05	7.02	5.65	4.62	3.58
			7	6.80	5.93	4.77	3.90	3.02
			8	5.90	5.15	4.14	3.38	2.61
			9	5.22	4.55	3.66	2.98	2.31
			10	4.68	4.08	3.28	2.67	2.07
			11	4.25	3.70	2.97	2.42	1.87
			12	3.89	3.38	2.72	2.21	1.71

表 4-12-6　平陆县设计洪水成果表

序号	小流域名称	行政区划名称	洪水要素	重现期洪水要素值				
				100 a($Q_{1\%}$)	50 a($Q_{2\%}$)	20 a($Q_{5\%}$)	10 a($Q_{10\%}$)	5 a($Q_{20\%}$)
1	南侯沟	洞上	洪峰流量(m^3/s)	13	11	8	5	3
			洪量(万 m^3)	7	5	4	2	1
			涨洪历时(h)	2	2	2	2	2
			洪水历时(h)	6.3	6.3	5.8	5.3	5.8
2		桃花岔	洪峰流量(m^3/s)	43	37	29	23	17
			洪量(万 m^3)	11	9	6	4	3
			涨洪历时(h)	2	1.8	1	0.8	0.8
			洪水历时(h)	5.5	4.3	2.8	2	1.8
3		北坡村	洪峰流量(m^3/s)	235	197	145	104	65
			洪量(万 m^3)	100	78	52	34	21
			涨洪历时(h)	2	2	1	1	1
			洪水历时(h)	5.3	5.3	4.3	4.3	4.7
4		西堡	洪峰流量(m^3/s)	5	4	2	1	1
			洪量(万 m^3)	1	1	0	0	0
			涨洪历时(h)	0.3	0.3	0.3	0.3	0.3
			洪水历时(h)	2.5	2.5	2.5	2.5	2.5

续表 4-12-6

序号	小流域名称	行政区划名称	洪水要素	重现期洪水要素值				
				100 a($Q_{1\%}$)	50 a($Q_{2\%}$)	20 a($Q_{5\%}$)	10 a($Q_{10\%}$)	5 a($Q_{20\%}$)
5	南侯沟	西坡	洪峰流量(m^3/s)	1 155	957	694	493	312
			洪量(万 m^3)	731	577	388	258	158
			涨洪历时(h)	3	2	2	1.5	1
			洪水历时(h)	13	11.5	11.5	11.5	11.5
6		前沟村后沟	洪峰流量(m^3/s)	1 103	921	679	489	313
			洪量(万 m^3)	772	616	423	288	181
			涨洪历时(h)	2.8	2	1.9	1.1	0.9
			洪水历时(h)	8.6	6.8	6.6	6.8	6.2
7		乔南沟	洪峰流量(m^3/s)	1 509	1 255	918	662	425
			洪量(万 m^3)	609	480	324	218	138
			涨洪历时(h)	2	1.8	1	1	0.8
			洪水历时(h)	5.8	5.3	4.5	4.3	4.5
8		前沟村前沟	洪峰流量(m^3/s)	2 453	2 032	1 467	1 039	656
			洪量(万 m^3)	1 356	1 066	709	467	286
			涨洪历时(h)	2.5	2	1.5	1	0.5
			洪水历时(h)	8.5	8	6	5	4.5

续表 4-12-6

序号	小流域名称	行政区划名称	洪水要素	重现期洪水要素值				
				100 a($Q_{1\%}$)	50 a($Q_{2\%}$)	20 a($Q_{5\%}$)	10 a($Q_{10\%}$)	5 a($Q_{20\%}$)
9	圪塔洞	磨沟	洪峰流量(m^3/s)	390	331	252	191	133
			洪量(万 m^3)	140	112	77	53	33
			涨洪历时(h)	3	1.8	1.8	0.8	0.8
			洪水历时(h)	6.5	5.5	4.8	3.3	3.5
10		浑涧底	洪峰流量(m^3/s)	475	401	301	223	148
			洪量(万 m^3)	196	156	107	73	46
			涨洪历时(h)	2	5	1.5	1	1
			洪水历时(h)	5.8	5.3	4.3	4.5	4.3
11	张峪涧	吕沟	洪峰流量(m^3/s)	137	114	84	61	39
			洪量(万 m^3)	73	58	40	27	17
			涨洪历时(h)	2	2	1.5	1	1
			洪水历时(h)	6.3	6	5.3	4.8	5.5
12		李皮沟	洪峰流量(m^3/s)	593	494	363	262	173
			洪量(万 m^3)	391	311	214	146	93
			涨洪历时(h)	2.5	2	2	1	1
			洪水历时(h)	9	7.8	7.8	7.3	7.3

续表 4-12-6

序号	小流域名称	行政区划名称	洪水要素	重现期洪水要素值				
				100 a($Q_{1\%}$)	50 a($Q_{2\%}$)	20 a($Q_{5\%}$)	10 a($Q_{10\%}$)	5 a($Q_{20\%}$)
13	张峪涧	张沟	洪峰流量(m^3/s)	534	449	336	249	170
			洪量(万 m^3)	263	209	143	98	62
			涨洪历时(h)	3	2	1.8	1	0.8
			洪水历时(h)	9	8	6.3	5.3	4.5
14		后片	洪峰流量(m^3/s)	595	496	364	263	174
			洪量(万 m^3)	313	249	169	115	72
			涨洪历时(h)	2	1.5	1	0.5	0.5
			洪水历时(h)	8	7	5	4.5	3.5
15		柏树崖	洪峰流量(m^3/s)	605	502	365	262	169
			洪量(万 m^3)	303	242	166	114	72
			涨洪历时(h)	2	2	2.5	1	0.3
			洪水历时(h)	6.3	5.8	5	5	4.3
16		前磨	洪峰流量(m^3/s)	662	551	403	291	187
			洪量(万 m^3)	365	291	198	143	84
			涨洪历时(h)	2	2	1.8	1	1
			洪水历时(h)	7.3	6.3	6.5	6.3	6.3

续表 4-12-6

序号	小流域名称	行政区划名称	洪水要素	重现期洪水要素值				
				100 a($Q_{1\%}$)	50 a($Q_{2\%}$)	20 a($Q_{5\%}$)	10 a($Q_{10\%}$)	5 a($Q_{20\%}$)
17	张峪涧	烟沟	洪峰流量(m^3/s)	672	559	406	286	197
			洪量(万 m^3)	383	301	204	137	87
			涨洪历时(h)	2	1.5	1.5	1	0.5
			洪水历时(h)	10	8	7.5	5.5	5
18		后村	洪峰流量(m^3/s)	682	569	417	302	196
			洪量(万 m^3)	390	312	215	146	93
			涨洪历时(h)	2.3	2	2	1	1
			洪水历时(h)	5.3	7.3	7.3	6.3	6.8
19		东村	洪峰流量(m^3/s)	669	560	415	301	198
			洪量(万 m^3)	410	324	221	149	94
			涨洪历时(h)	4	2.5	2	1.5	1
			洪水历时(h)	11	9	7.5	6.5	6
20	五龙庙	庙坡	洪峰流量(m^3/s)	116	96	69	50	32
			洪量(万 m^3)	74	59	41	28	18
			涨洪历时(h)	2	2	1.5	1	1
			洪水历时(h)	7.8	7.3	7.3	6.8	7.3

续表 4-12-6

序号	小流域名称	行政区划名称	洪水要素	重现期洪水要素值				
				100 a($Q_{1\%}$)	50 a($Q_{2\%}$)	20 a($Q_{5\%}$)	10 a($Q_{10\%}$)	5 a($Q_{20\%}$)
21	五龙庙	黑家沟	洪峰流量(m^3/s)	45	39	30	23	17
			洪量(万 m^3)	11	9	6	5	3
			涨洪历时(h)	1.8	2	1.8	0.8	0.8
			洪水历时(h)	5.5	4.5	3.8	2.3	2
22		榆树岭	洪峰流量(m^3/s)	290	240	174	125	79
			洪量(万 m^3)	177	141	97	66	42
			涨洪历时(h)	2.5	2	1.5	1	1
			洪水历时(h)	9.5	8.5	7	6	6
23		王门坡	洪峰流量(m^3/s)	378	322	247	188	132
			洪量(万 m^3)	175	142	100	70	45
			涨洪历时(h)	2.7	2	2	1.4	1
			洪水历时(h)	7	5.7	5.3	4.7	4.3、
24		胡家坡	洪峰流量(m^3/s)	487	409	306	227	154
			洪量(万 m^3)	213	170	117	80	50
			涨洪历时(h)	2.5	0.8	0.8	0.8	0.8
			洪水历时(h)	9.5	8.3	8	7.3	7.3

续表 4-12-6

序号	小流域名称	行政区划名称	洪水要素	重现期洪水要素值				
				100 a($Q_{1\%}$)	50 a($Q_{2\%}$)	20 a($Q_{5\%}$)	10 a($Q_{10\%}$)	5 a($Q_{20\%}$)
25	五龙庙	花园村	洪峰流量(m^3/s)	80	68	53	40	29
			洪量(万 m^3)	26	21	15	10	6
			涨洪历时(h)	2	2	1.5	1	0.5
			洪水历时(h)	5.8	4.3	3.3	2.5	2
26		大涧北	洪峰流量(m^3/s)	1 061	885	650	469	306
			洪量(万 m^3)	640	510	350	238	149
			涨洪历时(h)	2	2	2	1	1
			洪水历时(h)	6.5	7.5	7	6	6.5
27	郑沟	安头	洪峰流量(m^3/s)	159	134	101	74	49
			洪量(万 m^3)	71	67	40	27	18
			涨洪历时(h)	2	1.9	1.2	1	1
			洪水历时(h)	5.3	4.7	4	3.8	4.3
28		后郑沟	洪峰流量(m^3/s)	110	94	72	55	39
			洪量(万 m^3)	27	22	15	11	7
			涨洪历时(h)	1.8	1.8	1	0.8	0.8
			洪水历时(h)	4.5	3.5	2.8	2	2

续表 4-12-6

序号	小流域名称	行政区划名称	洪水要素	重现期洪水要素值				
				100 a($Q_{1\%}$)	50 a($Q_{2\%}$)	20 a($Q_{5\%}$)	10 a($Q_{10\%}$)	5 a($Q_{20\%}$)
29	郑沟	堡里	洪峰流量(m^3/s)	93	79	61	47	33
			洪量(万 m^3)	26	21	14	10	6
			涨洪历时(h)	1.8	1.8	1.5	0.8	0.8
			洪水历时(h)	5.3	4.3	3.5	3	2.8
30		董庄	洪峰流量(m^3/s)	806	667	484	343	220
			洪量(万 m^3)	557	445	305	208	130
			涨洪历时(h)	2.5	2	1.6	1	1
			洪水历时(h)	8.5	8	7.6	7.5	7.5
31		董庄村张庄	洪峰流量(m^3/s)	976	815	599	436	288
			洪量(万 m^3)	543	437	306	213	139
			涨洪历时(h)	2.5	2	2	1	1
			洪水历时(h)	7.5	6.5	6.5	5	5.8
32		后沟村后沟	洪峰流量(m^3/s)	25	21	17	13	10
			洪量(万 m^3)	5	4	3	2	1
			涨洪历时(h)	1.8	1.8	0.8	0.8	0.3
			洪水历时(h)	4.3	3.5	2.3	2	1.3

续表 4-12-6

序号	小流域名称	行政区划名称	洪水要素	重现期洪水要素值				
				100 a($Q_{1\%}$)	50 a($Q_{2\%}$)	20 a($Q_{5\%}$)	10 a($Q_{10\%}$)	5 a($Q_{20\%}$)
33	红旗沟	油坊沟	洪峰流量(m^3/s)	458	376	267	188	117
			洪量(万 m^3)	310	249	171	117	74
			涨洪历时(h)	1.5	1.5	1	0.5	0.5
			洪水历时(h)	8	7.5	6.5	6	6
34		高家崖	洪峰流量(m^3/s)	485	400	286	214	203
			洪量(万 m^3)	337	270	185	127	126
			涨洪历时(h)	2	1.5	0.5	1	0.5
			洪水历时(h)	9	8	6.5	7.5	6
35		风泉口	洪峰流量(m^3/s)	529	436	312	221	138
			洪量(万 m^3)	349	279	193	132	83
			涨洪历时(h)	2	2	1.5	1	1
			洪水历时(h)	7.5	8	7.5	7.5	8
36	八政河	马沟	洪峰流量(m^3/s)	39	33	24	18	13
			洪量(万 m^3)	13	11	7	5	3
			涨洪历时(h)	1.8	1	0.8	0.8	0.3
			洪水历时(h)	4.8	3.5	3	3	2.8

续表 4-12-6

序号	小流域名称	行政区划名称	洪水要素	重现期洪水要素值				
				100 a($Q_{1\%}$)	50 a($Q_{2\%}$)	20 a($Q_{5\%}$)	10 a($Q_{10\%}$)	5 a($Q_{20\%}$)
37	八政河	李铁沟	洪峰流量(m^3/s)	106	89	66	48	32
			洪量(万 m^3)	52	42	29	20	13
			涨洪历时(h)	2	2	1.5	1	1
			洪水历时(h)	6.3	6.3	5.8	5.3	5.8
38		水磨沟	洪峰流量(m^3/s)	383	323	243	182	124
			洪量(万 m^3)	133	106	73	50	32
			涨洪历时(h)	1.8	1.8	1	0.8	0.8
			洪水历时(h)	5.3	4.8	3.8	2.8	3
39		郭家庄	洪峰流量(m^3/s)	472	405	312	236	159
			洪量(万 m^3)	162	129	88	60	38
			涨洪历时(h)	2	1.8	1.2	1	0.9
			洪水历时(h)	5	2.2	3	1.8	2.8
40		杨庄	洪峰流量(m^3/s)	1 234	1 026	747	535	343
			洪量(万 m^3)	614	489	333	226	143
			涨洪历时(h)	1.9	1.9	1.4	1	0.5
			洪水历时(h)	6.3	5.7	5.1	4.5	4.5

续表 4-12-6

序号	小流域名称	行政区划名称	洪水要素	重现期洪水要素值				
				100 a($Q_{1\%}$)	50 a($Q_{2\%}$)	20 a($Q_{5\%}$)	10 a($Q_{10\%}$)	5 a($Q_{20\%}$)
41	八政河	王沟村王沟	洪峰流量(m^3/s)	672	556	401	287	185
			洪量(万 m^3)	390	312	215	148	95
			涨洪历时(h)	2	1.5	1.2	1.1	0.5
			洪水历时(h)	6.7	6.7	5.6	5.8	5.4
42		南坡	洪峰流量(m^3/s)	479	404	302	224	150
			洪量(万 m^3)	217	175	122	85	55
			涨洪历时(h)	2.5	2	1.5	1	1
			洪水历时(h)	5.5	5	4.8	4.3	4.3
43		八政	洪峰流量(m^3/s)	2 105	1 733	1 236	866	533
			洪量(万 m^3)	1 332	1 047	704	468	288
			涨洪历时(h)	2.3	2	1.3	1	0.3
			洪水历时(h)	7.5	6.8	6.3	5.3	5.5
44		车坡	洪峰流量(m^3/s)	1 886	1 549	1 097	765	469
			洪量(万 m^3)	1 340	1 055	711	474	293
			涨洪历时(h)	2	1.5	1	1	0.5
			洪水历时(h)	9.5	8	6.5	6	6

续表 4-12-6

序号	小流域名称	行政区划名称	洪水要素	重现期洪水要素值				
				100 a($Q_{1\%}$)	50 a($Q_{2\%}$)	20 a($Q_{5\%}$)	10 a($Q_{10\%}$)	5 a($Q_{20\%}$)
45	高家滩	董家庄	洪峰流量(m^3/s)	41	35	27	21	15
			洪量(万 m^3)	9	7	5	4	2
			涨洪历时(h)	1.8	2	1	0.8	0.8
			洪水历时(h)	4.3	3.8	2.5	1.8	1.8
46		后河	洪峰流量(m^3/s)	351	294	217	159	105
			洪量(万 m^3)	188	153	108	76	50
			涨洪历时(h)	2.5	2	1.5	1	1
			洪水历时(h)	9	8	6.5	6.5	6
47		前河	洪峰流量(m^3/s)	48	41	32	24	17
			洪量(万 m^3)	10	8	6	4	3
			涨洪历时(h)	1.8	1.8	0.8	0.8	0.8
			洪水历时(h)	4.5	4.3	3.3	3	3
48		高家滩	洪峰流量(m^3/s)	707	595	444	328	226
			洪量(万 m^3)	318	253	174	123	82
			涨洪历时(h)	2	2	1.5	1	0.5
			洪水历时(h)	7	5.5	4	4.5	4

续表 4-12-6

序号	小流域名称	行政区划名称	洪水要素	重现期洪水要素值				
				100 a($Q_{1\%}$)	50 a($Q_{2\%}$)	20 a($Q_{5\%}$)	10 a($Q_{10\%}$)	5 a($Q_{20\%}$)
49	计王河	狮沟	洪峰流量(m^3/s)	70	59	44	32	25
			洪量(万 m^3)	23	19	13	9	6
			涨洪历时(h)	2	2	1	0.8	0.3
			洪水历时(h)	5.3	4.8	3.3	3	2.5
50		上三门	洪峰流量(m^3/s)	102	86	66	50	38
			洪量(万 m^3)	22	17	12	9	6
			涨洪历时(h)	1.8	1.8	0.8	0.8	0.3
			洪水历时(h)	5.3	4.3	2.5	2.5	1.8
51		下三门	洪峰流量(m^3/s)	79	67	51	39	30
			洪量(万 m^3)	16	13	9	6	4
			涨洪历时(h)	1.8	1	0.8	0.8	0.3
			洪水历时(h)	5	3.5	2.5	2.3	1.3
52	柳林河	柳林	洪峰流量(m^3/s)	451	366	252	164	97
			洪量(万 m^3)	559	444	305	210	135
			涨洪历时(h)	2	2	2	1.5	1
			洪水历时(h)	13.8	14.3	14.8	15.3	16.3

续表 4-12-6

序号	小流域名称	行政区划名称	洪水要素	重现期洪水要素值				
				100 a($Q_{1\%}$)	50 a($Q_{2\%}$)	20 a($Q_{5\%}$)	10 a($Q_{10\%}$)	5 a($Q_{20\%}$)
53	柳林河	刘庄村刘庄	洪峰流量(m^3/s)	496	401	276	180	108
			洪量(万 m^3)	589	471	326	225	145
			涨洪历时(h)	2	2	2	1.5	1
			洪水历时(h)	10.5	10.5	11.3	11.8	12
54		刘庄村张庄	洪峰流量(m^3/s)	659	538	375	247	147
			洪量(万 m^3)	624	494	337	230	147
			涨洪历时(h)	2	2	2	1.5	1
			洪水历时(h)	11.5	10	9.5	9	9
55		岳庄	洪峰流量(m^3/s)	568	462	319	208	123
			洪量(万 m^3)	667	532	367	251	161
			涨洪历时(h)	1.5	1.5	1.5	1.5	1
			洪水历时(h)	20	21	20	23	33
56		宋家岭	洪峰流量(m^3/s)	5	5	4	3	2
			洪量(万 m^3)					
			涨洪历时(h)					
			洪水历时(h)					

续表 4-12-6

序号	小流域名称	行政区划名称	洪水要素	重现期洪水要素值				
				100 a($Q_{1\%}$)	50 a($Q_{2\%}$)	20 a($Q_{5\%}$)	10 a($Q_{10\%}$)	5 a($Q_{20\%}$)
57	畔沟涧	周头岭	洪峰流量(m^3/s)	163	135	99	70	54
			洪量(万 m^3)	87	70	48	33	22
			涨洪历时(h)	1.5	1.8	1.8	1	0.3
			洪水历时(h)	8	6.5	5.8	5	4.3
58		后畔沟	洪峰流量(m^3/s)	173	145	106	75	48
			洪量(万 m^3)	96	78	54	38	24
			涨洪历时(h)	1.8	1.8	1.8	1.5	1
			洪水历时(h)	9.8	9.8	9.8	9.8	9.5
59		庙后	洪峰流量(m^3/s)	19	17	13	11	9
			洪量(万 m^3)					
			涨洪历时(h)					
			洪水历时(h)					
60		西寨	洪峰流量(m^3/s)	406	346	266	203	153
			洪量(万 m^3)	119	96	67	48	31
			涨洪历时(h)	1.5	1.5	1.5	1	0.5
			洪水历时(h)	4.8	4	3	2.5	2

续表 4-12-6

序号	小流域名称	行政区划名称	洪水要素	重现期洪水要素值				
				100 a($Q_{1\%}$)	50 a($Q_{2\%}$)	20 a($Q_{5\%}$)	10 a($Q_{10\%}$)	5 a($Q_{20\%}$)
61	坡底河	前庄	洪峰流量(m^3/s)	627	528	396	291	212
			洪量(万 m^3)	239	191	132	91	59
			涨洪历时(h)	1.5	1.5	1.5	1	0.5
			洪水历时(h)	5.5	4.8	4	3.3	3
62	马泉沟	后窑村前沟	洪峰流量(m^3/s)	27	21	15	10	6
			洪量(万 m^3)					
			涨洪历时(h)					
			洪水历时(h)					
63		向阳村王沟	洪峰流量(m^3/s)	875	731	542	397	261
			洪量(万 m^3)	318	254	175	120	76
			涨洪历时(h)	1.5	1.5	1.5	0.8	0.8
			洪水历时(h)	7.3	6	4.5	3.5	3.8
64	郑家沟	杨家沟	洪峰流量(m^3/s)	220	189	147	115	83
			洪量(万 m^3)	42	34	24	17	11
			涨洪历时(h)	1.5	1.5	1.5	0.8	0.5
			洪水历时(h)	4.5	3.5	2.8	1.5	1.5

续表 4-12-6

序号	小流域名称	行政区划名称	洪水要素	重现期洪水要素值				
				100 a($Q_{1\%}$)	50 a($Q_{2\%}$)	20 a($Q_{5\%}$)	10 a($Q_{10\%}$)	5 a($Q_{20\%}$)
65	郑家沟	宋家河	洪峰流量(m^3/s)	268	229	176	135	94
			洪量(万 m^3)	85	68	47	32	21
			涨洪历时(h)	2	1.5	1.5	1.5	1
			洪水历时(h)	8	6	4.5	4.5	4
66		朱家滩	洪峰流量(m^3/s)	398	191	255	191	130
			洪量(万 m^3)	153	122	84	57	36
			涨洪历时(h)	1.5	1	1	0.5	0.5
			洪水历时(h)	7.5	5.5	3.5	2.5	2.5
67		郑沟	洪峰流量(m^3/s)	565	479	365	275	189
			洪量(万 m^3)	225	180	125	86	56
			涨洪历时(h)	1.5	1.5	1.5	1.5	1
			洪水历时(h)	6.7	5.5	3.7	3.5	3
68	曹河	任濞沱	洪峰流量(m^3/s)	78	66	51	39	33
			洪量(万 m^3)	16	13	9	6	4
			涨洪历时(h)	1.5	1.5	1.5	0.8	0.3
			洪水历时(h)	5.3	4.3	2.8	2	1.3

续表 4-12-6

序号	小流域名称	行政区划名称	洪水要素	重现期洪水要素值				
				100 a($Q_{1\%}$)	50 a($Q_{2\%}$)	20 a($Q_{5\%}$)	10 a($Q_{10\%}$)	5 a($Q_{20\%}$)
69	曹河	胡树洼	洪峰流量(m^3/s)	151	127	97	73	50
			洪量(万 m^3)	51	40	28	19	13
			涨洪历时(h)	2.5	1.5	1.5	1	0.8
			洪水历时(h)	9.3	7	5.8	5.8	5
70		峪口	洪峰流量(m^3/s)	195	195	111	111	111
			洪量(万 m^3)	240	240	131	131	131
			涨洪历时(h)	2	2	2.1	2.1	2.1
			洪水历时(h)	10.5	10.5	11.1	11.1	11.1
71		下涧	洪峰流量(m^3/s)	635	510	345	219	126
			洪量(万 m^3)	906	718	490	334	211
			涨洪历时(h)	2.3	2.3	2	1.5	1
			洪水历时(h)	15	24.5	24	13.3	13.5
72		马圪塔	洪峰流量(m^3/s)	564	448	295	191	113
			洪量(万 m^3)	967	769	527	360	231
			涨洪历时(h)	3	3	3	3	2
			洪水历时(h)	30	21	32	24	34

续表 4-12-6

序号	小流域名称	行政区划名称	洪水要素	重现期洪水要素值				
				100 a($Q_{1\%}$)	50 a($Q_{2\%}$)	20 a($Q_{5\%}$)	10 a($Q_{10\%}$)	5 a($Q_{20\%}$)
73	曹河	赵岭	洪峰流量(m^3/s)	580	462	305	192	111
			洪量(万 m^3)	971	769	525	192	227
			涨洪历时(h)	2	2	2	1.5	1
			洪水历时(h)	28	29	31.5	32.5	34
74		曹河	洪峰流量(m^3/s)	598	473	311	202	120
			洪量(万 m^3)	1 026	817	562	385	247
			涨洪历时(h)	2	2	2	2	1
			洪水历时(h)	28	29	30	31	30
75		曹河村刘庄	洪峰流量(m^3/s)	639	508	333	208	118
			洪量(万 m^3)	1 139	900	610	412	259
			涨洪历时(h)	2	2	2	1.5	1
			洪水历时(h)	30	31	34	36.5	38
76		王家坡	洪峰流量(m^3/s)	656	526	352	223	128
			洪量(万 m^3)	1 136	897	609	412	260
			涨洪历时(h)	2	4	2	2	1.5
			洪水历时(h)	29	30	32	34	36

续表 4-12-6

序号	小流域名称	行政区划名称	洪水要素	重现期洪水要素值				
				100 a($Q_{1\%}$)	50 a($Q_{2\%}$)	20 a($Q_{5\%}$)	10 a($Q_{10\%}$)	5 a($Q_{20\%}$)
77	曹河	郝家庄	洪峰流量(m^3/s)	664	530	352	233	142
			洪量(万 m^3)	1 047	823	563	388	253
			涨洪历时(h)	2	2	2	2	1
			洪水历时(h)	14	13	13	13	13
78		靳家底	洪峰流量(m^3/s)	43	37	28	21	14
			洪量(万 m^3)	24	20	14	10	6
			涨洪历时(h)	3.3	1.8	1.5	1.5	1.5
			洪水历时(h)	9.5	7.5	6.3	5.8	6.3
79		柏崖底	洪峰流量(m^3/s)	703	562	374	236	135
			洪量(万 m^3)	1 274	1 009	689	467	296
			涨洪历时(h)	2	2	5	1.5	1
			洪水历时(h)	18	17	17	17	18
80		后姚坪	洪峰流量(m^3/s)	707	568	382	242	139
			洪量(万 m^3)	1 288	1 017	692	471	298
			涨洪历时(h)	2	2	2	1.5	1
			洪水历时(h)	17.5	17	16	16.5	17.5

续表 4-12-6

序号	小流域名称	行政区划名称	洪水要素	重现期洪水要素值				
				100 a($Q_{1\%}$)	50 a($Q_{2\%}$)	20 a($Q_{5\%}$)	10 a($Q_{10\%}$)	5 a($Q_{20\%}$)
81	曹河	前姚坪	洪峰流量(m^3/s)	766	671	451	288	167
			洪量(万 m^3)	1 268	1 012	691	469	297
			涨洪历时(h)	1.5	2.5	2.5	2	1.5
			洪水历时(h)	10.8	2.8	13.8	14.8	15
82		焦家川	洪峰流量(m^3/s)	58	49	37	27	18
			洪量(万 m^3)	17	16	11	7	4
			涨洪历时(h)	1.5	1.5	1.5	1	0.5
			洪水历时(h)	5.5	4.8	3.5	2.8	2
83		南沟	洪峰流量(m^3/s)	765	614	411	262	151
			洪量(万 m^3)	1 308	1 039	711	485	308
			涨洪历时(h)	2.5	2.5	2.5	2	1.5
			洪水历时(h)	18.8	19.3	20.3	20.8	23.3
84	王家河	南庄	洪峰流量(m^3/s)	193	157	109	71	42
			洪量(万 m^3)	174	137	94	64	41
			涨洪历时(h)	2	2	2	1.5	2
			洪水历时(h)	10.3	10.3	10.3	10.8	11.3

续表 4-12-6

序号	小流域名称	行政区划名称	洪水要素	重现期洪水要素值				
				100 a($Q_{1\%}$)	50 a($Q_{2\%}$)	20 a($Q_{5\%}$)	10 a($Q_{10\%}$)	5 a($Q_{20\%}$)
85	王家河	田滹沱	洪峰流量(m^3/s)	223	181	125	82	50
			洪量(万 m^3)	191	152	104	72	47
			涨洪历时(h)	2	2	1.5	1.8	1
			洪水历时(h)	7.8	7.8	7.8	7.8	8.5
86		牛家后	洪峰流量(m^3/s)	303	245	168	110	65
			洪量(万 m^3)	268	213	146	100	63
			涨洪历时(h)	2	2	1.8	1.5	1
			洪水历时(h)	9.8	10.3	10.5	10.8	11.3
87		矿窑	洪峰流量(m^3/s)	283	229	156	100	58
			洪量(万 m^3)	259	204	138	93	58
			涨洪历时(h)	2	2	2	1.5	1
			洪水历时(h)	10.3	10.3	10.8	11.3	11.8
88		石家	洪峰流量(m^3/s)	151	125	91	64	42
			洪量(万 m^3)	76	60	41	28	18
			涨洪历时(h)	1.5	1.5	1.5	1	0.3
			洪水历时(h)	6.8	5.8	5.8	5.8	5.3

表 4-12-7　平陆县设计净雨深计算成果表

序号	行政区划名称	重现期(a)	参数			主雨历时(h)	主雨雨量(mm)	净雨深(mm)
			μ	S_r	K_s			
1	洞上	100	9.09	23.79	1.90	13.7	197.4	112.5
		50	10.07	23.79	1.90	13.0	171.1	88.7
		20	11.80	23.79	1.90	11.7	135.8	59.4
		10	13.91	23.79	1.90	10.5	108.5	39.4
		5	15.70	23.79	1.90	8.8	80.5	23.9
2	桃花岔	100	7.08	21.82	1.55	13.4	178.2	106.7
		50	7.84	21.82	1.55	12.4	153.9	84.9
		20	9.24	21.82	1.55	10.9	121.2	58.0
		10	11.06	21.82	1.55	9.4	96.3	39.3
		5	12.78	21.82	1.55	7.6	71.2	24.6
3	北坡村	100	9.97	24.89	2.01	14.5	182.5	91.2
		50	11.07	24.89	2.01	13.4	157.6	71.2
		20	13.04	24.89	2.01	11.7	124.2	47.4
		10	15.51	24.89	2.01	10.0	98.7	31.4
		5	17.90	24.89	2.01	8.1	73.0	19.3
4	西堡	100	311.00	21.00	21.00	13.8	180.7	5.1
		50	312.61	21.00	21.00	12.8	156.3	3.8
		20	316.40	21.00	21.00	11.2	123.4	2.4
		10	325.53	21.00	21.00	9.7	98.4	1.6
		5	344.59	21.00	21.00	7.9	73.1	1.0

续表 4-12-7

序号	行政区划名称	重现期(a)	参数			主雨历时(h)	主雨雨量(mm)	净雨深(mm)
			μ	S_r	K_s			
5	前沟村后沟	100	5.99	20.58	1.37	13.9	168.7	101.4
		50	6.58	20.58	1.37	12.9	145.8	81.0
		20	7.65	20.58	1.37	11.2	115.1	55.6
		10	8.99	20.58	1.37	9.7	91.5	37.9
		5	10.16	20.58	1.37	7.8	67.7	23.8
6	乔南沟	100	7.47	21.98	1.55	15.1	155.9	78.9
		50	8.42	21.98	1.55	13.3	132.8	62.1
		20	10.21	21.98	1.55	10.8	102.8	42.0
		10	12.54	21.98	1.55	8.8	80.7	28.3
		5	14.72	21.98	1.55	6.8	59.1	17.9
7	前沟村前沟	100	7.04	21.96	1.55	14.8	163.7	87.4
		50	7.81	21.96	1.55	13.4	140.1	68.5
		20	9.21	21.96	1.55	11.3	108.9	45.6
		10	11.02	21.96	1.55	9.5	85.3	30.1
		5	12.75	21.96	1.55	7.4	61.9	18.4
8	磨沟	100	6.35	21.23	1.41	13.6	176.0	107.8
		50	7.01	21.23	1.41	12.6	151.9	86.3
		20	8.22	21.23	1.41	10.9	119.7	59.3
		10	9.75	21.23	1.41	9.5	95.2	40.4
		5	11.09	21.23	1.41	7.7	70.4	25.4

续表 4-12-7

序号	行政区划名称	重现期(a)	参数			主雨历时(h)	主雨雨量(mm)	净雨深(mm)
			μ	S_r	K_s			
9	浑涧底	100	6.46	21.00	1.40	14.1	163.3	94.4
		50	7.23	21.00	1.40	12.7	140.2	75.2
		20	8.66	21.00	1.40	10.6	109.5	51.6
		10	10.55	21.00	1.40	8.9	86.6	35.2
		5	12.32	21.00	1.40	7.0	63.8	22.3
10	吕沟	100	6.62	21.63	1.43	13.6	174.0	104.7
		50	7.36	21.63	1.43	12.6	150.2	83.6
		20	8.73	21.63	1.43	10.8	118.1	57.4
		10	10.53	21.63	1.43	9.3	93.7	39.1
		5	12.22	21.63	1.43	7.5	69.3	24.6
11	李皮沟	100	6.14	21.11	1.41	15.5	174.0	99.6
		50	6.80	21.11	1.41	14.0	149.4	79.3
		20	7.98	21.11	1.41	11.7	116.8	54.4
		10	9.46	21.11	1.41	9.9	92.4	37.1
		5	10.75	21.11	1.41	7.8	68.2	23.6
12	张沟	100	6.09	21.16	1.41	16.6	178.3	99.7
		50	6.76	21.16	1.41	14.8	152.4	79.2
		20	7.98	21.16	1.41	12.2	118.4	54.3
		10	9.53	21.16	1.41	10.1	93.2	37.1
		5	10.87	21.16	1.41	7.9	68.5	23.6

续表 4-12-7

序号	行政区划名称	重现期(a)	参数			主雨历时(h)	主雨雨量(mm)	净雨深(mm)
			μ	S_r	K_s			
13	后片	100	6.46	21.13	1.41	14.1	164.1	94.87
		50	7.21	21.13	1.41	12.8	140.9	75.39
		20	8.61	21.13	1.41	10.8	110.1	51.45
		10	10.45	21.13	1.41	9.0	86.8	34.89
		5	12.20	21.13	1.41	7.1	63.8	21.96
14	柏树崖	100	6.85	21.13	1.41	11.8	149.0	88.3
		50	7.62	21.13	1.41	11.1	129.9	70.7
		20	9.04	21.13	1.41	10.0	104.0	48.6
		10	10.90	21.13	1.41	8.8	83.8	33.1
		5	12.61	21.13	1.41	7.3	63.0	20.9
15	前磨	100	6.44	21.12	1.41	13.6	165.7	98.2
		50	7.15	21.12	1.41	12.4	142.6	78.2
		20	8.47	21.12	1.41	10.7	111.9	53.4
		10	10.18	21.12	1.41	9.1	88.6	36.1
		5	11.77	21.12	1.41	7.3	65.2	22.6
16	烟沟	100	6.13	21.11	1.41	18.7	183.9	98.3
		50	6.93	21.11	1.41	16.0	154.6	77.4
		20	8.48	21.11	1.41	12.6	117.4	52.3
		10	10.55	21.11	1.41	10.0	90.6	35.3
		5	12.57	21.11	1.41	7.4	65.2	22.2

续表 4-12-7

序号	行政区划名称	重现期（a）	参数			主雨历时（h）	主雨雨量（mm）	净雨深（mm）
			μ	S_r	K_s			
17	后村	100	6.49	21.11	1.41	12.7	162.0	98.0
		50	7.19	21.11	1.41	11.7	140.1	78.4
		20	8.46	21.11	1.41	10.2	110.7	53.9
		10	10.08	21.11	1.41	8.8	88.2	36.8
		5	11.50	21.11	1.41	7.2	65.6	23.2
18	东村	100	6.08	21.11	1.41	17.0	179.2	99.5
		50	6.79	21.11	1.41	15.0	152.1	78.4
		20	8.12	21.11	1.41	12.2	116.7	52.9
		10	9.89	21.11	1.41	9.9	90.6	35.6
		5	14.42	21.11	1.41	7.5	65.4	19.6
19	庙坡	100	6.94	22.00	1.45	12.0	164.5	100.9
		50	7.72	22.00	1.45	11.1	142.6	81.0
		20	9.14	22.00	1.45	9.7	113.1	56.0
		10	10.96	22.00	1.45	8.4	90.6	38.5
		5	12.58	22.00	1.45	6.9	67.9	24.6
20	黑家沟	100	6.49	21.00	1.40	12.4	171.1	108.0
		50	7.20	21.00	1.40	11.3	147.9	87.6
		20	8.48	21.00	1.40	9.6	117.1	62.0
		10	10.04	21.00	1.40	8.3	93.9	43.7
		5	11.19	21.00	1.40	6.8	70.9	28.8

续表 4-12-7

序号	行政区划名称	重现期 (a)	参数			主雨历时 (h)	主雨雨量 (mm)	净雨深 (mm)
			μ	S_r	K_s			
21	榆树岭	100	6.50	21.42	1.42	15.1	170.7	96.7
		50	7.27	21.42	1.42	13.5	146.1	77.0
		20	8.71	21.42	1.42	11.2	113.7	52.7
		10	10.58	21.42	1.42	9.3	89.6	36.0
		5	12.29	21.42	1.42	7.3	66.0	22.9
22	王门坡	100	5.55	19.10	1.28	12.2	168.0	110.8
		50	6.08	19.10	1.28	11.4	145.8	89.9
		20	7.06	19.10	1.28	10.1	115.7	63.4
		10	8.33	19.10	1.28	8.8	92.8	44.3
		5	9.47	19.10	1.28	7.3	69.4	28.7
23	胡家坡	100	6.48	21.28	1.41	13.3	167.8	100.8
		50	7.19	21.28	1.41	12.3	144.7	80.4
		20	8.50	21.28	1.41	10.6	113.8	55.1
		10	10.19	21.28	1.41	9.0	90.3	37.6
		5	11.75	21.28	1.41	7.3	66.8	23.7
24	花园村	100	6.78	21.00	1.40	11.6	160.2	100.5
		50	7.61	21.00	1.40	10.5	138.0	80.9
		20	8.34	21.00	1.40	9.0	108.7	58.5
		10	11.16	21.00	1.40	7.7	86.5	39.1
		5	19.98	21.00	1.40	6.2	64.4	25.2

续表 4-12-7

序号	行政区划名称	重现期(a)	参数			主雨历时(h)	主雨雨量(mm)	净雨深(mm)
			μ	S_r	K_s			
25	大涧北	100	6.38	21.22	21.22	13.1	168.8	102.6
		50	7.05	21.22	21.22	12.1	145.5	81.9
		20	8.27	21.22	21.22	10.5	114.5	56.1
		10	9.82	21.22	21.22	9.0	90.8	38.1
		5	11.20	21.22	21.22	7.3	67.1	24.0
26	安头	100	7.15	22.00	1.45	10.9	158.6	99.1
		50	7.98	22.00	1.45	10.3	138.0	79.8
		20	9.56	22.00	1.45	9.1	110.2	55.5
		10	11.69	22.00	1.45	8.0	88.7	38.3
		5	13.88	22.00	1.45	6.6	66.8	24.6
27	后郑沟	100	6.84	21.00	1.40	10.3	154.8	99.9
		50	7.61	21.00	1.40	9.4	133.9	81.1
		20	8.97	21.00	1.40	8.1	106.3	57.4
		10	10.59	21.00	1.40	7.1	85.5	40.4
		5	11.70	21.00	1.40	5.9	64.8	26.4
28	堡里	100	6.64	21.00	1.40	10.9	165.5	108.3
		50	7.38	21.00	1.40	10.1	142.9	87.2
		20	8.74	21.00	1.40	8.9	112.7	60.7
		10	10.48	21.00	1.40	7.7	89.7	41.8
		5	11.98	21.00	1.40	6.3	66.8	26.7

续表 4-12-7

序号	行政区划名称	重现期(a)	参数			主雨历时(h)	主雨雨量(mm)	净雨深(mm)
			μ	S_r	K_s			
29	董庄	100	5.65	19.53	1.31	14.1	165.0	100.2
		50	6.23	19.53	1.31	12.9	142.0	80.0
		20	7.31	19.53	1.31	11.1	111.3	55.0
		10	8.71	19.53	1.31	9.4	87.9	37.4
		5	8.71	19.53	1.31	7.5	64.4	23.4
30	董庄村张庄	100	5.77	19.55	1.31	14.4	162.9	97.1
		50	6.44	19.55	1.31	12.8	139.5	78.1
		20	7.67	19.55	1.31	10.6	109.1	54.5
		10	9.22	19.55	1.31	8.8	86.4	38.0
		5	10.49	19.55	1.31	6.9	64.2	24.8
31	后沟村后沟	100	6.89	21.00	1.40	12.2	157.1	95.4
		50	7.79	21.00	1.40	11.0	135.1	76.4
		20	9.50	21.00	1.40	9.3	106.0	52.8
		10	11.83	21.00	1.40	7.9	84.0	36.3
		5	14.11	21.00	1.40	6.3	62.1	23.2
32	油坊沟	100	6.81	21.29	1.41	11.2	158.7	99.92
		50	7.58	21.29	1.41	10.3	136.9	80.04
		20	8.99	21.29	1.41	9.0	107.8	55.23
		10	10.77	21.29	1.41	7.8	85.8	37.74
		5	12.26	21.29	1.41	6.3	63.7	23.84

续表 4-12-7

序号	行政区划名称	重现期(a)	参数			主雨历时(h)	主雨雨量(mm)	净雨深(mm)
			μ	S_r	K_s			
33	高家崖	100	6.59	21.26	1.41	12.8	164.5	99.63
		50	7.37	21.26	1.41	11.5	140.5	79.33
		20	8.84	21.26	1.41	9.5	109.0	54.41
		10	10.75	21.26	1.41	7.9	85.7	37.14
		5	12.48	21.26	1.41	6.2	62.8	23.59
34	风泉口	100	6.77	21.25	1.41	11.2	156.8	97.9
		50	7.54	21.25	1.41	10.4	135.2	78.3
		20	8.95	21.25	1.41	9.0	106.4	54.0
		10	10.73	21.25	1.41	7.7	84.6	36.8
		5	12.31	21.25	1.41	6.3	62.7	23.2
35	马沟	100	7.48	21.71	1.44	10.9	146.2	87.9
		50	8.49	21.71	1.44	9.8	125.9	70.7
		20	10.38	21.71	1.44	8.2	99.1	49.3
		10	12.84	21.71	1.44	6.9	79.1	34.3
		5	14.96	21.71	1.44	5.5	59.3	22.4
36	李铁沟	100	6.18	21.16	1.41	15.4	175.7	101.45
		50	6.84	21.16	1.41	13.9	150.9	80.84
		20	8.04	21.16	1.41	11.7	118.0	55.51
		10	9.55	21.16	1.41	9.8	93.3	37.94
		5	12.59	21.56	1.41	6.6	65.3	24.0

续表 4-12-7

序号	行政区划名称	重现期（a）	参数			主雨历时（h）	主雨雨量（mm）	净雨深（mm）
			μ	S_r	K_s			
37	水磨沟	100	6.59	21.23	1.41	12.9	168.1	102.7
		50	7.34	21.23	1.41	11.8	144.8	82.2
		20	8.72	21.23	1.41	10.1	113.7	56.6
		10	10.49	21.23	1.41	8.7	90.2	38.7
		5	12.05	21.23	1.41	7.0	66.8	24.5
38	郭家庄	100	6.56	21.17	1.41	14.7	159.5	88.1
		50	7.44	21.17	1.41	12.9	135.6	69.9
		20	9.17	21.17	1.41	10.4	104.5	47.7
		10	11.56	21.17	1.41	8.4	81.7	32.6
		5	14.17	21.17	1.41	6.3	59.6	20.9
39	杨庄	100	6.58	21.12	1.41	14.6	156.0	85.6
		50	7.40	21.12	1.41	12.9	133.4	67.9
		20	8.93	21.12	1.41	10.6	103.8	46.3
		10	10.93	21.12	1.41	8.8	81.7	31.5
		5	12.72	21.12	1.41	6.8	60.1	19.9
40	王沟村王沟	100	6.79	21.46	1.42	13.7	158.9	90.4
		50	7.61	21.46	1.42	12.3	136.6	72.2
		20	9.12	21.46	1.42	10.3	107.3	49.9
		10	11.03	21.46	1.42	8.6	85.3	34.3
		5	12.60	21.46	1.42	6.9	63.5	22.1

续表 4-12-7

序号	行政区划名称	重现期(a)	参数			主雨历时(h)	主雨雨量(mm)	净雨深(mm)
			μ	S_r	K_s			
41	南坡	100	6.28	19.83	1.33	10.1	147.2	96.3
		50	6.96	19.83	1.33	9.3	127.3	77.8
		20	8.23	19.83	1.33	8.1	100.7	54.4
		10	9.84	19.83	1.33	7.1	80.5	37.8
		5	11.24	19.83	1.33	5.8	60.2	24.3
42	八政	100	6.28	21.02	1.40	15.4	156.9	84.0
		50	6.98	21.02	1.40	13.8	134.5	66.2
		20	8.27	21.02	1.40	11.6	105.0	44.5
		10	9.98	21.02	1.40	9.7	82.6	29.8
		5	11.66	21.02	1.40	7.6	60.2	18.4
43	车坡	100	6.42	21.21	1.41	14.3	153.2	83.46
		50	7.12	21.21	1.41	13.0	131.7	65.79
		20	8.41	21.21	1.41	11.1	103.2	44.24
		10	10.11	21.21	1.41	9.4	81.4	29.51
		5	11.78	21.21	1.41	7.4	59.6	18.23
44	西坡	100	6.62	21.58	1.49	14.4	173.2	99.8
		50	7.28	21.58	1.49	13.4	149.8	78.8
		20	8.47	21.58	1.49	11.8	118.0	53.0
		10	9.97	21.58	1.49	10.3	93.5	35.3
		5	11.39	21.58	1.49	8.3	68.6	21.5

续表 4-12-7

序号	行政区划名称	重现期(a)	参数			主雨历时(h)	主雨雨量(mm)	净雨深(mm)
			μ	S_r	K_s			
45	董家庄	100	6.92	21.00	1.40	11.4	162.0	102.8
		50	7.78	21.00	1.40	10.3	139.8	83.3
		20	9.37	21.00	1.40	8.8	110.5	58.9
		10	11.39	21.00	1.40	7.5	88.4	41.5
		5	13.01	21.00	1.40	6.1	66.5	27.3
46	后河	100	6.21	20.32	1.33	13.2	160.7	97.6
		50	6.97	20.32	1.33	11.7	138.2	79.0
		20	8.35	20.32	1.33	9.7	108.7	55.8
		10	10.06	20.32	1.33	8.2	86.8	39.3
		5	11.38	20.32	1.33	6.5	65.3	26.0
47	前河	100	7.36	21.00	1.40	9.6	146.2	94.4
		50	8.31	21.00	1.40	8.7	126.8	76.9
		20	10.03	21.00	1.40	7.5	101.0	54.8
		10	12.18	21.00	1.40	6.5	81.5	38.9
		5	13.79	21.00	1.40	5.4	62.0	25.9
48	高家滩	100	5.83	20.16	1.35	19.1	169.2	86.4
		50	6.71	20.16	1.35	15.7	140.9	68.7
		20	8.38	20.16	1.35	11.7	106.7	47.7
		10	10.45	20.16	1.35	9.0	83.0	33.6
		5	12.00	20.16	1.35	6.7	61.4	22.4

续表 4-12-7

序号	行政区划名称	重现期(a)	参数			主雨历时(h)	主雨雨量(mm)	净雨深(mm)
			μ	S_r	K_s			
49	狮沟	100	6.97	22.00	1.45	14.4	179.0	105.8
		50	7.87	22.00	1.45	12.8	153.0	84.7
		20	9.54	22.00	1.45	10.5	119.2	58.7
		10	11.69	22.00	1.45	8.8	94.1	40.4
		5	13.55	22.00	1.45	6.9	69.6	26.0
50	上三门	100	7.14	21.00	1.40	12.8	153.6	89.5
		50	8.24	21.00	1.40	11.0	130.3	72.0
		20	10.29	21.00	1.40	8.6	101.0	50.6
		10	12.95	21.00	1.40	7.0	79.7	35.6
		5	15.09	21.00	1.40	5.4	59.4	23.6
51	下三门	100	7.01	21.00	1.40	13.7	158.6	91.2
		50	8.10	21.00	1.40	11.6	134.0	73.1
		20	10.18	21.00	1.40	9.0	103.0	51.1
		10	12.86	21.00	1.40	7.2	80.8	35.8
		5	15.02	21.00	1.40	5.5	59.8	23.7
52	柳林	100	6.80	21.84	1.44	15.4	164.2	88.7
		50	7.66	21.84	1.44	13.4	139.9	70.5
		20	9.23	21.84	1.44	10.9	108.7	48.5
		10	11.18	21.84	1.44	8.9	85.8	33.3
		5	12.73	21.84	1.44	7.0	63.5	21.4

续表 4-12-7

序号	行政区划名称	重现期(a)	参数			主雨历时(h)	主雨雨量(mm)	净雨深(mm)
			μ	S_r	K_s			
53	刘庄村刘庄	100	6.98	21.77	1.44	13.9	156.1	86.4
		50	7.84	21.77	1.44	12.3	134.0	69.0
		20	9.38	21.77	1.44	10.2	105.2	47.8
		10	11.23	21.77	1.44	8.5	83.8	33.0
		5	12.55	21.77	1.44	6.8	62.7	21.3
54	刘庄村张庄	100	6.83	21.74	1.44	14.1	158.5	87.8
		50	7.69	21.74	1.44	12.4	135.1	69.6
		20	9.28	21.74	1.44	10.1	104.7	47.5
		10	11.29	21.74	1.44	8.3	82.4	32.4
		5	12.98	21.74	1.44	6.5	60.7	20.7
55	岳庄	100	6.86	21.71	1.44	14.2	162.3	91.32
		50	7.70	21.71	1.44	12.7	139.4	72.88
		20	9.24	21.71	1.44	10.5	109.1	50.26
		10	11.18	21.71	1.44	8.8	86.6	34.41
		5	12.78	21.71	1.44	7.0	64.3	22.08
56	宋家岭	100	无					
		50						
		20						
		10						
		5						

续表 4-12-7

序号	行政区划名称	重现期(a)	参数			主雨历时(h)	主雨雨量(mm)	净雨深(mm)
			μ	S_r	K_s			
57	周头岭	100	6.81	21.58	1.43	14.6	173.8	101.2
		50	7.68	21.58	1.43	12.9	148.6	81.1
		20	9.32	21.58	1.43	10.5	115.7	56.3
		10	11.43	21.58	1.43	8.7	91.3	38.9
		5	13.21	21.58	1.43	6.8	67.6	25.2
58	后畔沟	100	6.97	21.55	1.43	12.2	168.9	105.4
		50	7.80	21.55	1.43	11.2	146.1	85.1
		20	9.32	21.55	1.43	9.6	115.7	59.7
		10	11.24	21.55	1.43	8.3	92.6	41.4
		5	12.79	21.55	1.43	6.8	69.5	26.7
59	庙后	100	无					
		50						
		20						
		10						
		5						
60	西寨	100	6.74	21.00	1.40	13.7	167.7	100.0
		50	7.61	21.00	1.40	12.2	144.0	80.7
		20	9.20	21.00	1.40	10.1	113.2	56.8
		10	11.21	21.00	1.40	8.4	90.2	39.8
		5	12.78	21.00	1.40	6.7	67.6	26.1

续表 4-12-7

序号	行政区划名称	重现期(a)	参数			主雨历时(h)	主雨雨量(mm)	净雨深(mm)
			μ	S_r	K_s			
61	前庄	100	6.47	21.00	1.40	15.3	175.6	102.0
		50	7.31	21.00	1.40	13.4	149.5	81.6
		20	8.89	21.00	1.40	10.8	115.7	56.5
		10	10.93	21.00	1.40	8.9	90.9	38.9
		5	12.70	21.00	1.40	6.9	66.8	25.1
62	后窑村前沟	100	无					
		50						
		20						
		10						
		5						
63	向阳村王沟	100	6.70	21.41	1.42	13.3	174.0	106.8
		50	7.51	21.41	1.42	11.9	148.8	85.3
		20	9.01	21.41	1.42	9.9	115.7	58.8
		10	10.92	21.41	1.42	8.3	91.1	40.3
		5	12.53	21.41	1.42	6.6	67.0	25.5
64	杨家沟	100	6.82	21.00	1.40	11.7	163.9	103.7
		50	7.64	21.00	1.40	10.6	141.6	84.0
		20	9.15	21.00	1.40	9.0	112.0	59.3
		10	11.03	21.00	1.40	7.7	89.8	41.8
		5	12.49	21.00	1.40	6.3	67.7	27.5

续表 4-12-7

序号	行政区划名称	重现期(a)	参数			主雨历时(h)	主雨雨量(mm)	净雨深(mm)
			μ	S_r	K_s			
65	宋家河	100	6.13	21.00	1.40	19.3	196.3	108.48
		50	6.97	21.00	1.40	16.4	165.1	86.41
		20	8.58	21.00	1.40	12.6	125.6	59.75
		10	10.66	21.00	1.40	9.9	97.7	41.45
		5	12.46	21.00	1.40	7.5	71.2	26.98
66	朱家滩	100	6.20	21.00	1.40	16.8	189.0	109.85
		50	6.97	21.00	1.40	14.6	160.0	87.46
		20	8.44	21.00	1.40	11.7	122.7	60.09
		10	10.35	21.00	1.40	9.4	95.5	41.22
		5	12.08	21.00	1.40	7.2	69.5	26.33
67	郑沟	100	6.23	21.00	1.40	15.3	181.4	107.8
		50	6.95	21.00	1.40	13.5	154.8	86.3
		20	8.62	21.00	1.40	11.0	120.1	59.9
		10	9.89	21.00	1.40	9.1	94.6	41.5
		5	11.19	21.00	1.40	7.2	69.9	26.8
68	任滹沱	100	6.36	21.00	1.40	17.2	191.7	111.1
		50	7.26	21.00	1.40	14.7	161.4	88.5
		20	9.03	21.00	1.40	11.4	122.9	61.1
		10	11.43	21.00	1.40	9.1	95.3	42.2
		5	13.73	21.00	1.40	6.8	69.2	27.3

续表 4-12-7

序号	行政区划名称	重现期（a）	参数			主雨历时（h）	主雨雨量（mm）	净雨深（mm）
			μ	S_r	K_s			
69	胡树洼	100	5.77	20.20	1.35	17.1	193.0	115.5
		50	6.50	20.20	1.35	14.8	163.0	92.2
		20	7.89	20.20	1.35	11.7	124.6	63.8
		10	9.75	20.20	1.35	9.3	96.8	44.2
		5	11.50	20.20	1.35	7.0	70.4	28.6
70	峪口	100	6.58	21.99	1.45	17.1	189.6	106.5
		50	7.40	21.99	1.45	14.9	160.9	84.7
		20	8.93	21.99	1.45	12.0	124.0	58.2
		10	10.85	21.99	1.45	9.7	97.0	39.9
		5	12.47	21.99	1.45	7.5	71.1	25.6
71	下涧	100	7.02	22.18	1.50	15.6	170.4	92.0
		50	7.86	22.18	1.50	13.8	145.7	72.9
		20	9.39	22.18	1.50	11.4	113.4	49.7
		10	11.30	22.18	1.50	9.4	89.5	33.9
		5	12.88	22.18	1.50	7.4	66.0	21.4
72	马圪塔	100	7.40	22.43	1.54	16.0	170.1	88.78
		50	8.29	22.43	1.54	14.2	145.8	70.59
		20	9.86	22.43	1.54	11.7	114.3	48.37
		10	11.75	22.43	1.54	9.8	90.8	33.08
		5	13.09	22.43	1.54	7.7	67.6	21.21

续表 4-12-7

序号	行政区划名称	重现期(a)	参数			主雨历时(h)	主雨雨量(mm)	净雨深(mm)
			μ	S_r	K_s			
73	赵岭	100	7.32	22.38	1.54	16.3	169.1	87.02
		50	8.20	22.38	1.54	14.4	144.7	68.98
		20	9.79	22.38	1.54	11.8	113.0	47.10
		10	11.73	22.38	1.54	9.8	89.4	32.05
		5	13.22	22.38	1.54	7.7	66.2	20.36
74	曹河	100	7.55	22.37	1.55	15.9	166.1	85.44
		50	8.48	22.37	1.55	14.0	142.3	68.00
		20	10.13	22.37	1.55	11.5	111.4	46.79
		10	12.10	22.37	1.55	9.5	88.5	32.09
		5	13.46	22.37	1.55	7.6	66.0	20.59
75	曹河村刘庄	100	7.33	22.32	1.54	15.4	172.8	93.33
		50	8.24	22.32	1.54	13.6	147.1	73.74
		20	9.92	22.32	1.54	11.1	113.8	50.03
		10	12.06	22.32	1.54	9.2	89.2	33.81
		5	13.90	22.32	1.54	7.1	65.2	21.26
76	王家坡	100	6.99	22.28	1.54	17.8	180.6	92.54
		50	7.82	22.28	1.54	15.6	153.4	73.03
		20	9.33	22.28	1.54	12.5	118.3	49.57
		10	11.21	22.28	1.54	10.2	92.6	33.58
		5	12.75	22.28	1.54	7.9	67.8	21.19

续表 4-12-7

序号	行政区划名称	重现期(a)	参数			主雨历时(h)	主雨雨量(mm)	净雨深(mm)
			μ	S_r	K_s			
77	郝家庄	100	7.09	22.30	1.54	19.3	178.4	85.54
		50	8.09	22.30	1.54	15.9	148.5	67.37
		20	9.90	22.30	1.54	12.0	112.2	46.05
		10	12.04	22.30	1.54	9.3	87.1	31.69
		5	13.51	22.30	1.54	7.0	64.0	20.68
78	靳家底	100	4.76	18.00	1.20	15.9	199.0	133.0
		50	5.26	18.00	1.20	14.0	169.0	107.6
		20	6.20	18.00	1.20	11.4	130.2	76.0
		10	7.41	18.00	1.20	9.3	101.8	53.6
		5	8.53	18.00	1.20	7.2	74.4	35.2
79	柏崖底	100	6.94	21.86	1.50	16.1	173.2	93.02
		50	7.77	21.86	1.50	14.2	147.7	73.68
		20	9.28	21.86	1.50	11.6	114.7	50.23
		10	11.16	21.86	1.50	9.6	90.2	34.11
		5	12.71	21.86	1.50	7.5	66.2	21.58
80	焦家川	100	6.43	20.63	20.63	11.1	183.6	126.5
		50	7.15	20.63	20.63	10.3	157.8	102.0
		20	8.50	20.63	20.63	9.3	123.4	70.3
		10	10.31	20.63	20.63	8.2	97.2	47.5
		5	12.18	20.63	20.63	6.9	70.7	28.7

续表 4-12-7

序号	行政区划名称	重现期(a)	参数			主雨历时(h)	主雨雨量(mm)	净雨深(mm)
			μ	S_r	K_s			
81	后姚坪	100	6.69	21.77	1.50	17.6	176.6	91.38
		50	7.49	21.77	1.50	15.3	149.8	72.18
		20	8.95	21.77	1.50	12.3	115.5	49.08
		10	10.78	21.77	1.50	10.0	90.4	33.38
		5	12.31	21.77	1.50	7.7	66.2	21.16
82	前姚坪	100	6.87	21.75	1.49	16.3	170.7	90.5
		50	7.69	21.75	1.49	14.4	145.7	71.7
		20	9.15	21.75	1.49	11.8	113.3	48.9
		10	10.97	21.75	1.49	9.8	89.3	33.2
		5	12.41	21.75	1.49	7.6	65.7	21.0
83	南沟	100	6.67	21.41	1.45	16.0	167.5	90.2
		50	7.46	21.41	1.45	14.2	143.3	71.6
		20	8.90	21.41	1.45	11.7	111.9	49.0
		10	10.70	21.41	1.45	9.7	88.4	33.4
		5	12.15	21.41	1.45	7.6	65.2	21.2
84	南庄	100	8.39	23.20	1.73	17.4	192.7	98.6
		50	9.44	23.20	1.73	15.1	163.4	78.0
		20	11.37	23.20	1.73	12.1	125.6	53.1
		10	13.78	23.20	1.73	9.8	98.2	36.1
		5	15.73	23.20	1.73	7.5	71.9	23.0

续表 4-12-7

序号	行政区划名称	重现期(a)	参数			主雨历时(h)	主雨雨量(mm)	净雨深(mm)
			μ	S_r	K_s			
85	田滹沱	100	9.25	23.64	1.82	18.3	188.9	88.9
		50	10.44	23.64	1.82	15.5	159.6	70.6
		20	12.58	23.64	1.82	12.1	122.7	48.6
		10	15.12	23.64	1.82	9.7	96.3	33.6
		5	16.90	23.64	1.82	7.4	71.3	22.0
86	牛家后	100	9.06	23.26	1.80	13.3	179.2	100.4
		50	10.13	23.26	1.80	12.0	154.3	79.9
		20	12.03	23.26	1.80	10.3	121.5	54.8
		10	14.33	23.26	1.80	8.8	96.8	37.4
		5	16.09	23.26	1.80	7.1	72.2	23.7
87	矿窑	100	8.78	23.26	1.80	16.7	191.3	97.9
		50	9.85	23.26	1.80	14.6	162.3	77.1
		20	11.83	23.26	1.80	11.8	124.7	52.0
		10	14.29	23.26	1.80	9.6	97.2	35.0
		5	16.37	23.26	1.80	7.4	70.8	22.0
88	石家	100	7.68	21.57	1.69	17.6	203.5	111.4
		50	8.62	21.57	1.69	15.2	171.8	88.2
		20	10.39	21.57	1.69	12.1	131.0	60.2
		10	12.66	21.57	1.69	9.7	101.6	41.1
		5	14.70	21.57	1.69	7.4	73.4	26.0

12.2.4　现状防洪能力成果

平陆县的 88 个村落进行了现状防洪评价,评价结果为:防洪能力小于 5 年一遇的有 7 个,5 ~ 20 年一遇的有 5 个,大于 20 年一遇的有 76 个。其中受河道水流影响的 18 个沿河村落中,现状防洪能力小于 5 年一遇的有 7 个,5 ~ 20 年一遇的有 4 个,大于 20 年一遇的有 7 个;受坡面流影响的 70 个村落中,重现期小于 5 年一遇的有 0 个,5 ~ 20 年一遇的有 1 个,大于 20 年一遇的有 69 个。

平陆县 88 个重点防治区中,处于各级危险区内的共有 408 户 1 393 人,其中位于极高危险区的居民有 57 户 210 人,高危险区居民有 105 户 398 人,危险区居民有 246 户 785 人。极高危险区人口占 15%,高危险区人口占 29%,危险区人口占 56%。其中受河道洪水影响的 18 个沿河村落中,位于极高危险区的居民有 57 户 210 人,高危险区居民 52 户 228 人,危险区居民有 23 户 92 人;受坡面流影响的 70 个村落中,位于高危险区的居民有 53 户 170 人,危险区居民有 223 户 693 人。另外,其中有 11 个沿河村落存在山洪灾害特殊工况。特殊工况除上游存在水库与淤地坝等控制性水利工程外,沿河村落分布的桥梁、路涵已成为村庄防治山洪灾害的重点关注点。经统计,这 11 个沿河村落中涉及特殊工况评价的水库 2 处,塘坝 3 处,桥梁 1 处,路涵 2 处。平陆县现状防洪能力评价成果见表 4-12-8。

表 4-12-8　平陆县现状防洪能力评价成果表

序号	行政区划名称	防洪能力(a)	极高危险区(小于 5 年一遇)		高危险区(5 ~ 20 年一遇)		危险区(大于 20 年一遇)	
			人口(人)	户数(户)	人口(人)	户数(户)	人口(人)	户数(户)
1	前沟村后沟	5			37	7	7	2
2	乔南沟	5	10	2	34	8	19	5
3	前沟村前沟	<5	39	9	107	23		
4	张沟	36					6	2
5	烟沟	9			7	1		
6	后村	12			2	1		
7	东村	<5	80	30	15	4		
8	花园村	<5	26	4	9	2		
9	大涧北	<5	45	10				
10	后河	55					2	1
11	高家滩	55					2	1
12	刘庄村刘庄	29					4	1
13	刘庄村张庄	24					5	1
14	庙后	<5	10	2				
15	曹河	54					10	1
16	柏崖底	14.4			9	3	24	5
17	后姚坪	5.8			8	3	10	3
18	前姚坪	45					3	1

12.2.5　预警指标分析成果

平陆县的 88 个重点防治区都进行了雨量预警指标的确定。平陆县预警指标分析成果表见表 4-12-9。

表 4-12-9　平陆县预警指标分析成果表

序号	小流域名称	行政区划名称	类别	B_0	时段	预警指标(mm)		临界雨量(mm)	方法
						准备转移	立即转移		
1	南侯沟	洞上	雨量	0	0.5 h	39	56	56	同频率法
					1 h	56	75	75	
2		桃花岔	雨量	0	0.5 h	39	56	56	同频率法
					1 h	56	74	74	
3		北坡村	雨量	0	0.5 h	40	57	57	流域模型法
					1 h	57	71	71	
				0.3	0.5 h	36	52	52	
					1 h	52	66	66	
				0.6	0.5 h	33	47	47	
					1 h	47	59	59	
4		西堡	雨量	0	0.5 h	41	59	59	同频率法
					1 h	59	78	78	
5		前沟村后沟	雨量	0	0.5 h	26	38	38	流域模型法
					1 h	38	50	50	
				0.3	0.5 h	23	33	33	
					1 h	33	44	44	
				0.6	0.5 h	20	29	29	
					1 h	29	38	38	

续表 4-12-9

序号	小流域名称	行政区划名称	类别	B_0	时段	预警指标(mm)		临界雨量(mm)	方法
						准备转移	立即转移		
6	南侯沟	乔南沟	雨量	0	0.5 h	27	39	39	流域模型法
					1 h	39	53	53	
				0.3	0.5 h	24	35	35	
					1 h	35	48	48	
				0.6	0.5 h	21	31	31	
					1 h	31	43	43	
7		前沟村前沟	雨量	0	0.5 h	25	36	36	流域模型法
					1 h	36	49	49	
				0.3	0.5 h	22	32	32	
					1 h	32	43	43	
				0.6	0.5 h	19	27	27	
					1 h	27	37	37	
8	圪塔涧	磨沟	雨量	0	0.5 h	45	64	64	流域模型法
					1 h	64	81	81	
				0.3	0.5 h	42	59	59	
					1 h	59	77	77	
				0.6	0.5 h	38	55	55	
					1 h	55	73	73	

续表 4-12-9

序号	小流域名称	行政区划名称	类别	B_0	时段	预警指标(mm)		临界雨量(mm)	方法
						准备转移	立即转移		
9	圪塔涧	浑涧底	雨量	0	0.5 h	28	41	41	流域模型法
					1 h	41	51	51	
				0.3	0.5 h	26	37	37	
					1 h	37	46	46	
				0.6	0.5 h	23	32	32	
					1 h	32	41	41	
10	张峪涧	吕沟	雨量	0	0.5 h	41	59	59	同频率法
					1 h	59	79	79	
11		李皮沟	雨量	0	0.5 h	32	46	46	流域模型法
					1 h	46	55	55	
					2 h	63	69	69	
				0.3	0.5 h	29	41	41	
					1 h	41	49	49	
					2 h	58	65	65	
				0.6	0.5 h	26	37	37	
					1 h	37	43	43	
					2 h	51	58	58	

续表 4-12-9

序号	小流域名称	行政区划名称	类别	B_0	时段	预警指标(mm)		临界雨量(mm)	方法
						准备转移	立即转移		
12	张峪涧	张沟	雨量	0	0.5 h	43	61	61	流域模型法
					1 h	61	75	75	
				0.3	0.5 h	39	56	56	
					1 h	56	70	70	
				0.6	0.5 h	36	52	52	
					1 h	52	64	64	
13		后片	雨量	0	0.5 h	43	61	61	流域模型法
					1 h	61	75	75	
				0.3	0.5 h	39	56	56	
					1 h	56	68	68	
				0.6	0.5 h	36	52	52	
					1 h	52	64	64	
14		柏树崖	雨量	0	0.5 h	55	79	79	流域模型法
					1 h	79	95	95	
				0.3	0.5 h	52	74	74	
					1 h	74	90	90	
				0.6	0.5 h	49	70	70	
					1 h	70	86	86	

续表 4-12-9

序号	小流域名称	行政区划名称	类别	B_0	时段	预警指标(mm)		临界雨量(mm)	方法
						准备转移	立即转移		
15	张峪涧	前磨	雨量	0	0.5 h	34	49	49	流域模型法
					1 h	49	65	65	
				0.3	0.5 h	31	44	44	
					1 h	44	59	59	
				0.6	0.5 h	28	39	39	
					1 h	39	53	53	
16		烟沟	雨量	0	0.5 h	43	62	62	流域模型法
					1 h	62	72	72	
				0.3	0.5 h	40	57	57	
					1 h	57	66	66	
				0.6	0.5 h	37	53	53	
					1 h	53	60	60	
17		后村	雨量	0	0.5 h	37	53	53	流域模型法
					1 h	53	74	74	
				0.3	0.5 h	34	49	49	
					1 h	49	67	67	
				0.6	0.5 h	31	45	45	
					1 h	45	61	61	

续表 4-12-9

序号	小流域名称	行政区划名称	类别	B_0	时段	预警指标(mm)		临界雨量(mm)	方法
						准备转移	立即转移		
18	张峪涧	东村	雨量	0	0.5 h	18	26	26	流域模型法
					1 h	26	34	34	
				0.3	0.5 h	16	23	23	
					1 h	23	30	30	
				0.6	0.5 h	13	19	19	
					1 h	19	24	24	
19	五龙涧	庙坡	雨量	0	0.5 h	40	58	58	流域模型法
					1 h	58	77	77	
				0.3	0.5 h	36	52	52	
					1 h	52	69	69	
				0.6	0.5 h	33	47	47	
					1 h	47	62	62	
20		黑家沟	雨量	0	0.5 h	34	49	49	同频率法
					1 h	49	64	64	
21		榆树村	雨量	0	0.5 h	41	59	59	同频率法
					1 h	59	78	78	
22		王门坡	雨量	0	0.5 h	35	50	50	流域模型法
					1 h	50	66	66	

续表 4-12-9

序号	小流域名称	行政区划名称	类别	B_0	时段	预警指标（mm）		临界雨量（mm）	方法
						准备转移	立即转移		
22	五龙涧	王门坡	雨量	0.3	0.5 h	32	46	46	流域模型法
					1 h	46	60	60	
				0.6	0.5 h	29	41	41	
					1 h	41	55	55	
23		胡家坡	雨量	0	0.5 h	47	67	67	同频率法
					1 h	67	81	81	
24		花园村	雨量	0	0.5 h	28	40	40	流域模型法
					1 h	40	56	56	
				0.3	0.5 h	25	35	35	
					1 h	35	51	51	
				0.6	0.5 h	21	30	30	
					1 h	30	46	46	
25		大涧北	雨量	0	0.5 h	27	39	39	流域模型法
					1 h	39	46	46	
				0.3	0.5 h	25	35	35	
					1 h	35	41	41	
				0.6	0.5 h	22	31	31	
					1 h	31	36	36	

续表 4-12-9

序号	小流域名称	行政区划名称	类别	B_0	时段	预警指标(mm)		临界雨量(mm)	方法
						准备转移	立即转移		
26	郑沟	安头	雨量	0	0.5 h	40	57	57	同频率法
					1 h	57	76	76	
27		后郑沟	雨量	0	0.5 h	36	52	52	流域模型法
					1 h	52	69	69	
				0.3	0.5 h	33	47	47	
					1 h	47	64	64	
				0.6	0.5 h	30	43	43	
					1 h	43	59	59	
28		堡里	雨量	0	0.5 h	38	55	55	同频率法
					1 h	55	70	70	
29		董庄	雨量	0	0.5 h	35	50	50	流域模型法
					1 h	50	66	66	
				0.3	0.5 h	31	45	45	
					1 h	45	59	59	
				0.6	0.5 h	28	40	40	
					1 h	40	53	53	
30		董庄村张庄	雨量	0	0.5 h	49	70	70	流域模型法
					1 h	70	81	81	

续表 4-12-9

序号	小流域名称	行政区划名称	类别	B_0	时段	预警指标(mm)		临界雨量(mm)	方法
						准备转移	立即转移		
30	郑沟	董庄村张庄	雨量	0.3	0.5 h	46	65	65	流域模型法
					1 h	65	76	76	
				0.6	0.5 h	43	61	61	
					1 h	61	70	70	
31		后沟村后沟	雨量	0	0.5 h	34	49	49	流域模型法
					1 h	49	64	64	
				0.3	0.5 h	30	43	43	
					1 h	43	55	55	
				0.6	0.5 h	26	37	37	
					1 h	37	55	55	
32	红旗沟	油坊沟	雨量	0	0.5 h	42	60	60	同频率法
					1 h	60	80	80	
33		高家崖	雨量	0	0.5 h	43	62	62	同频率法
					1 h	62	82	82	
34		风泉口	雨量	0	0.5 h	43	61	61	同频率法
					1 h	61	81	81	
35	八政河	马沟	雨量	0	0.5 h	41	59	59	流域模型法
					1 h	59	78	78	

续表 4-12-9

序号	小流域名称	行政区划名称	类别	B_0	时段	预警指标(mm)		临界雨量(mm)	方法
						准备转移	立即转移		
35	八政河	马沟	雨量	0.3	0.5 h	37	53	53	流域模型法
					1 h	53	70	70	
				0.6	0.5 h	33	47	47	
					1 h	47	63	63	
36		李铁沟	雨量	0	0.5 h	41	59	59	流域模型法
					1 h	59	79	79	
				0.3	0.5 h	37	53	53	
					1 h	53	71	71	
				0.6	0.5 h	33	48	48	
					1 h	48	64	64	
37		水磨沟	雨量	0	0.5 h	45	64	64	流域模型法
					1 h	64	81	81	
				0.3	0.5 h	40	58	58	
					1 h	58	77	77	
				0.6	0.5 h	38	55	55	
					1 h	55	70	70	
38		郭家庄	雨量	0	0.5 h	43	61	61	流域模型法
					1 h	61	79	79	

续表 4-12-9

序号	小流域名称	行政区划名称	类别	B_0	时段	预警指标(mm)		临界雨量(mm)	方法
						准备转移	立即转移		
38	八政河	郭家庄	雨量	0.3	0.5 h	39	56	56	流域模型法
					1 h	56	73	73	
				0.6	0.5 h	36	52	52	
					1 h	52	68	68	
39		杨庄	雨量	0	0.5 h	42	60	60	同频率法
					1 h	60	80	80	
40		王沟村王沟	雨量	0	0.5 h	34	48	48	流域模型法
					1 h	48	64	64	
				0.3	0.5 h	30	43	43	
					1 h	43	58	58	
				0.6	0.5 h	27	39	39	
					1 h	39	52	52	
41		南坡	雨量	0	0.5 h	50	71	71	同频率法
					1 h	71	88	88	
42		八政	雨量	0	0.5 h	42	59	59	流域模型法
					1 h	59	70	70	
				0.3	0.5 h	38	55	55	
					1 h	55	64	64	

续表 4-12-9

序号	小流域名称	行政区划名称	类别	B_0	时段	预警指标(mm)		临界雨量(mm)	方法
						准备转移	立即转移		
42	八政河	八政	雨量	0.6	0.5 h	35	50	50	流域模型法
					1 h	50	57	57	
43		车坡	雨量	0	0.5 h	50	71	71	同频率法
					1 h	71	84	84	
44		西坡	雨量	0	0.5 h	35	50	50	同频率法
					1 h	50	59	59	
45	高家滩	董家庄	雨量	0	0.5 h	40	58	58	同频率法
					1 h	58	77	77	
46		后河	雨量	0	0.5 h	47	68	68	流域模型法
					1 h	68	90	90	
				0.3	0.5 h	43	61	61	
					1 h	61	81	81	
				0.6	0.5 h	38	55	55	
					1 h	55	73	73	
47		前河	雨量	0	0.5 h	42	60	60	流域模型法
					1 h	60	80	80	
				0.3	0.5 h	38	54	54	
					1 h	54	72	72	

续表 4-12-9

序号	小流域名称	行政区划名称	类别	B_0	时段	预警指标(mm)		临界雨量(mm)	方法
						准备转移	立即转移		
47	高家滩	前河	雨量	0.6	0.5 h	34	49	49	流域模型法
					1 h	49	65	65	
48		高家滩	雨量	0	0.5 h	40	58	58	流域模型法
					1 h	58	70	70	
				0.3	0.5 h	37	53	53	
					1 h	53	65	65	
				0.6	0.5 h	34	49	49	
					1 h	49	59	59	
49	计王河	狮沟	雨量	0	0.5 h	43	61	61	同频率法
					1 h	61	77	77	
50		上三门	雨量	0	0.5 h	40	57	57	同频率法
					1 h	57	76	76	
51		下三门	雨量	0	0.5 h	39	56	56	同频率法
					1 h	56	75	75	
52	柳林河	柳林	雨量	0	0.5 h	53	75	75	流域模型法
					1 h	75	87	87	
					2 h	94	102	102	

续表 4-12-9

序号	小流域名称	行政区划名称	类别	B_0	时段	预警指标(mm)		临界雨量(mm)	方法
						准备转移	立即转移		
52	柳林河	柳林	雨量	0.3	0.5 h	50	71	71	流域模型法
					1 h	71	80	80	
					2 h	86	93	93	
				0.6	0.5 h	46	66	66	
					1 h	66	74	74	
					2 h	78	84	84	
53		刘庄村刘庄	雨量	0	0.5 h	54	77	77	流域模型法
					1 h	77	87	87	
					2 h	94	101	101	
				0.3	0.5 h	50	72	72	
					1 h	72	81	81	
					2 h	86	92	92	
				0.6	0.5 h	47	67	67	
					1 h	67	74	74	
					2 h	78	83	83	
54		刘庄村张庄	雨量	0	0.5 h	51	73	73	流域模型法
					1 h	73	82	82	
				0.3	0.5 h	47	68	68	
					1 h	68	75	75	

续表 4-12-9

序号	小流域名称	行政区划名称	类别	B_0	时段	预警指标（mm）		临界雨量（mm）	方法
						准备转移	立即转移		
54	柳林河	刘庄村张庄	雨量	0.6	0.5 h	44	63	63	流域模型法
					1 h	63	69	69	
55		岳庄	雨量	0	0.5 h	41	59	59	流域模型法
					1 h	59	78	78	
					2 h	90	105	105	
				0.3	0.5 h	37	53	53	
					1 h	53	70	70	
					2 h	82	94	94	
				0.6	0.5 h	33	47	47	
					1 h	47	63	63	
					2 h	74	84	84	
56		宋家岭	雨量	0	0.5 h	40	58	58	同频率法
					1 h	58	77	77	
57	畔沟涧	周头岭	雨量	0	0.5 h	41	59	59	同频率法
					1 h	59	78	78	
58		后畔沟	雨量	0	0.5 h	39	56	56	同频率法
					1 h	56	75	75	
59		庙后	雨量	0	0.5 h	26	37	37	流域模型法
					1 h	37	40	40	

续表 4-12-9

序号	小流域名称	行政区划名称	类别	B_0	时段	预警指标(mm)		临界雨量(mm)	方法
						准备转移	立即转移		
59	畔沟涧	庙后	雨量	0.3	0.5 h	22	32	32	流域模型法
					1 h	32	39	39	
				0.6	0.5 h	17	24	24	
					1 h	24	35	35	
60		西寨	雨量	0	0.5 h	37	53	53	流域模型法
					1 h	53	70	70	
				0.3	0.5 h	33	47	47	
					1 h	47	63	63	
				0.6	0.5 h	30	43	43	
					1 h	43	57	57	
61	坡底河	前庄	雨量	0	0.5 h	35	51	51	流域模型法
					1 h	51	73	73	
			雨量	0.3	0.5 h	32	46	46	
					1 h	46	69	69	
			雨量	0.6	0.5 h	29	42	42	
					1 h	42	64	64	
62	马泉沟	后窑村前沟	雨量	0	0.5 h	60	86	86	流域模型法
					1 h	86	97	97	

续表 4-12-9

序号	小流域名称	行政区划名称	类别	B_0	时段	预警指标(mm)		临界雨量(mm)	方法
						准备转移	立即转移		
62	马泉沟	后窑村前沟	雨量	0.3	0.5 h	57	82	82	流域模型法
					1 h	82	90	90	
				0.6	0.5 h	54	77	77	
					1 h	77	84	84	
63		向阳村王沟	雨量	0	0.5 h	43	61	61	流域模型法
					1 h	61	81	81	
				0.3	0.5 h	38	55	55	
					1 h	55	73	73	
				0.6	0.5 h	34	49	49	
					1 h	49	66	66	
64	郑家沟	杨家沟	雨量	0	0.5 h	44	63	63	同频率法
					1 h	63	84	84	
65		宋家河	雨量	0	0.5 h	39	56	56	同频率法
					1 h	56	74	74	
66		朱家滩	雨量	0	0.5 h	29	41	41	同频率法
					1 h	41	59	59	
67		郑沟	雨量	0	0.5 h	24	34	34	流域模型法
					1 h	34	47	47	

续表 4-12-9

序号	小流域名称	行政区划名称	类别	B_0	时段	预警指标(mm)		临界雨量(mm)	方法
						准备转移	立即转移		
67	郑家沟	郑沟	雨量	0.3	0.5 h	21	30	30	流域模型法
					1 h	30	43	43	
				0.6	0.5 h	18	26	26	
					1 h	26	38	38	
68	曹河	任滹沱	雨量	0	0.5 h	39	56	56	流域模型法
					1 h	56	74	74	
				0.3	0.5 h	35	50	50	
					1 h	50	67	67	
				0.6	0.5 h	31	45	45	
					1 h	45	60	60	
69		胡树洼	雨量	0	0.5 h	43	61	61	流域模型法
					1 h	61	81	81	
				0.3	0.5 h	38	55	55	
					1 h	55	73	73	
				0.6	0.5 h	34	49	49	
					1 h	49	66	66	
70		峪口	雨量	0	0.5 h	38	54	54	流域模型法
					1 h	54	72	72	
					2 h	83	97	97	
					3 h	106	117	117	

续表 4-12-9

序号	小流域名称	行政区划名称	类别	B_0	时段	预警指标(mm)		临界雨量(mm)	方法
						准备转移	立即转移		
70	曹河	峪口	雨量	0.3	0.5 h	34	49	49	流域模型法
					1 h	49	65	65	
					2 h	75	87	87	
					3 h	96	106	106	
				0.6	0.5 h	31	44	44	
					1 h	44	58	58	
					2 h	68	78	78	
					3 h	87	97	97	
71		下涧	雨量	0	0.5 h	39	56	56	流域模型法
					1 h	56	75	75	
					2 h	86	101	101	
					3 h	110	122	122	
				0.3	0.5 h	35	51	51	
					1 h	51	68	68	
					2 h	78	90	90	
					3 h	100	111	111	
				0.6	0.5 h	32	46	46	
					1 h	46	61	61	
					2 h	71	81	81	
					3 h	90	101	101	

续表 4-12-9

序号	小流域名称	行政区划名称	类别	B_0	时段	预警指标(mm)		临界雨量(mm)	方法
						准备转移	立即转移		
72	曹河	马圪塔	雨量	0	0.5 h	42	60	60	同频率法
					1 h	60	80	80	
					2 h	80	108	108	
					3 h	108	130	130	
73		赵岭	雨量	0	0.5 h	43	61	61	同频率法
					1 h	61	81	81	
					2 h	81	109	109	
					3 h	109	132	132	
74		曹河	雨量	0	0.5 h	59	84	84	流域模型法
					1 h	84	93	93	
					2 h	100	108	108	
					3 h	114	123	123	
				0.3	0.5 h	56	80	80	
					1 h	80	87	87	
					2 h	93	99	99	
					3 h	105	112	112	
				0.6	0.5 h	53	75	75	
					1 h	75	80	80	
					2 h	85	90	90	
					3 h	94	102	102	

续表 4-12-9

序号	小流域名称	行政区划名称	类别	B_0	时段	预警指标(mm)		临界雨量(mm)	方法
						准备转移	立即转移		
75	曹河	曹河村刘庄	雨量	0	0.5 h	41	59	59	流域模型法
					1 h	59	78	78	
					2 h	78	105	105	
					3 h	105	127	127	
				0.3	0.5 h	37	53	53	
					1 h	53	70	70	
					2 h	70	94	94	
					3 h	94	115	115	
				0.6	0.5 h	33	47	47	
					1 h	47	63	63	
					2 h	63	84	84	
					3 h	84	105	105	
76		王家坡	雨量	0	0.5 h	43	62	62	同频率法
					1 h	62	82	82	
					2 h	82	111	111	
					3 h	111	133	133	
77		郝家庄	雨量	0	0.5 h	42	60	60	流域模型法
					1 h	60	80	80	
					2 h	80	108	108	
					3 h	108	130	130	

续表 4-12-9

序号	小流域名称	行政区划名称	类别	B_0	时段	预警指标(mm)		临界雨量(mm)	方法
						准备转移	立即转移		
77	曹河	郝家庄	雨量	0.3	0.5 h	38	54	54	流域模型法
					1 h	54	72	72	
					2 h	72	96	96	
					3 h	96	118	118	
				0.6	0.5 h	34	48	48	
					1 h	48	65	65	
					2 h	65	86	86	
					3 h	86	108	108	
78		靳家底	雨量	0	0.5 h	40	58	58	流域模型法
					1 h	58	77	77	
				0.3	0.5 h	36	52	52	
					1 h	52	69	69	
				0.6	0.5 h	33	47	47	
					1 h	47	62	62	
79		柏崖底	雨量	0	0.5 h	40	57	57	流域模型法
					1 h	57	65	65	
					2 h	72	77	77	
					3 h	83	89	89	

续表 4-12-9

序号	小流域名称	行政区划名称	类别	B_0	时段	预警指标(mm)		临界雨量(mm)	方法
						准备转移	立即转移		
79	曹河	柏崖底	雨量	0.3	0.5 h	37	53	53	流域模型法
					1 h	53	59	59	
					2 h	64	69	69	
					3 h	74	79	79	
				0.6	0.5 h	34	48	48	
					1 h	48	52	52	
					2 h	56	60	60	
					3 h	64	69	69	
80		焦家川	雨量	0	0.5 h	47	68	68	同频率法
					1 h	68	90	90	
81		后姚坪	雨量	0	0.5 h	30	43	43	流域模型法
					1 h	43	51	51	
					2 h	57	62	62	
					3 h	66	71	71	
				0.3	0.5 h	27	39	39	
					1 h	39	45	45	
					2 h	50	54	54	
					3 h	58	62	62	

续表 4-12-9

序号	小流域名称	行政区划名称	类别	B_0	时段	预警指标(mm)		临界雨量(mm)	方法
						准备转移	立即转移		
81	曹河	后姚坪	雨量	0.6	0.5 h	24	34	34	流域模型法
					1 h	34	39	39	
					2 h	42	46	46	
					3 h	49	53	53	
82		前姚坪	雨量	0	0.5 h	64	91	91	流域模型法
					1 h	91	99	99	
					2 h	107	114	114	
					3 h	121	130	130	
				0.3	0.5 h	60	86	86	
					1 h	86	93	93	
					2 h	99	105	105	
					3 h	111	119	119	
				0.6	0.5 h	57	82	82	
					1 h	82	86	86	
					2 h	91	96	96	
					3 h	101	108	108	
83		南沟	雨量	0	0.5 h	47	68	68	流域模型法
					1 h	68	90	90	
					2 h	90	121	121	
					3 h	121	146	146	
					6 h	146	226	226	

续表 4-12-9

序号	小流域名称	行政区划名称	类别	B_0	时段	预警指标(mm)		临界雨量(mm)	方法
						准备转移	立即转移		
83	曹河	南沟	雨量	0.3	0.5 h	43	61	61	流域模型法
					1 h	61	81	81	
					2 h	81	109	109	
					3 h	109	133	133	
					6 h	133	211	211	
				0.6	0.5 h	38	55	55	
					1 h	55	73	73	
					2 h	73	97	97	
					3 h	97	122	122	
					6 h	122	199	199	
84	王家河	南庄	雨量	0	0.5 h	46	66	66	流域模型法
					1 h	66	88	88	
					2 h	88	119	119	
				0.3	0.5 h	42	59	59	
					1 h	59	79	79	
					2 h	79	106	106	
				0.6	0.5 h	37	53	53	
					1 h	53	71	71	
					2 h	71	95	95	

续表 4-12-9

序号	小流域名称	行政区划名称	类别	B_0	时段	预警指标(mm)		临界雨量(mm)	方法
						准备转移	立即转移		
85	王家河	田滹沱	雨量	0	0.5 h	46	65	65	流域模型法
					1 h	65	87	87	
					2 h	100	117	117	
				0.3	0.5 h	41	59	59	
					1 h	59	78	78	
					2 h	91	105	105	
				0.6	0.5 h	37	53	53	
					1 h	53	70	70	
					2 h	82	94	94	
86		牛家后	雨量	0	0.5 h	41	59	59	流域模型法
					1 h	59	78	78	
					2 h	90	105	105	
				0.3	0.5 h	37	53	53	
					1 h	53	70	70	
					2 h	82	94	94	
				0.6	0.5 h	33	47	47	
					1 h	47	63	63	
					2 h	74	84	84	

续表 4-12-9

序号	小流域名称	行政区划名称	类别	B_0	时段	预警指标(mm)		临界雨量(mm)	方法
						准备转移	立即转移		
87	王家河	矿窑	雨量	0	0.5 h	41	59	59	流域模型法
					1 h	59	79	79	
					2 h	79	106	106	
				0.3	0.5 h	37	53	53	
					1 h	53	71	71	
					2 h	71	95	95	
				0.6	0.5 h	34	48	48	
					1 h	48	64	64	
					2 h	64	86	86	
88		石家	雨量	0	0.5 h	43	61	61	流域模型法
					1 h	61	81	81	
					2 h	93	109	109	
				0.3	0.5 h	38	55	55	
					1 h	55	73	73	
					2 h	85	98	98	
				0.6	0.5 h	34	49	49	
					1 h	49	66	66	
					2 h	77	88	88	

参考文献

[1] 运城市统计局,国家统计局运城凋查队.运城市2016年国民经济和社会发展统计公报[N].运城日报,2017-03-24(003).

[2] 黄长红,吴士夫,黎炎庆,等.山洪灾害外业调查方法[J].水利水电快报,2016,37(07):44-48.

[3] 路阳.基于临界雨量指标的小流域山洪灾害预警研究[D].兰州大学,2016.

[4] 李晋辉.山洪灾情评价方法与应用研究[D].河北工程大学,2016.

[5] 李剑利.山西省山洪灾害动态预警系统设计综述[J].山西水利,2016,09:15-16.

[6] 祁文军.山西省山洪灾害防治县级非工程措施项目成效综述[J].山西水利,2015,01:3-4.

[7] 赵睿.山丘区小流域暴雨洪水分析计算方法应用研究[D].山东大学,2015.

[8] 李心愉.山东省山洪灾害监测预警系统的设计与开发[D].大连理工大学,2015.

[9] 孙璟.小流域山洪灾害预警预报研究[D].南昌工程学院,2015.

[10]胡波.永济市山洪灾害非工程防治措施的思考[J].内蒙古科技与经济,2015(12):99-100.

[11] 任春凤.山东省小流域山洪灾害预警指标分析研究与应用[D].山东大学,2015.

[12] 侯会玲.山西运城市防汛责任体系建设实践[J].中国防汛抗旱,2015,25(02):94-96.

[13] 佚名.《山洪灾害监测预警系统设计导则》正式实施[J].中国水利,2015(01):70.

[14] 陈昭坤.山西省山洪灾害防治县级非工程措施项目建设情况概述[J].山西水利科技,2014,02:76-78.

[15] 李晓新.山西省山洪灾害群测群防体系建设经验探讨[J].中国防汛抗旱,2014,S1:82-84.

[16] 田瑞.山西省山洪灾害防治非工程措施项目建设实践与思考[J].中国防汛抗旱,2014,S1:20-22.

[17] 康爱卿.山西省山洪灾害调查评价工作分析[J].中国防汛抗旱,2014,S1:54-56.

[18] 郭力源.山洪灾害监测预警系统的设计与实现[D].西安电子科技大学,2014.

[19] 阙博明.广西山洪灾害防治项目实施管理研究[D].广西大学,2014.

[20] 陈真莲.小流域山洪灾害成因及防治技术研究[D].华南理工大学,2014.

[21] 国家防汛抗旱总指挥部办公室. 全国山洪灾害防治县级非工程措施项目建设管理总结报告[R].北京：国家防汛抗旱总指挥部办公室，2014.

[22] 山西省水利厅. 山西洪水研究[M].郑州:黄河水利出版社,2014.

[23] 侯会玲.山西运城市2013年汛期暴雨特点及防御措施[J].中国防汛抗旱,2014,24(04):70-72.

[24] 张骞.基于GIS的北京地区山洪灾害风险区划研究[D].首都师范大学,2014.

[25] 运城市统计局,国家统计局运城调查队.运城市2013年国民经济和社会发展统计公报(摘要)[N].运城日报,2014-03-17(003).

[26] 侯会玲.山西运城市山洪灾害防治非工程措施项目建设经验探讨[J].中国防汛抗旱,2014,24(01):72-73.

[27] 水利部,财政部.全国山洪灾害防治项目实施方案(2013~2015年)[R].北京:水利部,2013.

[28] 刘昌东.山洪灾害监测预警系统标准化研究[D].中国水利水电科学研究院,2013.

[29] 张红萍.山区小流域洪水风险评估与预警技术研究[D].中国水利水电科学研究院,2013.

[30] 陈冬君.山洪灾害监测预警系统的设计与开发[D].吉林大学,2013.

[31] 李兴勇.黑龙江省山洪灾害防御系统初步研究[D].黑龙江大学,2013.

[32] 张红萍.山区小流域洪水风险评估与预警技术研究[D].中国水利水电科学研究院,2013.

[33] 邱瑞田. 山洪灾害防治县级非工程措施项目建设进展及成效[J]. 中国水利,2012(23):7-9.
[34] 王旭东. 山西省山洪灾害防治县级非工程措施项目建设成效综述[J]. 山西水利,2012,08:9-11.
[35] 陈敏. 基于 GIS 的山洪灾害空间分布预测研究[D]. 成都理工大学,2012.
[36] 王旭东. 山西省山洪灾害防治县级非工程措施项目建设实践与思考[J]. 山西水利,2012,04:12-13.
[37] 胡朝阳. 中小河流生态规划中的行洪能力分析[D]. 大连理工大学,2012.
[38] 林莉. 南平市延平区山洪灾害防治对策研究[D]. 福建农林大学,2012.
[39] 陈杨娜,贺金花,卫娜. 运城市汾河流域河道管理现状及对策[G]//山西省水利学会. 山西省第十一届青年优秀水利科技论文选集,2012:5.
[40] 山西省水利厅. 山西省水文计算手册[M]. 郑州:黄河水利出版社, 2011.
[41] 山西省水利厅. 山西省历史洪水调查成果[M]. 郑州:黄河水利出版社, 2011.
[42] 赵然杭,王敏,陆小蕾. 山洪灾害雨量预警指标确定方法研究[J]. 水电能源科学,2011,29(09):49-53.
[43] 张淑玉. 山西闻喜县山洪灾害防御工作浅析[J]. 中国防汛抗旱,2011,21(02):25-26.
[44] 水利部水文局. 中小河流山洪监测与预警预测技术研究[M]. 北京:科学出版社,2010.
[45] 张引栓. 汾河运城段河道现状及整治方案研究[J]. 山西水利科技,2010,02:29-30.
[46] 杨秀芳. 山西省山洪灾害分布研究及灾害区地貌分析[J]. 山西水利,2010,08:7-9.
[47] 苏慧慧. 山西汾河流域公元前 730 年至 2000 年旱涝灾害研究[D]. 陕西师范大学,2010.
[48] 卫浩. 汾河运城段防洪对策分析[J]. 山西建筑,2009,26:349-351.
[49] 刘效雨. 重庆市山洪灾害的初步研究[D]. 西南大学,2009.
[50] 包鑫. 暴雨山洪灾害预警监测系统的研究与实现[D]. 南昌大学,2009.
[51] 管珉. 南方山洪灾害预警预报研究[D]. 南京信息工程大学,2008.
[52] 卢爱萍. 山洪灾害防治规划与实践[J]. 水利水电快报,2008(07):14-16.
[53] 张志彤. 我国山洪灾害特点及其防治思路[J]. 中国水利, 2007(14): 14-15.
[54] 邱瑞田. 全国山洪灾害防御试点建设成效显著[J]. 中国水利,2007(14): 56-58.
[55] 王文广. 汾河下游运城段河道整治的几点认识[J]. 山西水利科技,2007,02:78-79.
[56] 杜咏梅. 山西省山洪灾害防治现状及对策[J]. 山西水利,2007,01:32-33.
[57] 王旭祥. 运城城区地质环境质量评价及可持续发展对策研究[D]. 长安大学,2006.
[58] 范堆相. 山西省水资源评价[M]. 北京:中国水利水电出版社,2005.
[59] 胡剑功. 玉溪市山洪地质灾害特征及形成条件分析[D]. 昆明理工大学,2005.
[60] 杜保存. 山西省山洪灾害特点与防治[J]. 山西水利科技,2005(03):28-29.
[61] 任洪玉,张平仓,杨勤科,等. 全国山洪灾害防治区划理论与实践初探[J]. 中国水利,2005(14):17-20.
[62] 水利部,国土资源部,中国气象局,等. 全国山洪灾害防治规划[R]. 北京:全国山洪灾害防治规划领导小组办公室,2004.
[63] 王建刚,刘亚萍. 汾河运城段中水河槽整治方案[J]. 山西科技,2000(S1):77-78.
[64] 任泽信,马志正. 论山西的水资源与洪水[J]. 自然资源,1997,05:54-60.
[65] 杨致强, 姚昆中, 杜云宝, 等. 山西省暴雨洪水规律研究[M]. 太原:山西人民出版社, 1996.
[66] 姜梦九,陈俊生. 山西省暴雨山洪灾害及防治对策探讨[J]. 山西水利科技,1995(01):80-85.
[67] 姚昆中. 山西省山洪特点与防治措施[J]. 山西水土保持科技,1989(02):22-24.